基础化学创新课程系列教材

有 机 化 学

主　编　蒋维东

副主编　吴　松　李玉龙

科 学 出 版 社

北　京

内 容 简 介

本书共 20 章，主要内容为：①有机化学的基础知识和基本理论；②各类有机化合物的命名、结构、理化性质等；③天然有机化合物的结构和性质；④核磁共振波谱、红外光谱、紫外光谱、质谱等基础知识。本书在必要之处突出安全警示，每章后均列出引用的相关文献。每章后有章节知识星状图，简洁直观地呈现了每章的化学转化反应，有助于学生快速、整体掌握相关章节知识点，学生可通过手机扫描二维码在线阅读。

本书可作为高等学校化学、化学工程与工艺、制药工程、生物工程、环境科学与工程、材料科学与工程及需要学习有机化学课程的相关专业本科生的教材，也可供教师、科研人员参考。

图书在版编目(CIP)数据

有机化学 / 蒋维东主编. —北京：科学出版社，2022.12
基础化学创新课程系列教材
ISBN 978-7-03-073689-5

Ⅰ. ①有… Ⅱ. ①蒋… Ⅲ. ①有机化学-高等学校-教材 Ⅳ. ①O62

中国版本图书馆 CIP 数据核字（2022）第 203662 号

责任编辑：侯晓敏 李丽娇 / 责任校对：何艳萍
责任印制：吴兆东 / 封面设计：迷底书装

科学出版社 出版
北京东黄城根北街 16 号
邮政编码：100717
http://www.sciencep.com
北京中石油彩色印刷有限责任公司印刷
科学出版社发行 各地新华书店经销
*
2022 年 12 月第 一 版 开本：787 × 1092 1/16
2024 年 8 月第四次印刷 印张：31 3/4
字数：813 000

定价：95.00 元

(如有印装质量问题，我社负责调换)

《有机化学》编写委员会

主　编　蒋维东（四川轻化工大学）

副主编　吴　松（贵州大学）　李玉龙（四川轻化工大学）

编　委　（按姓名汉语拼音排序）

冯　建（重庆科技学院）　何树华（长江师范学院）

蒋　燕（四川轻化工大学）　蒋维东（四川轻化工大学）

李　诚（成都理工大学）　李玉龙（四川轻化工大学）

马捷琼（四川轻化工大学）

穆祯强（重庆医药高等专科学校）

吴　松（贵州大学）　徐　鹏（重庆科技学院）

杨　义（四川轻化工大学）　张　鹏（重庆科技学院）

张园园（西华大学）　赵培华（中北大学）

前　言

本书按照普通高校有机化学教学大纲的要求编写，力图体现“知识科学严谨，结构布局新颖，内容关联有序，层次梯度兼顾，呈现方式领先”的特色。

在传统的工科有机化学教材的编写思路基础上，我们结合新高考选课对教材编写的指导、对继续深造学生的进阶支持等考量，在绪论中加入了基础化学知识，在习题中加入了部分考研题，同时注重知识与实践的结合，将各章相应知识点在工业、生活实践中的应用进行阐述，将现实有机化学产品引入习题中。本书难易适当，将纸质教材与数字化资源相结合，体现出“一本教材，多方世界”，为学生构建立体的知识结构提供了平台。

本书由四川轻化工大学、贵州大学、中北大学、成都理工大学、西南石油大学、长江师范学院、重庆科技学院、西华大学、重庆医药高等专科学校 9 所高等学校的 15 位教师共同编写。蒋维东担任主编，吴松、李玉龙担任副主编。具体编写分工为：赵培华(第 0 章、第 14 章)，李诚(第 1 章、第 13 章)，张园园(第 2 章)，冯建(第 3 章)，吴松(第 4 章、第 6 章)，李玉龙(第 5 章、第 17 章)，穆祯强(第 7 章)，杨义(第 8 章)，何树华(第 9 章、第 18 章)，张鹏(第 10 章)，徐鹏(第 11 章)，蒋维东(第 12 章)，马捷琼(第 15 章、第 16 章)，蒋燕(第 19 章)。本书的初稿经主编、副主编以及西南石油大学段文猛修改，四川大学游劲松、南开大学谢建华审校全稿，最终由主编统稿和定稿。

在本书编写过程中，全体参编人员克服种种困难，不断修正错漏，付出了辛勤劳动，在此对他们表示衷心的感谢，特别感谢李玉龙、吴松两位副主编在编撰工作中的倾力付出。同时，感谢成都福瑞斯特科技发展有限公司马梦林和科学出版社的支持。

由于我们水平有限，书中疏漏之处在所难免，望读者见谅并予以及时指正。

蒋维东

2022 年 2 月

目　　录

第 0 章　绪　　论

【学习要求】

(1)熟悉有机化学的研究内容和有机化合物的特点。

(2)熟悉有机化合物中共价键的结构与性质。

(3)了解有机化合物的分类方法。

0.1　有机化合物与有机化学

0.1.1　两者的产生与发展

有机化学(organic chemistry)是化学学科的一个分支，是研究有机化合物(organic compound)的化学。有机化学作为一门学科诞生于 19 世纪。但 19 世纪初，许多化学家对有机化合物和有机化学的含义有不正确的理解。他们认为有机化合物是在生物体内生命力的影响下生成的，无机化合物是从没有生命的矿物中得到的化合物，也就是说生命力的存在是制造或合成有机物质的必要条件，并从此有了有机化合物和有机化学的名称。

直至 1828 年，德国化学家韦勒(F. Wöhler)加热氰酸铵(NH_4CNO)的水溶液得到了尿素(NH_2CONH_2)，说明有机化合物可以在实验室中由无机化合物合成。之后，许多化学家相继在实验室中通过简单的无机物质合成了许多其他有机化合物，此时人们才意识到生命力不是区分有机化合物和无机化合物的依据。实际上，19 世纪初期就已经发展了定量测定有机化合物组成的方法，并分析了许多有机化合物，发现其中都含有碳原子，绝大多数还含有氢原子。19 世纪中期以后，开始把有机化合物看作是碳化合物，有机化学看作是碳化合物的化学，这是目前通用的有机化学的定义。此外，从组成结构上来看，所有的有机化合物都可以看作是碳氢化合物及碳氢化合物衍生而得到的化合物，因此有机化学也是研究碳氢化合物及其衍生物的化学。

19 世纪中后期，有机化合物的合成工艺得到了重视和发展，并在此基础上开始建立以煤焦油为原料合成染料、药物和炸药为主的有机化学工业。20 世纪中期，以石油为主要原料的有机化学工业得到了迅速发展。这些有机化学工业，特别是以生产合成纤维、橡胶、塑料和树脂为主的有机合成材料工业，促进了现代工业和科学技术的迅速发展。

0.1.2　有机化合物的特点

有机化合物就是碳化合物。尽管组成有机化合物的元素很多，但绝大多数有机化合物只是由碳、氢、氧、氮、卤素、硫、磷等少数元素组成，而且一种有机化合物分子中只含几种少数元素。但是碳本身以及一些简单的碳化合物，如碳化钙、一氧化碳、二氧化碳、碳酸盐、二硫化碳、氰酸、氢氰酸、硫氰酸和它们的盐仍被看作是无机化合物。有机化合物的数量非常多，通过分离或合成并已确定其结构和性质的有机化合物在 2000 万种以上，远远超过无机化合物的总和，而且每年仍有数以千计的新有机化合物出现。

有机化合物在结构和性能方面有与一般无机化合物不同的特点，其表现如下。

1. 结构上的特点——同分异构现象

有机化合物的数量如此之多，首先是因为碳原子相互结合的能力很强。碳原子与碳原子之间可以相互结合形成不同碳原子数目的碳链或碳环。不同的有机化合物中所含碳原子数也是不同的，少则一两个，多则成千上万个。此外，即使碳原子数量相同的化合物，因其碳原子间连接方式不同，导致其结构也不相同。通常，具有相同分子式而有不同原子排列的化合物称为同分异构体，这种现象称为同分异构现象。简单地说，就是化合物具有相同的分子式但具有不同的分子结构。同分异构现象在有机化合物中普遍存在。同分异构体可以是不同类物质(所含官能团不同)，也可以是同类物质(含有相同的官能团)。例如，乙醇与甲醚的分子式相同，都是 C_2H_6O，但结构不相同，因而性质也不同；其中乙醇能与金属钠剧烈反应，形成白色小球并放出氢气，而甲醚却不与金属钠反应。它们的化学结构如下：

```
    H   H                 H       H
    |   |                 |       |
H—C—C—O—H        H—C—O—C—H
    |   |                 |       |
    H   H                 H       H
     乙醇                  甲醚
```

又如，正丁烷和异丁烷的分子式都为 C_4H_{10}，但它们是两种不同结构的同分异构体。它们的化学结构如下：

```
                                  H
                                  |
                              H—C—H
  H   H   H   H               H   |   H
  |   |   |   |               |   |   |
H—C—C—C—C—H          H—C—C—C—H
  |   |   |   |               |   |   |
  H   H   H   H               H   H   H
      正丁烷                    异丁烷
```

由上述例子可以看出，一种有机物中所含原子的种类和数目越多，它的排列方式也越多，同分异构体的数量也就比较多。因此，同分异构现象是有机化合物种类繁多、数量巨大的原因之一，同分异构现象在无机化学中并不多见。

2. 性质上的特点

与无机化合物特别是无机盐类相比，有机化合物在性质上表现出以下六大特点：

(1) 可燃性。有机化合物除少数以外，一般都能燃烧。

(2) 稳定性差。有机化合物常会受温度、空气或光照等因素影响分解变质。例如，有机化合物易受热分解，许多有机化合物在 200～300℃下就会逐渐分解。

(3) 熔点较低。许多有机化合物在常温下是气体、液体，常温下为固体的有机化合物的熔点一般不超过 400℃。

(4) 弱极性或非极性。大多数有机化合物不溶于水，但能溶于一些有机溶剂，如苯、丙酮、石油醚等。但也有一些极性较强的低级醇、羧酸等易溶于水。

(5) 反应大多是分子间的反应。分子间的反应往往需要一定的活化能，因此反应比较缓慢，往往需要光照、加热、加入催化剂等方法增加分子动能或降低反应所需活化能，从而缩短反应时间。

(6)反应大多数不是单一的。有机化合物的反应比较复杂，在同样的条件下，一种化合物往往可以同时进行几种不同的反应，生成不同的产物。

0.1.3　有机化学的研究内容

有机化学的研究内容非常广泛，主要包括以下四个方面：

(1)天然产物的研究。从自然界存在的天然产物中分离、提取、鉴定纯粹的有机化合物，如常见的生物碱类有机化合物。

(2)有机化合物的结构鉴定。天然产物中分离出的或由合成方法得到的有机化合物都要经过结构测定，进而研究它们彼此间的结构与性质的关系。以前鉴定有机化合物全靠化学方法，需要样品量大、耗时久，有时还不够准确。现在鉴定有机化合物可充分利用现代物理方法如波谱技术、单晶衍射技术等，测试快速准确、需要样品量少。

(3)有机合成。从天然产物中分离的有机化合物经过结构测定后，一方面可以根据它们的结构，按照一定的化学方法从容易得到的原料出发合成得到已知分子物质；另一方面对它们的结构进行修饰或改造，通过化学合成的方法得到新分子、新物质。天然产物的全合成和有机小分子化合物的合成方法学是有机合成的主要研究内容。

(4)反应机理的研究。研究机理可以加深对有机化合物间的化学反应过程的理解，有助于合理地改变实验条件，提高合成效率，进一步了解结构与反应活性之间的关系。

0.1.4　学习有机化学的重要性

在人类多姿多彩的生活中，有机化学可以说是无处不在的，它是研究有机化合物的来源、制备、结构、性能、应用以及有关理论和方法的学科。自从1828年合成尿素以来，有机化学的发展日新月异，其发展速度越来越快。近两个世纪以来，有机化学学科的发展揭示了构成物质世界的有机化合物分子中原子键合的本质及有机分子转化的规律，设计合成了具有特定性能的有机分子；它又为相关学科如材料、生物、环境、能源等的发展提供了非常重要的理论和技术基础。目前，有机化学仍以它特有的分离提取、结构测定、高效合成等研究手段，继续推动着科技和社会的发展进步，快速地提高着人类生活质量，改善了人类的生存环境。近年来，计算机技术的引入使有机化学在结构测定、分子设计和合成设计上如虎添翼，发展得更为迅速。

总之，有机化学是化学、材料及环境等专业的一门基础课，有机化学的基础知识和实验技能对各专业的学习是非常重要的。

0.2　有机化合物的结构特征

有机化合物的性质取决于有机化合物的结构，要说明有机化合物的结构就必须讨论有机化合物的化学键，尤其是普遍存在的共价键。

0.2.1　有机化合物中的化学键类型

根据原子结构学说，原子是由带正电的原子核和带负电的电子组成的。电子在原子核周围的各个电子层中运动，化学键的生成只与最外层的价电子有关。惰性元素的电子构型是最稳定的，其最外层电子数为 8 或 2。因此，一般情况下原子相互结合形成键时最外层电子数应为 8 或 2。

有机化合物中常见的化学键有三种：离子键、共价键和配位键。

(1)离子键。离子键是通过两个或多个原子或化学基团失去或获得电子而成为离子后形成的，是阴离子与阳离子通过静电作用形成的化学键。

例如，乙酸根与钠离子结合生成乙酸钠时，乙酸根与钠离子之间通过静电作用形成离子键，生成乙酸钠。

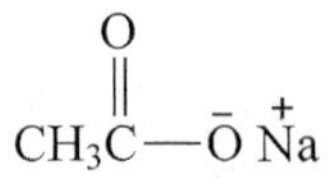

$$CH_3\overset{\overset{\displaystyle O}{\|}}{C}-\overset{-}{O}\ \overset{+}{Na}$$

(2)共价键。共价键指两个或多个原子通过共用电子对形成的相互作用。例如，碳原子与其他元素原子形成化合物时，碳原子不容易获得或失去最外层电子，而是和其他元素原子分别提供电子而形成两个原子共有的电子对，即形成把两个原子结合在一起的化学键。

例如，甲烷分子中碳原子和氢原子结合时，碳、氢原子各提供一个电子，配对形成两个原子间共用的电子对，使碳原子和氢原子最外层的电子数分别为 8 和 2，均达到了最稳定的构型。

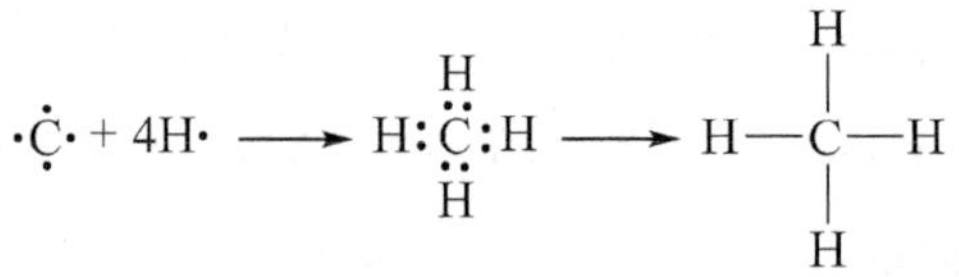

$$\cdot\dot{\underset{\cdot}{C}}\cdot + 4H\cdot \longrightarrow H:\underset{H}{\overset{H}{\ddot{\underset{\cdot\cdot}{C}}}}:H \longrightarrow H-\underset{\underset{\displaystyle H}{|}}{\overset{\overset{\displaystyle H}{|}}{C}}-H$$

(3)配位键。配位键是一个原子提供孤对电子，另一个原子提供空轨道，孤对电子填充到空轨道上，使该两原子间共用这一孤对电子，进而形成一种特殊的共价键。它的特点是形成键的电子对在成键之前属于一个原子。

例如，乙醚分子与三氟化硼分子结合生成乙醚络合物时，乙醚分子中氧原子的孤对电子填充到三氟化硼分子中硼原子的空轨道上，使氧原子和硼原子之间靠这一孤对电子结合而形成配位键。

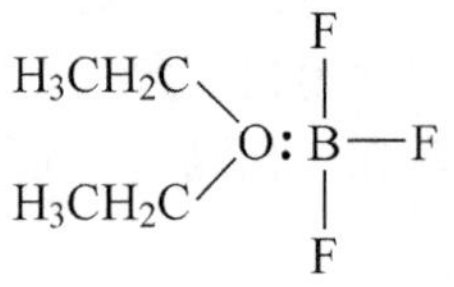

$$\begin{matrix} H_3CH_2C\diagdown & & \\ & O:\underset{\underset{\displaystyle F}{|}}{\overset{\overset{\displaystyle F}{|}}{B}}-F \\ H_3CH_2C\diagup & & \end{matrix}$$

此外，对共价键的表示来说，用一对共用电子的点表示一个共价键的结构式称为路易斯结构式。书写路易斯结构式时，要把所有的价电子都表示出来，这样看起来比较复杂。若把一对共用电子的点改用一根短线来表示一个共价键，这样的结构式称为凯库勒结构式。该结构式被普遍用来表示共价键。例如，乙酸分子的两种化学结构式如下：

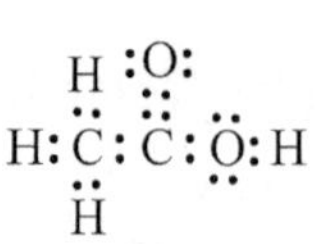

$$H:\underset{\underset{\displaystyle H}{\cdot\cdot}}{\overset{\overset{\displaystyle H}{\cdot\cdot}}{C}}:\overset{\overset{\displaystyle :O:}{\cdot\cdot}}{C}:\ddot{\underset{\cdot\cdot}{O}}:H \quad 或 \quad H-\underset{\underset{\displaystyle H}{|}}{\overset{\overset{\displaystyle H}{|}}{C}}-\overset{\overset{\displaystyle O}{\|}}{C}-O-H$$

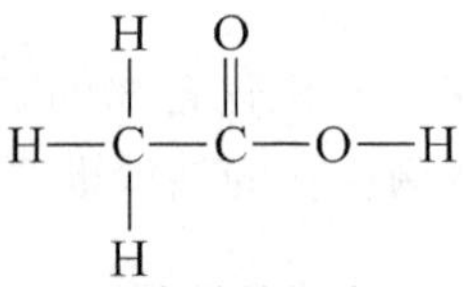

路易斯结构式　　　　凯库勒结构式

0.2.2 有机化合物的共价键理论

共价键是有机化合物中最主要的化学键，因此要理解有机化合物的结构就必须对共价键的本质进行解释，其中常用的是价键理论和分子轨道理论。这两种理论都是量子化学中处理化学键问题的近似方法，二者互为补充。

1. 价键理论

按照价键理论的观点，共价键是两个原子中未成对的、自旋相反的电子配对而形成的。两个电子的配对本质就是两个电子的原子轨道的重叠，重叠的部分越大，形成的共价键就越牢固，即原子轨道重叠的多少决定共价键的牢固程度，这就是共价键的方向性。同时，原子的未成对电子的数目一般就是它的价键数目，也可以理解为原子的未成对的一个电子与另一个原子的一个电子配对后，就不能再与其他电子配对了，这就是共价键的饱和性。

2. 分子轨道理论

按照分子轨道理论的观点，形成共价键的电子是在整个分子中运动的，即从分子的整体出发研究分子中每一个电子的运动状态。分子中原子核以一定的方式排列，电子分布在这些原子核周围，此时把分子中电子的运动状态称为分子轨道，用波函数ψ表示，每一个分子轨道都有一定的能量。分子轨道与原子轨道一样，在容纳电子时要遵守能量最低原理、泡利(Pauli)原理和洪德(Hund)规则。每一轨道只能容纳两个自旋相反的电子，电子也是首先占据能量最低的轨道，按能量的增大依次排上去。

分子轨道理论中近似处理分子轨道的常用方法是原子轨道线性组合(linear combination of atomic orbitals，LCAO)法，即将有关原子的原子轨道ϕ进行线性组合得到分子轨道ψ。按照分子轨道理论，原子轨道的数目与形成的分子轨道数目是相等的。例如，两个氢原子的1s轨道可以组合成两个分子轨道，其中一个分子轨道就是由两个原子轨道的波函数相加($\phi_1+\phi_2$)组成，其电子云密度增大，能量低于原子轨道，称为成键轨道(bonding orbit) ψ_1；另一个分子轨道是由两个原子轨道的波函数相减($\phi_1-\phi_2$)组成，其电子云密度降低，能量高于原子轨道，称为反键轨道(antibonding orbit) ψ_2。在基态下，氢分子的两个1s电子都在成键轨道ψ_1中(图0-1)。

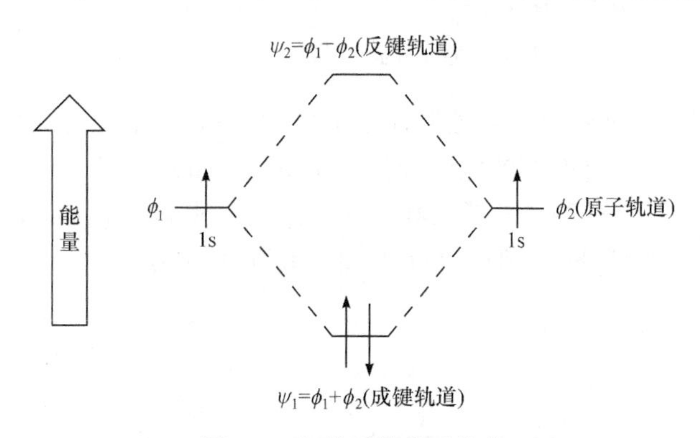

图0-1 氢分子的分子轨道

此外，组成分子轨道的原子轨道应具有以下特征：能量大致相近、对称性匹配、能最大限度地重叠，这样组成的分子轨道能量最低、最稳定。

(1) 能量相近。组成分子轨道的两个原子轨道的能量比较接近时，它们才能有效成键，进而形成稳定的分子轨道[图 0-2(a)]。例如，氢原子与氟原子组成氟化氢分子时，氟原子的 2p 电子与氢原子的 1s 电子能量相近，可以有效成键形成稳定的氟化氢分子。但是，如果两个能量相差很大的原子轨道组成分子轨道时，成键轨道的能量可能与某一原子的某一轨道的能量很接近，成键过程中降低的能量比较少，所以不能形成稳定的分子轨道[图 0-2(b)]。

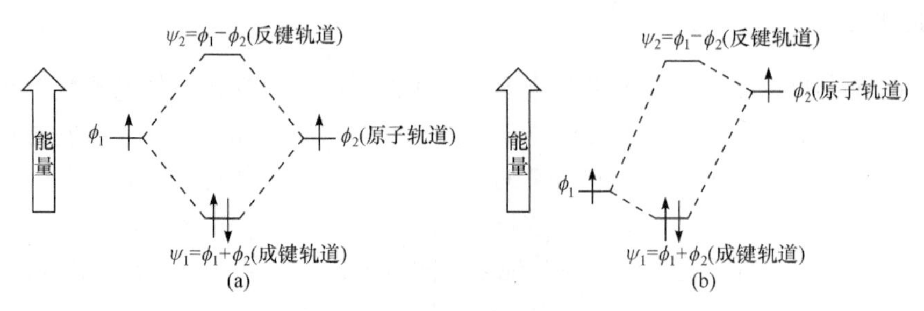

图 0-2 分子轨道的成键过程

(2) 对称性匹配。原子轨道的波函数有不同的符号，符号相同的重叠部分相加，才能有效地组成分子轨道而成键；符号不同的重叠部分相减，就不会有效地组成分子轨道而成键。例如，当两个 p_y 轨道沿 x 轴靠近结合时，在 x 轴上、下方的波函数符号相同(均为正值或负值)，重叠部分正好相加，故它们能有效地组成分子轨道而成键[图 0-3(a)]。但当 s 轨道和 p_y 轨道沿 x 轴靠近结合时，s 轨道的符号为正值，这样它与 p_y 轨道在 x 轴下方的符号相反，重叠部分恰好抵消，故它们不会有效地组成分子轨道而成键[图 0-3(b)]。

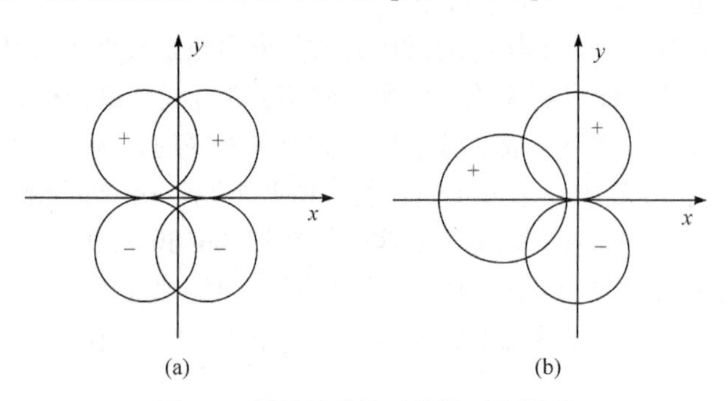

图 0-3 原子轨道的对称性匹配情况

(3) 最大限度地重叠。某些原子轨道具有方向性，只有在一定方向上与另一原子轨道结合，才能得到最大的重叠部分，进而有效地组成分子轨道。例如，$2p_x$ 原子轨道和 1s 原子轨道只有在 x 轴方向上结合时，二者的原子轨道重叠最大，这样才能形成稳定的共价键[图 0-4(a)]。否则，二者的原子轨道重叠部分少，形成的共价键不稳定[图 0-4(b)]。

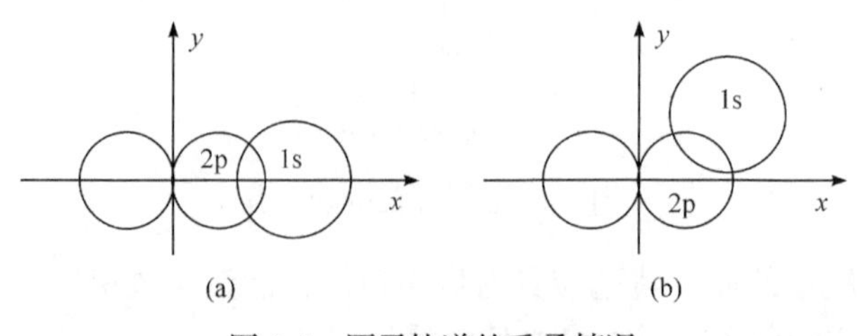

图 0-4 原子轨道的重叠情况

0.2.3　有机化合物的共价键性质

共价键的性质主要从键长、键角、键能和键的极性进行衡量。

(1)键长。键长指形成共价键的两个原子的原子核之间保持一定的距离。不同的共价键具有不同的键长，即使是同一类型的共价键，在不同化合物的分子中它的键长也可能略有不同，这是因为由共价键连接的这两个原子在分子中不是孤立的，它们会与分子中的其他原子相互影响。

(2)键角。键角指在分子中一个原子与其他原子形成的两个化学键之间的夹角。键角是共价键方向性的反映，与分子的形状(空间构型)有密切联系。例如，水分子中两个 H—O 键之间的夹角是 104.5°，这就决定了水分子的角形结构。

(3)键能。键能指 A 和 B 两个原子(气态)结合生成 A—B 分子(气态)所放出的能量。反之，1 mol A—B 分子(气态)解离为 A 和 B 两个原子(气态)所需要吸收的能量称为键的解离能。共价键形成时放热，ΔH 为负值；共价键断裂时吸热，ΔH 为正值。共价键的键能或解离能的单位为 $kJ \cdot mol^{-1}$。键能是表征化学键强度的物理量，可以用键断裂时的解离能大小来衡量。

对双原子分子来说，键的解离能大小等于键能。例如，氢气分子的解离能和键能的数值是相等的，都是 $436\ kJ \cdot mol^{-1}$。

$$H:H \longrightarrow H\cdot + H\cdot \quad \Delta H = +436\ kJ \cdot mol^{-1}$$

$$H\cdot + H\cdot \longrightarrow H_2 \quad \Delta H = -436\ kJ \cdot mol^{-1}$$

对多原子分子来说，键的解离能和键能是有区别的，即多原子分子中同一类型共价键的解离能是不同的，而多原子分子中共价键的键能是同一类共价键的解离能的平均值。例如，氨分子中虽有三个等价的 N—H 键，但它们的解离能是不同的。

$$NH_3(g) \xlongequal{\quad} NH_2(g) + H(g) \quad \Delta H_1 = 435\ kJ \cdot mol^{-1}$$

$$NH_2(g) \xlongequal{\quad} NH(g) + H(g) \quad \Delta H_2 = 397\ kJ \cdot mol^{-1}$$

$$NH(g) \xlongequal{\quad} N(g) + H(g) \quad \Delta H_3 = 339\ kJ \cdot mol^{-1}$$

因此，氨中 N—H 键的平均键能为 $\frac{1}{3} \times (435 + 397 + 339)\ kJ \cdot mol^{-1} = 390\ kJ \cdot mol^{-1}$。

(4)键的极性。键的极性是由成键原子的电负性不同引起的。电负性即原子吸引电子的能力。当成键原子的电负性相同或相近时，核间的电子云密集区域在两核的中间位置附近，两个原子核正电荷所形成的正电荷中心和成键电子对的负电荷中心几乎重合，这样的共价键称为非极性共价键。例如，H_2 或 O_2 分子中的共价键就是非极性共价键。当成键原子的电负性不同时，核间的电子云密集区域偏向电负性较大的原子一端，使之带部分负电荷，而电负性较小的原子一端则带部分正电荷，键的正、负电荷中心不重合，这样的共价键称为极性共价键。例如，HCl 分子中的 H—Cl 键就是极性共价键。极性共价键可以用箭头来表示，也可以用 δ^- 或 δ^+ 来表示构成极性共价键的原子的带电情况。

$$\overset{\delta^+}{H} \longrightarrow \overset{\delta^-}{Cl}$$

此外，极性共价键是构成共价键的两个原子电负性不同导致的，因此构成共价键的原子的电负性相差越大，共价键的极性也越大。

表 0-1 列出了一些常见共价键的键长和键能。

表 0-1　一些共价键的键长和键能

化学键	键长/nm	键能/(kJ · mol^{-1})	化学键	键长/nm	键能/(kJ · mol^{-1})
C—C	0.154	347	C—I	0.213	217
C═C	0.134	611	C—N	0.147	305
C≡C	0.120	837	C—O	0.143	359
C—H	0.110	414	N—H	0.103	389
C—F	0.142	485	N—N	0.145	159
C—Cl	0.178	338	N—O	0.146	230
C—Br	0.191	284	O—H	0.097	464

0.2.4　有机化合物的共价键断裂

共价键断裂的方式主要有均裂和异裂两种情况。

1. 均裂

共价键断裂时两个原子之间的共用电子对平均分配给两个原子或原子团，这种断裂方式称为均裂。均裂的结果产生了具有不成对电子的原子或原子团，称为自由基，其通式为

$$A{:}B \longrightarrow A\cdot + \cdot B$$

例如，甲烷经均裂可得到氢自由基 H·和甲基自由基 $H_3C\cdot$，它们是电中性的。

$$H_3C{:}H \longrightarrow H_3C\cdot + H\cdot$$

有自由基参与的反应称为自由基反应，这类反应一般在光、热或自由基引发剂的作用下进行。自由基反应的特点是没有明显的溶剂效应，酸、碱等催化剂对反应没有明显影响，但是加入一些与自由基偶合的物质会使反应停止。

2. 异裂

共价键断裂时两个原子之间的共用电子对完全转移到其中一个原子上而形成离子，这种断裂方式称为异裂。共价键异裂的结果是产生带正电荷或带负电荷的离子，分别称为正离子或负离子，其通式为

$$A{:}B \longrightarrow A^+ + B^-$$

例如，一氯乙烷经异裂可得到乙基正离子和氯负离子：

$$CH_3CH_2{:}Cl \longrightarrow CH_3\overset{+}{C}H_2 + Cl^-$$

由共价键异裂产生离子的反应称为离子型反应。这类反应一般在酸、碱或极性物质的催化下进行。离子型反应根据反应试剂的类型不同，又可分为亲电反应与亲核反应两类。

在化学反应中，从某反应物中接受电子的试剂称为亲电试剂(electrophile)，由亲电试剂进攻引起的反应称为亲电反应。例如，由亲电试剂 HBr 中缺电子的 H^+进攻具有部分负电荷的 C 原子引发亲电反应。

$$\underset{\text{亲电试剂}}{HBr} + RCH{=}CH_2 \longrightarrow \underset{\displaystyle Br}{\underset{|}{RCHCH_3}}$$

在化学反应中，能够提供电子并与某反应物结合形成化学键的试剂称为亲核试剂(nucleophile)，由亲核试剂进攻引起的反应称为亲核反应。例如，由亲核试剂 CN^-进攻与氯原子相连的带有部分正电荷的碳原子，使氯原子带着一对电子离去。

$$\underset{\text{亲核试剂}}{CN^-} + RCH_2{-}Cl \longrightarrow RCH_2CN + Cl^-$$

应注意的是，亲电试剂和亲核试剂是相对而言的。

0.3 有机化合物的结构测定

一种新有机化合物的结构测定一般需要进行以下几方面的研究工作。

0.3.1 分离提纯

从天然产物中分离或在实验室中合成的有机化合物首先要进行分离提纯，达到所需的化合物纯度。分离提纯的方法很多，常用的有蒸馏法、重结晶法、色谱法和离子交换法等。

0.3.2 纯度的判定

纯的有机化合物有固定的物理常数，如熔点、沸点、折射率等。因此，提纯后的有机化合物可以通过测定它的物理常数进行纯度的判定。例如，纯的有机化合物若为固体时，其熔点量程常在 0.5～1℃，而不纯的有机化合物则没有恒定的熔点。此外，有机化合物的纯度还可以通过薄层色谱(thin layer chromatography，TLC)法来判断，即纯的有机化合物利用多种单一或混合的有机溶剂体系在硅胶薄层层析板上展开时有固定的比移值 R_f。

0.3.3 实验式和分子式的确定

纯的有机化合物可以先进行元素定性分析，确定它是由哪些元素组成的，然后再进行元素的定量分析，得出各元素的质量百分含量，通过计算就能得出它的实验式。实验式表示的是化合物中各元素原子的最小整数比，该比值可以由各元素的质量百分含量求得。实际上，目前有机化合物的元素分析可通过元素分析仪直接测得。例如，由元素分析仪得到某有机化合物的 C、H、O 的质量百分含量分别为 60.0%、13.4%、26.6%，那么它们的最小整数比的求解过程如下：

C：质量百分含量为 60.0% → 物质的量为 60.0/12.01 = 5.00 → 最小整数比为 5.00/1.66 = 3；

H：质量百分含量为 13.4% → 物质的量为 13.4/1.008 = 13.29 → 最小整数比为 13.29/1.66 = 8；

O：质量百分含量为 26.6% → 物质的量为 26.6/16.00 = 1.66 → 最小整数比为 1.66/1.66 = 1。

由此可得，该有机化合物的实验式为 C_3H_8O。

若进一步能测定有机化合物的相对分子质量，就可以通过相对分子质量和实验式，计算得到有机化合物的分子式，而分子式表示的是分子中所含各元素原子的真实数目。化合物的相对分子质量可以通过质谱分析仪测定。例如，某有机化合物的实验式为 $C_6H_{11}Cl$，其相对分子质量计算值为 118.5，经质谱仪测定的该化合物的相对分子质量为 237，则可求得其分子式为$(C_6H_{11}Cl)_2$，即$C_{12}H_{22}Cl_2$。实际上，目前已可将几毫克的样品通过高分辨质谱仪测定直接给出有机化合物的相对分子质量和分子式。

0.3.4　结构式的确定

纯的有机化合物的结构测定方法有化学法和物理法。以前测定一个有机化合物的结构是一项艰巨的工作，即利用化学法把分子打成“碎片”，然后再从这些“碎片”分子的结构推测最初分子是如何由“碎片”拼凑起来的。但是，目前有机化合物的结构可通过现代物理技术进行快速方便地测定，即利用红外光谱、核磁共振波谱、X 射线衍射、质谱等技术相互结合，以准确测定有机化合物的分子结构。

0.4　有机化合物的分类方法

为了便于有机化学的学习、研究和发展以及更好地理解有机化合物的结构、性质和相互间的关系，对数目众多的有机化合物进行分类是非常必要的。

0.4.1　按碳链分类

有机化合物可以根据分子中碳链结合方式(碳原子组成的分子骨架)不同，分为以下三类。

1. 链状化合物

这类化合物分子中碳原子间相互结合形成碳链而不是环状结构。碳原子之间均以单键相连成链，其他键均与氢相连的碳氢化合物称为烷烃(饱和烃)；碳链中含有碳碳双键或碳碳三键的碳氢化合物称为烯烃或炔烃(不饱和烃)。例如：

```
   H  H  H  H          H   H   H   H           H           H
   |  |  |  |          |   |   |   |           |           |
H—C—C—C—C—H      H—C—C＝C—C—H      H—C—C≡C—C—H
   |  |  |  |          |           |           |           |
   H  H  H  H          H           H           H           H
    正丁烷                 2-丁烯                   2-丁炔
```

此外，因为油脂分子大多含有这种开链结构，所以这类化合物也称为脂肪族化合物。

2. 碳环化合物

这类化合物分子具有完全由碳原子连接而成的环状结构，它又可分为两类：

(1)脂环族化合物。它们可以看作是由链状化合物连接闭合成环而形成的，环内也可有双键、三键。它们的性质与脂肪族化合物相似，因此称为脂环族化合物。例如：

```
        H2                                 H2
        C                                  C
  H2C       CH2                      HC        CH2
   |         |    ≡  (六元环)         ‖          |    ≡  (六元环，含一个双键)
  H2C       CH2                      HC        CH2
        C          (简写)                   C           (简写)
        H2                                 H2
      环己烷                              环己烯
```

(2)芳香族化合物。这类化合物大多具有由六个碳原子组成的苯环结构，使它们具有一些特殊的性质。这种性质称为“芳香性”，相应的化合物称为芳香族化合物。例如：

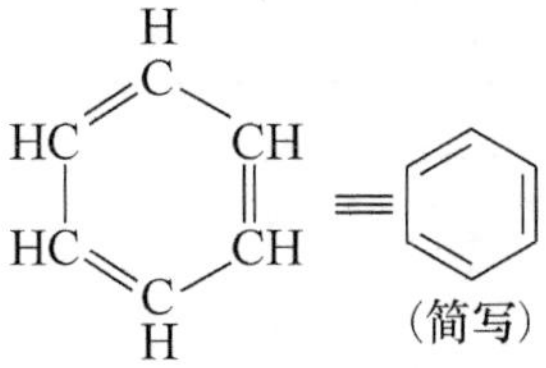

(简写)
苯

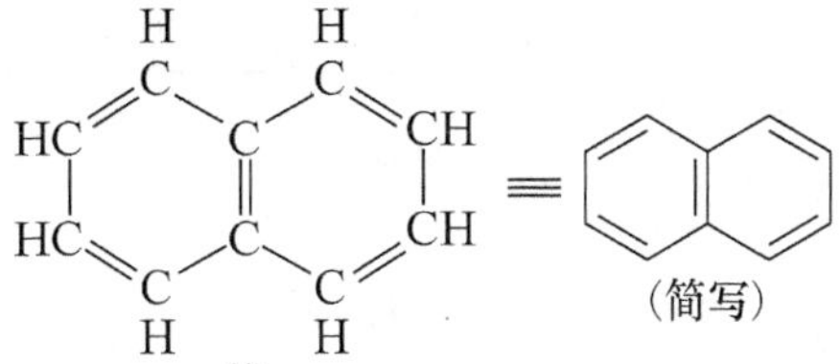

(简写)
萘

3. 杂环化合物

这类化合物分子具有由碳原子和碳以外的原子连接而成的环状结构，这种环状结构称为杂环，把含有杂环的有机化合物称为杂环化合物。碳以外的原子称为杂原子，常见的杂原子有氧、氮、硫等。例如：

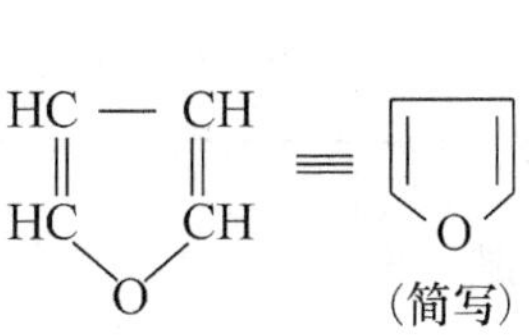

(简写)
呋喃

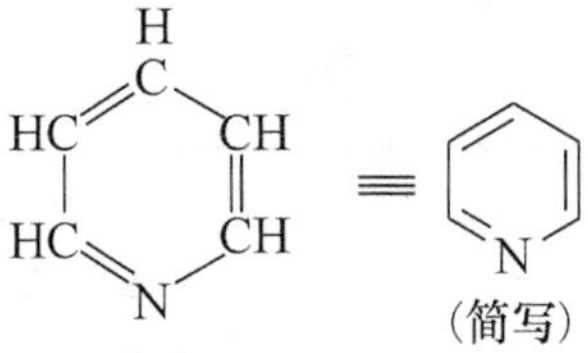

(简写)
吡啶

0.4.2　按官能团分类

上述的碳链分类方法是仅从有机化合物的分子碳骨架结构形式——链状和环状分类的，它并不能反映其性质特征。为了便于认识有机化合物的性质特点，可以根据分子所含官能团种类对其进行分类。官能团(functional group)是指有机化合物分子中含有相同的、特别能引起化学反应的一些原子(如卤素原子 X=F、Cl、Br、I)、原子团(如羟基—OH、羧基—COOH)或一些特殊化学键(如双键 C═C、三键 C≡C)。这些官能团通常决定有机化合物的主要性质，尤其是化学性质。一般来说，含有相同官能团的有机化合物能发生相似的化学反应，故把它们视为一类化合物。例如，将含有碳碳双键的分子归为烯烃类有机化合物。一些常见的重要有机官能团的结构和名称见表 0-2。

表 0-2　一些重要有机官能团的结构和名称

官能团		官能团	
结构	名称	结构	名称
>C═C<	双键	—OH	羟基
—C≡C—	三键	—O—	醚基
>C═O	羰基	—X(X=F、Cl、Br、I)	卤基
H—C═O	醛基	$—NH_2$	伯氨基

续表

官能团		官能团	
结构	名称	结构	名称
$R(R)C{=}O$	酮基	$>NH$	仲氨基
$R{-}C{=}O$	酰基	$-N<$	叔氨基
$HO{-}C{=}O$	羧基	$-NO_2$	硝基
$RO{-}C{=}O$	酯基	$-CN$	氰基
$H_2N{-}C{=}O$	酰胺基	$-SH$	巯基
$X{-}C{=}O$	酰卤基	$-SO_3H$	磺酸基

参 考 文 献

胡宏纹. 1998. 有机化学[M]. 2 版. 北京: 高等教育出版社
吴范宏, 荣国斌. 2005. 高等有机化学: 反应和原理[M]. 2 版. 上海: 华东理工大学出版社
邢其毅, 裴伟伟, 徐瑞秋, 等. 2016. 基础有机化学[M]. 4 版. 北京: 北京大学出版社
徐寿昌. 2014. 有机化学[M]. 2 版. 北京: 高等教育出版社
曾昭琼. 2001. 有机化学[M]. 3 版. 北京: 高等教育出版社

习　题

1. 将下列有机化合物的凯库勒结构式改写为路易斯结构式。

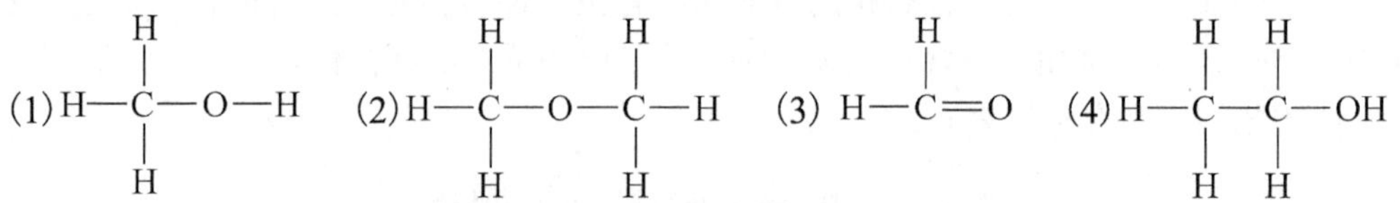

2. 将下列化合物的路易斯结构式改写为凯库勒结构式。

(1) $H{:}\overset{H}{\underset{H}{\ddot{C}}}{:}\ddot{Cl}{:}$　　(2) $H{:}\overset{H}{\underset{H}{\ddot{C}}}{:}\overset{:O:}{\ddot{C}}{:}\ddot{O}{:}H$　　(3) $H{:}\overset{H}{\ddot{C}}{::}\overset{H}{\ddot{C}}{:}H$　　(4) $\left[H{:}\overset{H}{\underset{H}{\ddot{N}}}{:}H\right]^+$

3. 计算下列分子式中各元素的质量百分含量。

(1) C_6H_6　　(2) C_5H_5N　　(3) C_2H_6S　　(4) C_2H_6O

4. 根据元素分析仪测定的下列含氧化合物的元素定量分析值，写出它们各自的实验式。

(1) C 70.42%，H 13.89%；

(2) C 46.86%，H 2.95%，Cl 34.58%；

(3) C 71.59%，H 6.70%，N 4.92%；

(4) C 51.42%，H 4.31%，N 12.79%，S 9.81%，Na 7.00%。

5. 某有机化合物的实验式为CH，由质谱仪测得其相对分子质量为78，它的分子式是什么？

6. 根据下列含氧化合物的元素定量分析和相对分子质量测定的结果，计算它们各自的分子式。

(1) C 65.35%，H 5.60%；相对分子质量为114。

(2) C 62.60%，H 11.30%，N 12.17%；相对分子质量为230。

(3) C 56.05%，H 3.89%，Cl 27.44%；相对分子质量为128.5。

第1章　烷　　烃

【学习要求】

(1)掌握碳的四面体结构和 σ 键。

(2)掌握烷烃的命名、同分异构、构象、物理性质和化学性质。

(3)了解反应机理的一般概念，掌握卤代反应机理。

(4)了解烷烃的来源及其重要代表物——甲烷。

由碳和氢两种元素组成的有机化合物称为碳氢化合物，简称烃(hydrocarbon)，是最简单的有机化合物。烃类可以看作是其他有机化合物的母体，烃分子中的氢原子被其他原子或原子团取代，可以衍生出各类有机化合物。

根据烃分子中碳原子间的连接方式，烃可以分为两大类：开链烃和闭链烃。开链烃分子中碳原子连接成链状，简称链烃(chain hydrocarbon)，又称为脂肪烃(aliphatic hydrocarbon)。脂肪烃可分为烷烃(alkane)、烯烃(alkene)、二烯烃(diene)、炔烃(alkyne)等。闭链烃分子中碳原子连接成闭合的碳环，又称为环烃(cycloalkane)。环烃可分为脂环烃(alicyclic hydrocarbon)和芳香烃(aromatic hydrocarbon)两大类。

烷烃是含氢最多的烃类，分子中碳原子间以单键结合，其余价键与氢原子结合。与碳原子结合的氢原子数已达最高限度，故又称为饱和烃(saturated hydrocarbon)。

1.1　烷烃的通式、同系列和构造异构

1.1.1　烷烃的通式和同系列

在烷烃系列化合物中，碳原子和氢原子之间有一定的数量关系，它们的分子式都可以写成 C_nH_{2n+2}，n 为分子中碳原子数。C_nH_{2n+2} 称为烷烃的通式。根据通式，知道分子中的碳原子数，就可以写出相应的分子式。这样，甲烷(CH_4)和乙烷(C_2H_6)之间相差一个 CH_2 原子团，乙烷和丙烷(C_3H_8)之间也相差一个 CH_2 原子团。任何两个碳数相邻的烷烃在组成上都相差一个 CH_2 原子团，而不相邻的烷烃组成相差多个 CH_2 原子团。凡是符合同一通式，具有类似结构和性质，组成相差一个或多个 CH_2 原子团的一系列有机物称为同系列(homologous series)。同系列中的每个成员称为同系物(homolog)。一些烷烃的名称和分子式见表 1-1。

表 1-1　一些烷烃的名称和分子式

烷烃	英文名称	分子式	烷烃	英文名称	分子式
甲烷	methane	CH_4	十一烷	undecane	$C_{11}H_{24}$
乙烷	ethane	C_2H_6	十二烷	dodecane	$C_{12}H_{26}$
丙烷	propane	C_3H_8	十三烷	tridecane	$C_{13}H_{28}$
丁烷	butane	C_4H_{10}	十四烷	tetradecane	$C_{14}H_{30}$
戊烷	pentane	C_5H_{12}	十五烷	pentadecane	$C_{15}H_{32}$
己烷	hexane	C_6H_{14}	二十烷	icosane	$C_{20}H_{42}$
庚烷	heptane	C_7H_{16}	三十烷	triacontane	$C_{30}H_{62}$
辛烷	octane	C_8H_{18}	五十烷	pentacontane	$C_{50}H_{102}$
壬烷	nonane	C_9H_{20}	⋮	⋮	⋮
癸烷	decane	$C_{10}H_{22}$	烷烃通式		C_nH_{2n+2}

同系列现象在有机化合物中普遍存在，除烷烃同系列以外，还有其他烃类及烃的衍生物的同系列。这对于数目繁多的有机物的系统化十分有益。而且由于同系列的结构和化学性质相似，也给研究带来方便。可以从对典型代表物的认识推知其他同系物的性质。然而，同系物毕竟不是同一物质，它们都有自己的特性。

1.1.2　烷烃的同分异构现象

在烷烃的同系列中，甲烷、乙烷、丙烷只有一种结合方式，没有异构现象，从丁烷起由于分子中碳原子的排列方式不同而产生异构现象。分子式相同而构造式不同的异构体称为构造异构体(constitutional isomer)，这种现象称为构造异构(constitutional isomerism)。例如，丁烷有两个同分异构体(isomer)，一个是直链的，另一个是带有支链的，它们的分子组成相同，分子式都是 C_4H_{10}，但结构不同，性质也不一样，它们互为同分异构体。丁烷的两个同分异构体结构式如下，部分物理性质见表 1-2。

$$CH_3—CH_2—CH_2—CH_3 \qquad H_3C—\underset{\underset{CH_3}{|}}{\overset{\overset{H}{|}}{C}}—CH_3$$

表 1-2　丁烷两个同分异构体的部分物理性质

名称	分子式	结构简式	状态	熔点/℃	沸点/℃	相对密度（d_4^{20}）
正丁烷	C_4H_{10}	$CH_3CH_2CH_2CH_3$	气态	−138.3	−0.5	0.6012
异丁烷	C_4H_{10}	$CH_3CH(CH_3)CH_3$	气态	−159	−12	0.6034

从同系列的概念可知，丁烷可以看作丙烷分子中的一个氢原子被甲基(—CH_3)取代。甲基取代丙烷碳链两端中任何一端的碳原子上的氢原子，则衍生出正丁烷。而甲基取代丙烷碳链中间的碳原子上的氢原子，则衍生出异丁烷。明显看出，这两种丁烷结构上的差异是由分子

中碳原子连接方式不同而产生的，这种异构现象称为碳链异构(carbon chain isomerism)。对于低级烷烃的同分异构体的数目和构造式，可通过碳链的不同直接推导出来。例如，推导己烷的异构体，步骤如下：

(1)写主链，即写烷烃的最长直链式。己烷分子式为 C_6H_{14}，最长碳链有六个碳原子，如下所示：

```
C—C—C—C—C—C
```

(2)写出少一个碳原子的直链式作为主链。把另一个碳原子作为支链(甲基)，依次取代直链上的各个碳原子的氢。不过，要注意甲基不能连在主链的两端(C_1 和 C_5)，这样所得的异构体实际上就是正己烷。同时，甲基连在 C_2 和 C_4 上，得到的是同一种化合物。

```
1  2  3  4  5        1  2  3  4  5
C—C—C—C—C           C—C—C—C—C
   |                       |
   C                       C
```

(3)写出少两个碳原子的直链式，把这两个碳原子当作两个支链(两个甲基)，或当作一个支链(一个乙基，$—C_2H_5$)，分别取代氢原子，连接在主链上，剔除重复的结构。

```
                          C
                          |
C—C—C—C               C—C—C—C
   |  |                   |
   C  C                   C
```

利用类似的方法，应写出少三个碳原子的主链，再分别用三个甲基、一个甲基和一个乙基、一个正丙基($CH_3CH_2CH_2—$)或一个异丙基[$CH_3CH(CH_3)—$]作为侧链，连在主链上。但所得的异构体都与以前写的重复，剔除不算。所以己烷共有五种可能的异构体。

```
CH3CH2CH2CH2CH2CH3    CH3CHCH2CH2CH3    CH3CH2CHCH2CH3
                         |                   |
                         CH3                 CH3

        CH3                 CH3
        |                   |
    CH3CHCHCH3        CH3CH2CCH3
          |                 |
          CH3               CH3
```

随着碳原子数的增加，碳原子的连接方式更加复杂，同分异构体的数目也将迅速增加。烷烃异构体的数目如表 1-3 所示。

表 1-3 烷烃同系列的异构体数目表

碳原子数	异构体数	碳原子数	异构体数
C_1	1	C_9	35
C_2	1	C_{10}	75
C_3	1	C_{11}	159
C_4	2	C_{12}	355
C_5	3	C_{13}	802
C_6	5	C_{14}	1858
C_7	9	C_{15}	4347
C_8	18	C_{16}	10359

续表

碳原子数	异构体数	碳原子数	异构体数
C_{17}	24894	C_{25}	3679588
C_{18}	60523	C_{30}	4111846763
C_{19}	147284	C_{40}	62481801147341
C_{20}	366319	…	…

从上述内容可以认识到构造式不仅能代表化合物分子的组成，而且能表明分子中各原子的结合次序。

为了方便书写，一般可以使用简化的式子，如结构式、结构简式、构造式、键线式。

结构式：

$$\begin{array}{ccccccccccccc} & & H & & H & & H & & H & & H & & H & & \\ & & | & & | & & | & & | & & | & & | & & \\ H & — & C & — & C & — & C & — & C & — & C & — & C & — & H \\ & & | & & | & & | & & | & & | & & | & & \\ & & H & & H & & H & & H & & H & & H & & \end{array}$$

结构简式：

$$CH_3CH_2CH_2CH_2CH_2CH_3 \text{ 或 } CH_3(CH_2)_4CH_3$$

构造式：

$$CH_3—CH_2—CH_2—CH_2—CH_2—CH_3$$

键线式：

1.1.3　烷烃中碳原子的类型

分析烷烃异构体的结构式可以看出，烷烃分子中的碳原子，按照它们与碳原子连接的情况，可以分为以下四种类型：

直接与 1 个碳原子相连的称为伯(primary)碳原子(也称一级碳原子)，用 1°表示；

直接与 2 个碳原子相连的称为仲(secondary)碳原子(也称二级碳原子)，用 2°表示；

直接与 3 个碳原子相连的称为叔(tertiary)碳原子(也称三级碳原子)，用 3°表示；

直接与 4 个碳原子相连的称为季(quaternary)碳原子(也称四级碳原子)，用 4°表示。

不同类型的碳原子分别标示为

$$\begin{array}{ccccccccccc} & & CH_3 & & & & & & & & \\ & & | & & & & & & & & \\ H_3C & — & \overset{4°}{C} & — & \overset{2°}{CH_2} & — & \overset{2°}{CH_2} & — & \overset{3°}{CH} & — & \overset{1°}{CH_3} \\ & & | & & & & & & | & & \\ & & CH_3 & & & & & & CH_3 & & \end{array}$$

与一、二、三级碳原子相连的氢原子分别称为一、二、三级氢原子(各自用 1°H、2°H、3°H 表示)。不同类型氢原子的反应性能有一定的差别，在烷烃的化学反应中表现出不同的活性。

1.2 烷烃的命名

有机化合物数量庞大，种类繁多，新的化合物又不断出现。即使分子式相同，也会有各种异构体。所以，统一而系统化的命名对有机化合物而言十分重要。烷烃常用的命名法有普通命名法和系统命名法。

1.2.1 普通命名法

根据分子中碳原子数目称为某烷。碳原子数从一到十的直链烷烃以天干名称甲、乙、丙、丁、戊、己、庚、辛、壬、癸表示。碳原子数在十以上时，用汉字数字十一、十二、十三……表示。例如：

$CH_3CH_2CH_2CH_2CH_2CH_3$ 正己烷(*n*-hexane)　　$CH_3(CH_2)_{11}CH_3$ 正十三烷(*n*-tridecane)

异构体可以在名称前加词头正、异、新来表示。“正”（normal，简写为“*n*-”）字用以表示直链烷烃，常可省略。“异”（iso，简写为“*i*-”）字可以表示一切带有支链的异构体，但通常是指链端第二位碳原子带有一个甲基支链的烷烃。“新”（*neo*-)字表示链端第二位碳原子上带有两个甲基支链的结构。例如：

$CH_3CH_2CH_2CH_2CH_3$ 正戊烷(*n*-pentane)

$CH_3CH(CH_3)CH_2CH_3$ 异戊烷(*i*-pentane)

$H_3CC(CH_3)_2CH_3$ 新戊烷(*neo*-pentane)

普通命名法一般只适用于简单的、碳原子数较少的烷烃。

1.2.2 烷基的命名

从烷烃分子中去掉一个氢原子后所得到的基团称为烷基(alkyl)，通常用“R—”表示。烷基的通式为$—C_nH_{2n+1}$，这里的“基”有一价的含义，烷基的英文词尾为“-yl”。

烷基的名称由相应的母体名称衍生得到，将母体名称的“烷”字换成“基”字。例如，从甲烷(CH_4)得到甲基($—CH_3$)，从乙烷得到乙基($—C_2H_5$)等。几种烷基的名称及其通用符号见表 1-4。

表 1-4 几种烷基的名称及其通用符号

中文名称	英文名称	通用符号	结构简式	中文名称	英文名称	通用符号	结构简式
甲基	methyl	Me	$CH_3—$	仲丁基	*s*-butyl	*s*-Bu	$CH_3CH_2CH(CH_3)—$
乙基	ethyl	Et	$CH_3CH_2—$	叔丁基	*t*-butyl	*t*-Bu	$CH_3C(CH_3)_2—$
正丙基	*n*-propyl	*n*-Pr	$CH_3CH_2CH_2—$	正戊基	*n*-amyl(*n*-pentyl)	*n*-amyl	$CH_3CH_2CH_2CH_2CH_2—$
异丙基	*i*-propyl	*i*-Pr	$CH_3CH(CH_3)—$	异戊基	*i*-amyl(*i*-pentyl)	*i*-amyl	$CH_3CH(CH_3)CH_2CH_2—$
正丁基	*n*-butyl	*n*-Bu	$CH_3CH_2CH_2CH_2—$	叔戊基	*t*-amyl(*t*-pentyl)	*t*-amyl	$CH_3CH_2C(CH_3)_2—$
异丁基	*i*-butyl	*i*-Bu	$CH_3CH(CH_3)CH_2—$	新戊基	*neo*-amyl(*neo*-pentyl)	*neo*-amyl	$C(CH_3)_3CH_2—$

此外，两价的烷基称为亚基，有两个自由价的基也称为亚基。例如：

$—CH_2—$	$—CH_2CH_2—$	$—CH_2CH_2CH_2—$
亚甲基 methylene	1,2-亚乙基 ethylene(dimethylene)	1,3-亚丙基 trimethylene
$H_2C=$	$CH_3CH=$	$(CH_3)_2C=$
亚甲基 methylidene	亚乙基 ethylidene	亚异丙基 isopropylidene

三价的烷基称为次基，命名中使用的次基限于三个价在同一个碳原子上的结构，英文词尾为“-ylidyne”。例如：

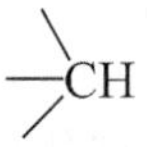

$>CH—$ 次甲基methylidyne　　$>C—CH_3$ 次乙基ethylidyne

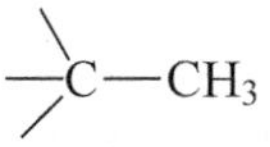

1.2.3 系统命名法

1892 年，日内瓦国际化学会议首次拟定了系统的有机化合物的命名法，称为日内瓦命名法或国际命名法，后来由国际纯粹与应用化学联合会(International Union of Pure and Applied Chemistry，IUPAC)多次修订，被世界各国普遍采用，简称 IUPAC 命名法。中国化学会根据国际通用的原则，结合汉语的特点制定了我国的系统命名法，最近的一次修订是 2017 年的《有机化合物命名原则》。

烷烃的系统命名法规则如下。

1. 直链烷烃的命名

系统命名法对于直链烷烃的命名和普通命名法相同，只是不用“正”字，称“某烷”。

例如，$CH_3CH_2CH_2CH_2CH_2CH_2CH_3$，普通命名法称为正庚烷(*n*-heptane)，系统命名法则称为庚烷(heptane)。

2. 支链烷烃的命名

系统命名法把支链烷烃当作是直链烷烃的氢原子被支链取代后所生成的烷基衍生物来命名。带支链的烷烃按支链为取代基的方式命名，该化合物中最长的链为主链，以此主链的名称为词根(后缀)，主链上的支链作为取代基，以前缀形式加在词根前，并标明在主链上的位次。此时主链的编号应使支链的位次最低，在有多条支链时，则采用最低(小)位次组的编号顺序。各支链取代基名称在 IUPAC 英文命名中按英文字母顺序在前缀中依次排列，但《有机化学命名原则》(1980)中则按其立体化学顺序规则中的大小，自小至大在前缀中依次排列。本书根据以上原则对各类有机化合物进行命名，下面介绍烷烃的命名。

(1)最长碳链。选择一个碳原子数最多的碳链作为主链，根据主链中所含碳原子个数称某烷。例如：

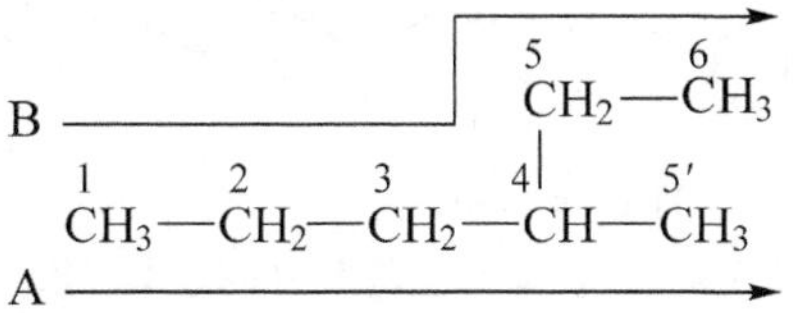

B: $\overset{1}{C}H_3—\overset{2}{C}H_2—\overset{3}{C}H_2—\overset{4}{C}H—\overset{5}{C}H_2—\overset{6}{C}H_3$

A: $\overset{1}{C}H_3—\overset{2}{C}H_2—\overset{3}{C}H_2—\overset{4}{C}H—\overset{5'}{C}H_3$

碳链 A 有 5 个碳原子，碳链 B 有 6 个碳原子，因此选碳链 B 为主链。

(2) 最多取代。主链以外的其他烷基看作主链上的取代基，若同一分子中有两条以上等长的主链时，则应选取支链数目最多的为主链。例如：

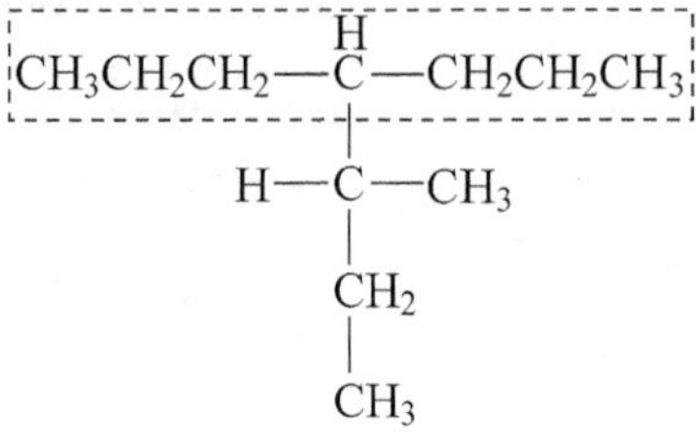
A

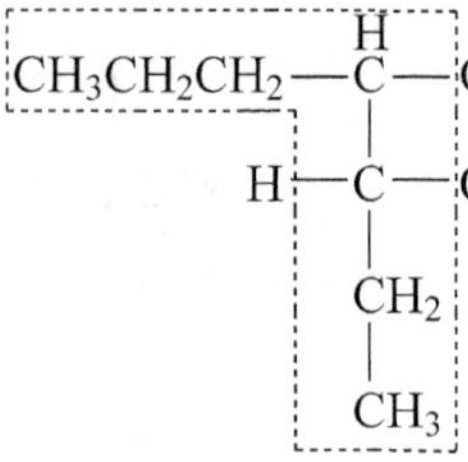
B

A 与 B 比较，A、B 的碳链一样长，但 B 的支链多，即取代基多，正确的选择是 B 为主链。

(3) 最近编号。在选定主链后，从靠近支链的一端开始，对主链碳原子的位次编号，用 1、2、3、4 等阿拉伯数字编号，读作 1 位、2 位、3 位、4 位等，支链碳原子的位次由它所连接的主链碳原子的号数来表示。位次和取代基名称之间要用短横线“-”连接起来，取代基的名称要写在母体名称之前。例如：

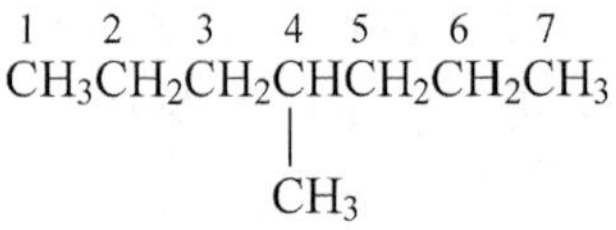
4-甲基庚烷

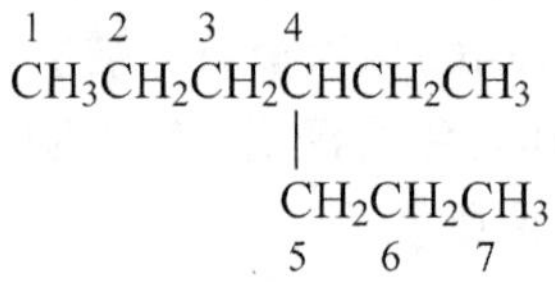
4-乙基庚烷

(4) 最小位序。如果主链上含有几个相同的取代基，合并相同的取代基，在取代基名称之前，用汉字数字二、三、四、五等表示取代基的数目，在英文名称中则用 di-、tri-、tetra-、penta-等表示。用阿拉伯数字表示取代基在主链上的位置，而且阿拉伯数字之间要用逗号隔开。取代基位次和取代基名称之间用“-”连接起来，取代基名称和母体名称间不用“-”连接。

如果主链上含有几个不同的取代基，取代基的排序规则按立体化学次序规则(参见 7.3.3.2 节)依次排列，让次序小的支链取代基在主链上的位序最小。当支链上还有支链时，按类似方式进行进一步命名。例如：

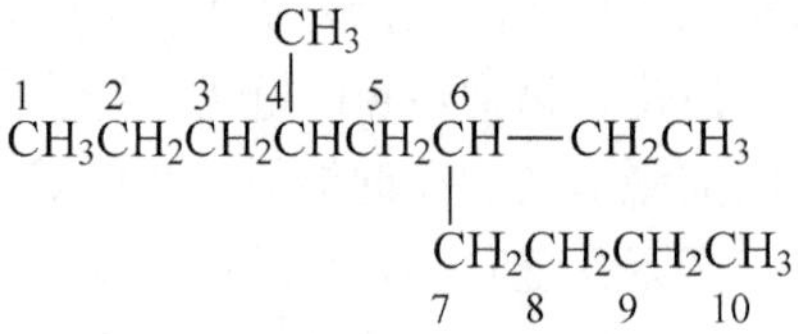
4-甲基-6-乙基癸烷

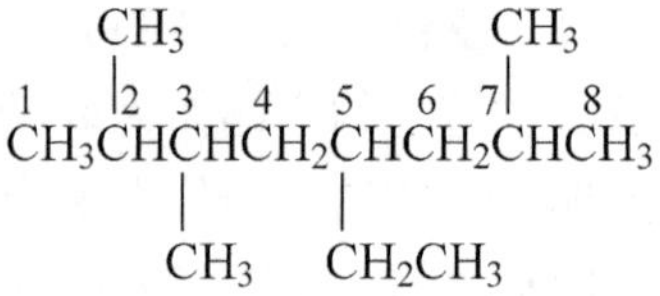
2,3,7-三甲基-5-乙基辛烷

(5) 写出名称。支链取代基在前，汉字之间不留空格，中文与数字之间用短线连接。例如：

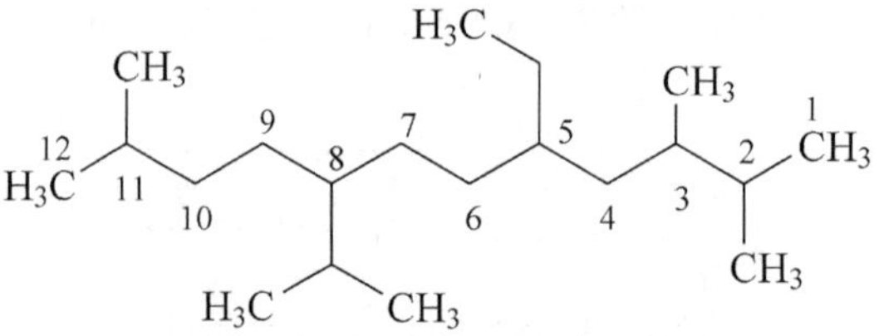
2,3,11-三甲基-5-乙基-8-异丙基十二烷

如果支链取代基上还有取代基时，也可采用编号的方法表示。从与主链相连的碳原子开始编号，用带撇的数字表示。也可以将支链取代基的名称放在括号中，而不用带撇的数字。例如：

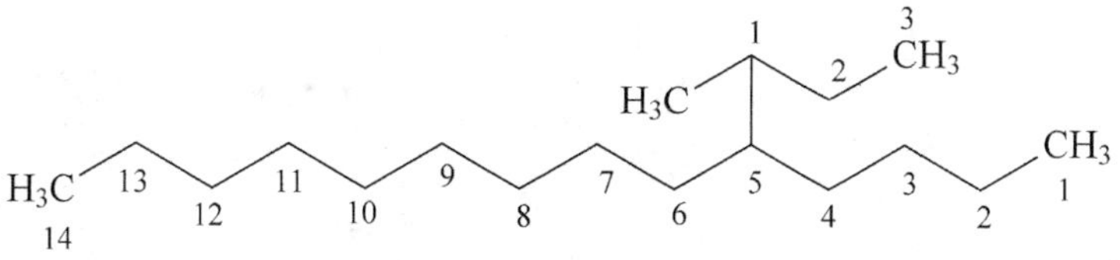

5-(1-甲基丙基)十四烷或5-1′-甲基丙基十四烷

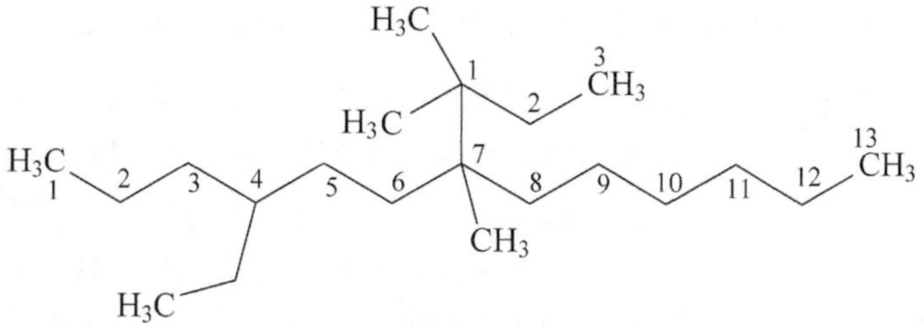

7-甲基-4-乙基-7-(1,1-二甲基丙基)十三烷或7-甲基-4-乙基-7-1′,1′-二甲基丙基十三烷

上述两个化合物的系统命名分别为：5-(1-甲基丙基)十四烷及 7-甲基-4-乙基-7-(1,1-二甲基丙基)十三烷。

1.3　烷烃的结构

1.3.1　甲烷的结构和 sp^3 杂化轨道

甲烷是最简单的烷烃，分子式为 CH_4，甲烷分子中四个氢原子是等价的，用其他原子取代其中任何一个氢原子，只能形成一个取代甲烷。实验测得甲烷中的碳原子具有正四面体构型的空间排列。碳原子居于正四面体的中心，和碳原子相连的四个氢原子处于四面体的四个角。四个 C—H 键是等同的，键长都是 0.11 nm，所有 H—C—H 的键角都是 109°28′，如图 1-1 所示。

碳原子基态的电子构型是 $1s^2 2s^2 2p_x^1 2p_y^1$。其中 $1s^2$ 和 $2s^2$ 轨道已经填满电子，2p 轨道上两个电子是未成键的价电子。价键理论认为碳原子应是二价，但实际上甲烷等有机物分子中的碳原子都表现为四价。鲍林(Pauling)提出了杂化轨道理论(hybrid orbital theory)解决了这一问题。按杂化轨道理论，在形成甲烷分子时，先从碳原子的 2s 轨道上激发一个电子到空的 $2p_z$ 轨道上，需要吸收约 401.7 $kJ \cdot mol^{-1}$ 能量，这些能量可以从所形成的两个 C—H 键释放出的能量得到补偿。这样就具有了四个各占据一个轨道的未成对的价电子，即形成 $1s^2 2s^1 2p_x^1 2p_y^1 2p_z^1$ 的电子层结构。碳原子在成键时，2s 轨道与 3 个 2p 轨道重新组合，形成四个等能量的新的原子轨道，称为 sp^3 杂化轨道，每个 sp^3 杂化轨道含有 $\frac{1}{4}$s 成分和 $\frac{3}{4}$p 成分，

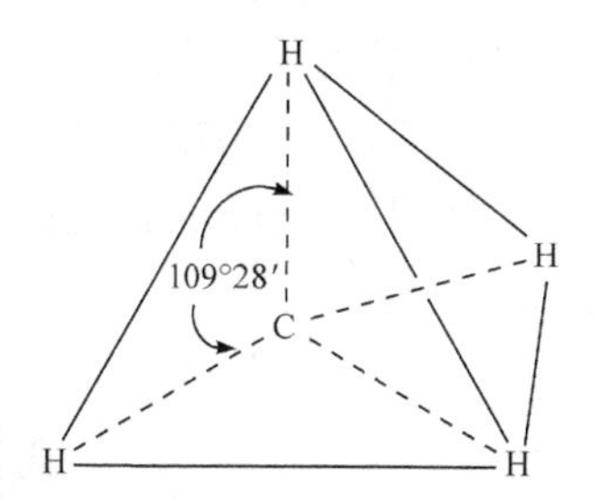

图 1-1　甲烷的正四面体构型

四个轨道彼此间的夹角为 109°28′。sp^3 杂化轨道具有方向性，一头大，一头小，它的空间取向是指向正四面体的顶点。如图 1-2 所示，(a)～(e) 中碳原子都是 sp^3 杂化。

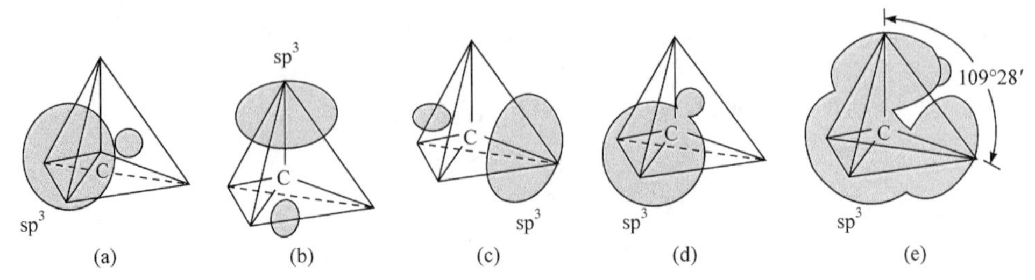

图 1-2　(a)～(d) 每个碳原子 sp^3 杂化轨道都指向四面体的角；(e) 碳原子核为中心的四个 sp^3 杂化轨道的排布

四个 sp^3 杂化轨道对称地排布在碳原子的周围，四面体中心引向四个顶点的四条直线形成的对称轴之间的夹角为 109°28′，这样的排布可以使价电子彼此离得最远，相互之间斥力最小。sp^3 杂化轨道的大头表示电子云偏向这一边，未杂化的 s 轨道和 p 轨道成键时没有 sp^3 杂化轨道重叠程度大，这样 sp^3 杂化轨道所形成的键比较牢固。当四个氢原子分别沿着 sp^3 杂化轨道对称轴方向接近碳原子时，氢原子的 1s 轨道可以与碳原子的 sp^3 杂化轨道进行最大程度的重叠，形成四个等同的 C—H 键，因此甲烷分子具有正四面体的空间结构，如图 1-3 所示。

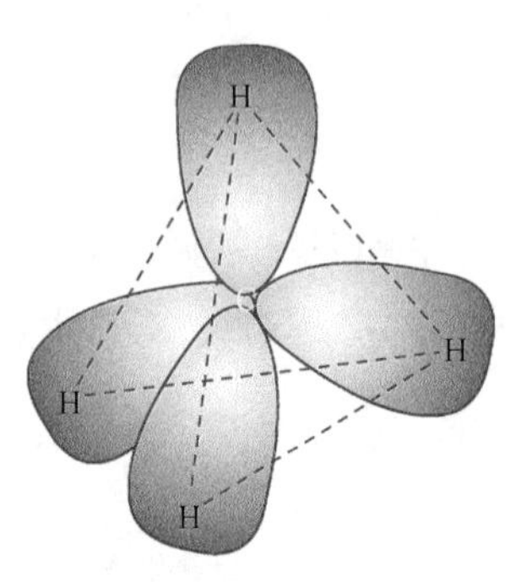

图 1-3　甲烷的四个 C—H σ 键 (sp^3-s)

甲烷分子中 C—H 键为 sp^3-s 键，即是沿着 sp^3 杂化轨道对称轴方向发生轨道重叠而形成的，这种键的电子云分布具有圆柱形的轴对称。在化学中，将两个轨道沿着轨道对称轴方向重叠形成的键称为 σ 键，以 σ 键相连接的两个成键原子可以围绕键轴自由旋转而不影响电子云的分布，电子云可以达到最大程度的重叠，所以比较牢固。

1.3.2　其他烷烃的结构

甲烷的结构用 sp^3 杂化轨道和正四面体模型得以说明，其他烷烃中的碳原子也是采用 sp^3 杂化轨道与其他原子形成 σ 键，也都具有正四面体的结构。例如，乙烷两个 sp^3 杂化的碳原子与六个氢原子结合，形成六个 C—H σ 键。两个碳原子之间也用 sp^3 杂化轨道沿键轴重叠形成 C—C σ 键，如图 1-4 所示。实验表明，乙烷分子中 C—C 键键长为 0.154 nm，C—H 键的平均键长为 0.11 nm，键角接近 109°28′。

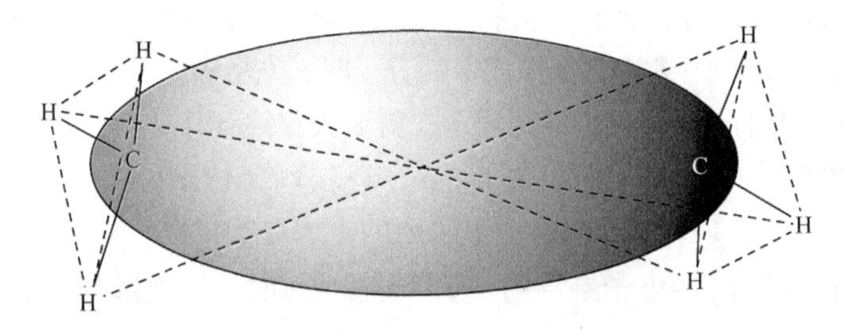

图 1-4　乙烷分子中的 C—C σ 键

烷烃分子中每个碳原子呈四面体结构，四个价键都是四面体构型分布。根据物理方法测定结果，除甲烷、乙烷外，其他烷烃分子的碳链呈锯齿形状，曲折地排布在空间。烷烃分子中各原子之间都是以 σ 键相连接，两个碳原子可以围绕键轴自由相对旋转，这样就形成了不同的空间排布。在气态和液态时，由于 σ 键自由旋转，烷烃的各种不同排布方式经常不断地互相转变；在结晶状态时，烷烃的碳链排列整齐，呈锯齿状。

1.4　烷烃的构象

1.4.1　乙烷的构象

乙烷分子可以看成由两个甲基组成，两个甲基绕着 C—C σ 键可以自由旋转。在旋转过程中，两个甲基上的氢原子的相对位置不断发生变化，这就形成了许多不同的空间排列方式。这种有一定构造的分子通过 σ 单键的旋转，形成各原子或原子团在空间的不同排列方式称为构象(conformation)。乙烷的构象可以有无数种，其中两种极端情况是交叉式构象和重叠式构象。交叉式构象是一个甲基上的氢原子正好处在另一个甲基的两个氢原子之间的中线上，重叠式构象是两个碳原子上的各个氢原子正好处在相互对映的位置上。从图 1-5 中可以清楚地看到乙烷分子中各原子在空间的不同排布。

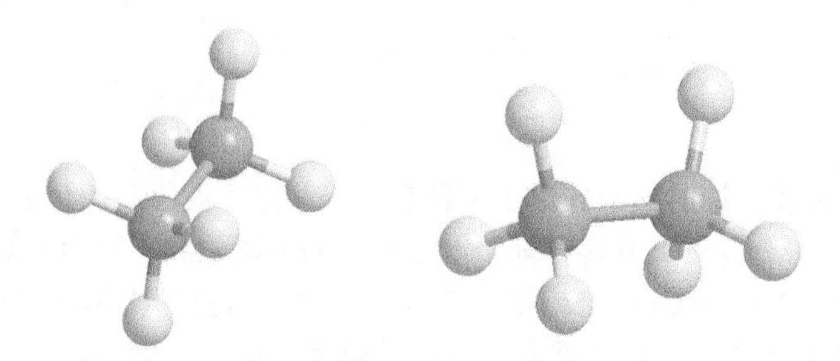

图 1-5　乙烷的球棍模型

在纸平面上可以更加形象地表示出乙烷分子的立体结构，几种表示方法如下：

(1) 伞形投影式，又称楔形透视式，是眼睛垂直于 C—C 键键轴方向看，实线表示键在纸平面，虚楔形线表示键伸向纸平面后方，实楔形线表示键伸向纸平面前方，如图 1-6 所示。

(2) 锯架透视式，是从 C—C 键键轴 45°方向看，每个碳原子上的其他三个键夹角均为 120°，如图 1-7 所示。

(3) 纽曼(Newman)投影式，是从 C—C 键的轴线上看，前面的碳原子(C_1)用 表示，后面的碳原子(C_2)用 表示。在重叠式中，C_2 上的氢与 C_1 上的氢是重叠的，是看不到的，但稍偏一个角度可以表示出来，如图 1-8 所示。

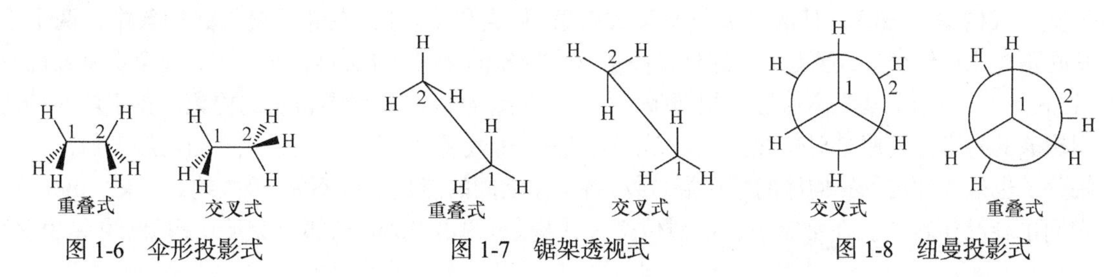

图 1-6　伞形投影式　　图 1-7　锯架透视式　　图 1-8　纽曼投影式

以上几种构象的表示方法经常会用到。伞形投影式、锯架透视式、纽曼投影式三者间可以相互转换，要能熟练地从一种表示方法转为另一种表示方法。

乙烷构象的能量变化曲线如图 1-9 所示，乙烷分子的重叠式构象中，前面碳上的氢原子和后面碳上的氢原子之间距离最近，斥力最大，则能量最高。交叉式构象中，前面碳上的氢原子和后面碳上的氢原子之间距离最远，相互间斥力最小，这种构象能量最低。其他构象的能量则处于交叉式和重叠式构象的能量之间。乙烷分子的重叠式与交叉式构象的热力学能不同，但差别较小，约为 12.5 kJ · mol^{-1}。在室温下乙烷分子的各种构象能迅速转化，因而乙烷的某一种构象异构体不能分离出来。

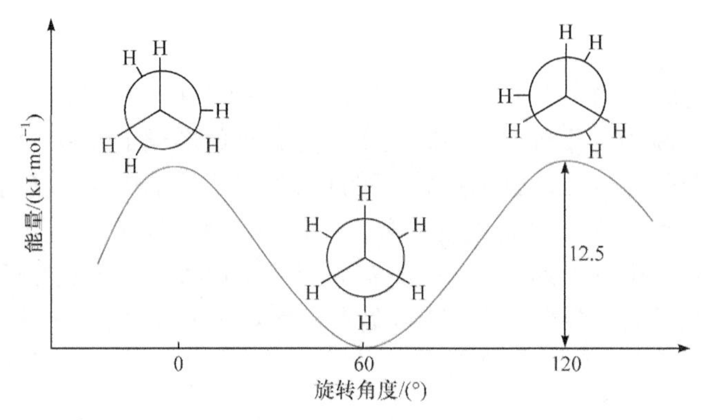

图 1-9　乙烷构象的能量变化曲线

1.4.2　丁烷的构象

正丁烷可以看成是乙烷的两个碳原子上各有一个氢原子被甲基取代的化合物。C_1—C_2 σ 键、C_2—C_3 σ 键和 C_3—C_4 σ 键旋转时都会产生相应的不同构象。这里只讨论分子沿 C_2—C_3 σ 键旋转时的构象。当 C_2—C_3 σ 键旋转时，出现无数种构象异构体，其典型构象有四种，即对位交叉式、邻位交叉式、部分重叠式和全重叠式，分别以纽曼投影式表示，如图 1-10 所示。

对位交叉式　邻位交叉式　部分重叠式　全重叠式

图 1-10　正丁烷的四种典型构象异构体

图 1-11 表示正丁烷构象的能量变化。从图 1-11 可以看出，在正丁烷的各个构象异构体中，体积较大的甲基离得最远时没有扭转张力，构象异构体的能量最低，出现的概率最大，是对位交叉式构象（Ⅰ式）。其次是邻位交叉式构象（Ⅲ式和Ⅴ式），在邻位交叉式构象中，两个甲基间距离比对位交叉式要近些，这样提高了这个构象的能量（约 3.3 kJ · mol^{-1}）。在全重叠式构象（Ⅳ式）中，两个甲基距离最近，扭转张力最大，能量最高，是最不稳定的构象。正丁烷四种典型构象的稳定性顺序是对位交叉式＞邻位交叉式＞部分重叠式＞全重叠式。与乙烷类似，正丁烷分子也是各种构象异构体的平衡混合物，各构象之间的能量差也不大（最大约 22.1 kJ · mol^{-1}），它们也能互相转变。在常温下，以对位交叉式构象（约占 70%）和邻位交叉式构象（约占 30%）

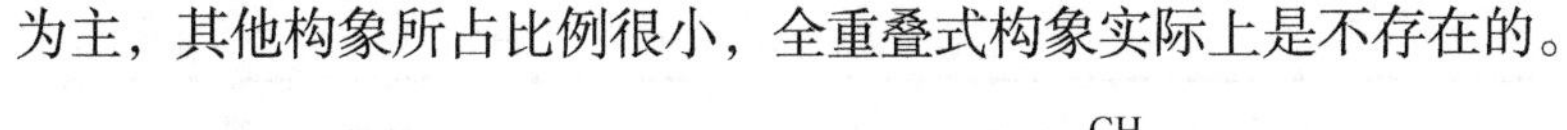
为主，其他构象所占比例很小，全重叠式构象实际上是不存在的。

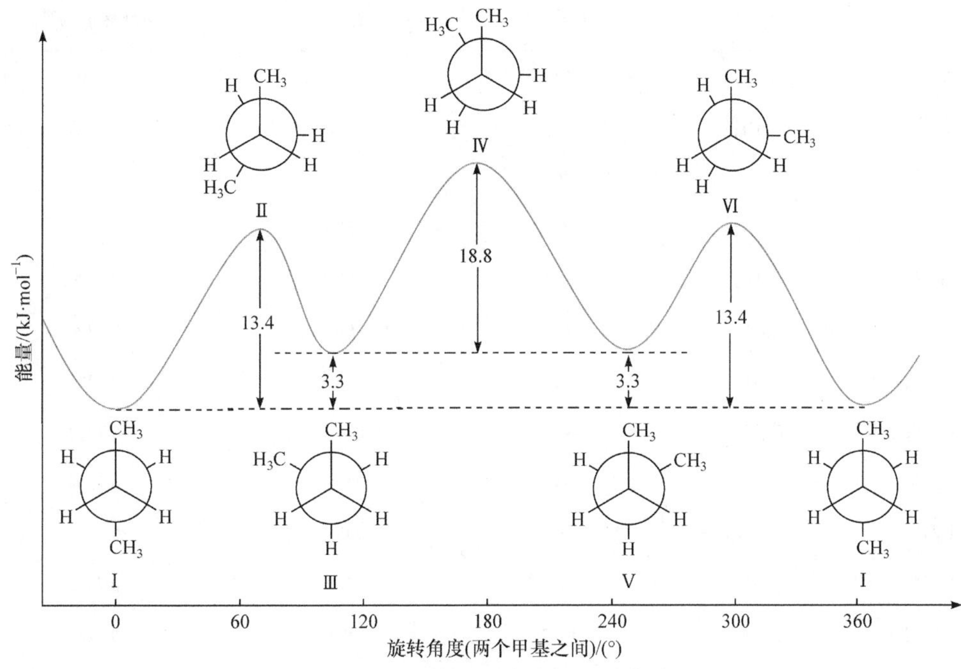

图 1-11　正丁烷不同构象的能量曲线

在多碳原子的直链烷烃中，它们的构象更复杂，但其构象存在的主要形式是相邻两个碳原子之间都取最稳定的对位交叉式构象，碳原子也呈锯齿形状排列，这样有利于分子在固态的晶体结构中排列更为紧密。

烷烃分子的构象对烷烃的物理性质和化学性质影响很大。

1.5　烷烃的物理性质

物质的物理性质主要包括颜色、状态、气味、密度、硬度、熔点、沸点、溶解性、导电性、热稳定性、折射率、偶极矩等。纯物质具有确定的物理常数，这也是鉴定物质和判断其纯度的参考数据。物质的结构决定物质的物理性质和化学性质，物质的物理性质可以为物质结构测定提供依据。同时，从物质的结构也可以推测物质的物理性质。一些烷烃的物理常数如表 1-5 所示。

表 1-5　一些烷烃的物理常数

名称	分子式	熔点/℃	沸点/℃	相对密度（d_4^{20}）
甲烷	CH_4	−182.3	−164	0.466（−164℃）
乙烷	C_2H_6	−183.5	−88.6	0.572（−108℃）
丙烷	C_3H_8	−189.7	−42.1	0.5005
丁烷	C_4H_{10}	−138.4	−0.5	0.6012

续表

名称	分子式	熔点/℃	沸点/℃	相对密度（d_4^{20}）
戊烷	C_5H_{12}	−129.7	36.1	0.6262
己烷	C_6H_{14}	−95	68.9	0.6603
庚烷	C_7H_{16}	−90.6	98.4	0.6838
辛烷	C_8H_{18}	−56.8	125.7	0.7025
壬烷	C_9H_{20}	−51	150.8	0.7126
癸烷	$C_{10}H_{22}$	−29.7	174	0.7298
十一烷	$C_{11}H_{24}$	−25.6	195.9	0.7402
十二烷	$C_{12}H_{26}$	−9.6	216.3	0.7487
十三烷	$C_{13}H_{28}$	−5.5	235.4	0.7564
十四烷	$C_{14}H_{30}$	5.9	253.7	0.7628
十五烷	$C_{15}H_{32}$	10	270.6	0.7685
十六烷	$C_{16}H_{34}$	18.2	287	0.7733
十七烷	$C_{17}H_{36}$	22	301.8	0.7780
十八烷	$C_{18}H_{38}$	28.2	316.1	0.7768
十九烷	$C_{19}H_{40}$	32.1	329.7	0.7774
二十烷	$C_{20}H_{42}$	36.8	343	0.7886
二十二烷	$C_{22}H_{46}$	44.4	368.6	0.7944
三十二烷	$C_{32}H_{66}$	69.4	467	0.7124

在常温常压下，碳原子数为1～4的烷烃是气体；碳原子数为5～17的正构烷烃是液体，碳原子数在18以上的是固体。挥发性的低级烷烃有特殊气味；高级烷烃很难挥发，没有气味。

1.5.1 沸点

烷烃的沸点大小取决于分子间的作用力，分子间引力越大，沸点就越高。因为烷烃是非极性物质，分子间只有色散力作用，所以烷烃的沸点一般很低。直链烷烃的沸点随相对分子质量的增加而升高。随着碳原子数的增加，每增加一个CH_2原子团引起的相对分子质量变化减小，导致相邻同系物间的沸点差别逐渐减小。正十二烷的沸点只比正十一烷高20.4℃。

相同碳原子数的烷烃异构体中，分子结构不同，导致分子间的接触面积有差异，分子间接触面积越小，范德华力就越弱，分子的沸点降低。相对分子质量相同的烷烃异构体，支链减少，沸点升高。除了低级同系列烷烃外，一般每增加一个CH_2原子团，沸点升高20～30℃。

$$\begin{array}{llll} & CH_3CH_2CH_2CH_2CH_3 & CH_3CHCH_2CH_3 \text{ (2-}CH_3) & H_3C-C(CH_3)_2-CH_3 \\ \text{沸点/℃} & 36.1 & 27.9 & 9.5 \end{array}$$

1.5.2　熔点

熔点是晶体物质熔化时的温度。分子间的作用力和晶格堆积的密集度决定烷烃的熔点大小。直链烷烃的熔点基本上也随着相对分子质量的增大而升高。偶数碳原子烷烃的熔点比奇数碳原子烷烃的熔点高。X射线衍射结构分析表明，固态直链烷烃的碳链在结晶中为锯齿形，但奇数碳原子链两端的甲基同处一侧，而偶数碳链两端的甲基分处两侧，这样使偶数碳链在晶格中排列比较紧密，范德华力大，熔点较高。

烷烃的同分异构体中，支链烷烃的熔点比直链烷烃的熔点低。一般来说，熔点是随着分子的对称性增加而升高，分子越对称，它们在晶格中的排列越紧密，熔点也越高。在几种戊烷异构体中，新戊烷熔点最高。

$$\begin{array}{llll} & CH_3CH_2CH_2CH_2CH_3 & CH_3CHCH_2CH_3 \text{ (2-}CH_3) & H_3C-C(CH_3)_2-CH_3 \\ \text{熔点/℃} & -129.7 & -159.9 & -16.6 \end{array}$$

1.5.3　溶解性

烷烃几乎不溶于水，而易溶于非极性有机溶剂如四氯化碳、乙醚等。溶质溶于溶剂是溶剂分子与溶质分子之间的相互引力代替了溶剂分子间、溶质分子间相互引力的结果。烷烃分子没有极性或极性很弱，而水是极性分子，烷烃分子和水分子之间的相互作用力不大，不足以拆开水分子之间较强的引力，包括氢键，所以烷烃不溶于水。甲烷分子之间的引力和甲烷与四氯化碳分子之间的引力大小相近，所以甲烷能溶于非极性溶剂四氯化碳。

相似相溶规律是结构相似的化合物，它们分子之间的引力也相近，可以彼此互溶。这是一条很有用的经验规律。溶解性的影响因素有很多，以后各章中还将进一步讨论。

1.5.4　密度

烷烃的密度比水小，都小于1 $g\cdot cm^{-3}$，变化随相对分子质量的增加而略有增大，但接近0.8 $g\cdot cm^{-3}$以后变化就不大了。密度的增加是由于分子间作用力随着相对分子质量的增加而增大，因而分子间的距离相对减小。支链烷烃的密度比直链烷烃要低一些。

1.5.5　折射率

折射率是光在真空中的传播速率与光在该介质中的传播速率的比值。分子的相对密度越大，结构越致密，折射率越大，直链烷烃的折射率变化值随相对分子质量的增加而增大。在一定波长和一定温度条件下测得的某物质的折射率是该物质固有的特性。折射率可用于物质的鉴定。

1.5.6 偶极矩

偶极矩是正、负电荷中心间的距离和电荷中心所带电量的乘积，其数学表达式为 $\mu = qd$，用符号 μ 表示，单位为德拜。分子偶极矩的大小可以用来衡量分子的极性。饱和烃一般是非极性分子，其分子偶极矩为零或接近于零。

1.6 烷烃的化学性质

烷烃在通常情况下化学性质不活泼。在常温下，烷烃与强酸、强碱、强氧化剂、强还原剂等都不易发生反应，所以烷烃在有机反应中常用作溶剂，如石油醚(含 C_5～C_6 的烷烃)、汽油、煤油等；用作润滑剂，如凡士林(含 C_{18}～C_{34} 的烷烃)。但是在一些特定条件下，如光、热、催化剂等，烷烃也能发生化学反应。

1.6.1 氧化反应

在室温和大气压下，烷烃一般不与氧化剂发生反应，与空气中的氧也不发生反应，在引发剂引发下可以发生部分氧化，生成各种含氧衍生物，如醇、醛、酸。

例如，以甲烷为原料，NO 作催化剂，在 600℃可以制得甲醛，在 1500℃可以通过部分氧化制乙炔。

$$CH_4 + O_2 \xrightarrow[600℃]{NO} HCHO + H_2O$$

$$6CH_4 + O_2 \xrightarrow{1500℃} 2HC{\equiv}CH + 2CO + 10H_2$$

甲烷在高温下与水的催化反应可以得到合成气(CO 与 H_2)。

$$CH_4 + H_2O \xrightarrow[850℃]{Ni} CO + 3H_2$$

在一定条件下，烷烃也可以只氧化为一定的含氧化合物。例如，在 $KMnO_4$、MnO_2 或脂肪酸锰盐的催化作用下，可制得代替天然油脂的高级脂肪酸。

$$RCH_2CH_2R' \xrightarrow[锰盐，1.5～3\ MPa]{O_2，120℃} RCOOH + R'COOH$$

烷烃和其他碳氢化合物一样都是可以燃烧的，燃烧生成二氧化碳和水，同时放出大量的热。例如：

$$CH_4 + 2O_2 \longrightarrow CO_2 + 2H_2O + 882\ kJ{\cdot}mol^{-1}$$

$$2C_2H_6 + 7O_2 \longrightarrow 4CO_2 + 6H_2O + 1538\ kJ{\cdot}mol^{-1}$$

1.6.2 热裂反应

热裂反应是指有机化合物在高温和无氧条件下发生碳碳键和碳氢键断裂的反应。在 450℃以上，不使用催化剂时一般为自由基反应。热裂反应是一个复杂的过程。反应条件不同，产物也不相同。大分子烷烃热裂可以生成相对分子质量较小的烷烃，还可能生成异构化的烷烃、烯烃和氢气。例如：

$$CH_3CH_2CH_2CH_3 \longrightarrow \begin{cases} CH_4 + CH_3CH{=}CH_2 \\ CH_2{=}CH_2 + CH_3CH_3 \\ H_2 + CH_3CH_2CH{=}CH_2 \end{cases}$$

$$CH_4 \xrightarrow{1000℃} CH{\equiv}CH + H_2$$

$$CH_4 \xrightarrow{>1000℃} C + H_2$$

在石油加工中，利用裂化反应可以提高汽油的产量和质量。从原油经过分馏得到的汽油只占原油的 10%～20%，利用加热的方法，可以使相对分子质量较大的烷烃断裂成汽油组分(C_6～C_9)。在 500～600℃和 5 MPa 下进行的裂化反应称为热裂化反应。热裂化反应的原料是石油分馏得到的煤油、柴油及重油等馏分，最多的是裂化重油。石油工业中，要提高石油的利用率，增加汽油的产量，提高汽油的质量，利用催化裂化可以达到。催化裂化是在催化剂存在下的裂化反应，把高沸点的重油转变为低沸点的汽油。催化裂化碳链断裂的同时，还有异构化、环化及脱氢反应，产物中烯烃较少，带支链的烷烃、环烷烃、芳香烃较多。催化裂化常用的催化剂是硅酸铝，在压力为 0.15～0.25 MPa、温度为 450～560℃条件下进行反应，可以极大地改善汽油的质量。由催化裂化得到的汽油已经占汽油总产量的 80%。

在石油化学工业中，将石油馏分在更高的温度(＞800℃)下进行深度裂化，即为裂解。其目的不在于生产燃料油，而是得到基本有机化工原料，如乙烯、丙烯、丁二烯、乙炔等低级烃。石油馏分的不同成分在不同条件下进行裂解，裂解产物主要是某些低级烯烃。

1.6.3　异构化反应

由化合物的一种异构体转变为另一种异构体的反应称为异构化反应(isomerization reaction)。在适当条件下，直链烷烃可以发生异构化反应转变为支链烷烃。例如：

$$CH_3CH_2CH_2CH_3 \xrightarrow{AlBr_3,\ HBr} \underset{\displaystyle\quad | \atop \displaystyle\quad CH_3}{CH_3CH} - CH_3$$

利用烷烃的异构化反应，使石油馏分中的直链烷烃异构化为支链烷烃以提高汽油的质量。

1.6.4　取代反应

有机化合物分子中的原子或原子团被其他原子或原子团取代的反应称为取代反应。烷烃中的氢原子被卤素取代生成卤代烃并放出卤化氢的反应称为卤代反应。一般的反应式为

$$R{-}H + X_2 \xrightarrow{光或加热} R{-}X + H{-}X$$

1. 甲烷的氯代反应

甲烷和氯气在黑暗中不发生反应，但在紫外光、热或某些催化剂作用下，与氯气反应得到各种氯代烷：

$$CH_4 \xrightarrow[-HCl]{Cl_2,\ 300～400℃} CH_3Cl \xrightarrow[-HCl]{Cl_2,\ 加热} CH_2Cl_2 \xrightarrow[-HCl]{Cl_2,\ 加热} CHCl_3 \xrightarrow[-HCl]{Cl_2,\ 加热} CCl_4$$

甲烷的氯代反应通常得到的是四种氯代产物的混合物，工业上常把这种混合物当溶剂使用，也可以通过精馏，使混合物一一分开，作为溶剂或试剂。反应条件和原料比对这四种氯

代产物的组成有很大的影响。若用大量甲烷，控制氯气的用量，主要得到一氯甲烷；若氯气过量，则主要产物是四氯甲烷。反应时间也影响产物组成。反应时间长，一般有利于得到多氯代甲烷。工业上可以通过控制不同的反应条件来生产甲烷的各种氯代物。

2. 烷烃中氢原子的相对反应活性

一般烷烃氯代反应的条件与甲烷的氯代反应相似，但产物更复杂。碳链较长的烷烃氯代时，反应在分子中不同碳原子上进行，取代不同的氢原子，氢原子的相对反应活性有差异，得到各种氯代烃。乙烷只能生成一种一氯代乙烷，丙烷、丁烷、异丁烷都能生成两种一氯代烷。以丁烷的一氯代反应为例：

$$CH_3CH_2CH_2CH_3 + Cl_2 \xrightarrow{光} \underset{\text{1-氯丁烷 27\%}}{CH_3CH_2CH_2CH_2Cl} + \underset{\text{2-氯丁烷 72\%}}{CH_3CH_2\underset{\displaystyle Cl}{\underset{|}{C}H}—CH_3} + HCl$$

丁烷分子中有 6 个伯氢，4 个仲氢，两种产物的数量之比应为 6∶4。但这两种异构体产物的数量比却并不是 6∶4，这说明伯、仲氢原子被氯取代的反应活性是不一样的。假设伯氢活性为 1，仲氢相对活性为 X，则可由氯代产物的数量比求得 X 的值。

$$\frac{\text{1-氯丁烷}}{\text{2-氯丁烷}}=\frac{\text{伯氢总数}}{\text{仲氢总数}}\times\frac{\text{伯氢的活性}}{\text{仲氢的相对活性}}$$

$$\frac{27}{72}=\frac{6}{4}\times\frac{1}{X}$$

解得 X=4，即氯代时，仲氢和伯氢的相对活性为 4∶1。

异丁烷的一氯代反应可得到 36%叔丁基氯和 64%异丁基氯。在异丁烷中，叔氢原子只有一个，伯氢原子则有九个，伯氢原子与叔氢原子被氯代的概率之比为 9∶1。但实际上取代产物之比却为 64∶36。计算叔氢对伯氢的相对反应活性。设伯氢的活性为 1，叔氢的相对活性为 X，则有

$$H_3C—\underset{\underset{\displaystyle CH_3}{|}}{\overset{\overset{\displaystyle CH_3}{|}}{CH}} + Cl_2 \xrightarrow{光} \underset{\text{叔丁基氯 36\%}}{H_3C—\underset{\underset{\displaystyle CH_3}{|}}{\overset{\overset{\displaystyle CH_3}{|}}{C}}—Cl} + \underset{\text{异丁基氯 64\%}}{H_3C—\underset{\underset{\displaystyle CH_2Cl}{|}}{\overset{\overset{\displaystyle CH_3}{|}}{CH}}}$$

$$\frac{64}{36}=\frac{9}{1}\times\frac{1}{X},\quad X=5.06$$

即氯代时叔氢和伯氢的相对活性为 5∶1。

由此可以得出烷烃中氢原子的反应活性次序为：叔氢＞仲氢＞伯氢。

3. 烷烃与其他卤素的取代反应

在光、热、催化剂的作用下，氯、溴能与烷烃发生反应。室温下，叔、仲、伯氢原子对溴代的相对活性为 2000∶100∶1。溴与烷烃反应的反应活性比氯小，但溴的选择性更好，烷烃分子中的叔氢原子或仲氢原子总是被溴取代，在有机合成中溴代反应更有用。

$$CH_3CH_2CH_3 \xrightarrow[\text{光，127℃}]{Br_2} \underset{3\%}{CH_3CH_2CH_2Br} + \underset{97\%}{CH_3CH(Br)CH_3}$$

$$CH_3CH_2CH_2CH_3 \xrightarrow[\text{光，127℃}]{Br_2} \underset{2\%}{CH_3CH_2CH_2CH_2Br} + \underset{98\%}{CH_3CH(Br)CH_2CH_3}$$

$$(CH_3)_3C\text{—}H \xrightarrow[\text{光，127℃}]{Br_2} \underset{\text{痕量}}{(CH_3)_2C(H)CH_2Br} + \underset{>99\%}{(CH_3)_3C\text{—}Br}$$

氟与烷烃反应时，反应剧烈并放出大量热，不易控制反应，甚至会引起爆炸，所以氟可在惰性气体稀释下进行烷烃的氟化反应。碘与烷烃则不能得到碘代烷，碘代烷只能用其他方法制备。只有氯代与溴代反应具有实用价值。

烷烃中不同的氢原子被卤原子取代的难易为什么不同？这与烷基自由基的稳定性有关。实验证明，各种类型的氢原子卤代反应的活化能由叔氢到伯氢到甲烷递增，见表 1-6。

表 1-6 R—H + X· ⟶ R· + H—X卤代反应的活化能(kJ · mol^{-1})

R	X=Cl	X=Br
CH_3	16.7	75.3
1°C	4.2	54.4
2°C	2.1	41.8
3°C	0.42	31.4

烷烃分子中伯、仲、叔氢原子活性的差异由碳氢键解离能大小决定。

		键解离能/(kJ · mol^{-1})
伯氢	$CH_3CH_2CH_2$—H	410
仲氢	$(CH_3)_2CH$—H	395
叔氢	$(CH_3)_3C$—H	380

碳伯氢键的解离能最大，因此这个键最难断裂，伯氢原子的活性最低。

1.7 甲烷氯代反应机理及能量变化

反应机理(reaction mechanism)又称反应历程，是指化学反应所经历的途径或过程，是以大量实验事实为依据做出的理论推导，是有机化学理论的主要组成部分。

1.7.1 甲烷的氯代反应机理

甲烷与氯气的反应有如下实验事实：①两者在室温暗处混合不反应；②有紫外线或温度高于 250℃发生反应；③反应进行十分迅速，甚至爆炸；④用光引发反应，吸收一个光子就能产生几千个氯甲烷分子；⑤反应得到混合物；⑥是放热反应。根据上述事实的特点可以判断，甲烷的氯代是自由基型的取代反应，反应机理如下。

1. 链引发阶段

$$Cl:Cl \xrightarrow{\text{光}} 2Cl\cdot$$

氯分子在高温或光照下吸收能量，Cl—Cl 共价键均裂为两个氯原子即氯自由基，称为链的引发，之后反应进入第二阶段。

2. 链传递阶段

氯自由基与甲烷分子碰撞，夺取甲烷分子中的氢，生成甲基自由基和氯化氢。甲基自由基继续撞击氯分子，可夺取一个氯原子生成一氯甲烷和一个新的氯自由基。新生成的氯自由基也可以夺取新生成的一氯甲烷中的氢原子而生成氯化氢和氯甲基自由基。生成的氯甲基自由基又与氯分子作用，得二氯甲烷和氯自由基。氯自由基又继续与二氯甲烷的氢原子作用，生成二氯甲基自由基。二氯甲基自由基又继续与氯分子作用生成三氯甲烷和氯自由基。氯自由基又继续与三氯甲烷中的氢原子作用生成三氯甲基自由基。三氯甲基自由基又与氯分子作用生成四氯甲烷和氯自由基。

$$Cl\cdot + CH_4 \longrightarrow HCl + \cdot CH_3$$

$$\cdot CH_3 + Cl_2 \longrightarrow CH_3Cl + Cl\cdot$$

$$Cl\cdot + CH_3Cl \longrightarrow HCl + \cdot CH_2Cl$$

$$\cdot CH_2Cl + Cl_2 \longrightarrow CH_2Cl_2 + Cl\cdot$$

$$Cl\cdot + CH_2Cl_2 \longrightarrow \cdot CHCl_2 + HCl$$

$$\cdot CHCl_2 + Cl_2 \longrightarrow CHCl_3 + Cl\cdot$$

$$Cl\cdot + CHCl_3 \longrightarrow \cdot CCl_3 + HCl$$

$$\cdot CCl_3 + Cl_2 \longrightarrow CCl_4 + Cl\cdot$$

反应如此循环，得到多取代甲烷的衍生物，该过程称为链传递阶段。其特点是每一步都能消耗一个活性自由基，并为下一步反应提供一个活性自由基，自由基的数量不因链的增长而减少，反应物一旦有少量自由基生成，则可连续进行。但当自由基相互结合而失去活性时，这个连续反应就终止了。

3. 链终止阶段

随着反应的进行，自由基之间相互碰撞，形成稳定的分子从而使反应终止。这个阶段称为链终止。

$$Cl\cdot + Cl\cdot \longrightarrow Cl_2$$

$$Cl\cdot + \cdot CH_3 \longrightarrow CH_3Cl$$

$$\cdot CH_3 + \cdot CH_3 \longrightarrow CH_3CH_3$$

$$\cdot CH_2Cl + Cl\cdot \longrightarrow CH_2Cl_2$$

$$\cdot CHCl_2 + Cl\cdot \longrightarrow CHCl_3$$

$$\cdot CCl_3 + Cl\cdot \longrightarrow CCl_4$$

甲烷与氯气反应每一步都会消耗一个活泼的自由基，同时产生一个新自由基，一环扣一环连续地进行下去，整个反应像一个链锁，所以称为自由基链反应(free radical chain reaction)。

自由基链反应常用链引发、链传递、链终止三个阶段来表示。链引发阶段由紫外线、热、过氧化物引起，分子吸收能量并产生活性自由基。在链传递阶段，从一步反应到多步反应，每一步消耗一个活性自由基同时又为下一步产生一个活性自由基。在链终止阶段，活性自由基被氧化不再产生自由基。有利于自由基产生和传递的因素都有利于卤代反应的进行。

实验表明，在甲烷和氯气的混合物中，加入很少量的一种碳原子与金属原子间形成了化学键的有机金属化合物，如四乙基铅(0.1%)，能使引发反应所需温度从400℃降低至150℃。这是因为当加热到150℃时，四乙基铅分解为金属铅和乙基自由基，乙基自由基与氯气反应生成氯原子，即氯自由基，反应进入链引发阶段，四乙基铅这种物质称为自由基引发剂。如果甲烷与氯气反应的体系中含有少量氧气，结果是氧气被消耗完，反应才发生，这是因为甲基自由基与氧气分子结合生成活性较低的过氧自由基(R—O—O•)，从而中断了链反应。能使反应减慢或停止的物质(如氧气)称为抑制剂，通常用于阻止自由基反应发生。

1.7.2 甲烷氯代反应过程中的能量变化

化学反应中反应物和产物间的能量变化在很大程度上决定了该反应能否发生或是否容易发生。断裂一个共价键需要吸收能量，形成一个共价键则要释放能量，一个化学反应可以由反应物和产物共价键解离能(表1-7)变化值估算该反应的能量变化。反应热是反应物和产物之间的能量差(ΔH，单位 $kJ\cdot mol^{-1}$)。显然，放热反应一般比吸热反应更容易进行。例如，甲烷一氯代反应中，需断裂 CH_3—H 键和 Cl—Cl 键，吸收能量 $439.3+242.7=682.0\,(kJ\cdot mol^{-1})$，同时有 CH_3—Cl 键和 H—Cl 键形成，放出热量 $355.6+431.8=787.4\,(kJ\cdot mol^{-1})$，则该反应放出热量 $\Delta H=682.0-787.4=-105.4\,(kJ\cdot mol^{-1})$，即

$$CH_3—H + Cl—Cl \xrightarrow{\text{光或加热}} CH_3—Cl + H—Cl \quad \Delta H = -105.4\ kJ\cdot mol^{-1}$$

$$\Delta H = [E_1(CH_3—H) + E_2(Cl—Cl)] - [E_3(CH_3—Cl) + E_4(H—Cl)]$$

$$\Delta H = (439.3 + 242.7) - (355.6 + 431.8) = -105.4\,(kJ\cdot mol^{-1})$$

表1-7 一些常见化学键的解离能$(kJ\cdot mol^{-1})$

名称	H	F	Cl	Br	I	OH	CH_3	CH_3O
氢	436.0	568.2	431.8	366.1	298.3	498.0	419.3	
甲基	439.3	460.2	355.6	297.1	238.5	389.1	376.6	334.0
乙基	410.0	451.9	334.7	284.5	221.8	382.8	359.8	334.0
正丙基	410.0	447.7	338.9	284.5	221.8	384.9	361.9	334.0
异丙基	397.5	445.6	338.9	284.5	223.8	389.1	359.8	336.0
叔丁基	380.0		328.1	263.o	207.0	378.0		326.0
苯基	464.4	527.2	401.7	336.8	272.0	464.4	426.8	
卤素		154.8(F)	242.7(Cl)	192.5(Br)	150.6(I)			

根据过渡态理论(transition state theory)，化学反应不是通过反应物分子的简单碰撞就能完成，能量足够高的反应物微粒通过有效碰撞，先形成一个不稳定的过渡态，即活化络合物(activated complex)。在活化络合物中，一些旧的化学键已经减弱，一些新的化学键正在形成。活化络合物一经生成，马上发生进一步的变化，一部分变为产物。活化络合物的能量与反应物的平均能量之差就是反应的活化能(activation energy)，用 E_a 表示。以甲烷氯代反应为例，各步反应的反应热数值和活化能数据如下所示：

$$(1)\ Cl:Cl \xrightarrow{光} 2Cl\cdot \qquad \Delta H = +242.7\ kJ\cdot mol^{-1}$$

$$(2)\ Cl\cdot + CH_3—H \longrightarrow H—Cl + \cdot CH_3 \qquad \Delta H_1 = +7.5\ kJ\cdot mol^{-1},\ E_{a1} = +16.7\ kJ\cdot mol^{-1}$$

$$(3)\ \cdot CH_3 + Cl—Cl \longrightarrow CH_3—Cl + Cl\cdot \qquad \Delta H_2 = -112.9\ kJ\cdot mol^{-1},\ E_{a2} = +8.3\ kJ\cdot mol^{-1}$$

反应(1)是链引发，要将 Cl_2 断键形成 Cl•，与 CH_4 分子发生反应，需要 242.7 kJ · mol^{-1}。尽管甲烷氯代反应整体是放热反应，但是要让反应引发开始，只有在高温或光照条件下，提供足够能量才能使反应进行。反应(2)是 CH_4 分子与 Cl•反应产生•CH_3 与 HCl，需吸热 7.5 kJ · mol^{-1}。实验表明，必须提供 16.7 kJ · mol^{-1} 的能量，才能使该反应发生。这是因为具有较高能量的反应物微粒之间发生碰撞，才能克服它们之间的范德华斥力，发生反应。反应(2)和反应(3)是链传递，分子需要 16.7 kJ · mol^{-1} 的活化能(E_{a1})才能越过势能最高点(第一过渡态)，形成•CH_3 与 HCl(图 1-12)。反应(3)尽管是放热反应，但也需要活化能(E_{a2})才能越过第二个势能最高点(第二过渡态)形成 CH_3Cl 分子与 Cl•。第一过渡态的活化能高于第二过渡态的活化能，反应(2)是甲烷氯代反应中决定反应速率的一步，即为决速步骤(rate determining step)。图 1-12 是甲烷氯代反应过程中的势能变化图。

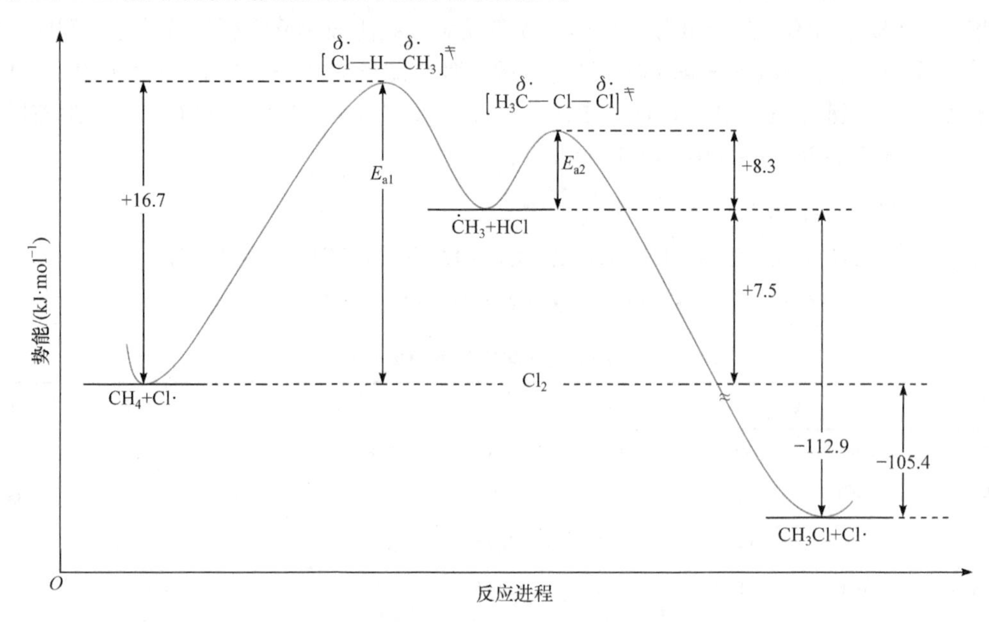

图 1-12 甲烷与氯自由基反应的势能变化图

从上述讨论得出，甲烷氯代反应中有链传递[反应(2)和反应(3)]的两步，活化能分别为 16.7 kJ · mol^{-1} 和 8.3 kJ · mol^{-1}，而在链引发阶段[反应(1)]需要 242.7 kJ · mol^{-1} 较高的活化能。所以在氯气与甲烷开始反应时需要一定能量，如光或热，产生了自由基氯原子之后，反应可继续进行。

1.8 烷烃的天然来源

石油和天然气是烷烃在自然界中的主要来源。天然气是埋藏在地下的可燃性气体，其主要成分为 75%的甲烷、15%的乙烷、5%的丙烷和相对分子质量较大的高级烷烃。我国是世界上最早开发和利用天然气的国家，早在约公元前 250 年，在修建都江堰工程时就发现了天然气。天然气可直接作为燃料使用，如在 1600 多年以前，开始以天然气为燃料制取井盐；也可用作化工原料，如制造氢气、一氧化碳、乙炔、甲醛、甲酸、氢氰酸等。

天然气水合物(natural gas hydrate，简称 gas hydrate)分布于深海沉积物或陆域的永久冻土中，是由天然气与水在高压低温条件下形成的类冰状的结晶物质。因其外观像冰一样而且遇火即可燃烧，所以又称为“可燃冰”(combustible ice)或“固体瓦斯”和“气冰”。天然气水合物在自然界广泛分布在大陆永久冻土、岛屿的斜坡地带、活动和被动大陆边缘的隆起处、极地大陆架以及海洋和一些内陆湖的深水环境。美国科学家科温沃登(Kvenvolden)预测全球天然气水合物资源量为 $2.1\times10^{16}\ m^3$，相当于 21 万亿吨石油当量。

石油是古代生物经过细菌、地热、压力及无机物等漫长的催化作用演化形成的深褐色黏稠液体，含有烷烃、环烷烃和芳香烃，是多种烃类的混合物，组分随产地不同而不同。在石油工业中，通过分馏将石油分离成不同的部分(馏分)加以利用(表 1-8)。

表 1-8　石油的主要馏分

馏分	分馏区间(沸程)/℃	主要成分	应用
石油气	<40	C_1～C_4	燃料、液化石油气、化工原料
石油醚	40～60	C_5～C_6	溶剂
汽油	40～150	C_5～C_8	内燃机燃料、溶剂
溶剂油	120～150	C_7～C_9	溶剂
航空煤油	150～250	C_{10}～C_{15}	喷气燃料
煤油	160～310	C_{11}～C_{17}	燃料、洗涤油
柴油	180～350	C_{12}～C_{19}	柴油机燃料
重质油	>350	C_{20}以上	润滑、制药、涂料、燃料、建筑材料

汽油(petrol)是广泛使用的燃料油。汽油在内燃机中燃烧时会发生爆燃或爆震，这会降低发动机的功率并损伤发动机，因此通常在汽油中加入添加剂以降低汽油的爆震性。汽油的质量可以用辛烷值(octane value)表示，将 2, 2, 4-三甲基戊烷的辛烷值定为 100，汽油的辛烷值就是按照一定的测量方法比较得出的。汽油的辛烷值高，代表汽油的质量好，爆震性小。直链烷烃的辛烷值比支链烷烃低，可以通过催化重整，将石脑油中六个碳以上成分芳构化成芳香烃来提高辛烷值；也可以进行催化裂化提高直链烷烃的辛烷值。过去要提高汽油的辛烷值，常加入四乙基铅作为抗震剂，但铅化合物有毒，严重污染大气，危害人类健康，现改用甲基叔丁基醚及其他新型抗震剂来代替。

参 考 文 献

冯骏材, 郑文华, 王少仲. 2019. 有机化学[M]. 2 版. 北京: 科学出版社
李小瑞. 2019. 有机化学[M]. 2 版. 北京: 化学工业出版社
李艳梅, 赵圣印, 王兰英. 2014. 有机化学[M]. 2 版. 北京: 科学出版社
孙贺平, 吴毓林. 2014. 取代基在有机化合物系统命名中的排序问题[J]. 大学化学, 29(5): 47-51
孙贺平, 吴毓林. 2015. 有机化合物系统命名中各种“基”的命名建议[J]. 大学化学, 30(2): 61-63
邢其毅, 裴伟伟, 徐瑞秋, 等. 2016. 基础有机化学[M]. 4 版. 北京: 北京大学出版社

徐寿昌. 2014. 有机化学[M]. 2 版. 北京：高等教育出版社

习　　题

1. 用系统命名法命名下列化合物。

(1) $CH_3CH(CH_3)CH_2CH_2C(CH_3)_2CH_2CH(CH_3)_2$

(2) $(CH_3)_3CCH_2CH_2CH(CH_3)_2$

(3) 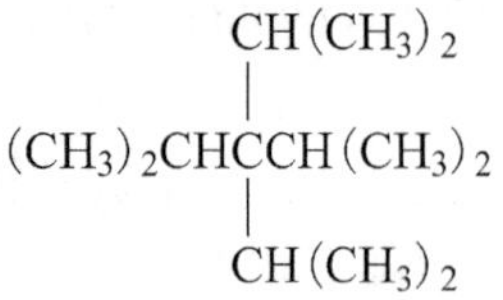
$$\begin{array}{c} CH(CH_3)_2 \\ | \\ (CH_3)_2CHCCH(CH_3)_2 \\ | \\ CH(CH_3)_2 \end{array}$$

(4) 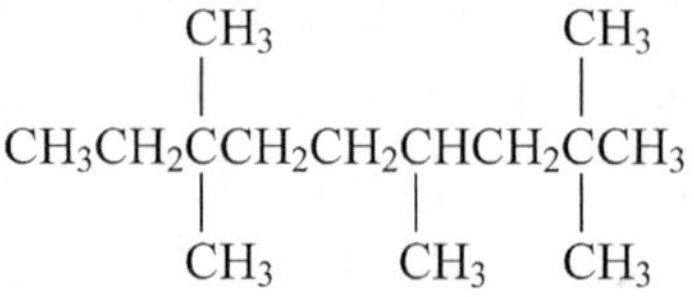
$$\begin{array}{l} \qquad\qquad\quad CH_3 \qquad\qquad\qquad\quad CH_3 \\ CH_3CH_2\overset{|}{\underset{|}{C}}CH_2CH_2\underset{|}{C}HCH_2\overset{|}{\underset{|}{C}}CH_3 \\ \qquad\qquad\quad CH_3 \qquad\quad CH_3 \quad CH_3 \end{array}$$

(5) 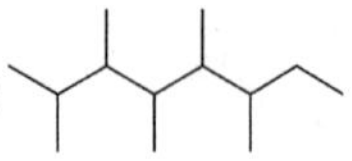　　　　(6)

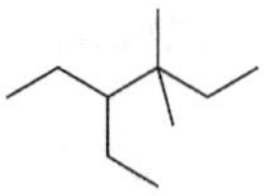

(7) 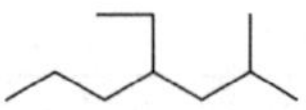　　　　(8)

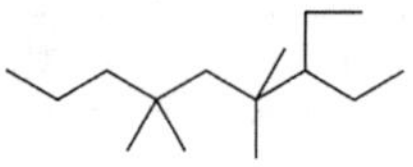

2. 写出下列各化合物的结构简式。

(1) 2,5-二甲基辛烷　　(2) 2,3,4-三甲基戊烷

(3) 2,2,5-三甲基-4-丙基辛烷　　(4) 2,2,4,4-四甲基-3-乙基庚烷

(5) 2-甲基-4-乙基己烷　　(6) 2,3,5-三甲基-4-异丙基辛烷

3. 写出 C_6H_{14} 的可能异构体的结构式，并用系统命名法命名。

4. 标出下列化合物中的伯、仲、叔、季碳原子。

(1) 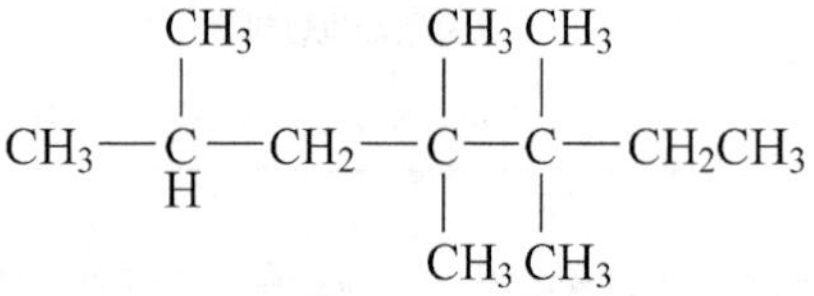
$$\begin{array}{ccccccccc} & & CH_3 & & & & CH_3 & & CH_3 & \\ & & | & & & & | & & | & \\ CH_3 & — & \underset{H}{C} & — & CH_2 & — & C & — & C & — CH_2CH_3 \\ & & & & & & | & & | & \\ & & & & & & CH_3 & & CH_3 & \end{array}$$

(2)
$$\begin{array}{ccccc} & & CH_3 & & \\ & & | & & \\ CH_3 & — & C & — & CH_2CH_2CH(CH_3)_2 \\ & & | & & \\ & & CH_3 & & \end{array}$$

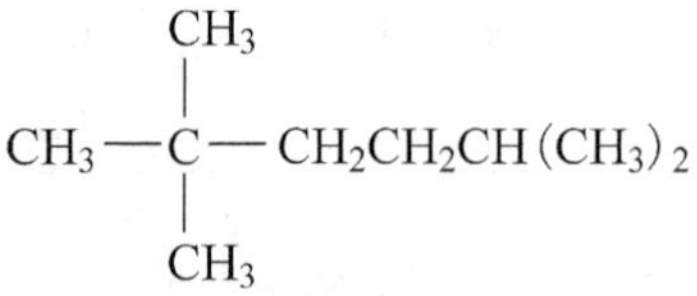

5. 不用查表，将下列化合物按沸点从高到低的次序排列。

(1) 正戊烷　　(2) 2-甲基戊烷　　(3) 2-甲基庚烷　　(4) 2,2-二甲基丁烷

(5) 正庚烷　　(6) 正己烷　　(7) 2,2-二甲基丙烷　　(8) 正辛烷

6. 某烷烃的相对分子质量为 86，根据其一溴产物的个数画出烷烃的结构。

(1) 两个一溴代产物　　(2) 三个一溴代产物

(3) 四个一溴代产物　　(4) 五个一溴代产物

7. 以 $C_2—C_3$ σ 键为轴旋转，用纽曼投影式写出 2,3-二甲基丁烷最稳定和最不稳定的构象，并写出该构象的名称。

8. 将下列纽曼投影式改为锯架透视式，锯架透视式改为纽曼投影式。

(1) 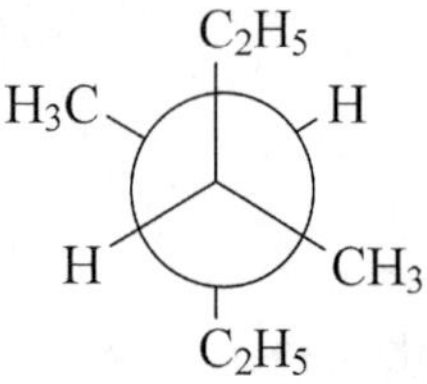 C_2H_5；H_3C；H；H；CH_3；C_2H_5

(2) H；Br；Cl；C_2H_5；CH_3；H

(3) H；Cl；CH_3；H_3C；C_2H_5；H

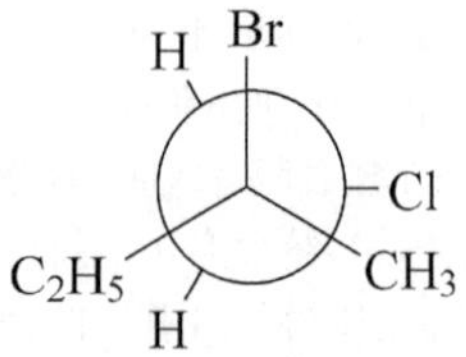

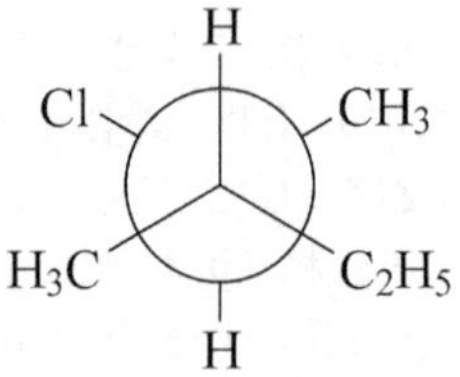

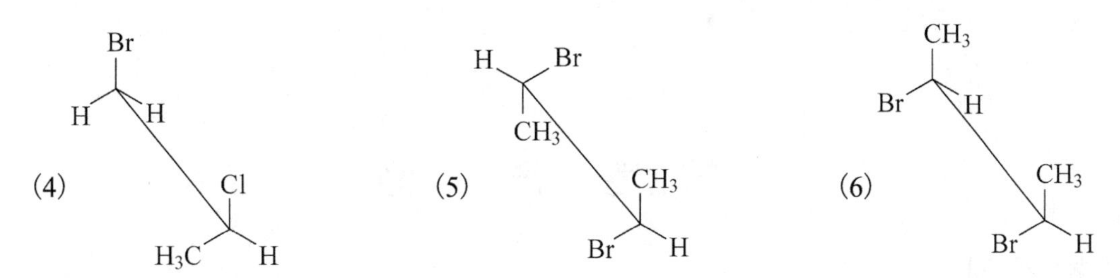

9. 某饱和烷烃相对分子质量为 114，在光照条件下与氯气反应，仅能生成一种一氯代产物，试推出其结构式。

10. 如果烷烃溴代时，不同类型氢原子溴代的相对活性为伯氢：仲氢：叔氢=1：80：1600，试预测 2-甲基丙烷发生溴代反应时各种一溴代产物的含量。

11. 比较下列自由基的稳定性大小。

(1) $\dot{C}H_3$　　(2) $CH_3\dot{C}HCH_3$

(3) $CH_3CH_2\dot{C}H_2$　　(4) $CH_3CH_2\dot{C}(CH_3)_2$

第 2 章　烯　　烃

【学习要求】

(1) 掌握烯烃的命名和顺反异构。

(2) 了解烯烃的物理性质。

(3) 掌握烯烃的亲电加成反应、氧化反应、α-氢反应等化学性质。

(4) 掌握烯烃的制备方法。

含有碳碳双键 C═C 的不饱和烃称为烯烃。C═C 为烯烃的官能团。分子中只有一个碳碳双键的烯烃称为单烯烃，其分子比相应的烷烃少两个氢原子。单烯烃通式为 C_nH_{2n}，不饱和度为 1。不饱和度计算公式为

$$\Omega = n_{\mathrm{C}} + \frac{n_{\mathrm{N}} - n_{\mathrm{H}} - n_{\mathrm{X}}}{2} + 1$$

其中，n_{X} 为卤素等–1 价元素的原子个数；n_{H} 为氢原子的个数；n_{N} 为氮原子的个数；氧、硫等二价元素不计入其中。

本章主要讨论单烯烃的结构、命名和性质。

2.1　烯烃的结构

碳碳双键在成键方式上并不是两个 σ 键的单纯叠加，而是由两种不同的键型构成。下面以乙烯为例，讨论碳碳双键的结构。

2.1.1　乙烯的结构

现代物理测试方法测得乙烯分子中所有的原子在同一个平面上，∠HCC=121.5°，∠HCH=117°，键能小于乙烷 C—C 键的 2 倍，键长也比饱和碳碳 σ 键短，见表 2-1。

表 2-1　不同碳碳键的有关物理数据

化学键	键能/(kJ · mol^{-1})	键长/pm
乙烷中 C—C	347	154
乙烯中 C═C	611	134

乙烯是最简单的烯烃。成键的两个碳原子采用 sp^2 杂化，在形成乙烯分子时，每个碳原子通过 sp^2 轨道以“头碰头”的方式重叠，形成一个碳碳 σ 键，同时各以两个 sp^2 轨道与 2 个氢原子结合形成两个碳氢 σ 键。这 5 个 σ 键处在同一平面，表明乙烯分子的 6 个原子在同一个平面上。此外，两个碳上各余一个垂直于该平面且相互平行的 p 轨道，以“肩并肩”的形式最大限度地相互侧面重叠，形成 1 个 π 键，如图 2-1 所示。

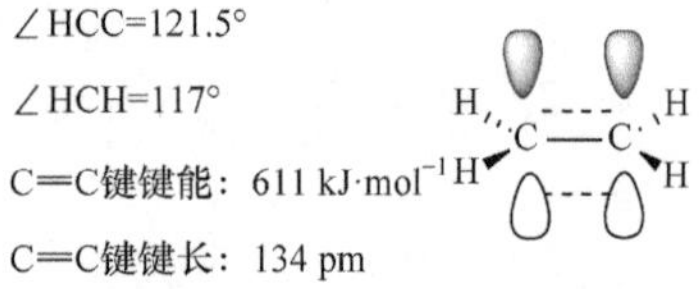

∠HCC=121.5°
∠HCH=117°
C═C键键能：611 kJ·mol^{-1}
C═C键键长：134 pm

图 2-1　乙烯分子的结构

2.1.2 π键的特点

π键没有对称轴，它是由两个p轨道侧面重叠形成的，不同于“头碰头”的方式重叠的碳碳σ键，π键重叠程度小，易发生化学反应而断裂。

π键电子云不是集中在两核之间的，而是分布于烯烃所在平面的上下方，原子核对p电子的束缚能力较对 s 电子小，造成π键的流动性大，在外界试剂电场的作用下容易极化变形，易发生化学反应。

π键不能像σ键一样自由旋转，因为π键是依靠相互平行的两个 p 轨道侧面重叠成键，一旦旋转就会破坏p轨道的平行性，使π键断裂。

2.2 烯烃的同分异构

乙烯没有同分异构现象，丙烯与环丙烷互为同分异构体，含有四个碳原子以上的烯烃的同分异构现象要复杂得多。例如：

$H_2C{=}CH-CH_2-CH_3$　1-丁烯（Ⅰ）

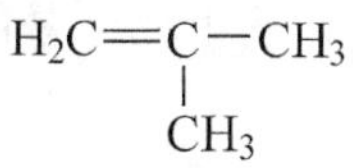

$H_2C{=}C(CH_3)-CH_3$　2-甲基丙烯（Ⅱ）

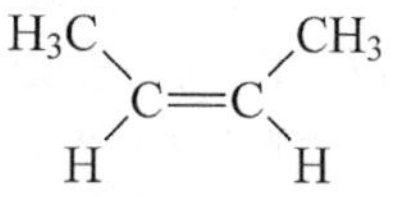

$(H_3C)(H)C{=}C(CH_3)(H)$（两个CH_3在同侧）　顺-2-丁烯（Ⅲ）

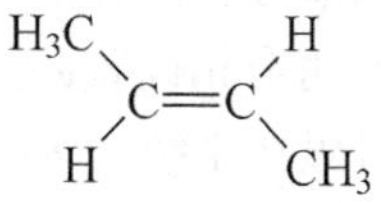

$(H_3C)(H)C{=}C(H)(CH_3)$（两个CH_3在两侧）　反-2-丁烯（Ⅳ）

在这些异构体中，（Ⅰ）和（Ⅱ）是碳架结构不同引起的异构，（Ⅰ）和（Ⅲ）、（Ⅳ）是双键所在位置不同引起的异构，这些异构体现出原子在分子中的排列方式不同，都是构造异构的范畴。

而（Ⅲ）和（Ⅳ）中，原子在分子中的排列方式相同，是甲基相对于双键位置不同引起的异构。分子中如果甲基在双键碳原子的同侧，称为顺式（*cis-*），如果甲基在双键的两侧，则称为反式（*trans-*）。这种异构产生的原因是π键不能自由旋转，从而导致与双键碳相连的甲基不能围绕碳碳双键自由旋转，这种异构称为构型异构。

2.3 烯烃的命名

2.3.1 普通命名法

简单烯烃的普通命名原则是根据相应的烷烃来命名。例如：

$H_2C{=}CH_2$　乙烯

$H_3C-HC{=}CH_2$　丙烯

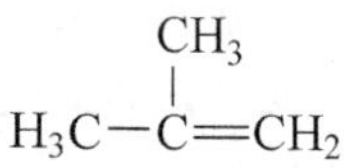

$H_3C-C(CH_3){=}CH_2$　异丁烯

2.3.2 系统命名法

烯烃的系统命名法与烷烃相似，原则如下：

(1)选择含有双键的最长碳链为主链，根据主链碳原子数目，称为“某烯”。

(2)从距离双键最近的一端开始编号，将编号较小的双键碳原子的位次，用阿拉伯数字表示，并与母体之间加一连字符“-”，用于表示主链中双键的位次。注意：主链超过十个碳原子的烯烃，在碳原子数后加“碳”字，以避免与二烯烃等复杂烯烃混淆。例如：

$CH_3(CH_2)_{19}—CH═CH_2$ 二十二碳烯(1-可省略)

$CH_3(CH_2)_{15}—CH═CH—CH═CH_2$ 1,3-二十碳二烯

$CH_3(CH_2)_{11}—CH═CH(CH_2)_{17}CH_3$ 13-三十二碳烯

$CH_3(CH_2)_{25}—CH═CH—CH═CH_2$ 1,3-三十碳二烯

(3) 主链上的其他取代基按照烷烃的命名原则进行命名。例如：

$H_2C═C(CH_3)—CH_3$ 2-甲基-1-丙烯

$H_3C—CH_2—CH_2—C(═CH_2)—CH_2—CH_3$ 2-乙基-1-戊烯

$H_3C—CH_2—CH(CH_2CH_3)—CH═C(CH_3)—CH_3$ 2-甲基-4-乙基-2-己烯

2.3.3 烯烃的顺反异构

1. *顺反命名法*

当双键碳所在的两个碳原子上同时连有相同的原子或基团时，可以采用顺反命名法。此时，若两个相同基团处于双键同侧，称为顺式；两个相同基团处于双键两侧，称为反式。命名时可以在系统命名前加上“顺”或“反”。

$(H_3C)(H)C═C(CH_3)(CH_2CH_3)$ 顺-3-甲基-2-戊烯

$(H_3C)(H)C═C(CH_2CH_3)(CH_3)$ 反-3-甲基-2-戊烯

注意：当双键上任何一个碳原子连有相同基团时，则不存在顺反异构。例如：

$(H_3C)(H_3C)C═C(CH_3)(H)$ ═ $(H_3C)(H_3C)C═C(H)(CH_3)$

对于双键上连有四个不相同基团的化合物，则无法用顺反命名法命名，这时需要采用 *Z*/*E* 命名法。

2. *Z*/*E* *命名法*

当两个双键碳上所连的四个原子或基团均不相同时，需要先将同一个双键碳原子上的两个基团按照“次序规则”（sequence rule）进行排序，如果两个双键碳原子上所连的两个较优基团在同侧，称为 *Z* 型(源于德文 Zusammen，意为“同”)；在异侧，称为 *E* 型(源于德文 Entgegen，意为“相对”)，*Z* 或 *E* 放入括号中。例如：

$(H_3C)(H_3CH_2C)C═C(CH_2CH_3)(CH(CH_3)_2)$

顺反命名：反-2,4-二甲基-3-乙基-3-己烯

Z/*E*命名：(*Z*)-2,4-二甲基-3-乙基-3-己烯

$(H_3C)(H_3CH_2C)C═C(CH_3)(Cl)$

顺反命名：顺-3-甲基-2-氯-2-戊烯

Z/*E*命名：(*Z*)-3-甲基-2-氯-2-戊烯

在烯烃的顺反异构体命名时，*Z*/*E* 命名法比顺反命名法适用范围更广。需要注意的是，这两种命名法都有各自的命名原则，两者之间没有对应关系。并不是顺对应 *Z*，反对应 *E*。例如：

$$\underset{\text{H}}{\overset{\text{H}_3\text{C}}{}}\!\!>\!\text{C}=\text{C}\!<\!\!\underset{\text{H}}{\overset{\text{CH}_3}{}} \qquad\qquad \underset{\text{H}}{\overset{\text{H}_3\text{C}}{}}\!\!>\!\text{C}=\text{C}\!<\!\!\underset{\text{CH}_2\text{CH}_3}{\overset{\text{CH}_3}{}}$$

顺-2-丁烯　　　　　顺-3-甲基-2-戊烯

(*Z*)-2-丁烯　　　　(*E*)-3-甲基-2-戊烯

2.3.4　烯基的命名

烯烃分子去掉一个氢原子后所剩的基团，称为烯基。烯基碳原子的编号从与短线相连的碳原子开始。常见烯基及名称如下：

$H_2C=CH-$　　乙烯基

$H_3C-HC=CH-$　　1-丙烯基(1-可省略)

$H_2C=CH-CH_2-$　　2-丙烯基(俗称烯丙基)

2.4　烯烃的物理性质

室温下，C_2～C_4 的烯烃为气体，C_5～C_{18} 的烯烃为液体，C_{19} 以上高级同系物为固体。密度均小于水，略大于相应的烷烃。难溶于水，易溶于有机溶剂。烯烃的许多物理性质与烷烃相似，且随相对分子质量的增加，呈有规律的变化。烯烃同系物的沸点随相对分子质量增加而升高，含有支链的烯烃沸点较同碳数直链烯烃低。极性较大的顺式烯烃的沸点往往比其反式异构体高，对称性高的反式烯烃的熔点往往高于其顺式异构体。一些常见烯烃的熔、沸点数据见表 2-2。

表 2-2　一些常见烯烃的熔、沸点

化合物	结构式	沸点/℃	熔点/℃
乙烯	$CH_2=CH_2$	−103.7	−169.2
丙烯	$CH_3-CH=CH_2$	−47.4	−185.3
1-丁烯	$CH_3CH_2CH=CH_2$	−6.3	−185.4
顺-2-丁烯	$(H_3C)(H)C=C(CH_3)(H)$（顺式）	3.7	−138.9
反-2-丁烯	$(H_3C)(H)C=C(H)(CH_3)$（反式）	0.9	−105.6
异丁烯	$CH_2=C(CH_3)_2$	−6.9	−140.4
1-戊烯	$CH_3CH_2CH_2CH=CH_2$	30	−165.2
顺-2-戊烯	$(H_3C)(H)C=C(CH_2CH_3)(H)$（顺式）	36.9	−130
反-2-戊烯	$(H_3C)(H)C=C(H)(CH_2CH_3)$（反式）	36.4	−130
1-己烯	$CH_2=CHCH_2CH_2CH_2CH_3$	63.5	−139.8

2.5 烯烃的化学性质

碳碳双键是烯烃的官能团，由于碳碳双键中的 π 键键能较小，原子核对 π 电子的束缚较小，容易被试剂进攻而发生断裂，此外，与双键直接相连的α-碳采用 sp^2 杂化，因受碳碳双键影响，导致α-氢具有一定的活性。因此，烯烃的化学反应主要涉及官能团碳碳双键以及与之直接相连的α-碳上的氢。

2.5.1 催化氢化

1. 反应机理

烯烃与氢气混合，在常温常压下一般不发生反应。在有催化剂(如金属铂、钯和镍等)存在的条件下，反应得以进行并生成烷烃：

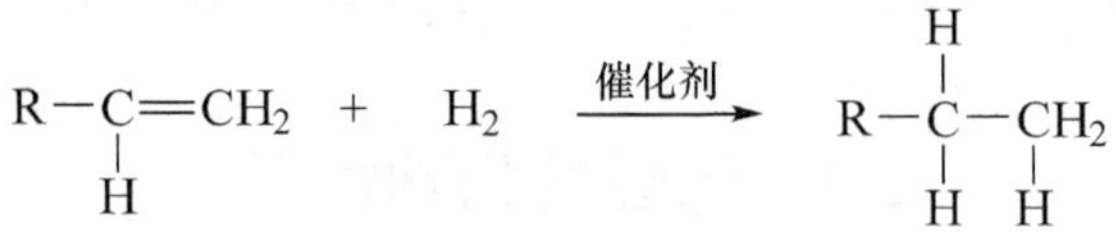

$$R-CH=CH_2 + H_2 \xrightarrow{\text{催化剂}} R-CH_2-CH_3$$

烯烃的催化加氢反应是定量进行的，因此可以按被吸收的氢气量来控制反应终点。反应机理如下：氢分子首先在催化剂表面发生 σ 键断裂，形成两个活泼氢；吸附的烯烃与活泼的氢原子发生反应；完成加氢反应后，烷烃分子离开催化剂表面，如图 2-2 所示。

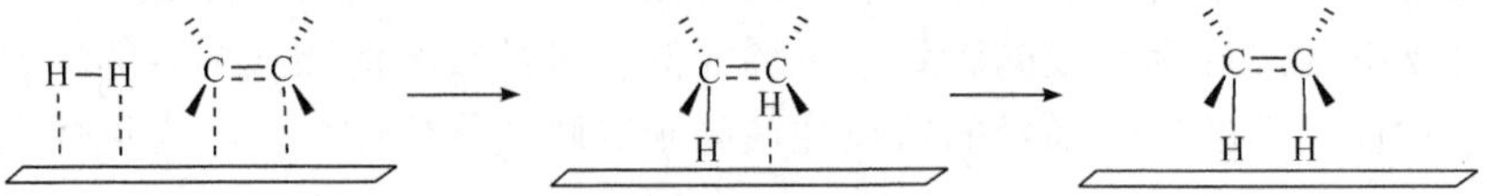

图 2-2 催化加氢的表面过程

由上述过程可知，催化加氢反应具有高度立体选择性。氢分子的两个氢原子是在双键平面的同一侧加成到碳碳双键上，是顺式加成反应。例如：

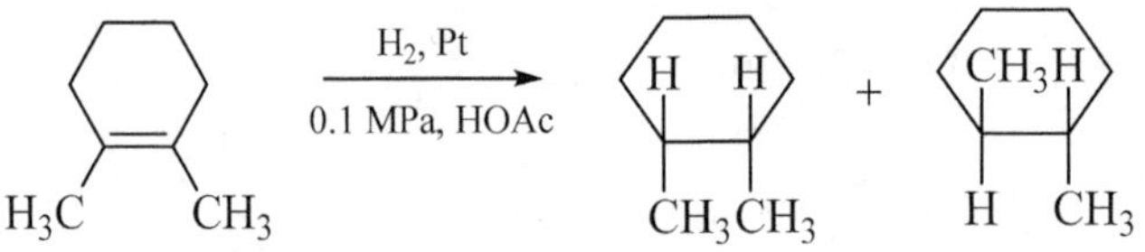

$$\text{1,2-二甲基环己烯} \xrightarrow[\text{0.1 MPa, HOAc}]{H_2,\ Pt} \text{顺-1,2-二甲基环己烷 (86\%)} + \text{反-1,2-二甲基环己烷 (14\%)}$$

双键上取代基空间位阻越大，烯烃越不容易与催化剂表面接触，对催化加氢反应越不利。因此，加氢速率次序为

$$CH_2=CH_2 > R-CH=CH_2 > R_2C=CH_2 > R_2C=CHR > R_2C=CR_2$$

催化加氢反应在工业上具有重要的意义。例如，在油脂生产中，将含有双键的液态植物油经过催化加氢，可以转化为固态油脂，即人造奶油。

2. 氢化热及烯烃的稳定性

烯烃加氢反应生成两个新的 C—H σ 键所放出的能量比断裂一个 H—H σ 键和一个 C=C 键中的 π 键所吸收的能量大，因此是放热反应。1 mol 不饱和化合物催化加氢所放出的热量称为该化合物的氢化热。

不同烯烃所放出的氢化热不同，可以据此来判定烯烃的稳定性。氢化热越高，代表烯烃的热力学能越大，稳定性越低。

$$H_2C{=}CH_2 + H_2 \xrightarrow{Pd} CH_3CH_3 \qquad \text{氢化热：} 137.2\ kJ\cdot mol^{-1}$$

$$CH_3CH{=}CH_2 + H_2 \xrightarrow{Pd} CH_3CH_2CH_3 \qquad \text{氢化热：} 125.9\ kJ\cdot mol^{-1}$$

$$CH_3CH_2CH{=}CH_2 + H_2 \xrightarrow{Pd} CH_3CH_2CH_2CH_3 \qquad \text{氢化热：} 126.8\ kJ\cdot mol^{-1}$$

$$\text{顺-}(H_3C)(H)C{=}C(H)(CH_3) + H_2 \xrightarrow{Pd} CH_3CH_2CH_2CH_3 \qquad \text{氢化热：} 119.7\ kJ\cdot mol^{-1}$$

$$\text{反-}(H_3C)(H)C{=}C(CH_3)(H) + H_2 \xrightarrow{Pd} CH_3CH_2CH_2CH_3 \qquad \text{氢化热：} 115.5\ kJ\cdot mol^{-1}$$

由此可以看出：

(1) 双键碳原子上烷基取代越多的烯烃越稳定。各种烷基取代烯烃的相对稳定性顺序为：$R_2C{=}CR_2 > R_2C{=}CHR > R_2C{=}CH_2 > RCH{=}CHR > RCH{=}CH_2 > CH_2{=}CH_2$。

为什么烷基取代越多，烯烃越稳定？一般可以从超共轭效应的角度进行解释。以图 2-3 中的丙烯为例，丙烯双键的 π 轨道与末端甲基的碳氢 σ 键侧面重叠，造成了部分电子离域，促使电荷分散，从而使系统的能量降低，分子稳定性增强。这种引起电子离域的效应称为超共轭效应。能够形成超共轭效应的碳氢键越多，分子越稳定。

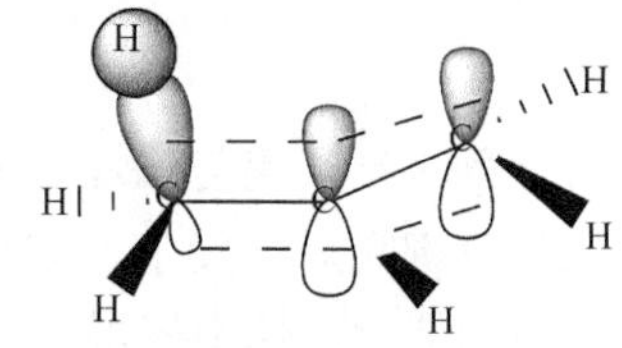

图 2-3　超共轭效应

(2) 烯烃的反式异构体比顺式异构体稳定。两者经催化加氢得到相同产物丁烷，氢化热数值越高，分子热力学能越高，越不稳定。顺-2-丁烯比反-2-丁烯氢化热数值高，因此其稳定性低。其原因可用双键上甲基的空间位阻来进行解释，顺-2-丁烯中的两个甲基处于双键同侧，因为空间排列较为拥挤而产生斥力，能量相对较高，稳定性较差。

2.5.2　亲电加成

烯烃中官能团 C═C 双键的 π 键在外加电场的作用下容易极化变形，同时 π 电子暴露在分子平面的上下两侧，电子比较富集，易受缺电子试剂的进攻，从而发生加成反应。这种由缺电子试剂进攻富电中心的反应称为亲电反应，而发生进攻的试剂如 H^+或路易斯酸等带正电荷或缺电子的试剂称为亲电试剂。这类能使烯烃双键打开形成两个新 σ 键的反应称为亲电加成(electrophilic addition)反应。

1. 与卤素的加成反应

烯烃可以与卤素发生亲电加成反应，可用来制备邻二卤代烷。例如：

$$H_2C{=}CH_2 + Br_2 \xrightarrow{CCl_4} \underset{Br}{H_2C}{-}\underset{Br}{CH_2}$$

烯烃与溴加成后，溴的颜色会消失。因此，能否使溴的 CCl_4 溶液褪色，是一种鉴定烯烃的常用方法。

烯烃与卤素的加成是放热反应，反应速率次序为 $F_2 \gg Cl_2 > Br_2 > I_2$。烯烃与氟的反应十分剧烈，需用大量氮气稀释，并及时移出放出的热量；与碘又很难发生反应。因此，烯烃与卤素的加成一般是指与氯和溴的加成。

烯烃发生亲电加成反应的速率与其双键上 π 电子云的密度有关。若双键连有给电子基如甲基等，则 π 电子云密度增加，有利于加速反应；若双键连有吸电子基如氯等，则反应速率下降。不同结构的烯烃与 Br_2 加成的速率为

$(CH_3)_2C{=}C(CH_3)_2$	$(CH_3)_2C{=}CH_2$	$CH_3CH{=}CH_2$	$H_2C{=}CH_2$	$H_2C{=}CHCl$
2×10^7	2×10^6	2×10^3	3.3	1

在上述反应中，如果没有极性条件，反应不容易发生。例如，将乙烯加入干燥的溴的 CCl_4 溶液中，反应难以进行，但当加入一滴水后，溴的颜色立即褪去。同时，如果采用乙烯与溴水，反应又很容易发生，这说明加入极性试剂有利于反应的进行。一般认为溴与烯烃的反应机理是由共价键异裂引起的离子型反应，反应机理如下：

δ^+ δ^- Br—Br　慢　$^-$Br　$\overset{+}{Br}$　快　Br　Br　反式加成产物

环正离子
（溴鎓离子）

第一步，溴与烯烃接近时，烯烃分子中的 π 键诱导溴分子发生极化，带有正电荷的溴优先与双键靠近，发生加成反应，形成环状的溴鎓离子，这步反应中涉及化学键的断裂，需要较高的能量，速率较慢，是反应的决速步骤。

第二步，带有正电荷的溴鎓离子不稳定，此时，由异裂产生的带有负电荷的溴负离子从溴鎓离子的背面进行进攻，于是三元环被打开，形成反式加成产物，这步反应所需能量较低，反应速率较快。

许多实验证实，烯烃与溴加成的立体化学特征是反式加成，立体选择性较高。例如，环己烯与溴反应，产物中两溴原子位于环平面的异侧。

Br_2/CCl_4　Br　H　H　Br　+　H　Br　Br　H

再如，顺-2-丁烯与溴加成，能够得到一对等物质的量的对映异构体。

H_3C　CH_3　C=C　H　H　Br_2/CCl_4　CH_3　H—Br　Br—H　CH_3　+　CH_3　Br—H　H—Br　CH_3

对映异构体

反-2-丁烯与溴加成，则得到内消旋体。

$$\underset{H}{\overset{H_3C}{}}\!\!>C=C<\!\!\underset{CH_3}{\overset{H}{}} \xrightarrow{Br_2/CCl_4} \begin{array}{c} CH_3 \\ H-\!\!\!\!+\!\!\!\!-Br \\ H-\!\!\!\!+\!\!\!\!-Br \\ CH_3 \end{array}$$ 内消旋99%

2. 与卤化氢的加成反应

烯烃与卤化氢加成生成卤代烷，反应速率HI＞HBr＞HCl。卤代烷是重要的化工原料，在医药工业、日用品工业都有广泛的用途。此外，烯烃也能与浓的氢卤酸发生加成反应，反应速率仍然是氢碘酸最快，氢溴酸次之，盐酸则需要在催化剂的作用下才能进行。例如：

$$H_2C{=}CH_2 + H-Cl \xrightarrow[130\sim250℃]{AlCl_3} \underset{\displaystyle\quad|\qquad\;|\atop\quad H\qquad Cl}{H_2C-CH_2}$$

一般认为烯烃与HX的加成是分步进行的：首先，H—X键发生异裂，产生质子和卤素离子，接着质子与烯烃中π电子云密度高的双键碳结合，形成碳正离子。这步反应较慢，是加成反应的决速步骤。随后，碳正离子与卤素离子结合，生成加成产物。例如：

$$H_3C-\overset{\delta^+}{C}H{=}\overset{\delta^-}{C}H_2 \underset{慢}{\overset{H^+}{\rightleftharpoons}} H_3C-\overset{+}{C}H-CH_3 \overset{Br^-}{\rightleftharpoons} H_3C-\underset{\displaystyle|\atop\displaystyle Br}{C}H-CH_3$$

乙烯与卤化氢发生反应，不论卤原子加到哪个碳原子上，产物都是一样的，但是对于双键两端含有不同官能团的不对称烯烃，如丙烯、丁烯等，它们与卤化氢加成时，通常得到两种不同的产物，并且往往以其中一个产物为主。例如：

$$CH_3CH_2-CH{=}CH_2 \xrightarrow[乙酸]{HBr} \underset{2\text{-溴丁烷(主要产物)}}{CH_3CH_2-\underset{\displaystyle|\atop\displaystyle Br}{C}H-\underset{\displaystyle|\atop\displaystyle H}{C}H_2} + \underset{1\text{-溴丁烷}}{CH_3CH_2-\underset{\displaystyle|\atop\displaystyle H}{C}H-\underset{\displaystyle|\atop\displaystyle Br}{C}H_2}$$

根据大量的实验结果，俄国化学家马尔科夫尼科夫提出：“不对称烯烃”与氯化氢等极性试剂进行加成时，氢原子总是加到含氢较多的双键碳原子上，氯原子总是加到含氢较少的双键碳原子上。这一规则称为马尔科夫尼科夫规则，简称“马氏规则”。

为什么会出现上述加成规律？一般可以采用电子效应或者中间体的稳定性解释马氏规则。

(1)从电子效应方面进行解释。

由于不同杂化状态碳的电负性为$C_{sp^2}>C_{sp^3}$，在丙烯分子中CH_3与sp^2杂化的双键碳相连，表现给电子性，致使π电子云分布不均匀，含氢较多的双键碳上电子云密度高，故质子优先与它结合形成相应的碳正离子中间体。

(2)从中间体的稳定性方面进行解释。

以丙烯与HBr的加成反应为例，按照反应机理，可以形成两种碳正离子中间体(Ⅰ)和(Ⅱ)。

$$\underset{(Ⅰ)}{H_3C-\underset{\displaystyle|\atop\displaystyle H}{C}H-\overset{+}{C}H_2} \qquad\qquad \underset{(Ⅱ)}{H_3C-\overset{+}{C}H-\underset{\displaystyle|\atop\displaystyle H}{C}H_2}$$

反应速率一般取决于反应中间体形成的难易程度，越稳定的碳正离子越容易形成。上述碳正离子中的碳采用 sp^2 杂化，三个 σ 键处在同一平面上，p 轨道带有正电荷，垂直于这个平面。一般来说，带有电荷的物种的稳定性取决于电荷的分散程度。电荷越分散，体系越稳定。当烷基与 sp^2 杂化的碳相连时，具有给电子超共轭效应，结果使正电荷更加分散。如果碳正离子具有的烷基越多，正电荷分散程度也就越高，就越稳定。常见的碳正离子的稳定性次序为：3°碳正离子＞2°碳正离子＞1°碳正离子＞甲基碳正离子。

$$(CH_3)_3\overset{+}{C} > (CH_3)_2\overset{+}{C}H > CH_3\overset{+}{C}H_2 > \overset{+}{C}H_3$$

前述碳正离子Ⅰ是 1°碳正离子，Ⅱ是 2°碳正离子，越稳定的碳正离子在形成过程中需要的活化能越低，因此反应时主要是形成了中间体Ⅱ，加成产物为 2-溴丙烷，如图 2-4 所示。

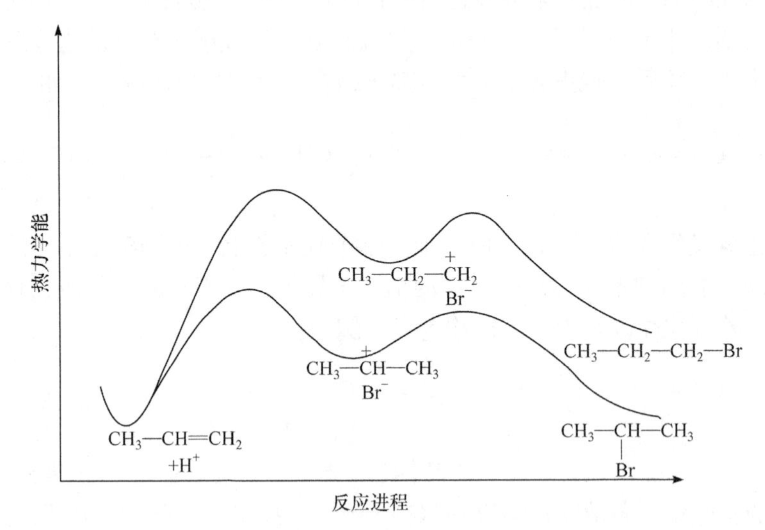

图 2-4　反应能线图

注意：当双键上连有强吸电子基团如—CN、—CF_3、—COOH 等时，卤化氢与碳碳双键的亲电加成反应，产物以氢加到含氢较少的双键碳原子上为主。例如：

$$\underset{\text{丙烯腈}}{H_2\overset{\delta^+}{C}{=}\overset{\delta^-}{C}H-CN} \xrightarrow[CH_3COOH]{40\%\text{氢溴酸}} \underset{\text{3-溴丙烯腈}}{H_2\underset{Br}{\underset{|}{C}}-\underset{H}{\underset{|}{C}}H-CN} \quad 70\%$$

上述反应中，—CN 具有较强的吸电子诱导效应，使 π 电子云偏向—CN，偏离含氢较多的双键碳原子，与前述烷基等具有给电子诱导效应的基团正好相反，得到“反马氏规则”加成产物。不论是这里所说的“反马氏规则”加成产物还是马氏规则加成产物，其本质都是形成更稳定的碳正离子中间体。

因此，对马氏规则可以更确切地表述为：当“不对称烯烃”与极性试剂发生亲电加成反应时，亲电试剂中的带正电性部分，总是趋向于加到带有部分负电荷的双键碳上，而亲电试剂中的带有负电性的部分，加到带有部分正电荷的双键碳上。例如：

$$(H_3C)_2\overset{\delta^+}{C}=\overset{\delta^-}{CH_2} + \overset{\delta^+}{I}-\overset{\delta^-}{Cl} \longrightarrow H_3C-\underset{Cl}{\overset{CH_3}{C}}-\underset{I}{CH_2}$$

2-甲基-2-氯-1-碘丙烷

注意：由于烯烃与卤化氢的亲电加成反应涉及中间体碳正离子的形成，可能会生成碳正离子重排的产物。例如：

$$\overset{4}{H_3C}-\underset{CH_3}{\overset{CH_3}{\overset{3}{C}}}-\underset{H}{\overset{2}{C}}=\overset{1}{CH_2} \xrightarrow{H^+} H_3C-\underset{CH_3}{\overset{CH_3}{C}}-\underset{H}{\overset{+}{C}}-CH_3 \longrightarrow H_3C-\underset{+}{\overset{CH_3}{C}}-\underset{CH_3}{\overset{H}{C}}-CH_3 \xrightarrow{Cl^-}$$

2°碳正离子 3°碳正离子

$$H_3C-\underset{Cl}{\overset{CH_3}{C}}-\underset{CH_3}{\overset{H}{C}}-CH_3$$

上述反应第一步先形成了 2°碳正离子，相邻碳上的甲基受到碳正离子的缺电影响，携带一对电子迁移到了 C_2 上，此时 C_3 上就形成了一个新的缺电中心，重排成了 3°碳正离子，继而与带负电荷的氯离子结合形成主产物 2-氯-2,3-二甲基丁烷。这种邻近原子之间的迁移称为重排。而发生碳正离子重排的原因即是中间体从一个不稳定的碳正离子转变成一个更稳定的碳正离子。

3. 与硫酸的加成反应

烯烃与硫酸作用生成硫酸氢酯，随后通过水解形成醇。这是工业上制备低级醇的常用方法，也称为烯烃的间接水合法，加成产物的区域选择性遵循马氏规则。

例如：

$$H_2C=CH_2 \xrightarrow{98\%\ H_2SO_4} H_3C-CH_2-OSO_3H \xrightarrow[90\sim100℃]{H_2O} H_3C-CH_2-OH$$

$$H_2C=CH-CH_3 \xrightarrow{80\%\ H_2SO_4} H_3C-\underset{H}{\overset{OSO_3H}{C}}-CH_3 \xrightarrow{H_2O} H_3C-\underset{H}{\overset{OH}{C}}-CH_3 \quad \text{异丙醇}$$

$$H_2C=\underset{CH_3}{C}-CH_3 \xrightarrow{65\%\ H_2SO_4} H_3C-\underset{CH_3}{\overset{OSO_3H}{C}}-CH_3 \xrightarrow{H_2O} H_3C-\underset{CH_3}{\overset{OH}{C}}-CH_3 \quad \text{叔丁醇}$$

注意：此反应经常用于除去烷烃中的少量烯烃杂质。因为烯烃与硫酸反应得到的硫酸氢酯大多能溶于硫酸，而烷烃则不与硫酸反应。因此，可用此反应除去烷烃中的少量烯烃杂质。

4. 水合反应

烯烃与水作用生成醇，又称为烯烃的直接水合法，由于水是一种比较弱的亲电试剂，反应一般需要酸催化进行，这也是工业上生产乙醇的重要方法之一。加成产物的区域选择性遵循马氏规则。

$$H_2C{=}CH_2 + H_2O \xrightarrow[\substack{280\sim300^\circ C \\ 7\sim8\ MPa}]{H_3PO_4} CH_3{-}CH_2{-}OH$$

5. 与次卤酸的加成反应

烯烃与次卤酸加成，生成β-卤代醇。由于次卤酸不稳定，可用卤素和水来代替。例如：

$$H_2C{=}CH_2 + HOBr \longrightarrow Br{-}H_2C{-}CH_2{-}OH \quad \beta\text{-溴乙醇}$$

$$H_2C{=}CH_2 + Cl_2 + H_2O \xrightarrow{50^\circ C} Cl{-}H_2C{-}CH_2{-}OH + HCl$$

次卤酸是一种弱酸，难以解离出质子，但是氧由于电负性较大带部分负电荷，卤素带部分正电荷。发生亲电加成反应时，带部分正电荷的卤原子作为亲电试剂与烯烃作用，生成环状的卤鎓离子；随后水分子从环状的卤鎓离子背面发起进攻，形成氧鎓离子，通过失去质子最终形成卤代醇。

$$H_2C{=}CH_2 + Cl_2 \longrightarrow H_2C{-}CH_2\ (\text{环状},\ \overset{+}{Cl}) + Cl^-$$

氯鎓离子

$$H_2C{-}CH_2\ (\text{环状},\ \overset{+}{Cl}) + {:}OH_2 \longrightarrow H_2C(Cl){-}CH_2(\overset{+}{O}H_2) \xrightarrow{-H^+} H_2C(Cl){-}CH_2(OH)$$

氧鎓离子

6. 硼氢化-氧化反应

烯烃与硼烷作用可以生成三烷基硼，这一反应称为硼氢化反应。由于甲硼烷不稳定，因此经常选用其稳定存在的二聚体形式，即乙硼烷作为反应原料。例如，乙硼烷与乙烯在低温条件下即可发生加成反应生成三烷基硼：

$$\frac{1}{2}(H{-}BH_2)_2 \xrightarrow{H_2C{=}CH_2} CH_3CH_2{-}BH_2 \xrightarrow{H_2C{=}CH_2} (CH_3CH_2)_2BH \xrightarrow{H_2C{=}CH_2} (CH_3CH_2)_3B$$

乙硼烷经常保存在四氢呋喃和乙醚等醚类溶剂中，在此类溶剂中能够发生解离形成甲硼烷，随后甲硼烷的每个H—B键均能对烯烃的双键进行加成，直至生成三乙基硼。对于不对称烯烃的硼氢化反应，硼原子总是趋向于加在含氢较多的碳原子上，而氢原子加在含氢较少的碳原子上。

这是由于硼的电负性(2.0)小于氢的电负性(2.2)，发生亲电加成反应时，缺电子的硼优先加到电子云密度比较高的双键碳原子上，随后氢原子加到另一个碳原子上，形成一个四中心的过渡态，由于硼和氢都是从双键的同侧进行加成的，这种加成方式称为顺式加成。

$$H_2C{=}CH_2 + \overset{\delta^-}{H}{-}\overset{\delta^+}{BH_2} \longrightarrow [\text{四中心过渡态}] \longrightarrow [\text{四中心过渡态}] \longrightarrow H_3C{-}CH_2{-}BH_2$$

四中心过渡态　　四中心过渡态

硼氢化反应得到的三烷基硼无需处理，可用碱性过氧化氢水溶液直接氧化得到相应的醇。故整个过程称为硼氢化-氧化反应。

$$(CH_3CH_2)_3B \xrightarrow[NaOH,\ H_2O]{H_2O_2} 3CH_3CH_2OH + H_3BO_4$$

$$(CH_3CH_2CH_2)_3B \xrightarrow[NaOH,\ H_2O]{H_2O_2} 3CH_3CH_2CH_2OH + H_3BO_4$$

烯烃经硼氢化-氧化反应后形成醇，此反应区域选择性较高，在形式上相当于烯烃与水进行加成反应制备醇，但是反应结果却是得到了形式上“反马氏加成”的醇。例如：

$$CH_3(CH_2)_3CH{=}CH_2 \xrightarrow{B_2H_6} \xrightarrow[H_2O/OH^-]{H_2O_2} CH_3(CH_2)_3CH_2{-}CH_2{-}OH \quad 90\%$$

此外，该反应由于是顺式加成，产物也具有较高的立体选择性。例如：

$$\text{1-甲基环戊烯} \xrightarrow{B_2H_6} \xrightarrow[H_2O_2]{H_2O/OH^-} \text{反-2-甲基环戊醇（两种对映体）}$$

H₃C ... H₃C OH + H₃C OH

7. 羟汞化-脱汞反应

烯烃与乙酸汞[Hg(OAc)₂]的水溶液反应，生成羟基汞化合物，再用硼氢化钠还原脱汞得到醇，这类反应称为羟汞化-脱汞反应。此反应条件温和，在室温下数分钟即可完成，是实验室中合成醇的一种重要方法，得到的醇往往是具有高度的立体选择性的马氏加成产物。例如：

$$CH_3(CH_2)_3{-}CH{=}CH_2 \xrightarrow[H_2O,\ THF]{Hg(OAc)_2} CH_3(CH_2)_3{-}\underset{HO}{\underset{|}{CH}}{-}\underset{HgOAc}{\underset{|}{CH_2}} \xrightarrow{NaBH_4}$$

$$CH_3(CH_2)_3{-}\underset{HO}{\underset{|}{CH}}{-}CH_3 \quad 96\%$$

$$H_3C{-}\underset{CH_3}{\overset{CH_3}{\overset{|}{\underset{|}{C}}}}{-}CH{=}CH_2 \xrightarrow[H_2O,\ THF]{Hg(OAc)_2} \xrightarrow{NaBH_4} H_3C{-}\underset{CH_3}{\overset{CH_3}{\overset{|}{\underset{|}{C}}}}{-}\underset{OH}{\underset{|}{CH}}{-}CH_3$$

2.5.3 氧化反应

烯烃很容易发生氧化反应，双键的 π 键和 σ 键均可被氧化，氧化条件不同，得到的产物也不同。

1. 高锰酸钾氧化

烯烃被高锰酸钾氧化，氧化产物的结构取决于氧化条件。烯烃在酸性或加热的高锰酸钾水溶液中发生双键的完全断裂，形成羧酸和酮。其中，$=CH_2$ 的部分经断裂形成 CO_2 和 H_2O，含有$=CHR$ 的部分形成羧酸，$=CR_2$ 的部分形成酮。例如：

$$R-HC=CH_2 \xrightarrow[H^+]{KMnO_4} R-C(=O)-OH + HO-C(=O)-OH \longrightarrow CO_2 + H_2O$$

$$R-HC=C\langle^{R'}_{R''} \xrightarrow[H^+]{KMnO_4} R'-C(=O)-R'' + R-C(=O)-OH$$

烯烃在稀的、冷的或碱性的高锰酸钾水溶液中发生氧化反应，双键中的π键被打开，生成顺式邻二醇。例如：

$$C=C \xrightarrow[0℃]{KMnO_4,\ NaOH/H_2O} C(OH)-C(OH)$$

$$\text{环己烯} \xrightarrow[0℃]{KMnO_4,\ NaOH/H_2O} \text{顺-1,2-环己二醇 (H H; OHOH)} \quad 33\%$$

反应过程中能够形成一个五元环的锰酸酯中间体，因此反应具有高度立体选择性，两个羟基顺式加成到双键上。

$$C=C \xrightarrow[0℃]{MnO_4^-} C(O)-C(O)\ (\text{O-Mn(=O)O}^-\ \text{五元环}) \xrightarrow{H_2O/OH^-} C(OH)-C(OH)$$

烯烃与高锰酸钾水溶液反应的现象非常明显，能使高锰酸钾的紫色褪去，并产生褐色二氧化锰沉淀，此法也是鉴定烯烃的常用方法之一。

此外，四氧化锇(OsO_4)的醚类溶剂也可以用于氧化烯烃，得到较高产率的顺式邻二醇。与前述稀的、冷的或碱性高锰酸钾氧化过程类似，该反应可能经过五元环的锇酸酯中间体，然后用过氧化氢处理，生成顺式邻二醇。该反应条件温和，产率也较高，是用于实验室制备顺式邻二醇的好办法。但由于四氧化锇较为昂贵，且毒性较大，因此使用上受到一定限制。

$$\text{环己烯} \xrightarrow{OsO_4} \text{锇酸酯 (H H; O O; Os(=O)O}^-) \xrightarrow{H_2O_2} \text{顺-1,2-环己二醇 (H H; OHOH)}$$

2. 臭氧化反应

臭氧(O_3)能够与烯烃在低温下定量地进行加成，生成臭氧化物(ozonide)，该化合物极不稳定，容易引起爆炸，一般不经分离直接水解，得到两分子羰基化合物和过氧化氢。

$$\ce{>C=C< + O3 -> (molozonide) -> (ozonide)}$$

$$\ce{(ozonide) ->[H_2O] >C=O + O=C< + H2O2}$$

如果在水解时加入锌粉、$NaHSO_3$等还原剂，可以有效破坏过氧化氢，则得到醛或酮。例如：

$$\text{环己烯} \xrightarrow[\text{CHCl}_3,\ 0℃]{O_3} \text{臭氧化物} \xrightarrow[\text{HOAc}]{H_2O/Zn} OHC(CH_2)_4CHO \quad \text{己二醛}$$

$$(CH_3)_2CH(CH_2)_3CH{=}CH_2 \xrightarrow[\text{CHCl}_3,\ 0℃]{O_3} \xrightarrow[\text{HOAc}]{H_2O/Zn} (CH_3)_2CH(CH_2)_3CHO + H{-}\overset{\overset{O}{\|}}{C}{-}H$$

臭氧化水解反应除用于合成外，还是推断烯烃结构的重要方法。若分子中有$=CH_2$结构，经过臭氧化水解后生成甲醛；若有=CHR 结构，则产生醛 RCHO；若有=CRR′结构，则产生酮 RCOR′。因此，可以根据臭氧化水解的产物推测反应物烯烃的结构。

3. 环氧化反应

将烯烃的双键氧化为含氧三元环结构的反应称为环氧化反应。环氧乙烷是最简单的环氧化合物，含有环氧基的树脂材料(环氧树脂)经常作为胶黏剂使用。工业上经常采用高温条件下的银催化反应条件得到。

$$H_2C{=}CH_2 + O_2 \xrightarrow[220\sim280℃]{Ag} \underset{\diagdown O \diagup}{H_2C{-}CH_2}$$

此外，烯烃的环氧化合物还可通过过氧乙酸、过氧三氟乙酸或间氯过氧苯甲酸等有机过氧酸进行环氧化反应得到。例如：

$$CH_3(CH_2)_3CH{=}CH_2 \xrightarrow{\text{间氯过氧苯甲酸}} CH_3(CH_2)_3\underset{\diagdown O \diagup}{CH{-}CH_2}$$

4. 烯烃的催化氧化

烯烃在催化剂的作用下，与氧气发生的氧化反应称为催化氧化。乙醛和丙酮等多种重要的石油化工产品均可用催化氧化法进行生产。例如：

$$CH_2{=}CH_2 \xrightarrow[100\sim120℃]{O_2/PdCl_2\text{-}CuCl_2} CH_3CHO$$

$$H_3C{-}HC{=}CH_2 \xrightarrow[100\sim120℃]{O_2/PdCl_2\text{-}CuCl_2} CH_3COCH_3$$

2.5.4　烯烃α-氢的反应

与双键直接相连的烷基碳原子称为α-碳原子，α-碳原子上连接的氢，称为α-氢，也称为烯丙型氢(allyl hydrogen)。其 C—H 键解离能较小，性质比较活泼，容易发生氧化反应和卤代反应。

1. 氧化反应

烯烃的α- 位容易被氧化，如在氧化亚铜的作用下，丙烯与空气可反应生成丙醛。

$$H_3C-HC=CH_2 \xrightarrow[400\sim500^\circ C]{O_2(空气)/Cu_2O} H_2C=CH-CHO + H_2O$$

在磷钼酸铋等催化剂作用下，丙烯在氨气和空气的混合气体中，可以同时发生氧化和氨化反应，生成丙烯腈，该反应又称为氨氧化反应。

$$H_3C-HC=CH_2 + NH_3 + 3/2O_2 \xrightarrow{磷钼酸铋} NC-\underset{H}{C}=CH_2 + 3H_2O$$

2. 卤代反应

在低于 250℃的温度下，丙烯与氯气容易发生亲电加成反应，生成 1,2-二氯丙烷：

$$H_3C-HC=CH_2 + Cl_2 \xrightarrow{<250^\circ C} H_3C-\overset{H}{\underset{Cl}{C}}-\underset{Cl}{CH_2}$$

但是，在高温条件下则主要发生α-氢的取代反应，生成烯丙基氯：

$$H_3C-HC=CH_2 + Cl_2 \xrightarrow{500^\circ C} ClH_2C-HC=CH_2$$

该反应遵循自由基型反应机理。高温条件下，丙烯失去α-氢形成烯丙基自由基，该自由基由于存在 p-π 共轭效应，比其他烷基自由基更加稳定，而越稳定的自由基越容易形成。

当α- 位不止一个碳原子时，有可能发生烯丙位重排反应。例如：

$$H_2\overset{CH_3}{C}-HC=CH_2 + Cl_2 \xrightarrow{高温} H\overset{CH_3}{\underset{Cl}{C}}-\underset{H}{C}=CH_2 + H-\overset{CH_3}{C}=CH-\underset{Cl}{CH_2}$$

溴代反应经常采用 *N*-溴代丁二酰亚胺(*N*-bromosuccinimide，NBS)作为溴化剂，在光照或过氧化物存在下，低温即可发生反应。例如：

$$\text{环己烯} + \underset{NBS}{\text{N-溴代丁二酰亚胺 (N—Br)}} \xrightarrow[CCl_4,\ \triangle]{(PhCOO)_2} \text{3-溴环己烯 (Br)} + \text{丁二酰亚胺 (NH)}$$

2.5.5　HBr 的过氧化物效应

不对称烯烃与溴化氢的亲电加成反应遵循马氏规则，但是在光照或过氧化物存在的条件下，往往得到“反马氏规则”的加成产物。这一现象是在 1933 年由 Kharasch 等发现的，称为

HBr的过氧化物效应(peroxide effect)。例如：

$$CH_3CH{=}CH_2 + HBr \xrightarrow{\text{过氧化物}} CH_3CH_2CH_2{-}Br$$

过氧化物容易分解产生自由基，从而引发自由基加成反应。该反应机理可以表示如下。

链引发：

$$RO{-}OR \longrightarrow 2RO\cdot$$

$$RO\cdot + H{-}Br \longrightarrow ROH + Br\cdot$$

链增长：

$$H_3C{-}CH{=}CH_2 + Br\cdot \longrightarrow H_3C{-}\dot{C}H{-}CH_2{-}Br$$

$$H_3C{-}\dot{C}H{-}CH_2{-}Br + H{-}Br \longrightarrow H_3C{-}CH_2{-}CH_2{-}Br + Br\cdot$$

链增长的第一步反应，有可能产生两种烷基自由基：

$$\underset{(\text{I})}{H_3C{-}\dot{C}H{-}CH_2{-}Br} \qquad \underset{(\text{II})}{H_3C{-}\underset{\displaystyle Br}{\underset{|}{C}H}{-}\dot{C}H_2}$$

二级碳自由基(Ⅰ)比一级碳自由基(Ⅱ)稳定，所以反应主要形成二级碳自由基(Ⅰ)，得到"反马氏规则"加成产物1-溴丙烷。

注意，只有溴化氢具有过氧化物效应。烯烃与氯化氢或碘化氢的加成反应一般按照亲电加成反应机理进行，生成"马氏规则"加成产物。

2.5.6 聚合反应

由小分子烯烃合成聚合物的反应称为聚合反应(polymerization)。烯烃在引发剂的存在下，碳碳双键被打开，自相加成形成长链大分子的反应，称为加成聚合反应，简称加聚反应。

$$\underset{(\text{单体，G为不同取代基})}{nH_2C{=}\underset{\displaystyle G}{\underset{|}{C}H}} \xrightarrow{\text{引发剂}} \underset{(\text{聚合物})}{\left[H_2C{-}\underset{\displaystyle G}{\underset{|}{C}H}\right]_n}$$

烯烃及其衍生物的加聚反应提供了许多高分子化合物，如聚乙烯(PE)、聚丙烯(PP)和聚苯乙烯(PS)等，可用于塑料、橡胶、纤维等材料。

乙烯的聚合通常有以下两种方式：

(1)高压下聚合得到低密度聚乙烯。得到的聚乙烯平均相对分子质量为25000～50000，结构上并不是直链型的分子，而具有支链，由于密度较低，比较柔软，容易加工成型，经常用于塑料袋、奶瓶等产品。

(2)低压下利用齐格勒-纳塔(Ziegler-Natta)催化剂制备高密度聚乙烯。得到的聚乙烯平均相对分子质量为10000～300000，结构上基本上是直链型的分子，密度较大，经常用于板材和工程塑料等。

$$nH_2C{=}CH_2 \xrightarrow[60\sim75^\circ C,\ 0.1\sim1\ MPa]{TiCl_4\text{-}Al(C_2H_5)_3} \left[CH_2{-}CH_2\right]_n$$

丙烯也可以在Ziegler-Natta催化剂的催化作用下形成聚丙烯，可制成纤维等。

$$n\,CH_3CH{=\!=}CH_2 \xrightarrow[50℃,\ 10\ MPa]{TiCl_4\text{-}Al(C_2H_5)_3} \left[\!\!-CH(CH_3)-CH_2-\!\!\right]_n$$

聚丙烯

2.6　重要的烯烃

1. 乙烯

乙烯主要来源于石油裂解，是一种无色并带有甜香味的气体。乙烯是植物的内源激素，在成熟的果实中含量较高，可用作未成熟水果的催熟剂。

乙烯是一种重要的化工原料，可用来生成环氧乙烷、乙醇、乙醛和聚乙烯等多种有机化工产品。从乙烯出发的产品，产值占石油化工产值的一半以上，故乙烯产量是衡量一个国家基本有机化学工业发展水平的重要标志。近年来，我国的石油化学工业发展迅速，建立了燕山、大庆、齐鲁、杨子和彭州等石油化工基地，2018 年我国的乙烯行业累计产量已经达到1821.8 万吨，占全球乙烯产量的第二位。

2. 丙烯

丙烯为无色气体，也是有机合成的重要原料，化学性质活泼，可用于生产丙三醇、丙酮和异丙醇等重要化工产品。丙烯经氨氧化所得丙烯腈，是生产聚丙烯腈(腈纶)的单体。腈纶具有类似羊毛柔软、保温的性能，俗称人造羊毛。

2.7　烯烃的来源和制备

烯烃主要来源于石油裂解，尤其是一些低级烯烃。目前在工业上主要通过高温裂解高沸点馏分得到。同时，烯烃也可以通过化学方法制备。

1. 由炔烃制备

通过选择性催化加氢或化学还原，可以由炔烃制备相应的烯烃(详见第 3 章)。

2. 由卤代烷制备

1) 由一卤代烷消除卤化氢制备

反应一般在碱性条件下进行，如由伯卤代烷的消除反应可以制备端烯。例如：

$$CH_3CH_2CH_2CH_2CH_2Br \xrightarrow[40℃]{t\text{-BuOK}/t\text{-BuOH}} CH_3CH_2CH_2CH{=\!=}CH_2 \quad 85\%$$

2) 由邻二卤代烷脱卤素制备

邻二卤代烷在锌、镁等催化作用下，可以同时脱去一分子卤素形成双键。例如：

$$H_3C-CH(Cl)-CH(Cl)-CH_3 \xrightarrow{Zn} H_3C-CH{=}CH-CH_3 + ZnCl_2$$

但原料邻二卤代烷其实主要由烯烃与卤素的加成反应得到，故该反应用于合成烯烃并没有太大的应用价值。该反应可用于双键的临时保护。

3. 由醇类制备

醇类原料经酸催化脱水或 Al_2O_3 高温脱水可制备烯烃。例如：

$$\text{环己醇(OH)} \xrightarrow[130\sim140℃]{98\%\ H_2SO_4} \text{环己烯} \qquad 83\%\sim89\%$$

$$\text{环己醇(OH)} \xrightarrow[360℃]{Al_2O_3} \text{环己烯} \qquad 83\%\sim89\%$$

醇的酸催化脱水，大多数经过碳正离子历程，容易发生重排使产物复杂化。因此，用醇的酸催化脱水制备烯烃，要合理选择醇的结构。

使用 Al_2O_3 可以避免分子重排。注意下两例反应条件和反应产物的不同：

$$CH_3CH_2CH_2CH_2—OH \xrightarrow[140℃]{75\%\ H_2SO_4} CH_3CH{=}CHCH_3$$

$$CH_3CH_2CH_2CH_2—OH \xrightarrow[350℃]{Al_2O_3} CH_3CH_2CH{=}CH_2$$

参 考 文 献

Cheng L J, Islam S M, Mankad N P. 2018. Synthesis of allylic alcohols via Cu-catalyzed hydrocarbonylative coupling of alkynes with alkyl halides[J]. Journal of the American Chemical Society, 140 (3): 1159-1164

Hu Z, Zhang D, Lu F, et al. 2018. Multistimuli-responsive intrinsic self-healing epoxy resin constructed by Host-Guest interactions[J]. Macromolecules, 51 (14): 5294-5303

Na Y, Dai S, Chen C. 2018. Direct synthesis of polar-functionalized linear low-density polyethylene (LLDPE) and low-density polyethylene (LDPE) [J]. Macromolecules, 51 (11): 4040-4048

习 题

1. 命名下列化合物，有构型异构的化合物用 *Z*/*E* 命名法标出。

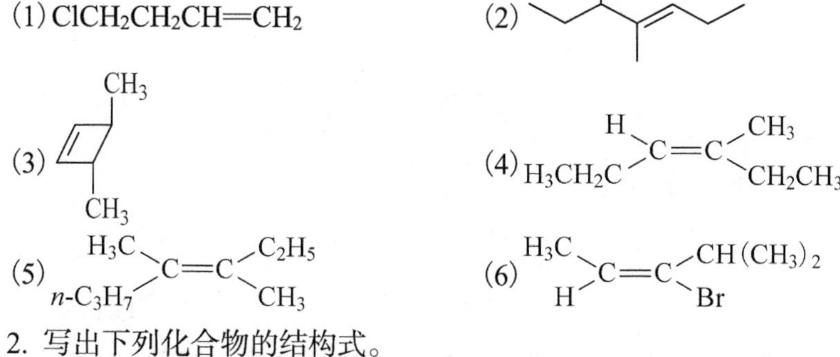

2. 写出下列化合物的结构式。

(1) 2,3,4-三甲基-2-己烯　　(2) 反-2-丁烯　　(3) 3-异丙基环己烯

(4) (*E*)-3-甲基-2-戊烯　　(5) (*Z*)-3-叔丁基-2-庚烯

3. 写出下列反应的主要产物。

(1) 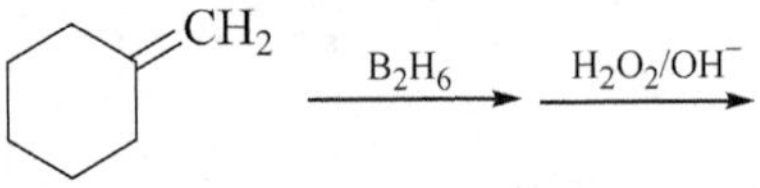 $=CH_2$ $\xrightarrow{B_2H_6}$ $\xrightarrow{H_2O_2/OH^-}$

(2) $F_3CHC{=}CH_2 \xrightarrow{HI}$

(3) 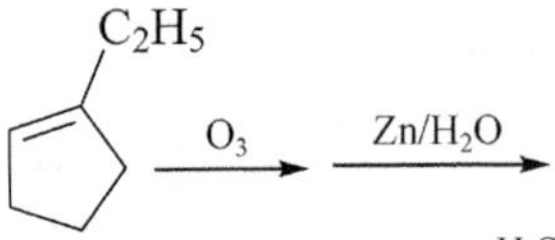 C_2H_5 $\xrightarrow{O_3}$ $\xrightarrow{Zn/H_2O}$

(4) $(H_3C)_2C{=}CHCH_3 \xrightarrow{H_2SO_4} \xrightarrow{H_2O}$

(5) 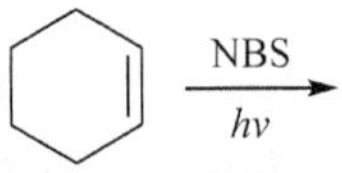 $\xrightarrow[hv]{NBS}$

(6) 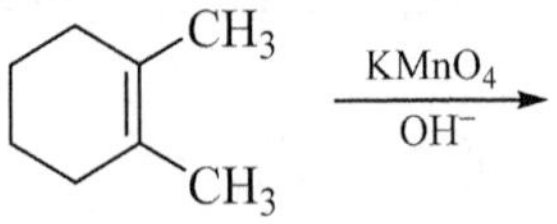 CH_3 CH_3 $\xrightarrow[OH^-]{KMnO_4}$

(7) 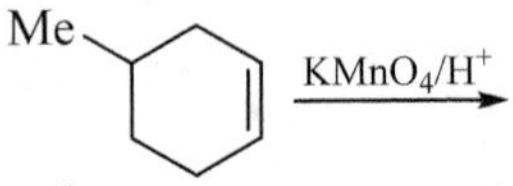 Me $\xrightarrow{KMnO_4/H^+}$

(8) 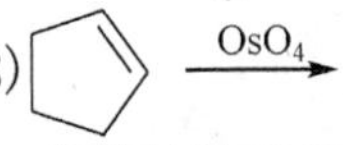 $\xrightarrow{OsO_4}$

4. 对下列碳正离子的稳定性进行排序。

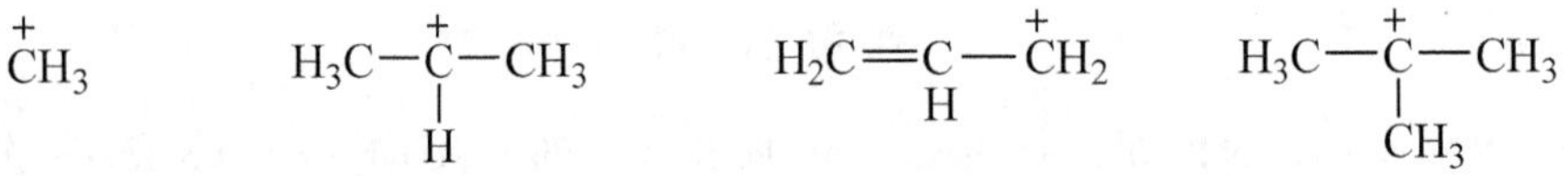

$\overset{+}{C}H_3$　　$H_3C-\overset{+}{C}H-CH_3$　　$H_2C{=}CH-\overset{+}{C}H_2$　　$H_3C-\overset{+}{C}(CH_3)-CH_3$

5. 对下列化合物的催化加氢速率进行排序。

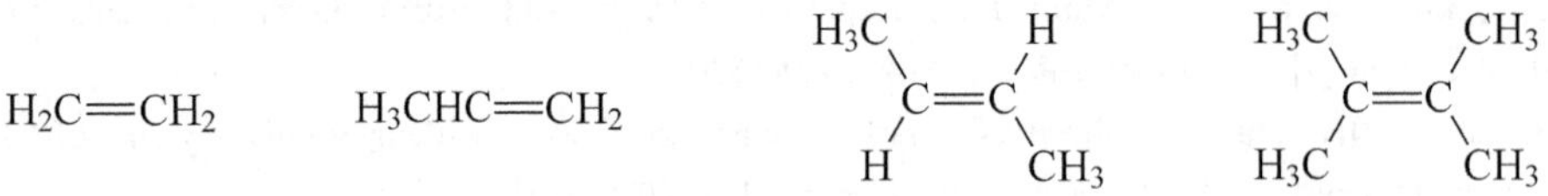

$H_2C{=}CH_2$　　$H_3CHC{=}CH_2$　　$(H_3C)(H)C{=}C(H)(CH_3)$　　$(H_3C)_2C{=}C(CH_3)_2$

6. 对下列化合物与溴化氢发生亲电加成的速率进行排序。

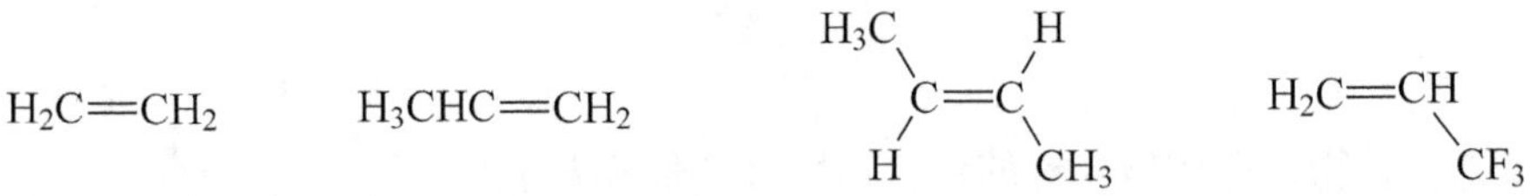

$H_2C{=}CH_2$　　$H_3CHC{=}CH_2$　　$(H_3C)(H)C{=}C(H)(CH_3)$　　$H_2C{=}CH-CF_3$

7. 用简单的方法除去烷烃中的少量烯烃杂质。

8. 合成题。

(1) 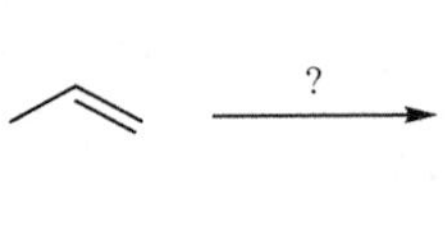 $\xrightarrow{?}$ Br Br Br

(2) 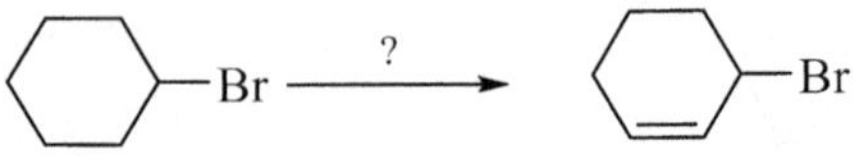 Br $\xrightarrow{?}$ Br

(3) 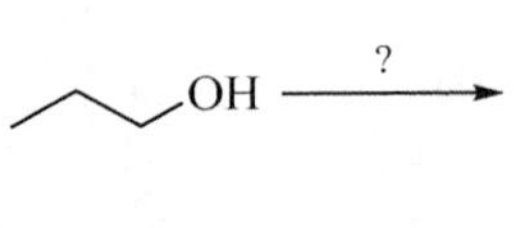 OH $\xrightarrow{?}$ Br Br

(4) 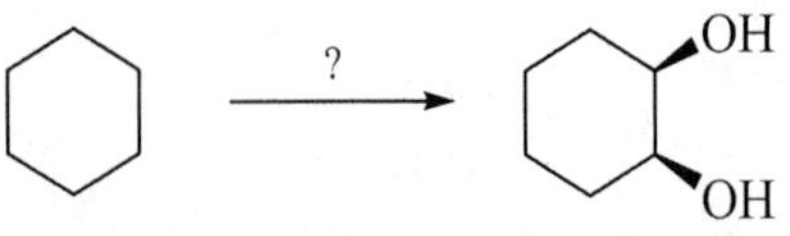 $\xrightarrow{?}$ OH OH

9. 某化合物分子式为 C_8H_{16}，可以使溴水褪色，同时能被酸性高锰酸钾氧化为丁酮，请写出化合物结构式并完成相应的反应。

10. 某化合物分子式为$C_{10}H_{16}$，可以与2 mol氢气发生催化加氢反应，且经臭氧化后只得一种产物戊二醛，推测化合物结构并完成相应的反应。

11. 化合物A(C_6H_{10})与高锰酸钾溶液一起回流后得环戊酮。A与HBr发生反应形成B，B在氢氧化钾的乙醇溶液中反应得C，C能使溴水褪色，并且C经臭氧化和还原水解后，得到$CH_3COCH_2CH_2CH_2CHO$。推测化合物A、B、C的结构并写出有关反应式。

第 3 章　炔烃和二烯烃

【学习要求】

(1) 了解炔烃的结构和物理性质。
(2) 掌握炔烃的加成、聚合、氧化反应。
(3) 掌握金属炔化物在合成中的应用。
(4) 了解二烯烃的结构和共轭效应。
(5) 掌握二烯烃的共轭加成反应、第尔斯-阿尔德反应。

3.1　炔　　烃

炔烃是含有碳碳三键的不饱和烃，炔有缺少的含义；二烯烃是含有两个碳碳双键的不饱和烃，它们的通式都是 C_nH_{2n-2}。含相同数目碳原子的炔烃和二烯烃是同分异构体，但它们是两类不同的链烃。

3.1.1　炔烃的结构和命名

1. 炔烃的结构

乙炔是最简单的炔烃，分子式是 C_2H_2，构造式是 H—C≡C—H，分子中含有一个碳碳三键。现代物理方法证明了乙炔中所有的原子都在一条直线上。C≡C 键的键长为 0.120 nm，比 C═C 键的键长短，因此乙炔分子中两个碳原子核较乙烯靠得更近，原子核对电子的吸引力增强了。C≡C 键的键能为 835 kJ · mol^{-1}。杂化轨道理论根据已知的实验事实，设想碳碳三键的结构如下：

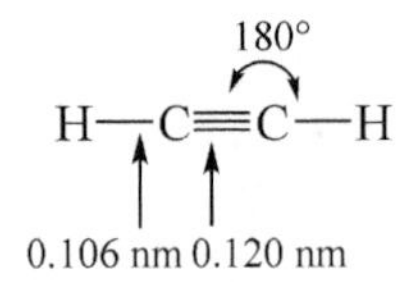

激发态的碳原子由一个 2s 轨道和一个 2p 轨道重新组合，组成两个能量均等的 sp 杂化轨道，如图 3-1 所示。

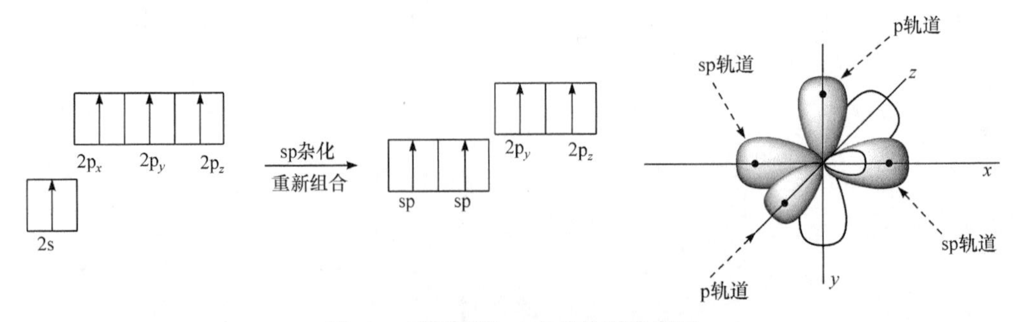

图 3-1　碳原子的 sp 杂化轨道示意图

两个 sp 杂化轨道向碳原子核的左右两边伸展，它们的对称轴在一条直线上，互成 180°。在乙炔分子中，两个碳原子各以 1 个 sp 轨道互相重叠，形成一个 C—C σ 键，每个碳原子又各以 1 个 sp 轨道分别与 1 个氢原子的 1s 轨道重叠形成 C—H 键，这便构成乙炔分子中的三个 H—C—C—H σ 键(图 3-2)。

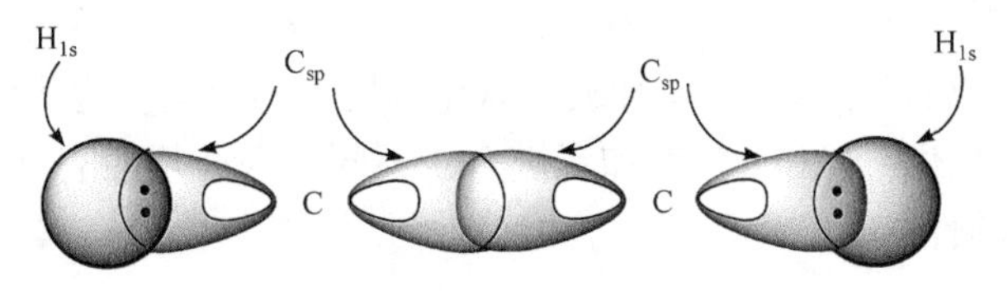

图 3-2　乙炔分子的 σ 键

此外，每个碳原子还有两个互相垂直的未杂化的 p 轨道(p_y、p_z)，它们与另一个碳原子的两个 p 轨道两两互相侧面重叠形成两个互相垂直的 π 键。故碳碳三键是由一个 σ 键和两个互相垂直的 π 键组成的。两个 π 键的电子云分布好像是围绕两个碳原子核心联系的圆柱形的 π 电子云。

乙炔分子在球棍模型中以三根弹簧代表三键。其他炔烃分子中的三键也都是由一个 σ 键和两个 π 键组成的。

2. 炔烃的命名

简单的炔烃可使用衍生物命名法，即以乙炔为母体，称“某基乙炔”。

炔烃的系统命名法和烯烃相似，只是将“烯”字改为“炔”字，英文名称只需将相应烷烃(alkane)的词尾“ane”改为“yne”。例如：

$H_3CC\equiv CCH_3$	$(H_3C)_2CHC\equiv CH$	$(H_3C)_3CC\equiv CCH(CH_3)_2$
2-丁炔	3-甲基-1-丁炔	2,2,5-三甲基-3-己炔
二甲基乙炔	异丙基乙炔	异丙基叔丁基乙炔
2-butyne	3-methyl-1-butyne	2,2,5-trimethyl-3-hexyne

同时含有三键和双键的分子称为烯炔。它的命名规则为首先选取含有双键和三键的最长碳链为主链，位次的编号按“最低系列”原则，使双键或三键的位次最小。当双键和三键处在相同的位次时，则给双键最低的位次，书写时按照“先烯后炔”的顺序，词尾为“几烯几炔”。例如：

$$\overset{1}{H}C\equiv\overset{2}{C}\overset{3}{C}H=\overset{4}{C}H\overset{5}{C}H_3$$

3-戊烯-1-炔
3-penten-1-yne

$$H_3\overset{7}{C}\overset{6}{C}\equiv\overset{5}{C}\overset{4}{C}H(CH_3)\overset{3}{C}H_2\overset{2}{C}H=\overset{1}{C}H_2$$

4-甲基-1-庚烯-5-炔
4-methyl-1-hepten-5-yne

$$\overset{5}{H}C\equiv\overset{4}{C}\overset{3}{C}H_2\overset{2}{C}H=\overset{1}{C}H_2$$

1-戊烯-4-炔
1-penten-4-yne

$$H_2\overset{1}{C}=\overset{2}{C}H\overset{3}{C}H=\overset{4}{C}H\overset{5}{C}\equiv\overset{6}{C}H$$

1,3-己二烯-5-炔
1,3-hexadien-5-yne

3.1.2　炔烃的物理性质

简单炔烃的沸点、熔点及密度一般比碳原子数相同的烷烃和烯烃高一些。这是由于炔烃分子较短小、细长，在液态和固态中，分子可以彼此靠得很近，分子间的范德华力很强。炔烃分子极性略比烯烃强，如 $CH_3CH_2C\equiv CH$，$\mu = 2.67\times10^{-30}$ C · m；$CH_3CH_2CH=CH_2$，$\mu = 1.00\times10^{-30}$ C · m。炔烃不易溶于水，而易溶于石油醚、乙醚、苯和四氯化碳中。

3.1.3 炔烃的化学性质

炔烃的化学性质和烯烃相似，也有加成、氧化和聚合等反应。这些反应都发生在三键上，所以三键是炔烃的官能团。但由于三键和双键有所不同，因此炔烃有许多反应与烯烃是有差别的，具有自己独特的性质。

1. *加成反应*

1) 亲电加成

炔烃与烯烃一样，与卤素和氢卤酸发生亲电加成反应，其亲电加成是反式加成。

$$C_6H_5-C\equiv CCH_3 + Br_2 \longrightarrow [C_6H_5-C\overset{Br^+}{=}C-CH_3] \xrightarrow{Br^-} \underset{Br}{C_6H_5}C=C\underset{CH_3}{Br}$$

$$C_2H_5C\equiv CC_2H_5 + HCl \longrightarrow \underset{99\%}{(C_2H_5)(Cl)C=C(H)(C_2H_5)} + \underset{1\%}{(C_2H_5)(Cl)C=C(C_2H_5)(H)}$$

当 R—C≡CH 与卤化氢加成时先得一卤代烯，而后得二卤代烷，而且也有区位选择性，产物符合马氏规则：

$$R-C\equiv CH \xrightarrow{HX} R-\underset{X}{C}=CH_2 \xrightarrow{HX} R-\underset{X}{\overset{X}{C}}-CH_3$$

炔烃虽较烯烃多一个 π 键，但与亲电试剂的加成却较烯烃难进行。例如，乙炔和氯化氢的加成在通常情况下难进行，若用氯化汞盐酸溶液浸渍活性炭制成的催化剂时，则能顺利进行：

$$HC\equiv CH + HCl \xrightarrow{120\sim180^\circ C} \underset{\text{氯乙烯}}{H_2C=CHCl}$$

氯乙烯(vinyl chloride)是合成重要塑料聚氯乙烯(PVC)的单体：

$$nH_2C=CHCl \xrightarrow{\text{聚合}} \underset{\text{聚氯乙烯}}{\left[CH_2-\underset{Cl}{CH}\right]_n}$$

烯炔加卤素时，首先加在双键上。例如：

$$CH_2=CH-CH_2-C\equiv CH + Br_2 \longrightarrow \underset{Br}{CH_2}-\underset{Br}{CH}-CH_2-C\equiv CH$$

为什么炔烃的亲电加成要比烯烃难？通常认为这是由于三键的π电子比双键难以极化，因而不容易给出电子与亲电试剂结合。在s与p的杂化轨道中，s轨道成分越大，键长就越短，越难极化，键的解离能就越大。炔烃三键的碳原子是sp杂化，乙炔中三键的键长为0.120 nm；而烯烃双键的碳原子是sp^2杂化，乙烯中双键的键长为0.134 nm。这表明乙炔中形成π键的两个p_z原子轨道和两个p_y原子轨道重叠的程度比乙烯中要大。可见乙炔的π键强于乙烯。实验测得的电离能乙炔为11.4 eV，乙烯为10.5 eV，故乙炔的亲电加成较乙烯难进行。

另外，从反应产生的碳正离子的稳定性来看，在炔烃加成形成的烯基碳正离子中，C^+与C_{sp^2}相连，C_{sp^2}的电负性大，不利于正电荷的分散，故稳定性不如烯烃加成形成的烷基碳正离子。

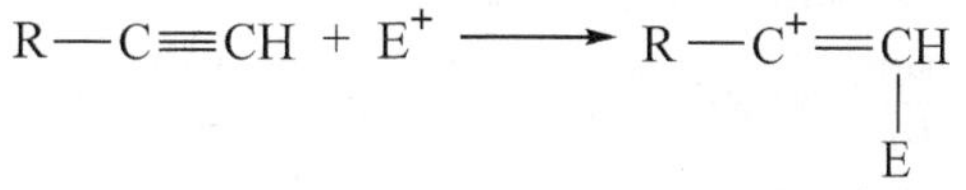

$$R—C\equiv CH + E^+ \longrightarrow R—C^+=CH(E)$$

烯基碳正离子

$$R—CH=CH_2 + E^+ \longrightarrow R—\overset{+}{C}HCH_2(E)$$

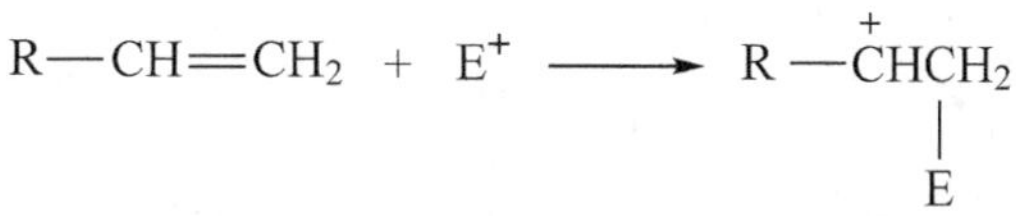

烷基碳正离子

炔烃和水的加成比烯烃更难进行，必须在催化剂硫酸汞和稀硫酸的存在下才发生加成反应。首先是三键与一分子水加成，生成具有双键以及在双键碳上连有羟基的烯醇。烯醇式化合物不稳定，羟基上的氢原子能转移到另一个双键碳上。与此同时，组成共价键的电子云也发生转移，使碳碳双键变成单键，而碳氧单键则成为碳氧双键，最后得到乙醛或酮：

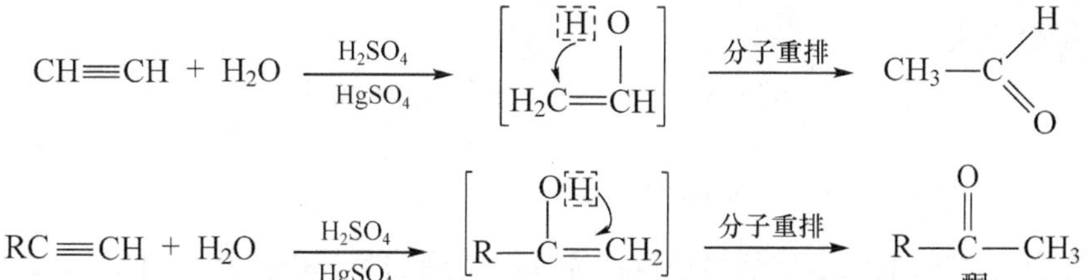

$$CH\equiv CH + H_2O \xrightarrow[HgSO_4]{H_2SO_4} [H_2C=CH(OH)] \xrightarrow{分子重排} CH_3—CHO$$

$$RC\equiv CH + H_2O \xrightarrow[HgSO_4]{H_2SO_4} [R—C(OH)=CH_2] \xrightarrow{分子重排} R—CO—CH_3$$

酮

一个分子或离子在反应过程中发生了基团的转移和电子云密度重新分布而最后生成较稳定的分子的反应，称为重排反应。下面以乙烯醇和乙醛为例，计算其分子重排前后的键能变化：

$$H_2C=CH—OH \longrightarrow H—CH_2—CHO$$

乙醛的总键能(2741 kJ · mol^{-1})和乙烯醇的总键能(2678 kJ · mol^{-1})相差63 kJ · mol^{-1}，表明乙醛比乙烯醇稳定，但能量差别并不是很大。另外，在酸性条件下，乙醛和乙烯醇相互变化的活化能很小，烯醇式和酮式容易很快地相互转变，达到动态平衡时，由于酮式结构的能量较低，更稳定，因而得到酮式化合物——乙醛。

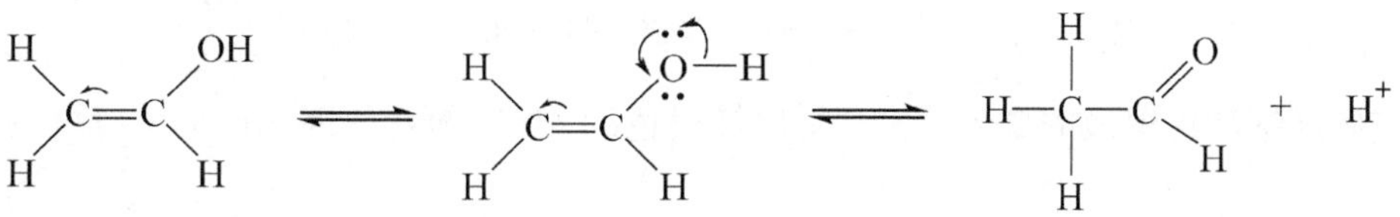

$$H_2C=CH—OH \rightleftharpoons H_2C=CH—\ddot{O}—H \rightleftharpoons H—CH_2—CHO + H^+$$

通常，两个构造异构体可以迅速地相互转变的现象，称为互变异构现象，涉及的异构体称为互变异构体。由于异构体中一个为酮式，另一个为烯醇式，因此这种互变异构现象又称为酮-烯醇互变异构现象，可表示如下：

$$\underset{\text{烯醇式}}{-\overset{|}{C}=\overset{|}{C}-OH} \rightleftharpoons \underset{\text{酮式}}{-\overset{|}{\underset{H}{\underset{|}{C}}}-\overset{|}{C}=O}$$

2) 催化加氢

炔烃经催化加氢，可生成烯烃，继续加氢反应则得到烷烃，如图 3-3 所示。

$$R-C\equiv C-R' \xrightarrow[H_2]{Pt、Pd或Ni} R-CH=CH-R' \xrightarrow[H_2]{Pt、Pd或Ni} R-CH_2-CH_2-R'$$

sp³ sp² sp

CH_3^- $CH_2=CH^-$ $HC\equiv C^-$

甲基负离子 乙烯基负离子 乙炔基负离子

稳定性 →

碱性 ←

图 3-3 甲基、乙烯基、乙炔基负离子的比较

由乙烯和乙炔的氢化热数据可以看出，乙炔比乙烯加氢更容易。同时说明炔烃的加氢反应活泼性比烯烃更大。

$$HC\equiv CH + H_2 \longrightarrow H_2C=CH_2$$

$$H_2C=CH_2 + H_2 \longrightarrow H_3C-CH_3$$

因此，使用活性较低的催化剂容易得到烯烃。常用的是林德拉催化剂(Lindlar catalyst)，它是一种以金属钯沉淀于碳酸钙上，然后用乙酸铅处理而得的加氢催化剂。铅盐使钯催化剂的活性降低，使烯烃加氢停止，炔烃继续加氢，所以保证加氢反应停留在烯烃阶段。

$$C_2H_5-C\equiv C-C_2H_5 + H_2 \xrightarrow{林德拉催化剂} \begin{matrix} C_2H_5 & & C_2H_5 \\ & C=C & \\ H & & H \end{matrix}$$

当乙烯和乙炔(少量)的混合物进行催化加氢时，因为乙炔比乙烯发生加氢反应更容易，在工业上通常利用这个性质控制氢气用量，达到将乙烯中的微量乙炔加氢转化为乙烯的目的。

2. 氧化反应

炔烃也可以被高锰酸钾等强氧化剂氧化，氧化后发生碳碳三键的断裂得到相应的羧酸。对末端炔而言，端炔碳氧化后会分解成二氧化碳和水。

$$RC\equiv CH \xrightarrow[H_2O,OH^-]{KMnO_4} RCOOH + CO_2 + H_2O$$

反应后高锰酸钾溶液的颜色褪去，析出棕褐色的 MnO_2 沉淀，因此这个反应可用于定性鉴定。

三键比双键难加成，也难氧化。炔烃的氧化速率比烯烃的慢，如在同时存在双键和三键的化合物中，氧化首先发生在双键上。

$$HC\equiv C(CH_2)_7CH=C(CH_3)_2 \longrightarrow HC\equiv C(CH_2)_7CHO + CH_3COCH_3$$

如用臭氧氧化，可发生 C≡C 键的断裂，生成两个羧酸。例如：

$$R-C\equiv C-R' \xrightarrow[CCl_4]{O_3} R-\overset{\quad O \quad}{C - C}-R' \ (\text{臭氧化物，O—O 桥}) \xrightarrow{H_2O} R-\underset{\underset{O}{\|}}{C}-\underset{\underset{O}{\|}}{C}-R' + H_2O_2$$

$$\longrightarrow RCOOH + R'COOH$$

与烯烃的氧化一样，可由所得产物的结构推知原炔烃的结构。

3. 聚合反应

炔烃只生成仅由几个分子聚合的聚合物，如在不同条件下乙炔可生成链状的二聚物或三聚物，也可生成环状的三聚物或四聚物。

$$HC\equiv CH + HC\equiv CH \xrightarrow[H_2O]{Cu_2Cl_2+NH_4Cl} CH_2=CH-C\equiv CH$$

乙烯基乙炔

$$CH_2=CH-C\equiv CH + HC\equiv CH \xrightarrow[H_2O]{Cu_2Cl_2+NH_4Cl} CH_2=CH-C\equiv C-CH=CH_2$$

二乙烯基乙炔

$$3HC\equiv CH \xrightarrow[\text{醚}]{Ni(CN)_2,\ (C_6H_5)_3P} \text{苯}$$

苯

$$4HC\equiv CH \xrightarrow[\text{醚}]{Ni(CN)_2} \text{环辛四烯}$$

环辛四烯

乙炔的二聚物和氯化氢加成，得到 2-氯-1, 3-丁二烯，它是氯丁橡胶(一种合成橡胶)的单体。

$$CH_2=CH-C\equiv CH + HCl \xrightarrow[H_2O]{Cu_2Cl_2+NH_4Cl} H_2C=\underset{\underset{Cl}{|}}{C}-CH=CH_2$$

2-氯-1,3-丁二烯

4. 金属炔化物的生成

三键碳原子上的氢原子具有微弱酸性($pK_a = 25$)，可以被金属取代，生成炔化物。如将乙炔通入硝酸银的氨溶液或氯化亚铜的氨溶液中，析出白色的乙炔银沉淀或棕红色的乙炔亚铜沉淀。

$$HC\equiv CH + 2AgNO_3 + 2NH_4OH \longrightarrow Ag-C\equiv C-Ag\downarrow + 2NH_4NO_3 + 2H_2O$$

乙炔银(白色)

$$HC\equiv CH + Cu_2Cl_2 + 2NH_4OH \longrightarrow Cu-C\equiv C-Cu\downarrow + 2NH_4Cl + 2H_2O$$

乙炔亚酮(棕红色)

上述两个反应现象明显。而 R—C≡C—R 型的炔烃不能进行这两个反应，故可用于鉴定乙炔和 R—C≡CH 型的炔烃。

干燥的银或亚铜的炔化物受热或震动时易发生爆炸生成金属和碳：

$$Ag—C≡C—Ag \longrightarrow 2Ag + 2C \qquad \Delta H = -364\ kJ \cdot mol^{-1}$$

因此，试验完毕，应立即加浓盐酸将炔化物分解，以免发生危险。

$$Ag—C≡C—Ag + 2HCl \longrightarrow HC≡CH + 2AgCl\downarrow$$

$$Cu—C≡C—Cu + 2HCl \longrightarrow HC≡CH + Cu_2Cl_2\downarrow$$

乙炔和 R—C≡CH 型的炔烃在液态氨中与氨基钠发生中和作用生成炔化钠：

$$HC≡CH + NaNH_2 \xrightarrow{液氨} HC≡C^-Na^+ + NH_3$$

$$R—C≡CH + NaNH_2 \xrightarrow{液氨} R—C≡C^-Na^+ + NH_3$$

为什么乙炔的氢原子比乙烯和乙烷的氢原子都活泼？乙炔中的氢原子与 sp 杂化碳相连，而乙烯和乙烷中的氢分别与 sp^2 和 sp^3 杂化的碳相连。由于 sp 杂化碳原子的电负性大于 sp^2 和 sp^3 杂化碳原子，因此炔氢容易异裂，解离出氢原子，显酸性，易被金属取代。表 3-1 列出了杂化态不同的碳原子的电负性。

表 3-1　杂化态不同的碳原子的电负性

C_{sp^3}	C_{sp^2}	C_{sp}
2.48	2.75	3.29

炔化钠可以用于合成炔烃同系物。例如：

$$C_2H_5C≡C^-Na^+ + CH_3X \longrightarrow \underset{2\text{-戊炔}}{C_2H_5C≡CCH_3} + NaX$$

这个反应是由于丁炔基负离子进攻与卤素连接的碳原子而发生的。

$$C_2H_5C≡C^- + H—CH_2—X \longrightarrow C_2H_5C≡C—CH_2—H + X^-$$

四价碳原子以三价与其他原子或基团结合，还有一对未共用电子对的活泼物种称为碳负离子。其中心碳原子最外层有 8 个电子，它比相应的碳正离子多 2 个电子，比自由基多 1 个电子，因此它带负电荷。

3.1.4　乙炔

乙炔是基本的有机合成原料。

1. 制法

工业上生产乙炔的方法主要有两种。

(1) 电石法。生产电石的原料是氧化钙和焦炭。氧化钙和焦炭放在电炉内受到电极尖端电弧热，被加热至约 2500℃，生成碳化钙(俗称电石)：

$$3C + CaO \xrightarrow{\text{约}2500℃} \underset{\text{碳化钙}}{CaC_2} + CO$$

碳化钙和水作用，生成乙炔：

$$CaC_2 + 2H_2O \longrightarrow \underset{\text{乙炔}}{C_2H_2} + Ca(OH)_2$$

纯乙炔是无色、无臭的气体。由于电石中含有硫化钙和磷化钙等杂质，当电石和水作用时杂质便变成 H_2S、PH_3 等，使乙炔带有难闻的臭味。工业上用乙炔作合成原料时，必须先除去杂质。

电石法可以直接得到 99%的乙炔，但是耗电量很大，精制乙炔耗费也大，成本较高。

(2) 由烃类裂解。以天然气为原料裂解制造乙炔。近年来，轻油和重油裂解时通过适当的条件可以同时得到乙炔和乙烯。

2. 性质

乙炔可溶于水，在 0.1 MPa 下乙炔溶于等体积的水中。乙炔在丙酮中的溶解度更大，常压下 1 体积丙酮能溶解 20 体积的乙炔，在 1.2 MPa 下则能溶解 300 体积的乙炔。乙炔易爆炸，高压的乙炔、液态和固态的乙炔受到敲打或碰击时容易爆炸。乙炔的丙酮溶液较稳定，故把乙炔溶于丙酮中可避免爆炸的危险。为了运输和使用的安全，通常把乙炔在 1.2 MPa 下压入盛满丙酮浸润饱和的多孔性物质(如硅藻土、软木屑或石棉)的钢筒中。

乙炔和空气混合物[含乙炔 3%～70%(体积分数)]遇明火即爆炸。乙炔燃烧时火焰的温度很高，氧炔焰的温度可达 3000℃，广泛用来焊接和切割金属。

乙炔能发生聚合反应，在不同的催化剂作用下，发生二聚、三聚、四聚等低聚反应。例如，将乙炔通入氯化亚铜-氯化铵的强酸溶液中，则发生二聚生成乙烯基乙炔：

$$HC\equiv CH + HC\equiv CH \xrightarrow{\text{催化剂}} \underset{\text{乙烯基乙炔}}{H_2C=CH-C\equiv CH}$$

例如，三分子乙炔聚合，则生成二乙烯基乙炔：

$$3\ HC\equiv CH \longrightarrow H_2C=CH-C\equiv C-CH=CH_2$$

乙烯基乙炔是合成氯丁橡胶的原料：

$$\underset{\text{乙烯基乙炔}}{H_2C=CH-C\equiv CH} \longrightarrow H_2C=CH-\underset{\underset{Cl}{|}}{C}=CH_2 \longrightarrow \underset{\text{氯丁橡胶}}{\left[CH_2-CH=\overset{\overset{Cl}{|}}{C}-CH_2\right]_n}$$

乙炔在高温下(400～500℃)可发生环状三聚合作用，生成苯：

$$3\ HC\equiv CH \xrightarrow{500℃} \text{(苯：六元环 HC=CH 交替结构，各碳上连 H)}$$

这是很早就知道的反应，但苯的产量不高，副产物多。如果采用钯等过渡金属的化合物作催化剂，乙炔和其他炔烃可以顺利地三聚生成苯及其衍生物。

在下列条件下，乙炔聚合主要生成环辛四烯。

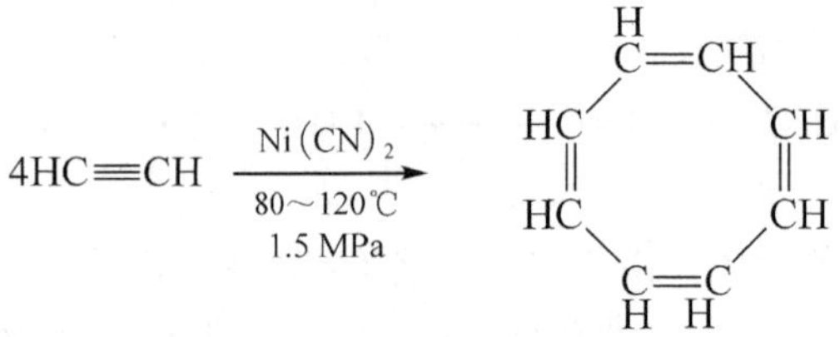

$$4HC{\equiv}CH \xrightarrow[\substack{80\sim120℃ \\ 1.5\ MPa}]{Ni(CN)_2}$$ 环辛四烯

在一定条件下，乙炔也能与烯烃一样，聚合成高聚物——聚乙炔：

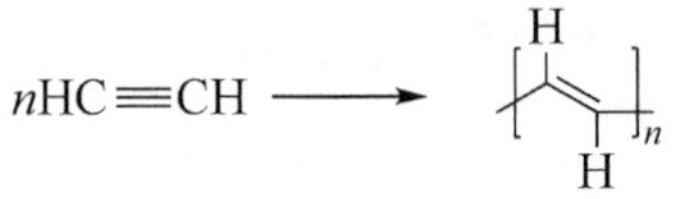

$$nHC{\equiv}CH \longrightarrow$$ 聚乙炔

3.2 二 烯 烃

3.2.1 二烯烃的结构和共轭效应

1. 二烯烃的结构

二烯烃的性质和分子中两个双键的相对位置有密切关系。根据两个双键的相对位置可将二烯烃分为三类：

(1) 累积二烯烃(cumulative diene)，即含有 $\rangle C{=}C{=}C\langle$ 体系的二烯经。例如，丙二烯($H_2C{=}C{=}CH_2$)，两个双键累积在同一个碳原子上。

(2) 共轭二烯烃(conjugated diene)，两个双键被一个单键隔开，即含有 $\rangle C{=}C{-}C{=}C\langle$ 体系的二烯烃。例如，1,3-丁二烯($H_2C{=}CH{-}CH{=}CH_2$)，这样的体系称为共轭体系，像 1,3-丁二烯的两个双键称为共轭双键。

(3) 孤立二烯烃(isolated diene)，两个双键被两个或两个以上的单键隔开，即含有($n \geqslant 1$) $\rangle C{=}CH(CH_2)_nCH{=}C\langle$ 结构特征的二烯烃。例如，1, 4-戊二烯：

$$H_2C{=}CH{-}CH_2{-}CH{=}CH_2$$

孤立二烯烃的性质和单烯烃相似，累积二烯烃的数量很少且实际应用也相对较少。共轭二烯烃在理论和实际应用中都很重要。

多烯烃的系统命名和烯烃相似。命名时，将双键的数目用汉字表示，位次用阿拉伯数字表示。英文名称以词尾“diene”(二烯)、“triene”(三烯)…代替词尾“ene”。例如：

$$H_2C{=}C(CH_3){-}CH{=}CH_2$$

2-甲基-1,3-丁二烯

2-nethyl-1,3-butadiene

俗名异戊二烯

$$CH_2{=}CH{-}CH{=}CH{-}CH{=}CH_2$$

1,3,5-己三烯

1,3,5-hexatriene

多烯烃的顺反异构体用顺、反或 Z、E 表示。例如：

顺,顺-2,4-己二烯

(2*Z*,4*Z*)-2,4-hexadiene

或简写为

顺,反-2,4-己二烯

或(2*Z*,4*E*)-2,4-己二烯

(2*Z*,4*E*)-2,4-hexadiene

或简写为

1,3-丁二烯分子中两个双键可以在碳原子 2、3 之间的同一侧或在相反的一侧，这两种构象式分别称为 s-顺式或 s-反式(s 表示连接两个双键之间的单键)。例如：

s-顺-1,3-丁二烯

或s-(*Z*)-1,3-丁二烯

或简写为

s-反-1,3-丁二烯

或s-(*E*)-1,3-丁二烯

或简写为

1, 3-丁二烯的两种构象以反式为主。

不同结构的二烯烃其稳定性差异很大，下面分别举例讨论。

(1)丙二烯的结构。

累积二烯烃分子中三个不饱和碳原子在一条直线上，两边的碳原子为 sp^2 杂化，中间的碳原子为 sp 杂化，剩下的两个相互垂直的 p 轨道分别与两个相邻碳原子的 p 轨道互相重叠，形成相互垂直的两个 π 键。

丙二烯较不稳定，性质较活泼，双键可以逐一打开发生加成反应，也可发生水化和异构化反应。例如：

$$CH_2{=}C{=}CH_2 \xrightarrow{H_2O,H^+} H_3C{-}\underset{OH}{C}{=}CH_2 \longrightarrow H_3C{-}\underset{O}{\overset{}{C}}{-}CH_3$$

$$(H_3C)_2C{=}C{=}CH_2 \xrightarrow[\text{异构化}]{H_2O,\ C_2H_5OH} (CH_3)_2CHC{\equiv}CH$$

3-甲基-1,2-丁二烯　　　　3-甲基-1-丁炔

(2) 1,3-丁二烯的结构。

共轭二烯烃在结构和性质上都表现出一系列的特性，下面以 1,3-丁二烯为例讨论共轭二烯烃的结构特征。1,3-丁二烯分子中，每个碳原子都以 sp^2 杂化轨道互相重叠或与氢原子的 1s 轨道重叠，形成三个 C—C σ 键和六个 C—H σ 键。这些 σ 键都处在同一个平面上，即 4 个碳原子和 6 个氢原子都在同一个平面上，它们之间的夹角都接近 120°。此外，每个碳原子还剩下一个未参与杂化的与这个平面垂直的 p 轨道。在 σ 键形成的同时，4 个 p 轨道的对称轴互相平行，侧面互相重叠，形成了包含 4 个碳原子、4 个电子的共轭体系。

分子轨道理论认为：1,3-丁二烯的 4 个 p 轨道可以组成 4 个 π 电子的分子轨道，其中两个成键轨道（ψ_1、ψ_2），两个反键轨道（ψ_3、ψ_4），见图 3-4。

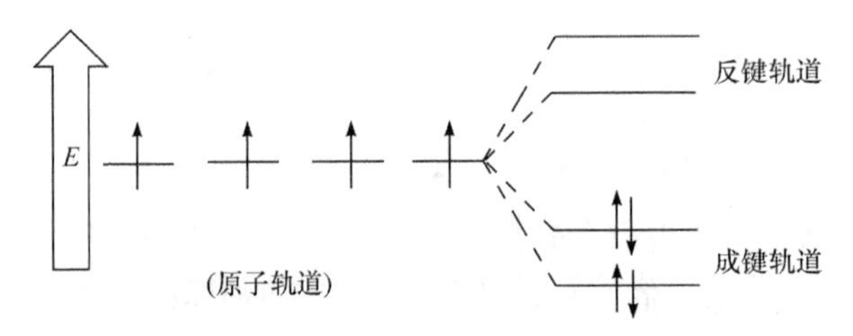

图 3-4　丁二烯 π 电子分子轨道的能级

能量最低的分子轨道不具有节面，节面的数目越多，其轨道的能量越高。ψ_1 没有节面，所有碳原子之间都起成键作用，能量最低，为成键轨道。ψ_2 有一个节面，故其轨道的能量高于 ψ_1，为弱成键轨道。ψ_3 有两个节面，故其轨道的能量高于 ψ_2，为反键轨道。ψ_4 有三个节面，相邻的 p 轨道的位相不一致，碳原子之间都不起成键作用，能量最高，为强反键轨道。在基态时，1,3-丁二烯分子中的 4 个 p 电子都在 ψ_1 和 ψ_2 中，而 ψ_3 和 ψ_4 则全空着。这种处理方法说明在 ψ_1 轨道中 π 键电子云的分布加强了所有的碳碳键，4 个 π 电子的分布不是局限在 1、2 碳原子和 3、4 碳原子之间，而是分布在包括 4 个碳原子的两个分子轨道中。这种分子轨道称为离域轨道，这样形成的键称为离域键。从 ψ_2 分子轨道中看出，C_1—C_2 与 C_3—C_4 之间的键加强了，但 C_2—C_3 之间的键减弱了，结果是虽然所有的键都具有 π 键的性质，但 C_2—C_3 键具有的 π 键性质小些。

在共轭二烯烃中碳原子之间的键长发生了变化，如 1,3-丁二烯中 C_2—C_3 键的键长是 0.1483 nm，比乙烷中 C—C 键键长 0.1534 nm 短了一些；C_1—C_2 键、C_3—C_4 键的键长是 0.1337 nm，与 C═C 键的键长稍微不同。因此，C_2—C_3 键之间的单键键长显示出它具有某些“双键”的性质。

从氢化热方面也可以看出 1,3-丁二烯的稳定性。单烯烃的氢化热都相当接近，每个双键约等于 125.5 kJ · mol^{-1}。1,3-丁二烯的氢化热预计应为 251 kJ · mol^{-1}，而实测值为 239 kJ · mol^{-1}，两者相差了 12 kJ · mol^{-1}，这就意味着 1,3-丁二烯具有较低的能量。

$$CH_2{=}CH{-}CH{=}CH_2$$

预计：125.5 kJ · mol^{-1} + 125.5 kJ · mol^{-1} = 251 kJ · mol^{-1}

实测：239 kJ · mol^{-1}

因为在 1,3-丁二烯分子中，4 个 π 电子分布在 4 个碳原子的分子轨道中，不是分布在两个定域的 π 轨道中，因此 1,3-丁二烯分子的氢化热比预计的低，即说明共轭二烯烃的能量比相应的孤立二烯烃低。

2. 共轭效应

共轭效应(conjugative effect)是由于电子离域而产生的分子中原子间相互影响的电子效应。共轭效应的产生有赖于共轭体系中各个 σ 键都在同一个平面上，这样才能使参与共轭的 p 轨道互相平行而发生重叠，形成分子轨道。如果这种共平面性受到破坏，p 轨道的互相平行就会发生偏离，减少了它们之间的重叠，共轭效应就随之减弱，或者完全消失。

(1) π-π 共轭效应。单双键交替分布，形成 π 键的 p 轨道在同一平面上相互重叠而形成共轭体系，称为 π-π 共轭。

(2) p-π 共轭效应。单键的一侧有一 π 键，另一侧有未共用电子对的原子，或有一平行的 p 轨道，称为 p-π 共轭。

(3) 超共轭效应。π 键与 C—H σ 键共轭则称为 σ-π 共轭，若 C—H σ 键与 p 轨道共轭则称为 σ-p 共轭。因为 σ 轨道与 π 轨道是不完全平行的，所以产生的 σ-π 共轭效应和 σ-p 共轭效应比 π-π 共轭和 p-π 共轭弱得多，故称为超共轭效应。

共轭效应具有如下主要特征：

(1) 键长趋于平均化。

共轭链的第一个特征就是键长的改变。由于电子云密度分布的改变，在链状共轭体系中，共轭链越长，则双键及单键的键长越接近。在环状共轭体系中，如苯环的 6 个 C—C 键的键长完全相等。

(2) 共轭二烯烃体系的能量低。

在讨论 1,3-丁二烯的结构中很清楚地看出，共轭体系具有较低的能量。1,3-戊二烯可以看成是乙烯的一取代物，也可以看成是乙烯的二取代物，二取代物的氢化热为 117.1 kJ · mol^{-1}。

$$CH_3CH{=}CH{-}CH{=}CH_2$$

预计：117.1 kJ · mol^{-1} + 125.5 kJ · mol^{-1} = 242.6 kJ · mol^{-1}

实测：225.9 kJ · mol^{-1}

2,3-二甲基-1,3-丁二烯的两个双键也可以看成是乙烯的二取代物。

$$H_2C{=}C(CH_3){-}C(CH_3){=}CH_2$$

预计：117.1 kJ · mol^{-1} + 117.1 kJ · mol^{-1} = 234.2 kJ · mol^{-1}

实测：225.9 kJ · mol^{-1}

1,3-丁二烯的氢化热低于 1-丁烯的 2 倍，至于 1,3-戊二烯和 2,3-二甲基-1,3-丁二烯的氢化热也低于预计值，这是因为它们分子中 4 个 π 电子处于离域的 π 轨道中，共轭的结果使共轭体系具有较低的热力学能，分子稳定。

(3) 共轭效应可以传递。

共轭效应通过共轭 π 键传递。当共轭体系一端受电场的影响时，共轭效应就能沿着共轭链传递得很远，同时在共轭链上的原子将依次出现电子云分布的交替现象。

$$CH_3 \longrightarrow \overset{\delta^+}{CH_2}{=}\overset{\delta^-}{CH}{-}\overset{\delta^+}{CH}{=}\overset{\delta^-}{CH}{-}\overset{\delta^+}{CH}{=}\overset{\delta^-}{CH_2}$$

3. 共轭效应的相对强度

(1) p-π 共轭。

p 电子朝着双键方向转移，呈给电子效应(+C)。

$$:\ddot{X}\!-\!C\!=\!C\!-$$

p-π 共轭的强弱次序对同族元素来说，随着原子序数的增加，各元素的原子半径增大，因而外层 p 轨道也变大，与碳原子的 π 轨道重叠变得困难，也就是形成 p-π 共轭的能力变弱。因此，+C 效应的强弱次序为

$$-\ddot{F} > -\ddot{Cl} > -\ddot{Br} > -\ddot{I}$$

$$-\ddot{O}R > -\ddot{S}R > -\ddot{Se}R > -\ddot{Te}R$$

$$-O^- > -S^- > -Se^- > -Te^-$$

对同周期元素来说，各元素原子核外层 p 轨道的大小接近，但随着元素的电负性变大，元素原子核对其未共用电子对的吸引力增强，使电子对不易参与共轭，因而+C 效应的强弱次序为

$$-\ddot{N}R > -\ddot{O}R > -\ddot{F}$$

(2) π-π 共轭。

π 电子云转移的方向偏向电负性强的元素，呈现出吸电子效应(–C)。

$$-C\!=\!C\!-\!C\!=\!O$$

π-π 共轭的强弱次序对同周期元素来说，电负性越强，–C 效应越强：

$$=O > =NR > =CR_2$$

对同族元素来说，随着原子序数增加，π 键的叠合程度变小，因此–C 效应的强弱次序为

$$=O > =S$$

(3) σ-π 和 σ-p 超共轭。

由于 C—C σ 键可以绕键轴旋转，因而α-C 上每个 C—H σ 键都可旋转至与 π 电子云重叠。参与共轭的 C—H 键越多，产生的超共轭效应越强。σ-π 共轭效应和 σ-p 共轭效应比 π-π 共轭效应和 p-π 共轭效应弱得多。通过氢化热数据，可以说明超共轭效应是存在的。例如：

$$CH_3CH_2CH=CH_2 + H_2 \longrightarrow CH_3CH_2CH_2CH_3 \qquad \Delta H = 126.8\ kJ\cdot mol^{-1}$$

$$cis\text{-}CH_3CH=CHCH_3 + H_2 \longrightarrow CH_3CH_2CH_2CH_3 \qquad \Delta H = 119.7\ kJ\cdot mol^{-1}$$

对比两者的氢化热，可以看出 2-丁烯的氢化热比较小，能量较低，也较稳定。主要原因是有较多的 C—H 键(6 个)与双键形成 σ-π 共轭，离域能较大，体系较稳定，故氢化热数值较小。

超共轭效应一般是给电子的，其强弱次序为

$$-CH_3 > -CH_2R > -CHR_2 > -CR_3$$

共轭效应也有静态与动态的区别。静态共轭效应是共轭体系的内在性质，在反应前就已表现出来；动态共轭效应是共轭体系在外电场的影响下所表现的性质，一般是反应瞬间出现的，它取决于键的极化度。共轭效应与诱导效应相类似，静态共轭效应和诱导效应对反应起促进作用，也能起阻碍作用；而动态共轭效应总是对反应起促进作用，并不起阻碍作用。

应当指出，共轭效应常与诱导效应同时存在。例如，在丙烯分子中就存在甲基的诱导效应和σ-π共轭效应。

3.2.2　超共轭效应

进一步比较各种二烯烃和烯烃的氢化热(表 3-2)，可以发现双键碳上有取代基的烯烃和共轭二烯烃的氢化热都比未取代的烯烃和共轭二烯烃的氢化热小。这就说明有取代基的烯烃和二烯烃更稳定。

表 3-2　氢化热的比较

化合物	$\Delta H/(kJ\cdot mol^{-1})$
$CH_2=CH_2$	–137
$CH_3-CH=CH_2$	–126
$(H_3C)_2C=C(CH_3)_2$	–112
$CH_2=CH-CH=CH_2$	–239
$CH_3-CH=CH-CH=CH_2$	–226
$H_2C=C(CH_3)-C(CH_3)=CH_2$	–226

双键碳上有烷基取代而引起的稳定作用，一般认为也是由电子的离域导致的一种效应，但这是双键的 π 电子云和相邻的α-碳氢 σ 键电子云相互交盖而引起的离域效应。以丙烯为例(图 3-5)，丙烯的 π 轨道与甲基 C—H 的 σ 轨道的交盖使原来基本上定域于两个原子周围的 π 电子云和 σ 电子云发生离域而扩展到更多原子的周围，因而降低了分子的能量，增加了分子的稳定性。从离域这个意义上讲，它与共轭二烯烃的共轭效应是一致的。但与一般共轭效应不同的是，它涉及的是 σ 轨道与 π 轨道之间的相互作用，这种作用比 π 轨道之间的作用要弱得多，这种离域效应称为超共轭效应，也称为 σ-π 共轭效应。

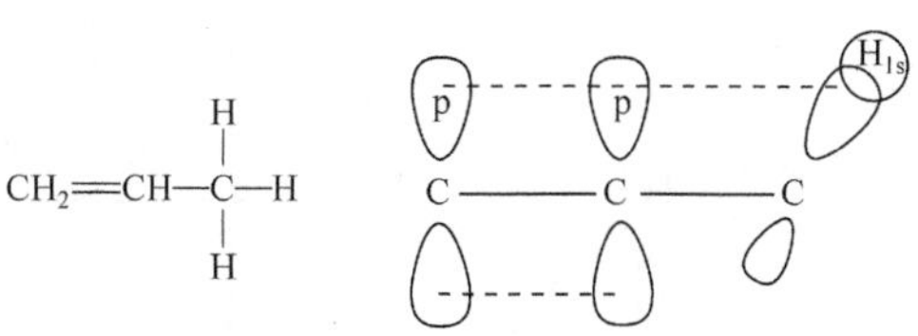

$$CH_2=CH-CH_3 \quad (\text{H}-\overset{|}{\underset{|}{C}}-\text{H})$$

图 3-5　丙烯的 π 键和α-碳氢 σ 键的超共轭效应

这种超共轭效应常用下式表示：

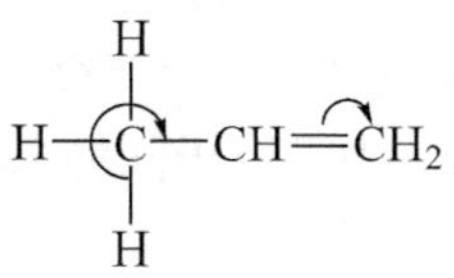

$$H-\overset{H}{\underset{H}{C}}-CH=CH_2$$

由于σ电子的离域，上式中 C—C 单键之间电子云密度增加，反映在丙烯 C—C 单键的键长缩短为 0.150 nm(一般烷烃的 C—C 单键键长为 0.154 nm)。

在第 2 章中讨论碳正离子的相对稳定性时，曾讲到叔碳正离子的稳定性是甲基具有给电子性所致，其实这里也是超共轭效应的结果。碳正离子的带正电的碳原子具有三个 sp^2 杂化轨道，此外还有一个空 p 轨道。与碳正原子相连烷基的碳氢σ键可以和此空 p 轨道有一定程度的相互交盖，这就使σ电子离域并扩展到空 p 轨道上。这种超共轭效应的结果使碳正原子的正电荷有所分散(分散到烷基上)，从而增加了碳正离子的稳定性。

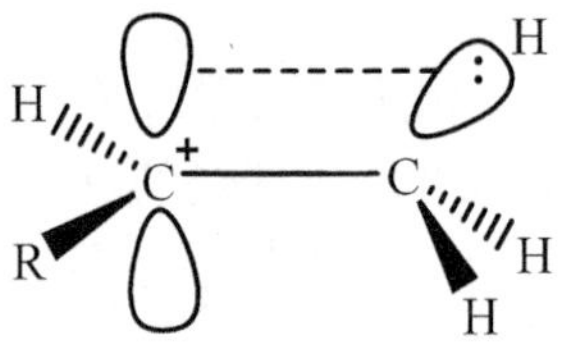

与碳正原子相连的α-碳氢键越多，也就是能起超共轭效应的碳氢σ键越多，越有利于碳正离子上正电荷的分散，可使碳正离子的能量更低，更趋于稳定。比较伯、仲、叔碳正离子，叔碳正离子的碳氢σ键最多，仲碳正离子其次，伯碳正离子更次，而 CH_3^+ 则不存在碳氢σ键，因而也不存在超共轭效应。所以碳正离子的稳定性次序是：3° R^+＞2° R^+＞1° R^+＞CH_3^+。

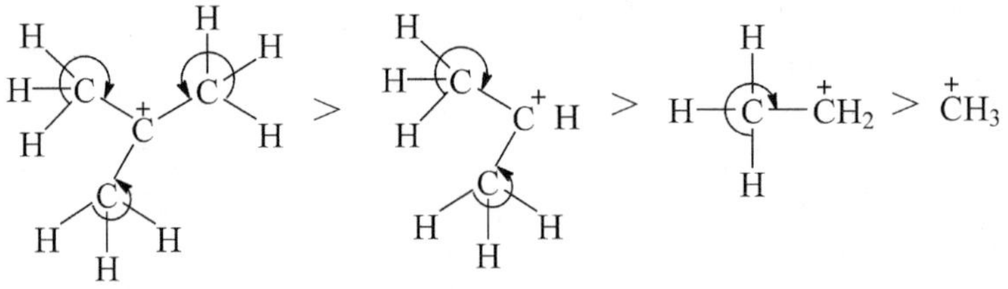

$$(CH_3)_3\overset{+}{C} > (CH_3)_2\overset{+}{C}H > CH_3\overset{+}{C}H_2 > \overset{+}{C}H_3$$

3.2.3 共轭二烯烃的化学性质

1. 1,4-加成

共轭二烯烃如 1,3-丁二烯可与卤素、卤化氢等发生亲电加成反应，也可以催化加氢。

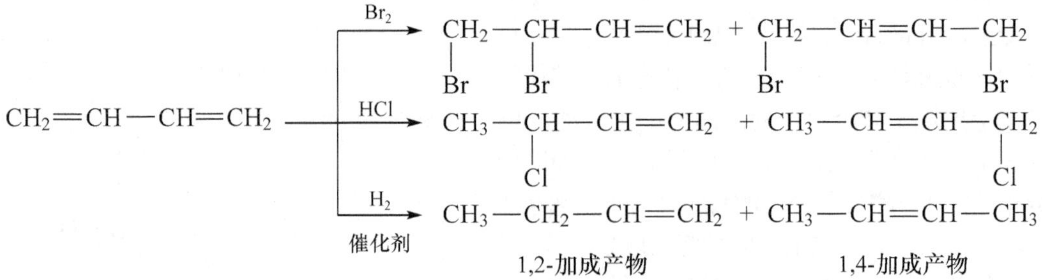

$$CH_2{=}CH{-}CH{=}CH_2 \xrightarrow{Br_2} CH_2Br{-}CHBr{-}CH{=}CH_2 + CH_2Br{-}CH{=}CH{-}CH_2Br$$

$$CH_2{=}CH{-}CH{=}CH_2 \xrightarrow{HCl} CH_3{-}CHCl{-}CH{=}CH_2 + CH_3{-}CH{=}CH{-}CH_2Cl$$

$$CH_2{=}CH{-}CH{=}CH_2 \xrightarrow[\text{催化剂}]{H_2} CH_3{-}CH_2{-}CH{=}CH_2 + CH_3{-}CH{=}CH{-}CH_3$$

1,2-加成产物　　　　1,4-加成产物

共轭二烯烃加成时有两种可能。试剂不仅可以加到一个双键上，而且还可以加到共轭体系两端的碳原子上。前者称为 1,2-加成，产物在原来的位置上保留一个双键；后者称为 1,4-加成，原来的两个双键消失了，而在 2、3 两个碳原子间生成一个新的双键。

1,3-丁二烯为什么会发生 1,4-加成反应？原因是丁二烯在极性溶剂的进攻下，电子云密度分布不均匀，分子中接近进攻试剂的双键如 C_1 微带负电荷，C_2 微带正电荷，由此影响到 C_3 和 C_4 分别微带负电荷和正电荷，即分子中各原子间的电子云密度出现极性交替分布的状况，氢离子加成到 C_1 上形成碳正离子：

$$\overset{\delta^+}{CH_2}=\overset{\delta^-}{CH}-\overset{\delta^+}{CH}=\overset{\delta^-}{CH_2} + H^+ \longrightarrow CH_2=CH-\overset{+}{CH}-CH_3$$

在碳正离子中，带正电荷的碳原子和双键碳原子相连，即这个碳原子的空的 p 轨道和π键的 p 轨道互相重叠，生成包括 3 个碳原子在内的分子轨道。因为这 3 个碳原子只有 2 个π电子，所以导致π电子离域，整个体系带部分正电荷。由于 2 个π电子在包括 3 个碳原子的离域轨道中，因此体系的能量降低。

$$H_3C-\overset{+}{\overbrace{\underset{H}{C}\text{┅}\underset{H}{C}\text{┅}CH_2}}$$

由于共轭体系内极性交替的存在，π电子云不是平均分布在这 3 个碳原子上，而正电荷主要集中在 C_2 和 C_4 上。所以在反应的第二步，氯离子可以加在这个共轭体系的两端，分别生成 1,2-加成产物及 1,4-加成产物。

$$H_3C-\underset{H}{\overset{\delta^+}{C}}\text{┅}\underset{H}{\overset{\delta^-}{C}}\text{┅}\overset{\delta^+}{CH_2} + Cl^- \longrightarrow \begin{cases} H_2C=CH-\underset{Cl}{CH}-\underset{H}{CH_2} & \text{1,2-加成产物} \\ \underset{Cl}{H_2C}-CH=CH-\underset{H}{CH_2} & \text{1,4-加成产物} \end{cases}$$

1,2-加成和 1,4-加成是同时发生的。两者的比例取决于反应条件。1,3-丁二烯与溴的加成反应，若在极性溶剂中进行，1,4-加成产物占 70%(40℃)。但在非极性溶剂(如正己烷)中进行，1,4-加成产物则占 46%(−15℃)。加溴化氢的情况如下：

$$CH_2=CH-CH=CH_2 + HBr$$

$$\xrightarrow{-80℃} \begin{bmatrix} 80\%\ \underset{H}{CH_2}-\underset{Br}{CH}-CH=CH_2 \\ 20\%\ \underset{H}{CH_2}-CH=CH-\underset{Br}{CH_2} \end{bmatrix} \xrightarrow{40℃} \begin{bmatrix} 20\%\ \underset{H}{CH_2}-\underset{Br}{CH}-CH=CH_2 \\ 80\%\ \underset{H}{CH_2}-CH=CH-\underset{Br}{CH_2} \end{bmatrix} \xleftarrow{40℃}$$

上述低温时的 1,2-加成反应，产物的组成是由各产物的相对生成速率决定的，称为受动力学控制的反应；高温时的 1,4-加成反应，产物的组成是由各产物的相对稳定性决定的，称为受热力学控制的反应。

2. 第尔斯-阿尔德反应

丁二烯与乙烯在 200℃及高压下生成环己烯，但产率不高，仅为 18%。而丁二烯与顺丁烯二酸酐在苯中于 100℃时的产率为 90%。实践证明，当双键碳原子上连有吸电子基团，如—CHO(醛基)、—COOR(酯基)、—COR(酮基)、—CN(氰基)、—NO_2(硝基)等时，反应能顺利地进行，且产率也很高。

1,3-丁二烯 + 乙烯 $\xrightarrow[\text{高压}]{200℃}$ 环己烯

1,3-丁二烯 + 乙炔 $\longrightarrow$ 1,4-环己二烯

$$\text{1,3-丁二烯} + \text{顺丁烯二酸酐} \xrightarrow[\text{5 h}]{\text{苯, 100℃}} \text{1,2,5,6-四氢化苯二甲酸酐}$$

1,3-丁二烯　顺丁烯二酸酐　　　　1,2,5,6-四氢化苯二甲酸酐

一般称共轭二烯烃为双烯体，与双烯体进行反应的不饱和化合物称为亲双烯体。在光或热的作用下，由共轭二烯烃和一个亲双烯体发生 1,4-加成反应，生成环状化合物，这一类型的反应称为双烯合成。双烯合成反应是第尔斯(O. Diels)和阿尔德(K. Alder)于 1928 年发现的，所以称为第尔斯-阿尔德反应。这个反应是共轭二烯烃特有的反应，它是将链状化合物变为六元环状化合物的一种重要方法。

双烯合成是可逆反应。在高温时，加成产物又会分解为原来的共轭二烯烃。所以，能利用共轭二烯烃的双烯合成反应来检验或提纯共轭二烯烃。双烯合成产量高，应用范围广，是有机合成的重要方法之一，在理论研究和实际应用上都占有重要的地位。

双烯合成属于周环反应中的一类反应(见 18.1 节)，这类反应中没有活性中间体如碳正离子、碳负离子或自由基等生成，是一个协同反应。其反应特征是：在光或热的作用下，通过一个环状过渡态，新键的生成和旧键的断裂同时发生，同步进行。周环反应在有机反应理论和有机合成上有重要的意义，阐述周环反应机理的分子轨道对称性守恒原理(见 18.1.2 小节)和前线轨道理论(见 18.1.3 小节)是现代有机化学理论的重要成果。

参 考 文 献

郝红英. 2017. 有机化学[M]. 北京：化学工业出版社
李景宁. 2018. 有机化学[M]. 6 版. 北京：高等教育出版社
邢其毅，裴伟伟，徐瑞秋，等. 2016. 基础有机化学[M]. 4 版. 北京：北京大学出版社
徐寿昌. 2014. 有机化学[M]. 2 版. 北京：高等教育出版社

习　　题

1. 用系统命名法命名下列化合物。

(1) $(CH_3)_3CC{\equiv}CCH_2CH_2CH_3$

(2) $CH_3CH_2CH_2CH_2CHCH_2CH_2CH{=}CH_2$（CH 上连 $CH{=}CH_2$）

(3) $CH_2{=}CH{-}CH_2{-}C{\equiv}CH$

(4) $(H_3C)_2C{=}C(CH_2CH_3)_2$

(5) 环己烯，双键两端碳上分别连 $CH_2CH_2CH_3$ 和 $CH_2C{\equiv}CH$

(6) H、H_3C 与 H 取代的 C=C，连接 C(H)(CH_3)—C≡CH

2. 写出下列化合物的构造式。

(1) (*S*)-3-氯-1-己炔　　(2) 5-甲基-1-氯-1,3-环戊二烯

(3) 2,4-二甲基-3-己烯　　(4) 乙烯基乙炔

(5) (2*Z*,4*E*)-3,4-二甲基-2, 4-庚二烯　　(6) 异戊二烯

(7) 1-甲基-1-丙炔基环戊烷　　(8) 顺-1-甲基-2-(丙炔基)环己烷

3. 下列化合物是否存在顺反异构体？若存在，写出其异构式。

(1) $CH_2{=}CH{-}CH{=}CH{-}CH_3$

(2) $H_2C{=}C(CH_3){-}C(CH_3){=}CH_2$

(3) $H_3C{-}CH{=}CH{-}CH_2{-}CH_3$

(4) $H_2C{=}CH{-}CH_2{-}CH{=}CH_2$

(5) $(H_3C)_2C{=}CH{-}CH_3$

(6) $H_3C{-}CH{=}CH{-}CH{=}CH{-}CH_3$

4. 用化学方法区别丙烷、丙烯、丙炔。

5. 某烯烃的分子式为 C_8H_{16}，被臭氧氧化并在 Zn 存在下水解只得到一种产物，写出其所有可能的构造式。

6. 有两种分子式相同的化合物 A 和 B，它们均能使溴的四氯化碳溶液褪色。A 与硝酸银的氨溶液作用生成白色沉淀，B 则不能。若用酸性高锰酸钾氧化时，A 得到丁酸和二氧化碳，B 得到乙酸和丙酸。写出 A、B 的构造式。

7. 完成下列反应。

(1) $H_3C{-}C{\equiv}CH + ICl \longrightarrow ? \xrightarrow{HCl}$

(2) $H_2C{=}CH{-}CH{=}CH_2 + Cl_2 \xrightarrow{0℃}$

(3) $H_3C{-}CH{=}CH_2 + HCl \longrightarrow$

(4) 1-甲基环戊烯 $+ H_2O \xrightarrow{H^+}$

(5) $H_3C{-}C{\equiv}C{-}CH_2CH_3 + H_2 \xrightarrow[Na]{液氨}$

(6) $H_3C{-}CH{=}CH_2 + KMnO_4 \xrightarrow{H_2SO_4}$

(7) $(H_3C)_2C{=}CH{-}CH_3 \xrightarrow{O_3} ? \xrightarrow{Zn/H_2O}$

(8) $CH_2{=}CH{-}CH{=}CH_2 + CH_3CH{=}CHCH_3 \longrightarrow ? \xrightarrow{KMnO_4/H^+}$

8. 用化学方法区别下列各组化合物。

(1) $CH_3C{\equiv}CCH_3$，$CH_3(CH_2)_2C{\equiv}CH$，$CH_3CH{=}CHCH{=}CH_2$

(2) 1,3-环己二烯，4-亚甲基环己烯（$=CH_2$）

(3) $CH_3(CH_2)_4CH_3$，$CH_3(CH_2)_3C{\equiv}CH$，$CH_3(CH_2)_3CH{=}CH_2$

9. 以丙炔为唯一原料合成下列化合物。

(1) $CH_3CH_2CH{=}O$

(2) 反式 $H_3C(H)C{=}C(H)CH_2CH_2CH_3$

(3) $CH_3(CH_2)_4CH_3$

(4) $CH_3CBr_2CBr_2D$

10. 将下列化合物按与 HBr 加成反应的相对活性大小排列成序。

(1) $CH_3CH{=}CHCH{=}CH_2$　　(2) $H_2C{=}CHCH_2CH_3$

(3) $CH_3CH{=}CHCH_3$　　(4) $H_2C{=}CHCH{=}CH_2$

(5) $H_2C{=}C(CH_3){-}C(CH_3){=}CH_2$

11. 如何实现下列转变?

(1) $CH_3CH_2CH(Br)CH_2CH_3 \longrightarrow CH_3(CH_2)_3CHO$

(2) $CH_3(CH_2)_3CH{=}CH_2 \longrightarrow CH_3(CH_2)_3C{\equiv}CH$

(3) $HC{\equiv}CH \longrightarrow CH_3CH_2CH(OH)CH_2CH_2CH_3$

(4) 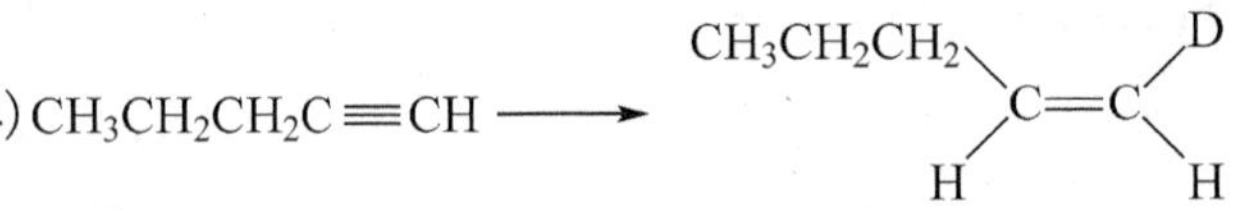 $CH_3CH_2CH_2C{\equiv}CH \longrightarrow$ $CH_3CH_2CH_2(H)C{=}C(D)(H)$（$CH_3CH_2CH_2$ 与 D 处于反式）

12. 写出 $H_2C{=}C(CH_3)CH{=}CH_2$ 和 HBr 及 Cl_2 反应的中间体 R^+ 和生成的两种产物。

13. 写出下列反应的主要产物。

(1) 2-丁烯与冷高锰酸钾反应;

(2) 乙炔与硝酸银的氨溶液发生反应;

(3) 丙炔与氯化亚铜的氨溶液发生反应;

(4) 2-戊炔在硫酸汞和硫酸催化作用下与水加成。

14. 由指定的原料合成下列化合物。

(1) 乙炔合成 1,1-二碘乙烷;

(2) 丙炔合成异丙基溴;

(3) 2-溴丁烷合成反式-2-丁烯;

(4) 正丙基溴合成 2-己炔;

(5) 1-戊烯合成 2-戊炔。

15. 共轭二烯烃比孤立二烯烃稳定，反应活性大，这两者之间相矛盾吗?

第4章 脂 环 烃

【学习要求】

(1)掌握脂环烃的分类及命名。

(2)理解环烷烃的结构、环张力。

(3)掌握脂环烃的化学性质。

(4)掌握环己烷及其衍生物的构象。

将直链烷烃化合物两端的两个碳原子各用一价相互结合，连接起来形成环状结构，形成环烷烃(cycloalkane)，又称为脂环化合物。目前，脂环烃是指具有环状碳链而性质与开链脂肪烃相似的烃类。除了带有苯环等芳香烃的结构外，一般带环状结构的化合物可视为脂环烃的衍生物。它们在自然界中广泛存在，如在石油中含有环己烷、环戊烷、甲基环戊烷等，植物香精油如松节油、樟脑等萜类化合物，以及生物体内的固醇、胆汁酸、性激素等甾族化合物都是复杂的脂环化合物。

4.1 脂环烃的分类及命名

脂环烃可简单分为环烷烃、环烯烃(cycloalkene)和环炔烃(cycloalkyne)等类别。

根据环的大小，环烷烃可分为小环(三、四元环)、普通环(五至七元环)、中环(八至十一元环)和大环(十二元环以上)。环烷烃的通式为 C_nH_{2n}，与烯烃互为异构体。根据环烷烃的碳环数目可分为单环、双环及多环脂环烃，双环以上的脂环烃根据环与环之间不同的结合方式又可分为桥环和螺环等。

4.1.1 单环脂环烃

单环环烷烃的命名与烷烃类似，按碳原子数目在相应的开链烃前面冠以“环”字，称为“环某烷”，英文名称在前加词头“cyclo”。环上碳原子编号时，要使双键或取代基的位次最小。当环上有多个取代基时，将环上取代基按最低次序原则编号，给较优基团较大的编号，并使所有取代基编号尽量小。若环上支链太复杂则可将环作取代基。

CH_3 CH_3 CH_2CH_3 CH_3

环丙烷 环丁烷 1,2-二甲基环戊烷 1-甲基-3-乙基环己烷

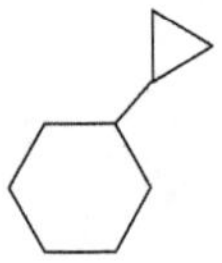

环丙基环己烷 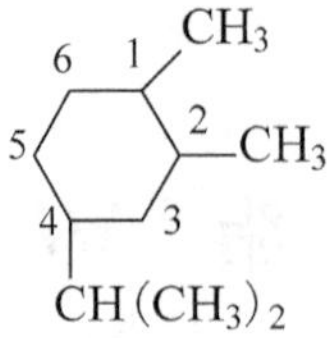　　1,2-二甲基-4-异丙基环己烷 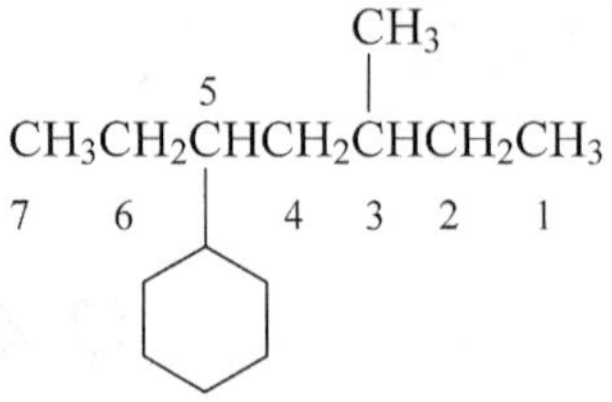　　3-甲基-5-环己基庚烷

由于碳原子连接成环，环上碳原子不能自由旋转。因此，在环烷烃分子中，只要环上有两个碳原子各连接两个不同基团时，就有构型不同的顺反异构体存在。例如，1,4-二甲基环己烷就有顺反异构体：两个甲基在环平面同一边的是顺式异构体，反之为反式异构体。

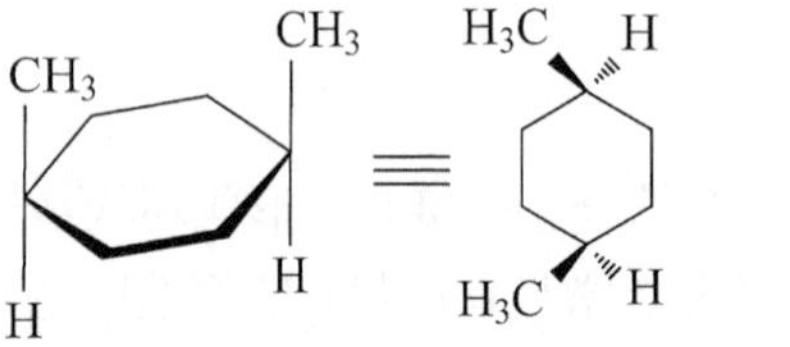

顺-1,4-二甲基环己烷 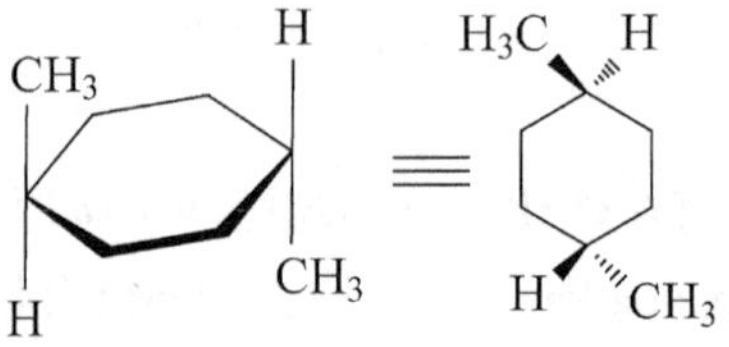　　反-1,4-二甲基环己烷

环上带有三个或更多基团时，若用顺、反表示构型，要选一个参照基团。通常选用 1 位的基团为参照基团，用 *r*-1 表示，放在名称的最前面。例如：

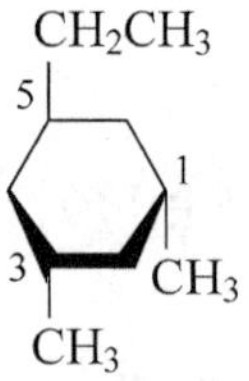

r-1, 顺-1, 3-二甲基-反-5-乙基环己烷

脂环烃的环上有双键的称为环烯烃，有两个双键和有一个三键的分别称为环二烯烃和环炔烃。它们的命名也与相应的开链烃相似，以不饱和碳环作为母体，侧链作为取代基，环上碳原子编号顺序应是不饱和键所在位次最小。对于只有一个不饱和键的环烯(炔)烃，因不饱和键总是在 C_1～C_2 之间，所以双(三)键位置可以不标出来。例如：

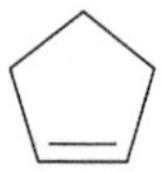

环戊烯 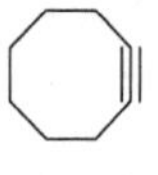　　环辛炔 　　1,3-环己二烯

带有侧链的环烯烃命名时，若只有一个不饱和碳上有侧链，该不饱和碳编号为 1；若两个不饱和碳都有侧链，或都没有侧链，则碳原子编号顺序除双键所在位次最小外，还要同时以侧链位置号码的加和数较小为原则。例如：

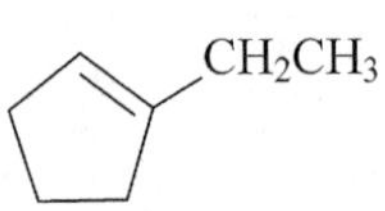

1-乙基-1-环戊烯 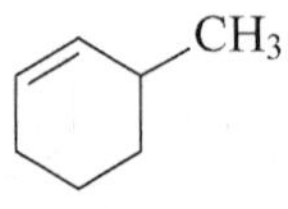　　3-甲基-1-环己烯 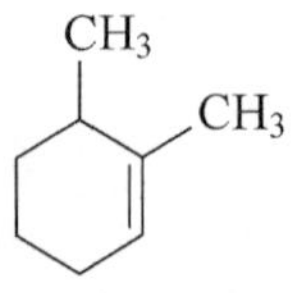　　1,6-二甲基-1-环己烯（不能命名为2,3-二甲基-1-环己烯）　　5-甲基-1,3-环戊二烯

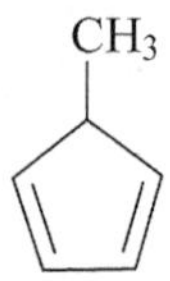

4.1.2 双环化合物

分子中含有两个碳环的是双环化合物。共用两个或多个碳原子的称为桥环烃(bridge hydrocarbon)，共用的碳原子称为桥头碳，两个桥头碳之间可以是碳链，也可以是一个键，称为桥。根据组成环的碳原子总数命名为“某烷”，加上词头“双环”。再把各“桥”所含的碳原子数，按由大到小的次序写在“双环”和“某烷”之间的方括号里，数字用脚点分开。如桥环上有取代基，则列在整个名称前面，编号是从第一个桥头碳开始，从最长的桥编到第二个桥头碳，再沿着次长的桥回到第一个桥头碳，按桥渐短的次序将其余的桥编号，如编号可以选择，则使取代基的位次号码尽可能最小。例如：

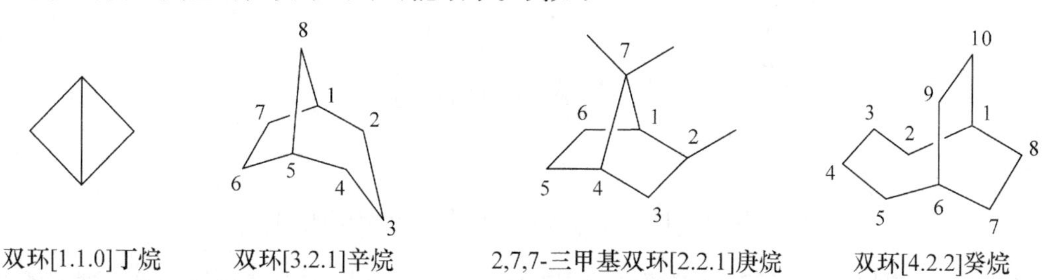

双环[1.1.0]丁烷　双环[3.2.1]辛烷　2,7,7-三甲基双环[2.2.1]庚烷　双环[4.2.2]癸烷

对于一些比较复杂的多桥环烃化合物，常用俗名。例如：

立方烷　三棱烷　金刚烷

螺环烃(spiro hydrocarbon)是指单环之间共用一个碳原子(称螺原子)的多环烃。根据组成环的碳原子总数，命名为“某烷”；螺环的编号是从与螺原子相连的小环上的碳开始顺序编号，由第一个环经过螺原子顺序编到第二个环，命名时在词头“螺”和“某烷”之间的方括号内按编号顺序写出除螺原子以外的各环碳原子数，数字间用脚点分开。在编号时应使取代基的位次号码尽量小，取代基的位次及名称列在最前端。例如：

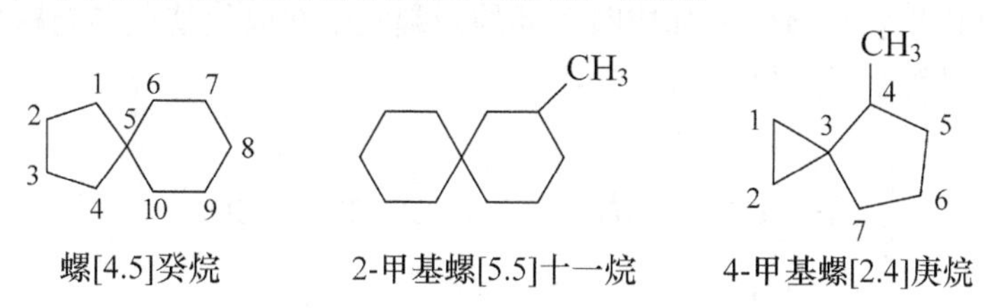

螺[4.5]癸烷　2-甲基螺[5.5]十一烷　4-甲基螺[2.4]庚烷

4.2 脂环烃的性质

环烷烃的性质与开链烷烃相差不大，环丙烷和环丁烷是气体，高级环烷烃是固体。直链烷烃可以比较自由地摇动，而环烷烃键的旋转被限制，同时比相应烷烃的对称性好。因此，环烷烃比直链烷烃排列得更紧密，使它们的沸点和熔点比直链烷烃略高(如环丙烷熔点–32.7℃，而丙烷熔点–42.2℃)，相对密度也比相应烷烃略大，但仍比水轻。

环烷烃的化学性质也与直链烷烃相似，较为稳定，不易被氧化。环烷烃主要发生卤代反应，环烯烃可以发生加成、氧化等反应。然而，环结构也决定了它们与开链烷烃有不同之处，特别是小环烷烃结构上的特点，可以进行开环(加成)反应。

4.2.1　小环烷烃的加成反应

环丙烷、环丁烷等小环烷烃分子由于环张力较大，比较容易发生开环反应，反应后碳碳键断裂，试剂的两个原子在两端出现。

1. 催化加氢

$$\text{cyclopropane} + H_2 \xrightarrow[80℃]{Ni} CH_3CH_2CH_3$$

$$\text{cyclobutane} + H_2 \xrightarrow[200℃]{Ni} CH_3CH_2CH_2CH_3$$

$$\text{cyclopentane} + H_2 \xrightarrow[300℃]{Ni} CH_3CH_2CH_2CH_2CH_3$$

环丙烷很容易加氢，环丁烷需要在较高温度下加氢，而环戊烷则必须在更强烈的条件下才能反应。带有取代基时，生成支链化合物更为稳定：

$$\text{cyclopropyl}-CH_2CH_3 + H_2 \xrightarrow[80℃]{Ni} CH_3CH_2CH(CH_3)CH_3$$

2. 加卤素或卤化氢

三元环易与卤素或卤化氢等加成，生成相应的卤代烃。例如：

$$\text{cyclopropane} + Br_2 \xrightarrow[CCl_4]{室温} BrCH_2CH_2CH_2Br$$

因此，不能用溴水褪色的方法来鉴别小环烷烃和烯烃。

环丙烷的烷基衍生物与卤化氢加成时，环的断裂发生在取代基最多与取代基最少的两个环碳原子之间，并且符合马尔科夫尼科夫规则。

$$\text{cyclopropyl}-CH_3 + HBr \longrightarrow CH_3CH_2CHBrCH_3$$

$$\text{1,1,2-trimethylcyclopropane} + HBr \longrightarrow Br-C(CH_3)_2-CH(CH_3)-CH_3$$

在开环(加成)反应中，环的反应活性为三元环＞四元环＞五、六、七元环。同时，环戊烷和环己烷的化学性质类似于烷烃，而环丙烷和环丁烷的化学性质与烯烃相近，容易进行开环反应，即“大环似烷、小环似烯”。

4.2.2　卤代反应

环烷烃与烷烃一样，也是饱和烃。在光或热的引发下，环烷烃与卤素可以发生取代反应，生成相应的卤代物。

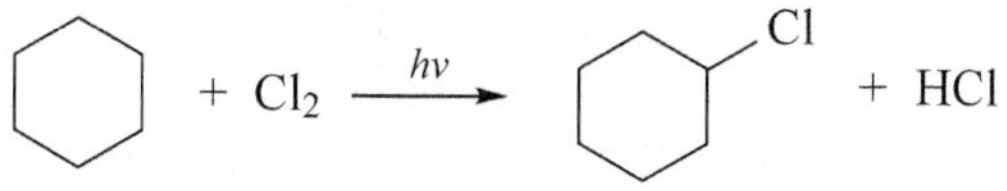

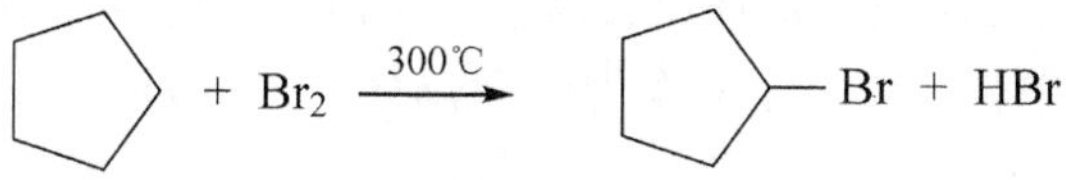

$$+ Cl_2 \xrightarrow{h\nu} \quad Cl \quad + HCl$$

$$+ Br_2 \xrightarrow{300℃} \quad -Br + HBr$$

与烷烃相似，环烷烃的卤代反应机理也是按自由基反应机理进行的，而环烷烃的卤代反应所得异构体产物比开链烷烃少。

4.2.3 氧化反应

在常温下，一般氧化剂(高锰酸钾、臭氧等)不能氧化环烷烃。故可用高锰酸钾氧化来鉴别烯烃和环烷烃，用此反应可除去环烷烃中的微量烯烃。若在催化剂存在下用氧气氧化，或加热下用强氧化剂氧化，环烷烃也可被氧化为不同产物。

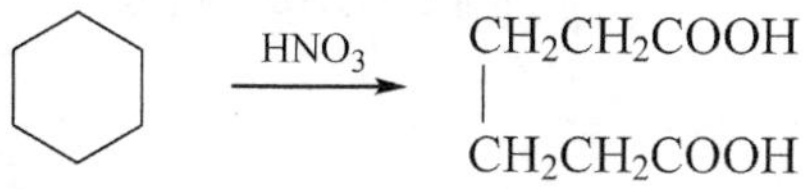

$$\xrightarrow{HNO_3} \begin{array}{l} CH_2CH_2COOH \\ | \\ CH_2CH_2COOH \end{array}$$

4.2.4 环烯烃和共轭环二烯烃的反应

1. 环烯烃的加成反应

环烯烃与烯烃类似，双键容易发生加氢、加卤素、加卤化氢等反应：

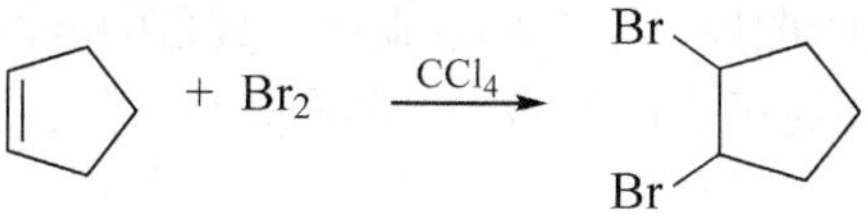

$$+ Br_2 \xrightarrow{CCl_4} \quad Br \quad Br$$

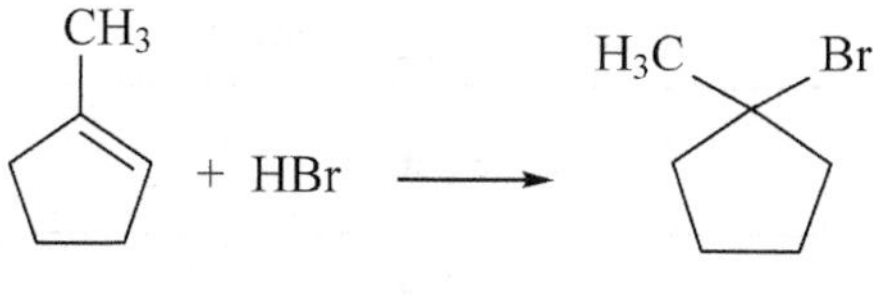

$$CH_3 \quad + HBr \longrightarrow \quad H_3C \quad Br$$

2. 环烯烃的氧化反应

环烯烃的双键也容易被氧化剂如高锰酸钾、臭氧等氧化而断裂生成开链的氧化产物：

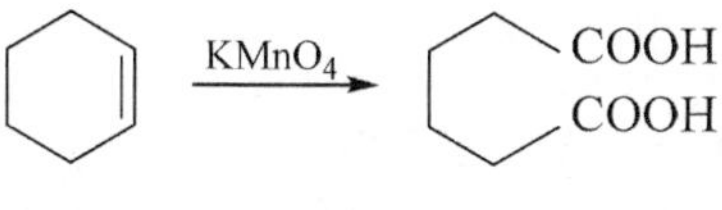

$$\xrightarrow{KMnO_4} \quad COOH \quad COOH$$

3. 共轭环二烯烃的双烯合成反应

共轭环二烯烃与开链的共轭二烯烃一样，也能与不饱和化合物发生双烯合成反应：

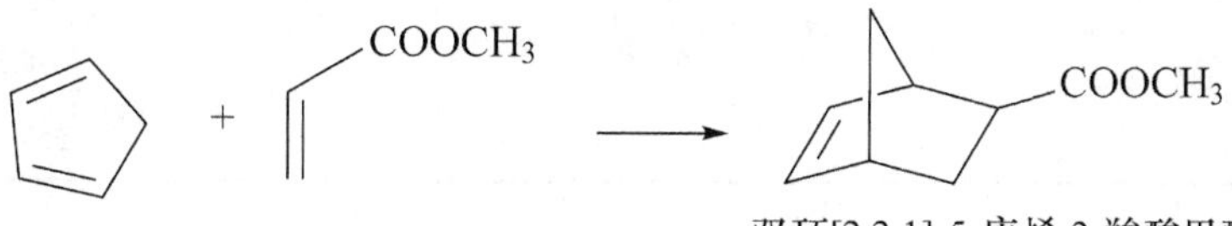

$$+ \quad COOCH_3 \longrightarrow \quad COOCH_3$$

双环[2.2.1]-5-庚烯-2-羧酸甲酯

双环[2.2.1]-2,5-庚烯

环戊二烯在常温下能聚合成二聚环戊二烯，这是两分子环戊二烯之间发生了双烯合成，一分子环戊二烯作为双烯体，另一分子作为亲双烯体。二聚环戊二烯受热又可分解成环戊二烯：

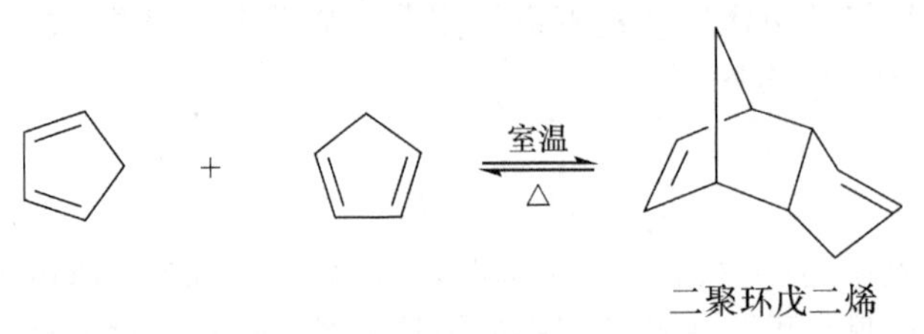

二聚环戊二烯

4.3　环烷烃的结构

4.3.1　环张力与稳定性

五元及六元环烷烃的化学性质较为稳定，而三元、四元环烷烃容易开环。化合物的稳定性可以通过分子燃烧热来说明。燃烧热是指 1 mol 化合物完全燃烧生成二氧化碳和水时释放出的能量，它的大小反映了化合物的稳定性。

根据燃烧热(ΔH_c)的测定，已知烷烃分子中每增加一个 CH_2，燃烧热的增值基本一定，平均为 658.6 kJ · mol^{-1}。环烷烃的燃烧热也会随着碳原子数目的增加而增加，但不像烷烃那样有规律。从表 4-1 可以看出，环烷烃不仅不同分子的燃烧热不同，并且不同分子的每个 CH_2 的燃烧热($\Delta H_c/n$)也不同。

表 4-1　环烷烃的燃烧热

环烷烃	ΔH_c/(kJ · mol^{-1})	$\frac{\Delta H_c}{n}$/(kJ · mol^{-1})
环丙烷	2091.3	697.1
环丁烷	2744.1	686.2
环戊烷	3320.1	664.0
环己烷	3951.7	658.6
环庚烷	4636.7	662.3
环辛烷	5310.3	663.6
环壬烷	5981.0	664.4
环癸烷	6635.8	663.6
环十五烷	9884.7	658.6
烷烃		658.6

大多数环烷烃的$\Delta H_c/n$ 都比烷烃的高，表明环烷烃比开链烷烃具有更高的能量，这部分高

出的能量称为张力能。例如，环丙烷的$\Delta H_c/n$ (697.1 kJ · mol^{-1}) 比烷烃的每个 CH_2 燃烧热 (658.6 kJ · mol^{-1}) 高 38.5 kJ · mol^{-1}，这个差值就是环丙烷分子每个 CH_2 的张力能。环丙烷分子总的张力能为 38.5 kJ · mol^{-1}×3=115.5 kJ · mol^{-1}。环丙烷和环丁烷的张力能比其他环烷烃大很多，因此它们最不稳定，易开环。环戊烷、环庚烷等的张力能不太大，比较稳定。环己烷和 C_{12} 以上的大环烃的张力能很小或等于零，它们都是稳定的环烃。

环张力包括角张力和扭转张力。根据碳原子的四面体结构，饱和碳的正常键角应为 109°28′，当环烷烃成环时，无论压缩还是扩张键角，都会引起分子内张力，这种偏离正常键角而产生的张力称为角张力。由于角张力的存在，环变得不稳定，有恢复正常键角的倾向。

不能假设所有环碳原子在同一平面上来计算角张力，以推断分子的稳定性。因为实际结构中，除环丙烷是平面结构外，从四元环开始，成环碳原子并非全部都在同一平面上，如图 4-1 所示。

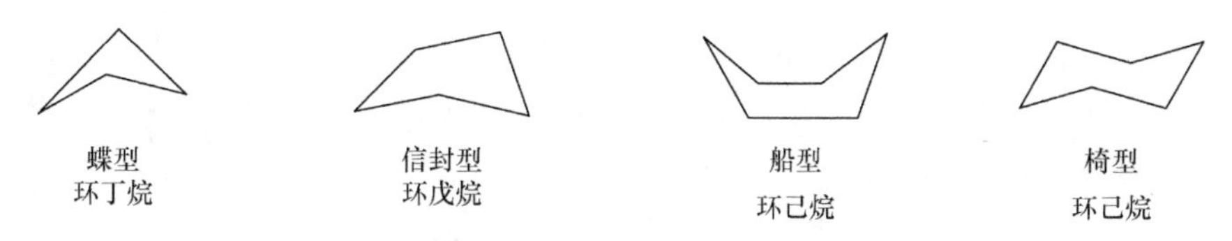

图 4-1　环烷烃的碳骨架构型

4.3.2　环丙烷的环张力

环丙烷的三个碳原子必须在同一个平面上，所以三条 C—C 键之间的角度应为 60°，但碳原子以 sp^3 轨道杂化时，C—C—C 键角应为 109°28′。因此，在环丙烷中形成 C—C σ 键时，杂化轨道就不可能沿轨道对称轴达到最大重叠，为了使两个轨道重叠得好一些，必须把两个轨道间的角度压缩。物理方法测定，环丙烷分子的 C—C—C 键角为 104°，H—C—H 键角为 115°，C—C 键键长和 C—H 键键长分别是 0.1510 nm 和 0.1089 nm。这些数据说明，为了使分子的能量降低，环丙烷中的 C—C—C 键角既尽量靠近 109°28′，又尽量使轨道间达到一定程度重叠，因此形成了一条弯曲键。弯曲键比一般 σ 键弱，能量较高，见图 4-2。

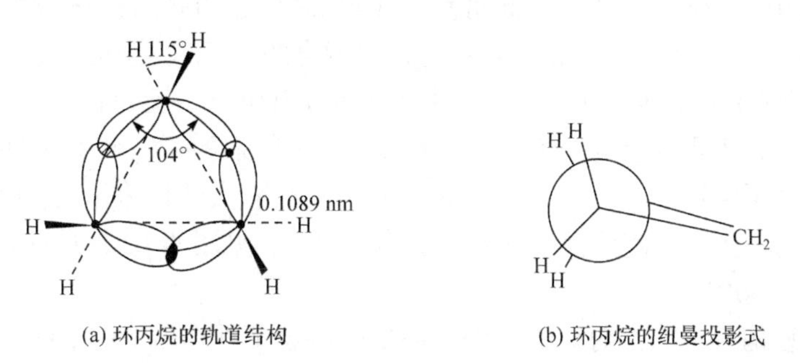

(a) 环丙烷的轨道结构　　(b) 环丙烷的纽曼投影式

图 4-2　环丙烷的结构

由于键角偏离正常键角度而产生角张力，这是由化学键被迫采取不正常键角引起的，并导致分子能量比没有键角变形时高。键角偏离程度越大，能量升高越大，不稳定程度也就越大，因此小环烃相对大环烃更易开环。另外，环丙烷还存在扭转张力，这是由于环丙烷分子中相邻两个碳上的氢原子都处于重叠式构象，分子的几何形状迫使一些非键连原子相互靠近而引起张力。这是造成环丙烷热力学能增高、容易开环的另一个因素。

环丁烷及含碳数更多的环烷烃因环上碳原子不都在同一平面上，减少了相邻碳原子上氢原子重叠的程度，分子能量相对降低，稳定性增强。

4.3.3 环己烷的构象

莫尔(E. Mohr)通过研究，对环己烷的构象提出非平面无张力环的学说。由图 4-3 可以看出，环己烷的六个碳原子不在同一个平面内，它有两种所有键角是正四面体的极限构象，也是最重要的两种典型构象：椅型构象和船型构象。这两种构象中，椅型构象比较稳定，椅型构象的能量比船型构象的能量约低 30 kJ · mol^{-1}。因此在常温下，环己烷几乎全部以较稳定的椅型构象存在(约占 99.9%)，可以认为船型构象只是瞬时的过渡构象，在室温下两种构象间是可以相互转变的。

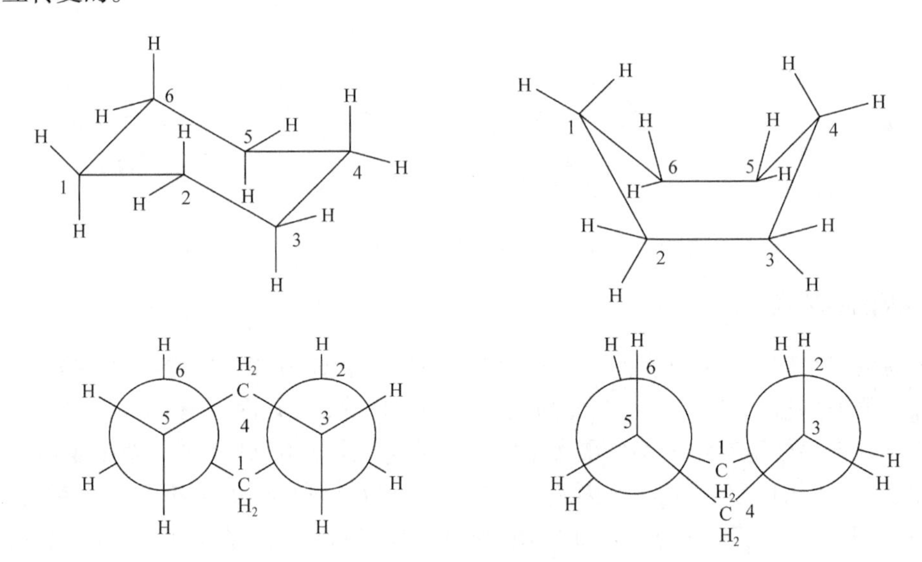

图 4-3 环己烷的椅型构象和船型构象

在椅型构象中，所有 C—C—C 键角都为 109°28′，无角张力；任何相邻两个碳原子的 C—H 键都处于交叉式构象，不存在扭转张力，非键合的 C_1 和 C_4 上的氢原子相距 0.250 nm，距离较远。在船型构象中，所有 C—C—C 键角也都为 109°28′，无角张力；但 C_2 和 C_3、C_5 和 C_6 之间的 C—H 键处于重叠位置，存在扭转张力；并且非键合的 C_1 和 C_4 的两个 C—H 键以及氢原子伸向环内且距离较近，约为 0.180 nm，彼此产生较大的排斥作用。因此，环己烷的船型构象存在一定的环张力，使该构象没有椅型构象稳定，见图 4-3。根据计算，椅型与船型的能量差为 28.9 kJ · mol^{-1}。

环己烷的椅型构象是非常对称的结构，环中的碳原子处在一上一下的位置。向下的三个碳原子(C_1、C_3、C_5)组成的平面和向上的三个碳原子(C_2、C_4、C_6)组成的平面互相平行，两个平面间距 0.050 nm。分子中存在一个 C_3 对称轴，C_3 轴通过分子的中心并垂直于上述两个平面。

椅型环己烷有十二个 C—H 键，可以平均分为两种类型：一类是六个 C—H 键与分子的 C_3 轴是平行的，以碳原子为起点，三个向上，三个向下，称为直立键，或简称 a 键(a 是 axial 的首字母，轴的意思)；另一类六个 C—H 键与分子的 C_3 轴大致垂直，同样以碳原子为起点，三个向上，三个向下，称为平伏键，或简称 e 键(e 是 equatorial 的首字母，赤道的意思)，见图 4-4。

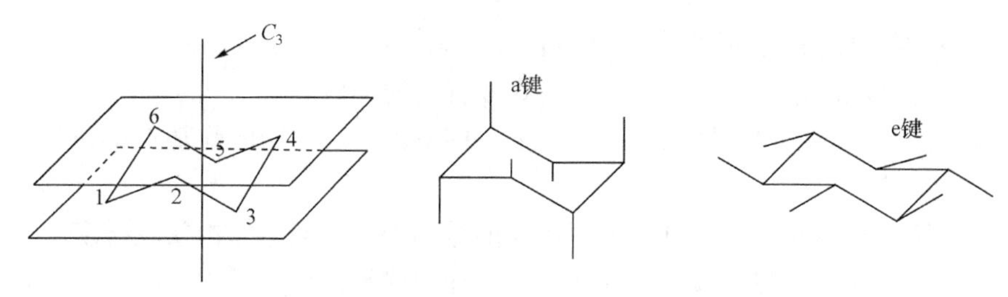

图 4-4 环己烷的直立键和平伏键

环己烷分子可通过 C—C 键的不断扭动而翻转，由一种椅型构象转变成另一种椅型构象，也称构象转换体，见图 4-5。

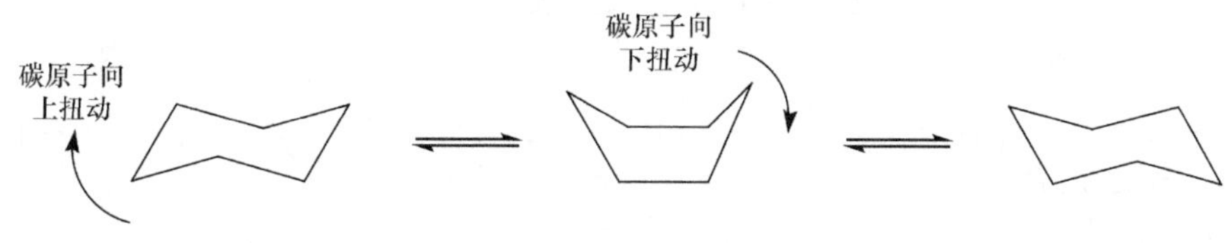

图 4-5 椅型构象转换体

构象转换后，原来在一个构象异构体中的直立键转为平伏键，原来的平伏键转为直立键。在常温下，这种构象的翻转进行得很快，环己烷实际是以两种椅型互相转化达到动态平衡的形式存在的。在平衡体系中这两种构象各占一半，但因为六个碳上连的都是氢原子，这两种椅型构象是等同的分子。如果冷却到−100℃，构象异构体不能互相转换，核磁共振波谱(NMR)可以分出两组直立键与平伏键上氢的吸收峰。

4.3.4 取代环己烷椅型构象的稳定性

当环己烷上没有取代基时，上述两种构象是同一分子。但有取代基时，则并非如此。环己烷的一元取代物的椅型构象若发生翻转，翻转前后的两种构象是不相同的。例如甲基环己烷，若甲基原来连在 e 键上，构象翻转后，甲基就连在 a 键上了。这两种甲基环己烷构象不同，能量上也有差异。甲基连在 e 键上的构象能量较低，比较稳定。因为 e 键上的甲基是向外伸出去的，它与 C_3、C_5 的 a 键氢原子间没有排斥作用，故能量较低；相反若甲基连在 a 键上时，a 键上的甲基与 C_3、C_5 的 a 键氢原子间相距较近，有排斥作用，使分子能量升高。因此，在平衡体系中，稳定的构象是优势构象，如图 4-6 所示。

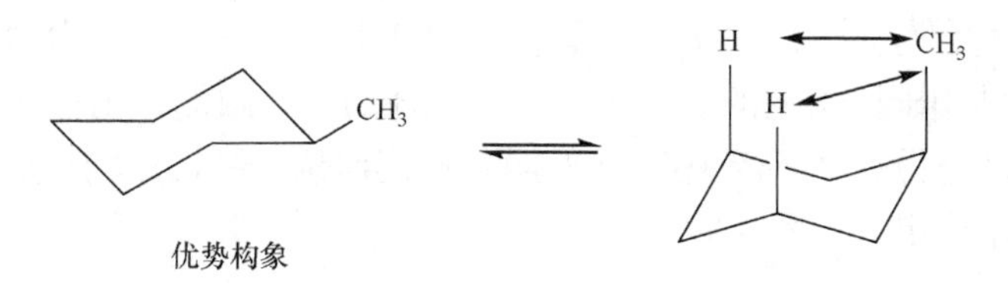

图 4-6 甲基环己烷椅型构象的翻转

平衡体系中，e 键甲基环己烷占 95%，a 键甲基环己烷只占 5%。

环己烷的各种一取代物都是以取代基在 e 键上的椅型构象为主，且随取代基体积的增大，平衡体系中 e 键取代物的含量也随之增加。当取代基体积很大时(如叔丁基、苯基等)，a 键取代物在平衡体系中的含量极少。如果环上有不同的取代基，则体积大的取代基连在 e 键上的构象最稳定。对取代环己烷的构象稳定性可作如下总结：

(1) 单取代环己烷最稳定的构象是基团连在 e 键上的构象。

(2) 多取代环己烷的取代基处在 e 键上越多，构象越稳定。当取代基不止一个时，应使尽量多的基团占用 e 键。

(3) 当环己烷上有不同取代基时，体积较大的基团处在 e 键上的构象较稳定。

例如，1,2-二甲基环己烷有顺反两种异构体。在顺式异构体分子中，两个甲基只可能一个在 a 键上，一个在 e 键上。在反式异构体分子中，两个甲基要么都在 a 键上，要么都在 e 键上。都在 e 键上的构象要比都在 a 键上的构象稳定得多，所以反-1,2-二甲基环己烷是以两个甲基都在 e 键上的构象存在的。而顺-1,2-二甲基环己烷只能一个甲基在 e 键上，一个甲基在 a 键上。故 1,2-二甲基环己烷的顺、反两种异构体中，反式要比顺式稳定。

顺式　　　　反式

若将顺-1,2-二甲基环己烷中的一个甲基换成叔丁基，则叔丁基在 e 键上的构象要比在 a 键上的另一种构象稳定得多。

二取代环己烷除了 1,2-位取代外，还有 1,3-位和 1,4-位取代的环己烷，并且两个取代基可能相同或不同，这样就可能有多种椅型构象。要根据给出的条件，画出最稳定的椅型构象。在多取代的环己烷中总是以取代基占有较多 e 键的构象为优势构象，其中又以较大的基团如叔丁基优先占有 e 键为一般规律。

4.3.5　十氢化萘的结构

十氢化萘是双环[4.4.0]癸烷的习惯名称，有顺式和反式两种异构体，它们都可视为由两个环己烷稠合而成。稠合时公用碳原子上的氢原子均处于环的一侧，称为顺式十氢化萘；而如果两环稠合时两个共用碳原子上的氢原子分别位于环的上下两侧，则称为反式十氢化萘。反式十氢化萘上一个环与另一个环的关系可以全取 e 键向位，结构比较平展。因此，反式十氢化萘比顺式十氢化萘稳定，见图 4-7。

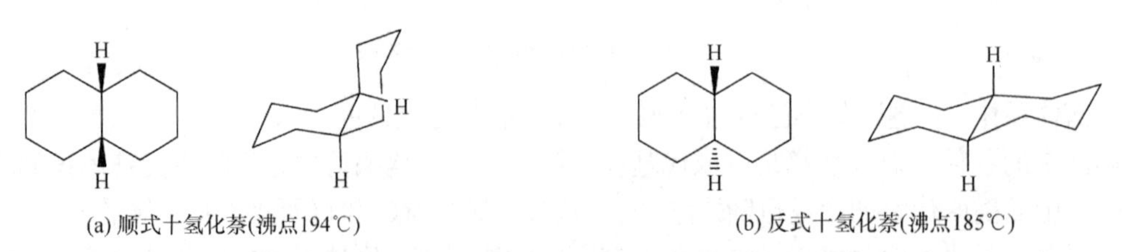

(a) 顺式十氢化萘(沸点194℃)　　(b) 反式十氢化萘(沸点185℃)

图 4-7　顺式十氢化萘(a)和反式十氢化萘(b)的构象

参考文献

高占先. 2018. 有机化学[M]. 3 版. 北京: 高等教育出版社

华东理工大学有机化学教研组. 2006. 有机化学[M]. 北京: 高等教育出版社

邢其毅, 裴伟伟, 徐瑞秋, 等. 2016. 基础有机化学[M]. 4 版. 北京: 北京大学出版社

Smith M B. 2011. March 高等有机化学: 反应、机理与结构(原著第 7 版)[M]. 李艳梅, 黄志平, 译. 北京: 化学工业出版社

习　题

1. 写出下列化合物的结构式。

(1) 1,6-二甲基环戊烯　　(2) 1-环己烯基环己烯

(3) 3-甲基-1,4-环己二烯　　(4) 反-1-甲基-3-乙基环己烷

(5) 顺-1,3-二甲基环己烷　　(6) 螺[4.5]癸烷

(7) 1,1-二甲基环庚烷　　(8) 双环[4.4.0]癸烷

(9) 螺[4.5]-6-癸烯　　(10) 双环[3.2.1]辛烷

2. 命名下列各化合物。

(1) 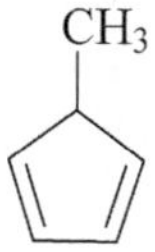 CH_3　　(2) H_3C　CH_3　　(3) $CH{=}CH_2$

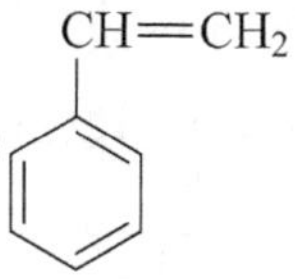

(4) 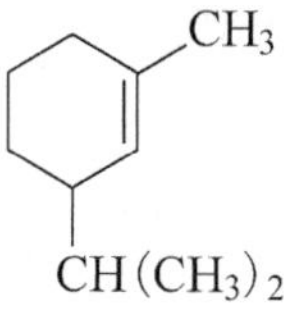 CH_3　$CH(CH_3)_2$　　(5) 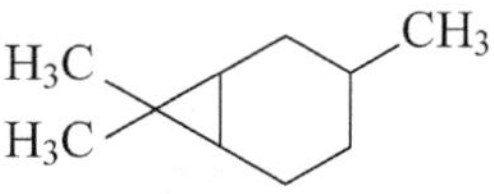 H_3C　H_3C　CH_3　　(6) 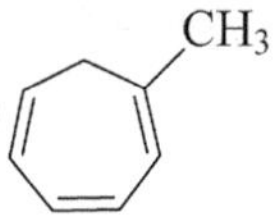 CH_3

(7) 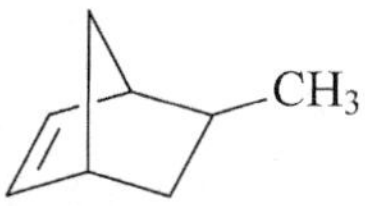 CH_3　　(8) 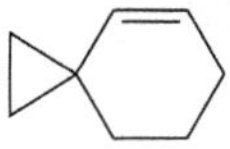　　(9) 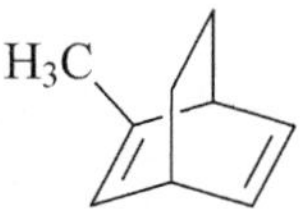 H_3C

3. 完成下列反应式。

(1) 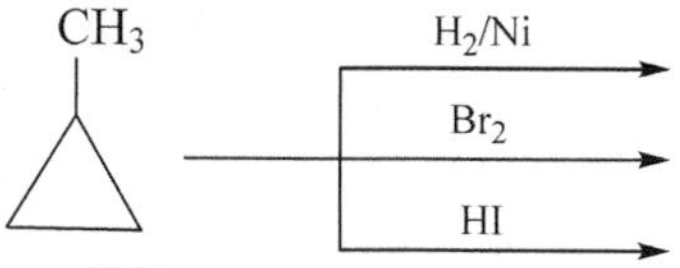 CH_3　H_2/Ni；Br_2；HI　　(2) $CH_2{=}CHCN$；$2Br_2$；$CH_2{=}CHCOOC_2H_5$

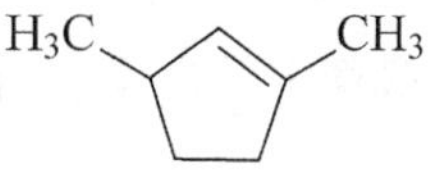

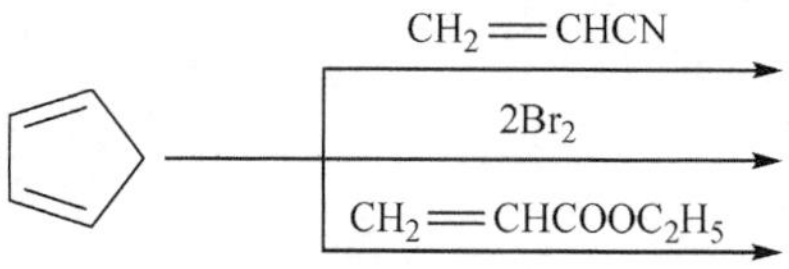

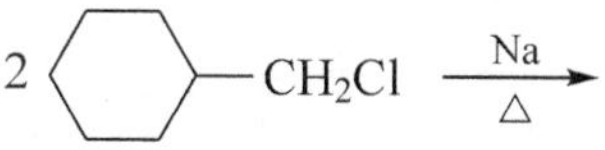

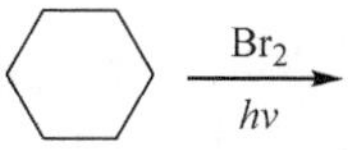

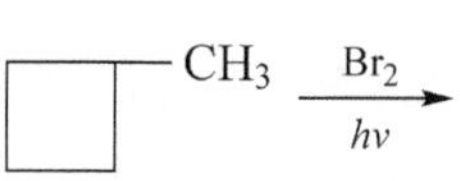

(3) 2 —CH_2Cl $\xrightarrow[\triangle]{Na}$　　(4) $\xrightarrow[h\nu]{Br_2}$

(5) —CH_3 $\xrightarrow[h\nu]{Br_2}$　　(6) 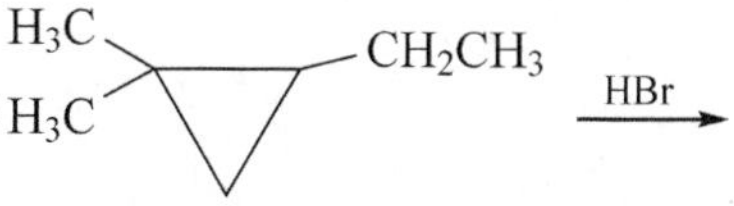 H_3C　H_3C　CH_2CH_3 $\xrightarrow{HBr}$

4. 写出下列化合物最稳定构象的透视式。

(1) 顺-1-甲基-2-异丙基环己烷　　(2) 反-1-甲基-2-异丙基环己烷

(3) 反-1-乙基-3-叔丁基环己烷　　(4) *r*-1,反-1,2-二甲基-顺-5-乙基环己烷

5. 1,3-丁二烯聚合时，除生成高分子聚合物外，还得到一种二聚体。该二聚体能发生下列反应：催化加氢后生成乙基环己烷；与溴作用可加四个溴原子；用过量高锰酸钾氧化，能生

成β-羧基己二酸。根据以上事实，推测该二聚体的结构，并写出各步反应式。

6. 分子式为C_4H_6的三个异构体A、B、C，能发生如下的化学反应：

(1)A、B、C都能与溴反应，对于等摩尔的样品，与B和C反应的溴量是A的2倍；

(2)三者都能与HCl发生反应，B和C在Hg^{2+}催化下和HCl作用得到的是同一种产物；

(3)B、C能迅速地与含$HgSO_4$的硫酸溶液作用，得到分子式为C_4H_8O的化合物；

(4)B能与硝酸银溶液作用生成白色沉淀。

根据以上事实，推测化合物A、B、C的结构，并写出有关反应式。

7. 氯化氢与3-甲基环戊烯加成得到1-甲基-2-氯环戊烷与1-甲基-1-氯环戊烷混合物，写出反应机制及其中间体，并解释。

8. 用系统命名法命名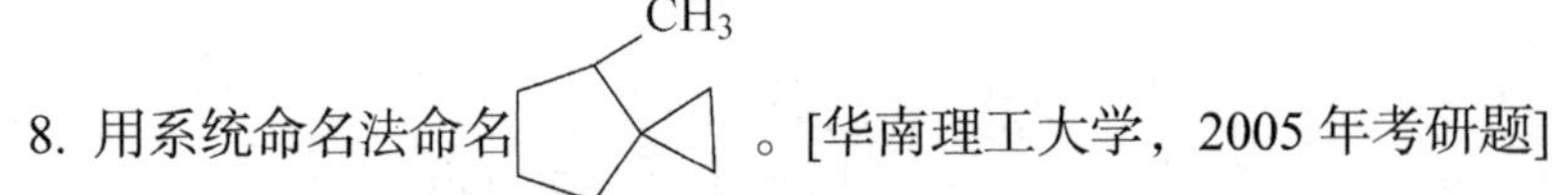

。[华南理工大学，2005年考研题]

9. 比较下列化合物氢原子(粗体)自由基型氯代反应的活性。[大连理工大学，2005年考研题]

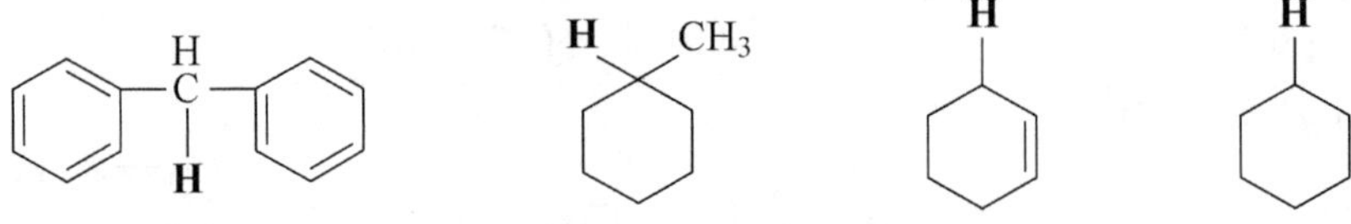

10. 写出顺-1-甲基-4-叔丁基环己烷最稳定的构象。[中国科学技术大学，2005年考研题]

11. 写出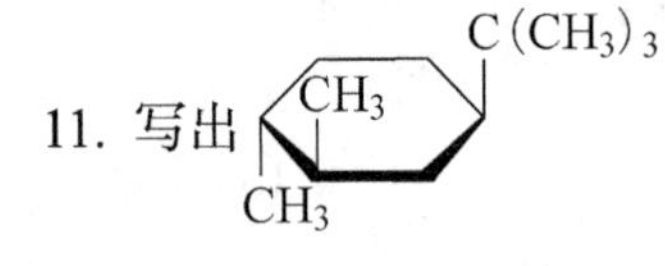

的稳定构象。[北京理工大学，2004年考研题]

第 5 章　核磁共振和红外光谱

【学习要求】

(1)初步掌握核磁共振和红外光谱的基本原理。

(2)掌握自旋、化学位移、耦合裂分、吸收振动等基本概念。

(3)熟练掌握官能团的核磁共振氢谱、核磁共振碳谱和红外光谱特征吸收，能够对核磁共振谱图和红外光谱信号进行准确的归属。

(4)初步掌握综合运用核磁共振谱图和红外光谱图推测未知化合物结构的方法。

5.1　核磁共振基本原理

1938 年，拉比(I. I. Rabi)首次发现了核磁共振(nuclear magnetic resonance，NMR)并获得了 1944 年的诺贝尔物理学奖。1946 年，布洛赫(F. Bloch)和珀塞耳(E. M. Purcell)两位科学家将核磁共振技术应用于液体和固体化合物，他们也因此获得了 1952 年的诺贝尔物理学奖。随后，恩斯特(R. R. Ernst)、维特里希(K. Wüthrich)、劳特布尔(P. Lauterbur)等在脉冲 NMR、蛋白质 FT NMR、核磁共振成像等技术方面做出了突出的贡献，并获得诺贝尔化学奖、诺贝尔生理学或医学奖。现如今，在有机化合物的结构测定中，核磁共振有着广泛的应用，成为鉴定有机化合物结构、研究反应动力学的重要手段，极大地促进了有机化学、药物化学、生物化学、物理化学等学科的快速发展。

5.1.1　原子核的自旋

核磁共振主要是由带正电的原子核自旋运动引起的。核磁共振研究的对象是能够自旋运动的原子核。并非所有的原子核都能发生自旋运动，产生磁矩。

原子核的自旋运动与自旋量子数 I 有关系。$I = 0$ 的原子核可以看作是一种没有自旋运动的球体(图 5-1)，如 ^{12}C、^{16}O、^{32}S，其中子数和质子数均为偶数。$I = 1/2$ 的原子核可以看作是电荷均匀分布的自旋球体，如 ^{1}H、^{13}C、^{15}N、^{19}F、^{31}P、^{77}Se，其中子数与质子数一个为偶数，另一个为奇数。这一类原子核由于核磁共振谱线窄，最适合核磁共振信号检测，是重点研究

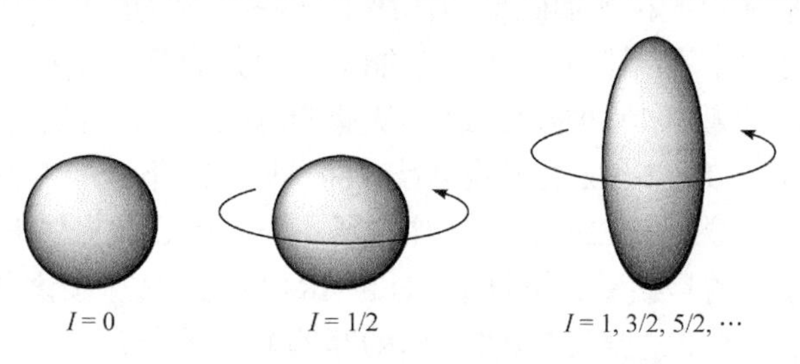

图 5-1　原子核的自旋运动

对象。$I>1/2$ 的原子核可以看作是电荷分布不均匀的自旋椭圆体，如 ^{2}H、^{7}Li、^{11}B、^{14}N、^{23}Na、^{17}O、^{79}Br、^{81}Br 等，其谱线较宽，对核磁共振信号检测不利。

5.1.2　核磁共振的产生

能够自旋的原子核会产生磁场，形成磁矩μ，具有自旋角动量 P。磁矩与自旋角动量之间的关系式为$\mu=\gamma P$。式中的γ为磁旋比，是各种原子核的特征常数。

当自旋的原子核处于存在磁感应强度 B_0 的静磁场空间中时，原子核除了围绕其自旋轴旋转外(自旋轴与核磁矩μ方向一致)，还会围绕静磁场 B_0 运动(自旋轴与静磁场有一定的夹角)，这种运动情况与陀螺在重力场中的运动情况十分相似，称为拉莫尔(Larmor)进动。进动频率ω_0与静磁场的强度 B_0 有关系，两者的比值为磁旋比，因此有如下公式：

$$\omega_0=\gamma B_0$$

对于 $I=1/2$ 的原子核，在静磁场存在下只有两种能量状态，$I_z=+1/2$ 的自旋态能量较低，$I_z=-1/2$ 的自旋态能量较高，没有外加静磁场存在时，原子核能量相等(图 5-2)。根据普朗克关系式$\Delta E=\hbar\omega_0(\omega_0=2\pi\upsilon_0)$，处于 $I_z=-1/2$ 和 $I_z=+1/2$ 两种自旋态的能量差$\Delta E=\hbar\omega_0=h\upsilon_0=\gamma\hbar B_0=\gamma hB_0/2\pi$。

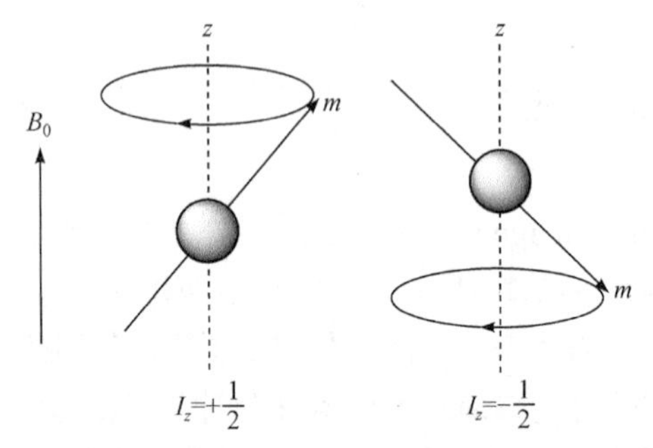

图 5-2　$I=1/2$ 的原子核的两种自旋态

根据前面所述，在静磁场中，具有磁矩的原子核存在不同的能级(图 5-3)。原子核要从低能态跃迁到高能态就需要吸收能量。利用某一特定频率的电磁波照射样品，让处于外加磁场中的自旋原子核接收到的能量恰好等于自旋原子核从低能态跃迁到高能态所需要的能量，原子核就可以从低能级跃迁到高能级，这种现象称为核磁共振。

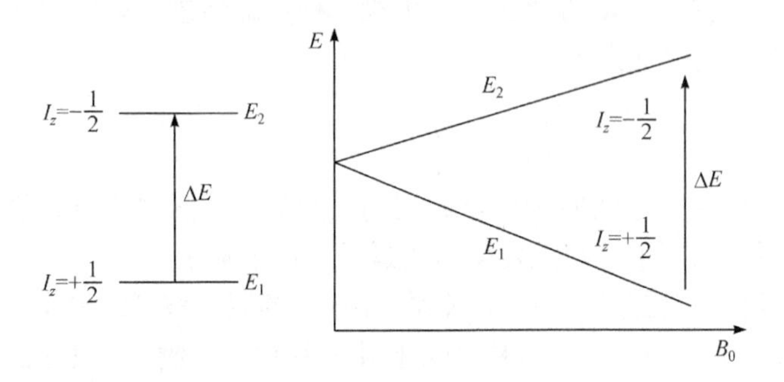

图 5-3　外加磁场条件下具有磁矩的原子核的不同能级

核磁共振也可以描述为：在外加磁场的作用下，一些具有磁矩的原子核的能量可以裂分为 2 个或 2 个以上的能级，如果此时外加一个能量，使其恰等于裂分后相邻 2 个能级之差，则该原子核就可以吸收能量(称为共振吸收)，从低能态跃迁至高能态，而所吸收能量的数量级相当于频率范围为 0.1～100 MHz 的无线电波。简单归纳一下，产生核磁共振需要同时满足三个条件：一是原子核有磁矩；二是需要外加磁场；三是电磁波提供的能量刚好等于两能级的能级差。目前研究最多的是核磁共振氢谱(^{1}H NMR)和核磁共振碳谱(^{13}C NMR)，另外，核磁共振磷谱(^{31}P NMR)和核磁共振氟谱(^{19}F NMR)也有较多的研究。

5.1.3　核磁共振波谱仪

目前使用的核磁共振波谱仪一般分为两大类：高分辨核磁共振波谱仪和宽谱线核磁共振波谱仪。在有机化学研究领域，一般测试的是液体样品，所以通常用高分辨核磁共振波谱仪。仪器的频率越高，分辨率越好，灵敏度越高。宽谱线核磁共振波谱仪可以用于测试固体样品，在物理学领域有广泛的应用。

按照核磁共振波谱仪的工作方式，它可以分为连续波核磁共振波谱仪和脉冲-傅里叶变换核磁共振波谱仪。连续波核磁共振波谱仪主要由产生磁场的磁铁、产生固定频率电磁辐射波的视频发射器、检测共振信号的检测器、放大信号的放大器、记录并绘制共振信号的记录仪几部分构成。连续波核磁共振波谱仪可以采用两种方式作图：一种方式是固定磁感应强度 B，扫描电磁波频率 υ；另一种是固定电磁波频率 υ，扫描磁感应强度 B。随着 20 世纪 70 年代脉冲-傅里叶变换核磁共振波谱仪的兴起，连续波核磁共振波谱仪已经被取代。

另外，医疗行业经常使用的核磁共振仪与有机化学领域使用的有很大的区别。医疗行业使用的是核磁共振成像(MRI)技术。该技术是继电子计算机断层扫描(简称 CT)后医学影像技术的又一科技进步，可用于诊断脑、脊髓病变或部分癌症。由于该技术诊断结果准确、对患者身体没有损害，因此被广泛使用。

5.2　化 学 位 移

前面讨论了核磁共振产生的条件，根据公式 $\Delta E = h\upsilon_0 = \gamma h B_0 / 2\pi$ 可知，^{1}H 发生核磁共振的条件必须使电磁波的辐射频率 $\upsilon_0 = \gamma B_0 / 2\pi$。对于某一有机化合物所有的 H 核，磁旋比是常数，π 也是常数，那是不是该有机物的所有氢在谱图上只有一个重叠的信号？显然，由于同一种原子核所处的化学环境不同，在谱图上出现的位置是不一样的。核磁共振氢谱实验结果证实，当 ^{1}H 核处在不同的化学环境，即使用相同的电磁波辐射照射样品，也会在不同的共振磁场出现吸收峰。

5.2.1　屏蔽常数 σ

核磁共振波谱在鉴定有机化合物分子结构方面有非常广泛的应用，主要原因就在于共振频率取决于磁旋比 γ 和磁场感应强度 B_0。由于原子核不是完全裸露的，周围的核外电子对其有一定的屏蔽作用。周围的核外电子在外磁场作用下会产生感应磁场，从而使原子核实际上感受到的磁场强度不是 B_0，而是 $B_0(1-\sigma)$。σ 称为屏蔽常数(shielding constant)，它反映出核外电子对原子核屏蔽作用的大小，与原子核所处化学环境有关。核外电子对原子核产生的这种屏蔽作用，称为屏蔽效应(shielding effect)。

5.2.2　化学位移 δ

如上所述，由于原子核所处的化学环境不同，核外电子对原子核的屏蔽作用不同，如果用相同频率的电磁辐射照射样品，所需要的外磁场强度 B_0 各不相同。反映在谱图上面的信号就是不同化学环境的同种原子核出峰位置不同，即发生了化学位移(chemical shift)。

$$\upsilon_0 = \frac{\gamma}{2\pi} B_0 (1-\sigma)$$

化学位移的差别非常小，不便于精确测定，故在核磁共振实验过程中，采用某一标准物质作为基准，以其吸收峰位置作为核磁谱图的坐标原点，其他吸收峰的化学位移值根据这些吸收峰位置与原点的距离来确定。

核磁共振氢谱和碳谱常用四甲基硅烷[$(CH_3)_4Si$，简称 TMS]作为标准物质。之所以用 TMS 作为标准物质，主要有以下几方面的考量：TMS 中的 12 个氢核处于完全相同的化学环境中，因此只有一个尖峰；因为 Si 原子的电负性比 C 原子小，TMS 中 H 原子外围的电子云密度和一般的有机物相比是最密的，因此这些氢核被最强烈地屏蔽着，共振时需要的外加磁场强度最强，不会与其他化合物重叠；TMS 为惰性非极性化合物，一般不与样品发生反应；TMS 易溶于有机溶剂，且沸点低(27℃)，容易从样品中除去。

下面式子中υ_r表示基准物质 TMS 的共振吸收频率，υ_i表示样品的共振吸收频率，$\Delta\upsilon$表示样品的共振吸收频率与基准物质 TMS 的共振吸收频率之差(单位为赫兹，Hz)。$\Delta\upsilon/\upsilon_r$的比值就为化学位移$\delta$，由于屏蔽常数$\sigma_r$远远小于 1，$1-\sigma_r$的值可近似为 1，化学位移单位量为 Hz/MHz 或百万分之一。

$$\upsilon_r = \frac{\gamma}{2\pi} B_0 (1-\sigma_r)$$

$$\upsilon_i = \frac{\gamma}{2\pi} B_0 (1-\sigma_i)$$

$$\Delta\upsilon = \upsilon_i - \upsilon_r = \frac{\gamma}{2\pi} B_0 (\sigma_r - \sigma_i) = \frac{\gamma B_0 \Delta\sigma}{2\pi}$$

$$\delta = \frac{\Delta\upsilon}{\upsilon_r} = \frac{\sigma_r - \sigma_i}{1-\sigma_r} \approx \sigma_r - \sigma_i$$

结合上述表示化学位移的式子，屏蔽效应大的原子核处于低化学位移，而屏蔽效应小的原子核处于高化学位移。也就是说，化学位移的大小取决于屏蔽效应的大小，在核磁谱图中，从左到右磁场强度增强，从右到左磁场强度减弱。简单来说就是高场低化学位移，低场高化学位移(图 5-4)。

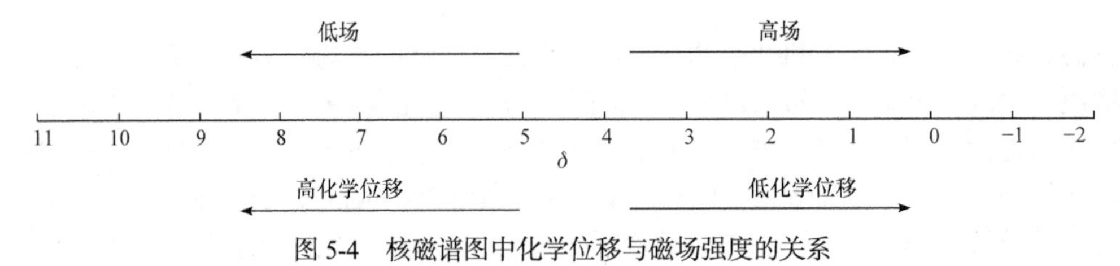

图 5-4　核磁谱图中化学位移与磁场强度的关系

5.2.3　影响化学位移的因素

由于核磁共振氢谱能够提供很多重要的结构信息，本书主要讨论 ^{1}H NMR。如果能够使氢原子核周围电子云密度增大，使谱线的位置向高场方向移动，则称为屏蔽作用；如果能够使氢原子核周围电子云密度减小，导致谱线的位置向低场方向移动，则称为去屏蔽作用。由此可见，核外电子云密度决定化学位移的大小。显然，能够影响电子云密度的各种因素都可以影响化学位移。

1. 取代基电负性

由于各种元素之间的电负性有大小差异，电负性大的原子或基团有强的吸电子诱导效应，会导致氢原子核周围的电子云密度减小，对氢原子核有去屏蔽作用，核磁共振吸收峰向低场、高化学位移方向移动(左移)。反之，如果取代基为给电子基团，与取代基连接于同一碳原子上的氢原子核的核磁共振吸收峰向高场、低化学位移方向移动(右移)。

以甲烷的衍生物为例，随着所连接卤素原子的电负性增大，核磁共振信号向左移(表 5-1)。

表 5-1　一卤代甲烷的核磁共振氢谱数据

化合物	CH_3I	CH_3Br	CH_3Cl	CH_3F
δ	2.16	2.68	3.05	4.26

2. 磁各向异性效应

从杂化轨道理论中了解到杂化轨道的 s 成分越多，其电负性越大，也就是说 sp 杂化的碳原子电负性＞sp^2 杂化的碳原子电负性＞sp^3 杂化的碳原子电负性。推测的化学位移δ：C≡C—H＞C═C—H＞C—C—H；实验结果显示：C═C—H＞C≡C—H＞C—C—H。究其原因是化学键(尤其是 π 键)在外磁场的作用下，环电流所产生的感应磁场的强度和方向在化学键周围具有各向异性，使分子中所处空间位置不同的氢原子核受到的屏蔽作用不同，某些空间位置上的氢核处于屏蔽区，另一些空间位置上的氢核处于去屏蔽区，这一现象称为磁各向异性效应(magnetic anisotropic effect)。

设想当乙烯分子所在平面与外磁场 B_0 方向垂直，乙烯双键上的 π 电子将产生环电流，形成一个与外磁场对抗的感应磁场(图 5-5)。在双键的周围，感应磁场的方向与外加磁场方向一致，该区域称为去屏蔽区，图中用“–”表示。乙烯的氢原子刚好处于去屏蔽区，核磁共振信号出现在低场、高化学位移处，δ值较大。在双键及双键平面上、下方，感应磁场的方向与外加磁场方向相反，该区域称为屏蔽区，图中用“+”表示。显然，如果有氢原子处于屏蔽区，核磁共振信号应该出现在高处、低化学位移处。例如，乙炔分子同样受到磁各向异性效应的影响，其氢原子刚好处于屏蔽区，化学位移在较低处。

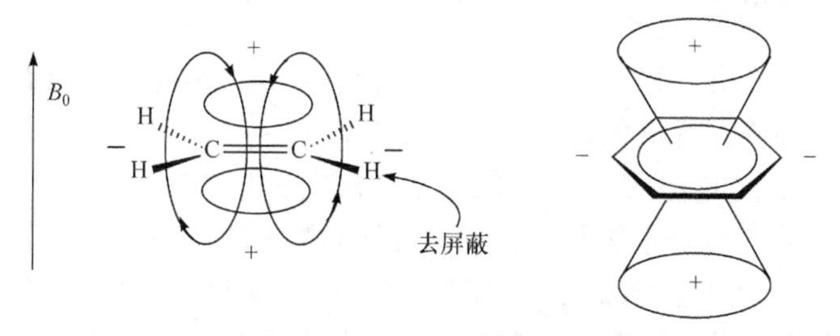

图 5-5　乙烯和苯分子中的氢原子受磁各向异性效应影响

同理，芳环的 π 电子云位于苯环平面的上下，成环状，在外磁场 B_0 作用下产生环状感应电流，由电流产生环状感应磁场。环平面内以及上下方是屏蔽区，而环平面周围是去屏蔽区，因此芳环氢原子核的核磁共振吸收峰位于显著低场(化学位移δ：6～8.5)。

另外，除了一般的烯烃、炔烃和苯环类化合物具有磁各向异性效应之外，醛、酮、酯、羧酸、肟、轮烯类化合物也存在此效应(图 5-6)。例如，醛类化合物的醛基氢核磁共振信号一般出现在化学位移 9～10 处，一方面是由于羰基的吸电子作用，另一方面是由于醛基氢位于去屏蔽区，两方面因素使醛基氢处于较低场、较高化学位移。

图 5-6　C═C 和 C═O 双键的屏蔽区和去屏蔽区

例如，下面的轮烯化合物由于环内的氢处于强烈的屏蔽区，其化学位移δ为−3.0；而环外的氢受到强烈的去屏蔽作用，其化学位移δ为 9.3(图 5-7)。

3. 其他因素

除了上述取代基电负性、磁各向异性效应主要因素外，其他因素如氢键、相邻基团电偶极、范德华力、溶剂效应等对化学位移均存在不同程度的影响。

例如，图 5-8 中的笼状化合物，H_b和 H_c的化学位移分别为 3.55 和 0.88。与环己烷中氢原子的核磁共振信号(化学位移为 1.4)相比较，H_b明显受到了邻近氧原子的去屏蔽作用，向高化学位移方向移动约 2。与此同时，H_b的部分电子云转移到 H_c，导致 H_c周围电子云密度增大，其核磁共振信号向低化学位移方向移动约 0.5。

图 5-7　十八轮烯环内和环外氢化学位移

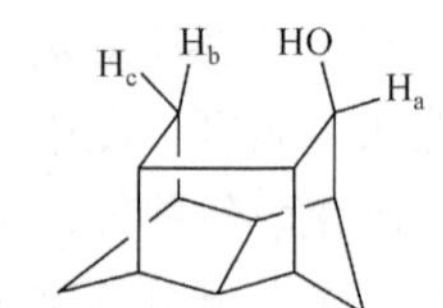

图 5-8　氢键对化学位移的影响

5.2.4　特征质子的化学位移

由于不同类型的质子在核磁共振谱图出峰位置有差异，因此可以根据化学位移值不同来分析辨别官能团，从而确定有机化合物的分子结构。

如图 5-9 所示，从左向右分析，醛基的氢原子核化学位移较大，一般为 9～10。苯环上的氢原子受环上取代基的影响，通常为 6.5～8。烯烃双键上的氢原子的化学位移为 4.5～6。与卤素原子(F，Cl，Br，I)相连的碳原子上的氢原子，由于受到电负性较大的卤原子的影响，在 2.0～5.0 出现核磁共振信号。酮羰基 α-碳原子上的氢在 2.0～3.0 出现峰。饱和烷烃的氢原子出峰位置在 0.3～1.9。TMS 作为标准物质，其出峰的位置在化学位移为 0 处。另外，图里仅列出了部分常见化合物氢原子核磁信号的出峰区间。例如，羧酸类化合物的羧基氢出峰位置超出了坐标轴最左边，通常大于 11。某些金属氢化物的氢可以看作是 H^-，被强烈屏蔽，通常出现在负的化学位移处。

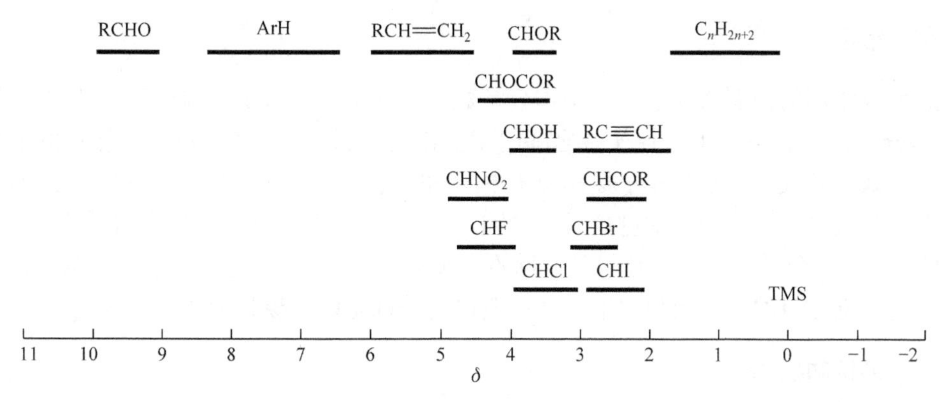

图 5-9　常见官能团核磁共振氢谱的化学位移

5.3　自旋-自旋耦合

最初，硝酸铵的 ^{15}N NMR 谱显示氮原子的吸收峰不是单峰，谱线具有多重性。随后，科学家又发现了化合物 $POCl_2F$ 尽管只有一个氟原子，但其氟谱存在两条谱线。这些实验结果都能用自旋-自旋耦合(spin-spin coupling)来解释。

5.3.1　自旋耦合和自旋裂分

由乙醚的高分辨核磁共振氢谱(图 5-10)可以发现，质子峰都不是单峰，而是多重峰，其中亚甲基 CH_2 在谱图上呈现出四重峰，甲基 CH_3 在谱图上呈现出三重峰。这说明，不仅是核外电子云会影响质子的核磁共振吸收，邻近质子的自旋运动也会对质子的核磁共振吸收产生影响，导致谱线增多。同一类质子吸收峰增多的现象称为自旋-自旋裂分，简称自旋裂分。自旋裂分是由邻近原子核的自旋相互干扰引起的，这种原子核之间的相互作用称为自旋-自旋耦合，简称自旋耦合(spin coupling)。

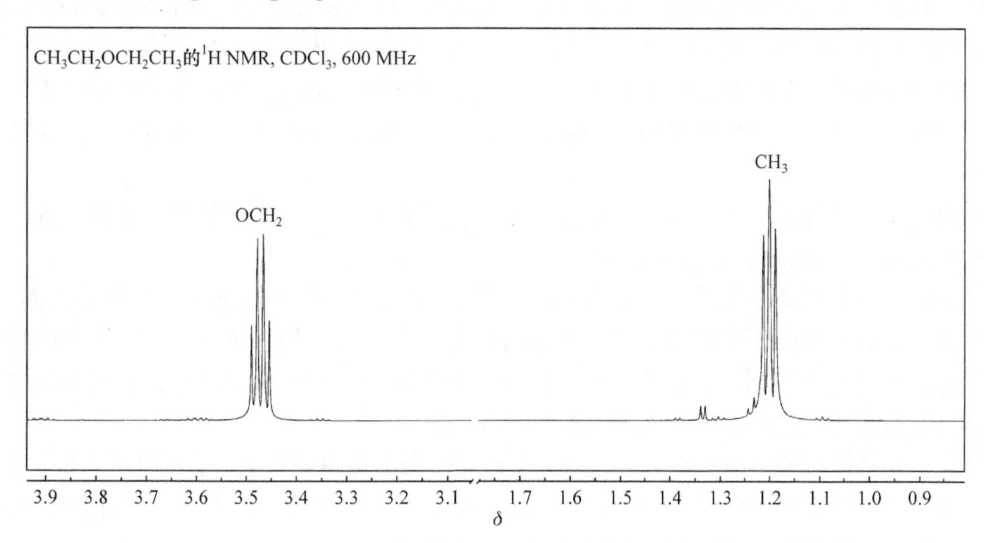

图 5-10　乙醚的核磁共振氢谱

5.3.2　耦合常数 *J*

自旋耦合作用的强弱或大小用自旋耦合常数(coupling constant)J 来表示，其单位为赫兹(Hz)。耦合常数 J 反映了两个原子核之间的相互作用强弱，其数值与核磁共振仪的工作频率没有关系。耦合常数的大小与原子核在分子中的相隔化学键数目有关，故一般在 J 的左上方标明两个原子核之间相隔的化学键数目，J 的右下方通常标明具体发生耦合的原子核，有时也省略。例如，乙醚分子中的亚甲基与甲基氢的耦合常数表示为 $^3J_{H—C—C—H}$，简写为 ^3J。耦合常数随相隔化学键数目的增加而很快下降，一般讨论的都是两个核相距四个化学键以下。

5.3.3　化学等价和磁等价

若分子中两个相同的原子或基团处于相同的化学环境时，称为化学等价(chemical equivalence)。由于所处的化学环境相同，显然化学等价的原子或基团具有相同的化学位移。

判别化学等价的依据是：分子中的氢原子如果可以通过对称操作或快速机制互换，则它们是化学等价的，具有相同的化学位移。

例如，二氟甲烷、1,1-二氟乙烯、溴乙烷等分子中的氢原子(图 5-11)。二氟甲烷、1,1-二氟乙烯分子中的氢原子可以通过 C_2 对称轴旋转 180°互换，这种通过对称轴能够互换的质子称为等位质子(homotopic proton)。与二氟甲烷、1,1-二氟乙烯相比较，溴乙烷分子结构中的甲基通过 C—C 键旋转，不能使甲基的三个氢原子互换，但是考虑到 C—C 键的旋转非常快，可以最终平均化，认为其三个氢原子是化学等价的。

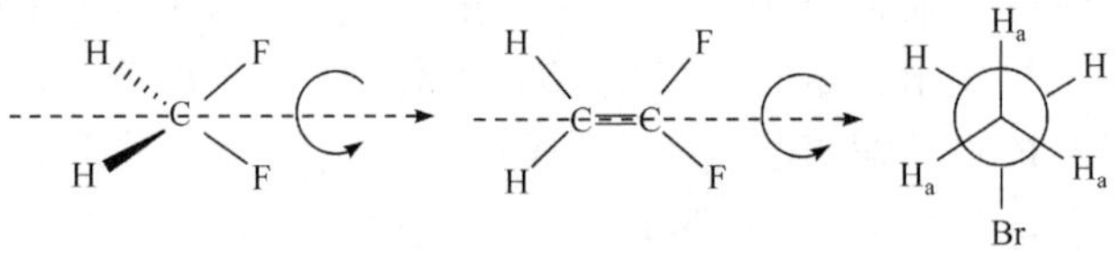

图 5-11　化学等价质子

原子核存在其他对称性操作，如通过平面操作能够互换，称为对映异位(enantiotopic)。氯溴甲烷分子结构中的氢原子可以通过 Br—C—Cl 所在的平面对映操作互换，这种氢原子就称为对映异位质子。对映异位质子在非手性溶剂中是化学等价的，如果在手性环境中，则是化学不等价的。例如，将对映异位质子放置在含有手性活性材料或者酶环境中，其是非化学等价的。

一组化学位移等价的原子核，若对分子中任何其他原子核的耦合常数均相同，那么该组原子核是磁等价(magnetic equivalent)的。

判断磁等价需要两个条件：首先满足化学等价，然后它们对任意另一核的耦合常数 J 相同。例如，二氟甲烷分子中的两个氢原子本身是化学等价的，每个氢原子与氟原子的耦合常数均相等，因此两个氢原子是磁等价的。同理，两个氟原子也是磁等价的，它们与各个氢原子的耦合常数相等，这种自旋体系被归类为 A_2X_2 型。

尽管 1,1-二氟乙烯分子中的两个氢原子和氟原子均为化学等价的，但是磁不等价，这是磁不等价的一个非常经典的例子(图 5-12)。H_a 和 H_b 是化学等价的，J_{cis} 与 J_{trans} 不相等，故磁不等价。同样的，两个氟原子是化学等价的，但磁不等价。

磁不等价的例子还有很多，如很多苯环邻、对位取代衍生物中存在氢原子化学等价，但是磁不等价(图 5-13)。

图 5-12　磁不等价的氢和氟原子　　　图 5-13　苯环磁不等价氢原子

5.3.4　耦合裂分规律

核磁共振最常研究的对象是氢原子核，许多 ^{1}H NMR 谱图的谱线裂分数目为 $2nI+1=n+1$，称为 $n+1$ 规律。一组化学等价的质子，其核磁共振吸收峰的个数由相邻碳上的质子数目决定，如果相邻碳原子上有 n 个质子，则在谱图中裂分为 $n+1$ 个峰。

例如，在乙醚分子的 ^{1}H NMR 谱图中，甲基(CH_3)氢呈现出三重峰，亚甲基(CH_2)氢呈现出四重峰。甲基氢受到邻近碳原子上两个亚甲基氢的自旋影响，其周围的磁环境存在三种状况：一是两个亚甲基氢自旋产生的感应磁场方向均为+；二是两个亚甲基氢自旋产生的感应磁场方向均为−；三是感应磁场方向一个为+，另一个为−(图 5-14，符号“+”表示产生的感应磁场与外加磁场方向相同，符号“−”表示感应磁场方向与外加磁场方向相反)。裂分的结果产生三重峰，峰的高度比为 1∶2∶1。同理，分析亚甲基核磁信号，邻近的甲基氢可以有全为正(+++)，两个氢为正、一个氢为负(++−，+−+，−++)，一个氢为正、两个氢为负(−−+，−+−，+−−)，全为负(−−−)四种情况，最终导致出现四重峰，峰的高度比为 1∶3∶3∶1。由此可见，裂分峰的各峰高度比与杨辉三角或帕斯卡三角形(Pascal’s triangle)一致(图 5-15)。

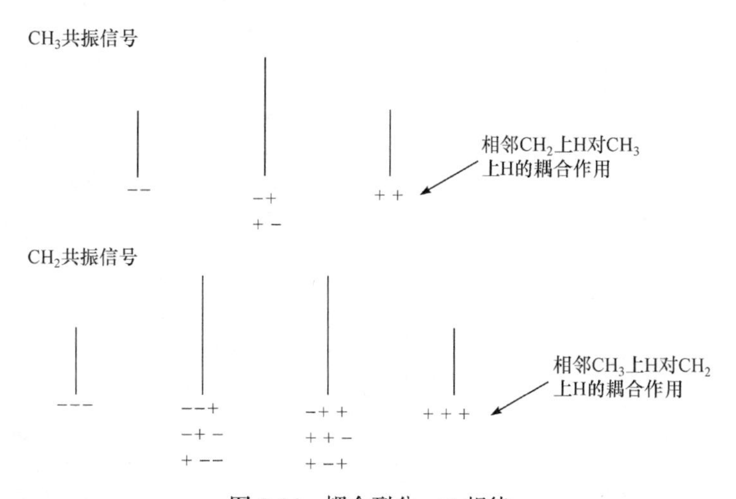

图 5-14　耦合裂分 n+1 规律

5.3.5　积分曲线和积分面积

核磁共振氢谱中，吸收峰的峰面积与产生峰的质子数成正比，不同吸收峰的面积之比代表不同类型的质子数目的相对比值。核磁共振仪利用电子积分仪测量峰面积，在谱图上自动以连续阶梯积分曲线表示出来。通过核磁共振仪收集得到化合物的原始数据后，通过

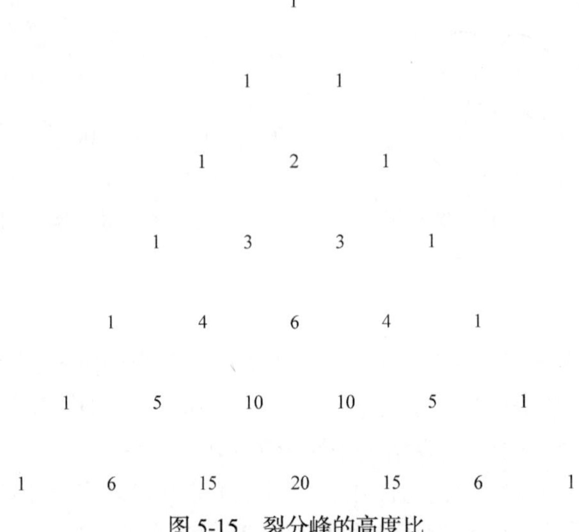

图 5-15　裂分峰的高度比

一些核磁画图软件(如 MestReNova)很容易对共振吸收峰进行积分。

以 3,5-二甲氧基苯胺的高分辨核磁共振氢谱图(5-16)为例，化学位移δ为 3.68 的两个氢是氨基 NH_2 氢的核磁共振信号，δ为 3.72 的 6 个氢是两个甲氧基 OCH_3 的核磁共振信号，δ为 5.85～5.91 一共 3 个氢是苯环上氢原子的核磁共振信号。图中积分曲线的峰面积之比与化合物中几种不同类型的质子之比相一致。

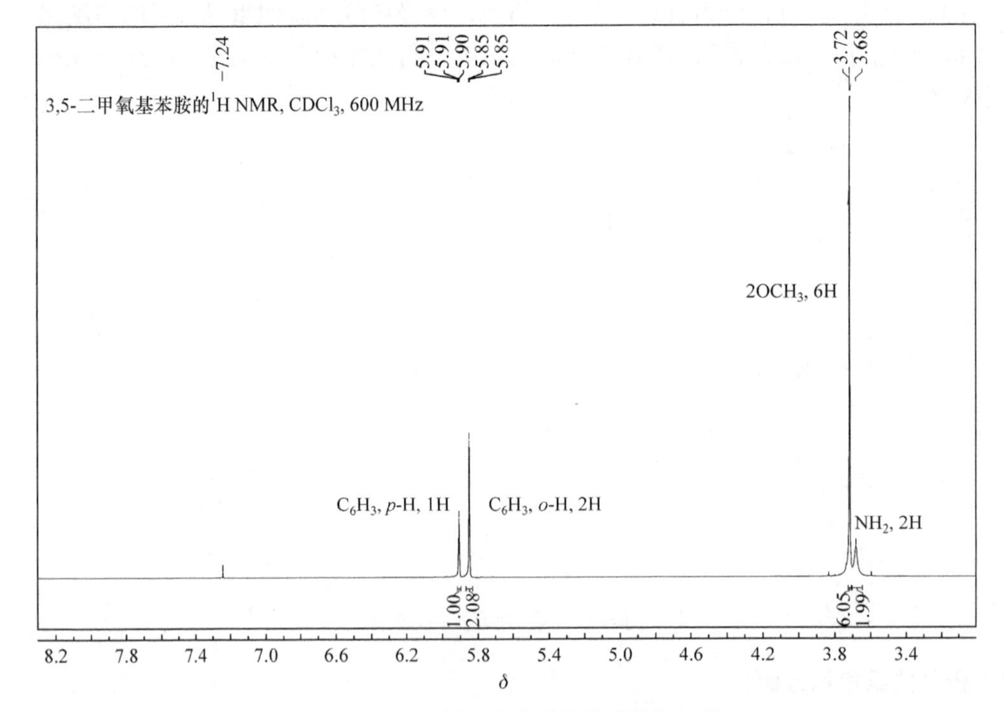

图 5-16　3,5-二甲氧基苯胺的核磁共振氢谱

5.4　核磁共振氢谱

在核磁共振氢谱、碳谱、磷谱、氟谱的测定中，核磁共振氢谱应用最广泛。这主要是由于测定氢谱最灵敏、最简便，^{1}H NMR 谱图可以提供化学位移、积分曲线、峰的裂分、耦合常数等重要信息。

5.4.1　配制样品、作图

测试核磁样品时，一般需要将待测样品溶于溶剂得到一定浓度的溶液。核磁制样时，通常采用氘代试剂作为溶剂，常用的氘代试剂有：氘代氯仿 $CDCl_3$、氘代二氯甲烷 CD_2Cl_2、氘代丙酮 CD_3COCD_3、氘代水 D_2O、氘代二甲亚砜 CD_3SOCD_3、氘代甲醇 CD_3OD、氘代苯 C_6D_6、氘代乙腈 CD_3CN 等，其中氘代氯仿是最常用的溶剂。

选择氘代试剂作为溶剂时，通常要考虑待测样品本身的溶解性、在溶剂中的稳定性等因素。固体样品一般 5 mg 左右，溶于 0.6 mL 的氘代试剂。作图时要考虑有足够的谱宽，尤其是当样品含有羧基、醛基或者负氢结构时。如果待测样品中含有活泼氢（OH、NH_2、CO_2H 等），可以通过重水交换实验，证实活泼氢的存在，如图 5-17 和图 5-18 所示。

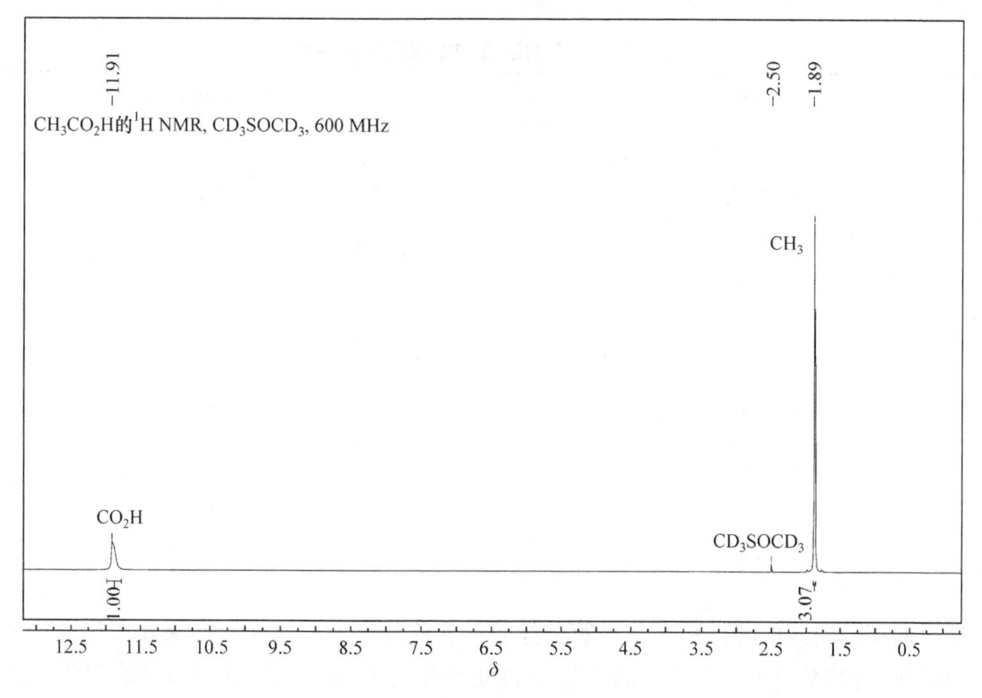

图 5-17　乙酸的核磁共振氢谱

5.4.2　核磁共振氢谱谱图解析

解析核磁共振氢谱通常采用以下步骤：

(1) 区分出溶剂峰、杂质峰。在核磁共振氢谱中，由于在制备化合物过程中使用到一些试剂或产品纯度不够，经常会出现与化合物无关的杂质峰。通常情况下，杂质含量相对

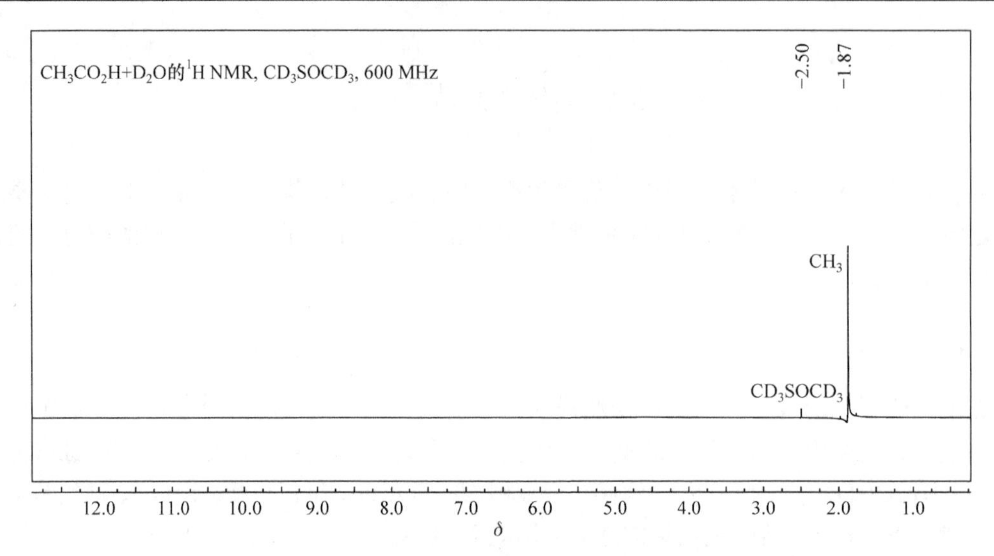

图 5-18　乙酸的核磁共振氢谱(加氘代水后)

较少，其峰面积与样品的峰面积相比也是小的，很容易区分出杂质峰。最常见的杂质峰是溶剂峰，这主要是由于样品中含有未完全除尽的溶剂，另外，氘代试剂氘代不完全也会引起溶剂峰。为了便于识别溶剂峰，表 5-2 列出了几种常见溶剂的核磁共振氢谱的化学位移。

表 5-2　常见溶剂的核磁共振氢谱的化学位移

溶剂	^1H NMR 化学位移δ
CD_3CO_2D	2.04, 11.65
CD_3COCD_3	2.05
CD_3CN	1.94
C_6D_6	7.16
$CDCl_3$	7.26
D_2O	4.8
CD_2Cl_2	5.32
$(CD_3)_2SO$	2.50
CD_3OD	3.31, 4.87
C_4D_8O	1.73, 3.58

(2)根据积分曲线的峰面积之比计算各组峰的相应质子数目之比。如果知道化合物的元素组成，知道化合物总共有多少个氢原子，就能根据积分曲线提供的谱图信息确定各个峰对应的质子数目。

(3)通过分析化学位移、峰的裂分情况、耦合常数初步确定各个峰组是什么官能团，以及各个官能团之间的相互关系，推测出若干结构单元。验证活泼氢的存在可以用重水交换实验。羟基、氨基或羧基上的活泼氢可以被重水交换，而使活泼氢在谱图上的核磁信号消失，因此对比未加重水的核磁谱图，可以初步判断分子结构中是否含有活泼氢。

(4)利用推测出的结构单元，组合成为最可能的结构式，并对推导出的结构式进行验证。

比较简单的验证方法是寻找化合物的标准谱图或通过画图软件(如 ChemDraw)预测核磁谱图。ChemDraw 软件作为一种常用的化学画图软件，不仅常用于绘制各种化学结构式，还可以用于预测化合物的核磁共振氢谱、碳谱。例如，在 ChemDraw 软件的绘图界面上画好化合物的结构式之后，选择画框的工具，把所画的结构式框起来，然后在 Structure 对话框中选择 Predict ^{1}H-NMR Shifts 就会得到模拟的氢谱。这种方法有一定的可靠性，当然最为可靠的方法还是直接比较该化合物的标准谱图，可以通过一些免费网站下载，或者查阅相关文献。

5.5　核磁共振碳谱

因为 $I = 0$ 的原子核没有自旋运动，不会发生核磁共振现象，所以核磁共振碳谱检测的不是 ^{12}C 核，而是 ^{13}C 核。

5.5.1　核磁共振碳谱的概述

^{13}C 核的天然丰度较低，所以灵敏度低，测试碳谱时，通常需要将待测样品的浓度提高，同时使用高分辨率的核磁仪器长时间扫描。另外，^{13}C 磁旋比γ约为 ^{1}H 的 1/4，在文献中描述核磁共振条件时，需要将仪器频率除以 4。例如，使用 600 MHz 核磁共振仪器测试化合物的 ^{1}H NMR 和 ^{13}C NMR 数据时，描述 ^{13}C NMR 谱图时写 150 MHz。

^{13}C 的核磁共振原理与 ^{1}H 的相同，因此存在 C—C 之间的耦合和 C—H 之间的耦合。由于耦合会导致裂分谱线增多，彼此可能出现相互重叠，谱图变得复杂、难以区分。通常采用全去耦的方法，使每一种化学等价的碳原子只有一条谱线，使谱图变得比较简单、清晰、容易辨识。

核磁共振碳谱尽管不能通过积分定量地反映碳原子数目，但是能够为结构解析提供重要的化学位移信息，可以帮助确认碳原子的级数、官能团碳原子、饱和或不饱和碳原子等，尤其是结合核磁共振氢谱，能够比较准确地确定化合物的结构。由于碳原子构成了有机化合物的基本骨架，因此从某种意义上来说，^{13}C NMR 谱图的重要性不亚于 ^{1}H NMR 谱图。

5.5.2　核磁共振碳谱的化学位移

核磁共振碳谱与氢谱一样，也是采用 TMS 作为标准物质，规定其化学位移δ为 0。图 5-19 中列出了部分常见官能团核磁共振碳谱的化学位移。

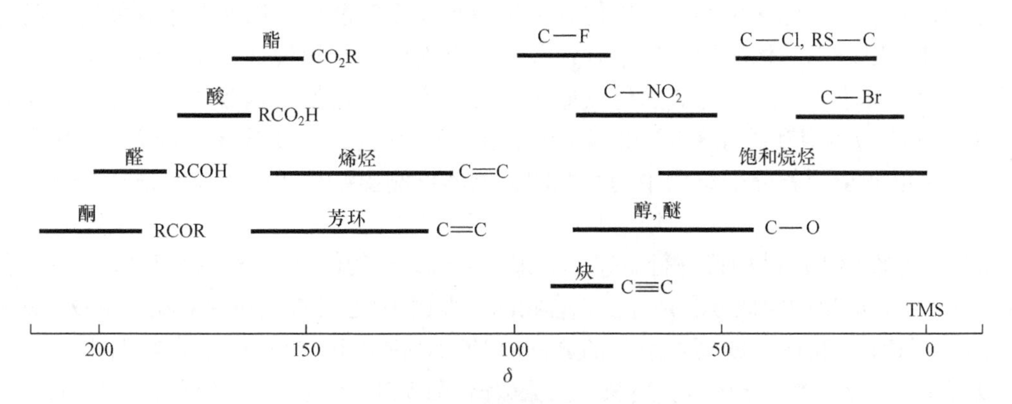

图 5-19　常见官能团核磁共振碳谱的化学位移

例如，酮和醛类化合物的羰基 C═O 碳原子出峰位置在 180～220 和 175～205。羰基碳原子之所以出现在低场、高化学位移处，利用共振效应能够很好地解释。由于碳氧极性共价键的存在，氧的电负性大，导致羰基碳原子带部分正电性，即羰基碳缺少电子，所以羰基碳原子的核磁共振吸收峰出现在低场。如果羰基与不饱和双键或杂原子等基团相连接时，因为共轭效应使羰基碳原子的缺电子得以缓解，会使共振吸收峰向高场、低化学位移处移动。

与影响氢原子核磁共振化学位移的因素相比较，影响碳原子化学位移的因素更多。除了刚才提到的电负性、共轭效应，常见的影响因素还有碳原子的杂化方式、重原子效应、构象、测定时溶剂的种类等。例如，sp、sp^2、sp^3 杂化的碳原子在核磁共振碳谱的化学位移δ大小排序为：C═C（烯烃或芳环）＞C≡C（炔烃）＞C—C（烷烃）。

5.5.3 核磁共振碳谱谱图解析

核磁共振碳谱谱图的解析步骤：首先，区分出溶剂峰、杂质峰。在核磁共振碳谱中，氘代试剂中的碳原子均有相应的峰，为了便于识别溶剂峰，表 5-3 列出了几种常见溶剂的核磁共振碳谱的化学位移。

表 5-3 常见溶剂的核磁共振碳谱的化学位移

溶剂	^{13}C NMR 化学位移δ
CD_3CO_2D	20.0，178.99
CD_3COCD_3	29.92，206.68
CD_3CN	1.39，118.69
C_6D_6	128.39
$CDCl_3$	77.00
CD_2Cl_2	54.00
$(CD_3)_2SO$	39.51
CD_3OD	49.15
C_4D_8O	25.37，67.57

然后，通过分析化学位移初步确定各个峰组是什么官能团，以及各个官能团之间的相互关系，推测出若干结构单元。通常碳谱分为三个大区：化学位移大于 150 称为羰基或叠烯区；化学位移小于 100 称为脂肪链碳原子区，这个区间包括炔基碳原子；化学位移处于 100～150 的称为不饱和碳原子区（炔基碳原子除外）。因此，通过对核磁共振碳谱化学位移的分析，可以初步判断分子结构中的官能团，能够推测出结构单元，组合成为最可能的结构式。

最后，对推导出的结构式进行验证，对谱图中碳原子的信号进行准确归属。与核磁共振氢谱一样，比较简单的验证方法是寻找化合物的标准谱图（通过查阅相关文献或免费网站下载标准谱图）或通过 ChemDraw 画图软件的 Predict ^{13}C-NMR Shifts 预测核磁共振谱图。

以简单有机化合物乙醚的高分辨核磁共振碳谱（图 5-20）为例，化学位移δ为 77.02～77.44 的核磁共振信号如前所述，应该归属为选用的氘代试剂 $CDCl_3$ 的共振吸收峰；化学位移δ为 65.71 的核磁共振信号，根据化学位移分区，考虑氧原子的吸电子效应，应归属为 OCH_2 结构单元的碳原子核磁共振吸收峰；化学位移δ为 15.03 的核磁共振信号则归属为 CH_3 的碳原子核磁共振吸收峰。

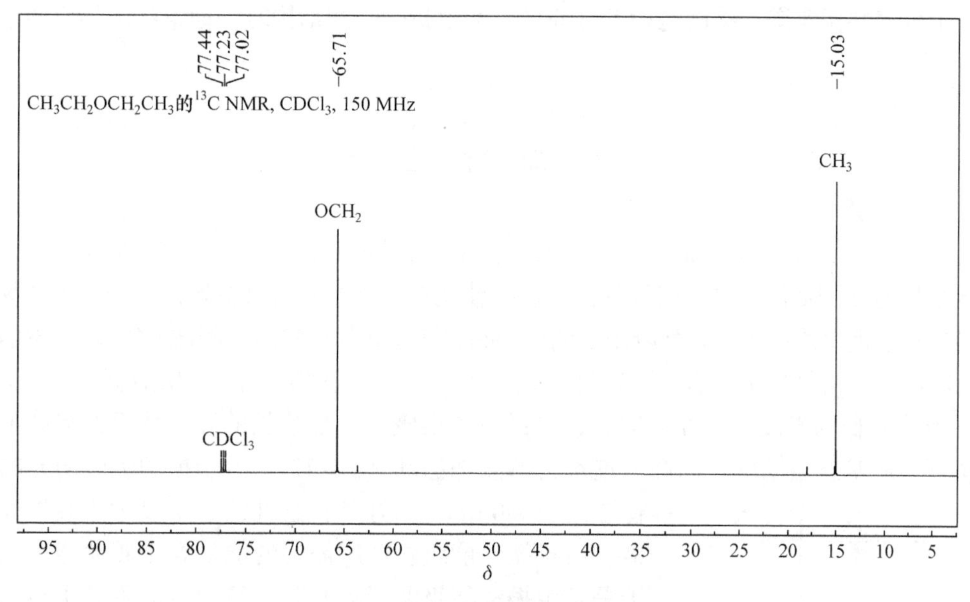

图 5-20　乙醚的核磁共振碳谱

以 3,5-二甲氧基苯胺的高分辨核磁共振碳谱(图 5-21)为例，化学位移δ为 91.07～161.84 的核磁共振信号是苯环上双键碳原子的核磁共振吸收，由于氧原子和氮原子与苯环相连时，存在吸电子的诱导和给电子的共轭效应，整体影响的结果是向低场、高化学位移移动，苯环上 C—O 和 C—N 的碳原子分别在 161.84 和 148.58 处出现核磁共振吸收峰。δ为 93.88 和 91.07

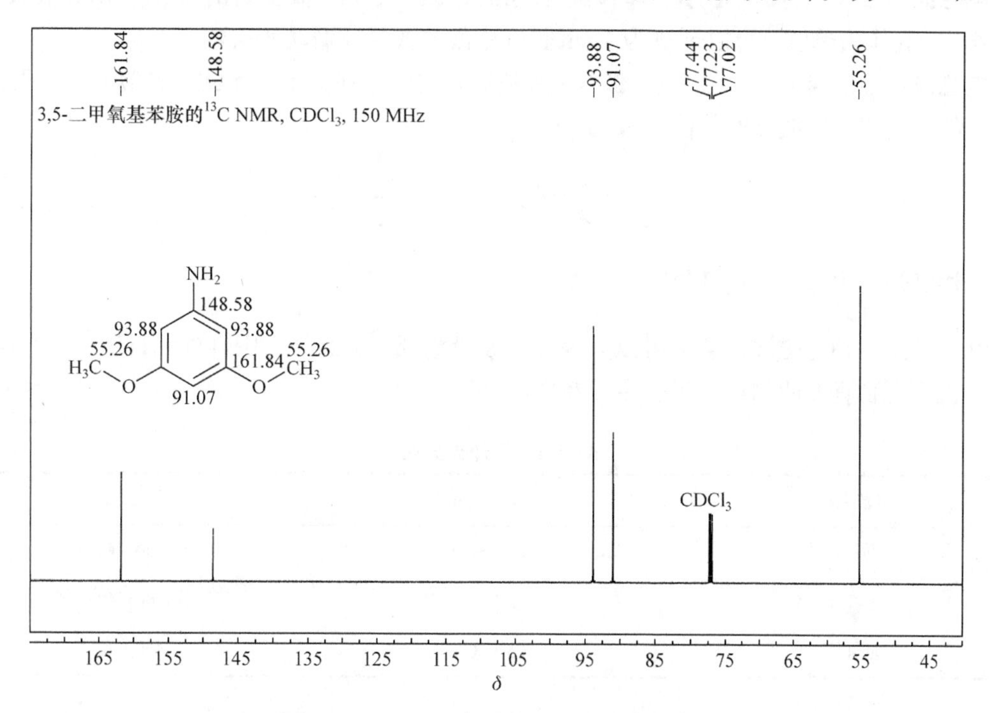

图 5-21　3,5-二甲氧基苯胺的核磁共振碳谱

的两个核磁共振信号为苯环上另外两种碳原子的吸收峰。此外，δ为 55.26 处的核磁共振信号则归属为甲氧基碳原子的吸收峰。

由于核磁共振氢谱和碳谱是相互补充的，在解析化合物结构时，通常将两种谱图结合起来分析。

5.6 红 外 光 谱

红外光谱(infrared spectrum)，通常简称为 IR。在核磁共振技术未被广泛应用之前，解析有机化合物的分子结构主要采用红外光谱。即使现在，红外光谱仪在解析、表征化合物结构方面仍然有很重要的作用，其可以用于测试固态、液态和气态样品，测试所需要的样品量少，测试用的红外光谱仪操作简单，样品测试费用较低，能够提供很多官能团结构信息。

用连续波长的光波照射样品时，该样品分子会吸收一定波长的光，从而引起分子振动能级跃迁，从基态振动跃迁到高一能级的激发态振动(图 5-22)。由于振动吸收的光的波长在 2.5～1000 μm，刚好落在红外区，所以称为红外吸收光谱。由于振动能级跃迁所需要的能量高于转动能级跃迁，于是发生振动能级跃迁的同时，经常伴随着分子转动能级跃迁，所以红外光谱图并不是一条条尖锐的谱线，而是一个个吸收谱带。

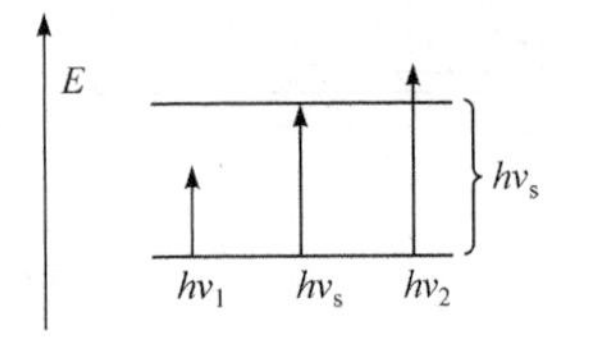

图 5-22　分子振动能级跃迁示意图

5.6.1　波长和波数

电磁波的波长用符号λ表示，单位经常用μm、cm 或 m。波长的倒数($1/\lambda$)即为波数，如果波长用 cm 作为单位，可以理解为 1 cm 长度中波的数目或振动的次数。

电磁波传播的速度 c、频率υ、波长λ和波数$\tilde{\upsilon}$之间存在如下关系式。计算时，需要注意单位，红外光谱图中波数的单位一般用 cm^{-1}。

$$\tilde{\upsilon}=\frac{1}{\lambda}=\frac{\upsilon}{c} \qquad \upsilon=\frac{c}{\lambda}$$

5.6.2　远红外、中红外、近红外

红外光是一种电磁波，通常可以分为三个波段范围：远红外、中红外和近红外(表 5-4)，其中有机化合物官能团的红外吸收主要在中红外区。

表 5-4　红外光分区

波段名称	波长λ/μm	波数/cm^{-1}
远红外	0.75～2.5	13300～4000
中红外	2.5～25	4000～400
近红外	25～1000	400～10

5.6.3　红外光谱的产生

红外光谱的产生是由于样品分子吸收了一定波长的红外光，从而使分子振动能级发生跃迁。化合物中各个化学键的某种振动方式出现吸收峰就构成了该化合物的红外光谱图。红外光谱图的横坐标表示吸收峰的位置，用波数 $\tilde{\upsilon}$ (cm^{-1}，4000～400 cm^{-1})或波长λ(μm，2.5～25 μm)作量度；纵坐标表示吸收峰的强弱，用百分透过率(T%)或吸光度(A)作量度单位。吸收峰强弱通常用 vs(very strong，非常强)、s(strong，强)、m(medium，中等)、w(weak，弱)表示。分析红外光谱图时，需要重点关注出峰的位置和峰的强度，以获取准确的结构信息。

5.6.4　双原子分子的红外吸收频率

每个原子理论上有三个自由度，它可以在笛卡儿坐标系独立地运动。如果一个化合物分子中有 n 个原子，那么就会有 $3n$ 个自由度。当然，在这 $3n$ 个自由度里面包括了整个分子向笛卡儿坐标系 x、y 和 z 轴的平移运动和围绕笛卡儿坐标系 x、y 和 z 轴的转动，这 6 种运动不会改变原子间的距离，不属于分子的振动。基于此，非线形分子只有 $3n-6$ 个自由度。对于线形分子，由于围绕分子价键的轴转动时，原子位置无变化，只有两个转动自由度，因此线形分子只有 $3n-5$ 个自由度。理论上来说，每一个自由度都会相应地在红外谱图上出现吸收峰，但是实际上红外吸收峰的数目经常少于化合物的振动自由度数目。这主要是由于某些振动未发生偶极的变化、某些振动频率相同和红外光谱仪分辨率不够等。

首先以最简单的双原子分子讨论其红外吸收频率。假设两个原子的质量分别为 m_1 和 m_2，化学键看成是质量忽略不计的弹簧(键力常数用 f 表示)，双原子分子的振动可以看作是简谐振动(图 5-23)。

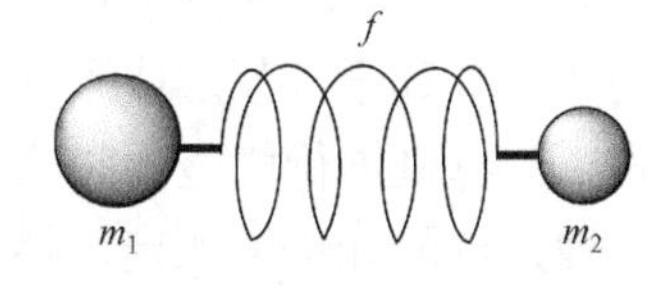

图 5-23　双原子分子简谐振动示意图

根据胡克定律(Hooke's law)和牛顿定律(Newton's law)可以推导得出振动频率与原子质量、键力常数之间的关系式：

$$\upsilon = \frac{1}{2\pi}\sqrt{f\left(\frac{1}{m_1}+\frac{1}{m_2}\right)}$$

将频率、波数与光速之间的关系代入，可以得到波数与原子质量、键力常数之间的关系式：

$$\tilde{\upsilon} = \frac{1}{2\pi c}\sqrt{f\left(\frac{1}{m_1}+\frac{1}{m_2}\right)}$$

令两个原子的折合质量$\mu = m_1 \times m_2/(m_1+m_2)$，上述关系式还可以进一步简化。由以上关系式可以发现振动频率或波数与键力常数成正比，键力常数f越大，振动频率或波数越大；振动频率或波数与折合质量成反比，原子质量越小，折合质量μ越小，振动越快。

5.6.5　多原子分子的红外吸收频率

双原子分子振动方式较简单，按照 $3n-5$ 计算振动自由度(此时 $n = 2$)，只有一种振动方式。对于多原子分子，则有多种振动方式。以亚甲基 CH_2 为例，如图 5-24 所示，主要存在以下几种振动方式：对称伸缩振动(υ_s)、不对称伸缩振动(υ_a)、剪式振动(δ)、面内摇摆(ρ)、面外摇摆(ω)、扭曲(τ)。

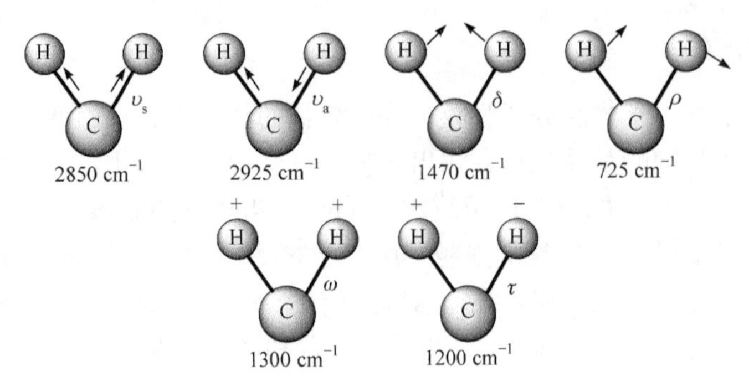

图 5-24　多原子分子的振动方式和吸收频率

多原子分子的红外吸收峰有时会比其振动自由度的数目多，这主要是由于除了基频峰，还存在倍频、组合频峰。υ称为基频峰，是指基团从$\upsilon=0$到$\upsilon=1$跃迁对应的吸收频率。在红外光谱图中，基团从基态$\upsilon=0$到第二激发态$\upsilon=2$、第三激发态$\upsilon=3$等产生的吸收峰称为倍频峰。两个或两个以上的基频之差或之和称为组合频，组合频峰较弱。当倍频或组合频与某基频相近时，由于其相互作用而产生的强吸收带，发生峰的分裂，这称为费米共振。

5.6.6　红外光谱仪

红外光谱仪通常是由光源、单色器、检测器、放大器、记录器和计算机处理系统组成。现在应用较为广泛的傅里叶变换红外光谱仪(Fourier transform infrared spectrometer，FTIR)，利用迈克耳孙干涉仪形成干涉光，对样品进行照射。检测器将得到的干涉信号以干涉图的形式送入计算机进行傅里叶变换，将干涉图变成红外光谱图。

使用红外光谱仪测定固体样品时，一般将适量的固体样品与溴化钾粉末在玛瑙研钵中研磨均匀，然后压制成透明薄片进行测量，这种测定方法称为溴化钾压片法。测定液体样品时，可以将液体滴在溴化钾压片上，待其溶剂挥发或混合均匀之后进行测量，或者将液体直接滴入装样池，需要注意的是，如果使用了溶剂，处理谱图的过程中需要扣除溶剂背景。对于气体样品，可以将其装在气体池中进行测定。

5.6.7　官能团的特征吸收频率

红外光谱图通常分为两个大的区间，4000～1350 cm^{-1}与 1350～400 cm^{-1}。如表 5-5 所示，4000～1350 cm^{-1}区域主要是官能团伸缩振动产生的吸收峰，通常称为官能团区域，包括 X—H(X = C、N、O、S 等)的伸缩振动(4000～2500 cm^{-1})，C≡C、C≡N、N═C═O、N═C═S 等三键和累积双键的伸缩振动(2500～2000 cm^{-1})，C═O、C═C、C═N、N═O 双键的伸缩振动(2000～1350 cm^{-1})。1350～400 cm^{-1}区域主要包括 C—O、C—X 的伸缩振动，C—C 的骨架振动，P═O 和 P═S 双键的伸缩振动，C—H 的弯曲振动等。这个区域由于能够突显化合物的红外特征，犹如人的指纹，通常称为指纹区(finger print region)。表 5-5 列出了部分官能团振动对应的波数和吸收峰强度。

表 5-5　官能团的特征红外吸收

官能团振动	波数/cm^{-1}	吸收峰强度
υ(O—H)	3650～3000	s
υ(N—H)	3500～3300	m

续表

官能团振动	波数/cm^{-1}	吸收峰强度
υ(≡C—H)	3300	s
υ(=C—H)	3100～3000	m
υ(—C—H)	3000～2800	s
υ(C≡N)	2255～2220	s
υ(C≡C)	2255～2100	w
υ(M—C≡O)	2100～1900	s
υ(C=O)	1900～1680	vs
υ(C=C)	1800～1500	w
υ(C=N)	1680～1610	m
υ(C=S)	1250～1000	w
$\delta(CH_2)$	1470	m
$\delta(CH_3)$	1380，1460	s～m
υ(C—C)(芳香烃)	1600，1580，1500，1450	m～s
υ_a(C—O—C)	1150～1060	s
υ_s(C—O—C)	970～800	w
υ_a(Si—O—Si)	1110～1000	vs
υ_s(Si—O—Si)	550～450	w
υ(C—Cl)	800～550	s
υ(C—Br)	700～500	s
υ(C—I)	660～480	s

从表 5-5 可以看出，烷烃类化合物由于仅有 C—H 键和 C—C 键，因此 CH_3、CH_2 和 CH 结构在 3000～2800 cm^{-1} 出现 C—H 的伸缩振动吸收峰。烯烃、炔烃类化合物如果不饱和碳原子与氢原子相连，则在 3300～3000 cm^{-1} 出现吸收峰。由此可见，C—H 的伸缩振动分界线是 3000 cm^{-1}，不饱和碳的碳氢伸缩振动频率大于 3000 cm^{-1}，饱和碳(三元环除外)的碳氢伸缩振动频率小于 3000 cm^{-1}。通过谱图分析，可以将饱和烃类化合物与不饱和烃类化合物区分开，烯烃类化合物通常含有 C=C 伸缩振动、=C—H 伸缩振动等特征吸收，因此在大于 3000 cm^{-1} 处出现不饱和碳氢的伸缩振动、1800～1500 cm^{-1} 内出现双键的伸缩振动吸收峰，峰的强度中等或较弱。苯环骨架振动通常在 1600 cm^{-1}、1580 cm^{-1}、1500 cm^{-1}、1450 cm^{-1} 处出现吸收。需要特别提出的是，可以利用苯环取代区的 C—H 面外弯曲振动吸收峰信号判断出苯环的不同取代位置。如图 5-25 所示，单取代苯环类化合物在 770～730 cm^{-1} 和 710～690 cm^{-1} 处出现两个强的特征吸收峰；对位的双取代和邻位的双取代苯环类化合物分别在 860～800 cm^{-1}、770～735 cm^{-1} 处各自出现一个强的特征吸收峰；间位双取代苯环类化合物在 900～810 cm^{-1}、810～750 cm^{-1} 和 725～680 cm^{-1} 处出现三个特征吸收峰。另外，1,3,5-三取代苯环类化合物在 875～830 cm^{-1}、850～800 cm^{-1} 和 730～675 cm^{-1} 处出现三个特征吸

收峰。

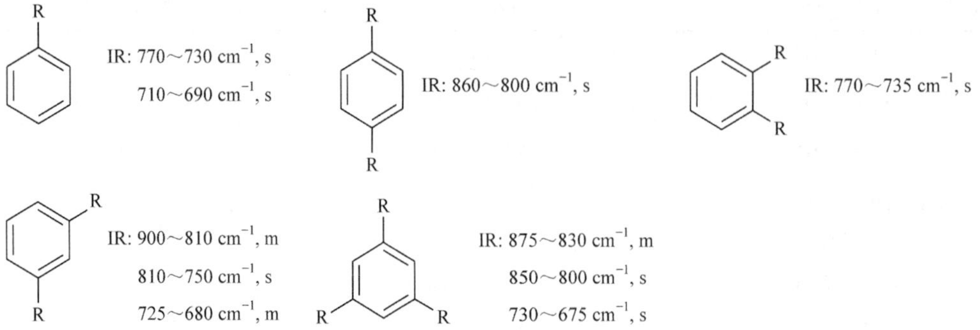

R
IR: 770～730 cm^{-1}, s
710～690 cm^{-1}, s

R
IR: 860～800 cm^{-1}, s
R

R
IR: 770～735 cm^{-1}, s
R

R
IR: 900～810 cm^{-1}, m
810～750 cm^{-1}, s
725～680 cm^{-1}, m
R

R
IR: 875～830 cm^{-1}, m
850～800 cm^{-1}, s
730～675 cm^{-1}, s
R　R

图 5-25　取代苯环的 C—H 弯曲振动吸收

醛酮类化合物羰基 C═O 的伸缩振动吸收峰出现在 1750～1680 cm^{-1} 处。该峰由于吸收强度大，在谱图上很容易识别，能够有效地鉴别出化合物中是否含有羰基官能团。当然，羧酸、酯、酰胺、酰卤等化合物都含有羰基，在 1900～1680 cm^{-1} 处存在 C═O 双键的伸缩振动吸收峰。通常羰基的吸收峰在谱图中为最强吸收峰。此外，对于醛类化合物，CHO 官能团的 C—H 键在约 2820 cm^{-1} 和 2720 cm^{-1} 处有两个吸收峰，这是由 υ(C—H) 和 δ(C—H) 的费米共振引起的。

5.6.8　影响官能团吸收频率的因素

根据之前所述的振动频率公式可知，官能团吸收频率的大小由折合质量和键力常数决定。本小节主要讨论当分子结构发生某些变化时，相应官能团的红外吸收频率的变化。

影响官能团吸收频率的重要因素之一是电子效应，包括电子诱导效应、电子共轭效应和共振效应。以羰基 C═O 双键的伸缩振动吸收为例，其吸收频率区间范围较大，为 1900～1680 cm^{-1}。一般的脂肪酮羰基的吸收频率为 1715 cm^{-1}，当氟、氯、溴等卤原子取代其中一个烃基形成酰卤化合物时，其羰基吸收频率明显向高波数方向移动。例如，RCOF 羰基伸缩振动频率大约为 1870 cm^{-1}、RCOCl 羰基伸缩振动频率为 1815～1785 cm^{-1}。当羰基与 C═C 双键相连，形成 α,β-不饱和醛酮类化合物时，由于 π 电子的离域，双键的键力常数 f 降低，最终使振动频率降低。例如，芳酮类化合物的羰基吸收频率为 1690 cm^{-1}，低于 1715 cm^{-1}。另外，酰胺类化合物的羰基吸收频率一般小于 1690 cm^{-1}，这主要是因为共振效应降低了羰基双键的键力常数，吸收频率相对于一般醛酮类化合物向低波数移动。

另一个影响官能团吸收频率的重要因素是空间效应。图 5-26 列举了含有环内双键和环外双键化合物的 C═C 双键伸缩振动吸收频率，可见环张力的增大，对于环内双键，其吸收频率逐渐下降；对于环外双键，其吸收频率逐渐上升。

除此之外，分子内的氢键或分子间的氢键都能影响 O—H 键的伸缩振动吸收频率，使氢氧键的键力常数 f 降低，吸收频率向低波数移动。游离态羧酸的 O—H 键伸缩振动一般出现在 3650～3600 cm^{-1}，二聚或多聚体羧酸的 O—H 键伸缩振动出现在 3600～3000 cm^{-1}。

H　H　　H　H　　H　H

1566 cm^{-1}　　1614 cm^{-1}　　1649 cm^{-1}

$=CH_2$　　CH_2　　$=CH_2$　　$=CH_2$

1780 cm^{-1}　　1678 cm^{-1}　　1657 cm^{-1}　　1651 cm^{-1}

图 5-26　环内双键和环外双键的伸缩振动吸收

5.6.9　红外光谱图解析

在解析红外光谱图时，要特别注意红外吸收峰的位置、强度和峰形，尤其是吸收峰的位置。通过吸收峰的位置(横坐标波数)，可以初步确定化合物分子结构中含有的官能团。因此，在解析红外光谱图时，应该首先观察官能团区域，找出该化合物的官能团，然后查看指纹区。如果是含有取代基的芳香族类化合物，需要仔细分析指纹区，找出苯环的取代位置。推测出可能的结构之后，需要与已知化合物的红外光谱标准谱图进行对比，判断推测结构与已知化合物结构是否相同。

很多时候，并不需要将红外光谱图上每一个峰都进行分析才能得出化合物结构。例如，未知化合物的分子式为 $C_2H_4O_2$，其红外光谱图如图 5-27 所示，推测其结构。由分子式可以计算出该化合物的不饱和度为 1，即该化合物有一个双键或环。在 3431 cm^{-1} 处出现一个宽的强吸收峰，说明存在 O—H 伸缩振动。在 1724 cm^{-1} 处出现一个强的吸收峰，说明含有 C═O 双键，这与化合物存在 1 个不饱和度相吻合。综合上述信息，就可以确认该未知化合物为 CH_3CO_2H。

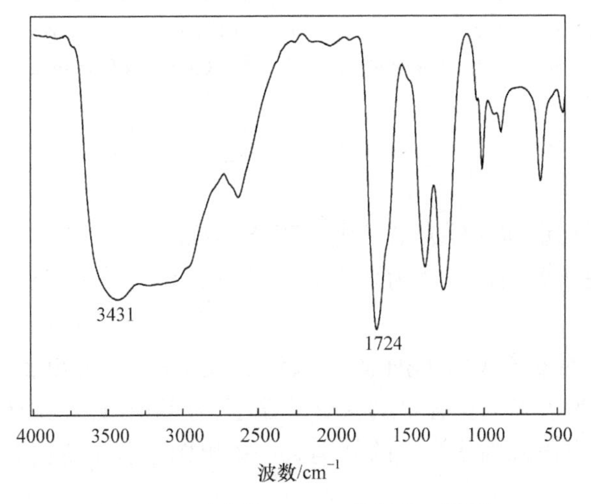

图 5-27　化合物 $C_2H_4O_2$ 的红外光谱图

又如，未知化合物的分子式为 C_7H_5OBr，其红外光谱图如图 5-28 所示，推测其结构。由分子式可以计算出该化合物的不饱和度为 4，推测该化合物可能含有苯环。在 1692 cm^{-1} 处出现一个宽的强吸收峰，说明存在 C═O 伸缩振动，根据出峰位置可知羰基与其他基团存在共轭效应。在指纹区的 817 cm^{-1}处出现一个强的吸收峰，说明苯环对位双取代。因此，该未知化合物可能的结构为对溴苯甲醛。

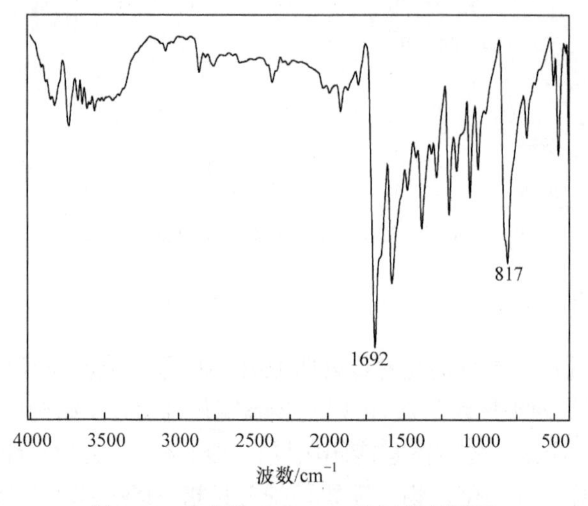

图 5-28　化合物 C_7H_5OBr 的红外光谱图

参 考 文 献

宁永成. 2014. 有机化合物结构鉴定与有机波谱学[M]. 3 版. 北京：科学出版社

邢其毅, 裴伟伟, 徐瑞秋, 等. 2016. 基础有机化学[M]. 4 版. 北京：北京大学出版社

徐寿昌. 2014. 有机化学[M]. 2 版. 北京：高等教育出版社

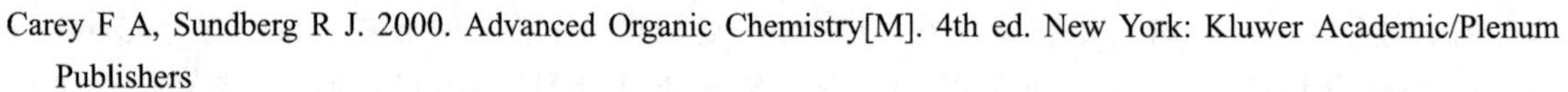

Carey F A, Sundberg R J. 2000. Advanced Organic Chemistry[M]. 4th ed. New York: Kluwer Academic/Plenum Publishers

Lambert J B, Mazzola E P. 2003. Nuclear Magnetic Resonance Spectroscopy: An Introduction to Principles Applications, and Experimental Methods[M]. New York: Pearson Education Inc.

Schrader B, Bougeard D, Buback M, et al. 1995. Infrared and Raman Spectroscopy: Methods and Application[M]. New York: VCH Verlagsgescllschaft mbH, Weinheim (Federal Republic of Germany) & VCH Publishers

习　题

1. 简述核磁共振波谱和红外光谱产生的基本原理。

2. 阐述醛基氢的核磁共振信号为什么处于低场、高化学位移处(化学位移通常在 9～10 处)。

3. 某未知化合物的分子式为 $C_9H_{10}O$，其红外光谱图在 1690 cm^{-1}处出现一个强的吸收，下面两张图分别为该未知化合物的核磁共振氢谱图和核磁共振碳谱图，根据提供的谱图和分子式信息推测出该未知化合物的结构式，指出图中各个峰的归属并阐述作出判断的理由。

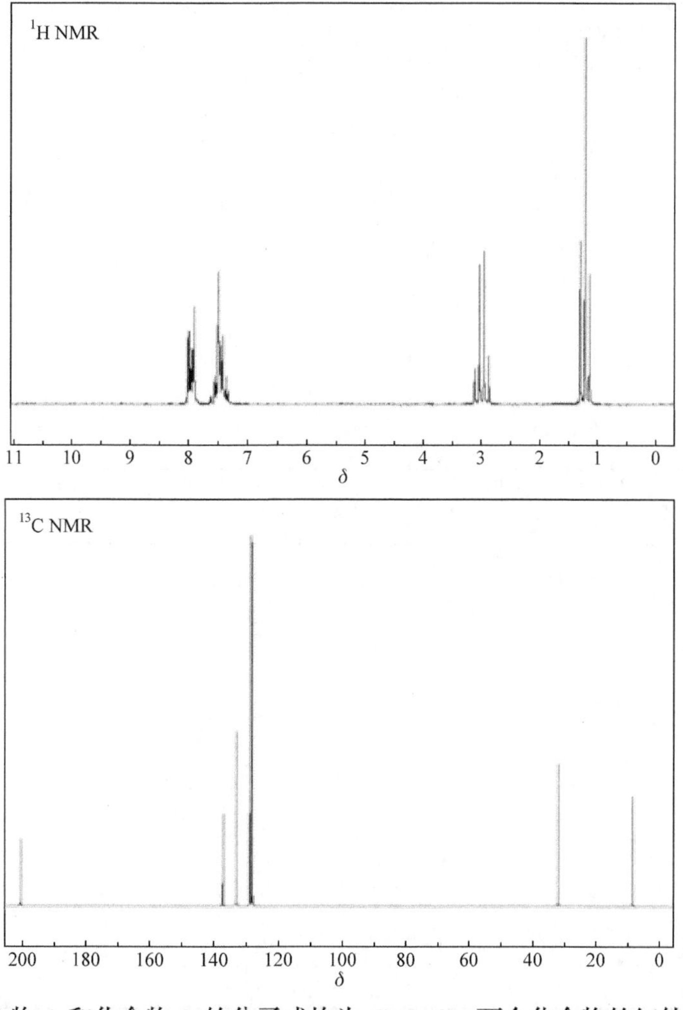

4. 某未知化合物 1 和化合物 2 的分子式均为 $C_5H_{10}O$，两个化合物的红外光谱在 1710 cm^{-1} 处均有强的吸收峰，下面四张图分别为化合物 1 和化合物 2 的核磁共振氢谱图和核磁共振碳谱图，根据提供的谱图和分子式信息推测出化合物 1 和化合物 2 的结构式，并阐述作出判断的理由。

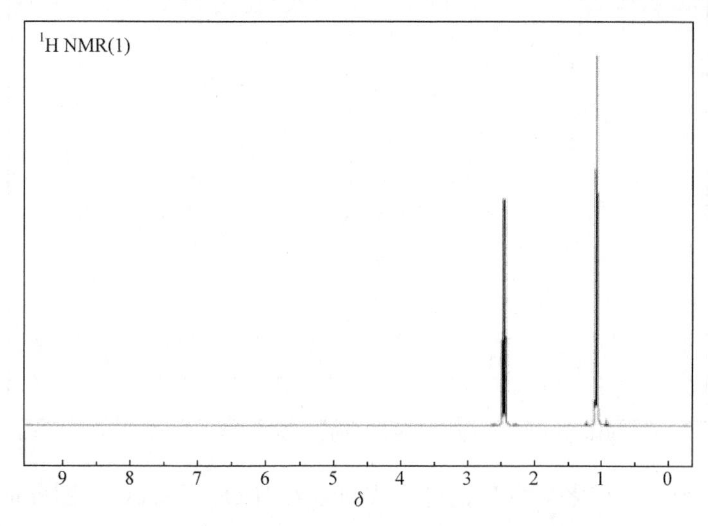

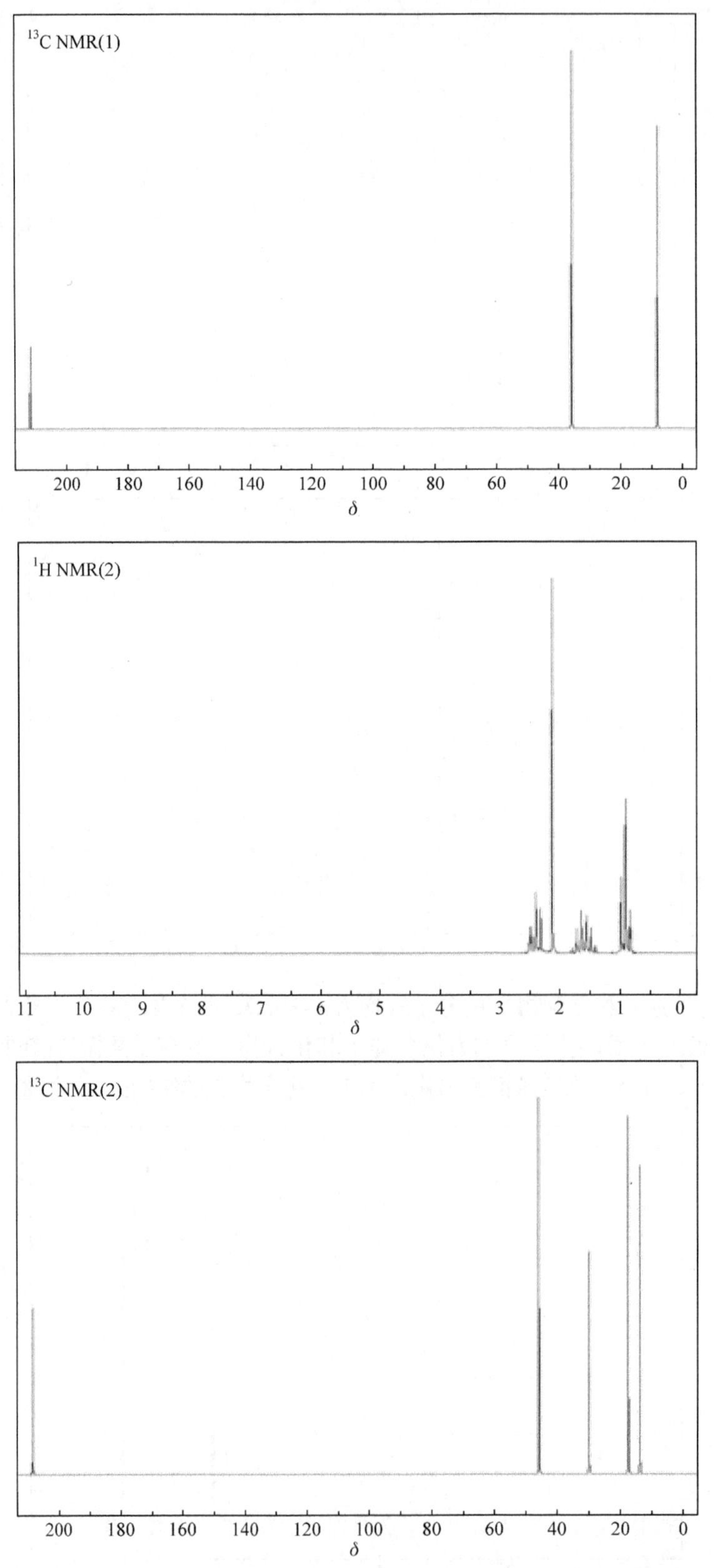

5. 某未知化合物 A 和化合物 B 的分子式均为 $C_4H_8O_2$，下面四张图分别为它们的核磁共

振氢谱图和核磁共振碳谱图，根据提供的谱图和分子式信息推测出化合物 A 和化合物 B 的结构式，并阐述作出判断的理由。

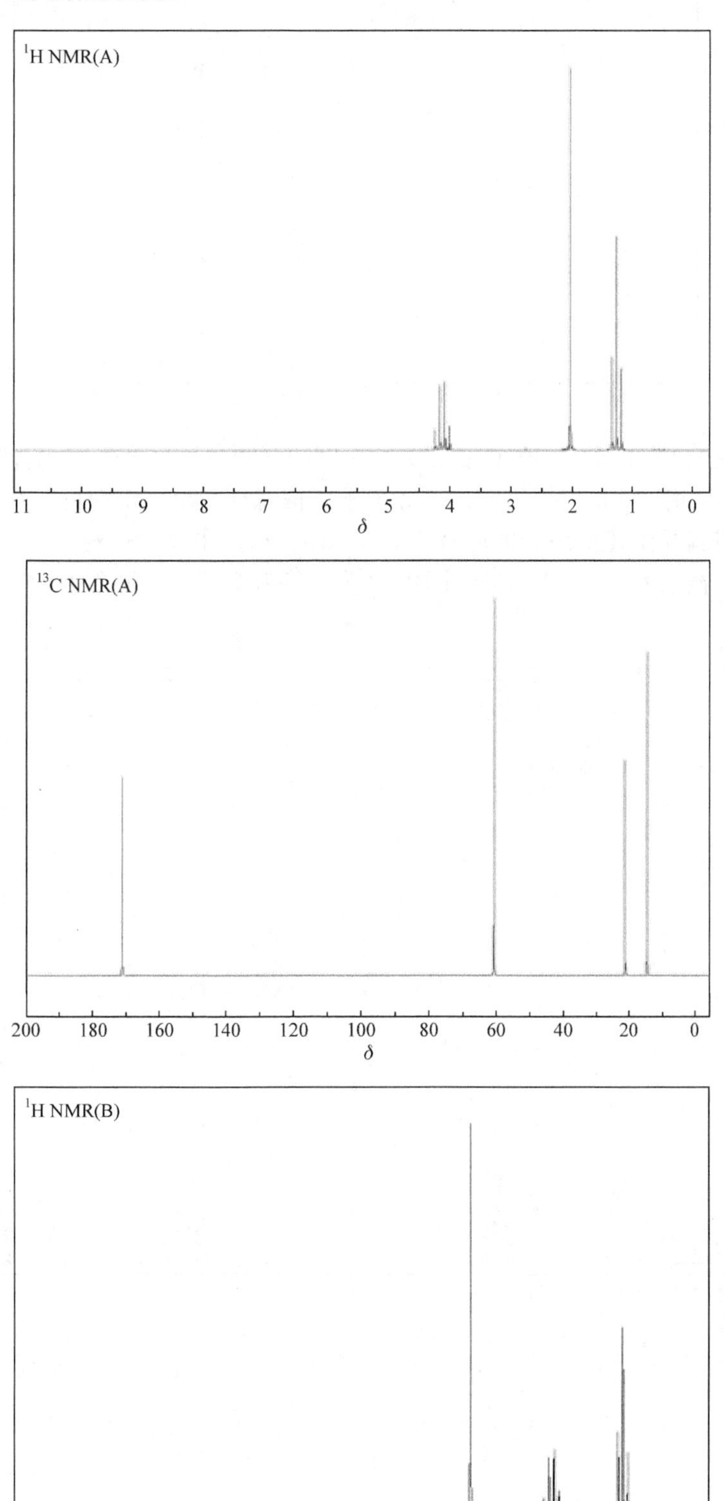

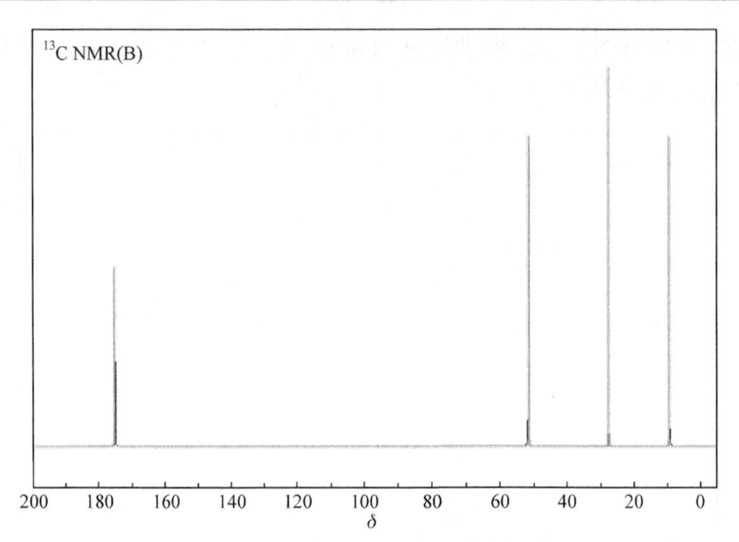

6. 某未知化合物的分子式为 $C_{13}H_{18}O_3$，下面两张图分别为该未知化合物的核磁共振氢谱图和核磁共振碳谱图，根据提供的谱图和分子式信息推测出该未知化合物的结构式，指出图中各个峰的归属并阐述作出判断的理由（^1H NMR 谱图中化学位移为 7.24 附近的峰为溶剂峰氢的核磁共振信号；^{13}C NMR 谱图中化学位移为 77 附近的峰为溶剂峰碳的核磁共振信号）。

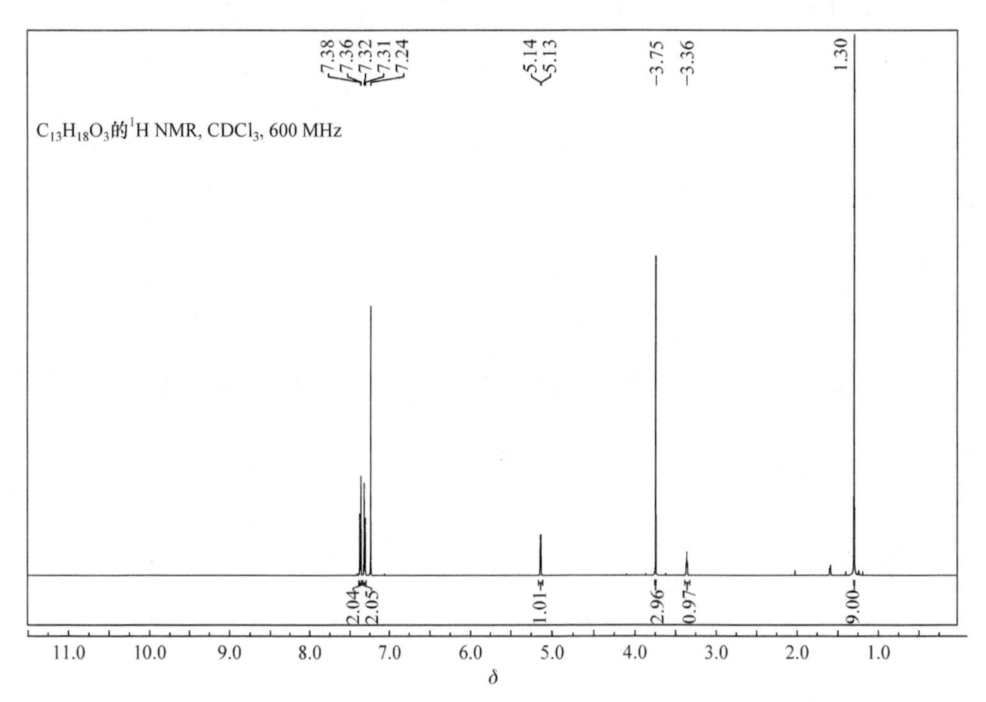

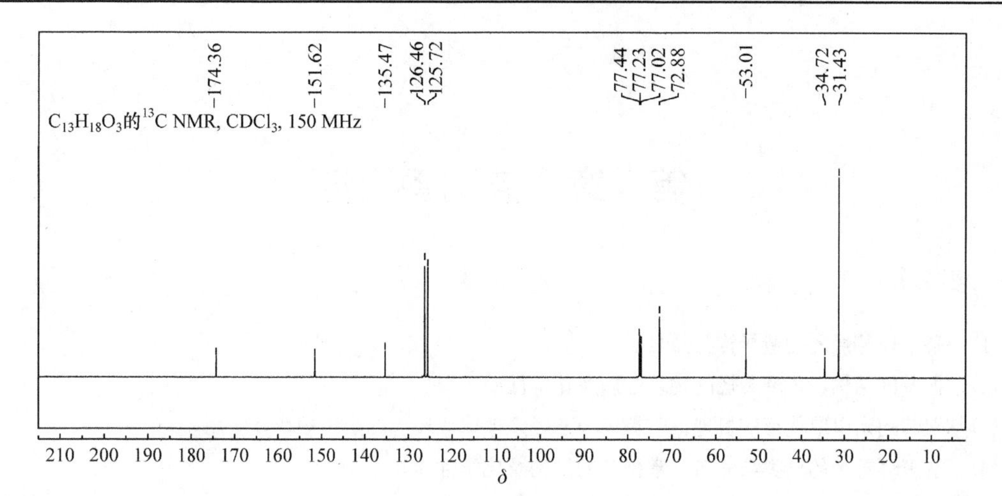

174.36
151.62
135.47
126.46
125.72
77.44
77.23
77.02
72.88
53.01
34.72
31.43
$C_{13}H_{18}O_3$的^{13}C NMR, $CDCl_3$, 150 MHz
210 200 190 180 170 160 150 140 130 120 110 100 90 80 70 60 50 40 30 20 10
δ

第6章 芳 香 烃

【学习要求】

(1)了解单环芳烃的构造异构与命名。

(2)掌握苯的结构、单环芳烃的物理性质及化学性质。

(3)掌握苯的亲电取代反应机理，掌握单环芳烃亲电取代反应的定位规律及应用。

(4)了解多环芳烃的分类与命名，掌握萘的结构及化学性质。

(5)理解芳香性结构根源，掌握休克尔规则。

芳香烃又称芳烃(arene)或芳香化合物(aromatic compound)，通常是苯(benzene)及其衍生物以及具有类似苯环结构和性质的一类化合物。在有机化学发展的早期，通常把化合物分为脂肪族和芳香族两类。脂肪族指开链化合物，芳香族是指一类从天然树脂、香精油中取得的、多具有芳香气味的物质。最初发现它们往往含有苯环，随着研究的深入，一些无味甚至有讨厌气味的化合物也含有苯环，而有些不含苯环的化合物也具有芳香烃的一般性质。所以“芳香”二字也就失去了原有的意义，被赋予了新的内涵。

从结构上看，芳烃是一类符合休克尔规则的碳环化合物，一般都具有平面或接近平面的环状结构，键长趋于平均化，有较高的 C/H 比；从性质上看，芳香族化合物的芳环一般都难氧化、加成，而易发生亲电取代反应。另外，它还具有一些特殊的光谱特征。芳香族化合物是这类碳环化合物及其衍生物的总称。含有苯环结构的芳烃称为苯系芳烃，不含有苯环结构的芳烃称为非苯系芳烃。

根据是否含有苯环以及所含苯环的数目和连接方式的不同，芳烃可分为以下几类。

单环芳烃：分子中只含有一个苯环，如苯、甲苯、苯乙烯等。

多环芳烃：分子中含有两个或两个以上的苯环，如联苯、萘、蒽、菲、芴、芘等。

非苯芳烃：不含苯环，但结构符合休克尔规则，并具有芳香族化合物的共同特性，如环丙烯正离子、环戊二烯负离子、薁等。

杂环芳烃：含有杂原子、结构符合休克尔规则，并具有一定芳香族化合物性质的杂环化合物，如呋喃、吡咯、噻吩、吡啶等。

6.1 苯 的 结 构

6.1.1 凯库勒结构式

1825 年，英国物理学家、化学家法拉第(M. Farady)首先从照明气中分离出苯，此后 1883 年梅兹查理(E. Mitscherlich)确定了苯的分子式为 C_6H_6。从苯的碳氢比看，苯应具有高度不饱和性，但实验却表明苯并不发生烯烃或炔烃的典型反应，化学性质相当稳定，但较容易发生取代反应。苯的这些预料之外的化学性质给当时的化学家提出了问题：苯究竟是什么结构？历史上杜瓦(Dewer)曾提出过双环结构式，阿姆斯特朗(Armstrong)、克劳斯(Claus)等分别都提出过结构式，如图 6-1 所示。但这些结构式均不够完善，未能使化学家们普遍接受。

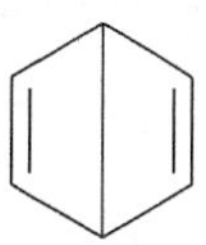

双环结构式（杜瓦1866～1867年提出）

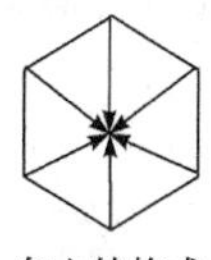

向心结构式（阿姆斯特朗1887～1888年提出）

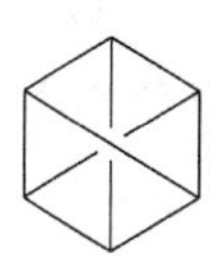

对位键结构式（克劳斯1888年提出）

图 6-1 历史上苯结构的表达式

后来，德国化学家凯库勒(Kekulé)首先提出了苯的结构式，认为苯是由 6 个碳原子组成的具有交替单双键的平面环状六边形结构，每个碳原子与一个氢原子相连，如下所示：

简写式：

尽管凯库勒结构式部分解决了苯分子的可能结构问题，说明了为什么苯只存在一种一元取代物，并在分子呈平面这一观点上与现代理论吻合，但凯库勒式并没有完全反映出苯的真实结构，它不能解释下列有关苯的事实：根据凯库勒式，苯的邻位二元取代物应该有两种异构体，但实际上邻二卤苯只有一种。例如：

凯库勒又假设苯环是下面两种结构式的平衡体系，它们之间相互转化极快，以至于分离不出两种邻位二卤代物的异构体：

而大量实验证明，以上两种异构体呈平衡的假设是不存在的。同时，苯的凯库勒结构式中有 3 个双键，据此苯应当容易发生加成和氧化反应，但实际上苯并不能被高锰酸钾溶液氧化，一般条件下也难发生加成反应。如果把苯看成“环己三烯”，其氢化热应为环己烯($119.5\ kJ\cdot mol^{-1}$)的 3 倍，即 $358.5\ kJ\cdot mol^{-1}$。而实际测得苯的氢化热为 $208.2\ kJ\cdot mol^{-1}$，说明苯比凯库勒结构式假定的“环己三烯”要稳定。同时，按照凯库勒结构式，苯分子中碳碳单键和碳碳双键是交替出现的，由于单键与双键的键长不相等，苯分子应该呈现出不规则的六边形，但实际上苯分子中碳碳键的键长完全相等，是正六边形结构。

上述事实表明：凯库勒结构式并不能表示苯分子的真实结构。但凯库勒对于苯分子的六元环状结构的提出的确是一个非常重要的假设，至今我们仍然使用凯库勒结构式，但必须了解苯分子中并不存在单、双键交替的体系。

6.1.2 苯分子结构的近代概念

近代物理方法表明，苯分子的构型是正六边形平面结构，六个碳原子和六个氢原子处于同一平面，只有一种碳碳键和一种碳氢键，C—C 键键长为 0.139 nm，C—H 键键长为 0.108 nm，键角均为 120°。

1. 杂化轨道理论观点

杂化轨道理论认为，苯分子中的碳原子均为 sp^2 杂化，每个碳原子的三个 sp^2 杂化轨道分别与相邻的两个碳原子的 sp^2 杂化轨道和氢原子的 s 轨道重叠形成三个 σ 键。苯分子中的所有碳原子和氢原子都在同一 sp^2 杂化平面内，六个碳原子形成一个正六边形，键角均为 120°。另外，每个碳原子上还有一个未参与杂化的 p 轨道，这些 p 轨道互相平行，且垂直于苯环所在的平面。p 轨道之间彼此重叠形成一个闭合共轭大 π 键，闭合共轭大 π 键电子云对称分布在芳环的上下方(图 6-2)。

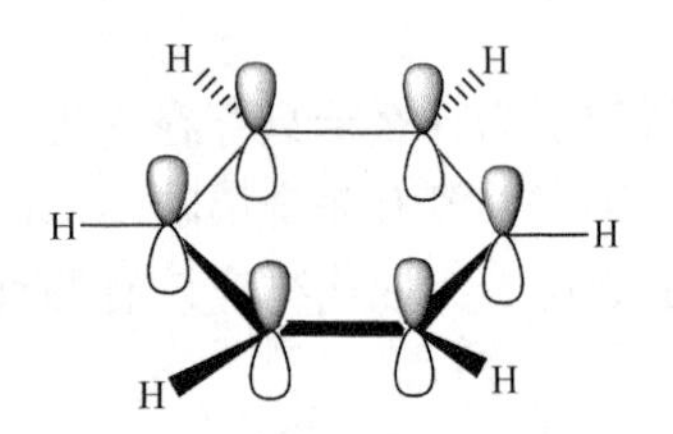

图 6-2　苯分子中的 p 轨道及共轭大 π 键

由于六个碳原子完全等同，因此大 π 键电子云在六个碳原子之间均匀分布，即电子云分布完全平均化，因此碳碳键键长完全相等，不存在单双键之分。故而也有人建议用⌬表示苯的结构。杂化轨道理论较好地解释了苯分子的平面六边形结构，六个碳碳键、六个碳氢键等长，以及苯分子中存在闭合的电子环流。

由于苯环共轭大 π 键的高度离域，分子能量大大降低，因此苯环具有高度的稳定性。在 6.1.1 小节中述及苯的氢化热比“环己三烯”低 150.3 kJ · mol^{-1}，这个差值即称为苯的离域能或共轭能。正是由于苯具有较大的离域能，苯的性质才相对稳定。

2. 分子轨道理论观点

分子轨道理论认为，碳原子上六个 p 轨道可线性组合成六个 π 分子轨道，如图 6-3 所示。

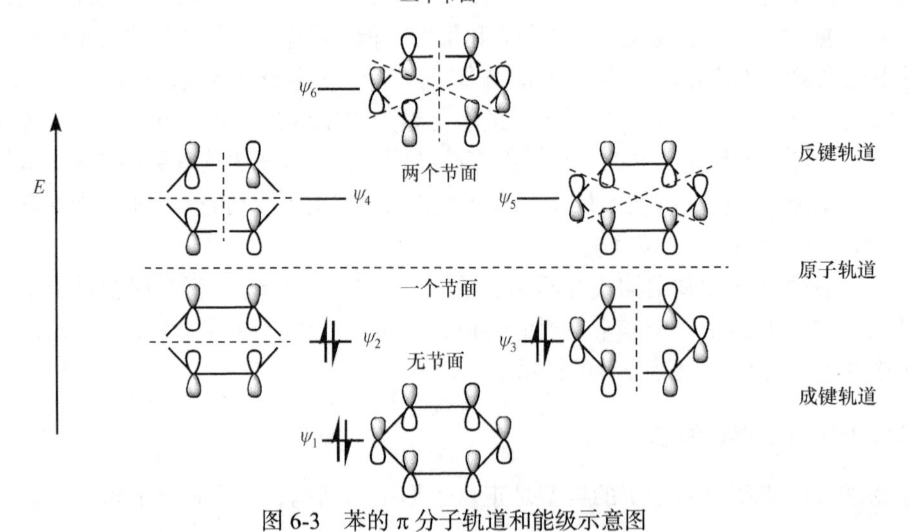

图 6-3　苯的 π 分子轨道和能级示意图

其中ψ_1、ψ_2、ψ_3为成键轨道，ψ_4、ψ_5、ψ_6为反键轨道。根据电子填充原则，基态时，苯分子中的六个p电子都填充在三个成键轨道上，使成键轨道全充满。

三个成键轨道中ψ_1能量最低，没有节面，ψ_2和ψ_3都具有一个节面，为能量相等的简并轨道，能级高于ψ_1。反键轨道ψ_4和ψ_5各有两个节面，它们也是能量相等的简并轨道，能级高于成键轨道。ψ_6有三个节面，是能量最高的反键轨道。

苯的基态是三个成键轨道的叠加。基态时苯分子的六个π电子都处在成键轨道上，具有闭壳层的电子构型。这六个离域的π电子总能量，与它们分别处于孤立的(定域的)π轨道中的能量相比要低得多，因此苯的结构稳定。由于π电子的离域作用，苯分子中所有碳碳键都完全相同，键长也完全相等，每一个碳碳键都具有闭合的大π键的特殊性质，化学性质相对稳定，一般不易进行加成和氧化反应，而易进行不破坏苯环的取代反应。

3. 共振论的基本认识

从上面对苯的结构分析已经看到，使用价键结构式(也称为经典结构式或路易斯式)不能圆满地把苯结构上的特征表现出来，即表达出它所具有的离域而又闭合的大π键。类似苯这样的情况，在有机化合物中并不少见。如1,3-丁二烯分子中C_2—C_3键所具有的部分双键性质，经典结构式CH_2═CH—CH═CH_2也不能完全反映出来。

为了解决这种难以正确表达分子真正结构的困难，美国化学家鲍林(L. Pauling)提出了共振论(resonance theory)。它不同于经典的价键理论，但又以经典结构式为基础，通过经典结构式反映分子结构中的共振效应：电子离域、电荷分布、σ键键长变化与稳定性增加等事实，可定性地解释和预测许多化学现象，是经典价键理论的补充和发展。

共振论认为，对于像苯这样电子离域体系的化合物，不能用一个经典结构式来表述其分子的全部性质时，可用几个可能的经典结构式共同表示，真实分子是这几个可能的经典结构的共振杂化体(hybrid)。这些可能的经典结构式称为共振结构式或极限结构式。共振论认为，苯的共振式可书写如下：

(Ⅰ) (Ⅱ)

用符号“⟷”表示共振结构式之间的共振，它的作用是将共振结构式连接起来，表示它们共同组成一个共振杂化体。不能与平衡符号“⇌”混淆。

苯的真实结构是这些极限结构的共振杂化体，(Ⅰ)和(Ⅱ)两种共振式的贡献最大。共振杂化体才能较准确地代表分子的真实结构。苯的真实结构充分体现了苯环上C—C键键长和π电子云密度的平均化，C—C键已不再是一般的单键或双键，苯环上的6个碳原子是等同的，6个氢原子也是等同的。这就弥补了苯的凯库勒结构式的缺陷。

共振杂化体是一个单一的物质，只有一个结构。共振结构式代表电子离域的限度。某一化合物的共振结构式越多，化合物中电子离域的可能性越大，体系的能量越低，化合物越稳定。任何一个共振结构所具有的能量都高于共振杂化体(真实分子)的能量。真实分子与最低能量的共振结构式的能量差称为共振能，它是电子离域时所获得的稳定化能量。

1931～1933 年，鲍林以“论化学键的本质”为题连续发表了 7 篇论文，并于 1938 年出版了《化学键的本质》一书，系统全面地阐述了化学结构理论中的共振论观点。此后，曾有人对此提出异议，以 20 世纪 50 年代对该理论的争议最为激烈。鲍林也对自己的观点做了某些修正和公开答辩。那么今天应该怎样看待共振论？

共振论具有一定的科学价值，共振结构式在不同程度上反映着分子中的电子云分布。然而，像任何一个处于一定历史条件下的学说一样，共振论也具有局限性，不是化学结构理论中的完善理论。因此，一分为二地对待共振论才是正确的态度。正如鲍林自己所强调的那样，共振论是比较简单的定性理论，大部分结果从化学经验中推论得出。

线性变分法是共振论和分子轨道理论的共同策源地，而变分函数的选择是这两个理论重要的分水岭。在选择变分函数的思想方法上，共振论选择分子经典价键结构的线性组合作为变分函数，与采用分子中原子轨道的线性组合作为变分函数的分子轨道理论相比，共振论就处于弱势。此外，在激发态中，共振论只能慎重使用。目前随着电子计算机的发展和运用，运算使用上得心应手的分子轨道理论有了飞跃式的发展。但不可否认的是，共振论在认识物质的结构方面，确实把古典化学结构理论向前推进了一步，可以用来理解共振体系中有关结构与性质方面的问题并判断反应进行的难易，对描述电荷分离、粒子稳定性有独到直观的效果。目前在有机化学领域，使用共振论的情况依然相当普遍。

6.2　单环芳烃的异构和命名

苯是最简单的单环芳烃。单环芳烃包括苯、苯的同系物和苯基取代的不饱和烃。

一元烷基苯中，当烷基碳链含有三个或三个以上碳原子时，由于碳链的不同会产生同分异构体。烷基苯的命名，一般是以苯作母体，烷基作取代基，称为“某(基)苯”，“基”字可省略。例如：

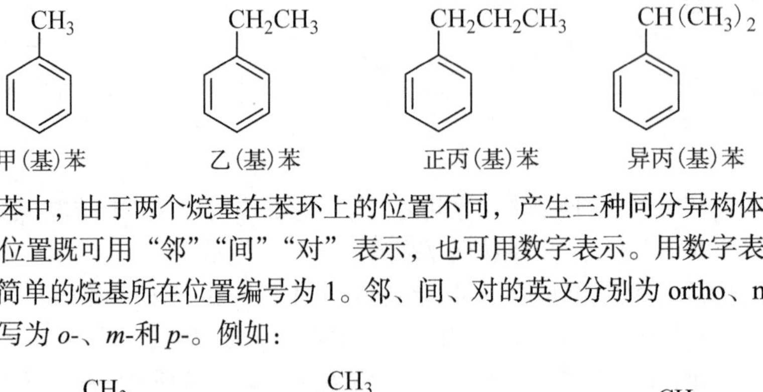

CH_3　　CH_2CH_3　　$CH_2CH_2CH_3$　　$CH(CH_3)_2$

甲(基)苯　　乙(基)苯　　正丙(基)苯　　异丙(基)苯

二元烷基苯中，由于两个烷基在苯环上的位置不同，产生三种同分异构体。命名时，两个烷基的相对位置既可用“邻”“间”“对”表示，也可用数字表示。用数字表示时，若烷基不同，一般较简单的烷基所在位置编号为 1。邻、间、对的英文分别为 ortho、meta、para，命名中常分别缩写为 *o*-、*m*-和 *p*-。例如：

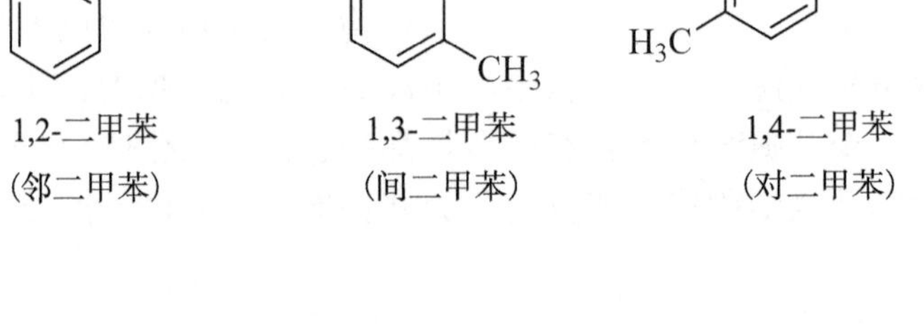

1,2-二甲苯（邻二甲苯）　　1,3-二甲苯（间二甲苯）　　1,4-二甲苯（对二甲苯）

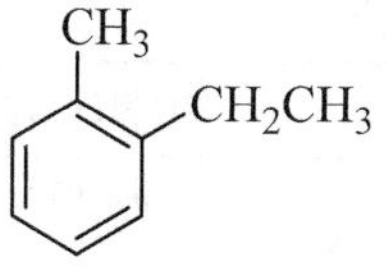

2-乙基甲苯
（邻乙基甲苯）

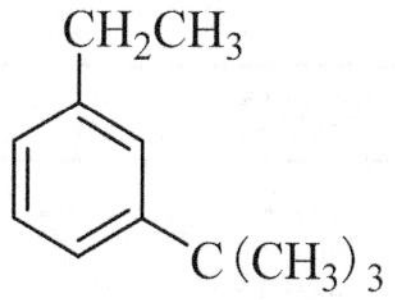

3-叔丁基乙苯
（间叔丁基乙苯）

多元烷基苯中，由于烷基的位置不同也会产生多种同分异构体。如三个烷基相同的三元烷基苯有三种同分异构体，命名时，三个烷基的相对位置除可用数字表示外，还可用“连、均、偏”来表示。例如：

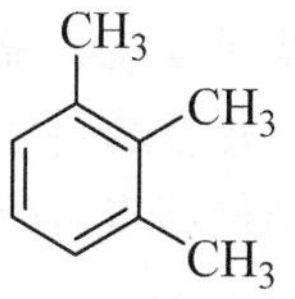

1,2,3-三甲苯
（连三甲苯）

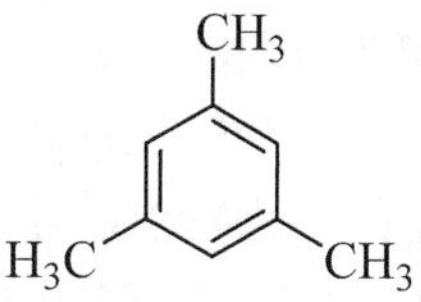

1,3,5-三甲苯
（均三甲苯）

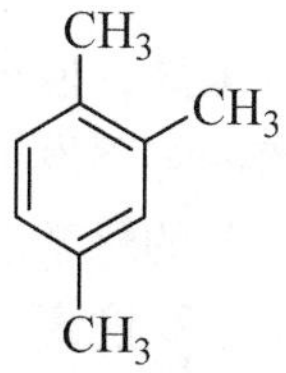

1,2,4-三甲苯
（偏三甲苯）

苯环上连有不饱和烃基或复杂烷基时，一般把苯作取代基来命名。例如：

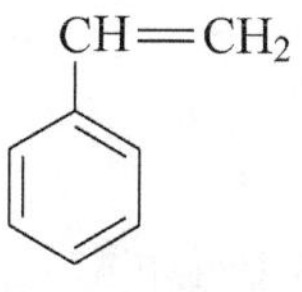

苯乙烯 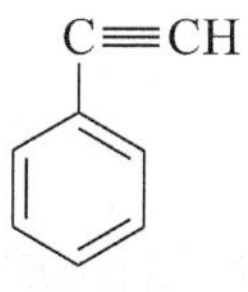　　苯乙炔 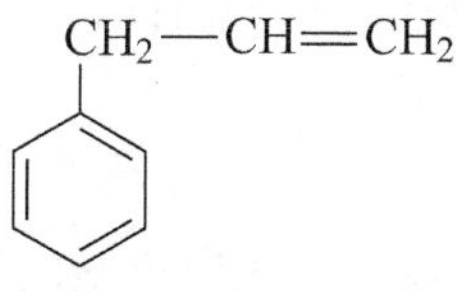　　3-苯基丙烯 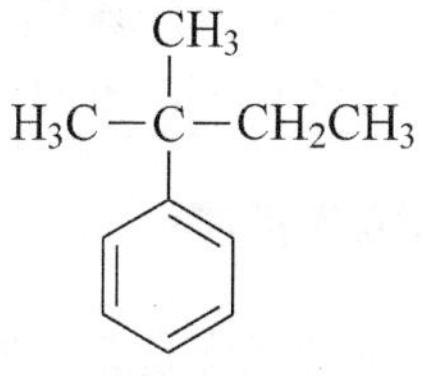　　2-甲基-2-苯基丁烷

芳烃分子中去掉一个氢原子后剩余的基团称为芳基，以 Ar-表示。苯分子失去一个氢原子后剩余的基团称为苯基，以 —、C_6H_5—或 Ph-表示。甲苯分子中的甲基去掉一个氢原子后剩余的基团称为苄基或苯甲基，以 —CH_2— 或 $C_6H_5CH_2$—表示。

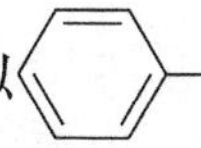

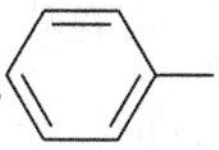

6.3　单环芳烃的性质

苯及其同系物不溶于水，而溶于汽油、乙醚、四氯化碳等有机溶剂，一般为无色透明液体，相对密度小于 1，沸点随相对分子质量增加而升高。含碳数相同的各种异构体沸点相差不大，但对位异构体的熔点一般比邻位和间位高，这可能是对位异构体分子对称，晶格能较大的缘故。表 6-1 列出了一些单环芳烃的物理常数。

表 6-1　一些单环芳烃的物理常数

化合物	熔点/℃	沸点/℃	相对密度（d_4^{20}）	折射率（n_D^{20}）
苯	5.5	80.1	0.8765	1.5011
甲苯	–95	110.6	0.8669	1.4961
乙苯	–95	136.2	0.8670	1.4959

续表

化合物	熔点/℃	沸点/℃	相对密度 (d_4^{20})	折射率 (n_D^{20})
邻二甲苯	−25.2	144.4	0.8802	1.5055
间二甲苯	−49.7	139.1	0.8642	1.4972
对二甲苯	13.3	138.3	0.8611	1.4958
丙苯	−99.5	159.2	0.8620	1.4920
异丙苯	−96	152.4	0.8618	1.4915
均三甲苯	−44.7	164.7	0.8652	1.4994

苯的不饱和度很高，但苯的不饱和性质很不显著，如烯、炔易与溴、硫酸等发生亲电加成，而苯与溴、硫酸等不发生加成反应，在升温和催化剂作用下却很容易发生卤代、磺化、硝化等取代反应。苯的化学性质是由它的结构特点决定的。其结构特点可以简单描述为：闭合共轭 π 键的 π 电子高度离域，分布在六个碳原子组成的平面上下方。

从结构上看，苯环上下环状闭合共轭 π 键与碳碳双键的 π 电子相比，具有较大的共轭能。因此，苯环具有特殊的稳定性，较难发生开环和破坏共轭体系的加成反应。

与 σ 电子相比，苯环的 π 电子裸露在外，被碳原子约束得比较松散，表现出亲核性，可被亲电试剂进攻，发生亲电取代反应。有取代基后，取代基对芳环性质有所改变，同时由于芳环对侧链的影响，使 α-H 表现出一定的活性。

6.3.1 亲电取代反应

苯环的典型反应是亲电取代反应，主要包括卤代、硝化、磺化、烷基化和酰基化反应等。

1. 亲电取代反应的机理

苯环碳原子所在平面的上下均匀分布 π 电子，高密度的 π 电子起着路易斯碱的作用，表现出亲核性，与它发生反应的是缺电子的正离子或带部分正电荷的试剂，即路易斯酸，也就是亲电试剂。

苯与亲电试剂 E^+作用时，亲电试剂先与离域的 π 电子结合，生成 π 络合物；接着亲电试剂从苯环的 π 体系中得到两个电子，与苯环上的一个碳原子形成 σ 键，生成 σ 络合物。

E+ 慢 E H

π 络合物 σ 络合物

这个碳原子由 sp^2 杂化变成 sp^3 杂化状态，苯环中六个碳原子形成的闭合共轭体系被破坏，环上剩下的四个 π 电子离域在环上的五个碳原子上。σ 络合物的能量比苯环高，不稳定。它很容易从 sp^3 杂化碳原子上失去一个质子，碳原子由 sp^3 杂化状态恢复到 sp^2 杂化状态，再形成六个 π 电子离域的闭合共轭体系，降低了体系的能量，生成比较稳定的产物——取代苯。

E H → E + H^+

亲电取代反应总的结果是经历了加成和消除两个步骤。σ 络合物的生成是苯环亲电取代反应的关键步骤，这是因为 σ 络合物(碳正离子中间体)的形成必须经过一个势能很高的过渡态，整个反应的速率取决于这一步。

σ 络合物作为反应的关键中间体，与烯烃亲电加成生成的碳正离子类似，而与烯烃加成反应不同的是：由烯烃生成的碳正离子接下来迅速与亲核试剂结合生成加成产物(参见 2.5.2 小节)，而由芳烃生成的 σ 络合物却随即失去质子，恢复为稳定的苯环结构，最终生成取代产物。如果 σ 络合物不是失去一个质子，而是与亲核试剂结合形成加成产物，则得到环己二烯衍生物，这不是一个封闭的环状共轭体系，不再具有像苯那样稳定的芳香性结构(参见 6.7.1 小节)。因此，芳烃易发生取代而不是加成。从反应热也可看出这一点：

$$C_6H_6 + Br_2 \xrightarrow{FeBr_3} C_6H_5Br + HBr \qquad \Delta H = -45.14\ kJ \cdot mol^{-1}$$

$$C_6H_6 + Br_2 \longrightarrow \text{5,6-二溴-1,3-环己二烯} \qquad \Delta H = 8.36\ kJ \cdot mol^{-1}$$

芳烃亲电取代反应是放热反应，而如果形成加成产物则是吸热反应。因此，芳烃不易加成，而容易发生亲电取代，这正是由苯环的稳定性决定的。只有在特殊条件下才能发生加成反应。

2. 亲电取代反应的类型

1)卤代反应

苯与卤素在三卤化铁、三氯化铝等路易斯酸的作用下反应生成卤苯，称为卤代反应。

$$C_6H_6 + X_2 \xrightarrow{FeX_3} C_6H_5X + HX$$

(X = Cl、Br)

FeX_3 催化剂的作用是使卤素转变为强亲电试剂，促进反应。

$$:\ddot{X}-\ddot{X}: + FeX_3 \rightleftharpoons [X-X-FeX_3] \rightleftharpoons X^+ + FeX_4^-$$

$$C_6H_6 + X^+ \rightleftharpoons [C_6H_6 \cdot X^+]\ (\pi\text{络合物}) \xrightarrow{慢} [C_6H_6X]^+\ (\sigma\text{络合物}) \xrightarrow{快} C_6H_5X + H^+$$

铁粉与氯或溴反应，可生成三氯化铁或三溴化铁，因此也可用铁粉代替三氯化铁、三溴化铁作催化剂。

卤代反应中 X_2 的活性为 $F_2>Cl_2>Br_2>I_2$。实际生产中，氟太活泼，不宜与苯直接反应，因为直接反应只生成非芳香性的氟化物等。苯在四氯化碳溶液中，与含有氟化氢的二氟化氙反应，可制得氟苯。但反应机制与前述的亲电取代不同，是自由基型取代反应。碘很不活泼，只有在硝酸等氧化剂的作用下才能与苯发生碘化反应。因此，通常所指的卤代反应主要是氯代和溴代反应。

卤苯的卤化反应一般要在比较强烈的条件下进行，生成二卤代苯，主要是邻、对位二取代产物：

$$C_6H_5Cl + Cl_2 \xrightarrow{FeCl_3} \text{邻二氯苯 (50\%)} + \text{对二氯苯 (45\%)}$$

甲苯在三氯化铁存在下氯化，主要生成 2-氯甲苯和 4-氯甲苯。

$$C_6H_5CH_3 + Cl_2 \xrightarrow{FeCl_3} \text{2-氯甲苯} + \text{4-氯甲苯}$$

2) 硝化反应

苯与浓硝酸和浓硫酸的混合物(又称混酸)作用，苯环上氢原子被硝基取代生成硝基苯。

$$C_6H_6 + HNO_3 \xrightarrow[50\sim60℃]{浓H_2SO_4} C_6H_5NO_2 + H_2O$$

在硝化反应中，浓 H_2SO_4 的作用是使浓 HNO_3 变成硝酰正离子(NO_2^+)，增强试剂的亲电能力。硫酸作为酸，将硝酸质子化，先形成质子化的硝酸：

$$HOSO_2OH + HO{-}NO_2 \rightleftharpoons H{-}\overset{+}{O}(H){-}NO_2 + HSO_4^-$$

质子化的硝酸在硫酸存在下，再分解生成硝酰正离子。

$$H{-}\overset{+}{O}(H){-}NO_2 \rightleftharpoons {}^{+}NO_2 + H_2O$$

$$C_6H_6 + {}^{+}NO_2 \rightleftharpoons [C_6H_6NO_2]^+ \longrightarrow C_6H_5NO_2 + H^+$$

亲电试剂是硝酰正离子(NO_2^+)。反应分两步进行：第一步生成活性中间体 σ 络合物，由于破坏了苯环原有的封闭的环状共轭体系，失去了芳香性，能量升高；第二步，中间体失去一个质子，恢复到稳定的苯环结构，生成硝基苯。苯的硝化反应的能量变化如图 6-4 所示。

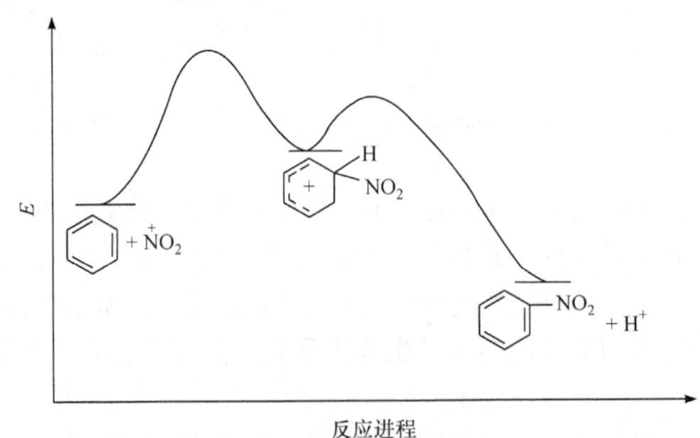

图 6-4 苯的硝化反应的能量变化

硝基苯不易继续硝化，要在较高温度下或用发烟硫酸和发烟硝酸的混合物作硝化剂，才能引入第二个硝基，主要生成间二硝基苯。引入第三个硝基极为困难。

$$C_6H_5NO_2 \xrightarrow[100\sim110℃]{发烟\ HNO_3\text{-}H_2SO_4} m\text{-}C_6H_4(NO_2)_2$$

甲苯的硝化比苯容易，主要生成邻位和对位硝基甲苯。

$$C_6H_5CH_3 \xrightarrow[HNO_3,\ 30℃]{浓\ H_2SO_4} o\text{-}CH_3C_6H_4NO_2 + p\text{-}CH_3C_6H_4NO_2 \xrightarrow[\triangle]{HNO_3\text{-}H_2SO_4} 2,4,6\text{-}(NO_2)_3C_6H_2CH_3$$

若继续硝化，生成2,4,6-三硝基甲苯，即为广泛使用的烈性炸药TNT。许多硝基化合物是炸药。

硝化反应是放热反应，反应热为152.7 $kJ \cdot mol^{-1}$。芳烃的硝化反应在工业上具有重要意义。

3)磺化反应

苯与浓H_2SO_4的反应速率较慢，但与发烟硫酸在室温下作用即生成苯磺酸。

$$C_6H_6 + H_2SO_4(浓) \overset{\triangle}{\rightleftharpoons} C_6H_5SO_3H + H_2O$$

$$C_6H_6 + H_2SO_4 \cdot SO_3 \xrightarrow{25℃} C_6H_5SO_3H + H_2O$$

磺化反应常用的磺化剂有浓H_2SO_4、$H_2SO_4 \cdot SO_3$、SO_3和$ClSO_3H$等，使用过量的Cl-SO_3H作磺化剂时，可得到苯磺酰氯。目前一般认为有效的亲电试剂是SO_3，SO_3中心硫原子是sp^2杂化的，为平面结构，SO_3虽然不带电荷，但硫原子与三个电负性较大的氧原子连接，增强了硫原子的缺电子程度，即增加其亲电性，因而可以作为亲电试剂与苯发生取代反应。

$$O=S^{\delta^+}(=O)=O$$

$$C_6H_6 + SO_3 \rightleftharpoons \left[C_6H_6^{+}\text{(H)}SO_3^- \right] \longrightarrow C_6H_5SO_3H$$

实验证明，苯在硝基苯、硝基甲烷、三氯氟甲烷、二氧六环、四氯化碳、二氧化硫等非质子溶剂中与三氧化硫反应，进攻试剂是三氧化硫。

用浓H_2SO_4也可以发生磺化反应，它是两分子浓H_2SO_4相互作用，脱水生成SO_3，但反应速率不如发烟硫酸快。苯磺酸在较高温度下继续磺化，主要生成间苯二磺酸。

$$C_6H_5SO_3H \xrightarrow[200℃]{发烟硫酸} m\text{-}C_6H_4(SO_3H)_2$$

烷基苯的磺化比苯容易，生成邻、对位烷基苯磺酸，但异构体的比例随反应温度不同而异：

$$\text{C}_6\text{H}_5\text{CH}_3 \xrightarrow{H_2SO_4} o\text{-}CH_3C_6H_4SO_3H + m\text{-}CH_3C_6H_4SO_3H + CH_3\text{—}C_6H_4\text{—}SO_3H$$

	邻位	间位	对位
0℃	43%	4%	53%
100℃	3%	18%	79%

在较低温度时，反应产物由动力学控制，空间位阻较大的邻位产物较多；在较高温度时，反应由热力学控制，生成位阻较少的对位产物。

与硝化反应相比，磺化反应中的σ络合物向产物或向反应物转化的活化能基本相当。如将过热水蒸气通入磺化反应的混合物中，或将芳基磺酸与稀硫酸共热，磺酸基则被脱去，这是一个可逆反应。该性质被广泛用于有机合成及有机化合物的分离提纯。

4) 傅瑞德尔-克拉夫茨(Friedel-Crafts，傅-克)反应

1877年，法国化学家傅瑞德尔(C. Friedel)和美国同事克拉夫茨(J. M. Crafts)发现了通过卤代烃、酰卤或酸酐在路易斯酸催化下与苯反应制备烷基苯和芳酮的新方法。

(1) 烷基化反应。苯与卤代烷在无水 $AlCl_3$ 等催化下反应生成烷基苯：

$$C_6H_6 + CH_3CH_2Br \xrightarrow[80℃]{AlCl_3} C_6H_5CH_2CH_3 + HBr$$

对反应机理的研究表明，首先是卤代烷和三氯化铝作用生成碳正离子和卤化铝络合物，碳正离子与苯环进行亲电加成形成σ络合物，再消除质子形成烷基苯。决定反应速率的步骤是σ络合物的生成。

$$CH_3CH_2Br + AlCl_3 \rightleftharpoons CH_3\overset{+}{C}H_2[AlCl_3Br]^-$$

$$C_6H_6 + CH_3\overset{+}{C}H_2 \underset{}{\overset{慢}{\rightleftharpoons}} [C_6H_6(H)(CH_2CH_3)]^+ \overset{快}{\rightleftharpoons} C_6H_5CH_2CH_3 + H^+$$

烷基化反应过程中，亲电试剂是碳正离子中间体。一个碳正离子容易重排为另一个较稳定的碳正离子。烷基化试剂含有三个或三个以上碳原子时，碳正离子重排生成支链化的取代苯。

$$CH_3CH_2CH_2Cl + AlCl_3 \rightleftharpoons CH_3\underset{\mid \atop H}{C}H\overset{+}{C}H_2AlCl_4^- \rightleftharpoons CH_3\overset{+}{C}HCH_3AlCl_4^-$$

$$C_6H_6 + CH_3CH_2CH_2Cl \xrightarrow[0℃]{AlCl_3} C_6H_5CH(CH_3)_2 + C_6H_5CH_2CH_2CH_3 + HCl$$

卤代烷、烯烃、醇等在适当催化剂的作用下都能产生烷基碳正离子，是常用的烷基化试剂。催化剂除三氯化铝外，许多路易斯酸如三氯化铁、四氯化锡、三氟化硼等，可以产生同样的作用。其中三氯化铝是效力最强的，也是最常用的。但催化剂的活性常因反应物和反应条件的改变而发生变化，效力最强的催化剂不一定在所有情况下都是最合适的，应根据被取代氢的活性、烷基化试剂的类别和反应条件来选择合适的催化剂。

(2)酰基化反应。芳烃与酰卤或酸酐在无水三氯化铝催化下反应，芳环上的氢原子被酰基取代生成酮类化合物：

$$C_6H_6 + R-\overset{O}{\overset{\|}{C}}-X \xrightarrow{AlCl_3} C_6H_5-\overset{O}{\overset{\|}{C}}-R + HX$$

$$\left(X = Cl, Br, O-\overset{O}{\overset{\|}{C}}-R\right)$$

酰基化反应是亲电取代反应，催化剂的作用是形成酰基正离子。

$$R-\overset{O}{\overset{\|}{C}}-\ddot{\underset{\cdot\cdot}{Cl}}: + AlCl_3 \longrightarrow [R-\overset{+}{C}=O]AlCl_4^-$$

$$(R-\overset{O}{\overset{\|}{C}}\,)_2O + AlCl_3 \longrightarrow [R-\overset{+}{C}=O][R-\overset{O}{\overset{\|}{C}}-OAlCl_2][Cl^-]$$

$AlCl_3$是很强的路易斯酸,能与含孤对电子的杂原子形成络合物,失去催化作用,所以$AlCl_3$用量必须过量。另外，酰化反应生成的酮还会与$AlCl_3$络合，也需$AlCl_3$用量必须过量，这是与烷基化反应不同的。

苯环的亲核能力较弱，当环上连有强吸电子基时，不能进行酰基化反应。

$$C_6H_5G + R-\overset{O}{\overset{\|}{C}}-X \xrightarrow[\times]{AlCl_3}$$

$$(G: -NO_2, \ -CN, \ -SO_3H, \ -CO-)$$

酰基是一个钝化基团，当一个酰基取代苯环的H后，苯环活性降低，所以酰基化反应能够停留在一元酰化产物阶段，且无支链化现象。酰基化反应是不可逆的，不会发生取代基的转移反应。鉴于酰基化反应的这些特点，傅-克酰基化反应在制备上很有价值，工业生产及实验室常用来制备芳酮。还可以用于制备长链正构烷基苯：首先合成烷基芳基酮，再还原羰基，这样不会因重排而出现支链化产物。

$$C_6H_6 \xrightarrow{CH_3CH_2CH_2CH_2\overset{O}{\overset{\|}{C}}-Cl} C_6H_5-\overset{O}{\overset{\|}{C}}CH_2CH_2CH_2CH_3 \ (88\%) \xrightarrow[\text{浓}HCl]{Zn(Hg)} C_6H_5-(CH_2)_4CH_3 \ (87\%)$$

6.3.2 烷基苯侧链的反应

1. 侧链卤化

在高温或光照下，烷基苯可以与卤素作用，但并不发生环上取代。烷基苯侧链的卤化主要是指α-位的氯化和溴化。例如，在光照下将氯气通入甲苯中，则发生侧链氯化：

$$C_6H_5-CH_3 + Cl_2 \xrightarrow{h\nu} C_6H_5-CH_2Cl + HCl$$

与甲烷的氯代相似，甲苯的侧链氯代也是按自由基历程进行的。反应中生成的苄基自由基因其亚甲基碳原子(sp^2杂化)上的p轨道与苯环上的大π键是共轭的，所以是一个稳定的自由基，反应容易发生并停留在一元取代阶段。

2. 侧链氧化

侧链氧化多发生在α-位上，根据氧化剂的不同，产物为羧酸、醛或酮及过氧化物等。在$KMnO_4$、HNO_3空气中的氧(催化剂为乙酸钴等)等氧化剂的作用下，有α-H的烷基苯不管侧链多长，侧链烷基总是被氧化成羧基：

$$C_6H_5-CH_3 \xrightarrow[\text{或}O_2/Co(OAc)_2]{KMnO_4} C_6H_5-COOH$$

$$C_6H_5-CH_2CH_2CH_2CH_3 \xrightarrow{KMnO_4} C_6H_5-COOH$$

若侧链烷基无α-H，则不易被氧化。但在强氧化剂存在下，苯环会被氧化而破裂。

6.4 苯环上亲电取代反应的定位规律

6.4.1 取代基的定位效应

一取代苯发生亲电取代反应时，新导入的基团可以进入原有取代基的邻位(*o*-)、间位(*m*-)和对位(*p*-)，生成三种不同的取代产物。但实际情况并非如此，新导入基团的位置主要由原取代基的性质决定。

大量实验结果表明，不同的一元取代苯在进行同一取代反应时，所得产物比例不同。一般情况下，将邻位和对位异构体的总比例占优势的原有的取代基称为邻、对位定位基，而把间位异构体的比例较多的原有的取代基称为间位定位基。常见的取代基可分为两类：

第一类是使苯环活化的邻、对位定位基，如—O^-、—$N(CH_3)_2$、—NH_3、—OH、—$NHCOCH_3$、—OCH_3、—CH_3和—$C(CH_3)_3$等。这些取代基与苯环直接相连的原子上，一般只具有单键或带负电荷。这类取代基具有邻、对位定位效应，使第二个取代基主要进入它们的邻位和对位，而且反应比苯容易进行。

第二类是使苯环钝化的间位定位基，如—$N^+(CH_3)_3$、—NO_2、—C≡N、—COOH、—SO_3H、—CHO、—$COOC_2H_5$和—CF_3等。这些取代基与苯环相连的原子上，一般具有重键或带正电荷。这类取代基具有间位定位效应，使第二个取代基主要进入它们的间位，而且反应比苯困难。

卤素比较特殊，它是邻、对位定位基，但它使苯环钝化，通常归为第一类定位基，有的资料中也把它列为第三类定位基。

按照对苯环的活化及钝化能力，一般认为—NH_2、—NHR、—NR_2、—OH、—OR属于强活化基团，—NHCOR、—OCOR等为中等活化基团，—NHCHO、—C_6H_5、—R等为弱活化基团；钝化基团中，—F、—Cl、—Br、—I、—CH_2Cl等为弱钝化基团，—NO_2、—$N^+(CH_3)_3$、—CN、—COOH、—CO_2R、—SO_3H、—CHO等为强钝化基团。

6.4.2 定位效应的理论解释

在苯分子中，苯环闭合大π键电子云是均匀分布的，即六个碳原子上电子云密度等同。

当苯环上有一取代基后，取代基可以通过诱导效应或共轭效应使苯环上电子云密度升高或降低，同时影响苯环上电子云密度的分布，使各碳原子上电子云密度发生变化。因此，进行亲电取代反应的难易以及取代基进入苯环的主要位置，会随原有取代基的不同而不同。下面以几个典型的定位基为例作简要解释。

1. 邻、对位定位基

一般来说，它们是供电子基(卤素除外)，为致活基团，可以通过 p-π共轭效应或给电子诱导效应(+I 效应)向苯环提供电子，使苯环上电子云密度增加，尤其在邻、对位上增加较多，因此取代基主要进入邻、对位。

(1)甲基。甲苯中的甲基碳原子为 sp^3 杂化，苯环中碳原子为 sp^2 杂化，sp^3 杂化的碳原子的电负性弱于 sp^2 杂化的碳原子，因此甲基可通过+I 效应向苯环提供电子。同时甲基的三个 C—H σ 键与苯环的 π 键有很小程度的重叠，形成 σ-π 超共轭体系，超共轭效应使 C—H σ 键电子云向苯环转移。显然，甲基的 +I 效应和 σ-π 超共轭效应均使苯环上电子云密度增加，由于电子共轭传递的结果，使甲基的邻、对位上增加得较多。所以，甲苯的亲电取代反应不仅比苯容易，而且主要发生在甲基的邻位和对位。

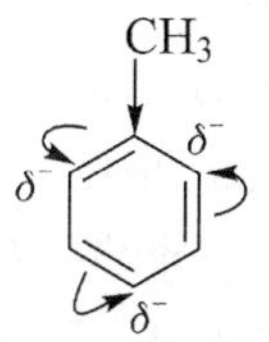

诱导效应(+I) 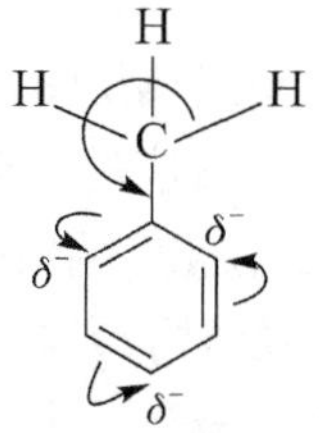 超共轭效应

从共振式来看，亲电试剂 E^+进攻甲苯生成的 σ 络合物的主要共振结构式为

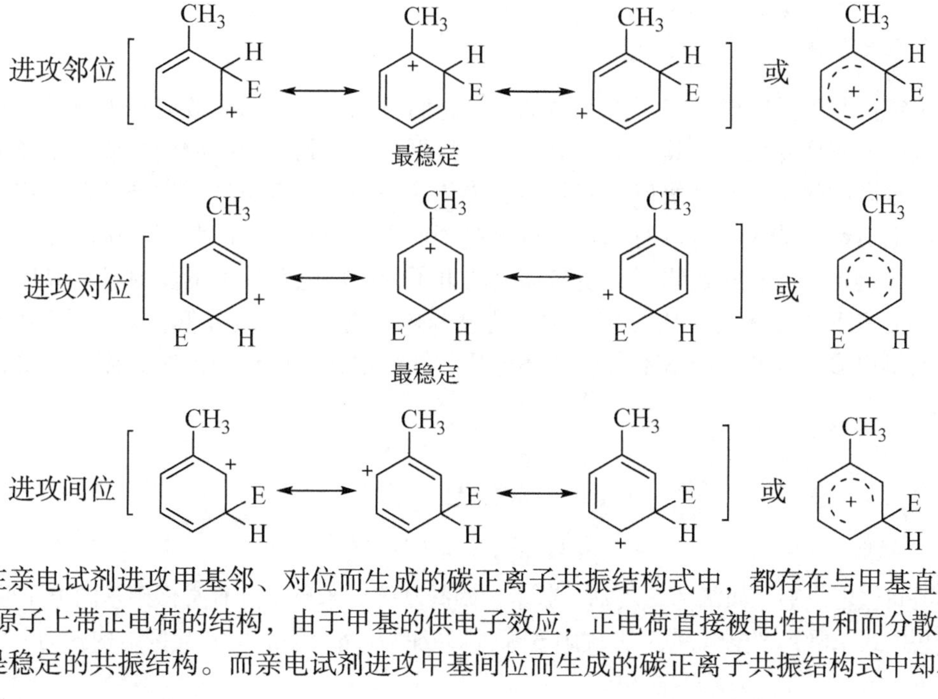

进攻邻位 最稳定 或

进攻对位 最稳定 或

进攻间位 或

在亲电试剂进攻甲基邻、对位而生成的碳正离子共振结构式中，都存在与甲基直接相连的 C 原子上带正电荷的结构，由于甲基的供电子效应，正电荷直接被电性中和而分散减弱，因此是稳定的共振结构。而亲电试剂进攻甲基间位而生成的碳正离子共振结构式中却不存在

这种结构。所以，进攻甲基邻、对位所形成的中间体碳正离子能量更低，形成时所需要的活化能也更小，易于形成，亲电反应主要在邻、对位进行。

由于—CH_3具有+I效应，对于进攻邻、对位形成的σ络合物的正电荷有较大的中和作用，即分散作用，因此比较稳定，甲基是邻、对位定位基，同时是苯环亲电取代的致活基。

(2)羟基。羟基是一个较强的邻、对位定位基。由于羟基中氧的电负性比碳的电负性强，对苯环表现出吸电子诱导效应(–I)，使苯环电子云密度降低。但又由于羟基氧原子上p轨道上的未共用电子对可以与苯环上的π电子云形成p-π共轭体系，使氧原子上的电子云向苯环转移。由于给电子的共轭效应(+C)大于吸电子的诱导效应(–I)，因此总的结果是羟基使苯环电子云密度增加，尤其是邻、对位增加较多，所以发生亲电取代反应时，苯酚比苯更容易，而且取代基主要进入羟基的邻位和对位。

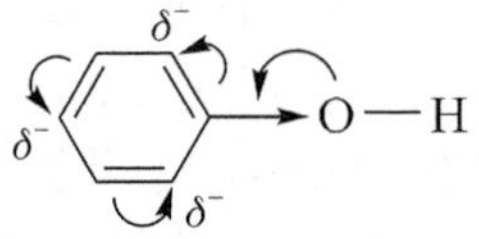

δ^- δ^- δ^- O—H

其他与苯环相连的带有未共用电子对的基团，如 —$\ddot{N}H_2$、—$\ddot{N}(CH_3)_2$、—$\ddot{O}CH_3$ 等对苯环的电子效应与羟基类似。

(3)卤素。卤素对苯环具有两个相反的效应，吸电子的诱导效应(–I)和供电子p-π共轭效应(+C)，它对苯环的影响是两个效应的综合结果。一方面通过吸电子诱导效应钝化苯环，而p-π共轭效应(+C)使卤原子的邻位和对位电子云密度高于间位，邻、对位受亲电试剂进攻时，所生成的碳正离子有稳定的共振结构参与，比较稳定，故邻、对位产物占优势。由于–I强于+C，总的结果使苯环电子云密度降低，所以卤素对苯环上亲电取代反应有致钝作用，为致钝基团，亲电取代比苯困难，是使苯环钝化的邻、对位定位基。这也是一些资料将其归为第三类定位基的原因。

2. 间位定位基

间位定位基均是吸电子基，为致钝基团，它们通过吸电子诱导效应和吸电子共轭效应使苯环电子云密度降低，尤其是邻、对位降低得更多。因此，亲电取代主要发生在电子云密度相对较高的间位，而且取代比苯困难。硝基是一个间位定位基，它与苯环相连时，因氮原子的电负性比碳大，所以对苯环具有吸电子诱导效应(–I)；同时硝基中的氮氧双键与苯环的大π键形成π-π共轭体系，使苯环上的电子云向着电负性大的氮原子和氧原子方向流动(–C)。两种电子效应作用方向一致，均使苯环上电子云密度降低，尤其是硝基的邻、对位降低得更多。因此，硝基不仅使苯环钝化，亲电取代反应比苯困难，而且主要得到间位产物。

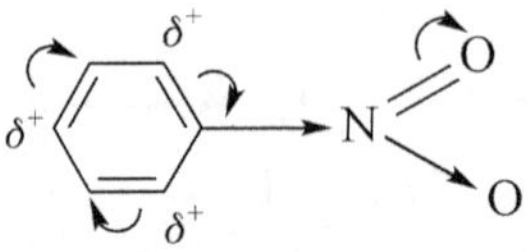

δ^+ δ^+ δ^+ N O O

其他间位定位基，如氰基、羧基、羰基、磺酸基等对苯环也具有类似硝基的电子效应。

从共振式来看，亲电试剂E^+进攻硝基苯所形成的σ络合物的主要共振结构式为

进攻邻位 最不稳定 或

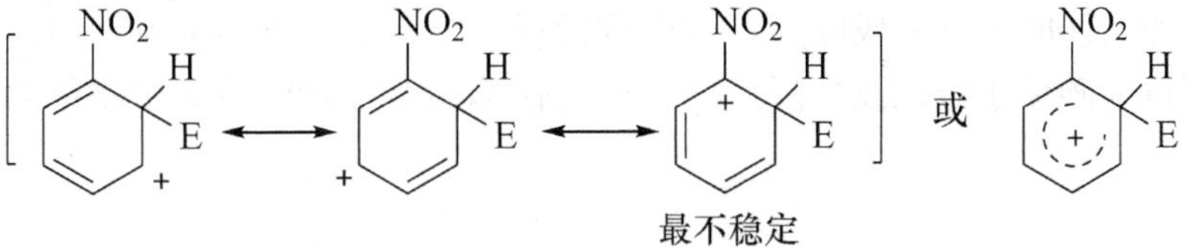

进攻对位 最不稳定 或

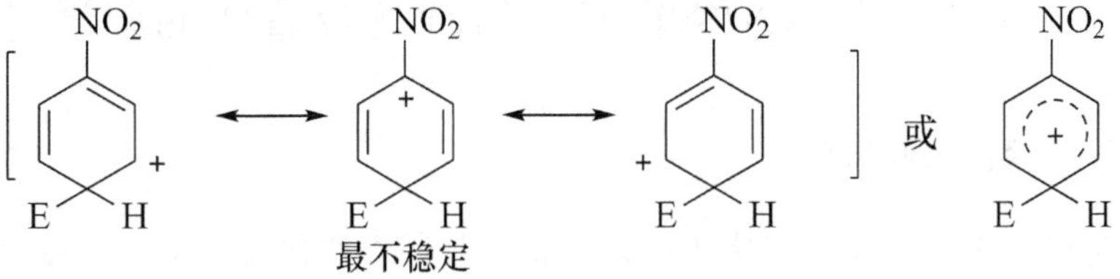

进攻间位 或

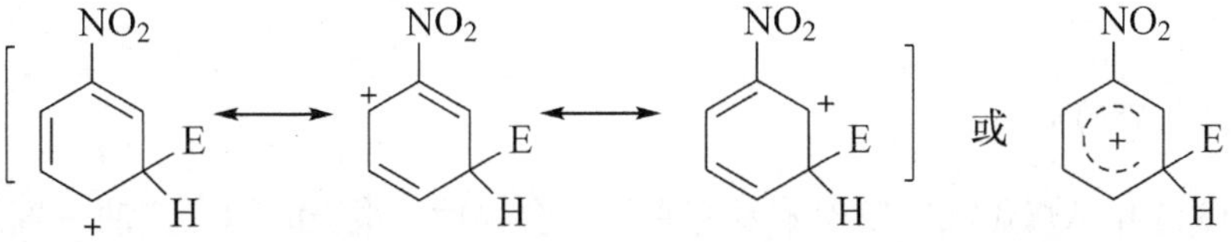

亲电试剂进攻邻位和对位时所生成的碳正离子共振结构式中，都有硝基 N 原子和其相连 C 原子都带正电荷的结构，能量特别高，因此是不稳定的共振结构。而在亲电试剂进攻硝基间位的共振结构中，却不存在这种结构。所以亲电反应主要在硝基间位进行。

由于—NO_2具有吸电子的共轭效应(–C)和吸电子的诱导效应(–I)，而使缺电子程度增大，即正电荷更集中，因此硝基是苯环亲电取代的致钝基。

6.4.3 二取代苯的定位效应

如果苯环上已有两个取代基，再进行亲电取代反应时，第三个取代基进入的主要位置服从以下定位规则：

如果原有的两个取代基定位位置一致，取代基便可按照定位规则进入指定的位置。例如：

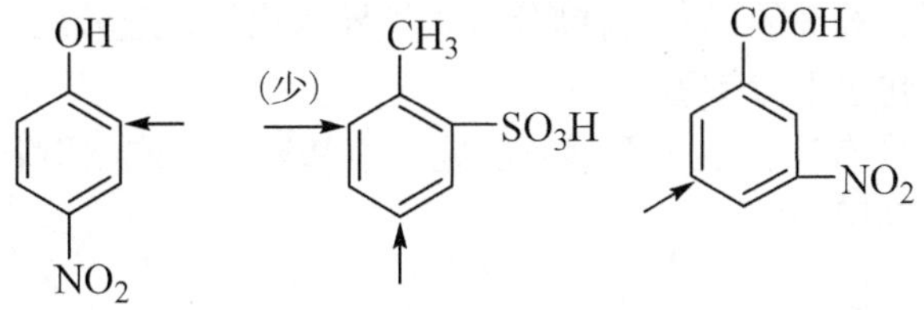

(少)

当原有的两个取代基的定位位置发生矛盾时，若原有的两个取代基为同一类(同是邻、对位定位基，或同是间位定位基)，第三个取代基进入的主要位置由定位能力强的决定(前面列出的两类定位基，次序排在前的定位能力强)。若原有的两个取代基为不同类，第三个取代基进入的主要位置由邻、对位定位基决定。例如：

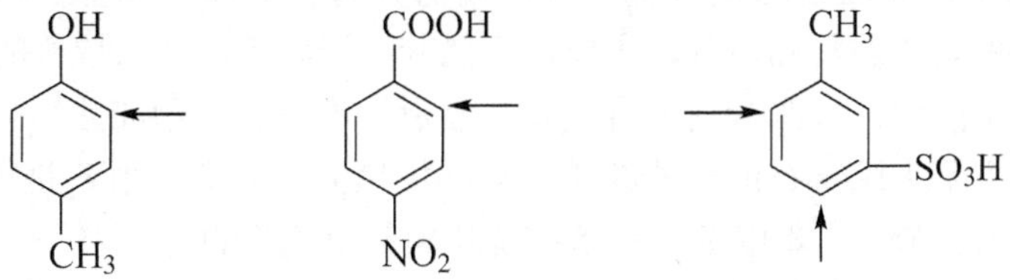

定位能力：—OH ＞—CH_3 ＞—NO_2 ＞—COOH

需要指出的是，用定位规则预测取代基进入的主要位置时，有时还要考虑空间位阻的作用。如上述间甲基苯磺酸进行亲电取代反应时，由于空间位阻作用，处于甲基和磺酸基之间邻位的碳原子难以发生反应。若两取代基的定位效应强弱相差不大，则三取代产物较复杂。

6.5 单环芳烃的来源与制备及重要的单环芳烃

6.5.1 单环芳烃的来源与制备

简单芳烃如苯、甲苯、二甲苯等是制备单环芳香族化合物的基本原料，它们主要来源于煤和石油。

1. 煤焦油的分离

自 1845 年从煤焦油中发现苯及芳香族化合物后，很长时间煤焦油一直是苯及芳香族化合物的主要来源。煤的干馏(工业上称炼焦)所得黑色黏稠液体煤焦油中，约含有 1 万多种有机物，已被鉴定的也有 500 种左右。煤焦油经过精馏，大致可得到如下五种馏分：轻油，沸程<170℃，主要成分有苯、甲苯和二甲苯等；酚油，沸程 170～210℃，主要成分有苯酚、甲苯酚、异丙苯和均四甲苯等；萘油，沸程 210～230℃，主要成分有萘、甲基萘和二甲基萘等；洗油，沸程 230～300℃，主要成分有联苯、甲基萘、苊和芴等；蒽油，沸程 300～360℃，主要成分有蒽、菲及其衍生物、苊和芘等。精馏的残渣为沥青。

2. 石油馏分的催化重整

尽管煤焦油中有丰富的芳烃来源，但还远远不能满足化学工业发展的需要。所以，随着技术进步，规模更大的石油工业逐渐成为芳烃的主要来源。芳烃特别稳定，因此在高温、高压和铂催化剂的存在下，石油的 C_6～C_8 馏分可脱氢异构化为相应芳烃，如苯、甲苯和二甲苯等，称为石油馏分的催化重整或铂重整。

现在生产一般是用含有环己烷、甲基环戊烷、甲基环己烷或二甲基环戊烷等的馏分，以铂催化剂脱氢，得到苯和甲苯。

6.5.2 重要的单环芳烃

1. 苯、甲苯和二甲苯

苯是无色透明液体，有芳香气味，易燃，有毒，不溶于水，可溶于乙醇、乙醚等有机溶剂。苯主要来源于石油馏分的铂重整、煤焦油的分离、甲苯脱甲基及石油馏分热裂时的副产物。苯是重要的化工原料和溶剂，主要用于乙苯、异丙苯、环己烷等的合成。

甲苯是无色透明液体，有似苯的芳香气味，易燃，有毒，不溶于水，可溶于乙醇、乙醚等有机溶剂。甲苯主要来源于石油馏分的铂重整和煤焦油的分离。甲苯是重要的化工原料和溶剂，主要用于苄氯、苯、二苯甲烷、三苯甲烷和硝基甲苯等的合成。

二甲苯通常是指三种异构体的混合物，它主要来源于石油馏分的铂重整，也可由煤焦油的分离获取。前者所得主要成分为间二甲苯，间二甲苯可催化转化为三种二甲苯的混合物。混合二甲苯主要用作溶剂和分离邻、对二甲苯的原料。邻二甲苯可直接用分馏法得到，用作生产邻苯二甲酸酐的原料。对二甲苯可用重结晶法分离。

2. 苯乙烯

苯乙烯是无色透明液体，不溶于水，可溶于乙醇、乙醚等有机溶剂。苯乙烯主要作为合成丁苯橡胶、聚苯乙烯和 ABS 树脂等的重要单体。

苯乙烯主要由乙苯脱氢制得：

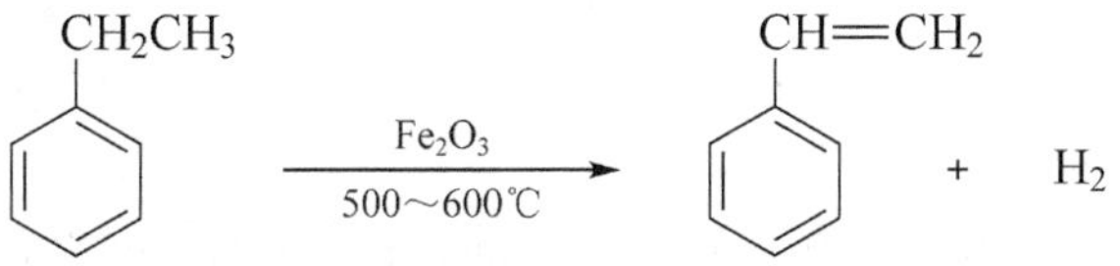

$$C_6H_5CH_2CH_3 \xrightarrow[500\sim600^\circ C]{Fe_2O_3} C_6H_5CH{=}CH_2 + H_2$$

6.6 稠环芳烃

6.6.1 萘

萘是白色闪光的片状晶体，熔点 80.2℃，沸点 218℃，不溶于水，易溶于乙醇、乙醚和苯等有机溶剂。萘挥发性大，易升华，有特殊气味，具有驱虫防蛀作用，过去曾用于制作“卫生球”。后来研究发现，萘可能有致癌作用，现使用樟脑取代萘制造卫生球。萘在工业上主要用于合成染料、农药等。萘的来源主要是煤焦油和石油。

1. 萘的结构和萘的衍生物的命名

萘的分子式为 $C_{10}H_8$，X 射线衍射证实，萘是一个平面分子，是由两个苯环共用两个相邻的碳原子稠合而成。萘分子中每个碳原子均以 sp^2 杂化轨道与相邻的碳原子形成碳碳 σ 键，每个碳原子的 p 轨道互相平行，侧面重叠形成一个闭合共轭大 π 键。因此，萘和苯一样具有芳香性。但萘和苯的结构不完全相同，萘分子中两个共用碳上的 p 轨道除了彼此重叠外，还分别与相邻的另外两个碳上的 p 轨道重叠，因此闭合大 π 键电子云在萘环上不是均匀分布的，导致碳碳键长不完全等同，所以萘的芳香性比苯差。

萘分子中碳碳键长数据如下：

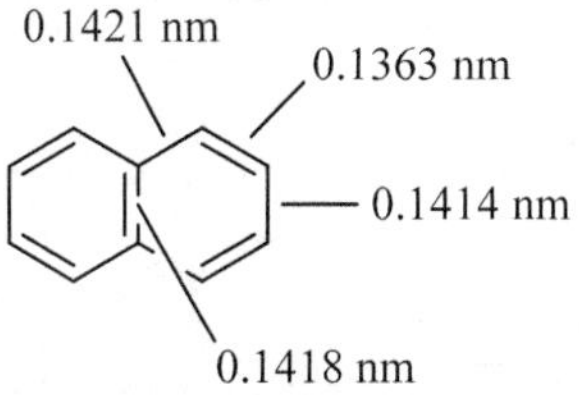

0.1421 nm
0.1363 nm
0.1414 nm
0.1418 nm

萘的芳香性不如苯，还可通过离域能数据看出。苯的离域能为 150.5 kJ · mol^{-1}，如果萘的芳香性和苯一样，萘的离域能应为苯的离域能的 2 倍，而事实上萘的离域能仅为 250 kJ · mol^{-1}。

由于萘环上各碳原子的位置并不完全等同，因此萘的衍生物命名时，无论萘环上有几个取代基，取代基的位置都要注明。萘环的编号方法如下：

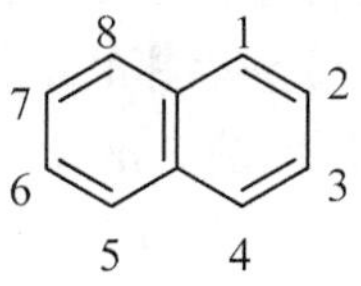

8 1
7 2
6 3
5 4

其中，1、4、5、8 位置相同，称为α-位；2、3、6、7 位置相同，称为β-位。

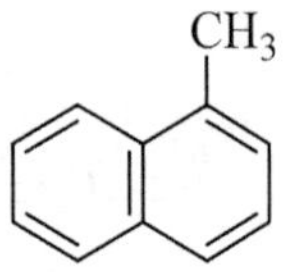

1-甲基萘　　2-甲基萘　　5-硝基-2-萘磺酸

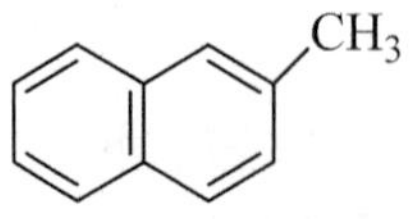

α-甲基萘　　β-甲基萘

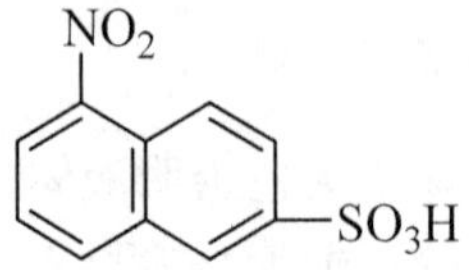

2. 萘的化学性质

由于萘环上闭合大 π 键电子云密度分布不是完全平均化的，因此它的芳香性比苯差。

1) 取代反应

萘比苯更易发生亲电取代反应。根据测定，萘环的 α-位电子云密度比 β-位高，因此亲电取代主要发生在 α-位。但由于 β-位取代产物的热力学稳定性大于 α-位取代产物，因此当温度较高时，主要为 β-位取代产物。

在三氯化铁催化下，将氯气通入萘的苯溶液中，主要生成α-氯萘。

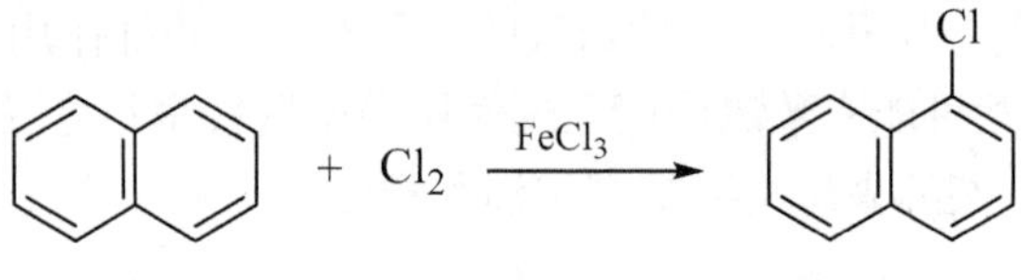

$$+\ Cl_2 \xrightarrow{FeCl_3}$$

α-氯萘 (95%)

萘用混酸进行硝化，主要生成α-硝基萘。α-硝基萘是合成染料和农药的中间体。

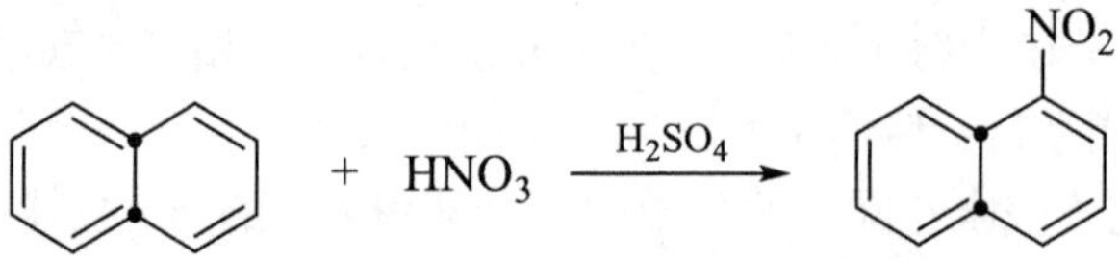

$$+\ HNO_3 \xrightarrow{H_2SO_4}$$

α-硝基萘 (90%～95%)

萘在较低的温度下磺化，主要生成α-萘磺酸；在较高温度时磺化，主要生成β-萘磺酸。因磺化反应是可逆的，温度升高使最初生成的α-萘磺酸转化为对热更为稳定的β-萘磺酸。

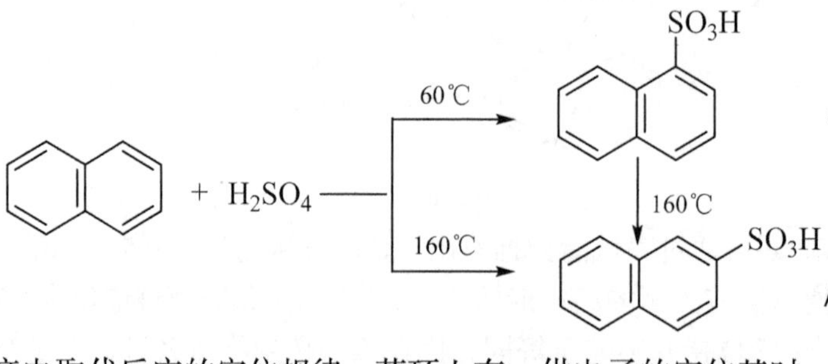

$$+\ H_2SO_4 \xrightarrow{60℃} \alpha\text{-萘磺酸}；\quad \xrightarrow{160℃} \beta\text{-萘磺酸}；\quad \alpha\text{-萘磺酸} \xrightarrow{160℃} \beta\text{-萘磺酸}$$

萘环上亲电取代反应的定位规律：萘环上有一供电子的定位基时，主要发生同环取代(即取代发生在定位基所在的苯环上)，若定位基位于 α-位，取代基主要进入同环的另一α-位；若定位基位于 β-位，则取代基主要进入定位基相邻的α-位。当萘环上有一吸电子的定位基时，主要发生异环取代，取代基主要进入异环的两个α-位。

2)氧化反应

萘比苯容易被氧化，在不同的条件下，可分别被氧化生成邻苯二甲酸酐和1,4-萘醌。

$+ O_2$ $\xrightarrow[450℃]{V_2O_5}$

$\xrightarrow[10～15℃]{CrO_3，CH_3COOH}$

一般来说，萘氧化的产物为苯的衍生物，仍保留一个苯环，表明苯比萘稳定。

6.6.2　其他稠环芳烃

蒽和菲的分子式都是 $C_{14}H_{10}$，互为同分异构体。它们都是由三个苯环稠合而成的，并且三个苯环都处在同一平面上。不同的是，蒽的三个苯环的中心在一条直线上，而菲的三个苯环的中心不在一条直线上。

蒽的结构式　　　　菲的结构式

蒽、菲每个碳原子上的 p 轨道互相平行，从侧面重叠形成闭合大π键，因此它们都具有芳香性。但各个 p 轨道重叠的程度不完全等同，环上电子云密度分布比萘环更不均匀，所以蒽、菲的芳香性比萘差。

在蒽环和菲环上，9,10 位(也称γ-位)的电子云密度最高，9,10 位最活泼，大部分反应发生在这两个位置上。

蒽为无色片状晶体，有蓝紫色荧光，熔点215℃，沸点340℃，不溶于水，难溶于乙醇、乙醚等，易溶于热苯。蒽的化学性质比萘更活泼，容易发生氧化、加成及亲电取代反应。

菲为带光泽的白色片状晶体，溶液发蓝色荧光。熔点100.5℃，沸点340℃，不溶于水，能溶于乙醚、乙醇、氯仿和乙酸等。可用于制造农药和塑料，也用作高效低毒农药和无烟火药的稳定剂。

除萘、蒽、菲外，煤焦油还含有一些其他稠环芳烃。例如：

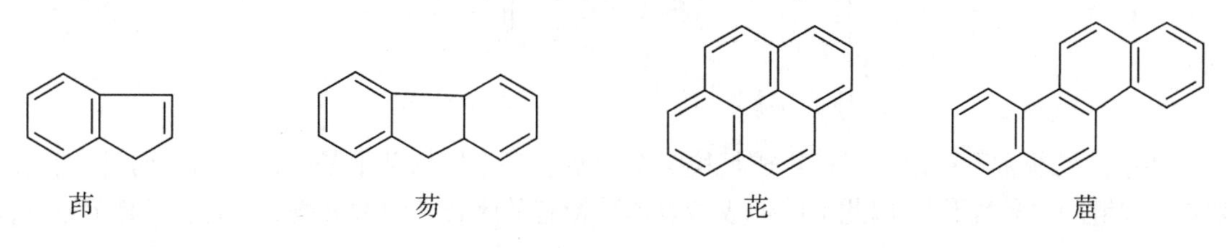

茚　　　芴　　　芘　　　䓛

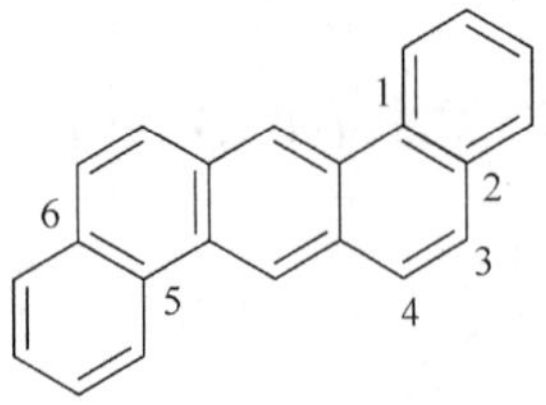
1,2,5,6-二苯并蒽

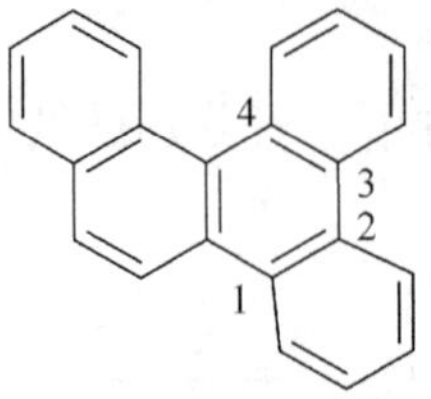
1,2,3,4-二苯并菲

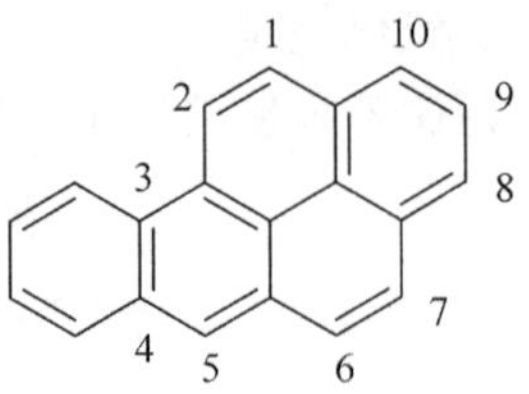
3,4-苯并芘

煤、烟草、木材等不完全燃烧也会产生较多的稠环芳烃，其中某些稠环芳烃具有致癌作用，如苯并芘类稠环芳烃，特别是 3,4-苯并芘有强烈的致癌作用。3,4-苯并芘为浅黄色晶体，1933 年从煤焦油中分离得到。煤的干馏、煤和石油等的燃烧焦化都可产生 3,4-苯并芘，在煤烟和汽车尾气污染的空气以及吸烟产生的烟雾中都可检测出 3,4-苯并芘。测定空气中 3,4-苯并芘的含量，是环境监测项目的重要指标之一。

科学研究表明，宇宙中超过 20%的碳与稠环芳烃有关，它也可能是生命体形成的起始物。稠环芳烃可能在宇宙大爆炸之后不久就形成了，并广泛地存在于宇宙中。例如，蒕主要存在于煤焦油中，但现在证明也存在于宇宙中。

6.7 非 苯 芳 烃

6.7.1 休克尔规则

前面讨论的芳烃都含有苯环，它们都具有一定的离域能(共轭能)，不易发生加成反应，易发生取代反应，具有不同程度的芳香性。芳香性首先是 π 电子离域产生的，在基态下，π 电子占据成键轨道，并呈现全充满状态。一些虽不含苯环结构的环状烃也具有这样的特点，有类似苯环的芳香性。而环丁二烯、环辛四烯虽然也具有闭合的共轭体系，但它们的化学活性与苯的差别很大，因此不能仅凭是否具有闭合的共轭体系作为判别芳香性的依据。

为了解释这一问题，德国科学家休克尔(E. Hückel)根据大量的实验结果，应用分子轨道法计算了单环多烯 π 电子的能级，提出了一个判别芳香体系的规则，称为休克尔规则。其要点是：组成环的碳原子均为 sp^2 杂化且都处在同一平面上(此时每个碳原子上的 p 轨道可彼此重叠形成闭合大 π 键)，π 电子数符合 $4n+2$ 的体系($n=0,1,2,3,\cdots$)，具有与惰性气体相类似的闭壳层结构，因而能显示出芳香性。多年来，休克尔规则在解释大量实验事实和预言新的芳香体系方面是非常成功的。

苯分子是一平面结构，π 电子数为 6，符合休克尔规则，所以具有芳香性。

环丁二烯和环辛四烯分别具有 4 个和 8 个 π 电子，均不符合休克尔规则，因此它们都无芳香性。

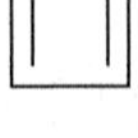
环丁二烯

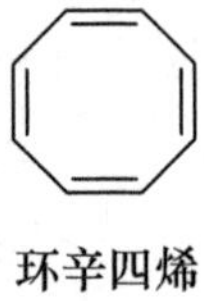
环辛四烯

环丁二烯非常不稳定，一旦生成很快又会分解。环辛四烯并不是平面形的，而是含有交替单、双键的“澡盆形”，因此不能形成芳香体系特有的闭合共轭大 π 键，π 电子云是定域的，其碳碳单键和碳碳双键的键长分别为 0.134 nm 和 0.147 nm，具有烯烃的典型性质。而环辛四烯负离子却有所不同。环辛四烯的四氢呋喃溶液中加入金属钾，则形成平面八边形的环辛四烯两价负离子，共有 10 个 π 电子，符合休克尔规则，具有芳香性。

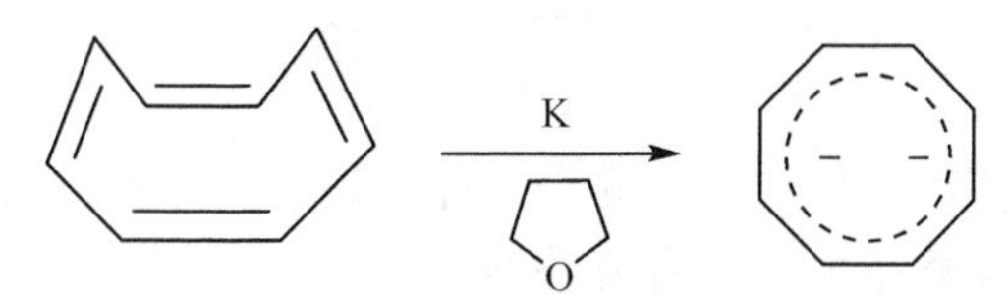

芳香环内 π 电子的特征是现代芳香性理论的基础。根据分子轨道法，组成芳香体系的 *n* 个 p_z 轨道将组合成 *n* 个 π 型分子轨道。其中有成键、反键和非键分子轨道，成键分子轨道的能量比对应的原子轨道能量低，而反键分子轨道的能量比对应的原子轨道能量高。根据鲍利原理和能量最低原理，基态分子的 π 电子优先占据成键分子轨道，以使体系稳定。如果电子占据非键分子轨道，其能量和处在对应原子轨道中是一样的。

分子轨道能量的精确计算，在数学上是非常复杂的。而休克尔分子轨道法做了几个近似处理：把计算过程中的库仑积分视为一个常数；把非相邻碳原子的交换积分当作零，把相邻碳原子的交换积分看成一个常数；忽略不同碳原子的重叠积分。运用休克尔分子轨道法可以简化计算，由此可推导出一个简单公式，并据此可求得近似结果。休克尔导出一个简单的法则——休克尔规则。

由于每个分子轨道可容纳两个电子，只有 $(4n+2)$ 个 $(n=0,1,2,\cdots)$ π 电子的环系不饱和分子具有闭壳层组态，在化学上是具有芳香性的稳定分子。有 $(4n+1)$ 个 π 电子的化合物是自由基，而有 $4n$ 个 π 电子的化合物的基态将是三重态的双自由基，这种分子的能量比对应的开链共轭烯烃的能量还要高，表现得异常活泼，故称为反芳香性的分子。

6.7.2　非苯芳烃举例

休克尔规则简明扼要地指出了芳香结构的特征。一些不含苯环结构，但符合休克尔规则的环多烯和芳香离子，称为非苯芳烃。

环丙烯正离子为平面结构，碳原子均为 sp^2 杂化，π 电子数为 2，符合休克尔规则 $(n = 0)$，具有芳香性。它的一个空的 p 轨道和两个含单电子的 p 轨道彼此重叠形成一个闭合大 π 键，两个 π 电子均匀地分布在三个碳原子上，因此环丙烯正离子是稳定的。

环丙烯正离子是最小的芳香环系，环上可以发生取代反应。现已合成了许多含取代基的环丙烯正离子的化合物。例如：

环戊二烯负离子是最早认识的一个芳香负离子。在苯中用叔丁醇钾处理环戊二烯，可以很方便地制得环戊二烯负离子的钾盐。环戊二烯负离子为平面结构，存在一个闭合大 π 键，π

电子数为 6，符合休克尔规则（n=1），所以具有芳香性。它的 6 个 π 电子平均分布在 5 个碳原子上，是较稳定的负离子。

$$\text{环戊二烯} + (CH_3)_3COK \longrightarrow \text{环戊二烯负离子}\,K^{+} + (CH_3)_3COH$$

环庚三烯和三苯甲基正离子作用生成环庚三烯正离子。环庚三烯正离子有 6 个 π 电子，离域分布在 7 个共平面的碳原子上，具有芳香性。

$$\text{环庚三烯} + (C_6H_5)_3C^{+} \xrightarrow{SO_2} \text{环庚三烯正离子} + (C_6H_5)_3CH$$

薁（azulene）是青蓝色的片状晶体，熔点 90℃，由一个七元环的环庚三烯和一个五元环的环戊二烯稠合而成：

薁分子中有 10 个 π 电子，符合休克尔规则（n=2），具有芳香性。薁具有环庚三烯正离子或环戊二烯负离子的芳香特点，不发生双烯特有的第尔斯-阿尔德反应，却容易发生亲电取代反应。由于五元环上电子云密度大，亲电取代一般发生在五元环的 1,3 位。

轮烯（annulene）是一类单双键交替的单环共轭烯烃。命名时以轮烯为母体，将环上碳原子总数以阿拉伯数字表示，并加方括号放在母体名称前读作“某轮烯”。[18]-轮烯的 π 电子数为 18，符合 4n+2 规则（n=4）。X 射线衍射证明，环内碳碳键键长完全平均化，整个分子基本处于同一平面，环内空间足够大，环内 6 个氢原子的排斥力很小。正是由于存在平面闭合离域的大 π 键，因此[18]-轮烯可以稳定地存在，把它加热到 230℃仍不分解，是一个典型的大环非苯芳烃。而[10]-轮烯中，10 个 π 电子符合 4n+2 规则，但是它并不稳定，因为其中间两个环内氢彼此干扰，使环离开平面，破坏了共轭，因此[10]-轮烯没有芳香性。

[18]-轮烯　　　　[10]-轮烯

在环状共轭多烯的环内引入一个或多个原子，使环内原子与若干个成环的碳原子以单键相连，这样的化合物称为周边共轭体系化合物。例如：

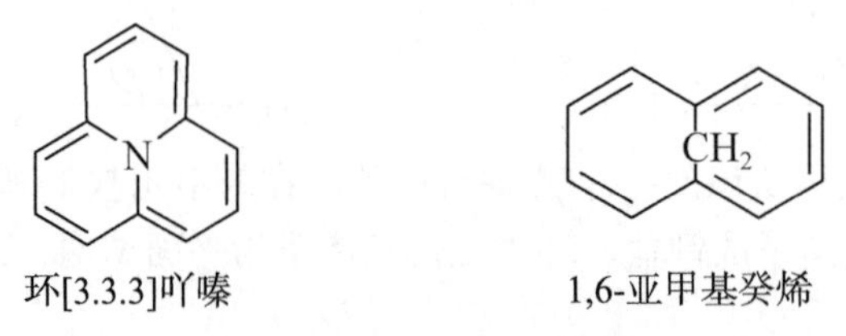

环[3.3.3]吖嗪　　　　1,6-亚甲基癸烯

环[3.3.3]吖嗪的 π 电子数是 12，没有芳香性。1,6-亚甲基癸烯可视为[10]-轮烯中的两个环内氢被 CH_2 取代，中心原子的引入排除了环内氢之间的排斥，利于将环拉紧成为平面结构，同时 π 电子数是 10，符合 $4n+2$ 规则，因此具有芳香性。

休克尔规则预言的许多芳香化合物的母体及其衍生物都已陆续合成出来。此外，芳香性的规律不仅适用于单环多烯，而且已推广到稠环共轭体系，并扩展到多环非交替烃体系，均取得了有意义的成果。

参 考 文 献

高占先. 2017. 有机化学[M]. 3 版. 北京: 高等教育出版社
华东理工大学有机化学教研组. 2006. 有机化学[M]. 北京: 高等教育出版社
汪小兰. 2005. 有机化学[M]. 4 版. 北京: 高等教育出版社
邢其毅, 裴伟伟, 徐瑞秋, 等. 2016. 基础有机化学[M]. 4 版. 北京: 北京大学出版社
周公度, 段连运. 2017. 结构化学基础[M]. 5 版. 北京: 北京大学出版社
Smith M B. 2011. March 高等有机化学: 反应、机理与结构(原著第 7 版)[M]. 李艳梅, 黄志平, 译. 北京: 化学工业出版社

习　题

1. 写出分子式 C_9H_{12} 的单环芳烃的所有异构体，并命名。

2. 写出下列化合物的构造式。

(1) 间二硝基苯　(2) 对溴硝基苯　(3) 1,3,5-三乙苯
(4) 对羟基苯甲酸　(5) 2,4,6-三硝基甲苯　(6) 间碘苯酚
(7) 对氯苄氯　(8) 3,5-二硝基苯磺酸　(9) 1,5-二硝基萘

3. 命名下列化合物。

(1) $C(CH_3)_3$

(2)
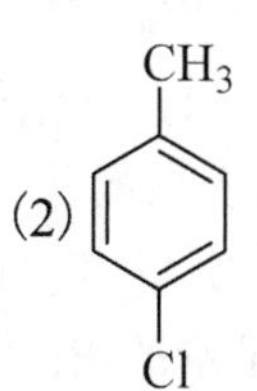

(3)
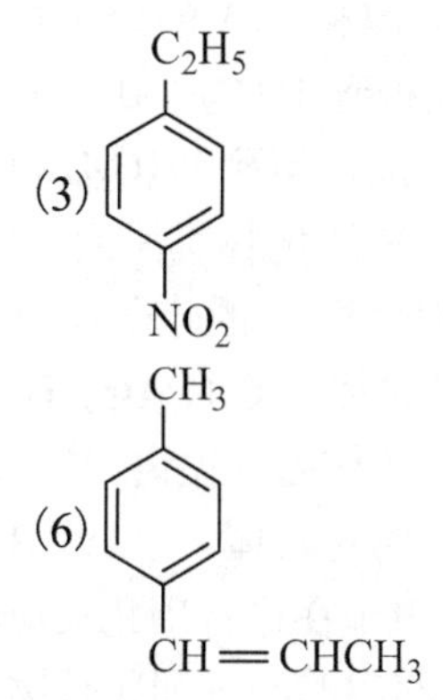

(4)
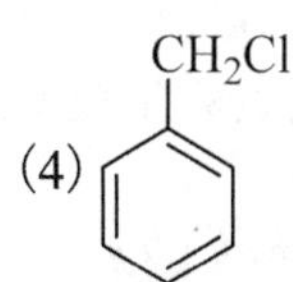

(5) SO_2Cl

(6)

4. 用化学方法区别下列化合物。

(1)

(2) CH_2CH_3　$CH=CH_2$　$C\equiv CH$

5. 完成下列反应式。

(1) $C_6H_6 + CH_3Cl \xrightarrow{?} C_6H_5CH_3 \xrightarrow{?} p\text{-}CH_3C_6H_4SO_2Cl$

(2) $C_6H_6 + ? \xrightarrow{AlCl_3} C_6H_5CH(CH_3)_2 \xrightarrow[H_2SO_4]{KMnO_4} ?$

(3) $C_6H_5CH_3 \xrightarrow{?} C_6H_5CH_2Cl \xrightarrow[AlCl_3]{C_6H_6} ?$

(4) $C_6H_6 + CH_3CH_2CH_2Cl \xrightarrow{AlCl_3} ? \xrightarrow[hv]{Cl_2} ?$

6. 将下列各组化合物按环上硝化反应的活泼性顺序排列。

(1) 苯，甲苯，间二甲苯，对二甲苯

(2) 苯，溴苯，硝基苯，甲苯

(3) 对苯二甲酸，甲苯，苯，对二甲苯

(4) 氯苯，对氯硝基苯，2,4-二硝基氯苯

7. 从下列有机原料出发，可利用必要的无机试剂，合成相应的化合物。

(1) 甲苯 ⟶ 对氯苄氯　　(2) 邻硝基甲苯 ⟶ 2-硝基-4-溴苯甲酸

(3) 甲苯 ⟶ 4-硝基-2-溴苯甲酸　　(4) 苯 ⟶ 间二溴苯

8. 某饱和烃 A 的分子式为 C_9H_8，它能与氯化亚铜氨溶液反应产生红色沉淀。化合物 A 催化加氢得到 B（C_9H_{12}）。将化合物 B 用酸性 $K_2Cr_2O_7$ 氧化得到酸性化合物 C（$C_8H_6O_4$），将化合物 C 加热得到 D（$C_8H_4O_3$）。若将化合物 A 和丁二烯作用则得到另一个不饱和化合物 E，将化合物 E 催化脱氢得到 2-甲基联苯。写出化合物 A～E 的构造式及各步反应方程式。

9. 化合物 A 的分子式为 C_9H_{12}，光照下与不足量的 Br_2 作用，生成 B 和 C 两种产物，它们的分子式都是 $C_9H_{11}Br$。B 没有旋光性，不能拆分。C 也没有旋光性，但能拆分成一对对映体。从 A 的核磁共振谱得知分子中含有苯环。写出 A、B、C 的构造式，并用费歇尔投影式表示 C 的一对对映体，以 R、S 表示其构型。

10. 甲苯在进行硝化反应时，为什么得到邻硝基甲苯和对硝基甲苯？从理论上解释。

11. 写出萘与下列化合物反应所得的主要产物的构造式。

(1) HNO_3，H_2SO_4　　(2) Br_2　　(3) 浓 H_2SO_4，80℃

(4) H_2，Pd-C，△　　(5) O_2，V_2O_5　　(6) Na，C_2H_5OH，△

(7) 浓 H_2SO_4，160℃

12. 指出下列化合物中哪些具有芳香性，为什么？

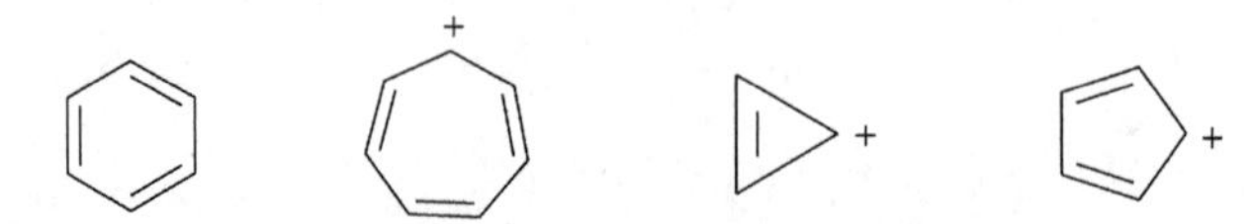

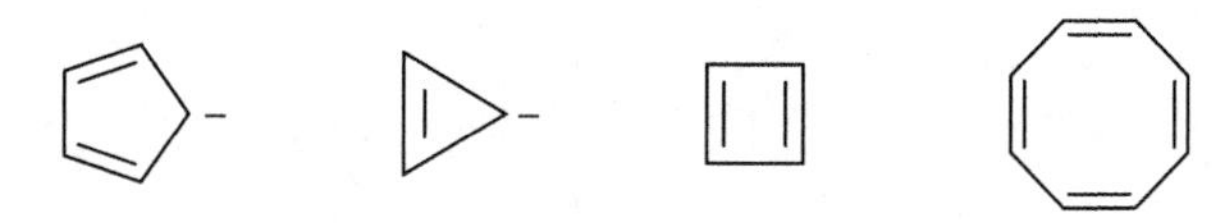

13. 对比下列各组离子的稳定性，并说明理由。

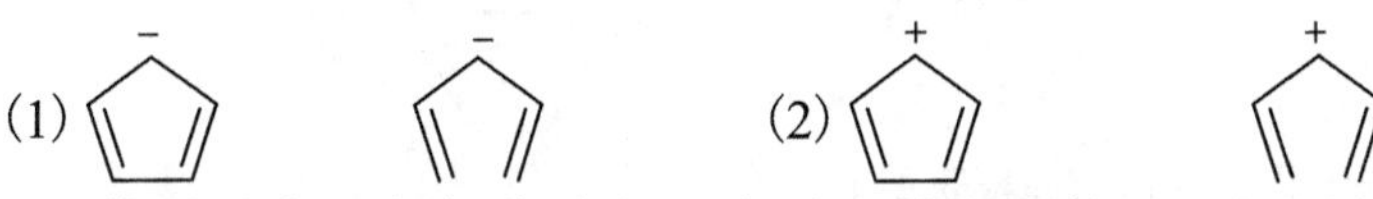

14. 苯甲醚在进行邻位硝化反应时，其中间体的极限结构对共振杂化体贡献最大的是（　　）。[天津大学，2000 年考研题；大连理工大学，2004 年考研题]

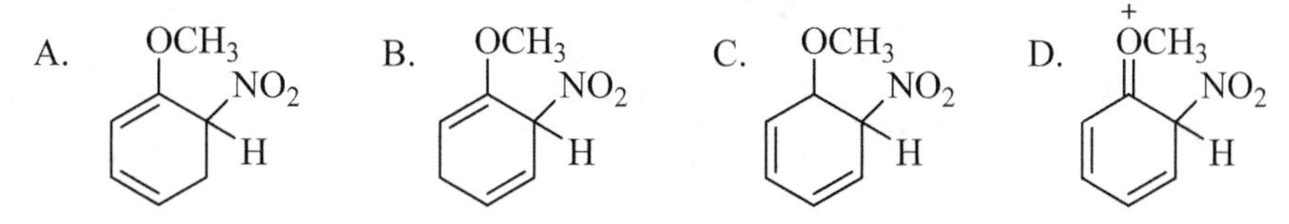

15. 下列化合物中，芳环上亲核取代反应速率最快的是（　　）。[南京大学，2003 年考研题]

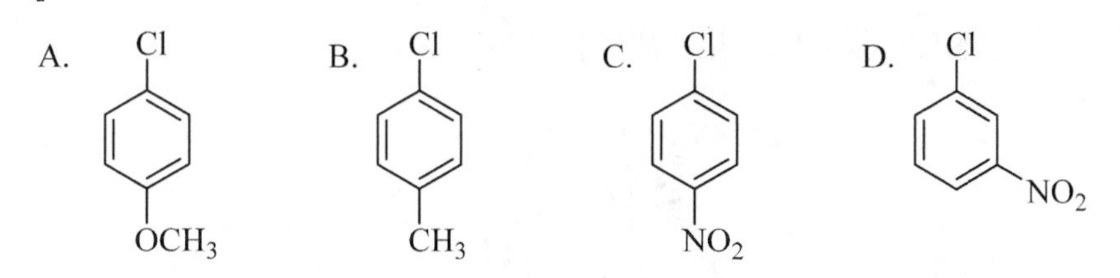

16. 下列化合物中哪些具有芳香性。[厦门大学，2004 年考研题]

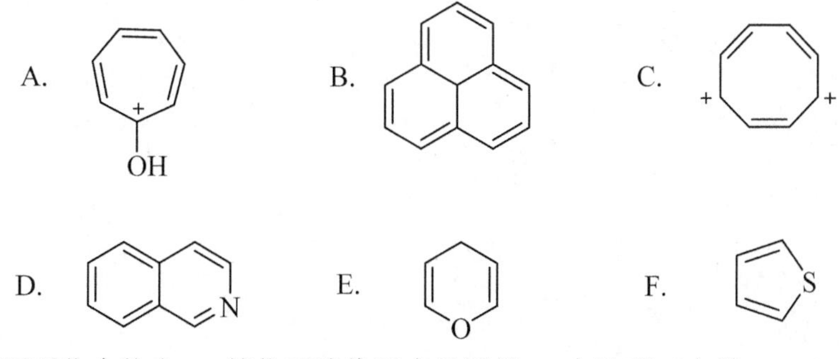

17. 比较下列化合物在 Fe 催化下溴代反应的活性。[大连理工大学，2003 年考研题]

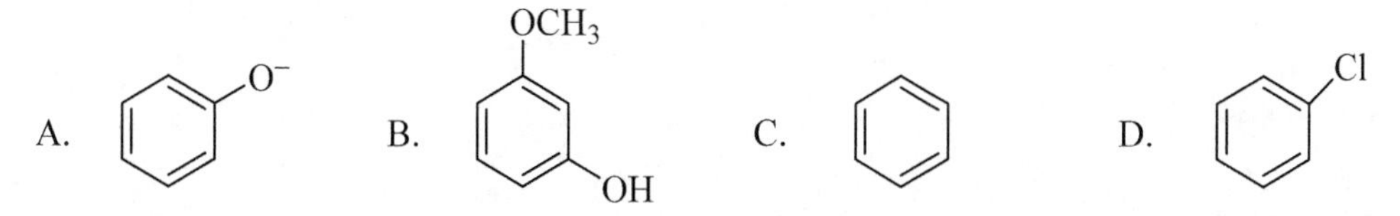

18. 下列化合物在常温平衡状态下，最不可能有芳香性特征的是（　　）。[中国科学院，2009 年考研题]

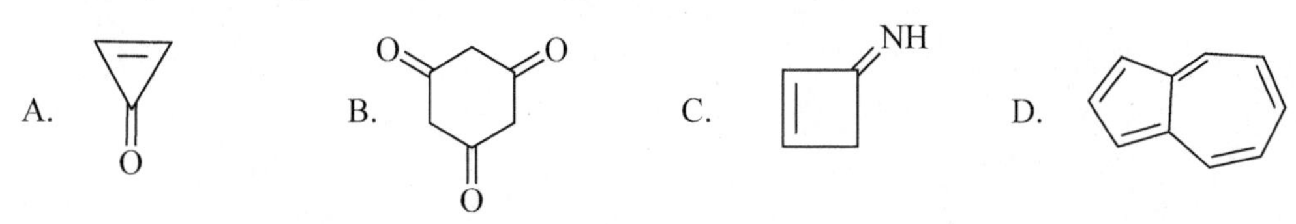

19. 已知下列反应的实际结果，据此推测合理的、分步的反应机理。[清华大学，1998 年

考研题]

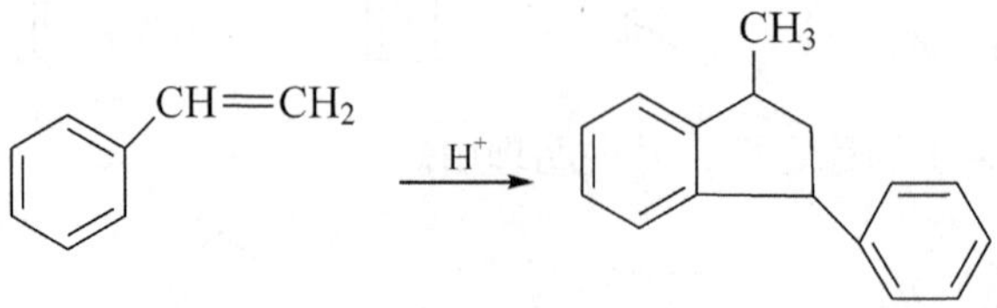

20. 完成下列转化。[浙江大学，2000 年考研题]

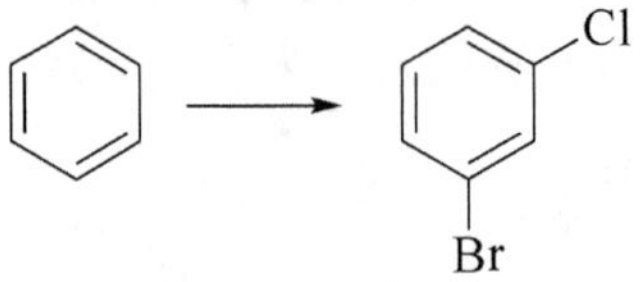

21. 由甲苯及必要原料和试剂合成 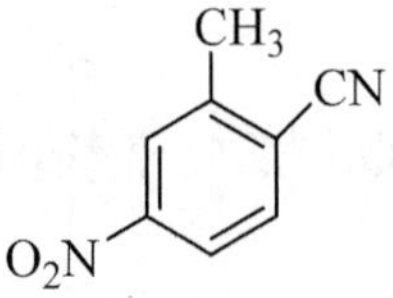 。[清华大学，2005 年考研题；南开大学，2005 年考研题；大连理工大学，2006 年考研题]

第7章 立体化学

【学习要求】

(1) 掌握比旋光度、手性、手性中心、对映体、非对映体、外消旋体、内消旋体等概念，掌握手性判定、费歇尔投影式书写和R/S命名等方法。

(2) 熟悉立体化学、旋光性、光学异构、光学纯度、对映体过量、立体选择性反应、手性合成、不对称合成等概念，熟悉对称判定和*D/L*命名等方法。

(3) 了解偏振光、赤式、苏氏、手性轴、手性面、潜手性碳、潜手性氢、不对称催化、立体专一性反应等概念。

有机化合物结构复杂、种类繁多、数量庞大，其中一个重要原因就是同分异构现象的普遍存在。分子中各原子间的连接顺序或方式称为分子构造，因分子构造不同而形成的异构是构造异构，包括碳链异构、官能团异构、位置异构和互变异构等。例如，正丁烷和异丁烷是碳链异构，乙醇和甲醚是官能团异构，正丙醇和异丙醇是位置异构，而丙酮和丙烯-2-醇为互变异构。

立体异构(stereoisomerism)是另一类重要的同分异构现象，是指分子构造相同，但部分原子或基团在三维空间的排列关系不同而形成的异构。有的立体异构体可通过单键的旋转而相互转换，称为构象异构(conformational isomerism)，如正丁烷的对位交叉式构象和邻位交叉式构象，环己烷的椅型构象和船型构象等。其他立体异构体的相互转换则必须要经过化学键的断裂和生成才能实现，称为构型异构(configurational isomerism)。构型异构又可分为双键的顺反异构(如顺-2-丁烯和反-2-丁烯)、环状化合物的顺反异构(如顺-1,4-二甲基环己烷和反- 1,4-二甲基环己烷)和旋光异构(optical isomerism，如右旋的*L*-丙氨酸和左旋的*D*-丙氨酸)等三种。立体化学(stereochemistry)就是研究分子中原子或基团在三维空间的排列关系，以及不同排列关系对物质性质和反应的影响。

旋光异构的发现源自1815年，法国物理学家拜奥特(J. B. Biot)陆续发现松节油和樟脑的乙醇溶液、蔗糖和酒石酸的水溶液以及许多液态有机物都具有旋光性质。1848年，法国化学家巴斯德(L. Pasteur)分离并研究了酒石酸盐的两种旋光异构体，提出了分子不对称(dissymmetric)的概念，从而开创了立体化学。本章从旋光性的概念开始，重点介绍立体化学的相关基础知识。

7.1 旋光性及其产生的原因

7.1.1 旋光性

光是一种电磁波，其振动方向与前进方向垂直。因此，普通自然光和单色光都在与前进方向垂直的平面内向各个方向振动。然而，如果让光线通过一种由冰晶石制成的尼科耳棱镜

(Nicol prism)，则只有振动方向与棱镜晶轴平行的那部分光可以透射出来，其他光则被滤掉。这种通过棱镜后只在一个方向上振动的光称为平面偏振光，其振动方向与前进方向所构成的平面是振动面(图 7-1)。

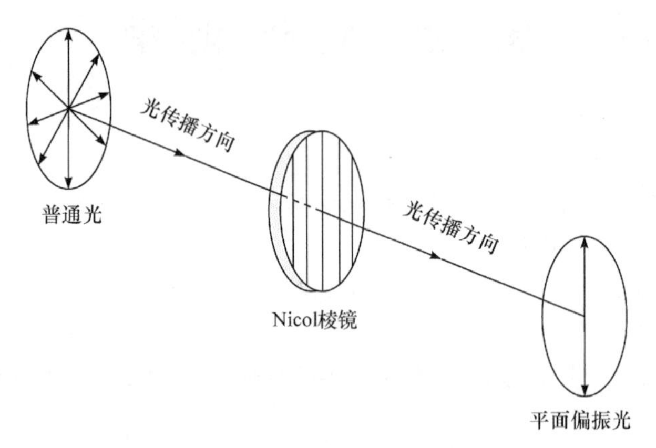

图 7-1　平面偏振光的形成

平面偏振光通过水、乙醇等介质后，振动面不发生改变，而当通过葡萄糖、樟脑、酒石酸和乳酸等物质的溶液后，其振动面会发生一定角度的旋转，这种特性就称为旋光性或光学活性(optical activity)，具有这种性质的物质称为旋光性物质或光学活性物质。振动面旋转的角度为旋光度，用α表示。面向光线前进方向观察，如果振动面向顺时针方向旋转，则称为“右旋”(dextrorotatory)，用 d 或者 + 表示；如果向逆时针方向旋转，则称为“左旋”(levorotatory)，用 l 或者 – 表示。

物质的旋光性可采用旋光仪测量，其原理如图 7-2 所示。光源发出的单色光经第一个 Nicol 棱镜(起偏镜)后得到平面偏振光，然后通过盛装待测样品的旋光管，经第二个棱镜(检偏镜)到达观察用的目镜。测量时，先调节检偏镜和起偏镜的晶轴平行，然后盛放样品，并通过旋转检偏镜使从目镜观察到的光亮度最大，此时检偏镜与起偏镜的夹角就是测得的旋光度值。除了物质结构，波长、浓度、旋光管长度、温度和溶剂等因素都会影响旋光度值，甚至还可能改变旋光的方向。为了体现物质本身的旋光特性，便于相互比较，规定了物质在一定条件

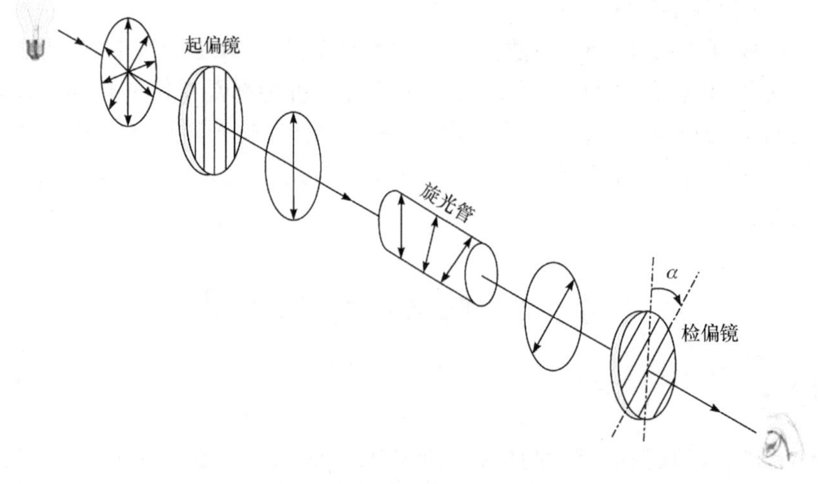

图 7-2　旋光仪测定原理示意图

下的旋光度值为其比旋光度(specific rotation)，用$[\alpha]_\lambda^t$表示：

$$[\alpha]_\lambda^t = \frac{\alpha}{c \times l}$$

其中，λ为测定波长(一般使用钠焰 D 线，$\lambda = 589$ nm，表示为 D)；t为测定温度；α为测得的旋光度值；c为溶液浓度(g · mL^{-1}，若为纯物质则用密度ρ代替)；l为旋光管长度(dm，即偏振光经过溶液的路径长度)。比旋光度的物理含义就是在一定波长和温度下，将浓度为 1 g · mL^{-1}的物质溶液装在 1 dm 长的旋光管中所测得的旋光度值。比旋光度是旋光性物质的一个特性物理常数，数值后面还要注明测试溶剂和浓度，如右旋酒石酸的比旋光度$[\alpha]_D^{20} = +3.79°$ (乙醇，0.05)表示在 20℃时用钠焰 D 线作光源，测定 0.05 g · mL^{-1}的右旋酒石酸乙醇溶液的比旋光度为右旋3.79°。如果是以水溶液测定，溶剂水也可以不标注。

测量旋光度不仅可以用来鉴定物质的旋光性，还可以根据其比旋光度计算浓度或纯度。例如，在制糖工业中，要知道某葡萄糖水溶液的浓度，可将其装在 1 dm 长的旋光管中，在 20℃用钠焰 D 线测定其旋光度为+4.2°，然后查阅葡萄糖在水中的比旋光度为$[\alpha]_D^{20} = +52.5°$，这样就可计算出溶液浓度为

$$c = \frac{\alpha}{[\alpha]_D^{20} \times l} = \frac{+4.2}{+52.5 \times 1} = 0.08(\text{g} \cdot \text{mL}^{-1})$$

7.1.2 旋光性产生的原因

旋光性的发现必然引发人们的思考：为什么水、乙醇等物质没有旋光性，而葡萄糖、樟脑、酒石酸和乳酸等物质却有？旋光性与分子结构有什么关系？旋光异构又是怎么回事？

旋光性是法国物理学家阿拉果(Arago)在 1811 年研究石英的光学性质时发现的。天然石英晶体(主要成分 SiO_2)分为两种，它们分别使平面偏振光向右旋转(右旋石英)和向左旋转(左旋石英)，但经过熔融，晶体结构被破坏后，两种都失去了旋光性，说明旋光性和石英的晶体结构有关。仔细观察右旋石英和左旋石英的晶体，会发现它们非常相似，但又不能完全重合，所以是不相同的，而是呈“实物-镜像”的“对映”关系(图 7-3)。进一步研究又发现这两种晶体本身都不具有任何对称性因素(如对称面、对称轴或对称中心等)，是非对称的，由此推测旋光性就是这种晶体“非对称性”的一种光学性质。后来，从 1815 年起，拜奥特又相继观察到松节油、樟脑、蔗糖和酒石酸的溶液，以及许多液态有机物都具有旋光性。

1848 年，巴斯德在做晶体研究时发现，酒石酸钠铵盐在低于 28℃条件下的结晶由两种晶体形成，与石英晶体的情形相同，它们呈“实物-镜像”的“对映”关系，而本身不具有任何对称性(图 7-4)。巴斯德仔细用镊子将两种晶体分开，分别溶于水后测量旋光性，发现一个是右旋，一个是左旋，比旋光度大小相等，这就是最早发现的一对旋光异构体。进一步由右旋酒石酸钠铵盐得到右旋酒石酸，并与等量的左旋酒石酸混合，发现混合物无旋光性。受酒石酸钠铵盐晶体外形不对称的启发，巴斯德提出溶液的旋光性是由分子结构的不对称引起的，并指出：“右旋酸中的原子是排列在一个右螺旋上或是排列在一个不规则四面体的顶点上，或是有其他的非对称排列方式，我们尚不能回答这些问题。但是存在一种非对称的排列方式，并不能与其镜像重合，这是没有疑问的。”

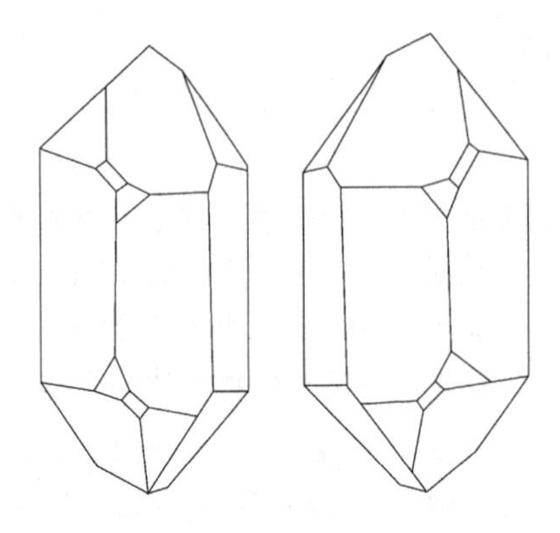

图 7-3　石英的两种晶体结构示意图

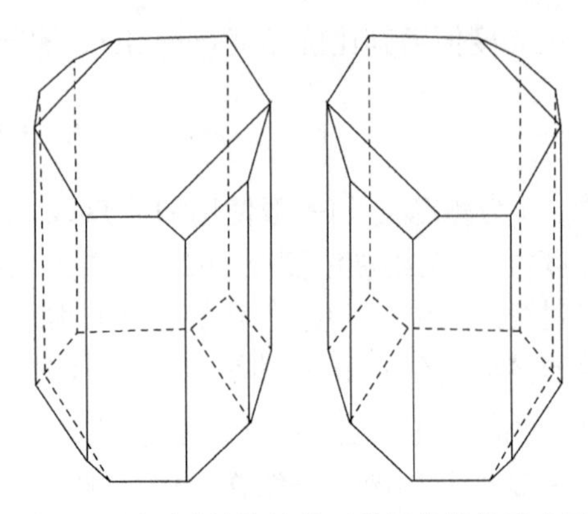

图 7-4　酒石酸钠铵盐的两种晶体结构示意图

后来，荷兰化学家范特霍夫(J. H. Van't Hoff)和法国化学家勒贝尔(J. A. Le Bel)于 1874 年提出了饱和碳原子的四面体结构理论，从而证实了巴斯德当年推断的正确性。以乳酸为例，其 α- 碳原子位于四面体中心，连接羧基、羟基、甲基和氢原子四个不同的基团，正好排列在四个顶点上，且有两种不同的排列方式，呈“实物-镜像”关系，分别是右旋乳酸和左旋乳酸，为一对旋光异构体(图 7-5)。乳酸分子不具有对称性，其实物与镜像不能重合，这是旋光性产生的本质原因。

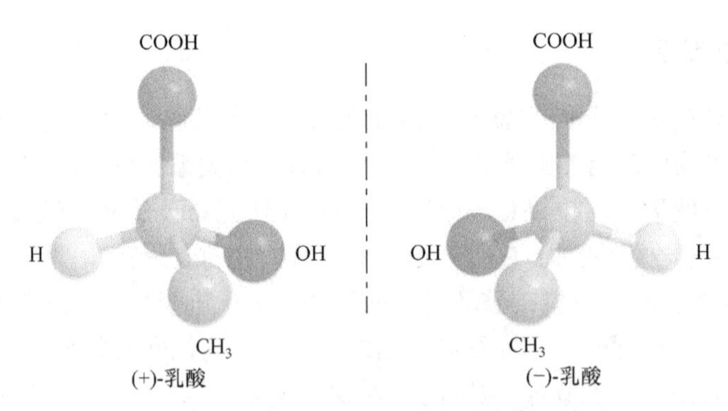

图 7-5　两种乳酸分子呈“实物-镜像”关系

7.2　分子的对称性和手性

石英晶体、酒石酸钠铵盐晶体和乳酸分子都不能与其镜像完全重合，实物与镜像呈“对映”关系，类似现象在自然界普遍存在，如鞋、耳朵、旋转楼梯等，其中最有代表性的是人的左右手：左手的镜像是右手，但它们不能完全重合，呈“对映”关系，反之亦然。于是，实物与镜像不能完全重合的这种特征就称为手性或手征性(chirality)，具有手性的分子称为手性分子，否则就是非手性分子。手性是物质具有旋光性的必要条件。

如何判定分子是否具有手性？多数情况下，直接考察实物与镜像能否完全重合往往都比较困难。事实表明，实物与镜像能够完全重合是因为实物本身具有对称性，而实物与镜像不能完全重合是因为实物具有手性因素。因此，可以通过分析分子结构的对称性或手性因素判定其是否具有手性。

7.2.1　分子的对称性

在不改变分子结构中任意两个原子或基团距离的前提下，分子经某种对称操作后能与操作前完全重合，则该分子具有对称性。对称性的分子都至少含有一个对称因素(对称面、对称中心和对称轴)。因此，可以通过对称因素的有无来判定分子是否具有对称性。

1. 对称面

如果存在一个平面，能将分子划分为呈“实物-镜像”关系的两部分，则该平面就是分子的对称面，用σ表示。例如，三氯甲烷分子中，由氢、氯、碳三原子所确定的平面就是分子的对称面，共有 3 个。顺-1,4-二甲基环己烷有 2 个对称面，分别是由 C_1、C_4 和两个甲基确定的平面，以及经过 C_2/C_3 键中点和 C_5/C_6 键中点并垂直于环己烷碳环的平面(图 7-6)。反-1,2-二氯乙烯是平面分子，其所在平面即为对称面。乙炔为线形分子，经过其所在直线的无数个平面都是对称面。凡是具有对称面的分子，其实物和镜像都可以完全重合，是非手性分子，无旋光性。

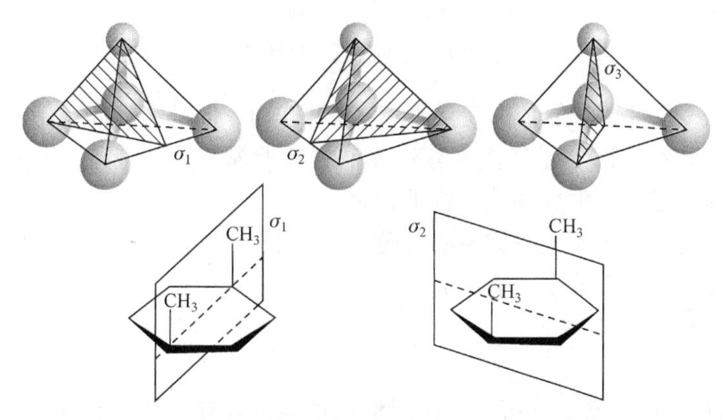

图 7-6　三氯甲烷和顺-1,4-二甲基环己烷的对称面

2. 对称中心

如果存在一个点，分子中所有原子或基团与此点连线并等距离延长后，都有相同的原子或基团存在，则此点就是分子的对称中心，用 i 表示。一个分子最多只可能有一个对称中心。例如，反-1,4-二甲基环己烷有对称中心，在环己烷碳环的中心点。反-1,2-二氯乙烯的对称中心在双键中心点(图 7-7)，乙炔的对称中心在三键中心点。凡是具有对称中心的分子，其实物和镜像都可以完全重合，是非手性分子，无旋光性。

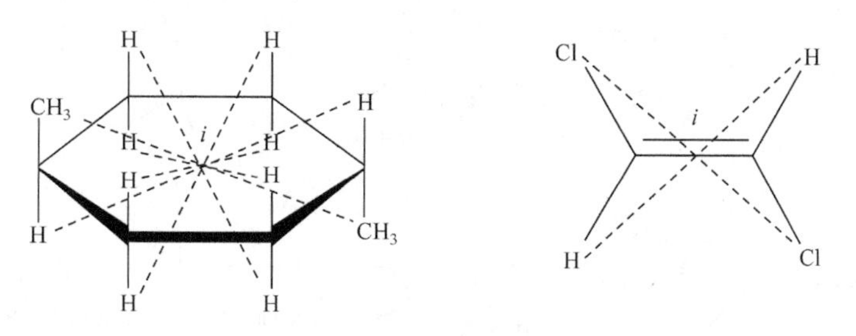

图 7-7　反-1,4-二甲基环己烷和反-1,2-二氯乙烯的对称中心

3. 对称轴

如果存在一条线，分子以此线为轴旋转一定角度(360/*n*，*n* 为正整数)后，能与旋转前完全重合，则此线为分子的 *n* 重对称轴，表示为 C_n。例如，反-1,2-二氯乙烯有垂直于分子平面并经过其中心点的二重对称轴 C_2，三氯甲烷有经过碳氢键的三重对称轴 C_3，环丁烷有垂直于环平面且经过其中心点的四重对称轴 C_4，反-1,2-二氯环丙烷有经过 C_3 和 C_1/C_2 键中点的 C_2 对称轴(图 7-8)，乙炔为线形分子，可绕其所在直线旋转任意角度后与旋转前完全重合，并且还有无数条垂直于分子所在直线并经过其中心点的二重对称轴 C_2。显然，任何分子都有 C_1 对称轴。

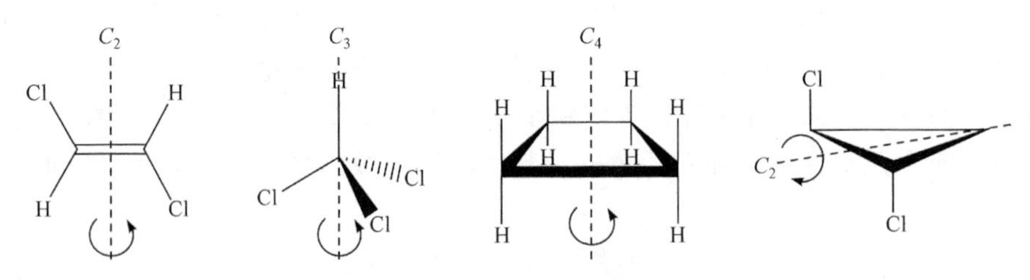

图 7-8　几种分子的对称轴

需要注意的是，反-1,2-二氯环丙烷虽然有 C_2 对称轴，但其实物和镜像不能完全重合，是手性分子，具有旋光性，而上述其他具有对称轴的分子都不具有手性，无旋光性。因此，有无对称轴不能作为判定分子手性和旋光性的依据。

综上所述，凡具有对称面或对称中心的分子都是非手性分子，无旋光性，而既无对称面，也无对称中心的分子为手性分子，有旋光性。

7.2.2　手性因素

7.2.1 小节是从对称因素来分析分子的对称性进而判定其手性，反过来，也可以从“不对称因素”(或称手性因素)出发考察分子的手性，其中最常见的就是不对称中心，也称手性中心(chiral center)。如果分子中的原子或基团围绕某一点出现不对称排列而使分子失去对称因素产生手性，那该点就是分子的手性中心。如图 7-5 所示，乳酸 C_2(α-碳)连接的羧基、羟基、甲基和氢原子四个基团是不对称排列的(无对称面或对称中心)，从而使分子整体失去对称因素成为不对称分子，该碳原子就是分子的手性中心，称为手性碳原子(chiral carbon)。手性中心以连接四个不同原子或基团的 sp^3 杂化碳原子最常见，其他也可以是多价的硅、氮、磷、砷、硫等原子，用“*”标记(图 7-9)。

Tröger碱

图 7-9　具有手性中心的部分化合物

氮手性中心在涉及生物碱的天然有机化学中非常普遍。叔胺氮原子如果连接三个不同的基团并处于环状化合物的桥头上，则其三角锥构型被固定，孤对电子不能自由流动，这就形成了氮手性中心，如 Tröger 碱。季铵和氮氧化物的氮原子连有四个基团，也可以成为手性中心(图 7-9)。

除手性中心外，分子的手性因素还有手性轴和手性面等，详见 7.4.3 小节。

7.3　对映异构体及构型的表示、标记

7.3.1　对映异构体

乳酸，即α-羟基丙酸，是这类化合物的代表。不同来源的乳酸，其旋光性质不同：从肌肉中得到的乳酸比旋光度为+3.8°，称为右旋乳酸或(+)-乳酸，以葡萄糖或乳糖为原料，经左旋乳酸杆菌发酵后得到的乳酸比旋光度为−3.8°，称为左旋乳酸或(−)-乳酸。右旋乳酸和左旋乳酸都是α-羟基丙酸，分子构造相同，但旋光性质不同，是一对旋光异构体。从分子结构上看，两者呈“实物-镜像”的“对映”关系，这样的旋光异构体进一步被称为对映异构体(enantiomer)或对映体，这种现象称为对映异构现象(enantiotropy)。还有一种没有旋光性的乳酸，是从酸败的牛奶中或人工合成得到的，其实这是(+)-乳酸和(−)-乳酸的等量混合物，它们对偏振光的作用相互抵消，所以不表现旋光性。这种由等量对映体组成的混合物称为外消旋体(racemic mixture 或 racemate)，用(±)或 *dl*-表示。

对映体在化学键键长、键角、键能，以及原子或基团间距方面是完全等同的，因此其理化性质在一般条件下也是相同的，如熔点、密度、溶解度、pK_a等(表 7-1)，但在手性条件下，对映体往往会表现出理化性质的差异。例如，对映体对左旋偏振光和右旋偏振光的折射率不同，在手性色谱柱中的保留行为不同，在手性试剂、手性溶剂或者手性催化剂条件下的化学反应活性不同等。由于生命有机体是一个天然复杂的手性环境，糖、氨基酸、蛋白质(酶、受体、离子通道)等信号识别和传递分子都是手性的，所以对映体的生理活性往往不同，有时甚至相反。例如，右旋葡萄糖能被动物代谢提供营养价值，而左旋葡萄糖不能。抗菌药物氯霉素实际起作用的是左旋体，右旋体无效。沙利度胺(商品名“反应停”)右旋体镇静止吐，左旋体致畸。慢性心衰治疗药物多巴酚丁胺的左旋体收缩血管，右旋体扩张血管。单一对映体手性药物的研究、开发、制备和纯化是近年来制药工业中极为重要的一个热门领域。

表 7-1　不同乳酸的物理性质比较

乳酸	$[\alpha]_D^{20}$(水)/(°)	熔点/℃	pK_a(25℃)
(+)-乳酸	+3.82	53	3.79
(−)-乳酸	−3.82	53	3.79
(±)-乳酸	0	18	3.79

7.3.2　构型的表示

对映异构体的结构差异在于手性中心周围原子或基团的空间排列方式不同，这就需要用立体结构图式才能描述，如伞形投影式、锯架透视式、纽曼投影式或球棍模型等。然而，对

于手性中心数量较多、结构复杂一些的化合物，这些方法表示起来就会非常困难，也不直观。因此，多数情况下采用立体结构的平面投影(平面图式)表示，其中最常用的是创立于 1891 年的费歇尔投影式。该方法是以手性碳为中心，将其所连的任意两个原子或基团处于水平方向，并朝向观察者，这样，另外两个原子或基团就自然处于竖直方向并远离观察者，然后进行投影，就得到一个十字交叉形的平面投影，因此也称为十字形投影式。需要明确的是，投影式虽然是平面图形，但表达的是立体结构：两条直线的交叉点是手性碳原子，水平方向的两个基团朝向观察者，处于纸平面上方(所谓“跃然纸上”)，竖直方向的两个基团位于纸平面的下方(所谓“力透纸背”)。对于多手性中心的分子，可先将其调整为全重叠式，然后按相同规则进行投影。图 7-10 是乳酸和酒石酸的费歇尔投影式。

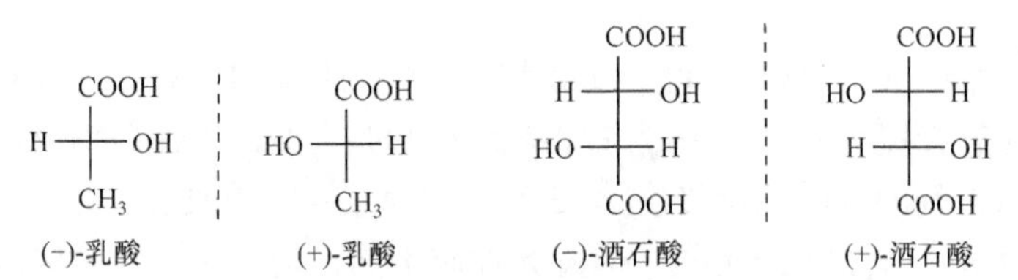

图 7-10　乳酸和酒石酸的费歇尔投影式

根据以上规则，一个手性分子能写出多个费歇尔投影式，如(+)-乳酸就可以写成以下 12 种投影式(图 7-11)，这说明投影式经过一定的转换后仍然可以代表原来的化合物。

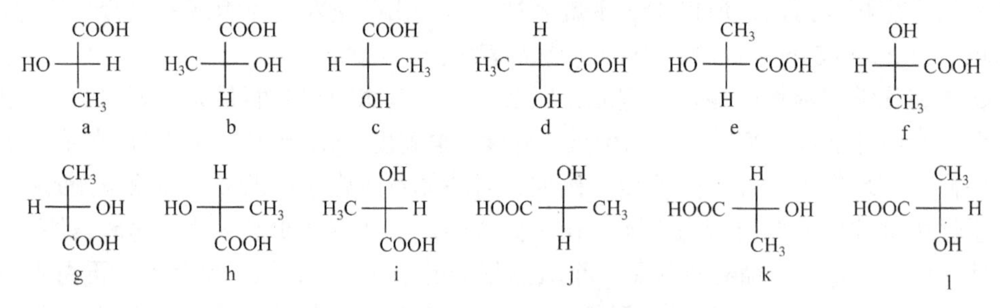

图 7-11　右旋乳酸的 12 种费歇尔投影式

此转换需要遵循如下规则：

(1) 费歇尔投影式在纸平面内旋转 180°或其整数倍得到的投影式仍代表原化合物，如 a/g、b/h、c/i……若旋转 90°或其整数倍，得到的投影式就是原化合物的对映体，如 d 旋转 270°或 j 旋转 90°得到的都是图 7-10 所示的(–)-乳酸。

(2) 投影式以水平或竖直直线为轴离开纸平面翻转 180°，所得投影代表原化合物的对映体，如 a 沿竖直方向或 g 沿水平方向各翻转 180°后得到的都是图 7-10 所示的(–)-乳酸。

(3) 保持投影式中某个基团不动，另外 3 个基团按顺时针或逆时针方向旋转，所得投影式仍代表原化合物，如 a/b/c、d/e/f、g/h/i、j/k/l。

(4) 对于两个投影式，可将其中一个进行上述变换后与另一个比较，根据相应的转换规则判断二者代表同一物质或是互为对映体。

7.3.3　构型的标记

费歇尔投影式用图形描述了手性中心周围各基团的空间排列关系，随之而来的问题是如何对投影式，即其代表的空间排列关系进行文字描述，也就是如何对构型进行标记？旋光性标识[如在乳酸前面加“右旋”、(+)或 *d*]虽然可以区分对映体，但不体现立体结构信息，无法和具体的对映体结构相对应。早期的科学家只能人为指定对映体构型，建立了 D/L 命名法。到 20 世纪 50 年代初，单晶 X 射线衍射技术的发展使直接测定手性中心的立体结构成为现实，从而可以根据手性碳周围基团的空间排列关系进行命名，这就是 *R*/*S* 命名法。

1. 相对构型标记(D/L 命名法)

1906 年，费歇尔以甘油醛为标准建立了沿用至今的 D/L 命名法。首先将甘油醛写成费歇尔投影式，要求将含有全部手性碳的主链放在竖直方向，把氧化态高的碳原子放在上方，氧化态低的放在下方，然后人为指定右旋甘油醛为羟基写在右边的对映体，称为 D 型，左旋甘油醛为羟基写在左边的对映体，称为 L 型(图 7-12)。需要注意的是，羟基写在右边的 D 型投影式结构，其旋光性究竟是不是右旋在当时并不知晓，只是为了命名的需要而进行的人为指定。当然，所幸后来证明这个指定是正确的。

D-(+)-甘油醛　L-(-)-甘油醛

D-(+)-甘油醛 —HgO→ D-(-)-甘油酸 ←HNO_2— D-(+)-异丝氨酸 —NOBr→ D-(-)-*β*-溴乳酸 —Na-Hg→ D-(-)-乳酸

图 7-12　甘油醛及相关的构型关联

以甘油醛的构型为标准，其他某些旋光性化合物的构型可以通过与甘油醛的化学关联而确定。例如，(–)-甘油酸可由 D-(+)-甘油醛氧化得到，而(+)-异丝氨酸还可反应生成(–)-*β*-溴乳酸和(–)-乳酸(图 7-12)。在反应中，手性碳上的化学键都没有发生变化，所以其构型保持，从而确定以上所有物质均为 D 型。可以看到，代表投影式结构特征的构型(D 型或 L 型)与旋光方向并无必然关系，D 型的甘油醛和异丝氨酸为右旋，而 D 型的甘油酸、乳酸和*β*-溴乳酸却为左旋。

这里建立起来的 D 型或 L 型实际只意味着与标准物质 D-(+)-甘油醛或 L-(–)-甘油醛的构型一致，却并不直接反映其真实的立体结构，所以称为相对构型(relative configuration)。1951 年，毕育特(J. M. Bijvoet)用单晶 X 射线衍射法测定了(+)-酒石酸钠铷的真实立体结构，也就是手性碳周围各基团的空间排列关系，即绝对构型(absolute configuration)，结果与之前确定的相对构型一致，从而证实了原来人为指定的甘油醛构型是正确的。因此，所有以甘油醛为标准建立起来的相对构型也就是绝对构型。

D/L 命名法以费歇尔投影式为基础，因此很难应用于环状化合物，且只能表示分子中一个手性碳原子的构型，也不适合描述手性碳不含氢原子的化合物，如 2,3-二羟基-2-甲基丙醛。

由于习惯的原因，D/L 命名法在糖和氨基酸中仍然普遍使用。

2. 绝对构型标记(*R*/*S* 命名法)

测定手心中心的绝对构型成为现实后，就可以直接描述手性碳所连基团的空间排列关系，从而克服 D/L 命名法的局限性。1956 年，卡恩(Cahn)、英戈尔德(Ingold)和普雷洛格(Prelog)提出了至今广泛应用的 *R*/*S* 命名法。先将手性碳上连接的四个基团按“次序规则”排列先后顺序(如 a＞b＞c＞d)，然后将最小基团(d)远离观察者，其余基团 a、b、c 就处在靠近观察者的平面上，若它们按顺时针方向排列，就命名为 *R*(拉丁文 *Rectus* 的首字母，右)，若按逆时针方向排列，就命名为 *S*(拉丁文 *Sinister* 的首字母，左)，见图 7-13。

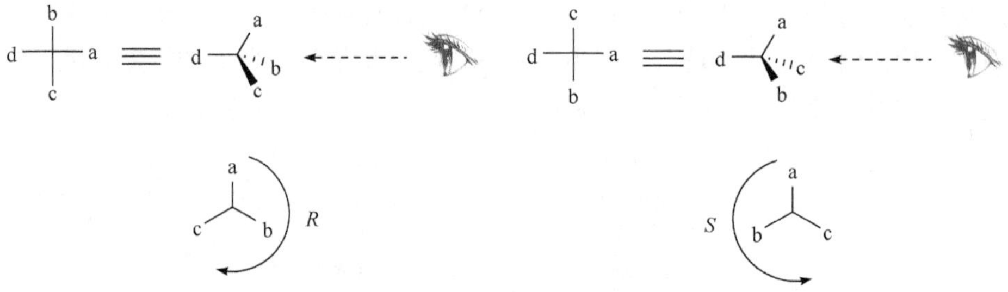

图 7-13　*R*/*S* 命名法确定构型的规则

确定基团先后顺序的次序规则如下：

(1)按基团中与手性碳直接相连原子的原子序数排序，大的在前，小的在后，同位素以质量大者优先。

(2)若直接与手性碳相连的原子相同，则比较这些原子所连原子的情况，以连有原子序数大的优先。

(3)具有双键或三键时，将其看作是连接两个或三个相同的原子，如：

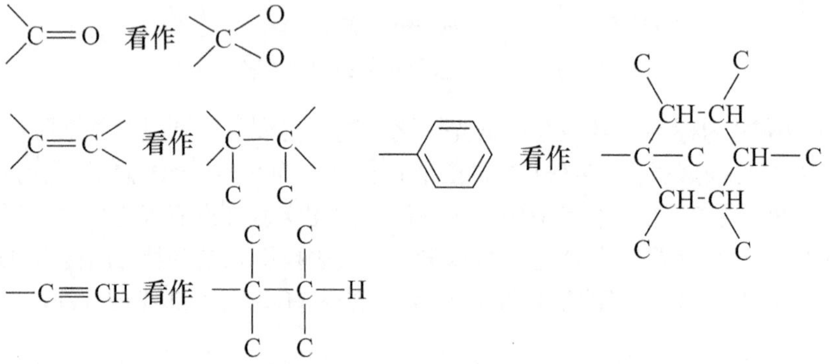

$>C=O$ 看作 $>C(O)(O)$

$>C=C<$ 看作 $>C(C)-C(C)<$

$-C{\equiv}CH$ 看作 $-C(C)(C)-C(C)(C)-H$

—C₆H₅(苯基) 看作 $-C(C)$ 与 $CH-CH$ 交替连接的环，每个碳再各连一个 C

(4)顺反异构以顺式(*Z*)优先于反式(*E*)，对映异构以 *R* 构型优先于 *S* 构型。

按以上规则，一些常见取代基的顺序可以排列如下：—I，—Br，—Cl，$-SO_2R$，—SOR，—SR，—SH，—F，—OCOR，—OR，—OH，$-NO_2$，$-NR_2$，—NHCOR，—NHR，$-NH_2$，$-CH_2Br$，$-CCl_3$，$-CHCl_2$，—COCl，$-CH_2Cl$，—COOR，—COOH，$-CONH_2$，—COR，—CHO，$-CR_2OH$，—CHROH，$-CH_2OH$，—CN，$-CH_2NH_2$，*α*-萘基，*β*-萘基，苯基，$-C(CH_3)_3$，$-CH{=}CH_2$，环己基，$-CH(CH_3)_2$，$-CH_2COOH$，$-CH_2CH{=}CH_2$，$-CH_2CH_2CH_3$，$-CH_2CH_3$，$-CH_3$，—D，—H，孤对电子。

图 7-14 是一些化合物的命名举例。

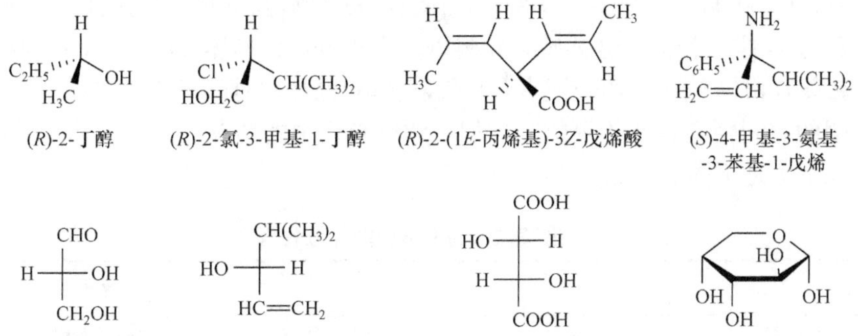

(R)-2-丁醇　(R)-2-氯-3-甲基-1-丁醇　(R)-2-(1E-丙烯基)-3Z-戊烯酸　(S)-4-甲基-3-氨基-3-苯基-1-戊烯

(R)-甘油醛　(R)-4-甲基-1-戊烯-3-醇　(2S,3S)-酒石酸　(1S,2S,3R,4R)-阿拉伯吡喃糖

图 7-14　R/S 命名法举例

若是对费歇尔投影式进行构型标记，则采用下列方法较为简便：

(1)若最小基团在竖直方向上(远离观察者)，则直接按其余三个基团的排列顺序确定构型。

(2)若最小基团在水平方向上(靠近观察者)，则实际构型与直接按其余三个基团排列顺序确定的构型相反。

3. 构型与旋光性

旋光性产生于分子的手性因素，以手性中心最为常见。但是，手性中心并不是决定分子旋光方向和大小的唯一因素，所连基团甚至附近取代基也有影响。图 7-12 中的 D-(+)-甘油醛和 D-(–)-甘油酸，虽同为 D 型(D/L 命名法)或同为 *R* 构型(*R/S* 命名法)，但旋光方向相反。因此，手性碳的构型(D/L 或 *R/S*)并不能直接反映分子的旋光方向和大小。

7.4　特定情形的手性化合物

7.4.1　含两个及以上手性碳的化合物

1. 所含手性碳原子不相同的化合物

如果分子中含有两个不同的手性碳原子，而每个手性碳上的基团有两种排列方式，那么总共就应该有 $2^2=4$ 种旋光异构体。经过数学推算可知，对于含 *n* 个不相同手性碳的化合物，共有 2^n 个旋光异构体，而对映体则为 2^{n-1} 对。以麻黄碱为例，其费歇尔投影式如图 7-15 所示。

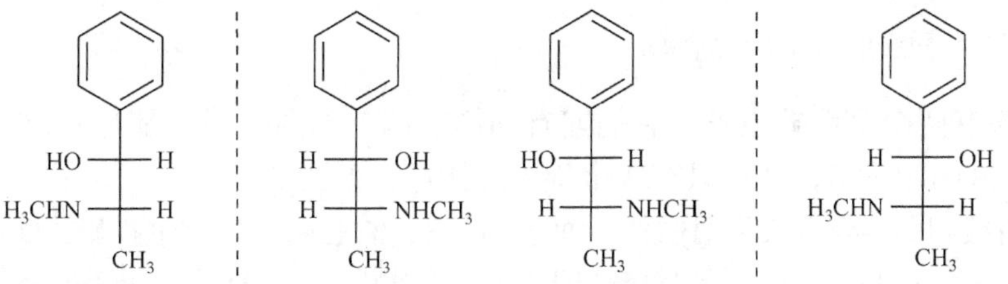

(–)-麻黄碱　(+)-麻黄碱　(–)-伪麻黄碱　(+)-伪麻黄碱

图 7-15　麻黄碱的旋光异构体

在这四个异构体中，(–)-麻黄碱和(+)-麻黄碱为对映体，(–)-伪麻黄碱和(+)-伪麻黄碱为另一对对映体，而(–)-麻黄碱和(–)-伪麻黄碱[或者(+)-伪麻黄碱]分子构造相同，旋光性不同，但又不是"实物-镜像"关系，这类旋光异构体称为非对映异构体(diastereomer)或非对映体。同理，(+)-麻黄碱和(–)-伪麻黄碱[或者(+)-伪麻黄碱]也是非对映异构体关系。非对映体中某些原子或基团的空间距离是不相等的，类似于顺反异构中的情况。因此，非对映体的理化性质在一般条件下也是不同的，见表 7-2。

表 7-2　麻黄碱和伪麻黄碱的部分物理性质

异构体	熔点/℃	$[\alpha]_D^{20}$	溶解性
(–)-麻黄碱	38	–34.9°(盐酸盐)	溶于水、乙醇、乙醚
(+)-麻黄碱	40	+34.4°(盐酸盐)	溶于水、乙醇、乙醚
(±)-麻黄碱	77	—	溶于水、乙醇、乙醚
(–)-伪麻黄碱	118	–52.5°	难溶于水，溶于乙醇和乙醚
(+)-伪麻黄碱	118	+51.24°	难溶于水，溶于乙醇和乙醚
(±)-伪麻黄碱	118	—	难溶于水，易溶于乙醇，溶于乙醚

尽管在理论上一对对映体的比旋光度应该方向相反，大小严格相等，但在实际测定中，溶剂、浓度、温度都会影响结果，尤其是化合物纯度，很多化合物都要经过反复提纯才能使其比旋光度趋于恒定。

丁醛糖(2,3,4-三羟基丁醛)有两对对映体，分别是(–)-赤藓糖和(+)-赤藓糖，(–)-苏阿糖和(+)-苏阿糖。赤藓糖两个手性碳上的相同基团羟基(或者氢原子)处在费歇尔投影式的同侧，而在苏阿糖上处于异侧，见图 7-16。以此为参照，如果其他化合物的两个相邻手性碳上也连有相同基团，并处于费歇尔投影式同侧，则称为赤式(*erythro-*)，处于异侧则称为苏氏(*threo-*)。因此，麻黄碱为赤式，而伪麻黄碱为苏氏。

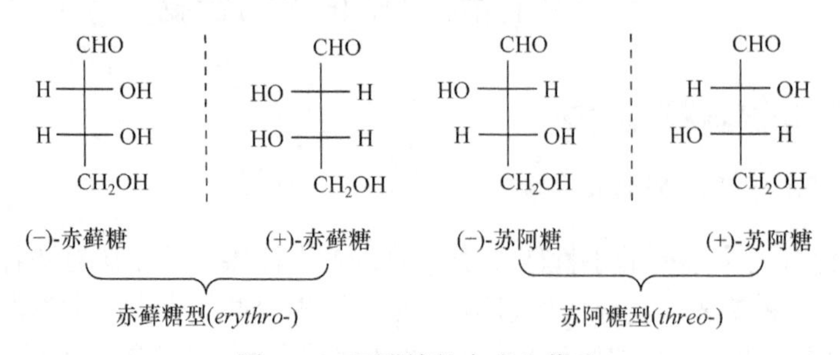

图 7-16　丁醛糖的赤式和苏氏

2. 含有相同手性碳原子的化合物

酒石酸含有两个手性碳原子，它们连有同样的四个不同基团，都是—COOH、—OH、—CH(OH)COOH 和—H，结果只有 3 个旋光异构体，见图 7-17。

(–)-酒石酸和(+)-酒石酸为对映体，而 *meso*-酒石酸的两个费歇尔投影式实际为同一化合物(可将其中一个在纸平面内旋转 180°，即与另一个重合)，含有的一个手性碳为 *S* 构型，另一个为 *R* 构型，所连基团又完全一样，因此旋光作用在分子内相互抵消，不显示旋光性，称为内消旋体(mesomer)，用 *meso*-或 *i*-表示。从对称性的角度看，内消旋酒石酸存在一个垂直

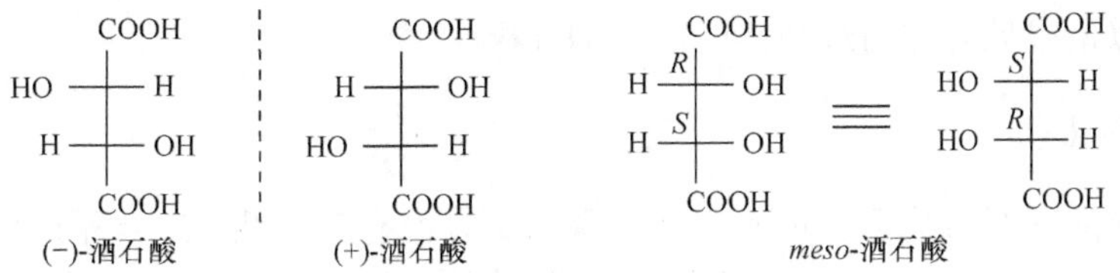

(−)-酒石酸　(+)-酒石酸　*meso*-酒石酸

图 7-17　酒石酸的旋光异构体

并平分 C_2/C_3 键的对称面，因此分子整体不具有手性，故无旋光性。内消旋体与左旋体(或右旋体)是非对映体关系，理化性质不同，见表 7-3。

表 7-3　酒石酸的部分物理性质

异构体	熔点/℃	$[\alpha]_D^{25}$(20%水)	溶解度/[g · (100g 水)$^{-1}$]	pK_{a1}	pK_{a2}
(−)-酒石酸	170	−12°	139	2.93	4.23
(+)-酒石酸	170	+12°	139	2.93	4.23
(±)-酒石酸	206	—	20.6	2.96	4.24
meso-酒石酸	140	—	125	3.11	4.80

含有三个手性碳原子的 2,3,4-三羟基戊二酸可以写出 8 个费歇尔投影式，去除重复结构后还剩 4 个(图 7-18)。其中，(3)和(4)是对映体，C_3 上连了两个构造和构型完全相同的基团，是非手性碳，但分子整体没有对称面和对称中心，是手性分子，有旋光性。(1)和(2)都有一个经过 C_3 及其所连羟基和氢原子的对称面，因此是非手性分子，无旋光性，为内消旋体。其中 C_3 所连四个基团各不相同，是手性碳，但因处于分子对称面上，所以无论其构型为何，都不能使分子产生旋光性，因此也称为假手性碳，用 *r* 或 *s* 表示。

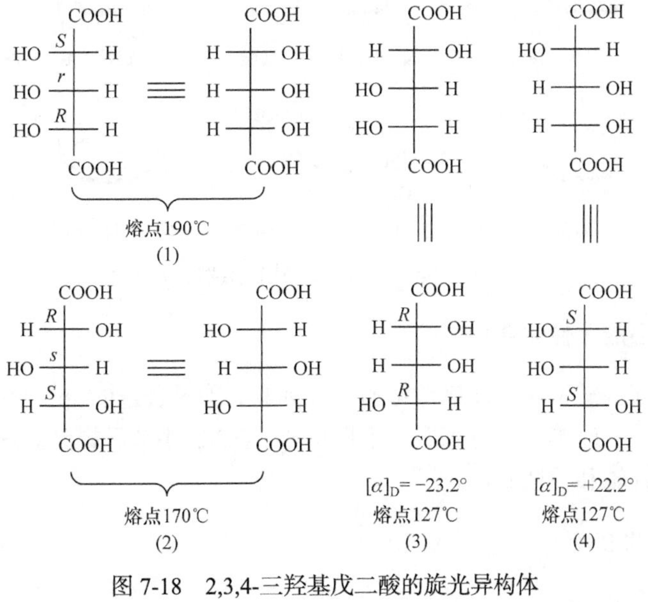

熔点190℃ (1)

熔点170℃ (2)

$[\alpha]_D = -23.2°$ 熔点127℃ (3)

$[\alpha]_D = +22.2°$ 熔点127℃ (4)

图 7-18　2,3,4-三羟基戊二酸的旋光异构体

7.4.2　环状化合物的立体异构

环状化合物的立体异构同时包含了顺反异构和旋光异构，因此比链状化合物的情况要复

杂很多，下面以最常见的环丙烷和环己烷为例分析。

1. 环丙烷衍生物

环丙烷一羧酸存在对称面，也不含手性碳，所以没有旋光性。顺-环丙烷-1,2-二羧酸有两个构型相反的手性碳和一个对称面，因此是内消旋体。反-环丙烷-1,2-二羧酸有两个构型相同的手性碳，没有对称面和对称中心，所以存在一对对映体。顺-2-甲基环丙烷一羧酸和反-2-甲基环丙烷一羧酸各含有两个手性碳，都有对映体。2,2-二甲基环丙烷一羧酸含一个手性碳，有对映体(图 7-19)。

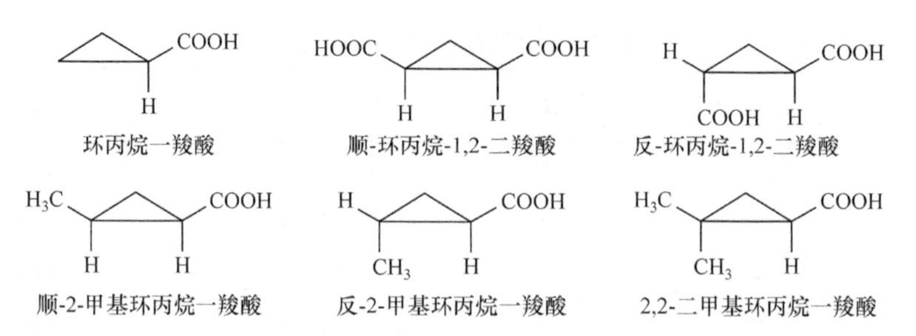

图 7-19　取代环丙烷的旋光异构体

2. 环己烷衍生物

环己烷的单取代、1,2-二取代和 1,3-二取代情况与环丙烷衍生物类似，但 1,4-二取代衍生物却不太一样(图 7-20)：它们都至少有一个对称面，所有碳原子都不具有手性，因此都没有旋光性，也不是内消旋体，只能算作顺反异构(几何异构)。

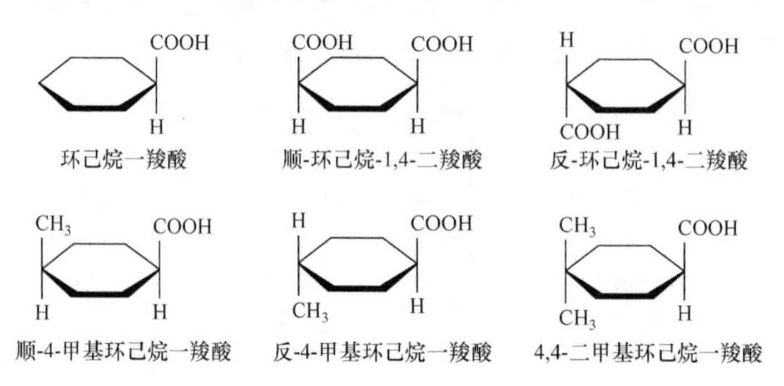

图 7-20　环己烷 1,4-二取代衍生物的异构体

7.4.3　不含手性中心的手性化合物

手性中心是引起分子不对称性最常见的手性因素，除最普遍的 sp^3 杂化碳原子外，还有多价的硅、氮、磷、砷、硫等原子也可形成手性中心，7.2.2 小节已提到。这里主要介绍另外两种手性因素——手性轴和手性面。

1. 含手性轴的化合物

1) 丙二烯型化合物

丙二烯分子的中间碳原子是 sp 杂化，两端双键及各自取代基处于相互垂直的两个平面上。当双键上的取代基不相同时($a\neq b$ 且 $c\neq d$)，整个分子就失去对称面和对称中心而具有手性。类似的还有螺环化合物和环外双键化合物(图 7-21)。

图 7-21 具有手性轴的化合物举例

2)联苯型化合物

联苯分子中的两个苯环可以绕单键自由旋转，但当苯环邻位连有较大取代基造成空间位阻，自由旋转受到限制时，两个苯环平面就固定成一定夹角或垂直。如果两对邻位取代基都不相同(a≠b 且 c≠d)，则整个分子失去对称面和对称中心而具有手性(图 7-21)。

在丙二烯型和联苯型手性分子中，取代基在两个平面垂直相交的轴线周围呈不对称排列，这条轴线就是手性轴。含手性轴化合物的构型命名方法是：将化合物手性轴置于竖直方向，并让下方两个取代基中较小的远离观察者。这样，上方的两个基团就在纸平面内同一水平位置上。按照次序规则，若左边的基团大于右边，手性轴就是 *R* 构型，反之则为 *S* 构型。图 7-21 化合物(1)～(5)的手性轴构型依次为 *S*、*S*、*R*、*S*、*R*。

2. 含手性面的化合物

下面的环醚化合物很像一个带把手的提篮，因此又称为把手化合物(ansa-compound)。当 *n* 值较小、苯环上取代基分布不对称且有较大基团阻碍其旋转时，分子便具有手性，这个苯环平面就是手性面。含手性面化合物的命名方法是：将手性面平放，从靠近不对称基团一侧观察，不对称基团在左边的为 *S* 构型，在右边的为 *R* 构型(图 7-22)。

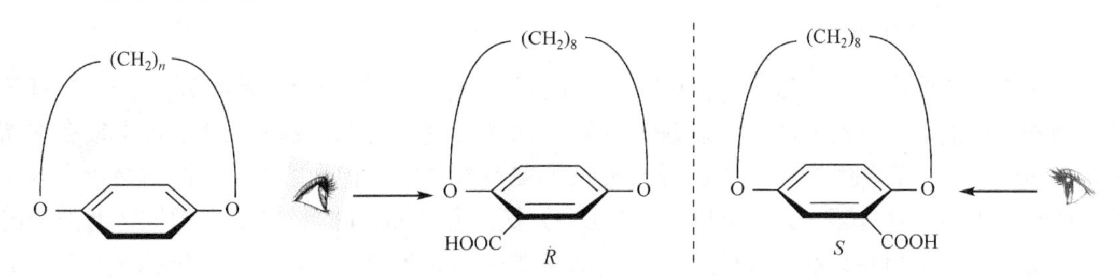

图 7-22 具有手性面的化合物举例

联苯型化合物和把手型化合物在一定条件下因单键旋转受阻而使分子具有手性，这样形成的对映异构体又称为阻旋异构体(atropisomer)。

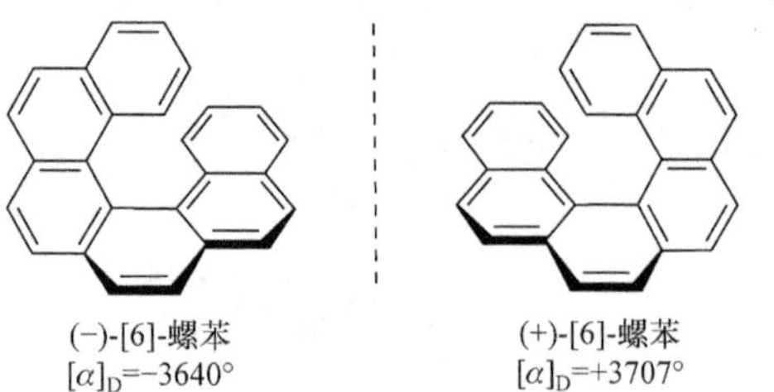

图 7-23　[6]-螺苯的对映体

3. 螺苯类化合物

螺苯是一类由五个以上苯环邻位稠合而成的呈螺旋形的稠环烃，命名时在螺苯前面的方括号内标记稠合苯环的数目即可。这类化合物有很强的旋光性(图 7-23)。

7.5　外消旋体的拆分及光学纯度和对映体过量

人工合成的手性化合物通常都是以外消旋体的形式存在的，但很多时候往往只需要其中的一种对映体，另外一种无用甚至有害，这在制药工业更是普遍存在。例如，曾在 20 世纪 50 年代末风靡于欧洲，用于妊娠早期止吐的药物沙利度胺(商品名“反应停”)就是外消旋体，结果上市几年后竟然造成了上万例海豹样畸形婴儿的出生，成为历史上臭名昭著的药害事件。后来研究发现，沙利度胺的右旋体是镇静止吐的有效成分，并没有致畸作用，而左旋体才是致畸的罪魁祸首。因此，将外消旋体中的两个对映体分离开，即外消旋体的拆分(resolution)，具有很重要的实际应用价值。

7.5.1　外消旋体的拆分

对映体在非手性条件下的理化性质相同，因此用常规方法很难分离。外消旋体拆分的关键是引入手性环境，使对映体表现出性质上的差异而进行分离，故又称手性拆分(chiral resolution)，主要有以下几种方法：

1. 机械拆分法

机械拆分法是巴斯德研究酒石酸钠铵盐时采用的拆分方法。在一定条件下，左旋体和右旋体以呈“实物-镜像”关系的晶体从外消旋体母液中析出，如果晶体较大并能肉眼区分形态，则可以在放大镜的帮助下，用镊子等工具将两种晶体手工分开。方法看似简单，实则烦琐，并只适合于特定外消旋体的少量拆分，基本没有实用价值。

2. 交叉诱导结晶法

以氯霉素合成中一个关键中间体[简称“(±)-氨基醇”]的拆分为例来说明。在(±)-氨基醇的饱和水溶液中，加入少量(–)-氨基醇结晶作为晶种，适当冷却使晶种长大，析出较多结晶后迅速过滤得(–)-氨基醇产品。滤液再加入(±)-氨基醇使之呈饱和溶液，这时溶液中(+)-氨基醇的量大于(–)-氨基醇，适当冷却后就析出(+)-氨基醇结晶，过滤得产品。这时，滤液中的(–)-氨基醇又多于(+)-氨基醇，再加入(±)-氨基醇呈饱和溶液，冷却析晶，过滤又得(–)-氨基醇，如此交叉循环多次可实现拆分。此方法要求单一对映体的溶解度要小于外消旋体，且析晶时不会以外消旋体混晶析出。这是一种工艺简便、成本较低，可用于工业生产的拆分方法，产品纯度可达 95%以上。

3. 化学拆分法

将外消旋体与某左旋试剂(或右旋试剂)进行反应得到一对非对映体衍生物的混合物，由于非对映体理化性质不用，因此可以用结晶、色谱等常规方法分离，之后再将纯化后的衍生物通过化学反应分别还原回去，得到单一的对映体。图 7-24 表示出 2-丁醇外消旋体的拆分过程。

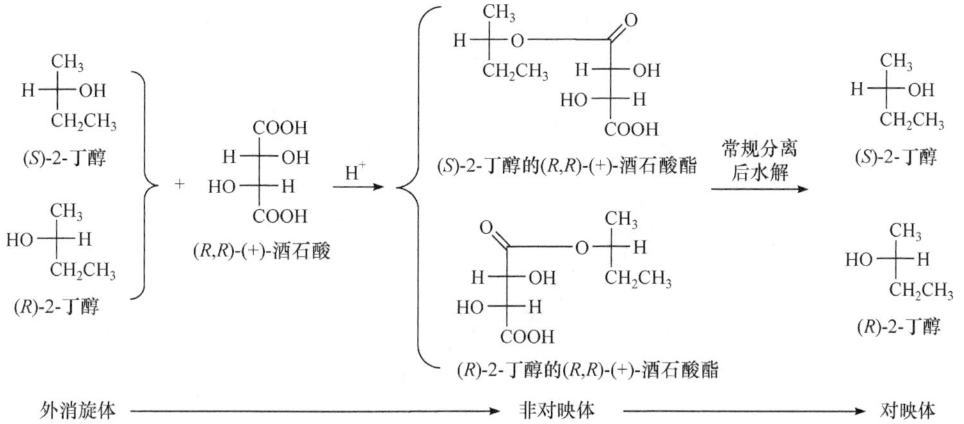

图 7-24　2-丁醇外消旋体的化学拆分

用于化学拆分的衍生化试剂都是具有光学活性的手性试剂，多数来源于自然界，常用的碱性试剂有(–)-番木鳖碱、(–)-马钱子碱、(+)-新可宁碱、(–)吗啡碱、(–)-奎宁碱和(–)-麻黄碱等，酸性试剂有(+)-酒石酸、(–)-二乙酰酒石酸、(–)-二苯甲酰酒石酸、(+)-樟脑磺酸、(–)-苹果酸等，也有人工合成的手性试剂，如α-苯基乙胺等。化学拆分法对外消旋体的物理性质没有要求，只要有适宜的官能团进行衍生化并能还原回来即可，因此是一种最常用、最重要的通用拆分方法。

4. 酶法拆分

酶法拆分是巴斯德在 1858 年发现的。他观察到外消旋酒石酸铵用酵母或青青霉进行发酵，结果右旋酒石酸铵被逐渐消耗，一段时间后，从发酵液中分离出了纯的左旋酒石酸铵。酶的本质是蛋白质，由天然 L-氨基酸组成，是具有立体专一性的手性生物催化剂。酶法拆分就是利用酶对底物的立体选择性，通过酶促反应消耗掉外消旋体中的一种对映体，得到剩下的另一种对映体。这种通过化学反应(或生物化学反应)分解外消旋体中的一个对映体而剩下另一个对映体的过程，称为“不对称分解”。

酶法拆分对氨基酸的纯化特别有用，因为多数的氨基酸都很难用一般的化学方法进行拆分。

5. 形成分子复合物拆分

利用某些物质可与外消旋体中的某种对映体形成容易分解的分子复合物来实现拆分，常用的有尿素和环糊精等。尿素虽为非手性分子，但其结晶中具有长长的螺旋状隧道结构，可以选择性包合特定的对映体形成复合物。环糊精是淀粉在淀粉酶的作用下水解生成的环状寡糖，含 6、7 或 8 个(+)-葡萄糖单位，分别称为α-、β-和γ-环糊精，β-环糊精的结构见图 7-25。

环糊精具有较强的手性，分子呈圆筒状，内有一个空腔，能够部分地从外消旋体中分离出更适于被包合的对映体。手性羧酸酯、亚砜、亚磺酸酯等化合物常用环糊精拆分。

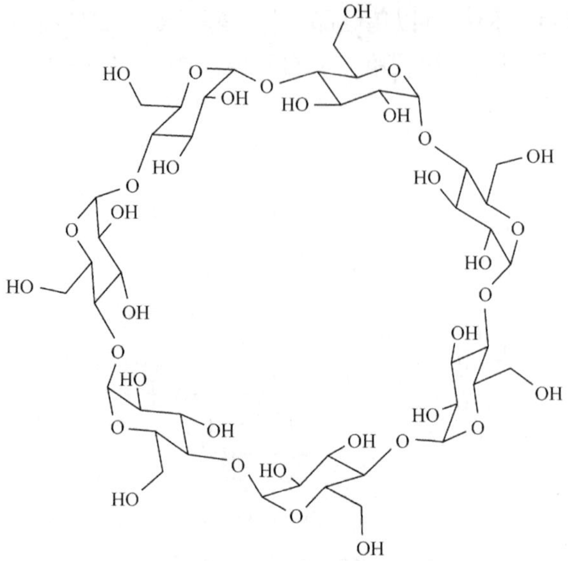

图 7-25　β-环糊精的结构

6. 色谱法

用手性物质(如淀粉、石英、蔗糖粉等)或将手性分子(如环糊精)固定在大分子聚合物上作为手性固定相，当两种对映体与手性固定相发生相互作用时，它们的作用力不同，保留行为不一样，从而实现分离。色谱法正成为外消旋体拆分和对映体光学纯度测定中普遍应用的可靠方法，其关键是手性固定相的研发，这正是目前材料科学和分离工程中的重要热门领域。

7.5.2　光学纯度和对映体过量

外消旋体拆分的效果可用光学纯度(optical purity，简称 op 值)或对映体过量(enantiomeric excess，简称 ee 值)来描述。光学纯度是指实测样品的比旋光度值占对映体纯品比旋光度值的百分数。

$$\text{光学纯度(op值)} = \frac{\text{实测样品的比旋光度值}}{\text{对映体纯品的比旋光度值}} \times 100\%$$

例如，(S)-2-丁醇的比旋光度是+13.52°，某 2-丁醇样品的比旋光度测量值是+6.75°，则该样品中(S)-2-丁醇的光学纯度为

$$\frac{+6.75}{+13.52} \times 100\% = 50\%$$

对映体过量是指对映体混合物中的一种对映体超过另外一种对映体的百分数。

$$\text{对映体过量(ee值)} = \frac{[R]-[S]}{[R]+[S]} \times 100\% = [R]\% - [S]\%$$

或者

$$对映体过量(ee值)=\frac{[S]-[R]}{[S]+[R]}\times 100\%=[S]\%-[R]\%$$

某外消旋体经过拆分后，R 构型含量 95%，S 构型含量 5%，则 ee 值为 90%。

理论上，在没有其他杂质，尤其是光学活性杂质干扰的情况下，op 值应等于 ee 值，但实际中往往存在偏差。目前比较认可的测定光学纯度的方法是手性气相色谱法和手性高效液相色谱法，色谱法不仅可以准确测定 ee 值，还能同时确定样品中有无其他杂质。

7.6　有机反应中的立体化学

前面内容主要涉及立体异构中旋光异构的现象、描述及性质，属于“静态立体化学”的范畴。相应地，“动态立体化学”则主要研究分子的立体结构对化学反应性的影响，以及产物分子和反应物分子在立体结构上的关系等问题，这对阐明反应机理、指导生产实践有至关重要的作用。

7.6.1　不涉及手性碳原子的反应

以(R)-2-溴丁烷 C_1 位的氯代反应为例：

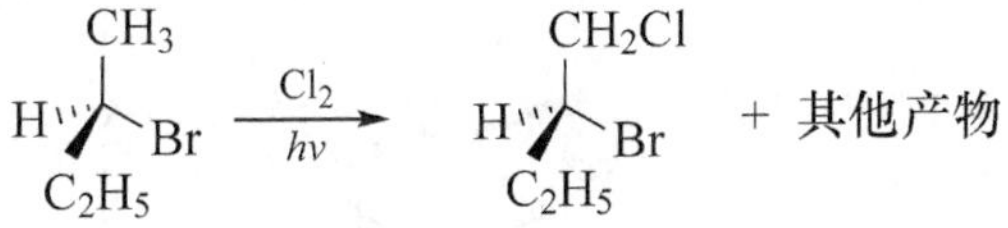

CH_3, H, Br, C_2H_5 $\xrightarrow[h\nu]{Cl_2}$ CH_2Cl, H, Br, C_2H_5 + 其他产物

反应中，与手性碳相连的四个键都没有发生变化，因此各基团的空间排列关系不变，手性碳构型保持。需要注意的是，甲基被取代成为氯甲基后，四个基团的优先次序发生了改变，手性碳的构型符号由 R 变为 S。

7.6.2　涉及手性碳原子的反应

(S)-2-溴-1-氯丁烷在光照作用下发生氯代反应，生成没有光学活性的 2-溴-1,2-二氯丁烷，反应式如下：

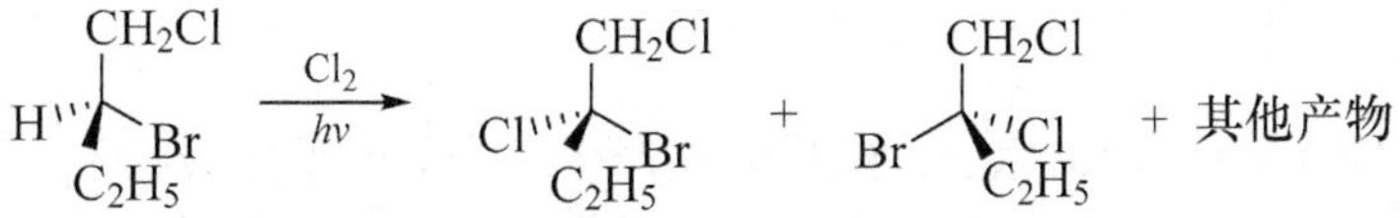

CH_2Cl, H, Br, C_2H_5 $\xrightarrow[h\nu]{Cl_2}$ CH_2Cl, Cl, Br, C_2H_5 + CH_2Cl, Br, Cl, C_2H_5 + 其他产物

在这里，手性碳参与了化学反应，原来的 C—H 键断裂，新的 C—Cl 键生成。根据自由基取代机理，反应过程中有平面结构的烷基自由基生成，氯能从平面两侧机会均等地进攻手性碳，从而得到一对等量的对映体，即外消旋体，这个过程称为外消旋化(racemization)。

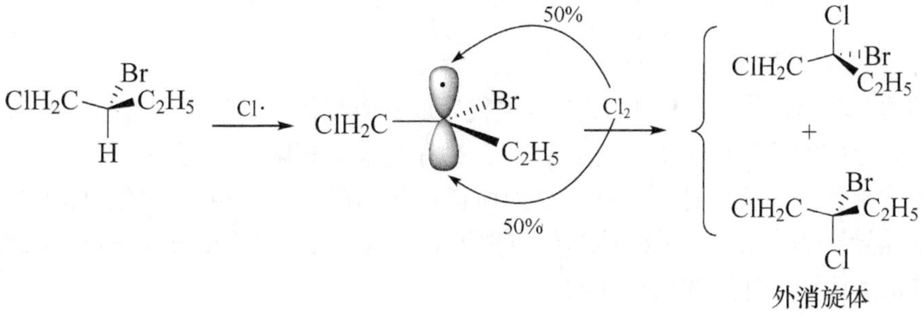

ClH_2C, Br, C_2H_5, H $\xrightarrow{Cl\cdot}$ ClH_2C, Br, C_2H_5 (自由基) $\xrightarrow{Cl_2}$ (50%, 50%)

ClH_2C, Cl, Br, C_2H_5 + ClH_2C, Br, C_2H_5, Cl

外消旋体

自由基取代机理在 1940 年以前被认为是按下列过程进行的：

$$X_2 \xrightarrow{h\nu} 2X\cdot \quad (1)$$

$$RH + X\cdot \longrightarrow RX + H\cdot \quad (2)$$

$$X_2 + H\cdot \longrightarrow HX + X\cdot \quad (3)$$

式(2)和式(3)循环，完成反应。

如果按此机理进行，则手性碳的构型要么保持，要么翻转，产物应该具有光学活性。但是，实验结果是产物 2-溴-1,2-二氯丁烷没有光学活性，为外消旋体，因此否定了上述机理，并证明反应过程中经历了平面结构的烷基自由基。由此可见，立体化学的视角对反应机理的研究有重要的作用。

7.6.3　产生手性碳原子的反应

非手性化合物在非手性条件下经反应生成手性产物时，往往得到等量对映体组成的外消旋体，这是普遍规律。例如，正丁烷发生氯代反应生成 2-氯丁烷时，C_2 位形成了一个手性碳原子，但产物没有光学活性，是外消旋体。

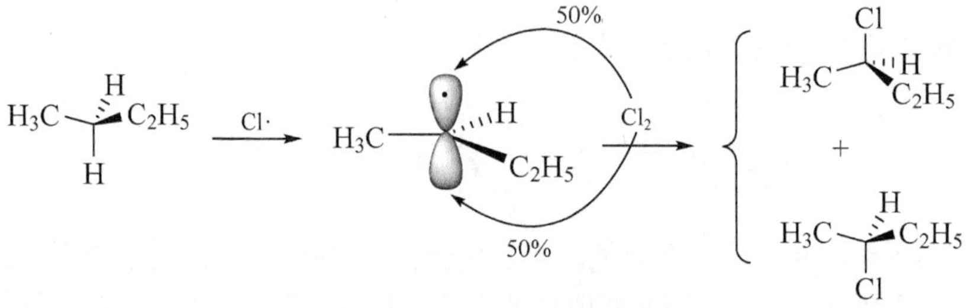

外消旋体

像正丁烷 C_2 那样连有两个相同基团的碳原子称为潜手性碳原子(或前手性碳原子，prochiral carbon)，用 pro-C 表示。两个相同基团通常为氢原子，称为潜手性氢(或前手性氢，prochiral hydrogen)，表示为 pro-H。如果其中一个潜手性氢被氘取代后得到 *R* 构型产物，则该氢为潜 *R*-氢(H_R)，得到 *S* 构型产物，则为潜 *S*-氢(H_S)。

7.6.4　立体选择性反应

若反应物中已有一个手性碳原子，经反应又产生一个新的手性碳原子，则有非对映体生成。例如，(*S*)-2-溴丁烷在 C_3 位上的氯化：

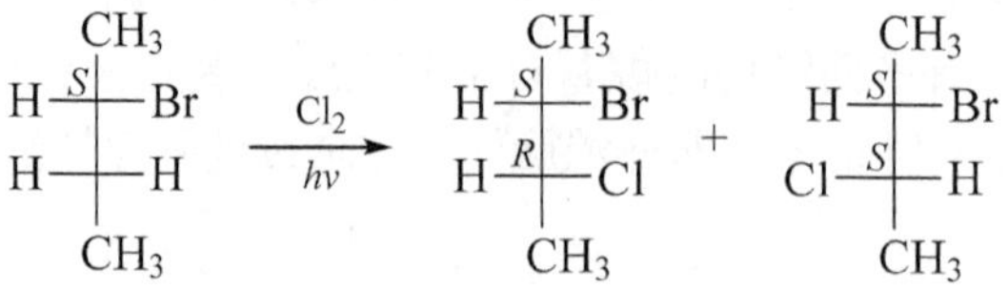

(*S*)-2-溴丁烷　　75%　　25%

这里的两个非对映体并不像正丁烷 C_2 氯代生成的对映体一样等量存在。因为 C_3 失去任何一个氢原子后形成的烷基自由基平面由于受 2 位手性碳的影响，其两侧并不对称，氯从两侧进攻的空间位阻不同，反应速率不同，进而所得产物的产率也不相同。像这样主要生成若干个可能的立体异构体中某一个异构体的反应称为立体选择性反应(stereoselective reaction)，生成外消旋体的反应则是非立体选择性的。

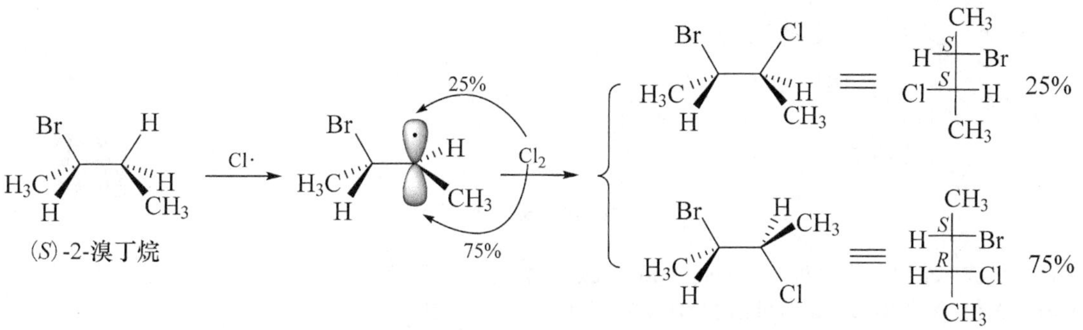

(*S*)-2-溴丁烷

立体选择性反应又称为不对称合成(asymmetric synthesis)或手性合成(chiral synthesis)，得到的是不等量的光学异构体产物，这是比外消旋体拆分更高效、更经济、更绿色的获取单一光学纯度异构体的方法，是当前有机化学、药物合成、材料科学等领域的重点热门研究方向。不对称合成的效率用“立体选向百分率”表示：

$$\text{立体选向百分率(选向率)}=\frac{[A]-[B]}{[A]+[B]}\times 100\%=[A]\%-[B]\%$$

其中，[A]代表主要异构体产物的量；[B]代表次要异构体产物的量。例如，上面(*S*)-2-溴丁烷 C_3 位氯代的选向率就是 75% − 25% = 50%。生成外消旋体的选向率是 50% − 50% = 0，因此是非立体选择性的，也称对称合成。

由酶催化的酶促反应通常具有很高的立体选择性，甚至达到 100%，称为立体专一性反应(stereospecificity reaction)。这是因为酶本身是手性的，能精确识别底物，并将其转变为与自己手性最适应的产物。例如，富马酸是新陈代谢的一个重要中间体，在富马酸酶的作用下水合形成单一对映体(*S*)-苹果酸。如果用重水水合，将产生两个手性碳，但得到的仍然只有一个异构体。若该异构体发生可逆反应，则选择性地脱去—OD 和 C_3 位的 D 而不是 H，说明此酶具有高度的手性识别能力，能够区分同一个碳上 D 和 H 的空间位置。

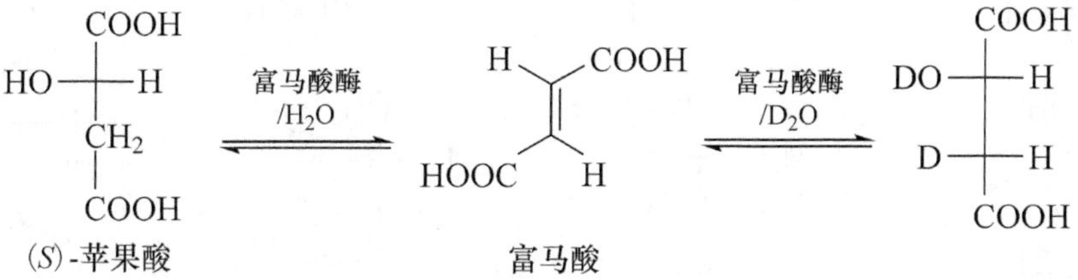

(*S*)-苹果酸　　富马酸

某些含手性因素的催化剂能催化立体选择性反应的发生(不对称催化)，称为手性催化剂。手性催化是实现不对称合成最经济、最高效、最有前景的方法。2001 年的诺贝尔化学奖就是颁发给了在“不对称催化”领域做出杰出贡献的三位科学家：美国的夏普莱斯、诺尔斯和日本的野依良治。1968 年，诺尔斯将手性膦配体与金属铑形成的配合物作催化剂，成功实现取代苯乙烯的高选择性氢化还原反应。此后，美国孟山都公司用该方法合成治疗帕金森病的手性药物左旋多巴，并实现工业化生产，推动了不对称催化领域自 20 世纪 80 年代以来的蓬勃发展。

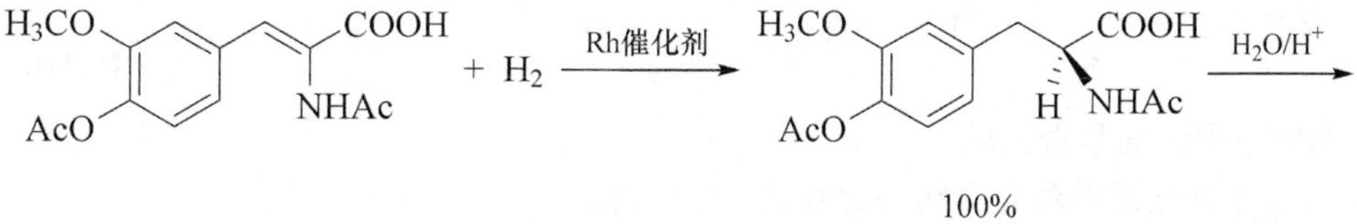

100%

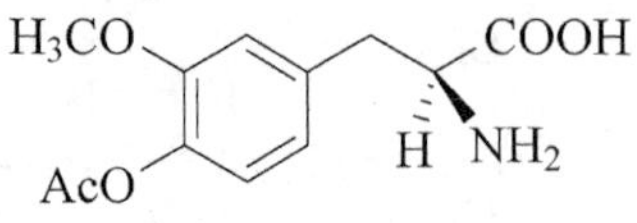

左旋多巴

参 考 文 献

古练权, 汪波, 黄志纾, 等. 2008. 有机化学[M]. 北京: 高等教育出版社
吉卯祉, 彭松, 葛正华. 2016. 有机化学[M]. 4 版. 北京: 科学出版社
倪沛洲. 2007. 有机化学[M]. 5 版. 北京: 人民卫生出版社
王兴明, 康明. 2012. 基础有机化学[M]. 北京: 科学出版社
叶秀林. 1999. 立体化学[M]. 北京: 北京大学出版社
赵正保, 项光亚. 2016. 有机化学[M]. 北京: 中国医药科技出版社

习　题

1. 写出下列化合物的结构式。

(1) (1*R*,3*R*)-1,3-环己二醇　　(2) (*S*)-2-氯-3-苯基丙醛

(3) (*S*)-2-氯-1-丁醇　　(4) 内消旋-3,4,5-庚三醇

(5) (*S*)-环氧丙烷　　(6) (*R*,*E*)-4-氘-2-溴-3-氯-2-戊烯

(7) (1*R*,3*R*,4*S*)-1-甲基-4-异丙基-3-溴环己烷　　(8) (3*R*)-3-甲基-3-羟基-4-己烯-2-酮

(9) (2*R*,3*S*)-2,3-二羟基丁二酸二乙酯

2. 命名下列化合物。

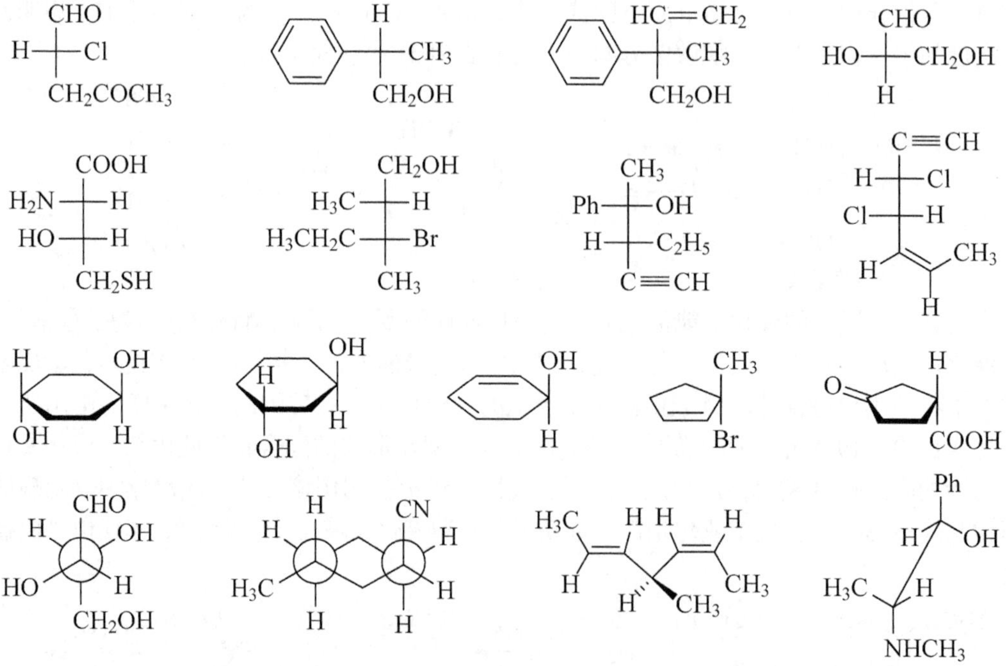

3. 判断下列说法是否正确。

(1) 含有手性碳原子的化合物一定具有光学活性。

(2) 含有手性碳原子的分子不一定是手性分子。

(3) 手性分子一定具有光学活性。

(4) 含有一个手性碳原子的化合物一定有旋光性。

(5) 含有对称中心或对称面的分子一定没有旋光性。

(6) 有旋光性的分子必定具有手性，一定有对映异构体存在。

(7) 只有含手性中心的化合物才可能有对映异构现象。

(8) 具有实物和镜像关系的分子就是一对对映体。

(9) 手性化合物为 R 构型或 D 构型代表其旋光方向为右旋。

(10) 内消旋酒石酸没有旋光性是因为分子没有手性因素，分子是非手性的。

(11) 由于内消旋体没有光学活性，因此其各种构象异构体也没有光学活性。

(12) 因为均无旋光性，所以内消旋体和外消旋体都是非手性分子。

(13) 一个手性化合物的左旋体与右旋体混合组成外消旋体。

(14) 顺-1,2-二甲基环己烷与反-1,2-二甲基环己烷是非对映体关系。

(15) 2,3-己二烯没有手性碳原子，所以为非手性分子。

4. 选择题

(1) 下列分子中无手性的是(　　)。

A. 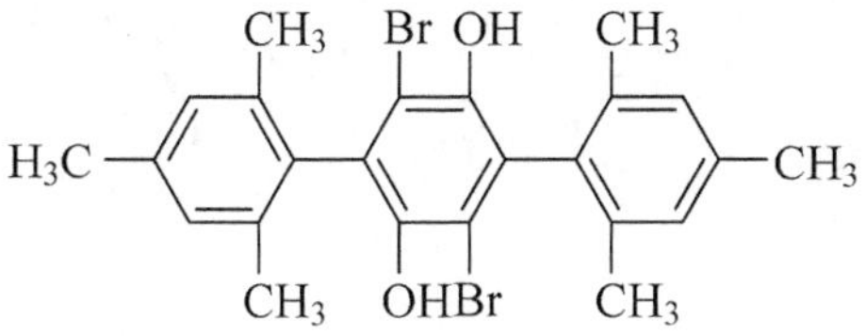　B.

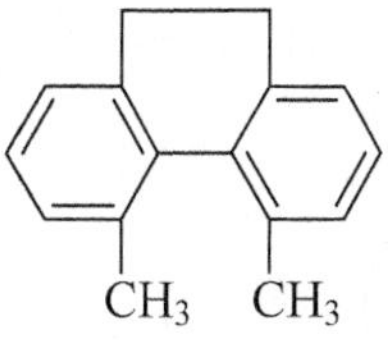

C. 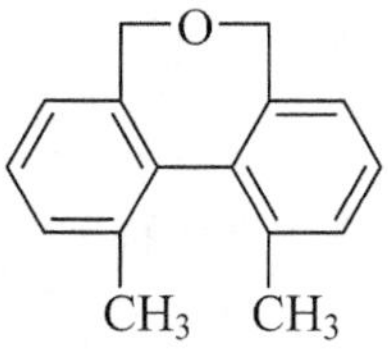　D.

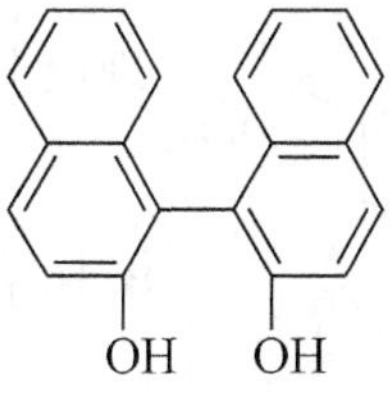

(2) 下列化合物中具有旋光性的是(　　)。

A. 　B. 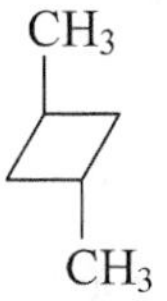　C. 　D.

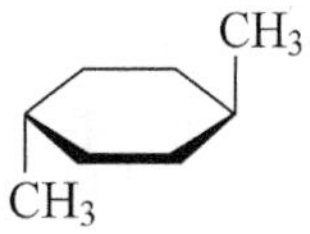

(3) 下列化合物中具有旋光性的是(　　)。

A. 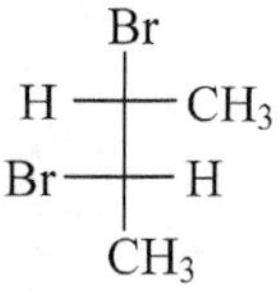　B. 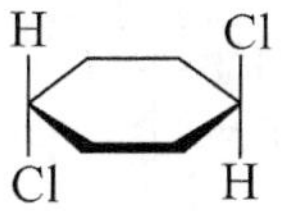　C. 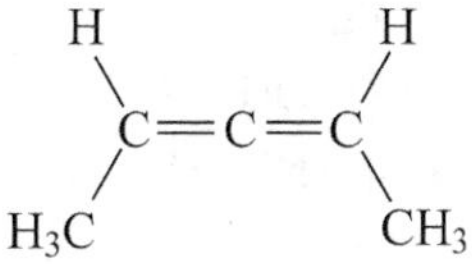　D. $CH_3CH{=}CHCH_3$

(4) 下列化合物中没有光学活性的是(　　)。

A. H, H_3C, CH_3, H　　B. H, Cl, C=C=C, CH_3, CH_3　　C. CH_3, CH_3　　D. CH_3, H, Br, H, Br, CH_3

(5)下列化合物中没有手性的是(　　)。

A. C_2H_5, H_3C—OCH_3, C_2H_5—CH_3, OCH_3　　B. O　　C. PhH_2C—S(=O)—CH_3　　D. H, HOOC, H, COOH

(6)下列化合物中没有光学活性的是(　　)。

A. Cl, H_3C, C=C=C, H, Cl　　B. CHO, H, OH, HO, H, CH_2OH　　C. $(H_3C)_3C$—, Br　　D. CH_3, Cl, O, Cl, CH_3

(7)下列化合物中没有对映体的是(　　)。

A. CH_3, H—Cl, Br—H, H—Cl, CH_3　　B. CH_3, CH_3　　C. Ph, PhH_2C, C=C=C, H, Ph　　D. H_3C, H, C—C, Cl, Cl, H, CH_3

(8)薄荷醇(OH)理论上所具有的立体异构体数目应为(　　)。

A. 8 种　　B. 16 种　　C. 2 种　　D. 4 种

(9)化合物 HO⌒⌒OH 共有(　　)个构型异构体。

A. 3 个　　B. 5 个　　C. 4 个　　D. 8 个

(10)用来表示药物伪麻黄碱(Ph, H, OH, H_3C, H, $NHCH_3$)的投影式应是(　　)。

A. Ph, H—OH, H—CH_3, $NHCH_3$　　B. Ph, H—OH, H—$NHCH_3$, CH_3　　C. Ph, HO—H, H_3C—$NHCH_3$, H　　D. Ph, HO—H, H_3CHN—CH_3, H

(11)下列化合物中，(　　)是内消旋体。

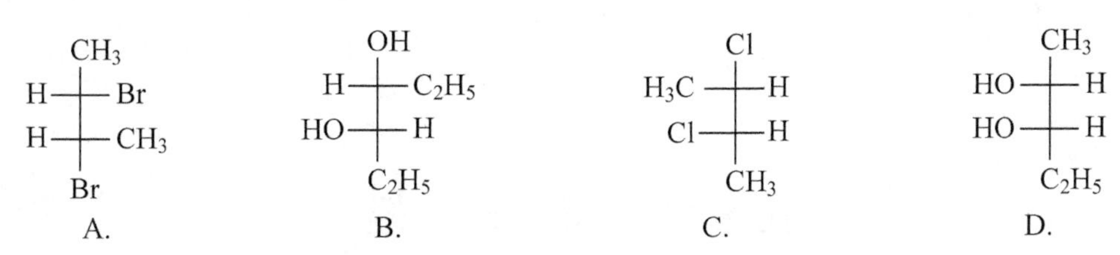

(12)下列两个化合物的关系是(　　)。

Cl
H3C　CH3
H　CH3
H

CH3
H3C　H
H　CH3
Cl

A. 同一化合物　　B. 构造异构体　　C. 对映异构体　　D. 顺反异构体

(13)关于

CHO
H—OH
H—OH
CH_2OH

和

CHO
H—OH
HO—H
CH_2OH

的性质，下列说法正确的是(　　)。

①熔点　　②沸点　　③比旋光度　　④在水中的溶解度

A. ①②相同，③④不同　　B. ③相同，①②④不同

C. ①③④相同，②不同　　D. 以上说法均不正确

5. 从某中药中分得一种新骨架生物碱化合物 5.5 mg，溶于 450 μL 甲醇后在 10 mm 长度的旋光管中测定其旋光度为+0.0403°，该物质的比旋光度为多少？

6. 某溶液在旋光仪上测定的旋光度读数为+20°，怎样才能确定其真实的旋光度值是+20°、+380°、+740°、…，还是−340°、−700°、…？

7. 天然的酒石酸有两种，熔点分别为 206℃(A)和 140℃(B)，均没有光学活性。A 可以拆分为熔点 170℃的一对对映体，其比旋光度分别为+12°和−12°，B 则无法拆分。

(1)画出 B 的费歇尔投影式；

(2)画出熔点为 170℃的酒石酸的费歇尔投影式；

(3)A 是怎样一种物质？

8. 具有光学活性的化合物

CH_2Br
H—Cl
Br

发生自由基氯代反应，形成单取代产物时会得到多种产物，根据下列要求画出相应产物的费歇尔投影式。

(1)不含手性碳的非光学活性产物；

(2)含有手性碳的非光学活性产物；

(3)有光学活性的产物。

第8章　卤　代　烃

【学习要求】

(1) 掌握卤代烃的分类，同时能准确地判定卤代烃的命名与结构。

(2) 掌握一卤代烷烃的化学性质(格氏反应、还原反应、亲核取代反应、消除反应)。

(3) 深入理解饱和碳原子上的亲核取代反应机理(S_N2、S_N1)的特征及反应影响因素。

(4) 深入理解卤代烃的消除反应(E2、E1)的特征及反应影响因素。

(5) 了解烯基卤代烃和芳基卤代烃的亲核取代反应发生的条件与机理。

(6) 了解多卤代烃与重要的氟代烃的性质和应用。

8.1　卤代烃的分类、命名与结构

8.1.1　卤代烃的分类

将烃分子中的氢原子用卤素取代后，就得到卤代烃，该结构中卤原子为官能团。

根据卤原子取代的数目、位置(所连烃基的结构、碳原子级数)可进行如下分类。

1. 卤原子取代基的数目

按含有卤原子取代基的数目，卤代烃可分为一卤代烃、二卤代烃及多卤代烃。在二卤代烃中，根据两个卤原子所处的位置分为：偕二卤代烃、邻二卤代烃和其他隔离型二卤代烃。偕二卤代烃和邻二卤代烃两个卤原子可相互发生影响，性质与隔离型二卤代烃差异较大。在多卤代烃中，三卤甲烷(CHX_3)俗称卤仿(haloform)，四卤甲烷(CX_4)俗称四卤化碳(carbon tetrahalide)。

RCH_2X	$RCHX_2$	$X^1CH_2CH_2X^2$	CHX_3	CX_4
	偕二卤代烷	邻二卤代烷	卤仿	四卤化碳
一卤代烷	二卤代烷		三卤代烷	四卤代烷

2. 卤原子取代基的位置

按卤原子取代基所连烃基的位置和结构分为卤代烷烃、不饱和卤代烃和芳香卤代烃。在不饱和卤代烃中，卤素若连接在烯碳上称为烯基卤代烃(vinyl halide)；若连接在双键邻位的α-碳上则称为烯丙型卤代烃(allyl halide)。当不饱和键为三键时，同理分别称为炔基卤代烃(alkynyl halide)和炔丙型卤代烃(propargyl halide)。在卤代芳烃中，卤素若直接连接在芳香环上称为芳基卤代烃(aryl halide)；卤素若连接在苄位，则称为苄基卤代烃(benzyl halide)。

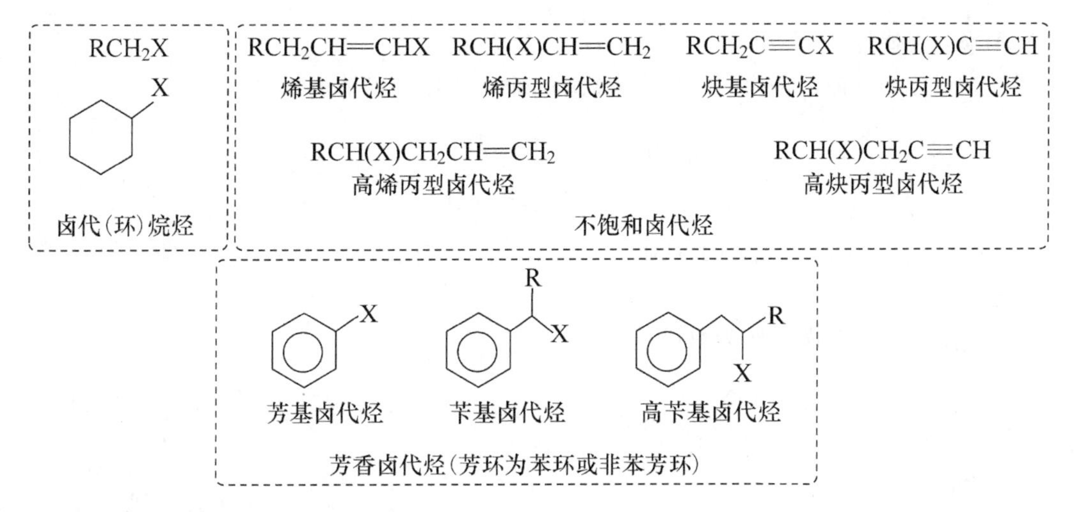

3. 卤素所连碳原子的级数

按卤素所连碳原子的级数，分为伯、仲、叔卤代烃，也称一级、二级、三级卤代烃，记为 1°R-X、2°R-X 和 3°R-X。卤代烃级数不同，性质差异大，需密切关注。

RCH_2X	R_2CHX	R_3CX
伯卤代烃	仲卤代烃	叔卤代烃

8.1.2　命名与结构

1. 普通命名法

结构比较简单的卤代烃习惯使用普通命名法命名，命名时将化合物分为烃基和卤素两个部分，称为某基卤或卤(代)某烃。例如：

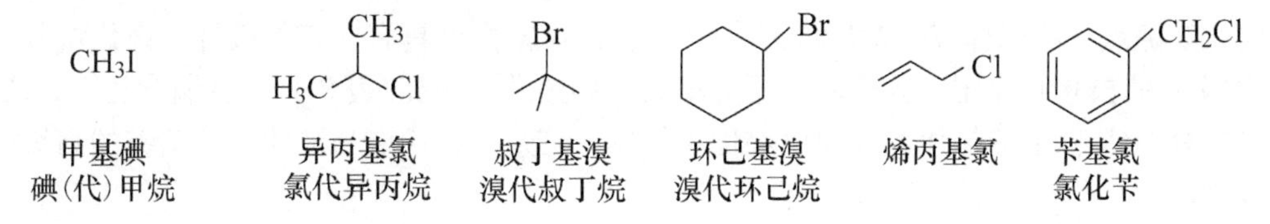

甲基碘 碘(代)甲烷	异丙基氯 氯代异丙烷	叔丁基溴 溴代叔丁烷	环己基溴 溴代环己烷	烯丙基氯	苄基氯 氯化苄

2. 系统命名法

结构复杂的卤代烃普通命名法不适用，按系统命名法可准确命名。

1) 卤代烷烃

烷烃作为母体，将卤原子作为取代基。命名与烷烃系统命名法类似，不再赘述。

$CH_3—CH_2—CH(CH_3)—CH_2—CH(Cl)—CH_2—CH_3$

3-甲基-5-氯庚烷

$CH_3—CH(Cl)—CH_2—CH(CH_3)—CH_2—CH_3$

4-甲基-2-氯己烷

$CH_3—CH_2—CH(Cl)—CH(Br)—CH_2—CH_3$

3-氯-4-溴己烷

2) 不饱和卤代烃

不饱和烃作为母体，将卤原子作为取代基。命名方法与前述一致。

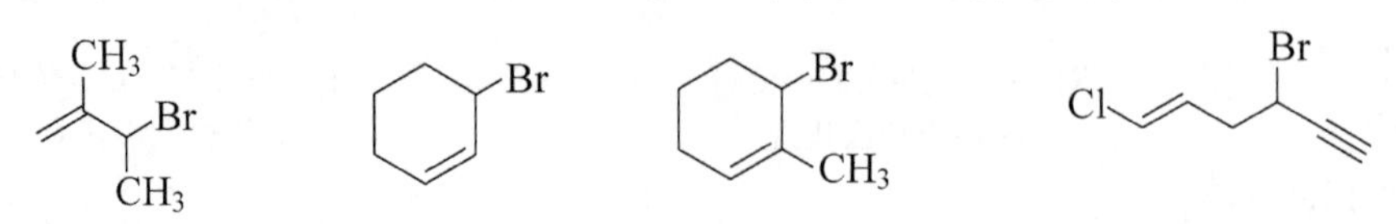

2-甲基-3-溴-1-丁烯　3-溴-1-环己烯　1-甲基-6-溴-1-环己烯　(*E*)-1-氯-4-溴-1-己烯-5-炔

3) 芳香卤代烃

(1) 以苯环为母体(卤素作为取代基)。

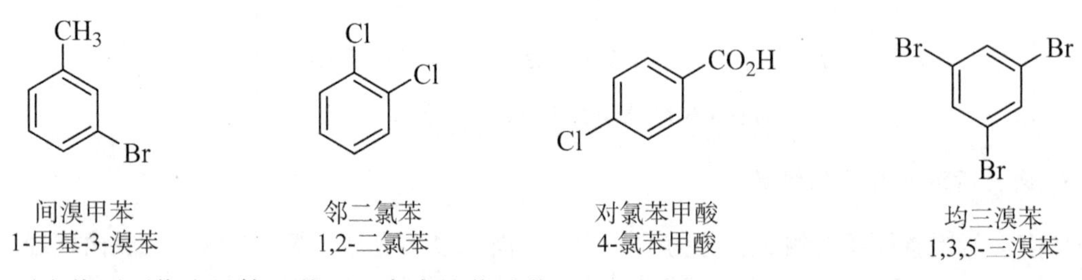

间溴甲苯 1-甲基-3-溴苯　邻二氯苯 1,2-二氯苯　对氯苯甲酸 4-氯苯甲酸　均三溴苯 1,3,5-三溴苯

(2) 苯环不作为母体：苯环和卤素均作取代基。

4,5-二苯基-1-氯辛烷　(*E*)-3-苯基-1-溴-2-丁烯　2-苯基-1-氯丁烷

8.2 一卤代烷烃

8.2.1 物理性质

卤代烷沸点一般比相应的烷烃母体高。这是由于碳-卤键具有一定的极性，卤代烷分子之间产生偶极-偶极相互作用，分子间作用力增大，导致沸点升高(表 8-1)。常温常压下，C_4 以下的氟代烷、C_2 以下的氯代烷和溴甲烷均为气体，其余一卤代烷为液体。长碳链的高级卤代烷为固体。

表 8-1　常见卤代烷的物理常数

卤代烷	相对分子质量	沸点/℃	相对密度 (d_4^{20}) / (g·mL^{-1})
CH_3F	34.03	−78	—
CH_3Cl	50.49	−24	—
CH_3Br	94.94	4	—
CH_3I	141.94	42	2.28
CH_2Cl_2	84.93	40	1.34
$CHCl_3$	119.38	61	1.50
CCl_4	153.82	77	1.60
CH_3CH_2F	48.06	−38	—

续表

卤代烷	相对分子质量	沸点/℃	相对密度 (d_4^{20}) / (g·mL^{-1})
CH_3CH_2Cl	64.51	12	—
CH_3CH_2Br	108.97	38	1.46
CH_3CH_2I	155.97	72	1.94
$ClCH_2CH_2Cl$	98.96	83.5	1.26
$BrCH_2CH_2Br$	187.86	131	2.18
$CH_3CH_2CH_2F$	62.09	3	—
$CH_3CH_2CH_2Cl$	78.54	47	0.89
$CH_3CH_2CH_2Br$	122.99	71	1.35
$CH_3CH_2CH_2I$	169.99	102	1.75
$(CH_3)_2CHCl$	78.54	36	0.86
$(CH_3)_2CHBr$	122.99	59	1.31
$(CH_3)_2CHI$	169.99	89	1.70
n-BuF	76.11	33	0.78
n-BuCl	92.57	78	0.89
n-BuBr	137.02	102	1.28
n-BuI	184.02	131	1.62
$(CH_3)_3CCl$	92.57	52	0.84
$(CH_3)_3CBr$	137.02	73	1.23
$(CH_3)_3CI$	184.02	100 分解	1.54

根据相似相溶规则，卤代烷均不溶于水，但在大多数有机溶剂中具有良好的溶解性。卤代烷常自身也作为有机溶剂使用，但是需要指出：由于卤代烷具有较强挥发性及不愉快的气味，蒸气有毒，特别是碘代烷，应尽量避免吸入(如碘甲烷为剧毒品)。

由于较重的卤素原子向烃引入，卤代烷密度增大。一般情况下，一氟代烷、一氯代烷的相对密度小于 1，而一溴代烷、一碘代烷的相对密度大于 1。分子中随着卤素原子的增多，密度不断增大。例如，二氯甲烷、氯仿、四氯化碳的相对密度分别为 1.325、1.498、1.595。

8.2.2 化学性质及转化

结构决定性质及其化学转化、应用。卤代烃中含有 C—X 极性共价键。卤素由于电负性远大于碳原子，强烈吸引共用电子对，使共用电子对明显偏向卤原子。这种共价键的极性大小可以用偶极矩进行表示，单位为德拜(Debye)，简记为 deb。实验测得了一些卤代烷的偶极矩(表 8-2)。需要指出，多原子分子中，分子的偶极矩指的是分子中各化学键偶极矩的矢量和。例如，四氯化碳分子中虽然含有极性的 C—Cl 键，但其偶极矩相互抵消，使其成为非极性分子。

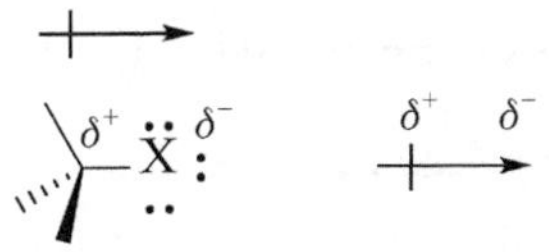

δ^+ δ^- X　　δ^+ δ^-

表 8-2　一些简单卤代烷的偶极矩

卤代烷	偶极矩/deb	卤代烷	偶极矩/deb
CH_3F	1.85	CH_3CH_2F	1.94
CH_3Cl	1.87	CH_3CH_2Cl	2.05
CH_3Br	1.81	CH_3CH_2Br	2.03
CH_3I	1.62	CH_3CH_2I	1.91

简单的卤代烷都是四面体构型，C—X 键中的碳原子采取 sp^3 杂化。C—X 键的键长根据所连卤素的主量子数的增大而变大，相反，键能逐渐减小。表 8-3 中标注了 CH_3—X 键的键长和键能数据。

表 8-3　一卤甲烷 CH_3—X 键的键长和键能数据

卤代烷	键长/Å	键能/(kcal · mol^{-1})
CH_3F	1.39	115
CH_3Cl	1.78	84
CH_3Br	1.93	72
CH_3I	2.14	58

除 C—F 键键能很高外，其他 C—X 键的键能较小，决定了 C—X 键化学性质较为活泼。由于—X 这一活泼官能团的存在，通过 C—X 键的断裂，与其他试剂重组形成新的 C—C、C—H、C—Y(Y 为杂原子)成为可能。这些转化反应在有机合成中具有重要的现实意义。结合 C—X 键均裂和异裂两种断裂方式，下面将对一些重要的反应类型加以讨论。

1. 与金属作用

化学诱导动态极化法表明，卤代烃与非过渡金属反应生成金属有机化合物属于自由基型反应机理，即均裂反应机理。非过渡金属失去价电子，卤代烃则接受电子产生烃基自由基。对于第一主族金属，烃基自由基与另一个零价金属反应生成金属有机化合物(RM)，金属阳离子与卤素负离子结合成盐。

M = Li, Na

$$M + R\text{—}X \longrightarrow M^+ + X^- + R\cdot$$

$$R\cdot + M \longrightarrow R\text{—}M$$

$$M^+ + X^- \longrightarrow MX$$

对于第二主族金属，第二主族金属同样失去一个价电子给卤代烃以形成烃基自由基。接下来，烃基自由基与 XM·复合得到金属有机化合物(RMX)。

M = Mg, Ca

$$M + R\text{—}X \longrightarrow M^{\dot{+}} + X^- + R\cdot$$

$$M^{\dot{+}} + X^- \longrightarrow \cdot MX$$

$$R\cdot + \cdot MX \longrightarrow R\text{—}M\text{—}X$$

1) 与金属 Li 作用

锂有机化合物是重要的金属有机化学试剂，在烯烃聚合、有机合成等方面具有广泛应用。利用金属锂与卤代烃反应是最简单、最重要的获得锂有机化合物的方法。制备的溶剂一般为干燥的烃类溶剂，过量金属锂和生成的 LiCl 可在惰性气氛下过滤去除。

商品金属锂是浸在石蜡中进行保存的，一般将锂在高沸点烃类溶剂中制成锂沙再使用(锂熔点 180.5℃，可在制锂沙时加入 5%金属钠，有利于降低熔点和提高反应效率)。另一方面，锂有机化合物活性高，易与卤代烃原料发生偶合。所以一般选用低活性的氯代烃或溴代烃作原料，在较低温度和强烈搅拌条件下，向分散的锂中滴加卤代烃。

常用的有机锂试剂有甲基锂、丁基锂和苯基锂，其制备反应方程如下：

$$\mathrm{MeBr} + 2\,\mathrm{Li} \longrightarrow \mathrm{MeLi} + \mathrm{LiBr}$$

$$n\text{-}\mathrm{BuCl} + 2\,\mathrm{Li} \longrightarrow \mathrm{BuLi} + \mathrm{LiCl}$$

$$\mathrm{PhCl} + 2\,\mathrm{Li} \longrightarrow \mathrm{PhLi} + \mathrm{LiCl}$$

2) 与金属 Na 作用

卤代烃 R—X 与金属 Na 的反应称为伍兹(Wurtz)反应，这是一种实现烃基成对偶合(R—R)的重要方法。

一般认为，反应中生成了高活性的有机钠中间体(RNa)，RNa 容易进一步与 R—X 反应生成 R—R 偶合反应产物。

$$\mathrm{Na} + \mathrm{R{-}X} \longrightarrow \mathrm{NaX} + \mathrm{RNa}$$

$$\mathrm{RNa} + \mathrm{R{-}X} \longrightarrow \mathrm{NaX} + \mathrm{R{-}R}$$

这类反应在合成偶数碳原子、结构对称烷烃时较为有用，例如：

X—◇—X ＋ 2 Na ⟶ (双环丁烷) ＋ 2 NaX

$$\mathrm{CH_3CH_2CH_2CH_2X} + 2\,\mathrm{Na} \longrightarrow \mathrm{CH_3(CH_2)_6CH_3} + 2\,\mathrm{NaX}$$

3) 与金属 Mg 作用

卤代烃 R—X 与金属 Mg 在绝对干燥的醚类溶剂中反应，可生成有机镁化合物 RMgX。由于这一反应由化学家维克托 · 格利雅(V. Grignard)发现，所以 RMgX 称为 Grignard 试剂(简称格氏试剂)。该试剂在有机合成中用途广泛，化学家 Grignard 还因此获得了 1912 年诺贝尔化学奖。

研究发现，乙醚在格氏试剂形成过程中起到了配位稳定化的作用(镁中心形成了八隅体结构)。通常认为，格氏试剂(RMgX)与二烃基镁(R_2Mg)、卤化镁(MgX_2)还存在一定的平衡，称为 Schlenk 平衡。

$$\mathrm{R{-}X} \xrightarrow[\mathrm{Et_2O}]{\mathrm{Mg}} \mathrm{R{-}Mg(OEt_2)_2{-}X} \xrightleftharpoons{\text{Schlenk平衡}} \mathrm{R_2Mg} + \mathrm{MgX_2}$$

卤代烷与 Mg 发生反应的活性为：R—I>R—Br>R—Cl>R—F，由于 C—I 键过于活泼而 C—F 键较为惰性，一般使用氯代烃或溴代烃来制备格氏试剂。除了使用乙醚作为溶剂外，四氢呋喃(THF)或正丁醚沸点稍高，适用于活性较差的卤代烃。这有助于加热回流条件下提高反应温度，加速反应进行。需要指出，卤代烃与金属镁反应是强烈放热的，反应一旦引发，应控制卤代烃的滴加速度并采用适当的方式进行冷却，防止发生冲料的危险。

格氏试剂的性质非常活泼，一般应现制现用。商品化的格氏试剂也应注意低温密封、隔绝空气保存。这主要是由于格氏试剂(RMgX)与含活泼氢的化合物作用，立即生成相应的烃(R—H)。除此之外，格氏试剂与空气中的氧气发生作用，生成烷氧基卤化镁；也可与二氧化碳作用生成羧酸卤化镁(详见羧酸的制备)。格氏试剂与醛、酮、环氧化物、羧酸衍生物的反应可参见后续章节。

$$R—Mg—X \xrightarrow{H_2O(D_2O)} R—H/D + X—Mg—OH/D$$

$$R—Mg—X \xrightarrow{HX} R—H + X—Mg—X$$

$$R—Mg—X \xrightarrow{R'OH} R—H + X—Mg—OR'$$

$$R—Mg—X \xrightarrow{R'C\equiv CH} R—H + R'C\equiv CMgX$$

$$R—Mg—X \xrightarrow{R'NH_2} R—H + X—Mg—NHR'$$

$$R—Mg—X \xrightarrow{O_2} ROMgX$$

$$R—Mg—X \xrightarrow{O=C=O} RC(=O)OMgX$$

2. 还原反应

一卤代烷(R—X)可与还原剂发生反应，形成脱卤还原产物(R—H)。常用的还原剂是氢化铝锂($LiAlH_4$)。它是一种很强的还原剂，遇到水立即发生分解，产生大量氢气。氢化铝锂只能在干燥的溶剂中使用，溶剂不能含有活泼氢，如绝对乙醚、四氢呋喃、二氧六环等。

硼氢化钠($NaBH_4$)则是较为温和的还原剂，可在水溶液中使用，适用于仲、叔卤代烃的还原。分子中含有易被还原的敏感官能团(氰基、硝基、烯键、炔键)时，可使用温和的硼氢化钠进行 C—X 键的选择性还原。

除此外，C—X 的还原还可以用 Zn/HCl、催化氢解(hydrogenolysis)等方法。需要指出，氢解不同于氢化(hydrogenation)。氢解是指在氢气作用下，分子中的碳-杂键转变为碳-氢键的过程；氢化则是指分子中的不饱和键在氢气作用下的加氢过程。

$$CH_3(CH_2)_8CH_2Br + LiAlH_4 \xrightarrow{THF} CH_3(CH_2)_8CH_3$$

$$CH_3(CH_2)_{14}CH_2I \xrightarrow{Zn/HCl} CH_3(CH_2)_{14}CH_3$$

$$\text{5-(氯甲基)茚满 (}CH_2Cl\text{)} \xrightarrow[Pd/C]{H_2} \text{5-甲基茚满 (}CH_3\text{)}$$

3. 亲核取代反应

由于卤代烷中 C—X 键高度极化，中心碳原子带有部分正电荷，而卤素部分带有部分负电荷，这使带有孤对电子的物种有靠近中心碳核并且使卤素带着共用电子对离开的倾向。这种卤素原子被亲近碳核的物种取代的反应，称为亲核取代反应。卤素称为离去基团，而亲近碳核的物种称为亲核试剂。亲核试剂由于需要亲近碳原子核，一般为负离子型试剂或有未共用电子对的中性分子。

中心碳原子

$$\underset{\text{反应底物 (substrate)}}{R-\overset{\delta^+}{C}H_2-\overset{\delta^-}{X}} + \underset{\text{亲核试剂 (nucleophile)}}{Nu^-} \xrightarrow{\text{亲核取代反应}} \underset{\text{产物 (product)}}{R-CH_2-Nu} + \underset{\text{离去基团 (leaving group)}}{X^-}$$

在适当的条件下利用卤代烷的亲核取代反应，可以实现卤素基团分别被 HO^-、RO^-、HS^-、RS^-、$RCOO^-$、NH_3 等取代，构筑新的 C—O、C—S 和 C—N 键，分别得到醇、醚、硫醇、硫醚、酯、胺等各种有机物。此外，卤代烷 R—X 还可以与氰化钠、末端炔钠、α-碳负离子等反应，形成新的 C—C 键，得到碳链延长的各种产物。

卤代烷还可发生卤素交换反应(Finkelstein 反应)。R—X(溴代烷或氯代烷)在丙酮溶液中与碘化钠反应，可以生成相应的碘代烷(R—I)。反应持续进行的原因在于亲核试剂碘化钠可以溶于丙酮，而生成物溴化钠或氯化钠不溶于丙酮。这一反应很好地解决了碘代烷不易通过烷烃自由基碘代反应合成的问题。

在硝酸银的乙醇溶液中，卤代烷也可以进行亲核取代反应，生成硝酸酯同时产生卤化银沉淀。这一特征性的反应可以用于鉴别不同结构的卤代烃，具体现象特征见表 8-4。

$$R-X + AgNO_3 \longrightarrow \underset{\text{硝酸酯}}{R-O-NO_2} + AgX\downarrow$$

表 8-4 硝酸银/醇溶液鉴别卤代烃的现象

卤代烃(X= Br 或 Cl)	实验现象
CH_2═$CHCH_2X$ $PhCH_2X$、$(CH_3)_3C$—X、Alkyl—I	室温下立即生成 AgX 沉淀
CH_2═$CH(CH_2)_nX$ (n≥2)、R_2CH—X、RCH_2X	加热条件下生成 AgX 沉淀
CH_2═CHX、PhX	加热条件下也不生成 AgX 沉淀

4. 消除反应

在有机分子中消去两个原子或基团的反应称为消除反应(elimination reaction)。根据消去基团的相对位置关系，可分为 1,1-消除(α-消除)和 1,2-消除(β-消除)。卤代烃进行 1,1-消除(α-消除)得到卡宾(carbene)中间体，这类反应相对并不多见。这里主要讨论 1,2-消除(β-消除)反应，在两个相邻的碳原子之间形成新的不饱和键。

α-消除 $R_2C(H)X \xrightarrow[-HX]{\text{碱}} R_2C\colon$ 卡宾

β-消除 $RCH(H)-CH(X)R' \xrightarrow[-HX]{\text{碱}} RCH=CHR'$ (形成不饱和双键)

例如，卤代烷与 NaOH(或 KOH)的醇溶液在加热条件下作用时，卤原子常与β-碳原子上的氢原子(称为β-H)一起消去，而在α-碳和β-碳之间形成新的 π 键从而得到烯烃分子。需要指出，前面提到的卤代烷(R—X)中的卤原子被 HO^-进行亲核取代制备醇(R—OH)的反应是在水溶液中进行的。这体现了溶剂效应以及卤代烃发生消除反应与取代反应之间并存和竞争的关系。

$$R{-}\underset{\beta\,|\,H}{\overset{H}{C}}{-}\underset{\alpha\,|\,X}{CH_2}\ \begin{cases}\xrightarrow{NaOH/H_2O} RCH_2CH_2{-}OH \\ \xrightarrow[\triangle]{NaOH/ROH} R{-}\underset{H}{C}{=}CH_2\end{cases}$$

使用更强的 KOH 作碱，偕二卤代烷还可发生两次 β-消除反应，得到炔烃。

$$R{-}CH_2{-}CHX_2 \xrightarrow[\triangle]{KOH/ROH} R{-}C{\equiv}C{-}H$$

卤代烷消去卤化氢的难易与烃基结构直接相关，其中叔卤代烷最容易消去卤化氢，仲卤代烷次之，伯卤代烷最难。仲卤代烷和叔卤代烷在消除时由于存在多种 β-氢，可能存在不同的消除取向。俄国化学家札依采夫(Zaitsev)提出了预测有机消除反应产物的“札依采夫规则”(Zaitsev’s rule)，并与实验结果很好的吻合。札依采夫规则指出卤代烷发生 β-消除反应时，总是脱去含氢较少的β-C 上的氢或者生成取代基更多的烯烃。例如：

$$H{-}\underset{H}{\overset{H}{C}}{\overset{\beta}{-}}\underset{Br}{\overset{H}{C}}{\overset{\alpha}{-}}\underset{H}{\overset{H}{C}}{\overset{\beta}{-}}CH_3 \xrightarrow[\triangle]{KOH/ROH} \underset{19\%}{H_2C{=}CH{-}CH_2CH_3} + \underset{81\%}{H_3C{-}CH{=}CH{-}CH_3}$$

邻二卤代烷是一类特殊的卤代烷，可由烯烃与卤素单质加成获得。相反，在金属锌或镁的作用下，又可以消去两个邻近的卤原子，再次得到烯烃。这类反应称为单分子共轭碱消除反应(用 E1cb 表示)。

$$-\underset{X}{\overset{|}{C}}-\underset{X}{\overset{|}{C}}- \xrightarrow{Zn或Mg} \rangle C{=}C\langle + MX_2$$

$$\text{X—C—C—X} \xrightarrow{Mg} \text{X—C—C—MgX} \xrightarrow{-MgX_2} C{=}C$$

8.3　饱和碳原子上的亲核取代反应机理

亲核取代反应在有机合成中具有重要的应用价值，化学家对这类反应的机理研究得也最为透彻。这类反应机理的研究思路对其他有机化学反应机理研究具有重要的启发作用，其中不乏关于动力学方程和反应级数的建立、立体化学构型特征变化等研究手段的采用。

8.3.1　亲核取代反应的动力学方程和反应级数

根据化学反应动力学，化学反应速率与反应物的浓度有密切的联系。在研究卤代烷的水解反应速率和反应物浓度关系时，发现某些类型的卤代烷水解速率仅与卤代烷的浓度成正比，而另一些卤代烷水解速率不仅与卤代烷浓度成正比，同时还与碱的浓度成正比。

例如，溴甲烷在 80%乙醇-水体系下进行水解时，反应速率非常慢；若向体系中加入 NaOH，则发现水解反应速率明显加快，且通过建立化学动力学方程显示出：溴甲烷水解反应中溴甲烷和碱各呈一级反应动力学，总体上体现出二级反应动力学特征。

$$\mathrm{R{-}X} \;+\; \mathrm{H_2O} \xrightarrow{\mathrm{EtOH}} \mathrm{R{-}OH} \;+\; \mathrm{HX}$$

$$v = -\frac{\mathrm{d[RX]}}{\mathrm{d}x} = k_2[\mathrm{RX}][\mathrm{OH^-}]$$

（RX 为 CH_3Br，加入 NaOH 作亲核试剂）

然而，当卤代烃 RX 为叔丁基溴时，向体系中加入碱对反应速率没有影响，化学动力学方程显示：叔丁基溴的水解速率仅取决于其自身浓度的一次方，而与碱的浓度无关，总体上体现出一级反应动力学特征。

$$v = -\frac{\mathrm{d[RX]}}{\mathrm{d}x} = k_1[\mathrm{RX}] \qquad [\mathrm{RX为(CH_3)_3CBr}]$$

可以看出，随着卤代烃中烃基结构的不同，亲核取代反应机理已发生明显变化。由于亲核取代的英文记作 nucleophilic substitution，结合总反应级数特征，因此把上述两类亲核取代反应分别记为双分子亲核取代反应（S_N2）和单分子亲核取代反应（S_N1）。

8.3.2　两种亲核取代反应机理：S_N2 与 S_N1

1. 双分子亲核取代反应

对于双分子亲核取代反应（S_N2），取代反应的卤代烃底物（R—X）和亲核试剂（Nu^-）分别呈一级反应动力学，初步判断在决速步骤中同时涉及卤代烃底物（R—X）和亲核试剂（Nu^-）。基于上述判断，化学家给出了双分子亲核取代反应（S_N2）机理的一般表达式：

$$\mathrm{Nu^-} + \mathrm{H_3C{-}X}\ (sp^3) \longrightarrow \left[\mathrm{Nu}\cdots\mathrm{CH_3}\ (sp^2)\cdots\mathrm{X}\right] \longrightarrow \mathrm{Nu{-}CH_3}\ (sp^3) + \mathrm{X^-}$$

从表达式可以看出，这一反应属于一步完成的协同反应，即亲核试剂的进攻和卤素负离子的离去是同时进行的。反应经过一个过渡态，在形成过渡态时，亲核试剂 Nu^-从背面沿 C—X 键的轴线进攻中心碳原子，C—Nu 键部分形成；而 C—X 由于亲核试剂（Nu^-）进攻的影响而逐渐变长变弱，C—X 键处于部分断开的状态。与此同时，碳原子上的三个碳氢键逐渐由伞形变为平面结构，这时的能量变得最高，该状态就是过渡态。当翻越了过渡态后，C—Nu 键进一步形成，而 C—X 键完全断开，得到亲核取代反应产物。整个反应中心碳原子的杂化状态变化为：sp^3（卤代烃底物）→sp^2（过渡态）→sp^3（亲核取代产物）。

能线图（势能-反应进度）可形象地描述反应进程中的能量变化。S_N2 反应的能线图如图 8-1 所示。从能线图也可清晰地判断出 CH_3X 和亲核试剂 Nu^-同时参与到形成过渡态这一决速步骤中，这样的机理模型能够很好地吻合 S_N2 反应的动力学特征。

当卤素连在手性碳原子上时，若按照上述 S_N2 反应机理进行，产物的构型将与原来反应物的构型相反。实验证实的确如此，如：

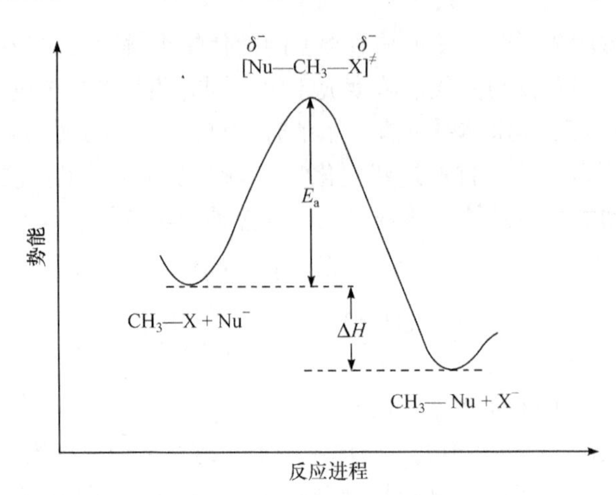

图 8-1　S_N2 反应的能线图

(*S*)-(−)-2-溴辛烷在 NaOH/H_2O 中发生 S_N2 反应，得到了(*R*)-(+)-2-辛醇产物。这种构型上的翻转现象称为瓦尔登(Walden)转化。

HO^- + C_6H_{13}, H, H_3C—C—Br (sp^3) ⟶ [C_6H_{13}, HO-----C(sp^2)-----Br, H_3C, H] ⟶ HO—C(C_6H_{13}, CH_3, H) (sp^3) + Br^-

$[\alpha]$=−34.6°　　　　$[\alpha]$=+9.9°

2. 单分子亲核取代反应

单分子亲核取代反应(S_N1)速率仅与卤代烃浓度的一次方成正比，而与亲核试剂浓度无关，说明亲核试剂并未涉足决速步骤(即亲核试剂进攻的步骤不是决速步骤)。根据以上判断，化学家推出了单分子亲核取代反应(S_N1)机理的一般表达式(共经历两个步骤)：

$R^1R^2R^3C$—X $\xrightarrow{\text{慢}}$ [$R^1R^2R^3C^{\delta+}$-----$X^{\delta-}$] ⟶ $R^1R^2R^3C^+$ + X^-　　(步骤1)

$R^1R^2R^3C^+$ + Nu^- $\xrightarrow{\text{快}}$ $R^1R^2R^3C$—Nu + Nu—$CR^1R^2R^3$　　(步骤2)

第一步(步骤 1)是叔卤代烃底物中 C—X 键不断弱化拉长直至解离生成碳正离子和卤素负离子。该步骤中卤素带走一对电子需要能量，反应速率慢。该步过渡态特征为 C—X 键将断未断，处于能量高点状态。

第二步(步骤 2)为碳正离子中间体与亲核试剂(Nu^-)快速结合，形成亲核取代反应产物。

对多步反应而言，生成最终产物的速率由速率最慢的一步决定。因此，第一步生成碳正离子中间体是单分子亲核取代反应(S_N1)的决速步骤。该决速步骤只涉及叔卤代烃的解离，亲核试剂 Nu^-并未参与，这也是该反应称为单分子亲核取代反应的原因。

S_N1 反应的能线图(图 8-2)也可清晰地反映出反应进程中的能量变化关系。第一步为决速步骤(慢步骤)，所需的活化能 $E_{a,1}$ 很大，该步仅涉及叔卤代烃 R_3C—X 单分子，而不涉及亲核试剂。第二步为碳正离子中间体 R_3C^+与亲核试剂 Nu^-的快速结合(阴阳离子的快速结合成键)，活化能 $E_{a,2}$ 远小于 $E_{a,1}$。

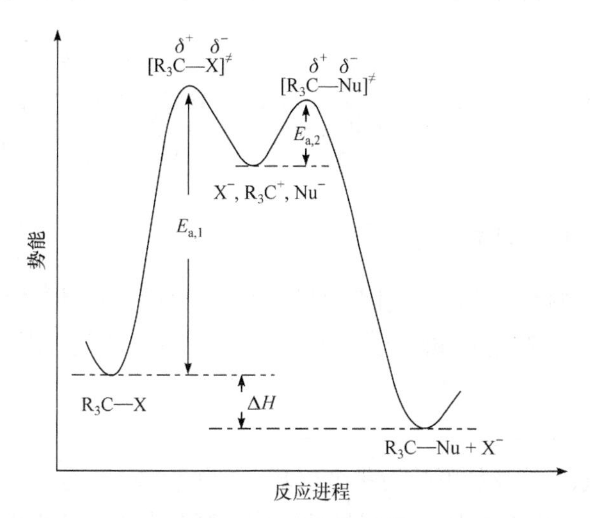

图 8-2　S_N1 反应的能线图

根据前面的分析，S_N1 反应涉及碳正离子中间体，其采取 sp^2 杂化(平面型结构)，亲核试剂从平面两侧进攻的概率相等。若 $R_1 \neq R_2 \neq R_3$，则会得到“构型保持”和“构型翻转”的两种产物，它们比例相等，这种现象称为外消旋化。例如，利用具有光学活性的(*R*)-(1-溴乙基)苯进行水解反应，发现生成的醇类化合物并不具有光学活性。

$C_6H_5(H_3C)(H)C—Br$ $\xrightarrow[\text{慢}]{-Br^-}$ $C_6H_5(H)C^+—CH_3$ $\xrightarrow[\text{快}]{HO^-}$ $C_6H_5(H)C(OH)CH_3$ + $C_6H_5(H)C(CH_3)OH$

当然也有不少 S_N1 反应实例表明，有时并不能获得完全外消旋化的产物，通常是构型翻转的产物略多于构型保持的产物。例如，(*S*)-2,6-二甲基-6-氯辛烷在丙酮水溶液中发生溶剂解(水解)反应，得到的产物中构型翻转的占 60.5%，构型保持的占 39.5%。

$Cl—C(CH_3)(CH_2CH_3)CH_2CH_2CH_2CH(CH_3)_2$ $\xrightarrow[\text{丙酮}]{H_2O}$ $H_3CH_2C—C(CH_3)(OH)CH_2CH_2CH_2CH(CH_3)_2$ + $HO—C(CH_3)(CH_2CH_3)CH_2CH_2CH_2CH(CH_3)_2$

构型翻转(60.5%)　　　构型保持(39.5%)

温斯坦(Winstein)用“离子对”(ion-pair)机理解释了这一现象，提出在 C—X 键发生断裂形成碳正离子中间体时，并未形成完全自由的碳正离子，而是碳正离子与卤素负离子两者组成了离子对。因此，没有完全“脱落”的卤素负离子会对亲核试剂从正面进攻形成阻碍，这时亲核试剂从背面进攻更占优势，得到更多构型翻转的产物。

手性卤代烃 $R^1R^2R^3C—X$ $\xrightarrow{\text{C—X异裂}}$ 离子对 $X^{\ominus}$ / $R^1R^2R^3C^{\oplus}$ + H_2O

正面进攻受阻碍 $\xrightarrow{-H^+}$ $R^1R^2R^3C—OH$　<50%　构型保持

背面进攻不受阻碍 $\xrightarrow{-H^+}$ $HO—CR^1R^2R^3$　>50%　构型翻转

除此以外，碳正离子的另一个重要特征是常形成重排产物。若生成的碳正离子中间体不稳定则会发生重排，转化为更稳定的碳正离子中间体后再与亲核试剂 Nu^-结合形成取代反应产物。例如：

$$(CH_3)_3C-CHBr-CH_3 \xrightarrow[S_N1]{H_2O} (CH_3)_3C-\overset{+}{C}H-CH_3 + Br^- \xrightarrow{重排} (CH_3)_2\overset{+}{C}-CH(CH_3)_2 \xrightarrow[-H^+]{H_2O} (CH_3)_2C(OH)-CH(CH_3)_2$$

8.3.3　亲核取代反应的影响因素

亲核取代反应的影响因素可以从内因、外因两方面探讨，内因包括卤代烃(烃基结构、离去基团性能)、亲核试剂(亲核试剂的亲核性)，外因主要探讨溶剂的影响。

1. 烃基结构的影响

按照烷基中心碳原子的级数可分为一级烷基、二级烷基、三级烷基。这里主要从空间效应(又称立体效应)和电子效应角度，探讨烃基结构对亲核取代反应的影响。

对 S_N2 反应来说，中心碳原子上支链增多，将导致 S_N2 反应中亲核试剂从 C—X 轴线背面进攻时空间位阻增大，且会造成过渡态拥挤(过渡态能量急剧上升)，使 S_N2 反应速率大大下降。例如：

$$R-Br + I^- \xrightarrow{丙酮} R-I + Br^-$$

	CH_3Br	CH_3CH_2Br	$(CH_3)_2CHBr$	$(CH_3)_3CBr$
S_N2反应相对速率	150	1	0.01	0.001

(次序：$H_3C-Br > H_3C-CH_2-Br > (H_3C)_2CH-Br > (H_3C)_3C-Br$)

从左至右，随着烃基的增多，过渡状态的拥挤程度增大，
达到过渡状态所需的活化能增加，因此反应速率降低

因此，对于 S_N2 反应，卤代烷的活性次序一般为：CH_3X＞伯卤代烷＞仲卤代烷＞叔卤代烷。

上面讨论了中心碳原子(α-碳)上支链对 S_N2 反应的影响，实际 β-碳上支链增多，仍然会阻碍亲核试剂的进攻，产生不利影响。例如：

$$R-Br + I^- \xrightarrow{丙酮} R-I + Br^-$$

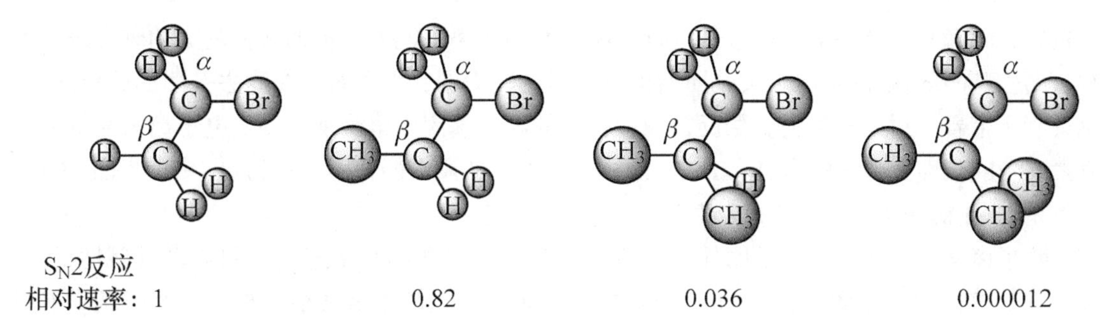

不同于 S$_N$2 反应主要考虑空间因素的影响，S$_N$1 反应由于决速步骤为碳正离子的形成，这时主要考虑烃基取代基电子效应的影响。具有给电子诱导效应或给电子共轭效应的取代基都有利于降低碳正离子形成决速步骤的活化能，使碳正离子容易形成，进而发生后续取代反应。卤代烃 RX 发生 S$_N$1 反应的活性顺序与碳正离子稳定性顺序类似：

$$ArCH_2X, RCH{=}CHCH_2X > 3°\ RX > 2°\ RX > 1°\ RX > CH_3X > Ar{-}X, RCH{=}CHX$$

需要特别指出，苯型、乙烯型卤代烃一般难以发生亲核取代反应(包括 S$_N$2 和 S$_N$1)，一方面，这是由于卤原子 p 电子与双键 π 电子发生 p-π 共轭作用，使 C—X 之间电子云交叠程度增加，键长缩短，键能增大，不利于卤素带着一对电子离去。而另一方面，苄基型或烯丙基型卤代烃亲核取代反应活性很高，既可进行 S$_N$2 反应，也可进行 S$_N$1 反应。当按 S$_N$2 反应时，由于相邻的双键 π 电子可以与中心碳原子的 p 轨道侧面重叠，有利于降低 S$_N$2 反应过渡态能量；当按 S$_N$1 反应机理发生反应时，由于决速步骤为碳正离子的形成且烯丙基(苄基)碳正离子因 p-π 共轭作用，电荷达到有效分散，因此也有利于大幅降低 S$_N$1 反应第一过渡态能量。

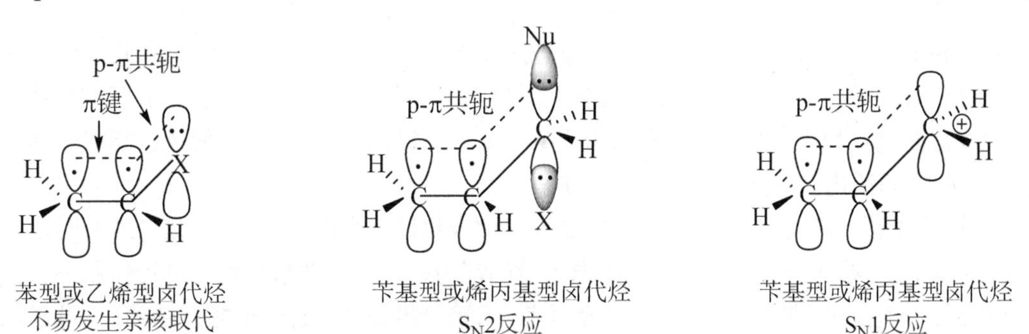

苯型或乙烯型卤代烃
不易发生亲核取代

苄基型或烯丙基型卤代烃
S$_N$2反应

苄基型或烯丙基型卤代烃
S$_N$1反应

还有一类特殊情况就是当被取代的基团位于桥环化合物的桥头碳上时，亲核取代反应无论 S$_N$1 反应还是 S$_N$2 反应都将难以进行。若按 S$_N$1 反应机理，碳正离子(sp^2 杂化)的平面构型由于桥环限制难以形成；若按 S$_N$2 反应机理，亲核试剂须从 C—X 键轴线背面进攻，由于桥环的存在，空间阻碍作用大，反应仍然不能发生。

$-Br^-$ × S$_N$1　　Br　　× Nu^- S$_N$2　　Nu

2. 离去基团的影响

无论是 S$_N$2 反应还是 S$_N$1 反应，决速步骤均涉及 C—X 键的断裂，因此离去基团离去性能越好，越有利于亲核取代反应的进行。离去基团的离去能力可根据离去基团的碱性进行判断。离去基团的碱性越弱(离去基团给出电子对的能力弱，电子对留在离去基团的趋势强)，越有利于带着一对电子离去。相反，碱性很强的离去基团则很难带着一对电子离去。例如，卤素离子的碱性大小顺序为：$I^- < Br^- < Cl^- \ll F^-$，卤素的离去能力顺序则为：$I^- > Br^- > Cl^- \gg F^-$，这也是 C—I 键非常活泼而 C—F 键非常稳定的原因之一。

除了卤素可以作为离去基团外，强酸的负离子(根据共轭酸碱理论，可判断其碱性很弱)也可作为好的离去基团，常见的有甲磺酸根(MsO^-)、三氟甲磺酸根(TfO^-)、对甲苯磺酸根(TsO^-)等。例如，可以将醇类化合物(RCH_2OH)转化为对甲苯磺酸酯(RCH_2OTs)，进而发生亲核取代反应，实现 C—O 键的断裂和取代转化。

$$RCH_2OH \xrightarrow{H_3C-C_6H_4-SO_2-Cl} H_3C-C_6H_4-SO_2-O-CH_2R \xrightarrow{Nu^-} RCH_2-Nu + H_3C-C_6H_4-SO_2-O^-$$

前面谈到了碱性很强的基团，离去性能很差。例如，R_3C^-、R_2N^-、HO^-和 RO^-具有很强的碱性，不能进行亲核取代反应。例如，醇(R—OH)和醚(ROR)本身不能直接进行亲核取代反应，只在强酸性条件下让羟基或烷氧基质子化降低碱性后，反应才能发生(具体参见醇、醚的亲核取代反应)。

3. 亲核试剂的影响

由于 S_N1 反应的决速步骤不涉及亲核试剂(亲核试剂反应级数为 0 级)，因此亲核试剂的亲核能力和浓度的改变，对 S_N1 反应速率无明显影响。相反，S_N2 反应中，亲核试剂从 C—X 键轴线背面进攻为决速步骤(亲核试剂反应级数为 1 级)，因而亲核试剂亲核能力越强，形成过渡态所需的活化能越低，反应速率越快。

试剂亲核能力(亲核性)主要由试剂的碱性、可极化性两个因素决定(除此之外有时还要考虑试剂的体积)。碱性容易理解，指给出电子对的能力；可极化性指受到外电场作用下，分子中电荷分布产生变化(变形)的能力。一般而言，试剂碱性越强(给电子能力越强)，可极化性越大(变形能力越强)，试剂越容易进攻中心碳原子，亲核性越强。

试剂的碱性和可极化性大小顺序可能一致，也可能出现不一致的情况(亲核性指试剂亲近碳核的能力，碱性指试剂亲近质子的能力)，这时需要分析亲核性大小主要取决于碱性和可极化性哪个因素：

1) 试剂亲核性与碱性顺序一致

(1) 同周期元素所形成的亲核试剂有如下亲核性排序：

$$R_3C^- > R_2N^- > RO^- > F^-$$

原因：碱性和可极化性均是从左至右依次减小。

(2) 同种原子形成的不同亲核试剂有如下亲核性排序：

$$RO^- > HO^- > PhO^- > CH_3CO_2^- > NO_3^- > HSO_4^-$$

原因：亲核端原子为同种原子，这时可极化性可视为基本一致，试剂亲核性顺序由碱性顺序决定。

(3)具有相同进攻原子的负离子和中性分子，带负电荷的亲核试剂比呈中性的试剂的亲核能力强。例如，$OH^- > H_2O$；$RO^- > ROH$。

2）试剂亲核性与碱性顺序不一致

(1)亲核试剂体积对试剂亲核性的影响。

亲核试剂体积增大，影响亲核试剂与底物中心碳原子接近，亲核性降低。例如，以下亲核性排序：$CH_3O^- > C_2H_5O^- > (CH_3)_2CHO^- > (CH_3)_3CO^-$。

虽然碱性顺序为 $CH_3O^- < C_2H_5O^- < (CH_3)_2CHO^- < (CH_3)_3CO^-$，但此时它们的碱性差异并不突出，主要影响因素考虑亲核试剂体积。

再如，奎宁环与三乙胺具有类似的结构，但是由于三乙胺中 C—C 键可以自由旋转，导致其有效体积远大于奎宁环。例如，两者在与碘乙烷反应时的相对反应速率可以相差几百倍。

奎宁环 + $CH_3CH_2—I$ $\xrightarrow[\text{溶剂：硝基苯}]{S_N2}$ $H_3CH_2C—N^{\oplus}$(奎宁环) $I^{\ominus}$

相对速率：252

三乙胺 + $CH_3CH_2—I$ $\xrightarrow[\text{溶剂：硝基苯}]{S_N2}$ $(CH_3CH_2)_4N^+I^-$

相对速率：1

(2)溶剂对试剂亲核性的影响。

一般而言，试剂的亲核性在偶极非质子溶剂中与碱性一致；在极性质子溶剂中与可极化性一致。偶极非质子溶剂一般以 *N,N*-二甲基甲酰胺(DMF)、二甲亚砜(DMSO)为代表，在这类非质子溶剂中，碱性仍然是主要考虑的因素。而在极性质子溶剂中反应时，碱性高的试剂很容易因为与溶剂发生氢键作用而溶剂化，这时可极化性发挥主要作用(亲核试剂的可极化性受溶剂化影响不大)。例如，卤素负离子在偶极非质子溶剂和极性质子溶剂中亲核性有如下排序：

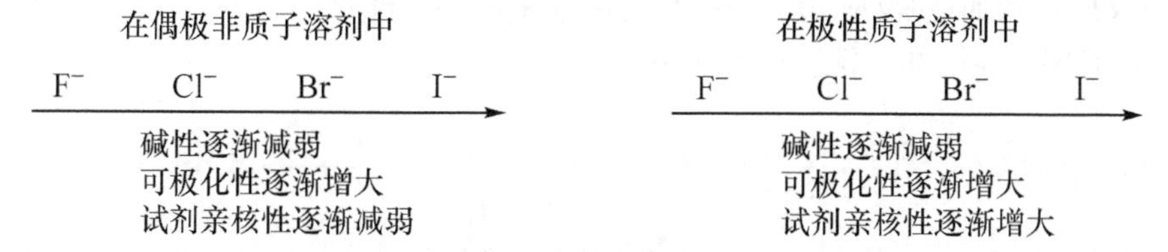

碘负离子可作为好的亲核试剂，又有良好的离去性能，因此在某些亲核取代反应常加入碘化物作为催化剂，达到加速亲核取代反应的目的。例如：

$$RCH_2Cl + H_2O \xrightarrow{\text{慢}} RCH_2OH + HCl$$

$$RCH_2Cl + H_2O \xrightarrow[I^-\text{催化}]{\text{快}} RCH_2OH + HCl$$

原理:

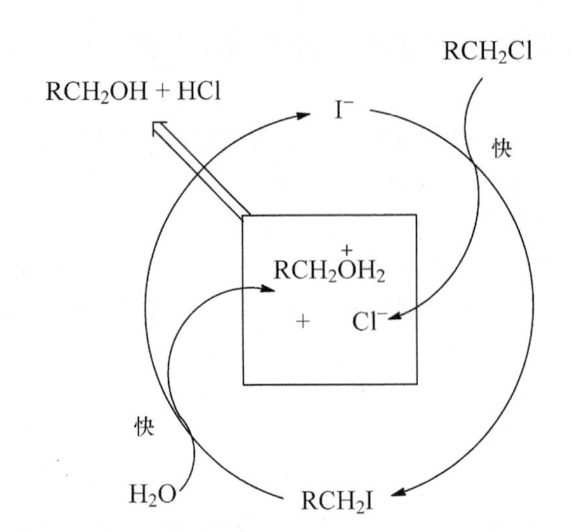

4. 溶剂对亲核取代反应的影响

前面讨论了溶剂对亲核试剂的亲核性可产生影响，除此以外，溶剂还可以影响过渡态的稳定性，进而改变反应活化能，影响反应速率。这种影响又称为溶剂效应(solvent effect)。

S_N1 反应的决速步骤为碳正离子和卤素负离子的电荷分离(形象地看，这一过程和 NaCl 在水中电离类似)，该步骤经历的过渡态为 C—X 键似断未断这一高度极化(电荷分离)的状态。增加溶剂的极性，有利于稳定过渡态，使过渡态能量下降，从而加速反应。溶剂的极性可通过介电常数和偶极矩进行判断，具体可查阅相关物理常数手册。

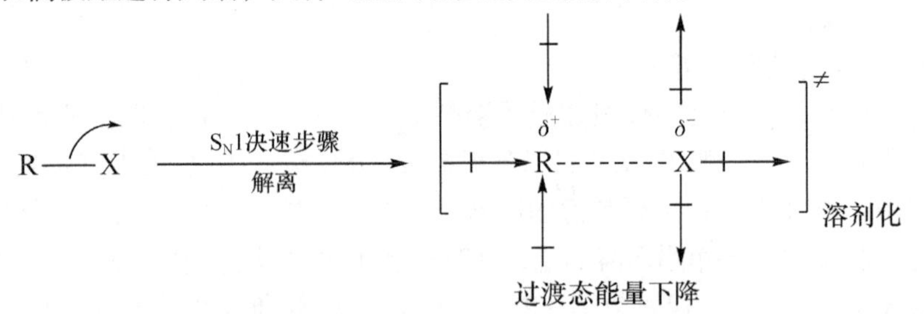

对 S_N2 反应来说，溶剂的影响较为复杂，应根据情况具体分析。例如，随着溶剂极性的增加，有些反应得到加速(反应 a)，有些反应的速率反而下降(反应 b)。

反应 a：溶剂极性增加，反应速率加快。

$$(CH_3CH_2)_3N\!: + CH_3CH_2—I \xrightarrow[\text{加速}]{\text{溶剂}} \left[(CH_3CH_2)_3\overset{\delta^+}{N}\text{-----}\underset{\displaystyle CH_3}{CH_2}\text{-----}\overset{\delta^-}{I}\right]^{\neq} \longrightarrow (CH_3CH_2)_3\overset{\oplus}{N}—CH_2CH_3\ I^{\ominus}$$

原料为中性分子状态　　　　电荷分离的过渡态

反应 b：溶剂极性增加，反应速率减慢。

$$HO^{\ominus} + CH_3—\overset{\oplus}{S}(CH_3)_2 \xrightarrow[\text{减速}]{\text{溶剂}} \left[\overset{\delta^-}{HO}\text{-----}CH_2\text{-----}\overset{\delta^+}{S}(CH_3)_2\right]^{\neq} \longrightarrow CH_3OH + (CH_3)_2S$$

原料为电荷高度分离状态　　　　过渡态电荷分离程度减小

合理的解释是，反应 a 中过渡态电荷分离程度比原料起始状态有所增加，当溶剂极性增加时，电荷分离的过渡态能够被极性溶剂稳定化，使反应活化能下降，从而加速反应。在反应 b 中，过渡态相较于电荷高度分离的原料起始状态来看，过渡态被极性溶剂稳定化得不多，反而原料起始状态被极性溶剂大幅稳定化，导致活化能增大，反应速率下降。

8.4 β-消除反应机理

卤代烃的β-消除反应是一类重要的有机合成反应，可高效地用于构建不饱和键，科学家同样利用化学动力学技术和立体化学控制性实验的方法研究了反应机理，加深了对这类反应的认识。卤代烃失去卤化氢的β-消除反应按动力学级数也可分为双分子消除反应(E2)和单分子消除反应(E1)。邻二卤代烷失去两个卤素的单分子共轭碱消除反应前已述及，这里不再赘述。

8.4.1 双分子消除反应(E2)

卤代烃分子由于卤原子的吸电子作用，不仅使α-碳带有部分正电荷，同时由于诱导效应的传递使β-碳带有更少量的正电荷，β-氢体现出微弱的酸性。因而，在碱的作用下可失去一分子卤化氢，生成消除反应产物——烯烃。双分子消除反应(E2)较为普遍，具有如下反应通式：

$$B^- + \overset{\delta^+}{H}-\underset{\beta}{C}-\underset{\alpha}{C}-\overset{\delta^-}{X} \longrightarrow \left[{}^-B\cdots H\cdots \underset{\beta}{C}\overset{\cdots}{=}\underset{\alpha}{C}\cdots X \right]^{\neq} \longrightarrow C=C + BH + X^-$$

与S_N2反应类似，双分子消除反应(E2)也遵循二级反应动力学(其中卤代烃和碱的动力学分级数各为一级)。同时该反应键的断裂和形成也是同步的，为协同过程。E2反应经历一个卤代烃和碱共同参与的过渡态(符合二级反应动力学特征)，过渡态为碱B—H_β似形成而未形成、H_β—C_β似断未断、C_α—C_β π键似形成未形成、C_α—X似断未断的状态。与S_N2反应不同之处在于：E2反应中试剂进攻β-氢，而S_N2反应中试剂进攻α-碳(进攻试剂一般既具有碱性，又具有亲核性)。因此，E2反应与S_N2反应常存在并存与竞争的关系，需加以调控，以尽可能地按照希望的途径进行反应。例如，采用碱性强而亲核性弱的试剂(如大体积的碱)将有利于E2消除反应。

由于协同反应对轨道的空间排列有特定的要求(如S_N2反应要求亲核试剂从C—X键轴线背面进攻)，E2反应同样也不例外。研究发现，E2反应要求H_β—C_β—C_α—X处于共平面状态，这才有利于H_β—C_β电子流向C_β—C_α之间、卤素X带着一对电子离去这一协同反应过程。H_β—C_β—C_α—X处于共平面，可能有两种情况：顺式共平面(重叠式构象)、反式共平面(对位交叉构象)。由于对位交叉构象能量远低于重叠式构象，因此E2消除反应均采取反式共平面消除。

反式共平面消除：

$$B:^{\ominus} \; H-C-C-X \longrightarrow \left[\overset{\delta^-}{B}\cdots H\cdots C\overset{\cdots}{=}C\cdots X^{\delta^-} \right]^{\neq} \longrightarrow C=C$$

过渡态能量更低，有利的途径

顺式共平面消除：

B: H X C—C → [B$^{\delta-}$--H X$^{\delta-}$ C==C]$^{\neq}$ → C=C

B: X H　[B$^{\delta-}$--H X$^{\delta-}$]$^{\neq}$ 过渡态能量更高，不利的途径

例如，(反)-1-甲基-2-溴环己烷在 KOH/EtOH 反应条件下进行消除，仅得到 3-甲基-1-环己烯，而未获得 1-甲基环己烯。原因在于，这里与 C—Br 键反式共平面的β-氢才能进行 E2 消除。虽然生成产物 1-甲基环己烯从形式上遵循了札依采夫规则，但是违背了 E2 消除反应的立体化学要求。

H H CH_3 Br H H　环的翻转　H Br H H H CH_3　KOH/EtOH △　H CH_3 唯一产物　/　CH_3 无法生成

8.4.2　单分子消除反应(E1)

单分子消除反应(E1)遵循一级反应动力学。与 S_N1 反应类似，E1 反应也是分两步进行，首先决速步骤(慢步骤)为碳正离子的形成(即卤代烃中 C—X 键的断裂)；其次在碳正离子形成后，β-氢被碱攫取，进而形成烯烃产物(第二步为快步骤)。E1 反应通式为

决速步骤：$H—C_{\beta}—C_{\alpha}—X \longrightarrow [H—C_{\beta}—C_{\alpha}^{\delta+}\cdots\cdots X^{\delta-}]^{\neq} \longrightarrow H—C_{\beta}—C_{\alpha}^{\oplus} + X^{\ominus}$

去质子(快步骤)：$B^- + H—C_{\beta}—C_{\alpha}^{\oplus} \longrightarrow C=C + BH$

E1 反应与 S_N1 反应的不同之处在于：E1 反应试剂进攻β-氢，形成烯烃产物；而 S_N1 反应为试剂亲核进攻α-碳形成取代反应产物。同样，由于 E1 反应与 S_N1 反应均涉及关键的碳正离子中间体，因而两类反应同样存在并存与竞争的关系，有时常得到混合产物。例如，叔丁基溴在乙醇中的溶剂解反应，发现消除反应与取代反应产物比例为 1 : 4；当加入强碱乙醇钠后，消除反应产物的比例则大幅提高至 93%。具有一定体积的强碱的加入明显提高了夺取β-氢的能力。

$$(CH_3)_3C—Br \xrightarrow{C_2H_5OH} (CH_3)_2C=CH_2 + (CH_3)_3C—OC_2H_5$$

20%(E1产物)　　80%(S_N1产物)

$$H_3C-C(CH_3)_2-Br \xrightarrow[C_2H_5OH]{C_2H_5O^-Na^+} (CH_3)_2C{=}CH_2 + H_3C-C(CH_3)_2-OC_2H_5$$

93%(E1产物) 7%(S_N1产物)

需要特别注意的是，与 S_N1 反应类似，E1 反应涉及关键的碳正离子中间体，由于碳正离子易发生重排，需要对重排产物密切关注。例如：

$$H_3C-C(CH_3)_2-CH_2Br \xrightarrow[C_2H_5OH]{-Br^-} H_3C-C(CH_3)_2-CH_2^{\oplus}$$

$$\xrightarrow{\text{甲基迁移}} H_3C-\overset{\oplus}{C}(CH_3)-CH_2CH_3 \begin{cases} \xrightarrow{-H^+} (H_3C)_2C{=}CH(CH_3) & \text{E1} \\ \xrightarrow{C_2H_5OH} H_3C-C(OC_2H_5)(CH_3)-CH_2CH_3 & S_N1 \end{cases}$$

8.4.3 消除反应的影响因素

消除反应的影响因素同样可以从内因、外因两方面探讨，内因包括卤代烃(烃基结构、离去基团)、碱性试剂的碱性及体积的影响，外因主要探讨溶剂和温度的影响。

1. 烃基结构的影响

研究发现，无论对于 E1 反应还是 E2 反应，卤代烷的消除反应活性总是：3° RX＞2° RX＞1° RX。合理的解释是：对于 E1 反应，决速步骤为形成碳正离子中间体，由于叔碳正离子稳定性高，决速步骤所需活化能低，容易生成，因而叔卤代烷活性最高；对于 E2 反应，其过渡态中 C_β—C_α 之间已有部分双键的性质，叔卤代烷有利于形成更加稳定的过渡态，因而反应活性仍然最好。基于以上分析，叔卤代烃发生消除反应的活性很高，利用它进行亲核取代反应时需要特别注意(S_N2 反应活性很低；实施 S_N1 反应可能才会有效，但还需注意 S_N1 反应与 E1 反应的竞争)。

2. 离去基团的影响

无论是 E1 反应还是 E2 反应，其决速步骤的过渡态均涉及 C—X 键的断裂，因此离去基团的离去性能越好，越有利于消除反应的进行。离去性能的判断在讨论亲核取代反应时已讲述，这里不再赘述。

3. 碱性试剂的碱性及体积的影响

由于 E1 反应为一级反应动力学，决速步骤不涉及碱性试剂，因此碱性试剂的碱性强弱、浓度对 E1 反应没有影响。相反，E2 反应决速步骤中涉及碱性试剂进攻β-氢，因此碱性试剂的碱性越强，浓度越高，越有利于 E2 反应的进行。考虑 S_N2 反应与 E2 反应的竞争，大体积强碱(碱性强、亲核性偏弱)将使 E2 反应更占优势(相较于进攻α-碳，大体积强碱进攻暴露在外的β-氢更容易)。

4. 溶剂的影响

与 S_N1 反应相似，大极性的溶剂将有利于 E1 反应的进行。原因在于：高极性溶剂有利于稳定电荷高度分离的过渡态(E1 反应决速步骤过渡态为 C—X 键的解离)。

由于 E2 反应决速步骤过渡态的电荷相较于起始原料处在更加分散的状态，因此一般情况下弱极性溶剂反而有利于 E2 反应的进行。

5. 温度的影响

温度升高，将有助于 E1 和 E2 消除反应的进行。原因在于：消除反应所需的活化能大于亲核取代反应的活化能。根据化学动力学理论，温度升高将有利于活化能高的反应。另一种合理的解释是，消除反应本质上为脱除一分子卤化氢，对于这类物种数量增加的反应，活化熵有很大的增加($\Delta S^{\neq}$为正)，由于活化自由能$\Delta G^{\neq} = \Delta H^{\neq} - T\Delta S^{\neq}$，因此温度升高，有利于降低活化自由能$\Delta G^{\neq}$，促进反应的进行。

8.5　烯基卤代烃和芳基卤代烃

不同于饱和卤代烷，卤原子取代了不饱和碳上连接的氢得到一类特殊的不饱和卤代烃。最典型的两类即烯基卤代烃(RCH═CHX)和芳基卤代烃(Ar—X)。它们性质特殊，由于卤原子 p 电子与双键 π 电子之间有 p-π共轭作用，使 C—X 之间电子云交叠程度增加，C—X 键键长缩短、键能增大，非常不利于亲核试剂进攻和卤素带着一对电子离去，即亲核取代反应活性很差。

8.5.1　烯基卤代烃

最简单常用、典型的烯基卤代烃为氯乙烯(CH_2═CHCl)，以其为例进行阐述。该化合物可以通过乙炔与氯化氢加成反应制备。但是由于乙炔价格并不便宜且使用有毒的汞催化剂，目前工业上主要采用石油工业大宗化学品乙烯通过氧氯化法工艺进行制备。

乙炔与氯化氢加成法：

$$HC\equiv CH + HCl \xrightarrow[150\sim160℃]{HgCl_2} H_2C=CHCl$$

乙烯氧氯化工艺：

(反应 1)乙烯与氯气加成

$$H_2C=CH_2 + Cl_2 \longrightarrow ClCH_2CH_2Cl$$

(反应 2)1,2-二氯乙烷裂解脱 HCl

$$ClCH_2CH_2Cl \xrightarrow{\triangle} H_2C=CHCl + HCl$$

(反应 3)乙烯氧氯化

$$H_2C=CH_2 + HCl + 0.5\,O_2 \longrightarrow H_2C=CHCl + H_2O$$

总反应=(反应 1)+(反应 2)+(反应 3)

$$2\,H_2C{=}CH_2 + Cl_2 + 0.5\,O_2 \longrightarrow 2\,H_2C{=}CHCl + H_2O$$

从氯乙烯的结构看，由于 p-π共轭效应的存在，C—Cl 键电子云交叠增加，键长比氯乙烷的 C—Cl 键更短，同时 C—Cl 键偶极矩也大幅减小，而 C—Cl 键异裂解离能明显增加(表 8-5)。这些数据清晰地解释了氯乙烯发生亲核取代反应活性低的原因。

表 8-5　氯乙烯与氯乙烷 C—Cl 键比较

卤代烃	偶极矩/deb	键长/nm	异裂解离能/$(kJ \cdot mol^{-1})$
$CH_2{=}CH{-}Cl$	1.45	0.172	866
$CH_3CH_2{-}Cl$	2.05	0.178	799

虽然氯乙烯发生亲核取代反应活性低，但它在工业上仍然有广泛的用途。例如，用于制备乙烯基氯化镁这一重要的格氏试剂。再如，氯乙烯可以作为单体进行聚合反应制备得到聚氯乙烯(PVC)。PVC 曾是世界上产量最大的通用塑料，应用非常广泛。在建筑材料、工业制品、日用品、地板革、地板砖、人造革、管材、电线电缆、包装膜、瓶、发泡材料、密封材料、纤维等方面均有广泛应用。但是其广泛应用和不当使用也导致了严重的环境问题，如“白色污染”。正因为如此，发展可降解塑料以及塑料的分类、回收技术成为当前科学研究的重点关注领域。

8.5.2　芳基卤代烃

1. 双分子芳香亲核取代反应(S_N2 Ar)

与烯基卤代烃类似，芳基卤代烃的亲核取代反应活性很差。研究发现，当芳环上连有强吸电子基时，亲核取代反应活性大为增强。例如，氯苯在 NaOH 作用下转化为苯酚，需要在非常苛刻的条件下才能进行，不具备合成价值。而当苯环的邻、对位连有强吸电子基硝基时，反应速率明显加快，反应条件也更温和，适用于合成制备。

$$C_6H_5Cl \xrightarrow[\text{20 MPa}]{\text{NaOH/Cu, 350～370℃}} \xrightarrow{H_3O^+} C_6H_5OH$$

$$p\text{-}O_2NC_6H_4Cl \xrightarrow[\text{130℃}]{NaOH/H_2O} \xrightarrow{H_3O^+} p\text{-}O_2NC_6H_4OH$$

$$2,4\text{-}(O_2N)_2C_6H_3Cl \xrightarrow[\text{100℃}]{Na_2CO_3/H_2O} \xrightarrow{H_3O^+} 2,4\text{-}(O_2N)_2C_6H_3OH$$

$$2,4,6\text{-}(O_2N)_3C_6H_2Cl \xrightarrow[\text{室温}]{H_2O} \xrightarrow{H_3O^+} 2,4,6\text{-}(O_2N)_3C_6H_2OH$$

研究发现，这类反应是通过加成-消除机理进行的。首先决速步骤为亲核试剂进攻卤苯中带正电的苯环碳核，形成 σ 负离子(也称 σ 络合物或者 Meisenheimer 络合物)(加成步骤)；然后，离去基团离去，形成芳香亲核取代反应产物(消除步骤)。动力学研究表明，反应速率与芳基卤代烃、亲核试剂浓度的一次方成正比，表现为二级反应动力学。这与亲核试剂进攻卤苯这一加成反应决速步骤相符合。因此，此类反应又称为双分子芳香亲核取代反应，用 S_N2 Ar 表示。

S_N2 Ar机理

δ^- δ^+ Cl + Nu^- 加成 Meisenheimer络合物 消除 Cl^- +

以上机理也可以解释吸电子基有加速 S_N2 Ar 反应的作用，因为强吸电子基有助于稳定 Meisenheimer 络合物，有利于降低加成这一决速步骤的过渡态能量。而当苯环上没有强吸电子基时，要打破芳香体系，形成 Meisenheimer 络合物是不容易的，这也解释了氯苯水解制苯酚需要极端苛刻的条件才能发生。

需要特别说明的是，在芳香亲电取代反应时，吸电子基如硝基是强烈致钝的间位定位基，这是由于硝基的存在使邻、对位电子云密度急剧下降，不利于亲电试剂进攻。但如果发生芳香亲核取代反应，亲核试剂正好进攻芳环上硝基的邻、对位(更显正电性的位点)。从这个角度看，硝基在芳香亲核取代反应(S_N2 Ar)中演变为一个活化邻、对位的基团。

例如，2,4-二硝基氯苯还可以与肼、甲醇钠等一系列亲核试剂反应，得到相应芳香亲核取代反应产物。

CH_3ONa / CH_3OH ; H_2NNH_2

需要特别指出的是，在 S_N2 Ar 反应中，卤素作为离去基团的离去性能为：F>Cl>Br>I，这与饱和卤代烃的 S_N2 反应正好相反，原因在于：氟的电负性最大，使 C—F 键高度极化，碳上的电子云密度最低，最有利于亲核试剂的进攻。例如：

X	相对反应速率
F	3300.0
I	1.0

2. 苯炔中间体机理

上面谈到邻、对位含有吸电子基时，S_N2 Ar 反应大大加速。但是当芳环上没有吸电子基时，S_N2 Ar 反应难以进行。20 世纪 50 年代初，Robert 发现溴苯与氨基钠在液氨中反应，非常容易制备得到苯胺。科学家预测这一芳香亲核取代反应的机理可能发生了变化。特别是当使用同位素 ^{14}C 标记碳(1)位的氯苯在 $NaNH_2/NH_3(l)$ 条件下进行反应时，得到了氨基位于碳(1)位(即 ^{14}C)和碳(2)位的两种苯胺产物，并且它们的数量几乎相等。

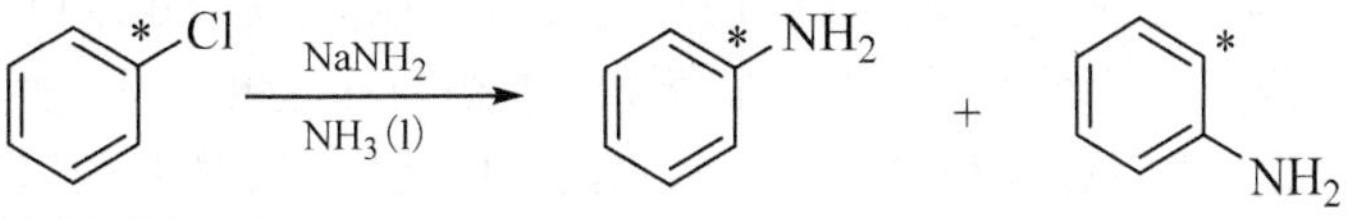

(*代表同位素标记)

深入的机理研究显示，反应可能是经过了苯炔中间体机理。即氯苯在 $NaNH_2$ 强碱作用下首先消除一分子氯化氢，生成苯炔中间体；接下来，亲核试剂 NH_2^- 进攻高活性的苯炔中间体，形成芳基负离子，最后攫取氢得到目标产物。由于 NH_2^- 进攻高活性的苯炔中间体中两个三键碳原子(标记和未标记碳)的概率相等，因而生成氨基位于碳(1)位(即 ^{14}C)和碳(2)位的两种苯胺产物的数量基本相等。因苯炔中间体机理包括了消除卤化氢和试剂 NH_2^- 亲核加成苯炔这两个关键步骤，又称为消除-加成机理。

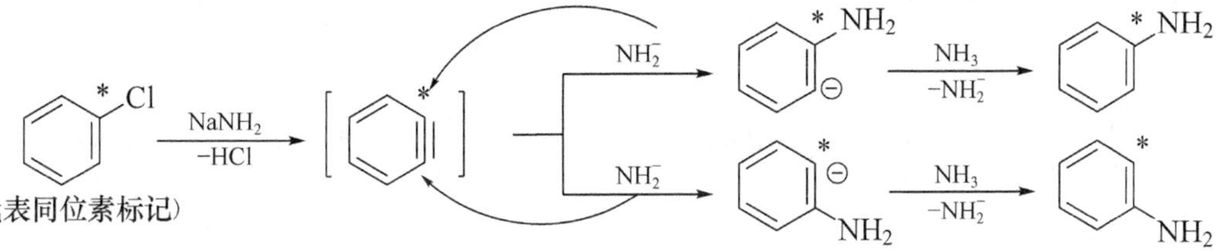

(*代表同位素标记)

8.6 多卤代烃与氟代烃

前面已经介绍了卤代烃的一系列化学性质，并明确了卤代烃在有机合成转化中的重要作用，但主要是针对一卤代烃。多卤代烃具有特殊的性质，本小节专门进行介绍。同时，氟由于高电负性和低可极化性使氟代烃具有区别于其他卤代烃的性质，这里简要进行介绍。

8.6.1 多卤代烃

多卤代烃可分为两类：一类是两个或两个以上的卤原子分别处在不同的碳上，这时性质与普通一卤代烃差异不大；另一类是多个卤原子连在同一个碳上，其性质比较特殊。

例如，随着甲烷氯代程度的增加，水解反应活性依次下降，顺序为 $CH_3Cl > CH_2Cl_2 > CHCl_3 > CCl_4$。类似地，随着甲烷溴代程度的增加，化学活性逐渐降低，并且可燃性也降低，活性顺序为 $CH_3Br > CH_2Br_2 > CHBr_3 > CBr_4$。此外，多卤代烃还有密度大、溶解性好等特点。基于以上性质，多卤代烃常用作冷冻剂、工业溶剂、烟雾剂和灭火剂等。

1. 三氯甲烷

三氯甲烷又称氯仿，是一种无色而有甜味的液体，沸点 62.1℃，相对密度 1.482。它溶解性好，常用来提取中药活性成分，其中氘代氯仿($CDCl_3$)常用作核磁共振测试的溶剂。三氯甲烷具有一定的麻醉作用，但是由于其对心脏和肝脏有较大的毒性，已不作为麻醉剂使用，仅在部分兽药中使用。工业上，氯仿可通过四氯化碳还原反应制备：

$$CCl_4 + 2[H] \xrightarrow{Fe + H_2O} CHCl_3 + HCl$$

$$3\,CCl_4 + CH_4 \xrightarrow{\text{高温}} 4\,CHCl_3$$

氯仿中由于三个 C—Cl 键强吸电子效应的存在，使其质子具有一定的酸性，在碱的作用下容易发生拔氢反应形成三氯甲基碳负离子，三氯甲基碳负离子随后可失去氯负离子，生成二氯卡宾活性中间体，进而发生后续反应。例如，氯仿与环己烯在强碱性条件下生成 7,7-二氯双环[4.1.0]庚烷；氯仿和苯酚类化合物在强碱水溶液中反应，在酚基的邻位可方便地引入一个醛基(—CHO)，这是重要的人名反应“瑞穆尔-悌曼反应”(Reimer-Tiemann reaction)。

(1) $CHCl_3$ + 环己烯 $\xrightarrow{NaOH}$ 7,7-二氯双环[4.1.0]庚烷

$CHCl_3 \xrightarrow{HO^-} {}^-CCl_3 \xrightarrow{-Cl^-} :CCl_2$（与环己烯加成）

(2) 瑞穆尔-悌曼反应

$$\text{苯酚} + CHCl_3 + 3\,KOH \longrightarrow \text{水杨醛(OH, CHO)} + 3\,KCl + 5\,H_2O$$

机理：

$$CHCl_3 \xrightarrow{HO^-} {}^-CCl_3 \xrightarrow{-Cl^-} :CCl_2$$

$$\text{苯酚} \xrightarrow[-H_2O]{HO^-} \left[\text{苯氧负离子} \longleftrightarrow \text{环己二烯酮碳负离子}\right] \xrightarrow{:CCl_2} \text{中间体(C=O, H, }CCl_2^-)$$

$$\longrightarrow \text{邻-}CHCl_2\text{苯氧负离子} \xrightarrow[\text{水解}]{HO^-} \text{邻-CHO苯氧负离子} \xrightarrow[\text{酸化}]{H_3O^+} \text{水杨醛}$$

水杨醛

此外,氯仿的 C—H 键在光照条件下容易与空气中的氧气发生反应并分解产生剧毒的光气(又称碳酰氯)，因此要将其存于棕色瓶中避光密封保存。通常还可加入微量的乙醇以破坏产生的光气。

$$CHCl_3 + O_2 \xrightarrow{h\nu} 2\left[H—O—CCl_3\right] \longrightarrow 2\,Cl—C(=O)—Cl + 2\,HCl$$

2. 四氯化碳

四氯化碳是一种无色有毒液体，能溶解脂肪、油漆等多种物质，易挥发，具有氯仿的微

甜气味。相对分子质量153.84，在常温常压下密度为1.595 g·cm^{-3}(20℃)，沸点为76.8℃。四氯化碳与水互不相溶，可与乙醇、乙醚、氯仿及石油醚等混溶。它不易燃，曾作为灭火剂，但因在500℃以上时可以与水反应，产生二氧化碳和剧毒的光气、氯气和氯化氢气体，加之会加快臭氧层的分解，所以被停用。四氯化碳的使用被国家严格限制，仅限用于非消耗臭氧层物质原料用途和特殊用途。

$$CCl_4 + H_2O \xrightarrow{\text{高温}} COCl_2 + 2\,HCl$$

四氯化碳有时也可以用作氯化试剂，如醇类化合物(RCH_2—OH)与CCl_4、Ph_3P(三苯基膦)作用，可以方便地得到氯代烃(RCH_2—Cl)，即“Appel反应”。当使用四溴化碳时，也可方便地将醇转化为溴代烃。

Appel反应：

$$Ph_3P: + CCl_4 \longrightarrow Ph_3\overset{+}{P}—Cl + {}^{\ominus}CCl_3 \xrightarrow{RCH_2—OH} Ph_3\overset{+}{P}—Cl + {}^{-}O—CH_2R + HCCl_3$$

$$\longrightarrow Ph_3\overset{+}{P}—O—CH_2R + Cl^- \longrightarrow Ph_3P{=}O + RCH_2Cl$$

3. 1,2-二氯乙烷

1,2-二氯乙烷的英文缩写为DCE，可通过乙烯与氯气加成大量制备。该品主要用于制造氯乙烯、乙二酸和乙二胺，还可用作有机溶剂和油脂的萃取剂，也可用于合成有机中间体。例如，1,2-二氯乙烷是合成植物生长调节剂矮壮素和杀菌剂稻瘟灵的中间体。

$$N(CH_3)_3 \xrightarrow{ClCH_2CH_2Cl} (CH_3)_3\overset{+}{N}CH_2CH_2Cl\ Cl^-$$

矮壮素

$$CH_2(CO_2CH(CH_3)_2)_2 \xrightarrow[2\,NaOH]{S{=}C{=}S} (NaS)_2C{=}C(CO_2CH(CH_3)_2)_2 \xrightarrow{ClCH_2CH_2Cl} \text{1,3-二硫戊环-2-亚基}{=}C(CO_2CH(CH_3)_2)_2$$

稻瘟灵

1,2-二氯乙烷的优势构象非常独特，有两种稳定的构象：邻位交叉构象和对位交叉构象，并且它们随温度有一定的变化关系。例如，实验发现随着温度的下降，1,2-二氯乙烷的偶极矩也呈现下降的趋势。这主要是由于对位交叉式最稳定，偶极矩最小，温度越低，这种构象含量越高(特别是固态时，要求分子构象对称性越高越好)。因此，低温下对位交叉构象占主要，而高温下邻位交叉构象占主要。

trans

对位交叉
低温时占主要

gauche

邻位交叉
高温时占主要

当氯原子变为电负性更大的氟原子时，1,2-二氟乙烷的主导优势构象更是邻位交叉构象，这种现象常称为邻位交叉效应(gauche effect)。当碳链进一步延长时，发现并不能像普通烷烃那样以锯齿形进行排列，优势构象是相邻的氟全部以邻位交叉构象沿着碳链呈现螺旋排列。

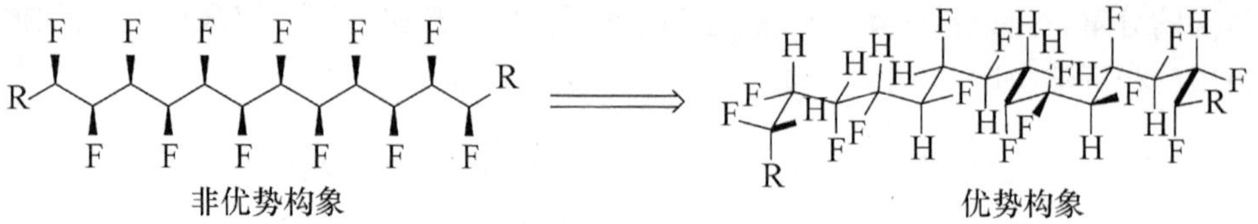

非优势构象 ⟹ 优势构象

8.6.2 氟代烃

氟由于电负性大、可极化性小，使 C—F 键非常特殊，与 C—Cl、C—Br、C—I 键有很大的不同；并且由于 C—F 键键能很大，非常稳定，使氟代烃在药物和材料研究中具有广泛的应用前景。因氟气反应活性极高，氟代烃通常不能通过烷烃氟代获得(反应非常剧烈，具有安全隐患，且副反应多)，一般通过氟卤交换法或者电化学氟化法来制取。含氟砌块法可避免直接氟化，原理上依靠各有机化学反应完成含氟基团的引入，也是一种重要的合成氟代烃的方法，这一方法可查阅相关专著，这里不作赘述。

1. 氟卤交换法

利用氯代烃或溴代烃与氟负离子进行亲核取代反应来引入氟原子是一种有效的方法。由于氟负离子半径小，电荷集中，是很好的氢键受体，一般要避免使用极性质子溶剂。合适的溶剂是偶极非质子溶剂(CH_3CN、DMF、二甲亚砜、环丁砜等)，如：

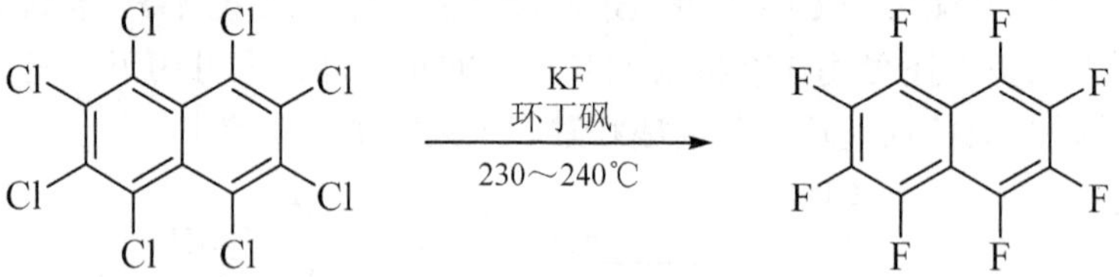

$$\text{八氯萘} \xrightarrow[230\sim240^\circ C]{KF,\ 环丁砜} \text{八氟萘}$$

要在一个碳上取代多个卤原子(Cl 或 Br)引入多个氟原子时，通常加入路易斯酸来促进反应进行(可增强离去基团的离去性能)。这一领域先驱性的工作由 Swarts 所开展。多年来，由 Swarts 发展起来的一些工作成为许多有机氟化工产品生产的基础。例如，四氟乙烯生产的关键中间体二氟一氯甲烷(CHF_2Cl)就是以氯仿和氟化氢为原料，在 $SbCl_5$ 路易斯酸催化下进行氟卤交换制备。二氟一氯甲烷在高温气相条件下裂解生成四氟乙烯和氯化氢，副产品主要有全氟丙烯、三氟甲烷及剧毒的全氟异丁烯等。四氟乙烯、全氟丙烯是合成含氟聚合物的重要单体，通过均聚、共聚等方式获得高性能的氟树脂。

$$CHCl_3 + 2\,HF \xrightarrow{SbCl_5} CHF_2Cl + 2\,HCl$$

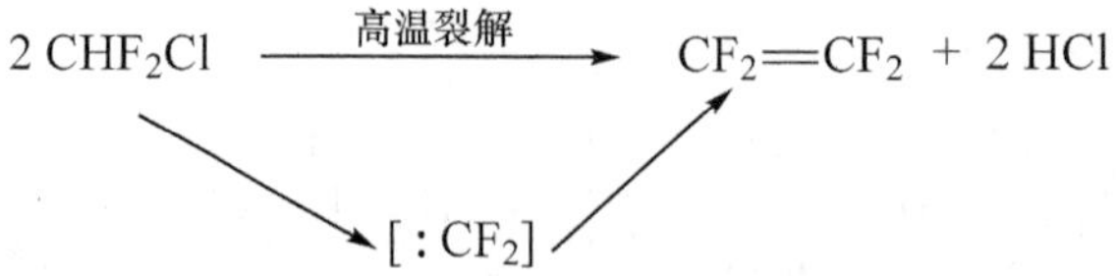

$$2\,CHF_2Cl \xrightarrow{\text{高温裂解}} CF_2{=}CF_2 + 2\,HCl$$

$$2\,CHF_2Cl \longrightarrow [:CF_2] \longrightarrow CF_2{=}CF_2$$

氟卤交换反应还被广泛应用于合成制冷剂。例如，在 $SbCl_5$ 的催化作用下，四氯化碳与 SbF_3 反应可以制得二氟二氯甲烷(CF_2Cl_2)，商品名为“氟利昂-12”(氟利昂的命名规则可参阅有关氟化学品专著，这里不再赘述)。氟利昂-12 广泛用于制冷剂领域，但是其大量使用也导致了严重的环境问题（臭氧空洞）。根据《关于消耗臭氧层的蒙特利尔议定书》，氟氯烃（CFCs）将逐步削减产能和使用，新一代制冷剂的发展势在必行（其中，消耗臭氧潜能值——ODP (ozone depleting potential)值和全球增温潜能值——GWP(global warming potential)是重点关注的指标）。

$$3\ CCl_4 + 2\ SbF_3 \xrightarrow{SbCl_5} 3\ CF_2Cl_2 + 2\ SbCl_3$$

2. 电化学氟化法

实际上，氟气的制备主要通过电解实现。氟气对烃进行直接氟化太过剧烈，Simons 等将有机物溶于无水氟化氢中，通电进行电解，发展了向有机物中引入氟原子的电化学氟化法 (electrochemical fluorination，ECF)。电化学氟化法实现了一系列醚、胺、羧酸、磺酸及其衍生物的全氟化，获得的产品在含氟表面活性剂、灭火剂、全氟溶剂、人造代血液等方面取得了广泛应用。例如，从乙酰氯可以制备有用的三氟乙酸；以辛酰氯为原料可以制备含氟烯烃聚合时重要的表面活性剂全氟辛酸。

$$CH_3COCl \xrightarrow[2)\ H_2O]{1)\ ECF} CF_3COOH$$

$$C_7H_{15}COCl \xrightarrow[2)\ H_2O]{1)\ ECF} C_7F_{15}COOH$$

参 考 文 献

Fu G C. 2017. Transition-metal catalysis of nucleophilic substitution reactions: a radical alternative to S_N1 and S_N2 processes[J]. ACS Central Science, 3(7): 692-700

O'Hagan D. 2008. Understanding organofluorine chemistry: an introduction to the C—F bond[J]. Chemical Society Reviews, 37(2): 308-319

Wilson A S S, Hill M S, Mahon M F, et al. 2017. Organocalcium-mediated nucleophilic alkylation of benzene[J]. Science, 358(6367): 1168-1171

Zeng Y, Hu J. 2016. Bridging fluorine and aryne chemistry: vicinal difunctionalization of arynes involving nucleophilic fluorination, trifluoromethylation, or trifluoromethylthiolation[J]. Synthesis, 48(14): 2137-2150

Zhang X, Ren J, Tan S M, et al. 2019. An enantioconvergent halogenophilic nucleophilic substitution (S_N2 X) reaction[J]. Science, 363(6425): 400-404

习　题

1. 写出下列化合物的名称或根据名称书写结构。

Br; C_6H_5—C—C_2H_5; H　　CH_3; H—C—Cl; Cl—C—H; C_2H_5　　Br, F, H; C_2H_5, H, C_2H_5

Br; Cl　　Cl　　Br; C_2H_5　　Br

碘仿　　苄溴　　苯基氯化镁　　苯基锂

2. 用化学方法鉴别下列化合物。

(1) 1-氯丙烯，3-氯丙烯，1-氯丙烷

(2) 1-氯戊烷，2-溴丁烷，1-碘丙烷

(3) 氯苯，溴化苄，1-氯己烷

3. 排序并说明理由。

(1) 比较下列化合物发生 S_N1 反应的速率。

(a) 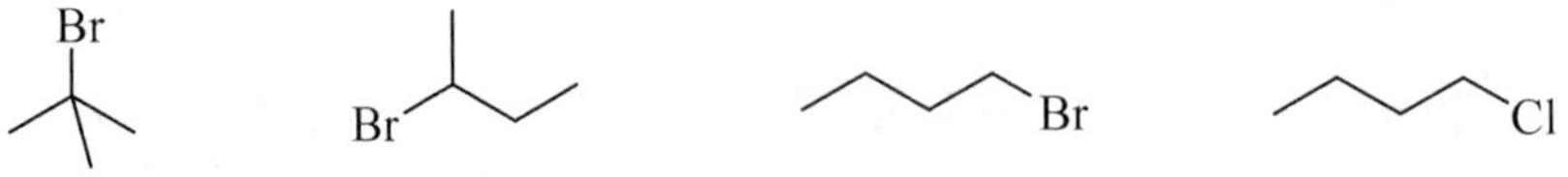 Br　Br　Br　Cl

(b) 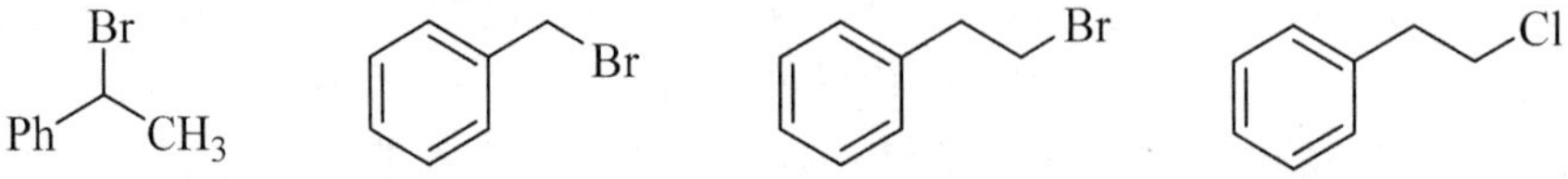 Br Ph CH_3　Br　Br　Cl

(2) 比较下列化合物发生 S_N2 反应的速率。

(a) 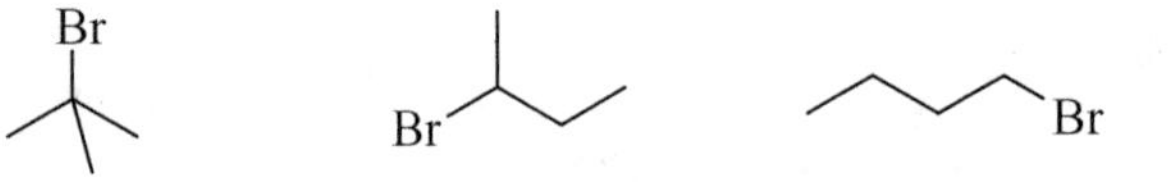 Br　Br　Br

(b)  Br　Br　Br　Br

(3) 比较下列化合物发生消除反应的速率。

(a) 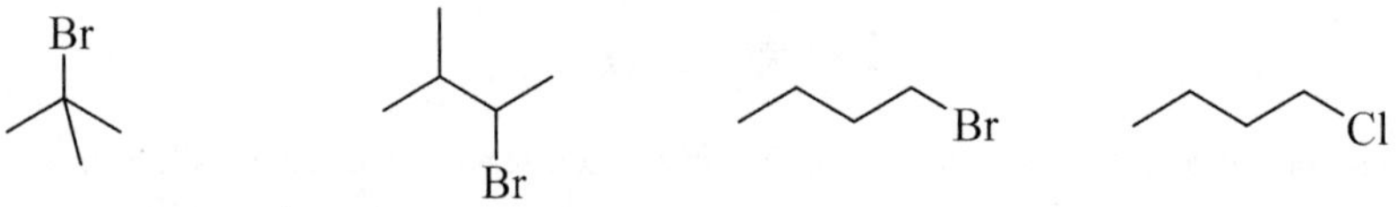 Br　Br　Br　Cl

(b) 按 E1 消除反应速率进行排序：

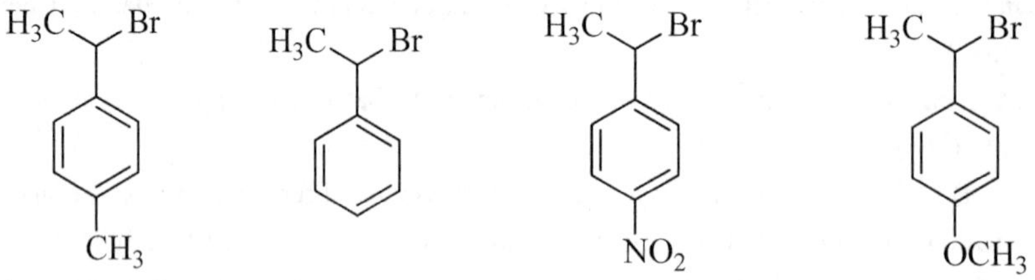

H_3C Br CH_3　H_3C Br　H_3C Br NO_2　H_3C Br OCH_3

(4) 比较取代反应速率。

(a) 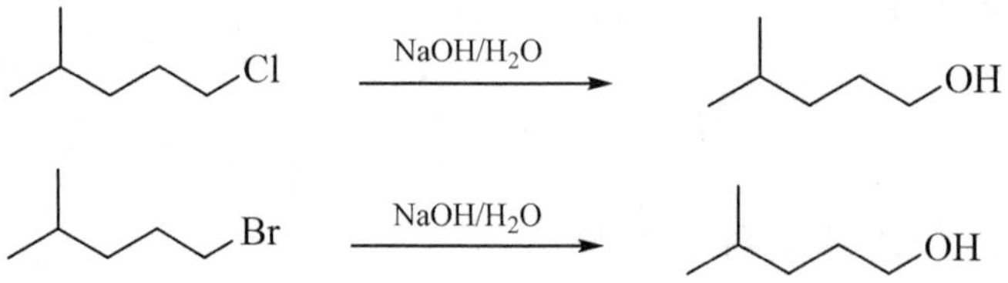 Cl $\xrightarrow{NaOH/H_2O}$ OH

Br $\xrightarrow{NaOH/H_2O}$ OH

(b) $CH_3CH_2I \xrightarrow{NaOH/H_2O} CH_3CH_2OH$

$CH_3CH_2I \xrightarrow{NaSH/H_2O} CH_3CH_2SH$

4. 解释实验现象。

卤代烷与氢氧化钠在水和乙醇混合溶剂中进行反应，指出哪些特征属于 S_N1 历程？哪些属于 S_N2 历程？

(1) 产物构型发生翻转；　　(2) 有重排产物生成；

(3) 氢氧化钠浓度增大，反应速率变快；　　(4) 叔卤代烷反应速率大于伯卤代烷；

(5)亲核试剂亲核性越强，反应速率越快；　(6)反应一步完成，仅有一个过渡态；

(7)反应分两步完成，有两个过渡态；　(8)溶剂含水量增加，反应速率变快。

5. 判断正误，指出每步反应正确或错误之处，并说明理由。

(1) + HCl —ROOR→ Cl— —NaCN→ —CN

(2) —HOBr→ Br OH —Mg/干醚→ MgBr OH

(3) Br —NBS→ Br Br —$NaOH/H_2O$→ HO OH

(4) Br —KOH/乙醇, 加热→

6. 完成反应。

(1) —I—Cl→ ?

(2) —HBr/ROOR→ ? —NaCN→ ?

(3) —Cl_2/500℃→ ? —Cl_2→ ?

(4) —NBS→ ? —C_6H_5ONa→ ?

(5) —?→ Cl

—$NaOH,H_2O$→ ?

—$AgNO_3$,EtOH→ ?

—NH_3→ ?

—CH_3COONa→ ?

(6) 甲基环己烷 $\xrightarrow{?}$ 1-氯-1-甲基环己烷 $\xrightarrow[\text{加热}]{KOH/C_2H_5OH}$?

$\xrightarrow{B_2H_6}$? $\xrightarrow{H_2O_2/NaOH}$?

(7) C_2H_5MgBr + $C_2H_5-C\equiv CH$ ⟶ ? + ? $\xrightarrow{CH_3CH_2Br}$?

7. 合成题。

(1) 由 2-溴丙烷出发制备 1-溴丙烷。

(2) 由 2-氯丁烷出发制备 1-氯丁烷。

(3) 由 2-溴丙烷出发制备 1, 2, 3-三氯丙烷。

(4) 由乙炔出发制备戊腈。

(5) 由丙烯出发制备 2-己炔。

(6) 环己烷 ⟶ 2-环己烯-1-醇（OH）

(7) 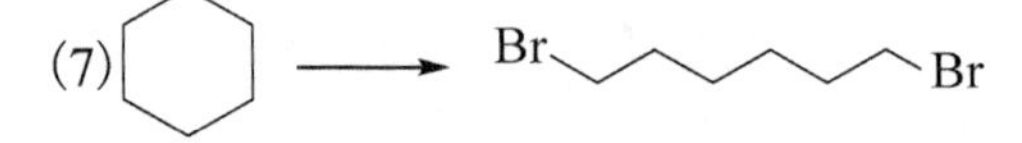

(8) 由丙烯制备氘代丙烷。

(9) 以苯、叔丁醇钠为原料制备 对氯苄基叔丁基醚（Cl，O）

(10) 由 (*R*)-2-丁醇出发制备 (*S*)-2-丁醇。

8. 机理解析。

(1) 实验发现，光学纯的 (*R*)-2-溴丁烷在溴化钾水溶液中放置一段时间后，得到没有光学活性的 2-溴丁烷。解释可能的原理。

(2) 实验发现，1-溴甲基环己烯在乙醇中进行加热反应，得到了以下三种产物，解析产物生成的原理。

1-溴甲基环己烯（CH_2Br） $\xrightarrow[\triangle]{C_2H_5OH}$ 1-（$CH_2OC_2H_5$）环己烯 + 2-亚甲基环己基乙醚（OC_2H_5） + 3-亚甲基环己烯

9. 结构推断。

(1) 实验发现，1,2-二溴乙烷与乙二硫醇钠 ($NaSCH_2CH_2SNa$) 反应得到了两种产物，$C_4H_8S_2$ (化合物 A) 和 $C_6H_{12}S_2Br_2$ (化合物 B)，推测化合物 A、B 的结构。

(2) 实验发现，1,2-二甲基吡咯烷与碘乙烷反应得到了两种熔点不同的盐，这两种盐均具有 $C_8H_{18}NI$ 的分子式，推测两种盐的结构并分析原因。

1,2-二甲基吡咯烷（N–CH_3，CH_3） $\xrightarrow{C_2H_5I}$ $C_8H_{18}NI$

第9章　醇、酚、醚

【学习要求】

(1)掌握醇、酚的结构特点与化学性质的差异。

(2)熟练掌握醇、酚、醚的基本反应与鉴别方法。

(3)掌握醇、酚、醚的主要制备方法和重要用途。

(4)初步掌握消除反应机理及其影响因素，理解和判断消除反应与亲核取代反应的竞争。

9.1　醇

醇(alcohol)可看作是脂肪烃分子中的氢原子或芳香烃侧链上的氢原子被羟基(hydroxyl group)取代后的化合物，羟基(—OH)是醇的官能团。

9.1.1　醇的分类、命名和结构

1. 醇的分类

根据醇分子中所含羟基的数目，可将醇分为一元醇、二元醇及三元醇等，二元醇以上的醇称为多元醇。例如：

CH_3OH　甲醇(一元醇)

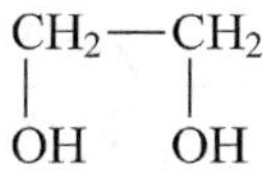

$CH_2(OH)—CH_2(OH)$　乙二醇(二元醇)

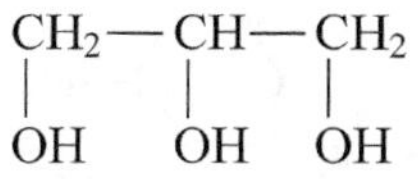

$CH_2(OH)—CH(OH)—CH_2(OH)$　丙三醇(三元醇)

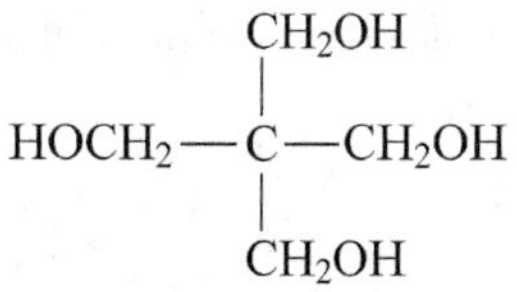

$C(CH_2OH)_4$（$HOCH_2—C(CH_2OH)_2—CH_2OH$）　季戊四醇(四元醇)

在一元醇分子中，根据羟基所连的碳原子类型，可将醇分为一级醇(伯醇)、二级醇(仲醇)和三级醇(叔醇)，分别用1°、2°、3°表示。例如：

CH_3CH_2OH　乙醇(一级醇)

$(CH_3)_2CHOH$　异丙醇(二级醇)

$(CH_3)_3COH$　叔丁醇(三级醇)

根据醇分子中烃基的类别，又可分为脂肪醇、脂环醇、芳香醇，或饱和醇、不饱和醇。例如：

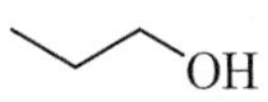

正丙醇(饱和脂肪醇) 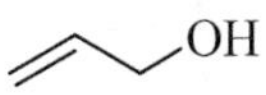　烯丙醇(不饱和脂肪醇) 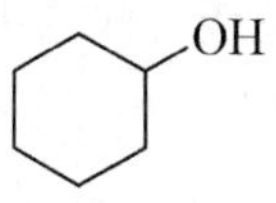　环己醇(脂环醇) 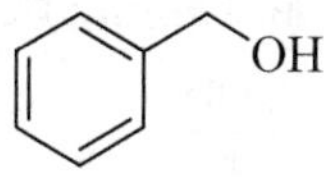　苯甲醇(芳香醇)

羟基与碳碳双键相连的醇，称为烯醇，一般情况下是不稳定的，容易互变为比较稳定的醛或酮。两个羟基连在同一碳上的同碳二醇也不稳定，这种结构会自发失水。还有α-卤代醇、

α-氨基醇也不稳定，容易脱去氢卤酸或氨，变成醛或酮。例如：

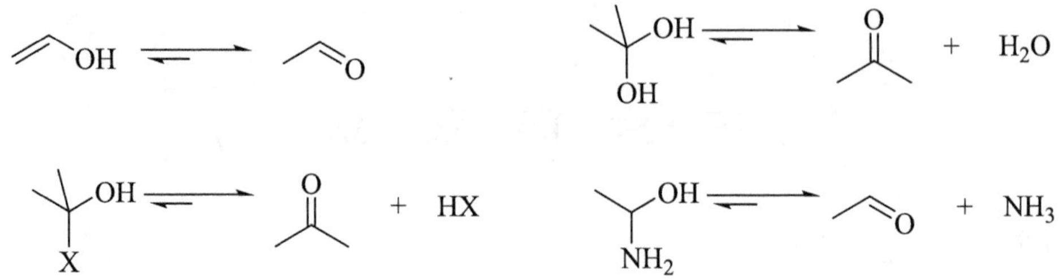

OH ⇌ O　　OH, OH ⇌ O + H_2O

OH, X ⇌ O + HX　　OH, NH_2 ⇌ O + NH_3

2. 醇的命名

有些醇存在于自然界，根据其来源(存在)或性质有相应的俗名，其中一些有特殊的香气，可用于配制香精。例如：

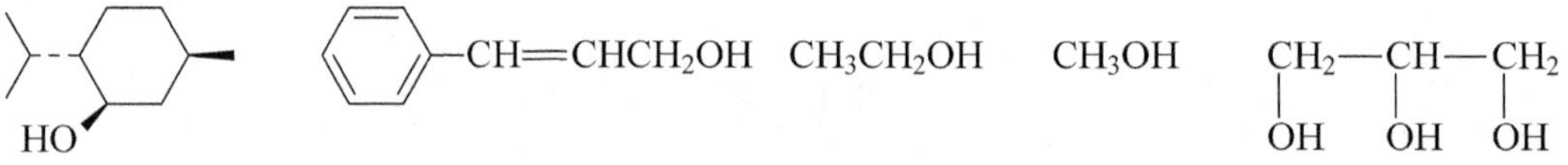

HO	C_6H_5—CH=CHCH$_2$OH	CH_3CH_2OH	CH_3OH	$CH_2(OH)$—CH(OH)—$CH_2(OH)$
L-(–)-薄荷醇 (可配制香精)	肉桂醇 (可配制香精)	酒精 (来源于酒)	木醇 (来源于木材)	甘油 (有甜味)

简单的一元醇可用普通命名法命名，即根据烃基的名称命名，在“醇”字前加上烃基的名称。例如：

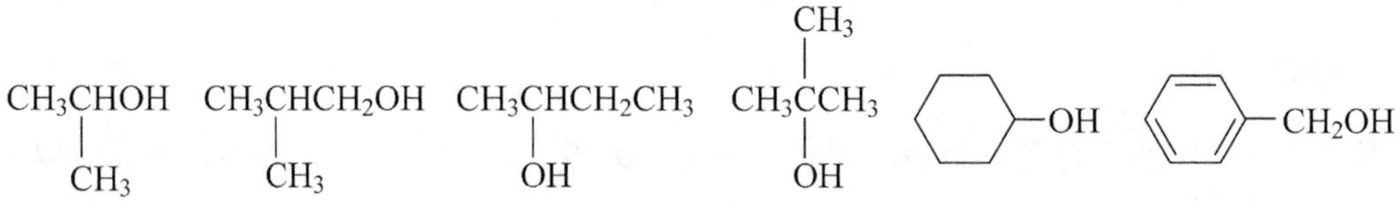

CH_3CHOH (—CH_3)	CH_3CHCH_2OH (—CH_3)	$CH_3CHCH_2CH_3$ (—OH)	CH_3CCH_3 (—CH_3, —OH)	环己基—OH	C_6H_5—CH_2OH
异丙醇	异丁醇	仲丁醇	叔丁醇	环己醇	苄醇

简单的一元醇也可看作是甲醇的衍生物，用衍生物命名法来命名。例如：

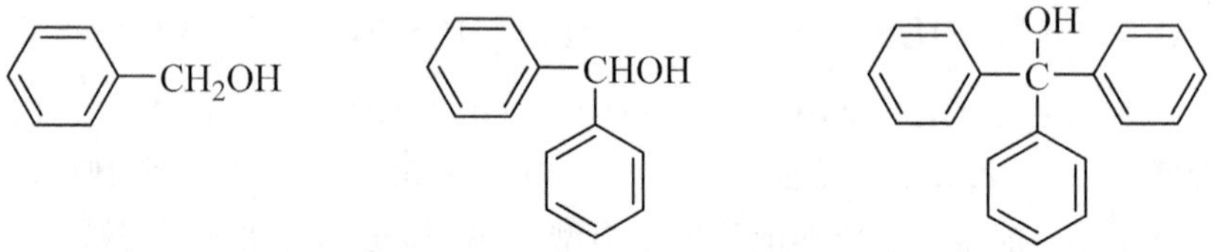

C_6H_5—CH_2OH	$(C_6H_5)_2$CHOH	$(C_6H_5)_3$C—OH
苯甲醇	二苯甲醇	三苯甲醇

结构比较复杂的醇，采用系统命名法。选择含有羟基(—OH)在内的最长碳链作主链，把支链看作取代基，从离羟基最近的一端开始编号，按照主链所含的碳原子数目称为某醇。命名时，将支链的位次、数目和名称及羟基的位次依次写在某醇前面。羟基在端位时，“1”字常可省略。烯醇称为某烯醇，且要标出双键和醇的位次。多元醇在进行系统命名时，选取含有尽可能多羟基的碳链作主链，根据主链碳原子个数称为某几醇。例如：

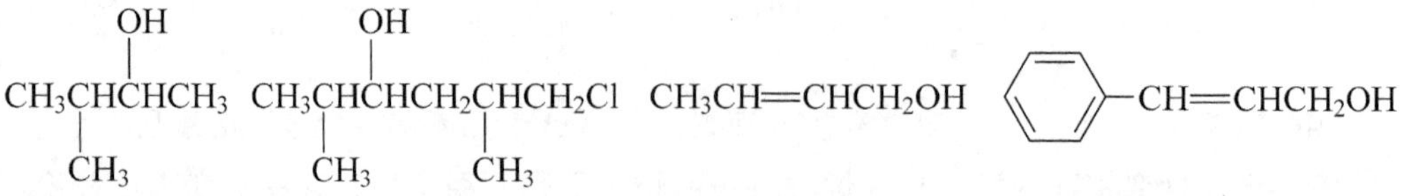

$CH_3CH(CH_3)CH(OH)CH_3$	$CH_3CH(CH_3)CH(OH)CH_2CH(CH_3)CH_2Cl$	CH_3CH=$CHCH_2OH$	C_6H_5—CH=$CHCH_2OH$
3-甲基-2-丁醇	2,5-二甲基-6-氯-3-己醇	2-丁烯(-1-)醇(巴豆醇)	3-苯基-2-丙烯(-1-)醇

2-丁基-2-丙烯(-1-)醇　5-甲基-2-乙基-1,3,5-庚三醇　3-甲基-2,3-戊二醇　(1*R*,2*S*,3*R*)-3-甲基-1,2-环戊二醇

在有多个羟基存在，且又不能都在后缀中表达或还存在一个优先官能团的情况下，用前缀“羟基”表示羟基基团。例如：

2-亚甲基-4-(2-羟乙基)-3-羟甲基(-1-)环戊醇　2-羟基环己甲酸　3-甲基-5-羟基己醛

3. 醇的结构

在醇分子中，氧原子为 sp^3 杂化。碳原子以一个 sp^3 杂化轨道与氧原子的一个 sp^3 杂化轨道相互重叠形成 C—O σ 键，氧原子以另一个 sp^3 杂化轨道与氢原子的 1s 轨道相互重叠形成 O—H σ 键，两者都是极性共价键。氧原子另外两个 sp^3 杂化轨道分别被氧的两对未共用电子对占据。甲醇分子的结构如图 9-1 所示。

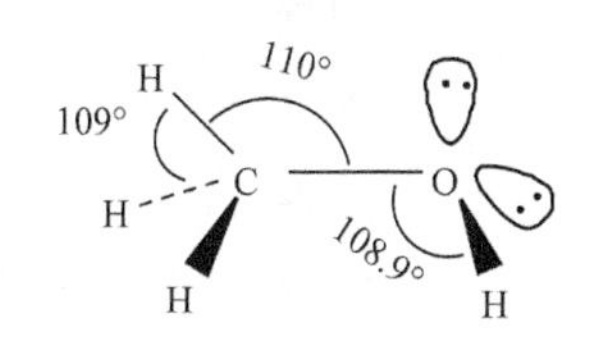

图 9-1　甲醇分子的结构

由于醇分子中氧原子的电负性比碳原子大，氧原子上的电子云密度较大，因此醇分子具有较强的极性。醇分子的偶极矩与水相近，约为 2 deb。

9.1.2　醇的物理性质

含 4 个碳原子以下的直链饱和一元醇为有酒味的流动液体，含 C_5～C_{11} 的为具有不愉快气味的油状液体，含 C_{12} 以上的醇为无臭无味的蜡状固体。一些醇的物理常数见表 9-1。

表 9-1　一些醇的物理常数

名称	沸点/℃	熔点/℃	相对密度(20℃)/(g · cm^{-3})	溶解度/[g · (100 g 水)$^{-1}$](20℃)
甲醇	64.7	−97	0.792	∞
乙醇	78.5	−115	0.7893	∞
正丙醇	97.4	−126.5	0.8035	∞
正丁醇	117.8	−89.5	0.8098	7.8
正戊醇	138.0	−79	0.817	2.3
正己醇	156	−52	0.819	0.6
正庚醇	176	−34	0.822	0.2
正辛醇	195	−15	0.825	0.052
正十二醇	255.9	24	0.8309	不溶
正十六醇	344	50	0.8716	不溶

续表

名称	沸点/℃	熔点/℃	相对密度 (20℃)/(g · cm^{-3})	溶解度/[g · (100 g 水)$^{-1}$] (20℃)
异丙醇	82.4	−88.5	0.7855	∞
仲丁醇	99.5	−114.7	0.8063	12.5
异丁醇	108.0	−108	0.802	10.0
叔丁醇	82.2	−25.5	0.7877	∞
异戊醇	132	−117	0.8103	3
2-甲基-1-丁醇	128	−48.42	0.8193	3.6(30℃)
3-甲基-1-丁醇	131.5	−117	0.8092	2.4
2-甲基-2-丁醇	102	−8.4	0.8059	14.0(30℃)
环戊醇	140.85	−19	0.9478	微溶
环己醇	161.5	24	0.9624	3.8
苯甲醇	205.0	−15.3	1.046	4
三苯甲醇	380	162.5	1.199	不溶
乙二醇	197	−16.0	1.113	∞
丙三醇	290(分解)	18.0	1.2613	∞

从表 9-1 可以看出，直链饱和一元醇的沸点变化规律与烷烃相似，也是随着碳原子个数的增加而有规律地上升，每增加一个系差(CH_2)，沸点将升高 18～20℃。对于碳原子数相同的醇，含支链越多的沸点越低。低级醇的沸点比与它相对分子质量相近的烷烃要高得多，如甲醇(相对分子质量 32)的沸点为 64.7℃，而乙烷(相对分子质量 30)的沸点为−88.6℃。这是因为醇在液体状态下和水一样，分子间能通过形成氢键而缔合，它们的分子实际上是以缔合体的形式存在的。

要使液态的醇变为蒸气(单分子状态)，不仅要破坏分子间的范德华力，而且必须消耗一定的能量来破坏氢键(O—H···O 的键能为 20.9 kJ · mol^{-1})，这是醇类沸点异常高的原因。

随着碳原子数目的增加，羟基在分子中所占的比例越来越小，且烃基碳链的增长会阻碍氢键形成，所以长链一元醇的沸点越来越接近相应的烷烃。

甲醇、乙醇和丙醇能与水以任意比例混溶。从正丁醇起，直链饱和一元醇在水中的溶解度显著降低，到癸醇以上则基本不溶于水。这时因为低级醇能与水形成氢键，故能与水混溶，但随着烃基增大，醇羟基形成氢键的能力减弱，醇的溶解度逐渐由取得支配地位的烃基所决定，因而在水中的溶解度逐渐降低以至不溶。高级醇与烷烃极其相似，不溶于水，而可溶于汽油中。多元醇由于分子中羟基增多，与水形成氢键的能力增强，其水溶性也会增强，如 1,4-丁二醇、1,5-戊二醇都能与水混溶。

饱和一元醇密度虽然比相应烷烃的密度大，但仍比水的密度小，均小于 1 g · cm^{-3}。

9.1.3　醇的光谱性质

饱和醇由于分子中含有羟基，因此除了可发生 $\sigma \to \sigma^*$ 跃迁外，还可以发生 $n \to \sigma^*$ 跃迁。由于 n 轨道的能量高于 σ 成键轨道的能量，所以 $n \to \sigma^*$ 跃迁比 $\sigma \to \sigma^*$ 跃迁所需的能量小，但其吸收带仍在远紫外区（$\lambda_{max} = 180 \sim 185$ nm, $\lg \varepsilon = 2.5$）。故低级醇(如甲醇、乙醇)常用作测化合物紫外吸收光谱的溶剂。

在醇的红外光谱中，醇羟基有两个吸收峰，分别为游离态的羟基和缔合态的羟基的伸缩振动所产生，前者在 3640～3610 cm^{-1}，带形尖锐，强度中等；后者移向 3600～3200 cm^{-1} 的低频区，带形较宽。醇的 C—O 伸缩振动在 1200～1000 cm^{-1} 出现强吸收，一般伯醇在 1085～1050 cm^{-1}，仲醇在 1125～108 cm^{-1}，叔醇在 1200～1125 cm^{-1}。图 9-2 为气态乙醇的红外光谱图，图中约 3600 cm^{-1} 处的峰为游离态醇中 O—H 键伸缩振动吸收峰，约 1150 cm^{-1} 处的峰为 C—O 键伸缩振动吸收峰。

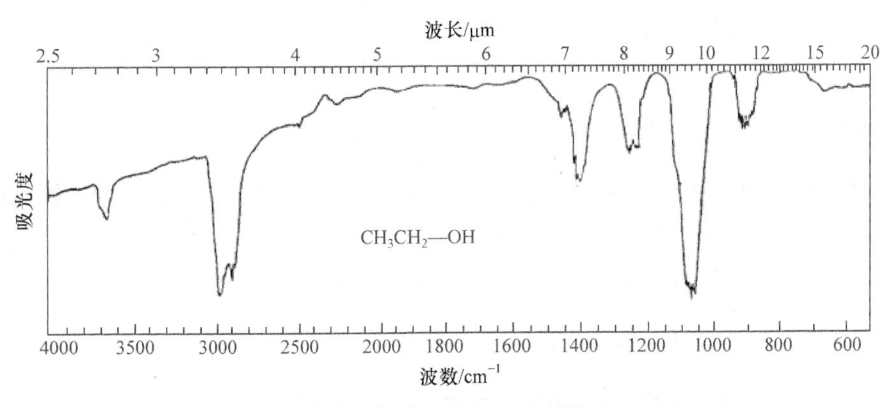

图 9-2　气态乙醇的红外光谱图

在醇的核磁共振谱中，羟基质子由于氢键的存在而移向低场，因此测得的化学位移 δ 值与氢键的数量有关，而氢键的数量又取决于浓度、温度和溶剂性质等。因此，羟基质子的化学位移 δ 值可以出现在 0.5～5.5，也可能隐藏在烷基质子的吸收峰中，但可通过计算质子数或通过重水交换而将其找出来。醇羟基质子在核磁共振谱中通常产生一个单峰，它的信号不为附近质子所裂分，也不裂分附近的质子。由于氧的电负性较大，羟基所连碳原子的化学位移一般为 3.4～4.0。图 9-3 为乙醇的 ^{1}H NMR 谱图。

9.1.4　醇的化学性质

醇的化学性质主要由羟基官能团所决定。由于氧原子的电负性较大，碳氧键和氧氢键都有较大的极性，容易受外来试剂进攻而发生化学反应。

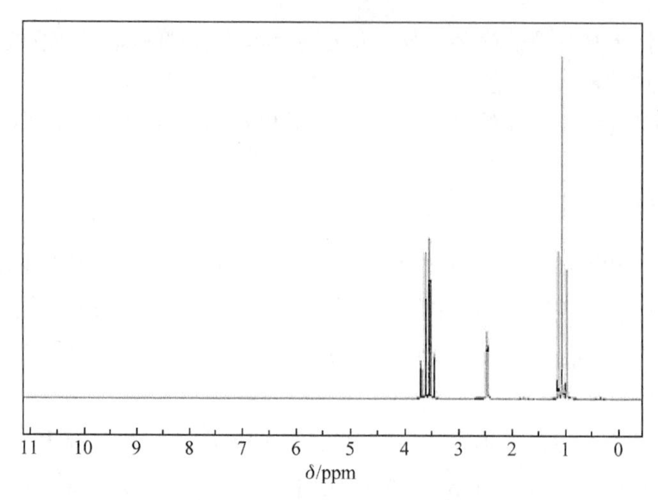

图 9-3　乙醇的 ^{1}H NMR 谱图

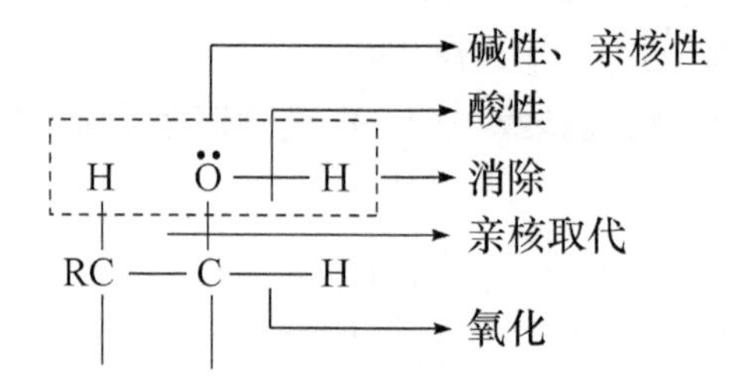

1. 弱酸性

醇具有弱酸性($pK_a \approx 16 \sim 19$)，可与钾、钠、镁、铝等活泼金属反应，生成醇金属并放出氢气和热量，如：

$$2C_2H_5OH + 2Na \longrightarrow 2C_2H_5ONa + H_2\uparrow$$

$$2C_2H_5OH + Mg \xrightarrow{I_2} (C_2H_5O)_2Mg + H_2\uparrow$$

$$6(CH_3)_2CHOH + 2Al \longrightarrow 2[(CH_3)_2CHO]_3Al + 3H_2\uparrow$$

金属与醇反应没有与水反应那么剧烈，不会产生燃烧和爆炸，所以乙醇常被用于处理反应体系中未反应完全的金属钠。

醇钠是一种白色固体，能溶于醇，其碱性比氢氧化钠还要强，遇水甚至潮湿空气会分解成醇和氢氧化钠。但工业上可利用该反应的逆反应，用共沸蒸馏的方法除水来生产乙醇钠。

$$C_2H_5ONa + H_2O \rightleftharpoons C_2H_5OH + NaOH$$

甲醇钠和乙醇钠在有机合成反应中常被用作碱性试剂或亲核试剂，可与活泼一级卤代烃、硫酸二甲(或乙)酯作用，生成相应的醚。例如：

$$(CH_3)_2CHONa + C_2H_5Br \longrightarrow (CH_3)_2CHOC_2H_5 + NaBr$$

醇也可与氢化钠、炔化钠、氨基钠、烃基锂、格氏试剂等强碱发生酸碱中和反应。例如：

$$(CH_3)_3COH + KH \longrightarrow (CH_3)_3COK + H_2\uparrow$$

$$C_2H_5OH + HC\equiv CNa \longrightarrow C_2H_5ONa + HC\equiv CH$$

$$C_2H_5OH + NaNH_2 \longrightarrow C_2H_5ONa + NH_3$$

醇的酸性强弱与其结构有关，在水溶液中不同醇的酸性顺序为：甲醇＞伯醇＞仲醇＞叔醇。例如：

	CH_3OH	C_2H_5OH	$CH_3CH(OH)CH_3$	$(CH_3)_3C-OH$
pK_a	15.5	15.9	约18	约19

因为在水溶液中，随着烷基支链的增多，RO—的空间阻碍作用增大，溶剂化程度减小，稳定性减弱，其相应醇的酸性减弱。叔醇与钠反应已较迟缓，与钾(或氢化钾)反应才能完全变成醇金属。

2. 醇的碱性

醇分子中氧原子上带有未共用电子对，与水相似，能与强酸解离出的质子结合生成𬭩盐(质子化醇)。例如：

$$C_2H_5OH + H_2SO_4 \rightleftharpoons C_2H_5\overset{+}{O}H_2HSO_4^-$$

醇与硫酸生成的𬭩盐能溶于硫酸中，因此可利用这一性质鉴别/纯化不溶于水的醇。

醇也可与路易斯酸 $MgCl_2$、$CaCl_2$、$CuSO_4$ 等作用，生成不溶于有机溶剂而溶于水的结晶醇($MgCl_2 \cdot 6C_2H_5OH$、$CaCl_2 \cdot 4C_2H_5OH$、$CaCl_2 \cdot 4CH_3OH$ 等)。因此，在乙醚制备实验中，可用饱和氯化钙水溶液洗去大量的杂质乙醇，$MgCl_2$、$CaCl_2$、$CuSO_4$ 等不能作为醇的干燥剂。

3. 作为亲核试剂的反应

醇的氧原子是富电子原子，因此可以作为亲核试剂进行反应。

1) 与卤代烃的反应

醇与活泼的卤代烃反应可以得到混合醚。例如：

$$CH_2{=}CHCH_2Br + C_{10}H_{21}OH \xrightarrow[2)\,Fe(CO)_5]{1)\,NaOH,\ n\text{-}Bu_4\overset{+}{N}\overset{-}{Br}} CH_2{=}CHCH_2-O-C_{10}H_{21}\ (83\%)$$

2) 与醛、酮的反应

醇与醛、酮在酸催化下进行亲核加成反应可以得到半缩醛、半缩酮和缩醛、缩酮。这部分内容将在醛、酮的化学性质部分进行详细讨论。

3) 与羧酸和羧酸衍生物的反应

醇与羧酸在酸催化下可以进行酯化反应得到羧酸酯。醇与羧酸衍生物可以进行加成-消除反应得到羧酸酯，这部分内容将在羧酸及羧酸衍生物部分重点讨论。

4) 与无机含氧酸的反应

醇与无机含氧酸反应可以得到无机酸酯。例如，与硫酸反应得到硫酸氢酯。

$$CH_3CH_2OH + HOSO_2OH \rightleftharpoons CH_3CH_2OSO_2OH + H_2O$$

硫酸氢酯是酸性酯，可以与碱作用生成盐。高级醇的硫酸氢酯的钠盐，如十二醇的硫酸氢酯的钠盐($C_{12}H_{25}O\text{-}SO_2\text{-}ONa$)是一种阴离子表面活性剂，具有去污、乳化和发泡作用。把硫酸氢甲醇或乙酯在减压条件下蒸馏，可得到硫酸二甲酯或硫酸二乙酯。

$$CH_3CH_2OSO_2OH \xrightarrow[\triangle]{\text{减压蒸馏}} (CH_3CH_2O)_2SO_2 + H_2SO_4$$

它们是中性酯，不溶于水，具有强烈的毒性，在有机合成中用作烷基化试剂，可向其他分子中引入甲基或乙基。

醇与浓硝酸或发烟硝酸作用生成硝酸酯。

$$ROH + HONO_2 \longrightarrow RONO_2 + H_2O$$

甘油与硝酸通过酯化反应可制得三硝酸甘油酯，俗称硝化甘油。这是一种炸药，也可用作心血管扩张药。

$$\begin{array}{l} H_2C—O—H \\ \;\;| \\ HC—O—H \\ \;\;| \\ H_2C—O—H \end{array} + 3HNO_3 \xrightarrow{\text{浓}H_2SO_4} \begin{array}{l} H_2C—O—NO_2 \\ \;\;| \\ HC—O—NO_2 \\ \;\;| \\ H_2C—O—NO_2 \end{array} + 3H_2O$$

醇与磷酸也能反应得到磷酸酯。例如：

$$3C_4H_9OH + (HO)_3P{=}O \longrightarrow (C_4H_9O)_3P{=}O + 3H_2O$$

磷酸三丁酯常用作萃取剂或增塑剂。许多磷酸酯是重要的农药。

醇与磺酰氯反应生成磺酸烷基酯(ROTs, Ts = $H_3C-C_6H_4-SO_2-$)。

$$ROH + ClO_2S-C_6H_4-CH_3 \xrightarrow{\text{吡啶}} ROO_2S-C_6H_4-CH_3 + HCl$$

对甲苯磺酰氯　　　　　对甲苯磺酸烷基酯

对甲苯磺酸根负离子(TsO^-)的碱性弱，使它成为一个很好的离去基团。因此，磺酸烷基酯比醇容易进行取代和消除反应。例如：

$$\underset{\displaystyle OH}{CH_3CH_2\underset{|}{C}HCH_2CH_3} \xrightarrow[\text{吡啶}]{TsCl} \underset{\displaystyle OTs}{CH_3CH_2\underset{|}{C}HCH_2CH_3} \xrightarrow[\text{二甲亚砜}]{NaBr} \underset{\displaystyle Br}{CH_3CH_2\underset{|}{C}HCH_2CH_3}$$

(85%)

4. 亲核取代反应

醇的 C—O 键是极性共价键，由于氧的电负性较大，因此碳具有正电性，能被亲核试剂进攻生成羟基被取代的产物。

1)与氢卤酸反应

醇与氢卤酸(或干燥的卤化氢)反应生成卤代烃和水，反应可逆，这是制备卤代烃的重要方法之一。

$$ROH + HX \rightleftharpoons RX + H_2O \quad (X = Cl, Br, I)$$

其反应速率与氢卤酸和醇的结构有关。氢卤酸的活性次序是：HI＞HBr＞HCl。醇的活性次序是：烯丙醇＞叔醇＞仲醇＞伯醇。例如，当伯醇与氢碘酸一起加热即可生成碘代烃；与氢溴酸作用时，必须在硫酸存在下加热才能生成溴代烃；与浓盐酸作用时，必须有无水氯化锌存在并加热，才能产生氯代烃。烯丙醇、苄醇和 3°醇在室温下与浓盐酸振荡即有氯化物生成。

$$CH_3CH_2CH_2CH_2OH \xrightarrow[\triangle]{浓HBr,\ H_2SO_4} CH_3CH_2CH_2CH_2Br$$

$$CH_3CH_2CH_2CH_2OH \xrightarrow[\triangle]{浓HCl,\ 无水ZnCl_2} CH_3CH_2CH_2CH_2Cl$$

$$(CH_3)_3C{-}OH \xrightarrow[室温]{浓HCl} (CH_3)_3C{-}Cl$$

利用醇和盐酸作用的快慢，可区别一级、二级、三级醇。所用试剂为无水氯化锌和浓盐酸所配成的溶液，称为卢卡斯(Lucas)试剂。低级一元醇(C_6以下)能溶于卢卡斯试剂，而相应的卤代烷则不溶，从出现混浊的时间可以衡量醇的反应活性。例如，叔醇、烯丙型醇和苄醇与卢卡斯试剂能很快反应，立即混浊后分层；仲醇作用较慢，需数分钟后才变混浊，最后分成两层；伯醇在常温下不发生反应，需加热后才出现混浊。注意 6 个碳原子以上的醇因为不溶于卢卡斯试剂，因而无法用此法进行鉴别。

羟基是一个难以离去的基团，使醇的亲核取代反应比卤代烃难得多，为此需要在酸催化下进行，此时醇形成锌盐，离去基团由强碱性基团(OH^-)转变为弱碱性基团(H_2O)。醇与氢卤酸进行的亲核取代反应，醇的结构不同则反应机理不同。大多数情况下，甲醇与伯醇按 S_N2 机理进行。

$$ROH + HX \rightleftharpoons R\overset{+}{O}H_2 + X^-$$

$$R\overset{+}{O}H_2 + X^- \longrightarrow \left[\overset{\delta^-}{X} \cdots R \cdots \overset{\delta^+}{O}H_2 \right]^{\neq} \longrightarrow X{-}R + H_2O$$

苄醇、烯丙型醇、叔醇和仲醇一般按 S_N1 机理进行。

$$R_3C{-}OH \underset{快}{\overset{H^+,\ 快}{\rightleftharpoons}} R_3C{-}\overset{+}{O}H_2 \underset{快}{\overset{-H_2O,\ 慢}{\rightleftharpoons}} R_3C^+ \underset{慢}{\overset{X^-,\ 快}{\rightleftharpoons}} R_3C{-}X$$

需要注意的是，醇与氢卤酸的亲核取代反应虽然也称为 S_N1 或 S_N2 反应，但其在反应动力学上并不是简单的一级或二级反应，因为它们的反应速率还与酸的浓度有密切关系。

$$S_N1:\ v = k[ROH][H^+] \qquad S_N2:\ v = k[ROH][H^+][X^-]$$

与卤代烷的 S_N1 反应一样，醇的 S_N1 反应也时常会发生碳正离子的重排。例如：

$$(CH_3)_2CH{-}CH(OH){-}CH_3 \underset{}{\overset{H^+,\ 快}{\rightleftharpoons}} (CH_3)_2CH{-}CH(\overset{+}{O}H_2){-}CH_3 \overset{-H_2O,\ 慢}{\rightleftharpoons}$$

$$(CH_3)_2CH{-}\overset{+}{C}H{-}CH_3 \xrightarrow[(负氢迁移)]{重排} (CH_3)_2\overset{+}{C}{-}CH_2{-}CH_3$$

(2°碳正离子) (3°碳正离子)

$$\downarrow Br^- \qquad\qquad \downarrow Br^-$$

$$(CH_3)_2CH{-}CHBr{-}CH_3 \qquad (CH_3)_2CBr{-}CH_2{-}CH_3$$

(36%) (64%)

$$(CH_3)_3C-CH(OH)-CH_3 \underset{}{\overset{H^+}{\rightleftharpoons}} (CH_3)_3C-CH(\overset{+}{O}H_2)-CH_3 \underset{}{\overset{-H_2O}{\rightleftharpoons}} (CH_3)_3C-\overset{+}{C}H-CH_3$$

$$\xrightarrow{重排} (CH_3)_2\overset{+}{C}-CH(CH_3)-CH_3 \xrightarrow{Br^-} (CH_3)_2CBr-CH(CH_3)-CH_3 \quad (94\%)$$

当伯醇或仲醇的β-碳原子具有两个或三个烷基或芳基时，在酸作用下都能发生分子重排反应，这种重排称为瓦格涅尔-麦尔外因(Wagner-Meerwein)重排。

2) 与卤化磷的反应

醇与水相似，也可与卤化磷反应生成卤代烷。

$$3ROH + PX_3 \longrightarrow 3RX + H_3PO_3$$

$$ROH + PX_5 \longrightarrow RX + POX_3 + HX$$

制备溴代烃或碘代烃常用三卤化磷，实际反应中用溴或碘与红磷代替，产率较高，反应中生成的亚磷酸需用碱水洗去。氯代反应常用五氯化磷，但产率较低。

醇与卤化磷的反应是按 S_N2 机理进行的。

$$RCH_2\ddot{O}H + X-PX_2 \longrightarrow RCH_2OPX_2 + HX$$

$$RCH_2OPX_2 + X^- \xrightarrow{S_N2} RCH_2X + {}^-OPX_2$$

3) 与亚硫酰氯的反应

若用亚硫酰氯与醇反应，可以直接得到氯代烷，同时生成 SO_2 和 HCl 两种气体，这有利于反应正向进行，该反应不仅速率快，产率高，一般也不发生重排，产品易纯化，常用于实验室中制备氯代烷。

$$ROH + SOCl_2 \xrightarrow[\triangle]{醚} RCl + SO_2\uparrow + HCl\uparrow$$

该反应机理如下：

$$R-OH + SOCl_2 \xrightarrow{-HCl} R-O-S(=O)Cl \longrightarrow \overset{+}{R}\ {}^-O-S(=O)Cl \longrightarrow R-Cl + SO_2$$

氯代亚硫酸酯　　紧密离子对

从该机理可以看出，反应过程中先生成氯代亚硫酸酯，然后分解为紧密离子对，Cl^-作为离去基团(OSOCl)中的一部分向碳正离子进攻，即“内返”，因而得到构型保持的产物。在低温下，可以分离出中间产物氯代亚硫酸酯，经加热再分解生成氯代烷和 SO_2，这表明上述机理与实际相符，而且取代是在分子内进行的，所以称分子内亲核取代，以 S_Ni(substitution nucleophilic internal)表示。不过这种取代反应较少见。

如果在反应体系中加入吡啶、叔胺或碳酸钠等弱碱时，则会发生产物构型的转化，因为中间产物氯代亚硫酸酯以及反应中生成的氯化氢均可与吡啶反应，这两个产物中均含有“自由的”氯离子，它以 S_N2 方式从碳氧键的背面向碳原子进攻，从而使该碳原子的构型发生转化，其反应机理如下：

$$R{-}OH + SOCl_2 \longrightarrow R{-}O{-}S(=O){-}Cl + HCl$$

$$C_5H_5N + HCl \longrightarrow C_5H_5\overset{+}{N}HCl^-$$

$$C_5H_5\overset{+}{N}HCl^- + R{-}O{-}\overset{O}{\overset{\|}{S}}{-}Cl \longrightarrow Cl{-}R + SO_2 + C_5H_5\overset{+}{N}HCl^-$$

5. 脱水反应

醇在质子酸(如硫酸、磷酸等)或路易斯酸(如三氧化二铝等)的催化下常可发生脱水反应。醇有两种脱水方式：分子间脱水和分子内脱水。反应条件对产物影响较大。

1)分子内脱水

仲醇和叔醇在酸催化下很容易发生分子内脱水得到烯烃，伯醇在较高的温度下(温度较低时得到的主要是醚)，也能得到烯烃，这是制备烯烃的常用方法之一。例如：

$$\underset{H}{H_2C}{-}\underset{OH}{CH_2} \xrightarrow[\text{或}Al_2O_3,\ 360℃]{\text{浓}H_2SO_4,\ 160℃} H_2C{=}CH_2 + H_2O$$

不同结构的醇发生分子内脱水的难易程度不同，其反应活性次序是：叔醇＞仲醇＞伯醇。例如：

$$CH_3CH_2CH_2CH_2OH \xrightarrow[140℃]{75\%\ H_2SO_4} \underset{\text{(主要产物)}}{H_3CHC{=}CHCH_3} + \underset{\text{(次要产物)}}{H_2C{=}CHCH_2CH_3}$$

$$CH_3CH_2\underset{OH}{CH}CH_3 \xrightarrow[100℃]{60\%\ H_2SO_4} \underset{(80\%)}{H_3CHC{=}CHCH_3} + \underset{(20\%)}{H_2C{=}CHCH_2CH_3}$$

$$H_3C{-}\underset{OH}{\overset{CH_3}{C}}{-}CH_3 \xrightarrow[85\sim90℃]{20\%\ H_2SO_4} \underset{(100\%)}{H_3C{-}\overset{CH_3}{C}{=}CH_2}$$

这与碳正离子的稳定性顺序一致，说明醇在质子酸催化下脱水生成烯烃的反应是经历碳正离子中间体的消除反应，其反应机理如下：

$$-\underset{H}{\overset{|}{C}}-\underset{OH}{\overset{|}{C}}- \underset{\text{快}}{\overset{H^+}{\rightleftharpoons}} -\underset{H}{\overset{|}{C}}-\underset{\overset{+}{O}H_2}{\overset{|}{C}}- \overset{-H_2O}{\rightleftharpoons} -\underset{H}{\overset{|}{C}}-\overset{|}{\underset{+}{C}}- \overset{-H^+}{\rightleftharpoons} -\overset{|}{C}{=}\overset{|}{C}-$$

消除反应是有机化学反应中一个大的类型，本书将在 9.2 节中作详细介绍。

仲醇、叔醇分子内脱水，若有两种不同的 β-H 时，则遵从札依采夫规则，主要生成碳碳双键上烃基较多的比较稳定的烯烃。

2)分子间脱水

两分子醇发生分子间脱水生成醚的反应属于亲核取代反应。例如：

$$2CH_3CH_2OH \xrightarrow[\text{或}Al_2O_3,\ 240\sim260℃]{\text{浓}H_2SO_4,\ 140℃} (CH_3CH_2)_2O$$

这一反应常用伯醇制备单醚。用仲醇反应时，消除反应的产物(烯烃)将会增多，而叔醇则以消除反应为主。

在酸性条件下，伯醇分子间脱水反应是按 S_N2 机理进行的。例如，乙醇脱水生成乙醚的反应机理如下：

$$CH_3CH_2OH + H_2SO_4 \rightleftharpoons CH_3CH_2\overset{+}{O}H_2 + HSO_4^-$$

$$CH_3CH_2OH + CH_3CH_2\overset{+}{O}H_2 \xrightarrow{S_N2} (CH_3CH_2)_2\overset{+}{O}H \underset{}{\overset{-H^+}{\rightleftharpoons}} (CH_3CH_2)_2O$$

如果用两种结构相近的醇进行分子间脱水，将得到三种醚的混合物，在合成上意义不大。

6. 氧化和脱氢反应

在醇分子中，由于羟基的影响，使α-H 比较活泼，容易被氧化或脱氢。醇的结构不同，使用的氧化剂不同，其产物也就不同。

1) 氧化

在 $KMnO_4/H^+$、$K_2Cr_2O_7/H^+$、HNO_3 等强氧化剂作用下，伯醇一般先生成中间产物醛，继而被氧化成羧酸，很难停留在醛的阶段，即使将生成的醛尽快分离，醛的产率依然很低；仲醇被氧化成酮；叔醇因为不含α-H，一般不被氧化。因此，通过高锰酸钾溶液或重铬酸钾溶液颜色的变化，可将叔醇与其他醇区别开。

$$RCH_2OH \xrightarrow[\text{或}KMnO_4]{K_2Cr_2O_7+H_2SO_4} RCHO \xrightarrow{[O]} RCOOH$$

$$R-\underset{\underset{OH}{|}}{CH}-R' \xrightarrow[\text{或}KMnO_4]{K_2Cr_2O_7+H_2SO_4} R-\underset{\underset{O}{\|}}{C}-R'$$

利用 $K_2Cr_2O_7/H^+$氧化乙醇时的颜色变化，也可检查醇的含量。

$$CH_3CH_2OH + \underset{(\text{橙红})}{Cr_2O_7^{2-}} \longrightarrow CH_3COOH + \underset{(\text{绿色})}{Cr^{3+}}$$

例如，检查司机是否酒后驾车的分析仪就是根据此反应原理设计的。在 100 mL 血液中如含有超过 80 mg 乙醇(最大允许量)时，呼出的气体所含的乙醇即可使仪器得出正反应(若用酸性 $KMnO_4$，只要有痕量乙醇存在，溶液颜色即从紫色变为无色，故仪器中不用 $KMnO_4$)。

如果在更强烈的条件下氧化(如用 $KMnO_4/H^+$等在加热条件下氧化)，叔醇及酮均可发生碳碳键的断裂，此时一般会氧化成一些小分子物质，无实际应用价值，而对称的环状酮或醇经强烈氧化发生开环反应，具有一定的应用价值。例如：

$$\text{环己醇}-OH \xrightarrow[55\sim60^\circ C]{50\%\ HNO_3,\ V_2O_5} [\text{环己酮}=O] \xrightarrow{[O]} \begin{matrix} H_2C-CH_2COOH \\ | \\ H_2C-CH_2COOH \end{matrix}$$

为了使伯醇氧化停留在醛的阶段，或者氧化时不影响碳碳双键，常使用一些较温和的选择性氧化剂，如三氧化铬双吡啶配合物[Sarrett 试剂，常写作 $CrO_3 \cdot (C_5H_5N)_2$]、氯铬酸吡啶盐(缩写为 PCC)、重铬酸吡啶盐(缩写为 PDC)、$CrO_3 \cdot H_2SO_4$(Jones 试剂)、二环己基碳二亚胺-二甲亚砜(Pfitzner-Moffatt 试剂，缩写为 DCC-DMSO)等。这些试剂的共同特点是可将伯、仲醇分别氧化为醛、酮，而分子中的碳碳双键不受影响。例如：

HO　$\xrightarrow[H_3PO_4(少量)]{DCC\text{-}DMSO}$　O

OH　$\xrightarrow{PCC}$　O

活性二氧化锰试剂可选择性地将烯丙型的伯醇、仲醇氧化成相应的不饱和醛或酮，产率较高，此试剂需临用前制备。

OH　$\xrightarrow{活性MnO_2}$　O

含不饱和键的仲醇还可选用欧芬脑尔(Oppenauer)氧化剂氧化成酮，保留不饱和键。方法是：在异丙醇铝或叔丁醇铝存在下由仲醇和丙酮反应，醇被氧化成酮而丙酮被还原为异丙醇，反应中丙酮应过量。该反应是可逆的，其逆反应称为麦尔外因-彭道夫(Meerwein-Ponndorf)还原法。此法一般不用于伯醇氧化，因为生成的醛在强碱性条件下可能发生缩合。

OH　$\xrightarrow[丙酮\text{-}苯]{Al[OC(CH_3)_3]_3}$　O

2)脱氢

将伯醇、仲醇的蒸气在高温下通过铜、银或镍等活性催化剂时发生脱氢反应，分别生成醛或酮。叔醇不含α-H，不发生反应。例如：

$$CH_3CH_2OH \xrightarrow[325℃]{Cu} CH_3CHO + H_2$$

$$\underset{\displaystyle OH}{CH_3\overset{|}{C}HCH_3} \xrightarrow[500℃,\ 0.3\ MPa]{Cu} H_3C-\overset{\displaystyle O}{\overset{\|}{C}}-CH_3 + H_2$$

脱氢反应得到的产品较纯，但脱氢过程是吸热的可逆反应，反应中要消耗热量。若将醇与适量的空气或氧气通过催化剂进行氧化脱氢，脱下的氢与氧结合生成水并放出大量的热，把整个反应转变为放热过程，这样可以节省能源。但此法的缺点是产品复杂、分离困难。例如：

$$CH_3CH_2OH \xrightarrow[550℃]{O_2,\ Cu或Ag} CH_3CHO + H_2O$$

7. 多元醇的特性反应

由于羟基之间的相互影响，多元醇除了具有醇的通性外，还可以发生一些特殊的反应。

1)与氢氧化铜反应

由于多元醇酸性较强，且邻二醇可以与 Cu(Ⅱ)形成螯合物，因此氢氧化铜能溶于乙二醇、甘油等邻二醇结构的溶剂中，形成蓝色溶液。这一反应可用于区别一元醇与邻多醇。

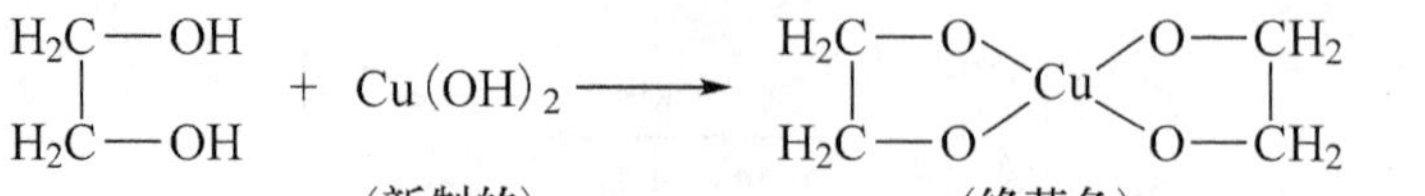

$$\begin{array}{l}H_2C-OH\\ \quad|\\ H_2C-OH\end{array} + Cu(OH)_2 \longrightarrow \begin{array}{l}H_2C-O\quad\;\; O-CH_2\\ \quad|\qquad\quad Cu \qquad\;|\\ H_2C-O\quad\;\; O-CH_2\end{array}$$

（新制的）　　（绛蓝色）

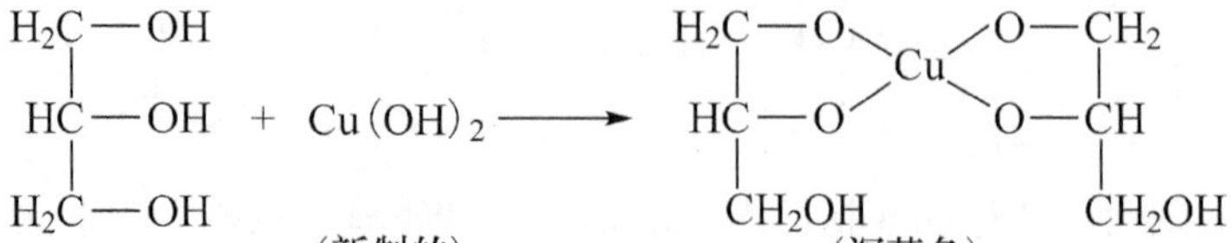

$$\begin{array}{l}H_2C-OH\\ \quad|\\ HC-OH\\ \quad|\\ H_2C-OH\end{array} + Cu(OH)_2 \longrightarrow \begin{array}{l}H_2C-O\quad\;\; O-CH_2\\ \quad|\qquad\quad Cu \qquad\;|\\ HC-O\quad\;\;\; O-CH\\ \quad|\qquad\qquad\qquad\;|\\ CH_2OH\qquad\quad CH_2OH\end{array}$$

（新制的）　　（深蓝色）

2）氧化裂解反应

用高碘酸在缓和条件下氧化邻多醇，两个羟基之间的碳碳键会发生断裂，生成醛、酮或羧酸等产物。

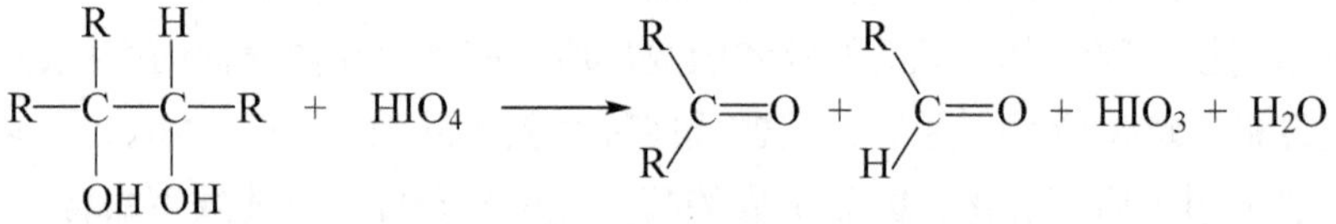

$$R-\underset{OH}{\overset{R}{C}}-\underset{OH}{\overset{H}{C}}-R + HIO_4 \longrightarrow \begin{array}{c}R\\ \quad\backslash\\ \quad C=O\\ \quad/\\ R\end{array} + \begin{array}{c}R\\ \quad\backslash\\ \quad C=O\\ \quad/\\ H\end{array} + HIO_3 + H_2O$$

此反应是定量进行的，可用于测定邻二醇的含量，也可用于推测邻二醇的结构。

除了邻二醇外，有时分子中有$-NH_2$、$-CHO$、$-COOH$ 等与羟基相邻时也能发生类似的断键反应。例如：

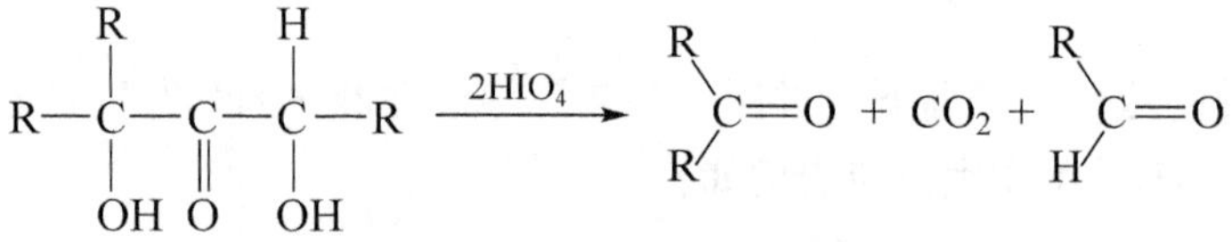

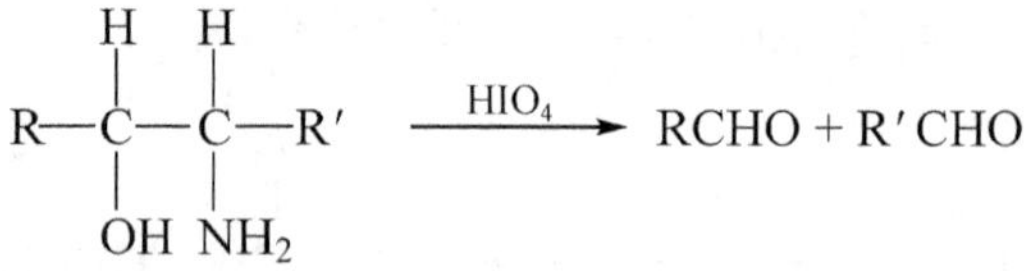

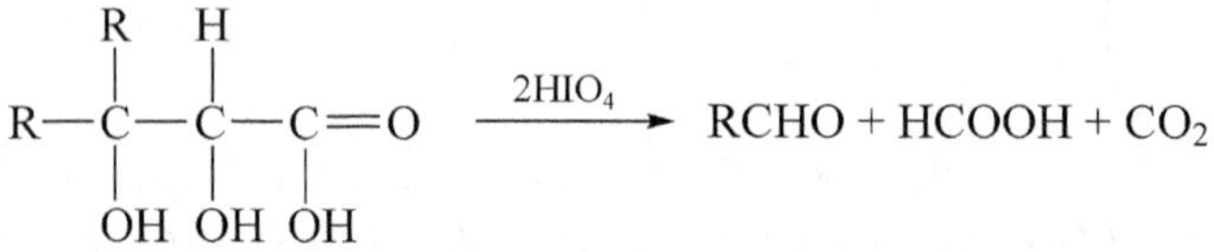

$$R-\underset{OH}{\overset{R}{C}}-\underset{O}{\overset{}{\underset{\|}{C}}}-\underset{OH}{\overset{H}{C}}-R \xrightarrow{2HIO_4} \begin{array}{c}R\\ \quad\backslash\\ \quad C=O\\ \quad/\\ R\end{array} + CO_2 + \begin{array}{c}R\\ \quad\backslash\\ \quad C=O\\ \quad/\\ H\end{array}$$

$$R-\underset{OH}{\overset{H}{C}}-\underset{NH_2}{\overset{H}{C}}-R' \xrightarrow{HIO_4} RCHO + R'CHO$$

$$R-\underset{OH}{\overset{R}{C}}-\underset{OH}{\overset{H}{C}}-\underset{OH}{C}=O \xrightarrow{2HIO_4} RCHO + HCOOH + CO_2$$

不相邻的二元醇不能发生这一反应。

该反应的机理如下：

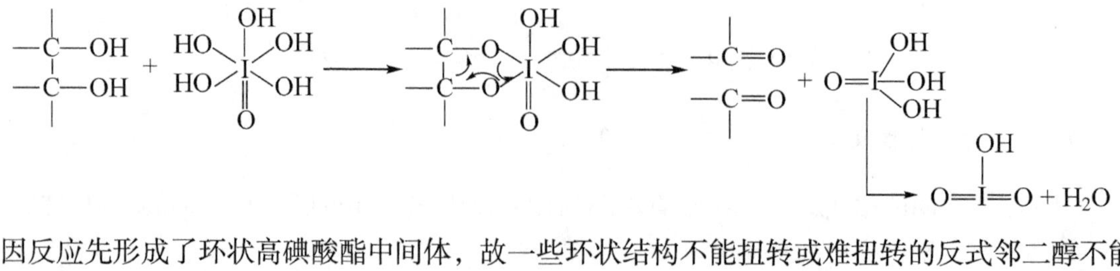

$$\begin{array}{l}-\overset{|}{C}-OH\\ -\underset{|}{C}-OH\end{array} + \begin{array}{c}OH\\ HO\;\;|\;\;OH\\ \;\;\backslash I/\\ HO/\;\|\;\backslash OH\\ O\end{array} \longrightarrow \begin{array}{c}-\overset{|}{C}-O\;\;\overset{OH}{|}\;\;OH\\ \qquad\quad\backslash I/\\ -\underset{|}{C}-O/\;\|\;\backslash OH\\ O\end{array} \longrightarrow \begin{array}{l}-\overset{|}{C}=O\\ -\underset{|}{C}=O\end{array} + O=I\begin{array}{l}OH\\ -OH\\ OH\end{array}$$

$$\longrightarrow O=\overset{OH}{\overset{|}{I}}=O + H_2O$$

因反应先形成了环状高碘酸酯中间体，故一些环状结构不能扭转或难扭转的反式邻二醇不能被高碘酸氧化。例如：

与高碘酸水溶液的氧化作用相似，四乙酸铅在冰醋酸或苯等有机溶剂中，也能氧化α-二醇型化合物。例如：

$$\text{CH}_2\text{=CHCH}_2\text{CH(OH)CH}_2\text{OH} \xrightarrow[\text{HOAc, 50℃}]{\text{Pb(OAc)}_4} \text{CH}_2\text{=CHCH}_2\text{CHO} + \text{HCHO}$$

3) 脱水反应

偕二醇，即同碳二醇，很不稳定，会自发脱水生成羰基化合物。1,4-二醇或 1,5-二醇在酸催化下加热脱水可生成环醚。而邻二醇在酸催化下也会脱水重排生成羰基化合物。例如：

$$\text{(CH}_3)_2\text{C(OH)C(OH)(CH}_3)_2 \xrightarrow{\text{H}^+} \text{(CH}_3)_3\text{C—CO—CH}_3$$

四烃基乙二醇常称为频哪醇，故这一反应称为频哪醇重排，其反应机理如下：

$$\text{(CH}_3)_2\text{C(OH)C(OH)(CH}_3)_2 \overset{\text{H}^+}{\rightleftharpoons} \text{(CH}_3)_2\text{C(}\overset{+}{\text{O}}\text{H}_2\text{)C(OH)(CH}_3)_2 \overset{-\text{H}_2\text{O}}{\rightleftharpoons} \text{(CH}_3)_2\overset{+}{\text{C}}\text{C(OH)(CH}_3)_2$$

$$\longrightarrow \text{(CH}_3)_3\text{C—C(=}\overset{+}{\text{O}}\text{H)—CH}_3 \overset{-\text{H}^+}{\rightleftharpoons} \text{(CH}_3)_3\text{C—CO—CH}_3$$

当邻二醇的碳上连有不同烃基时，重排产物与反应活性中间体的稳定性及烃基的迁移能力有关。羟基是离去后能生成较稳定碳正离子的优先离去，然后通常是能够提供较多电子、电荷的基团优先迁移，一般情况下，基团的迁移能力顺序是芳基＞烷基＞氢。例如：

$$\text{Ph}_2\text{C(OH)C(OH)(CH}_3)_2 \overset{\text{H}^+}{\rightleftharpoons} \text{Ph}_2\text{C(}\overset{+}{\text{O}}\text{H}_2\text{)C(OH)(CH}_3)_2 \overset{-\text{H}_2\text{O}}{\rightleftharpoons} \text{Ph}_2\overset{+}{\text{C}}\text{C(OH)(CH}_3)_2$$

$$\longrightarrow \text{Ph}_2\text{C(CH}_3\text{)—C(=}\overset{+}{\text{O}}\text{H)—CH}_3 \overset{-\text{H}^+}{\rightleftharpoons} \text{Ph}_2\text{C(CH}_3\text{)—CO—CH}_3$$

$$\text{H}_3\text{C—C(Ph)(OH)—C(Ph)(OH)—CH}_3 \overset{\text{H}^+}{\rightleftharpoons} \text{H}_3\text{C—C(Ph)(OH}_2\text{)—C(Ph)(OH)—CH}_3 \overset{-\text{H}_2\text{O}}{\rightleftharpoons} \text{H}_3\text{C—}\overset{+}{\text{C}}\text{(Ph)—C(Ph)(OH)—CH}_3$$

$$\longrightarrow H_3C-\underset{Ph}{\overset{Ph}{C}}-\underset{\overset{+}{O}H}{\overset{}{C}}-CH_3 \xrightleftharpoons{-H^+} H_3C-\underset{Ph}{\overset{Ph}{C}}-\overset{O}{\overset{\|}{C}}-CH_3$$

9.1.5 醇的制备

1. 由烯烃制备

1) 烯烃水合法

烯烃水合法分为直接水合法和间接水合法，直接水合法是在一定温度和压力下，烯烃与水在磷酸或硫酸等催化剂的存在下直接加成生成醇，反应遵循马氏规则。工业生产中大多采用此法。间接水合法是将烯烃先与硫酸加成生成硫酸单烷基酯或二烷基酯，后者再水解生成相应的醇。烯烃的间接水合法由于使用大量硫酸，对设备腐蚀严重，且废酸易对环境造成污染，从绿色化学角度来考虑，直接水合法更为可取。例如：

$$H_2C{=}CH_2 + H_2O \xrightarrow[300℃,\ 10\ MPa]{H_3PO_4} CH_3CH_2OH$$

$$(CH_3)_2C{=}CH_2 + H_2SO_4 \longrightarrow (CH_3)_2\underset{OSO_3H}{C}-CH_3 \xrightarrow{H_2O} (CH_3)_2\underset{OH}{C}-CH_3$$

2) 烯烃的硼氢化-氧化

硼氢化反应包括甲硼烷(或后续步骤中的 BH_2R 及 BHR_2)对烯烃双键的加成，生成的三烷基硼不需分离，直接在碱存在下被 H_2O_2 氧化，其中硼原子部分被—OH 取代，得到反马氏、顺式加成的产物。例如：

$$3CH_3(CH_2)_5CH{=}CH_2 \xrightarrow{BH_3} [CH_3(CH_2)_7]_3B \xrightarrow[HO^-]{H_2O_2} 3CH_3(CH_2)_7OH$$

$$\text{1-甲基环己烯} \xrightarrow{BH_3} \xrightarrow[HO^-]{H_2O_2} (\pm)\ \text{2-甲基环己醇(CH}_3\text{、OH)}$$

硼氢化反应的特点是步骤简单、副反应少和生成醇的产率高，该反应是实验室制备醇的一种有用方法。

3) 羟汞化-脱汞反应

烯烃和乙酸汞在水存在下反应，首先生成羟烷基汞盐，然后用硼氢化钠还原脱汞生成醇，这类反应称为羟汞化-脱汞反应。例如：

$$H_3C-\underset{CH_3}{\overset{CH_3}{C}}-\underset{H}{C}{=}CH_2 \xrightarrow[H_2O]{Hg(OCOCH_3)_2} H_3C-\underset{CH_3}{\overset{CH_3}{C}}-\underset{OH}{C}HCH_2(HgOCOCH_3) \xrightarrow{NaBH_4} H_3C-\underset{CH_3}{\overset{CH_3}{C}}-\underset{OH}{\overset{H}{C}}-\underset{H}{CH_2}$$

4) 羰基合成法

烯烃与一氧化碳和氢气在催化剂作用下，加热、加压生成醛，然后将醛还原得伯醇。这是工业上制备醛和伯醇的重要方法之一。例如：

$$CH_3CH{=}CH_2 + CO + H_2 \xrightarrow[130\sim175℃,\ 20\sim30\ MPa]{钴催化剂} CH_3CH_2CH_2CHO + H_3C{-}\underset{CH_3}{\overset{H}{C}}{-}CHO$$

$$\xrightarrow[130\sim160℃,\ 3\sim5\ MPa]{H_2,\ Ni或Cu} CH_3CH_2CH_2CH_2OH + H_3C{-}\underset{CH_3}{\overset{H}{C}}{-}CH_2OH$$

2. 由羰基化合物制备

含有羰基的化合物，如醛、酮、羧酸及羧酸衍生物等都可以作为合成醇的原料，方法有还原法和加成法。

1)羰基化合物的还原

醛、酮可用 H_2 + Ni(或 Pt、Pd)、C_2H_5OH + Na、$LiAlH_4$、$NaBH_4$ 等还原剂还原为醇，羧酸及其衍生物可用 B_2H_6、$LiAlH_4$ 还原为醇。例如：

$$CH_3CH_2CH_2CHO \xrightarrow{NaBH_4} CH_3CH_2CH_2CH_2OH$$

$$O_2N{-}C_6H_4{-}CH_2COOH \xrightarrow[THF]{B_2H_6} O_2N{-}C_6H_4{-}CH_2CH_2OH$$

$$C_6H_5CH{=}CHCOOC_2H_5 \xrightarrow[THF]{LiAlH_4} \xrightarrow[H^+]{H_2O} C_6H_5CH{=}CHCH_2OH$$

2)醛、酮与格氏试剂反应

这是实验室中制备醇常用的方法，也是格氏试剂的重要用途之一。格氏试剂与不同的醛、酮反应，可以分别生成伯醇、仲醇和叔醇。例如：

$$HCHO + C_6H_5CH_2MgBr \xrightarrow{乙醚} C_6H_5CH_2CH_2OMgBr \xrightarrow[H^+]{H_2O} C_6H_5CH_2CH_2OH$$

$$CH_3CHO + H_3C{-}\underset{CH_3}{CH}MgBr \xrightarrow{乙醚} H_3C{-}\underset{H}{\overset{CH_3}{C}}{-}\underset{OMgBr}{\overset{H}{C}}{-}CH_3 \xrightarrow[H^+]{H_2O} H_3C{-}\underset{H}{\overset{CH_3}{C}}{-}\underset{OH}{\overset{H}{C}}{-}CH_3$$

$$环己酮 + CH_3CH_2MgBr \xrightarrow{乙醚} 1\text{-}乙基环己基\text{-}OMgBr \xrightarrow[H_2O]{NH_4Cl} 1\text{-}乙基环己醇$$

格氏试剂与环氧乙烷作用，可以生成比格氏试剂多两个碳原子的伯醇，这是增长碳链的方法之一。

$$环氧乙烷 + CH_3CH_2MgBr \xrightarrow{乙醚} CH_3CH_2CH_2CH_2OMgBr \xrightarrow[H^+]{H_2O} CH_3CH_2CH_2CH_2OH$$

醇也可用格氏试剂与羧酸酯反应来制备。例如：

$$HCOOC_2H_5 + 2CH_3CH_2MgBr \xrightarrow{乙醚} \xrightarrow[H_2O]{NH_4Cl} CH_3CH_2\underset{OH}{C}HCH_2CH_3$$

3. 由卤代烃制备

卤代烃在碱性条件下水解可以得到醇，这在卤代烃一章已详细讨论过。

$$RX + NaOH \xrightarrow{H_2O} ROH + NaX$$

对仲卤代烃和叔卤代烃来说，为了避免在碱性条件下发生消除生成烯烃，在水解时常用 Na_2CO_3、悬浮在水中的 Ag_2O 等较缓和的碱性试剂。

一般情况下，醇比卤代烃容易得到，因此通常是用醇合成卤代烃。只有在相应的卤代烃比醇容易得到时才采用这个方法。例如：

$$C_6H_5-CH_2Cl + H_2O \xrightarrow{Na_2CO_3} C_6H_5-CH_2OH$$

9.1.6 重要的醇

1. 甲醇

甲醇最初是用木材干馏得到的，又称木醇或木精，为无色液体，沸点 65℃，能与水混溶，毒性强，误饮 10 mL 就能使双目失明，30 mL 即可致死。

目前工业上制备甲醇是用合成气（CO 和 H_2）在加热、加压和催化剂存在下合成。

$$CO + 2H_2 \xrightarrow[300\ ℃,\ 20\ MPa]{ZnO-Cr_2O_3-CuO} CH_3OH$$

甲醇除用作溶剂外，也是重要的有机合成原料，是碳一化工的支柱。以甲醇为原料目前已可生产 120 多种深加工产品，如甲胺、甲醛、甲酸、甲醇钠、二甲基甲酰胺、硫酸二甲酯、甲基丙烯酸甲酯、乐果、敌百虫、马拉硫磷、长效磺胺及维生素 B_6 等。

2. 乙醇

乙醇是酒的主要成分，俗名酒精。我国在 2000 多年前就知道用发酵法制酒，使用的原料是含淀粉的谷物、马铃薯或甘薯等。淀粉经酒曲的作用发酵成酒是一个相当复杂的生物化学过程，大体可分为糖化和酒化两个阶段。

$$\underset{淀粉}{(C_6H_{10}O_5)_n} \xrightarrow{淀粉酶} \underset{麦芽糖}{C_{12}H_{22}O_{11}} \xrightarrow{麦芽糖酶} \underset{葡萄糖}{C_6H_{12}O_6} \xrightarrow{酒化酶} C_2H_5OH + H_2O$$

糖化阶段（淀粉→葡萄糖）　　酒化阶段（葡萄糖→乙醇）

发酵液中除含 10%～18%的乙醇外，还含有丁二酸、甘油、乙醛和杂醇油等，其中杂醇油是由谷物中所含的氨基酸分解而来的，主要成分是含 3～5 个碳原子的伯醇。将发酵液分馏可以得到含 95. 5%乙醇和 4. 5%水的混合液，即工业酒精，沸点 78.15℃，它是一个恒沸液，其中的水分用一般的分馏方法无法除去，而需采取其他方法，如加入无水氯化钙干燥，再将乙醇蒸出，这样可得到 99. 5%的无水乙醇。

利用酒曲发酵是我国古代劳动人民的一项重大发明，直到 19 世纪，这一方法才传到欧洲，沿用至今。用发酵法生产乙醇需要耗费大量的粮食，每生产 1 t 乙醇约需消耗 3 t 粮食。现在工业上生产乙醇主要是以石油裂解气中的乙烯为原料经水合而得到的。

随着世界性能源的短缺和化石能源的日益枯竭，寻找新的能源替代品已成为世界各国发展中的重中之重。目前，以玉米和甘蔗为主要原料的燃料乙醇业已成为一个重点产业，在美国、巴西、中国等国家得到很大发展。当前燃料乙醇的生产工艺还是以粮食为主，对粮食安全是一个挑战，因此发展以纤维素为原料的新工艺是燃料乙醇产业发展中的重点。

乙醇为无色液体，具有特殊气味，易燃，火焰为淡蓝色，是有机合成工业的重要原料，也是常用的溶剂，主要用于合成乙酸、乙醚、氯乙烷、乙胺等。医用酒精是75%的乙醇，因为在此浓度下的乙醇溶液的杀菌消毒效果最好。白酒的主要成分是乙醇和水，少量乙醇对人体的作用是先兴奋，后麻醉，大量饮用乙醇对人体有毒害作用。人的酒量有大有小，与个人体内乙醇脱氢酶和乙醛脱氢酶的含量有关。乙醇脱氢酶能在人体内有效催化乙醇氧化为乙醛，乙醛在乙醛脱氢酶的作用下，继续分解氧化为二氧化碳和水。若这两种酶的含量少，乙醇在人体内不易转化，引起酒醉现象。

3. 乙二醇

乙二醇是最简单和最重要的二元醇，为带有甜味的无色黏稠液体，沸点198℃，能与水、乙醇或丙酮混溶，但不溶于极性较小的乙醚，这是因为分子中增加了一个羟基。

乙二醇是合成纤维“涤纶”等高分子化合物的重要原料，又是常用的高沸点溶剂。乙二醇的熔点低(–16℃)，能降低水的冰点，如其60%的水溶液的冰点为–49℃，所以其可用作冬季汽车散热器的防冻剂和飞机发动机的制冷剂。乙二醇的硝酸酯是一种炸药。

乙二醇的工业制法是由乙烯合成，乙烯在银催化剂作用下经空气氧化生成环氧乙烷，环氧乙烷加压水合或在酸催化下水合可制得乙二醇。

$$H_2C{=}CH_2 \xrightarrow[Ag]{O_2} \underset{\diagdown O \diagup}{H_2C{-}CH_2} \xrightarrow[\text{或}0.5\%\ H_2SO_4,\ 50\sim70℃]{H_2O,\ 190\sim200℃,\ 2.2\ MPa} \underset{OH\ \ OH}{H_2C{-}CH_2}$$

也可使乙烯经过氯乙醇转变为环氧乙烷再水解。

$$H_2C{=}CH_2 \xrightarrow[0℃]{Cl_2,\ H_2O} \underset{OH\ \ Cl}{H_2C{-}CH_2} \xrightarrow{NaOH} \underset{\diagdown O \diagup}{H_2C{-}CH_2} \xrightarrow[\text{或}0.5\%\ H_2SO_4,\ 50\sim70℃]{H_2O,\ 190\sim200℃,\ 2.2\ MPa} \underset{OH\ \ OH}{H_2C{-}CH_2}$$

4. 丙三醇

丙三醇俗称甘油，为无色、无臭、有甜味的黏稠液体，相对密度1.2613，熔点20℃，沸点290℃(分解)，能与水以任意比例混溶，但在乙醇中的溶解度较小。甘油以酯的形式存在于动植物油脂中，可从油脂制皂的残液中提取得到。无水甘油具有吸湿性，能吸收空气中的水分，至含20%水分后便不再吸水，因此甘油常用作化妆品、皮革、烟草、食品及纺织品等的吸湿剂。甘油也是有机合成的重要原料，其中硝酸甘油可用作炸药，它在医药上用作扩张冠状动脉、缓解心绞痛的药物。

甘油是油脂的组成部分，可由动植物油脂水解得到，是肥皂工业的副产物。工业上合成甘油是利用石油裂解气中的丙烯，通过氯丙烯法生成。先是用丙烯在高温下和氯气发生取代反应，然后将得到的3-氯丙烯与HOCl加成生成二氯丙醇，再将二氯丙醇与石灰乳作用后水解，即可制得丙三醇。

$$CH_2{=}CHCH_3 \xrightarrow[\text{高温}]{Cl_2} CH_2{=}CHCH_2Cl \xrightarrow{HOCl} \begin{matrix} ClCH_2CH(OH)CH_2Cl \\ HOCH_2CHClCH_2Cl \end{matrix} \xrightarrow[80\sim90^{\circ}C]{Ca(OH)_2}$$

$$\underset{O}{CH_2{-}CH}{-}CH_2Cl \xrightarrow[100\sim150^{\circ}C]{Na_2CO_3} HOCH_2CH(OH)CH_2OH$$

5. 环己六醇

环己六醇又名肌醇，为白色结晶，熔点 225℃，相对密度 1.752，能溶于水，不溶于无水乙醇、乙醚，有甜味。主要用于治疗肝硬化、肝炎、脂肪肝及胆固醇过高等病症。

肌醇存在于动物心脏、肌肉和未成熟的豌豆等中，是某些动物和微生物生长所必需的物质。肌醇的六磷酸酯广泛存在于植物界，称为植物精(植酸)，结构式为

$$C_6H_6(OPO_3H_2)_6$$

植物精通常以钙镁盐的形式存在，俗称植酸钙镁。植物精主要用作食品添加剂和医药用料，工业上也用作防锈剂、洗净剂、防爆剂、防静电剂、涂料等。植酸钙镁则用作营养药，有促进新陈代谢、增进食欲和营养、助长发育的功效。

6. 苯甲醇

苯甲醇又称苄醇，以酯的形式存在于许多植物精油中。苯甲醇具素馨香味，相对密度 1.019，沸点 205℃，稍溶于水，能与乙醇、乙醚等混溶，长期与空气接触会被氧化成苯甲醛。苯甲醇多用于香料工业，可作香料的溶剂和定香剂，是茉莉、月下香、依兰等香精调配时不可缺少的原料，用于配制香皂、日用化妆品。由于苯甲醇有微弱的麻醉作用，也常用作注射时的止痛剂，如可用 2%苯甲醇的灭菌液稀释青霉素。

9.2 酚

9.2.1 酚的结构

酚可以看作芳环上的氢被羟基取代生成的化合物，其通式为 Ar—OH。酚羟基与芳环上 sp^2 杂化的碳原子直接相连，氧原子上未共用的孤对电子与芳环上的 π 电子云形成 p-π 共轭体系而向芳环方向转移(苯酚的结构见图 9-4)，这样使碳氧键的强度增强，氧氢键强度削弱，因此醇与酚虽然都有羟基，但结构差异较大，是不同类别的化合物，有不同的性质。

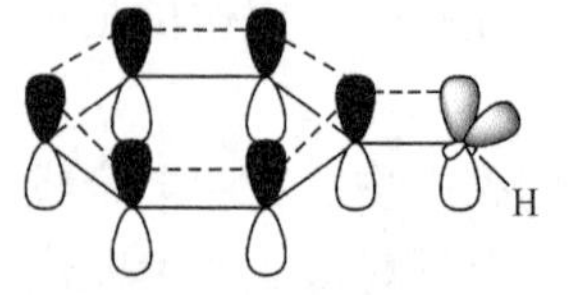

图 9-4 苯酚的结构

9.2.2　酚的命名

酚的命名一般是在酚字前面加上芳环的名称作为母体，再加上其他取代基的位次、数目和名称。若芳环上含有应优先的其他官能团时，一般将羟基作为取代基。例如：

间氯苯酚　　4-硝基-2-甲氧基苯酚　　2,4,6-三硝基苯酚（苦味酸）　　1,2-苯二酚（儿茶酚）

连苯三酚（焦性没食子酸）　　均苯三酚（根皮酚）　　邻羟基苯甲醛（水杨醛）　　4-羟基-1-萘磺酸

9.2.3　酚的物理性质

除少数烷基酚是液体外，多数酚都是固体，由于分子间存在氢键，因此沸点都很高。酚微溶于水，苯酚在 100 g 冷水中可溶解 6.7 g，加热时苯酚在水中无限地溶解，酚在水中的溶解度随羟基数目的增多而增加。酚能溶于乙醇、乙醚、苯等有机溶剂。纯的酚是无色的，但往往由于氧化而带有红色乃至褐色。常见酚的物理常数见表 9-2。

表 9-2　常见酚的物理常数

名称	熔点/℃	沸点/℃	溶解度/[g·(100 g 水)$^{-1}$]，25℃	pK_a(25℃)
苯酚	41	182	9.3	9.89(20℃)
邻甲苯酚	31	191	2.5	10.29
间甲苯酚	12	202	2.6	10.09
对甲苯酚	35	202	2.3	10.26
邻氯苯酚	9	173	2.8	8.49
邻硝基苯酚	45～46	214	0.2	7.22
间硝基苯酚	97	197(70 mmHg)	1.4	8.39
对硝基苯酚	114	297(分解)	1.7	7.15
2,4-二硝基苯酚	113	升华	0.6	4.09
邻苯二酚	105	245	45.1	9.4
间苯二酚	111	281	123	9.4
对苯二酚	170	285	8	10.35(20℃)
1,2,3-苯三酚	133	309	62	7.0

续表

名称	熔点/℃	沸点/℃	溶解度/[g · (100 g 水)$^{-1}$]，25℃	pK_a(25℃)
1,3,5-苯三酚	218～219	升华	1	7.0
α-萘酚	94	279	不溶	9.34
β-萘酚	123	286	0.1	9.51

酚的毒性很大，口服致死量为 530 mg · kg^{-1} 体重。许多酚类化合物有杀菌作用，可用作消毒杀菌剂。医院内常用作杀菌剂的来苏儿就是甲酚(甲基酚异构体的混合物)与肥皂液的混合物。

9.2.4　酚的光谱性质

由于共轭效应的存在，酚的紫外吸收光谱会发生明显的红移，吸收强度也大大增强。例如，苯酚在乙醇作溶剂时：λ_{max}=211 nm(ε_{max}=6200)；λ_{max}=270 nm(ε_{max}=1450)。

在酚的 IR 光谱中，在极稀溶液中，游离羟基的 O—H 键伸缩振动吸收峰为 3610～3603 cm^{-1}，峰形尖锐。酚羟基缔合时，O—H 键伸缩振动移向 3500～3200 cm^{-1} 处，峰形较宽。多数情况下，两个吸收峰并存。

酚羟基质子的 NMR 信号δ值一般为 4.5～8，如果将溶液稀释，吸收便移向高磁场一端，δ值在 4.5 左右(单体)。但如果存在分子内氢键，则会向低场移动，酚羟基质子的δ值为 10.5～16。例如：

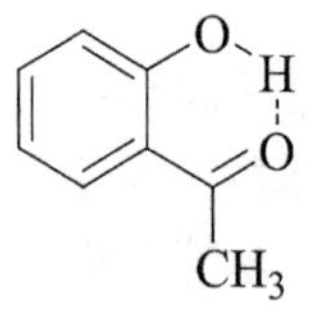

O　H　O　CH$_3$　　　　O　H　O　OCH$_3$

δ_H 12.05 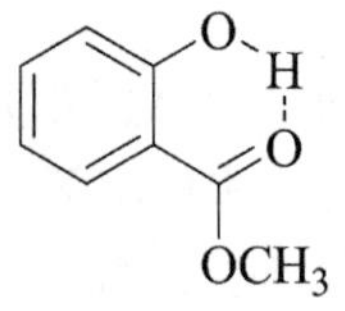　　　　δ_H 10.58

9.2.5　酚的化学性质

酚的化学性质主要是由酚羟基与芳环的相互作用引起的。酚羟基氧与芳环的 p-π共轭作用，羟基给电子的共轭效应比吸电子的诱导效应要强得多，使氧原子上的电子云流向芳环，因此酚比苯更容易发生亲电取代反应。p-π共轭作用使碳氧键的强度增强，因此酚不像醇那样容易发生亲核取代反应；同时，氧上电子云密度降低，氧氢键强度削弱，因此酚的酸性大大强于醇。

1. 酚羟基的反应

1) 酸性

苯酚具有微弱的酸性，其 pK_a 为 10.0，酸性比醇、水(15.73)强，但比碳酸(6.38)弱。大多数酚的 pK_a 都在 10 左右，所以酚能溶于 NaOH 溶液生成酚钠(而醇不能)，但不能溶于 $NaHCO_3$ 溶液，因此可利用这一性质鉴别、分离醇与酚。

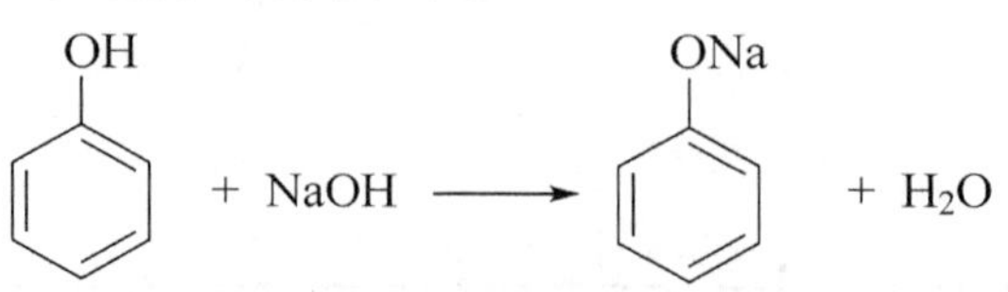

OH　+ NaOH ⟶ ONa　+ H_2O

在苯酚钠的水溶液中通入 CO_2 时，苯酚又可重新游离出来。

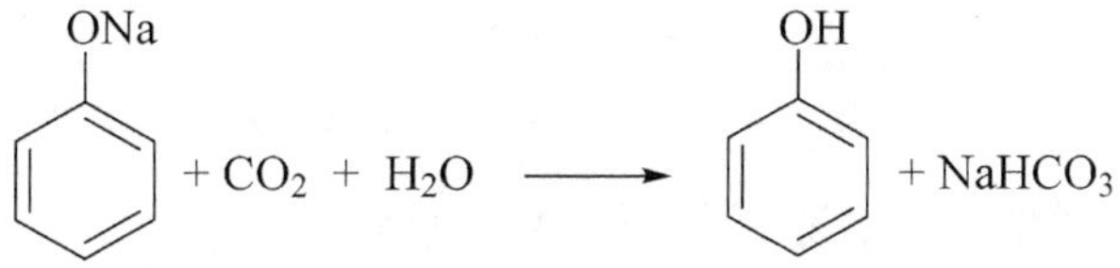

$$C_6H_5ONa + CO_2 + H_2O \longrightarrow C_6H_5OH + NaHCO_3$$

取代酚的酸性与芳环上取代基的性质有关，当酚的芳环上连有吸电子基时，酚的酸性会增强；连有供电子基时，酚的酸性会减弱。例如：

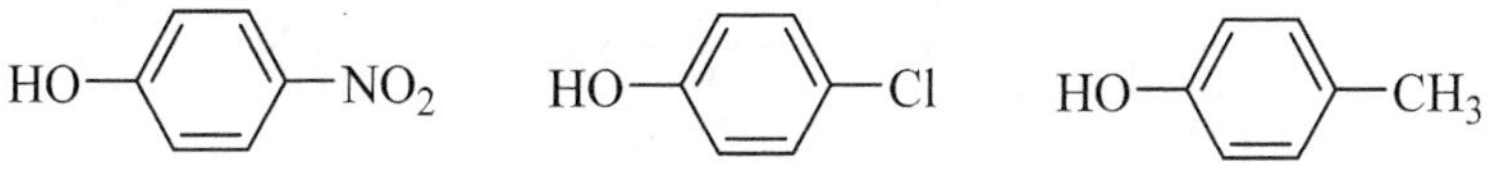

	$HO-C_6H_4-NO_2$	$HO-C_6H_4-Cl$	$HO-C_6H_4-CH_3$
pK_a	7.15	9.38	10.26

这是因为连吸电子基时，酚羟基氧上的电子云密度降低，使 O—H 键的极性增大，酚更容易解离出 H^+；同时，酚解离生成的苯氧负离子负电荷可以被吸电子基分散，因而更稳定。酚的芳环上连供电子基时，羟基氧上的电子云密度增大，使 O—H 键的极性减弱，酚不易解离；同时，酚解离生成的苯氧负离子负电荷更加集中，稳定性减小。

取代酚的酸性还与芳环上取代基的位置和数目有关，芳环上邻、对位连的吸电子基越多，酚的酸性越强。例如：

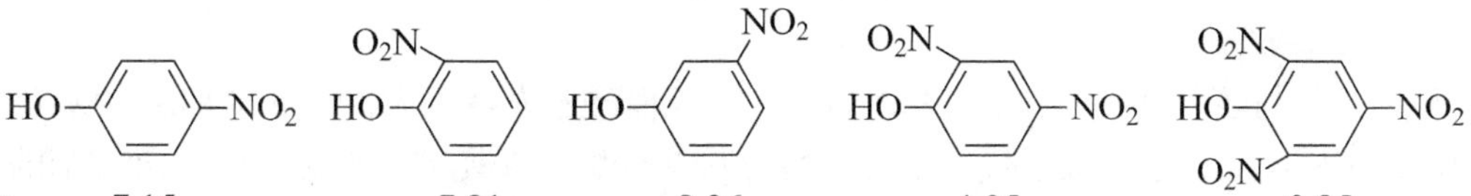

	对硝基苯酚	邻硝基苯酚	间硝基苯酚	2,4-二硝基苯酚	2,4,6-三硝基苯酚
pK_a	7.15	7.21	8.36	4.05	0.25

2) 与 $FeCl_3$ 的显色反应

大多数酚与三氯化铁溶液发生颜色反应，生成带颜色的配离子，不同的酚产生的颜色也不同(表 9-3)，这一特性可用于酚类化合物的定性鉴定，如：

$$6C_6H_5OH + FeCl_3 \longrightarrow \underset{\text{蓝紫色}}{H_3[Fe(OC_6H_5)_6]} + 3HCl$$

与 $FeCl_3$ 的颜色反应并不限于酚，具有烯醇式结构的脂肪族化合物也有这个反应。

表 9-3　各类酚与三氯化铁反应所显颜色

酚	苯酚	对甲苯酚	间甲苯酚	对苯二酚	邻苯二酚	间苯二酚	连苯三酚	α-萘酚	β-萘酚
与 $FeCl_3$ 所显颜色	蓝紫色	蓝色	蓝紫色	暗绿色结晶	深绿色	蓝紫色	淡棕红色	紫红色沉淀	绿色沉淀

3) 酚醚的形成

酚和醇相似，也能生成醚，但酚分子间脱水生成醚比较困难，常用酚钠与伯卤代烃或硫酸二烷基酯作用生成酚醚。

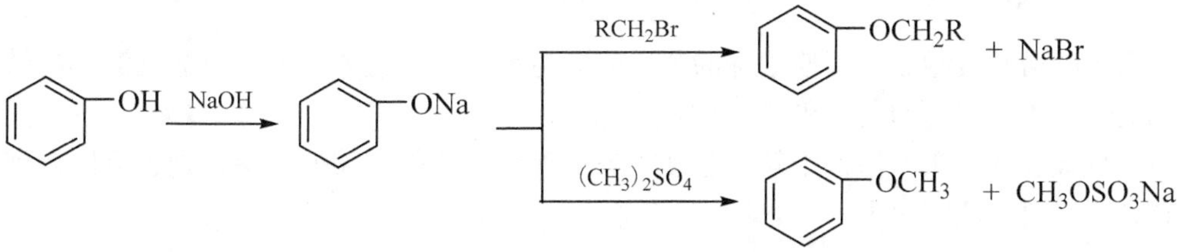

$$C_6H_5OH \xrightarrow{NaOH} C_6H_5ONa \begin{cases} \xrightarrow{RCH_2Br} C_6H_5OCH_2R + NaBr \\ \xrightarrow{(CH_3)_2SO_4} C_6H_5OCH_3 + CH_3OSO_3Na \end{cases}$$

二芳基醚可用酚钠和卤代苯，在铜催化下加热制备。

$$C_6H_5ONa + C_6H_5Br \xrightarrow[210℃]{Cu} C_6H_5-O-C_6H_5$$

酚醚的化学性质比酚稳定，不易氧化。酚醚与氢卤酸作用会分解，得原来的酚。在有机合成中常利用生成酚醚的方法来保护酚羟基。例如：

$$o\text{-}CH_3C_6H_4ONa \xrightarrow{CH_3I} o\text{-}CH_3C_6H_4OCH_3 \xrightarrow[H^+]{KMnO_4} o\text{-}HOOCC_6H_4OCH_3 \xrightarrow[\triangle]{HI} o\text{-}HOOCC_6H_4OH$$

4）酚酯的形成

用酚与羧酸反应制备酯是比较困难的，酚酯一般用酰卤或酸酐与酚或酚盐作用获得。例如：

$$o\text{-}HOC_6H_4COOH + (CH_3CO)_2O \xrightarrow[60℃]{浓H_2SO_4} o\text{-}CH_3COOC_6H_4COOH$$

水杨酸　　　　乙酰水杨酸

乙酰水杨酸俗称阿司匹林(aspirin)，是常用的解热止痛药。

5）酚羟基被取代

酚的羟基与醇羟基不同，不容易被取代，与氢卤酸不发生反应，但可与 PX_3、PX_5(X=Cl、Br)和 $SOCl_2$ 反应，羟基被取代，主要产物为亚磷酸酯、磷酸酯或亚硫酸酯，卤代苯的产率很低。

2. 芳环上的亲电取代反应

1）卤代反应

苯与溴水不能发生反应，但苯酚不仅在常温下可立即与溴水反应，且得到取代产物，甚至可取代邻、对位上的某些其他基团。

$$C_6H_5OH + 3Br_2 \xrightarrow{H_2O} 2,4,6\text{-}Br_3C_6H_2OH\downarrow(白) + 3HBr$$

$$p\text{-}HO_3SC_6H_4OH + 3Br_2 \xrightarrow{H_2O} 2,4,6\text{-}Br_3C_6H_2OH\downarrow(白) + 3HBr + H_2SO_4$$

三溴苯酚溶解度很小，即使很稀的苯酚溶液与溴水作用也能生成白色的沉淀，灵敏度很高，因此可以用于苯酚的定性和定量测定。

若在低极性或非极性溶剂中较低温度下进行溴代，并控制溴的用量，则也可以得到一溴代产物，且以对位产物为主。

$$C_6H_5OH + Br_2 \xrightarrow[0℃]{CS_2} p\text{-}BrC_6H_4OH\ (67\%) + o\text{-}BrC_6H_4OH\ (33\%) + HBr$$

在水溶液中，pH=10 时，用不足 3 倍物质的量的氯，可以得到 2,4,6-三氯苯酚。

$$C_6H_5OH + Cl_2 \xrightarrow[pH=10]{H_2O} 2,4,6\text{-}Cl_3C_6H_2OH$$

2)磺化反应

酚的磺化反应也是可逆的，随着磺化温度的升高，稳定的对位异构体增多。继续磺化或用浓硫酸在加热条件下直接与酚作用，可得二磺化产物。

$$C_6H_5OH \xrightarrow{H_2SO_4(浓)} o\text{-}HOC_6H_4SO_3H + p\text{-}HOC_6H_4SO_3H \xrightarrow[\triangle]{H_2SO_4(浓)} 2,4\text{-}(HO_3S)_2C_6H_3OH$$

	邻位	对位
20℃	49%	51%
100℃	10%	90%

3)硝化反应

苯酚在室温下就可被稀硝酸硝化，但由于苯酚同时也容易被硝酸氧化，故一般产率不高。

$$C_6H_5OH + HNO_3(稀) \xrightarrow{20℃} p\text{-}O_2NC_6H_4OH\ (13\%) + o\text{-}O_2NC_6H_4OH\ (40\%) + H_2O$$

邻硝基苯酚可以形成分子内氢键，而对硝基苯酚只能形成分子间氢键，所以前者的沸点比后者低得多，可采用水蒸气蒸馏的方法将其分离。

$$\text{邻硝基苯酚（O–H···O=N 分子内氢键）}\qquad \cdots H-O-C_6H_4-N(=O)\rightarrow O\cdots H-O-C_6H_4-N(=O)\rightarrow O\cdots$$

若用浓硝酸硝化，因为氧化反应占主导，只能得少量的 2,4,6-三硝基苯酚(苦味酸)，一般采用间接方法制备。

$$C_6H_5OH \xrightarrow[100℃]{H_2SO_4(浓)} HOC_6H_3(SO_3H)_2 \xrightarrow[\triangle]{HNO_3(浓)} HOC_6H_2(NO_2)_3$$

2,4,6-三硝基苯酚俗称苦味酸，酸性很强，其 pK_a 值为 0.16，为黄色结晶，熔点 122℃，可溶于乙醇、乙醚及热水。苦味酸及其盐都极易爆炸，可用于制造炸药和染料。

4）亚硝化反应

苯酚和亚硝酸反应可得到对亚硝基苯酚，后者经氧化可得到对硝基苯酚，这样可得到不含邻位异构体的硝化产物。

$$C_6H_5OH \xrightarrow[H_2SO_4]{NaNO_2} HOC_6H_4NO \xrightarrow{HNO_3(稀)} HOC_6H_4NO_2$$

5）傅-克反应

酚容易进行傅-克烷基化反应，产物以对位异构体为主；若对位有取代基则烷基进入邻位。反应一般用质子酸催化。例如：

$$C_6H_5OH + (CH_3)_3CCl \xrightarrow{HF} HOC_6H_4C(CH_3)_3$$

$$HOC_6H_4CH_3 + 2(CH_3)_2C{=}CH_2 \xrightarrow{H_2SO_4} (H_3C)_3C\text{-}C_6H_2(OH)(CH_3)\text{-}C(CH_3)_3$$

$$C_6H_5OH + (CH_3)_2C(OH)CH_2CH_3 \xrightarrow[110℃]{H_3PO_4} HOC_6H_4C(CH_3)_2CH_2CH_3$$

酚的酰基化比较特别，因为它在与酰基化试剂作用时，既可以在苯环上反应，也可以在羟基上进行。一般而言，酸酐在酸催化下与酚反应可以在苯环上直接引入酰基。而在用酰氯作酰基化试剂时，先生成的是羧酸酯，但它在氯化铝的作用下可发生分子重排得到苯环上的酰化产物。

$$\text{C}_6\text{H}_5\text{OH} \xrightarrow{\text{R-CO-Cl}} \text{C}_6\text{H}_5\text{OCOR} \xrightarrow[\triangle]{\text{AlCl}_3} o\text{-HOC}_6\text{H}_4\text{COR} + p\text{-HOC}_6\text{H}_4\text{COR}$$

这种分子重排反应称为弗莱斯(Fries)重排。其中重排到对位是动力学控制的，在较低温(65℃)时是主要产物；而较高温(165℃)下是热力学控制的，因为邻位产物可形成分子内氢键，比较稳定。

6) 与醛、酮的缩合反应

酚还可以和羰基化合物发生缩合反应。例如，在稀碱溶液存在下，苯酚和甲醛作用生成邻羟基苯甲醇或对羟基苯甲醇，进一步缩合生成线形或网状高分子酚醛树脂(详见第 10 章)，另与丙酮缩合可以得到双酚 A 及环氧树脂。

3. 氧化反应

酚比醇容易氧化，空气中的氧就能将其氧化。因此，进行磺化、硝化或卤化时，必须控制反应条件，尽量避免酚被氧化。酚氧化物的颜色随着氧化程度的深化而逐渐加深，由无色到呈粉红色、红色以至深褐色。将酸性重铬酸钾与苯酚作用时，得到黄色的对苯醌。这也是久置的苯酚颜色变深的原因，所以实验前大多要对商品级苯酚进行重新蒸馏。

$$\text{C}_6\text{H}_5\text{OH} \xrightarrow[\text{H}^+]{\text{K}_2\text{Cr}_2\text{O}_7} \text{对苯醌}$$

多元酚更易氧化，特别是两个或两个以上羟基互为邻、对位时最易氧化。醌类化合物基本都是带有颜色的，这是酚类化合物通常带有颜色的原因。

$$\text{邻苯二酚} \xrightarrow{[\text{O}]} \text{邻苯醌}$$

酚易被氧化的性质常用来作为抗氧剂和除氧剂，常用于食品行业等。

4. 还原反应

酚通过催化加氢使苯环被还原，从而生成环己烷衍生物。例如：

$$\text{C}_6\text{H}_5\text{OH} \xrightarrow[100\sim200℃,\ 1\sim2\ \text{MPa}]{\text{H}_2,\ \text{Ni}} \text{C}_6\text{H}_{11}\text{OH}$$

这是工业上生产环己醇的方法之一。

9.2.6　酚的制备

1. 异丙苯氧化法

异丙苯在液相于 100～120℃通入空气，经过催化氧化而生成过氧化氢异丙苯，后者在稀硫酸或酸性离子交换树脂作用下分解，生成苯酚和丙酮。

$$C_6H_5CH(CH_3)_2 \xrightarrow[100\sim120℃,\ 0.4\ MPa]{O_2} C_6H_5C(CH_3)_2OOH \xrightarrow[80\sim90℃]{H_2O,\ H^+} C_6H_5OH + CH_3COCH_3$$

这是目前生成苯酚最主要的和最好的方法，其主要优点是原料异丙苯来源于石油化工产品丙烯和苯，价廉易得，可连续化生产，且其副产物丙酮也是重要的化工原料。此法在工业上还可用来制备α-萘酚和间甲酚等。

2. 苯磺酸盐碱熔法

这是较早制取苯酚的方法。用亚硫酸钠生成苯磺酸钠，后者与氢氧化钠一起加热熔融生成苯酚钠，苯酚钠酸化后即得苯酚。

$$C_6H_5SO_3H \xrightarrow{Na_2SO_3} C_6H_5SO_3Na \xrightarrow[320\sim350℃]{NaOH\text{（固）}} C_6H_5ONa \xrightarrow{H_2SO_3} C_6H_5OH$$

工业上把苯磺酸钠的生产和酸化操作结合起来，碱熔时的副产物亚硫酸钠可用来中和苯磺酸，中和时放出的二氧化硫可用来酸化苯酚钠。

碱熔法产率较高，但操作工序繁多，生产不易连续化，同时耗用大量的硫酸和烧碱，因而限制了该方法的应用范围。

3. 氯苯水解法

氯苯在高温、高压和催化剂作用下，可被稀碱溶液(10%的氢氧化钠水溶液或碳酸钠水溶液)水解而得苯酚钠，再经酸化即得苯酚。

$$C_6H_5Cl \xrightarrow[20\ MPa,\ Cu]{NaOH,\ 360℃} C_6H_5ONa \xrightarrow{HCl} C_6H_5OH$$

在反应中常有一定量的副产物二苯醚生成。

卤苯的邻、对位有强吸电子基团存在时，水解反应能在较温和的条件下进行。

4. 重氮盐水解法

芳烃经硝化、还原、重氮化得到重氮盐，再水解后得到酚。

$$C_6H_6 \xrightarrow[HNO_3\text{(浓)},\triangle]{H_2SO_4\text{(浓)}} C_6H_5NO_2 \xrightarrow{Fe + HCl} C_6H_5NH_2 \xrightarrow[<5℃]{NaNO_2,\ H_2SO_4} C_6H_5N_2^+HSO_4^- \xrightarrow[\triangle]{H_2O} C_6H_5OH$$

这是实验室制备酚的重要方法之一，其优点是反应位置准确，产率较高。

9.2.7 重要的酚

1. 苯酚

苯酚俗称石炭酸，最早是由煤焦油中提取得到。纯净的苯酚为无色针状结晶，熔点 43℃，有特殊臭味，见光或在空气中易被氧化而呈淡红色。苯酚在水中溶解度不大，但易溶于乙醇及乙醚。

苯酚有毒，对皮肤有强烈的腐蚀性，一旦触及皮肤，可用医用酒精擦洗。苯酚也具有一定的杀菌能力，可用作防腐剂和消毒剂。

苯酚是最重要的基础化工原料之一，在工业上的用途非常广，以其为原料生产的许多种化工产品涉及各个科技领域和工业部门，如材料、纺织、医药、农药、表面活性剂等。

2. 对苯二酚

对苯二酚为无色晶体，能溶于水、乙醇和乙醚。对苯二酚很容易被氧化，弱氧化剂如 Ag_2O、AgBr 等即可将其氧化为对苯醌。

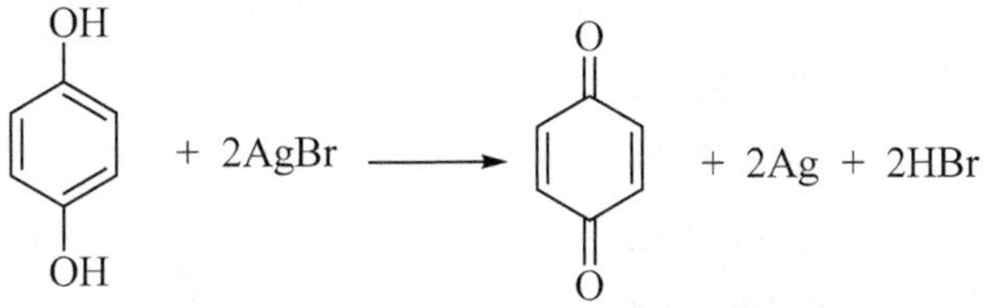

OH / OH　+ 2AgBr ⟶　O / O　+ 2Ag + 2HBr

所以对苯二酚常用作感光材料中的显影剂。此外，它还可用作抗氧化剂 DBH 和食品用防老剂 BHA 等化学助剂的中间体，也是医药中间体龙胆酸、农用杀菌剂对苯二甲醚氯化衍生物及蒽醌染料和偶氮染料的原料，还广泛用于丙烯腈、苯乙烯等聚合物单体储运过程中的阻聚剂。

3. β-萘酚

β-萘酚少量存在于煤焦油中，是重要的有机化工原料之一，广泛用于直接染料、酸性染料、冰染染料，以及感光树脂、香料、杀虫剂、橡胶防老剂，在医药方面用于如抗生素、镇痛抗炎药物、抗冠心病药物的生产。近年来，β-萘酚用于合成 2-羟基-6-萘甲酸及 2,6-二羟基萘，均是聚合物液晶的单体。

9.3　醚

9.3.1　醚的分类和命名

醚的结构通式为 R—O—R′(R 和 R′均为烃基)。当与氧相连的两个烃基相同时，称为简单醚或对称醚，如 CH_3OCH_3；当与氧相连的两个烃基不同时，称为混合醚或不对称醚，如 $CH_3OC_2H_5$。醚中的(C)—O—(C)键俗称醚键，是醚的官能团。

简单的醚类化合物的命名多采用普通命名法，即在“醚”字前分别加上两个烃基的名称即可，烃基按次序规则列出。例如：

$CH_3CH_2OCH_2CH_3$　　(二)乙醚

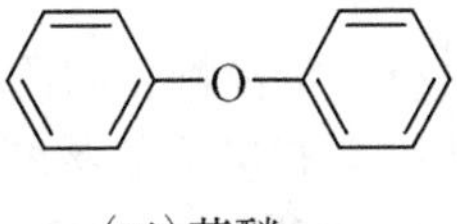

Ph—O—Ph　　(二)苯醚

$CH_3OCH_2CH_3$　　甲基乙基醚

$CH_3OC(CH_3)_3$　　甲基叔丁基醚

$CH_3CH_2OCH(CH_3)_2$　　乙基异丙基醚

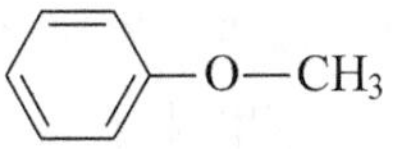

Ph—O—CH_3　　甲苯醚

结构比较复杂的醚采用系统命名法进行命名，将 R′O—看作取代基。例如：

$$\underset{\text{OCH}_3}{\overset{\text{CH}_2\text{CH}_3}{\text{CH}_3\text{CH}_2\text{CHCHCH}_3}}$$

3-乙基-2-甲氧基戊烷

$$\underset{\text{CH}_3}{\overset{\text{OH}}{\text{CH}_3\text{CCH}_2\text{CH}_2\text{OC}_2\text{H}_5}}$$

2-甲基-4-乙氧基-2-丁醇

$CH_3CH_2OCH_2CH_2Cl$

2-乙氧基-1-氯乙烷

环醚一般称为环氧某烃，或按杂环化合物的方法来命名。例如：

环氧乙烷　　$CH_3CH—CH_2$（经 O 成环） 环氧丙烷　　$CH_3CH—CHCH_3$（经 O 成环） 2,3-环氧丁烷　　四氢呋喃

多元醚是多元醇的衍生物，命名时首先写出多元醇的名称，再写出另一部分烃基的数目和名称，最后加上“醚”字即可。例如：

$$\begin{array}{l}\text{CH}_2\text{OC}_2\text{H}_5\\|\\\text{CH}_2\text{OC}_2\text{H}_5\end{array}\qquad\begin{array}{l}\text{CH}_2\text{OH}\\|\\\text{CH}_2\text{OCH}_3\end{array}$$

乙二醇二乙醚　　乙二醇单甲醚

9.3.2 醚的物理性质和光谱性质

在常温下，除二甲醚和甲乙醚为气体外，大多数醚为有香味的液体。醚的沸点和与它相同相对分子质量的醇相比要低得多，和与它相对分子质量相当的烷烃却很接近。例如，正己烷的沸点为 69℃，甲基正戊基醚为 100℃，而正丁醇为 117℃。醚的密度也比醇小，其原因是醚分子间不能形成氢键。但由于醚分子中的氧原子能与水形成氢键，因此醚在水中的溶解度与同数碳原子的醇相近，如乙醚和正丁醇在水中的溶解度都是约为 8 g · (100 g 水)$^{-1}$(表 9-4)。

表 9-4 醚的物理常数

名称	熔点/℃	沸点/℃	相对密度 (d_4^{20})	n_D^{20}
甲醚	−138.5	−24.9	0.661	—
甲乙醚	—	10.8	0.7252	1.3420 (4℃)
乙醚	−116.2	34.5	0.7137	1.3526
丙醚	−112	91	0.7360	1.3809
异丙醚	−85.89	68	0.7241	1.3679
正丁醚	−95.3	142	0.7689	1.3992
甲丁醚	—	70.3	0.744	—
乙丁醚	—	92	0.952	—
正戊醚	−69	190	0.7833	1.4119

醚为非线形分子，具有一定极性，如乙醚的偶极矩为 1.18 deb。另外，醚也是良好的有机溶剂，常用作反应溶剂或提取有机物的萃取剂。

简单的饱和醚类化合物的紫外吸收都在远紫外区，可以用作测定紫外吸收光谱的溶剂。烷基芳基醚或二芳基醚可以看作苯的烃氧取代物，由于 p-π 共轭效应，其紫外吸收向长波方向移动，如苯甲醚有 λ_{max}=217 nm (ε_{max}=6400) 和 λ_{max}=269 nm (ε_{max}=1480) 两个吸收带。

醚的 C—O 伸缩振动吸收是醚类化合物唯一的特征频率。饱和脂肪醚一般在 1125 cm^{-1} 附

近出现不对称 $\nu_{C—O—C}$ 的吸收带，而对称的 $\nu_{C—O—C}$ 在 940 cm^{-1} 附近，但强度很弱。若α-C 上带有侧链，则往往在 1170～1070 cm^{-1} 区出现双带。$\nu_{C—O}$ 吸收频率随着与氧原子相连的碳原子杂化轨道中 s 轨道成分的增加而增加。因此，在芳基(或烯基)烷基醚中 $\nu_{C—O}$ 的吸收频率比较高，可分别在 1280～1220 cm^{-1} 和 1100～1050 cm^{-1} 区观察到两个强吸收带，而高频带往往吸收强度更强；二芳醚则在 1250 cm^{-1} 附近有强吸收带。

9.3.3　醚的化学性质

醚分子中氧原子与两个烃基相连接，分子的极性较小。一般情况下，醚对氧化剂、还原剂、碱和金属钠都很稳定，是一类不活泼的化合物，因此常用作有机反应的溶剂。但醚中氧原子上未共用电子对具有一定的碱性，可以与强酸成盐，醚键也可以断裂。

1. 醚的碱性

醚的氧原子上有未共用电子对，它作为一种路易斯碱，能与强质子酸(如浓盐酸、浓硫酸等)作用形成鎓盐，与缺电子的路易斯酸(如 BF_3、$AlCl_3$、RMgX 等)作用形成稳定的配合物。

$$R-\ddot{O}-R + HCl \longrightarrow R-\overset{+}{O}(H)-R + Cl^-$$

$$R-\ddot{O}-R + BF_3 \longrightarrow R_2\overset{+}{O}-\overset{-}{B}F_3$$

鎓盐是弱碱强酸盐，仅在浓酸中稳定，在水中分解，醚即重新分出。利用此性质，可以将醚从烷烃或卤代烃中分离出来。三氟化硼是有机反应中常用的催化剂，但它是气体，直接使用不方便，将它与醚形成配合物后使用更方便。

2. 醚键的断裂

醚键一般比较稳定，不易断裂，但形成鎓盐后，C—O 键会弱化，所以在较高温度下，强酸能使醚键断裂，使醚键断裂最有效的试剂是浓氢卤酸(一般用 HI 或 HBr)。烷基醚醚键断裂后生成醇和卤代烷，如氢卤酸过量，醇又会进一步与氢卤酸反应生成新的卤代烷。例如：

$$CH_3CH_2CH_2OCH_3 \xrightarrow[\triangle]{HI} CH_3CH_2CH_2OH + CH_3I$$

$$CH_3CH_2CH_2OH \xrightarrow[\triangle]{HI} CH_3CH_2CH_2I + H_2O$$

这是一个亲核取代反应。鎓盐的形成，使离去倾向小的 RO$^-$变成 ROH 离去，亲核试剂 X$^-$进攻鎓盐的α-C 使醚键断裂。X$^-$的亲核性顺序是 I$^-$>Br$^-$>Cl$^-$，HX 的活性顺序是 HI>HBr>HCl。

一般来说，当 R 是伯烃基时，X$^-$与鎓盐按 S_N2 机理反应，亲核试剂优先进攻空间位阻较小的α-C，醚键优先在较小烃基的一边断裂。

$$CH_3CH_2CH_2OCH_3 \overset{H^+}{\rightleftharpoons} CH_3CH_2CH_2\overset{+}{O}(H)CH_3 \xrightarrow{I^-} \left[CH_3CH_2CH_2\overset{\delta^+}{O}\cdots CH_3\cdots\overset{\delta^-}{I}\right]$$

$$\longrightarrow CH_3CH_2CH_2OH + CH_3I$$

当 R 为叔丁基时，X^-与鲜盐按 S_N1 机理反应。例如：

$$\mathrm{(CH_3)_3C{-}O{-}CH_3} \underset{}{\overset{H^+}{\rightleftharpoons}} \mathrm{(CH_3)_3C{-}\overset{+}{O}H{-}CH_3} \rightleftharpoons \mathrm{(CH_3)_3C^+} + \mathrm{CH_3OH}$$

$$\mathrm{(CH_3)_3C^+} \overset{I^-}{\rightleftharpoons} \mathrm{(CH_3)_3C{-}I}$$

生成的碳正离子也可以脱去质子形成烯烃。

芳基烷基醚与氢卤酸作用时，总是烷氧键断裂，生成酚和卤代烷。这是因为氧原子与芳环之间由于 p-π共轭结合得比较牢固。例如：

$$\mathrm{C_6H_5{-}OCH_3} \xrightarrow[120\sim130℃]{57\%\ HI} \mathrm{C_6H_5{-}OH} + \mathrm{CH_3I}$$

$$\mathrm{C_{10}H_7{-}OC_2H_5} \xrightarrow[\triangle]{KI,\ H_3PO_4} \mathrm{C_{10}H_7{-}OH} + \mathrm{CH_3CH_2I}$$

二芳基醚一般不能进行这样的分解。

3. 氧化反应

醚虽然对氧化剂是稳定的，但是将其长期置于空气中，经光照会缓慢地发生氧化反应生成醚的过氧化物。例如：

$$\mathrm{CH_3CH(H)OCH_2CH_3} \xrightarrow{O_2} \mathrm{CH_3CH(OOH)OCH_2CH_3} \xrightarrow{H_2O} \mathrm{CH_3CH(OOH)OH} + \mathrm{C_2H_5OH}$$

$$\mathrm{CH_3CH(OOH)OH} \xrightarrow{\text{聚合}} \mathrm{{+}\!CH(CH_3)OO\!{+}_n} + n\mathrm{H_2O}$$

生成的过氧化物是不稳定的，加热时容易分解而发生强烈的爆炸，因此醚类应尽量避免暴露在空气中，一般应放在深色玻璃瓶中避光保存，可以加入微量的对苯二酚或其他抗氧剂以阻止过氧化物的生成。储藏过久的乙醚在使用前，尤其在蒸馏前，应当检验是否有过氧化物存在。方法是将 $FeSO_4$ 和 KSCN 溶液与醚一起振荡，如有过氧化物存在会将 Fe^{2+}氧化成 Fe^{3+}，Fe^{3+}与 SCN^-生成血红色的配离子。除去过氧化物的方法是在蒸馏前加入适量的 5% $FeSO_4$ 溶液与醚一起振荡，以使过氧化物分解破坏。

9.3.4 醚的制备

1. 醇的分子间脱水

醇与硫酸或氧化铝一起加热可发生分子间脱水生成醚，这是工业上常用的制备低级单醚类化合物的方法。例如：

$$2CH_3CH_2OH \xrightarrow[140℃]{H_2SO_4(浓)} CH_3CH_2OCH_2CH_3$$

利用伯醇脱水制备醚产量较高，仲醇产量较低，叔醇只能得到烯烃，酚在一般情况下不能脱水生成醚。该方法也可以用于制备某些混合醚和环醚。例如：

$$H_2C{=}CHCH_2OH + n\text{-}C_4H_9OH \xrightarrow[CuCl]{H_2SO_4(浓)} \underset{70\%}{H_2C{=}CHCH_2OC_4H_9\text{-}n}$$

$$HOCH_2CH_2CH_2CH_2OH \xrightarrow[\triangle]{H_2SO_4(浓)} \text{四氢呋喃}$$

$$2HOCH_2CH_2OH \xrightarrow[\triangle]{H_3PO_4} \text{1,4-二氧六环}$$

二芳基醚的制备比较困难，但在高温和催化剂的条件下，苯酚也可脱水生成二苯醚。例如：

$$C_6H_5OH + HOC_6H_5 \xrightarrow[450℃]{RhO_2} C_6H_5OC_6H_5 + H_2O$$

2. 威廉森(Williamson)合成法

威廉森合成是用醇钠或酚钠与卤代烃、硫酸酯或磺酸酯反应制备醚的方法，该法既可制备简单醚，又可制备混合醚。例如：

$$C_6H_{13}ONa + CH_3I \longrightarrow \underset{72\%}{C_6H_{13}OCH_3} + NaI$$

$$C_6H_5OH + (C_2H_5)_2SO_4 \xrightarrow[H_2O]{NaOH} C_6H_5OC_2H_5 + C_2H_5OSO_3Na$$

$$C_6H_5CH_2CH_2OH + (CH_3)_2SO_4 \xrightarrow[95℃]{NaOH} \underset{91\%}{C_6H_5CH_2CH_2OCH_3} + CH_3OSO_3Na$$

威廉森合成选用伯卤代烷进行时效果好，仲卤代烷次之，而叔卤代烷在强碱(醇钠)的作用下，只能得到烯烃。因此，在合成混合醚时，必须选择适当的原料。例如，合成乙基叔丁基醚，应用下列方法。

$$(CH_3)_3CONa + C_2H_5Br \longrightarrow (CH_3)_3COC_2H_5 + NaBr$$

采用威廉森合成法制备二芳基醚也较困难，因芳基式卤代烃难发生亲核取代反应，但若卤原子的邻位或对位有强吸电子基时，反应则比较容易。

$$C_6H_5OK + BrC_6H_5 \xrightarrow[220℃]{铜粉} C_6H_5OC_6H_5 + KBr$$

$$C_6H_5ONa + Br\text{-}C_6H_3(NO_2)\text{-}Cl \xrightarrow[DMF,\ \triangle]{K_2CO_3} C_6H_5O\text{-}C_6H_3(NO_2)\text{-}Cl + NaBr$$

3. 烯烃的烷氧汞化-去汞化

与烯烃的羟汞化反应相似，用醇作溶剂，烯烃进行溶剂汞化反应，然后用硼氢化钠还原成醚。该反应相当于醇与烯烃的马尔科夫尼科夫加成。该反应适用范围广，且副产物少。例如：

$$H_2C{=}CHC(CH_3)_3 \xrightarrow[2)\ NaBH_4,\ HO^-]{1)\ Hg(OAc)_2,\ CH_3OH} CH_3CH(OCH_3)C(CH_3)_3$$

但二叔烷基醚例外，可能是受到空间位阻的影响。

4. 三元环醚的制备

工业上常用氯醇与氢氧化钙共热制备三元环醚。例如：

$$\underset{\text{Cl}}{H_2C}-\underset{\text{OH}}{CH_2} \xrightarrow[\triangle]{Ca(OH)_2} H_2C\overset{O}{—}CH_2 \text{（环氧乙烷）}$$

环氧乙烷工业上还常用乙烯和氧气在银催化下反应得到，此法仅限于环氧乙烷的合成。

$$H_2C{=}CH_2 + O_2 \xrightarrow[1\sim2\ MPa]{Ag,\ 280\sim300^\circ C} H_2C\overset{O}{—}CH_2$$

9.3.5　环氧化合物的开环反应

环氧化合物是三元环，存在较大的环张力，反应活性远高于开链醚或其他环醚。由于开环后张力缓解，环氧化合物易与亲核试剂(如水、氢卤酸、醇、氨及格氏试剂等)发生亲核取代反应，在酸性、中性和碱性条件下都可以开环。

1. 酸催化开环

像其他醚一样，环氧乙烷先被酸质子化形成鎓盐，然后可被多种亲核试剂进攻形成开环化合物。

$$\text{环氧乙烷} \underset{}{\overset{H^+}{\rightleftharpoons}} \text{质子化环氧乙烷}(\overset{+}{O}H) \overset{\ddot{N}u}{\rightleftharpoons} HOCH_2CH_2Nu$$

这一反应的主要特色是形成双官能团化合物。例如：

$$\text{质子化环氧乙烷}(\overset{+}{O}H) + \begin{cases} \xrightarrow{H_2O} HOCH_2CH_2OH \\ \xrightarrow{ROH} HOCH_2CH_2OR \\ \xrightarrow{PhOH} HOCH_2CH_2OPh \\ \xrightarrow{HX} HOCH_2CH_2X \\ \xrightarrow{RCOOH} HOCH_2CH_2OCOR \end{cases}$$

对于取代的环氧乙烷，其环开裂的取向是由被进攻的碳原子上的电子云密度决定的。在这里，因为离去基团和亲核试剂相距很远，故空间因素不是很重要，在酸催化的开环中，亲核试剂进攻取代基较多的碳。这一反应具有很大的 S_N1 反应性质。

烯烃用过氧酸氧化和水解的两步反应都是立体专一的，其中水解过程的立体化学特征与本反应相同。

2. 碱催化开环

碱性试剂与环氧乙烷的反应是一个 S_N2 反应，同样可得到双官能团化合物。

$$\text{环氧乙烷} + \begin{cases} \xrightarrow{NH_3} NH_2CH_2CH_2OH + NH(CH_2CH_2OH)_2 + N(CH_2CH_2OH)_3 \\ \xrightarrow[2)\,H_3O^+]{1)\,LiAlH_4} CH_3CH_2OH \\ \xrightarrow[2)\,H_3O^+]{1)\,RMgBr} RCH_2CH_2OH \end{cases}$$

其中与格氏试剂的反应可以在碳链上一次性引入 2 个碳原子，是增长碳链和合成伯醇的有效方法之一。

如果是取代的环氧乙烷，因为烷氧基的氧负离子是一种强碱，键的形成和断裂基本能达到平衡，所以取代的方向受空间因素的影响较大，亲核试剂一般进攻取代基少的碳原子。

普通环醚在碱性条件下一般难以开环，但在酸催化下也比较容易开环。例如：

$$\text{四氢呋喃} + HCl \xrightarrow{\triangle} ClCH_2CH_2CH_2CH_2OH \quad 52\%$$

$$\text{四氢吡喃} + HBr \xrightarrow{H_2SO_4} BrCH_2CH_2CH_2CH_2CH_2OH \quad 80\%$$

9.3.6　冠醚

大环多醚是 20 世纪 70 年代以来发展起来的具有特殊配合性能的化合物，它们的结构特征是分子中具有 $(CH_2CH_2O)_n$ 的重复结构单元。由于它们的形状类似皇冠，故称为冠醚(crown ether)。

冠醚的命名采用特殊的简化命名法(另也有系统命名法)，名称中的前一个数字代表环上所有原子的数目，后一个数字代表氧原子的数目。例如：

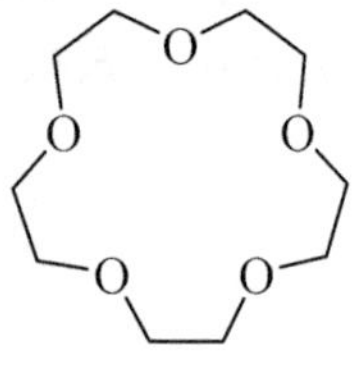

15-冠-5 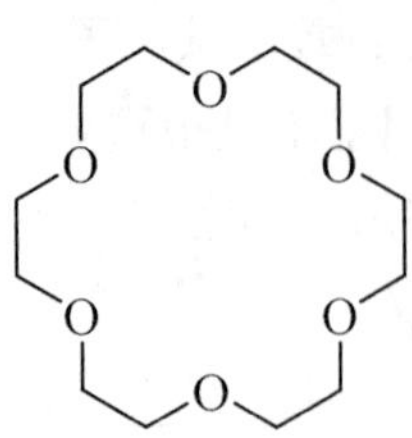　　18-冠-6 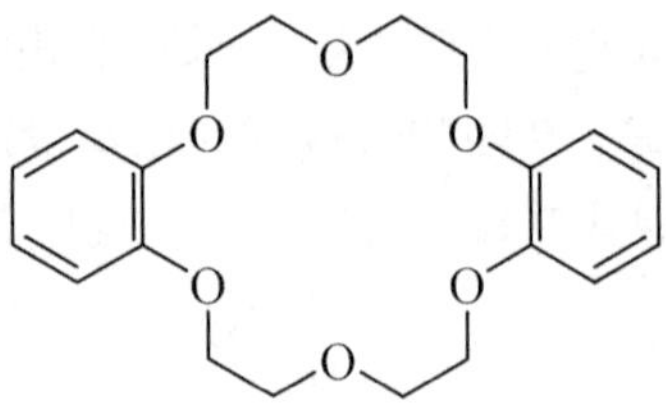　　二苯并-18-冠-6

冠醚的一个重要特点是利用中间的孔径与金属离子形成配合物，并且随环的大小不同而与不同的金属离子配合。例如，12-冠-4 能与 Li^+配合而不与 K^+配合，18-冠-6 却可与 K^+配合等，这一特点可用于分离金属离子的混合物，冠醚的金属离子配合物都有一定的熔点。

冠醚在有机合成中的一个重要用途是用作相转移催化剂(phase transfer catalyst，PTC)，能使原本不相溶的两相反应物进入同一相中进行反应，从而使难进行的反应顺利进行，或提高反应的速率和产率。例如，在卤代烷与氰化钾的取代反应中，由于氰化钾在有机溶剂中的溶解度低而使反应很难发生，但加入 18-冠-6 后反应即可迅速进行，因为它可以进入晶格中与 K^+结合，从而将 K^+ “拉入”有机相中，形成溶于有机相的配离子盐，提高了有机相中 CN^-的浓度。

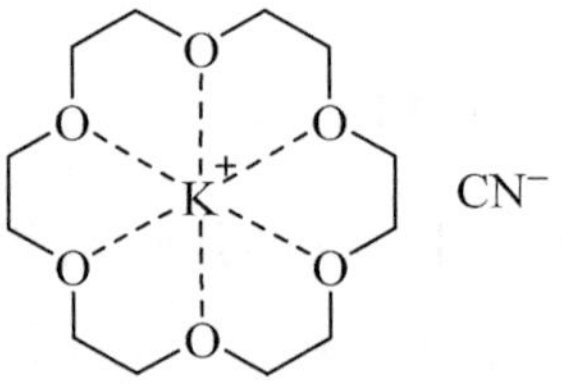

K^+　CN^-

冠醚毒性很大，且合成难度较大，价格高，这都限制了它的应用范围。

常用威廉森合成法来制备冠醚。例如：

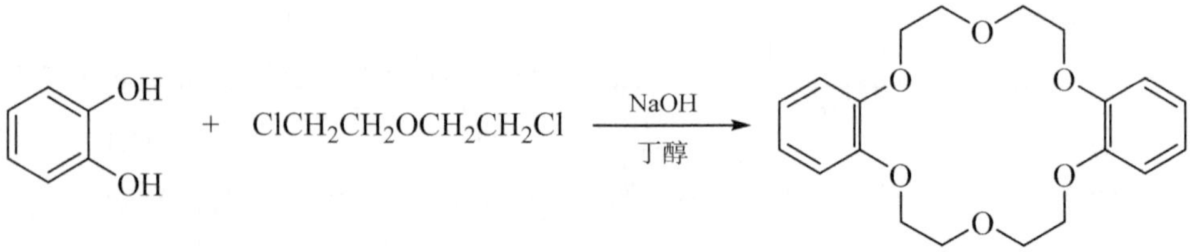

OH　OH　+ $ClCH_2CH_2OCH_2CH_2Cl$ $\xrightarrow[\text{丁醇}]{\text{NaOH}}$

不含苯环的冠醚也可用类似方法合成。例如：

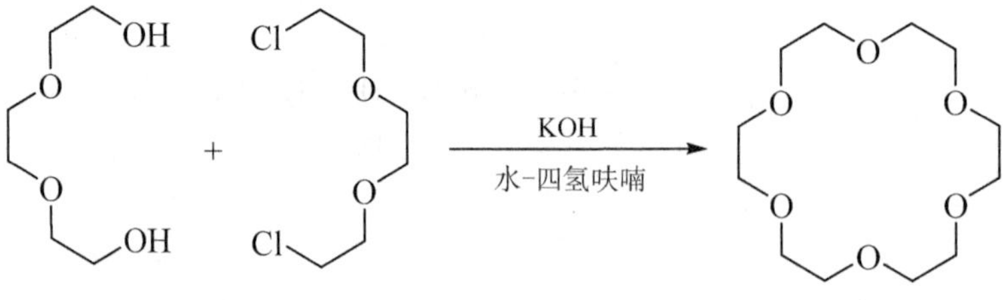

OH　OH　+　Cl　Cl　$\xrightarrow[\text{水-四氢呋喃}]{\text{KOH}}$

9.3.7　重要的醚

1. 乙醚

乙醚常温下为易挥发的无色液体，沸点 34.5℃，很易着火，它的蒸气与空气混合达一定的比例时，遇火会引起猛烈爆炸，因此使用时要特别小心，尤其要避开明火。

乙醚微溶于水，能溶解多种有机物，而且本身化学性质比较稳定，因此是常用的溶剂之一。乙醚蒸气会导致人体失去知觉，因而也用作麻醉剂。

2. 二甲醚

二甲醚(DME)在常温下为气体，沸点−24.9℃。在室温下可压缩成液体，37.8℃时蒸气压低于 1.38 MPa，可以利用现有液化石油气钢瓶和储罐盛装储运。

二甲醚是很好的新型清洁能源，一方面可以替代液化石油气作为民用燃料，如用于做饭，1 t 二甲醚可供 5 户 4 口之家全年使用，即每年 20 万吨二甲醚可满足 400 万人使用一年。另一方面可以替代柴油作为汽车发动机燃料，其十六烷值为 55～60。由于含氧，理论燃烧空气量低，自燃温度低，燃烧特性好，是汽油和柴油的理想替代品。二甲醚可由甲醇脱水或由水煤气一步合成制得。

3. 环氧乙烷

环氧乙烷是最简单的环醚，为无色有毒气体，沸点 13.5℃，能溶于水，能溶于乙醇等有机溶剂，一般保存在钢筒内。

环氧乙烷是以乙烯为原料的碳二化工的重要产品之一，其性质很活泼，如在压力下，它与水一起加热得到乙二醇。

$$\underset{O}{\bigtriangledown} + H_2O \xrightarrow[2\ MPa]{180^\circ C} HOCH_2CH_2OH$$

乙二醇是很有用的溶剂，如溶解涂料、醋酸纤维等，也用来制作防冻液，合成乙二醛、乙醛酸等，同时也是合成纤维涤纶的原料。

环氧乙烷在 $SnCl_4$ 及少量水存在下，容易聚合成聚乙二醇。

$$(n+2)\ \underset{O}{\bigtriangledown} + H_2O \xrightarrow{SnCl_4} HOH_2CH_2C \left\{ OCH_2CH_2 \right\}_n OCH_2CH_2OH$$

二聚乙二醇(二甘醇)用作溶剂，在芳香化合物工业中用作提取剂。高聚乙二醇用作软化剂、非离子型表面活性剂，以及纺织和硝化纤维喷漆的助剂。

过量的环氧乙烷在碱作用下与高级醇反应，得到一元烷基聚乙二醇醚(工业上称为脂肪醇聚氧乙烯醚)。例如：

$$n\ \underset{O}{\bigtriangledown} + \underset{\text{月桂醇}}{CH_3(CH_2)_{10}CH_2OH} \longrightarrow \underset{\text{月桂醇聚氧乙烯醚}}{H_3C(H_2C)_{10}H_2C \left\{ OCH_2CH_2 \right\}_n OH}$$

这是一类非离子型表面活性剂，如将其与硫酸反应可制成硫酸单酯，再用碱(有机碱或无机碱)中和，即得到另一类阴离子型表面活性剂。这些表面活性剂广泛用作乳化剂、金属表面清洗剂、发泡剂及分散剂等。

4. 四氢呋喃

四氢呋喃(THF)为无色油状液体，熔点−108.5℃，沸点 65.4℃，相对密度 0.8892，折射率 1.4070，能与水、醇、醚、酮、酯和烃类等多种溶剂混溶，也不像乙醚容易挥发，因而是一种使用非常广泛的非质子型溶剂，它也是合成尼龙的原料。

工业上生产 THF 最早是以糠醛为原料，将糠醛与水蒸气的混合物通入填充锌、铬、锰氧化物或钯催化剂的反应器中，于 400～420℃脱去羰基而成呋喃。然后以镍为催化剂，于 80～120℃、2～3 MPa 下由呋喃加氢制得。

CHO $\xrightarrow{H_2O}$ $\xrightarrow[Ni]{H_2}$

后来发展的方法有多种，工业化的方法有 1,4-丁二醇催化脱水环合法（Reppe 法）、二氯丁烯法，以及近年来被认为最有意义的顺酐催化加氢法。

参 考 文 献

李景宁. 2018. 有机化学（上册）[M]. 6 版. 北京：高等教育出版社

Beniazza R, Abadie B, Remisse L, et al. 2017. Light-promoted metal-free cross dehydrogenative couplings on ethers mediated by NFSI: reactivity and mechanistic studies[J]. Chemical Communications, 53 (94): 12708-12711

Nishizawa A, Takahira T, Yasui K, et al. 2019. Nickel-catalyzed decarboxylation of aryl carbamates for converting phenols into aromatic amines[J]. Journal of the American Chemical Society, 141 (18): 7261-7265

Su R K, Li Y, Min M Y, et al. 2018. Copper-catalyzed oxidative intermolecular 1,2-alkylarylation of styrenes with ethers and indoles[J]. Chemical Communications, 54 (96): 13511-13514

Wu Y B, Xie D, Zang Z L, et al. 2018. Palladium-catalyzed aerobic regio- and stereo-selective olefination reactions of phenols and acrylates *via* direct dehydrogenative C (sp²)—O cross-coupling[J]. Chemical Communications, 54 (35): 4437-4440

Yang L, Huang Z Y, Li G, et al. 2018. Synthesis of phenols: organophotoredox/nickel dual catalytic hydroxylation of aryl halides with water[J]. Angewandte Chemie International Edition, 57 (7): 1968-1972

习　　题

1. 写出戊醇 $C_5H_{11}OH$ 异构体的构造式，并用系统命名法命名。
2. 用系统命名法命名下列化合物。

(1) HO　CH_3　　　(2) OH

(3) OH　C_2H_5　　　(4) OH

(5) $CH_3C(OH)(C_2H_5)CH_2CH(OH)CH_2CH_2CH(OH)CH_3$　　　(6) Cl—C_6H_4—$CH_2CH(CH_3)CH_2CH_2OH$

(7) OH　O_2N　Cl　　　(8) HO　CH_3

(9)

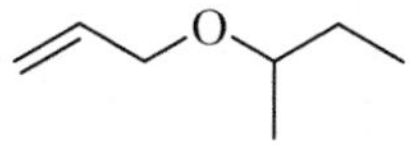

(10) 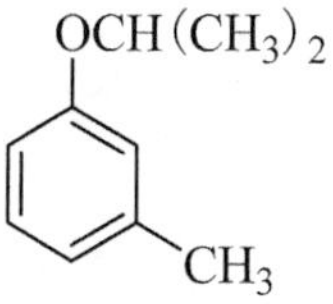 $OCH(CH_3)_2$ CH_3

(11) 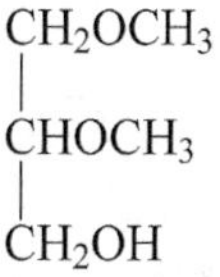 CH_2OCH_3 | $CHOCH_3$ | CH_2OH

(12) 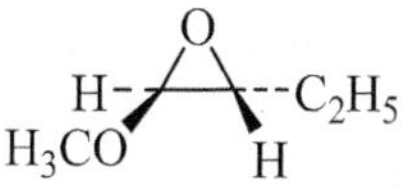 H O C_2H_5 H_3CO H

3. 写出下列物质的结构式。

(1) (*E*)-2-丁烯-1-醇　　(2) 异丁基丙烯基醚

(3) 苦味酸　　(4) 新戊醇

(5) THF　　(6) 3-氯-2,3-环氧戊烷

(7) 间溴苄乙醚　　(8) 15-冠-5

4. 写出异丙醇与下列试剂反应的产物。

(1) Na　　(2) Al

(3) H_2SO_4(浓)，140℃　　(4) H_2SO_4(浓)，170℃

(5) 红磷，碘　　(6) NaBr，H_2SO_4(浓)，加热

(7) $SOCl_2$　　(8) $CH_3C_6H_4SO_2Cl$

(9) (1)的产物 + C_2H_5Br　　(10) (3)的产物 + HI(过量)

(11) (1)的产物 + 叔丁基氯　　(12) Cu，加热

5. 完成下列反应式。

(1) 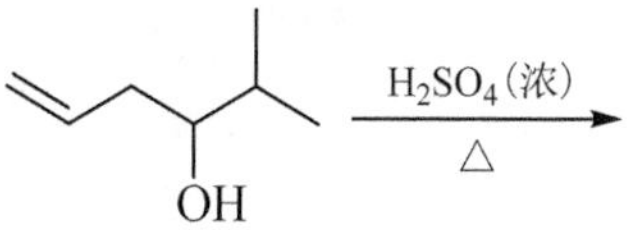 OH $\xrightarrow[\triangle]{H_2SO_4(浓)}$

(2) OH $\xrightarrow[\triangle]{H_2SO_4(浓)}$

(3) OH $\xrightarrow[\triangle]{HBr}$

(4) CH_3, H—|—OH, C_2H_5 $\xrightarrow[乙醚]{SOCl_2}$

(5) CH_3, H—|—OH, C_2H_5 $\xrightarrow[吡啶]{SOCl_2}$

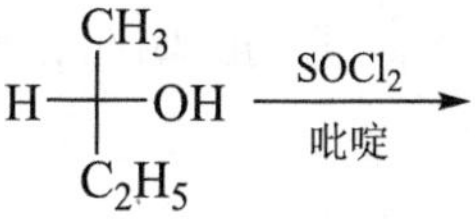

(6) 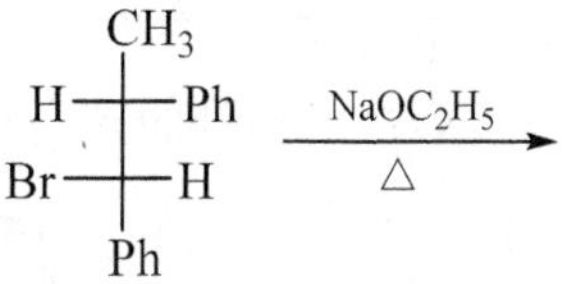 CH_3, H—|—Ph, Br—|—H, Ph $\xrightarrow[\triangle]{NaOC_2H_5}$

(7) 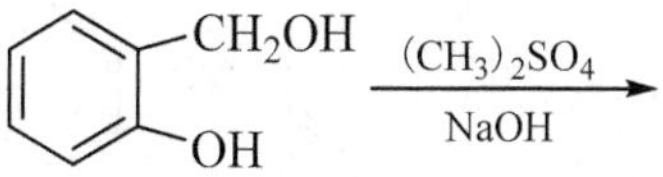 CH_2OH OH $\xrightarrow[NaOH]{(CH_3)_2SO_4}$

(8) 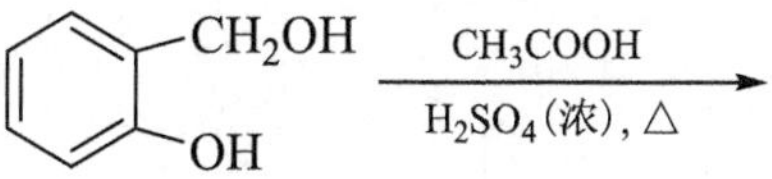 CH_2OH OH $\xrightarrow[H_2SO_4(浓), \triangle]{CH_3COOH}$

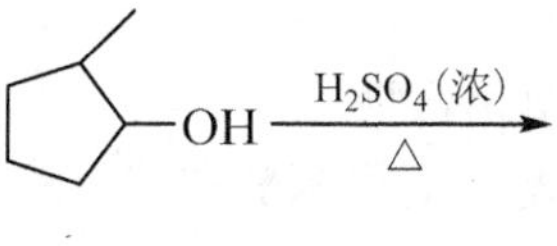

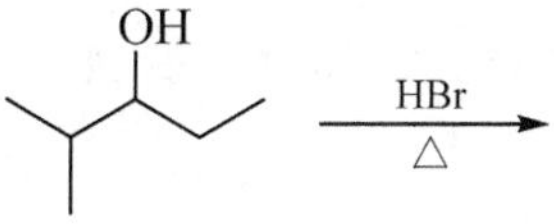

(9) 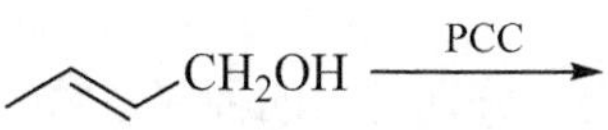 CH_2OH $\xrightarrow{PCC}$

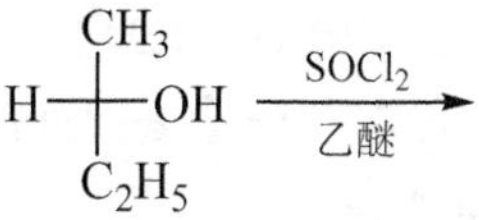

(10) 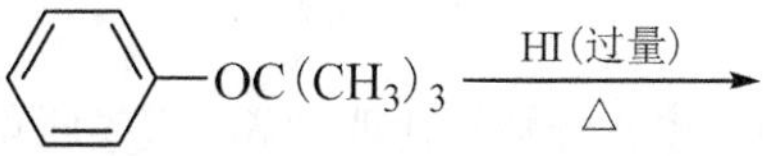 $OC(CH_3)_3$ $\xrightarrow[\triangle]{HI(过量)}$

(11) $CH_3OC(CH_3)_3 \xrightarrow[\triangle]{HI}$

(12) 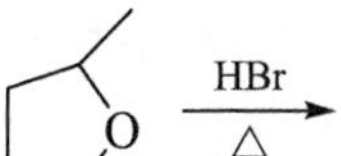 O $\xrightarrow[\triangle]{HBr}$

(13) 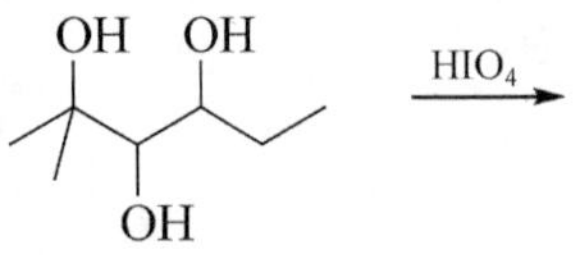 [结构式] $\xrightarrow{HIO_4}$

(14) 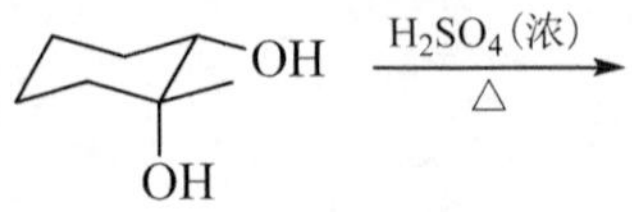 [结构式] $\xrightarrow[\triangle]{H_2SO_4(浓)}$

(15) 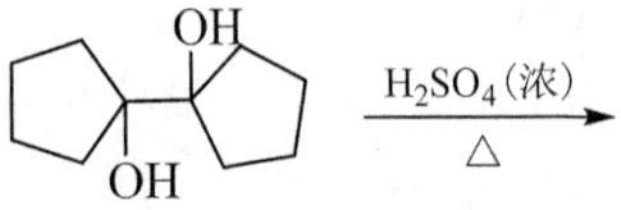 [结构式] $\xrightarrow[\triangle]{H_2SO_4(浓)}$

(16) 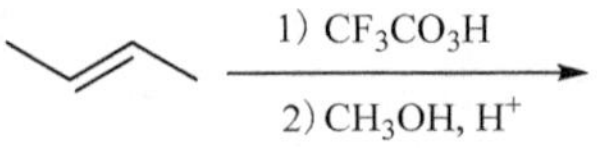 [结构式] $\xrightarrow[2)\ CH_3OH,\ H^+]{1)\ CF_3CO_3H}$

(17) 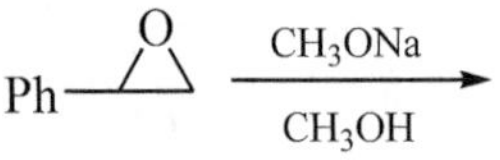 Ph–[环氧乙烷] $\xrightarrow[CH_3OH]{CH_3ONa}$

(18) 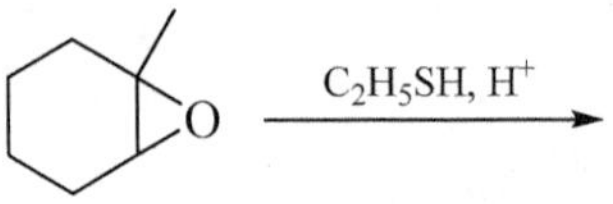 [结构式] $\xrightarrow{C_2H_5SH,\ H^+}$

(19) 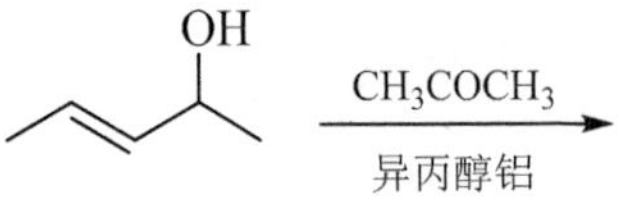 [结构式] $\xrightarrow[异丙醇铝]{CH_3COCH_3}$

(20) 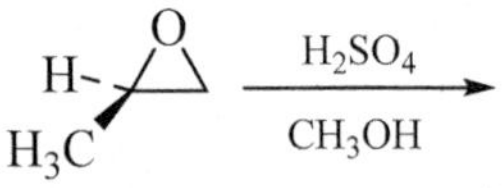 [结构式] $\xrightarrow[CH_3OH]{H_2SO_4}$

(21) 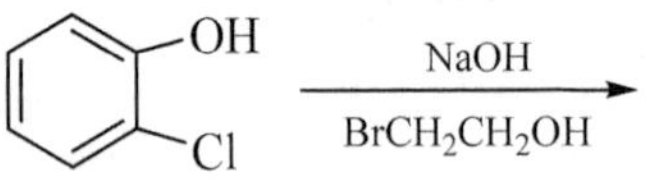 [结构式] $\xrightarrow[BrCH_2CH_2OH]{NaOH}$

(22) 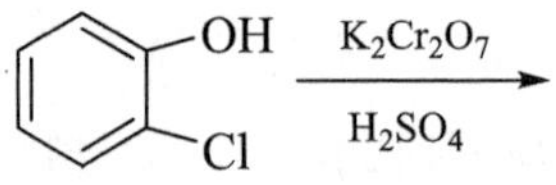 [结构式] $\xrightarrow[H_2SO_4]{K_2Cr_2O_7}$

(23) 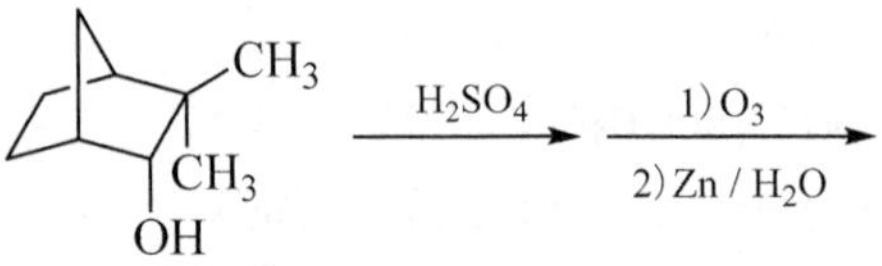 [结构式] $\xrightarrow{H_2SO_4}$ $\xrightarrow[2)\ Zn/H_2O]{1)\ O_3}$ [苏州大学，2014 年考研题]

(24) 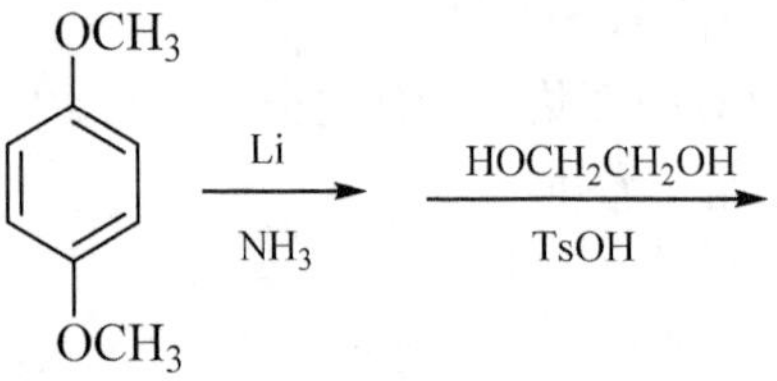 [结构式] $\xrightarrow[NH_3]{Li}$ $\xrightarrow[TsOH]{HOCH_2CH_2OH}$ [湖南大学，2015 年考研题]

6. 鉴别下列各组化合物。

(1) 乙醇、正丁醇、对甲苯酚和苯甲醇

(2) 1,4-丁二醇、2,3-丁二醇、丙醚和环己烷

(3) 苯酚、1-丁醇、1-丁硫醇、1,2-丁二醇、正丁醚[四川大学，2016 年考研题]

7. 用简单的物理、化学方法除去下列混合物中的少量杂质。

(1) 乙醚中含有少量乙醇　　(2) 乙醇中含有少量水

(3) 环己醇中含有少量苯酚　　(4) 2,4,6-三甲基苯酚中含有少量 2,4,6-三硝基苯酚

8. 将下列化合物按酸性由强到弱排列并解释原因。

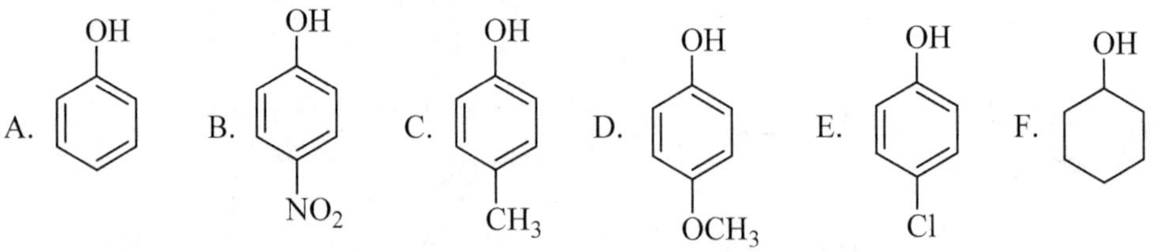

A. [苯酚]　B. [对硝基苯酚]　C. [对甲基苯酚]　D. [对甲氧基苯酚]　E. [对氯苯酚]　F. [环己醇]

9. 用高碘酸分别氧化四种邻二醇，所得氧化产物如下所示，分别写出四种邻二醇的构造式。

(1) 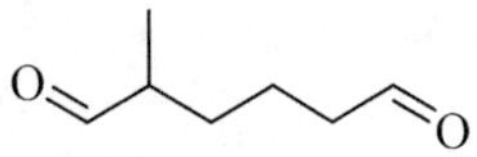 [结构式]　　(2) 乙醛、丙酮和甲酸

(3) 2-丁酮和丙醛　　(4) 乙醛、二氧化碳和甲醛

10. 选择适当的醛、酮和格氏试剂合成下列化合物。

(1) 3-苯基-1-丙醇　(2) 1-环己基乙醇

(3) 2-苯基-2-丙醇　(4) 2,4-二甲基-3-戊醇

(5) 1-甲基环己烯

11. 用指定原料完成下列合成。

(1) 用不多于四个碳的有机原料合成 CH_2CH_2OH 。

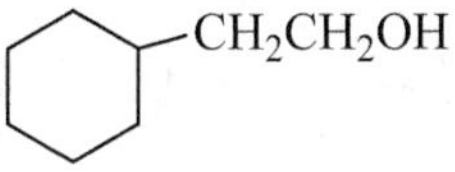

(2) 用苯合成 $CH_2OC(CH_3)_3$ 。

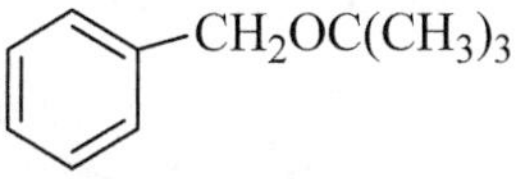

(3) 用苯和不超过三个碳的有机原料合成 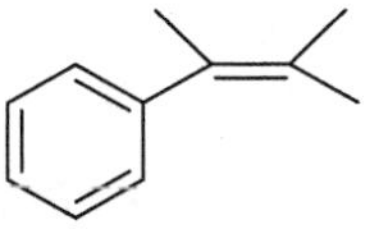 。

(4) 用丙烯合成 O 。

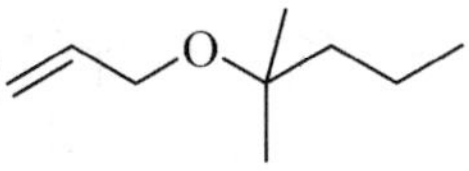

(5) 用甲烷合成 O O 。

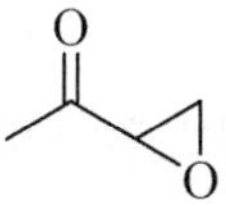

(6) 用苯酚合成 OH 。

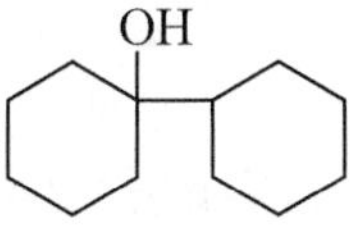

(7) 用乙炔合成 OH 。

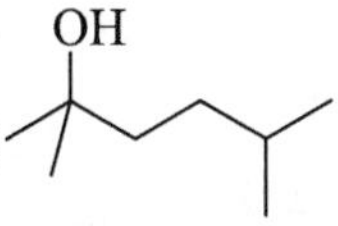

(8) 用叔丁醇合成 Cl Cl 。

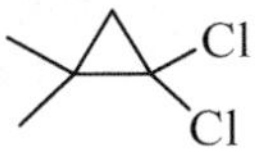

(9) 用乙烯合成 O 。

(10) 由丙烯和苯合成 $H_3C—\underset{CH_3}{\overset{H}{C}}—O—C_6H_4—\underset{CH_3}{\overset{CH_3}{C}}—OCH_2—CH{=}CH_2$。[苏州大学，2014 年考研题]

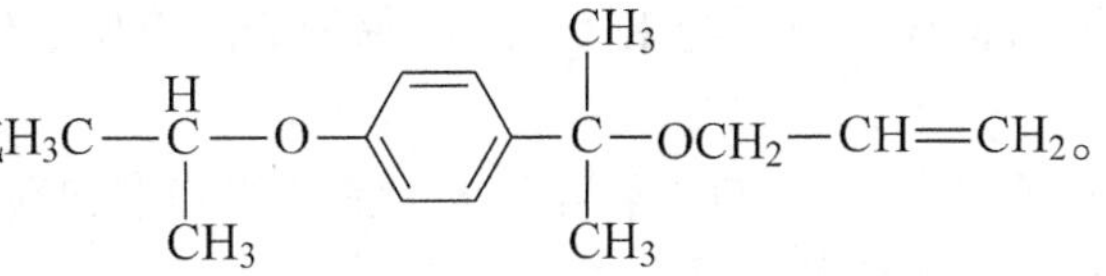

(11) 以苄基溴、乙炔以及不多于两个碳的有机物合成 O 。[湖南大学，2011 年考研题]

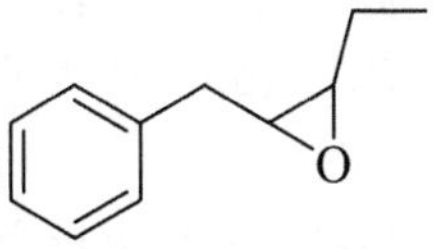

12. 有人试图用氘代醇 $CH_3CH_2\overset{OH}{\overset{|}{C}}DCH_3$ 和 NaBr、浓 H_2SO_4 共热制备 $CH_3CH_2\overset{Br}{\overset{|}{C}}DCH_3$，得到的产物具有正确的沸点，但经过对光谱性质的仔细考察发现该产物是 $CH_3CH_2\overset{Br}{\overset{|}{C}}DCH_3$ 和

$CH_3CH(D)CH(Br)CH_3$的混合物，解释原因。

13. 写出下列反应机理。

(1)

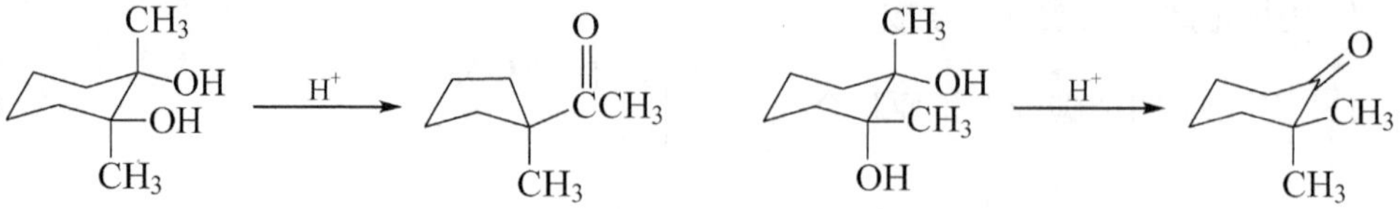

(2)

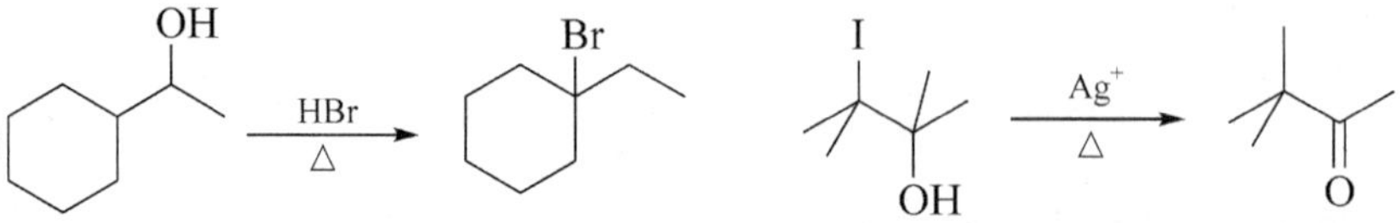

(3)

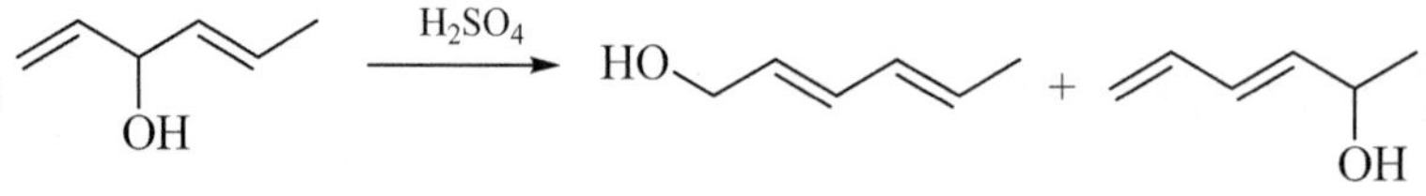

(4) 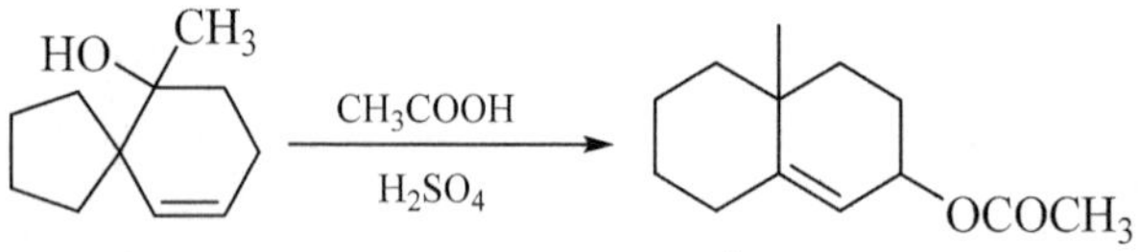 [苏州大学，2014年考研题]

(5) 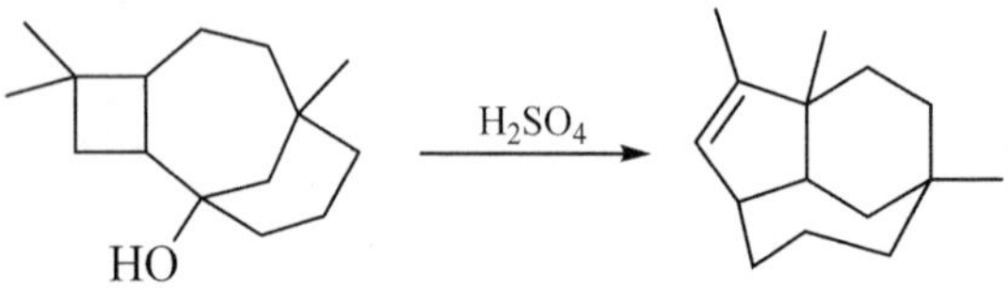 [中国科学技术大学，2015年考研题]

(6) 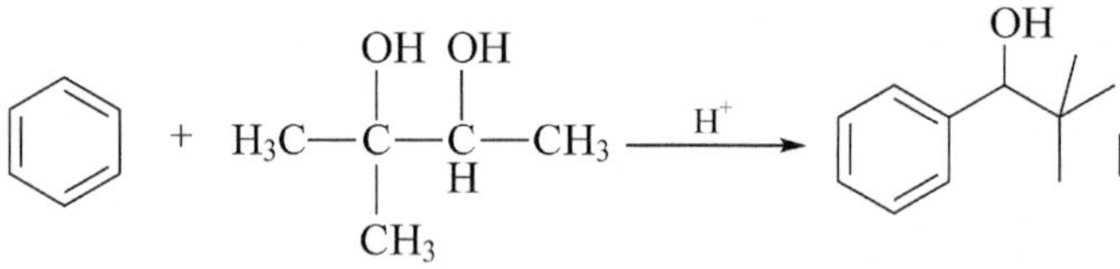 [中国科学技术大学，2013年考研题]

14. 化合物A($C_9H_{12}O$)与$KMnO_4$和NaOH均不反应，与浓的HI溶液加热生成B和C，B遇溴水立即混浊，C经NaOH水解后与$K_2Cr_2O_7$的稀硫酸溶液反应生成丙酮。写出A、B、C的结构式。

15. 化合物A的分子式为$C_9H_{12}O$，不溶于水、稀盐酸和饱和碳酸氢钠水溶液，但溶于稀氢氧化钠溶液。A不易使溴水褪色。写出A的结构式。

16. 化合物A能与钠作用，分子式为$C_6H_{14}O$，在酸催化下可脱水生成B，以冷$KMnO_4$溶液氧化B可得到C，其分子式为$C_6H_{14}O_2$，C与高碘酸作用只得丙酮。写出A、B、C的结构式。

17. 某化合物A($C_4H_{10}O$)能与金属钠反应放出氢气，与浓硫酸共热生成B(C_4H_8)，B与HBr作用生成C(C_4H_9Br)，C与NaOH的醇溶液共热得D，D与B是同分异构体，D经酸性$KMnO_4$氧化只得一种产物。写出A、B、C、D的结构式。

18. 化合物A的分子式为$C_{10}H_{14}O$，溶于稀氢氧化钠溶液，但不溶于稀的碳酸氢钠溶液。A与溴水作用生成二溴衍生物$C_{10}H_{12}Br_2O$。A的IR谱在3250 cm^{-1}和834 cm^{-1}处有吸收峰；^1H NMR谱为δ=7.3(双峰，4H)，6.4(单峰，1H)，1.3(单峰，9H)。写出A的结构式。[中南大学，2006年考研题]

19. 某昆虫信息素 A 有环氧结构，^{1}H NMR 谱中在δ1～2 处有多质子的很复杂的吸收峰，δ2.8 处两个氢。先用稀酸处理 A，再用 $KMnO_4$ 氧化后得到十一酸和 6-甲基庚酸，后测知 A 的绝对构型为 7*R*,8*S*-，写出 A 的结构式并以少于 10 个碳的化合物为原料合成它的消旋化合物。[中国科学技术大学，2015 年考研题]

20. 以环己醇为原料合成反式-1-环己基-2-甲氧基环己烷。写出下列中间体 A～H 的结构式。

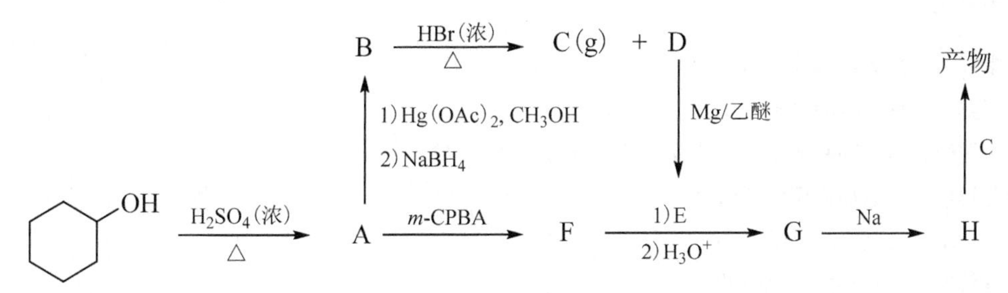

第 10 章　醛、酮、醌

【学习要求】

(1) 掌握醛、酮的结构及命名。

(2) 了解醛、酮、醌的物理性质。

(3) 掌握醛、酮中羰基的亲核加成反应及其应用。

(4) 理解羰基亲核加成反应的机理。

(5) 掌握α-H 的反应及应用。

(6) 理解羟醛缩合和卤仿反应的机理。

(7) 掌握醛、酮的氧化还原反应及应用。

(8) 了解醌的命名及化学性质。

碳原子与氧原子通过双键相连的基团称为羰基(carbonyl)官能团。醛(aldehyde)和酮(ketone)分子中都含有羰基官能团($\gt C=O$)，都是羰基化合物(carbonyl compound)。羰基化合物是织物、调味品、塑料和药物等的重要组成部分。天然存在的羰基化合物包括动植物的蛋白质、碳水化合物和核酸。

羰基碳原子上连有一个烃基和一个氢原子的有机物称为醛(甲醛除外)，因此也常将$-C(=O)H$(或—CHO)称为醛基。醛基总是位于碳链的一端。羰基碳原子上同时连有两个烃基的有机物称为酮，酮分子中的羰基处于碳链之中。醌是一类特殊的环状α,β-不饱和二酮。常见的醌有苯醌、萘醌和蒽醌等。

酮分子中与羰基直接相连的两个烃基可以相同，也可以不同。相同的称为单酮($R-\overset{O}{\overset{\|}{C}}-R$)，不同的称为混酮($R-\overset{O}{\overset{\|}{C}}-R'$)。

醛和酮可以根据与羰基相连的烃基结构不同分为脂肪族醛酮、脂环族醛酮和芳香族醛酮；又可根据是否饱和分为饱和醛酮和不饱和醛酮；还可以根据分子中所含羰基的数目分为一元醛酮、二元醛酮等。

10.1　醛、酮的结构和命名

羰基碳氧双键与碳碳双键类似，也是由一个 σ 键和一个 π 键组成，羰基碳原子以三个 sp^2 杂化轨道与一个氧原子和两个其他原子形成三个处于同一平面的 σ 键，键角近似于 120°。碳原子上还有一个未参与杂化的 p 轨道，与氧原子上的一个 p 轨道侧面重叠形成 π 键，所以羰基具有三角形平面结构。例如，最简单的醛——甲醛的结构见图 10-1，键长、键角见表 10-1。

表 10-1　甲醛分子中的键长和键角

键	键长/nm	键	键角/(°)
C═O	0.120	H—C—O	121.8
C—H	0.110	H—C—H	111.5

碳氧双键中氧原子的电负性较大，容纳电荷的能力较强，因此碳氧双键是极性基团。由于 π 电子云容易流动，容易偏向电负性较强的氧原子，从而使氧原子附近的电子云密度较大，碳原子附近的电子云密度较小。氧原子带有部分负电性，而碳原子带有部分正电性(图 10-2)。

图 10-1　甲醛的结构　　　　图 10-2　羰基 π 电子云分布示意图

羰基具有极性，故羰基化合物是极性分子，有一定的偶极矩。例如：

甲醛 $(H)_2C{=}O$　　乙醛 $(H)(H_3C)C{=}O$　　丙酮 $(H_3C)_2C{=}O$

偶极矩　2.27 deb　　2.71 deb　　2.85 deb

醛、酮的命名与醇类似。脂肪族醛、酮命名时，以包含羰基的最长碳链为主链，支链作为取代基，主链中碳原子的编号从靠近羰基的一端开始。醛分子中的醛基总在链端，故命名时不需标明羰基位次。而酮的羰基位于碳链中，除丙酮、丁酮外，其他的酮则因羰基位置的不同而形成异构体，故命名时羰基的位次需要标明。例如：

$\overset{5}{C}H_3—\overset{4}{C}H_2—\overset{3}{C}H(CH_3)—\overset{2}{C}H_2—\overset{1}{C}HO$

3-甲基戊醛

$\underset{1}{C}H_3—\underset{2}{C}H_2—\underset{3}{C}({=}O)—\underset{4}{C}H(CH_3)—\underset{5}{C}H_2—\underset{6}{C}H_3$

4-甲基-3-己酮

主链中碳原子的位次除可以用阿拉伯数字表示外，有时还可以用希腊字母 α 表示最靠近羰基的碳原子，其次是 β、γ、…。例如：

$\overset{5}{C}H_3\overset{4}{C}H(CH_3)\overset{3}{C}H_2\overset{2}{C}H_2\overset{1}{C}HO$

4-甲基戊醛
(γ-甲基戊醛)

$\overset{5}{C}H_3\overset{4}{C}H(Br)—\overset{3}{C}({=}O)—\overset{2}{C}H(Br)\overset{1}{C}H_3$

2,4-二溴-3-戊酮
(α, α′-二溴-3-戊酮)

芳香族或脂环族醛、酮命名时，常把脂链作为主链，芳环或脂环作为取代基。例如：

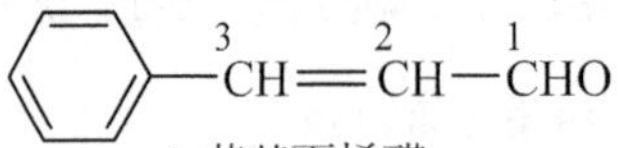

$\overset{3}{C}H{=}\overset{2}{C}H{-}\overset{1}{C}HO$（苯环相连）

3-苯基丙烯醛
（β-苯基丙烯醛）

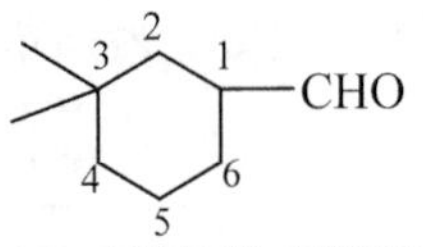

3,3-二甲基环己基甲醛

结构较简单的酮还常用羰基两旁烃基的名称来命名(衍生物命名法)。例如：

$$H_3C-\overset{\overset{O}{\|}}{C}-CH_2CH_3$$

甲(基)乙(基)甲酮(简称甲乙酮)

二元酮命名时，两个羰基的位置除可用数字表明外，也可用α、β、…表示它们的相对位置。α表示两个羰基相邻，β表示两个羰基相隔一个碳原子，以此类推。例如：

$$\overset{5}{C}H_3\overset{4}{C}H_2-\overset{\overset{O}{\|}}{\underset{3}{C}}-\overset{\overset{O}{\|}}{\underset{2}{C}}-\overset{1}{C}H_3 \qquad \overset{5}{C}H_3-\overset{\overset{O}{\|}}{\underset{4}{C}}-\overset{3}{C}H_2-\overset{\overset{O}{\|}}{\underset{2}{C}}-\overset{1}{C}H_3$$

2,3-戊二酮（α-戊二酮）　　2,4-戊二酮（β-戊二酮）

10.2　醛、酮的物理性质

室温下除甲醛是气体外，十二个碳原子以下的醛、酮都是液体，高级醛、酮是固体。低级醛具有刺鼻的气味，中级醛(如 C_8～C_{13})则具有果香味，常用于香料工业。

一般低级醛、酮的沸点比相对分子质量相近的醇要低得多，这是因为醛、酮分子之间不能形成氢键。但是羰基是极性基团，分子间的静电引力较大，因此醛、酮的沸点一般比相对分子质量相近的非极性化合物(如烃类)高，见表 10-2。

表 10-2　相对分子质量相近化合物的沸点比较

物质	相对分子质量	沸点/℃
甲醇	32	64.7
甲醛	30	−21.0
乙烷	30	−88.6

但这种沸点上的差距随着分子中碳原子数目的增加而逐渐缩短(图 10-3)。

低级醛、酮在水中有较大的溶解度。甲醛、乙醛、丙酮能够与水混溶。醛、酮都能溶于有机溶剂。丙酮是一种很好的有机溶剂，能溶解许多有机化合物。常见醛、酮的物理常数见表 10-3。

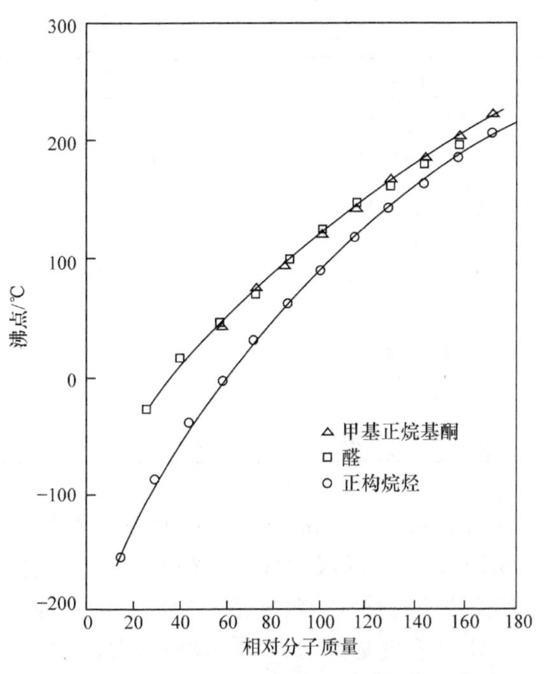

图 10-3　醛、酮沸点与烷烃沸点的比较

表 10-3　常见醛、酮的物理常数

名称	构造式	熔点/℃	沸点/℃
甲醛	HCHO	−92	−21
乙醛	CH_3CHO	−121	20.8
丙醛	CH_3CH_2CHO	−81	49
正丁醛	$CH_3CH_2CH_2CHO$	−97	76
异丁醛	$(CH_3)_2CHCHO$	−66	61
2-丁烯醛(巴豆醛)	$CH_3CH{=}CHCHO$	−76.5	104.0
正戊醛	$CH_3CH_2CH_2CH_2CHO$	−91	103
苯甲醛	C_6H_5-CHO	−26	178.1
2-苯基丙醛	$C_6H_5-CH(CH_3)-CHO$	—	202
邻羟基苯甲醛(水杨醛)	$o-HOC_6H_4-CHO$	−7	197
丙酮	$CH_3C(=O)CH_3$	−94.8	56.1
丁酮	$CH_3-C(=O)-CH_2CH_3$	−86	80
2-戊酮	$CH_3CH_2CH_2C(=O)CH_3$	−77.8	101.7
3-戊酮	$CH_3CH_2-C(=O)-CH_2CH_3$	−40	102

续表

名称	构造式	熔点/℃	沸点/℃
乙烯酮	$H_2C=C=O$	−151	−56
环己酮	⬡=O	−16.4	155.7
苯乙酮	C_6H_5—C(=O)—CH_3	20.5	202.0
2,3-戊二酮（α-戊二酮）	$CH_3CH_2C(=O)—C(=O)CH_3$	—	108
2,4-戊二酮（β-戊二酮）	$CH_3C(=O)CH_2C(=O)CH_3$	−23	139 (99458 Pa)
3-苯基丙烯醛	C_6H_5—CH=CHCHO	−7.5	253

羰基化合物的红外光谱在 1680～1850 cm^{-1} 处有一个强的羰基伸缩振动吸收峰，特征性强，对鉴别羰基较为有效。醛和酮的伸缩振动吸收峰位置相近，不易区别，但因醛基（—CHO）的 C—H 键在 2720 cm^{-1} 左右有尖锐的特征吸收峰，故可由此识别醛基的存在。羰基吸收峰的位置还与邻近基团有关，如 C=O 与邻近基团（如苯环）发生共轭，则吸收峰向低波数位移。在结构分析时，应该考虑各种影响因素。丙醛和苯丙酮的红外光谱见图 10-4 和图 10-5。

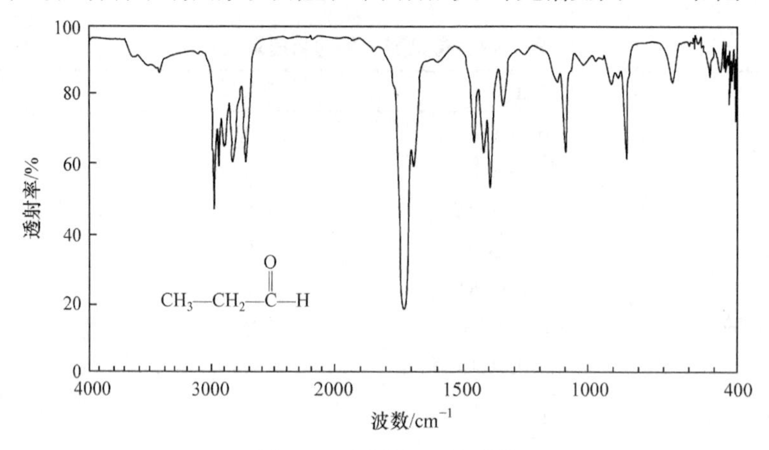

图 10-4　丙醛的红外光谱

醛基 C—H 伸缩振动：2724 cm^{-1}；C=O 伸缩振动：1733 cm^{-1}

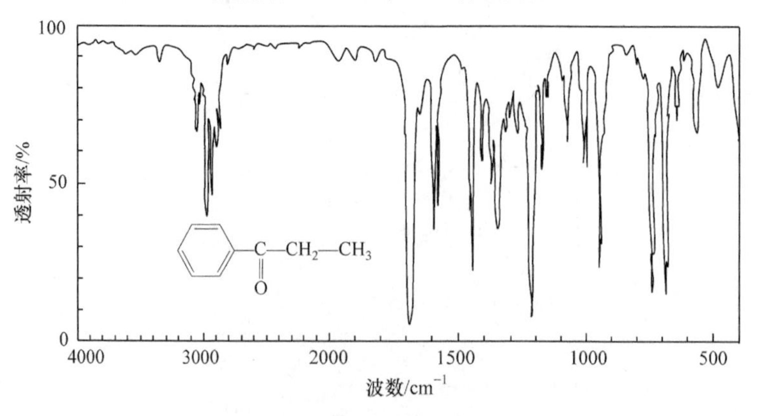

图 10-5　苯丙酮的红外光谱

C=O 伸缩振动：1698 cm^{-1}

10.3　醛、酮的化学性质

醛、酮的化学反应一般可以描述如下：

① 羰基的亲核加成反应；

② α-H 的反应；

③ 醛、酮的氧化、还原反应。

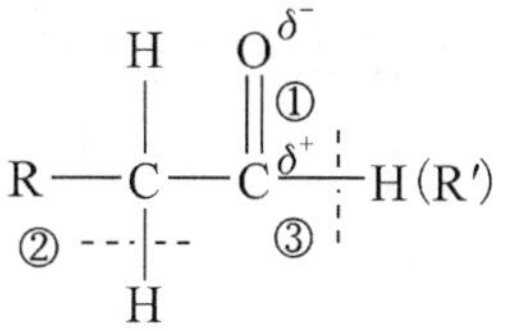

10.3.1　加成反应

如前所述，羰基是极性基团，碳原子带有部分正电性，氧原子带有部分负电性。因此，碳氧双键容易被带有负电性或带有未共用电子对的基团或分子进攻，而不像烯烃那样容易被缺电子的亲电试剂进攻。醛、酮容易在 HCN、$NaHSO_3$、ROH、RMgX 等亲核试剂的进攻下发生亲核加成(nucleophilic addition)。

羰基的亲核加成反应分两步进行。第一步是亲核试剂(Nu^-)从羰基平面的一侧进攻缺电子的羰基碳，碳氧 π 键打开，一对 π 电子向氧原子转移，羰基碳由 sp^2 杂化变为 sp^3 杂化，由原来的平面三角形构型变为四面体构型。经历该过渡状态之后，生成氧负离子中间体。这一步涉及 π 键的断裂和 σ 键的形成，反应速率较慢，是决定反应速率的一步。第二步是亲电试剂(E^+)和氧负离子结合，生成产物。

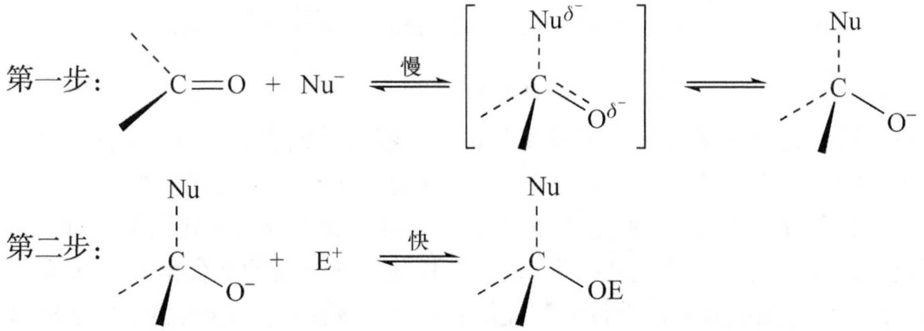

第一步：$>C{=}O + Nu^- \underset{}{\overset{慢}{\rightleftharpoons}} [\,>C(Nu^{\delta-}){\cdots}O^{\delta-}\,] \rightleftharpoons >C(Nu)-O^-$

第二步：$>C(Nu)-O^- + E^+ \overset{快}{\rightleftharpoons} >C(Nu)-OE$

羰基的亲核加成难易不仅与试剂的亲核性大小有关，也与羰基化合物的结构有关。当羰基碳原子上连有供电子的烷基时，羰基碳原子的正电性降低，不利于亲核试剂的进攻，因而加成反应的速率变慢。但是，烃基结构的空间因素对羰基活性的影响更大。在加成反应过程中，羰基碳原子由原来 sp^2 杂化的三角形结构变成了 sp^3 杂化的四面体结构，因此当碳原子所连基团体积比较大时，加成后基团之间就比原来拥挤，使加成可能产生位阻效应。例如，醛和脂肪族甲基酮能与 $NaHSO_3$ 加成，而非甲基酮则比较困难。以下列化合物为例，醛、酮的加成反应活性一般具有如下由易到难的顺序：

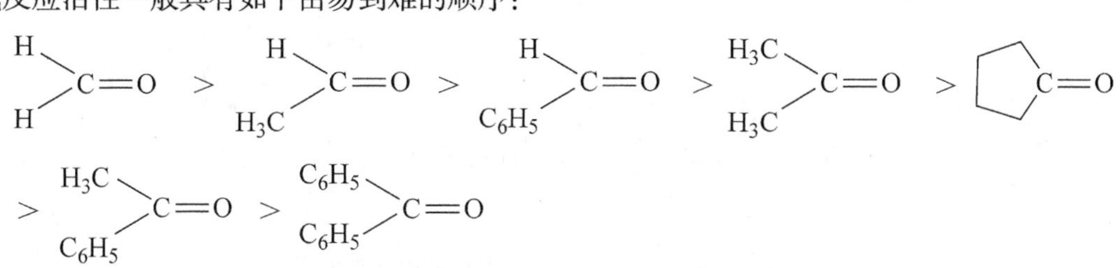

$(H)(H)C{=}O > (H)(H_3C)C{=}O > (H)(C_6H_5)C{=}O > (H_3C)(H_3C)C{=}O >$ 环戊酮 $>$ $(H_3C)(C_6H_5)C{=}O > (C_6H_5)(C_6H_5)C{=}O$

1. 羰基的亲核加成

1) 与氰化氢加成

氰化氢能与醛及大多数脂肪族酮发生加成反应，生成 α-羟基腈(氰醇)。该反应是可逆反应，氰化氢与甲醛加成的平衡常数较大，其他类型的醛次之，最后是酮类。

$$\text{R(R')HC=O} + \text{HCN} \rightleftharpoons \text{R(R')HC(OH)CN}$$

α-羟基腈

丙酮与氰化氢的加成反应进行得很慢。但如果在反应物中加入一些氢氧化钠溶液，则反应可以加速。反之，如果加入一些酸，则反应变慢。这是因为 HCN 是很弱的酸，不易解离成 H^+和 CN^-，酸或碱的加入都能影响它的解离平衡：

$$\text{HCN} \underset{H^+}{\overset{OH^-}{\rightleftharpoons}} H^+ + CN^-$$

加碱可使平衡向右移动，CN^-的浓度增加，而加酸则平衡向左移动，CN^-浓度更低。由此可知，在丙酮与 HCN 的加成反应中，起决定作用的是 CN^-。CN^-是强的亲核试剂和碱性试剂，对羰基的加成反应机理可表示如下：

$$(CH_3)_2C=O + {}^-C{\equiv}N \underset{}{\overset{慢}{\rightleftharpoons}} H_3C-\underset{CH_3}{\overset{O^-}{C}}-C{\equiv}N \underset{-H^+}{\overset{+H^+}{\rightleftharpoons}} H_3C-\underset{CH_3}{\overset{OH}{C}}-C{\equiv}N$$

反应分两步进行。首先是亲核试剂 CN^-对羰基的进攻，然后是氧负离子的质子化。第一步反应即亲核试剂进攻的第一步，是反应中最慢的一步，也是决定整个反应速率的一步。

氰化氢有剧毒，且挥发性较大(沸点 26.5℃)，故在羰基化合物与氰化氢加氢时，为了避免直接使用氰化氢，通常是把无机酸加入醛(或酮)和氰化钠水溶液的混合物中，HCN 一生成即与醛(或酮)作用。但在加酸时应注意控制溶液的 pH，使之始终偏于碱性(pH 约为 8)以利于反应的进行。

α-羟基腈是一类很有用的有机合成中间体，氰基能水解生成羧基，能还原成氨基。α-羟基腈水解时随着反应条件的不同，得到羟基酸或者不饱和酸。“有机玻璃”——聚α-甲基丙烯酸甲酯的单体α-甲基丙烯酸甲酯就是以丙酮为原料，通过下列反应制得的。

$$(H_3C)_2C=O + \text{HCN} \rightleftharpoons (H_3C)_2C(OH)CN$$

丙酮氰醇(78%)

$$(H_3C)_2C(OH)CN \xrightarrow[CH_3OH,\ \triangle]{H_2SO_4} H_2C=C(CH_3)-C(=O)OCH_3$$

α-甲基丙烯酸甲酯(90%)

第一步反应是丙酮与 HCN 的加成，在第二步反应中则包括了水解、酯化和脱水反应。

2) 与亚硫酸氢钠加成

大多数醛、脂肪族甲基酮和七元环以下的脂环酮能与亚硫酸氢钠发生加成反应，生成α-羟基磺酸钠：

$$R-C(=O)-H(CH_3) + NaHSO_3 \longrightarrow R-C(OH)(H(CH_3))-SO_3Na$$

α-羟基磺酸钠

α-羟基磺酸钠易溶于水，但不溶于饱和的亚硫酸氢钠溶液，将醛、酮与过量的饱和亚硫酸氢钠水溶液(40%)混合在一起，醛和甲基酮很快就会有结晶析出。这个反应可用于鉴别醛、酮。

在加成时，羰基碳原子与亚硫酸氢根中的硫原子相结合，生成磺酸盐。因为亚硫酸氢根离子体积相当大，所以羰基碳原子上所连的基团越小，反应越容易进行，若所连基团太大时，反应就难以进行。因此，非甲基酮一般难以和亚硫酸氢钠加成。

HSO_3^-的亲核性与CN^-相近。羰基与$NaHSO_3$的加成反应机理也和与 HCN 的加成相似，可以表示如下：

$$\underset{H}{\overset{R}{>}}C=O + :S(=O)(O^-Na^+)-OH \rightleftharpoons R-C(O^-Na^+)(H)-SO_3H \rightleftharpoons R-C(OH)(H)-SO_3^-Na^+$$

这个加成反应是可逆反应。如果在加成产物的水溶液中加入酸或碱，使反应体系中的亚硫酸氢钠不断分解而除去，则加成产物也不断分解而再变成醛。因此，亚硫酸氢钠加成产物的生成和分解，常被用来分离和提纯某些羰基化合物：

$$R-C(OH)(H)-SO_3Na \rightleftharpoons RCHO + NaHSO_3$$

$$NaHSO_3 \xrightarrow[H_2O]{1/2Na_2CO_3} Na_2SO_3 + 1/2CO_2 + 1/2H_2O$$

$$NaHSO_3 \xrightarrow{HCl} NaCl + SO_2 + H_2O$$

将α-羟基磺酸钠与等物质的量的 NaCN 作用，则磺酸基可被氰基取代，生成α-羟基腈，这是由醛、酮间接制备α-羟基腈的很好的方法，因为这样可以避免使用有毒的氰化氢，并且产率也比较高。

3) 与醇加成

将醛溶解在无水乙醇中，通入 HCl 气体或加入其他无水强酸，则在酸的催化下，醛能与一分子醇加成，生成半缩醛(hemiacetal)。半缩醛不稳定，一般很难分离出来。它可以与另一分子醇进一步缩合，生成缩醛(acetal)。所以在过量的醇中，得到的是醛与两分子醇作用的产物——缩醛。

$$R'CHO + ROH \xrightleftharpoons{HCl} R'—\underset{OH}{\overset{H}{C}}—OR$$

半缩醛

$$R'CHO + 2ROH \xrightleftharpoons{HCl} R'—\underset{OR}{\overset{H}{C}}—OR$$

缩醛

半缩醛的生成是羰基在酸催化下的亲核加成反应。反应的第一步是羰基的质子化，羰基碳受到活化可能形成碳正离子，醇的羟基进攻碳正离子，然后失去一个质子，而生成半缩醛。在全部反应过程中，决定反应速率的是亲核试剂进攻的一步。

$$(H)(H_3C)C=O + H^+ \xrightleftharpoons{快} (H)(H_3C)C=\overset{+}{O}—H \longleftrightarrow (H)(H_3C)\overset{+}{C}—O—H$$

$$(H)(H_3C)\overset{+}{C}—O—H + H\ddot{O}—CH_3 \xrightleftharpoons{慢} H_3C—\underset{H}{\overset{OH}{C}}—\underset{H}{\overset{+}{O}}—CH_3 \xrightleftharpoons{-H^+} H_3C—\underset{H}{\overset{OH}{C}}—O—CH_3$$

半缩醛在酸性催化剂的作用下，可以失去一分子水，形成一个碳正离子，然后再与另一分子醇作用，最后生成稳定的缩醛。

$$H_3C—\underset{H}{\overset{OH}{C}}—OCH_3 \xrightleftharpoons{H^+} H_3C—\underset{H}{\overset{^+OH_2}{C}}—OCH_3 \xrightleftharpoons[+H_2O]{-H_2O} H_3C—\underset{H}{\overset{+}{C}}—OCH_3$$

$$\xrightleftharpoons{CH_3OH} H_3C—\underset{H}{\overset{H^+OCH_3}{C}}—OCH_3 \xrightleftharpoons{-H^+} H_3C—\underset{H}{\overset{OCH_3}{C}}—OCH_3$$

乙醛缩二甲醇

缩醛可以看作是同碳二元醇的双醚。它对碱以及对氧化剂都相当稳定。但由于在酸催化下生成缩醛的反应是可逆的，故在酸的存在下，缩醛可以水解成原来的醛和醇。在这一点上，缩醛与醚有所不同。

$$H_3C—\underset{H}{\overset{OCH_3}{C}}—OCH_3 + H_2O \xrightleftharpoons{H^+} CH_3CHO + 2\,CH_3OH$$

生成缩醛的反应不单限于一元醇和醛，也能用二元醇和醛生成环状缩醛：

$$(R)(H)C=O + \begin{matrix}HO—CH_2\\ |\\ HO—CH_2\end{matrix} \xrightarrow{H^+} (R)(H)C\begin{matrix}O—CH_2\\ |\\ O—CH_2\end{matrix} + H_2O$$

此反应也是通过半缩醛进行的，由于能形成稳定的五元环，因此更容易进一步生成缩醛。这个反应已用于工业生产中，如在制造合成纤维“维尼纶”时就用甲醛与聚乙烯醇进行缩醛反应。

$$\left[\text{CH}_2\underset{\text{OH}}{\text{CH}}-\text{CH}_2-\underset{\text{OH}}{\text{CH}}\right]_n + n\,\text{HCHO} \xrightarrow[60\sim70^\circ\text{C}]{\text{H}_2\text{SO}_4} \left[\text{CH}_2-\text{CH}(\text{O}-\text{CH}_2-\text{O})\text{CH}(\text{CH}_2)\right]_n + n\,\text{H}_2\text{O}$$

酮也能与醇生成半缩酮(hemiketal)或缩酮(ketal)，但反应较困难。而酮和 1,2-二元醇或1,3-二元醇比较容易生成环状缩酮。

$$\text{环己酮} + \begin{matrix}\text{HO}-\text{CH}_2\\ |\\ \text{HO}-\text{CH}_2\end{matrix} \rightleftharpoons \text{H}_2\text{O} + \text{环己酮乙二醇缩酮}$$

在有机合成中常利用缩醛或缩酮的生成和水解来保护羰基或者羟基化合物。例如，欲从 $\text{CH}_3\overset{\text{O}}{\overset{\|}{\text{C}}}\text{CH}_2\text{Br}$ 合成 $\text{CH}_3\overset{\text{O}}{\overset{\|}{\text{C}}}\text{CH}_2\text{CH}_2\text{CH}_2\text{OH}$，可采用格氏试剂与环氧乙烷反应制备伯醇的方法，由于羰基也可以与格氏试剂反应，因此可将羰基转变为缩酮后制备格氏试剂，再与环氧乙烷反应，最后再恢复羰基的结构。

$$\text{CH}_3\overset{\text{O}}{\overset{\|}{\text{C}}}\text{CH}_2\text{Br} \xrightarrow[\text{H}^+]{\text{HOCH}_2\text{CH}_2\text{OH}} \text{CH}_3\overset{\text{O}\ \ \text{O}}{\text{C}}\text{CH}_2\text{Br} \xrightarrow[\text{无水醚}]{\text{Mg}} \xrightarrow{\text{环氧乙烷}} \xrightarrow[\text{H}^+]{\text{H}_2\text{O}} \text{CH}_3\overset{\text{O}}{\overset{\|}{\text{C}}}\text{CH}_2\text{CH}_2\text{CH}_2\text{OH}$$

再如，欲从 $\text{HOCH}_2\text{CH(OH)CH}_2\text{OH}$ 合成 $\text{HOCH}_2\text{CH(OH)CH}_2\text{OCOCH}_3$，需要酯化一个羟基，另外两个羟基需要保护。可用羰基将两个相邻的羟基保护起来，再通过酰卤在碱性条件下与羟基反应制备酯，然后在稀酸条件下水解恢复羟基的结构。

$$\text{HOCH}_2\text{CH(OH)CH}_2\text{OH} \xrightarrow[\text{H}^+]{\text{CH}_3\text{COCH}_3} \text{(丙酮缩酮)}\text{CH}_2\text{OH} \xrightarrow[\text{碱}]{\text{CH}_3\text{COCl}} \text{(丙酮缩酮)}\text{CH}_2\text{OCOCH}_3 \xrightarrow{\text{稀酸}} \text{HOCH}_2\text{CH(OH)CH}_2\text{OCOCH}_3$$

4) 与格氏试剂加成

醛、酮能与格氏试剂加成，加成产物水解生成醇。

有机金属镁化合物中的碳镁键是高度极化的，碳原子带部分负电性，镁原子带部分正电性($\overset{\delta^-}{\text{C}}-\overset{\delta^+}{\text{Mg}}$)，带部分负电性的碳原子是很强的亲核试剂。格氏试剂与羰基的反应也是亲核加成反应。

$$\gt\overset{\delta^+}{\text{C}}=\overset{\delta^-}{\text{O}} + \overset{\delta^-}{\text{R}}-\overset{\delta^+}{\text{MgX}} \xrightarrow{\text{干醚}} \text{R}-\underset{|}{\overset{|}{\text{C}}}-\text{OMgX}$$

烷氧基卤化镁

加成产物用稀酸处理，即水解成醇。通过上述加成反应，可以使许多卤化物转变成不同结构的醇。例如：

$$\text{C}_6\text{H}_{11}\text{-Cl} \xrightarrow[\text{干醚}]{\text{Mg}} \xrightarrow{\text{HCHO}} \xrightarrow{H_3O^+} \text{C}_6\text{H}_{11}\text{-CH}_2\text{OH}$$

环己基甲醇(64%～69%)

$$CH_3-\underset{\underset{Br}{|}}{CH}-CH_3 \xrightarrow[\text{干醚}]{\text{Mg}} \xrightarrow{\text{HCHO}} \xrightarrow{H_3O^+} CH_3-\overset{\overset{CH_3}{|}}{CH}-CH_2-OH$$

2-甲基丙醇(53%～54%)

同一种醇可用不同的格氏试剂与不同的羰基化合物作用生成。例如：

$$CH_3MgBr + CH_3CH_2\overset{\overset{O}{\|}}{C}CH_2CH_2CH_3 \xrightarrow{\text{干醚}} \xrightarrow{H_3O^+}$$

$$CH_3CH_2MgBr + CH_3\overset{\overset{O}{\|}}{C}CH_2CH_2CH_3 \xrightarrow{\text{干醚}} \xrightarrow{H_3O^+}$$

$$CH_3CH_2CH_2MgBr + CH_3\overset{\overset{O}{\|}}{C}CH_2CH_3 \xrightarrow{\text{干醚}} \xrightarrow{H_3O^+}$$

$$\left.\right\} CH_3CH_2\underset{\underset{OH}{|}}{\overset{\overset{CH_3}{|}}{C}}CH_2CH_2CH_2CH_3$$

5) 与氨的衍生物反应

醛、酮能和氨的衍生物如羟胺(NH_2OH)、肼(NH_2NH_2)、2,4-二硝基苯肼($H_2NHN-C_6H_3(NO_2)_2$，2-O_2N，4-NO_2)和氨基脲($H_2NHN-\overset{\overset{O}{\|}}{C}-NH_2$)等作用，分别生成肟、腙、2,4-二硝基苯腙和缩氨脲等。例如：

$$H_3C-\underset{\underset{O}{\|}}{C}-CH_3 + H_2NOH \longrightarrow H_3C-\underset{\underset{N-OH}{\|}}{C}-CH_3 + H_2O$$

丙酮肟

$$\text{环己酮} + H_2NOH \longrightarrow \text{环己酮肟 (C}_6\text{H}_{10}\text{=NOH)}$$

环己酮肟

$$CH_3CHO + H_2NHN-C_6H_3(NO_2)_2 \longrightarrow CH_3CH{=}N-NH-C_6H_3(NO_2)_2 + H_2O$$

乙醛-2,4-二硝基苯腙

$$C_6H_5-CHO + H_2N-NH-\overset{\overset{O}{\|}}{C}-NH_2 \longrightarrow C_6H_5-CH{=}N-NH-\overset{\overset{O}{\|}}{C}-NH_2 + H_2O$$

苯甲醛缩氨脲

上述反应的第一步是羰基的亲核加成，但加成产物并不稳定，随即失去一分子水，而生成具有 >C═N— 结构的产物。所以醛、酮与氨衍生物的反应是加成-脱水反应。整个反应可用如下通式表示：

$$>C=O + H_2N-Z \longrightarrow >C(OH)-N(H)-Z \xrightarrow{-H_2O} >C=N-Z$$

Z= —OH、—HN—(2,4-二硝基苯基，O_2N、NO_2)、—HN—C(=O)—NH_2 等

醛、酮与氨衍生物的反应，生成物大部分是固体，具有一定的熔点，可用于鉴别醛、酮。它们在稀酸作用下，也可以水解成原来的醛或酮，因此这个反应也可用于分离和提纯醛、酮。

醛、酮也能与氨进行上述反应，但生成的是极不稳定的亚胺。它极容易水解成原来的醛、酮和氨。

$$>C=O + NH_3 \rightleftharpoons H_2O + >C=NH$$

亚胺

如果用伯胺代替 NH_3，生成的是取代亚胺，取代亚胺又称为席夫(Schiff)碱：

$$RCHO + R'NH_2 \rightleftharpoons RCH=NR' + H_2O$$

取代亚胺

取代亚胺不太稳定，但若 >C═N— 的碳原子上或氮原子上连有一个或一个以上芳基时，由于共轭效应导致化合物稳定。因此，由芳醛生成的席夫碱，可进一步还原以制备仲胺。

6) 与炔化物的加成

炔负离子是很强的亲核试剂，可以和羰基发生加成反应，如：

$$CH\equiv CH \xrightarrow{NaNH_2} CH\equiv CNa \xrightarrow{HCHO} CH\equiv CCH_2OH$$

丙炔醇

$$CH\equiv CNa \xrightarrow{CH_3COCH_3} CH\equiv C-C(CH_3)_2OH$$

2-甲基-3-丁炔-2-醇

$$CH\equiv CH \xrightarrow{2\ NaNH_2} NaC\equiv CNa \xrightarrow{2\ HCHO} HOCH_2C\equiv CCH_2OH$$

丁炔-1, 4-二醇

$$NaC\equiv CNa \xrightarrow{2\ CH_3COCH_3} HO(H_3C)_2C-C\equiv C-C(CH_3)_2OH$$

2,5-二甲基-3-己炔-2,5-二醇

2. α, β-不饱和醛、酮的加成反应

共轭不饱和醛、酮在结构上有一个特点，就是1,2之间的碳氧双键和3,4之间的碳碳双键形成一个1,4-共轭体系。试剂与α, β-不饱和醛、酮发生加成反应时，可以发生碳碳双键上的亲电加成(1,2-加成)、碳氧双键上的亲核加成(1,2-加成)和1,4-共轭加成三种不同的反应。

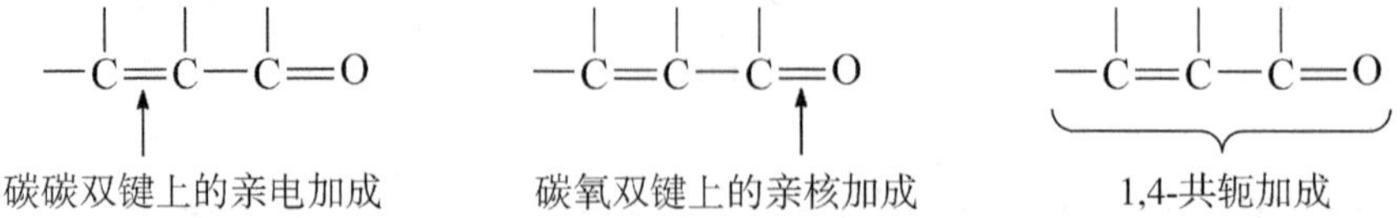

—C=C—C=O　—C=C—C=O　—C=C—C=O

碳碳双键上的亲电加成　碳氧双键上的亲核加成　1,4-共轭加成

一般来讲，卤素和次卤酸与α, β-不饱和醛、酮反应时，只在碳碳双键上发生亲电加成，如：

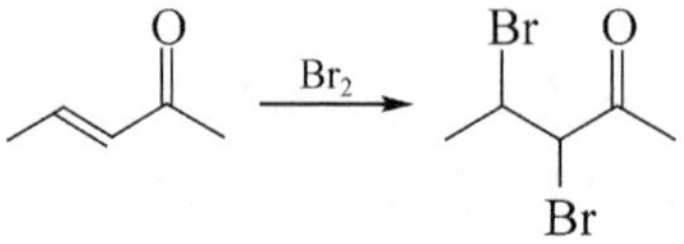

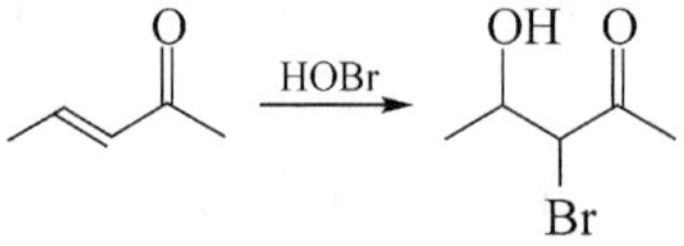

O　Br_2　Br O Br

O　HOBr　OH O Br

而氨和氨的衍生物，HX、H_2SO_4、HCN等质子酸，H_2O或ROH在酸催化下与α, β-不饱和醛、酮的加成反应通常以1,4-共轭加成为主。例如：

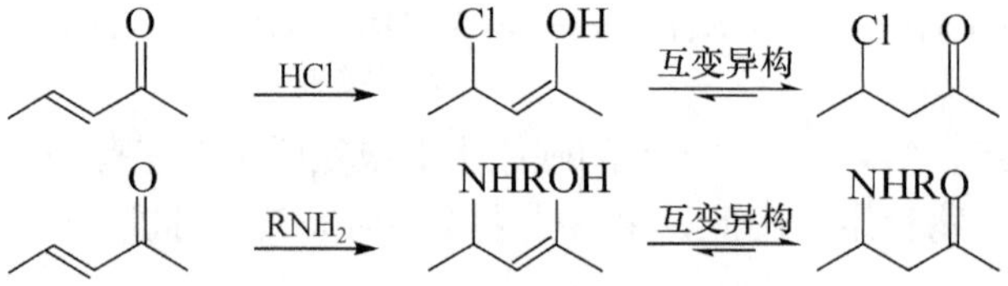

O　HCl　Cl OH　互变异构　Cl O

O　RNH_2　NHROH　互变异构　NHRO

有机金属化合物与α, β-不饱和醛、酮反应时，既可以发生1,2-亲核加成，也可以发生1,4-共轭加成，到底以什么反应为主，与羰基旁的基团大小有关，也与试剂的空间位阻大小有关。醛羰基旁的空间位阻很小，因此它与烃基锂、格氏试剂反应时主要以1,2-亲核加成为主。例如：

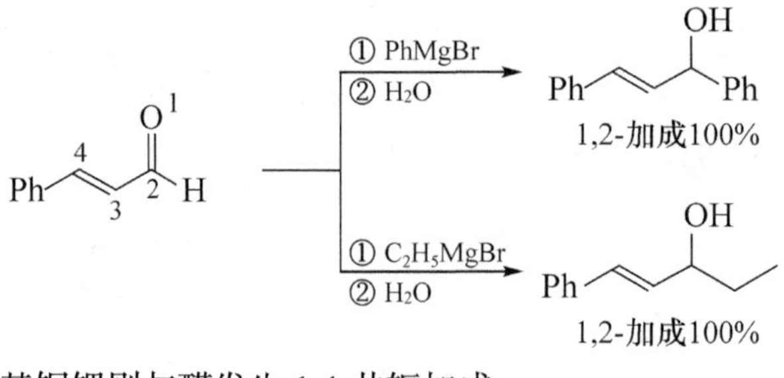

Ph 4 3 2 O 1 H

① PhMgBr ② H_2O　OH Ph Ph　1,2-加成100%

① C_2H_5MgBr ② H_2O　OH Ph　1,2-加成100%

而空间位阻大的二炔基铜锂则与醛发生1,4-共轭加成。

α, β-不饱和酮与有机锂试剂反应，主要得1, 2-亲核加成产物。例如：

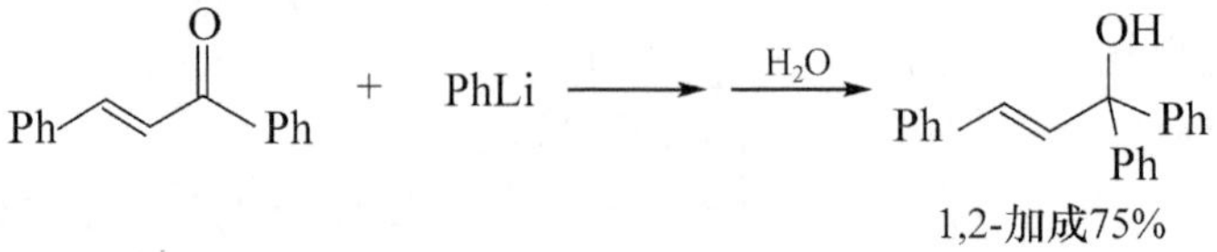

O Ph Ph + PhLi ⟶ H_2O ⟶ OH Ph Ph Ph　1,2-加成75%

与格氏试剂反应，则要作具体分析。例如：

① PhMgBr ② H_2O
1,4-加成12% 1,2-加成88%

① C_2H_5MgBr ② H_2O
1,4-加成60% 1,2-加成40%

苯基的位阻比乙基大，因此 C_6H_5MgBr 尽量避免在大的基团的 4 位上反应，所以 1,2-加成产物是主要产物，而 C_2H_5MgBr 作亲核试剂时，1,4-加成产物是主要产物。

如果α, β-不饱和酮的羰基和一个很大的基团如三级丁基相连，无论用哪种格氏试剂，都得到 1,4-加成产物：

① PhMgBr ② H_2O
1,4-加成100%

① C_2H_5MgBr ② H_2O
1,4-加成100%

制备 1,4-加成产物，常用的方法是在与格氏试剂的加成反应中加入卤化亚铜，或用二烃基铜锂进行反应：

① CH_3MgI ② H_2O
1,2-加成（环酮位阻小）

① CH_3MgI, CuBr ② H_2O
1,4-加成

① $(CH_3)_2CuLi$ ② H_2O
1,4-加成

10.3.2 α-氢原子的活性

1. 酮-烯醇互变异构

醛、酮α-碳原子上的氢原子因受羰基的影响而具有较大的活性。它比较容易在碱存在下作为质子而离去，因此也可以说醛、酮的α-氢原子具有较大的酸性。一般简单醛、酮的 pK_a 值为 19～20，比乙炔的酸性($pK_a = 25$)强。

醛、酮失去一个α-氢原子后形成一个负离子，但由此而形成的负离子与烷烃失去一个氢原子所形成的碳负离子不同。由醛、酮失去α-氢原子所形成的负离子的负电荷不完全在α-碳原子上。它可以用两个共振结构式来表示：

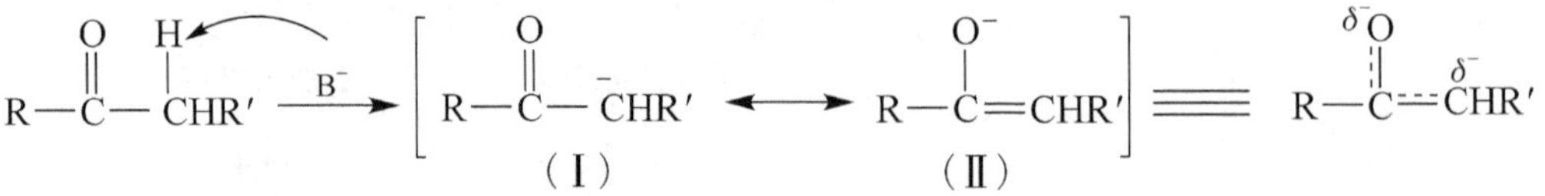

$$\mathrm{R-\overset{\overset{O}{\|}}{C}-\underset{}{\overset{\overset{H}{|}}{C}}HR'} \xrightarrow{B^-} \left[\underset{(\text{I})}{\mathrm{R-\overset{\overset{O}{\|}}{C}-\bar{C}HR'}} \longleftrightarrow \underset{(\text{II})}{\mathrm{R-\overset{\overset{O^-}{|}}{C}=CHR'}} \right] \equiv \mathrm{R-\overset{\overset{\delta^- O}{\|}}{C}\overset{\delta^-}{=\!=}CHR'}$$

由此可见，氧原子和α-碳原子都带有部分负电荷。因氧的电负性较大，能更好地容纳负电荷，所以两种共振结构式中(Ⅱ)式的贡献较大。

由于氧原子和碳原子都带有部分负电荷，因此当它接受一个质子时就有两种可能：若碳原子接受质子，就形成醛或酮；若氧原子接受质子，就形成烯醇。负离子接受质子变成醛、酮或烯醇的转化都是可逆的。这些相互转化可以表示如下：

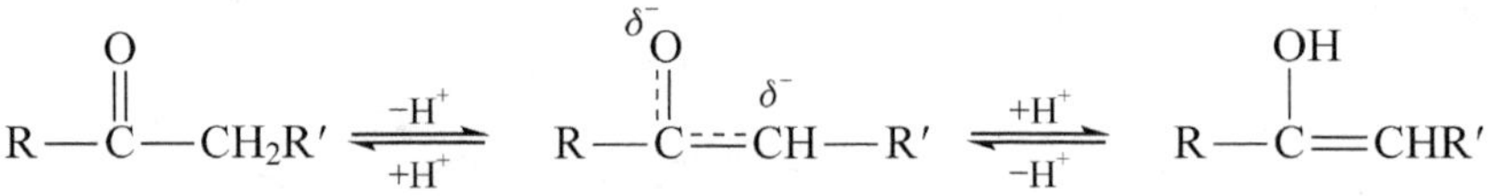

$$\underset{\text{酮}}{\mathrm{R-\overset{\overset{O}{\|}}{C}-CH_2R'}} \underset{+H^+}{\overset{-H^+}{\rightleftharpoons}} \mathrm{R-\overset{\overset{\delta^- O}{\|}}{C}\overset{\delta^-}{=\!=}CH-R'} \underset{-H^+}{\overset{+H^+}{\rightleftharpoons}} \underset{\text{烯醇}}{\mathrm{R-\overset{\overset{OH}{|}}{C}=CHR'}}$$

由上式可见，酮失去α-氢原子所形成的负离子与烯醇失去羟基氢所形成的负离子是相同的。所以也常把这种负离子称为烯醇负离子。

酮与相应的烯醇是构造异构体，通常它们可以互相转变。在微量酸或碱的存在下，酮和烯醇互相转变很快就能达到动态平衡，这种能够相互转变而同时存在的异构体称为互变异构体。酮和烯醇的这种异构现象就称为酮-烯醇互变异构。

含有一个羰基且结构比较简单的醛、酮(如乙醛、丙酮等)的烯醇式在互变平衡混合物中含量很少。例如：

	酮式		烯醇式
乙醛	CH_3CHO	$\rightleftharpoons$	$CH_2=CH-OH$ 极少
丙酮	$\mathrm{CH_3-\overset{\overset{O}{\|}}{C}-CH_3}$	$\rightleftharpoons$	$\mathrm{CH_2=\overset{\overset{OH}{|}}{C}-CH_3}$ (1.5×10^{-4}%)
环己酮	环己酮(C=O)	$\rightleftharpoons$	1-环己烯醇(OH) (1.2%)

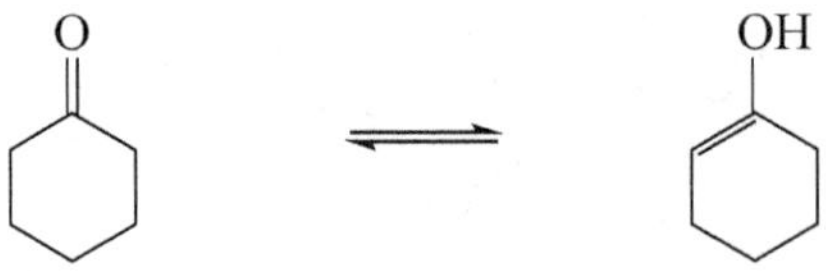

这些醛、酮的酮式之所以比较稳定，可以从酮式与烯醇式各键键能之和不同中看出来(酮式的总键能大于烯醇式的总键能)。对于两个羰基之间只隔有一个饱和碳原子的β-二羰基类化合物，由于共轭效应，烯醇式的能量降低，稳定性增加，因此在平衡混合物中它的含量要高得多。例如：

$$\underset{\text{酮式(24\%)}}{\mathrm{H_3C-\overset{\overset{O}{\|}}{C}-CH_2-\overset{\overset{O}{\|}}{C}-CH_3}} \rightleftharpoons \underset{\text{烯醇式(76\%)}}{\mathrm{H_3C-\overset{\overset{OH}{|}}{C}=CH-\overset{\overset{O}{\|}}{C}-CH_3}}$$

2. 羟醛缩合反应

在稀碱存在下，醛可以两分子相互作用，其中一分子醛的α-氢原子加到另一分子醛的羰基氧原子上，而其余部分则加到羰基的碳原子上，生成的产物是β-羟基醛，因此这个反应称为羟醛缩合(或醇醛缩合)反应。通过羟醛缩合，在分子中形成了新的碳碳键，增长了碳链。例如：

$$H_3C-\overset{O}{\overset{\|}{C}}-H + \overset{H}{\overset{|}{C}}H_2\overset{O}{\overset{\|}{C}}-H \xrightarrow[H_2O,\ 5℃]{10\%NaOH} CH_3-\overset{OH}{\overset{|}{C}H}-CH_2\overset{O}{\overset{\|}{C}}-H$$

3-羟基丁醛(50%)

这个反应的历程是分两步进行的。第一步是碱夺取一分子乙醛中α-碳原子上的一个质子，生成烯醇负离子：

$$OH^- + HCH_2\overset{O}{\overset{\|}{C}}-H \rightleftharpoons H_2O + H-\underset{H}{\underset{|}{\overset{\delta^-}{C}}}\overset{\cdots}{=}\overset{O^{\delta^-}}{\overset{\|}{C}}-H$$

第二步是这个负离子作为亲核试剂与另一分子乙醛发生亲核加成反应，生成一个烷氧负离子：

$$CH_3\overset{O}{\overset{\|}{C}}H + H-\underset{H}{\underset{|}{\overset{\delta^-}{C}}}\overset{\cdots}{=}\overset{O^{\delta^-}}{\overset{\|}{C}}-H \rightleftharpoons CH_3\overset{O^-}{\overset{|}{C}}HCH_2CHO$$

烷氧负离子是比 OH^-更强的碱，它能从水分子夺取一个质子而生成羟基醛。

$$CH_3\overset{O^-}{\overset{|}{C}}HCH_2CHO + HOH \rightleftharpoons CH_3\overset{OH}{\overset{|}{C}}HCH_2CHO + OH^-$$

由乙醛生成的 β-羟基醛受热时容易失去一分子水，生成α,β-不饱和醛(巴豆醛)：

$$CH_3\overset{OH}{\overset{|}{C}}HCH_2CHO \xrightarrow{\triangle} CH_3CH=CHCHO + H_2O$$

巴豆醛

凡α-碳原子上有氢原子的β-羟基醛都容易失去一分子水。这是因为α-氢原子比较活泼，并且失水后的生成物具有共轭双键，因而比较稳定。有些β-羟基醛非常容易失水，以致往往不能把它们分离出来，而只能得到它们的失水物——烯醛。

含有α-氢原子的酮也能发生类似反应，最后生成α,β-不饱和酮。例如，丙酮在碱的存在下，可以先生成双丙酮，但在平衡体系中，产物的百分比很小。如果能使产物在生成后，立即脱离碱催化剂，也就是使产物脱离平衡体系，最后就可使更多的丙酮转化为双丙酮醇，产率可达 70%～80%。双丙酮醇受热失水后可生成相应的烯酮。

$$(H_3C)_2C{=}O + H{-}CH_2\overset{O}{\overset{\|}{C}}CH_3 \underset{}{\overset{OH^-}{\rightleftharpoons}} H_3C{-}\underset{CH_3}{\overset{OH}{C}}{-}\overset{H}{CH}{-}\overset{O}{\overset{\|}{C}}CH_3 \xrightarrow{蒸馏} CH_3{-}\underset{CH_3}{C}{=}CH{-}\overset{O}{\overset{\|}{C}}CH_3$$

双丙酮醇　　4-甲基-3-戊烯-2-酮(异亚丙基酮)

在酸性介质中也能进行羟酸缩合。例如，丙酮能由酸催化经过下列途径生成异亚丙基丙酮。

$$H_3C{-}\overset{CH_3}{C}{=}O \begin{cases} \overset{+H^+}{\rightleftharpoons} H_3C{-}\overset{CH_3}{\underset{+}{C}}{-}OH \\ \overset{H^+}{\rightleftharpoons} H_2C{=}\underset{CH_3}{C}{-}OH \end{cases} \longrightarrow H_3C{-}\overset{CH_3}{C}(OH){-}CH_2{-}\overset{+}{\underset{CH_3}{C}}{-}OH$$

$$\xrightarrow{-H^+} H_3C{-}\overset{CH_3}{C}(OH){=}CH{-}\underset{CH_3}{C}{=}O \xrightarrow[-H_2O]{+H^+} H_3C{-}\overset{CH_3}{C^+}{-}CH_2{-}\underset{CH_3}{C}{=}O \xrightarrow{OH^-} H_3C{-}\overset{CH_3}{C}{=}CH{-}\underset{CH_3}{C}{=}O$$

两种不同的含有α-氢原子的羰基化合物之间也能进行羟醛缩合反应(称为交叉羟醛缩合)。但反应后有四种可能的产物，实际得到的总是复杂的混合物。如果参与反应的羰基化合物之一不含有α-氢原子(如甲醛、三甲基乙醛、苯甲醛等)，则产物种类减少。因为不含有α-氢原子的醛、酮不可能脱去α-氢原子而成为亲核试剂。例如：

$$H_3C{-}\overset{CH_3}{CH}CHO + HCHO \xrightarrow{OH^-} H_3C{-}\underset{CHO}{\overset{CH_3}{C}}{-}CH_2OH$$

90%

苯甲醛与含有α-氢原子的脂肪族醛、酮缩合，在低温下即可生成芳香族的α, β-不饱和醛、酮。例如：

$$C_6H_5CHO + CH_3CHO \xrightarrow[10℃]{OH^-} C_6H_5CH{=}CHCHO$$

肉桂醛

由α, β-不饱和醛的进一步转化可以制备许多其他各类芳香族化合物。例如，由肉桂醛选择性氧化可得肉桂酸，还原则得肉桂醇等。

3. 卤化反应和卤仿反应

醛、酮分子中的α-氢原子容易被卤素取代，生成α-卤代醛、酮。例如：

$$环己酮 + Cl_2 \xrightarrow{\triangle} 2\text{-氯环己酮} + HCl$$

$$H_3C{-}\overset{CH_3}{CH}{-}\overset{O}{\overset{\|}{C}}{-}CH_3 + Br_2 \xrightarrow{CH_3OH} H_3C{-}\overset{CH_3}{CH}{-}\overset{O}{\overset{\|}{C}}{-}CH_2Br + HBr$$

一卤代醛或酮往往可以继续卤化为二卤代、三卤代产物。例如：

$$CH_3CHO \xrightarrow[H_2O]{X_2} \underset{X}{\underset{|}{CH_2}}CHO \xrightarrow{X_2} \overset{X}{\overset{|}{\underset{X}{\underset{|}{C}}}}HCHO \xrightarrow{X_2} CX_3CHO$$

这类反应可以被碱或酸催化。当用碱催化时，卤化反应速率很快，不仅不能使反应控制在生成一卤或二卤代物阶段，而且同碳三卤代物还会与碱作用进一步分解。碱催化的卤化反应机理是：醛、酮在碱的作用下，先失去一个α-氢原子生成烯醇负离子，然后与卤素作用生成卤代物：

$$H_3C-\overset{O}{\overset{\|}{C}}-\overset{H}{\overset{|}{C}}H_2 + OH^- \underset{}{\overset{慢}{\rightleftharpoons}} H_3C-\overset{\delta^- O}{\overset{\|}{C}}\cdots\overset{\delta^-}{C}H_2 + H_2O$$

$$H_3C-\overset{\delta^- O}{\overset{\|}{C}}\cdots\overset{\delta^-}{C}H_2 + X-X \overset{快}{\rightleftharpoons} H_3C-\overset{O}{\overset{\|}{C}}-CH_2X + X^-$$

卤代物还会继续反应：

$$H_3C-\overset{O}{\overset{\|}{C}}-CH_2X + OH^- \rightleftharpoons H_3C-\overset{\delta^- O}{\overset{\|}{C}}\cdots\overset{\delta^-}{C}HX + H_2O$$

$$H_3C-\overset{\delta^- O}{\overset{\|}{C}}\cdots\overset{\delta^-}{C}HX + X-X \rightleftharpoons H_3C-\overset{O}{\overset{\|}{C}}-CHX_2 + X^-$$

直至生成同碳三卤代物并被碱分解为止。

用酸催化时则有如下的历程：

$$CH_3-\underset{O}{\underset{\|}{C}}-\overset{H}{\underset{H}{C}}-H \overset{H^+,快}{\rightleftharpoons} CH_3-\underset{^+OH}{\underset{\|}{C}}-\overset{H}{\underset{H}{C}}-H \longleftrightarrow CH_3-\underset{OH}{\underset{|}{\overset{+}{C}}}-\overset{H}{\underset{H}{C}}-H \overset{-H^+,慢}{\rightleftharpoons}$$

$$CH_3-\underset{:OH}{\underset{|}{C}}=\underset{H}{\underset{|}{C}}-H \overset{X-X,快}{\rightleftharpoons} CH_3-\underset{^+OH}{\underset{\|}{C}}-\overset{X}{\underset{H}{C}}-H \overset{-H^+}{\rightleftharpoons} CH_3-\underset{O}{\underset{\|}{C}}-\overset{X}{\underset{H}{C}}-H$$

烯醇

醛、酮的一个α-氢原子被取代后，由于卤原子是吸电子的，它所连的α-碳原子上的氢原子在碱的作用下更容易离去，因此第二个α-氢原子就更容易被卤代。这样，具有 CH_3CO—结构的醛、酮(乙醛和甲基酮)与卤素的碱溶液(此卤酸盐溶液)作用时，反应总是顺利地进行到生成同碳三卤代物。例如：

$$H_3C-\overset{O}{\overset{\|}{C}}-CH_3 + 3NaOX \longrightarrow H_3C-\overset{O}{\overset{\|}{C}}-CX_3 + 3NaOH$$

而这种同碳三卤代物在碱的存在下，会进一步发生三卤甲基和羰基碳之间的键的裂解。因此，最后得到的是羧酸盐和三卤甲烷。

$$H_3C-\overset{O}{\overset{\|}{C}}-CX_3 + OH^- \rightleftharpoons H_3C-\overset{O^-}{\overset{|}{\underset{OH}{\underset{|}{C}}}}-CX_3 \rightleftharpoons CH_3COOH + \bar{C}X_3 \rightleftharpoons CH_3COO^- + HCX_3$$

三卤甲烷俗称卤仿，$CHCl_3$、$CHBr_3$ 和 CHI_3 分别称为氯仿、溴仿和碘仿。故含有 CH_3CO—的醛、酮与卤素的碱溶液作用，最后生成三卤甲烷的反应称为卤仿反应。整个反应可用下式表示：

$$RCOCH_3 + 3NaOX \longrightarrow CHX_3 + RCOONa + 2NaOH$$

含有$\underset{OH}{\underset{|}{CH_3CH}}$—基团的化合物，遇卤素的碱溶液能首先被氧化成含$\underset{O}{\underset{\|}{CH_3C}}$—基团的化合物，然后发生卤化和裂解，最后生成卤仿。例如：

$$CH_3CH_2OH \xrightarrow{NaOX} CH_3CHO \xrightarrow{NaOX} HCOONa + CHX_3 + NaOH$$

卤仿反应也是制备羧酸的一种方法。主要用于制备用其他方法难以制得的羧酸，生成相对原料少一个碳的羧酸。例如：

$$\triangleright\!-COCH_3 + Br_2 \xrightarrow[H_2O]{NaOH} \xrightarrow{H_3O^+} CHBr_3 + \triangleright\!-COOH$$

碘仿反应常用于结构测定。因为碘仿是不溶于水的亮黄色固体，且具有特殊气味，由此可以很容易地识别是否发生碘仿反应。乙醛或甲基酮与碘的碱溶液作用，很快就有明显的黄色沉淀析出。次卤酸盐溶液本身是氧化剂，所以碘仿反应可用来鉴别乙醛、甲基酮及含有 $CH_3CH(OH)$—的醇。

4. 曼尼希反应

含活泼α-氢的醛、酮和甲醛及一个胺的盐酸盐发生缩合反应生成氨甲基化合物[称为曼尼希(Mannich)碱]的反应称为曼尼希反应(Mannich reaction)。例如：

$$C_6H_5-\overset{O}{\overset{\|}{C}}-CH_3 + HCHO + HN(CH_3)_2 \xrightarrow[70\%]{HCl} C_6H_5-\overset{O}{\overset{\|}{C}}-CH_2CH_2N(CH_3)_2$$

曼尼希碱受热易分解出氨或胺生成α, β-不饱和醛、酮；此外，还易受 CN^-的进攻生成氰化物。例如：

$$C_6H_5-\overset{O}{\overset{\|}{C}}-CH_2CH_2NR_2 \xrightarrow[\triangle]{-HNR_2} C_6H_5-\overset{O}{\overset{\|}{C}}-CH{=}CH_2$$

$$C_6H_5-\overset{O}{\overset{\|}{C}}-CH_2CH_2NR_2 \xrightarrow{CN^-} C_6H_5-\overset{O}{\overset{\|}{C}}-CH_2CH_2CN$$

10.3.3 氧化还原反应

1. 氧化反应

醛的羰基碳上连有一个氢原子，而酮没有氢原子，因此醛比酮容易氧化。使用高锰酸钾、重铬酸钾、铬酸、过氧化氢等强氧化剂可将醛氧化成酸。使用弱的氧化剂，如费林(Fehling)

试剂(以酒石酸盐作为络合剂的碱性氢氧化铜溶液)或托伦(Tollens)试剂(硝酸银的氨溶液)即可以使醛氧化。费林试剂中含有二价铜离子(以配离子形式存在)。蓝绿色的费林溶液与醛作用时，醛被氧化，二价铜则被还原成红色的氧化亚铜沉淀。托伦试剂中含有银离子[以 $Ag(NH_3)_2^+$形式存在]，无色的托伦试剂与醛作用时，醛被氧化，银离子则被还原成金属银，金属银以黑色沉淀析出或者附着在试管壁上形成银镜。

$$\underset{}{RCHO} + \underset{\text{(蓝绿色)}}{2Cu(OH)_2} + NaOH \xrightarrow{\triangle} RCOONa + \underset{\text{(红色)}}{Cu_2O\downarrow} + 3H_2O$$

$$RCHO + \underset{\text{(无色)}}{2Ag(NH_3)_2OH} \xrightarrow{\triangle} RCOONH_4 + \underset{\text{(银镜)}}{2Ag\downarrow} + H_2O + 3NH_3$$

醛与这些氧化剂的作用，有明显的颜色变化或有沉淀生成，酮则没有这些现象，因此常用这些试剂区别醛和酮。

利用上述弱氧化剂使醛氧化成羧酸的反应，在特殊情况下也可作为由醛制备羧酸的一种合成方法。例如，要从α, β-不饱和醛(通过羟醛缩合得到)氧化成α, β-不饱和酸时，为了避免碳碳双键被氧化断裂，即可用托伦试剂作为氧化剂。

$$\underset{(\alpha,\beta\text{-不饱和醛})}{R—CH{=}CH—CHO} \xrightarrow{Ag(NH_3)_2OH} \underset{(\alpha,\beta\text{-不饱和酸})}{R—CH{=}CH—COOH}$$

酮不易氧化，但在强氧化剂(如重铬酸钾加浓硫酸)存在下，羰基和α-碳原子之间会发生碳碳键的断裂而生成多种较低级羧酸的混合物。例如：

$$RH_2C\overset{①}{\vdots}\underset{\| \atop O}{C}\overset{②}{\vdots}CH_2R' \xrightarrow{[O]} \begin{cases} \xrightarrow{①} RCOOH + HOOCCH_2R' \\ \xrightarrow{②} RCH_2COOH + HOOCR' \end{cases}$$

酮的氧化因产物复杂，一般来说在合成上没有实际意义。但己二酸的工业制法之一就是由环己酮氧化。因为环己酮氧化时羰基与任一α-碳原子之间的键断裂，只生成一种产物。

$$\underset{\text{环己酮}}{\text{(环己酮)}} \xrightarrow[\text{铜钒催化剂}]{[O],\ 60\%\ HNO_3} \underset{\text{己二酸}}{\begin{matrix} CH_2CH_2COOH \\ | \\ CH_2CH_2COOH \end{matrix}}$$

2. 还原反应

醛、酮可以被还原，在不同条件下，用不同的试剂可以得到不同的产物。

1)催化加氢

醛、酮在金属催化剂 Ni、Cu、Pt、Pd 等存在下与氢气作用，可以在羰基上加一分子氢，生成醇。醛加氢生成伯醇，酮加氢得到仲醇。例如：

$$CH_3(CH_2)_4CHO \xrightarrow[Ni]{H_2} \underset{100\%}{CH_3(CH_2)_4CH_2OH}$$

$$(CH_3)_2CHCH_2\underset{\| \atop O}{C}CH_3 \xrightarrow[Ni]{H_2} (CH_3)_2CHCH_2\underset{| \atop OH}{C}HCH_3$$

4-甲基-2-戊醇(95%)

醛、酮催化加氢产率高，后处理简单。但是催化剂较贵，并且如果分子中还有其他不饱和基团，如 $>C=C<$ 、—C≡C— 、$-NO_2$ 、—C≡N 等，这些基团也将同时被还原。例如：

$$\text{环己烯基}-\overset{O}{\overset{\|}{C}}CH_3 \xrightarrow[Ni]{H_2} \text{环己基}-\overset{OH}{\overset{|}{C}}HCH_3$$

2) 用金属氢化物还原

醛和酮也可以被金属氢化物还原成相应的醇。常用的还原剂有 $NaBH_4$(氢化硼钠，又名硼氢化钠、钠硼氢)、$LiAlH_4$(氢化铝锂，又名锂铝氢)等。

氢化硼钠在水或醇溶液中是一种缓和的还原剂，并且选择性高，还原效果好。它只还原醛、酮的羰基，而不影响分子中其他不饱和基团。例如：

$$C_6H_5-CH=CH-CHO \xrightarrow{NaBH_4} \xrightarrow{H^+} C_6H_5-CH=CH-CH_2OH$$

肉桂醛　　　　肉桂醇

氢化铝锂对碳碳双键、碳碳三键也没有还原作用，但它的还原性较氢化硼钠强，除能还原醛、酮外，羧酸和酯的羰基，以及除碳碳双键以外的许多不饱和基团(如$-NO_2$、—C≡N、—COOH、—COOR 等)都能被还原，并且反应进行得很平稳，产率也很高。

3) 克莱门森还原

醛和酮用锌汞齐加盐酸还原时可以转化成烃。例如：

$$C_6H_5-\overset{O}{\overset{\|}{C}}CH_2CH_2CH_3 \xrightarrow[HCl]{Zn\text{-}Hg} C_6H_5-CH_2CH_2CH_2CH_3$$

正丁基苯

这个反应称为克莱门森还原(Clemmensen reduction)。它是将羰基还原成亚甲基的一个较好的方法，在有机合成上常有应用。例如，芳烃与直链卤烷进行傅-克烷基化反应时，主要生成烷基重排后的产物，但芳烃进行傅-克酰基化反应时没有重排现象。因此，直链烷基苯可以通过先将芳烃进行酰基化反应得到酮，然后用克莱门森还原法来制备。例如：

$$C_6H_5-CO(CH_2)_{16}CH_3 \xrightarrow[\triangle]{Zn\text{-}Hg,\ HCl} C_6H_5-(CH_2)_{17}CH_3$$

4) 沃尔夫-基希纳-黄鸣龙反应

将醛或酮与肼在高沸点溶剂，如一缩二乙二醇($HOCH_2CH_2OCH_2CH_2OH$)中与碱一起加热，羰基先与肼生成腙，腙在碱性加热条件下失去氮，结果羰基变成亚甲基。例如：

$$C_6H_5-COCH_2CH_3 \xrightarrow[(HOCH_2CH_2)_2O,\ \triangle]{NH_2NH_2,\ NaOH} C_6H_5-CH_2CH_2CH_3$$

82%

这个反应称为沃尔夫-基希纳-黄鸣龙(Wolff-Kishner-Huang Minlong)反应。

克莱门森反应和沃尔夫-基希纳-黄鸣龙反应都是把羰基还原成亚甲基的反应。但前者是在强酸条件下进行的，而后者是在强碱条件下进行的。这两种还原法可以根据反应物分子中所含其他基团对反应条件的要求选择使用。

5)用乙二硫醇还原

既对酸敏感又对碱敏感的醛、酮，可以让其与乙二硫醇反应形成缩硫醛(酮)，再发生氰解，这样相应的羰基也可以被还原为亚甲基。

$$\rangle C{=}O + \begin{matrix} HS-CH_2 \\ | \\ HS-CH_2 \end{matrix} \underset{}{\overset{H^+}{\rightleftharpoons}} \rangle C\langle\begin{matrix} S \\ S \end{matrix}] \xrightarrow[\text{雷尼镍}]{H_2} \rangle CH_2 + 2NiS\downarrow + CH_3CH_3\uparrow$$

该反应与形成缩醛(酮)的反应类似。若须将缩硫醛(酮)恢复为原来的羰基结构，可用下列方法：

$$R^1R^2C{=}O + 2R^3SH \rightleftharpoons R^1R^2C(SR^3)_2 \xrightarrow[CH_3OH,\ H_2O]{HgCl_2,\ HgO} R^1R^2C{=}O + (R^3S)_2Hg$$

3. 坎尼扎罗反应

在浓碱存在下，不含α-氢原子的醛在浓碱存在下可以发生歧化反应，即两分子醛互相作用，其中一分子醛还原成醇，另一分子醛氧化成酸。例如：

$$2HCHO \xrightarrow[\triangle]{\text{浓}NaOH(50\%)} \underset{\text{甲酸钠}}{HCOONa} + \underset{\text{甲醇}}{HCH_2OH}$$

$$2\,C_6H_5{-}CHO \xrightarrow[\triangle]{\text{浓}NaOH} \underset{\text{苯甲酸钠}}{C_6H_5{-}COONa} + \underset{\text{苯甲醇}}{C_6H_5{-}CH_2OH}$$

该反应称为坎尼扎罗(Cannizzaro)反应。

两种不同的不含α-氢原子的醛在浓碱条件下也能进行歧化反应(交叉歧化反应)，但产物较复杂，包括两种羧酸和两种醇。但若两种醛之一为甲醛，则由于甲醛还原性强，反应结果总是另一种醛被还原成醇而甲醛被氧化成酸。所以，有甲醛参与的交叉歧化反应在有机合成上还是很有用的。例如，在由甲醛和乙醛制备季戊四醇的反应中就包括交叉羟醛缩合和交叉歧化反应：

$$3HCHO + CH_3CHO \xrightarrow[\triangle]{Ca(OH)_2} HOH_2C{-}C(CH_2OH)_2{-}CHO$$

$$HOH_2C{-}C(CH_2OH)_2{-}CHO + H{-}\overset{O}{\overset{\|}{C}}{-}H \xrightarrow{Ca(OH)_2} \underset{\text{季戊四醇}}{HOH_2C{-}C(CH_2OH)_2{-}CH_2OH} + HCOO^-$$

季戊四醇也是一种重要的化工原料，多用于高分子工业，是生产涂料、炸药和表面活性剂的原料，它的硝酸酯(季戊四醇四硝酸酯)是一种心血管扩张药物。

凡醛基直接连在芳环上的芳醛都没有α-氢原子，所以常用坎尼扎罗反应制备某些芳香族醇。例如：

$$p\text{-}CH_3OC_6H_4CHO + HCHO \xrightarrow{\text{浓}NaOH} p\text{-}CH_3OC_6H_4CH_2OH + HCOONa$$

10.4 醛、酮的制备

10.4.1 醇的氧化和脱氢

伯醇和仲醇通过氧化或脱氢反应，可以分别生成醛和酮。叔醇分子中没有α-H，在相同条件下不被氧化。在实验室中重铬酸钠（重铬酸钾）加硫酸是常用的氧化剂。由仲醇氧化制备酮，产率相当高。例如：

$$\underset{\text{2-辛醇}}{CH_3(CH_2)_5CH(OH)CH_3} \xrightarrow[100℃,\ H_2O]{K_2Cr_2O_7 + H_2SO_4} \underset{\text{2-辛酮(96\%)}}{CH_3(CH_2)_5C(=O)CH_3}$$

但是在这种条件下，由伯醇氧化制备醛的产率很低，因为生成的醛还会继续被氧化成羧酸。故此法只能制取低级的挥发性较大的醛。在制备时可设法使生成的醛及时蒸出（避免继续与氧化剂接触）以提高醛的产率。例如：

$$CH_3CH_2OH \xrightarrow[{[O]}]{K_2Cr_2O_7 + H_2SO_4} \underset{\text{乙醛(沸点21℃)}}{CH_3CHO}$$

制备醛时若采用三氧化铬和吡啶的络合物[沙瑞特(Sarrett)试剂]作氧化剂，则醛的产率较高。

$$\underset{\text{正辛醇}}{CH_3(CH_2)_6CH_2OH} \xrightarrow[CH_2Cl_2,\ 25℃,\ 1h]{CrO_3(C_5H_5N)_2} \underset{\text{正辛醛(95\%)}}{CH_3(CH_2)_6CHO}$$

此外，因不饱和醇中有碳碳双键，它在一般的氧化剂作用下也要发生氧化反应。所以，若要由不饱和醇氧化成不饱和醛或酮，需采用特殊的氧化剂。丙酮-异丙醇（或叔丁醇铝）或三氧化铬-吡啶络合物都是可以达到这个目的的氧化剂。例如：

$$(CH_3)_2C{=}CH(CH_2)_2CH_2OH + CH_3C(=O)CH_3 \underset{}{\overset{\text{异丙醇铝}}{\rightleftharpoons}} \underset{\text{5-甲基-4-己烯醛}}{(CH_3)_2C{=}CH(CH_2)_2CHO} + CH_3CH(OH)CH_3$$

该反应是可逆的。使用过量的丙酮，可以使反应向右进行。在这种氧化条件下，醇羟基被氧化，而分子中的不饱和键保留不变。这种选择氧化醇羟基的方法称为欧芬脑尔氧化法。虽然伯醇可以用这种方法氧化成相应的醛，但因醛在碱性条件下容易发生羟醛缩合反应，故这种氧化方法更适合制备酮。

醇在适当的催化剂存在下可以脱去一分子氢。将伯醇或仲醇的蒸气通过加热到 250～300℃的铜催化剂，则伯醇脱氢生成醛，仲醇脱氢生成酮，如：

$$H_3C-\underset{H}{\overset{H}{C}}-OH \xrightarrow[260\sim290^\circ C]{Cu} H_3C-C(=O)H + H_2\uparrow$$

$$(H_3C)_2CH-OH \xrightarrow[380^\circ C]{ZnO} (H_3C)_2C=O + H_2\uparrow$$

银、镍等也可作为催化剂。

由醇脱氢得到的产品纯度高，但反应是吸热的，需要供给大量的热，工业上常在进行脱氢的同时，通入一定量的空气，使生成的氢与氧结合成水。氢与氧结合时放出的热量可直接供给脱氢反应。这种方法称为氧化脱氢法。

醇的催化脱氢或氧化脱氢法需要特殊的装置和条件，所以不是实验室制法，主要用于工业生产中。

10.4.2　炔烃水合

在汞盐催化下，炔烃与水化合生成羰基化合物，可用通式表示如下：

$$R-C\equiv C-R + H_2O \xrightarrow[H_2SO_4]{Hg^{2+}} \left[R-\overset{OH}{C}=CH-R\right] \xrightarrow{\text{重排}} R-\overset{O}{\overset{\|}{C}}-CH_2R$$

乙炔水合生成乙醛，其他炔烃水合都生成酮。例如：

$$H_3CC\equiv CH + H_2O \xrightarrow[H^+]{Hg^{2+}} H_3C-\underset{\underset{O}{\|}}{C}-CH_3$$

$$\text{1-乙炔基环己醇 } \xrightarrow[H_2O,\ CH_3OH]{HgO,\ H_2SO_4} \text{1-羟基环己基}-\underset{\underset{O}{\|}}{C}-CH_3$$

1-羟基环己基甲基甲酮(84%)

虽然炔烃一般都可发生水合反应，但除乙炔外，其他炔烃不易制得，在工业上，此法主要用于生产乙醛。

10.4.3　烯烃的臭氧化水解

烯烃经过臭氧化反应，在锌粉和乙酸存在的条件下水解，可以制备醛或酮，产率较高。例如：

$$RCH=CR'R'' \xrightarrow{O_3} \xrightarrow[H_2O]{Zn,\ HAc} RCH=O + O=CR'R''$$

$$\text{1-甲基环己烯} \xrightarrow{O_3} \xrightarrow[H_2O]{Zn,\ HAc} CH_3CO(CH_2)_4CHO$$

经臭氧化水解制备的醛或酮保持了原来烯烃的部分碳链结构。该反应经常用于醛、酮的合成及推断。

10.4.4 同碳二卤化物水解

同碳二卤化物(又称偕二卤化物)水解能生成相应的羰基化合物。例如：

$$C_6H_5CHCl_2 + H_2O \xrightarrow{H^+} C_6H_5CHO + 2HCl$$

苯二氯甲烷　　　　苯甲醛(76%)

$$m\text{-}BrC_6H_4CH_2CH_3 \xrightarrow[\text{光}]{2Cl_2} m\text{-}BrC_6H_4CCl_2CH_3 \xrightarrow[H_2O]{OH^-} m\text{-}BrC_6H_4COCH_3$$

间溴乙苯　　　　间溴-α,α-二氯乙苯　　　　间溴苯乙酮

因为芳环侧链上的α-H容易被卤化，所以这个方法主要是芳香族醛、酮的制法。

10.4.5 傅瑞德尔-克拉夫茨酰基化反应

芳烃在无水三氯化铝的催化下，与酰卤(RCOX)或酸酐$\left(\begin{matrix}RCO \\ RCO\end{matrix}\!\!>O\right)$作用，环上的氢原子可以被酰基(RCO—)取代生成芳酮。这个反应称为傅瑞德尔-克拉夫茨酰基化反应。酰卤和酸酐都是常见的酰基化试剂。傅瑞德尔-克拉夫茨酰基化反应是制备芳酮较好的方法。例如：

$$C_6H_6 + C_6H_5COCl \xrightarrow{AlCl_3} C_6H_5COC_6H_5 + HCl$$

苯甲酰氯　　　　二苯甲酮

傅-克酰基化反应与傅-克烷基化反应类似，也是芳环上的亲电取代反应。进攻芳环的亲电试剂可能是酰基化试剂与催化剂作用所生成的酰基正离子：

$$RCOCl + AlCl_3 \rightleftharpoons R—\overset{+}{C}=O + AlCl_4^-$$

或者是酰基化试剂与催化剂所形成的络合物：

$$RCOCl + AlCl_3 \rightleftharpoons RCOCl\cdots AlCl_3$$

反应机理可表示如下：

$$C_6H_6 + R—\overset{+}{C}=O \longrightarrow [C_6H_6(H)(COR)]^+ \longrightarrow C_6H_5COR + H^+$$

$$C_6H_5COR \xrightarrow{AlCl_3} C_6H_5COR\cdot AlCl_3$$

反应后生成的酮是与 $AlCl_3$ 相络合的，需再加稀酸处理，才能得到游离的酮。因此，傅-克酰基化反应与傅-克烷基化反应不同，三氯化铝的用量必须过量。

芳烃与支链卤烷发生反应时，往往得到侧链重排产物，但是酰基化反应中没有重排现象。例如：

$$C_6H_6 + CH_3CH_2CH_2COCl \xrightarrow{AlCl_3} C_6H_5COCH_2CH_2CH_3 + HCl$$

芳烃的酰基化反应生成一元取代物的产率一般是很好的，因为酰基是间位定位基，第一个酰基引入后使芳环钝化，因而难以再引入第二个酰基。

与芳环上的其他亲电取代反应一样，当芳环上有甲基、甲氧基等邻对位定位基时，傅-克酰基化反应更容易进行。

在 $AlCl_3$-Cu_2Cl_2 存在下，芳烃与一氧化碳和氯化氢作用可以生成环上引入一个甲酰基的产物，这个反应称为加特曼-科赫(Gatterman-Koch)反应。这个反应常用来由烷基苯制备相应的芳醛。例如：

$$C_6H_5CH_3 \xrightarrow[AlCl_3,\ Cu_2Cl_2]{CO,\ HCl} p\text{-}CH_3C_6H_4CHO$$

对甲基苯甲醛(46%～51%)

10.4.6　芳烃侧链的氧化

芳烃侧链上的α-H 原子受了芳环的影响，容易被氧化。控制反应条件，可以由芳烃氧化成相应的芳醛或芳酮。芳环上的甲基可以被氧化成醛基，生成芳醛。但醛能继续氧化成芳酸，故由芳烃直接氧化制备芳醛时，必须选用适当的氧化剂。例如，用氧化铬-乙酐等为氧化剂，可使反应主要停留在生成芳醛的阶段。

$$C_6H_5CH_3 \xrightarrow[(CH_3CO)_2O]{CrO_3} C_6H_5CH(OCOCH_3)_2 \xrightarrow{H_2O} C_6H_5CHO$$

因反应过程中生成的二乙酸酯不易被氧化，把它分离出来，然后水解即可得到芳醛。

乙苯用空气氧化可得苯乙酮。

$$C_6H_5CH_2CH_3 + O_2 \xrightarrow[120\sim130℃]{硬脂酸钴} C_6H_5COCH_3$$

这是工业生产苯乙酮的方法。

10.4.7　羰基合成

烯烃与一氧化碳和氢气在某些金属羰基化合物(如八羰基二钴$[Co(CO)_4]_2$)的催化作用下，于 110～200℃、10～20 MPa 时，可以发生反应，生成多一个碳原子的醛。此反应称为羰基合成，又称烯烃的氢甲酰化反应，是一类原子经济性非常高的绿色反应。例如：

$$CH_3CH{=}CH_2 + CO + H_2 \xrightarrow{[Co(CO)_4]_2} CH_3CH_2CH_2CHO + CH_3\underset{\displaystyle CH_3}{\underset{|}{C}}HCHO$$

羰基合成的原料大多为双键在键端的α-烯烃，其产物以直链醛为主(直链与支链产物之比约为 4∶1)。现已发展了很多用于烯烃氢甲酰化反应的催化体系，实现了目标产物的高产率制备与生产。

10.5 重要的醛和酮

10.5.1 甲醛

甲醛在常温下是无色的有特殊刺激气味的气体，沸点为–21℃，易溶于水。含甲醛 37%～40%、甲醇 8%的水溶液称为“福尔马林”，常用作杀菌剂和防腐剂。甲醛容易氧化，极易聚合，其浓溶液(60%左右)在室温下长期放置就能自动聚合成三分子的环状聚合物——三聚甲醛：

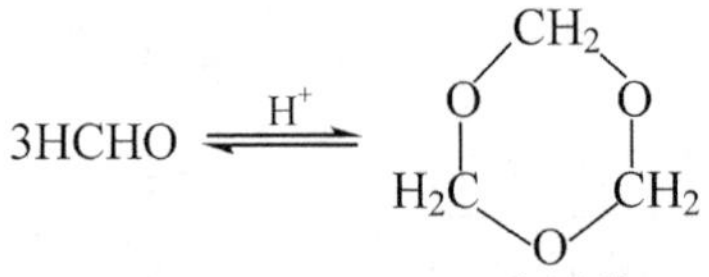

$$3HCHO \xrightleftharpoons{H^+} \text{(环状 } (CH_2O)_3\text{)}$$

三聚甲醛

三聚甲醛为白色晶体，熔点 62℃，沸点 112℃。三聚甲醛在酸性介质中加热，可以解聚再生成甲醛。

甲醛在水中与水加成，生成甲醛的水合物——甲二醇。在水溶液中，甲醛与甲二醇呈平衡状态存在：

$$H_2C{=}O + H_2O \rightleftharpoons HOCH_2OH$$

甲醛水溶液储存较久会生成白色固体，此白色固体是多聚甲醛，浓缩甲醛水溶液也可得多聚甲醛。这是甲二醇分子间脱水形成的链状聚合物：

$$n\,HOCH_2OH \longrightarrow HO\!\left[CH_2O\right]_n\!H + (n-1)H_2O$$

多聚甲醛

多聚甲醛的聚合度 n 为 8～100，加热到 180～200℃时，重新分解出甲醛，因此常将甲醛以多聚甲醛的形式进行储存和运输。

在一定催化剂作用下，高纯度的甲醛可以聚合成聚合度很大(n 为 500～5000)的高聚物——聚甲醛。聚甲醛是具有一定优异性能的工程塑料。

甲醛与氨作用，可得到六亚甲基四胺，俗称乌洛托品：

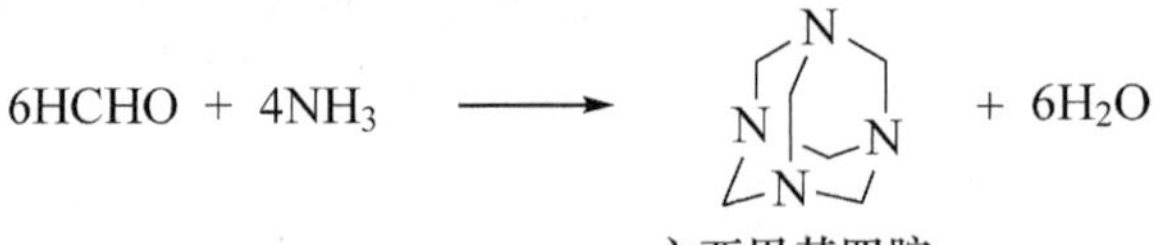

$$6HCHO + 4NH_3 \longrightarrow (CH_2)_6N_4 + 6H_2O$$

六亚甲基四胺

六亚甲基四胺可用作橡胶促进剂等，在有机合成中用来引入氨基。

甲醛是重要的有机合成原料，目前主要是由甲醇氧化脱氢来生产。将甲醇蒸气和部分空气通过 600～700℃银催化剂层，即生成甲醛。甲醛大量用于制造酚醛树脂、脲醛树脂、合成纤维(维尼纶)及季戊四醇等。

10.5.2 苯甲醛

苯甲醛存在于苦杏仁中，因此俗称苦杏仁油，苯甲醛也是精油的主要成分。苯甲醛是有苦杏仁味的液体，沸点 179℃，微溶于水，易溶于乙醛、乙醇等有机溶剂。

苯甲醛的生产主要用苄氯水解和甲苯部分氧化。

$$C_6H_5CH_2Cl + H_2O \xrightarrow[\text{或}OH^-]{H^+} C_6H_5CH_2OH$$

$$C_6H_5CH_3 + O_2 \xrightarrow[80\sim250℃]{\text{钴或镍}} C_6H_5CHO$$

苯甲醛是合成原料的中间体，染料工业用于合成三苯甲烷，医药工业可用其生产麻黄素和氯霉素。苯甲醛本身及其衍生物(肉桂醛、水杨醛)可用作香料及调味料，直接应用于肥皂、食品、饮料及其他产品中。

10.5.3　乙醛

乙醛是无色的有刺激气味的低沸点液体，沸点 21℃，可溶于水、乙醇及乙醚，易氧化，易聚合。在少量硫酸存在下，室温时就能聚合成环状三聚乙醛：

$$3CH_3CHO \underset{\triangle}{\overset{\text{浓}H_2SO_4}{\rightleftharpoons}} (CH_3CHO)_3$$

三聚乙醛

三聚乙醛是液体，沸点 124℃，在硫酸存在下加热即发生解聚，乙醛多以三聚体形式保存。

乙醛是一种重要的工业产品，是合成乙酸、乙酸乙酯、乙酸酐等的原料。长期以来，乙醛主要由乙炔水合和乙醇氧化制得。随着石油工业的发展，乙烯已成为乙醛的主要原料，在一定催化剂的作用下，乙烯可以用空气直接氧化成乙醛，称为魏克尔(Wacker)烯烃氧化。

$$H_2C{=}CH_2 + 1/2\ O_2 \xrightarrow{PdCl_2\text{-}CuCl_2} CH_3CHO$$

10.5.4　丙酮

丙酮是具有愉快香味的液体，沸点较低，易于蒸馏，易溶于水并能溶解多种有机物。丙酮可用淀粉或糖蜜发酵制备，但是这种方法并不经济。可由异丙苯氧化法制得苯酚和丙酮，也可由丙烯直接氧化得到丙酮，因此丙酮也是一种石油工业化学品。

$$CH_3{-}CH{=}CH_2 + 1/2\ O_2 \xrightarrow{PdCl_2\text{-}CuCl_2} H_3C{-}\overset{\displaystyle O}{\overset{\|}{C}}{-}CH_3$$

丙酮是常用的有机溶剂和有机合成原料，应用很广，用于制备有机玻璃、环氧树脂、聚碳酸酯、医药、农药等。

10.5.5　环己酮

环己酮沸点约为 156℃，相对密度为 0.942，可由环己醇氧化或脱氢制得，但更好的方法是用空气氧化环己烷制得。例如：

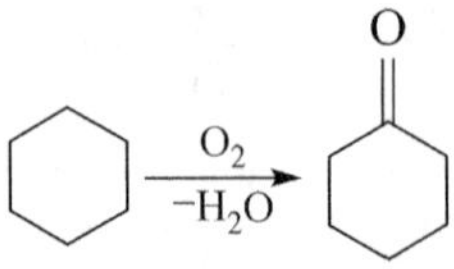

$$\text{环己烷} \xrightarrow[-H_2O]{O_2} \text{环己酮}$$

环己酮氧化后生成的己二酸是制备尼龙-66 的主要原料。环己酮的羰基与羟胺作用生成环己酮肟，经贝克曼(Beckmann)重排后生成的己内酰胺是制备尼龙-6 的原料。工业上，除了用于制备己二酸和己内酰胺，环己酮还可用作溶剂。

10.6　醌

含有共轭环己二烯二酮结构的一类化合物称为醌(quinone)，醌也含有羰基官能团。醌可以分为苯醌、萘醌和蒽醌等。

10.6.1　苯醌

苯醌只有两种异构体——邻苯醌和对苯醌，不存在间苯醌。绝大多数醌是有色的，邻苯醌是红色晶体，对苯醌是黄色结晶。

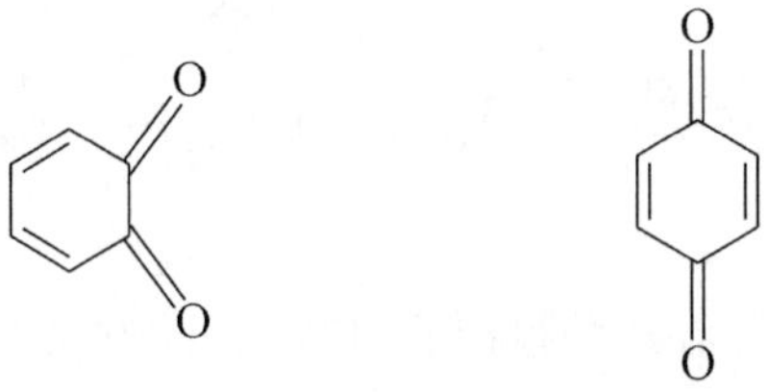

邻苯醌　　　　对苯醌(简称苯醌)

从结构上看，醌类是一类环状不饱和二酮，不是芳香化合物。

邻苯醌和对苯醌可由相应的苯二酚、苯二胺或者氨基苯酚氧化制得。例如：

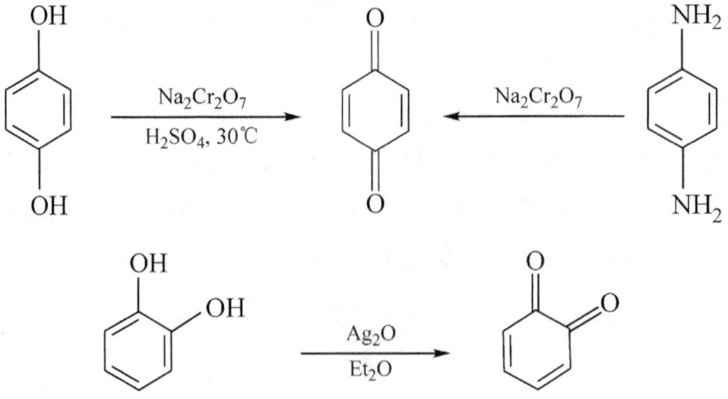

$$\text{对苯二酚} \xrightarrow[H_2SO_4,\ 30℃]{Na_2Cr_2O_7} \text{对苯醌} \xleftarrow{Na_2Cr_2O_7} \text{对苯二胺}$$

$$\text{邻苯二酚} \xrightarrow[Et_2O]{Ag_2O} \text{邻苯醌}$$

苯胺氧化也可制得对苯醌：

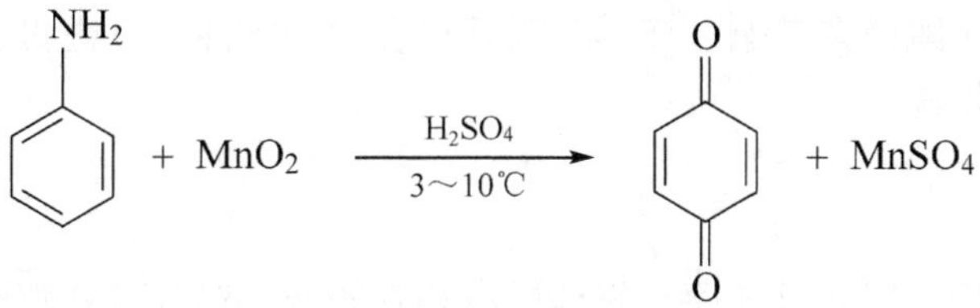

NH_2 苯 + MnO_2 $\xrightarrow[3\sim10℃]{H_2SO_4}$ O=⟨⟩=O + $MnSO_4$

苯醌分子中有两个羰基，两个碳碳双键。它既可以发生羰基反应，也可以发生 C═C 双键反应。由于具有共轭双键，还可以发生 1,4-加成。

1. 碳碳双键加成

苯醌可与溴发生加成反应，生成二溴化物和四溴化物。

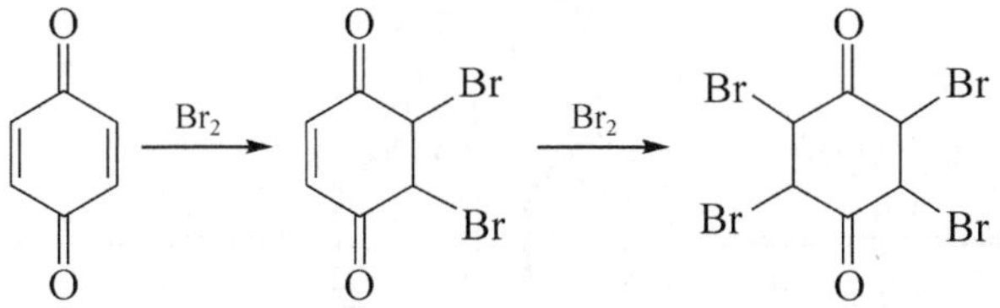

Br_2　Br_2

Br　Br　Br　Br　Br　Br

2,3,5,6-四溴环己二酮

2. 1, 4-加成

苯醌可与氢卤酸、氢氰酸和胺发生 1,4-加成反应，生成 1,4-苯二酚的衍生物。

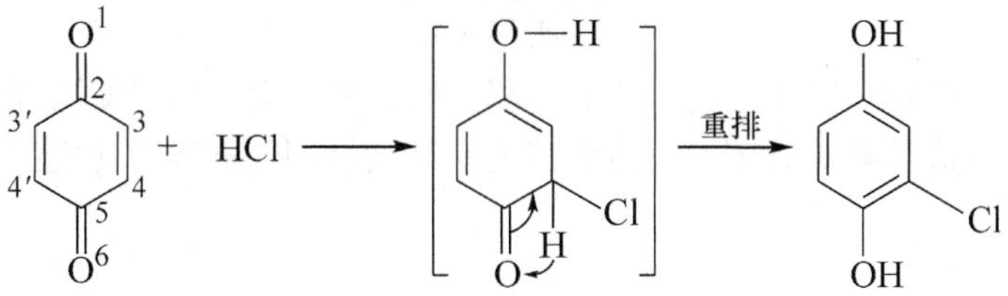

O 1, 2, 3′, 3, 4′, 4, 5, O 6　+ HCl ⟶ [O—H, Cl, H, O] $\xrightarrow{重排}$ OH, Cl, OH

3. 羰基加成

对苯醌能与一分子羟胺或二分子羟胺生成单肟或者双肟，这是羰基化合物醛、酮的典型反应。对苯醌单肟与由苯酚和亚硝酸作用所得到的对亚硝基苯酚是互变异构体。

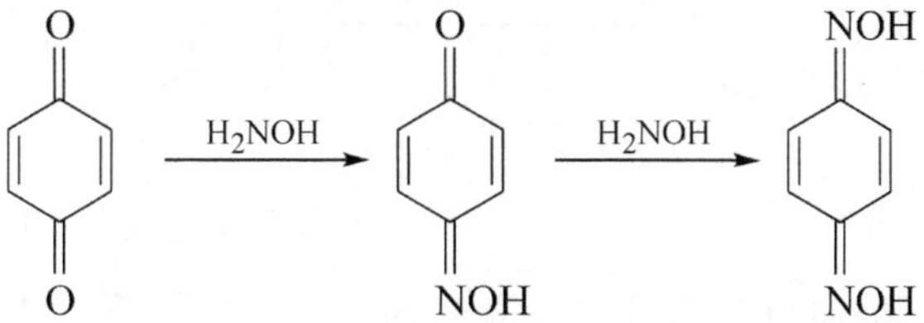

O, O $\xrightarrow{H_2NOH}$ O, NOH $\xrightarrow{H_2NOH}$ NOH, NOH

对苯醌单肟　对苯醌双肟

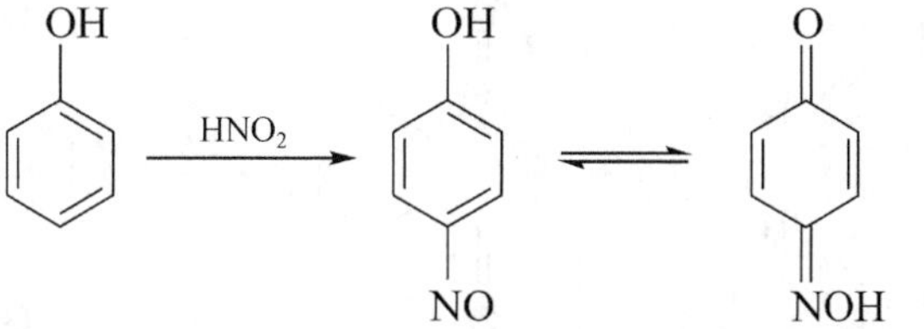

OH $\xrightarrow{HNO_2}$ OH, NO ⇌ O, NOH

对亚硝基苯酚（苯型）　对苯醌单肟（醌型）

上面的反应证实了醌类像二酮一样具有羰基化合物的特性，也说明了醌型化合物与相应的苯型化合物可以互相转变。

4. 还原反应

对苯醌与对苯二酚可以通过还原与氧化反应相互转变。对苯醌的醇溶液和对苯二酚的醇溶液混合，则得到一种棕色溶液，并有暗绿色结晶析出。这种晶体是对苯醌和对苯二酚的分子络合物，称为对苯醌合对苯二酚，又称醌氢醌。如果在对苯二酚的水溶液中加入三氯化铁溶液，则溶液先呈现绿色，再变棕色，最后也析出暗绿色的醌氢醌晶体。因为三氯化铁除使对苯二酚显色外，可使它氧化生成对苯醌，然后再与对苯二酚形成醌氢醌。

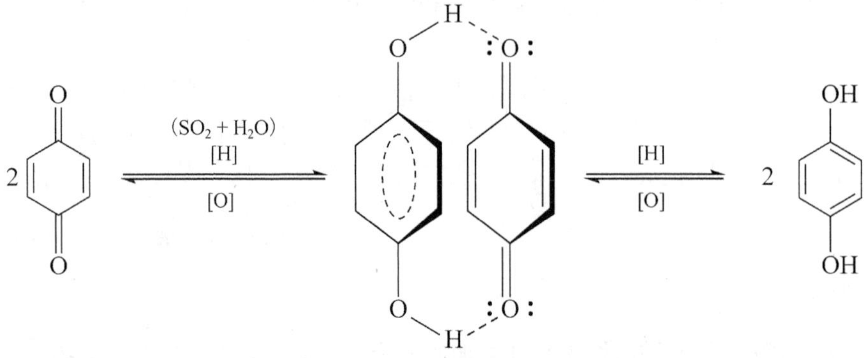

（黄色）熔点116℃　　醌氢醌（暗绿色）熔点171℃　　（无色）

对苯醌易挥发，有毒，气味与臭氧相似。醌氢醌有固定熔点（171℃），溶于热水，在溶液中大量地解离而又生成苯醌及对苯酚。醌氢醌的缓冲液可用作标准参比电极。

10.6.2 萘醌

萘醌有 1,4-、1,2-和 2,6-三种异构体。1,4-萘醌可由萘在乙酸溶液中用氧化铬进行氧化而得，但产率较低。工业上，则用空气催化氧化。

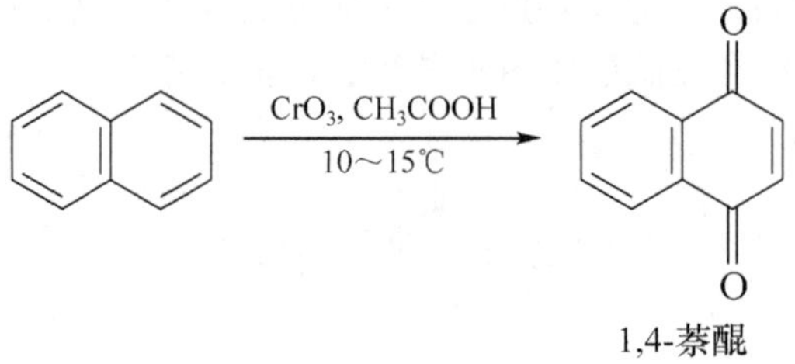

1,4-萘醌

1,4-苯醌与 1,3-丁二烯通过双烯合成可以得到二羟基二氢萘，然后再氧化，即得 1,4-萘醌。

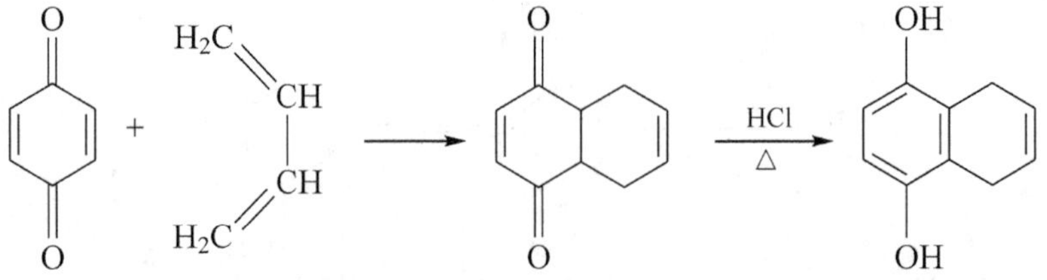

二羟基二氢萘80%

$\xrightarrow{HNO_2}$ （5,8-二氢-1,4-萘醌）$\xrightarrow[H_2SO_4]{Na_2Cr_2O_7}$ （1,4-萘醌）

91%～97%　　　　88%

1,4-萘醌是挥发性黄色固体，熔点 125℃，有显著的气味。天然产物中，如维生素 K1 和维生素 K2 都是萘醌的衍生物。萘醌-2-硫磺钠盐可由 1,4-萘酚或 1,4-萘醌经磺化制得，在工业上可用来脱除多种气体中的硫化氢以净化气体，它本身无毒并且可再生而反复使用。

$$\text{(1,4-萘醌-2-}SO_3Na) + NH_4HS + H_2O \longrightarrow \text{(1,4-二羟基萘-2-}SO_3Na) + NH_4OH + S$$

（由$H_2S + NH_4OH$）

$1/2\ O_2$

再生

2-甲基萘醌又名维生素 K3，它与维生素 K1 都是良好的止血剂。

维生素K3　　　　维生素K1

$CH_2—CH=C(CH_3)—(CH_2CH_2CH_2—CH(CH_3))_3CH_3$

10.6.3　蒽醌

蒽醌可有九种异构体，但已知存在的有 1,2-蒽醌、1,4-蒽醌和 9,10-蒽醌三种，其中最重要的是 9,10-蒽醌，通常简称为蒽醌。9,10-蒽醌可由蒽氧化或由邻苯二甲酸酐与苯在三氯化铝存在下发生傅-克酰基化反应制得。

$$\text{蒽} \xrightarrow[\triangle]{NaClO_3,\ V_2O_5,\ CH_3COOH,\ H_2SO_4} \text{9,10-蒽醌}\quad 88\%\sim91\%$$

$$\text{邻苯二甲酸酐} + \text{苯} \xrightarrow{AlCl_3} \text{邻苯甲酰苯甲酸} \xrightarrow[-H_2O]{H_2SO_4,\ SO_3} \text{9,10-蒽醌}\quad 90\%\sim95\%$$

蒽醌是淡黄色结晶，熔点 285℃，沸点 382℃。蒽醌没有气味，挥发性不大，不溶于水，微溶于乙醇、乙醚、氯仿等有机溶剂，可溶于浓硫酸。将溶有蒽醌的硫酸溶液用水稀释，蒽醌即析出，借此可使杂质分离。

蒽醌很稳定，不易被氧化，不被弱还原剂(如亚硫酸)还原，但在保险粉(连二亚硫酸钠 $Na_2S_2O_4$)的碱溶液中，可被还原生成 9,10-二羟基蒽的血红色溶液。但此溶液易被空气氧化而褪色并又析出蒽醌。这个性质通常用来检验蒽醌的存在。

[H] $Na_2S_2O_4$ / [O]

蒽醌分子中的两个羰基使相邻的两个苯环钝化，因此蒽醌不易发生亲电取代反应。例如，它不发生傅-克反应。

蒽醌很难用浓硫酸磺化，但用发烟硫酸并加热至 160℃时，可磺化生成β-蒽醌磺酸及少量α-蒽醌磺酸，继续磺化，可得到等量的 2,6-蒽醌二磺酸和 2,7-蒽醌二磺酸(简称 ADA)。若用硫酸汞作催化剂，则先生成α-蒽醌磺酸，然后生成 1,5-蒽醌二磺酸和 1,8-蒽醌二磺酸。

发烟 H_2SO_4, 160℃；发烟 H_2SO_4, △

2,6-蒽醌二磺酸和2,7-蒽醌二磺酸

发烟 H_2SO_4, $HgSO_4$, △；发烟 H_2SO_4, △

1,5-蒽醌二磺酸和1,8-蒽醌二磺酸

蒽醌磺酸分子中的磺酸基可被羟基或氨基取代。β-蒽醌酸是重要的染料中间体，可用来制取染料阴丹士林蓝等。2,6-蒽醌二磺酸和 2,7-蒽醌二磺酸的钠盐在工业上可作脱硫催化剂。

参 考 文 献

李景宁. 2018. 有机化学[M]. 6 版. 北京：高等教育出版社
邢存章，田燕，赵超. 2018. 有机化学[M]. 2 版. 北京：科学出版社
邢存章，于跃芹. 2001. 有机化学[M]. 2 版. 济南：山东大学出版社
邢其毅，裴伟伟，徐瑞秋，等. 2016. 基础有机化学[M]. 4 版. 北京：北京大学出版社
徐寿昌. 2014. 有机化学[M]. 2 版. 北京：高等教育出版社
Jr Wade L J. 2013. Organic Chemistry[M]. 8th ed. Glenview: Pearson Education, Inc

习　　题

1. 给下列化合物命名。

(1) CH_3CHCH_2CHO（C-2 上连 CH_2CH_3）

(2) $(CH_3)_2CH—\underset{\underset{O}{\|}}{C}—CH_2CH_3$

(3) 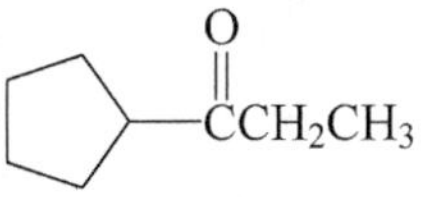 环戊基$—\overset{\overset{O}{\|}}{C}CH_2CH_3$

(4) 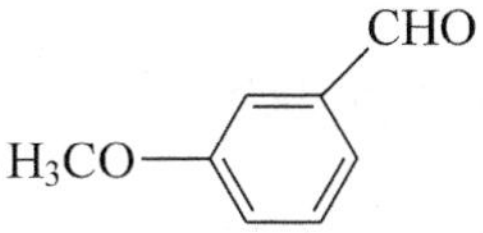 $H_3CO—$苯环$—CHO$（间位）

(5) 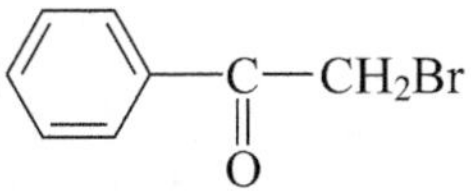 苯环$—\underset{\underset{O}{\|}}{C}—CH_2Br$

(6) $H_2C=CH—\overset{\overset{O}{\|}}{C}—CH_2CH_2CH_3$

(7) $H_3C—\underset{\underset{O}{\|}}{C}—CH_2—\underset{\underset{O}{\|}}{C}—CH_3$

(8) $H_3CH_2C—\overset{OC_2H_5}{\underset{OC_2H_5}{C}}—H$

(9) 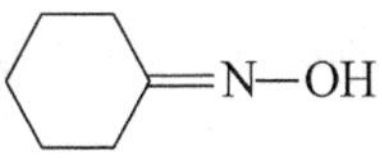 环己基$=N—OH$

(10) 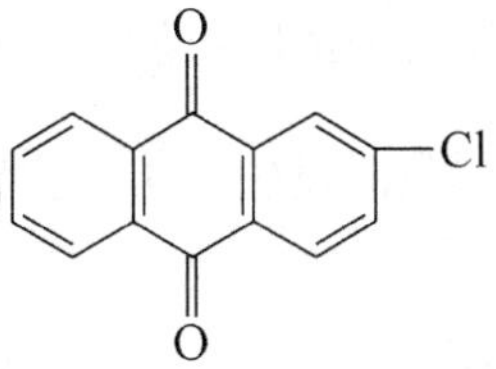 2-Cl 取代的 9,10-蒽醌结构

2. 写出下列化合物的构造式。

(1) 3-甲氧基-4-羟基苯甲醛
(2) 水杨醛
(3) 3-(间羰基苯基)丙醛
(4) 甲醛苯腙
(5) 丙酮缩氨脲
(6) β-羟基丙醛
(7) α-溴代丙醛
(8) 邻羟基苯甲醛
(9) 1,3-环己二酮
(10) 二苯甲酮
(11) 2,6-蒽醌二磺酸
(12) 1,4-萘醌-2-磺酸钠

3. 写出分子式为 $C_5H_{10}O$ 的醛和酮的同分异构体，并命名。

4. 写出丙醛与下列各试剂反应所生成的主要产物。

(1) $NaBH_4$，在 NaOH 水溶液中
(2) C_6H_5MgBr，然后加 H_3O^+
(3) $LiAlH_4$，然后加 H_2O
(4) $NaHSO_3$
(5) $NaHSO_3$，然后加 NaCN
(6) 稀 OH^-
(7) 稀碱，然后加热
(8) H_2，Pt
(9) $HOCH_2CH_2OH$，H^+
(10) Br_2 在乙酸中
(11) $Ag(NH_3)_2OH$
(12) NH_2OH

5. 对甲苯甲醛在下列反应中得到什么产物?

(1) 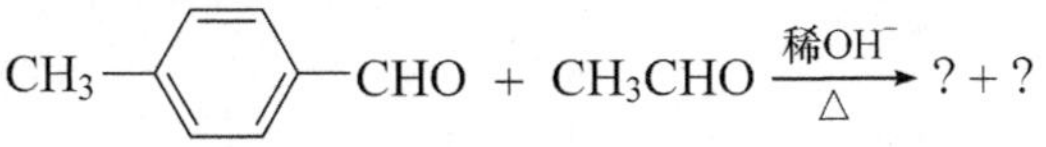 $CH_3—C_6H_4—CHO + CH_3CHO \xrightarrow[\triangle]{稀OH^-} ? + ?$

(2) 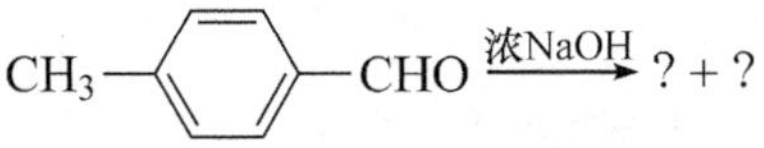 $CH_3—C_6H_4—CHO \xrightarrow{浓NaOH} ? + ?$

(3) $CH_3-C_6H_4-CHO + HCHO \xrightarrow{浓NaOH} ? + ?$

(4) $CH_3-C_6H_4-CHO \xrightarrow[\triangle]{KMnO_4, H^+} ?$

(5) $CH_3-C_6H_4-CHO \xrightarrow{KMnO_4} ?$

6. 苯乙酮在下列反应中得到什么产物？

(1) $C_6H_5-COCH_3 + HNO_3 \xrightarrow{H_2SO_4} ?$

(2) $C_6H_5-COCH_3 + Cl_2$(过量) $\xrightarrow{OH^-} ? + ?$

(3) $C_6H_5-COCH_3 + NaBH_4 \xrightarrow{H_2O} ?$

(4) $C_6H_5-COCH_3 + C_6H_5-MgBr \longrightarrow ? \xrightarrow{H_3O^+} ?$

(5) $C_6H_5-COCH_3 + H_2NHN-C_6H_3(2-NO_2)(4-NO_2) \longrightarrow ?$

7. 下列化合物中哪些能发生碘仿反应？哪些能与 $NaHSO_3$ 水溶液加成？写出反应产物。

(1) $CH_3COCH_2CH_3$　　(2) CH_3CH_2OH

(3) $CH_3CH_2CH_2CHO$　　(4) $CH_3CH_2COCH_2CH_3$

(5) $CH_3CHOHCH_2CH_3$　　(6) C_6H_5-CHO

(7) $CH_3CO-C_6H_5$　　(8) 环己酮（$C_6H_{10}=O$）

8. 将下列羰基化合物按其亲核加成的活性次序排列。

(1) CH_3CHO，CH_3COCH_3，CF_3CHO，$CH_3COCH=CH_2$

(2) CH_3CHO，CH_3COCH_3，C_6H_5CHO，$C_6H_5COC_6H_5$

(3) $ClCH_2CHO$，$BrCH_2CHO$，$CH_2=CHCHO$，CH_3CH_2CHO

9. 用化学方法区别下列各组化合物。

(1) 苯甲醇与苯甲醛　　(2) 2-戊酮、3-戊酮与环己酮

(3) 2-己酮与 3-己酮　　(4) 丙酮与苯乙酮

(5) 2-己醇与 2-己酮　　(6) 丁酮、2-丁醇与 2-氯丁烷

(7) 己醛与 2-己酮　　(8) 甲醛、乙醛与丙酮

10. 完成下列反应。

(1) $CH_3CH_2CH_2CHO \xrightarrow{稀OH^-} ? \xrightarrow[H_2O]{LiAlH_4} ?$

(2) $C_6H_5OH \xrightarrow{H_2, Ni} ? \xrightarrow[H_2SO_4]{Na_2Cr_2O_7} ? \xrightarrow{稀OH^-} ?$

(3) $(CH_3)_2CHCHO \xrightarrow[乙酸]{Br_2} ? \xrightarrow[干HCl]{2C_2H_5OH} ? \xrightarrow[干醚]{Mg} ? \xrightarrow[②H_3O^+]{①(CH_3)_2CHCHO} ?$

(4) 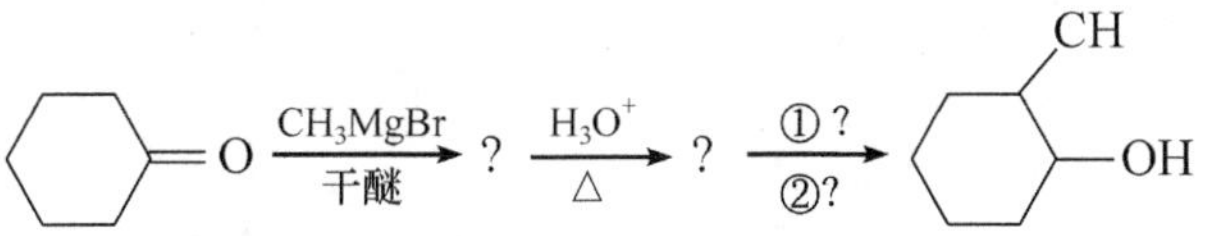 环己酮 $\xrightarrow[\text{干醚}]{CH_3MgBr}$? $\xrightarrow[\triangle]{H_3O^+}$? $\xrightarrow[②?]{①?}$ (2-CH-环己醇：环上相邻碳分别连 CH 和 OH)

(5) $Ph_3P + CH_3CH_2Br \longrightarrow ? \xrightarrow{C_6H_5Li} ? \xrightarrow{CH_3CH=CH-\overset{O}{\overset{\|}{C}}-CH_3} ?$

(6) $H_2C=CHCHO + HCN \xrightarrow{OH^-} ?$

11. 以下列化合物为主要原料，用反应式表示合成方法。

(1) $CH_3CH=CH_2$，$CH\equiv CH \longrightarrow CH_3CH_2CH_2\overset{O}{\overset{\|}{C}}CH_2CH_2CH_2CH_3$

(2) $CH_3CH=CH_2$，$CH_3CH_2CH_2\overset{O}{\overset{\|}{C}}CH_3 \longrightarrow (CH_3)_2C=C(CH_3)CH_2CH_2CH_3$

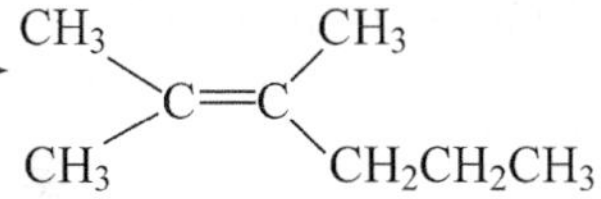

(3) $H_2C=CH_2$，$BrCH_2CH_2CHO \longrightarrow CH_3\overset{OH}{\overset{|}{C}}HCH_2CH_2CHO$

(4) $C_2H_5OH \longrightarrow H_3C-\underset{\diagdown O \diagup}{CH-CH}-CH(OC_2H_5)_2$

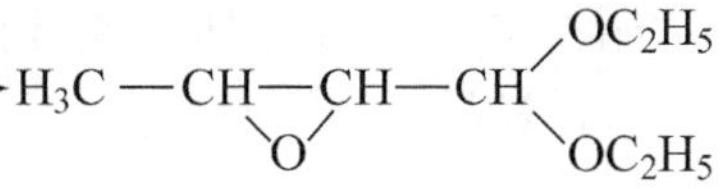

(5) CH_3COCH_3，$ClCH_2CH_2CH_2CH_2CHO \longrightarrow (CH_3)_2\overset{OH}{\overset{|}{C}}CH_2CH_2CH_2CHO$

12. 化合物 A($C_5H_{12}O$)有旋光性。它在碱性 $KMnO_4$ 溶液作用下生成 B($C_5H_{10}O$)，无旋光性。化合物 B 与正丙基溴化镁反应，水解后得到 C，C 经拆分可得互为镜像关系的两种异构体。推测化合物 A、B、C 的结构。

13. 某化合物的分子式为 $C_6H_{12}O$，能与羟胺作用生成肟，但不发生银镜反应，在铂催化下进行催化加氢则得到醇，此醇经去水、臭氧化、水解等反应后，得到两种液体，其中之一能发生银镜反应，但不能发生碘仿反应；另一种能发生碘仿反应，而不能使费林试剂还原。写出该化合物的构造式。

14. 有一化合物 A 分子式为 $C_8H_{14}O$，A 可使溴水迅速褪色，可以与苯肼反应，A 氧化生成一分子丙酮及另一化合物 B，B 具有酸性，与 NaOCl 反应生成一分子氯仿和一分子丁二酸。写出 A、B 可能的构造式。

15. 分子式为 $C_5H_{10}O$ 的化合物，可通过克莱门森还原法还原为正戊烷，可以与苯肼作用生成腙，但没有碘仿和银镜反应。写出化合物的构造式及有关的反应式。

16. 分子式为 $C_9H_{16}O$ 的化合物 A，经高锰酸钾氧化后生成 B、C 两种化合物。B 能与羟胺作用，但不与亚硫酸氢钠的饱和溶液作用；C 能发生碘仿反应，同时生成一种结构为 $HOOCCH_2COOH$ 的羧酸。写出 A、B、C 可能的结构式。

17. 一种芳香醛和丙酮在碱作用下可以生成分子式为 $C_{12}H_{14}O$ 的化合物 A，A 经碘仿反应后生成分子式为 $C_{11}H_{12}O_3$ 的化合物 B，B 经催化加氢后生成 C。B、C 经氧化都生成分子式为 $C_9H_{10}O_3$ 的化合物 D，D 经 HBr 处理后生成邻羟基苯甲酸。写出 A、B、C、D 的结构式。

18. 分子式为 $C_8H_{14}O$ 的化合物 A 和 B，其中 A 能发生碘仿反应，B 不能；B 能发生银镜反应，而 A 不能。A、B 分别用高锰酸钾氧化后均得到 2-丁酮和化合物 C，C 既能发生碘仿反应又能发生银镜反应。推测 A、B、C 的构造式。

第 11 章　羧酸及其衍生物、β-二羰基化合物

【学习要求】

(1) 掌握羧酸及其衍生物、β-二羰基化合物的分类及命名。
(2) 理解羧酸的化学性质。
(3) 掌握羧酸衍生物的制备方法及化学性质。
(4) 掌握β-二羰基化合物的制备方法及应用。

11.1　羧 酸 概 述

具有羧基官能团(—COOH)的化合物统称为羧酸。通式为 RCOOH 或 R(COOH)$_n$，其中 R 为脂烃基或芳烃基，分别称为脂肪酸或芳香酸。根据分子中所含羧基官能团的数目，可分为一元酸、二元酸或多元酸。羧酸广泛存在于自然界，天然羧酸与人工合成的羧酸对人们的生产、生活都非常重要，常见的重要羧酸有：

HCOOH **甲酸(蚁酸)** formic acid	CH_3COOH **乙酸(醋酸)** acetic acid	CH_3CH_2COOH **丙酸(初油酸)** propionic acid
$CH_3(CH_2)_{14}COOH$ **十六酸(软脂酸)** palmitic acid	$CH_3(CH_2)_{16}COOH$ **十八酸(硬脂酸)** stearic acid	PhCOOH **苯甲酸** benzoic acid
HOOCCOOH **乙二酸(草酸)** 1,2-dihydroperoxyethyne	$HOOCCH_2COOH$ **丙二酸(缩苹果酸)** 2-hydroperoxyacrylic acid	$HOOC(CH_2)_2COOH$ **丁二酸(琥珀酸)** 3-hydroperoxybut-3-enoic acid
$HOOC(CH_2)_3COOH$ **戊二酸(胶酸)** 4-hydroperoxypent-4-enoic acid	$HOOC(CH_2)_4COOH$ **己二酸(肥酸)** 5-hydroperoxyhex-5-enoic acid	HOOC COOH **反丁烯二酸(富马酸)** fumaric acid
HOOC COOH **顺丁烯二酸(马来酸)** maleic acid	HOOC COOH HO OH **酒石酸** 2,3-dihydroxysuccinic acid	HOOC COOH COOH **顺乌头酸** ethene-1,1,2-tricarboxylic acid
HO COOH HOOC COOH **柠檬酸(枸橼酸)** 2-hydroxypropane-1,2,3-tricarboxylic acid	COOH HOOC COOH OH **异柠檬酸** 1-hydroxypropane-1,2,3-tricarboxylic acid	HOOC COOH OH **苹果酸** 2-hydroxysuccinic acid

低级脂肪酸是重要的化工原料，高级脂肪酸是油脂工业的基础，乙酸可制造人造纤维、塑料、香精、药物等，二元羧酸广泛用于纤维和塑料工业，某些芳香酸如苯甲酸、水杨酸等具有多种重要的工业用途。

简单的羧酸常用普通命名法命名。以含羧基的最长碳链为主链，取代基从与羧基直接相连的碳开始，以希腊字母α、β、γ、δ、ε等表示，末端碳原子可用ω表示，如：

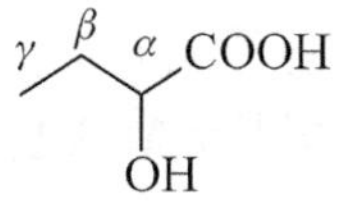

α-羟基丁酸
2-hydroxybutanoic acid

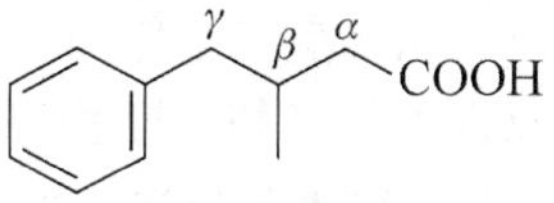

β-甲基-γ-苯基丙酸
3-methyl-4-phenylbutanoic acid

复杂的羧酸常用 IUPAC 命名法命名。以含羧基的最长碳链为主链，从羧基碳开始编号，再加上取代基的名称。二元酸则选含有两个羧基在内的主链，称二酸，其他基团作为取代基。如羧基直接连在脂肪环或芳香环上，在脂环烃或芳烃后面加上“羧酸”“二羧酸”“三羧酸”等。例如，羧基连接在脂环(或芳环)的侧链上，可将环作取代基。

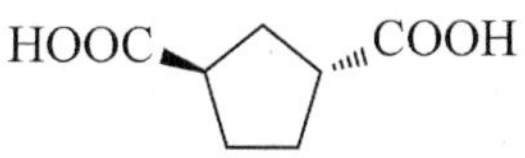

(1*R*,3*R*)-环戊烷-1,3-二羧酸
(1*R*,3*R*)-cyclopentane-1,3-dicarboxylic acid

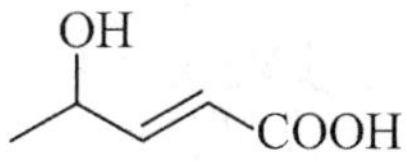

反-4-羟基-2-戊烯酸
(*E*)-4-hydroxypent-2-enoic acid

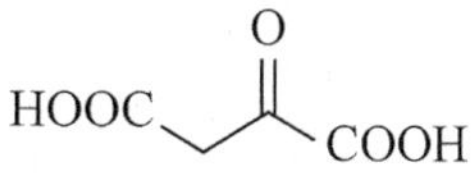

2-氧代丁二酸(草酰乙酸)
2-oxosuccinic acid

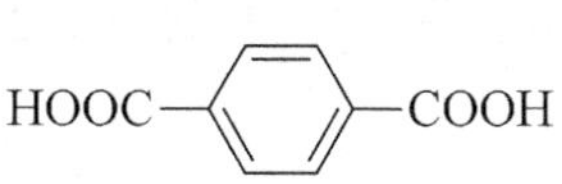

1,4-苯二甲酸
terephthalic acid

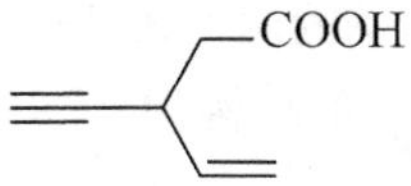

3-乙烯基-4-戊炔酸
3-ethynylpent-4-enoic acid

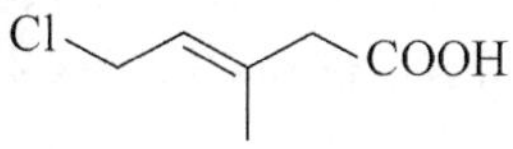

反-3-甲基-5-氯-3-戊烯酸
(*E*)-5-chloro-3-methylpent-3-enoic acid

低级脂肪酸是液体，可溶于水，具有刺鼻的气味；中级脂肪酸也是液体，部分溶于水，具有难闻的气味；高级脂肪酸是蜡状固体，无味，不溶于水；芳香酸是结晶固体，在水中溶解度不大。羧羰基氧的电负性较强，电子偏向于氧，可以接近羧羟基中的氢形成氢键，进而形成稳定的缔合体。在固态及液态时，羧酸以缔合体的形式存在，甚至在气态，相对分子质量较小的羧酸如甲酸、乙酸也以缔合体存在。

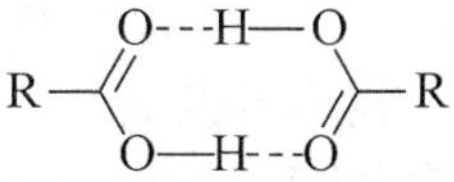

由于缔合体的存在，羧酸的熔点、沸点比相对分子质量接近的烷烃、卤代烷、醇等的沸点都高。

所有二元酸都是结晶化合物。单数碳原子的二元酸比少一个碳的双数碳原子的二元酸溶解度大、熔点低。低级的二元酸溶于水，随着相对分子质量的增加，在水中的溶解度降低。

11.2　羧酸的化学性质

11.2.1　羧酸的酸性

羧酸的羧羰基碳采取 sp^2 杂化，三条杂化轨道分别与羟基、氧和烃基(或氢、甲酸)形成 σ 键，剩下一条未参与杂化的 p 轨道与氧的 p 轨道肩并肩重叠形成 π 键。羧羰基碳与羰基氧所成键为双键，与羟基、烃基(或氢)所成键为单键。因此，羰基氧靠羧基碳更近，羰基的双键比另外两个单键键长更短，如甲酸中 C═O 键键长为 123 pm，C—O 键键长为 136 pm。

由于 C═O 与 C—H、C—OH 间的成键电子互斥作用大于 C—H、C—OH 间的成键电子互斥作用，羧基的三个键角并不均等，∠R—C—OH 比∠R—C—O、∠O—C—OH 小，如甲酸中∠H—C—OH 为 111°，∠H—C—O 为 124.1°，∠O—C—OH 为 124.9°。

124.1°　124.9°
互斥作用大　互斥作用大
111°
互斥作用小

当羧羟基的氢解离后，负电荷并不定域于原来的羟基氧上，而是在三个原子间离域，形成三中心四电子的 Π_3^4 键。实验测定，甲酸钠的两个∠H—C—O 相等，两个 C—O 键键长也相等，不再有单键和双键的区别。羧酸根离子的结构为

由于羧酸根中 O^- 可与羰基共轭，电子可以离域，增加了羧酸根的稳定性，因此羧基中的氢容易解离。例如，在水溶液中，解离出的氢离子与水分子结合形成水合氢离子而显酸性。多数羧酸均是弱酸，溶液中大部分以未解离的分子形式存在。

$$RCOOH + H_2O \rightleftharpoons RCOO^- + H_3O^+$$

由于解离氢离子后形成的—COO^- 与芳香环共轭，其负电荷得到分散，$ArCOO^-$ 比 $RCOO^-$ 更稳定，ArCOOH 解离平衡的平衡常数比脂肪酸 RCOOH 更大，因此芳香羧酸 ArCOOH 的酸性一般比脂肪酸 RCOOH 的酸性更强。水溶液中一些一元羧酸的 pK_a 值见表 11-1。

表 11-1　一些一元羧酸的 pK_a 值

一元羧酸	K_a	pK_a	一元羧酸	K_a	pK_a
HCO_2H	1.77×10^{-4}	3.75	CH_3CO_2H	1.75×10^{-5}	4.76
$CH_3CH_2CO_2H$	1.32×10^{-5}	4.88	$CH_3(CH_2)_2CO_2H$	1.52×10^{-5}	4.82
$CH_3(CH_2)_3CO_2H$	1.38×10^{-5}	4.86	$PhCO_2H$	6.3×10^{-5}	4.2

可见一元羧酸 pK_a 值一般为 4～5。甲酸在饱和脂肪酸中酸性最强，是因为电离产生的其他脂肪酸根 $RCOO^-$存在杂化效应，降低了稳定性，甲酸根 $HCOO^-$中的 H 没有杂化效应而更稳定，故其 K_a 值更大，酸性更强。

1. 诱导效应

诱导效应分为吸电子诱导效应和给电子诱导效应。羧基所连基团的诱导效应对其酸性有重要影响。

乙酸α-碳上的氢逐个被氯取代，其酸性逐渐增强，是因为羧基中电子向氯原子方向偏移，使氢离子更易解离，所产生的羧酸根的负电荷更分散，羧酸根更稳定，解离平衡常数即 K_a 值增加，酸性增强。当乙酸的三个α-氢被三个氯或氟取代后的三氯乙酸或三氟乙酸(pK_a 0.23)，其酸性已达到无机酸的强度。

	CH_3COOH	$ClCH_2COOH$	$Cl_2CHCOOH$	Cl_3CCOOH
pK_a	4.76	2.86	1.26	0.64

以下列出几个氯代丁酸位置异构体的 pK_a，可知诱导效应随着距离的增加而迅速下降，一般相隔四个碳以上即可忽略。

	$CH_3CH_2CHClCOOH$	$CH_3CHClCH_2COOH$	$ClCH_2CH_2CH_2COOH$	$CH_3CH_2CH_2COOH$
pK_a	2.82	4.41	4.70	4.82

(1)羧基α-碳所连基团电负性越大，其酸性越强，反之越弱。同主族原子电负性随原子序数增加而减小，同周期原子电负性随原子序数增加而增大。有机化学常见基团吸电子诱导效应具有以下顺序：

同主族　　—F＞—Cl＞—Br＞—I

同周期　　—F＞—OR＞—NR_2＞—CR_3

例如：

	FCH_2COOH	$ClCH_2COOH$	$BrCH_2COOH$	ICH_2COOH	CH_3OCH_2COOH	$HOCH_2COOH$
pK_a	2.66	2.86	2.90	3.18	3.53	3.83

(2)同种元素原子杂化态不同，其电负性不同，即杂化效应。sp^3、sp^2、sp 杂化的碳原子，s 成分逐渐增多，吸电子效应逐渐增强，如随着乙烷、乙烯、乙炔三种分子的碳原子杂化轨道 s 成分逐渐增加，与之相连的氢原子的酸性逐渐增强：

	C_2H_6	$H_2C{=}CH_2$	$HC{\equiv}CH$
pK_a	约 50	约 44	约 25

当不同杂化态的碳原子与羧基相连时，羧酸的酸性也将受到邻近碳原子杂化状态的影响，如丙炔酸的酸性强于丙烯酸，丙烯酸的酸性又强于丙酸：

	$HC{\equiv}CCOOH$	$H_2C{=}CHCOOH$	C_2H_5COOH
pK_a	1.89	4.26	4.88

(3)带正电荷基团具有强的吸电子诱导效应，如羧基和季铵离子、季鏻离子、叔锍离子等连接，其酸性将会大大增加。另外，电负性基团也具有吸电子诱导效应，羧酸酸性也将增加，如：

	O_2NCH_2COOH	$NCCH_2COOH$	MeO_2SCH_2COOH
pK_a	1.68	2.45	2.36

(4)烷基同时具有给电子诱导效应和给电子超共轭效应，这都将使羧酸酸性降低。除了电子效应，溶剂效应、空间效应等其他因素也将影响羧酸的酸性。例如，甲酸中的氢被一系列烷基取代后的酸性如下：

	HCOOH	CH_3COOH	CH_3CH_2COOH	*i*-PrCOOH	*t*-BuCOOH
pK_a	3.77	4.74	4.88	4.86	5.05

将乙酸的一个α-氢被下列各基团取代，再比较所得取代乙酸的解离平衡常数，即可得出各基团的诱导效应大小。

吸电子效应基团：

$$NO_2 > (CH_3)_3N^+ > R_2S^+ > SO_2R > CN > SO_2Ar > F > Cl > Br > I > CO_2R > OR > COR > OH > C\equiv C > OCH_3 > OH > C_6H_5 > C{=}C > H$$

给电子效应基团：

$$O^- > COO^- > t\text{-Bu} > i\text{-Pr} > Et > Me > H$$

上述基团诱导效应的大小是基于取代乙酸而得出的，因此在不同的母体化合物中，它们的诱导效应顺序并不完全一致，这与羧酸的羧基及解离后的羧酸根的具体化学环境有关。

二元羧酸中有两个羧基氢可解离，分别对应一级解离常数 K_{a1}、二级解离常数 K_{a2}。水溶液中一些二元羧酸的 pK_{a1} 与 pK_{a2} 值见表 11-2。

$$HOOC(CH_2)_nCOOH + H_2O \xrightleftharpoons{K_{a1}} HOOC(CH_2)_nCOO^- + H_3O^+$$

$$HOOC(CH_2)_nCOO^- + H_2O \xrightleftharpoons{K_{a2}} {}^-OOC(CH_2)_nCOO^- + H_3O^+$$

表 11-2　一些二元羧酸的 pK_{a1} 与 pK_{a2}

二元羧酸	pK_{a1}	pK_{a2}
HO_2CCO_2H	1.27	4.27
$HO_2CCH_2CO_2H$	2.85	5.70
$HO_2C(CH_2)_2CO_2H$	4.21	5.64
$HO_2C(CH_2)_3CO_2H$	4.34	5.41
$HO_2C(CH_2)_4CO_2H$	4.42	5.41

可见，对于低级的二元羧酸，K_{a1} 比 K_{a2} 大得多。随着原子链的增长，K_{a1} 逐渐接近，但均比乙酸强。这是由于羧基有强的吸电子效应，能对另一个羧基的解离产生影响，两个羧基越近，影响越大。第一个羧基解离后，生成的羧基负离子具有给电子诱导效应，使第二个羧基解离比较困难，因此丙二酸及以上的酸 pK_{a2} 均比乙酸弱。可以看出，诱导效应相隔一个碳原子后，彼此影响减弱很多，因此二元酸的酸性变化与两羧基间的距离有关。

草酸的 pK_{a1}、pK_{a2} 均比乙酸大，是因为草酸解离出两个质子所产生的双负离子，其两端的羧酸根共轭共平面，形成了一个六中心八电子的大共轭体系，比较稳定。

2. 电子效应

取代基具有吸电子的共轭效应时，如—NO_2、—CN、—COOH、—CHO、—COR、—COCl

等，它们能通过共轭降低羧基或羧酸根的电子云密度，加之它们的共轭效应与诱导效应方向相同，这将增强羧酸的酸性。但与诱导效应不同的是，共轭效应可通过共轭体系交替地传递到远端。例如，苯被硝基取代后，硝基使苯环邻、间、对位电子云密度均降低，共振式如下：

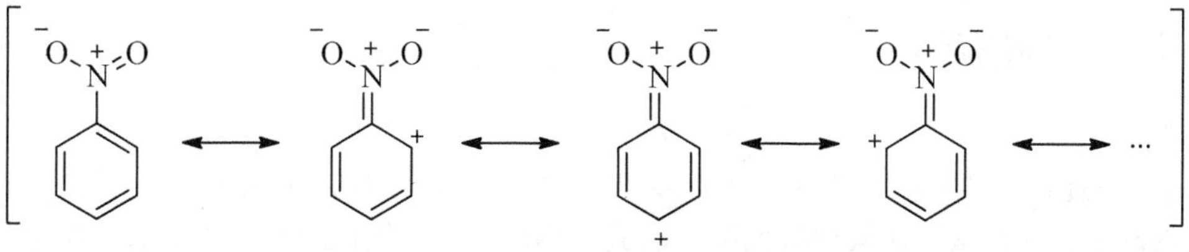

苯甲酸的苯环上引入硝基后，三个位置异构体的酸性都比苯甲酸强，酸性顺序为：邻硝基苯甲酸＞对硝基苯甲酸＞间硝基苯甲酸＞苯甲酸。由以上共振式可知，硝基的吸电子效应对邻、对位的影响比间位更大，使邻、对位电子云密度降低得更多，因此邻、对位异构体的酸性比间位异构体大。除了硝基的吸电子共轭效应外，由于邻位异构体比对位异构体更靠近羧基，其吸电子诱导效应更能使邻位异构体的酸性增加。

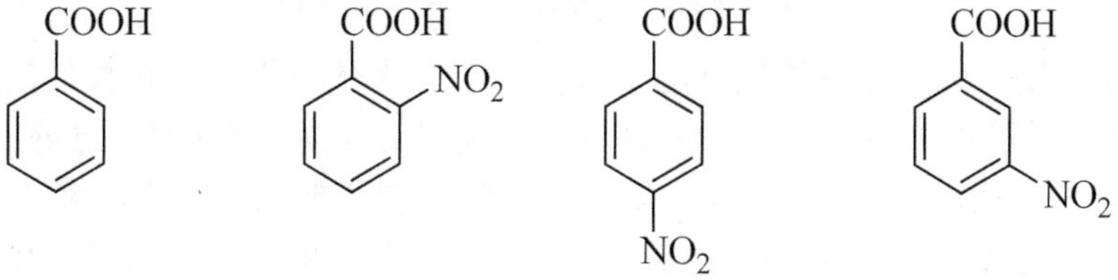

COOH　COOH NO_2　COOH NO_2　COOH NO_2

pK_a　4.2　2.21　3.42　3.49

此外，空间效应也对酸性有影响。邻位硝基与羧基相互靠近，之间的位阻妨碍了羧羰基与苯环的共轭，苯环(硝基取代的苯环起吸电子作用)不能很好地通过共轭作用降低羧基的电子云密度，羧基解离成羧酸根后，位阻作用也妨碍负电荷向苯环分散，故这种位阻作用将降低邻位异构体的酸性。

取代基具有供电子的共轭效应时，其能通过共轭增加羧基或羧酸根的电子云密度，降低羧酸的酸性，如—NH_2(R)、—NHC(=O)R、—X、—OH、—OR、—OCOR 等。当此类取代基处于羧基对位时，这些基团上的孤对电子可以与苯环共轭，如氯代苯甲酸的异构体：

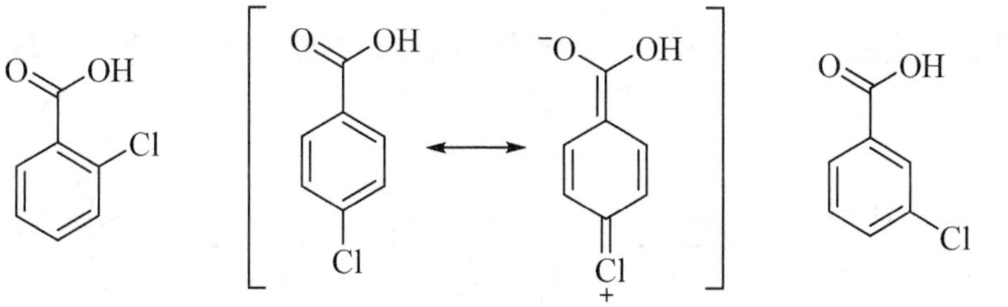

pK_a　2.92　3.97　3.83

氯原子电负性较大，可通过诱导效应使苯环电子云密度降低(共轭效应与诱导效应方向相反)，进而使羧基的正电性增加，因此它们的酸性均比苯甲酸强。对位异构体的氯原子上的电子通过苯环转向羧基使质子不易离去，因此酸性比间位弱。邻位异构体的氯原子虽然也可以通过共轭效应向苯环供电子从而降低羧基碳的正电性，但它离羧基近，诱导效应最大，吸电子的诱导效应又增加了羧基碳的正电性，故其酸性在三种异构体中最强。由于邻位靠羧基近，其诱导效应在三种异构体中最大，因此无论是给电子基团还是吸电子基团，多数邻位取代苯甲酸的酸性均比间位和对位的强。

除了上述诱导效应、共轭效应外，空间效应、溶剂效应、氢键、超共轭效应、场效应等多种因素也会对羧酸的酸性有影响。

11.2.2 羧酸α-位的反应

1. 卤代

与醛、酮相比，羧酸中羟基对羰基的共轭供电子效应使羰基碳的正电性削弱，进而降低了α-氢的酸性，因此羧酸α-氢的取代反应比醛、酮慢。在三氯化磷、三溴化磷等催化下，卤素可以顺利地取代羧酸的α-氢，控制卤素用量，可得到一元α-卤代酸或多元α-卤代酸，即赫尔-乌尔哈-泽林斯基(Hell-Volhard-Zelinsky)反应：

$$R_1R_2CH-COOH \xrightarrow[\text{P 或 }PX_3,\ \triangle]{X_2} R_1R_2CX-COX \xrightarrow[\text{室温}]{H_2O} R_1R_2CX-COOH$$

(R = H、烷基、芳基；X = Cl、Br)

该反应条件比较苛刻，常需要较高的反应温度、三卤化磷催化、较长的反应时间，但过高的温度可能产生消除卤化氢的副产物α,β-不饱和羧酸衍生物。该方法用于羧酸α-位的氯代、溴代衍生物的制备较为成功，对于氟代、碘代衍生物的制备难取得好的效果。

可以使用红磷代替三卤化磷，因为红磷与卤素相遇，立即反应生成三卤化磷。反应机理首先是三卤化磷与羧酸反应生成酰卤，由于卤原子的吸电子效应，其α-氢被活化，随后酰卤烯醇化，烯醇与卤素反应转变为α-卤代酰卤，随后水解为α-卤代羧酸。某些易烯醇化的活化羧酸及衍生物(如酰卤、酸酐、丙二酸酯衍生物等)，不需催化剂也可发生此类卤化反应。

$$R_1R_2CH-COOH + PX_3 \longrightarrow R_1R_2CH-C(=\overset{+}{O}-PX_2)OH + X^- \longrightarrow R_1R_2CH-C(X)(O-PX_2)OH \xrightarrow{-HOPX_2} R_1R_2CH-COX$$

$$R_1R_2CH-COX \underset{}{\overset{H^+}{\rightleftharpoons}} R_1R_2C{=}C(OH)X \xrightarrow[\overset{\delta^+}{X}-\overset{\delta^-}{X}]{-HX} R_1R_2CX-COX \xrightarrow[-HX]{H_2O} R_1R_2CX-COOH$$

中间产物α-卤代酰卤除了水解可得α-卤代羧酸外，用醇、胺、硫醇等亲核试剂处理可分别得到相应的酯、酰胺、硫醇酯等α-卤代羧酸衍生物。

$$C_6H_{11}COOH \xrightarrow[100\sim120^\circ C]{PBr_3,\ Br_2} \text{1-溴环己基}-COBr \xrightarrow[\text{室温}]{H_2O} \text{1-溴环己基}-COOH$$

$$\text{1-溴环己基}-COBr \xrightarrow[\text{室温}]{(CH_3)_3CSH} \text{1-溴环己基}-COSC(CH_3)_3$$

$$CH_3(CH_2)_{14}CH_2CH_2COOH \xrightarrow[100\sim120℃]{PBr_3, Br_2} CH_3(CH_2)_{14}CH_2CHBrCOBr \xrightarrow[室温]{EtOH} CH_3(CH_2)_{14}CH_2CHBrCOOCH_2CH_3$$

工业原料氯代乙酸就是用乙酸和氯气在乙酸酐、硫酸、碘、红磷等的催化下得到的。控制氯的用量，可制备一氯代、二氯代和三氯代乙酸：

$$CH_3COOH \xrightarrow[P]{Cl_2} ClCH_2COOH \xrightarrow[\triangle]{Cl_2} Cl_2CHCOOH \xrightarrow[\triangle]{Cl_2} Cl_3CCOOH$$

2. 烃化

羧酸与 2 倍量以上的强碱反应[如二异丙基氨基锂(LDA)]，形成锂盐，再与卤代烃等试剂反应，可在羧酸中引入烃基：

$$Me_2CHCOOH \xrightarrow[THF,\ 0℃]{2LDA} Me_2CLiCOOLi \xrightarrow[2)\ H_2O]{1)\ n\text{-}BuBr} CH_3(CH_2)_3C(CH_3)_2COOH$$

$$2\ Me_2CLiCOOLi \xrightarrow[2)\ H_2O]{1)\ Br(CH_2)_nBr} HOOC{-}C(CH_3)_2{-}(CH_2)_n{-}C(CH_3)_2{-}COOH$$

$$\text{2-}CH_3C_6H_4COOH \xrightarrow{LiOH} \text{2-}CH_3C_6H_4COOLi \xrightarrow{LDA} \text{2-}LiCH_2C_6H_4COOLi \xrightarrow[2)\ H_2O]{1)\ n\text{-}BuBr} \text{2-}CH_3(CH_2)_4C_6H_4COOLi$$

为了降低强碱的用量，可以用 1 当量稍弱的碱与羧酸反应，再用 1 当量强碱夺取羧酸盐的α-氢。

11.2.3　羧羟基的反应

羧酸和碱(如氢氧化钠、碳酸氢钠、碳酸钾等)反应成盐。羧酸盐是固体，熔点很高，常在熔点分解。羧酸的重金属盐不溶于水，钾、钠、铵盐可溶于水，除低级的钾、钠、铵盐外，一般均不溶于有机溶剂。

$$RCOOH \underset{H^+}{\overset{OH^-}{\rightleftharpoons}} RCOO^-$$

羧酸盐用无机酸酸化又可转变为原来的羧酸，通常利用该性质分离提纯羧酸。例如，将羧酸与氢氧化钠水溶液作用，可以转化为易溶于水的盐，这样可以通过萃取将很多不溶于氢氧化钠水溶液的有机化合物分离，然后再用无机酸将羧酸盐转变为原来的羧酸，如果此羧酸为固体，即可过滤，如为液体，可用溶剂提取，再将溶剂蒸除，即可得羧酸。

羧酸酯可由一级活泼卤代烃、磺酸酯、硫酸酯等与羧酸钠通过 S_N2 机理反应制备，该方法常用于羧酸苄酯。

$$C_6H_5COONa + ClCH_2C_6H_5 \xrightarrow[110℃]{PTC} C_6H_5COOCH_2C_6H_5$$

由于羧酸钠易溶于水，而卤化苄易溶于有机溶剂，故反应中常加入相转移催化剂，如四丁基溴化铵(TBAB)、苄基三乙基氯化铵(TEBA)等来促进反应。二级、三级卤代烃在反应过程中有位阻且易消除产生烯烃，故不常用此法。

羧酸银与卤代烃反应也可用于合成酯，但银盐较贵，在合成应用上受到限制。该方法常用于合成某些特殊的酯，如有些酸与醇直接酯化太慢，有些有空间位阻的底物难以直接酯化，有些底物烃基上有对酸、碱等敏感的官能团等，若用羧酸银与卤代烃反应，卤化银沉淀后即可得酯：

$$CH_2{=}CHCH_2COOAg + I{-}C(CH_3)_3 \xrightarrow[\text{室温}]{Et_2O} CH_2{=}CHCH_2COOC(CH_3)_3$$

羧酸可以与重氮甲烷反应形成甲酯：

$$RCOOH + CH_2N_2 \longrightarrow RCOOCH_3 + N_2$$

此法反应条件温和，产率很高，副产物是气体可直接挥发掉。但重氮甲烷是有毒气体，且易爆炸，常在合成后马上使用，或将其制备成乙醚溶液在冰箱中短时保存。此法适用于少量合成，尤其适用于敏感底物的甲酯的合成。例如：

$$H_3C(HOOC)C{=}C(COOH)CH_3 \xrightarrow{2CH_2N_2} H_3C(H_3COOC)C{=}C(COOCH_3)CH_3$$

反应机理如下：

$$RCOO{-}H + :\overset{-}{C}H_2{-}\overset{+}{N}{\equiv}N: \longrightarrow RCOO^- + CH_3{-}\overset{+}{N}{\equiv}N: \longrightarrow RCOOCH_3 + N_2$$

羧酸解离出的质子转移给重氮甲烷，形成羧酸负离子及$CH_3{-}\overset{+}{N}{\equiv}N:$，然后羧酸负离子进攻其甲基，生成羧酸甲酯，同时释放副产物氮气。

11.2.4 羧羰基的反应

与醛、酮一样，羧基中也有一个羰基，但羧羟基上的孤对电子与之共轭，降低了羰基的正电性，某些易与醛、酮反应的亲核试剂难与羧基反应。在酸或碱的催化下，羧基可以发生下列反应。

1. 形成酰氯

酰卤中最重要的是酰氯。羧酸常用五氯化磷、三氯化磷、三氯氧磷、氯化亚砜、草酰氯等转变为酰氯。不同结构的羧酸卤化反应活性是：脂肪羧酸＞芳香羧酸；有给电子取代基的芳香羧酸＞无取代的芳香羧酸＞有给电子取代基的芳香羧酸。

不同卤化磷与羧酸反应的活性顺序一般是：五氯化磷＞三氯化磷＞三氯氧磷。五氯化磷活性很高，尤其适用于带吸电子基的芳香羧酸或芳香多元羧酸的卤化；三氯化磷活性比五氯化磷小，一般适用于脂肪酸的卤置换反应；三氯氧磷的活性更小，主要用于高活性羧酸盐的卤化。

$$O_2N{-}C_6H_4{-}CO_2H \xrightarrow{PCl_5} O_2N{-}C_6H_4{-}COCl$$

$$\text{C}_5\text{H}_9\text{—CO}_2\text{H} \xrightarrow{\text{PCl}_3} \text{C}_5\text{H}_9\text{—COCl}$$

$$\text{CH}_2\text{=C(CH}_3\text{)COOK} \xrightarrow{\text{POCl}_3} \text{CH}_2\text{=C(CH}_3\text{)COCl}$$

氯化亚砜是羧酸反应制备酰氯常用而有效的试剂，具有反应条件温和、产率高等优点。其副产物均为气体，反应过程中即可分离除去，产物纯度往往比较高，通常不需提纯即可使用。但由于二氯亚砜及酰化反应的副产物二氧化硫、氯化氢有一定腐蚀性，故对设备有一定要求。

$$\text{C}_6\text{H}_5\text{CH=CHCOOH} \xrightarrow{\text{SOCl}_2} \text{C}_6\text{H}_5\text{CH=CHCOCl}$$

羧酸分子中有对酸敏感的官能团，而需要在中性条件下卤化时，可用草酰氯将羧酸温和地转变为相应的酰氯。

$$\text{(OH, COOH 取代的二氢苯并呋喃)} \xrightarrow{\text{(COCl)}_2} \text{(OH, COCl 取代的二氢苯并呋喃)}$$

这是一个平衡反应，因为反应生成的草酸易分解成一氧化碳、二氧化碳，因此平衡向生成酰氯的方向移动。反应中加入催化量的 *N*,*N*-二甲基甲酰胺将会极大地加快酰化反应速率。

2. 形成酸酐

酸酐中两个酰基相同的称为单酐，不同的称为混酐。甲酸以外的羧酸均可失水形成酸酐。常在体系中加入五氧化二磷等吸收反应产生的水，使平衡向生成酸酐的方向移动。对于相应酸酐沸点比乙酸高的高级羧酸，可以用乙酸酐、乙酰氯加热转化为相应的酸酐，将反应产生的乙酸从体系中蒸馏移除，使平衡向生成酸酐的方向移动。

$$2\,\text{RCOOH} \xrightarrow[\text{或乙酐}]{\text{P}_2\text{O}_5} \text{RCOOCOR}$$

$$\text{HOOCCH}_2\text{CH}_2\text{COOH} \xrightarrow{\text{P}_2\text{O}_5} \text{(丁二酸酐)}$$

$$\text{o-HOOCC}_6\text{H}_4\text{CH}_2\text{COOH} \xrightarrow[\triangle]{\text{(MeCO)}_2\text{O}} \text{(环状酸酐)}$$

3. 酯化

酯可以分为无机酸酯和有机酸酯，如硫酸二甲酯、碳酸二甲酯。现在讨论有机酸酯的反应及其用途。

羧酸与醇在酸催化下直接反应可以生成酯。

$$\text{RCOOH} + \text{R}'\text{OH} \overset{\text{H}^+}{\rightleftharpoons} \text{RCOOR}' + \text{H}_2\text{O}$$

常用的催化剂有硫酸、硫化氢、磺酸等。该反应通常是一个可逆反应，且一般反应速率较慢，为提高产率，必须使反应尽量向右进行。常采取如下措施：共沸除水，即利用水与某些溶剂可以形成共沸混合物的方法将水带走，如甲苯、苯等；使用合适的除水剂将水从反应相除去，如分子筛、硫酸镁、原甲酸酯等。另一方法是在反应时加过量的醇或酸，从而改变平衡时反应物和产物的组成。

结合示踪原子法，推测反应机理如下：

$$\mathrm{RC(=O)OH} \overset{H^+}{\rightleftharpoons} \mathrm{RC(=\overset{+}{O}H)OH}\ (i) \overset{HOR'}{\rightleftharpoons} \mathrm{RC(OH)(OH)\overset{+}{O}HR'}\ (ii) \overset{质子转移}{\rightleftharpoons}$$

$$\mathrm{RC(OH)(\overset{+}{O}H_2)OR'}\ (iii) \overset{-H_2O}{\rightleftharpoons} \mathrm{RC(=\overset{+}{O}H)OR'}\ (iv) \overset{-H^+}{\rightleftharpoons} \mathrm{RC(=O)OR'}$$

羧羰基氧和质子结合形成中间体(i)，结合了质子的羰基其亲电性大大增加，醇中氧上的孤对电子亲核进攻质子化的羰基形成中间体(ii)；随后经质子转移形成中间体(iii)，再失去水分子形成质子化酯(iv)，最后失去质子完成酯化。上述反应机理是一个加成-消除的机制。由于不涉及醇中碳氧键断裂，醇羟基所连碳的相对构型保持不变。

由反应机理可知，是羧基提供的羟基，醇提供的氢，多数一级醇、二级醇的酯化均按此机理进行，如(*S*)-仲丁醇的酯化，其相对构型没有变化：

$$CH_3COOH + \text{(S)-仲丁醇 (H, OH)} \overset{H^+}{\rightleftharpoons} \text{乙酸仲丁酯 (H, O, O)} + H_2O$$

当羧酸与能形成稳定碳正离子的三级醇酯化时，反应机理与此不同，如：

$$CH_3COOH + (CH_3)_3COH \overset{H^+}{\rightleftharpoons} CH_3COOC(CH_3)_3 + H_2O$$

反应按 S_N1 机理进行，首先醇羟基质子化，随后离去水分子形成三级碳正离子，三级碳正离子与酸结合，再离去质子，完成酯化。羧酸与醇直接酯化，一级醇效果较好，二级醇次之，三级醇产率最低。由于酯化与水解互为可逆反应，三级碳正离子易与碱性较强的水结合，不易与羧酸结合，故易形成三级醇而不利于形成酯，因而三级醇酯化产率很低。

$$(CH_3)_3C\ddot{O}H \overset{H^+}{\rightleftharpoons} (CH_3)_3C\overset{+}{O}H_2 \overset{-H_2O}{\rightleftharpoons} (CH_3)_3C^+ \underset{-H^+}{\overset{HOC(=O)CH_3}{\rightleftharpoons}} CH_3C(=O)OC(CH_3)_3$$

极少数位阻较大且能形成稳定酰基碳正离子的羧酸直接酯化时，酯化方式不同于上述历程。例如，2, 4, 6-三甲基苯甲酸酯化时，因有空间位阻，醇分子很难亲核进攻羧羰基，故不能按上述历程酯化。一般先将羧酸溶于 100%硫酸中，形成酰基正离子，然后倒入相应的醇中，可顺利地完成酯化：

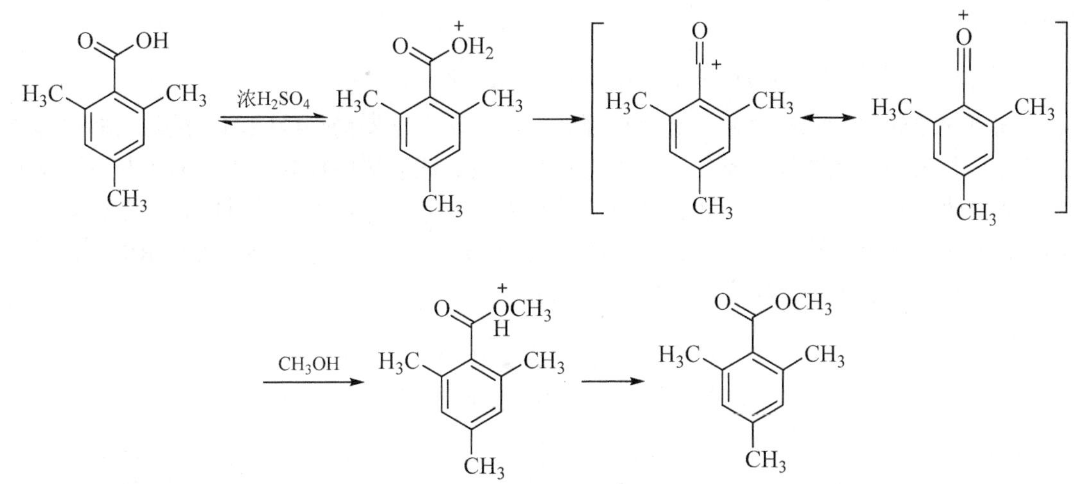

酰基正离子的碳原子是 sp 杂化，为直线形结构，且与苯环共轭共平面，三甲基苯基的共轭供电子效应可以稳定酰基正离子，醇分子可以从平面上或平面下进攻酰基碳，故酯化很顺利且产率很高。如果需要将这类酯水解，可将其溶于浓硫酸，然后倒入大量冰水中，能得到产率很高的酸。

此外，羧酸还可以与重氮甲烷、硫酸二甲酯(剧毒！注意使用安全)、碘甲烷等发生甲酯化反应。除了上述与醇直接酯化外，羧酸还可以按照其他方式如光延反应(Mitsunobu 反应)间接酯化。

4. 形成酰胺

羧酸与氨或胺室温下可反应形成铵盐，然后再高温脱水，转变为酰胺。这是一个可逆反应，可通过加入吸水剂或共沸等方法将水移除，使平衡向生成酰胺的方向移动。例如：

$$RCOOH + NH_3 \longrightarrow RCOONH_4 \xrightleftharpoons{100℃} RCONH_2 + H_2O$$

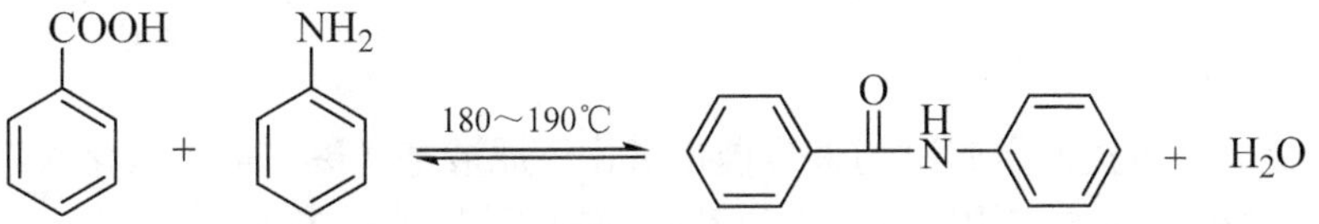

$$C_6H_5COOH + C_6H_5NH_2 \xrightleftharpoons{180\sim190℃} C_6H_5CONHC_6H_5 + H_2O$$

羧酸铵是弱酸弱碱盐，在反应过程中与羧酸氨或胺形成一个平衡体系，脱水过程可能是氨或胺的氮上的孤对电子对羧基碳进行亲核加成：

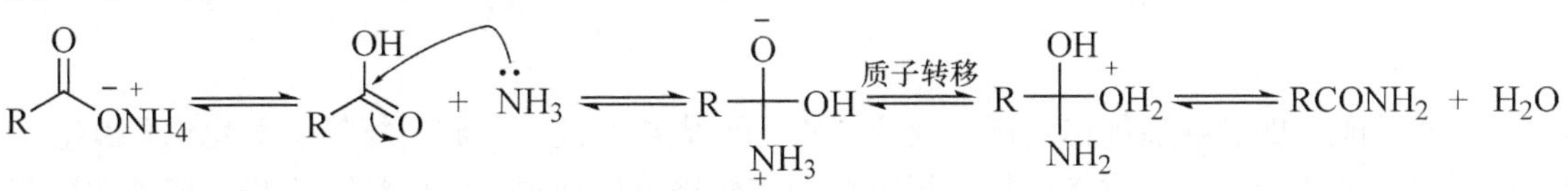

$$RCOO^-\,\overset{+}{N}H_4 \rightleftharpoons RCOOH + NH_3 \rightleftharpoons R\text{-}C(O^-)(OH)(\overset{+}{N}H_3) \xrightleftharpoons{质子转移} R\text{-}C(\overset{+}{O}H_2)(NH_2) \rightleftharpoons RCONH_2 + H_2O$$

热稳定的羧酸形成的羧酸铵盐高温脱水制备酰胺产率一般较好，如使用己二酸与己二胺合成尼龙-66、癸二酸与癸二胺合成尼龙-1010 等。

5. 与金属有机化合物反应

格氏试剂属于强碱，羧酸和格氏试剂反应时，羧酸的活泼氢与格氏试剂立即发生酸碱反应生成羧酸卤化镁，由于羧酸根的氧负离子对羰基很强的共轭供电子作用，羰基的亲电性大大降低，同时因羧酸卤化镁溶解性差而沉淀，反应停留在羧酸卤化镁一步而不易继续与格氏试剂反应。

$$RCOOH + R'MgX \longrightarrow RCOOMgX + R'H$$

有机锂试剂也属于强碱，羧酸和有机锂试剂反应时，首先仍是羧酸的活泼氢与有机锂试剂发生酸碱反应生成羧酸锂；不同于羧酸卤化镁，羧酸锂溶解性很好。因锂离子与氧原子有很好的亲和性，随后第二分子有机锂试剂的锂与羰基氧靠近，增加了羰基的正电性，有机锂试剂的烃基也随之更接近羰基碳，然后烃基对羰基亲核加成形成稳定的偕二醇锂 $RR'C(OLi)_2$，偕二醇锂可以待所有试剂反应完毕后再水解为酮。

O
R OH
1) 2 R'Li
2) H_2O
O
R R'

O
R OH
R'Li
O
R OLi
R'Li
R O--Li
R'
OLi
LiO OLi
R R'
H_2O
O
R R'

有机锂试剂要求α-碳上取代基少，空间位阻小，易于进行亲核加成，如甲基锂、正丁基锂、苯基锂等。常用溶剂有乙醚、苯、四氢呋喃等。

O
OH
1) 2 *n*-BuLi
2) H_2O
O

COOH
1) 2 PhLi
2) H_2O
O

如用过量有机锂试剂，可进一步反应得三级醇。酯、酰氯、酸酐等与有机锂试剂形成的中间体不够稳定，在反应过程中即分解成酮，酮更活泼，故只用等物质的量的锂试剂也将生成酮与三级醇的混合物，若使用过量的有机锂试剂，可制备三级醇。

6. 还原

除钌外，钯、镍等过渡金属试剂很难催化氢化还原羧基。羧基可用氢化锂铝直接还原为一级醇。例如，(*R*)-2, 4, 5-三甲基-2, 3-己二烯酸还原为相应的一级醇。

COOH
1) $LiAlH_4$
2) H_2O
CH_2OH

常用无水乙醚、四氢呋喃等作溶剂。反应时首先形成羧酸锂并释放出氢气、氢化铝(AlH_3)；铝原子与羰基氧接近，形成络合物，氢负离子亲核进攻羰基碳，随后消除成醛；醛基比羧基更易还原，随即被氢化铝、氢化锂铝等还原，进一步水解为一级醇。

O
R OH
$LiAlH_4$
$H_2 + AlH_3$
O
R OLi
H_2AlH
O OLi
R
$OAlH_2$
H O^- Li^+
R
$-LiOAlH_2$
O
R H

乙硼烷也可将羧基还原为一级醇。例如：

$$\text{C}_6\text{H}_{11}\text{COOH} \xrightarrow[2)\ H_2O]{1)\ B_2H_6} \text{C}_6\text{H}_{11}\text{CH}_2\text{OH}$$

$$\text{RCOOH} \xrightarrow[2)\ H_2O]{1)\ B_2H_6} \text{RCH}_2\text{OH}$$

乙硼烷首先分解成甲硼烷，然后缺电子的硼对羧羰基氧络合；随后氢负离子从硼转移到碳上，最后水解为一级醇。

$$\text{RCOOH} \xrightarrow[BH_3]{B_2H_6} \text{[H}_2\text{B—H 与 C=O 氧络合]} \longrightarrow \text{H—C(OBH}_2\text{)(OH)—R} \xrightarrow{H_2O} \text{RCHO}$$

由于羧羰基氧碱性较强，酰氯的羰基氧碱性较弱，不能与硼结合，因此乙硼烷可以将羧酸还原为醇，而酰氯不能。同理，酯与乙硼烷反应也很慢。各种基团的反应性能次序如下：

$$\text{—COOH} > \text{>C=O} > \text{—CN} > \text{—CO}_2\text{R} > \text{—COCl}$$

11.2.5　脱羧反应

1. 脱酸烃化

大多数羧酸、羧酸盐在适当的条件下，都能脱去羧基产生相应的烃。例如，科尔贝(Kolbe)反应，即羧酸钠在电解时，其烃基发生双分子偶联：

$$\text{RCOONa} \xrightarrow[H_2O]{\text{电解}} \text{R—R} + CO_2 + \text{NaOH} + H_2$$

反应时，羧酸根向阳极移动，在阳极失去电子转变为自由基(i)，自由基(i)失去二氧化碳转变为烃基自由基(ii)，最后两个烃基自由基(ii)偶联为烃(iii)。

$$\text{RCOO}^- \xrightarrow{-e^-} \underset{\text{(i)}}{\text{RCOO}\cdot} \xrightarrow{-CO_2} \underset{\text{(ii)}}{\text{R}\cdot}$$

$$\text{R}\cdot + \text{R}\cdot \longrightarrow \underset{\text{(iii)}}{\text{R—R}}$$

产生的烃基自由基中间体(ii)还可以夺取羧烃基、自由基(i)得α-氢，以及水中的氢而产生烃(iv)。

$$\text{R}\cdot + \left\{\begin{array}{c}\text{RCOOH} \\ \text{RCOO}\cdot \\ H_2O\end{array}\right\} \longrightarrow \underset{\text{(iv)}}{\text{RH}}$$

科尔贝电解偶联是一种迅速增加烃基链的方法，如：

$$C_6H_{11}COONa \xrightarrow[H_2O]{电解} C_6H_{11}-C_6H_{11}$$

羧酸钠在加热时也可以脱羧烃化，如：

$$CH_3COONa \xrightarrow[NaOH,\ CaO]{\triangle} CH_4 + CO_2$$

低级脂肪酸盐的脱羧烃化有一定用途，但高级脂肪酸盐往往需要较高的温度才能脱羧，且产率较低。芳香羧酸盐比脂肪羧酸盐脱羧容易：

$$C_6H_5COO^- \longrightarrow C_6H_5^- + CO_2$$

邻、对位有吸电子基团的芳香羧酸容易脱羧，如 2, 4, 6-三硝基苯甲酸在水中加热较易失去羧基：

$$2,4,6-(O_2N)_3C_6H_2COOH \xrightarrow[\triangle]{H_2O} 1,3,5-(O_2N)_3C_6H_3 + CO_2$$

邻、对位有供电子基团的芳香羧酸也能脱羧，但需要强酸(浓盐酸、硫酸等)促进才能进行，如：

$$p\text{-}HOC_6H_4COOH \xrightarrow{H^+} [\text{H, COO}^-H^+ \text{ 中间体}, =\overset{+}{O}H] \xrightarrow{-H^+} C_6H_5OH + CO_2$$

当脂肪羧酸羧基α-碳上连有羧基、羰基、氰基、硝基、三卤甲基、苯基等吸电子基团时，脱酸反应很容易进行。但脱羧机理并不完全相同，如α-硝基戊酸钠在水中加热之所以较易脱羧，是因为它可以形成稳定的碳负离子：

$$CH_3CH_2CH_2CH(NO_2)COONa \xrightarrow{\triangle} CH_3CH_2CH_2\overset{-}{C}HNO_2 + CO_2 \xrightarrow{H_2O} CH_3CH_2CH_2CH_2NO_2$$

而β-羰基羧酸加热易脱羧是因为它能形成能量较低的六元环状过渡态。β, γ-不饱和羧酸已能够通过类似的六元环状过渡态脱羧。α, β-不饱和羧酸可以通过互变异构化为β, γ-不饱和羧酸进行脱羧。

$$\text{2-氧代环戊烷甲酸} \xrightarrow{\triangle} [\text{六元环状过渡态}] \xrightarrow{-CO_2} \text{环戊烯醇} \rightleftharpoons \text{环戊酮}$$

2. 脱酸卤代

羧酸可以通过脱酸卤代反应，脱除羧基的同时，在原来羧基的位置引入新的卤素。1939 年，汉斯狄克(Hunsdiecker)发现羧酸银盐在干燥的溶剂中与溴反应，脱除二氧化碳，羧酸转变成少一个碳的溴代烃。

$$\mathrm{RCOOAg} \xrightarrow[\mathrm{CCl_4}]{\mathrm{Br_2}} \mathrm{RBr} + \mathrm{CO_2}$$

反应是按如下自由基进行的：首先羧酸银与卤素反应转化为酰基次卤酸盐，酰基次卤酸盐解离出酰氧基自由基和溴自由基；随后酰氧基自由基失二氧化碳而转化为烃基自由基，最后烃基自由基和溴自由基结合转化为卤代烃。

$$\mathrm{RCOOH} \longrightarrow \mathrm{RCOOAg} \xrightarrow{\mathrm{Br_2}} \mathrm{RCOOBr} \xrightarrow{-\mathrm{Br}\cdot} \mathrm{RCOO}\cdot \xrightarrow{-\mathrm{CO_2}} \mathrm{R}\cdot \xrightarrow{\mathrm{Br}\cdot} \mathrm{RBr}$$

底物适用于脂肪羧酸、具有吸电子基的芳香族羧酸等的脱羧卤代(给电子基的芳香族羧酸在该反应条件下会发生亲电取代)。该反应不适于结构中含有对卤素敏感官能团的羧酸。此外，光活性的羧酸银盐进行该反应时，常发生消旋。这个反应常用于制备卤代烃，一级卤代烃产率高于二级卤代烃，二级卤代烃产率高于三级卤代烃，卤素中以溴反应最好。例如：

$$\xrightarrow[\text{2) } \mathrm{Br_2, CCl_4}]{\text{1) } \mathrm{AgNO_3, KOH}}$$

COOH COOH → Br Br

反应要求银盐纯度足够高，且需要严格干燥，才能取得好的效果。而此类银盐通常对热不稳定，且呈泥浆状，很难处理。由于反应存在诸多缺陷，后来出现了许多改进的方法。例如，为了取得较高的产率，常用 $\mathrm{Tl^+}$代替银盐。用红色氧化汞与羧酸、卤素在四氯化碳中使用一锅法脱羧卤代，而不分离相应的羧酸汞盐的克里斯托(Cristol)法。用四乙酸铅、金属卤化物(锂、钾、钙的卤化物)和羧酸一锅法脱羧卤代的柯齐(Kochi)法。

$$n\text{-}\mathrm{C_{15}H_{35}COOH} \xrightarrow[\mathrm{CCl_4},\ \triangle]{\mathrm{HgO, Br_2}} n\text{-}\mathrm{C_{15}H_{35}Br}$$

$$\text{—COOH} \xrightarrow[\text{苯},\ \triangle]{\mathrm{Pb(OAc)_4, LiCl}} \text{—Cl}$$

11.2.6 二元羧酸的反应

二元羧酸广泛存在于自然界中。各种二元羧酸受热后，由于两个羧基的位置不同，而发生不同的作用，有的脱水，有的脱羧，有的同时脱水脱羧，如：

$$\begin{array}{l}\mathrm{COOH}\\|\\\mathrm{COOH}\end{array} \xrightarrow[-\mathrm{CO_2}]{160\sim180^\circ\mathrm{C}} \mathrm{HCOOH} \longrightarrow \mathrm{CO} + \mathrm{H_2O}$$

$$\text{HOOC–COOH} \xrightarrow{140\sim160^\circ\text{C}} CH_3COOH + CO_2$$

$$\text{HOOC(CH}_2)_2\text{COOH} \xrightarrow{300^\circ\text{C}} \text{丁二酸酐(五元环)} + H_2O$$

$$\text{HOOC(CH}_2)_3\text{COOH} \xrightarrow{300^\circ\text{C}} \text{戊二酸酐(六元环)} + H_2O$$

$$\text{HOOC(CH}_2)_4\text{COOH} \xrightarrow{300^\circ\text{C}} \text{环戊酮}{=}O + CO_2 + H_2O$$

$$\text{HOOC(CH}_2)_5\text{COOH} \xrightarrow{300^\circ\text{C}} \text{环己酮}{=}O + CO_2 + H_2O$$

观察以上反应，可以发现一个规律，在反应有可能成环时，一般形成更稳定的五元环或六元环，此即为布朗克(Blanc)规则。

草酸直接加热，需要 160℃以上高温才能脱水脱羧，在硫酸存在下，100℃即可发生上述反应。因β-羰基的影响，丙二酸或取代丙二酸脱羧反应很容易进行，一般在水溶液中加热即可，在合成中非常有用(参看 11.8 节相关内容)。丁二酸以上的二元羧酸常与乙酰氯、乙酸酐、五氯化磷、三氯氧磷、五氧化二磷等脱水剂共热，能顺利地发生脱水反应。庚二酸以上的二元羧酸，在高温时发生分子间的脱水形成高分子酸酐，不形成大于六元的环酮。

芳香二元羧酸脱水、脱羧能形成五元环、六元环时，也容易进行上述反应：

$$C_6H_4(COOH)_2\ (\text{邻苯二甲酸}) \xrightarrow{\triangle} \text{邻苯二甲酸酐}$$

$$C_6H_4(COOH)(CH_2COOH) \xrightarrow{\triangle} \text{异色满-1,3-二酮}$$

11.3 羧酸的制备

11.3.1 氧化法制备

烯烃、炔烃、醇、醛、酮可被氧化产生相应的羧酸。另外，坎尼扎罗反应、卤仿反应、氧化具有α-氢的芳烃侧链均可产生羧酸。

$$CH_3CH_2CH{=}CHCH_3 \xrightarrow[H^+]{KMnO_4} CH_3CH_2COOH \xleftarrow[H^+]{KMnO_4} CH_3CH_2C{\equiv}CCH_2CH_3$$

$$C_5H_9\text{–CHO} \xrightarrow[H^+]{K_2Cr_2O_7} C_5H_9\text{–COOH} \xleftarrow[H^+]{K_2Cr_2O_7} C_5H_9\text{–CH}_2OH$$

$$\text{环己酮} \xrightarrow{\text{浓}HNO_3} HOOC(CH_2)_4COOH$$

$$C_6H_5CHO \xrightarrow{\text{浓}NaOH} C_6H_5COOH + C_6H_5CH_2OH$$

$$C_6H_5COCH_3 \xrightarrow{Br_2 + NaOH} C_6H_5COOH \xleftarrow{Br_2 + NaOH} C_6H_5CH(R)CH_3 \quad (R = OH, NH_2 \cdots)$$

$$(CH_3)_3C\text{-}C_6H_4\text{-}CH_3 \xrightarrow[H^+]{K_2Cr_2O_7} (CH_3)_3C\text{-}C_6H_4\text{-}COOH$$

11.3.2 水解法制备

腈化物在酸或碱条件下水解可制备相应的羧酸。腈化物可由一级卤代烃与氰化钠、氰化钾、氰化亚铜等氰化物反应制备。因氰化钠碱性较强，若使用二级卤代烃，由于位阻增大、消除副反应增多等原因，该方法产率较低；三级卤代烃则主要消除卤化氢成烯烃，故该方法往往只适用于一级卤代烃制备相应的羧酸。芳香卤代烃的卤原子不够活泼，与上述氰化物直接反应制备芳香腈较困难，常需高温或在过渡金属催化下才能进行。另外，芳香腈还可以通过桑德迈尔(Sandmeyer)反应制备。

$$CH_3CH_2CH(CH_2Br)_2 \xrightarrow[KI,\ 80℃]{NaCN} CH_3CH_2CH(CH_2CN)_2 \xrightarrow[2)\ H_3O^+]{1)\ H_2O,\ OH^-} CH_3CH_2CH(CH_2CO_2H)_2$$

$$\text{1-Br-2-Cl-4-}CO_2Et\text{-5-OMe-苯} \xrightarrow[DMF,\ 190℃]{CuCN} \text{1-CN-2-Cl-4-}CO_2Et\text{-5-OMe-苯} \xrightarrow[2)\ H_3O^+]{1)\ H_2O,\ OH^-} \text{1-}CO_2H\text{-2-Cl-4-}HO_2C\text{-5-OMe-苯}$$

$$p\text{-}BrC_6H_4OMe \xrightarrow[Pd(PPh_3)_4]{Zn(CN)_2} p\text{-}NCC_6H_4OMe \xrightarrow[H^+,\ \triangle]{H_2O} p\text{-}HO_2CC_6H_4OMe$$

酸催化下水解历程：

$$R-C\equiv N: \underset{}{\overset{H^+}{\rightleftharpoons}} R-C\equiv \overset{+}{N}H \overset{H_2O}{\rightleftharpoons} R-\underset{}{\overset{\overset{+}{O}H_2}{|}}{C}=HN \overset{-H^+}{\rightleftharpoons} R-\overset{OH}{\overset{|}{C}}=HN \rightleftharpoons R-\overset{O}{\overset{\|}{C}}-NH_2 \underset{H^+}{\overset{H_2O}{\rightleftharpoons}} RCOOH$$

氰基氮原子上有孤对电子，它与质子结合使氰基质子化，质子化的氰基更加缺电子，容易接受水分子中氧上孤对电子的进攻而发生亲核加成，失去质子后进一步互变异构化为酰胺，最后酰胺水解为羧酸。

碱催化下水解历程：

$$\mathrm{R{-}C{\equiv}N} \underset{}{\overset{OH^-}{\rightleftharpoons}} \mathrm{R{-}\overset{OH}{\overset{|}{C}}{=}N^-} \underset{-OH^-}{\overset{H_2O}{\rightleftharpoons}} \mathrm{R{-}\overset{OH}{\overset{|}{C}}{=}NH} \rightleftharpoons \mathrm{R{-}\overset{O}{\overset{\|}{C}}{-}NH_2} \underset{2)\,H^+}{\overset{1)\,H_2O,\,OH^-}{\longrightarrow}} \mathrm{RCOOH}$$

强亲核性的 OH^- 进攻氰基碳，然后从水中夺氢，进一步互变异构化为酰胺，最后酰胺水解为羧酸。羧酸衍生物如酰氯、酸酐、酯、酰胺的水解也可制备相应的羧酸，参看 11.5 节相关内容。

11.3.3　金属有机化合物与二氧化碳反应制备

有机金属化合物如格氏试剂 RMgX、烃基锂 RLi 等亲核进攻二氧化碳，得到相应的羧酸盐，后者经水解生成羧酸。这是此类金属有机化合物不能暴露在空气中的原因之一。一级、二级、三级和芳香卤代烃可通过此法转变为增加一个碳原子的羧酸。格氏试剂的制备参看第 7 章，此处不再重复。

$$\text{溴代环戊烷} \xrightarrow[\text{无水}Et_2O]{Mg} \text{环戊基-MgBr} \xrightarrow{CO_2} \text{环戊基-COOMgBr} \xrightarrow[H^+]{H_2O} \text{环戊基-}CO_2H$$

$$p\text{-MeO-}C_6H_4\text{-Br} \xrightarrow[\text{无水THF}]{Mg} p\text{-MeO-}C_6H_4\text{-MgBr} \xrightarrow{CO_2} p\text{-MeO-}C_6H_4\text{-COOMgBr} \xrightarrow[H^+]{H_2O} p\text{-MeO-}C_6H_4\text{-}CO_2H$$

有机锂试剂除了可用相应的卤代烃与金属锂直接反应制备外，还可以由卤代烃和商品化的有机锂试剂通过锂卤交换制备。

$$n\text{-BuBr} \xrightarrow[\text{无水}Et_2O]{Li} n\text{-BuLi} \xrightarrow{CO_2} n\text{-BuCOOLi} \xrightarrow[H^+]{H_2O} n\text{-BuCOOH}$$

$$p\text{-Cl-}C_6H_4\text{-Br} \xrightarrow[\text{无水THF, }-78℃]{n\text{-BuLi}} p\text{-Cl-}C_6H_4\text{-Li} \xrightarrow{CO_2} p\text{-Cl-}C_6H_4\text{-COOLi} \xrightarrow[H^+]{H_2O} p\text{-Cl-}C_6H_4\text{-}CO_2H$$

11.4　羧酸衍生物概述

羧基中的—OH 被—X、—OCR、—OR、—NH_2(R) 置换后产生的羧酸衍生物分别为酰卤、酸酐、酯、酰胺。由于腈可看成是羧酸衍生物酰胺的失水产物，因此本节一并讨论这类化合物。

酰卤命名时，将原某羧酸的“酸”用“酰卤”代替，称为某酰卤。例如，化合物中有一优先的主官能团而酰卤作为取代基时，酰卤作为取代基，称为“卤甲酰”基。

普通命名	二氯乙酰氯	对溴甲酰基苯甲酸	琥珀酰二氯
IUPAC 命名	2, 2-二氯乙酰氯	4-溴甲酰基苯甲酸	琥珀酰二氯
	2, 2-dichloroacetyl chloride	4-(bromocarbonyl) benzoic acid	succinyl dichloride

酸酐可以看作两分子羧酸失去一分子水后的生成物。若组成酸酐的两烃基部分是相同的，为单酐，命名时将某“羧酸”称为某“酸酐”；若组成两烃基部分不同，则为混酐，命名时把简单的酸放在前面，复杂的酸放在后面，再将“酸”字去掉，最后加“酐”字；二元羧酸分子内失水形成环状酸酐，命名时在二元羧酸的名称后用“酐”字替换“酸”字。

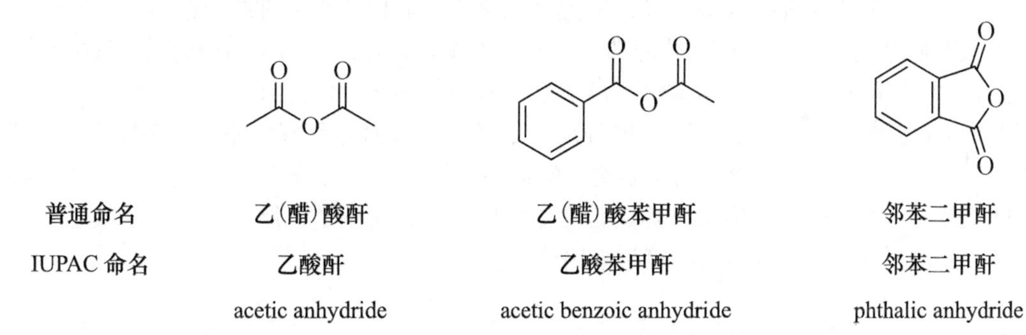

普通命名	乙(醋)酸酐	乙(醋)酸苯甲酐	邻苯二甲酐
IUPAC 命名	乙酸酐	乙酸苯甲酐	邻苯二甲酐
	acetic anhydride	acetic benzoic anhydride	phthalic anhydride

酯可看作羧酸的羧基氢原子被烃基取代的产物，命名时把羧酸名称放在前面，烃基名称放在后面，再加一个“酯”字。分子内的羟基和羧基失水，形成内酯，用“内酯”两字代替“酸”字，并标明羟基的位次，普通命名用α、β、γ…表示，IUPAC 命名用 1、2、3、4…表示。脂肪酸与多元醇形成的酯，也有将醇的名称放在前、羧酸名称放在后来命名，这常用于普通命名法。

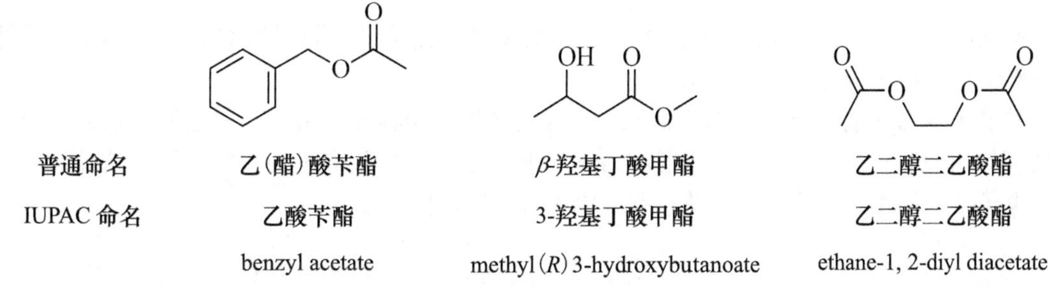

普通命名	乙(醋)酸苄酯	β-羟基丁酸甲酯	乙二醇二乙酸酯
IUPAC 命名	乙酸苄酯	3-羟基丁酸甲酯	乙二醇二乙酸酯
	benzyl acetate	methyl (*R*) 3-hydroxybutanoate	ethane-1, 2-diyl diacetate

酰胺命名时，将相应羧酸的“酸”字改为“酰胺”即可，二酰胺也类似。当酰胺氮上氢原子被优先官能团取代时，则酰胺作为取代基，称酰胺基。当酰胺氮上有取代基但不太复杂时，就作为酰胺氮上的 *N*-取代基，用词头来命名。

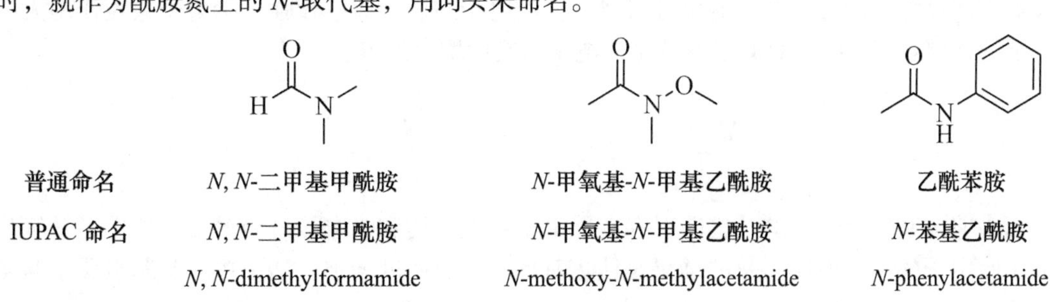

普通命名	*N*, *N*-二甲基甲酰胺	*N*-甲氧基-*N*-甲基乙酰胺	乙酰苯胺
IUPAC 命名	*N*, *N*-二甲基甲酰胺	*N*-甲氧基-*N*-甲基乙酰胺	*N*-苯基乙酰胺
	N, *N*-dimethylformamide	*N*-methoxy-*N*-methylacetamide	*N*-phenylacetamide

命名腈时，要把 CN 中的碳原子计算在某腈之内，并从 CN 的碳开始编号。若 CN 作为取代基，则写成氰基，氰基碳原子不计在内。

	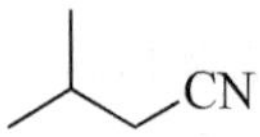 (CH₃)₂CHCH₂CN	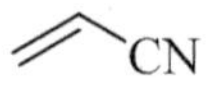 CH₂=CHCN	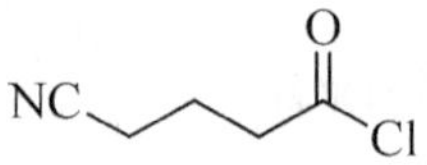 NC(CH₂)₃COCl
普通命名	**β-甲基丁腈**	**丙烯腈**	**γ-氰基丁酰氯**
IUPAC **命名**	**3-甲基丁腈**	**丙烯腈**	**4-氰基丁酰氯**
	3-methylbutanenitrile	acrylonitrile	4-cyanobutanoyl chloride

低级酰氯、酸酐是具有刺鼻气味的液体，高级的则为固体。十四碳酸以下的甲酯、乙酯均为液体。某些低级酯具有芳香气味，存在于水果中，可用作香料。酰胺除甲酰胺外，均是固体，这是分子中形成氢键的缘故。如果氮上的氢逐步被取代，则氢键缔合减少，因此脂肪族的 N 取代酰胺常为液体。酰氯和酯的沸点因分子中没有缔合，比相应的羧酸低；酸酐与酰胺的沸点比相应的羧酸高。酰氯与酸酐不溶于水，低级的遇水分解。酯在水中溶解度很小。低级的酰胺可溶于水，*N*, *N*-二甲基甲酰胺和 *N*, *N*-二甲基乙酰胺是很好的非质子极性溶剂，可与水混溶。这些羧酸衍生物可溶于有机溶剂。酰氯中的甲酰氯、乙酰氯、丙酰氯、苯甲酰等，酸酐中的乙酸酐、丙酸酐、苯甲酸酐等均是常用反应试剂；腈中的乙腈，酯中的甲酸乙酯、乙酸乙酯、乙酸正丙酯、乙酸异丙酯等是常用溶剂。

11.5 羧酸衍生物的化学性质

11.5.1 羧酸衍生物结构与反应活性

1. 羰基的正电性

羧酸的衍生物酰氯、酸酐、酯、酰胺中，官能团中原子半径顺序为 Cl>C>N>O，鲍林电负性值大小顺序为 O>Cl>N>C。

酰氯羰基的正电性最大，因为氯原子半径与碳原子半径相差最大，轨道匹配最差，给电子共轭作用最弱；同时氯原子电负性又较大，吸电子的诱导效应较强。吸电子的诱导效应大于给电子共轭作用，因此氯原子使羰基的电子云密度降低最多。

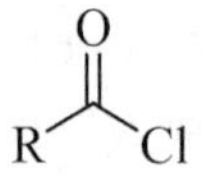

$$\mathrm{RCOCl}\qquad -\mathrm{I} > +\mathrm{C}$$

酰胺羰基的正电性最小，因为氮原子半径与碳原子半径相差最小，轨道匹配较好，给电子共轭作用最强，同时氮原子电负性又较小，吸电子的诱导效应较强。给电子共轭作用大于吸电子的诱导效应，因此氮原子使羰基的电子云密度增大最多。

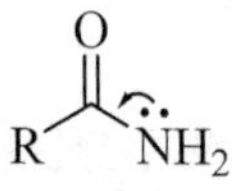

$$\mathrm{RCO\ddot{N}H_2}\qquad -\mathrm{I} < +\mathrm{C}\qquad \mathrm{R\text{-}C(=O^{\delta^-})\text{-}NH_2^{\delta^+}}$$

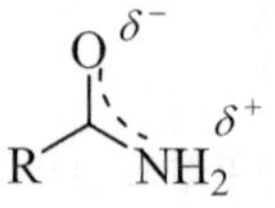

酯中非羰基氧原子与羰基也同时存在给电子共轭作用和吸电子诱导效应，给电子共轭作用大于吸电子的诱导效应，总的结果是使羰基的电子云密度增加。酸酐中非羰基氧原子与羰

基也同时存在给电子共轭作用和吸电子诱导效应，由于比酯增加了一个共轭吸电子作用的羰基，因此其羰基正电性比酯大。

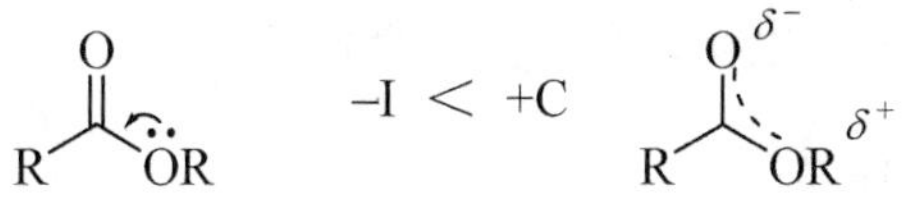

$$\mathrm{R{-}C({=}O){-}\ddot{O}R} \quad -\mathrm{I} < +\mathrm{C} \quad \mathrm{R{-}C({=}O^{\delta^-}){-}OR^{\delta^+}}$$

综合共轭效应与诱导效应，上述羧酸衍生物中羰基的正电性顺序为

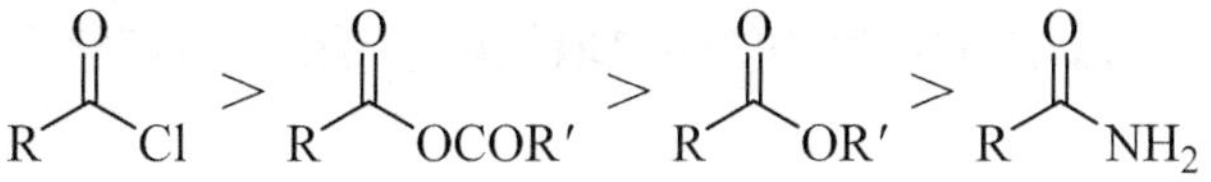

$$\mathrm{RCOCl} > \mathrm{RCOOCOR'} > \mathrm{RCOOR'} > \mathrm{RCONH_2}$$

2. α-氢的酸性

羧酸衍生物的α-氢一般不如醛、酮的活泼。表 11-3 中列举了这几类衍生物和一些代表性化合物α-氢的酸性。

表 11-3 化合物酸性比较

化合物	α-氢的 pK_a	化合物	α-氢的 pK_a
CH_3COCl	约 16	CH_3COOCH_3	25
CH_3CHO	17	CH_3CN	约 25
CH_3COCH_3	20	$CH_3CON(CH_3)_2$	约 30

结构上，由于酰氯中氯原子的较强的吸电子诱导效应及较弱的给电子共轭效应，其羰基的电正性大于醛、酮；解离出氢离子后，氯原子对形成的烯醇负离子较强的吸电子作用，能使烯醇负离子更加稳定，故酰氯的α-氢酸性比醛、酮的大。同理，酯的α-氢酸性比醛、酮小，酰胺的α-氢酸性最小。

3. 羰基氧的碱性

羧酸及其衍生物都有一个羰基，羰基氧具有碱性，可以质子化，成为共轭酸，其碱性大小与它所连接的基团有关。羧酸、羧酸衍生物、腈的共轭酸可表示如下：

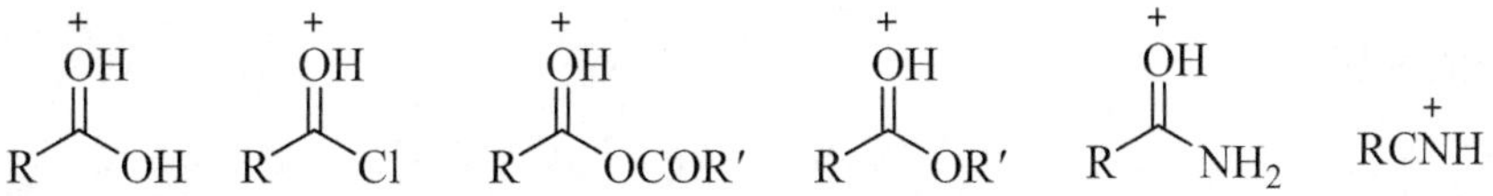

$$\mathrm{RC({=}\overset{+}{O}H)OH} \quad \mathrm{RC({=}\overset{+}{O}H)Cl} \quad \mathrm{RC({=}\overset{+}{O}H)OCOR'} \quad \mathrm{RC({=}\overset{+}{O}H)OR'} \quad \mathrm{RC({=}\overset{+}{O}H)NH_2} \quad \mathrm{RC\overset{+}{N}H}$$

酯中既有羰基氧，又有烃基氧，质子化时是羰基氧与质子结合而不是烃基氧。首先是因为羰基氧采取 sp^2 杂化，孤对电子占据 sp^2 杂化轨道，具有较多的 s 轨道成分；烃基氧采取 sp^3 杂化，具有较多的 p 轨道成分。羰基氧原子核对其孤对电子吸引力较强，因此其孤对电子与质子结合能力更弱。其次，烃基氧对羰基的给电子共轭效应大于吸电子的诱导效应，结果使羰基氧带形式负电荷而碱性较强，烃基氧带形式正电荷而碱性较弱。

如果羰基与烃氧基不共轭，如间隔一个 sp^3 杂化的碳原子，那么质子化绝大部分发生在烃基氧上。例如，乙酸乙酯及其异构体甲氧基丙酮的共轭酸为羧酸及酸酐、酰胺等其他衍生物具有类似的原因。

4. 羰基亲核取代反应的活性

绝大多数羧酸衍生物的亲核取代反应，如水解、醇解、氨(胺)解，均与羧酸一样按“加成-消除”机理分两步进行。羧酸衍生物的亲核取代反应可以在碱催化下进行，也可以在酸催化下进行。

碱催化历程：

$$RCOL \xrightarrow{:B^-} R\text{–}C(O^-)(B)(L) \longrightarrow RCOB + :L^-$$

亲核试剂作为碱对羰基亲核加成，分子由原来的电中性转变为带负电荷的中间体，羰基碳的杂化方式由原来的 sp^2 杂化转变为更拥挤的 sp^3 杂化，最后消除离去基团。由此可见，许多因素将影响亲核取代反应，亲核试剂的空间体积越小、亲核性越强越有利于亲核进攻；羧酸衍生物中 R 基体积越小越有利于亲核进攻，具有吸电子性将有利于稳定中间体；离去基团离去性越好越有利于消除。羧酸衍生物离去基团的离去性顺序一般为

$$I^- > Br^- > Cl^- > ROOCO^- > RO^- > {}^-OH > {}^-NH_2$$

酸催化历程：

$$RCOL \overset{H^+}{\rightleftharpoons} RC(\overset{+}{O}H)L \xrightarrow{:B^-} R\text{–}C(OH)(B)(L) \xrightarrow{-:L^-} RC(\overset{+}{O}H)B \xrightarrow{-H^+} RCOB$$

羰基氧与质子结合后，氧上带正电荷，正离子具有很强的吸电子诱导效应；羰基的正电性增加，更易接受亲核试剂的进攻。综合亲核加成及消除两步，不管是酸催化还是碱催化的机理，羧酸衍生物亲核取代的反应性顺序为

$$RCOCl \approx RCOBr > RCOOCOR' > RCOOR' \approx RCOOH > RCONH_2 \approx RCN$$

11.5.2 酰卤的反应

1. 水解

酰卤很易水解，产生相应的羧酸和氢卤酸。低级酰卤遇水剧烈水解，如乙酰氯在潮湿空气中因水解产生氯化氢而发烟。高级酰卤在水中溶解度较小，反应速率很慢，如果加入使酰卤与水均溶的溶剂，水解就能顺利进行。酰卤羰基具有较强的正电性，卤离子是很好的离去基团，水作为亲核试剂进攻羰基碳，多数情况无需催化剂即可顺利水解，只有少数情况需要碱作催化剂。

2. 醇解

酰卤与醇反应是合成酯的一种有效方法，特别是实验室的少量制备。芳香酰卤常需要无

机碱(如氢氧化钠、碳酸钾等)、有机碱(吡啶、三乙胺、4-二甲氨基吡啶等)催化方能顺利进行。这是由于芳香酰卤的芳基与正电性的羰基共轭，降低了羰基的正电性，降低了酰卤的活性。碱的作用一是催化反应，二是中和反应产生的酸。例如：

i-PrOH　三乙胺　OPr-i　+ HCl

OH　Cl　吡啶　+　N H　Cl^-

N　−Py

H O　N　$-H^+$　O　O　N

(i)　(ii)

反应首先是吡啶进攻酰氯，形成酰基吡啶鎓盐(i)。带正电荷的吡啶氮具有强的吸电子作用，一方面，它让羰基的正电性大大增加，很易接受羟基孤对电子的进攻形成中间体(ii)；另一方面，它通过诱导作用使(ii)的氧负离子稳定。最后消除吡啶得醇解产物苯甲酰苄酯。

3. 氨(胺)解

由于胺的亲核性比水、醇强，酰氯与氨、一级胺或二级胺反应形成酰胺，反应常较易进行，是制备酰胺的一种有效方法。

$$\text{Cl} + NH_3 \longrightarrow \text{NH}_2 + NH_4Cl$$

碱能中和反应产生的酸，将酰氯的氨(胺)解在碱性条件下进行，可避免酸消耗底物中的胺。常用的碱有 NaOH、吡啶、三乙胺、*N*, *N*-二甲苯胺等。

Cl　+ HN　NaOH　N　+ NaCl + H_2O

芳香酰氯与α-碳上有位阻的脂肪酰氯在水中溶解度较小，而 NaOH 溶于水，反应体系为两相；有机相中的酰氯不易被水解，氨(胺)与酰氯反应产生的 HCl 被水相中的 NaOH 中和。此类酰氯的氨(胺)解常在 NaOH 水溶液中进行。

4. 与金属有机化合物反应

(1) 与格氏试剂、有机锂试剂反应：酰卤与格氏试剂或有机锂试剂反应首先得到酮，但酮易进一步反应转变为三级醇。因此，若用 2 当量以上的格氏试剂或有机锂试剂与酰卤反应，将主要得到三级醇。

$$PhCOCl \xrightarrow[Et_2O]{2\ MeLi} PhC(CH_3)_2OLi \xrightarrow{H_2O} PhC(CH_3)_2OH$$

常温下若用 1 当量格氏试剂或有机锂试剂，会得到酮与三级醇的混合物。若想停留在酮阶段，除了控制金属试剂的用量外，还需要控制反应温度及加料方式。例如，低温下将 1 当量的格氏试剂滴加到酰氯溶液中，则主要产物是酮。

$$CH_3COCl \xrightarrow[2)\ H_2O]{1)\ n\text{-}PrMgCl,\ FeCl_3,\ Et_2O,\ -70℃} CH_3COCH_2CH_2CH_3$$

此外，如果酰氯或上述金属试剂有空间位阻，则反应可停留在酮阶段。

$$(CH_3)_3CCOCl \xrightarrow[2)\ H_2O]{1)\ i\text{-}PrMgCl,\ Et_2O} (CH_3)_3CCOCH(CH_3)_2$$

(2) 与有机镉试剂反应：有机镉试剂反应活性低，与酮反应很慢，与酯、酰胺等羧酸衍生物不反应，但易与酰氯反应。因此，反应可停留在酮阶段，可用于酮的合成，如下列酮酯的合成：

$$\text{(酰氯)} \xrightarrow[\text{甲苯},\ \triangle]{Me_2Cd} \text{(甲基酮)}$$

有毒金属镉不仅会对环境造成不利影响，该方法还不适用于对质量要求较高的产品的合成(如医药)，因此其在应用上受到一定的限制。

(3) 与二烃基铜锂反应：二烃基铜锂试剂，即盖尔曼(Gilman)试剂可与醛反应成醇，与酰氯反应成酮。低温下，盖尔曼试剂与许多官能团兼容性好，如与酮、卤代烃、酯基、酰胺、腈等均不反应，因此可用于酰氯合成酮。

$$o\text{-}EtO_2CC_6H_4COCl \xrightarrow[Et_2O,\ -60℃]{Et_2CuLi} o\text{-}EtO_2CC_6H_4COCH_2CH_3$$

5. 还原

(1) 催化氢化：过渡金属催化氢化可将酰氯经醛还原至醇，如产物是苄型或烯丙型的醇，羟基还可以继续氢解，生成烃。反应机理如下：

$$PhCOCl \xrightarrow[MeOH,\ \triangle]{H_2,\ Pd/C} PhCH_3$$

若要反应停留在醛这一步，可以使用罗森蒙德(Rosenmund)还原法，即使用毒化的催化剂催化还原。若向负载于硫酸钡上的钯催化剂中加入少量硫-喹啉、2,6-二甲基吡啶、硫脲等，便可降低钯催化剂的活性从而将酰氯的还原停留在醛这一步。

H$_2$, Pd-BaSO$_4$
硫, 喹啉

罗森蒙德还原法中，许多官能团不受影响，如卤素、酯基等，甚至容易氢解的硝基也能保持不变。

H$_2$, Pd-BaSO$_4$
硫, 2,6-二甲基吡啶

(2)金属氢化试剂还原：酰氯可被 NaBH$_4$、LiBH$_4$、KBH$_4$、LiAlH$_4$ 等金属氢化试剂经醛直接还原为醇。若要停留在醛一步，则可以使用部分取代的金属试剂，如三叔丁氧基氢化锂铝[LiAlH(OBu-*t*)$_3$]、二异丁基氢化锂铝[LiAlH$_2$(Bu-*i*)$_2$，常简写为 DIBAL、DIBAL-H]等。

DIBAL-H
THF, −78℃

6. α-氢卤代

酰卤的α-氢酸性比醛、酮还大，倾向于形成烯醇负离子，然后与卤素加成，得到α卤代的酰卤。羧酸的α-卤代赫尔-乌尔哈-泽林斯基反应(参看 11.3.2 小节 1.)即是通过中间产物酰卤进行。与羧酸的α-卤代不同的是，酰卤往往无需催化剂即可发生α-卤代。

EtOH, 吡啶 → (COCl)$_2$, DMF(催化剂), DCM, 0℃ → Br$_2$ → EtOH

11.5.3　酸酐的反应

1. 水解

在中性、酸性、碱性溶液中，酸酐均可水解。酸酐通常难溶于水，在室温下水解很慢，如果选择合适的溶剂使之成均相，或加热使之成均相，不需酸碱催化，水解也能进行。

2. 醇解

酸酐与酰卤一样，易醇解，常用于酯的合成。

HO—CH$_2$CH=CHCH$_2$—OH $\xrightarrow[CH_3COONa]{(CH_3CO)_2O}$ AcO—CH$_2$CH=CHCH$_2$—OAc

环状酸酐醇解，可以制备分子内具有酯基的羧酸，具有酯基的羧酸可以进一步发生羧基的反应、酯基的反应，在合成上具有重要的用途。

CH$_3$OH, 回流 → *i*-PrOH, H$^+$

3. 氨(胺)解

乙酸酐、乙酰氯均是常用的乙酰化试剂。因乙酰氯易水解，而乙酸酐不易水解，对于有些易溶于水的底物，可以在水中进行酰化时，乙酸酐则是一个更好的选择。

$$NH_2CH_2COOH \xrightarrow{Ac_2O} AcNHCH_2COOH + CH_3COOH$$

酸酐的氨(胺)解反应中，经常加入三级胺(如三乙胺、吡啶、二异丙基乙基胺等)来中和反应产生的酸。

NH_2 ... OMe $\xrightarrow[\text{吡啶}]{Ac_2O}$ NHAc ... OMe + (吡啶鎓 $\overset{+}{N}H$) Cl^-

环状酸酐的氨(胺)解，得到开环的酰胺酸，继续高温反应，将得到脱水缩合的环状酰亚胺产物：

NH₃ / 300℃ ; NH₃ ; $O^-NH_4^+$; NH_2 ; 300℃ ; NH ; KOH ; N^-K^+ ; H_3O^+ ; OH ; NH_2 ; 300℃

因为亚胺氮上的孤对电子与两个羰基共轭而离域，酰亚胺氮上的氢有一定酸性，可以与碱成盐。例如，常用于盖布瑞尔(Gabriel)合成的邻苯二甲酰亚胺钾(酞酰亚胺钾)即是通过邻苯二甲酰亚胺与氢氧化钾反应制备。

此外，有机合成中常用的溴化剂溴代丁二酰亚胺(NBS)则是通过丁二酰亚胺与溴反应制备：

O ... O ... O $\xrightarrow[300℃]{NH_3}$ NH $\xrightarrow{Br_2}$ N—Br

4. 与金属有机化合物反应

酸酐与金属有机化合物反应活性较高，但酸酐中的羰基均能与金属有机试剂反应，用它进行合成效率不高。

11.5.4　酯的反应

1. 水解

酯的水解反应是羧酸和醇反应生成酯的逆反应，因此酯水解反应也是平衡反应。酯羰基正电性比酰氯、酸酐差，常需要酸或碱催化才能水解。碱催化效果比酸好，因为 OH^- 的亲核能力比 H_2O 强；另外，碱还可以与水解产物羧酸中和成盐，使平衡向右移动直至反应彻底。因为产生的羧酸要消耗碱，因此碱的用量要大于酯的物质的量。

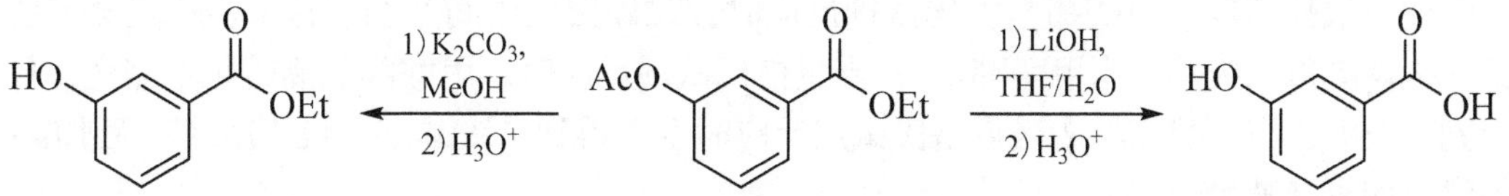

HO–C₆H₄–COOEt ← 1) K_2CO_3, MeOH; 2) H_3O^+ — AcO–C₆H₄–COOEt — 1) LiOH, THF/H_2O; 2) H_3O^+ → HO–C₆H₄–COOH

多数酯的水解均是按“加成-消除”反应机理进行(参看 11.5.1 小节)。对于能形成稳定的碳正离子的三级醇的酯，在酸催化条件下的水解可能是烷氧断裂机理。底物若有手性，则有可能消旋化，如：

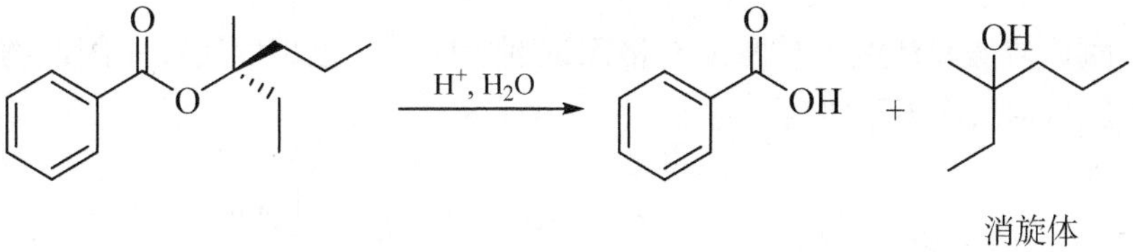

$\xrightarrow{H^+, H_2O}$　+

消旋体

2. 酯交换

酯交换反应指酯中的烃氧基被另一个醇的烃氧基置换的反应。反应通常需在酸(氯化氢、硫酸或对甲苯磺酸等)或碱(烃氧负离子)催化下进行。酯交换反应是一个可逆反应，为使反应向右进行，常用过量的所希望形成酯的醇，或将反应产生的醇除去。该反应常用于低沸点醇的酯转为高沸点醇的酯，例如：

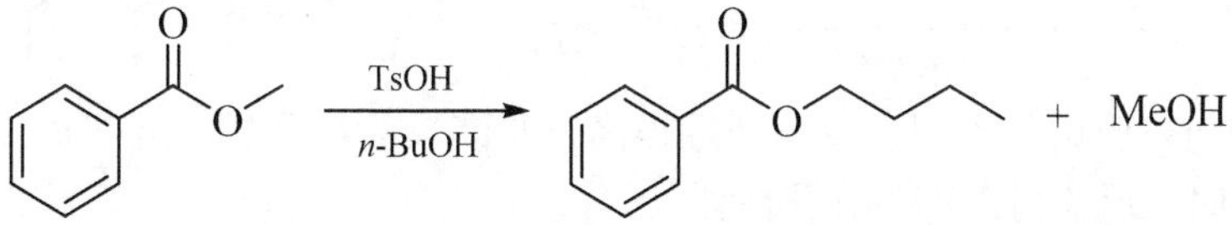

$\xrightarrow[n\text{-BuOH}]{TsOH}$　+ MeOH

由于甲醇的沸点比正丁醇低，反应中把产生的甲醇蒸出，反应便顺利向右进行。

3. 氨(胺)解

酯与氨(胺)形成酰胺的反应称为酯的氨(胺)解。肼和羟氨也能与酯发生胺解反应。

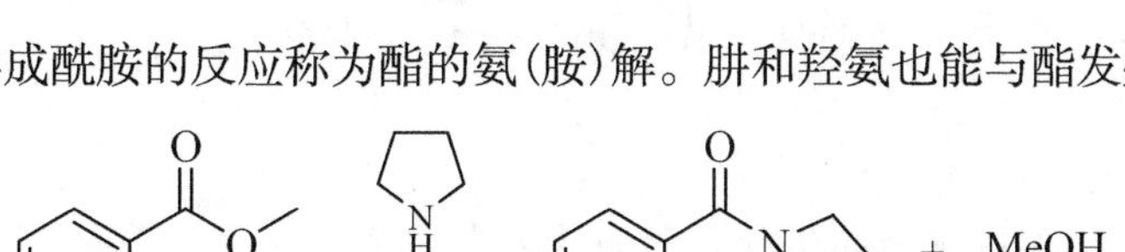

→　+ MeOH

+ MeOH

$H_2NOH \cdot HCl$ / Et_3N → NHOH, OH + $Et_3N \cdot HCl$

H_2NNH_2 → $NHNH_2$ + EtOH

4. 与金属有机化合物反应

醛比甲酸酯活泼，甲酸酯与格氏试剂反应时，难停留在中间产物醛这一步；醛会继续与格氏试剂反应得二级醇。当甲酸酯与 1 当量格氏试剂反应时，甲酸酯底物转化不完全，且主要得到二级醇；当甲酸酯与 2 当量格氏试剂反应时主要得到二级醇。一般使用绝对无水溶剂，如乙醚、四氢呋喃等。

类似地，酮比羧酸酯活泼，羧酸酯与格氏试剂反应时，也难停留在中间产物酮这一步，酮会继续与格氏试剂反应得三级醇。

与金属有机化合物反应的活性是酮的高于羧酸酯的，羧酸酯的高于碳酸酯的，碳酸酯与过量格氏试剂反应时主要得到三级醇，难停留在中间产物羧酸酯、酮的步骤。若底物有空间位阻，则反应可停留在酮这一步。

有机锂试剂与格氏试剂类似，反应活性很高，与酯反应得到醇。有机锂试剂或羧酸酯具有较大空间位阻时，反应可以停留在酮阶段：

5. 还原

(1) 催化氢化：酯在过渡金属催化下氢解为两分子醇，工业上常使用廉价的铜铬氧化物 ($CuO \cdot CuCrO_4$) 在高温高压下还原酯；该反应条件下，苯环不受影响，烯、炔、氰基、硝基、醛酮、卤素等都将被还原。

$$\text{PhCO}_2\text{Et} \xrightarrow[125℃,\ 30\ \text{MPa}]{\text{CuO}\cdot\text{CuCrO}_4} \text{PhCH}_2\text{OH}$$

(2)钠/醇还原：钠/醇还原酯为一级醇，即鲍维特-布朗克(Bouveault-Blanc)还原，该方法中双键不受影响。

Na, EtOH / 甲苯

Na / SET　(i)　Na / SET　(ii)　EtOH / EtONa　(iii)　−EtONa

(iv)　Na / SET　(v)　Na / SET　(vi)　EtOH / EtONa　(vii)　H_3O^+

钠通过两次单电子转移，酯羰基转变为中间体(ii)，随后夺取乙醇中的氢转变为中间体(iii)；中间体(iii)失去乙醇钠得中间产物醛(iv)，随后重复上述类似的过程，酯最终被还原为醇。

(3)酮醇缩合：酮醇缩合又称偶姻缩合(acyloin condensation)，是指在无水无氧条件下，羧酸酯在钠的醚(或甲苯、二甲苯)溶剂中发生双分子还原生成α-羟基酮(酮醇)的反应。

$$\text{RCOOEt} \xrightarrow[\text{甲苯},\ \triangle]{\text{Na, 无水无氧}} \xrightarrow{H_3O^+} \text{RCOCH(OH)R}$$

酮醇缩合是一个自由基型的反应，关于其反应机理目前虽无统一定论，但有两种自由基历程被接受。一种是双自由基二聚历程：

2Na / 还原　(i)　二聚　(ii)　−2EtONa　(iii)

2Na / 还原　(iv)　H_3O^+　(v)

钠通过单电子转移将酯羰基转变为自由基中间体(i)，两分子中间体(i)二聚为中间体(ii)，随后失去两分子乙醇钠转变为二酮(iii)；二酮(iii)被还原为中间体(iv)，接着水解为烯二醇(v)

并发生异构化为最终产物酮醇。

另一种是环氧中间体历程：

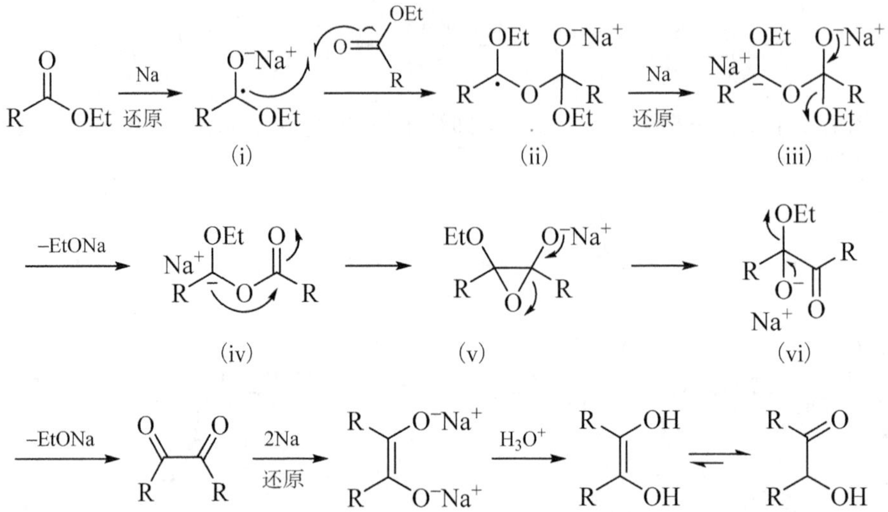

自由基中间体(i)与一分子羧酸酯结合为负离子自由基中间体(ii)，随后继续被还原为双负离子(iii)；双负离子(iii)接着失去乙醇钠转变为中间体(iv)，并通过分子内羰基加成转变为环氧负离子中间体(v)；中间体(v)发生环氧开环转变为中间体(vi)后失乙醇钠得到相应的二酮，二酮进一步被还原转化为最终酮醇产物。

一般合成环状化合物，特别是合成大环化合物时，反应浓度通常需要高度稀释，以防止发生分子间反应；然而，二元酸酯通过分子内的偶姻缩合成环时，在常规浓度的溶液中反应也主要发生分子内的偶姻缩合：

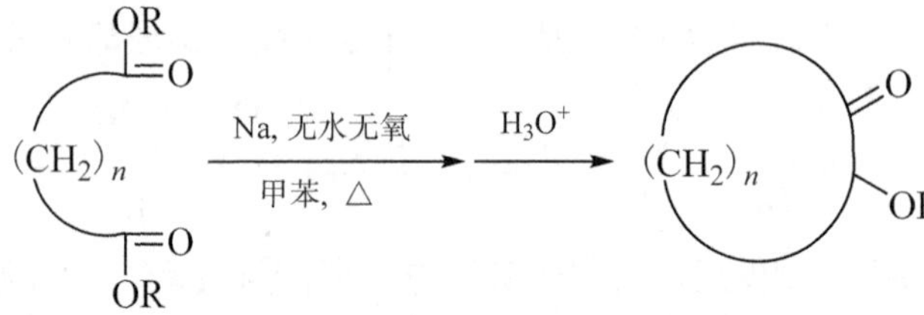

(4) 金属氢化物还原：氢化锂铝、硼氢化锂均能将羧酸酯还原为一级醇，氢化锂铝活性高于硼氢化锂。硼氢化钠、硼氢化钾等金属氢化物不能还原一般的酯，对于某些邻位有氨基、羟基等取代基的羧酸酯，在剧烈条件下也可以被还原为一级醇。

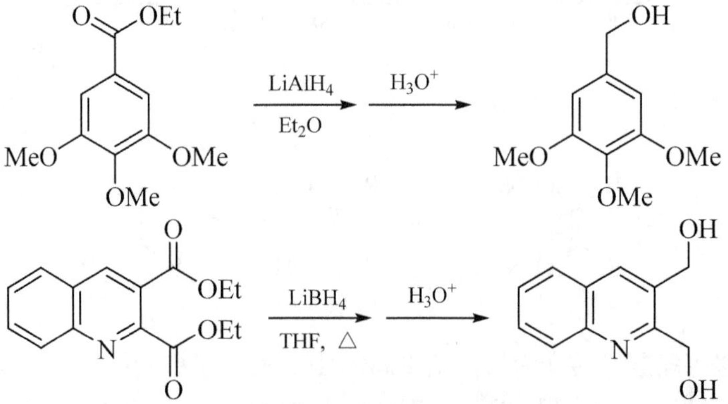

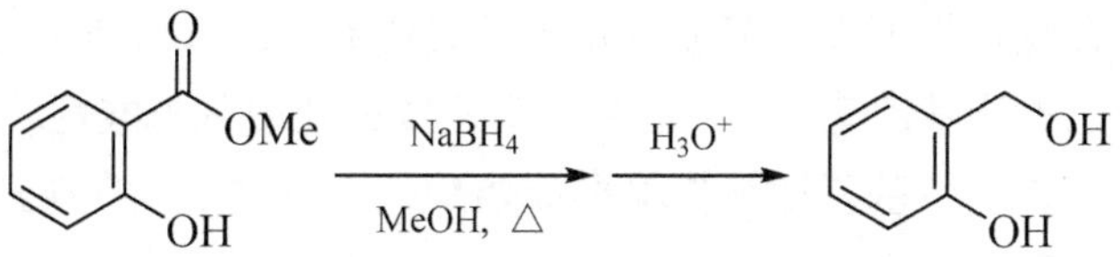

6. 瑞福马斯基(Reformatsky)反应

醛或酮等羰基化合物与α-卤代羰基化合物(常见α-卤代羧酸酯)、锌粉反应生成β-羟基酸酯的反应。除了醛和酮，瑞福马斯基试剂还能与酯、酰氯、环氧化物、亚胺、腈类等官能团化合物反应。

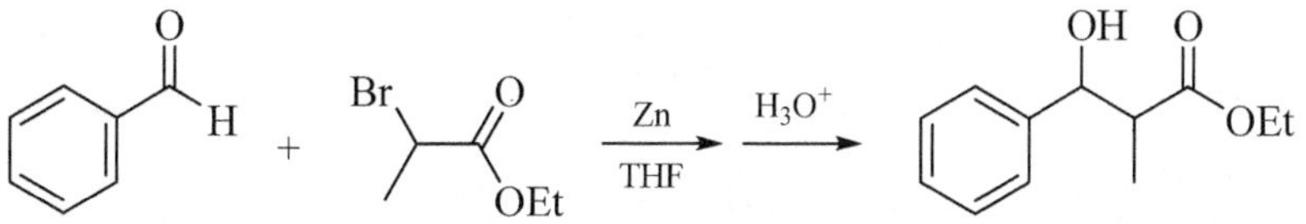

消旋体

反应首先是 Zn 对α-卤代羧酸酯进行氧化加成生成有机锌试剂，有机锌试剂在溶剂中是以双分子缔合形式存在；随后有机锌试剂的烯醇盐通过六元环状过渡态对羰基加成，进一步水解得β-羟基酸酯。常用醚类作溶剂，如乙醚、四氢呋喃、1, 4-二噁烷和二甲氧基乙烷。

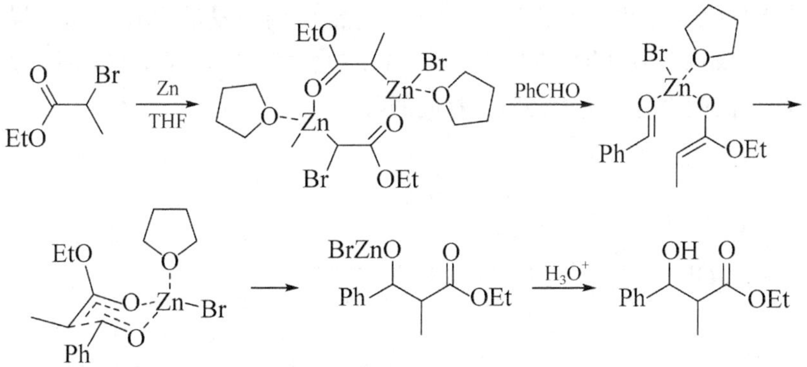

也可用其他金属盐代替金属锌，如碘化钐(SmI_2)、氯化铬($CrCl_2$)等。

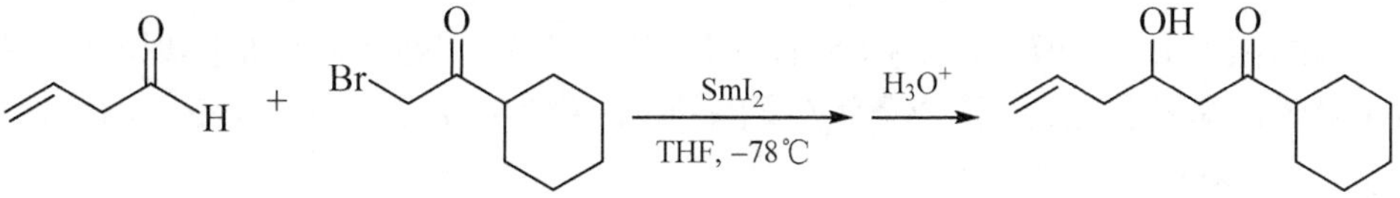

α-溴代羰基化合物、醛、酮底物的α-碳上有位阻时也可进行反应，只有空间位阻太大时不能反应。

7. α-碳的反应

具有α-氢的酯在强碱作用下可先形成烯醇负离子，接着烯醇负离子进攻另一分子的酯羰基并失去醇后得到β-氧代酸酯(β-羰基酯、β-酮基酯)的反应称为克莱森(Claisen)缩合反应。克莱森缩合是可逆反应。例如，乙酸乙酯在乙醇钠作用下发生克莱森缩合得到乙酰乙酸乙酯(别名“三乙”)。

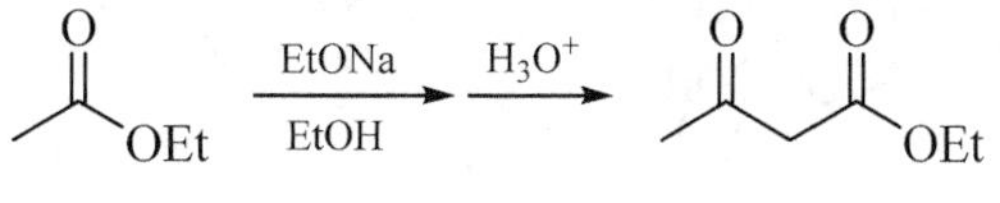

首先，乙酸乙酯在碱作用下，α-氢被拔除形成碳负离子，碳负离子对另一分子酯羰基发生“加成-消除”形成乙酰乙酸乙酯，由于乙酰乙酸乙酯的亚甲基氢酸性较乙酸乙酯的α-氢强，一旦生成乙酰乙酸乙酯，亚甲基氢即被拔除形成烯醇盐，导致平衡向生成乙酰乙酸乙酯的方向进行，后者用弱酸处理即得乙酰乙酸乙酯。

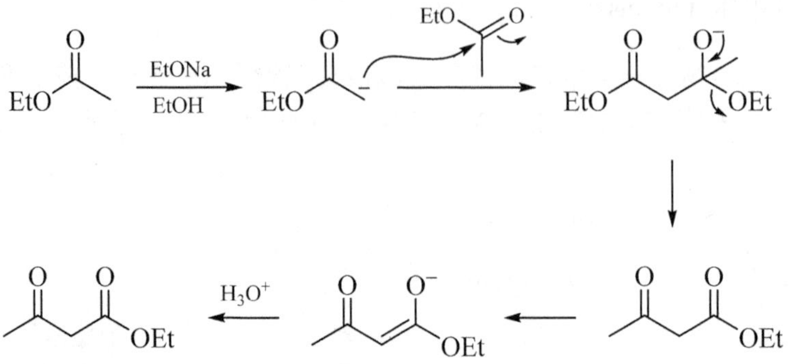

乙酰乙酸乙酯在合成上非常有用，将在 11.8 节中详细讨论。

若同时使用不同的酯进行克莱森缩合，称为交叉克莱森缩合，将会得到至少四种不同的缩合产物。因此通常使用一种不含α-氢的酯(如芳香羧酸酯、甲酸酯和草酸酯等)，无α-氢的酯仅可作为受体与之反应将主要产生一种产品。常使用当量的强碱，如二异丙基氨基锂(LDA)、双(三甲基硅基)氨基钠(NaHMDS)、氢化钠、醇钠等。使用醇钠时，为了防止因酯交换形成混合物，需使用与酯基中烃氧基相同的醇。

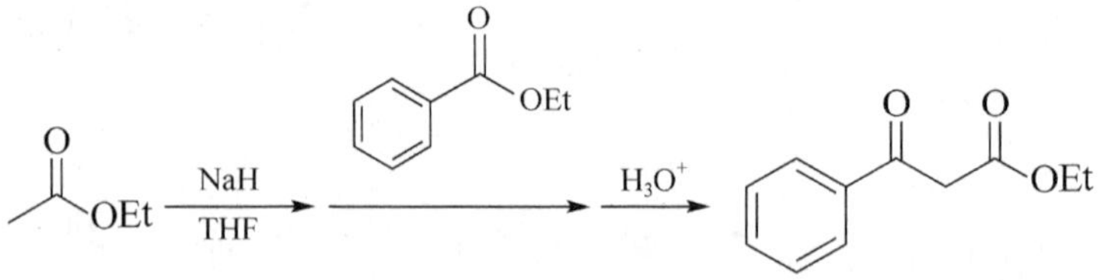

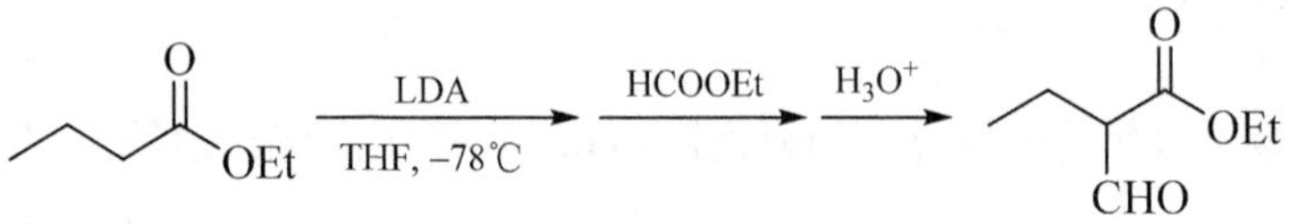

二元羧酸酯在当量的强碱($NaNH_2$、NaH、KH 等，或 Li、Na 与少量的醇现场生成强碱)作用下发生分子内酯缩合反应，形成环状β-酮酯的反应称为狄克曼(Dieckmann)缩合。

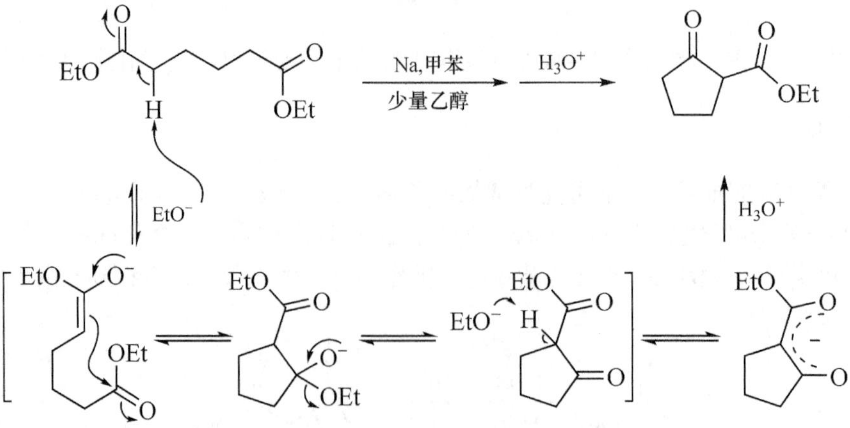

狄克曼缩合与克莱森类似，是可逆反应。首先是碱夺取一个酯基的α-氢，使其转化为烯醇负离子，随后进行分子内的“加成-消除”反应，得到产物。产物两羰基间的次甲基氢酸性较强，一旦产生，在反应条件下即刻发生酸碱反应生成相应的负离子，其负电荷分散在五个原子间而较稳定，最后经过酸处理即得产物。不对称的二元羧酸酯进行狄克曼缩合时，趋向于形成更稳定的热力学产物。例如：

(ii) $\underset{}{\overset{EtO^-}{\rightleftharpoons}}$ (i) $\overset{EtO^-}{\rightleftharpoons}$ (iv)

(iii) (vi) $\underset{H_3O^+}{\overset{EtO^-}{\rightleftharpoons}}$ (v)

二元酸酯(i)发生狄克曼缩合时，因空间效应化合物(v)比化合物(iii)稳定；此外，由于反应是可逆的，即使有化合物(iii)生成，它也将通过其逆反应而开环回到底物(i)，最终平衡右移而转化为化合物(v)。因此，最终产物将得到化合物(v)，而不是化合物(iii)。

烯醇负离子/碳负离子作为亲核试剂在合成上具有广泛的用途，除上述克莱森缩合、狄克曼缩合外，还可以与醛、酮进行亲核加成，形成β-羟基酸酯；与酰氯形成β-酮酯；与卤代烃反应使酯α位烃基化等。反应常分步进行，即先将强碱滴加到酯的溶液中(若顺序颠倒，则可能发生克莱森缩合副反应)，形成烯醇负离子后，再将醛、酮等亲电试剂加入反应。

$\xrightarrow[\text{THF, }-78^\circ C]{LDA}$ $\xrightarrow{}$ $\xrightarrow{H_3O^+}$

$\xrightarrow[\text{THF, }-78^\circ C]{NaHMDS}$ $\xrightarrow{}$ $\xrightarrow{H_3O^+}$

$\xrightarrow[\text{THF, }0^\circ C]{NaH}$ $\xrightarrow{CH_3I}$ $\xrightarrow{H_3O^+}$

消旋体

$\xrightarrow[EtOH]{EtONa}$ $\xrightarrow{H_3O^+}$

消旋体

8. 热解

醇在酸性条件下，经历碳正离子中间体脱水消除会产生稳定的烯烃；由于碳正离子中间体可能发生重排，因而可能得到多种烯烃混合物。若将醇转变为羧酸酯，再将羧酸酯在高温下热解，将消除羧酸得到较单一的烯烃。例如：

环己烷甲醇在酸性条件下直接消除将形成环内双键，而将其转变成酯后再热解消除将形成环外双键。虽然后者的环外双键没有前者的环内双键稳定，但其在热解消除条件下并不会重排为环内双键。

酯的热解消除是协同进行的，其六元环状过渡态构象处于重叠式，被消除的酰氧基与β-氢原子处于同一侧，且同时离去，故称为顺式消除。如果羧酸酯有两种β-氢，可以得到两种消除产物，但主要消除酸性大、位阻小的β-氢。例如：

由于在 C_1～C_5 间消除比 C_1～C_2 间消除位阻更小，故在 C_1～C_5 间消除；又因为 C_5 上的氢与 C_1 上的乙酰氧基处于顺式，而氘与之处于反式，故消除 C_5 上的氢。

虽然酯的热解是顺式消除，但其主要产物并不一定就是顺式构型。若被消除的β-位有两个氢，则以稳定的反式产物为主。例如：

构象(i)

构象(ii)

因为部分重叠式构象(ii)比全重叠式构象(i)稳定，所以构象(ii)比构象(i)多，主要产物为(ii)顺式消除得到的(反)-1,2-二苯乙烯。

羧酸酯的热解消除需较高的反应温度，其热解消除仅适用于热稳定的化合物。若将醇转变为黄原酸酯，可降低热解消除的温度，在 100～200℃进行热解即可发生类似羧酸酯热解的反应，得到烯烃。

$$\text{ROH} \xrightarrow[-H_2O]{CS_2,\ NaOH} \text{RO-C(=S)-SNa} \xrightarrow[-NaI]{CH_3I} \text{RO-C(=S)-SCH}_3$$

黄原酸酯的热解过程也是通过酯热解类似的六元环状过渡态进行的，消除规则也类似。例如：

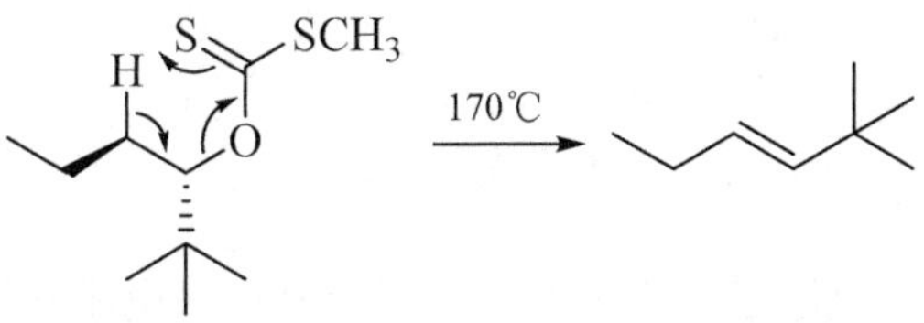

S　SCH_3　H　O　170℃

11.5.5　酰胺的反应

1. 水解

在酸或碱催化下，酰胺可以水解为酸和氨(胺)，多数酰胺的水解条件比其他羧酸衍生物更苛刻，常需强酸或强碱长时间加热反应。酸或碱催化都有利于平衡向水解方向移动，因为酸催化剂除了可以活化羰基外，还可以中和平衡体系中产生的氨(胺)；碱催化是 OH^- 进攻羰基碳，碱还可以中和平衡体系中产生的羧酸。

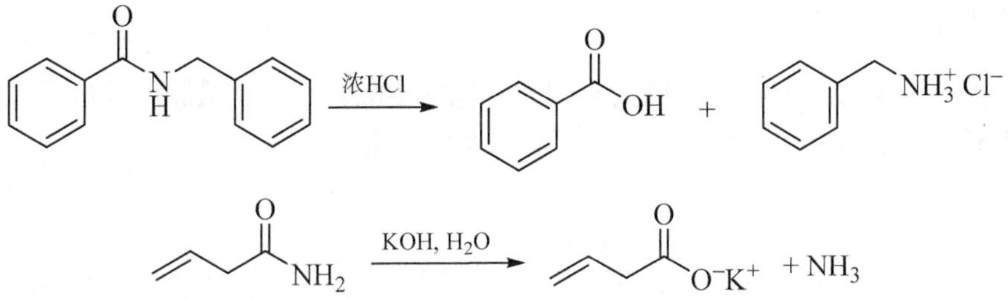

O　N H　浓HCl　O　OH　+　NH_3^+ Cl^-

O　NH_2　KOH, H_2O　O　O^-K^+　+ NH_3

有些较难水解的酰胺，如有空间位阻，可以在室温下用亚硝酸处理，进而水解为羧酸。

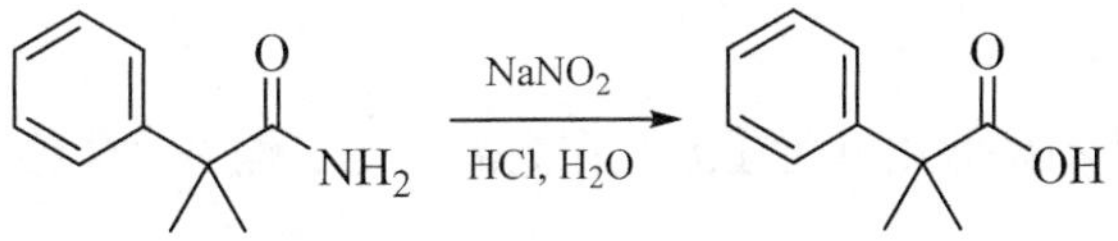

O　NH_2　$NaNO_2$ / HCl, H_2O　O　OH

首先是氨基重氮化转为酰基重氮盐，酰基重氮盐失去氮气转变为酰基碳正离子，随后酰基碳正离子与水分子结合，最后失去质子转变为羧酸。

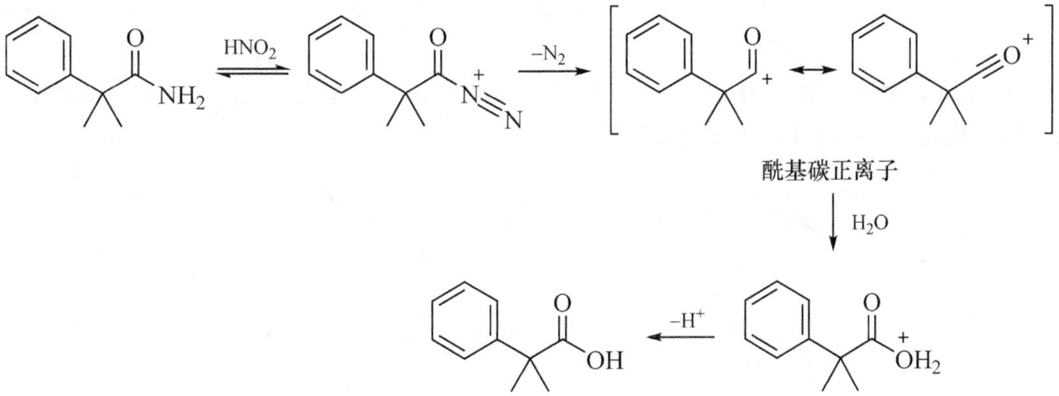

O　NH_2　HNO_2　O　N^+　N　$-N_2$　O　+　O^+

酰基碳正离子

H_2O

O　OH　$-H^+$　O　$\overset{+}{O}H_2$

2. 醇解

由于酯羰基的正电性比酰胺羰基强，相似结构的酯其羰基比酰胺羰基更易接受亲核试剂的进攻，因此酰胺醇解为酯不易进行，常在酸性条件下反应，也可在碱性条件下催化醇解。对于一些羰基正电性较强的酰胺，醇解反应较易进行，如维恩瑞布(Weinreb)酰胺的醇解：

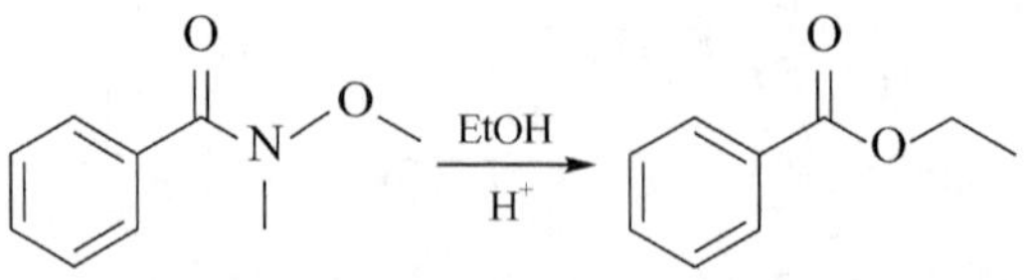

由于氧原子的电负性比氮原子强，酰胺氮上烃氧基的吸电子作用削弱了氮对羰基的共轭供电子作用。因此，相较于一般酰胺，维恩瑞布酰胺的羰基正电性增加，更易进行亲核反应。

3. 氨(胺)交换反应

酰胺与氨(胺)的胺解反应即为胺的交换反应。

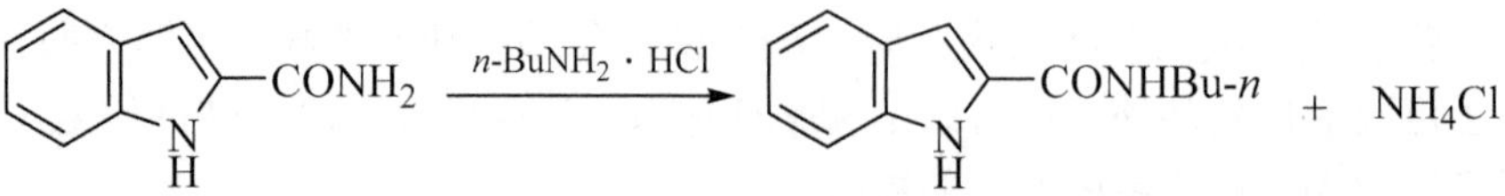

4. 与金属有机化合物反应

当酰胺氮上有氢时，酰胺与有机金属试剂首先发生酸碱反应。酰胺的反应活性比酰卤、酸酐、酯等羧酸衍生物低，一些酰胺与金属试剂反应也用于有机合成。

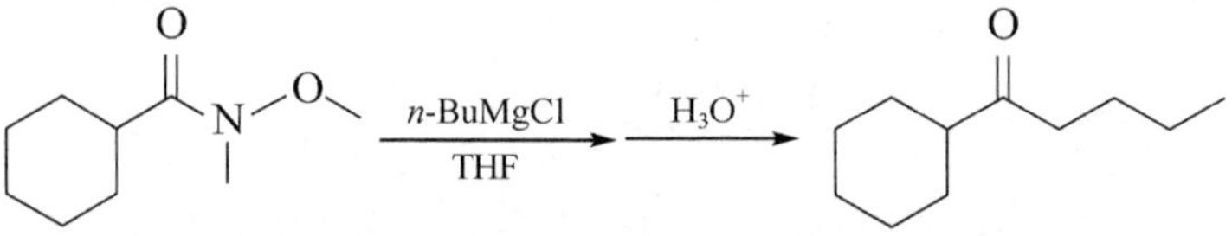

5. 还原

(1)催化氢化：酰胺不易催化氢化还原，在高温高压、铜铬氧化物($CuO \cdot CuCrO_4$)催化作用下，酰胺被还原。

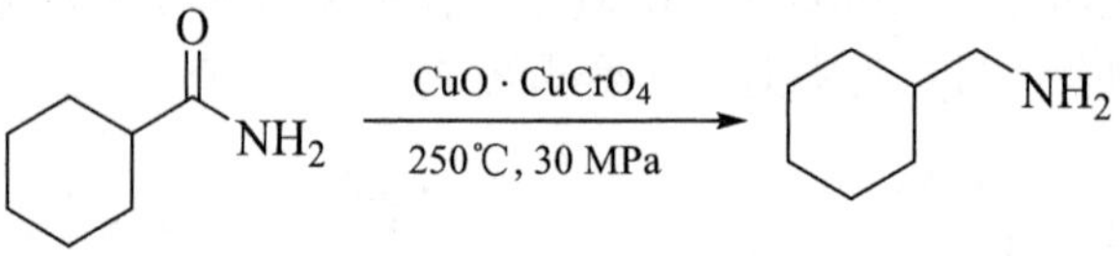

(2)金属氢化物还原：一级酰胺、二级酰胺可被氢化锂铝分别还原为一级胺、二级胺，三级酰胺可被过量的氢化锂铝还原为三级胺。

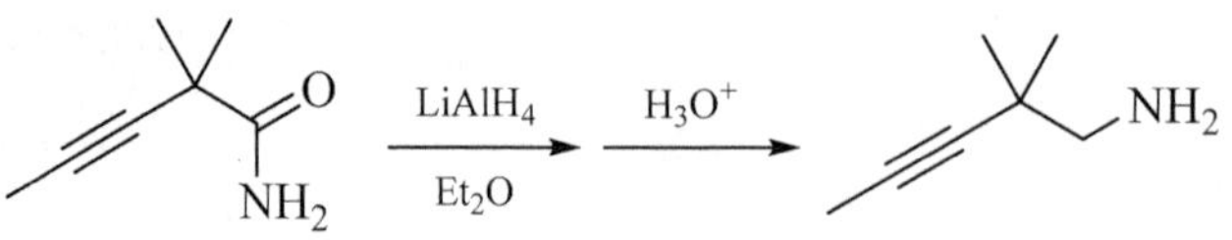

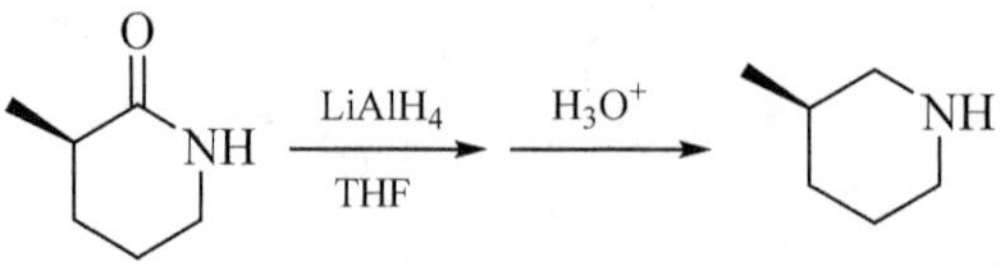

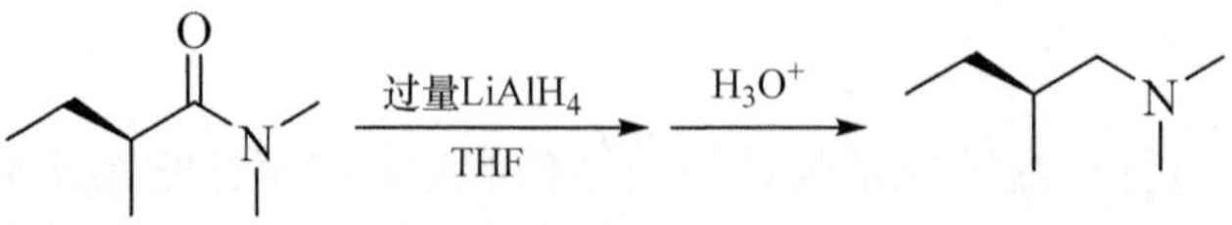

若需要将三级酰胺还原为胺，可以使用当量的氢化锂铝并控制加料方式使其始终不过量，或用取代的氢化锂铝如三乙氧氢化锂铝[$LiAlH(OC_2H_5)_3$]、二乙氧氢化锂铝[$LiAlH_2(OC_2H_5)_2$]等。

$\xrightarrow[\text{THF}]{LiAlH(OC_2H_5)_3}$ $\xrightarrow{H_3O^+}$

$\xrightarrow[\text{THF}]{LiAlH_2(OC_2H_5)_2}$ $\xrightarrow{H_3O^+}$

11.5.6　腈的反应

1. 水解

腈在酸或碱作用下加热，彻底水解为羧酸。小心控制反应条件，腈可部分水解为酰胺。

$$RCN \underset{-H_2O}{\overset{H_2O}{\rightleftharpoons}} RCONH_2 \underset{-H_2O}{\overset{H_2O}{\rightleftharpoons}} RCOOH$$

2. 醇解

酸催化下(如氯化氢、硫酸等)，腈用醇处理，可转变为羧酸酯，如：

$\xrightarrow[\text{HCl}]{\text{EtOH}}$ $\xrightarrow{H_3O^+}$

在无水条件下，可以分离得到中间产物亚胺酯盐；有水存在时，亚胺酯盐直接水解为酯。

CN $\xrightarrow{H^+}$ $\equiv\overset{+}{N}H$ $\xrightarrow{\text{EtOH}}$ $H\overset{+}{O}Et$ / NH $\xrightarrow{\text{质子转移}}$ $\overset{+}{N}H_2$ / OEt 亚胺酯盐 $\xrightarrow{H_2O}$

H_2N, EtO, $\overset{+}{O}H_2$ $\xrightarrow{\text{质子转移}}$ EtO, OH, $H_3\overset{+}{N}$ $\rightarrow$ $\overset{+}{O}H$ / OEt $\rightarrow$ O / OEt

3. 与金属有机化合物反应

腈与格氏试剂、有机锂试剂反应将停留在亚胺盐阶段，亚胺盐水解可转化为酮。

CN　BrMg— $\xrightarrow{Et_2O}$ NMgBr $\xrightarrow{H_3O^+}$ O

4. 还原

腈可用 $LiAlH_4$、催化氢化还原为胺。

$$\xrightarrow[\text{THF}]{LiAlH_4}\ \xrightarrow{H_3O^+}$$

$$\xrightarrow[130℃,\ 13\ MPa]{H_2/Ni}$$

11.6　羧酸衍生物的制备

1. 酰氯的制备

参见 11.3.4 小节相关内容。

2. 酸酐的制备

除羧酸的直接脱水可以制备单酐外(参看 11.3.4 小节相关内容)，工业上常用芳烃的氧化制备单酐，如在高温及 V_2O_5 催化下，苯氧化为顺丁烯二酸酐，邻二甲苯、萘等芳烃氧化为邻苯二甲酸酐。

$$\xrightarrow[V_2O_5,\ 400℃]{O_2(空气)}$$

$$\xrightarrow[V_2O_5,\ 290℃]{O_2(空气)}$$

$$\xrightarrow[V_2O_5,\ 400\sim500℃]{O_2(空气)}$$

工业常用乙酸与乙烯酮反应来制备乙酸酐。乙烯酮有毒，沸点–48℃。乙烯酮的制备方法很多，如丙酮裂解、乙酸分子内脱水、α-溴代酰溴和锌粉共热等。

$$CH_3COCH_3 \xrightarrow{700\sim750℃};\quad CH_3COOH \xrightarrow[700\sim740℃]{AlPO_4} \longrightarrow H_2C{=}C{=}O \xrightarrow{CH_3COOH} (CH_3CO)_2O$$

烯酮是有机合成中非常重要的一种试剂。可以控制聚合为二乙烯酮以便于保存，使用时加热解聚即可。

$$H_2C{=}C{=}O \longrightarrow$$

除与羧酸作用外，许多含“活泼氢”的化合物均可与乙烯酮作用。加成时，氢总是加在氧上，另一部分加在碳上，再经烯醇互变得羧酸、酰卤、酯、酰胺等。

$$H_2C{=}C{=}O\left\{\begin{array}{lll} H_2O & \longrightarrow & CH_3COOH \\ C_2H_5OH & \longrightarrow & CH_3COOC_2H_5 \\ HX & \longrightarrow & CH_3COX \\ NH_3 & \longrightarrow & CH_3CONH_2 \end{array}\right.$$

在以上的各反应中，分子中的氢都被一个乙酰基取代，因此烯酮是一个很理想的乙酰基化试剂。此外，烯酮还可以与许多亲核试剂反应，如格氏试剂、有机锂试剂等。烯酮还可以在光作用下分解产生亚甲基卡宾。

实验室常用羧酸钠盐与酰氯反应来制备混酐。

$$CH_3CH_2COONa + CH_3COCl \longrightarrow CH_3CH_2COOCOCH_3$$

3. 酯的制备

酯的制备方法，除羧酸与醇在酸催化下直接成酯、与重氮甲烷形成羧酸甲酯外(参看 11.3.4 小节相关内容)，还有多种方法均可用于合成酯，如羧酸盐与活泼卤代烷反应；酰卤、酸酐与醇反应；酯通过与醇发生酯交换转变为新的酯；腈与醇在酸催化下反应转变为酯等。

$$RCOOH + R'OH \xrightarrow{H^+} RCOOR' + H_2O$$

$$RCOONa + ArCH_2Cl \xrightarrow[\triangle]{\text{碱}} RCOOCH_2Ar + NaCl$$

$$RCOOH + CH_2N_2 \longrightarrow RCOOCH_3 + N_2$$

$$RCOCl + R'OH \longrightarrow RCOOR' + HCl$$

$$RCOOCOR + R'OH \longrightarrow RCOOR' + RCOOH$$

$$RCOOR' + R''OH \longrightarrow RCOOR'' + R'COOH$$

$$RCN + R'OH \longrightarrow RCOOR' + NH_4^+$$

4. 酰胺的制备

除羧酸铵盐高温脱水成酰胺外，还有多种方法均可用于制备酰胺，如酰氯、酸酐、酯的氨(胺)解，腈的水解。腈可以水解成酸，中间经过酰胺阶段；如果控制合适的反应条件，反应可以停留在酰胺这一步。常用试剂是含水的硫酸、盐酸及氢氧化钠水溶液，如果在氢氧化钠水溶液中含有 6%～12%的过氧化氢能加速反应进行：

$$C_6H_5CH_2CN \xrightarrow[40\sim50^{\circ}C]{35\%\ HCl} C_6H_5CH_2CONH_2$$

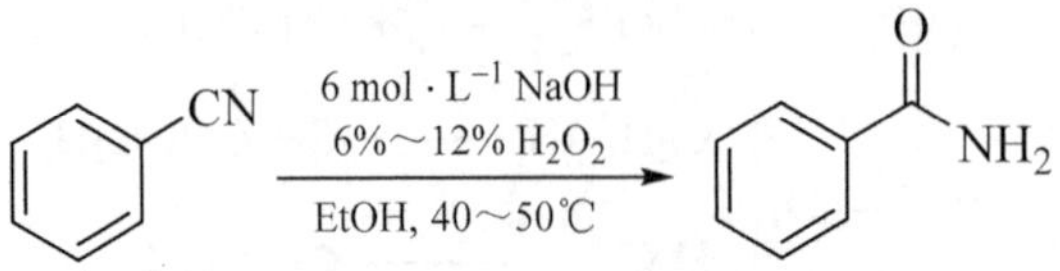

反应首先是 H_2O_2 在碱作用下产生 HOO^-，HOO^-对苯腈进行亲核加成形成中间体(i)，中间体(i)夺取水中的氢形成中间体(ii)，中间体(ii)接收一个氢进一步转变为酰胺。

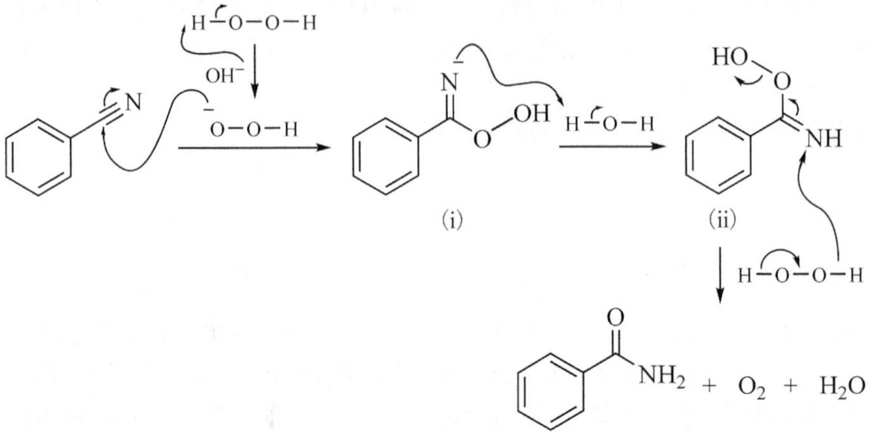

5. 腈的制备

常用卤代烃与氰化钾(钠)反应制备腈，也可用铵盐失水或酰胺失水制备，通常在较高温度下进行，铵盐中间经过酰胺得腈，如：

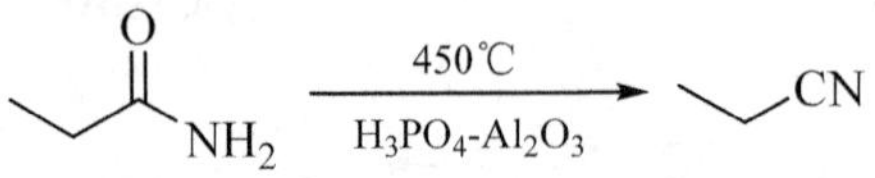

实验室常用酰胺在脱水剂作用下制备腈。常用脱水剂有五氧化二磷、五氯化磷、三氯氧化磷、亚硫酰氯、四氯化钛等，其中五氧化二磷脱水效果最好，将酰胺与五氧化二磷均匀混合后小心加热，反应完后将腈从体系中分离：

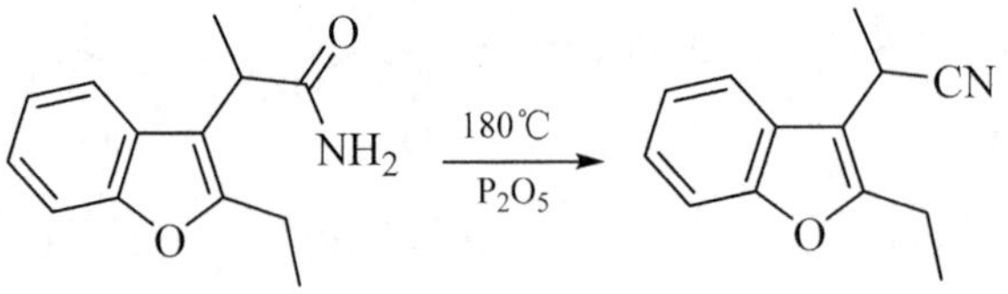

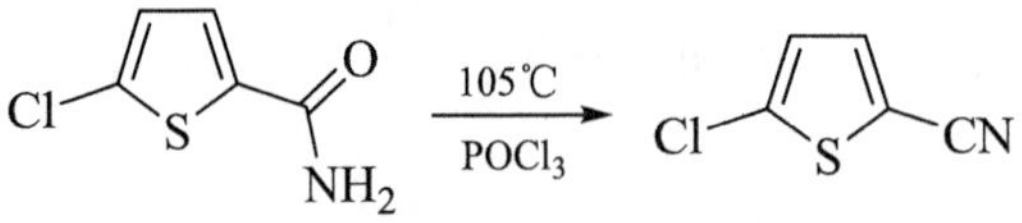

11.7　β-二羰基化合物的应用

β-二羰基化合物与一般的羰基化合物不同的是，两个羰基之间的亚甲基/次甲基上的氢酸性较强，稍弱的碱即可夺去进而形成碳负离子/烯醇负离子。最简单的β-二羰基化合物丙二醛，其亚甲基酸性最强，若β-二羰基化合物γ-位逐渐被其他烃基、羟基、烃氧基等给电子官能团取代，其亚甲基酸性降低；若被氰基、三氟甲基、羰基等吸电子官能团取代，其亚甲基酸性增强。有机合成中常见β-二羰基化合物亚甲基酸性顺序如下：

pK_a　　> 　　> 　　OEt　> EtO　　OEt

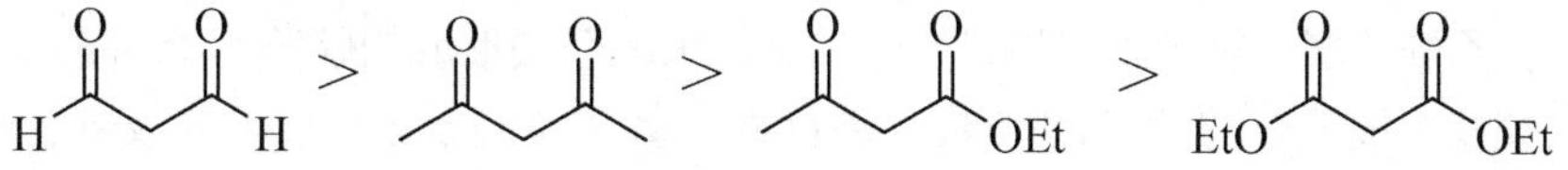

乙醇中烯醇含量　约100%　86%　7.5%　约0%

β-二羰基化合物亚甲基酸性越强，其溶液中烯醇式含量越高。

除了β-二羰基化合物外，1,3-位有其他吸电子官能团的化合物，其亚甲基酸性也较强，具有与β-二羰基化合物类似的性质。例如：

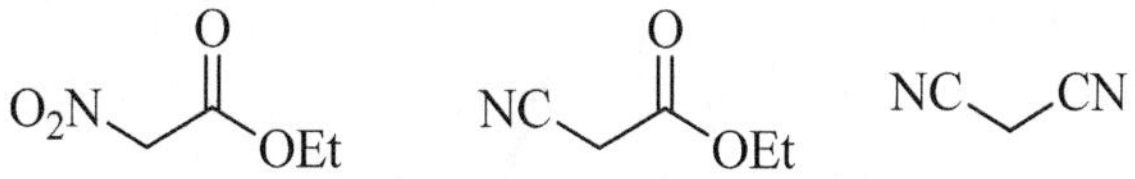

O_2N　OEt　　NC　OEt　　NC　CN

下面以基础有机化学中典型的β-二羰基化合物乙酰乙酸乙酯、丙二酸二乙酯为例，讨论它们的性质及在有机合成中的应用。

11.7.1　脱羧

前面已经介绍过β位具有吸电子基的羧酸一般不稳定，加热易脱羧(参看 11.3.5 小节)。丙二酸二乙酯及其衍生物在稀碱的溶液中水解，生成丙二酸及其相应的衍生物，加热脱羧转化为乙酸及相应的衍生物。

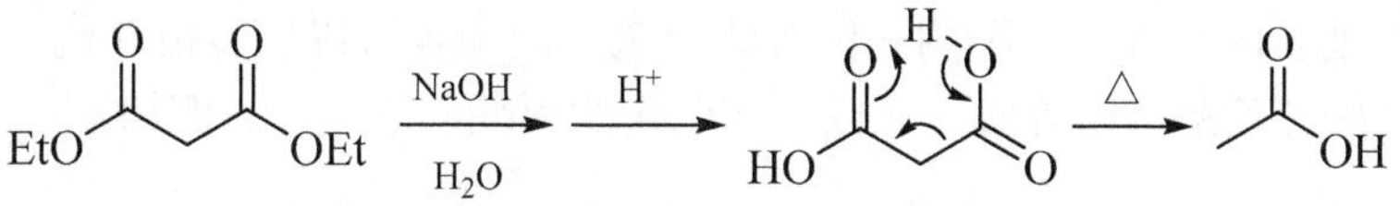

EtO　OEt $\xrightarrow[H_2O]{NaOH}$ $\xrightarrow{H^+}$ HO　O　$\xrightarrow{\triangle}$　OH

乙酰乙酸乙酯及其衍生物也能发生类似的反应，在稀碱的溶液中水解，再加热也可脱羧。由于生成的是丙酮及其衍生物，故称为乙酰乙酸乙酯的“酮式分解”。

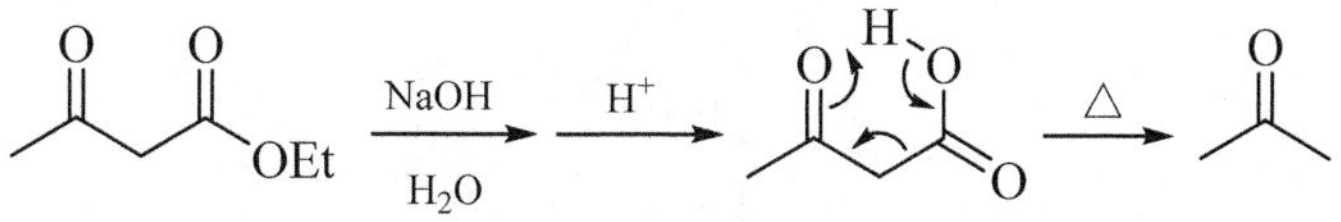

OEt $\xrightarrow[H_2O]{NaOH}$ $\xrightarrow{H^+}$ 　$\xrightarrow{\triangle}$

乙酰乙酸乙酯及其衍生物在浓碱的溶液中加热反应，碱首先进攻酮羰基，生成的酯进一步水解。由于最终得到的是两个羧酸，故称为乙酰乙酸乙酯的“酸式分解”。

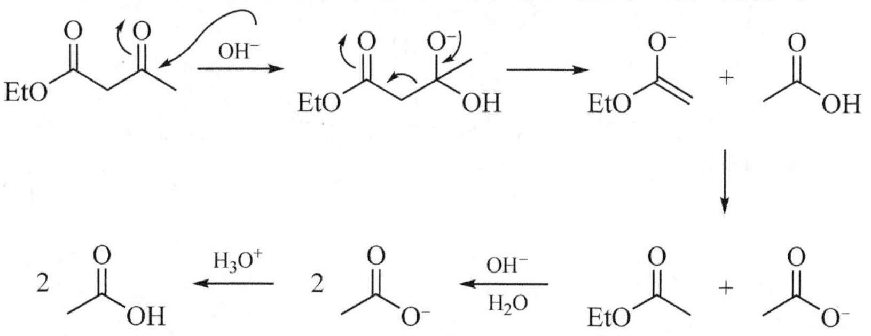

EtO $\xrightarrow{OH^-}$ EtO　OH $\longrightarrow$ EtO　+　OH

2　OH $\xleftarrow{H_3O^+}$ 2　O^- $\xleftarrow[H_2O]{OH^-}$ EtO　+　O^-

不对称二酮发生“酸式分解”，由于碱首先可进攻两种酮羰基，故将得到两种羧酸与两种酮的混合物。

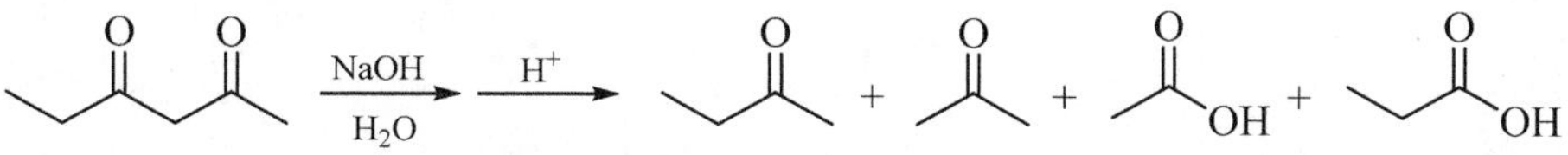

$\xrightarrow[H_2O]{NaOH}$ $\xrightarrow{H^+}$ 　+　+　OH　+　OH

11.7.2 α-位烃基化及酰基化

乙酰乙酸乙酯及丙二酸二乙酯的α-氢被碱夺去形成的碳负离子/烯醇负离子与一级卤代烃(或磺酸酯、酰氯等)发生亲核取代，碳负离子/烯醇负离子还可以与连吸电子基的双键、三键等发生共轭加成，使环氧化合物开环，其结果是在亚甲基上引入各种新的取代基，然后经酮式或酸式分解就可得到各种结构的酸或酮。这些性质使这两个化合物在合成上具有广泛的用途。例如：

$$CH_3COCH_2COOEt \xrightarrow[EtOH]{EtONa} \xrightarrow{EtBr} CH_3COCH(C_2H_5)COOEt \xrightarrow[H_2O]{NaOH} \xrightarrow{H^+} \xrightarrow{\triangle} CH_3COCH_2CH_2CH_3 \quad \text{酮式分解}$$

$$CH_3COCH(C_2H_5)COOEt \xrightarrow{KOH} \xrightarrow{H^+} CH_3CH_2CH_2COOH + CH_3COOH \quad \text{酸式分解}$$

$$EtOOCCH_2COOEt \xrightarrow[EtOH]{EtONa} \xrightarrow{EtBr} EtOOCCH(C_2H_5)COOEt \xrightarrow[H_2O]{NaOH} \xrightarrow{H^+} \xrightarrow{\triangle} CH_3CH_2CH_2COOH$$

乙酰乙酸乙酯及丙二酸二乙酯的α-位有两个氢，两个氢可以逐步被取代，因此利用乙酰乙酸乙酯及丙二酸二乙酯可以合成一元或二元取代的丙酮、乙酸等。例如：

$$CH_3COCH_2COOEt \xrightarrow[EtONa,\ EtOH]{Br(CH_2)_2Cl} \text{1-乙酰基环丁烷甲酸乙酯} \xrightarrow[H_2O]{NaOH} \xrightarrow{H^+} \xrightarrow{\triangle} \text{环丁基甲基酮}$$

$$\text{1-乙酰基环丁烷甲酸乙酯} \xrightarrow{KOH} \xrightarrow{H^+} \text{环丁烷甲酸}$$

$$EtOOCCH_2COOEt \xrightarrow[EtOH]{EtONa} \xrightarrow{EtBr} EtOOCCH(C_2H_5)COOEt \xrightarrow[EtOH]{EtONa} \xrightarrow{CH_3I} EtOOCC(CH_3)(C_2H_5)COOEt \xrightarrow[H_2O]{NaOH} \xrightarrow{H^+} \xrightarrow{\triangle} CH_3CH_2CH(CH_3)COOH$$

当需要乙酰乙酸乙酯或丙二酸二乙酯的负离子和酰氯反应，为了避免反应中产生的醇与酰氯反应，一般用氢化钠代替醇钠夺取α-氢。

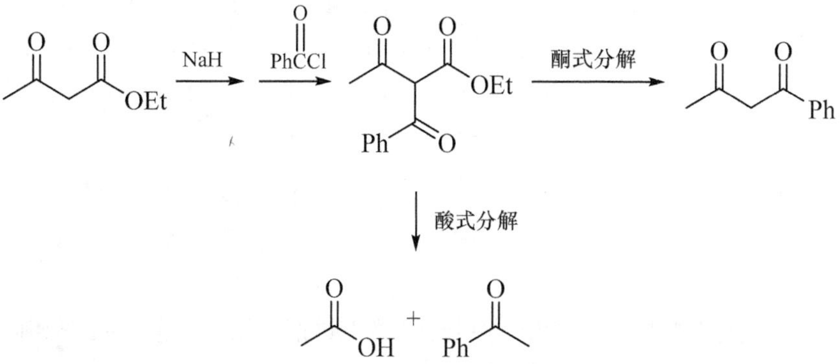

NaH　PhCCl　酮式分解　酸式分解

11.7.3　γ-位烃基化及酰基化

α-位、γ-位均有氢的 1,3-二羰基化合物与 1 当量强碱(如 KNH_2、$NaNH_2$、RLi 等)反应时，一个α-氢被夺去，形成碳负离子/烯醇负离子；若使用过量的强碱与之反应，则α-位、γ-位的氢均被夺去，形成双负离子。由于α-氢酸性比γ-氢大，相应的烯醇负离子更稳定，因此双负离子与 1 当量卤代烃反应时，γ-位先于α-位发生烃基化，从而使负电荷留在α-位；当双负离子与 2 当量卤代烃反应时，则α-位、γ-位均发生烃基化。双负离子与磺酸酯、酰氯、环氧等化合物反应时，情况类似。

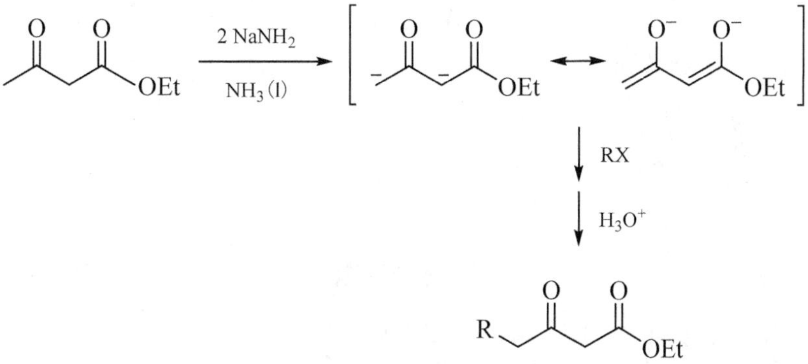

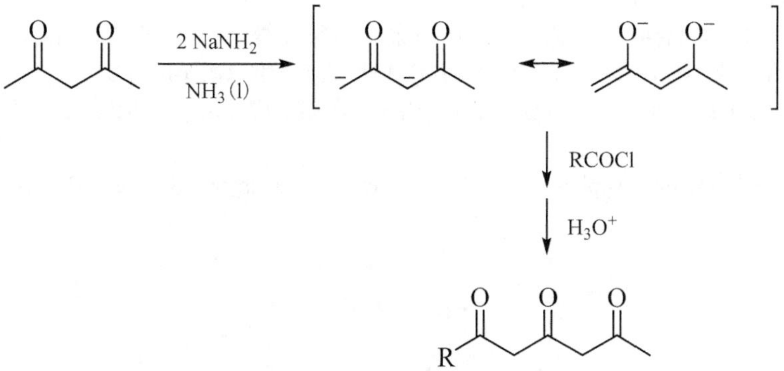

2 $NaNH_2$　NH_3 (l)　RX　H_3O^+

2 $NaNH_2$　NH_3 (l)　RCOCl　H_3O^+

不对称的β-二酮有两个γ-位，在质子酸性较大的γ-位反应：

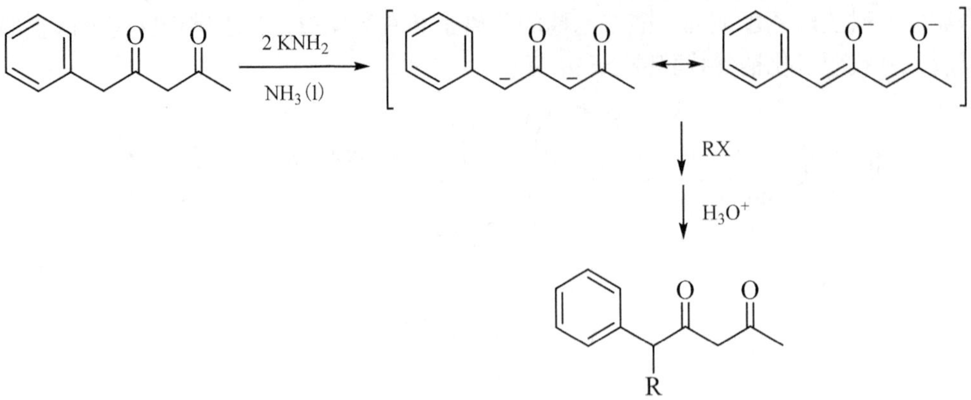

$2\ KNH_2$ / $NH_3(l)$; RX ; H_3O^+

利用 1,3-二羰基化合物的上述性质，控制碱、亲电试剂的用量，选择酸式分解、酮式分解，可以合成结构多样的酮、羧酸及其衍生物。

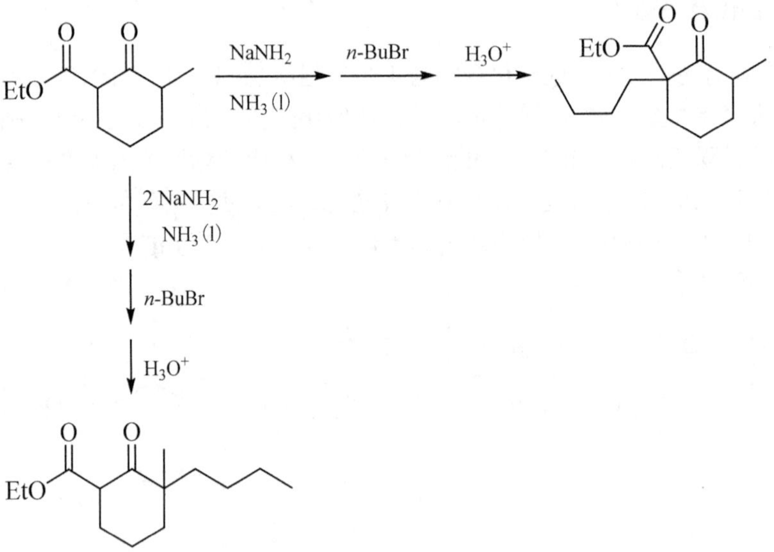

$NaNH_2$ / $NH_3(l)$; n-BuBr ; H_3O^+

$2\ NaNH_2$ / $NH_3(l)$; n-BuBr ; H_3O^+

参 考 文 献

高鸿宾. 1987. 有机活性中间体[M]. 北京: 高等教育出版社

胡宏纹. 2013. 有机化学[M]. 4 版. 北京: 高等教育出版社

斯图尔特 · 沃伦. 1981. 有机合成 · 切断法探讨[M]. 丁新腾, 译. 上海: 上海科学技术文献出版社

邢其毅, 裴伟伟, 徐瑞秋, 等. 2016. 基础有机化学[M]. 4 版. 北京: 北京大学出版社

Smith M B. 2018. March 高等有机化学: 反应、机理与结构(原著第 7 版)[M]. 李艳梅, 黄志平, 译. 北京: 化学工业出版社

Kürti L, Czakó B. 2005. Strategic Applications of Named Reactions in Organic Synthesis [M]. Amsterdam: Elsevier Academic Press

习　　题

1. 用系统命名法命名下列化合物。

(1) 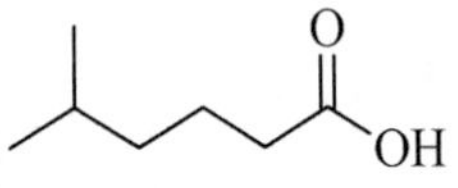　　　　(2)

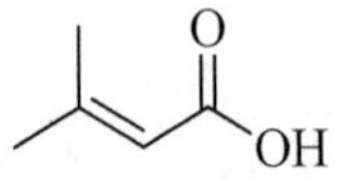

(3)

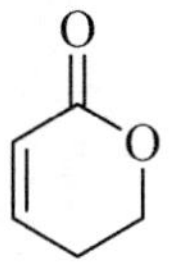

(4) 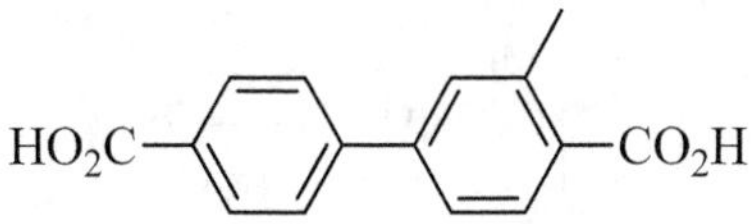 HO_2C—…—CO_2H

(5)

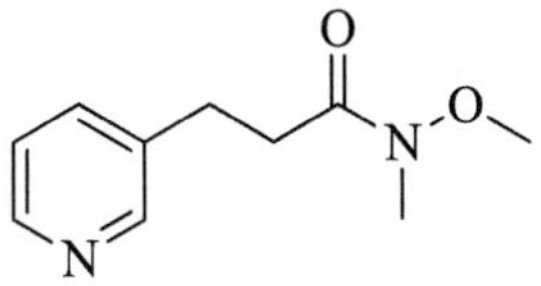

(6)

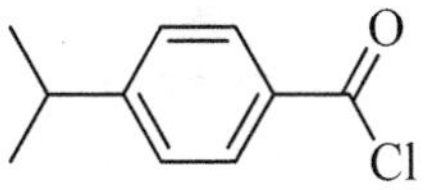

(7)

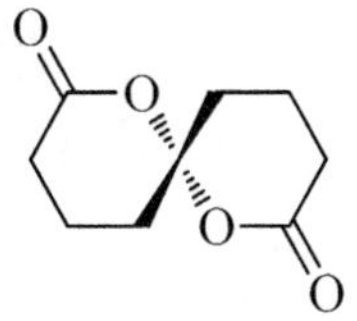

(8)

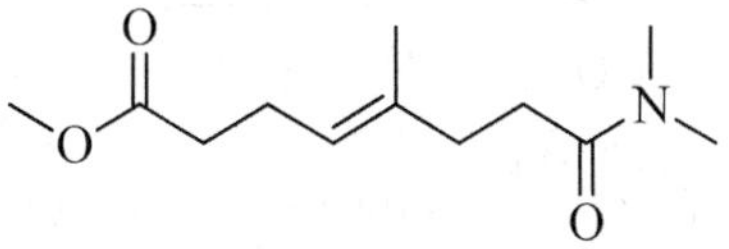

(9)

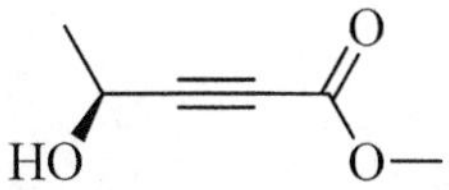

(10)

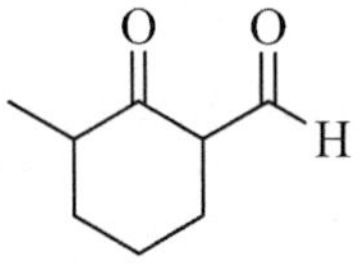

2. 比较下列化合物的酸性。

(1) 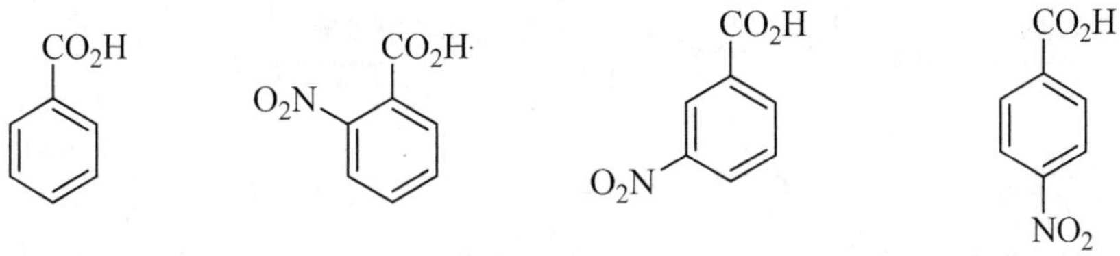 CO_2H　O_2N CO_2H　O_2N CO_2H　CO_2H NO_2

(2) CO_2H　Cl CO_2H　Cl CO_2H　CO_2H Cl

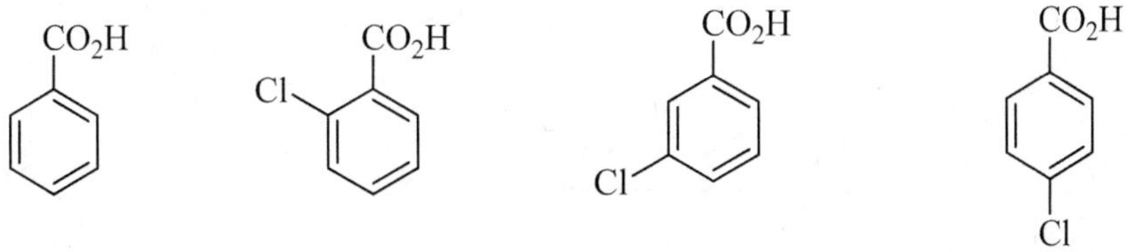

(3) 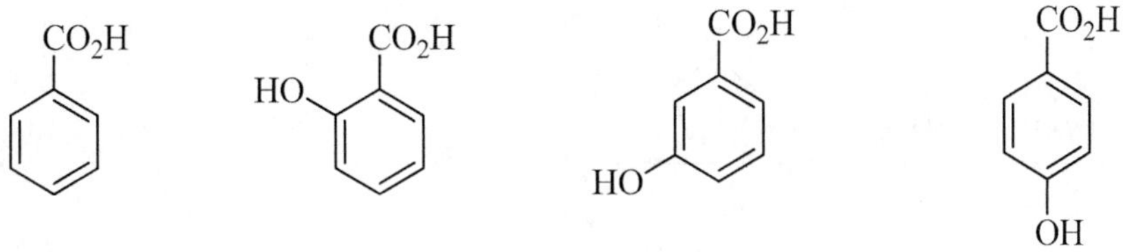 CO_2H　HO CO_2H　HO CO_2H　CO_2H OH

3. 完成下列反应。

(1) 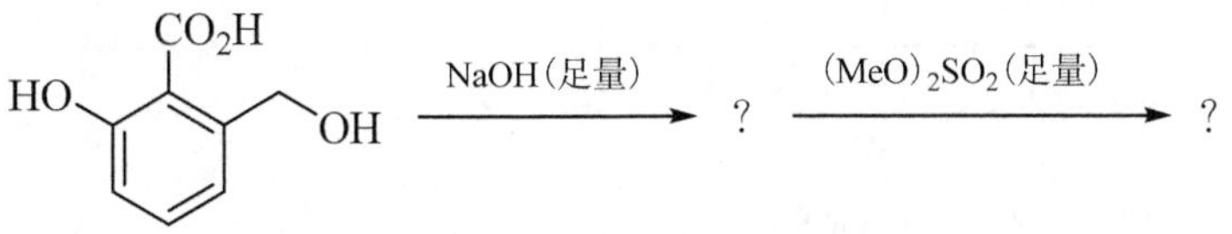 HO CO_2H OH $\xrightarrow{\text{NaOH（足量）}}$? $\xrightarrow{(MeO)_2SO_2\text{（足量）}}$?

(2) —COOH $\xrightarrow[H^+]{EtOH}$? $\xrightarrow{2\ EtMgBr}$ $\xrightarrow{H^+}$?

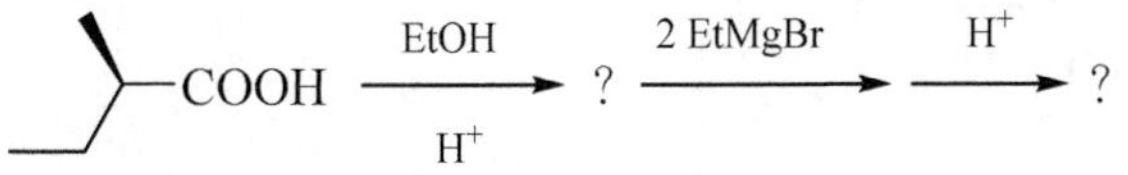

(3) 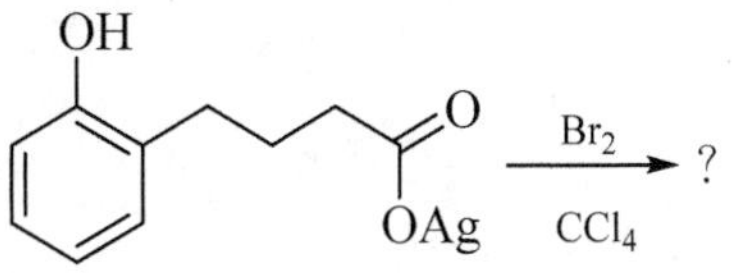 OH … O OAg $\xrightarrow[CCl_4]{Br_2}$?

(4) 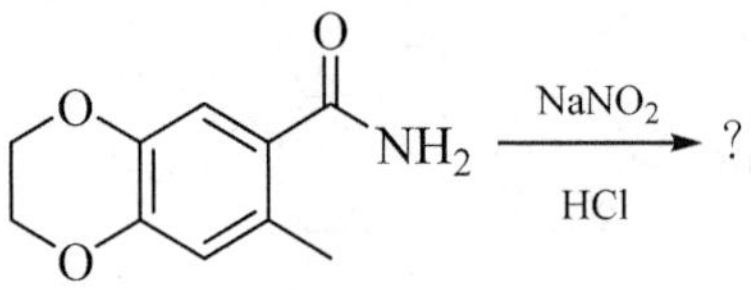 $NaNO_2$ / HCl → ?

(5) 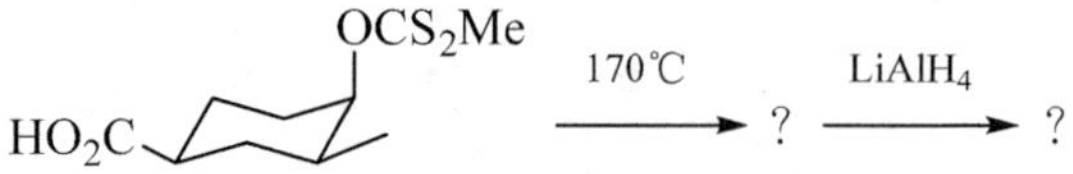 HO_2C … OCS_2Me — 170℃ → ? — $LiAlH_4$ → ?

(6) 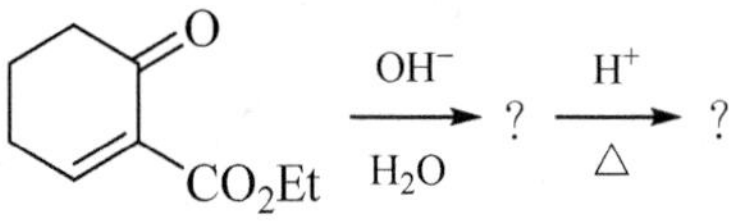 CO_2Et — OH^- / H_2O → ? — H^+ / △ → ?

(7) 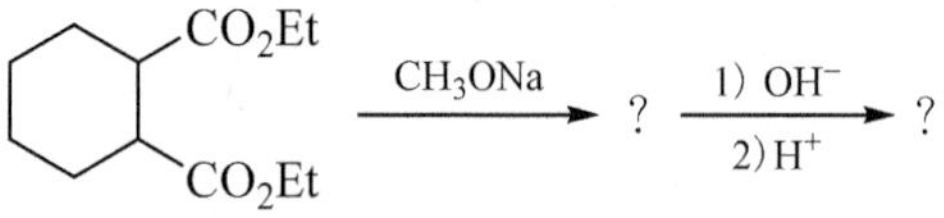 CO_2Et, CO_2Et — CH_3ONa → ? — 1) OH^- 2) H^+ → ?

(8) 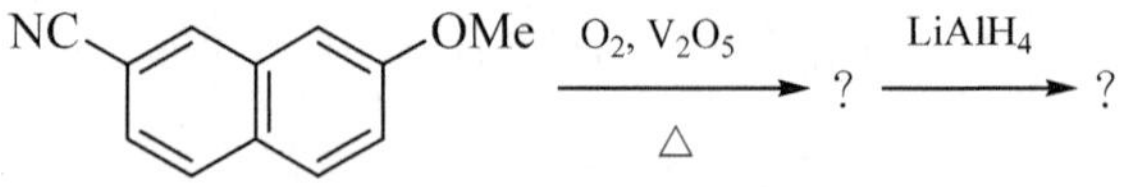 NC … OMe — O_2, V_2O_5 / △ → ? — $LiAlH_4$ → ?

(9) 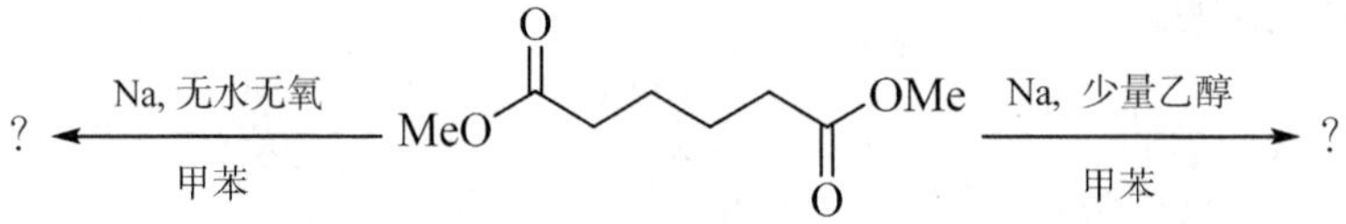 ? ← Na, 无水无氧 / 甲苯 — MeO … OMe — Na, 少量乙醇 / 甲苯 → ?

(10) 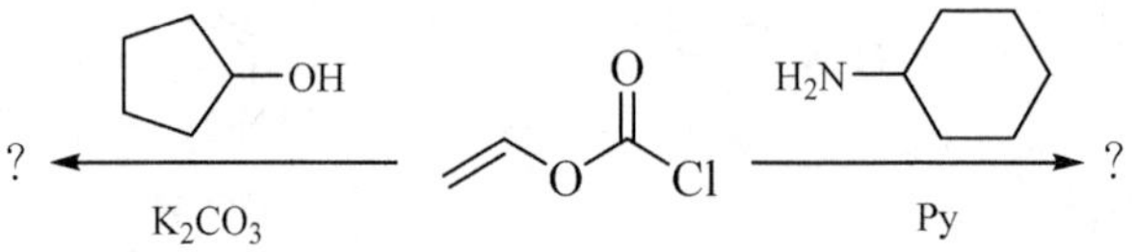 ? ← OH / K_2CO_3 — O … Cl — H_2N / Py → ?

(11) 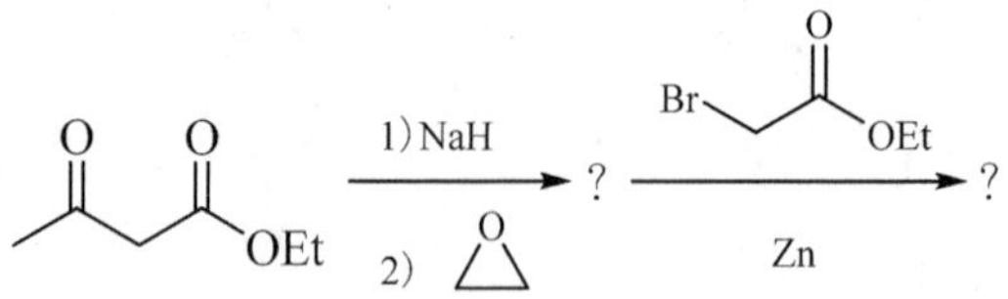 OEt — 1) NaH 2) → ? — Br … OEt / Zn → ?

(12) 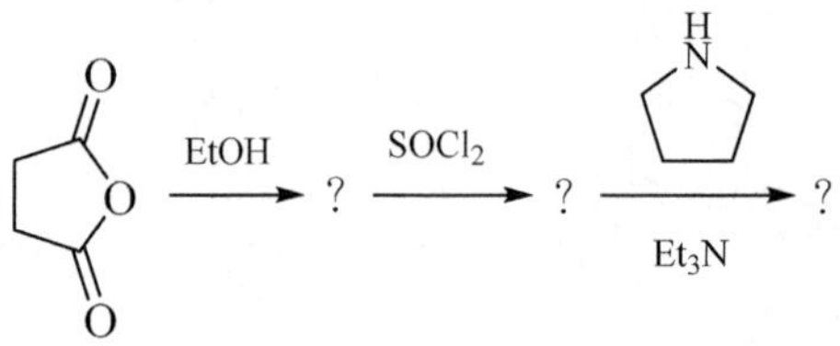 O — EtOH → ? — $SOCl_2$ → ? — H N / Et_3N → ?

(13) 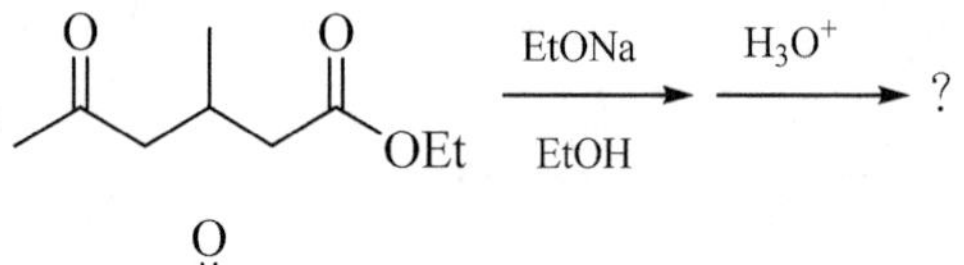 OEt — EtONa / EtOH → — H_3O^+ → ?

(14) 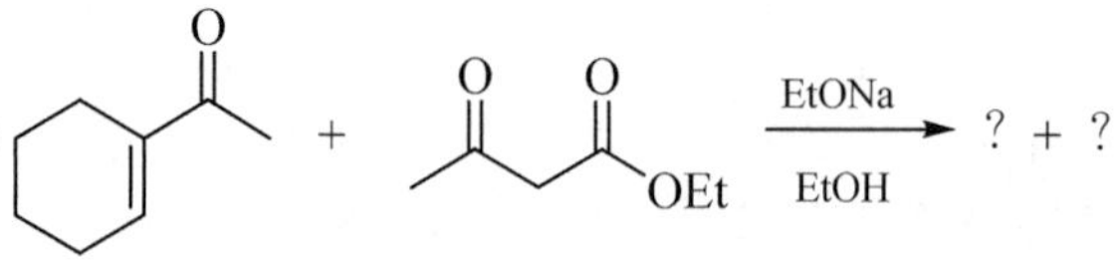 + OEt — EtONa / EtOH → ? + ?

(15) 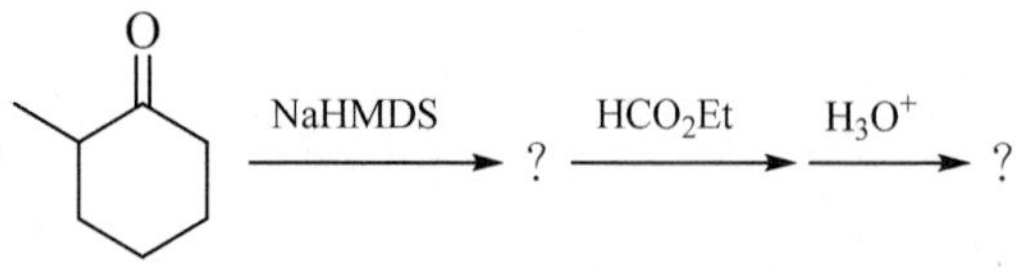 NaHMDS → ? — HCO_2Et → — H_3O^+ → ?

4. 回答下列问题。

(1) 比较下列内酰胺的水解反应速率，并给出合理解释：

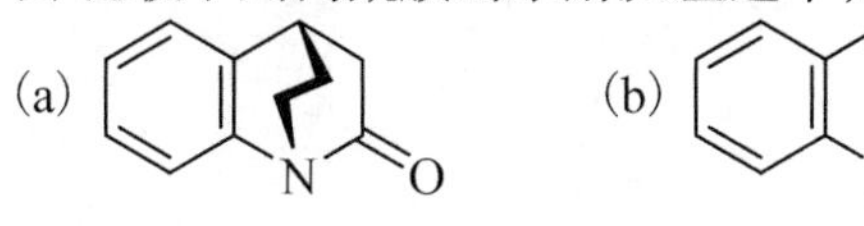

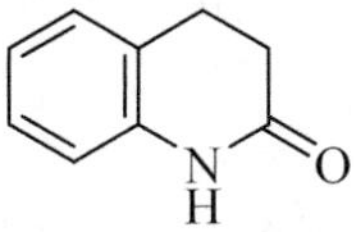

(2) 通常β-羰基羧酸加热易脱羧，下列化合物属于β-羰基羧酸，却为什么很难发生脱羧反应？

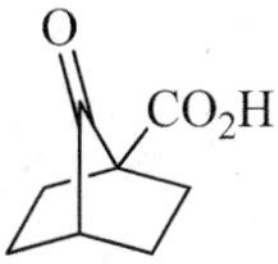

(3) 说明下列反应的主要产物是(a)还是(b)，并给出合理解释：

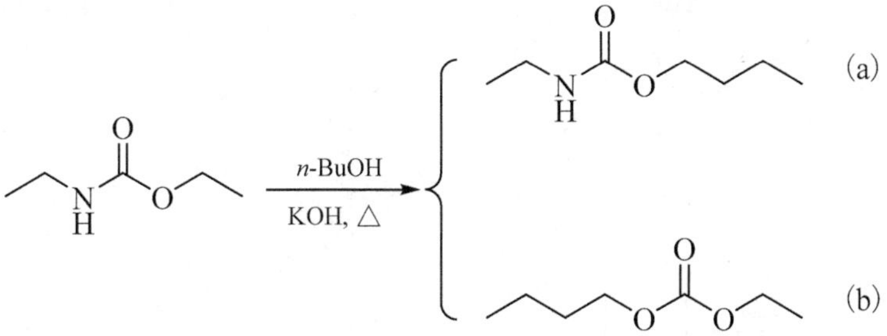

5. 由指定原料合成下列化合物，无机试剂、4 个碳以下的有机试剂任选。

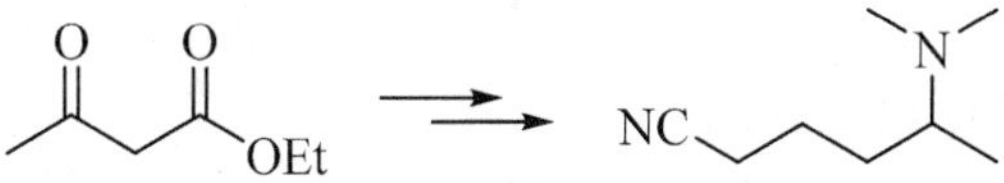

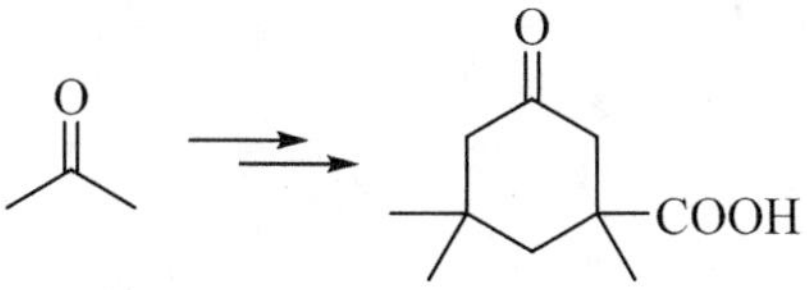

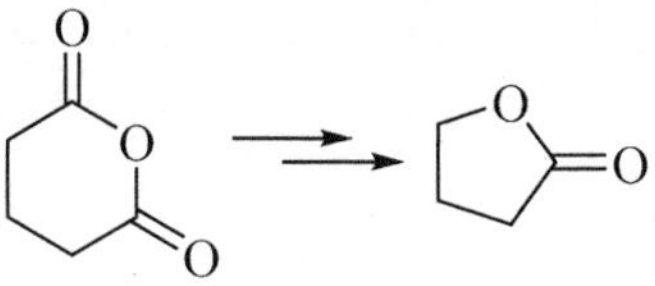

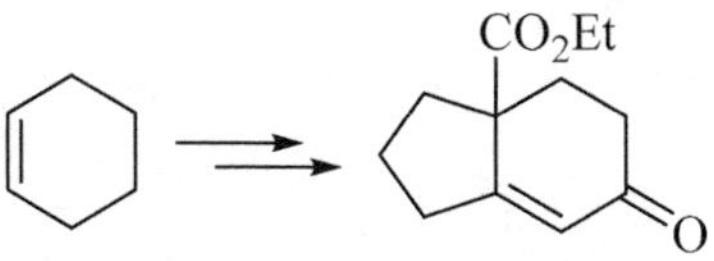

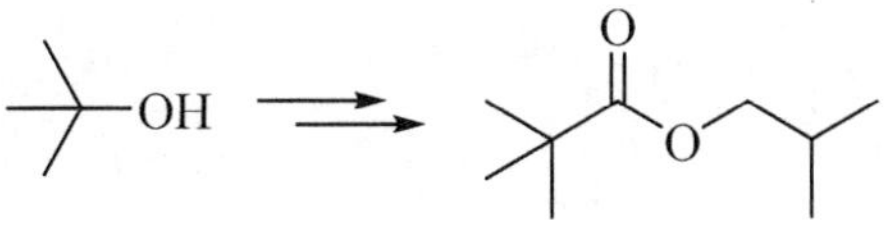

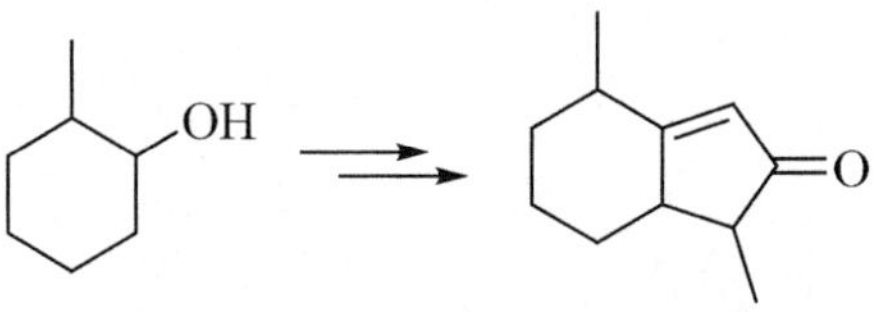

(8) O　O　→→　HO　O　O

(9) O　O　OEt　→→　O　O　$COCH_3$

(10) O　O　EtO　OEt　→→　EtO_2C—　—CO_2Et

(11) O　→→　HO　O　Ph　O　H N

(12) O　→→　OH　O　O　O

(13) =O　→→　O

(14) →→　O　CO_2Et

(15) O　O　EtO　OEt　→→　O　O　CO_2H

第 12 章　硝基化合物、胺、季铵盐与季铵碱

【学习要求】

(1) 掌握硝基化合物、胺、季铵盐与季铵碱的分类与命名。
(2) 掌握硝基化合物的化学性质及其对芳环上亲电、亲核反应的影响。
(3) 掌握胺的化学性质。
(4) 掌握季铵碱的热分解、霍夫曼规则及霍夫曼彻底甲基化制备烯烃。

在有机化学中，分子中含氮的有机物称为含氮有机化合物，结构特征是含有碳氮键(C—N，C═N，C≡N)。由于氮原子能以多种价态与碳、氢、氧及氮原子自身结合，因此含氮有机化合物的种类比含氧的有机物多，主要包括硝基化合物、胺、季铵盐与季铵碱、重氮与偶氮化合物、腈与异腈等，并且在自然界和日常生活中含氮有机化合物的应用非常广泛，很多药物和功能分子都含有氮元素。例如：

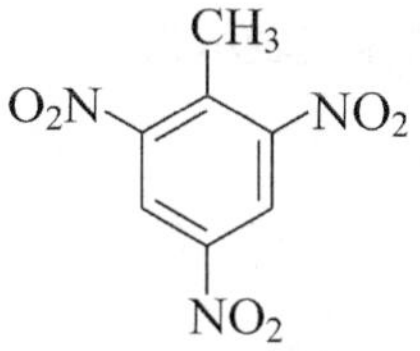

2, 4, 6-三硝基甲苯
(TNT, 炸药)

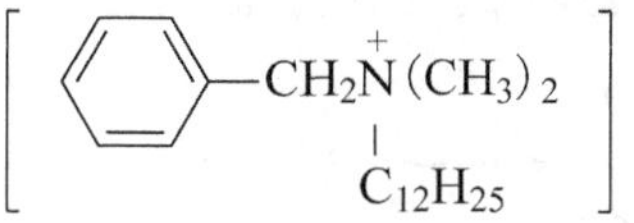

苄基二甲基十二烷基溴化铵
(新洁尔灭, 杀菌剂)

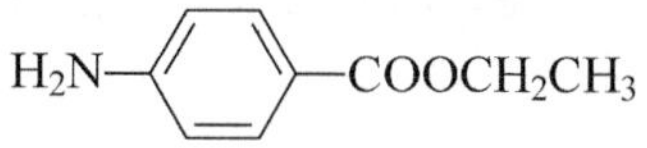

对氨基苯甲酸乙酯
(苯佐卡因, 麻醉剂)

12.1　硝基化合物

硝基化合物(nitro compound)可以看成是烃分子中的氢原子被—NO_2 取代后生成的化合物。

12.1.1　硝基化合物的分类和命名

1. 硝基化合物的分类

可以选择不同的分类标准对硝基化合物进行分类，根据与硝基化合物相连的烃基结构的不同，其可分为脂肪族硝基化合物(R—NO_2)和芳香族硝基化合物(Ar—NO_2)；根据硝基所连的碳原子类型的不同，其可分为伯、仲、叔硝基化合物。

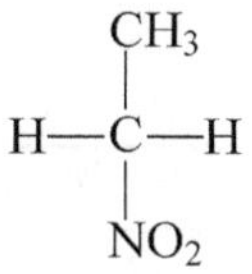

伯硝基化合物(一级, 1°)

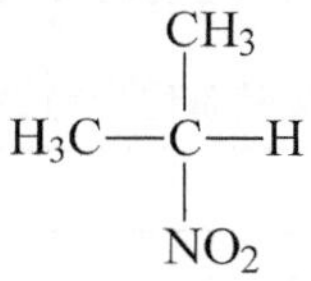

仲硝基化合物(二级, 2°)

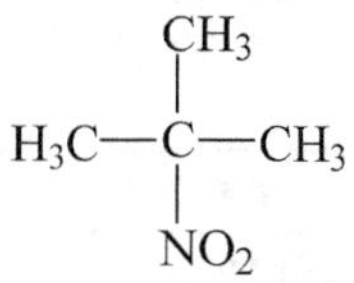

叔硝基化合物(三级, 3°)

2. 硝基化合物的命名

系统命名法中根据选择母体官能团时的基团排序，硝基(—NO_2)只能作为取代基，以烃基和芳环为母体。

$CH_3CH_2NO_2$	$(CH_3)_3CNO_2$	$O_2N-C_6H_4-COOH$	$O_2N-C_6H_4-NO_2$
硝基乙烷	2-甲基-2-硝基丙烷	对硝基苯甲酸	对二硝基苯

12.1.2 硝基化合物的结构和物理性质

1. 硝基化合物的结构

硝基化合物的构造式一般表示为R—N(=O)→O(由一个 N═O 和一个 N→O 配位键组成)。

电子衍射法研究证明，硝基化合物中的硝基具有对称的结构，两个 N—O 键键长相等，都是 0.121 nm(处于 N—O 和 N═O 键之间)，键长平均化是共轭体系的特点，这反映硝基结构是一个共轭体系的结构。根据氮原子的电子排布式 $1s^22s^22p^3$，在硝基化合物中，氮原子呈 sp^2 杂化，三个 sp^2 杂化轨道分别与两个氧原子、一个碳原子形成三个 σ 键，氮原子和两个氧原子上的 p 轨道互相重叠，形成三原子四电子的 p-π 共轭体系。因此，硝基的结构可用共振式表示为

$$R-\overset{+}{N}(=O)-O^- \longleftrightarrow R-\overset{+}{N}(-O^-)=O$$

2. 硝基化合物的物理性质

脂肪族硝基化合物一般为无色有香味的液体，在水中的溶解度小，能溶于多数有机溶剂。芳香族硝基化合物除了单硝基芳香族化合物是高沸点液体外，多硝基化合物一般是淡黄色固体，有苦杏仁气味，且受热容易分解，具有强烈的爆炸性。例如，硝基甲烷是性能优良的有机溶剂，但蒸馏时不能蒸干，避免爆炸；2, 4, 6-三硝基甲苯(TNT)和 2, 4, 6-三硝基苯酚(苦味酸)均可用作炸药。

硝基化合物大多数有毒，单硝基烷烃毒性不大，但是芳香族硝基化合物能与血液中的血红蛋白作用使其变性，过多的吸入蒸气或者与皮肤接触都可能引起中毒。因此，在制备和使用芳香族硝基化合物时必须注意安全和防护。有些多硝基芳香族化合物有香味，如葵子麝香(2, 6-二硝基-3-甲氧基-4-叔丁基甲苯)具有天然麝香的气味，称为硝基麝香，但是由于对人体皮肤等的毒性作用，已不再用于香水、化妆品中。

硝基是强极性基团，所以硝基化合物是极性分子，具有较高的沸点，硝基化合物的相对密度都大于 1。表 12-1 列出了部分硝基化合物的物理常数。

表 12-1 部分硝基化合物的物理常数

名称	分子式	沸点/℃	熔点/℃
硝基甲烷	CH_3NO_2	100.8	−28.5
硝基乙烷	$CH_3CH_2NO_2$	115	−50
1-硝基丙烷	$CH_3CH_2CH_2NO_2$	131.5	−108

续表

名称	分子式	沸点/℃	熔点/℃
2-硝基丙烷	$CH_3CH(NO_2)CH_3$	120	–93
硝基苯	$C_6H_5NO_2$	210.8	5.7
间二硝基苯	1, 3-$C_6H_4(NO_2)_2$	303 (770 mmHg)	89.8
1, 3, 5-三硝基苯	1, 3, 5-$C_6H_3(NO_2)_3$	315	122
邻硝基甲苯	2-$C_7H_7NO_2$	222.3	–4
间硝基甲苯	3-$C_7H_7NO_2$	231	15
2, 4, 6-三硝基甲苯	2, 4, 6-$C_7H_5(NO_2)_3$	分解	82

12.1.3 硝基化合物的化学性质

化学性质由其结构决定，硝基化合物的官能团是硝基(—NO_2)，由于硝基是强的吸电子基团，将分别对脂肪族和芳香族硝基化合物的性质产生一定的影响。

1. α-氢的活性

具有α-氢的硝基化合物具有比较明显的酸性，一些硝基化合物的 pK_a 如下：

	CH_3NO_2	$CH_3CH_2NO_2$	$CH_3CH(NO_2)CH_3$	C_6H_5OH
pK_a	10.2	8.5	7.8	10

因此，它们可以溶于强碱溶液中，形成相应的盐。

$$RCH_2NO_2 + NaOH \longrightarrow [R—CH—NO_2]^- Na^+ + H_2O$$

它们之所以具有这种性质，是因为具有α-氢的硝基化合物存在下列两种假酸式-酸式互变异构体以及能生成稳定的负离子。

$$\underset{\text{硝基式(假酸式)}}{R—CH(H)—N(=O)\rightarrow O} \rightleftharpoons \underset{\text{酸式}}{R—CH=N(OH)\rightarrow O} \xrightarrow{NaOH} R—CH=N(O^-Na^+)\rightarrow O + H_2O$$

与碱溶液作用之前，硝基化合物主要以硝基式结构存在，当硝基化合物遇到碱溶液时，碱与酸式结构作用生成盐从而破坏硝基式和酸式的动态平衡，最终全部与碱作用生成盐。

具有α-氢的硝基化合物在碱的作用下能形成碳负离子并发生与羰基化合物的缩合反应，如：

$$C_6H_5CHO + CH_3NO_2 \xrightarrow{OH^-} \xrightarrow{\triangle} C_6H_5CH=CHNO_2$$

$$C_6H_5COOC_2H_5 + CH_3NO_2 \xrightarrow{C_2H_5O^-} C_6H_5COCH_2NO_2 + C_2H_5OH$$

2. 还原反应

硝基很容易被还原，还原方法有金属还原法、硫化碱还原法、催化还原法及电催化还原等。芳香族硝基化合物及其衍生物的还原最早是以 Fe、Zn、Sn 等金属为还原剂，利用金属的强还原性对硝基化合物还原。此类还原反应体系需要在强酸性介质中进行，对环境不友好，不符合绿色化学发展的需求，因此已被逐步淘汰或禁用。

$$-NO_2 \xrightarrow{Fe/HCl} -NH_2$$

研究表明，选用不同的金属作还原剂，不同反应条件下硝基化合物可还原生成不同的产物，可依次生成亚硝基化合物、*N*-取代羟胺和胺。在碱性溶液中，*N*-取代羟胺和芳胺都能分别与亚硝基化合物缩合，生成氧化偶氮化合物和偶氮化合物。这些产物在酸性还原条件下(如Fe、Sn和盐酸)均可被还原为苯胺。

NO_2

As_2O_3, NaOH　O　N=N　氧化偶氮苯

[O]　[H]

Fe, NaOH　N=N　偶氮苯

−H　+H

Zn, NaOH　H H　N—N　氢化偶氮苯

Fe(或Sn、Zn)/HCl

NH_2

Fe/HCl

Zn, H_2O　NO　亚硝基化合物

Fe(或Sn、Zn)/HCl

Zn, NH_4Cl　NHOH　*N*-烃基羟胺

催化还原法是目前合成芳胺化合物常用的方法。常用的还原剂有硼氢化钠、水合肼、甲酸、氨硼烷、醇类、氢气等。研究者更倾向于用氢气作为还原剂催化还原制备芳胺化合物，因为氢气广泛易得，并且生成的副产物是水，是绿色友好反应；缺点是氢气容易爆炸。目前常用的催化剂主要有雷尼镍(Ni)、钯(Pd)、铂(Pt)、铜(Cu)等。

$$\xrightarrow[\text{浓}H_2SO_4]{\text{浓}HNO_3} -NO_2 \xrightarrow{H_2,\ Pt/C} -NH_2$$

芳香族多硝基化合物用钠或铵的硫化物、硫氢化物或多硫化物为还原试剂还原，可以选择性地将其中一个硝基还原为氨基，得到既含氨基又含硝基的多官能团化合物。这种选择性还原在研究中具有重要的应用意义。

NO_2　NO_2　$\xrightarrow{NaHS,\ CH_3OH}$　NO_2　NH_2

$$\text{2,4-二硝基甲苯} + \begin{cases} \xrightarrow{NaHS,\ CH_3OH} \text{4-甲基-3-硝基苯胺 } (NH_2,\ NO_2,\ CH_3) \\ \xrightarrow{SnCl_2/HCl} \text{2-甲基-5-硝基苯胺 } (NO_2,\ NH_2,\ CH_3) \end{cases}$$

芳香族硝基化合物很容易通过芳烃的硝化亲电取代反应制备，所以比脂肪族硝基化合物的应用广泛。

3. 硝基对芳环上反应性质的影响

1）芳环上的亲电取代反应

芳烃最典型的反应是亲电取代反应，因硝基是一个强的致钝基团，当苯环上引入强吸电子的硝基时，会使芳环上的电子云密度降低，芳环上的亲电取代反应比苯困难。

$$C_6H_6 \xrightarrow[55℃]{HNO_3,\ H_2SO_4} C_6H_5NO_2$$

$$C_6H_5CH_3 \xrightarrow[30℃]{HNO_3,\ H_2SO_4} p\text{-}NO_2C_6H_4CH_3 + o\text{-}NO_2C_6H_4CH_3$$

$$C_6H_5NO_2 \begin{cases} \xrightarrow[135\sim145℃]{Br_2/Fe} m\text{-}BrC_6H_4NO_2 \\ \xrightarrow[95℃]{\text{发烟}HNO_3,\ \text{浓}H_2SO_4} m\text{-}C_6H_4(NO_2)_2 \\ \xrightarrow[118℃]{\text{发烟}H_2SO_4} m\text{-}NO_2C_6H_4SO_3H \end{cases}$$

苯环上引入硝基后，不能再进行傅-克烷基化或酰基化反应，所以硝基苯可以作为傅-克反应的溶剂。

2) 芳环上的亲核取代反应

亲核取代反应是卤代烃最典型的反应，卤苯型卤代烃由于 p-π 共轭体系，芳环上的卤原子很难被取代，因而卤代苯的水解或者氨解反应需要在较高的温度和压力下进行。例如：

$$C_6H_5{-}Cl + NaOH \xrightarrow[300℃,\ 200\ atm]{H_2O} C_6H_5{-}OH$$

在卤代芳烃中卤原子的邻、对位引入—NO_2 后，易与氨基、烷氧基等发生亲核取代反应。

$$O_2N{-}C_6H_4{-}Cl + NH_3 \longrightarrow O_2N{-}C_6H_4{-}NH_2$$

$$o\text{-}Cl{-}C_6H_4{-}NO_2 \xrightarrow[130℃]{Na_2CO_3,\ H_2O} o\text{-}NaO{-}C_6H_4{-}NO_2 \xrightarrow{H^+} o\text{-}HO{-}C_6H_4{-}NO_2$$

$$2,4,6\text{-}(O_2N)_3C_6H_2{-}Cl \xrightarrow[130℃]{Na_2CO_3,\ H_2O} 2,4,6\text{-}(O_2N)_3C_6H_2{-}ONa \xrightarrow{H^+} 2,4,6\text{-}(O_2N)_3C_6H_2{-}OH$$

苦味酸

12.2 胺

胺(amine)是有机化学中重要的碱性化合物，可看作烃基取代氨分子(NH_3)中的氢原子后生成的衍生物。胺广泛存在于自然界，蛋白质、核酸、抗生素和生物碱等都是胺的复杂衍生物，具有重要的生物活性和生理活性。

12.2.1 胺的分类和命名

胺是氨分子中的氢原子被一个或几个烃基取代后的化合物，根据氮上烃基的个数分为伯胺(一级胺或 1°胺)、仲胺(二级胺或 2°胺)和叔胺(三级胺或 3°胺)。氨接受一个质子后形成铵离子；与之类似，胺接受一个质子得到的产物，也可称为铵离子。三级胺也可与一个烃基结合，得到相应结构的铵称为季铵盐(quaternary ammonium salt)或季铵碱(quaternary ammonium base)。在这里一定要注意氨、胺和铵的含义，表示基团(如氨基、亚氨基═NH)时，用“氨”；氨分子中的氢原子被烃基取代后的衍生物，用“胺”表示；而表示氮原子连接四个烃基形成的化合物，用“铵”。

NH_3	RNH_2	R_2NH	R_3N	$R_4\overset{+}{N}\overset{-}{X}$	$R_4\overset{+}{N}\overset{-}{O}H$
氨	**伯胺**	**仲胺**	**叔胺**	**季铵盐**	**季铵碱**

需要注意的是，伯、仲、叔胺的含义与伯、仲、叔醇或卤代烃中的不同，伯、仲、叔醇或卤代烃是根据官能团(羟基或卤素)所连接的碳的种类进行分类，而伯、仲、叔胺则是以氮上所

连接的烃基个数为分类依据，如：

$$(CH_3)_3C-OH \qquad (CH_3)_3C-Cl \qquad (CH_3)_3C-NH_2 \qquad (CH_3)_3N$$

叔醇 叔卤代烃 伯胺 叔胺

根据氨基所连的烃基不同可分为脂肪胺（R—NH_2）和芳胺（Ar—NH_2）。

根据氨基的数目可分成一元胺和多元胺。

简单的胺常采用习惯命名法命名，命名时在“胺”字前加上烃基的名称。N 原子上连接两个或三个相同的烃基时，在烃基名称前面用“二”或“三”表示基团的数目。当 N 原子上连有不同的烃基时，按照次序规则中基团的优先次序分别写出各基团，“较优”基团在后，按照“烃基数目+烃基名称+胺”的方式命名。

CH_3NH_2 甲胺　$(CH_3)_3N$ 三甲胺　$CH_3NHCH_2CH_3$ 甲乙胺　$H_3C-C_6H_4-NH_2$ 对甲基苯胺　$C_6H_5-N(CH_3)_2$ *N,N*-二甲基苯胺

N 原子上同时连有芳烃和脂肪烃时，则以苯胺为母体，脂肪烃基作为取代基，按照“*N*-烷基数目、名称+苯胺”的方式命名。在取代基前冠以“*N*”，表示这个脂肪族烃基连在 N 原子上，而不是其他位置上。

含有氨基的化合物比较复杂时采用系统命名法，依据系统命名法原则命名。

$H_2NCH_2CH(OH)CH_2NH_2$ 1,3-二氨基-2-丙醇　$O_2N-C_6H_4-N(CH_3)_2$ *N,N*-二甲基间硝基苯胺　HOOC—$C_6H_3(NH_2)$—NO_2 3-氨基-4-硝基苯甲酸

$CH_3COCH_2CH_2CH_2NHC_2H_5$ 5-乙氨基-2-戊酮　$(CH_3CH_2)_4N^+ Br^-$ 四乙基溴化铵（溴化四乙基铵）　$(CH_3CH_2)_4N^+ OH^-$ 四乙基氢氧化铵（氢氧化四乙基铵）

季铵盐和季铵碱，若 4 个烃基相同时，其命名与卤化铵和氢氧化铵的命名相似，称为卤化四某铵和氢氧化四某铵；若烃基不同时，烃基名称由小到大依次排列。

$[HOCH_2CH_2N^+(CH_3)_3]OH^-$　氢氧化三甲基-2-羟乙基铵

$[C_6H_5CH_2N^+(CH_3)_2C_{12}H_{25}]Br^-$　溴化二甲基十二烷基苄基铵

12.2.2 胺的结构和物理性质

1. 胺的结构

在氨（NH_3）分子中，N 原子是 sp^3 杂化，氮原子的 sp^3 杂化轨道分别与三个氢原子的 s 轨道重叠形成三个 σ 键；氮原子还有一对孤对电子占据另一个 sp^3 杂化轨道，处在棱锥形的顶端。与无机氨分子类似，胺中的 N 原子也是 sp^3 杂化，孤对电子占据一个 sp^3 杂化轨道，另外

三个 sp^3 杂化轨道分别与氢和烃基形成三个 σ 键。根据氮原子上连接基团的不同，各键角有些差异，脂肪胺的形状一般为棱锥形。苯胺的分子结构中，它的 C—N 键键长为 0.14 nm，比正常的 C—N 键(0.147 nm)短，N—H 键键长为 0.1 nm，比氨分子中的 N—H 键(0.101 nm)短；苯胺分子中的 H—N—H 键角为 113.9°，比脂肪胺大(更接近 120°)。这就说明在苯胺分子中，N 原子更接近平面构型。有人也认为氮不是等性的 sp^3 杂化，介于 sp^2 到 sp^3 之间，氮原子上未共用电子对所处的杂化轨道具有更多的 p 成分；该杂化轨道与苯环上的 π 电子轨道重叠形成共轭体系，电子云向苯环进行转移，给电子共轭效应比 N 原子的吸电子诱导效应强，从而使苯环上电子云密度增加，因而氨基是一个活化基团。

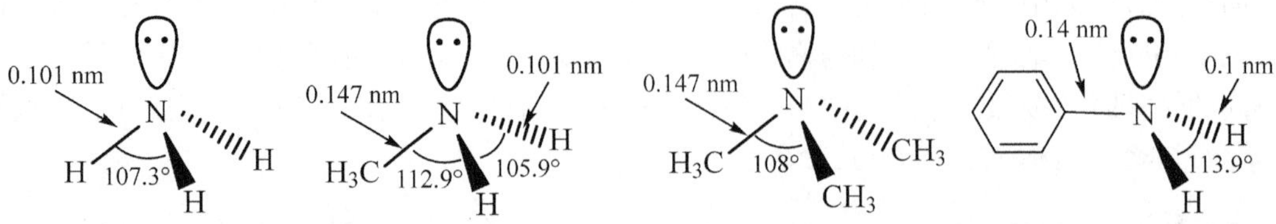

0.101 nm　N　H　H　107.3°　H

0.147 nm　0.101 nm　N　H_3C　112.9°　105.9°　H　H

0.147 nm　N　H_3C　108°　CH_3　CH_3

0.14 nm　0.1 nm　N　H　113.9°　H

当氮上连有三个不同的取代基，形成一个手性中心，应有两个具有光学活性的对映体。但是简单胺的对映体始终未分离得到，原因是两个对映体间通过一个平面过渡态相互转变(转化只需约 25 kJ · mol^{-1} 的能量)，存在如下互变平衡：

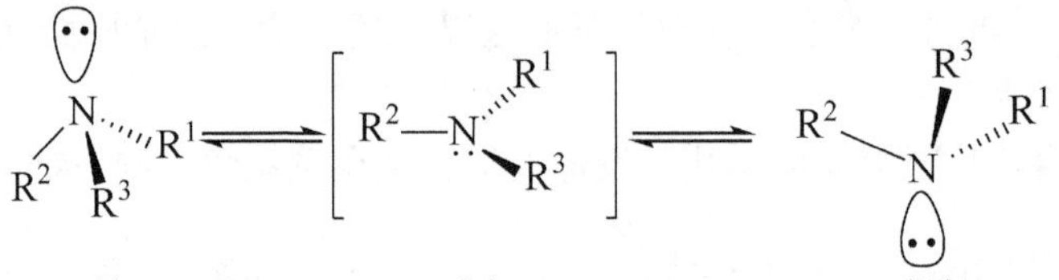

N　R^1　R^2　R^3　⇌　[R^2—N　R^1　R^3]　⇌　R^3　R^2　N　R^1

(i)　(ii)　(iii)

但如果能制约或限制上述这种翻转就能得到两种对映异构体，如氮上连有四个不同基团的季铵盐化合物，就能得到相对稳定的异构体。

CH_3　C_2H_5　N^+　C_6H_5　CH_2═$CHCH_2$　|　CH_3　^+N　C_2H_5　C_6H_5　CH_2CH═CH_2

2. 胺的物理性质

1) 一般物理性质

脂肪族胺中低级胺(甲胺、二甲胺、三甲胺和乙胺)是气体，丙胺以上低级胺是液体，有氨的气味或鱼腥味。1,4-丁二胺和 1, 5-戊二胺还具有腐肉的臭味，所以分别称为腐胺和尸胺。高级胺是无味的固体。芳香族胺是高沸点的无色液体或低熔点的固体，有特殊的气味，毒性很大，吸入蒸气或与皮肤接触都会引起中毒。如果大气中苯胺浓度达到 1 μg · g^{-1}，人在此环境中逗留 12 h 后会中毒；如果食入 0.25 mg 苯胺也会中毒；联苯胺、β-萘胺等有强烈的致癌作用，所以在实验操作中应注意操作规范，避免吸入人体或与皮肤接触。

胺是极性化合物，伯、仲、叔胺都能与水形成氢键，六个碳以下的低级胺水溶性较好；随着疏水碳链的增长、相对分子质量的增大，其溶解度迅速降低。一般胺都能溶于醇、醚和苯等有机溶剂，芳胺难溶于水，易溶于有机溶剂。

伯胺和仲胺能形成分子内氢键缔合，因此它们的沸点比相对分子质量相近的烷烃高；由于氮的电负性比氧的小，所以 N—H⋯N 氢键比 O—H⋯O 氢键弱，因此它们的沸点比相应的醇或羧酸低。一些常见胺的物理常数见表 12-2。

表 12-2　一些胺的物理常数

化合物	熔点/℃	沸点/℃	溶解度/[g·(100 g 水)$^{-1}$]	pK_b(水溶液，25℃)
CH_3NH_2	−92	−7.5	易溶	3.38
$(CH_3)_2NH$	−96	7.5	易溶	3.27
$(CH_3)_3N$	−117	3	91	4.21
$CH_3CH_2NH_2$	−80	17	混溶	3.36
$(CH_3CH_2)_2NH$	−39	55	易溶	3.06
$(CH_3CH_2)_3N$	−115	89	14	3.25
$NH_2CH_2CH_2NH_2$	117	8	混溶	
$CH_3CH_2CH_2NH_2$	−83	49	混溶	3.33
$CH_3(CH_2)_3NH_2$	−50	78	易溶	3.39
C_6H_5—NH_2	−6	184	3.7	9.42

2) 波谱性质

(1) 红外光谱。胺的特征吸收键是 C—N 键和 N—H 键。伯胺和仲胺在 3500～3300 cm^{-1} 有 N—H 键伸缩振动吸收峰；游离的伯胺有两个峰，仲胺只有一个峰，缔合胺的 N—H 伸缩振动吸收峰向低波数区移动(≈3200 cm^{-1})，伯胺和仲胺中游离和缔合的吸收峰常同时存在。叔胺没有 N—H 键，在该频区无吸收。图 12-1 为苯胺的红外光谱图。

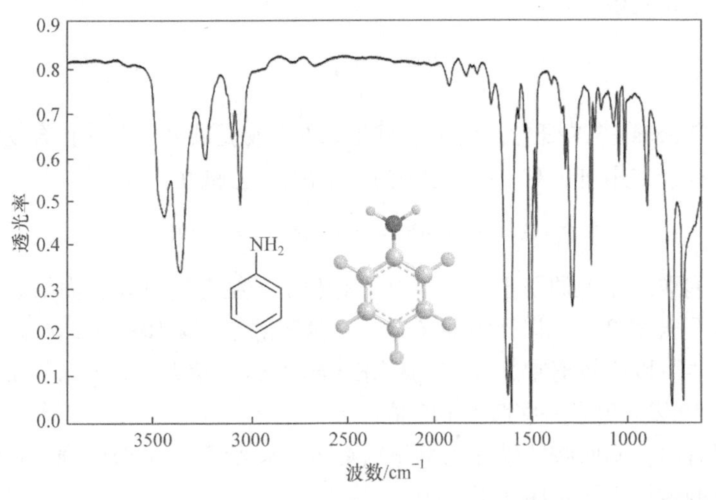

图 12-1　苯胺的红外光谱图

脂肪胺的 C—N 键伸缩振动吸收峰在 1250～1020 cm^{-1}，芳胺的 C—N 键伸缩振动吸收峰在 1350～1250 cm^{-1}。由于许多官能团在该区域也有吸收，因此 C—N 键伸缩振动吸收峰不容易识别。

(2) 核磁共振波谱。伯胺和仲胺中含有活泼氢，一般不与相邻碳上的氢偶合，所以是一个单峰。但由于不同胺形成的氢键程度不同，化学位移值变化较大；通常氮上活泼氢的峰比较宽、不尖锐且位置不太确定，其δ值为 0.6～5。胺中氮为电负性较强的元素，它的吸电子作用使胺α-碳上的质子化学位移向低场移动，α-氢的δ值为 2.2～2.8，β-氢的δ值为 1.1～1.7。图 12-2 为丙胺的核磁共振氢谱图（^{1}H NMR）。

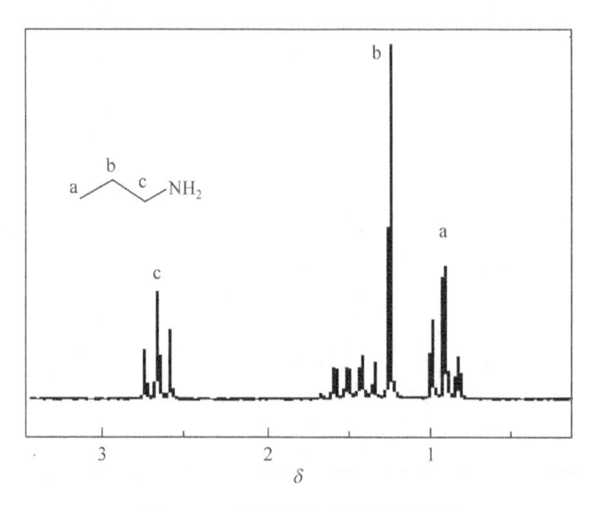

图 12-2　丙胺的核磁共振氢谱图

12.2.3　胺的化学性质

胺类化合物的官能团是氨基（—NH_2），典型的结构特征是氮原子上具有未共用电子对，使胺能在反应中提供电子，胺的化学性质体现为碱性和亲核性，以及氨基作为活化基团使芳环上的亲电取代反应容易发生等。

1. 碱性

根据路易斯（Lewis）酸碱概念，反应中能接受质子或提供电子对的化合物为碱。由于胺分子中氮原子上具有未共用电子对，能接受质子，因此胺呈碱性。

$$RNH_2 + H_2O \rightleftharpoons RNH_3^+ + OH^-$$

胺的碱性强弱取决于氮原子上未共用电子对和质子结合的难易，而氮原子接受质子的能力与氮原子上电子云密度大小以及氮原子上所连基团的空间阻碍有关，所以不同的胺碱性不同。胺的碱性强弱可以用解离常数 K_b 或 pK_b 来表示。K_b 值越大，则 pK_b 越小，碱性越强，反之碱性越弱。表 12-2 列出了一些胺的 pK_b 值。

从表中数据看出，脂肪胺的碱性比氨（pK_b 4.74，水溶液，25℃）的强，在水溶液中，不同取代基的脂肪胺的碱性强弱次序如下：

$$(CH_3)_2NH > CH_3NH_2 > (CH_3)_3N > NH_3$$

$$(CH_3CH_2)_2NH > (CH_3CH_2)_3N > CH_3CH_2NH_2 > NH_3$$

脂肪族胺中仲胺碱性最强，取代基是甲基的伯胺碱性大于其叔胺；取代基是乙基的叔胺碱性大于其伯胺；这在理论上可以从 N 原子上孤对电子的电子效应、空间效应和溶剂化效应三个方面进行综合考虑：

(1) 电子效应的影响。脂肪族胺的烷基具有给电子效应，使 N 原子上的电子云密度增加，接受质子的能力增强，从而使碱性增强。

(2) 空间效应的影响。脂肪族胺中烃基数目越多，体积越大，则占据的空间越大，空间阻碍也相应越大，质子不容易靠近氮原子，导致碱性下降。

(3) 溶剂化效应的影响。胺分子与质子结合形成铵离子后，铵离子上所连的氢与水形成氢键，N 原子上的 H 越多，形成的氢键数目越多，溶剂化效应越大，形成的铵正离子越稳定。

胺的碱性强弱变化是电子效应、空间效应和溶剂化效应综合作用的结果。

芳胺的碱性比氨弱。苯胺的 pK_b 为 9.40，这是由于苯环与氮原子上的孤对电子发生 p-π 共轭效应，导致 N 原子上的电子云密度下降，从而与质子结合的能力降低，碱性减弱。因此，芳胺的碱性比氨弱，其中伯胺的碱性最强，叔胺最弱，三苯胺接近于中性。

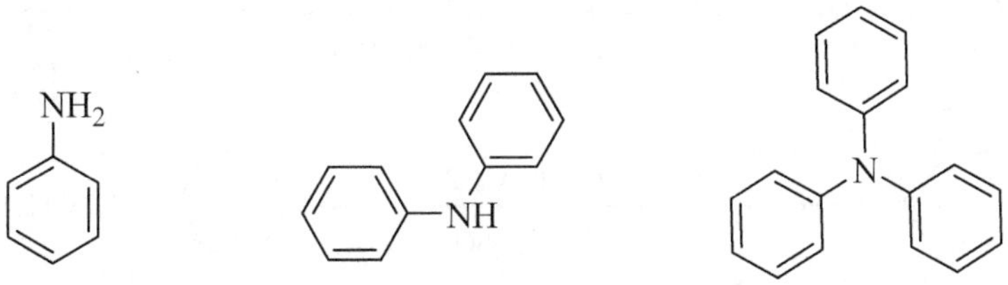

NH_2　　NH　　N

pK_b　　9.4　　13.8　　近乎中性

取代芳胺的碱性强弱取决于芳环上取代基的性质，需要综合考虑取代基电子效应的影响。如果取代基是供电子基团，会使氮原子上的电子云密度增大，从而使碱性增强；如果是吸电子基团，则会使氮原子上的电子云密度下降，从而使碱性减弱。

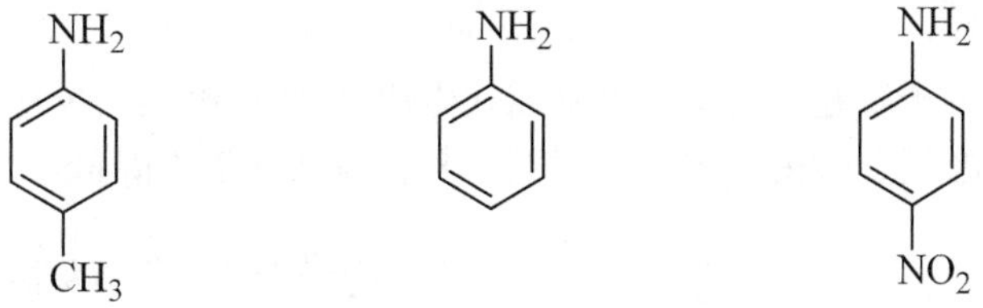

NH_2　　NH_2　　NH_2

CH_3　　　　NO_2

pK_b　　8.9　　9.4　　13

胺是一种弱碱，可以与酸反应生成盐。

$$RNH_2 + HCl \longrightarrow RNH_3^+Cl^- + H_2O$$

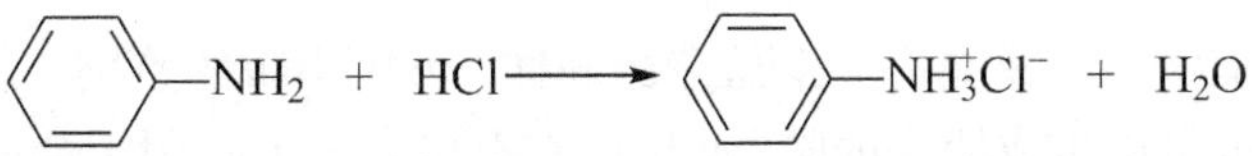

$$C_6H_5{-}NH_2 + HCl \longrightarrow C_6H_5{-}NH_3^+Cl^- + H_2O$$

一般简单胺的无机盐大多溶于水，铵盐是弱碱所生成的盐，遇到强碱游离出原来的胺，利用这个性质能分离提纯胺类化合物。

$$RNH_2 + HCl \longrightarrow RNH_3^+Cl^- \xrightarrow{NaOH} RNH_2$$

2. 烷基化反应

胺分子中 N 原子上的孤对电子使胺具有亲核性。胺与卤代烷、醇、硫酸酯等试剂发生亲核取代反应，能在 N 原子上引入烷基，该反应称为胺的烷基化反应。例如，伯胺与卤代烃发生亲核取代反应，由伯胺生成仲胺的盐，要生成仲胺需要脱除卤化氢，因此反应中加入过量的碱(如三乙胺、氢氧化钠等)中和生成的卤化氢才能游离出仲胺。生成的仲胺是更好的亲核试剂，接着与卤代烃反应生成叔胺乃至季铵盐。

$$RNH_2 + R'Cl \longrightarrow RR'NH_2^+Cl^- \xrightarrow{RNH_2} RR'NH$$

$$RR'NH + R'Cl \longrightarrow RR_2'NH^+Cl^- \xrightarrow{NaOH} RR_2'N$$

$$RR_2'N + R'Cl \longrightarrow RR_3'N^+Cl^-$$

因此反应得到的 *N*-取代胺多是仲胺、叔胺和季铵盐的混合物。在一般条件下难以使反应停留在只生成仲胺或叔胺的一步，但可以通过控制反应物的比例和反应条件，得到以某一种胺为主的产物。若卤烷或胺两者之一有立体阻碍或反应活性较低时，也可得到较单一的产物。

$$C_6H_5NH_2 \xrightarrow[NaHCO_3\text{水溶液，}90\sim95℃]{C_6H_5CH_2Cl} C_6H_5NHCH_2C_6H_5 \quad (85\%\sim87\%)$$

$$C_6H_5NH_2 \xrightarrow[\text{或}(CH_3)_2SO_4]{CH_3OH,\ PPA,\ 200℃} C_6H_5N(CH_3)_2 \quad (66\%)$$

如果用过量的伯卤代烷，可以制备季铵盐。

$$C_6H_5CH_2Cl + (CH_3)_2NH \longrightarrow C_6H_5CH_2N^+(CH_3)_2Cl^-$$

3. 酰基化反应

伯胺、仲胺分子氨基上的氢被酰基取代生成 *N*-取代酰胺的反应称为胺的酰基化反应。常用的酰化试剂是酰氯、酸酐、羧酸等试剂，其反应活性依次降低。

$$CH_3COCl\ \text{或}(CH_3CO)_2O \xrightarrow{RNH_2} CH_3CONHR \xrightarrow[H^+\text{或}OH^-]{H_2O} RNH_2$$

$$CH_3COCl\ \text{或}(CH_3CO)_2O \xrightarrow{R_2NH} CH_3CONR_2 \xrightarrow[H^+\text{或}OH^-]{H_2O} R_2NH$$

$$CH_3COCl\ \text{或}(CH_3CO)_2O \xrightarrow{R_3N} \text{不反应}$$

生成的酰胺是中性物质，是具有一定熔点的固体，可用于胺的鉴别，且在强酸或强碱的水溶液中加热易水解，也可以生成原来的胺。此反应在有机合成上除用于合成重要的酰胺化合物外，还常用来保护氨基，防止氨基被氧化破坏。

$$C_6H_5NH_2 \xrightarrow{(CH_3CO)_2O} C_6H_5NHCOCH_3 \xrightarrow[H_2SO_4]{HNO_3} p\text{-}O_2NC_6H_4NHCOCH_3 \xrightarrow[H^+\text{或}OH^-]{H_2O} p\text{-}O_2NC_6H_4NH_2$$

$$HO-C_6H_4-NH_2 \xrightarrow{(CH_3CO)_2O} HO-C_6H_4-NHCOCH_3$$ 扑热息痛（paraspen）

$$C_2H_5O-C_6H_4-NH_2 \xrightarrow{(CH_3CO)_2O} C_2H_5O-C_6H_4-NHCOCH_3$$ 非那西丁（phenacetin）

伯胺、仲胺能与苯磺酰氯等磺酰化试剂反应生成磺酰胺，该反应称为磺酰化反应。

$$H_3C-C_6H_4-SO_2Cl \xrightarrow[NaOH]{RNH_2} H_3C-C_6H_4-SO_2NHR \xrightarrow[过量]{NaOH} H_3C-C_6H_4-SO_2\bar{N}RNa^+$$

$$H_3C-C_6H_4-SO_2Cl \xrightarrow[NaOH]{R_2NH} H_3C-C_6H_4-SO_2NR_2 \xrightarrow[过量]{NaOH} 不反应$$

$$H_3C-C_6H_4-SO_2Cl \xrightarrow[NaOH]{R_3N} 不反应$$

对甲基苯磺酰氯(TsCl)

伯胺磺酰化后生成的磺酰胺 N 原子上的氢原子因受到吸电子基团苯磺酰基的影响酸性增强，在过量氢氧化钠作用下可生成钠盐，生成的磺酰胺的钠盐溶于氢氧化钠溶液。仲胺的磺酰化产物 N 原子上没有氢原子因而不能与氢氧化钠反应生成盐，也就不溶于碱，而呈固体析出。叔胺一般不发生反应。胺的磺酰化反应也称为兴斯堡(Hinsberg)反应，反应需在碱性条件下进行，可用于鉴别和分离伯胺、仲胺、叔胺。

4. 与亚硝酸的反应

胺可以与亚硝酸发生反应，由于亚硝酸不稳定，一般在反应过程中由亚硝酸钠与盐酸或硫酸反应制得。胺的结构不同，反应生成的产物不同。

伯胺与亚硝酸反应生成重氮盐。脂肪族伯胺生成的重氮盐不稳定，即使在低温下，脂肪族重氮盐也易分解放出氮气，并形成一个碳正离子；该碳正离子可能发生重排，或者发生消除反应，也可被亲核试剂进攻而发生亲核反应，结果得到组成十分复杂的混合物(醇、烯烃、卤代烃等)。因而该反应在有机合成中无应用价值，但重氮盐分解放出的氮气是定量的，故可用于脂肪族伯胺的定量分析。

$$RNH_2 + NaNO_2 + HCl \longrightarrow R\overset{+}{N}\equiv NCl^- \longrightarrow R^+ + Cl^- + N_2\uparrow$$

$$R^+ \longrightarrow 醇 + 烯烃 + 卤代烃等$$

芳香族伯胺在强酸、低温条件下与亚硝酸钠反应，生成芳香重氮盐，该反应称为重氮化反应。芳香重氮盐虽然也不稳定，但由于重氮正离子中氮原子上的正电荷可以离域到苯环上，在强酸、低温条件下可以保持不分解，在有机合成上是很重要的化合物，详见第 13 章。

$$C_6H_5-NH_2 + NaNO_2 + HCl \xrightarrow{0\sim5\ ℃} C_6H_5-N_2^+Cl^-$$

仲胺与亚硝酸反应，N 原子上的氢原子被亚硝基取代生成不溶于稀酸的油状或固状的稳定的 *N*-亚硝基化合物。必须注意的是，亚硝胺类化合物都是致癌物质，当用稀盐酸和还原剂进行处理可还原到原来的仲胺。

$$R_2NH + NO^+ \rightleftharpoons R_2\overset{+}{N}H(N{=}O) \rightleftharpoons R_2N{-}N{=}O + H^+$$

$$C_6H_5{-}NHCH_3 + NaNO_2 + HCl \xrightarrow{0\sim5℃} C_6H_5{-}N(CH_3){-}N{=}O \xrightarrow{SnCl_2/HCl} C_6H_5{-}NHCH_3$$

N-亚硝基-*N*-甲基苯胺

叔胺 N 原子上没有氢原子，因而脂肪族叔胺与亚硝酸不发生取代反应；芳香族叔胺能与亚硝酸反应，但反应不是在 N 原子上而是在芳环上引入亚硝基。

$$(H_3C)_2N{-}C_6H_5 + NaNO_2 + HCl \xrightarrow{0\sim5℃} (H_3C)_2N{-}C_6H_4{-}NO \text{（绿色晶体）}$$

N,N-二甲基对亚硝基苯胺

所以，利用伯胺、仲胺、叔胺与亚硝酸反应的现象不同，可以鉴别伯胺、仲胺、叔胺。

5. 烯胺的生成

醛、酮与伯胺发生亲核加成反应生成醇胺，随后 N 原子上的氢原子与羟基脱水得到亚胺(imine)，又称席夫碱。一般来说，芳香席夫碱比脂肪族席夫碱稳定性更高。

$$\underset{}{R(RCH_2)C{=}O} + \underset{\text{伯胺}}{NH_2R} \longrightarrow RH_2C{-}C(R)(OH){-}NR(H) \xrightarrow{-H_2O} \underset{\text{亚胺}}{RH_2C{-}C(R){=}NR}$$

仲胺与醛、酮发生亲核加成反应后生成的醇胺的 N 原子上没有氢存在，不可能按照伯胺反应的方式脱水。如果醛、酮具有α-氢原子，则α-氢原子能与羟基脱水生成烯胺(enamine)。

$$R(RCH_2)C{=}O + \underset{\text{仲胺}}{NHR_2} \longrightarrow RCH(H_\alpha){-}C(R)(OH){-}NR_2 \xrightarrow{-H_2O} \underset{\text{烯胺}}{RCH{=}C(R){-}NR_2}$$

生成烯胺的反应多用酸催化，反应中需要除去生成的水从而使反应完全。制备烯胺常用的仲胺是吡咯烷、哌啶、吗啉等。

$$\text{环己酮} + \underset{\text{吡咯烷}}{\text{四氢吡咯(NH)}} \xrightarrow{p\text{-TsOH}} \text{1-(环己烯基)吡咯烷} + H_2O$$

烯胺可视为一种氮杂烯醇负离子，与碳亲电试剂的反应主要发生在烯胺的β-碳上，即羰基的α-碳上。例如，烯胺与活泼卤代烃反应生成亚胺正离子，然后水解生成α-烃基醛或酮，这一反应在合成中常用于醛、酮的α-位引入取代基。

$$\text{1-(环己烯基)吡咯烷} + Me{-}I \longrightarrow \left[\text{2-甲基环己亚胺正离子}\ I^-\right] \xrightarrow{H_3O^+} \text{2-甲基环己酮} + \text{吡咯烷(NH)}$$

6. 氧化反应

胺 N 原子上有孤对电子，胺很容易被氧化。芳胺(如苯胺)比脂肪族胺更易被氧化，氧化的主要产物取决于氧化剂的种类和实验条件。

在酸性条件下，用二氧化锰氧化苯胺，生成对苯醌，而叔胺氧化生成 *N*-氧化叔胺。

$$C_6H_5NH_2 + MnO_2 \xrightarrow{稀H_2SO_4} \text{对苯醌}(O{=}C_6H_4{=}O) \qquad C_6H_5N(CH_3)_2 \xrightarrow[或RCO_3H]{H_2O_2} C_6H_5\overset{+}{N}(O^-)(CH_3)_2$$

7. 芳胺的亲电取代反应

芳胺的苯环上能发生亲电取代反应，由于氨基是一个强的给电子基团，会增加芳环上的电子云密度，因而芳环上的亲电取代反应比苯容易。

1)卤代反应

苯胺很容易与氯或溴发生亲电取代反应。苯胺与溴的水溶液反应立刻生成 2,4,6-三溴苯胺白色沉淀，反应很难停留在一取代阶段。

$$C_6H_5NH_2 \xrightarrow{Br_2/H_2O} 2,4,6\text{-}Br_3C_6H_2NH_2 + 3HBr$$

若要制取一溴苯胺，则应先降低苯胺的活性，再进行溴代。其方法有两种：第一种可以将氨基转变成酰胺基。酰胺基的活化能力比氨基弱，且体积较大，与氯或溴反应能得到一取代产物，且主要得到对位产物。

$$C_6H_5NH_2 \xrightarrow{(CH_3CO)_2O} C_6H_5NHCOCH_3 \xrightarrow{Br_2} p\text{-}BrC_6H_4NHCOCH_3 \xrightarrow[H^+或OH^-]{H_2O} p\text{-}BrC_6H_4NH_2$$

第二种方法利用氨基的碱性，与酸生成铵盐，将具有活化能力的氨基转变成具有钝化能力的带正电荷的铵离子，与氯或溴反应得到一取代产物，且得到的是间位产物。

$$C_6H_5NH_2 \xrightarrow{HCl} C_6H_5\overset{+}{N}H_3Cl^- \xrightarrow[Fe]{Br_2} m\text{-}BrC_6H_4\overset{+}{N}H_3Cl^- \xrightarrow{NaOH} m\text{-}BrC_6H_4NH_2$$

2)硝化反应

苯胺容易氧化，硝酸是一种较强的氧化剂，如果直接用硝酸进行硝化反应主要发生氧化反应，它与浓硝酸作用可被氧化成苯胺黑染料。所以硝化时一般先要进行氨基的保护再进行硝化反应，硝化后再水解脱保护生成相应的硝基苯胺。用酰基保护氨基后再进行硝化可制备邻、对位取代的苯胺。

$$C_6H_5NH_2 \xrightarrow{(CH_3CO)_2O} C_6H_5NHCOCH_3 \xrightarrow[H_2SO_4]{HNO_3} p\text{-}O_2NC_6H_4NHCOCH_3 \xrightarrow[H^+或OH^-]{H_2O} p\text{-}O_2NC_6H_4NH_2$$

将苯胺溶于浓的盐酸或硫酸形成铵盐再进行硝化，主要生成间位取代苯胺。

$$C_6H_5NH_2 \xrightarrow{HCl} C_6H_5\overset{+}{N}H_3\overset{-}{Cl} \xrightarrow[H_2SO_4]{HNO_3} m\text{-}O_2NC_6H_4\overset{+}{N}H_3\overset{-}{Cl} \xrightarrow{NaOH} m\text{-}O_2NC_6H_4NH_2$$

3)磺化反应

苯胺与浓 H_2SO_4 作用，生成苯胺硫酸氢盐，在 180～190℃下烘焙，转化为对氨基苯磺酸。

$$C_6H_5NH_2 \xrightarrow{H_2SO_4} C_6H_5\overset{+}{N}H_3HSO_4^- \xrightarrow{180\sim190℃} p\text{-}H_2NC_6H_4SO_3H \rightleftharpoons p\text{-}H_3\overset{+}{N}C_6H_4SO_3^-$$

12.2.4 胺的制备方法

1. 氨与烃基化试剂反应

氨是亲核试剂，可以与卤代烃、醇等烷基化试剂通过亲核取代反应制备胺类化合物。卤代烃发生氨解首先生成伯胺的盐：

$$NH_3 + RCl \longrightarrow RNH_3^+Cl^-$$

生成的伯胺盐再与过量的氨发生质子转移而释放出伯胺：

$$RNH_3^+Cl^- + NH_3 \longrightarrow RNH_2 + NH_4^+Cl^-$$

生成的伯胺仍然是好的亲核试剂，继续烃基化，因而得到的是伯胺、仲胺、叔胺和季铵盐的混合物，分离较困难。因此，该方法在应用上受到一定的限制。

芳香族卤代烃亲核取代反应活性差，与氨反应需要在高温、高压、催化剂存在下进行。如果芳环上有卤素且邻、对位有硝基等强吸电子基团存在时，没有催化剂的条件也能发生亲核取代反应。

$$O_2N\text{-}C_6H_3(Cl)\text{-}Cl + NH_3 \longrightarrow O_2N\text{-}C_6H_3(Cl)\text{-}NH_2$$

氨和醇的混合蒸气通过加热的催化剂能发生亲核取代反应生成伯胺、仲胺、叔胺的混合物。

$$NH_3 + ROH \xrightarrow{Al_2O_3} RNH_2 + H_2O$$

$$RNH_2 + ROH \xrightarrow{Al_2O_3} R_2NH + H_2O$$

$$R_2NH + ROH \xrightarrow{Al_2O_3} R_3N + H_2O$$

2. 硝基化合物的还原

芳香族硝基化合物很容易通过芳烃的亲电取代反应制备，因而芳香族硝基化合物还原生成胺是非常重要的合成方法(见 12.1.3 小节“2. 还原反应”)。

常用的还原方法有两种：一种是酸性条件下用金属还原剂(铁、锡、锌等)还原，但此法对环境污染大，在工业上已不再推荐使用；另一种是催化氢化，即催化加氢还原法。

$$C_6H_5-NO_2 \xrightarrow{Fe/HCl} C_6H_5-NH_2$$

催化加氢还原法是目前比较绿色环保的方法，催化剂主要有雷尼镍、钯、铂、铜等金属催化剂，二硝基化合物还原可生成二元胺。目前，还开发了催化转移加氢、串联加氢等诸多新的加氢方式用于芳香族硝基化合物的还原。

$$C_6H_6 \xrightarrow[\text{浓}H_2SO_4]{\text{浓}HNO_3} m\text{-}O_2N-C_6H_4-NO_2 \xrightarrow{H_2,\ Pd/C} m\text{-}H_2N-C_6H_4-NH_2$$

使用钠或铵的硫化物、硫氢化物或多硫化物为还原剂，可以选择性地将其中一个硝基还原为氨基，得到既含氨基又含硝基的双官能团化合物。这种选择性还原在研究中具有重要的应用意义。

$$m\text{-}O_2N-C_6H_4-NO_2 \xrightarrow{(NH_4)_2S,\ CH_3OH} m\text{-}O_2N-C_6H_4-NH_2 + NH_3 + 3S + H_2O$$

3. 腈和酰胺的还原

腈含有氰基，很容易通过卤代烃的亲核取代反应制备。氰基可以采用催化加氢或被氢化铝锂还原制备伯胺，这条路线是制备比卤代烃多一个碳的伯胺的方法。

$$C_6H_5-CH_2Cl + NaCN \longrightarrow C_6H_5-CH_2CN \xrightarrow[\text{雷尼镍}]{H_2} C_6H_5-CH_2CH_2NH_2$$

$$NC(CH_2)_4CN \xrightarrow[\text{乙醚}]{LiAlH_4} H_2N(CH_2)_6NH_2$$

酰胺可以用 $LiAlH_4$ 还原为相应的胺。氮上没有取代基的酰胺可得到伯胺，*N*-取代酰胺可以制备仲胺、叔胺。

$$C_6H_{11}-\overset{O}{\overset{\|}{C}}-N(CH_3)_2 \xrightarrow[2)\ H_2O]{1)\ LiAlH_4,\ \text{乙醚}} C_6H_{11}-CH_2N(CH_3)_2$$

腈和酰胺的还原反应表明分子中含有不同结构 C—N 键结构的物质，都能在一定条件下通过还原反应制备相应结构的胺。

醛、酮易与羟胺反应生成肟。肟可以通过催化氢化、氢化铝锂、Na/C_2H_5OH 等方法制备伯胺，这是由醛、酮制备伯胺的方便方法之一，优点是可以高产率地合成氨基连在仲碳上的伯胺。

$$\text{环己酮} \xrightarrow{H_2NOH} \text{环己酮肟 (C=NOH)} \xrightarrow{Na,\ EtOH} \text{环己胺 (}C_6H_{11}NH_2\text{)}$$

4. 还原氨化

还原氨化(reductive amination)指的是将醛或酮与氨或胺反应，在氢和适当的催化剂存在下，转变成伯胺、仲胺、叔胺的反应。该反应是药物设计中的一个重要反应。

$$C_6H_5CHO + CH_3CH_2CH_2NH_2 \underset{}{\overset{-H_2O}{\rightleftharpoons}} C_6H_5CH{=}NCH_2CH_2CH_3 \xrightarrow{H_2,\ Ni} C_6H_5CH_2NHCH_2CH_2CH_3$$

5. 酰胺的霍夫曼降解反应

酰胺与次卤酸钠溶液共热，失去羰基，生成比原来的酰胺少一个碳原子的伯胺，该反应称为霍夫曼降解反应(又称为霍夫曼重排反应)。

$$C_6H_{11}\text{—}\overset{O}{\overset{\|}{C}}\text{—}NH_2 + Br_2 + 4NaOH \longrightarrow C_6H_{11}\text{—}NH_2 + Na_2CO_3 + NaBr + H_2O$$

6. 盖布瑞尔合成法

由卤代烃直接氨解制备伯胺时常会有仲胺、叔胺的生成，盖布瑞尔(S. Gabriel)提供了一个由卤代烃制备纯伯胺的好方法。邻苯二甲酰亚胺氮原子上的氢酸性较强(pK_a = 8.3)，在碱性溶液中生成盐，盐的负离子具有亲核性，与卤代烃反应生成 *N*-烷基邻苯二甲酰亚胺，再将 *N*-烷基邻苯二甲酰亚胺水解可以获得高产量的伯胺。此法是制取纯净伯胺的好方法。

$$\underset{\text{邻苯二甲酰亚胺}}{C_6H_4(CO)_2NH} \xrightarrow{KOH} C_6H_4(CO)_2N^-K^+ \xrightarrow{RX} \underset{N\text{-烷基邻苯二甲酰亚胺}}{C_6H_4(CO)_2N\text{—}R} \xrightarrow{KOH} RNH_2 + C_6H_4(COOK)_2$$

12.3　季铵盐与季铵碱

12.3.1　季铵盐

季铵盐由胺与卤代烃彻底烷基化反应制备：

$$R_3N + R'X \longrightarrow \left[\begin{array}{c} R \\ | \\ R—N—R' \\ | \\ R \end{array}\right]^+ X^-$$

$$n\text{-}C_{16}H_{33}Br + (CH_3)_3N \longrightarrow n\text{-}C_{16}H_{33}\overset{+}{N}(CH_3)_3Br^-$$

三甲基十六烷基溴化铵(CTAB)

$$C_6H_5\text{—}CH_2NH_2 + 3(CH_3)_3I \longrightarrow C_6H_5\text{—}CH_2\overset{+}{N}(CH_3)_3I^-$$

三甲基苄基碘化铵

季铵盐为结晶性固体，属于离子型化合物，具有盐的性质，易溶于水，不溶于乙醚等非极性有机溶剂。熔点较高，加热到熔点时分解成卤代烃和叔胺。

$$[R_4N]^+X^- \xrightarrow{\triangle} R_3N + RX$$

有长碳链的季铵盐的结构中有亲水基团铵离子和疏水基团长链的烷基，能够显著降低水的表面张力，具有表面活性作用，可以作为阳离子型表面活性剂。表面活性剂具有润湿或抗黏、乳化或破乳、起泡或消泡，以及增溶、分散、洗涤、防腐、抗静电等一系列物理化学作用及相应的实际应用，表面活性剂除了在日常生活中作为洗涤剂，其他应用几乎可以覆盖所有的精细化工领域。二甲基十二烷基苄基溴化铵，商品名称“新洁尔灭”，是具有去污能力的表面活性剂，也具有较强的杀菌消毒作用。

表面活性剂是精细化工的重要产品，享有“工业味精”的美称。对新型表面活性剂的研发一直在向温和、易生物降解和多功能性，强调使用安全、生态保护和提高效率的方向发展。例如，1971 年 Bunton 等首次合成了阳离子型 Gemini 表面活性剂。1988 年，Okahara 和他的同事们合成并研究了有柔性基团连接的一系列双烷烃链表面活性剂。1991 年，Menger 等合成了刚性基团连接的双烷基链表面活性剂，并命名为“Gemini”，形象地表述了此类表面活性剂的结构特征。实验表明，在保持每个亲水基团连接的碳原子数相等的条件下，与单烷烃链和单离子头基组成的普通表面活性剂相比，离子型 Gemini 表面活性剂具有很多优良的性质。

$$(CH_3)_2NCH_2CH_2N(CH_3)_2 + 2C_{16}H_{33}Br \xrightarrow[\text{回流}]{} (CH_3)_2(C_{16}H_{33})\overset{+}{N}CH_2CH_2\overset{+}{N}(C_{16}H_{33})(CH_3)_2\ 2Br^-$$

双子表面活性剂
(Gemini surfactant)

季铵盐常作为相转移催化剂。在非均相反应中，它可以将水相中的反应物带入有机相，从而加快反应速率，并提高产率。例如，甲苯氧化制备苯甲酸，甲苯不溶于水，高锰酸钾是固体且不溶于有机溶剂，需要溶解在水溶液中，当高锰酸钾水溶液与甲苯混合时两液相并不混溶，从而导致反应物分子之间不能很好地接触而反应。当加入季铵盐后，季铵盐的作用就是将水相中的高锰酸根负离子带入有机相与甲苯反应，从而提高反应的产率。

$$C_6H_5\text{—}CH_3 + 2KMnO_4 \xrightarrow{\text{四丁基溴化铵}} C_6H_5\text{—}COOK + KOH + 2MnO_2 + H_2O$$

12.3.2　季铵碱

季铵盐用强碱作用时，不能使胺游离出来，得到的是含有季铵碱的平衡混合物。

$$[R_4N]^+X^- + KOH \rightleftharpoons [R_4N]^+OH^- + KX$$

要打破此平衡，使反应向生成季铵碱的方向进行的方法有两种：一是可以使反应在醇溶液中进行；二是可用湿的 Ag_2O 代替 KOH，利用 AgX 难溶于水，反应中生成的卤化银不断沉淀析出，从而使平衡向生成季铵碱的方向移动。

$$2[(CH_3)_4N]^+I^- + Ag_2O \xrightarrow{H_2O} 2[(CH_3)_4N]^+OH^- + 2AgI\downarrow$$

季铵碱具有强碱性，其碱性与 KOH 相近；且极易潮解，易溶于水。研究发现季铵碱在加热的条件下会分解，分解的产物和烃基有关。烃基上无 β-H 的季铵碱在加热下分解生成叔胺和醇。例如，氢氧化四甲基铵在加热条件下发生取代反应分解成甲醇和三甲胺：

$$[(CH_3)_4N]^+OH^- \xrightarrow{\triangle} (CH_3)_3N + CH_3OH$$

在季铵碱的烃基中，如果 β-碳上含有氢原子时，加热分解生成叔胺、烯烃和水。

$$(CH_3)_3\overset{+}{N}CH_2CH_3OH^- \xrightarrow{\triangle} CH_2{=}CH_2 + (CH_3)_3N + H_2O$$

例如，氢氧化三甲基乙基铵在加热条件下发生消除反应生成乙烯。当季铵碱分子中存在两个或两个以上可被消除的 β-氢原子时，发生消除反应时生成的产物主要是双键碳上连接烷基较少的烯烃。通常是从含 β-氢较多的碳上消除氢原子，称为霍夫曼(Hofmann)规则。季铵碱的这种热消除反应称为霍夫曼消除反应。

$$(CH_3)_2CH\underset{}{\overset{CH_3}{\overset{|}{C}}}HN + (CH_3)_3OH^- \xrightarrow{\triangle} (CH_3)_3N + \underset{95\%}{(CH_3)_2CHCH{=}CH_2} + \underset{5\%}{(CH_3)_2C{=}CHCH_3}$$

$$\left[\text{3-甲基-1,1-二甲基吡咯烷鎓}\ (\overset{+}{N}(CH_3)_2)\right]OH^- \xrightarrow{\triangle} \text{3-甲基-1-甲基-2,3-二氢吡咯 (N-}CH_3\text{)} + H_2O$$

这是由于季铵碱的热分解是按 E2 历程进行的，氮原子带正电荷，它的诱导效应影响 β-碳原子，使 β-氢原子的酸性增加，容易受到碱性试剂的进攻。如果 β-碳原子上连有烷基，一方面烷基具有给电子性能，会降低 β-氢原子的酸性，β-氢原子就不容易被碱性试剂进攻；另一方面烷基的立体效应会阻碍碱性基团对 β-氢原子的进攻。所以发生消除反应时生成的产物主要是双键碳上连接烷基较少的烯烃。

当 β-碳上连有苯基、乙烯基、羰基、氰基等吸电子基团时，β-氢原子酸性明显增加，霍夫曼规则不适用。例如：

$$C_6H_5{-}CH_2CH_2\overset{+}{N}(CH_3)_2CH_2CH_2OH \xrightarrow{\triangle} \underset{94\%}{C_6H_5{-}CH{=}CH_2} + \underset{6\%}{H_2C{=}CH_2}$$

季铵碱的消除遵循霍夫曼规则，可以用季铵碱的热消除反应测定胺的结构。

$$\text{3-甲基哌啶}\xrightarrow{2CH_3I}\xrightarrow[H_2O]{Ag_2O}\left[\text{N,N-二甲基-3-甲基哌啶}^{+}\right]OH^{-}\xrightarrow{\triangle}\text{开环叔胺（N(CH_3)_2）}\xrightarrow{CH_3I}$$

$$\xrightarrow[H_2O]{Ag_2O}\left[H_3C-\overset{+}{N}(CH_3)_2\text{-烯基}\right]OH^{-}\xrightarrow{\triangle}\text{二烯（含 }CH_3\text{）}+(CH_3)_3N$$

该反应用过量 CH_3I 与胺作用生成季铵盐，再转化生成烷基季铵碱，最后加热、降解生成烯烃，该反应称为霍夫曼彻底甲基化反应。可以根据消耗的碘甲烷物质的量推知胺的类型；测定烯烃的结构即可推知 R 的骨架。

参 考 文 献

徐任生. 1993. 天然产物化学[M]. 北京：科学出版社

Afanasyev O I, Kuchuk E, Usanov D L, et al. 2019. Reductive amination in the synthesis of pharmaceuticals[J]. Chemical Reviews, 119(23): 11857-11911

Bhadani A, Kafle A, Ogura T, et al. 2020. Current perspective of sustainable surfactants based on renewable building blocks[J]. Current Opinion in Colloid & Interface Science, 45: 124-135

Brill T B, James K J. 1993. Kinetics and mechanisms of thermal decomposition of nitroaromatic explosives[J]. Chemical Reviews, 93(8): 2667-2692

Bunton C A, Robinson L, Schaak J, et al. 1971. Catalysis of nucleophilic substitutions by micelles of dicationic detergents[J]. The Journal of Organic Chemistry, 36(16): 2346-2352

Das V K, Mazhar S, Gregor L, et al. 2018. Graphene derivative in magnetically recoverable catalyst determines catalytic properties in transfer hydrogenation of nitroarenes to anilines with 2-propanol[J]. ACS Applied Materials & Interfaces, 10(25): 21356-21364

Formenti D, Ferretti F, Scharnagl F K, et al. 2019. Reduction of nitro compounds using 3d-non-noble metal catalysts[J]. Chemical Reviews, 119(4): 2611-2680

Menger T M, Littan C A. 1991. Gemini-surfactants: synthesis and properties[J]. Journal of the American Chemical Society, 113(4): 1451-1452

Muzzio M, Lin H H, Wei K C, et al. 2020. Efficient hydrogen generation from ammonia borane and tandem hydrogenation or hydrodehalogenation over AuPd nanoparticles[J]. ACS Sustainable Chemistry & Engineering, 8(7): 2814-2821

Zhu Y P, Masuyana A, Okahora M. 1990. Preparation and surface active properties of amphipathic compounds with two sulfate groups and two lipophilic alkyl chains[J]. Journal of The American Oil Chemists Society, 67(7): 459-463

习　　题

1. 命名或写出结构。

（1）（苯环：CH_3、Cl、NO_2）　（2）（苯环：CHO、OCH_3、NH_2）　（3）$H_3C-CH(CH_3)-N(CH_3)-CH_2CH_3$

(4) 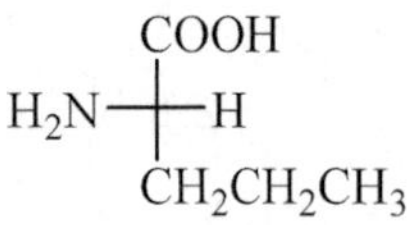 H_2N—C(COOH)(H)—$CH_2CH_2CH_3$（Fischer投影式：上 COOH，左 H_2N，右 H，下 $CH_2CH_2CH_3$）

(5) $CH_3CH_2NHCH_2CH_2NH_2$

(6) $CH_3CH(N(CH_3)_2)CH_2CH_2CH(CH(CH_3)_2)CH_3$

(7) 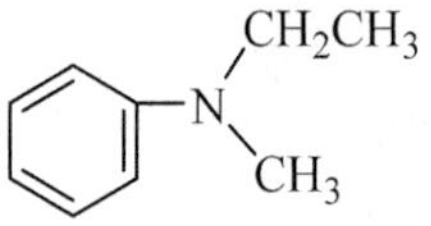 $C_6H_5N(CH_2CH_3)CH_3$

(8) 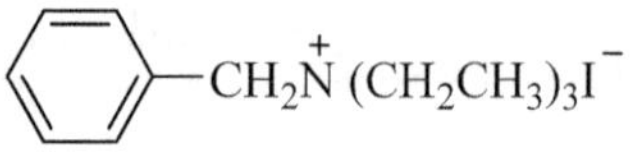 $C_6H_5CH_2\overset{+}{N}(CH_2CH_3)_3I^-$

(9) $[(CH_3CH_2CH_2CH_2)_4N]^+OH^-$

(10) $(CH_3)_2CHCH_2\overset{+}{N}(CH_3)_3\bar{O}H$

(11) 苦味酸

(12) meso-1, 2-二硝基环戊烷

(13) *N*-乙基丁胺

(14) 对甲基苯胺盐酸盐

2. 按照指定性质从小到大排列成序。

(1) 按酸性由强到弱排列成序：

A. 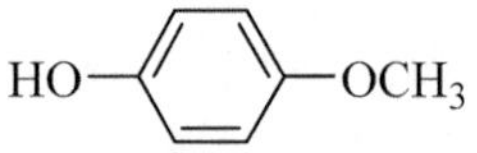 $HO-C_6H_4-OCH_3$（对位）　　B. $HO-C_6H_4-NO_2$（对位）

C. $HO-C_6H_5$　　D. 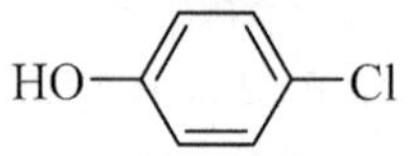 $HO-C_6H_4-Cl$（对位）

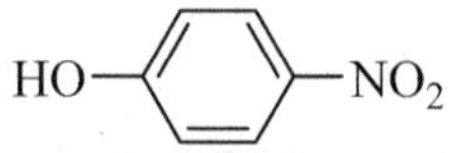

(2) 按碱性由强到弱排列成序：

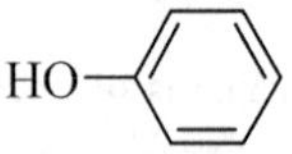

A. CH_3NH_2　　B. CH_3CONH_2　　C. $(CH_3)_2NH$　　D. NH_3

(3) 按亲核能力由强到弱排列成序：

A. $C_6H_5O^-$　　B. $C_2H_5O^-$　　C. OH^-　　D. NH_2^-　　E. NH_3

(4) 按碱性由强到弱排列成序：

A. CH_3CONH_2　　B. $[(CH_3CH_2)_4N]^+OH^-$　　C. 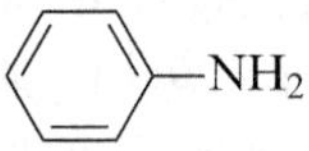 $C_6H_5-NH_2$　　D. $CH_3CH_2NH_2$

3. 完成反应方程式。

(1) 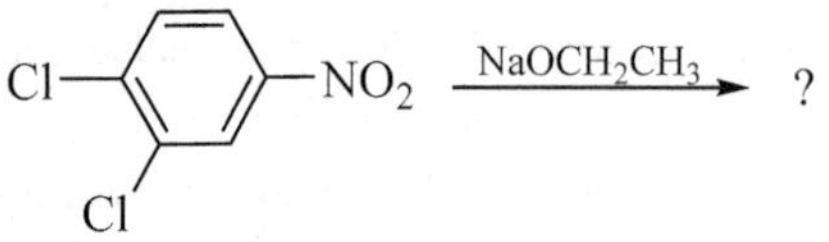 3,4-二氯硝基苯（Cl、Cl、NO_2 取代苯）$\xrightarrow{NaOCH_2CH_3}$?

(2) $C_6H_5-NO_2 \xrightarrow{Zn,\ NaOH}$? $\xrightarrow{Fe/HCl}$?

(3) $2\,C_6H_5-CHO + NH_2CH_2CH_2CH_2NH_2 \longrightarrow$? $\xrightarrow[H_2O]{NaBH_4}$?

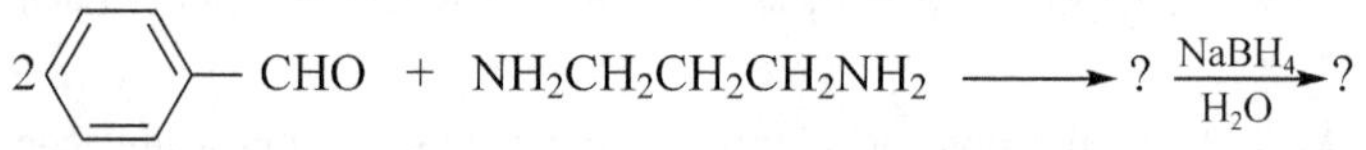

(4) $CH_3CH_2CH_2NO_2 + CH_3CHO \xrightarrow[\triangle]{NaOH}$? $\xrightarrow{LiAlH_4}\xrightarrow{H_2O}$?

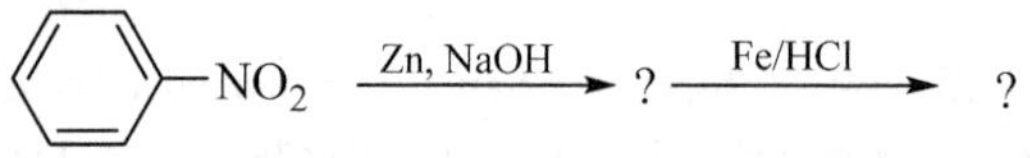

(5) $CH_3CH_2CO_2H \xrightarrow{SOCl_2}$? $\xrightarrow{(CH_3)_2CHNH_2}$?

(6) 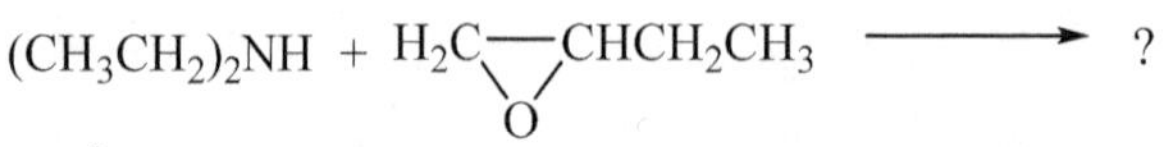 $(CH_3CH_2)_2NH + H_2C\overset{O}{—}CHCH_2CH_3$（环氧） $\longrightarrow$?

(7) 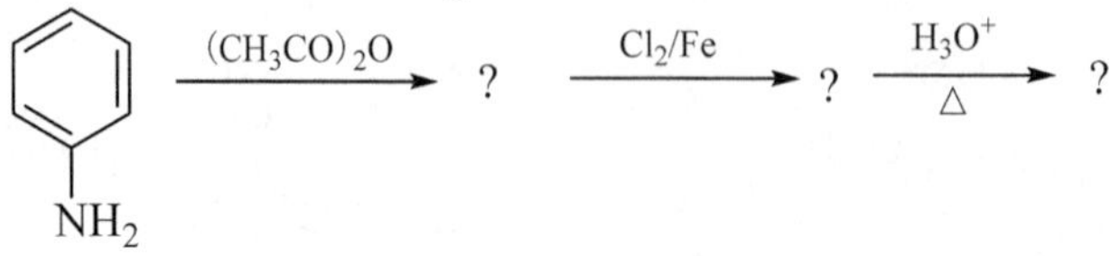 $C_6H_5NH_2 \xrightarrow{(CH_3CO)_2O}$? $\xrightarrow{Cl_2/Fe}$? $\xrightarrow[\triangle]{H_3O^+}$?

(8) 苯胺 $\xrightarrow{HCl}$? $\xrightarrow[H_2SO_4]{HNO_3}$? $\xrightarrow{?}$ 间硝基苯胺（3-NO_2，1-NH_2）

(9) $CH_3CH_2NHCH_3$ + $Br(CH_2)_5Br$ $\longrightarrow$? $\xrightarrow[2)\ \triangle]{1)\ 湿Ag_2O}$?

(10) 苯 $\xrightarrow[无水AlCl_3]{CH_3CH_2CH_2CH_2Cl}$? $\xrightarrow[H^+]{KMnO_4}$? $\xrightarrow[\triangle]{NH_3}$? $\xrightarrow[OH^-]{Br_2}$?

(11) 间二硝基苯 $\xrightarrow{?}$ 间硝基苯胺 $\xrightarrow{CH_3COCl}$? $\xrightarrow{H_2/Ni}$? $\xrightarrow{LiAlH_4}$?

(12) 环己基$-CH_2CH_2CHBrCH_3$ $\xrightarrow{(CH_3)_3N}$? $\xrightarrow[2)\ \triangle]{1)\ 湿Ag_2O}$?

(13) 四氢吡咯 + 环己酮 $\xrightarrow{H^+}$? $\xrightarrow{CH_2{=}CHCH_2Br}$ $\xrightarrow{H^+}$?

(14) 邻苯二甲酰亚胺 $\xrightarrow{KOH}$? $\xrightarrow{CH_3CH_2CH_2Br}$? $\xrightarrow{OH^-}$?

(15) Fischer 投影式：上 C_6H_5；H—C—$N^+(CH_3)_3OH^-$；H_3C—C—H；下 C_6H_5 $\xrightarrow{\triangle}$?

(16) 2-甲基哌啶 $\xrightarrow{CH_3I(过量)}$? $\xrightarrow{湿Ag_2O}$? $\xrightarrow{\triangle}$? $\xrightarrow{CH_3I(过量)}$? $\xrightarrow[2)\ \triangle]{1)\ 湿Ag_2O}$?

4. 用简单化学方法鉴别下列各组化合物。

(1) 环己基胺，*N*-甲基环己基胺，*N*, *N*-二甲基环己基胺；

(2) 硝基丁烷，乙酰苯胺，丁胺，苯胺，苯酚。

5. 用化学方法分离或提纯下列化合物。

(1) 二丙胺中含有少量苯胺；

(2) *N*-甲基苯胺中含有少量苯胺；

(3) 丙胺，二乙胺，三乙胺。

6. 完成下列转化。

(1) 亚甲基环戊烷（环戊基$=CH_2$） $\longrightarrow$ 环戊基$-CH_2CH_2NH_2$

(2)  苯 $\longrightarrow$ HOOC—C₆H₄—NO_2（对位）

(3) 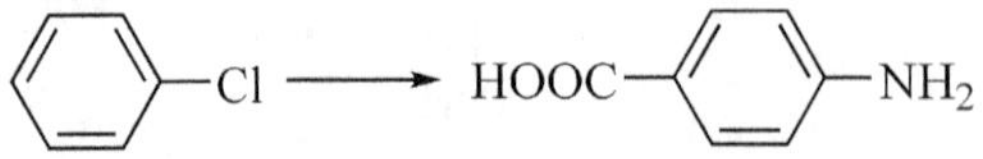 C₆H₅—Cl $\longrightarrow$ HOOC—C₆H₄—NH_2（对位）

(4) 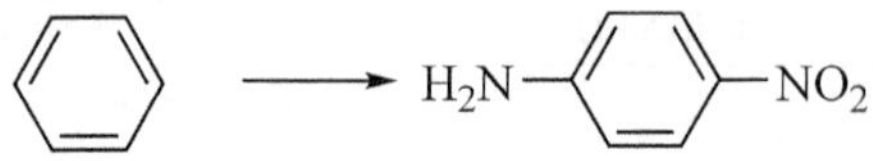 苯 $\longrightarrow$ H_2N—C₆H₄—NO_2（对位）

(5) $H_2C{=}CHCH_3$ $\longrightarrow$ 1, 5-戊二胺

(6) 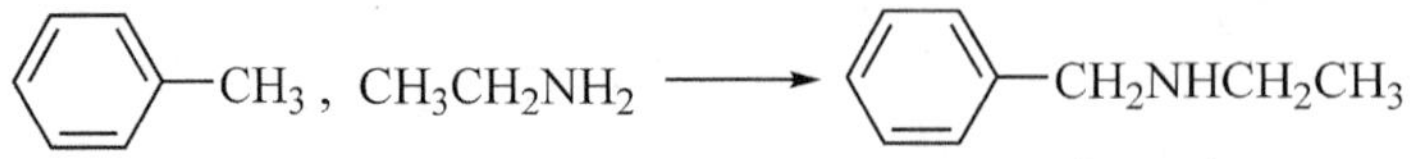 C₆H₅—CH_3，$CH_3CH_2NH_2$ $\longrightarrow$ C₆H₅—$CH_2NHCH_2CH_3$

(7) 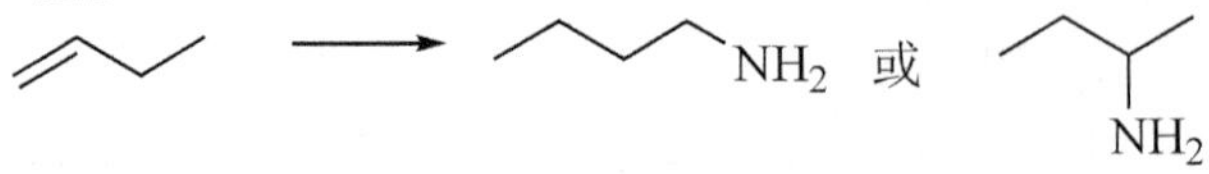 1-丁烯 $\longrightarrow$ 正丁胺（NH_2）或 2-丁胺（NH_2）

(8) 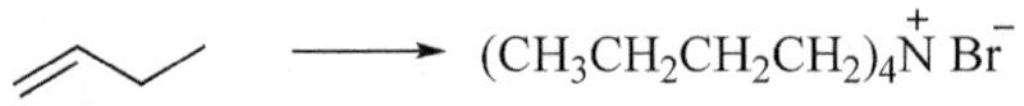 1-丁烯 $\longrightarrow$ $(CH_3CH_2CH_2CH_2)_4\overset{+}{N}Br^-$

7. 推断结构。

(1)化合物 A($C_7H_{15}N$)和碘甲烷反应得 B($C_8H_{18}NI$)，B 用湿的氧化银处理再进行加热只得到一种物质 C($C_8H_{17}N$)，C 和碘甲烷反应后接着用湿的氧化银处理再加热得到 D(C_6H_{10})和三甲胺，D 进行催化加氢得到 E(C_6H_{14})，E 的核磁共振氢谱只有一个七重峰和一个二重峰，相对峰面积比是 1∶6，推断 A～E 的结构，并完成各步反应。

(2)某固体化合物 A($C_{14}H_{12}NOBr$)在 HBr 溶液中回流得到 B($C_7H_5O_2Br$)和 C($C_7H_{10}NBr$)。B 与 $SOCl_2$ 反应后，再与 NH_3 进行反应得到 D(C_7H_6NOBr)，后者用 NaOBr 溶液进行处理得到 E(C_6H_6NBr)，物质 E 中加入溴水立刻生成白色沉淀。C 物质中加入少许碱后能与 TsCl 反应生成沉淀，加入过量碱后沉淀消失。推断 A～E 的结构，并完成各步反应。

8. 抗过敏药物溴苯海拉明(溴马秦)的结构如下：

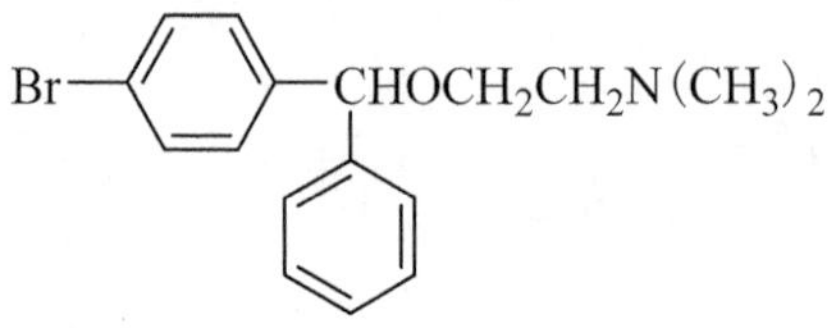

$$Br{-}C_6H_4{-}CH(C_6H_5)OCH_2CH_2N(CH_3)_2$$

其合成原料之一是 2-(*N*, *N*-二甲氨基)乙醇[$HOCH_2CH_2N(CH_3)_2$]。

(1)由适当原料制备 $HOCH_2CH_2N(CH_3)_2$；

(2)以苯、甲苯和 2-(*N*, *N*-二甲氨基)乙醇及其他无机试剂合成溴苯海拉明。

9. 盐酸普鲁卡因和丁卡因作为麻醉药物用于医疗麻醉，化学名分别为对氨基苯甲酸-2-二乙胺基乙酯盐酸盐、4-(丁氨基)-苯甲酸-2-(二甲氨基)乙酯。

$$H_2N{-}C_6H_4{-}COOCH_2CH_2N(CH_3)_2\cdot HCl$$

盐酸普鲁卡因

$$CH_3CH_2CH_2CH_2NH{-}C_6H_4{-}COOCH_2CH_2N(CH_3)_2$$

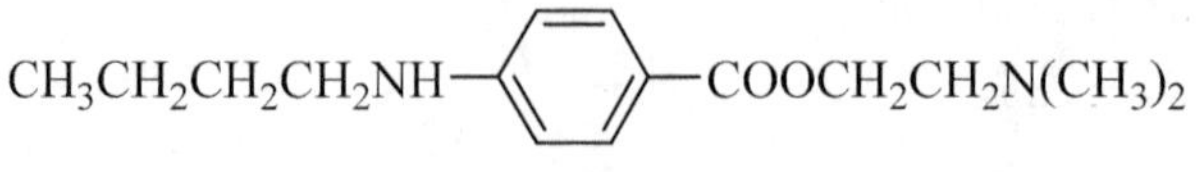

丁卡因

以甲苯和不超过四个碳的有机物以及无机试剂设计上述药物的合成路线。

第 13 章　重氮及偶氮化合物

【学习要求】

(1) 掌握重氮盐的性质及其在有机合成上的应用。
(2) 理解重氮甲烷的结构、性质及烯胺的反应。
(3) 理解α-消除和γ-消除，特别是卡宾的形成及应用。
(4) 了解偶氮化合物及染料。
(5) 了解叠氮化合物及氮烯。

重氮和偶氮化合物(diazo and azo compound)分子中都含有—N_2—官能团。—N_2—官能团的一端与烃基相连，另一端与非碳原子直接相连的化合物称为重氮化合物(diazo compound)；—N_2—官能团两端都与碳原子直接相连的化合物称为偶氮化合物(azo compound)。例如：

$H_3C—N=N—CH_3$　偶氮甲烷

$C_6H_5—N=N—C_6H_4—OH$　对羟基偶氮苯

$(H_3C)_2C(CN)—N=N—C(CN)(CH_3)_2$　偶氮二异丁腈

$H_2\overset{-}{C}—\overset{+}{N}\equiv N$　重氮甲烷

$C_6H_5—N=N—NH—C_6H_5$　苯氨基重氮苯

$C_6H_5—\overset{+}{N}\equiv NCl^-$　氯化重氮苯

其中，芳香族重氮盐(aromatic diazo salts)在有机合成中有重要意义，用来制备一系列芳香族化合物和有颜色的化合物。

13.1　重氮盐的制备

芳香族伯胺在低温下、强酸性介质中与亚硝酸作用，生成重氮盐的反应称为重氮化反应(diazo reaction)。例如，苯胺在盐酸溶液中与亚硝酸钠在低温下作用，生成重氮苯盐酸盐；盐酸用硫酸替代，进行反应则得到重氮苯硫酸盐。

$$C_6H_5—NH_2 + NaNO_2 + HCl \xrightarrow[<5℃]{过量HCl} C_6H_5—\overset{+}{N}\equiv NCl^- + NaCl + H_2O$$

$$C_6H_5—NH_2 + NaNO_2 + H_2SO_4 \xrightarrow[<5℃]{过量H_2SO_4} C_6H_5—\overset{+}{N}\equiv NHSO_4^- + NaCl + H_2O$$

重氮化反应操作通常需要注意以下事项：①在水溶液、强酸性介质中进行，盐酸或硫酸必须过量。如果酸的量不足，生成的重氮盐可与未反应的苯胺作用，生成偶联产物。②反应必须在低温下进行，重氮盐在温度稍高时会分解。绝大多数重氮盐对热不稳定，室温下即可分解。干燥时，重氮盐遇热易爆炸。③过量的亚硝酸会促使重氮盐分解，可以加入尿素除去过量的亚硝酸。

重氮盐具有无机盐的典型性质，绝大多数重氮盐易溶于水而不溶于有机溶剂，其水溶液能导电。脂肪族重氮盐不稳定，一旦生成后立即分解。芳香族重氮盐在水溶液中能稳定存在，这是因为苯环的大π键与重氮基的π键共轭。干燥的硫酸或盐酸重氮盐一般极不稳定，受热或震动时容易发生爆炸，所以重氮化反应一般都保持在较低温度下进行，得到的重氮盐往往无需从水溶液中分离，可以直接应用于后面的合成反应中。图 13-1 表示了芳香族重氮盐正离子的轨道结构。

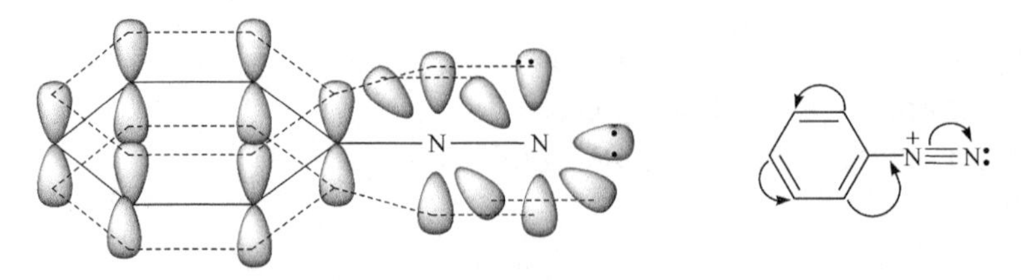

图 13-1　芳香族重氮盐正离子的轨道结构

13.2　重氮盐的性质

重氮盐的化学性质非常活泼，能发生许多反应，一般可以归纳为两类：①放氮反应，即重氮基被其他原子或原子团所取代并释放氮气；②留氮反应，即重氮基反应后仍保留在产物分子中。

13.2.1　放氮反应

重氮基可以被羟基、卤原子、氰基、氢原子等原子或基团取代，在反应中同时放出氮气。这个重氮基被取代的反应在有机合成中非常有用，能将芳环上的氨基转化为其他基团。

1. 被羟基取代

重氮盐和酸液共热时，即有氮气放出，并生成酚类化合物。

$$C_6H_5{-}NH_2 \xrightarrow{NaNO_2,\ H_2SO_4,\ H_2O} C_6H_5{-}\overset{+}{N}{\equiv}NSO_4^- \xrightarrow[\triangle]{H^+} C_6H_5{-}OH + N_2 + H_2SO_4$$

$$m\text{-}H_3C{-}C_6H_4{-}NH_2 \xrightarrow{NaNO_2,\ H_2SO_4,\ H_2O} m\text{-}H_3C{-}C_6H_4{-}\overset{+}{N}{\equiv}NSO_4^- \xrightarrow[\triangle]{H^+} m\text{-}H_3C{-}C_6H_4{-}OH + N_2 + H_2SO_4$$

重氮盐水解反应分两步进行，第一步是重氮盐分解，失去氮后生成苯基正离子，这步反应是决速步骤；第二步是苯基正离子与水分子反应生成苯酚。

$$C_6H_5\overset{+}{N}_2 \longrightarrow C_6H_5^+ \xrightarrow{H_2O} C_6H_5\overset{+}{O}H_2 \xrightarrow{-H^+} C_6H_5OH$$

此反应一般用重氮硫酸盐在 40%～50%的硫酸溶液中进行，以避免产物酚与未反应的重氮盐发生偶合反应，且可升高水解反应的温度，使水解反应更迅速、彻底。如果用重氮盐酸盐的盐酸溶液，则常有副产物氯化物生成；同时反应生成的酚还可能与重氮盐发生偶联反应。

在有机合成上常用该反应生成重氮盐的途径让氨基转变成羟基，这样可以制备一些不能由其他方法(如磺化碱熔)合成的酚类。例如：

$$m\text{-}ClC_6H_4NH_2 \xrightarrow{NaNO_2,\ H_2SO_4,\ H_2O} m\text{-}ClC_6H_4N_2HSO_4 \xrightarrow[\triangle]{H^+} m\text{-}ClC_6H_4OH$$

此法产率不高，一般为 50%～60%，所以主要用于制备无异构体的酚或用其他方法难以得到的酚。例如，由苯制取间硝基苯酚，不能由苯制取苯酚后再硝化得到产物，也不能由苯经硝化、磺化后碱熔制取，所以只有由苯制成间二硝基苯，再经部分还原、重氮化、水解得到。

$$C_6H_6 \xrightarrow[\triangle]{HNO_3 + H_2SO_4} m\text{-}C_6H_4(NO_2)_2 \xrightarrow[\text{乙醇}]{NH_4HS} m\text{-}O_2NC_6H_4NH_2 \xrightarrow[H_2SO_4]{NaNO_2} m\text{-}O_2NC_6H_4N_2HSO_4 \xrightarrow[\triangle]{H_2O} m\text{-}O_2NC_6H_4OH$$

此反应与磺化碱熔法相比较，路线长，产率低，一般不用于制取苯酚。只有当用磺化碱熔法不易制取酚时才采用此方法。

2. 被氢原子取代

重氮盐酸盐在还原剂次磷酸(H_3PO_2)或氢氧化钠-甲醛溶液作用下，重氮基被氢原子取代。若用乙醇作还原剂，可使重氮硫酸盐失去氮被还原，但有副产物醚生成。一般用次磷酸的效果比乙醇好，产率分别为 80%和 50%，也可以用其他还原剂还原。例如，氟硼酸重氮盐可在甲醇或二甲基甲酰胺中，用 $NaBH_4$ 还原；也可以在醚或乙腈中，用三正丁基锡甲烷[(n-$CH_3CH_2CH_2CH_2$)$_3$SnH]或三乙基硅甲烷[(CH_3CH_2)$_3$SiH]还原。这种新的还原方法，反应多数在室温下进行，反应时间较短，产率较高。

$$ArN_2HSO_4 + H_3PO_2 + H_2O \longrightarrow ArH + N_2 + H_3PO_3 + H_2SO_4$$

$$ArN_2Cl + HCHO + 2NaOH \longrightarrow ArH + N_2 + HCOONa + NaCl + H_2O$$

$$ArN_2HSO_4 + C_2H_5OH \longrightarrow ArH + N_2 + CH_3CHO + H_2SO_4$$

$$ArN_2HSO_4 + C_2H_5OH \longrightarrow ArOC_2H_5 + N_2 + H_2SO_4$$

由于重氮盐是由伯胺制得的，此反应提供了一个从芳环上除去氨基的方法，该反应又称为脱氨基还原反应。在合成中可以借助氨基的定位效应，将某个基团引入芳环的一定位置上，然后再除去氨基。例如，1,3,5-三溴苯无法用苯直接溴化的方法制得，但以苯胺为原料，经过溴化、重氮化、去氨基反应，则可以制得 1,3,5-三溴苯。

$$C_6H_5NH_2 \xrightarrow{3Br_2} 2,4,6\text{-}Br_3C_6H_2NH_2 \xrightarrow[0\sim5℃]{NaNO_2,\ H_2SO_4} 2,4,6\text{-}Br_3C_6H_2\overset{+}{N_2}HSO_4^- \xrightarrow[H_2O]{H_3PO_2} 1,3,5\text{-}Br_3C_6H_3$$

又如，制备间溴乙苯时，不能直接从乙苯溴化制取，也不能从溴苯烷基化制取；可用对氨基乙苯为原料，先乙酰化，制成对乙酰氨基乙苯；由于乙酰氨基的邻、对位定位能力大于乙基，当该化合物进行溴化时，溴原子进入乙酰氨基的邻位，而与乙基互为间位。水解溴化产物去掉乙酰基，氨基重新出现，经重氮化后，再与次磷酸反应，则得到间溴乙苯。

$$p\text{-}CH_2CH_3C_6H_4NH_2 \xrightarrow{(CH_3CO)_2O} p\text{-}CH_2CH_3C_6H_4NHCOCH_3 \xrightarrow[(2)\,H_2O/\,OH^-]{(1)\,Br_2,\,Fe} \text{(4-ethyl-2-bromoaniline)} \xrightarrow[H^+]{NaNO_2} \text{(4-ethyl-2-bromobenzenediazonium, } N_2^+\text{)}$$

$$\xrightarrow[H_2O]{H_3PO_2} m\text{-}CH_2CH_3C_6H_4Br + N_2 + H_3PO_3 + H^+$$

3. 被卤原子取代

芳环上的卤化反应通常只能在芳环上引入氯原子和溴原子，通过重氮盐的放氮反应(亲核取代反应)则可在芳环上引入卤原子。利用重氮基被卤原子取代的反应，合成出某些不易或不能直接卤化法得到的卤代芳烃及其衍生物。

氟取代 $Ar—N_2^+Cl^- \xrightarrow{HBF_4} Ar—N_2^+BF_4^-\downarrow \xrightarrow{\triangle} Ar—F + N_2$ 希曼(Schiemann)反应

氯取代 $Ar—N_2^+Cl^- + CuCl \xrightarrow[\triangle]{HCl} Ar—Cl + N_2$

溴取代 $Ar—N_2^+Cl^- + CuBr \xrightarrow[\triangle]{HBr} Ar—Br + N_2$

（氯取代、溴取代）桑德迈尔反应

碘取代 $Ar—N_2^+Cl^- + KI \xrightarrow{\triangle} Ar—I + N_2$

在氯化亚铜的浓盐酸溶液或溴化亚铜的浓氢溴酸溶液作用下，重氮基可被氯原子或溴原子取代，分别得到氯化物或溴化物。该反应为桑德迈尔反应。若将催化剂氯化亚铜改为铜粉，则称为加特曼(Gattermann)反应。虽然此反应比桑德迈尔反应操作简单，但除个别情况外，产率一般比桑德迈尔反应略低。

$$C_6H_5NH_2 \xrightarrow[<5℃]{NaNO_2,\,HX} C_6H_5N_2X \xrightarrow[\text{或}HX,\,Cu\text{粉}]{HX,\,CuX} C_6H_5X \quad (X= Cl, Br)$$

在制备溴化物时，可用价格较低的硫酸代替氢溴酸进行重氮化，但不能用盐酸代替氢溴酸，否则将得到氯化物和溴化物的混合物。

$$m\text{-}O_2NC_6H_4NH_2 \xrightarrow[<5℃]{NaNO_2,\,H_2SO_4} m\text{-}O_2NC_6H_4N_2HSO_4 \xrightarrow[H_2SO_4]{CuBr} m\text{-}O_2NC_6H_4Br + N_2$$

重氮盐的水溶液和碘化钾一起加热，因碘负离子是很强的亲核试剂，反应能力较强，不必使用碘化亚铜催化，直接加热水溶液，重氮基即被碘取代，生成碘化物并放出氮气。这是在苯环上引入碘原子的一个好方法，产率高。

$$O_2N-C_6H_4-NH_2 \xrightarrow[H_2SO_4]{NaNO_2} O_2N-C_6H_4-N_2HSO_4 \xrightarrow[\triangle]{KI} O_2N-C_6H_4-I$$

氟离子的反应能力很差，不能直接取代重氮基，必须先将可溶于水的重氮盐转化为不溶于水的氟硼酸重氮盐，经分离并干燥后再小心加热，逐渐分解而制得相应的芳香族氟化物。此反应称为希曼反应。例如：

$$C_6H_5NH_2 \xrightarrow[H_2O,\ 0℃]{NaNO_2,\ HCl} C_6H_5N_2^+Cl^- \xrightarrow{HBF_4} C_6H_5N_2^+BF_4^- \xrightarrow{\triangle} C_6H_5F$$

51%～57%

1961 年，Olah 将希曼反应进行了推广，从相应的重氮盐制得了芳香族氯化物和溴化物。例如：

$$o\text{-}CH_3C_6H_4N_2^+BCl_4^- \xrightarrow{35\sim37℃} o\text{-}CH_3C_6H_4Cl \quad 77.5\%$$

$$p\text{-}FC_6H_4N_2^+BCl_4^- \xrightarrow{128\sim134℃} p\text{-}FC_6H_4Br \quad 96.5\%$$

4. 被氰基取代

重氮盐与氰化亚铜的氰化钾水溶液作用(桑德迈尔反应)，或在铜粉存在下与氰化钾溶液作用(加特曼反应)，重氮基可以被氰基取代。

$$Ar-N_2^+Cl^- + CuCN \xrightarrow[\triangle]{KCN} Ar-CN + N_2 \quad \text{桑德迈尔反应}$$

$$Ar-N_2^+Cl^- + KCN \xrightarrow[\triangle]{Cu} Ar-CN + N_2 \quad \text{加特曼反应}$$

氰基经过水解可以生成羧酸，因此通过重氮盐在苯环上引入氰基，再水解成羧酸，是制备芳香酸的一种较好的方法。

上述重氮基被其他基团取代的反应可以用来制备一些不能用直接方法制备的芳香族化合物及其衍生物。例如，由硝基苯制备 2, 6-二溴苯甲酸。

$$C_6H_5NO_2 \xrightarrow{Fe,\ H^+} C_6H_5NH_2 \xrightarrow{(CH_3CO)_2O} C_6H_5NHCOCH_3 \xrightarrow[\text{干乙酸}]{HNO_3} p\text{-}O_2NC_6H_4NHCOCH_3 \xrightarrow{OH^-,\ H_2O} p\text{-}O_2NC_6H_4NH_2 \xrightarrow{Br_2,\ Fe}$$

$$\text{2,6-二溴-4-硝基苯胺} \xrightarrow{NaNO_2,\ H_2SO_4} \text{2,6-}Br_2\text{-4-}O_2NC_6H_2N_2^+HSO_4^- \xrightarrow{CuCN,\ KCN} \text{2,6-}Br_2\text{-4-}O_2NC_6H_2CN \xrightarrow{H_2O,\ H^+} \text{2,6-}Br_2\text{-4-}O_2NC_6H_2COOH$$

$$\xrightarrow{\text{Fe, HCl}} \xrightarrow[0\sim5℃]{NaNO_2, HCl} \xrightarrow{H_3PO_2, H_2O}$$ 2,6-二溴苯甲酸（COOH, Br, Br）

13.2.2 留氮反应

1. 还原反应

重氮盐用氯化亚锡加盐酸或亚硫酸氢钠等弱还原剂还原得到苯肼盐酸盐，后者加碱即得苯肼。

$$C_6H_5N_2Cl \xrightarrow[\text{或 } SnCl_2+HCl]{NaHSO_3} C_6H_5NHNH_2\cdot HCl \xrightarrow{NaOH} C_6H_5NHNH_2$$

纯的苯肼是无色油状液体，沸点 243.5℃，熔点 19.6℃，溶于水，毒性较大，使用时应特别注意。苯肼在空气中很容易被氧化而呈棕色。它是常用的羰基试剂，也是合成药物和染料的原料。

例如，用锌和盐酸等强还原剂还原重氮盐得到苯胺。

$$C_6H_5N_2Cl \xrightarrow{Zn+HCl} C_6H_5NH_2 + NH_4Cl$$

2. 偶合反应

低温下，重氮盐与酚或芳胺作用，此处重氮正离子作为亲电试剂，对芳环上进行亲电取代反应，由偶氮基—N═N—将两个分子偶联起来，生成有颜色的偶氮化合物。该反应称为偶合反应或偶联反应(coupling reaction)。参加偶合反应的重氮盐称为重氮部分，与其偶合的酚或芳胺称为偶联组分。偶合反应是制备偶氮染料的基本反应。

$$C_6H_5N_2Cl + C_6H_5OH \xrightarrow[0℃]{NaOH, H_2O} C_6H_5-N{=}N-C_6H_4-OH$$

对羟基偶氮苯（橘红色）

$$C_6H_5N_2Cl + C_6H_5N(CH_3)_2 \xrightarrow[0℃]{CH_3COONa, H_2O} C_6H_5-N{=}N-C_6H_4-N(CH_3)_2$$

对-(*N,N*-二甲氨基)偶氮苯(黄色)

偶合反应属于亲电取代反应。重氮正离子 ArN_2^+ 是一个弱的亲电试剂，其中氮原子上的正电荷可以离域到芳环上，只能与芳环上连有羟基、氨基等强致活基的酚类或芳胺进行偶合。

$$Ar-\overset{+}{N_2} + C_6H_5-X \longrightarrow Ar-N{=}N-\underset{H}{C_6H_5^{+}}-X \xrightarrow{-H^+} Ar-N{=}N-C_6H_4-X$$

弱亲电试剂　　酚或芳胺　　σ-络合物　　偶氮化合物

$X = OH, NH_2, NHR, NR_2$

1) 重氮盐与酚的偶合

重氮盐与酚的偶合在弱碱性溶液中进行，通常可用氢氧化钠调节溶液的 pH 为 8～10 较为适宜。偶合反应通常发生在酚羟基的对位，如果对位上已有取代基，则偶合反应在酚羟基的邻位进行反应。

$$C_6H_5N_2Cl + H_3C-C_6H_4-OH \xrightarrow[0\sim5℃]{NaOH(pH=8\sim10)} C_6H_5-N=N-C_6H_3(OH)(CH_3) + HCl$$

重氮盐与酚的偶合在弱碱性条件下进行的原因：酚是弱酸性物质，与碱作用生成盐，苯氧基负离子 ArO^- 中给电子共轭效应使原羟基的邻、对位电子云密度增大，在碱性条件下有利于酚与亲电试剂重氮盐正离子发生偶合反应。如果溶液的碱性太强（pH＞10），重氮盐转变为不能发生偶合反应的重氮氢氧化物或重氮酸盐，导致偶合反应速率降低或终止。

$$Ar-\ddot{N}=N^+ \underset{}{\overset{OH^-}{\rightleftharpoons}} [Ar-N=N-OH] \underset{}{\overset{NaOH}{\rightleftharpoons}} Ar-N=N-ONa$$

重氮正离子（亲电试剂，能偶合）　重氮碱（非亲电试剂，不能偶合）　重氮酸钠（非亲电试剂，不能偶合）

2）与芳胺的偶合

重氮盐与芳胺的偶合反应是在弱酸性或中性溶液（pH=5～7）中进行的，在强酸性溶液中，胺生成铵盐，$-\overset{+}{N}H_3$ 是一个强的间位定位基，它使苯环电子云密度降低，这样就不利于偶合反应的发生。

重氮盐与伯芳胺或仲芳胺发生偶合反应，在冷的弱酸性溶液中，与重氮盐的偶合反应发生在氮原子上，生成苯重氮氨基苯类化合物。如果把生成的苯重氮氨基苯和盐酸或苯胺盐酸盐一起加热到 30～40℃，又经分子重排而生成对氨基偶氮苯。如果对位已有取代基，则重排生成邻氨基偶氮苯。

$$C_6H_5N_2Cl + H_2N-C_6H_5 \xrightarrow[0\sim5℃]{CH_3COONa(pH=5\sim7)} C_6H_5-N=N-HN-C_6H_5$$

苯重氮氨基苯

$$C_6H_5-N=N-HN-C_6H_4-H \xrightarrow[30\sim40℃]{C_6H_5NH_2\cdot HCl} C_6H_5-N=N-C_6H_4-NH_2$$

对氨基偶氮苯（黄色，熔点127℃）

重氮盐与间甲苯胺偶合，甲基的存在增加了苯环的活性，有利于苯环上的亲电取代反应，反应主要发生苯环上的氢原子被取代。

$$C_6H_5N_2Cl + (H_3C)C_6H_4-NH_2 \longrightarrow C_6H_5-N=N-C_6H_3(H_3C)-NH_2$$

3）与萘环的偶合

重氮盐与萘环的偶合总是发生在连有致活基的环上，因为连有致活基的环电子云密度更大，更有利于亲电取代反应进行。

$$C_6H_5N_2Cl + C_{10}H_7NH_2 \xrightarrow[0\sim5℃]{CH_3COONa(pH=5\sim7)} C_6H_5-N=N-C_{10}H_6-NH_2$$

重氮盐与α-萘酚和α-萘胺在 4-位或 2-位偶合反应；与β-萘酚和β-萘胺在 1-位偶合反应，若 1-位被占，则不发生偶合。下面箭头所指的位置就是下列化合物发生偶合反应的位置。

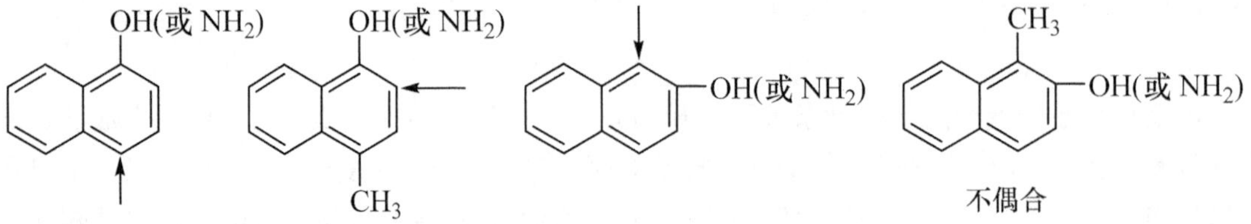

OH(或 NH_2)　　OH(或 NH_2)　　OH(或 NH_2)　　OH(或 NH_2)

CH_3　　CH_3

不偶合

重氮盐与酚类或芳胺的偶合反应存在电子效应和空间效应的影响，一般发生在酚羟基或氨基的对位，若对位已被占据则反应在邻位，若邻、对位都被占据则不偶合。当重氮盐与一个同时存在酚羟基、氨基的芳香族化合物偶合时，溶液的 pH 对产物起决定性的作用。例如，染料中间体 H 酸(1-氨基-8-萘酚-3,6 二磺酸)在 pH 为 5～7 时，偶合优先发生在 7-位，而当 pH 为 8～10 时，偶合优先发生在 2-位。

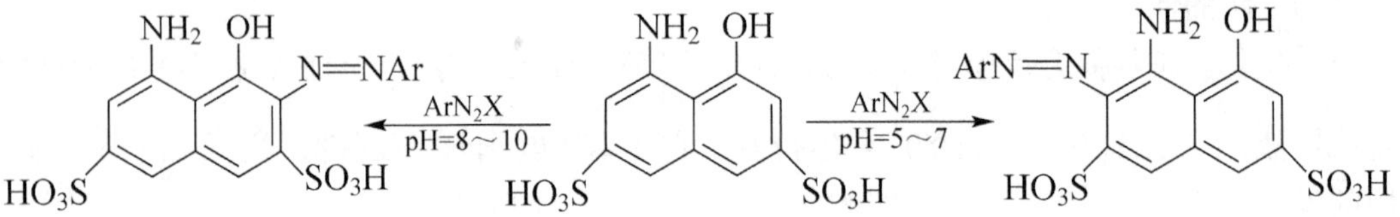

NH_2 OH N═NAr　HO_3S SO_3H　$\xleftarrow[pH=8\sim10]{ArN_2X}$　NH_2 OH HO_3S SO_3H　$\xrightarrow[pH=5\sim7]{ArN_2X}$　ArN═N NH_2 OH HO_3S SO_3H

重氮盐通过偶合反应所制备的偶氮化合物多具有鲜艳的颜色，广泛用作染料和指示剂，大气中氧化氮的监测和土壤中亚硝酸根的测定也用到重氮化-偶合反应。

4) 与双键的反应

重氮盐作为亲核试剂还可以与双键发生加成反应。例如，苯基重氮盐与丙烯腈发生反应，制得 2-氯-3-(对溴苯基)丙腈。

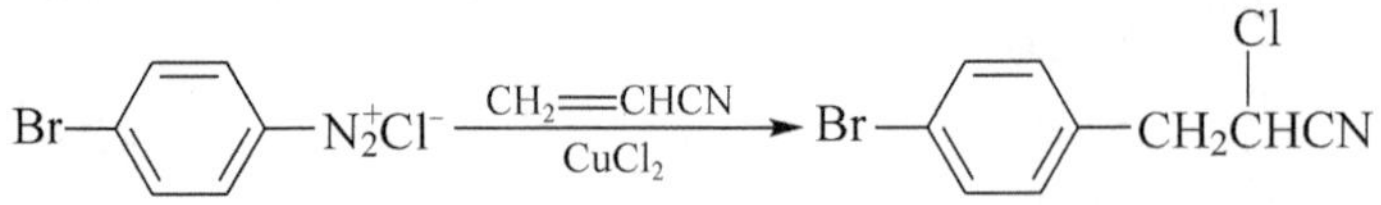

$$Br-C_6H_4-N_2^+Cl^- \xrightarrow[CuCl_2]{CH_2=CHCN} Br-C_6H_4-CH_2CH(Cl)CN$$

13.3　重要的重氮和偶氮化合物

1. 重氮甲烷

重氮甲烷(diazomethane，CH_2N_2)是最简单、最重要的脂肪族重氮化合物。重氮甲烷是深黄色剧毒气体，沸点–23℃，易爆炸(200℃爆炸)，能溶于乙醚，一般均使用其乙醚溶液。重氮甲烷非常活泼，能够发生多种类型的反应，是重要的有机合成试剂。重氮甲烷的结构比较特殊，是一个线形分子，通常可用下列共振结构式的叠加来表示：

$$:H_2\overset{-}{C}-\overset{+}{N}\equiv N: \longleftrightarrow H_2C=\overset{+}{N}=\overset{-}{\ddot{N}}:$$

1) 重氮甲烷的制备

重氮甲烷很难用甲胺和亚硝酸直接作用制得，最常用又方便的方法是将 *N*-甲基-*N*-亚硝基对甲苯磺酰胺在碱作用下分解制得，对甲苯磺酰氯经胺解和亚硝化反应得到 *N*-甲基-*N*-亚硝基对甲苯磺酰胺。

$$H_3C-C_6H_4-SO_2Cl \xrightarrow{CH_3NH_2} H_3C-C_6H_4-SO_2NHCH_3 \xrightarrow{HONO}$$

$$H_3C-C_6H_4-SO_2N(NO)CH_3 \xrightarrow{NaOH} H_3C-C_6H_4-SO_2ONa + CH_2N_2 + H_2O$$

重氮甲烷也可以从 *N*-烷基酰胺与亚硝酸作用，生成的 *N*-甲基-*N*-亚硝基酰胺再用氢氧化钾分解而得到。

$$H_3C-N(H)COR \xrightarrow[-H_2O]{HONO} H_3C-N(NO)COR \xrightarrow{KOH} CH_2N_2 + RCOOK + H_2O$$

2) 重氮甲烷的反应

重氮甲烷的化学性质非常活泼，从共振结构式可以看出，其碳原子既有亲核性质又有亲电性质，还是一个偶极离子，能发生很多类型的反应，在有机合成中占有重要的地位。

(1) 与酸性化合物的反应。

羧酸与重氮甲烷的乙醚溶液反应释放出氮气，生成羧酸甲酯。多数情况下反应几乎是定量的，反应完后只要将溶液蒸发除去，即可得到纯净的羧酸甲酯。

$$RCOOH + CH_2N_2 \longrightarrow RCOOCH_3 + N_2$$

这个反应可能是重氮甲烷从羧酸夺取一个质子而生成质子化的重氮甲烷，然后羧酸根负离子(亲核试剂)按 S_N2 历程进攻甲基重氮离子而生成羧酸甲酯。

$$R-C(=O)-O-H + H_2\bar{C}-\overset{+}{N}\equiv N: \longrightarrow R-C(=O)-\ddot{\underset{..}{O}}:^- + H_3C-\overset{+}{N}\equiv N:$$

$$R-C(=O)-\ddot{\underset{..}{O}}:^- + H_3C-\overset{+}{N}\equiv N: \longrightarrow R-C(=O)-OCH_3 + :N\equiv N:$$

重氮甲烷与其他酸性化合物如氢卤酸、磺酸和酚反应，分别生成卤代甲烷、磺酸甲酯和甲基芳基醚，与β-二酮和β-酮酸酯中的烯醇反应生成相应烯醇的甲醚。由于醇的酸性不足以使重氮甲烷质子化，在一般情况下重氮甲烷与醇不反应，但在 HBF_4 催化下，醇也可以与重氮甲烷作用。

$$CH_2N_2 \xrightarrow{HX} CH_3X + N_2$$

$$CH_2N_2 \xrightarrow{RSO_3H} RSO_3CH_3 + N_2$$

$$CH_2N_2 \xrightarrow{ArOH} ArOCH_3 + N_2$$

$$CH_2N_2 \xrightarrow{CH_3COCH=C(OH)CH_3} CH_3COCH=C(OCH_3)CH_3 + N_2$$

$$CH_2N_2 \xrightarrow{CH_3C(OH)=CHCOOC_2H_5} CH_3C(OCH_3)=CHCOOC_2H_5 + N_2$$

可以看出，重氮甲烷是很重要的甲基化试剂。

(2) 与酰氯的反应。

重氮甲烷与酰氯反应生成重氮甲基酮。

$$R-C(=O)-Cl + 2CH_2N_2 \longrightarrow R-C(=O)-CHN_2 + CH_3Cl + N_2$$

重氮甲基酮在氧化银催化下与水共热，经沃尔夫重排(Wolff rearrangement)，生成比原料酰氯多一个碳原子的羧酸。这一反应称为阿恩特-艾斯特尔(Ardnt-Eister)反应，是将羧酸转变成比它高一级同系物的重要方法，可以用于从自然界存在的含偶数碳原子的羧酸合成出含奇数碳原子的羧酸。

$$R-\overset{O}{\overset{\|}{C}}-CHN_2 \xrightarrow{Ag_2O} RHC=C=O \begin{cases} \xrightarrow{H_2O} RCH_2COOH & (羧酸) \\ \xrightarrow{R'OH} RCH_2COOR' & (酯) \\ \xrightarrow{NH_3} RCH_2CONH_2 & (酰胺) \\ \xrightarrow{R'NH_2} RCH_2CONHR' & (酰胺) \\ \xrightarrow{R'COOH} RCH_2COOCOR' & (酸酐) \end{cases}$$

上述反应中的沃尔夫重排反应机理如下：

$$R-\overset{O}{\overset{\|}{C}}-Cl + H_2\bar{C}-\overset{+}{N}\equiv N \longrightarrow R-\overset{O^-}{\underset{Cl}{C}}-CH_2N_2 \xrightarrow{-Cl^-} R-\overset{O}{\overset{\|}{C}}-\overset{H}{\underset{H}{C}}-\overset{+}{N}\equiv N: \xrightarrow{-H^+}$$

$$R-\overset{O}{\overset{\|}{C}}-\overset{H}{C}=\overset{+}{N}=\bar{N} \xrightarrow[H_2O]{Ag_2O} \left[R-\overset{O}{\overset{\|}{C}}-CH:\right] \xrightarrow{沃尔夫重排} RHC=C=O \xrightarrow{H_2O} RCH_2COOH$$

(3) 与醛、酮的反应。

重氮甲烷与醛、酮反应分别得到甲基酮和增加一个碳原子的酮。

$$RCHO + CH_2N_2 \longrightarrow RCOCH_3$$

$$RCOR' + CH_2N_2 \longrightarrow RCOCH_2R' \text{ 或 } RCH_2COR'$$

重氮甲烷作为亲核试剂对醛、酮中的羰基进行亲核加成，然后羰基上的一个烃基或氢迁移到相邻的原重氮甲烷的亚甲基上，同时离去氮原子，得到多一个碳原子的酮。反应过程如下：

$$R-\overset{O}{\overset{\|}{C}}-R'(H) + H_2\bar{C}-\overset{+}{N}\equiv N \longrightarrow R-\overset{O^-}{\underset{R'(H)}{C}}-CH_2-\overset{+}{N}\equiv N: \longrightarrow R-\overset{O}{\overset{\|}{C}}-CH_2R'(H) + N_2$$

当 $R' = H$ 时，由醛得到甲基酮。当 R 和 R′不同时，基团迁移能力的次序为：$H > CH_3 > RCH_3 > R_2CH > R_3C$。如果亲核加成后带负电荷的氧原子进攻亚甲基，则得到环氧化合物。例如，环己酮与重氮甲烷反应，主要产物为环庚酮，次要产物为环氧化合物。

环己酮 $\xrightarrow{H_2\bar{C}-\overset{+}{N}\equiv N}$ 加成中间体 $\xrightarrow{-N_2}$ 环庚酮 63%；$\xrightarrow{-N_2}$ 环氧化合物 15%

(4)形成卡宾的反应。

重氮甲烷在光或热的作用下，分解成最简单的卡宾-亚甲基卡宾(又称碳烯)(carbene)。

$$H_2\overset{-}{C}-\overset{+}{N}\equiv N \xrightarrow{\text{光或热}} :CH_2 + N_2$$

重氮甲烷也是碳烯的来源之一，其衍生物能形成有取代基的卡宾。

2. 甲基橙

甲基橙(methyl orange)由对氨基苯磺酸经重氮化与 *N,N*-二甲基苯胺偶合而成。甲基橙是一种橙黄色粉末或片状晶体，微溶于水。甲基橙在 pH＜3.1 的溶液中显红色，在 3.1＜pH＜4.4 的溶液中显橙色，在 pH＞4.4 的溶液中显黄色，常用作酸碱滴定中的指示剂。

$$HO-SO_2-C_6H_4-NH_2 \xrightarrow[<5℃]{NaNO_2,\ HCl} \xrightarrow[NaOH]{PhN(CH_3)_2} NaO-SO_2-C_6H_4-N{=}N-C_6H_4-N(CH_3)_2$$

甲基橙

3. 偶氮二异丁腈

偶氮二异丁腈(azobisisobutyronitrile，AIBN)为棱形晶体，熔点 103℃，不溶于水，易溶于乙醇、乙醚，有毒，在 70℃或光照时放出氮气，生成自由基。它常被用作聚合反应的引发剂，也可以用作制造泡沫塑料和泡沫橡胶的起泡剂。

$$H_3C-C(CH_3)(CN)-N{=}N-C(CH_3)(CN)-CH_3 \xrightarrow[\text{光}]{70℃} 2H_3C-\dot{C}(CH_3)(CN) + N_2$$

4. 偶氮染料

染料是一种可以比较牢固地附在动植物纤维和合成纤维上，耐光、耐洗而不易变色的有机物。染料的主要特征是颜色。我国是世界上最早使用染料的国家之一。在古代人类就会利用植物或昆虫、贝壳制取具有红、黄、紫等颜色的天然染料。例如，从木兰叶中提取蓝靛，从胭脂虫中提取洋红，从茜草中提取茜素。1856 年，世界上第一种人工合成染料苯胺紫由英国化学家潘金(W. H. Perkin，1838—1907)用重铬酸钾氧化苯胺硫酸盐得到。后来人们又陆续合成出了阿尼林红、阿尼林青、霍夫紫、茜素、蓝靛等。

染料按化学结构可分为蒽醌、花青、酞菁、偶氮、靛族、菁类、金属络合物等，按应用染色方法可分为活性、还原、硫化、直接、酸性、后生、花青、冰染、分散、阳离子、缩聚、媒染、瓮染及食用色素、荧光增白剂、彩色显影成色剂等。现在世界上有上千种人造染料。

偶氮染料(azo dye)是染料中品种最多、应用最广的一类合成染料。由于其色谱齐全，性能稳定，适用性广，品种多，偶氮染料广泛应用于棉、毛、丝、麻织品以及塑料、印刷、食品、皮革、橡胶等产品的染色。但近年发现，它可能对人体健康有影响，在国际上偶氮染料的生产和使用受到限制，部分将逐渐被新型染料替代。一些偶氮染料如下：

苏丹红 I　　刚果红

酸性大红G　　分散红玉ZGFL

13.4 卡　宾

13.4.1 卡宾的特点

卡宾是一个二价碳的反应中间体，碳上还有两个电子，活性高。最简单的卡宾是亚甲基卡宾，亚甲基卡宾很不稳定，从未分离出来，是比碳正离子、自由基更不稳定的活性中间体。它可以由重氮甲烷或乙烯酮通过光或热分解而生成。

$$CH_2N_2 \xrightarrow{\text{光或热}} :CH_2 + N_2$$

$$H_2C=C=O \xrightarrow{\text{光或热}} :CH_2 + CO$$

也可以由多卤代烷在碱的作用下消除得到卡宾，或三氯乙酸消除制取卡宾。

$$CHCl_3 + (CH_3)_3COK \xrightarrow{(CH_3)_3COH} :CCl_2 + (CH_3)_3COH + KCl$$

$$Cl_3CCOOH \xrightarrow{\triangle} :CCl_2 + CO_2 + HCl$$

卡宾的碳原子只有六个价电子，其中有两个未成键的电子。卡宾有两种结构，在光谱学上称为单线态(singlet state)和三线态(triplet state)，其特点如表 13-1 所示。

表 13-1　单线态和三线态卡宾的特点

名称	中心碳原子	杂化轨道成键	两个孤电子	两个孤电子运动特点	R—C—R 键角/(°)
单线态	sp^2 杂化	两个基团或原子	在 sp^2 杂化轨道的同一原子轨道上	自旋反平行	100～110
三线态	sp 杂化	两个基团或原子	在未参与杂化的两个 p 轨道上	自旋平行	136～180

碳烯的结构为

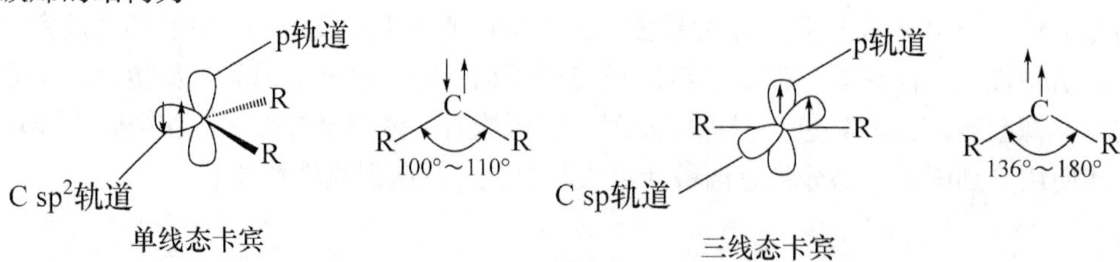

单线态卡宾　　三线态卡宾

而最简单的亚甲基卡宾的键角和键长如下所示：

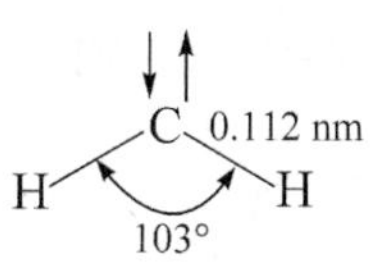

单线态亚甲基（H—C—H 键角 103°，C—H 键长 0.112 nm）　　三线态亚甲基（H—C—H 键角 136°，C—H 键长 0.103 nm）

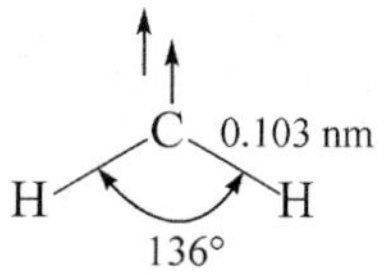

单线态亚甲基卡宾能量高，性质更活泼，能失去能量而转变成能量较低的三线态亚甲基卡宾。后者可用电子自旋共振谱检测。

13.4.2　卡宾的化学反应

卡宾碳原子只有六个电子，是缺电子的微粒，卡宾具有高度的反应活性，一般生成后立即参与下一步反应。

1. 加成反应

亚甲基卡宾的碳原子是缺电子的，与其他亲电试剂一样与双键发生亲电加成反应。一般反应式如下：

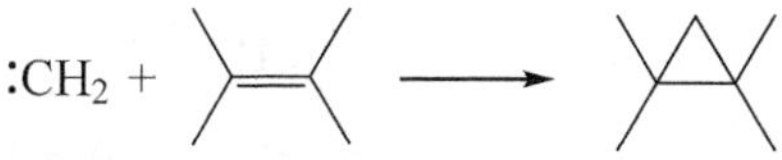

$$:CH_2 + \text{C=C} \longrightarrow \text{环丙烷}$$

单线态或三线态卡宾与双键加成方式是不同的。单线态卡宾与双键的加成是一步反应，形成过渡态后，得到三元环产物。例如，顺-2-丁烯与单线态亚甲基卡宾的加成反应是立体专一的顺式加成，如下所示：

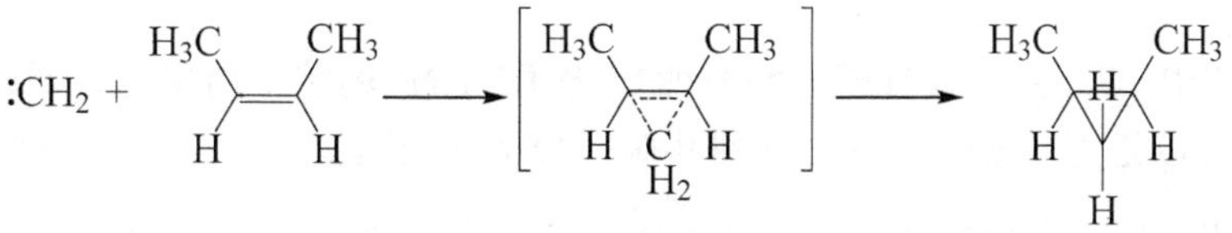

$:CH_2$ + 顺-2-丁烯 ⟶ [过渡态] ⟶ 顺-1,2-二甲基环丙烷

三线态卡宾的两个未成键电子分别在两个原子轨道上，它是一个双游离基，它的加成分两步进行，先与双键的一个碳原子成键，生成中间体双游离基，再与另一个碳原子成键成环，因为双游离基的碳碳单键可以旋转，得到顺式和反式两种异构体产物。例如，三线态卡宾与顺-2-丁烯进行非立体专一的加成反应，得到顺式和反式两种产物。

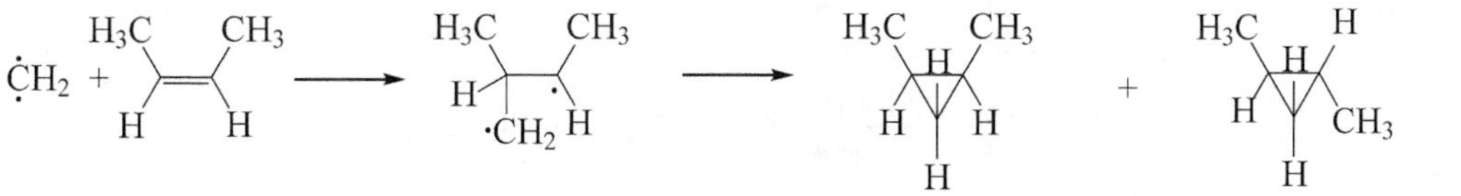

$\dot{C}H_2$ + 顺-2-丁烯 ⟶ 双游离基中间体 ⟶ 顺-1,2-二甲基环丙烷 + 反-1,2-二甲基环丙烷

2. 插入反应

亚甲基卡宾是最活泼的卡宾，除了与双键发生加成反应，还能发生 C—H 键的插入反应。例如：

$$CH_3CH_2CH_3 + CH_2N_2 \xrightarrow{h\nu} CH_3CH_2CH_2CH_3 + CH_3CH(CH_3)CH_3$$

$$:CH_2 + H_3C-C\equiv CH \longrightarrow H_3C-\underset{\diagdown\ \diagup}{C}=C-H \quad (\text{环丙烯, 顶端 } CH_2)$$

$$:CH_2 + \text{环己烯} \xrightarrow{h\nu,\ -75℃} \text{二环[4.1.0]庚烷}\ (37\%)$$

3. 二卤卡宾与烯烃反应

二卤卡宾具有单线态结构，与烯烃容易发生立体专一的加成反应，顺式烯烃得到顺式环丙烷衍生物，反式烯烃得到反式环丙烷衍生物。

$$\text{环己烯} \xrightarrow[(CH_3)_3COK]{CHBr_3} \text{7,7-二溴二环[4.1.0]庚烷}$$

7,7-二溴二环[4.1.0]庚烷

$$\text{顺-}H_3C-CH=CH-CH_3 + CHCl_3 \xrightarrow[(CH_3)_3COH]{(CH_3)_3COK} \text{顺-1,2-二甲基-3,3-二氯环丙烷}$$

meso-1,2-二甲基-3,3-二氯环丙烷

13.5　叠氮化合物

有机叠氮化合物(azide)可以看成是叠氮酸(无机酸)HN_3的烷基衍生物，通式为RN_3。R可以是烷基，也可以是芳基或酰基等。下列共振式表示其结构：

$$R-\ddot{\bar{N}}-\overset{+}{N}\equiv N: \longleftrightarrow R-\dot{N}=\overset{+}{N}=\ddot{\bar{N}}: \longleftrightarrow R-\ddot{\bar{N}}:-\ddot{N}=\overset{+}{N}:$$

不同取代的叠氮化合物可以由叠氮化钠与对应的取代底物反应而生成。

$$NaN_3 \xrightarrow{CH_3CH_2CH_2Br} \xrightarrow[H_2O]{CH_3OH} CH_3CH_2CH_2N_3$$

$$NaN_3 \xrightarrow{RCOCl} RCO-N_3$$

$$NaN_3 \xrightarrow[\text{回流}]{ClCH_2COOC_2H_5} N_3CH_2COOC_2H_5$$

$$NaN_3 \xrightarrow{C_2H_5OCOCl} C_2H_5OCON_3$$

叠氮化合物受热易分解，生成只有六个电子的氮烯。

$$RN_3 \xrightarrow{\text{加热或光}} R-\ddot{\underset{\cdot\cdot}{N}} + N_2$$

与碳烯相似，又称“乃春”的氮烯(nitrene)，其氮原子外层有六个电子，化学性质活泼，也有单线态和三线态两种不同的电子状态。氮烯的化学性质与碳烯相似，能与重键化合物发

生加成反应。

$$R—\ddot{\underset{\cdot\cdot}{N}} + R_2C═CR_2 \longrightarrow \text{(R–N 三元环，}R_2C—CR_2\text{)}$$

氮烯在饱和化合物的 C—H 键之间进行插入反应：

$$R—\overset{O}{\overset{\|}{C}}—\ddot{\underset{\cdot\cdot}{N}} + R_3CH \longrightarrow R—\overset{O}{\overset{\|}{C}}—\overset{H}{N}—CR_3$$

而酰基氮烯不稳定，易发生分子重排，得到氮原子的最外层为八电子的稳定的异氰酸酯：

$$R—\overset{O}{\overset{\|}{C}}—\ddot{\underset{\cdot\cdot}{N}} \longrightarrow \underset{\text{异氰酸酯}}{O═C═\ddot{N}—R}$$

参考文献

冯骏材，郑文华，王少仲. 2019. 有机化学原理[M]. 北京：科学出版社

李小瑞. 2019. 有机化学[M]. 2 版. 北京：化学工业出版社

李艳梅，赵圣印，王兰英. 2014. 有机化学[M]. 2 版. 北京：科学出版社

邢其毅，裴伟伟，徐瑞秋，等. 2016. 基础有机化学[M]. 4 版. 北京：北京大学出版社

徐寿昌. 2014. 有机化学[M]. 2 版. 北京：高等教育出版社

中国化学会. 2018. 有机化合物命名原则[M]. 北京：科学出版社

习　题

1. 用系统命名法命名下列化合物。

(1) 3-甲基-4-硝基苯环：$O_2N—C_6H_3(CH_3)—N_2^+Cl^-$　　(2) 2-萘基 $—N_2^+HSO_4^-$

(3) $H_3CHN—C_6H_4—N═N—C_6H_4—OH$

(4) $O_2N—C_6H_4—N═N—C_6H_4—N(CH_3)_2$　　(5) CH_2N_2

(6) $C_2H_5—C_6H_4—HNH—C_6H_4—NH_2$

2. 写出下列化合物的结构式。

(1) 氯化重氮苯　　(2) 对硝基苯重氮硫酸盐

(3) 对甲基偶氮苯　　(4) 间氨基邻硝基偶氮苯

3. 完成下列各反应式。

(1) $H_3C—C_6H_4—\overset{+}{N}H_3≡N\overset{-}{C}l + C_6H_5—NH_2 \xrightarrow[0℃]{HOAc,\ H_2O}$

(2) $C_2H_5—C_6H_4—\overset{+}{N}H_3≡N\overset{-}{C}l + HO—C_6H_4—Br \xrightarrow[H_2O]{NaOH}$

(3) p-$CH_3C_6H_4NO_2$ $\xrightarrow{?}$ p-$CH_3C_6H_4NH_2$ $\xrightarrow{?}$ p-$CH_3C_6H_4\overset{+}{N}_2HSO_4^-$

- $\xrightarrow{H_3PO_2,\ H_2O}$?
- $\xrightarrow[\triangle]{H_2O,\ H^+}$?
- $\xrightarrow[CuBr,\ \triangle]{HBr}$?
- $\xrightarrow[CuBr,\ \triangle]{KCN}$?
- $\xrightarrow[CH_3COONa]{p\text{-}CH_3C_6H_4NH_2}$?

(4) $C_6H_5NO_2$ $\xrightarrow{Fe + HCl}$? $\xrightarrow{(CH_3CO)_2O}$? $\xrightarrow{混酸}$? $\xrightarrow{H^+,\ H_2O}$ $\xrightarrow[0\sim5℃]{NaNO_2\ ,\ HCl}$?

(5) 3-甲基环己烯（CH_3） $\xrightarrow[(CH_3)_3COK]{CHCl_3}$?

(6) (H)(H_3CH_2C)C=C(CH_3)(H) + $:CH_2$ ⟶ ?

4. 解释下列反应在不同 pH 时得到不同的产物。

H_2N–萘–OH（2-氨基-7-羟基萘） + $C_6H_5N_2^+$

- $\xrightarrow{pH=5}$ H_2N、$N{=}NC_6H_5$、OH 取代萘（偶氮基位于氨基邻位）
- $\xrightarrow{pH=9}$ H_2N、$N{=}NC_6H_5$、OH 取代萘（偶氮基位于羟基邻位）

5. 用指定原料和必要的有机、无机试剂完成下列合成。

(1) 苯 ⟶ O_2N–C_6H_4–NO_2（对位）

(2) 苯 ⟶ Br–C_6H_4–OH（间位）

(3) CH_3–C_6H_5 ⟶ CH_3–C_6H_4–NO_2（间位）

(4) CH_3–C_6H_5 ⟶ NC–C_6H_4–COOH（对位）

(5) CH_3–C_6H_5 ⟶ CH_3、Br、Br（3,5-二溴甲苯）

(6) NH_2–C_6H_5 ⟶ Br、Br、COOH（2,6-二溴苯甲酸）

(7) 对氨基苯甲酸（NH_2、COOH）→ 对苯二甲酸（COOH、COOH）

(8) 对硝基苯胺（NH_2、NO_2）→ 3,5-二溴苯胺（NH_2、Br、Br）

6. 以苯、甲苯或萘为原料合成下列化合物。

(1) $H_3C-C_6H_4-N{=}N-C_6H_4-NH_2$

(2) 邻位 COOH：$HOOC-C_6H_4-N{=}N-C_6H_4-N(CH_3)_2$

(3) $NaO_3S-C_6H_4-N{=}N-C_6H_4-N(CH_3)_2$

(4) $H_3C-C_6H_4-N{=}N-C_6H_4-CH_3$

(5) $H_3C-C_6H_4-N{=}N-$（HO、CH_3 取代苯环）

(6) $NaO_3S-C_6H_4-N{=}N-$（HO、COONa 取代苯环）

(7) $O_2N-C_6H_4-N{=}N-$（OH 取代萘环）

(8) H_2N-（NH_2 取代苯环）$-N{=}N-C_6H_4-N{=}N-$（NH_2 取代苯环）$-NH_2$

7. 下列结构的偶氮染料以氯化亚锡-盐酸溶液还原分解后，生成哪些化合物？

(1) $H_3C-C_6H_4-N{=}N-C_6H_4-SO_3H$

(2) $C_6H_5-N{=}N-C_6H_4-OH$

(3) $HO_3S-C_6H_4-N{=}N-C_6H_4-NH_2$

(4) $HO_3S-C_6H_4-N{=}N-$（CH_3、SO_3H 取代苯环）

8. 某化合物 A，分子式 $C_{14}H_{12}N_2O_3$，不溶于水、稀酸或稀碱。A 水解生成一个相对分子质量为 167±1 的羧酸 B 和另一产物 C，C 与对甲苯磺酰氯反应生成不溶于 NaOH 溶液的固体。B 在 Fe 加 HCl 溶液中加热回流生成 D，D 在 0℃与 $NaNO_2$、H_2SO_4 作用再与 C 反应生成化合物 E。推测 A～D 的结构式。

$HOOC-C_6H_4-N=N-C_6H_4-NHCH_3$

E

9. 化合物甲分子式为 $C_6H_{15}N$，能溶于稀盐酸，与亚硝酸在室温下作用放出氮气得到乙，乙能进行碘仿反应，乙与浓硫酸共热得到丙(C_6H_{12})，丙能使 $KMnO_4$ 褪色，反应后的产物是乙酸和 2-甲基丙酸。试推测甲、乙、丙的结构式。

10. 芳香族化合物 A 分子式为 $C_7H_7NO_2$，在铁和盐酸作用下得到化合物 B，B 与亚硝酸在低温及盐酸水溶液中反应得到化合物 C，C 与 CuCN 反应得到化合物 D，D 在稀盐酸中反应得到化合物 E，E 与高锰酸钾反应得到 F，F 加热分子内脱水得到邻苯二甲酸酐。推测 A～F 各化合物的结构式。

11. 某化合物被氯化亚锡-盐酸溶液还原后，得到间甲基苯胺和 4-甲基-2-氨基苯胺，确定原化合物的结构，以甲苯为原料进行合成。

第 14 章　杂环化合物

【学习要求】

(1) 熟悉杂环化合物的定义、分类和命名。

(2) 掌握重要经典五元或六元杂环化合物的结构、物理性质、化学反应及制备方法。

(3) 了解一些重要稠并杂环化合物的结构和理化性质。

14.1　杂环化合物的定义、分类及命名

在环状有机化合物中，构成环系的原子除碳原子以外还有其他原子时，此类环状有机化合物称为杂环化合物(heterocyclic compound)。杂环化合物中碳以外的其他原子称为杂原子(heterocyclic atom)，它可以是 N、O、S、B、Al、Si、P 等，但最常见的是 N、O、S。杂环化合物的成环特点与全碳环一样，最稳定和最常见的是五元和六元的杂环，其环上的杂原子可以是一个、两个或多个，而且杂环结构也可以是饱和的、不饱和的或芳香性的。此外，大多数杂环化合物比较稳定，杂环不易被破坏，其性质类似于前面学习过的苯、萘、茚等某些芳香族化合物。

杂环化合物根据环的个数，可大致分为两类：一类是仅含一个杂环的单杂环化合物，最常见的是五元杂环和六元杂环；另一类是由一个苯环与一个单杂环或由两个以上单杂环稠并组成的稠并杂环化合物。

杂环化合物普遍采用音译命名法，即外文名称的音译，并加上“口”字旁，表示为环状化合物。命名时，一般遵循以下几点：①杂环上各原子或取代基的编号从杂原子开始算起，依次编为 1、2、3 等，有时也将杂原子旁边的碳原子由近到远依次编为α、β、γ 来命名；②杂环上存在多种杂原子时，最常见杂原子的编号顺序为 O、S、N，并使杂原子位次编号之和最小；③杂环上存在多个取代基时，编号的方向应使取代基位次编号之和最小。例如：

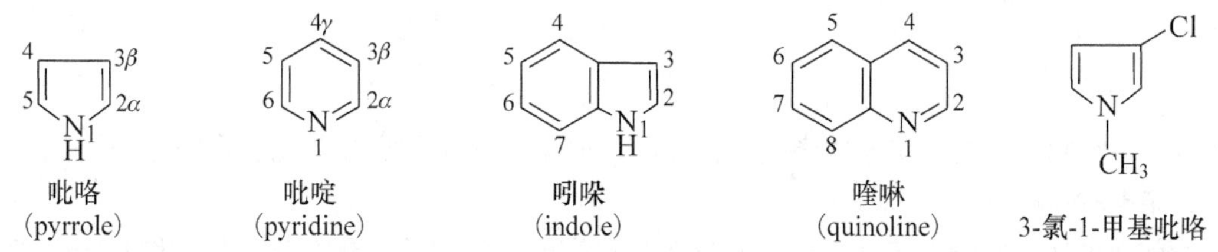

本章主要讨论含有五元或六元杂环的、具有芳香性的且有广泛用途的重要杂环化合物。

14.2　五元单杂环化合物

五元杂环中的杂原子可以是一个或两个以上，其中含有一个杂原子的经典五元杂环是呋喃(furane)、噻吩(thiophone)、吡咯，含有两个杂原子的经典五元杂环是噁唑(oxazole)、噻唑

(thiazole)、咪唑(imidazole)。它们的衍生物不仅广泛存在于自然界中，而且可以作为有效合成药物、重要有机中间体和良好的有机溶剂等使用。下面将主要介绍四种重要的五元杂环化合物。

14.2.1　含有一个杂原子的五元杂环——呋喃、噻吩、吡咯

1. 结构与物理性质

呋喃、噻吩、吡咯的结构式和名称可表示为

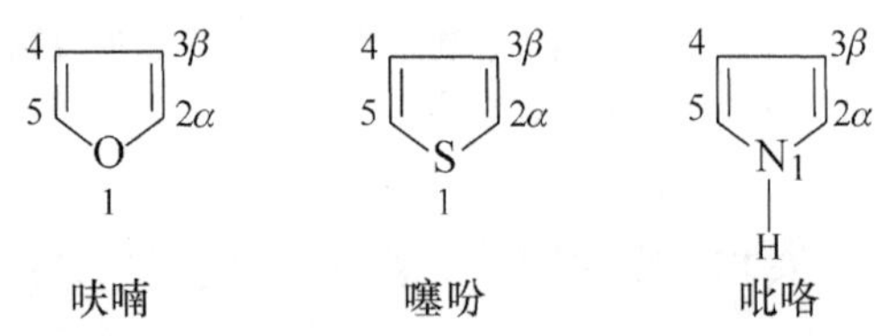

在上述三个杂环化合物的分子结构中，碳原子与杂原子均以 sp^2 杂化轨道相互连接形成 σ 键，并且共平面；每个碳原子和杂原子还均有一个 p 轨道，碳原子的 p 轨道各占据一个 p 电子并形成 π 键，杂原子的 p 轨道占据一孤对电子；p 轨道相互平行并垂直于五元环平面，形成一个 6π 电子的环状闭合共轭体系，符合 $(4n+2)$ 的休克尔规则，故它们具有芳香性。此外，这三个经典五元杂环中原子的电子云密度（5 原子 6π 电子共轭体系）要大于苯（6 原子 6π 电子共轭体系），故它们是富电子的芳香杂环化合物。

呋喃本身存在于松木焦油中，为无色液体，沸点 32℃，有氯仿气味，其与盐酸作用呈绿色。噻吩本身存在于煤焦油中，为无色液体，沸点 84℃，与苯相近，与硫酸作用呈蓝色。吡咯本身存在于骨焦油和煤焦油中，为无色液体，沸点 130～131℃，有弱的苯胺气味，与盐酸作用呈红色。

呋喃环、噻吩环、吡咯环的红外光谱中，均在 3000 cm^{-1} 左右显示了 C—H 伸缩振动，在 1600～1300 cm^{-1} 显示了杂环骨架振动。此外，吡咯环上 N—H 键的伸缩振动出现在 3500～3300 cm^{-1} 区域，其吸收谱带形状与分子间的氢键强弱有关。

呋喃环、噻吩环、吡咯环的核磁共振氢谱（^1H NMR）对其结构鉴定非常有用，它们的氢质子化学位移一般 7 左右。对 α-H 来说，吡咯、呋喃、噻吩环上 δ_H 分别为 6.68、7.29、7.18；对 β-H 来说，它们依次为 6.22、6.24、6.99。

2. 化学反应

呋喃、噻吩、吡咯主要发生亲电取代反应、加成反应以及吡咯的氢原子取代反应。

1）亲电取代反应

由前面可知，呋喃、噻吩、吡咯是比苯环更富电子的芳香族化合物，故它们与亲电试剂的取代反应要比苯环快得多，其发生亲电取代反应的顺序为：吡咯＞呋喃＞噻吩＞苯。同时，它们遇到强酸（如路易斯酸）或强氧化剂（如浓硝酸、卤素）易被氧化而使环破坏，故呋喃、噻吩、吡咯的亲电取代反应要在较温和的条件下进行，其反应包括卤代、硝化、磺化、傅-克酰基化、傅-克烷基化等。

(1) 卤代。呋喃、噻吩、吡咯在室温下与氯或溴反应很强烈，得到的是多卤代产物并且是混合物；若想得到一氯或一溴代产物，需在低温的稀溶液中进行或者使用温和的卤化试剂。

例如，以二氧六环为溶剂，在−5℃下，呋喃与溴进行反应，可高产率地得到 2-溴呋喃：

$$\text{呋喃} \xrightarrow[\text{二氧六环, 产率80\%}]{Br_2,\ -5℃} \text{2-溴呋喃}$$

以乙酸为溶剂，在室温下，噻吩与溴进行反应，可高产率地得到 2-溴噻吩：

$$\text{噻吩} \xrightarrow[CH_3CO_2H,\ \text{产率78\%}]{Br_2,\ \text{室温}} \text{2-溴噻吩}$$

在较为温和的 *N*-溴代丁二酰亚胺(NBS)或 *N*-氯代丁二酰亚胺(NCS)作为溴化或氯化试剂的条件下，吡咯与它们进行取代反应，可以很容易地得到 2-溴吡咯或 2-氯吡咯：

$$\text{吡咯} \xrightarrow{\text{NBS, 室温}} \text{2-溴吡咯}$$

(NBS = N-溴代丁二酰亚胺)

(2) 硝化。呋喃、噻吩、吡咯一般不直接用浓硝酸/浓硫酸进行硝化，而常用比较温和的非质子性硝化试剂——乙酰硝酸酯(CH_3COONO_2)进行硝化，其有效的硝化基团为$^+NO_2$。

需要特别注意的是，该温和硝化剂是无色发烟性液体，有爆炸性，因此在利用乙酰硝酸酯进行硝化时，要现制现用，并在低温下进行原位反应。即先将要硝化的反应物溶解于乙酸酐中，然后在足够冷却并控制反应温度下加入 100%硝酸，原位生成乙酰硝酸酯(见下式)，最后乙酰硝酸酯立即与反应物发生硝化反应：

$$(CH_3CO)_2O + HNO_3 \longrightarrow \underset{\text{乙酰硝酸酯}}{CH_3COONO_2} + CH_3CO_2H$$

例如，吡咯在硫酸存在下，用硝酸进行硝化易发生聚合反应；但在乙酸酐溶液中用硝酸进行硝化，主要得到 2-硝基吡咯：

$$\text{吡咯} \xrightarrow[(CH_3CO)_2O]{HNO_3,\ -5℃} \underset{(51\%)}{\text{2-硝基吡咯}} + \underset{(31\%)}{\text{3-硝基吡咯}}$$

噻吩在硫酸存在下，用硝酸可以进行硝化，难以控制；但在乙酸酐溶液中用硝酸进行硝化，主要得到 2-硝基噻吩：

$$\text{噻吩} \xrightarrow[(CH_3CO)_2O]{HNO_3,\ 0℃} \underset{(60\%)}{\text{2-硝基噻吩}} + \underset{(10\%)}{\text{3-硝基噻吩}}$$

呋喃用硝酸和乙酸酐在−50℃进行硝化时，先得到 2,5-加成产物，然后加热或用吡啶除去乙酸副产物后转化为 2-硝基呋喃：

$$\text{呋喃} \xrightarrow[(CH_3CO)_2O]{HNO_3,\ -50℃} \underset{\text{2,5-加成产物}}{H_3C\overset{O}{\overset{\|}{C}}O\text{-}(\text{2,5-二氢呋喃})\text{-}NO_2} \xrightarrow{\triangle} \underset{\text{2-硝基呋喃}}{\text{呋喃-2-}NO_2}$$

(3) 磺化。呋喃、噻吩、吡咯尽量避免直接用浓硫酸进行磺化，而是常用温和的非质子性磺化试剂——吡啶磺酸盐，它可通过吡啶和 SO_3 在室温下直接进行络合反应制得，不需要分离而直接使用，其形成过程如下：

$$\text{吡啶} \xrightarrow{SO_3,\ \text{室温}} \text{吡啶-}\overset{+}{N}\text{-}SO_3^-$$

例如，吡咯、呋喃、噻吩在吡啶溶剂中与 SO_3 进行磺化反应，可以很方便地转化成 2-磺酸基取代的吡咯、呋喃、噻吩：

$$\text{五元杂环(X)} \xrightarrow[\text{吡啶}]{SO_3} \underset{\text{2-磺酸基衍生物}}{\text{2-}SO_3H\text{取代物}} \quad (X = O,\ S,\ NH)$$

此外，噻吩环比较稳定，可以直接用浓硫酸进行磺化。例如，煤焦油中的苯通常混有少量的噻吩，噻吩与苯的沸点相近而难以通过蒸馏方法除去苯中的少量噻吩。在室温下常用硫酸反复洗涤提取，以除去苯中的少量噻吩。其原因是噻吩比苯更易磺化，生成的磺化噻吩(2-噻吩磺酸)溶于浓硫酸内而与苯分离，然后进一步水解将磺酸基去掉，重新生成噻吩。

(4) 傅-克酰基化。在路易斯酸催化剂(如 BF_3、$SnCl_4$)存在下，呋喃、噻吩与酰基化试剂(如酸酐、酰氯)进行傅-克酰基化反应，可以得到相应的 2-酰基取代衍生物。例如：

$$\text{呋喃} \xrightarrow{(CH_3CO)_2O,\ BF_3} \underset{\text{2-乙酰基呋喃}}{\text{呋喃-2-}COCH_3}$$

$$\text{噻吩} \xrightarrow{CH_3COCl,\ SnCl_4} \underset{\text{2-乙酰基噻吩}}{\text{噻吩-2-}COCH_3}$$

吡咯因活性更高可以在没有催化剂存在下，与酰氯或活泼的酸酐进行直接酰化，得到相应的 2-酰基吡咯。例如：

$$\text{吡咯} \xrightarrow[150\sim200℃]{(CH_3CO)_2O} \underset{\text{2-乙酰基吡咯}}{\text{吡咯-2-}COCH_3}$$

(5) 傅-克烷基化。呋喃、噻吩、吡咯的傅-克烷基化反应需要在强酸性条件下进行，通常会破坏五元杂环。即使在五元杂环上的 α-碳原子(C_2 位)能发生第一步烷基化，但产物也会很快进一步地烷基化(这与上面的酰基化反应不同，酰基化产物会降低进一步与亲电试剂的反应活性)，很难得到一烷基取代物而得到混合的多烷基取代物，因此在有机合成中应用不多。但是，噻吩亲电活性低些，傅-克烷基化反应相对有效一些，能够得到 2-烷基噻吩，但其产率非常低。例如：

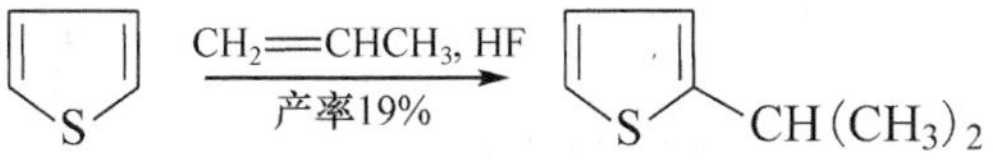

$CH_2{=}CHCH_3$, HF
产率19%
$CH(CH_3)_2$
2-异丙基噻吩

从上述例子可以看到：呋喃环、噻吩环、吡咯环对亲电试剂(E^+)的亲电取代反应主要在 α-位(C_2 位或 C_5 位)上发生，这可以从反应中间体正离子的稳定性来分析。

E^+进攻 C_2 位：

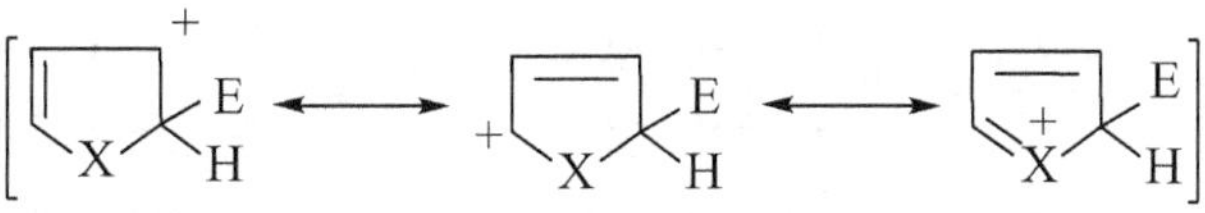

(i) X = O, S, NH　(ii)　(iii)

E^+进攻 C_3 位：

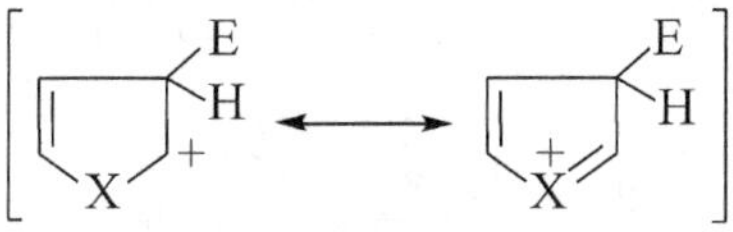

(iv) X = O, S, NH　(v)

亲电试剂(E^+)进攻环上的 C_2 位时，形成的活性中间体正离子有三个稳定的极限式(i～iii)参与共振；而进攻 C_3 位时，形成的活性中间体正离子有两个稳定的极限式(iv 和 v)参与共振；参与共振的稳定的极限式越多，形成的中间体正离子越稳定；稳定的中间体正离子的过渡态势能低、活化能小、反应速率快，因此反应更易发生在 C_2 位(或 C_5 位)上。

2)加成反应

呋喃、噻吩、吡咯作为一类芳香族化合物，像其他芳烃一样可以进行加成反应。例如，它们均可进行催化氢化反应，失去芳香性而得到一些有用的饱和杂环化合物。但由于它们的芳香性不同，进行加成反应的难易程度也不一样。呋喃与吡咯易发生氢化反应，它们在 Pd 催化作用下进行氢气加成反应，分别生成四氢呋喃和四氢吡咯。在有机合成中，四氢呋喃是一种常用的有机溶剂，而四氢吡咯是一种重要的仲胺。例如：

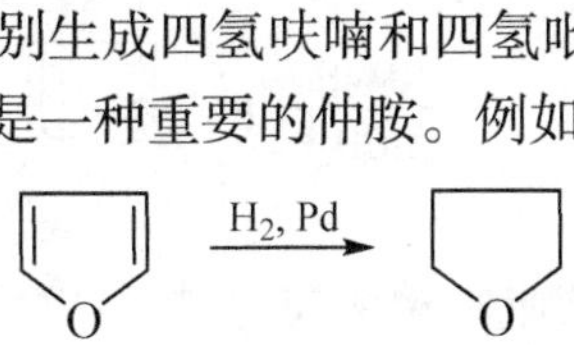

H_2, Pd
四氢呋喃

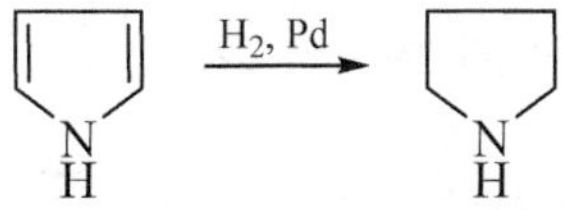

H_2, Pd
四氢吡咯

呋喃、噻吩、吡咯分子含有共轭二烯结构，故理论上它们均能发生第尔斯-阿尔德反应，形成[4+2]环加成产物。

例如，呋喃与顺式马来酸酐(顺丁烯二酸酐)在室温下就可以发生第尔斯-阿尔德反应，主要生成内式稠环异构体：

内式异构体（90%） 外式异构体（10%）

噻吩常与含乙炔键的丁炔二酸二甲酯进行第尔斯-阿尔德反应，生成的加成产物不够稳定，在加热条件下很容易脱硫得到苯的衍生物：

CO_2CH_3 CO_2CH_3 △ CO_2CH_3 CO_2CH_3 △ –S CO_2CH_3 CO_2CH_3

然而，吡咯与一般亲二烯试剂（如顺丁烯二酸酐、丁炔二酸二甲酯等）不能发生第尔斯-阿尔德反应，这可能是由于N原子的未共用电子参与共轭体系而降低了共轭二烯结构的反应活性。但使用苯炔、碳烯等更强的亲二烯体时，吡咯也可以与它们发生第尔斯-阿尔德反应。例如：

3）吡咯的氢原子取代反应

吡咯因环上的NH基团连有两个双键使氮原子上的氢原子具有微弱的酸性，其pK_a为16.5，相当于低级醇。因此，吡咯环中氮原子上的氢可以被金属、酰氯或卤代物等物质所取代。例如，吡咯在液氨中与氨基钾反应，或在乙醚溶液中与格氏试剂（RMgX）反应，环上氮原子的氢被金属取代，得到*N*-取代衍生物（吡咯金属盐）。例如：

KNH_2, $NH_3(l)$

RMgBr, $(CH_3CH_2)_2O$

进一步，上述制得的吡咯钾盐或吡咯溴化镁与酰氯（RCOCl）或卤代烷（RX）发生酰基化或烷基化反应，分别得到*N*-酰基吡咯或*N*-烷基吡咯，其中*N*-酰基吡咯被加热后可重排为2-酰基吡咯。该方法常被用来合成多种吡咯衍生物。例如：

C_6H_5COCl, $C_6H_5CH_3$, 100℃ → COC_6H_5 → △ → COC_6H_5

CH_3I → CH_3

此外，吡咯的碱性是极其弱的，比苯胺还要弱得多，这是因为其氮原子上的未共用电子对参与了五元杂环的共轭体系，使氮原子的电子云密度降低，减弱了氮原子结合质子的能力。

3. 制备

呋喃、噻吩、吡咯主要通过工业上大量制备得到，而它们的取代衍生物则是通过实验室合成得到。

工业上，制备呋喃是利用糠醛(2-呋喃甲醛)在金属催化剂存在下高温脱羰得到：

$$\text{糠醛} \xrightarrow[400\sim415℃]{ZnO\text{-}Cr_2O_3\text{-}MnO_2} \text{呋喃} + CO$$

糠醛在工业上很容易利用玉米秆、高粱秆、甘蔗渣等植物纤维原料通过稀酸加热蒸煮制得。其制备过程为：先将这些含有戊多糖的植物纤维原料打碎，置于蒸煮釜内，加入稀硫酸，通入水蒸气加热处理，戊多糖水解为戊醛糖；然后戊醛糖进一步脱水、成环为糠醛，随水蒸气一起蒸馏出；最后减压蒸馏分离得到糠醛。

工业上，制备噻吩是利用丁烷、丁烯或丁二烯与硫或三氧化硫混合，高温反应得到：

$$CH_3CH_2CH_2CH_3 + S \xrightarrow{\text{高温}} \text{噻吩} \xleftarrow{\text{高温}} CH_3CH_2CH{=}CH_2 + SO_3$$

呋喃环、噻吩环、吡咯环的实验室制备方法很多，其中通用的是帕尔-克诺尔(Pala-Knorr)合成法，即从 1, 4-二羰基化合物出发制备呋喃、噻吩、吡咯的取代衍生物。

例如，利用 1, 4-二酮化合物在五氧化二磷或氯化锌或酸等催化下进行缩合反应，制得 2, 5-二取代呋喃衍生物：

$$R\text{-}CO\text{-}CH_2CH_2\text{-}CO\text{-}R \xrightarrow[\triangle]{P_2O_5} \text{2, 5-二取代呋喃}$$

再如，利用 1, 4-二酮化合物与五硫化二磷或硫化氢进行缩合反应，制得 2, 5-二取代噻吩衍生物：

$$R\text{-}CO\text{-}CH_2CH_2\text{-}CO\text{-}R \xrightarrow[\triangle]{P_2S_5} \text{2, 5-二取代噻吩}$$

又如，利用 1, 4-二酮化合物与氨或伯胺进行缩合反应，制得 2, 5-二取代吡咯衍生物：

$$\text{2, 5-二取代吡咯} \xleftarrow[\triangle]{NH_3} R\text{-}CO\text{-}CH_2CH_2\text{-}CO\text{-}R \xrightarrow[\triangle]{R'NH_2} \text{N-烃基-2, 5-二取代吡咯}$$

此外，吡咯环的合成还有另外两种重要方法——克诺尔(Knorr)合成法和汉栖(Hantzsch)合成法。在克诺尔合成法中，在 pH=4 的条件下，α-氨基醛或酮和β-二羰基化合物或β-酮酸酯进行加压反应，制得吡咯的取代衍生物。例如：

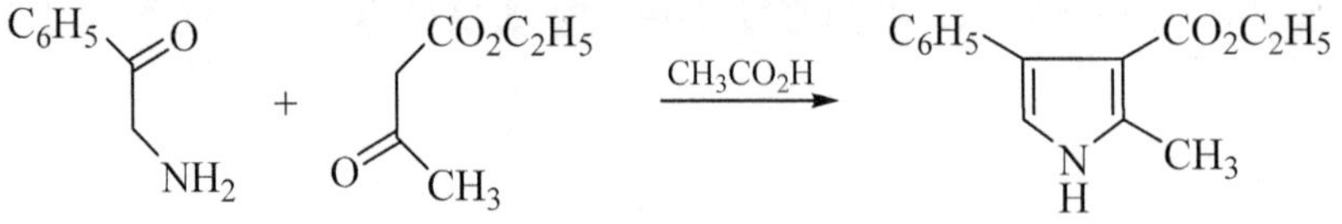

2-甲基-4-苯基-3-吡咯甲酸乙酯

但需要注意的是，α-氨基羰基化合物在放置过程中很容易自身缩合，故它们的使用必须是现制现用，然后进行原位反应。α-氨基醛或酮的一种简便制备方法是先在碱性条件下由羰基化合物和亚硝基烷烃反应形成α-酮肟，然后后者被进一步还原成α-氨基羰基化合物。例如：

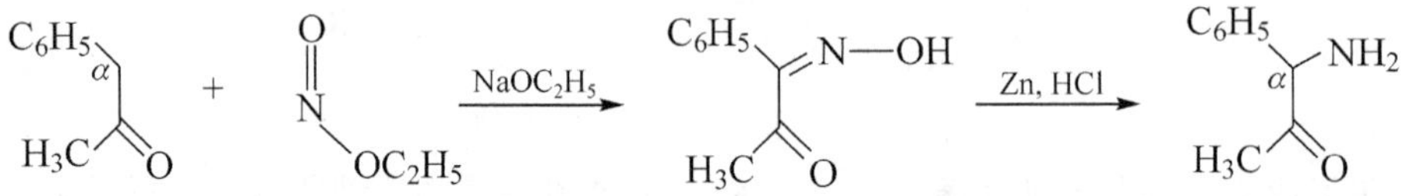

α-氨基酮

在汉栖合成法中，在氨气或伯胺存在下，α-卤代酮和β-酮酸酯进行缩合反应，制得吡咯的取代衍生物。例如：

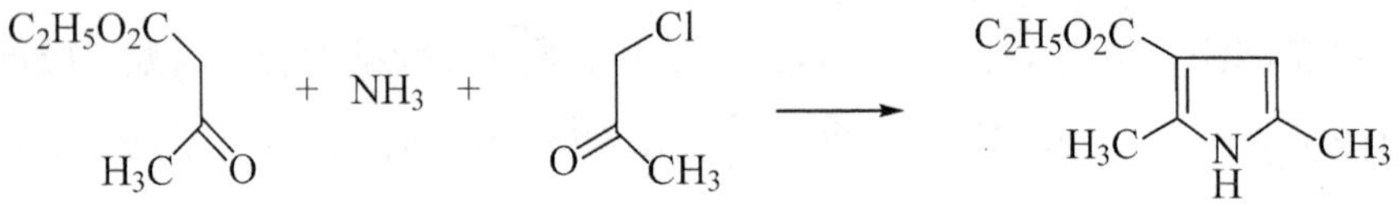

2, 5-二甲基-4-吡咯甲酸乙酯

但需要注意的是，上例产物中取代基的定位说明α-氨基羰基化合物并不是汉栖合成法中的中间体，而可能是β-酮酸酯先与氨或伯胺进行加成反应，形成β-氰基不饱和羰基化合物的中间体。

14.2.2 含有两个杂原子的五元杂环——噁唑、噻唑、咪唑

含有两个杂原子且其中一个为氮原子的五元杂环体系称为唑(azole)。噁唑、噻唑、咪唑均是含有 1, 3-位的两个杂原子的五元杂环(即 1,3-唑环)，它们的衍生物在生理、药理上有着重要的用途。

1. 结构与物理性质

噁唑、噻唑、咪唑的结构式和名称可表示为

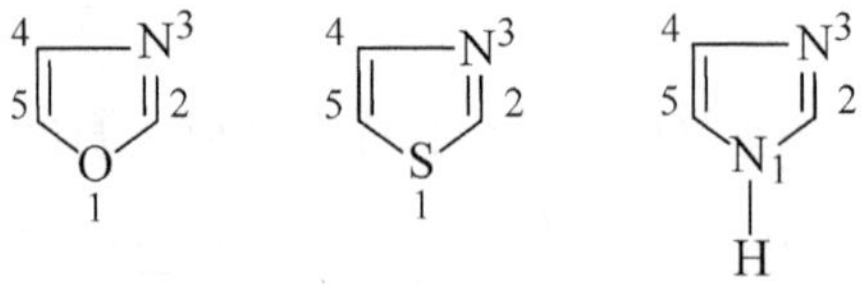

噁唑 噻唑 咪唑

噁唑、噻唑、咪唑可分别看作是呋喃环、噻吩环、吡咯环上 3-位的 CH 基团被一个 sp^2 杂化的新增氮原子取代而形成。这个氮原子有三个 sp^2 杂化轨道和一个 p 轨道，其中 p 轨道上占据着一个 p 电子并参与五元杂环的共轭，进而形成一个 6π 电子的环状封闭共轭体系，符合$(4n+2)$的休克尔规则，故具有芳香性。同时，唑环上 3-位氮原子的一个 sp^2 杂化轨道上占据

着一对电子，未参与环内共轭和成键，具有接受质子的能力，因此表现出一定的碱性，但比一般胺的碱性要弱。这是因为唑环中 3-位的氮原子上一对未共用电子占据着一个 sp^2 杂化轨道，一般胺的氮原子上一对未共用电子占据着一个 sp^3 杂化轨道，前者中 s 成分高于后者，故唑环上 3-位的氮原子接受质子的能力减弱而其碱性降低。

此外，咪唑因含有 NH 基团而表现出弱酸性，其 pK_a 为 14.52，比吡咯强(吡咯的 pK_a 为 16.5)。这是由于咪唑环中 sp^2 杂化的氮原子取代吡咯环中的一个 CH 基团，氮原子的电负性比碳原子要强，咪唑环中 NH 基团旁边直接相连基团的拉电子能力增强，更易失去质子而使其酸性增强。咪唑在室温下为无色固体，熔点 90℃。它易溶解于水中，这是因为咪唑很容易通过分子间氢键而缔合成链状聚合物。

唑环上氢质子的化学位移值一般为 7.14～8.88(^{1}H NMR 中)。

2. 化学反应

噁唑、噻唑、咪唑具有类似的化学性质，既可以发生氮原子上的加成反应，又可以发生碳原子上的取代反应，只是它们的反应活性有所区别。因此，下面将以咪唑为代表介绍唑环的化学反应类型。

1)氮原子上的加成反应

咪唑具有比吡咯更强的碱性，这是因为咪唑环的 3-位氮原子有一未参与环共轭的孤对电子，进而表现出一定的亲核性。因此，它可以与卤代烷发生烷基化反应，或者与酸酐、酰氯、磷酰氯等亲电试剂发生酰基化反应，得到 *N*-烷基或 *N*-酰基咪唑衍生物。例如：

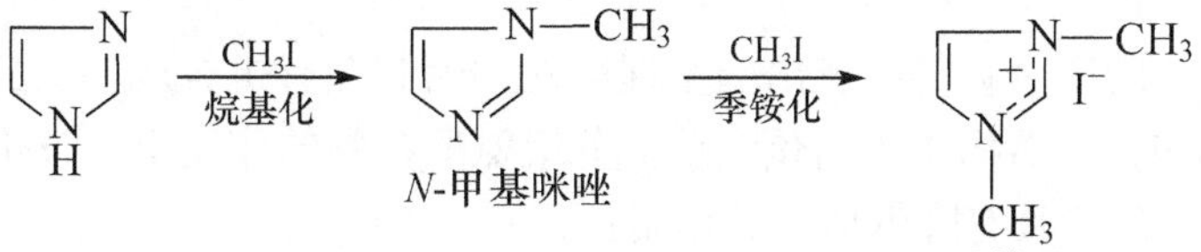
N
N
H
CH3I
烷基化
N—CH3
N
CH3I
季铵化
N—CH3
+
I⁻
N
CH3
N-甲基咪唑　季铵盐

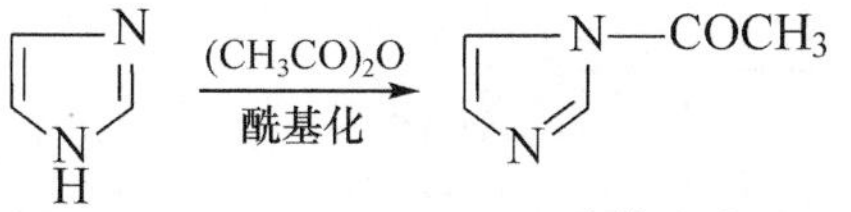
N
N
H
(CH3CO)2O
酰基化
N—COCH3
N
N-乙酰基咪唑

在上述酰基化反应中，得到的 *N*-酰基咪唑是一个很好的酰基化试剂，其反应活性和酸酐差不多，它能被进一步应用于酸酯和酰胺的合成。与酰卤、酸酐相比，*N*-酰基咪唑参与的反应没有酸副产物的产生。例如：

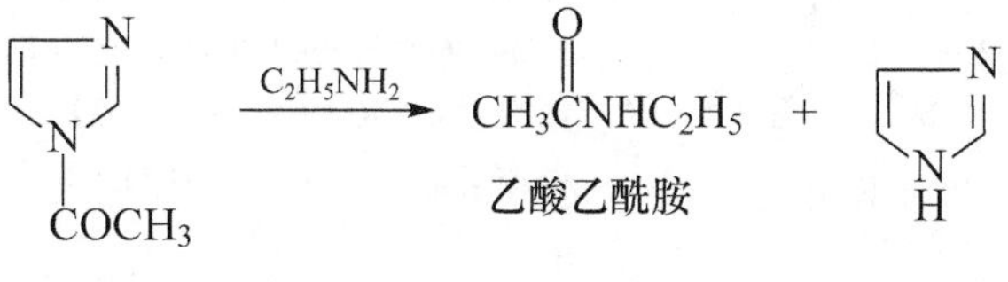
N
N
COCH3
C2H5NH2
O
CH3CNHC2H5
+
N
N
H
乙酸乙酰胺

从上面的例子可以看到，与吡咯环相比，咪唑环是一个很好的离去基团。

2)碳原子上的亲电取代反应

相比于吡咯环，咪唑环多了一个氮原子而少了一个 CH 基团，由于氮的电负性比碳大，故咪唑环的电子云密度相对较低，其亲电取代反应活性低于吡咯环。因此，咪唑环上碳原子上的亲电取代反应主要包括卤代、硝化、磺化等。例如：

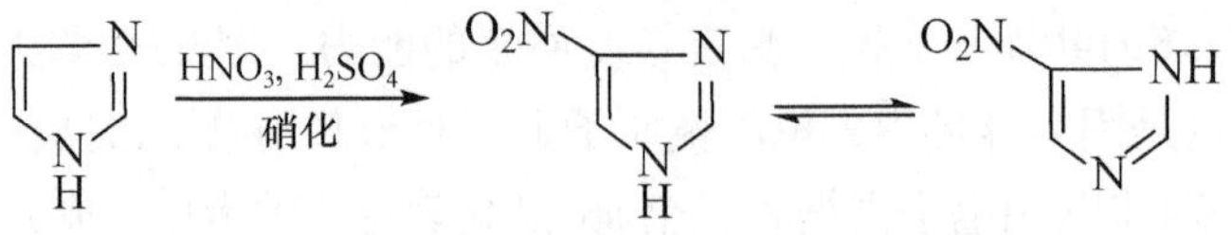

$\xrightarrow[\text{硝化}]{HNO_3, H_2SO_4}$

4-硝基咪唑 ⇌ 5-硝基咪唑

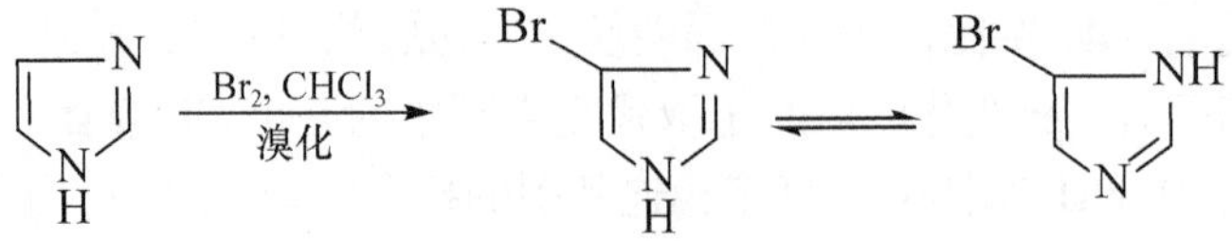

$\xrightarrow[\text{溴化}]{Br_2, CHCl_3}$

4-溴咪唑 ⇌ 5-溴咪唑

这里需要说明的是，由于咪唑环上质子的转移，环上的 C-5 位就相当于 C-4 位。

从上面的反应例子可以看到，咪唑环上碳原子上的亲电取代反应发生在 C-4 位上，这可以从反应中间体正离子的稳定性分析，并结合其对应的极限式参与共振的数目及稳定性考虑。

3. 制备和用途

咪唑环的制备可以从含有 NH 基团的 1, 4-二羰基链状化合物出发，与氨进行环化反应制得不同取代的咪唑衍生物。例如：

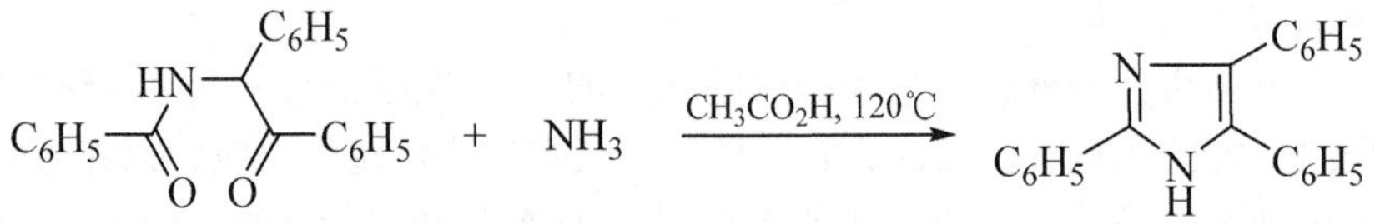

$$C_6H_5CONHCH(C_6H_5)COC_6H_5 + NH_3 \xrightarrow{CH_3CO_2H,\ 120℃}$$

2, 4, 5-三苯基咪唑

许多咪唑、噻唑的衍生物都有突出的生理活性，因此在有机合成、医药和农业等领域具有重要的作用。例如，天然物质中的蛋白质成分组氨酸在酶的作用下，发生脱羧反应分解成组胺(含有咪唑环)，后者具有降低血压的作用：

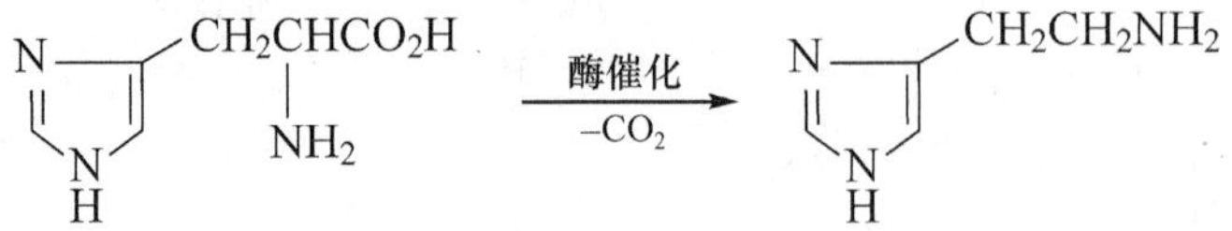

$\xrightarrow[-CO_2]{\text{酶催化}}$

组氨酸 组胺

再如，具有杀菌作用的青霉素(含有噻唑环)能够很好地治疗由葡萄球菌、链球菌引起的肺炎、脑炎等多种疾病，其相关分子结构如下：

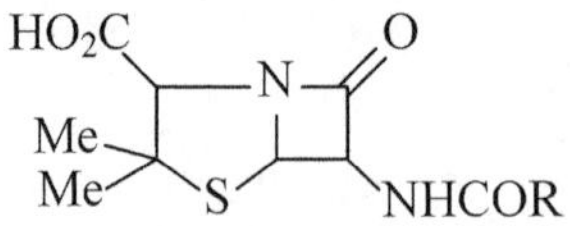

青霉素

青霉素F：$R = CH_2CH{=}CHCH_2CH_3$

青霉素G：$R = CH_2C_6H_5$

青霉素K：$R = CH_2(CH_2)_5CH_3$

青霉素X：$R = CH_2C_6H_4OH\text{-}4$

14.3 六元单杂环化合物

六元杂环中的杂原子可以是一个或两个以上，其中含有一个杂原子的重要六元杂环是吡啶，含有两个杂原子的重要六元杂环是嘧啶(pyrimidine)。它们的衍生物不仅广泛存在于自然界中，而且可以作为有效合成药物、重要有机中间体和良好的有机溶剂等使用。因此，下面将主要介绍这两种重要的六元杂环化合物。

14.3.1　含有一个杂原子的六元杂环——吡啶

1. 结构与物理性质

吡啶的结构式和名称可表示为

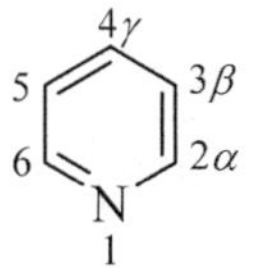

4γ 5 3β 6 2α N 1

吡啶

吡啶分子的成键特征与苯相似，它的碳原子与氮原子均以 sp^2 杂化轨道相互连接形成σ键，并且共平面；五个碳原子和一个杂原子各有一个 p 电子并占据着各自的 p 轨道，p 轨道相互平行并垂直于六元环平面，形成一个环状闭合的 6π 电子共轭体系，符合$(4n+2)$的休克尔规则，故吡啶具有芳香性。同时，氮原子上的一个 sp^2 杂化轨道上还被一对孤对电子占据，未参与共轭成键，可以结合质子，故吡啶具有碱性。另外，由于氮原子的电负性大于碳原子，氮原子相对于 CH 基团是吸电子的，因此吡啶环的电子云密度小于苯环，是一个缺电子的芳香杂环。

吡啶是一种有刺鼻性臭味的无色液体，沸点 115℃，能溶于水、乙醇、乙醚等溶剂。

吡啶环的 ^1H NMR 对其结构鉴定非常有用，其环上氢质子的化学位移比苯环略大，吡啶环上α-H、β-H、γ-H 依次约为 8.16、7.25、7.64。

2. 化学反应

吡啶既可以发生吡啶环的取代反应和还原反应，又可以发生氮原子上的质子化、加成反应和氧化反应。

1）吡啶环的取代反应和还原反应

吡啶是一个缺电子的芳香杂环化合物，因此可以发生像其他芳香族化合物一样的亲电取代、亲核取代和还原等反应。

(1)亲电取代反应。吡啶环是缺电子性的，尽管它可以发生亲电取代反应，但其反应速率仅为苯反应速率的 $1/10^{-20}$～$1/10^{-18}$。因此，吡啶与一些亲电试剂发生亲电取代反应非常困难，反应条件要求非常高。吡啶的卤代、硝化、磺化等反应都需要在极端剧烈的条件下进行，且产率很低。

例如，在大量的路易斯酸催化剂如 $AlCl_3$ 存在下，吡啶与 Cl_2 在 115℃加热条件下方可发生卤代反应，仅得到 33%的 3-氯吡啶：

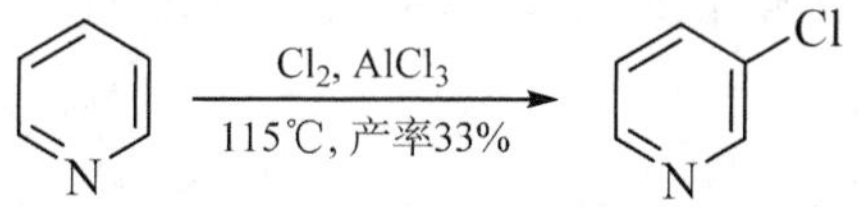

N $\xrightarrow[\text{115℃, 产率33\%}]{Cl_2,\ AlCl_3}$ Cl N

3-氯吡啶

吡啶与硝酸需在发烟硫酸中加热到 300℃时才可发生硝化反应，仅得到 15%的 3-硝基吡啶：

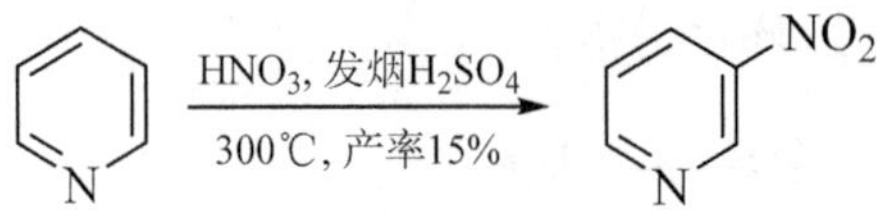

$$\text{吡啶} \xrightarrow[\text{300℃, 产率15\%}]{\text{HNO}_3\text{, 发烟H}_2\text{SO}_4} \text{3-硝基吡啶}$$

在剧毒的硫酸汞催化下，吡啶与浓硫酸在 220℃加热条件下方可发生磺化反应，得到 70%的 3-吡啶磺酸：

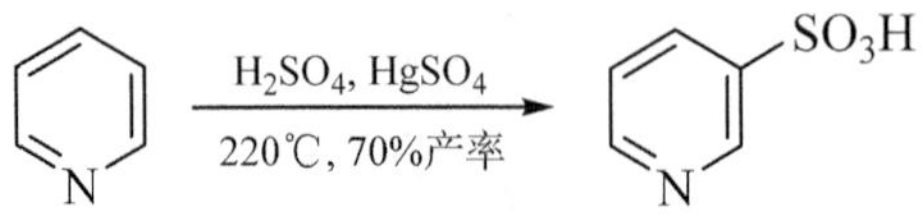

$$\text{吡啶} \xrightarrow[\text{220℃, 70\%产率}]{\text{H}_2\text{SO}_4\text{, HgSO}_4} \text{3-吡啶磺酸}$$

从上述例子可以看到：吡啶环对亲电试剂(E^+)的亲电取代反应主要在β-位(C_3位或C_5位)上发生，这可以从反应中间体正离子的稳定性来分析。

E^+进攻C_2位：

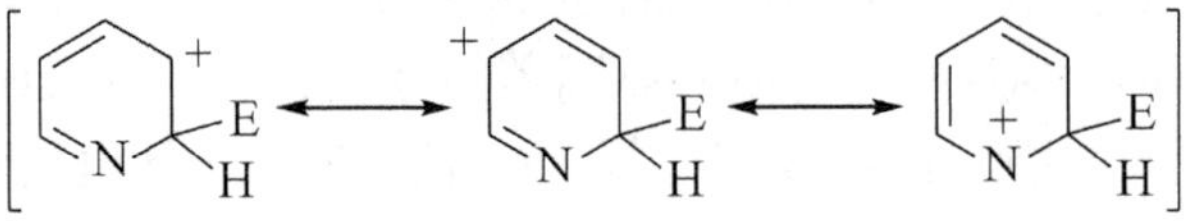

(i)　(ii)　(iii) 不稳定

E^+进攻C_3位：

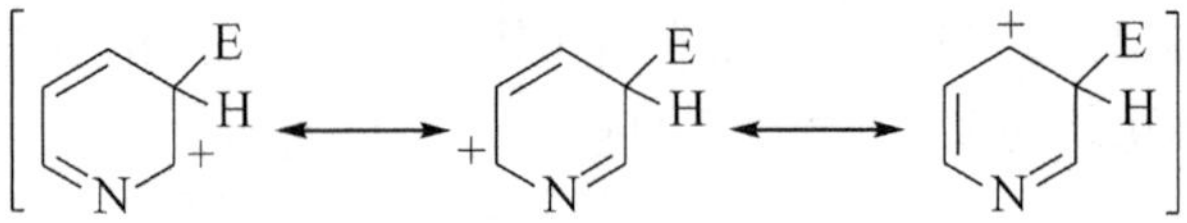

(iv)　(v)　(vi)

E^+进攻C_4位：

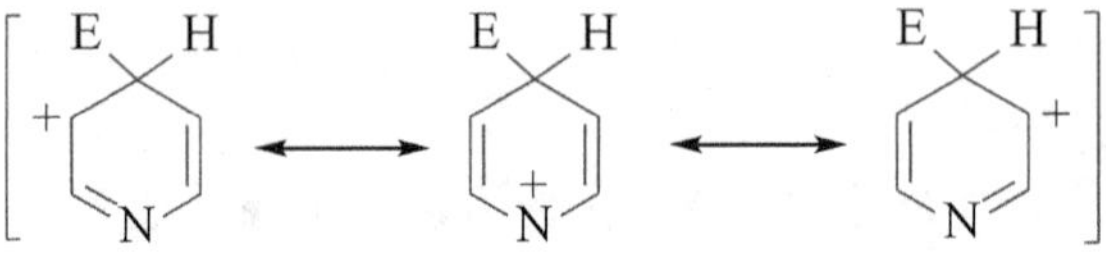

(vii)　(viii) 不稳定　(ix)

亲电试剂(E^+)进攻吡啶环的C_2位和C_4位时，形成的活性中间体正离子都有一个正电荷分布在电负性大的氮原子上的极限式(iii 和 viii)参与共振，特别不稳定；而进攻C_3位(或C_5位)时，形成的活性中间体正离子却没有这种不稳定的极限式参与共振；因此反应更易发生在C_3位(或C_5位)上，这与硝基苯的亲电取代过程是非常类似的。

此外，与硝基苯类似，吡啶不能发生傅-克酰基化和烷基化反应。吡啶环上若连有烷氧基、氨基等给电子取代基时，有利于亲电取代反应的进行，其取代产物的产率增加。例如：

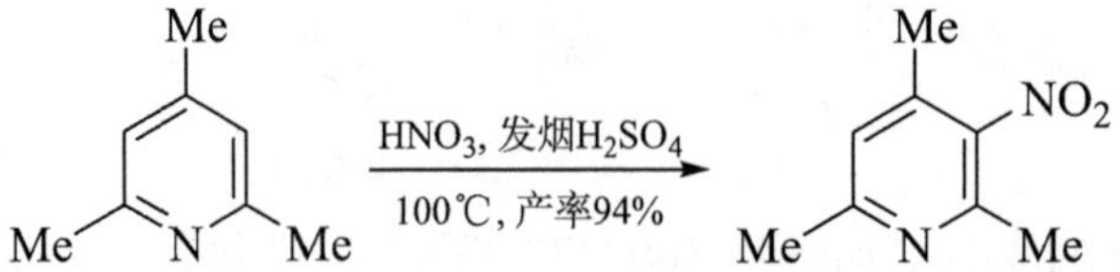

$$\text{2,4,6-三甲基吡啶} \xrightarrow[\text{100℃, 产率94\%}]{\text{HNO}_3\text{, 发烟H}_2\text{SO}_4} \text{3-硝基-2, 4, 6-三甲基吡啶}$$

(2) 亲核取代反应。相对于上述亲电取代反应，吡啶更易与很强的碱如氨基钠、有机锂等发生亲核取代反应，主要在α-位(C_2位或C_6位)上进行，最常见的是氨化、烷基化、芳基化等反应。

例如，吡啶与氨基钠一起加热到 70～100℃，吡啶环上 C_2 位上的氢负离子被亲核性很强的氨基负离子取代，得到 2-氨基吡啶的钠盐(可通过光谱检测到)，并放出氢气，该反应称为齐齐巴宾(Chichibabin)反应；最后，该加成产物进一步水解得到 2-氨基吡啶：

吡啶 $\xrightarrow[-H_2]{NaNH_2,\ 70\sim100℃}$ 2-NHNa-吡啶 $\xrightarrow{H_2O}$ 2-NH_2-吡啶

2-氨基吡啶

再如，吡啶与苯基锂很容易进行加成反应，得到二氢吡啶锂盐，该锂盐能被分离出来，并鉴定为 1, 2-加成产物；进一步，该加成产物在加热(100～140℃)条件下发生环芳构化，失去氢化锂，生成 2-苯基吡啶：

吡啶 $\xrightarrow{C_6H_5Li}$ N-Li-2-H-2-C_6H_5-二氢吡啶 $\xrightarrow{100\sim140℃}$ 2-C_6H_5-吡啶

2-苯基吡啶

(3) 还原反应。吡啶环因缺电子性而具有一定的氧化性，因此它对还原剂的活泼性比苯环强很多。例如，吡啶在催化剂作用下进行氢气还原或用金属钠和干燥乙醇直接进行还原，都可得到六氢吡啶：

吡啶 $\xrightarrow[0.3\ MPa,\ 室温]{H_2,\ Pt}$ 六氢吡啶(N—H) $\xleftarrow{Na + C_2H_5OH}$ 吡啶

六氢吡啶

六氢吡啶是一个二级胺，其碱性比吡啶强，沸点 106℃，俗名为哌啶。很多天然产物如生物碱中都含有此环，如毒芹碱，即为 2-正丙基哌啶。

2) 氮原子上的质子化反应、加成反应和氧化反应

吡啶环上氮原子的一对孤对电子不参与环共轭，表现出一定的碱性和亲核性，因此环上氮原子可以发生质子化、亲核加成、氧化等反应。

(1) 质子化反应。吡啶是一个三级胺，其碱性与亚胺化合物相当，但比大多数脂肪胺弱很多，因此吡啶为弱碱，能与强酸质子结合，很快形成吡啶某酸盐。例如，吡啶与盐酸在室温下很快发生质子化反应，生成稳定的吡啶盐酸盐，该盐为白色固体，能溶于水：

吡啶 $\xrightarrow{HCl}$ 吡啶鎓($\overset{+}{N}$—H) Cl^-

吡啶盐酸盐

(2) 亲核加成反应。吡啶是一种良好的亲核试剂，能与烷基化试剂如卤代烷发生加成反应，形成 *N*-烷基吡啶鎓盐；能与酰基化试剂如酰氯、酸酐等发生加成反应，形成 *N*-酰基吡啶鎓盐。这些盐均为稳定的固体，可以通过简单过滤被分离出来。例如，吡啶与碘甲烷很容易通过 S_N2

亲核加成反应，得到 *N*-甲基吡啶鎓碘化物(也称季铵盐)：

$$\text{吡啶} \xrightarrow[\text{烷基化}]{CH_3I,\ CH_2Cl_2} \text{N-甲基吡啶鎓碘化物}\ (C_5H_5\overset{+}{N}CH_3\ I^-)$$

N-甲基吡啶鎓碘化物

相似地，吡啶与苯甲酰氯也能很快生成 *N*-苯甲酰基吡啶鎓氯化物：

$$\text{吡啶} \xrightarrow[-20℃,\ \text{酰基化}]{C_6H_5COCl,\ \text{石油醚}} C_5H_5\overset{+}{N}COC_6H_5\ Cl^-$$

N-苯甲酰基吡啶鎓氯化物

此外，*N*-酰基吡啶盐是很有用的酰基化试剂，能够很快地将醇转化为酯。例如，用 *N*-苯甲酰基吡啶鎓氯化物与乙醇发生醇解，可制得苯甲酸乙酯：

$$C_5H_5\overset{+}{N}COC_6H_5\ Cl^- \xrightarrow{C_2H_5OH} C_6H_5\overset{O}{\overset{\|}{C}}OC_2H_5 + C_5H_5\overset{+}{N}H\ Cl^-$$

苯甲酸乙酯

(3) 氧化反应。吡啶为三级胺，很容易被过氧化物氧化成 *N*-氧化物。例如，吡啶与过氧乙酸或过氧化氢的乙酸溶液发生反应，生成吡啶 *N*-氧化物：

$$\text{吡啶} \xrightarrow{CH_3\overset{O}{\overset{\|}{C}}OOH} C_5H_5\overset{+}{N}-O^-\ \text{或}\ C_5H_5N\rightarrow O \xleftarrow{H_2O_2 + CH_3CO_2H} \text{吡啶}$$

吡啶*N*-氧化物

在上述例子中，*N*-氧化物具有永久的偶极(叶立德)结构，并且显示偶极上电荷的分子式能够真实地反映其结构。但为简单起见，偶极结构通常用连接氮原子和氧原子的箭头表示。

此外，*N*-氧化物在有机合成中是有用的中间体。吡啶 *N*-氧化物的亲电取代反应比吡啶本身较易发生，并且可以改变吡啶环发生亲电取代反应的位置，取代基容易进入 C_4 位上。例如，吡啶 *N*-氧化物在 90℃时，就可以与硫酸中的硝酸发生反应，得到 90%的 4-硝基吡啶 *N*-氧化物；进一步，该 *N*-氧化物用三氯化磷处理，脱去氧原子得到 4-硝基吡啶：

$$\text{吡啶} \xrightarrow[\text{产率}90\%]{HNO_3,\ H_2SO_4,\ 90℃} \text{4-硝基吡啶}N\text{-氧化物} \xrightarrow[\text{产率}80\%]{PCl_3,\ CHCl_3,\ \triangle} \text{4-硝基吡啶}$$

4-硝基吡啶*N*-氧化物　　4-硝基吡啶

由上例可以看出，*N*-氧化物可以用来活化吡啶环，促进吡啶环的亲电取代反应进行。

3. 制备

吡啶主要通过工业上大量制备得到，而它的取代衍生物则是通过实验室合成得到。

工业上，大量制备吡啶是从糠醛原料出发，先经过催化氢化，再进行高温氨化制得吡啶：

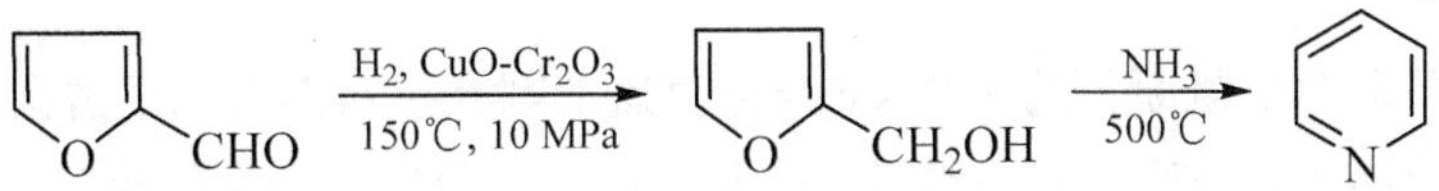

$\xrightarrow[150℃, 10\ MPa]{H_2, CuO\text{-}Cr_2O_3}$　$\xrightarrow[500℃]{NH_3}$

吡啶环的实验室制备方法很多，其中最常用的是汉栖合成法，即在 pH 约为 4 的酸催化下，利用两分子β-酮酸酯(如乙酰乙酸乙酯)、一分子醛(如乙醛)和一分子氨(NH_3)发生缩合反应，先生成 1, 4-二氢吡啶衍生物，再氧化脱氢，制得不同取代的吡啶衍生物。例如：

$\xrightarrow{CH_3CO_2H}$　$\xrightarrow{HNO_3}$

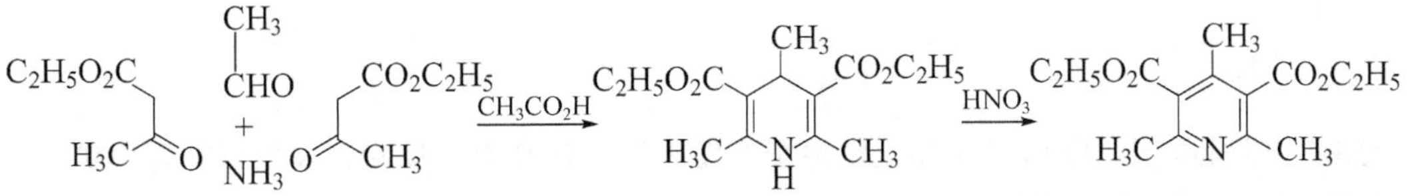

1, 4-二氢吡啶衍生物　　2, 4, 6-三甲基-3, 5-吡啶二羧酸乙酯

除了上述从 1, 3-二羰基化合物出发的常用制备方法外，吡啶衍生物还可以从 1, 5-二羰基化合物出发制备得到。例如，在温和的酸性催化剂(如乙酸)存在下，利用氨与 1, 5-庚二酮发生缩合反应，先生成 3, 4-二氢吡啶衍生物，然后该缩合产物很容易被各种氧化剂如空气、碘或铬酸等氧化脱氢，生成 2, 6-二甲基吡啶：

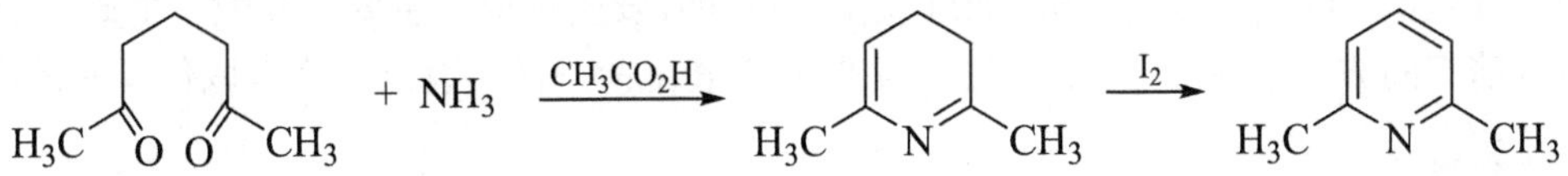

$+ NH_3 \xrightarrow{CH_3CO_2H}$　$\xrightarrow{I_2}$

2, 6-二甲基吡啶

此外，利用含有强吸电子取代基氰基的物质作为亲二烯体(R—C≡N)与 1-烷氧基丁二烯发生环加成反应，先生成 3, 6-二氢吡啶衍生物，然后迅速脱去醇，也可以高产率地得到不同取代的吡啶衍生物。例如：

$\xrightarrow{[4+2]环加成}$　$\xrightarrow{芳异构化}$

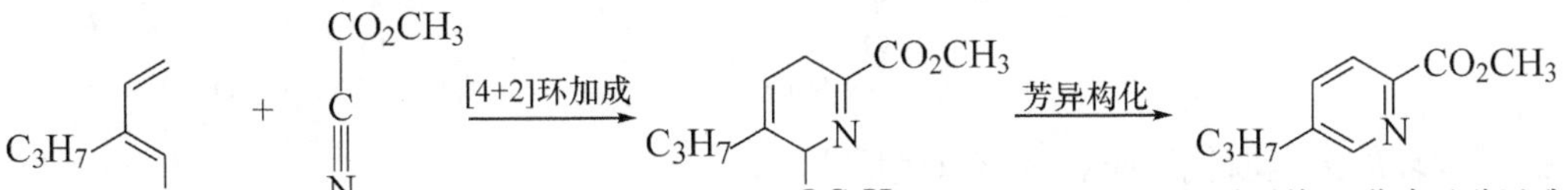

5-正丙基-2-吡啶甲酸甲酯

14.3.2　含有两个杂原子的六元杂环——嘧啶

含有两个氮原子的六元杂环体系称为二嗪(diazine)。嘧啶是含有 1, 3-位两个氮原子的六元杂环，又称间嗪，它的衍生物在生理、药理上有着重要的用途。

1. 结构与物理性质

嘧啶的结构式和名称可表示为

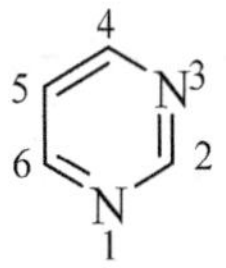

嘧啶

嘧啶可以看作是吡啶环上 3-位的 CH 基团被一个 sp^2 杂化的新增氮原子取代而形成。它的四个碳原子和两个氮原子都有三个 sp^2 杂化轨道和一个 p 轨道，其中每个 p 轨道上被一个 p 电子占据着，参与环共轭，形成一个 6π 电子的环状封闭共轭体系，符合 $(4n+2)$ 的休克尔规则，故嘧啶具有芳香性。

此外，嘧啶环上两个氮原子的一个 sp^2 杂化轨道上都有一对孤对电子占据着，未参与共轭成键，都可以结合质子，故嘧啶具有碱性。但是，由于电负性大于碳的第二个氮原子代替 CH 基团进入杂环体系后，会使得杂环的电子云密度进一步降低，因此嘧啶的碱性比吡啶弱得多，并且它也是一个缺电子的芳香杂环。

嘧啶为无色的结晶固体，熔点 22℃，易溶于水。

2. 化学反应

嘧啶和吡啶类似，既可以在环上氮原子上发生质子化和氧化反应，又可以在环上碳原子上发生亲电取代和亲核取代反应。

1) 氮原子上的质子化反应和氧化反应

嘧啶环上的两个氮原子，理论上都可以结合质子而形成嘧啶盐。但是，它的一个氮原子结合质子后，另一个氮原子很难再结合质子，这可能是质子化的第一个氮原子的电负性会进一步增强，使邻近的第二个氮原子上的孤对电子的电子云密度减小而不易结合质子。

与吡啶类似，嘧啶可以与过酸（如过氧化氢+乙酸）发生反应，主要是其中一个氮原子被氧化而得到嘧啶的 *N*-氧化物。该 *N*-氧化物与吡啶 *N*-氧化物一样，有助于亲电取代反应的进行。例如：

$H_2O_2 + CH_3CO_2H$　HNO_3, H_2SO_4　△

NO_2

N　N　N　N　N　N

O　O

嘧啶 *N*-氧化物　4-硝基嘧啶 *N*-氧化物

2) 嘧啶环的亲电取代反应和亲核取代反应

相比于吡啶环，嘧啶环又多了一个氮原子而少了一个 CH 基团，由于氮的电负性比碳大，嘧啶环的电子云密度会更小，因此嘧啶的亲电取代反应比吡啶更困难，而亲核取代反应比吡啶容易。

在亲电取代反应中，嘧啶的硝化、磺化难以进行，但卤代反应可以发生。例如：

Br_2, HCl, 160℃　溴化

Br　N　N　N　N

5-溴嘧啶

若环上连有给电子取代基如—NH_2、—OH、—R（烃基）时，嘧啶环的硝化、磺化等亲电取代也可以进行。例如：

N, N, NH_2 $\xrightarrow[\text{溴化}]{Br_2,\ 80℃}$ Br, N, N, NH_2

5-溴-2-氨基嘧啶

由上述例子可以看到，嘧啶环的亲电取代反应易发生在 C_5 位，该位置相当于吡啶环的 C_3 位，对亲电试剂的进攻比较敏感。

在亲核取代反应中，嘧啶可以与氨基钠、有机锂等亲核性极强的亲核试剂发生加成反应，很快生成二氢嘧啶金属盐；此加成产物进一步在氧化剂（如高锰酸钾）作用下进行环芳构化，生成氨基或烷基取代的嘧啶衍生物。例如：

N, N $\xrightarrow[NH_3\ (l)]{NaNH_2}$ H, NH_2, $\bar{N}$ Na^+, N $\xrightarrow{KMnO_4}$ NH_2, N, N

4-氨基嘧啶

N, N $\xrightarrow[(CH_3CH_2)_2O]{n\text{-}C_4H_9Li}$ H, C_4H_9-n, $\bar{N}$ Li^+, N $\xrightarrow{KMnO_4}$ C_4H_9-n, N, N

4-正丁基嘧啶

从上述例子可以看到，嘧啶环的亲核取代发生在氮原子的α-位上，即反应在 2-、4-、6-位上进行，这些位置相当于吡啶环的 2-、6-位。

3. 制备与用途

嘧啶环的制备可以从 1, 3-二羰基化合物（如丙二酸酯、β-酮酸酯、β-二酮等）出发，与含有 NH_2 基团的氨或胺（如脒、胍、尿素、硫脲等）发生缩合反应，制得不同取代的嘧啶衍生物。例如：

CH_3, O, H_3C, O + NH, H_2N, R $\xrightarrow{K_2CO_3}$ CH_3, N, H_3C, N, R

R = NH_2（胍），烃基（脒）
OH（尿素），SH（硫脲）

嘧啶衍生物

嘧啶的衍生物广泛存在于自然界，并且有特殊的生理活性。例如，具有生物遗传功能的核酸中碱性组分的尿嘧啶、胞嘧啶、胸腺嘧啶都含有嘧啶环结构：

OH, N, N, OH　　NH_2, N, N, OH　　OH, H_3C, N, N, OH

尿嘧啶　胞嘧啶　胸腺嘧啶

另外，许多合成药物中因含有嘧啶环结构而具有特殊的药理特性。例如，对葡萄球菌和链球菌有特别杀伤力的磺胺药物就含有嘧啶环结构：

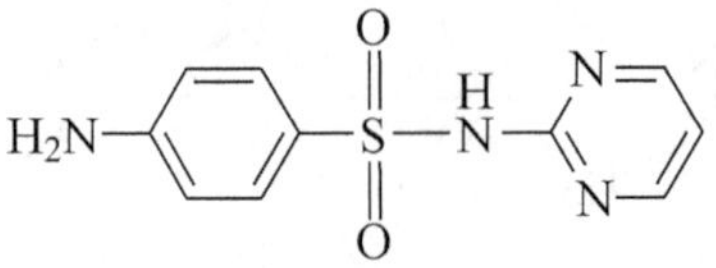

磺胺嘧啶

14.4　几种重要的稠并杂环化合物

在芳香杂环化合物中，除了上述讨论的几种重要五元或六元杂环外，这些单杂环还可以和苯环稠合而形成苯并体系的一类稠并杂环化合物。其中由含有一个杂原子的吡咯环或吡啶环与苯环稠并而形成苯并体系的吲哚和喹啉是比较重要的。同时，五元和六元杂环之间也可以稠并而形成并环体系的另一类稠并杂环化合物。其中由含有多个杂原子的咪唑环和嘧啶环并合而形成并环体系的嘌呤(purine)是最为常见的。下面对这三种重要的稠并杂环化合物进行逐一介绍。

14.4.1　含有一个杂原子的五元杂环苯并体系——吲哚

1. 结构与物理性质

吲哚的结构式和名称可表示为

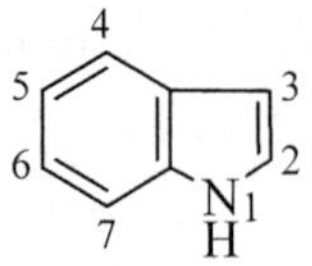

吲哚

吲哚可以看作是由一个吡咯环与一个苯环稠合而成的苯并体系，但它不被称为苯并吡咯，因为它的结构很早以前就已经被确定并被称为吲哚。这一类苯并杂环的原子编号从杂原子开始，然后先对杂环上各原子依次编号，再对碳环上各原子依次编号，但两个环共用的原子(这类原子的位置特殊，不能再接取代基)不被算在正常的原子编号序列中。

吲哚存在于煤焦油和茉莉油中，为无色晶体，熔点 52℃，具有极臭的气味，但在浓度极稀时则有素馨花的香味，可用作香料。

吲哚分子中环上氢质子的化学位移一般为 7.38～7.45，而氮原子上氢质子的化学位移约为 7.04。

2. 化学反应

吲哚的化学性质与吡咯相似，主要发生吡咯环上碳原子的亲电取代反应，但其活性比吡咯低，比苯高，故亲电取代反应在吡咯环上进行。例如：

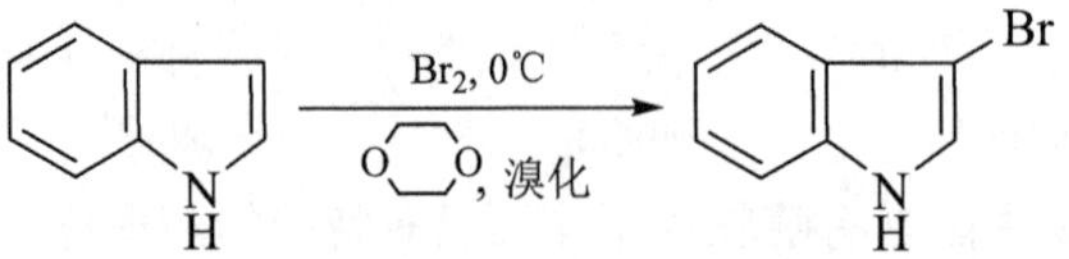

Br_2, 0℃；二氧六环，溴化

3-溴吲哚

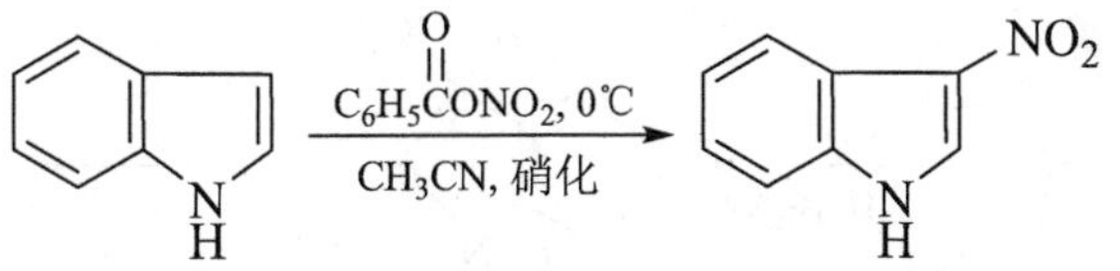

$$\xrightarrow[\text{CH}_3\text{CN, 硝化}]{\text{C}_6\text{H}_5\text{CONO}_2\text{, 0℃}}$$

3-硝基吲哚

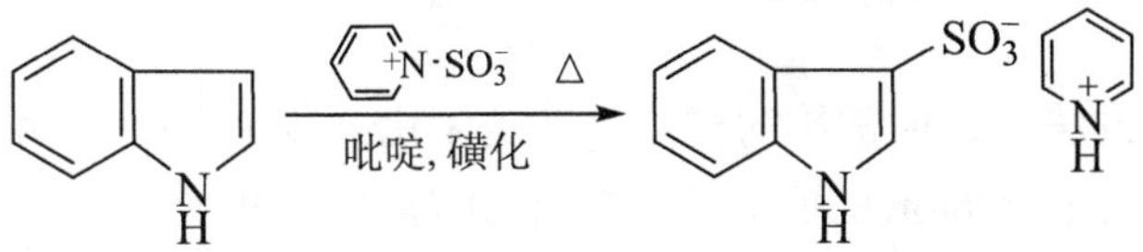

$$\xrightarrow[\text{吡啶, 磺化}]{\text{C}_5\text{H}_5\text{N}^+\cdot\text{SO}_3^-\ \ \triangle}$$

3-吲哚磺酸盐

$$\xrightarrow[\text{Vilsemeier反应}]{(\text{CH}_3)_2\text{NCHO, POCl}_3}$$

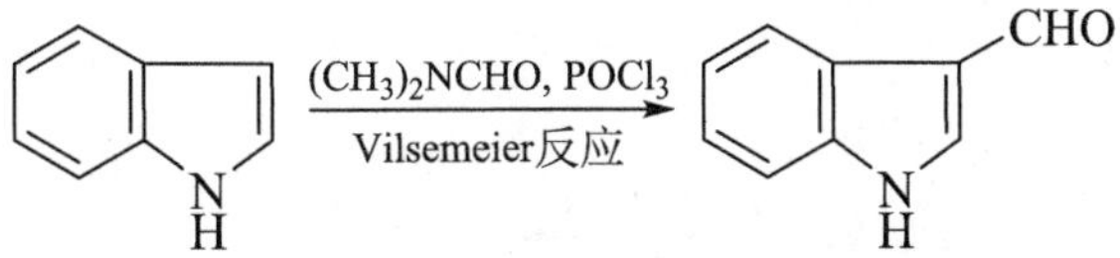

3-吲哚甲醛

从上面的例子可以看到，与吡咯不同，吲哚对亲电试剂(E^+)的亲电取代反应发生在吡咯环的C_3位上，这可以从反应中间体正离子的稳定性来分析。

E^+进攻C_2位：

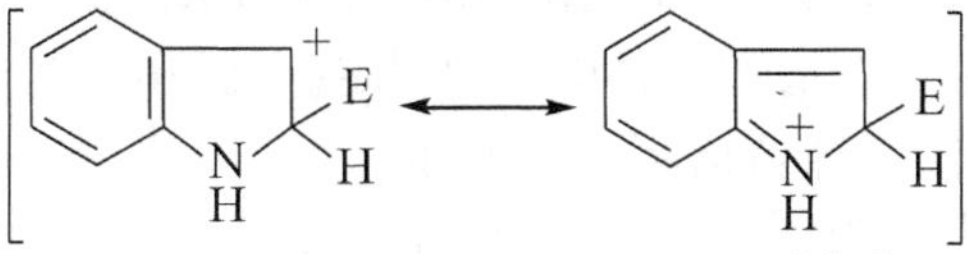

(i)　(ii) 不稳定

E^+进攻C_3位：

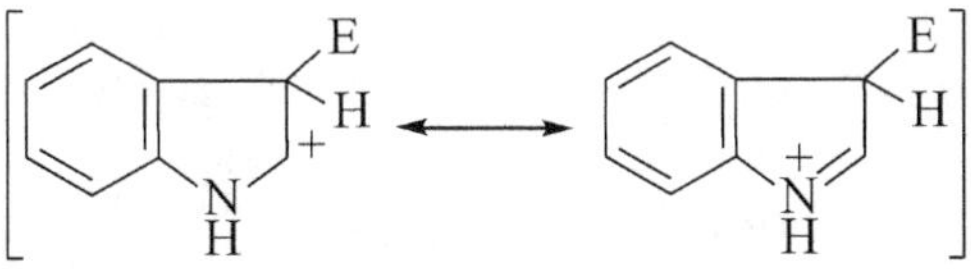

(iii)　(iv)

亲电试剂(E^+)进攻杂环的C_2位时，形成的活性中间体正离子有一个含不完整苯环的极限式(ii)参与共振，因失去芳香性而比较不稳定；进攻C_3位时，形成的活性中间体正离子却没有这种不稳定的极限共振式；因此反应更易发生在杂环的C_3位上。

3. 制备与用途

吲哚环合成的最有效方法是费歇尔吲哚合成法，即在酸催化剂存在下，对醛酮、酮酸、酮酸酯或二酮取代的苯腙进行加热重排，消除一分子氨，制得2-取代或3-取代吲哚衍生物。其反应机理如下：先是苯腙在酸催化下转化为它的互变异构体(烯胺)，然后烯胺进行[3, 3′]σ-迁移得到环己二烯胺和它的互变异构体苯胺类结构，最后苯胺中的氨基加成到侧链上的亚氨基上形成取代吲哚衍生物：

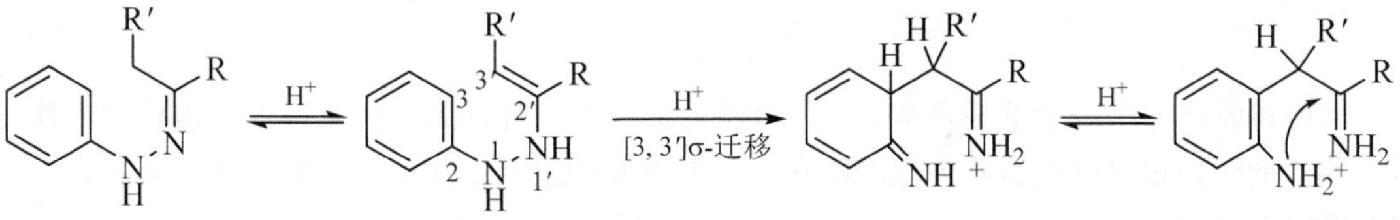

$$\xrightleftharpoons{H^+}\quad\xrightarrow[\text{[3, 3']σ-迁移}]{H^+}\quad\xrightleftharpoons{H^+}$$

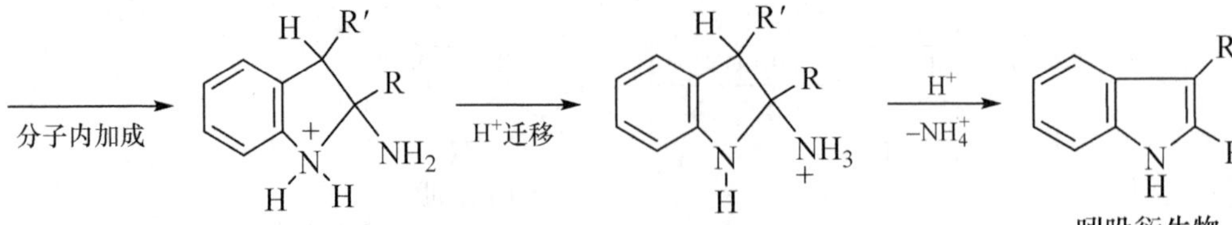

分子内加成　　H^+迁移　　$\xrightarrow[-NH_4^+]{H^+}$

吲哚衍生物

在费歇尔吲哚合成法中，最常用的酸催化剂是氯化锌($ZnCl_2$)、三氟化硼(BF_3)、多聚磷酸(PPA)。醛酮、酮酸、酮酸酯或二酮分子须具有 $RCOCH_2R'$的结构。苯腙的合成可以通过醛酮、酮酸、酮酸酯或二酮与等物质的量的苯肼在乙酸中加热回流得到，并且无需分离而直接进行吲哚环的合成。例如：

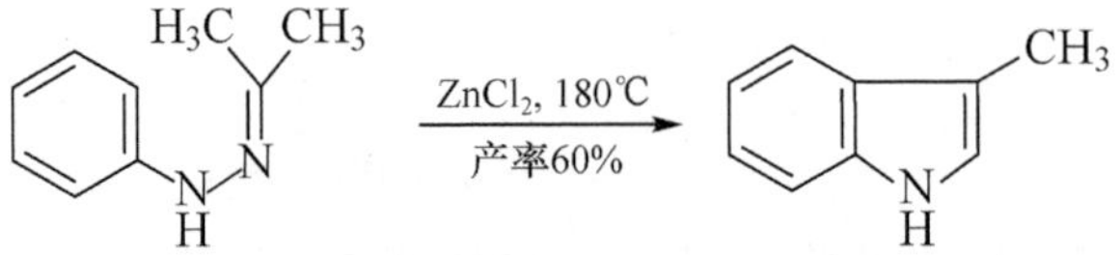

$\xrightarrow[\text{产率}60\%]{ZnCl_2,\ 180℃}$

3-甲基吲哚

吲哚的衍生物广泛存在于动植物体内，并有特殊的生理活性。例如，植物生长调节剂 3-吲哚乙酸；哺乳动物及人类的脑组织中思维活动的重要物质 5-羟基色胺；人体中必需的一种氨基酸色氨酸。另外，工业上合成的一种染料物质靛蓝就是由两个氧化吲哚环通过环外双键连接而形成的大 π 共轭体系。它们的结构分别如下：

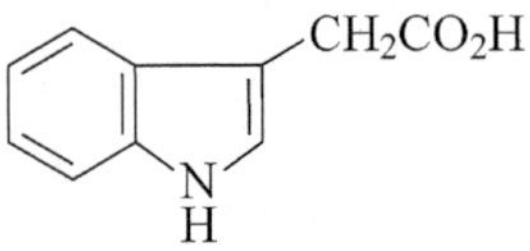

3-吲哚乙酸 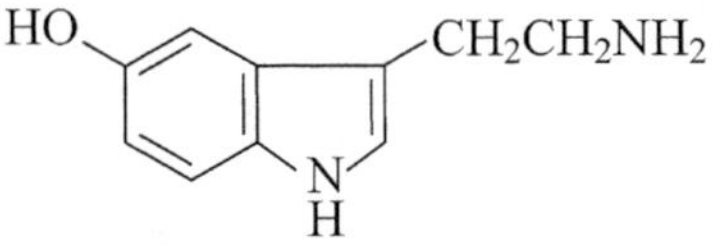　　5-羟基色胺

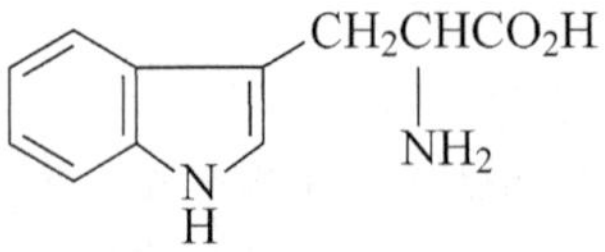

色氨酸 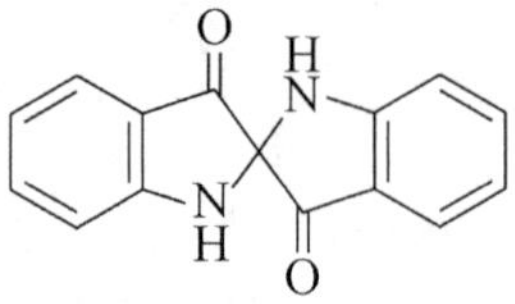　　靛蓝

14.4.2　含有一个杂原子的六元杂环苯并体系——喹啉

1. 结构与物理性质

喹啉的结构式和名称可表示为

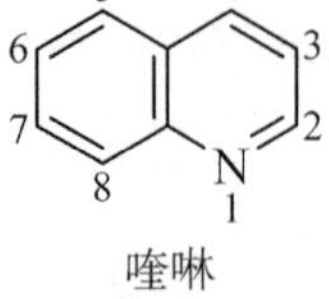

喹啉

喹啉可看作是由一个吡啶环与一个苯环稠合而成的苯并体系，但它一般不被称为苯并吡啶，因为此结构很早以前是从天然产物奎宁中发现并确定的，故称为喹啉。喹啉环的原子编号与吲哚环类似。

喹啉存在于煤焦油中，为无色液体，具有与吡啶类似的恶臭气味，沸点 238℃，可用作高沸点溶剂。

喹啉分子中环上氢质子的化学位移一般为 7.13～8.84。

2. 化学反应

喹啉的化学性质与吡啶相似，主要发生碳原子上的亲电取代、亲核取代和氧化反应。又因吡啶环相对于苯环是缺电子的，故亲电取代反应主要发生在苯环(C_5位或C_8位)上，而亲核取代反应主要发生在吡啶环(C_2位或C_4位)上。

1) 亲电取代反应

在强酸性溶液中，喹啉的亲电取代反应在苯环上发生，与亲电试剂的反应活性比苯差，一般得到 5-位或 8-位取代喹啉。例如：

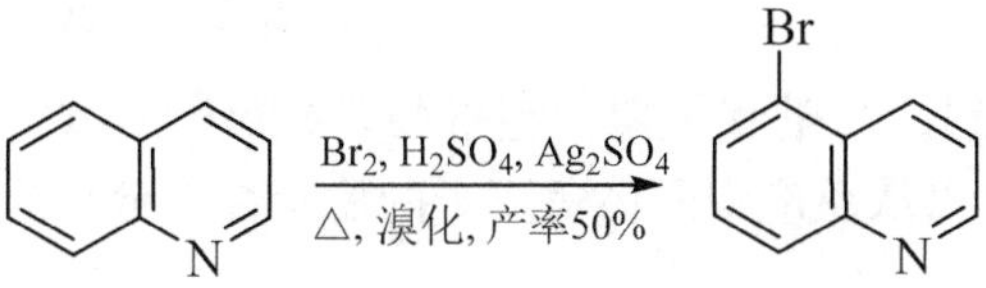

Br_2, H_2SO_4, Ag_2SO_4；△, 溴化, 产率50%　→　5-溴喹啉（Br）

HNO_3, H_2SO_4, 0℃；硝化, 产率50%　→　5-硝基喹啉（NO_2）

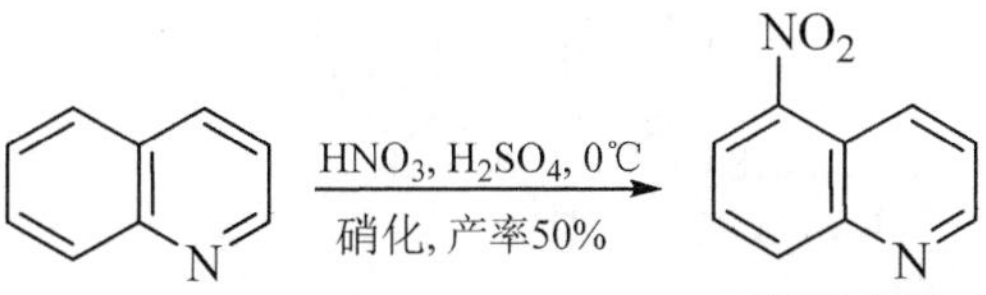

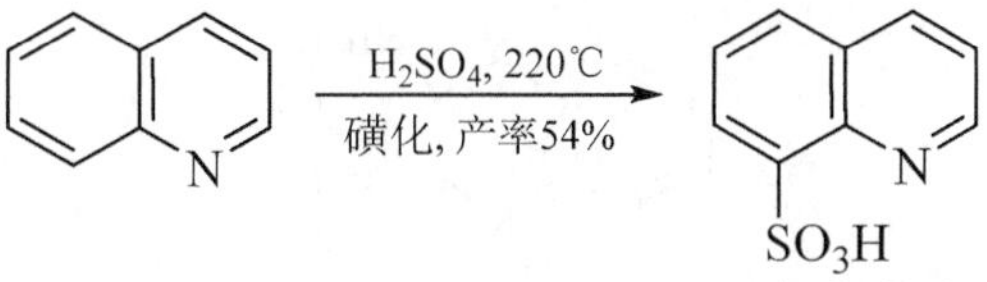

H_2SO_4, 220℃；磺化, 产率54%　→　8-喹啉磺酸（SO_3H）

从上面的例子可以看到，与吡啶不同，喹啉与亲电试剂(E^+)的亲电取代反应发生在苯环的C_5位或C_8位上，这可以从反应中间体正离子的稳定性来分析。

E^+进攻C_5位：

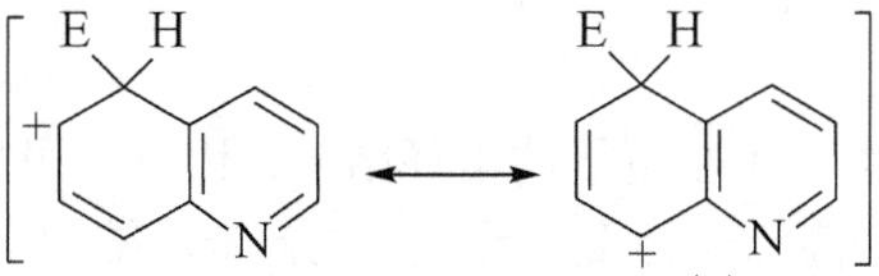

(i)　⟷　(ii)

E^+进攻C_6位：

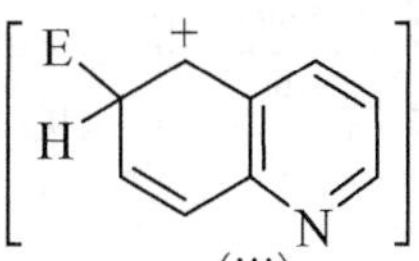

(iii)

亲电试剂(E^+)进攻苯环的 C_5 位时，形成的活性中间体正离子有两个含完整吡啶环的稳定的极限式(i 和 ii)参与共振；而进攻 C_6 位时，形成的活性中间体正离子仅有一个含完整吡啶环的稳定的极限式(ii)参与共振；因此反应更易发生在苯环的 C_5 位或 C_8 位上。

2)亲核取代反应

与吡啶类似，喹啉可以与极强的碱如氨基钾和有机锂发生亲核取代反应，但反应活性比吡啶强，主要得到 2-位取代喹啉。例如：

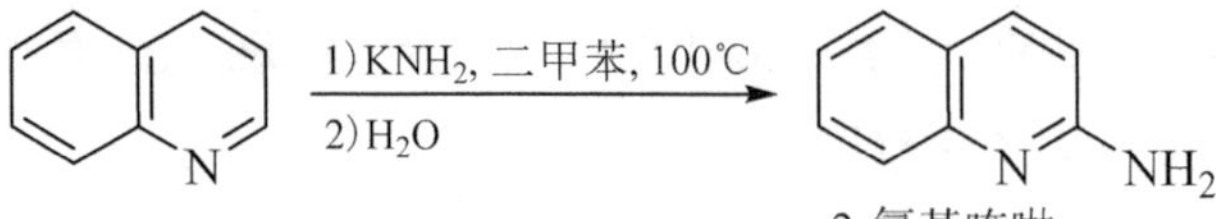

$$\text{喹啉} \xrightarrow[2)\,H_2O]{1)\,KNH_2,\ \text{二甲苯},\ 100℃} \text{2-氨基喹啉}\ (NH_2)$$

2-氨基喹啉

$$\text{喹啉} \xrightarrow[2)\,H_2O;\ 3)\,C_6H_5NO_2,\ 210℃]{1)\,n\text{-}C_4H_9Li,\ \text{甲苯},\ 65℃} \text{2-正丁基喹啉}\ (C_4H_9\text{-}n)$$

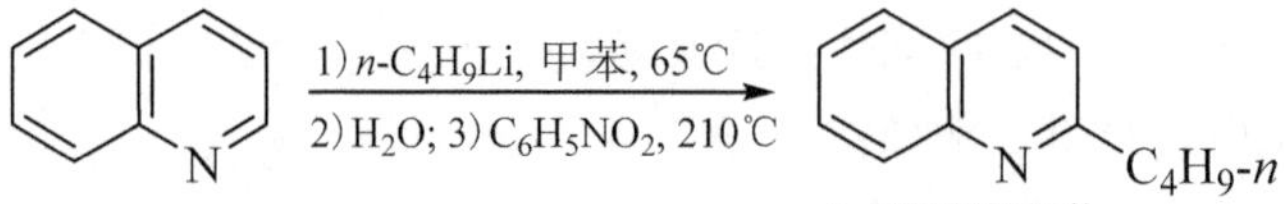

2-正丁基喹啉

从上面的例子可以看到，与吡啶类似，喹啉与亲核试剂(Nu^-)的亲核取代反应在杂环的 C_2 位或 C_4 位上发生，这可以从反应中间体负离子的稳定性来分析。

Nu^-进攻 C_2 位：

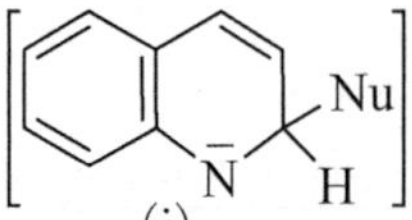

(i)

Nu^-进攻 C_3 位：

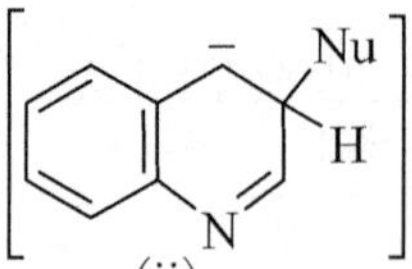

(ii)

亲核试剂(Nu^-)进攻杂环的 C_2 位时，形成的活性中间体负离子(i)稳定，因为它在保留完整苯环的同时，负电荷被分布在电负性比碳大的氮原子上；而进攻 C_3 位时，形成的活性中间体负离子(ii)不够稳定，因为它虽保留了完整苯环结构，但负电荷被分布在碳原子上；因此反应更易发生在杂环的 C_2 位或 C_4 位上。

3)氧化反应

与吡啶相比，喹啉中多了一个富电子的苯环结构，因此它虽然与绝大部分氧化剂不发生反应，但可与极强的氧化剂如高锰酸钾发生反应，氧化苯环结构部分而生成 2, 3-吡啶二甲酸。例如：

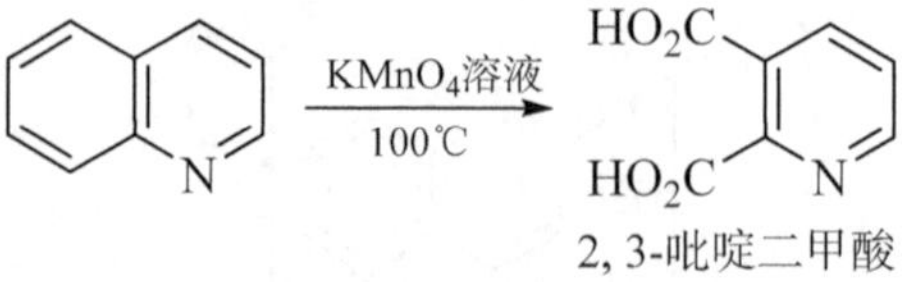

$$\text{喹啉} \xrightarrow[100℃]{KMnO_4\text{溶液}} \text{2, 3-吡啶二甲酸}\ (HO_2C,\ HO_2C)$$

2, 3-吡啶二甲酸

此外，与吡啶类似，喹啉在过酸(如过氧乙酸或过氧化氢的乙酸溶液)作用下，可对其吡啶环上的氮原子氧化而形成有用的 *N*-氧化物。例如：

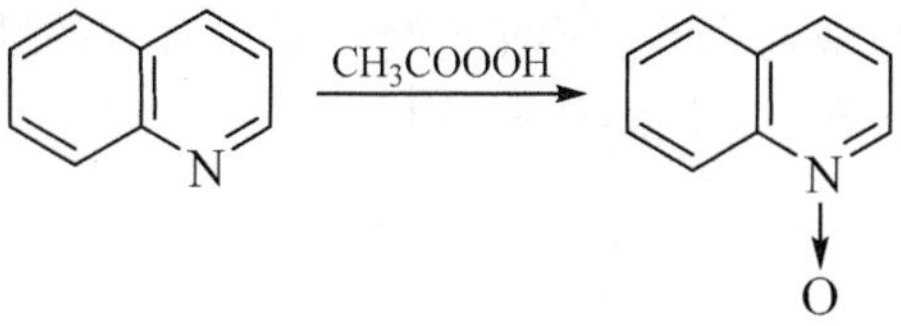

$\xrightarrow{CH_3COOOH}$

喹啉N-氧化物

3. 制备与用途

喹啉环合成的最基本方法是斯克洛浦(Skraup)合成法，即将芳伯胺(如苯胺)、甘油、浓硫酸和一种氧化剂(如硝基苯、五氧化二砷、三氯化铁等)一起反应，制得喹啉及其衍生物。例如：

$\xrightarrow[\triangle,\ \text{产率}85\%]{H_2SO_4,\ C_6H_5NO_2}$

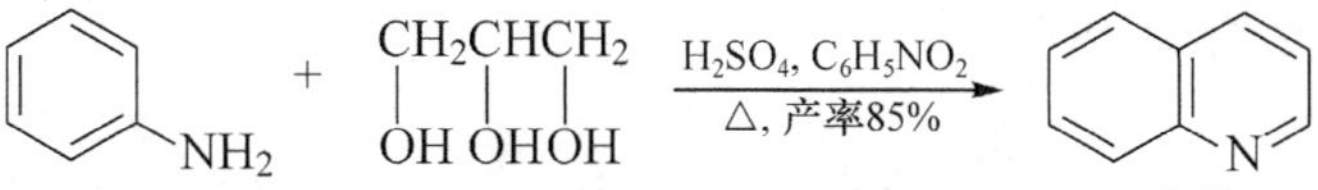

喹啉

上述例子的反应机理可能是：首先甘油在浓硫酸作用下脱水形成丙烯醛，其次丙烯醛与苯胺进行迈克尔加成反应生成β-苯氨基丙醛并发生烯醇互变，然后丙醛的烯醇式异构体在酸催化下进行脱水、关环生成二氢喹啉，最后二氢喹啉在硝基苯的氧化作用下芳构化，制得喹啉：

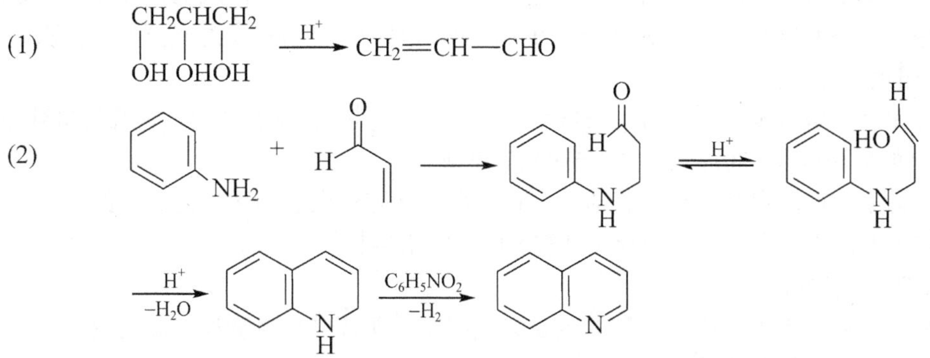

(1) $CH_2(OH)CH(OH)CH_2(OH) \xrightarrow{H^+} CH_2{=}CH{-}CHO$

(2) $\xrightarrow{H^+}$ $\xrightarrow[-H_2O]{H^+}$ $\xrightarrow[-H_2]{C_6H_5NO_2}$

正是基于上述斯克洛浦合成法制备喹啉的可能反应机理，喹啉环合成的另一种常用方法是多布纳-米勒(Döebner-Miller)合成法，即用α, β-不饱和醛或酮代替甘油，与芳伯胺在盐酸或氯化锌等酸催化剂存在下，制得喹啉及其衍生物。例如：

$\xrightarrow[\text{产率}73\%]{FeCl_3,\ ZnCl_2}$

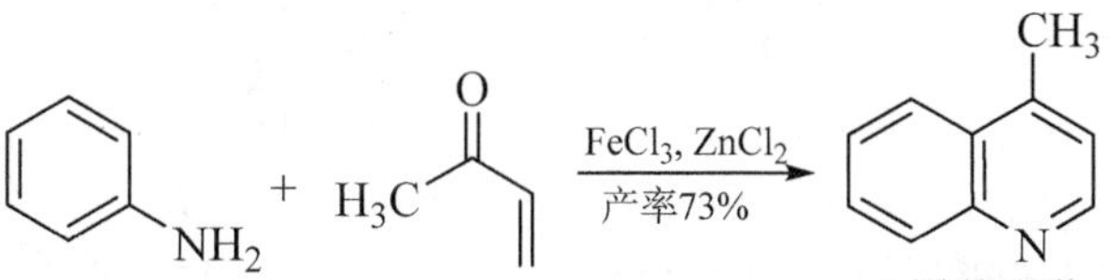

4-甲基喹啉

类似于多布纳-米勒合成法，康布斯(Combes)合成法是喹啉环的又一种制备方法，即将芳伯胺、1, 3-二羰基化合物和浓硫酸一起加热，制得喹啉及其衍生物。例如：

$\xrightarrow[\text{产率}75\%]{\text{浓}H_2SO_4,\ \triangle}$

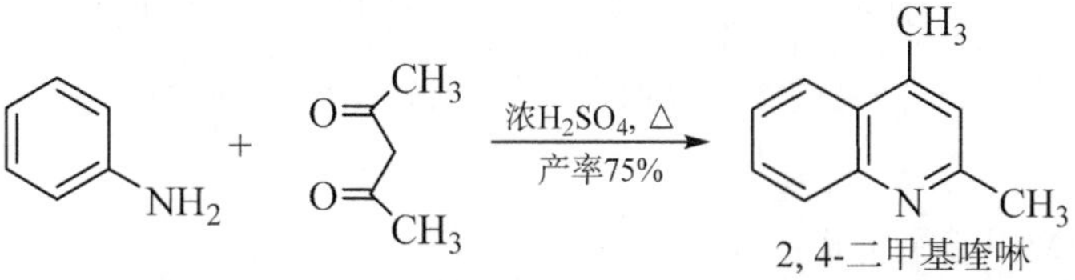

2, 4-二甲基喹啉

许多喹啉的衍生物具有突出的药理特性。例如，含喹啉环的天然生物碱——奎宁，就具有良好的抗疟药性。同时，许多合成的抗疟疾药物就是以奎宁的结构为基础设计出来的喹啉衍生物，如氯奎宁、羟氯奎宁等。它们的结构如下：

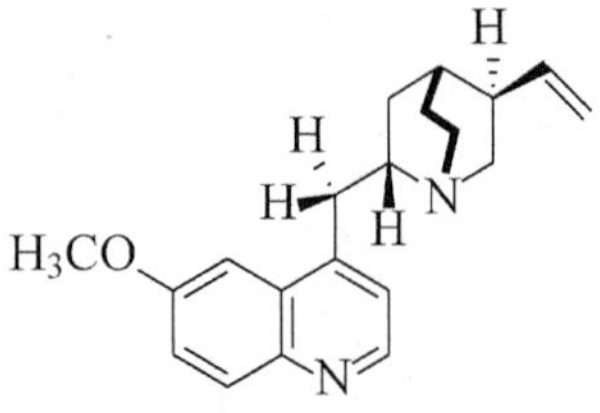

奎宁 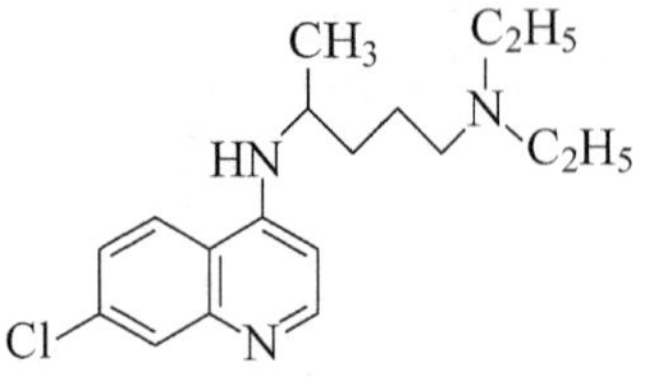　　　　氯奎宁 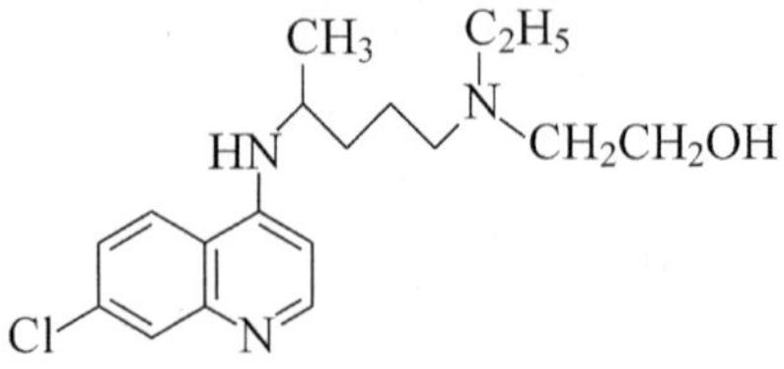　　　　羟氯奎宁

14.4.3　含有多个杂原子的嘧啶和咪唑并环体系——嘌呤

嘌呤的结构式和名称可表示为

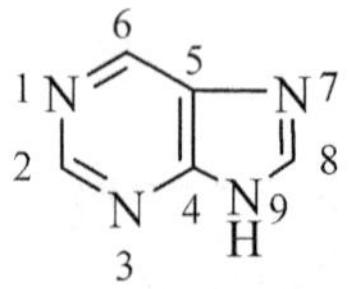

嘌呤

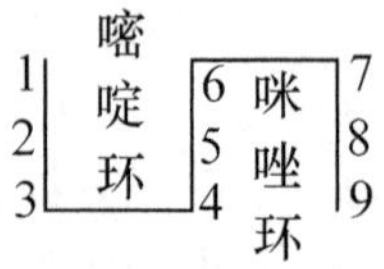

嘌呤可看作是由一个嘧啶环与一个咪唑环共用两个碳原子并合而成的并环体系。它的原子编号顺序可用一个横着的字母 S 来形象记忆，即由字母左上端的杂原子开始，依次数下去进行各原子的编号。

嘌呤为无色结晶固体，熔点 216～217℃，易溶于水，其水溶液呈中性。它既是弱碱（pK_a = 8.97），又是弱酸（pK_a = 2.30），因此能与碱或酸形成盐。

嘌呤的衍生物广泛存在于动植物体内，在生命的新陈代谢、遗传信息和神经中枢等方面起着必不可少的作用。下面简要介绍几种重要的嘌呤衍生物。

1）腺嘌呤和鸟嘌呤

它们是广泛存在于生物体内核酸的重要组成部分，而核酸是生物遗传和蛋白质合成的重要物质。它们的结构分别如下：

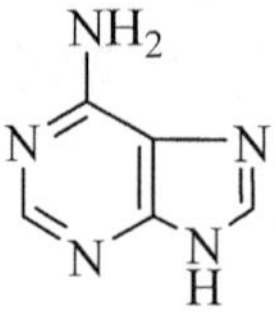

腺嘌呤 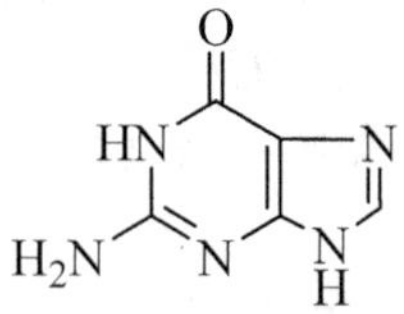　　　　鸟嘌呤

2）尿酸

尿酸大量存在于鸟类和爬虫类的排泄物中，人尿中也有少量存在。它为 2, 6, 8-三羟基嘌呤，存在酮式互变异构体：

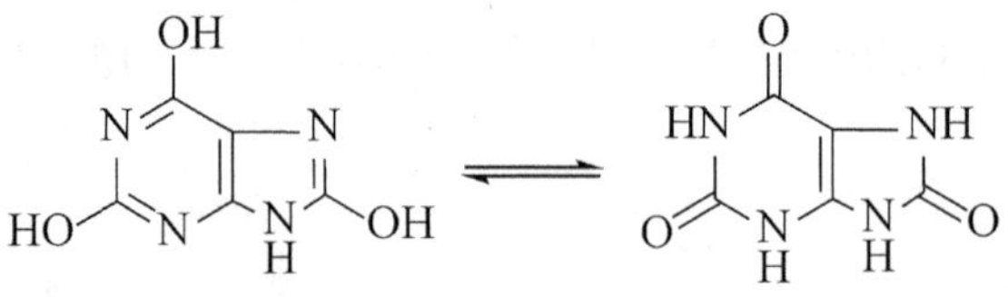

尿酸

3）黄嘌呤及其 *N*-甲基衍生物

黄嘌呤存在于茶叶以及动物的血液、肝脏和尿液中。它为 2, 6-二羟基嘌呤，存在酮式互

变异构体：

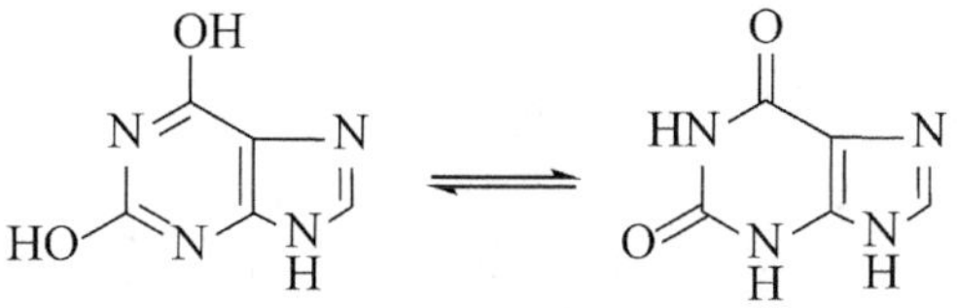

黄嘌呤

黄嘌呤的 *N*-甲基衍生物有三种：咖啡碱(1, 3, 7-三甲基黄嘌呤)、茶碱(1, 3-二甲基黄嘌呤)、可可碱(3, 7-二甲基黄嘌呤)。它们存在于咖啡、茶叶、可可中，是起兴奋中枢神经作用的生物碱，其中咖啡碱的作用最强。它们的结构分别如下：

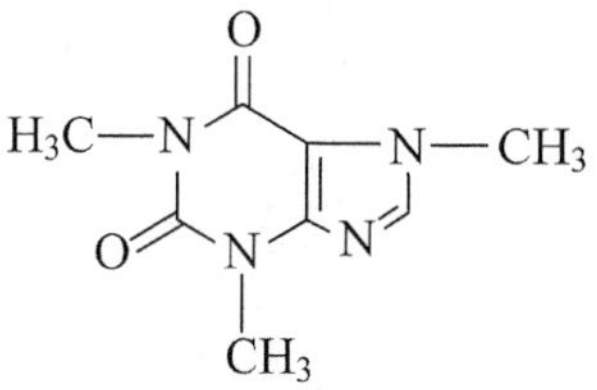

咖啡碱 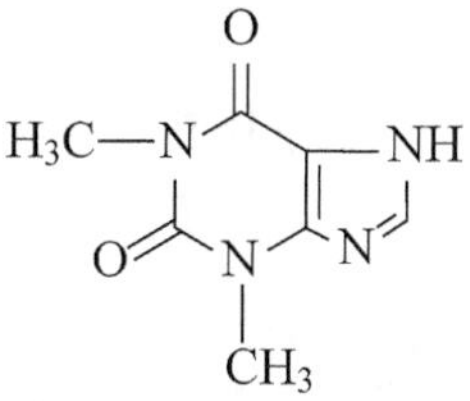　　茶碱 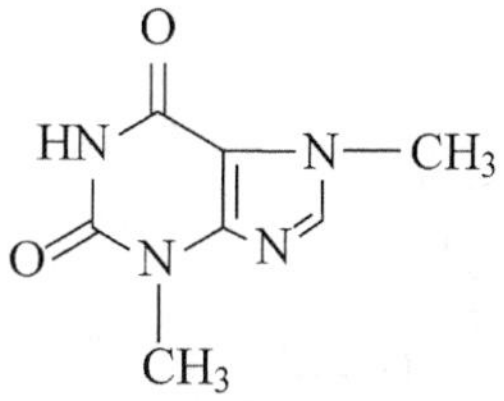　　可可碱

参考文献

胡宏纹. 1998. 有机化学[M]. 2 版. 北京：高等教育出版社
吴范宏，荣国斌. 2005. 高等有机化学：反应和原理[M]. 2 版. 上海：华东理工大学出版社
邢其毅，裴伟伟，徐瑞秋，等. 2016. 基础有机化学[M]. 4 版. 北京：北京大学出版社
徐寿昌. 2014. 有机化学[M]. 2 版. 北京：高等教育出版社
曾昭琼. 2001. 有机化学[M]. 3 版. 北京：高等教育出版社

习　　题

1. 命名下列杂环化合物。

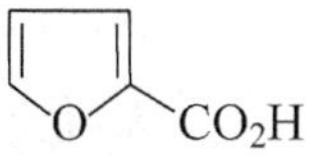

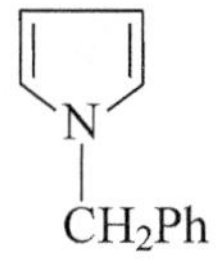

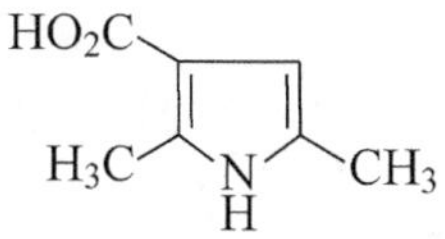

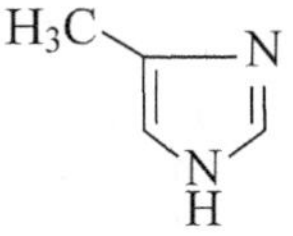

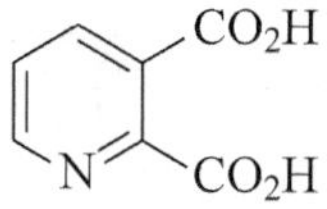

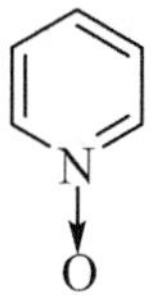

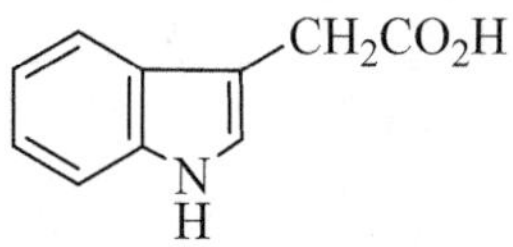

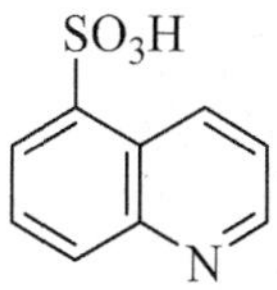

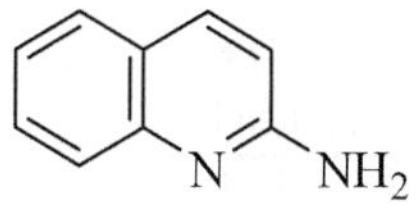

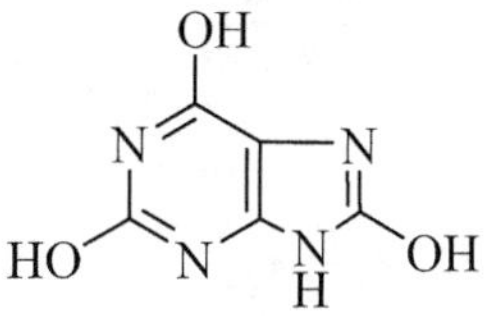

2. 写出下列反应的主要产物。

(1) O $\xrightarrow{(CH_3CO)_2O,\ HNO_3}$

(2) O $\xrightarrow{(CH_3CO)_2O,\ BF_3}$

(3) S $\xrightarrow{H_2SO_4,\ 25℃}$ $\xrightarrow{H_2O}$

(4) NH $\xrightarrow{KNH_2,\ NH_3(l)}$ $\xrightarrow[C_6H_5CH_3,\ \triangle]{C_6H_5COCl}$ $\xrightarrow{\triangle}$

(5) NH $\xrightarrow{(C_2H_5O)_2P(O)Cl}$ $\xrightarrow{C_6H_5OH}$

(6) N $\xrightarrow[300℃]{Br_2,\ 浮石}$

(7) N $\xrightarrow{n\text{-}C_4H_9Li}$ $\xrightarrow{H_2O}$ $\xrightarrow{O_2}$

(8) N $\xrightarrow{CH_3COCl}$ $\xrightarrow{C_2H_5OH}$

(9) N $\xrightarrow[CH_3CO_2H]{H_2O_2}$ $\xrightarrow[\triangle]{HNO_3,\ H_2SO_4}$ $\xrightarrow[\triangle]{PCl_3}$

(10) N $\xrightarrow{NaNH_2}$ $\xrightarrow{H_2O}$

(11) N, N $\xrightarrow{NaNH_2}$ $\xrightarrow{KMnO_4}$

(12) NH $\xrightarrow[\triangle]{SO_3,\ 吡啶}$

(13) $C_2H_5O_2C$–CO–CH_2–CO–CH_3 + H_2N–C(=NH)–NH_2 $\xrightarrow{K_2CO_3}$

(14) –$NHNH_2$ + –C(O)CH_3 $\xrightarrow[\triangle]{CH_3CO_2H}$ $\xrightarrow[\triangle]{PPA}$

(15) H_3CO, H_3CO + OHC–CH=CH–C_6H_5 $\xrightarrow{H^+}$ $\xrightarrow{C_6H_5NO_2}$

第 15 章　糖类化合物

【学习要求】

(1) 了解糖的分类、构型及其旋光性和手性差异。
(2) 掌握糖的基本反应。
(3) 熟练掌握糖的主要鉴别方法和重要用途。
(4) 通过学习糖的化学反应理解消除反应的历程及影响亲核取代反应的因素。

15.1　单　　糖

动物、植物和微生物的组成成分几乎都包含糖，葡萄糖、果糖、蔗糖、纤维素和淀粉等是常见的糖类物质。糖类化合物种类繁多，功能多样。很多药物的活性物质是糖，如灵芝、人参和香菇等的多糖具有调节人体免疫、抗炎、抗肿瘤等多种功效。很多重要的工业品原料是糖，如玉米、高粱的秸秆含有的糖是工业上制备乙醇的重要原料。碳、氢、氧是构成糖类的主要元素，少数糖含有氮、硫等，如壳多糖和糖胺聚糖。

人们习惯用 $C_n(H_2O)_n$ 表示糖的分子结构，但是越来越多的糖类物质被发现不符合这一经典的分子结构，如鼠李糖($C_6H_{12}O_5$)等。而且也有研究证明很多化合物虽然分子式符合 $C_n(H_2O)_n$ 的通式但却不是糖类，如乳酸等。人们已经习惯了用 $C_n(H_2O)_n$ 表示糖，这种方式沿用至今。

人们习惯根据糖的水解性质将糖分成以下三类：

1. 单糖

单糖(monosaccharide)是结构最简单的糖分子，是低聚糖和多糖的基本结构单位。单一的单糖具有一定的晶型，易溶于水，可以检测出明显的甜味。葡萄糖、果糖、半乳糖、甘露糖、核糖与脱氧核糖等都是生活和生产中常见的单糖。

2. 低聚糖

低聚糖即寡糖(oligosaccharide)，可以被水解成 2～10 个单糖分子。依据被水解成的单糖分子的多少，低聚糖可以被命名为二糖(双糖)、三糖等。例如，可以被水解为 2 分子葡萄糖的蔗糖属于二糖，可以被水解为 3 分子单糖的则为三糖……。麦芽糖、蔗糖或乳糖是重要的低聚糖。低聚糖具有一定的晶型，很多具有较好的水溶性且具有一定的甜味。

3. 多糖

可被水解为 10 个及以上单糖分子的糖称为多糖(polysaccharide)。多糖不具有晶型，呈粉末状，很难检测出甜味，常温条件下难溶于水，即使溶于水也呈胶体状态。淀粉、纤维素均属于多糖。

除了依据水解性质分类外，根据含有的官能团不同可以把糖类物质分为醛糖和酮糖；根据糖类物质含有的碳原子数的不同可以把糖分为丙糖、丁糖、戊糖等。

理解糖类化合物的性质可以从其分子结构入手。因为糖类化合物具有多个羟基，且含有羰基或醛基，所以它的性质既呈现羟基的特点，也呈现多个羟基和醛基或羰基相互作用的特点。

15.1.1 单糖的分类和构型

单糖根据所含有的羰基结构可以分为醛糖和酮糖。按照含有的碳原子数分为某醛糖或某酮糖，如戊醛糖和己酮糖。

戊醛糖	戊酮糖	己醛糖	己酮糖
CHO	CH_2OH	CHO	CH_2OH
CHOH	C=O	CHOH	C=O
CHOH	CHOH	CHOH	CHOH
CHOH	CHOH	CHOH	CHOH
CH_2OH	CH_2OH	CHOH	CHOH
		CH_2OH	CH_2OH

醛糖和酮糖都具有同分异构体。在进行单糖结构书写时，习惯把羰基写在上面并从上到下对碳原子进行编号。戊糖和己糖是自然界中分布最广泛的单糖。单糖都具有手性，因此具有旋光性。

1. 旋光性和手性碳原子

单糖具有手性，因此可以使通过尼科耳棱镜的平面偏振光发生旋转(图 15-1)，具有旋光性，属于旋光物质，是旋光体。右旋单糖可以使通过尼科耳棱镜的平面偏振光向右旋转(顺时针方向，“+”)，是右旋光物质；左旋单糖则可以使通过尼科耳棱镜的平面偏振光向左旋转(逆时针方向，“–”)，属于左旋光物质，如(+)-甘油醛和(–)-甘油醛。

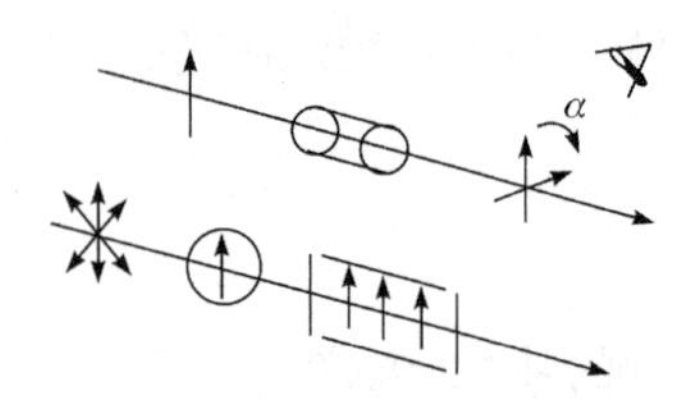

图 15-1 尼科耳棱镜观察偏振光

糖使平面偏振光的偏振面旋转的角度称为旋光度，其是旋光物质的特征物理常数，可以借助旋光仪等仪器进行定性或定量测量。单糖的比旋光度也符合下面的公式：

$$[\alpha]_D^t = \frac{\alpha}{c \times l} \times 100$$

光程长度 l、质量浓度 c、光的波长、温度等在进行比旋光度的测定时都需要是一个特定值。习惯上 l 的单位是分米(dm)，c 是 100 mL 溶液中所含溶质的质量数(g)，光源是钠光灯，波长 589.6～589.0 nm，温度的单位是摄氏度(℃)。这些因素没有标示清楚的情况下测量的结果不具有实际意义。

单糖的分子因为具有手性，因此结构不对称。书写单糖结构时习惯对结构中的手性碳进行标记，常采用的方法是：以 C^*表示。

2. 单糖的构型

2,3-二羟基丙醛(glyceraldehyde)即甘油醛，是目前已知的结构最简单的单糖，仅含有一个手性碳原子，其构型如下：

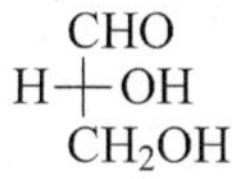

D-(+)-甘油醛 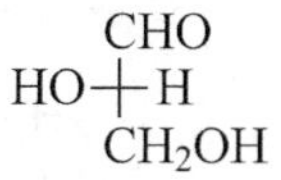　　L-(–)-甘油醛

D/L 标记法是用来表示单糖分子构型的常用方法。单糖分子以距羰基最远的手性碳原子构型为基准，与 D-甘油醛构型相同，则该单糖构型属于 D 型，反之属于 L 型。以此方法对天然葡萄糖的构型进行标识如下：

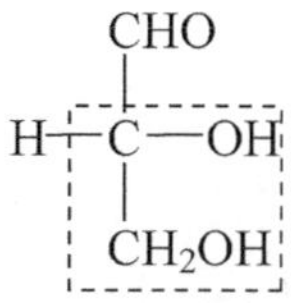

D-甘油醛 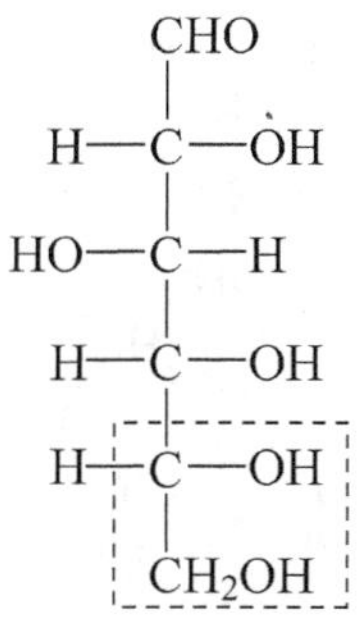　　D-葡萄糖 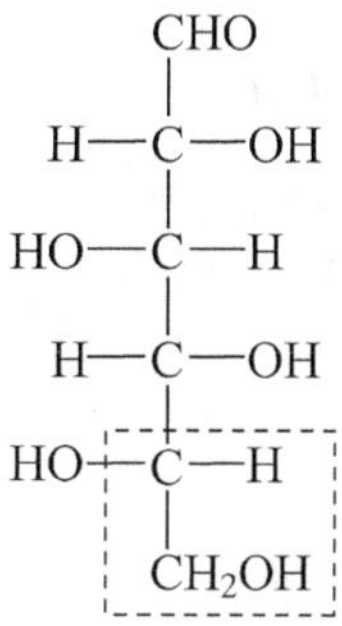　　L-葡萄糖

表示单糖的结构时也常采用简化的费歇尔投影式。例如，D-葡萄糖采用简化的费歇尔投影式表示的过程如下：

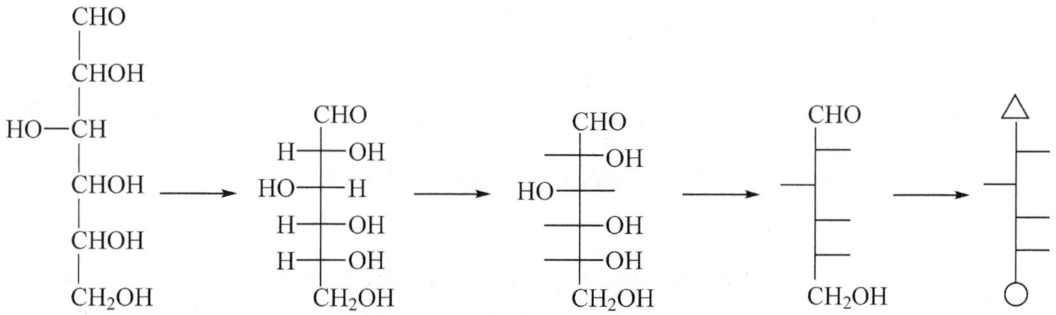

D-葡萄糖构型的费歇尔投影式

在费歇尔投影式简化的过程中，手性碳原子上的醛基被简化为一个小三角形，底部的 CH_2OH 被简化为空心圆。这些简化使单糖的结构书写变得非常方便。

天然存在的单糖大多是 D-型的，如生物体内的葡萄糖、果糖等都是 D-型糖。

15.1.2　单糖的化学性质

1. 单糖的结构环化和变旋

人们在研究中发现单糖的很多化学性质难以通过其链状结构进行解释：

(1) 葡萄糖与硫酸二甲酯在碱性条件下转化成的五甲基葡萄糖不具有醛的特性，五甲基葡萄糖很容易被水解掉一个甲基生成具有醛基特性的四甲基葡萄糖。

(2) 配制的葡萄糖溶液的旋光性随着时间发生变化。

因此，猜测单糖具有环状结构。在葡萄糖的环化过程中，C_1 醛基和 C_5 羟基形成了半缩醛。

这一猜测结果被后来的实验证明是正确的。

D-葡萄糖在环化的过程中，C_1的醛基和C_5的羟基形成了半缩醛：

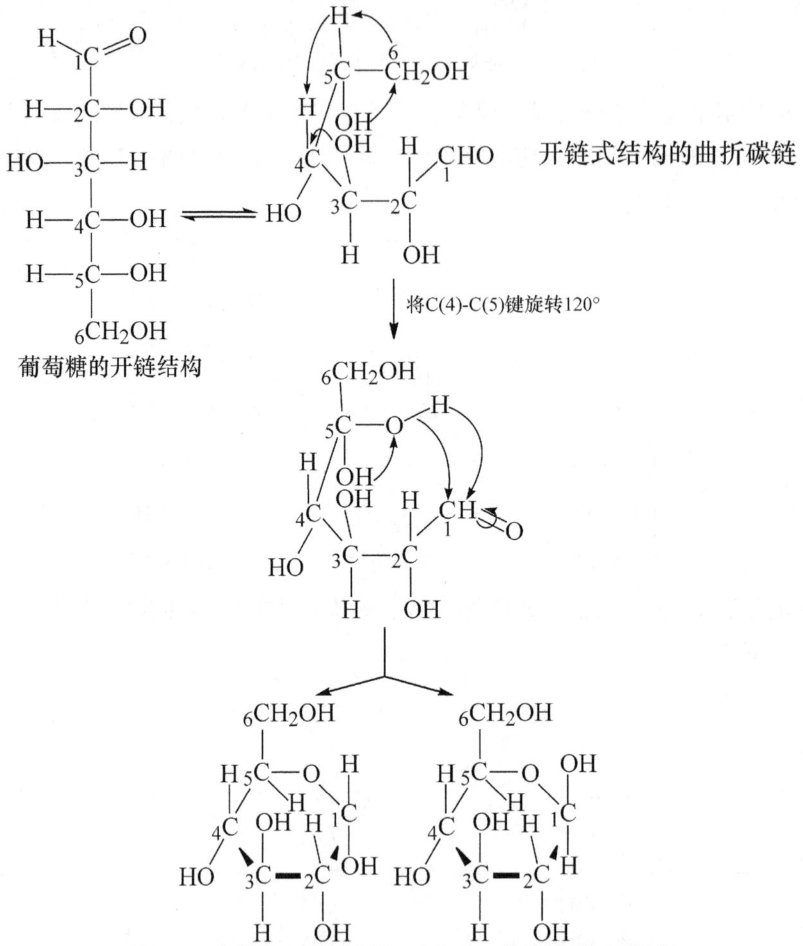

葡萄糖的开链结构

开链式结构的曲折碳链

将C(4)-C(5)键旋转120°

(I) α-D-葡萄糖(哈沃斯式)　(II) β-D-葡萄糖(哈沃斯式)

在葡萄糖的水溶液中α-D-葡萄糖、β-D-葡萄糖及其开链结构三者是并存的，因此葡萄糖的旋光性可以发生变化，这种互变异构可表示如下：

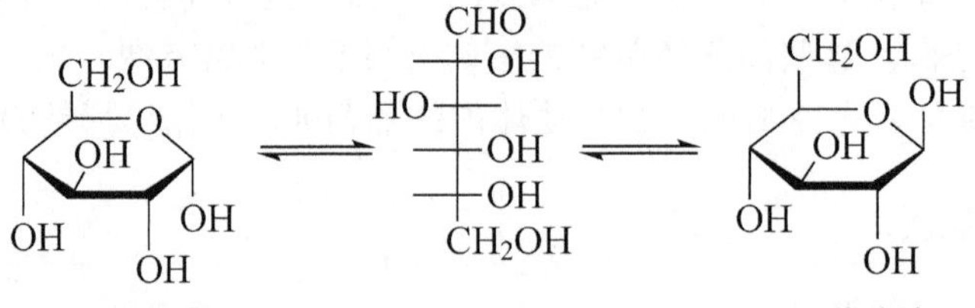

α-D-葡萄糖　　β-D-葡萄糖

葡萄糖的开链结构具有羰基性质，在葡萄糖的水溶液中添加一定的羰基试剂可以促进葡萄糖的开链结构与之反应，进而促进葡萄糖的氧环式结构不断向开链式移动，所以葡萄糖的水溶液显示羰基的特性。D-果糖在溶液中主要以五元氧环结构存在，也具有α和β两种构型。

人们习惯用五元环的呋喃及六元环的吡喃对单糖的结构进行分类。单糖的氧环式结构中五元环与呋喃环结构相似，为呋喃糖；六元环与吡喃环相似，为吡喃糖。在溶液中 D-果糖主要以呋喃糖形式存在，D-葡萄糖则有α-D-吡喃葡萄糖和β-D-吡喃葡萄糖两种形式。β-D-吡喃葡萄糖与α-D-吡喃葡萄糖含量约为 64∶36，这一比例的稳定性与单糖的构象关系密切。因β-D-吡喃葡萄糖的 C_1 羟基与其他较大基团都位于平伏键(e 键)上，而α-D-吡喃葡萄糖的 C_1 羟基位于直立键(a 键)上，因此β-型更稳定。吡喃葡萄糖的两种椅型构象如下：

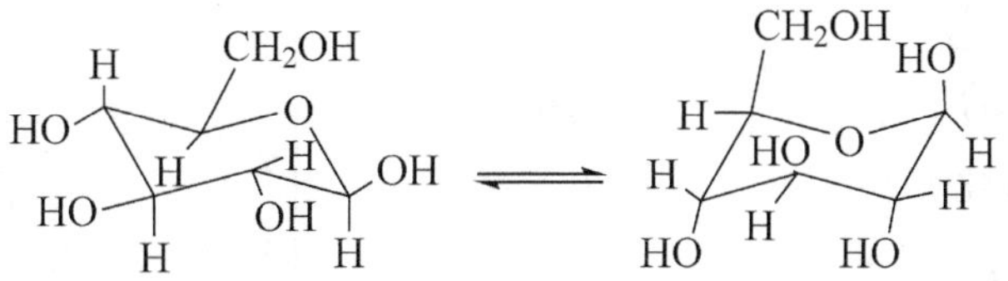

α-D-吡喃葡萄糖　　β-D-吡喃葡萄糖

这两种构象的能量差为 25 kJ/mol。

2. 差向异构化反应

在酸或碱存在的条件下，单糖不稳定，可使其变色，加热则分解。在碱存在下单糖通过烯醇式中间体进行差向异构化反应。差向异构体指具有两个或两个以上不对称碳原子的分子中仅有一个不对称碳原子上的羟基排布方式不同。D-葡萄糖与 D-甘露糖是差向异构体，仅在 C_2 位不同。

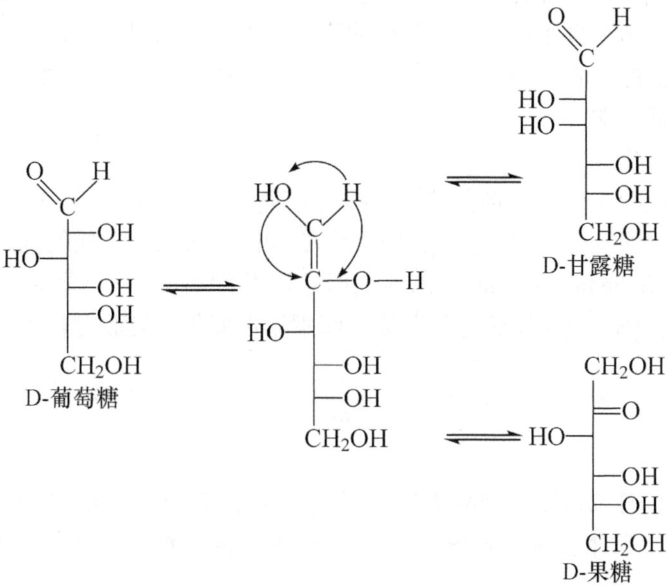

D-葡萄糖　D-甘露糖　D-果糖

3. 还原反应

在氧化剂存在的条件下，单糖的醛基或酮基可以被还原成羟基，生成相应的糖醇。这也是工业上镍、钯和铂催化加氢还原单糖的理论基础。作为加氢的催化剂，实验室中常在金属氢化物 $NaBH_4$ 作用下将单糖的羰基还原成羟基。能够被还原的糖称为还原糖(reducing sugar)。D-果糖可以被还原成山梨醇(sorbitol)和甘露醇(mannitol)的混合物。费林定糖法是常用的定性测定还原糖的方法。

苹果、梨等水果中含有大量山梨醇，是生产维生素 C 的重要原材料。柿子、葱和胡萝卜等植物中含有大量甘露醇。山梨醇和甘露醇是化妆品和制药工业重要的多元醇原料。甘露醇和山梨醇可以降低颅内压力治疗脑水肿，且有利尿作用。

D-葡萄糖 —[H]→ 山梨醇

D-甘露糖 —[H]→ 甘露醇

D-果糖 —[H]→ 山梨醇 + 甘露醇

4. 氧化反应

单糖的氧化反应仅发生在糖的开链结构上。因为单糖具有多个羟基且具有羰基或醛基，因此发生氧化反应的情况也比较复杂。单糖的醛基可以在氧化剂、金属离子如 Cu^{2+}、Mg^{2+}的作用下被氧化成醛糖酸(aldonic acid)；若单糖的伯醇基被氧化则生成糖醛酸；若醛基、伯醇基同时氧化则生成醛糖二酸。

1)碱性溶液中氧化

醛糖可以发生氧化反应。酮糖虽然不能被直接氧化，但是在氢氧根存在的碱性条件下酮糖可以变构为醛糖进而发生氧化反应。费林试剂(Fehlings reagent)、托伦试剂(Tollen's reagent)和本尼迪克特试剂(Benedict reagent)等碱性试剂是常用的酮糖变构氧化剂。酮糖与这些弱氧化剂发生银镜反应或生成氧化亚铜砖红色沉淀，而酮糖被氧化成羧酸混合物。

$$\text{醛(酮)糖} + Cu(OH)_2 \xrightarrow[\triangle]{OH^-} Cu_2O + \text{羧酸混合物}$$

2)硝酸氧化

醛糖的醛基和伯醇都可以被硝酸氧化。例如，D-葡萄糖在稀硝酸中加热首先生成葡萄糖二酸，在溶液中添加苯肼(phenylhydrazine)，则 D-葡萄糖二酸被氧化成糖脎(osazone)。

D-葡萄糖 ⇌ (开链) $\xrightarrow[100℃]{HNO_3,\ H_2O}$ D-葡萄糖二酸 $\xrightarrow{2C_6H_5NH—NH_2}$ D-葡萄糖脎

3）溴水氧化

单糖的醛基容易被加氧为羧基。在溴水存在的条件下，葡萄糖转变成葡萄糖酸。

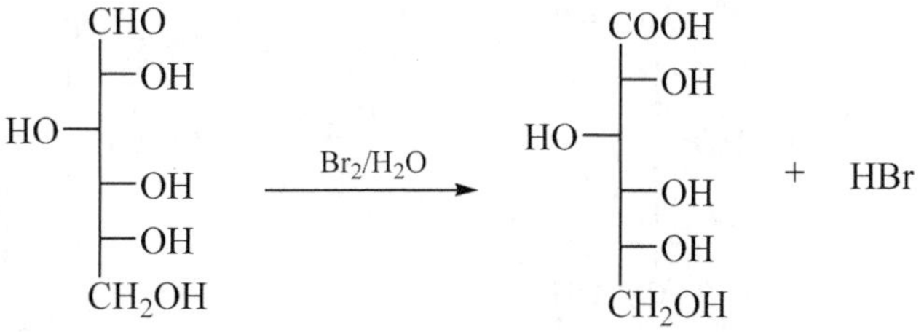

Br_2/H_2O　+ HBr

D-葡萄糖　D-葡萄糖酸

4）过碘酸氧化

在过碘酸存在的溶液中，单糖或多糖的邻二醇被氧化成双醛基。生成的双醛基很容易与席夫试剂中的无色品红结合形成紫色化合物，发生席夫反应（periodic acid Schiff reaction，PAS reaction）。此反应可以用来确定被氧化的单糖是呋喃型还是吡喃型。席夫反应也可以用来鉴别糖的存在。

5. 成醚和酯反应

1）成醚

糖的羟基可以甲基化成醚。$(CH_3)_2SO_4$/NaOH、$(CH_3)_4SO_4$/液氨、CH_3I/Ag_2O 等均是重要的甲基化试剂。在成醚过程中，羟基氢原子被甲基取代成为甲醚。糖的半缩醛羟基也转变成甲氧基。

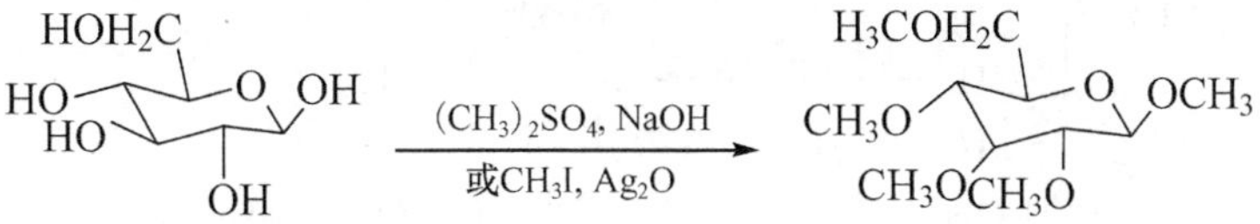

$(CH_3)_2SO_4$, NaOH 或CH_3I, Ag_2O

D-葡萄糖　五甲基-D-葡萄糖

2）成酯

单糖的醇羟基可以和酸发生成酯反应，反应按照醇与酸成酯反应规律进行。如糖的一个羟基和磷酸反应可以生成磷酸酯。磷酸酯是三磷酸腺苷（ATP）、核酸及烟酰胺-腺嘌呤二核苷酸（NAD）的重要组成部分。

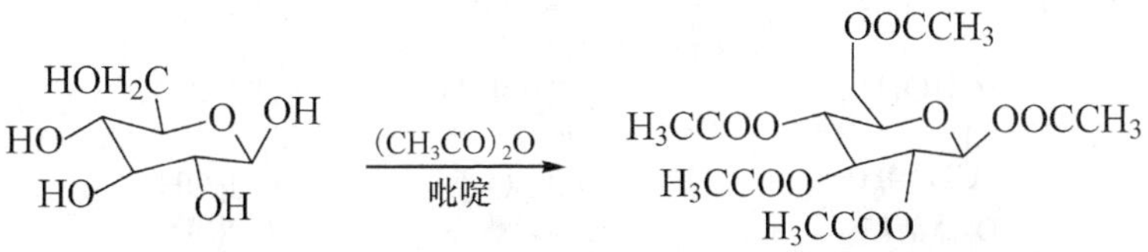

$(CH_3CO)_2O$ 吡啶

D-葡萄糖　五乙酸-D-葡萄糖酯

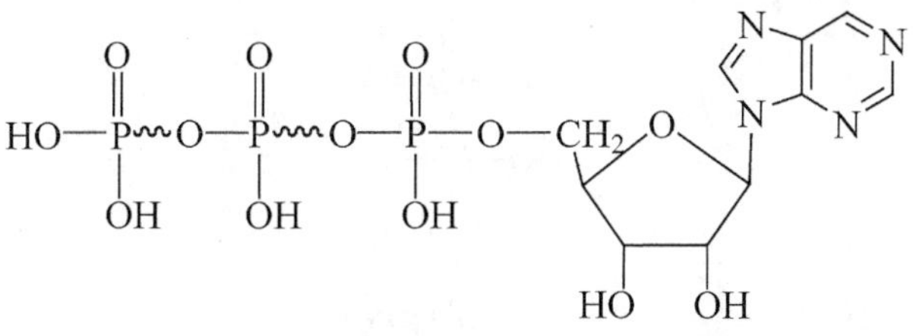

三磷酸腺苷（ATP）

6. 生成脎反应

单糖的醛或酮羰基可与苯肼进行成脎反应。反应生成的黄色晶体糖脎难溶于水。

CHO / —OH / HO— / —OH / —OH / CH_2OH $\xrightarrow{C_6H_5NHNH_2}$ CH=N—NHC_6H_5 / —OH / HO— / —OH / —OH / CH_2OH $\xrightarrow{C_6H_5NHNH_2}$ CH=N—NHC_6H_5 / =N—NHC_6H_5 / HO— / —OH / —OH / CH_2OH

D-葡萄糖　　D-葡萄糖苯腙　　D-葡萄糖脎

己糖与苯肼作用生成脎，只是 C_1 和 C_2 的基团发生反应，因此 C_3、C_4、C_5 构型相同的己糖成脎产物是相同的。糖脎反应发生在醛糖和酮糖的链状结构上，为亲核加成反应。可以根据糖脎晶体的形状判断参与成脎单糖的种类。

CHO / —OH / HO— / —OH / —OH / CH_2OH $\xrightarrow{3C_6H_5NHNH_2}$ CH=N—NHC_6H_5 / =N—NHC_6H_5 / HO— / —OH / —OH / CH_2OH $\xleftarrow{3C_6H_5NHNH_2}$ CH_2OH / =O / HO— / —OH / —OH / CH_2OH

D-葡萄糖　　D-葡萄糖脎　　D-果糖

CHO / HO— / HO— / —OH / —OH / CH_2OH $\xrightarrow{C_6H_5NHNH_2}$ CH=N—NHC_6H_5 / =N—NHC_6H_5 / HO— / —OH / —OH / CH_2OH

D-甘露糖　　D-葡萄糖脎

7. 碱反应

单糖在稀碱溶液中易发生异构化，通过烯醇化产生差向异构体(epimer)。

H—C=O / H—C—OH / $(CHOH)_3$ / CH_2OH $\underset{}{\overset{Ba(OH)_2}{\rightleftharpoons}}$ H—C—OH / ‖ / C—OH / $(CHOH)_3$ / CH_2OH $\rightleftharpoons$ H_2C—OH / C=O / $(CHOH)_3$ / CH_2OH

D-葡萄糖　　1, 2-烯醇体　　D-果糖

1, 2-烯醇体 $\rightleftharpoons$ H—C=O / HO—C—H / $(CHOH)_3$ / CH_2OH

D-甘露糖

8. 显色反应

1) 莫利施(Molish)反应(α-萘酚反应)

糖能在浓硫酸作用下与α-萘酚发生莫利施反应，生成紫红色复合物。

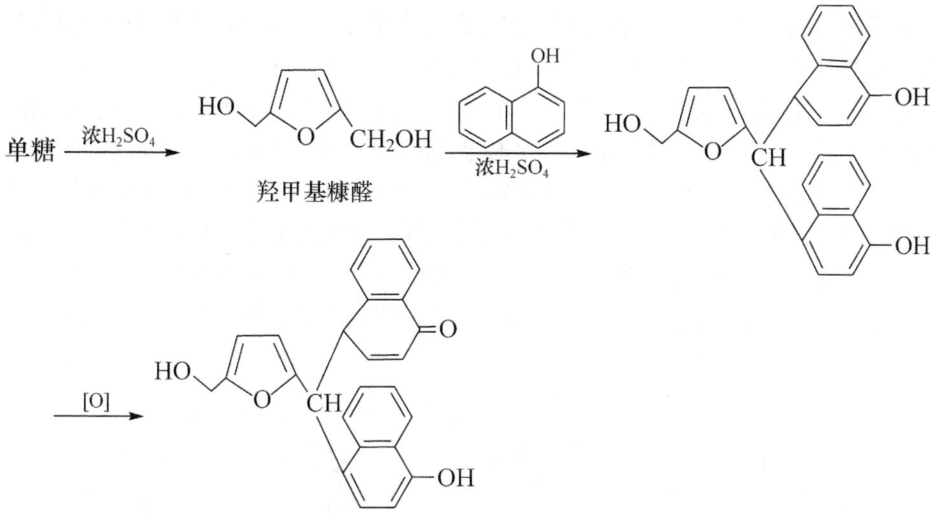

单糖 $\xrightarrow{浓H_2SO_4}$ 羟甲基糠醛 $\xrightarrow[浓H_2SO_4]{\alpha\text{-萘酚}}$ $\xrightarrow{[O]}$ 紫红色复合物

糖的莫利施反应过程分为脱水和缩合两个阶段。首先糖和浓硫酸反应脱水生成糠醛，然后再与α-萘酚发生缩合而显色。糖、糠醛及苷类化合物具有莫利施反应。此反应是鉴别糖类化合物的经典显色反应之一。但是丙酮、乳糖和葡萄糖醛酸也可以发生此反应，因此莫利施反应不能排除这些化合物。

2) 蒽酮反应

戊糖或己糖的游离羟基和醛羟基之间可以在浓硫酸存在的条件下加热发生脱水缩合，产生糠醛或羟甲基糠醛而使溶液呈蓝绿色。此溶液在 620 nm 处有最大吸收峰。这一方法是测定糖原的基本方法，通常也被用于测定溶液中葡萄糖的含量。

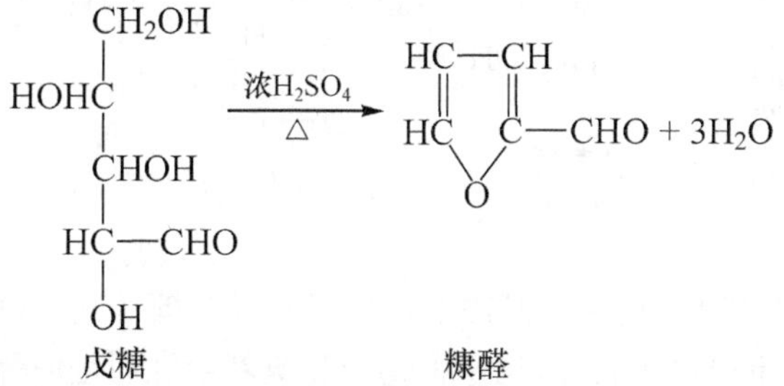

戊糖 $\xrightarrow[\triangle]{浓H_2SO_4}$ 糠醛 $+ 3H_2O$

3) 谢里万诺夫(Seliwanoff)反应(间苯二酚反应)

在酸作用下，己酮糖脱水生成羟甲基糠醛。后者与间苯二酚结合生成鲜红色的化合物，反应迅速，仅需 20～30 s。在同样的条件下，醛糖形成羟甲基糠醛较慢，只有糖浓度较高时或需要较长时间的煮沸，才显出微弱的阳性反应。所以此反应可以用来区分酮糖和醛糖。

4) 皮阿尔反应

戊糖与 5-甲基-1,3-苯二酚的浓盐酸溶液作用生成绿色物质。此反应可以用来区分戊糖和己糖。

5) 狄斯克(Diseke)反应

脱氧核糖与二苯胺的乙酸和浓硫酸混合溶液共热生成蓝色物质，其他糖类无此现象。此反应可以用来鉴别脱氧核糖。

15.1.3　重要的单糖及其衍生物

葡萄糖、果糖、半乳糖、甘露糖、核糖及脱氧核糖等均是重要的单糖。葡萄糖是人们日常生产和生活中最常见的单糖化合物，也是绿色植物光合作用最直接的有机产物和能量储藏体。植物浆果中的果汁是重要的储存葡萄糖的物质，植物的根、茎、叶等部位也含有丰富的葡萄糖。这些天然葡萄糖均为右旋糖。右旋葡萄糖在低于 50℃的水溶液中可以形成结晶，但α-D-葡萄糖和β-D-葡萄糖的晶体性质不同，α-D-葡萄糖熔点比β-D-葡萄糖熔点低 4℃左右，为 146℃，比旋光度α-D-葡萄糖为+112°，β-D-葡萄糖为+18.7°。果糖是工业上应用广泛的食品原料，也是常见糖类化合物中最甜的糖，比蔗糖甜一倍。工业上的果糖原料通常通过蔗糖在盐酸或转化酶条件下水解而大规模生产。其中通过淀粉水解生产果糖的工艺比较成熟，淀粉水解得到的产物中果糖含量可以达到 42%，其余为葡萄糖。在植物浆果中也存在较多的右旋果糖和半乳糖，蜂蜜中含有的果糖也是右旋糖。

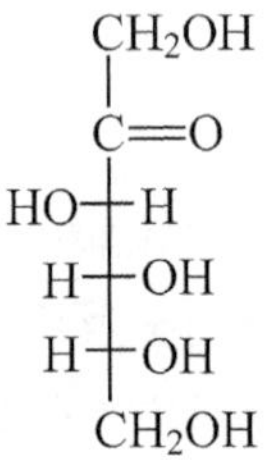

D-果糖　　α-D-呋喃果糖　　α-D-吡喃果糖　　β-D-呋喃果糖　　β-D-吡喃果糖

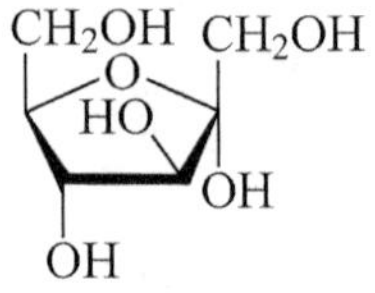

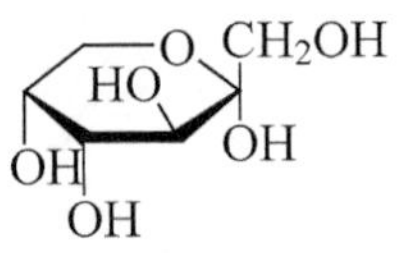

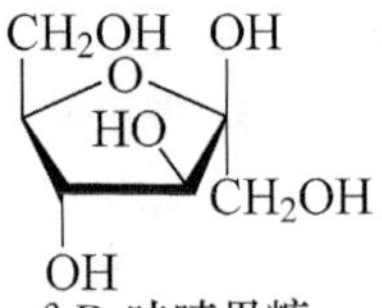

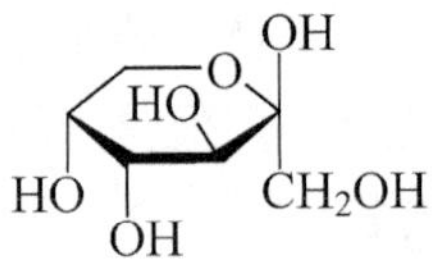

核糖和脱氧核糖是生物细胞遗传物质核酸的组成部分之一，也是多种维生素、辅酶、某些抗生素的成分，天然的核糖和脱氧核糖均是右旋戊醛糖。

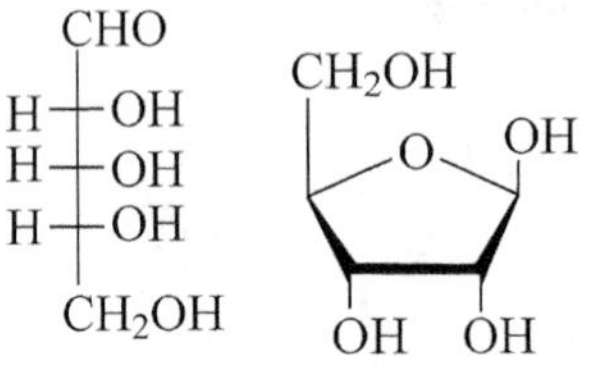

D-核糖 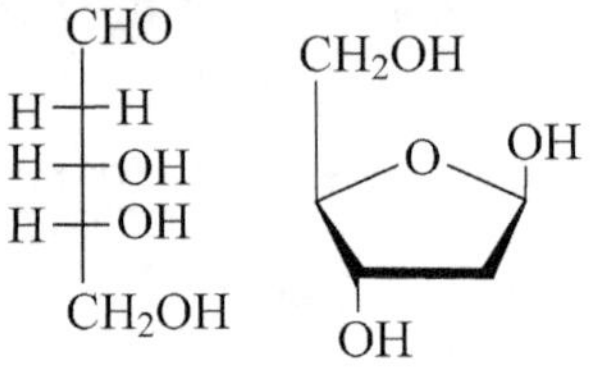　　D-2-脱氧核糖

单糖分子中的某些基团被其他化学基团取代生成取代单糖，其中氨基葡萄糖(glucosamine)和氨基半乳糖(galactosamine)最为常见。氨基葡萄糖和氨基半乳糖是伯醇羟基或者仲醇羟基被氨基取代生成的氨基糖(amino sugar)。

醛与醇作用生成的半缩醛在酸的存在下很容易再与一分子醇作用生成缩醛。葡萄糖的环状半缩醛也具有此性质。

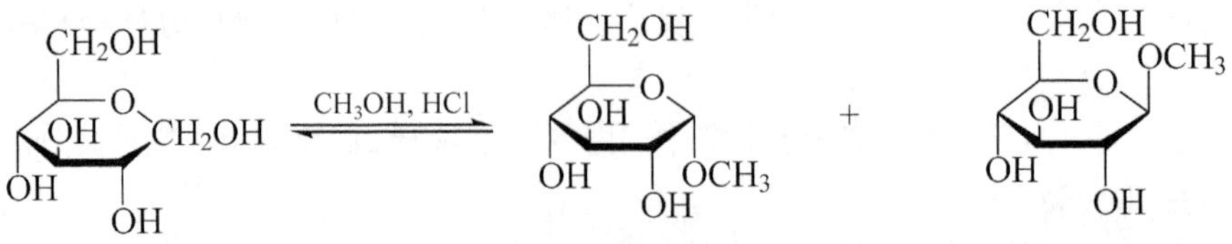

$\xrightarrow{CH_3OH,\ HCl}$

α和β构型的混合物　　α-D-甲基吡喃葡萄糖苷　　+　　β-D-甲基吡喃葡萄糖苷

单糖的半缩醛羟基具有较高的活性，可以与其他含羟基的化合物(醇、酚等)失水缩合而成糖苷类缩醛式衍生物。异头碳上的羟基也是成苷羟基。糖苷类衍生物的非糖物质是苷元，糖和苷元之间通过糖苷键相连。糖的溶液中存在的每一种半缩醛结构都对应着一种糖苷。在糖苷分子中没有苷羟基。糖苷的环状结构没有变旋光现象，也不具有羰基的特性。

α和β-D-吡喃葡萄糖混合物 + CH_3OH —干燥HCl, $-H_2O$→ α-D-甲基吡喃葡萄糖苷(α-苷键) + β-D-甲基吡喃葡萄糖苷(β-苷键)

糖苷可以进行酸性水解，由α-D-葡萄糖苷水解得到的是α-和β-两种葡萄糖的混合物。

α-D-甲基葡萄糖苷 ⇌(H^+, H_2O) α-D-葡萄糖 + β-D-葡萄糖 + CH_3OH

甲基葡萄糖也可以进行水解。五甲基葡萄糖结构稳定，而四甲基葡萄糖具有醛的性质。

葡萄糖 —$(CH_3)_2SO_4$, NaOH→ 五甲基葡萄糖 —HCl, H_2O→ 四甲基葡萄糖

糖苷能溶于乙醇、水、氯仿和乙酸乙酯等溶剂，难溶于醚，多为无色、略呈苦味的晶体，是中药的重要有效成分，在自然界分布广泛，如甘草苷广泛分布于豆科植物甘草的根中。

15.2 低 聚 糖

15.2.1 重要的二糖

二糖是含有两个单糖苷元的结构最简单的低聚糖。单糖中较为活泼的半缩醛羟基或者异头碳羟基也可以与另外一分子单糖的某一个羟基脱水形成缩合产物(可以是醇羟基，也可以是苷羟基)，即为二糖。如果两分子单糖是通过两个半缩醛羟基缩合形成的，则得到的二糖不具有还原性，如果两分子单糖是由半缩醛羟基和醇羟基脱水缩合的，则得到的二糖具有还原性。还原二糖分子中被保留下来的半缩醛羟基可以把二糖转变成开链结构，因此还原二糖具有变旋现象，可以进行成脎反应及各种显色反应，且具有较强的还原性，自然界中最常见的还原二糖是麦芽糖、乳糖和纤维二糖。非还原性二糖因为分子中不具有半缩醛羟基，不能转变为开链结构，因此不具有上述还原性二糖的性质。非还原性二糖有蔗糖和海藻糖等。几乎所有的二糖均具有甜味且易溶于水。

1. *麦芽糖*

麦芽糖由两分子α-D-葡萄糖通过α-1, 4-糖苷键连接而成，因为具有半缩醛羟基，因此具有

还原性，可以发生变旋光现象，可以生成脎和腙，能被弱氧化剂如托伦试剂和费林试剂等氧化，属于还原性二糖。麦芽糖可以通过淀粉水解获得。麦芽糖在发芽的种子特别是发芽的麦芽中含量最高。麦芽糖具有淡淡的甜味，甜度是蔗糖的 40%。

2. 纤维二糖

纤维二糖为无色晶体，是可溶于水的右旋糖，由两分子 D-葡萄糖通过β-1,4-糖苷键连接而成。纤维素部分水解可以得到大量的纤维二糖。纤维二糖在自然界中不以游离态存在。水解纤维二糖必须用β-葡萄糖苷酶，水解产生 2 分子 D-葡萄糖。纤维二糖也是还原性二糖，可以被溴水氧化呈纤维二糖酸。

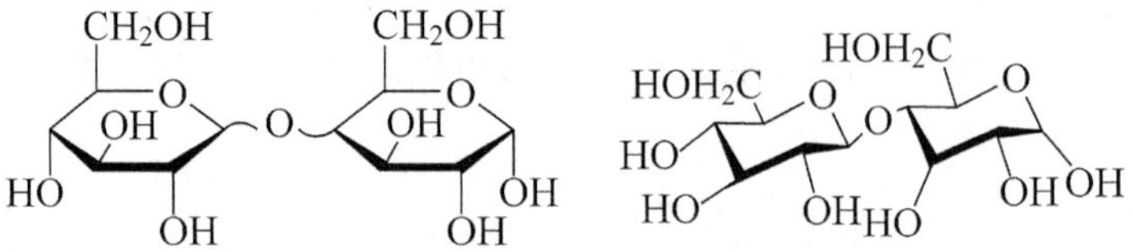

纤维二糖（葡萄糖β-1,4-葡萄糖苷）

3. 乳糖

乳糖在哺乳动物的乳汁中含量丰富，约为 5%。乳糖纯品水溶性较差，呈白色结晶粉末。由一分子β-D-半乳糖和一分子 D-葡萄糖通过β-1,4-糖苷键连接而成。在制作奶酪的工艺过程中也有乳糖产生。在乳制品生产过程中避免乳糖杆菌的污染是非常重要的，因为牛奶被乳糖杆菌污染后产生的乳酸会使牛奶变酸。乳糖是食品、医药工业的重要原料。

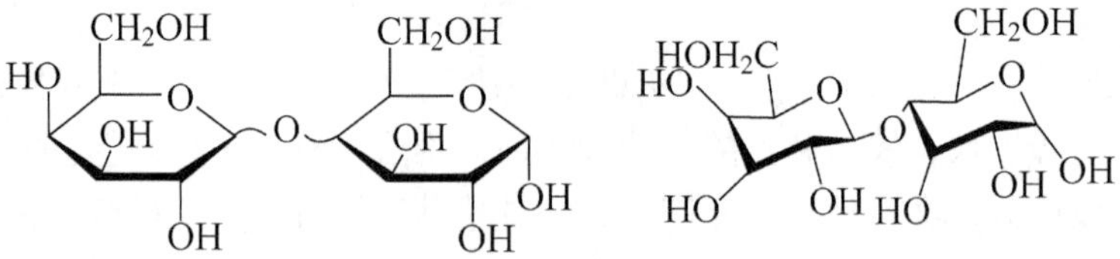

乳糖（半乳糖β-1, 4-葡萄糖苷）

4. 蔗糖

蔗糖在甘蔗、甜菜中含量丰富，由一分子β-D-葡萄糖和果糖通过β-1, 4-糖苷键连接而成，是重要的非还原性右旋二糖。蔗糖纯品为无色晶体，比旋光度+66.5°，熔点 186℃。蔗糖的水解产物是左旋的葡萄糖和果糖，因此称为转化糖。蜂蜜中转化糖的含量最高，因为有果糖，所以转化糖比单独的葡萄糖或者蔗糖更甜。

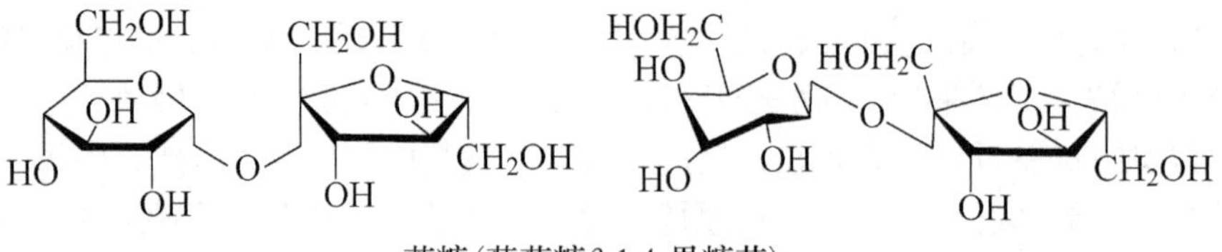

蔗糖（葡萄糖β-1,4-果糖苷）

5. 海藻糖

海藻糖又称酵母糖，由两分子α-D-葡萄糖通过 1,1-糖苷键连接而成。海藻、真菌及昆虫的血液中均存在海藻糖。

15.2.2　其他重要的低聚糖

1. 棉籽糖

棉籽糖(raffinose)在棉籽、桉树和甜菜中含量丰富，是自然界中最重要的三糖之一。另外，龙胆三糖(gentianose)、松三糖(melezitose)等也是比较常见的三糖。

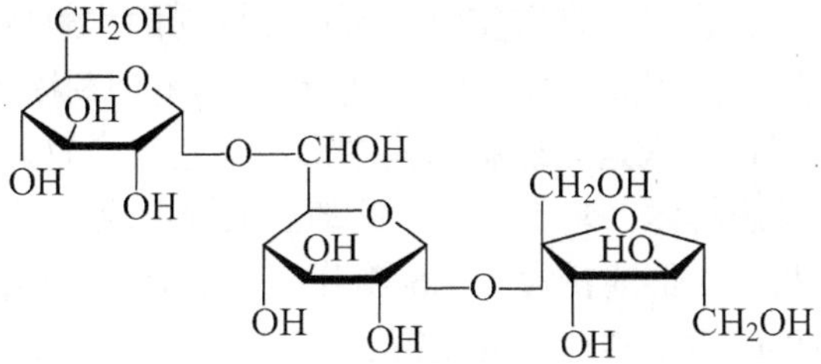

棉籽糖

2. 环糊精

环糊精是一系列分子略呈锥形的中空圆筒立体环状低聚糖的总称，可以通过环糊精糖基转化酶水解淀粉得到。依据含有单糖数量的不同可以对环糊精进行分类：其中含有 6、7、8 个葡萄糖单元的α-环糊精、β-环糊精和γ-环糊精研究得最多，也最具现实意义。

环糊精是具有旋光性的晶体。因为含有的葡萄糖单元不同，所以环糊精遇碘呈现的颜色也不同，可以通过这一性质对不同种类的环糊精进行区分。α-环糊精遇碘呈青色，β-环糊精呈黄色，γ-环糊精呈紫褐色。环糊精没有半缩醛羟基，因此不具有还原性，不能被弱氧化剂氧化。在酸和普通淀粉酶存在条件下依旧稳定。环糊精外亲水而内疏水，因此环糊精可以作为相转移催化剂将非极性的有机分子溶解在极性溶液如水溶液中。环糊精也可以用于立体选择合成及仿生合成，同时是某些酶如α-淀粉酶的抑制剂，在分离和医药领域应用广泛。环糊精的环链结构便于交联和造孔，以β-环糊精作为成核剂制作发泡聚丙烯复合材料，结晶速度快，成孔小而均匀，材料的拉伸、弯曲和冲击强度均比相关有机和无机成核剂明显改善。另外，环糊精是研究酶作用最重要的模型。

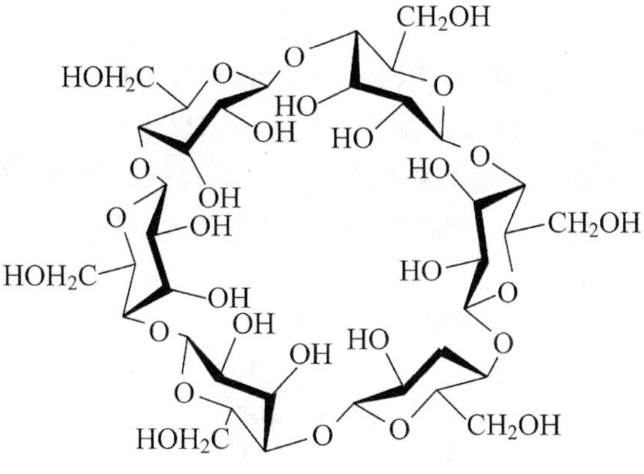

环糊精

15.3　多　糖

15.3.1　同聚多糖

结构单元为同一种单糖或单糖的衍生物的多糖称为同聚多糖(homoplysaccharide)，淀粉、糖原、纤维素和壳多糖均是常见的同聚多糖。

1. 淀粉

淀粉是自然界中植物体内重要的储藏多糖，在植物的种子、根茎及果实中均含量丰富。日常生活中的食物如面粉、稻米等，主要成分为淀粉。天然淀粉呈白色无定形粉末状，湿性很强。淀粉既可以是直链的，也可以带有支链，可以被淀粉酶水解成麦芽糖，但是因为只能部分水解，因此无还原性及变旋现象，不能成脎。直链淀粉由葡萄糖通过1,4-糖苷键形成，长链卷曲为螺旋状，碘分子可以嵌入这一螺旋结构中形成蓝色复合物，加热时直链淀粉螺旋结构中的分子内氢键断裂，螺旋解体，蓝色消失，冷却后氢键形成，蓝色重现，这一反应迅速、灵敏，常用于鉴定直链淀粉。支链淀粉含有1,6-糖苷键，不溶于冷水，在热水中膨胀呈糊状，遇碘产生紫色，这一性质可以用于鉴别支链淀粉。

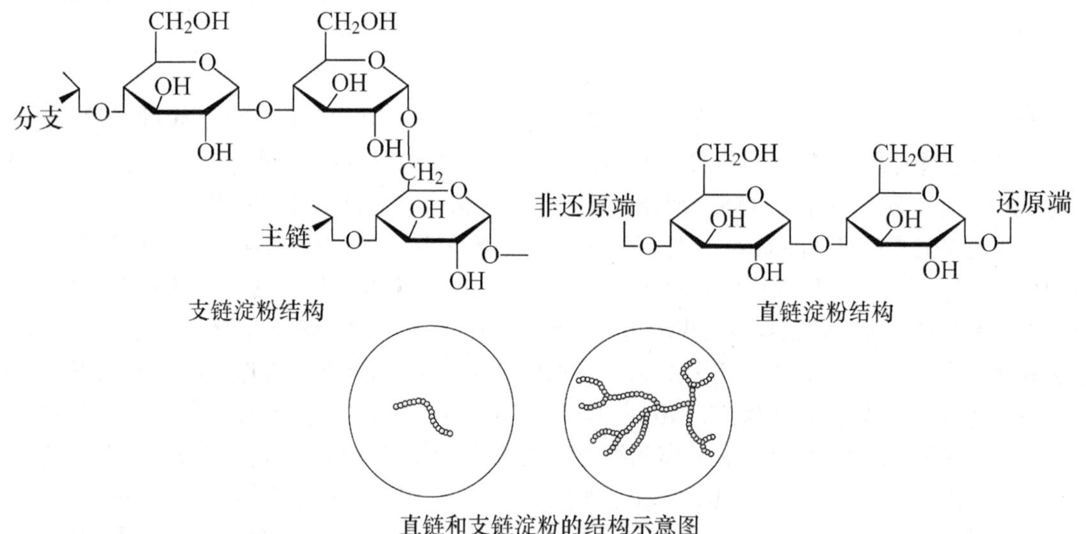

支链淀粉结构　　直链淀粉结构

直链和支链淀粉的结构示意图

2. 糖原

糖原有甜味，能溶于三氯乙酸，但不溶于乙醇和其他有机溶剂，为无定形粉末。糖原又称动物淀粉或肝糖，糖原也是以葡萄糖为单体构成的同聚多糖，存在于动物体的肝脏和肌肉中，由于具有支链结构，因此与支链淀粉具有类似性质，遇碘呈紫红色。在酸或酶的作用下，糖原水解的最终产物是D-葡萄糖。糖原比淀粉具有更多较短的支链，在动物的血液中可以调节血糖含量。

糖原的结构

3. 纤维素

纤维素是植物细胞壁的主要成分，由β-D-葡萄糖通过1,4-糖苷键连接而成。纤维素不具有支链结构，其直链弯曲的丝状结构通过氢键形成坚固的胶束，呈绳索状，无论是化学稳定性还是力学强度均很高。纤维素不溶于一般有机溶剂，但能在氢氧化铜的氨溶液中形成黏稠状溶液。

纤维素是自然界中分布最广、含量最多的多糖之一。自然界中广泛分布的棉、麻、木材等都是重要的轻化工原料，造纸、纺织、无烟火药等都离不开纤维素。

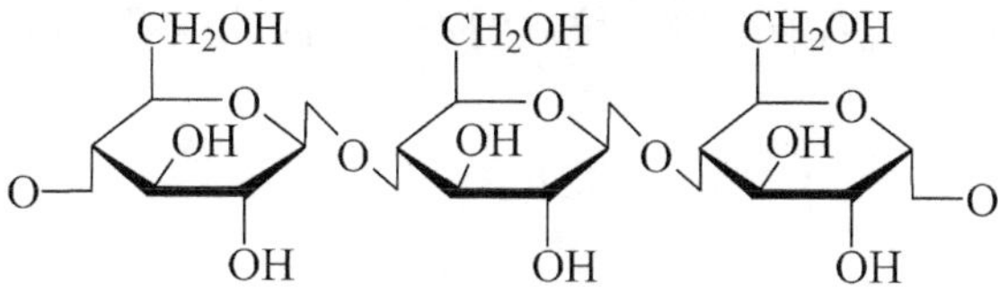

纤维素的结构

15.3.2　杂聚多糖

1. 糖胺聚糖

糖胺聚糖(glycosaminoglycan)由重复二糖单元构成，含有氨基糖(GlcNAc 或 GalNAc)和糖醛酸(葡萄糖醛酸或艾杜糖醛酸)。常见的糖胺聚糖主要包括透明质酸、软骨素、皮肤素、肝素、乙酰肝素、角质素等。

糖胺聚糖是杂多糖的一种，根据含有的糖单元的不同可以分为黏多糖(mucopolysaccharide)、氨基多糖和酸性多糖，在高等动物结缔组织中分布较为丰富，在植物中少量存在。

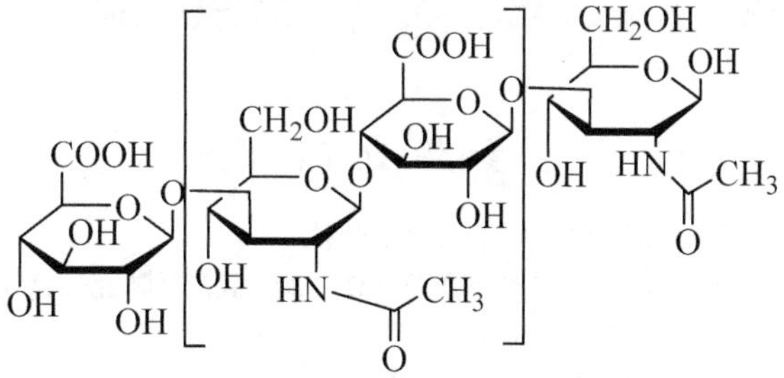

透明质酸

2. 几丁质

壳多糖和甲壳多糖均是几丁质，由 *N*-乙酰-*β*-D-葡萄糖胺以*β*-1,4-糖苷键相连，因此不具有支链。几丁质在节肢动物、昆虫、甲壳类动物外骨骼及真菌细胞壁中含量丰富。几丁质不溶于水和有机溶剂，在强碱性条件下可以被脱去乙酰基得到壳聚糖。几丁质可以降低胆固醇，抑制癌细胞的增长，在医药、食品等领域具有广泛的应用。

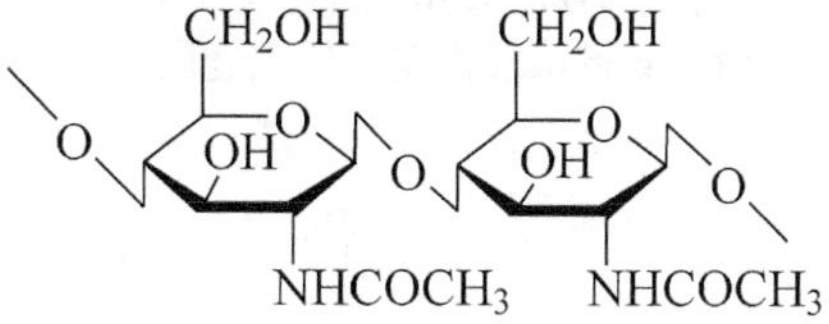

几丁质

3. 琼脂

琼脂由琼脂糖(agarose)和琼脂果胶(agaropectin)两部分组成，其结构单位是 D-吡喃半乳糖和 3,6-脱水 L-吡喃半乳糖且不同程度地被硫酸基、甲氧基、丙酮酸等修饰。琼脂糖形成的左手双螺旋可以再聚集成束成刚性的交联凝胶网，是常用的电泳、层析等技术的支持物。

4. 果胶和树胶

果胶是植物细胞壁的基质多糖，使植物细胞粘在一起。果胶耐酸，具有水果风味，对高血压和便秘具有一定疗效，且具有防癌、抗癌的作用。因此，果胶可以作为食品工业的添加剂和制药工业的原料。

5. 肽聚糖

肽聚糖是由二糖四肽重复单位连接成的网状囊形结构，是细菌细胞壁的成分。

15.3.3 复合糖类

1. 糖蛋白

糖蛋白以蛋白质分子为主体，在一定部位以共价键与若干短链(2～10 个以上)糖残基相结合生成的复合物，具有非常重要的生理功能。

2. 蛋白聚糖

蛋白聚糖是一类特殊的糖蛋白，由一条或多条糖胺聚糖和一个核心蛋白共价连接而成，有的以聚集体(透明质酸分子为核心)形式存在。在维持皮肤、关节、软骨等组织的形态和功能方面起重要作用。

参 考 文 献

陈金珠. 2011. 有机化学[M]. 2 版. 北京: 北京理工大学出版社

戴余军, 李建华, 陈锦华. 2010. 生物化学辅导与习题集[M]. 3 版. 武汉: 湖北长江出版集团 崇文书局

陆涛. 2016. 有机化学[M]. 8 版. 北京: 人民卫生出版社

陆阳, 刘俊义. 2018. 有机化学[M]. 8 版. 北京: 人民卫生出版社

汪小兰. 2017. 有机化学[M]. 5 版. 北京: 高等教育出版社

王易振, 仲其军, 沈建林. 2011. 生物化学[M]. 武汉: 华中科技大学出版社

谢昕. 2008. 有机化学[M]. 郑州: 黄河水利出版社

邢其毅, 裴伟伟, 徐瑞秋, 等. 2016. 基础有机化学[M]. 4 版. 北京: 北京大学出版社

徐寿昌. 2014. 有机化学[M]. 2 版. 北京: 高等教育出版社

张恒, 周玉惠, 张飞, 等. 2020. 聚丙烯/β-环糊精复合材料发泡性能及力学性能的研究[J]. 材料导报, 34(4): 4148-4152+4165

张文勤, 郑艳, 马宁, 等. 2019. 有机化学[M]. 6 版. 北京: 高等教育出版社

周欣, 付志飞, 谢燕, 等. 2019. 中药多糖对肠道菌群作用的研究进展[J]. 中成药, 41(3): 623-626

习　　题

1. 写出下列化合物的哈沃斯式。

(1) 乙基-β-D-甘露糖苷　　(2) α-D-半乳糖醛酸甲酯

(3) α-D-葡萄糖-1-磷酸　　(4) β-D-呋喃核糖

2. 写出下列化合物的构象式并简要说明糖的 D-、L-、α-、β-型是如何区别和决定的。

(1) β-D-吡喃葡萄糖　　(2) α-D-呋喃果糖

(3) 甲基-β-D-吡喃半乳糖苷　　(4) α-D-吡喃甘露糖

(5) α-D-(+)-吡喃葡萄糖

3. 写出 D-葡萄糖与下列试剂反应的主要产物。

(1) H_2NOH　　(2) Br_2/H_2O　　(3) CH_3OH/HCl

(4) $LiAlH_4$　　(5) 苯肼

4. 用化学方法鉴别下列各组化合物。

(1) 甲基葡萄糖苷，葡萄糖，果糖，淀粉

(2) 麦芽糖，乳糖，蔗糖，甘露糖

5. 完成下列反应式。

(1)
$$\begin{array}{c} CHO \\ HO-\!\!\!\!\!-\!\!\!\!+\!\!\!\!-\!\!\!\!\!-H \\ H-\!\!\!\!\!-\!\!\!\!+\!\!\!\!-\!\!\!\!\!-OH \\ H-\!\!\!\!\!-\!\!\!\!+\!\!\!\!-\!\!\!\!\!-OH \\ CH_2OH \end{array} \xrightarrow{HCN} ? \xrightarrow{H_2O,\ H^+} ?$$

(2) 麦芽糖 $\xrightarrow{Br_2/H_2O}$? $\xrightarrow[NaOH]{(CH_3)_2SO_4}$?

(3) 纤维二糖(苦杏仁酶) $\longrightarrow$? $\xrightarrow{HNO_3}$?

(4) 乳糖 $\xrightarrow{H_2SO_4}$? $\xrightarrow{CH_3OH/HCl(g)}$?

6. 某己糖 A 能生成氰醇 B，B 经水解，用 HI/P 还原得羧酸 C，C 可由碘丙烷和 $C_2H_3CH(COOC_2H_5)_2$ 经一系列反应得到，写出 A、B、C 的结构式(不需要区别其手性碳结构)。[中国科学技术大学，2004 年考研题]

7. 糖分子中的羟基被氨基取代的化合物称为氨基糖，命名下列物质。(华东师范大学，2006 年考研题)

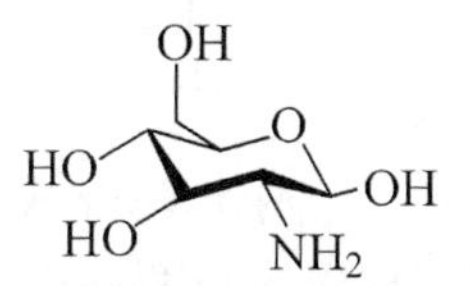

8. D-葡萄糖、D-果糖和 D-甘露糖形成的糖脎是相同的，这句话正确吗？

9. 在甜菜糖蜜中有一种三糖是棉籽糖。棉籽糖部分水解后得到一种二糖是蜜二糖。蜜二糖有还原性，为乳糖异构体，可被麦芽糖酶水解。蜜二糖被溴水氧化后再彻底甲基化和酸水解，得到 2,3,4,5-四-*O*-甲基-D-葡萄糖酸和 2,3,4,6-四-*O*-甲基-D-半乳糖。推导出蜜二糖的哈沃斯式。

10. 糖醛酸可生成γ-内酯。一种名为肝太乐的药品就是γ-D-葡萄糖醛酸内酯。写出肝太乐的结构式。

第 16 章　蛋白质和核酸

【学习要求】

(1)理解氨基酸的结构是其化学性质的基础。
(2)熟练掌握氨基酸的基本反应与鉴别方法。
(3)掌握蛋白质的主要分离纯化方法和重要用途。

16.1　蛋白质的结构单位——氨基酸

氨基酸是蛋白质的基本结构单位，自然界中已经存在的氨基酸有 500 多种，但是由蛋白质水解得到的氨基酸主要有 20 种，即构成蛋白质的基本氨基酸。基本氨基酸均是 L-型氨基酸(甘氨酸除外)，其他种类的氨基酸为非蛋白氨基酸。

工业上常通过蛋白酶水解蛋白质制备氨基酸，虽然这一方法不会产生如同强酸或强碱水解制备过程中的氨基酸消旋作用，但是温和条件下单一蛋白酶酶解得到的产物很不彻底，往往需要多种蛋白酶协同作用，这不仅效率不高，并且耗时，还增加了成本。目前实验室和工业上比较常用的蛋白酶主要有糜蛋白酶、胰蛋白酶、胃蛋白酶、嗜热菌蛋白酶等。

16.1.1　氨基酸的一般结构特点及其分类

氨基酸的基本结构可以通过一个结构通式表示，依据氨基酸的带电情况，可以将氨基酸表达成解离和兼性模式：

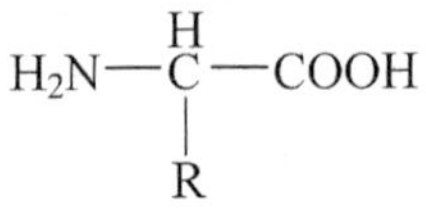

$$H_2N-\underset{\underset{R}{|}}{\overset{H}{C}}-COOH \qquad {}^{+}H_3N-\underset{\underset{R}{|}}{\overset{H}{C}}-COO^{-}$$

非解离形式 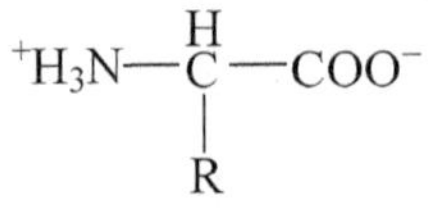　　两性离子形式 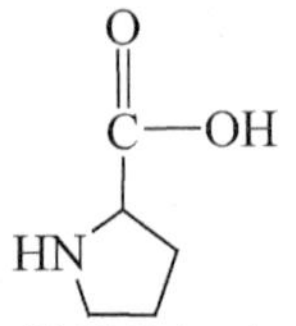　　脯氨酸(Pro)

氨基酸既含有氨基，又含有羧基，可以进行两性电离，因此呈酸、碱两性和阴、阳离子两性。氨基酸可以依据不同的标准分为多个种类。根据氨基酸的来源可以分为内源氨基酸和外源氨基酸，根据人体生命活动的需求状况和是否可以自身合成可以分为必需氨基酸(表 16-1 中带*号的氨基酸)和非必需氨基酸。必需氨基酸因为人体不能自身合成，因此必须从食物中获取。非必需氨基酸人体自身可以合成。有些氨基酸虽然人体可以合成，但仍不能完全满足人体需求，需要从食物中获取一部分，如组氨酸和精氨酸等，因此属于半必需氨基酸。很多时候人们也根据氨基酸是否组成蛋白质而将氨基酸分为常见氨基酸、稀有氨基酸和非蛋白氨基酸。参照系统命名法可将氨基作为取代基，羧酸作为母体对氨基酸进行系统命名，如下所示，但是系统命名法一般不常用。

$$\underset{\alpha\text{-氨基乙酸(甘氨酸)}}{\overset{NH_2}{\overset{|}{CH_2COOH}}}\qquad\qquad \underset{\alpha\text{-氨基丙酸(丙氨酸)}}{CH_3\overset{NH_2}{\overset{|}{C}}HCOOH}$$

天然氨基酸常按俗名命名，如氨基乙酸为甘氨酸、氨基丙酸为丙氨酸，为了书写方便，基本氨基酸常用中文缩写或英文缩写来表示，见表 16-1。

表 16-1　构成蛋白质的 20 种基本氨基酸

分类	名称(英文、缩写)	结构式	存在及用途
中性氨基酸	甘氨酸(glycine，Gly，G)	NH_2CH_2COOH	有甜味，胶原中含 25%～30%
	丝氨酸(serine，Ser，S)	$HOCH_2CH(NH_2)COOH$	丝蛋白中含量丰富，精蛋白中占 7.8%
	*苏氨酸(threonine，Thr，T)	$CH_3CH(OH)CH(NH_2)COOH$	酪蛋白较多，肉蛋白、乳蛋白、卵蛋白中占 4.5%～5%
	半胱氨酸(cysteine，Cys，C)	$SHCH_2CH(NH_2)COOH$	毛、发、角、蹄等角蛋白含量较多，促进肝细胞再生
	酪氨酸(tyrosine，Tyr，Y)	$HO-C_6H_4-CH_2CH(NH_2)COOH$	奶酪中含量最多，明胶中最少
	天冬酰胺(asparagine，Asn，N)	$NH_2COCH_2CH(NH_2)COOH$	一般蛋白质中均含有
	谷氨酰胺(glutamine，Gln，Q)	$NH_2CO(CH_2)_2CH(NH_2)COOH$	一般蛋白质中均含有
	丙氨酸(alanine，Ala，A)	$CH_3CH(NH_2)COOH$	丝纤维蛋白中含 25%
	*缬氨酸(valine，Val，V)	$(CH_3)_2CHCH(NH_2)COOH$	卵蛋白及乳蛋白中含 10%
	*亮氨酸(leucine，Leu，L)	$(CH_3)_2CHCH_2CH(NH_2)COOH$	谷物蛋白、玉米蛋白中含 22%～24%
	*异亮氨酸(isoleucine，Ile，I)	$C_2H_5CH(CH_3)CH(NH_2)COOH$	糖蜜蛋白、肉蛋白中含 5%～6.5%
	*苯丙氨(phenylalanine，Phe，F)	$C_6H_5CH_2CH(NH_2)COOH$	一般蛋白质中含 4%～5%
	*色氨酸(tryptophan，Trp，W)	(吲哚环，N—H) $-CH_2CH(NH_2)COOH$	各种蛋白质中均含有少量
	*甲硫氨酸(methionine，Met，M)	$H_3CS(CH_2)_2CH(NH_2)COOH$	肉蛋白、卵蛋白中占 3%～4%，用于抗脂肪肝，治疗肝炎、肝硬化等
	脯氨酸(proline，Pro，P)	HN—COOH (五元环)	结缔组织与谷蛋白中最多，明胶中含 20%
酸性氨基酸	天冬氨酸(aspartic acid，Asp，D)	$HOOCCH_2CH(NH_2)COOH$	蛋白质中丰富，植物蛋白中尤多
	谷氨酸(glutamic acid，Glu，E)	$HOOC(CH_2)_2CH(NH_2)COOH$	谷物蛋白中含 20%～45%，用于降血脂氨、治疗肝昏迷，其钠盐即食用味精

续表

分类	名称(英文、缩写)	结构式	存在及用途
碱性氨基酸	精氨酸(arginine，Arg，R)	$H_2NCHN(CH_2)_3CH(NH_2)COOH$	鱼精蛋白中的主要成分
	*赖氨酸(lysine，Lys，K)	$H_2N(CH_2)_4CH(NH_2)COOH$	肉、乳、卵的蛋白中占7%～9%，血红蛋白中含量也多
	组氨酸(histidine，His，H)	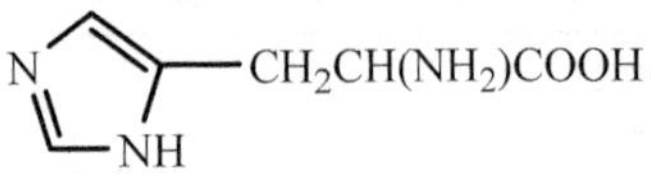 咪唑环—$CH_2CH(NH_2)COOH$	血红蛋白中含量最多，一般蛋白含1%～3%，明胶、玉米中最少，可作消化性溃疡的辅助治疗

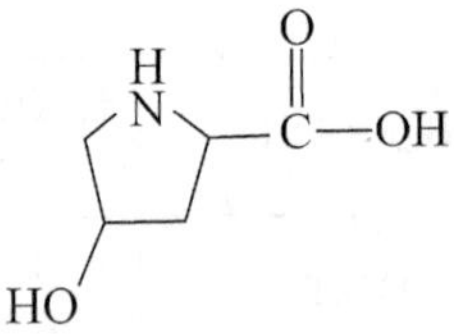

4-羟基脯氨酸

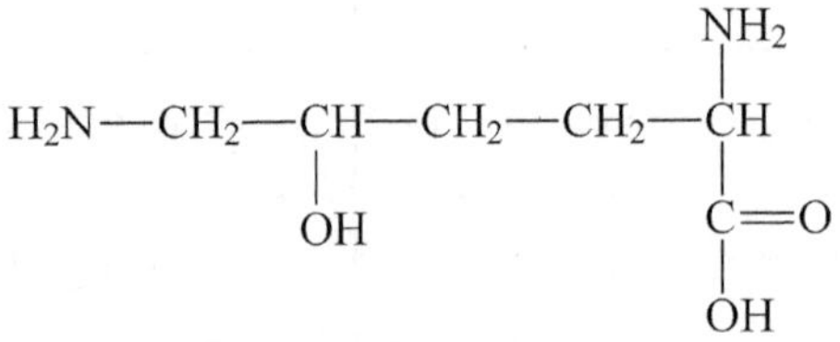

$H_2N—CH_2—CH(OH)—CH_2—CH_2—CH(NH_2)—COOH$

5-羟基赖氨酸

$H_3C—NH—CH_2—CH(OH)—CH_2—CH_2—CH(NH_2)—COOH$

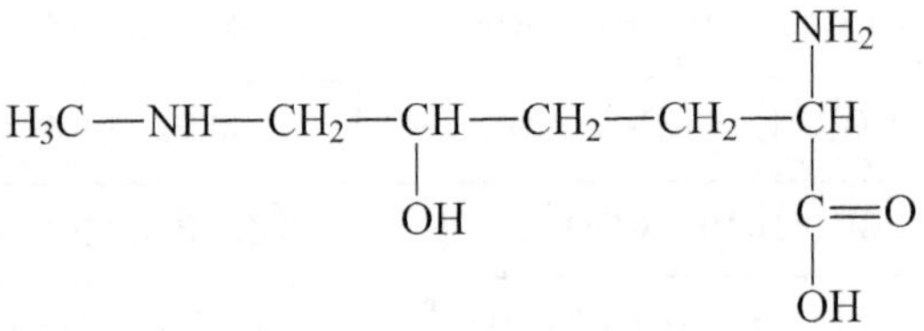

6-*N*-甲基赖氨酸

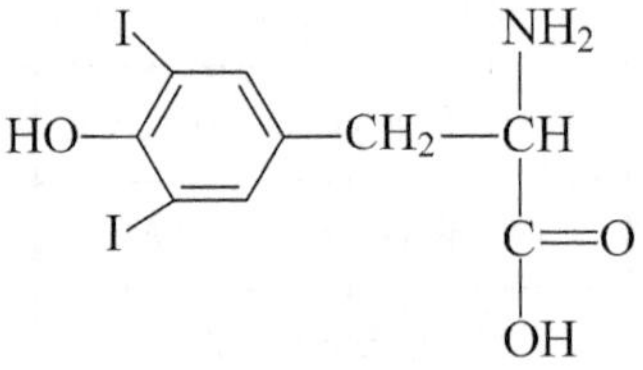

3,5-二碘酪氨酸

$H_2N—CH_2—CH_2—COOH$

γ-氨基丁酸

$H_2N—CH_2—CH_2—CH_2—COOH$

β-丙氨酸

16.1.2 氨基酸的性质

氨基酸为无色晶体，易溶于水(脯氨酸、酪氨酸除外)和有机溶剂(脯氨酸和半胱氨酸除外)。氨基酸的熔点通常高于200℃，比相应的羧酸或胺类都要高。氨基酸结构中具有羧基和氨基，这一结构特点对氨基酸的性质具有重要影响。

1. 氨基酸的酸碱性质与两性解离

氨基酸同时具有氨基和羧基，是偶极分子，在溶液中氨基可以带正电荷，呈阳离子性质，羧基带负电荷，呈阴离子性质，因此溶液中氨基酸具有两性。

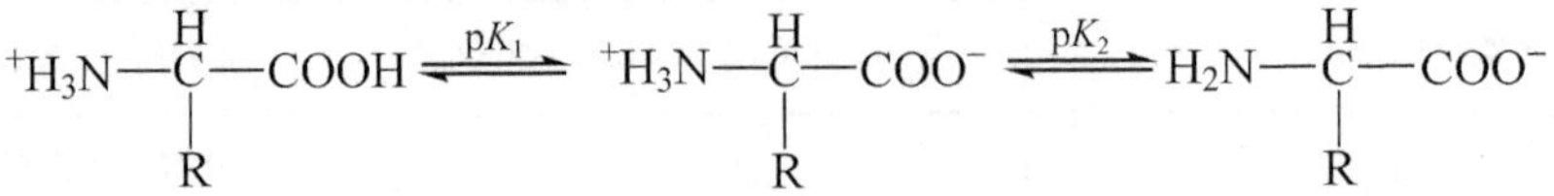

$$^{+}H_3N—CH(R)—COOH \underset{}{\overset{pK_1}{\rightleftharpoons}} {}^{+}H_3N—CH(R)—COO^{-} \overset{pK_2}{\rightleftharpoons} H_2N—CH(R)—COO^{-}$$

阳离子(R+)　　兼性离子(R±)　　阴离子(R−)

作为兼性离子，氨基酸可以进行酸滴定和碱滴定。以甘氨酸为例，用 pK_1、pK_2 表示氨基酸 α-碳原子的—COOH 和—NH_3^+ 的解离常数。$K_1=[H^+][A^0]/[A^+]$，当溶液中$[A^0]=[A^+]$时，$K_1=[H^+]$；两边取对数，$pK_1=pH=2.34$。$K_2=[H^+][A^-]/[A^0]$，当溶液中$[A^0]=[A^-]$时，$K_2=[H^+]$；两边取对数，$pK_2=pH=9.6$。$pH=pK_a+lg$([质子受体]/[质子供体])。

1) 氨基酸的等电点

兼性电离的氨基酸在 pH 较低的环境条件下趋于结合溶液中的质子而带正电荷，在 pH 较高的环境条件下趋于电离出质子与溶液中的 OH^-结合而带负电荷。当溶液中的氨基酸所带正电荷与负电荷相等时，氨基酸所带电荷为零，此时溶液的 pH 为该氨基酸的等电点，即 pI。处于等电点的氨基酸因为不带电荷溶解度最低。实验室和工业生产通常利用这一性质进行氨基酸的分离和纯化，这也是等电聚焦电泳技术的理论依据。

氨基酸的氨基或羧基的电离与氨基酸的等电点关系密切。酸性氨基酸因为有两个羧基，所以等电点明显偏低，为 2.7～3.2；碱性氨基酸因为有 2 个氨基而使等电点偏高，为 9.5～10.7；中性氨基酸仅含有一个氨基和一个羧基，羧基电离强度比氨基略强，因此中性氨基酸的等电点偏酸性，为 5.0～6.5。含有多个氨基和羧基的氨基酸解离通常具有如图 16-1 所示的关系。

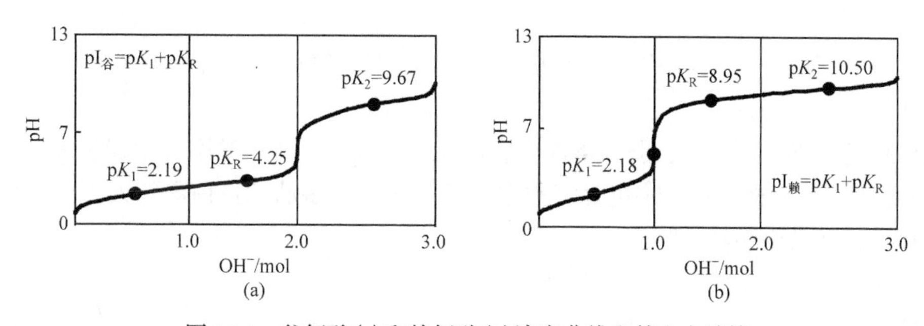

图 16-1　谷氨酸(a)和赖氨酸(b)滴定曲线和等电点计算

氨基酸的等电点与氨基酸两性解离常数 pK 值关系密切，在大于氨基酸等电点的 pH 条件下，氨基酸带净的负电荷，在电场中向阳极移动；在小于氨基酸等电点的 pH 环境条件下，氨基酸带净的正电荷，在电场中向阴极移动。在一定 pH 范围内，溶液的 pH 偏离氨基酸等电点越远，氨基酸带净电荷越多。

2) 氨基酸的甲醛滴定

氨基酸的氨基电离强度弱，—NH_3^+ 属于弱酸。在实验室常规的酸碱滴定条件下可选的指示剂非常有限：—NH_3^+ 完全解离时 pH 不低于 11 或更高，常规碱溶液滴定的条件下指示剂变色范围均低于 10，无法准确判定滴定终点，因此实验中通过甲醛与氨基结合生成羟甲基化合物，使—NH_3^+ 解离 H^+的平衡右移，滴定终点在酚酞的变色范围内(pH 9.0)。滴定的碱性溶液可以选择标准氢氧化钠溶液，这就是实验室常用的氨基酸的甲醛滴定法。

2. 氨基酸的光学性质

1) 氨基酸的旋光性

基本氨基酸具有一个或多个手性碳原子(甘氨酸除外)，属于手性化合物，具有旋光性。溶液的酸碱性对氨基酸的旋光性影响较大，因为不同的酸碱条件下氨基酸的解离状态不同，与所有旋光物质一样，氨基酸的旋光性及其变化可以通过旋光仪进行检测。氨基酸的构型和构象可以进一步揭示氨基酸的空间结构性质。构型和旋光性没有必然联系。

2) 氨基酸的光吸收

基本氨基酸中的酪氨酸、苯丙氨酸和色氨酸因为含有苯环或者共轭环，在近紫外区具有明显的特征吸收峰(酪氨酸λ_{max}=275 nm，苯丙氨酸λ_{max}=257 nm，色氨酸λ_{max}=280 nm)。这些氨基酸是天然蛋白质或多肽的基本组成单位，实验室或者工业生产中常根据这一性质对蛋白质、多肽或者氨基酸溶液进行含量测定。根据研究经验蛋白质溶液的最大光吸收一般在 280 nm 处。

3. 氨基酸的化学性质

氨基酸的羧基和氨基均可以电离，且氨基酸的酸性和碱性之间还可以相互影响。

1) α-NH_2参与的反应

(1) 与亚硝酸反应。氨基酸的游离α-氨基可以在实验室条件下被亚硝酸氧化成羟基，形成羟酸，同时生成 N_2 释放出来(注：含亚氨基的脯氨酸不能与亚硝酸反应)。通过测定氮气的生成量可以进行含氮量的测定。这是范斯莱克(Van slyke)定氮法的原理，也可用于检测蛋白质的水解程度。

$$H_2N-\underset{R}{\overset{H}{\underset{|}{\overset{|}{C}}}}-COOH + HNO_2 \longrightarrow HO-\underset{R}{\overset{H}{\underset{|}{\overset{|}{C}}}}-COOH + N_2\uparrow + H_2O$$

(2) 与酰基化试剂反应。在弱碱溶液中，α-NH_2可以与酰氯或酸酐发生亲核取代反应，这一过程中氨基氮是亲核中心。这也是实验室或工业生产中多肽和蛋白质的人工合成中酰基化试剂被用作氨基保护剂的原理。

$$C_6H_5-CH_2-O-\overset{O}{\overset{\|}{C}}-Cl + H_2N-\underset{R}{\overset{COONa}{CH}} \longrightarrow C_6H_5-CH_2O-CO-NH-\underset{R}{\overset{H}{C}}-COOH + HCl$$

丹磺酰氨基酸(DNS-氨基酸)可以被激发出荧光，激发后的荧光呈黄色：

$$\text{丹磺酰氯 } (5\text{-}N(CH_3)_2\text{-}C_{10}H_6\text{-}1\text{-}SO_2Cl) + \text{多肽 } H_2N-\underset{H}{\overset{R}{C}}-\overset{O}{\overset{\|}{C}}\sim\sim \longrightarrow \text{丹磺酰}N\text{-端多肽 } (N(CH_3)_2\text{-}C_{10}H_6\text{-}SO_2-NH-\underset{H}{\overset{R}{C}}-\overset{O}{\overset{\|}{C}}\sim\sim)$$

$$\xrightarrow{H_2O} \text{氨基酸} + \text{丹磺酰氨基酸 } (N(CH_3)_2\text{-}C_{10}H_6\text{-}SO_2-NH-\underset{H}{\overset{R}{C}}-\overset{O}{\overset{\|}{C}}-O^-)$$

丹磺酰氯　多肽　丹磺酰N-端多肽

丹磺酰氨基酸

DNS 法常用于进行多肽的—NH_2 末端测定。

(3)烷基化反应。在弱碱性溶液中，2,4-二硝基氟苯(dinitrofiuorobenzene，DNFB)中的氟可以被氨基酸取代生成稳定的 2,4-二硝基苯基氨基酸(简称为 DNP-氨基酸)，DNP-氨基酸不溶于水，呈黄色，这一反应非常容易发生，常用于多肽 NH_2 端氨基酸的测定。

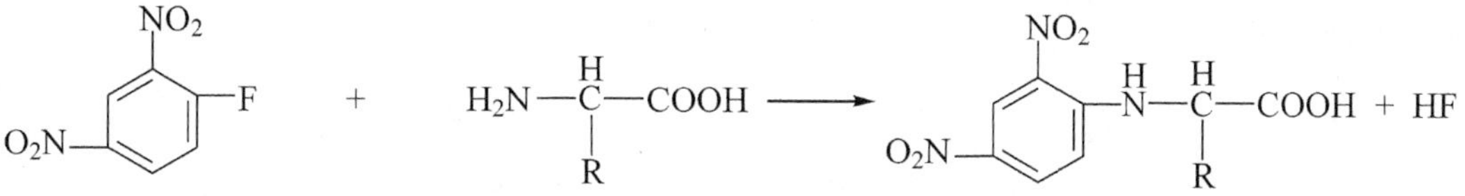

DNFB　　氨基酸　　DNP-AA(黄色)

Sanger反应

化学家桑格(F. Sanger)就是通过此化学反应对牛胰岛素的氨基酸进行了测序，并且获得了他的第一个诺贝尔化学奖。

科学家 Edman 也通过一个不同的反应进行了 NH_2 末端氨基酸的鉴定。他在弱碱性条件下使异硫氰酸苯酯(PITC)与氨基酸中的α-氨基发生反应，生成苯氨基硫甲酰氨基酸(PTC-氨基酸)；在酸性无水条件下，PTC-氨基酸发生环化后生成苯硫乙内酰脲(PTH)，PTH 在酸中极稳定。这个反应首先被 Edman 用于鉴定多肽或蛋白质的 NH_2 末端氨基酸，因此被称为 Edman 反应。

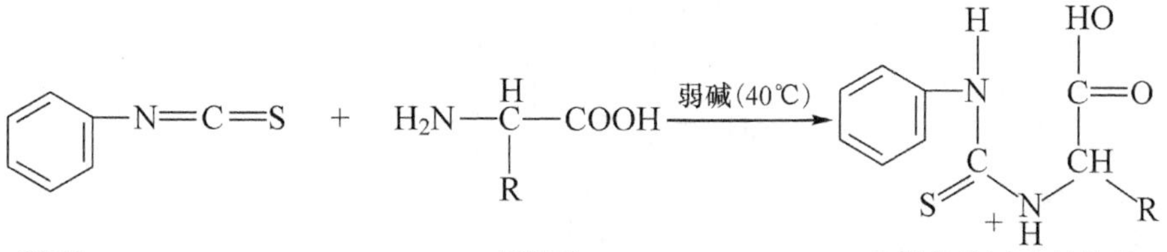

PITC　　氨基酸　　苯氨基硫甲酰氨基酸(PTC-氨基酸)

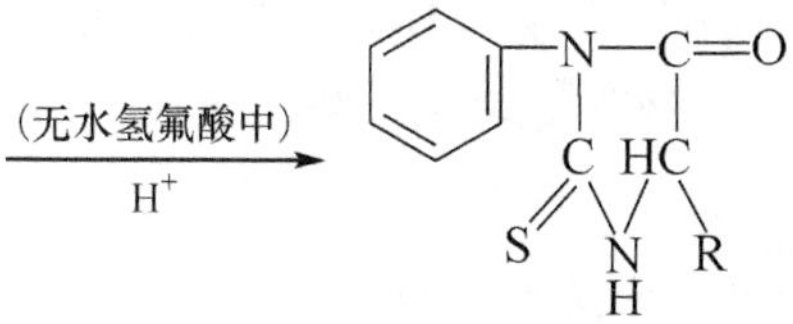

苯硫乙内酰脲(PTH-AA)

(4)形成席夫碱反应。醛类化合物活泼的羰氧基可以与氨基酸的α-氨基反应生成弱碱，即席夫碱。席夫碱也是某些酶促反应的中间产物。

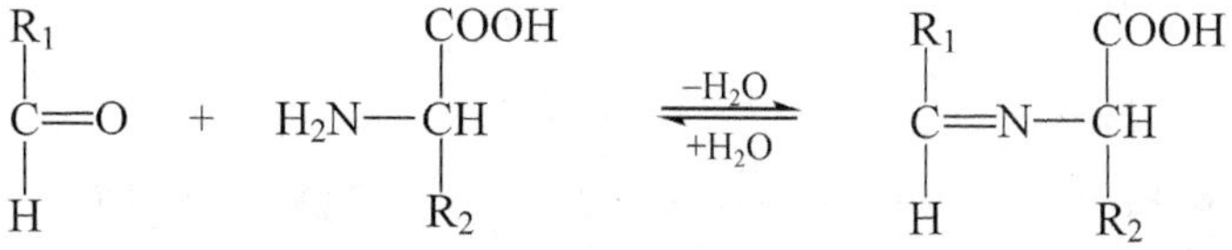

食品中的氨基酸与葡萄糖醛基发生此类羰氨反应，生成席夫碱，进一步转变成有色物质，这是非酶促褐变的一种机制，是引起食品褐变的反应之一。

2) α-NH_2 与 COOH 共同参与的反应

(1)与茚三酮的反应。氨基酸的α-氨基在弱酸性加热的溶液中可以被茚三酮氧化成醛，同时生成 CO_2 和 NH_3，最后茚三酮与反应产物——氨与还原性茚三酮发生作用，生成蓝紫色化合物。亚氨基酸(脯氨酸和羟脯氨酸)与茚三酮反应的终产物为黄色。

$$\text{水合性茚三酮} + RCH(NH_2)COOH \xrightarrow[\text{加热}]{(\text{弱酸})} \text{还原性茚三酮} + \begin{cases} NH_3 \\ CO_2 \\ RCHO \end{cases}$$

水合性茚三酮　　还原性茚三酮

$$\text{还原性茚三酮} + 2NH_3 + \text{水合性茚三酮} \longrightarrow \text{蓝紫色化合物} + 2H_2O$$

还原性茚三酮　　水合性茚三酮　　蓝紫色化合物

(2) 成肽反应。不同氨基酸的氨基和羧基之间可以发生脱水缩合反应生成酰胺键(肽键)，得到的产物为肽。

$$H_3N^+—CH(R_1)—CO—OH + H—NH—CH(R_2)—COO^- \underset{H_2O}{\overset{H_2O}{\rightleftharpoons}} H_3N^+—CH(R_1)—CO—NH—CH(R_2)—COO^-$$

肽键

3) α-COOH 参与的反应

(1) 成盐、成酯反应。氨基酸的α-COOH 在溶液中可以电离出 H^+，因此可以与碱或醇发生成盐反应。羧基发生成盐反应后氨基酸的氨基被活化，易与酰基或羟基反应。

$$R—CH(NH_2)—COOH + C_2H_5OH \xrightarrow[HCl]{\text{干燥、回流}} R—CH(N^+H_3Cl^-)—COOC_2H_5$$

(2) 成酰氯反应。氨基酸的氨基被保护剂保护后氨基酸的羧基性质变得比较活泼，在较低温度下即可与 PCl_5 或 PCl_3 反应生成酰氯。

$$R—CH(NH—\text{保护基})—COOH + PCl_5 \longrightarrow R—CH(NH—\text{保护基})—COCl + POCl_3 + HCl$$

(3) 叠氮反应。酰化的氨基酸羧基被激活，可以发生叠氮反应。此反应是人工合成肽的常用反应。

$$Y—NH—CH(R)—COOCH_3 \xrightarrow{NH_2NH_2} Y—NH—CH(R)—CO—NH—NH_2 \xrightarrow{HNO_2} Y—NH—CH(R)—CON_3 + H_2O$$

酰化氨基酸甲酯（Y为酰基）　　酰化氨基酸酰肼　　酰化氨基酸叠氮

(4)脱羧反应。α-氨基酸受热不稳定，羧基可以被脱掉形成胺类化合物。

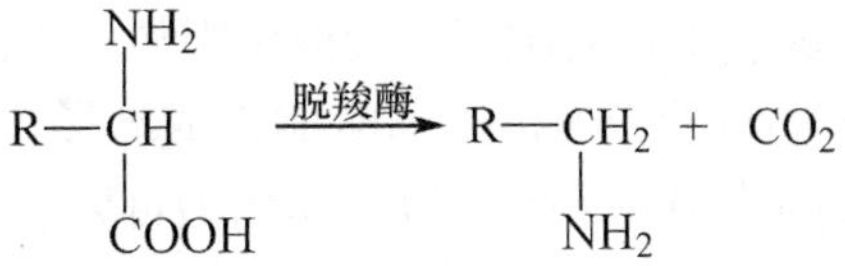

$$R-CH(NH_2)-COOH \xrightarrow{\text{脱羧酶}} R-CH_2-NH_2 + CO_2$$

4)氨基酸的侧链基团参与的反应

苯丙氨酸和酪氨酸的苯环可以与硝酸作用生成黄色物质；酪氨酸的酚基具有一定的氧化活性，可以与硝酸、硝酸汞反应显红色，这也是米勒显色反应的理论基础，此反应常用来鉴别酪氨酸；酪氨酸的酚基还可以将磷钼酸、磷钨酸还原成钼蓝或钨蓝；色氨酸的吲哚基可以与乙醛酸或二甲基氨甲醛反应产生紫红色化合物；组氨酸的咪唑基可以与重氮盐化合物结合生成棕红色物质，这也是 Pauly 反应的理论基础，Pauly 反应可以用来鉴定组氨酸和酪氨酸。半胱氨酸的巯基可以在稀氨溶液中与亚铁氰酸钠反应显现红色，这一反应可以用来进行半胱氨酸溶液的定量测定。丝氨酸、苏氨酸和酪氨酸的侧链羟基均可以与乙酸或磷酸作用生成酯，这一反应常用来保护丝氨酸和苏氨酸。

精氨酸的胍基在碱性溶液中可以与含有α-萘酚及次氯酸钠的物质反应生成红色物质，即坂口反应，这一反应可以用来鉴定精氨酸。例如，精氨酸的胍基在硼酸钠缓冲溶液(pH 8～9，25～35℃)中，与1,2-环己二酮反应生成缩合物。

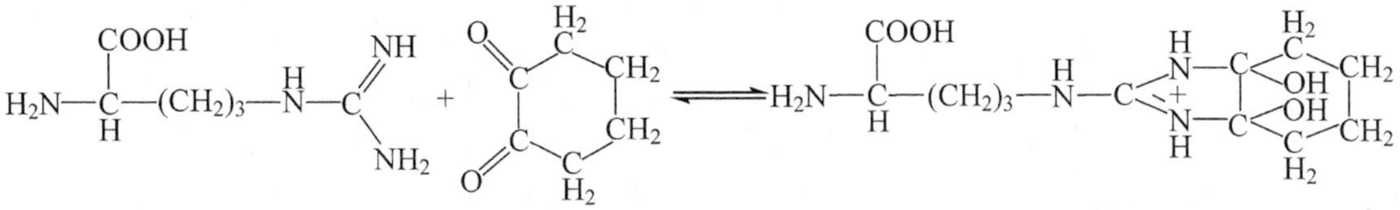

$$H_2N-CH(COOH)-(CH_2)_3-NH-C(=NH)-NH_2 + \text{环己二酮} \rightleftharpoons H_2N-CH(COOH)-(CH_2)_3-NH-C^{+}(\text{缩合环})$$

精氨酸　　环己二酮　　缩合物

半胱氨酸的巯基可以与碘乙酸反应生成羧甲基半胱氨酸

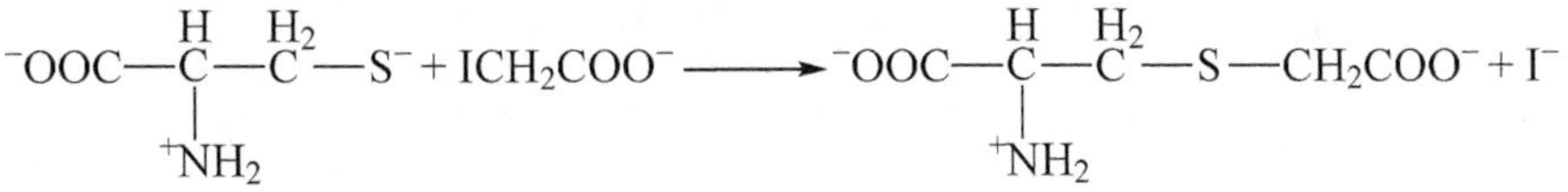

$$^{-}OOC-CH(^{+}NH_2)-CH_2-S^{-} + ICH_2COO^{-} \longrightarrow {}^{-}OOC-CH(^{+}NH_2)-CH_2-S-CH_2COO^{-} + I^{-}$$

半胱氨酸　　碘乙酸　　羧甲基半胱氨酸

4. 氨基酸的分离与分析

层析法、电泳法、气相色谱法、高效液相色谱法是氨基酸混合物分离分析的常用方法。这些方法也可以用来分离纯化蛋白质。

1)层析法

分配柱层析、纸层析、薄层层析和离子交换柱层析等方法是分离氨基酸混合物的常用层析法。纤维素、淀粉、硅胶等都是层析法常用的支持剂。

利用不同氨基酸在互不相溶的溶剂中分配系数的不同，通过选择合适极性的洗脱液作为流动相，可以把不同氨基酸按照极性的大小分离开。

$$\text{分配系数}K_d = \frac{\text{溶质在A溶剂中的浓度(流动相)}}{\text{溶质在B溶剂中的浓度(固定相)}}$$

纤维素、淀粉、硅胶等分配柱层析的支持剂兼具亲水和不溶的性质。一些阴离子或阳离子树脂也可以作为离子交换柱层析的支持物。碱性基团如—$N(CH_3)_3OH$(强碱性)、—NH_3OH(弱碱性)可解离出—OH，在碱性环境中能与溶液中的阴离子(氨基酸阴离子)交换而结合到树脂上，是阴离子交换树脂常见的官能团。—SO_3H(强酸性)或—COOH(弱酸性)可解离出 H^+，在酸性环境中可与 H^+发生交换而结合到树脂上，是阳离子交换树脂常见的官能团。

作为氨基酸的交换柱层析填料的交换树脂通常制作成球形，静电吸引、氨基酸侧链与树脂基质的疏水相互作用是主要的作用力，依靠这些作用力可以把不同氨基酸分离开。

2)电泳法

电泳法是利用氨基酸所带电荷的不同而进行分离和分析的方法。在相同 pH 的电泳液中进行电泳，等电点小的氨基酸趋向于向正极移动，等电点大的氨基酸趋向于向负极移动。这样就可以把 A、B、C 不同种类的氨基酸分离开，如图 16-2 所示。

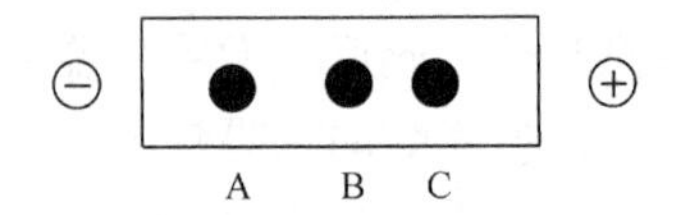

图 16-2　凝胶电泳

聚丙烯酰胺凝胶等是常用的氨基酸和蛋白质电泳支持物。聚丙烯酰胺凝胶兼有分子筛的效应，因此也可以用于蛋白质的相对分子质量测定。

3)气相色谱法

气相色谱(gas chromatography，GC)是 20 世纪 50 年代发展起来的分离、分析技术。它在工业、农业、国防、建住、科学研究等领域得到广泛应用。气相色谱的流动相是气体，具有分析和分离速度快、效率高的优点，在氨基酸的检测分析中应用广泛，如图 16-3 所示。

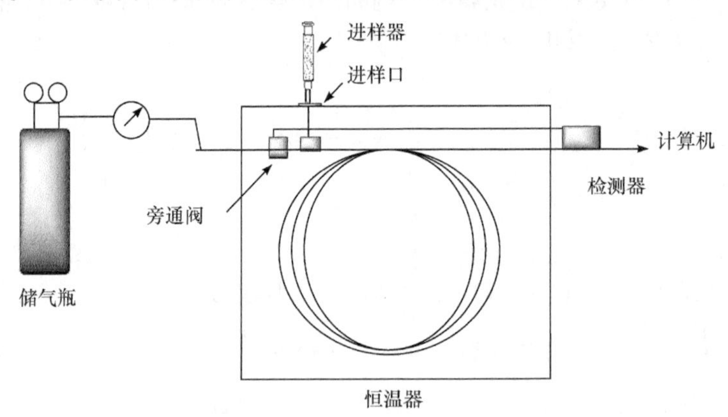

图 16-3　气相色谱结构示意图

4)高效液相色谱法

高效液相色谱(high performance liquid chromatography，HPLC)的流动相是液体，不同极性的组分通过高压输液系统经过流动相泵入装有固定相的色谱柱，经过色谱柱分离的流出液经检测器进行检测后转化为图像信号便于分析，使混合组分得到分析和分离(图 16-4)。HPLC 法在化学、医学、工业、农学、商检和法检等领域具有广泛的应用。

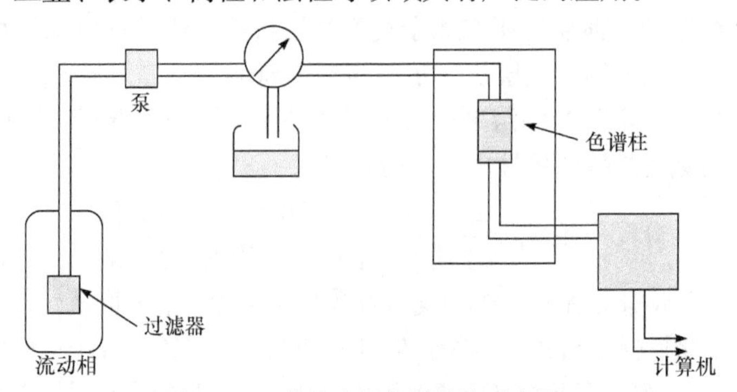

图 16-4　高效液相色谱结构示意图

16.2　肽和蛋白质

蛋白质是由氨基酸构成的多肽链经过缠绕盘旋形成一定的空间构象而形成的。构成肽链的肽键具有酰胺键的一般特征，也是肽链性质的重要基础。

16.2.1　肽

一个氨基酸的羧基与另一个氨基酸的氨基之间失水形成的酰胺键称为肽键，所形成的化合物称为肽。

1. 肽单位

肽键的四个原子连同与之相连的两个α-碳原子构成了一个空间平面，即肽平面。肽键不能自由旋转，键能介于单键与双键之间，具有部分双键的性质，这使肽平面具有一定的刚性。不同的肽平面之间构成的二面角是分析和标定肽链结构的重要性质之一。

肽键和肽的结构如下(丝氨酸、甘氨酸、酪氨酸、丙氨酸和亮氨酸形成的五肽)：

$$H_3\overset{+}{N}-CH(CH_2OH)-\boxed{C(=O)-NH}-CH_2-C(=O)-NH-CH(CH_2C_6H_4OH)-\boxed{C(=O)-NH}-CH(CH_3)-\boxed{C(=O)-NH}-CH(CH_2CH(CH_3)CH_3)-C(=O)-O^-$$

肽键和肽的结构图

2. 天然存在的活性肽

虽然肽是构成蛋白质的一个结构层次单位，但是在自然界中存在的部分短肽已经被检测出具有很重要的生物活性，其中主要有谷胱甘肽、脑啡肽等，这些活性多肽在生命活动中发挥着重要的作用。

1)谷胱甘肽

谷胱甘肽(GSH)由谷氨酸、半胱氨酸和甘氨酸(Glu-Cys-Gly)通过酰胺键连接而成，半胱氨酸含有巯基，具有很强的还原性，是动物体内重要的抗氧化剂，有助于机体清除自由基和延缓衰老。

$$HOOC-CH(NH_2)-CH_2-CH_2-C(=O)-NH-CH(CH_2SH)-C(=O)-NH-CH(H)-COOH$$

还原型谷胱甘肽

谷胱甘肽的巯基可以形成二硫键，进而转换成氧化型谷胱甘肽。

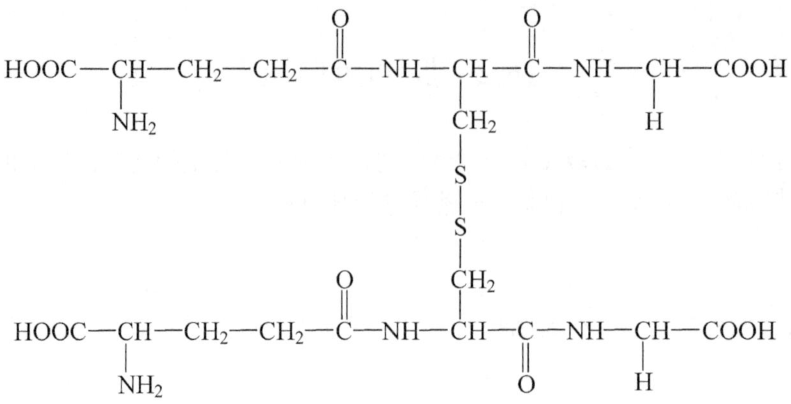

```
                               O                 O
                               ‖                 ‖
HOOC—CH—CH2—CH2—C—NH—CH—C—NH—CH—COOH
     |                      |             |
     NH2                    CH2           H
                            |
                            S
                            |
                            S
                            |
                 O          CH2
                 ‖          |
HOOC—CH—CH2—CH2—C—NH—CH—C—NH—CH—COOH
     |                        ‖       |
     NH2                      O       H
```

氧化型谷胱甘肽

2）脑啡肽

脑啡肽为五肽，在中枢神经系统中形成的脑啡肽具有镇静、止痛的作用，是体内产生的一种活性肽物质。

3）牛催产素与牛加压素

这两种多肽结构类似，均具有九个氨基酸残基，属于九肽，且只有第三个和第八个氨基酸残基不同，牛催产素第三个和第八个氨基酸残基为异亮氨酸和亮氨酸，牛加压素第三个和第八个氨基酸残基为苯丙氨酸和精氨酸。这两种九肽分子中都含有一对二硫键。但是牛催产素与牛加压素生理作用差别很大，牛催产素可以刺激子宫收缩，促进分娩；而牛加压素则通过促进小动脉收缩升高血压，且牛加压素还具有抗利尿，参与水、盐代谢的调节等多种重要生理功能。

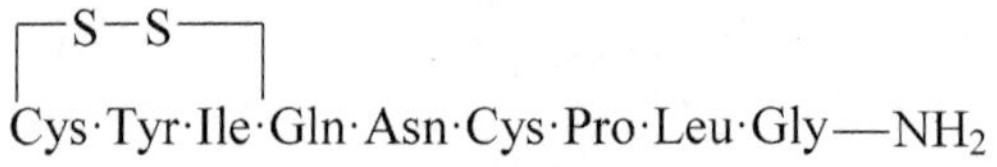

```
┌─S─S──┐
Cys·Tyr·Ile·Gln·Asn·Cys·Pro·Leu·Gly—NH2
```

牛催产素

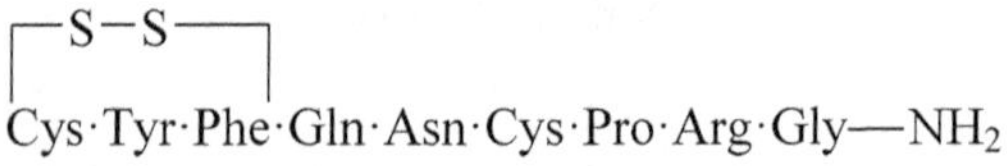

```
┌─S─S──┐
Cys·Tyr·Phe·Gln·Asn·Cys·Pro·Arg·Gly—NH2
```

牛加压素

3. 肽链中氨基酸的排列顺序和命名

习惯上把多肽链中含有游离氨基的那一端称为氨基端或 N 端，把含有羧基的那一端称为羧基端或 C 端。多肽链的方向以氨基端到羧基端为正方向，氨基酸的排列顺序也是从氨基端开始，以 C 端氨基酸残基为终点的排列顺序。例如，下面的五肽可表示为

—(Ser)—(Gly)—(Tyr)—(Val)—(Leu)—

16.2.2　蛋白质

蛋白质由氨基酸通过酰胺键连接而成，由 C、H、O、N、S 五种元素构成。其中 C 约占 50%、H 约占 7%、O 约占 23%、N 约占 16%、S 占 0～3%。有些蛋白质还含有 P、Fe、I 等元素。不同种类的蛋白质中氮元素的含量都相当接近，一般为 15%～17%，平均为 16%。这是凯氏定氮法测定蛋白质含量的理论基础。

在进行蛋白质的研究过程中，学者发现通过蛋白质的结构对其分类几乎是不可能的。对于一种氨基酸种类和排序均已确定的蛋白质，其结构会随着溶液的酸碱性、疏水或亲水的变

化而变化，且在不同的温度等条件下，其结构均呈现复杂的变化。因此，对蛋白质的分类主要依据其形状、空间构象或者溶解度、功能等。

依据蛋白质分子的形状或空间构象可以将蛋白质分成纤维蛋白和球蛋白。纤维蛋白分子类似纤维状，其横轴长度与纵轴长度的比远大于 10。通常纤维蛋白不溶于水，胶原蛋白、弹性蛋白、角蛋白、丝蛋白等均属于此类蛋白。球蛋白分子形状接近球形，空间构象比纤维蛋白复杂得多。

单纯蛋白质按其溶解性质的不同可分为清蛋白、球蛋白、谷蛋白、醇溶蛋白、精蛋白、组蛋白及硬蛋白等。

结合蛋白是指由单纯蛋白质和非蛋白质成分结合而成的蛋白质。按其含有的非氨基酸成分可以分为核蛋白、脂蛋白、磷蛋白、糖蛋白、血红素蛋白、黄素蛋白、金属蛋白等。在上述三种分类方法中，按组成分类是常用的分类方法。

1. 蛋白质的分子结构

蛋白质是生物大分子。生物大分子在结构上均是由基本单位按一定顺序和方式连接所形成的多聚体(polymer)，相对分子质量一般大于 10000 才称为生物大分子。除了蛋白质外，核酸、脂类及多糖等均属于此类分子。蛋白质分子是由氨基酸首尾相连形成的多肽链。生理条件下天然蛋白质都有特定的复杂空间结构，即蛋白质的构象。蛋白质的结构信息全部储存在其多肽链的氨基酸序列中。蛋白质结构具有不同的组织层次，包括一级、二级、三级和四级结构，如图 16-5 所示。蛋白质的空间结构是蛋白质生物功能的基础。蛋白质功能复杂多变，其分子质量也在 6000～1000000 Da 或更大范围内变化。某些蛋白质不止由一条多肽链构成，这些多肽链构成了蛋白质结构亚基，不同的亚基之间通过非共价键结合。有些含有多个亚单位的寡聚蛋白质的相对分子质量可高达数百万甚至数千万道尔顿。

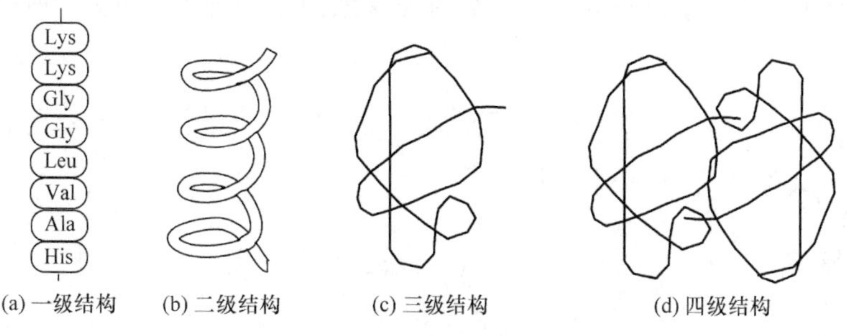

图 16-5　蛋白质结构的组织层次

天然的蛋白质分子结构紧密，具有特有的空间结构(三维结构)，这种三维结构赋予蛋白质纷繁复杂的生物功能，体现在催化、调节、结构、运输、防御、储存、运动等多个方面。

1) 一级结构

蛋白质多肽链中的氨基酸排列顺序及二硫键的位置是蛋白质各种高级结构的基础，也是蛋白质的一级结构。蛋白质的结构方向由其组成的多肽链结构方向决定，而习惯上认定氨基端到羧基端是多肽链的方向，因此蛋白质的方向也被认定为是从氨基端到羧基端。人胰岛素原是胰岛素的前体，由胰岛素和 C 肽组成。胰岛素原的一级结构是一条 86 个氨基酸的连续长链，在特异肽酶的作用下，胰岛素原切除 C 肽转化成具有 A、B 两条链的胰岛素，如图 16-6 所示。

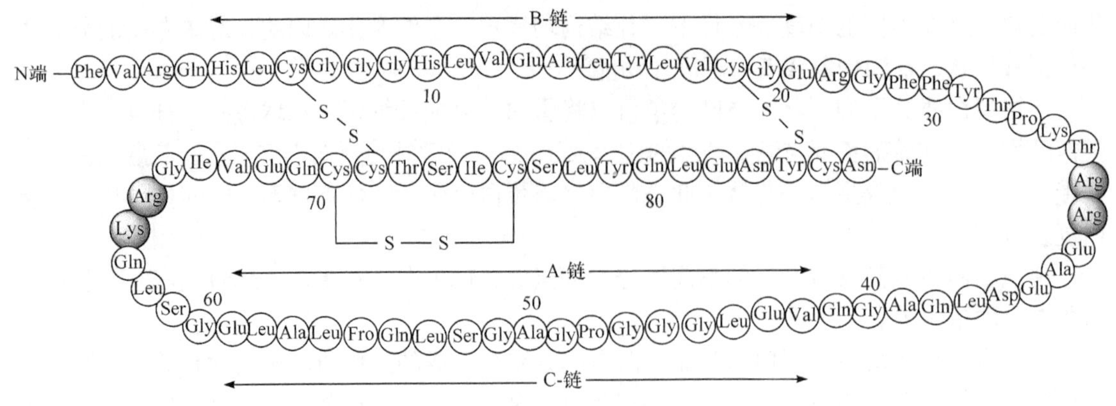

图 16-6 人胰岛素原与人胰岛素的关系

1955 年，英国人桑格首次确定了牛胰岛素的一级结构，他和他的团队又相继确定了多种蛋白质的一级结构。蛋白质一级结构是其功能的基础，对高级结构具有决定作用。例如，镰刀型贫血病是正常人的血红蛋白β-亚基的第 6 位氨基酸——谷氨酸被缬氨酸取代所导致的，虽然仅一个氨基酸之差，但是血红蛋白的功能发生了极大的改变。

2) 二级结构

蛋白质分子中的多肽链呈折叠盘绕状态，这些折叠中的氨基酸残基之间通过氢键相互作用，形成了蛋白质的二级结构，如图 16-7 所示。蛋白质的二级结构可以通过 X 射线衍射进行检测和分析。由于构成蛋白质肽链的酰胺键具有部分双键的性质，各酰胺平面之间通过α-碳原子的旋转而形成了蛋白质的二级空间构型。α-螺旋和β-折叠片结构是最常见的蛋白质二级结构类型。α-螺旋是多肽链中的酰胺平面围绕α-碳原子以一定的中心轴旋转而形成的。在这种螺旋缠绕的紧密构象中位于多肽链中的氨基酸侧链基团的种类、大小及所带电荷的多少均对构型产生重要影响。例如，酸性氨基酸或碱性氨基酸由于侧链基团较大，所产生的空间位阻

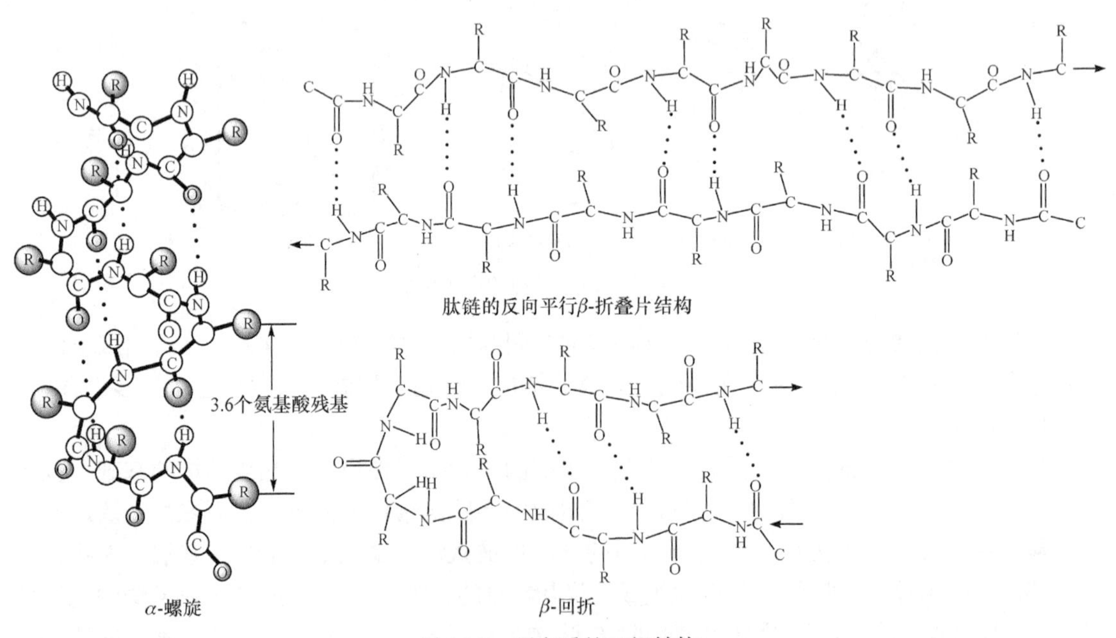

图 16-7 蛋白质的二级结构

也较大，因此不利于α-螺旋的产生。而一些具有较大侧链基团的氨基酸，如带有苯环的氨基酸——羟脯氨酸等，均不利于α-螺旋的产生。在这些较大基团出现的部位往往形成折角。

在α-螺旋的结构中各个肽平面围绕同一轴旋转，形成螺旋结构，螺旋一周，沿轴上升 0.54 nm，每个螺旋含 3.6 个氨基酸残基；两个氨基酸残基之间相距 0.15 nm。每个氨基酸残基沿轴旋转 100°。肽链内形成的氢键几乎与轴平行，即每个氨基酸残基的 C═O 中的氧与其后第四个氨基酸残基的 N—H 中的氢形成氢键。天然蛋白质中的α-螺旋几乎都是右手螺旋。构成α-螺旋的都是 L-型氨基酸(Gly 除外)。

α-螺旋结构形成的限制因素：除了上面提到的较大的侧链基团的空间位阻等因素外，氨基酸残基之间的静电斥力也是重要原因。而氨基酸残基之间的静电作用与其等电点关系密切，如一段肽链有多个 Glu 或 Asp 相邻，则因 pH=7.0 时都带负电荷发生经典排斥作用而不利于α-螺旋的形成，同样多个碱性氨基酸残基在一段肽段内因同时带有正电荷相互排斥而难以形成α-螺旋。

β-折叠片结构是氨基酸残基之间通过氢键作用形成的类似于扇形的折叠结构。这些折叠片因为所组成的氨基酸不同而具有不同的酰胺平面二面角，因此具有不同的β-折叠片结构。构成β-折叠的两条或多条肽链几乎完全伸展，链间通过氢键进行交联。β-折叠主链呈锯齿状构象。β-折叠与α-螺旋不同的是，几乎所有肽键都参与了链间氢键的形成，氢键与链的主轴延伸方向接近垂直。

β-折叠既可以是所有肽链的 N 端都在同一边，也可以是相邻两条肽链的方向相反。蛋白质的二级结构不涉及侧链的构象。维持和稳定蛋白质分子二级构象的作用力主要有氢键、疏水作用力、范德华力、离子键及二硫键等。

α-螺旋在天然蛋白质的二级结构中分布十分广泛，是主要的二级结构形式。

蛋白质的结构除了α-螺旋和β-折叠片两种主要构型外，β-回折(或发夹结构)、β-转角及无规则卷曲或自由回转也是重要的二级结构。在一般的球蛋白分子中，往往含有大量的无规则卷曲，它使蛋白质肽链从整体上更加利于形成球状构象。

3) 三级结构

蛋白质多肽链的主链构象和侧链构象相互作用，沿三维空间多方向卷曲，进一步盘曲折叠形成蛋白质的三级结构。蛋白质具有极性侧链基团的氨基酸残基几乎全部在分子的表面，而非极性残基则被埋于分子内部，因此蛋白质的表面呈亲水状态，而内部则形成了疏水的核心。胶束和反胶束萃取就是在此基础上发展起来的技术。氢键、范德华力、疏水键(疏水相互作用)、离子键(盐键)、二硫键在蛋白质三级结构中起着重要作用，如图 16-8 所示。

4) 四级结构

两个或两个以上具有三级结构的多肽链按一定方式聚合形成了蛋白质分子的四级结构。通常每个构成蛋白质四级结构的亚基只有一条多肽链，但有的亚基由两条或多条多肽链组成，这些亚基以二硫键相连，单独存在时无生物学活性。疏水键是最主要的四级作用力。

目前对蛋白质四级结构研究比较透彻的是肌红蛋白。肌红蛋白分子在哺乳动物肌细胞中储存及运输氧。肌红蛋白分子由一条多肽链和一个血红素辅基构成，含有 153 个氨基酸残基，分子质量为 17600 Da。肌红蛋白的整个分子具有外圆中空的不对称结构，含有 8 段长度不等的α-螺旋体。肌红蛋白分子呈典型的外亲水内疏水结构，这大大增加了该蛋白的溶解性。

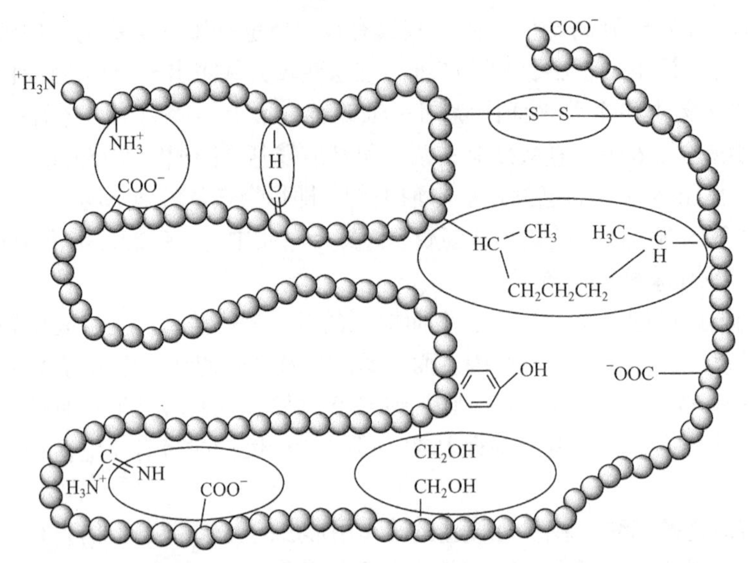

图 16-8　稳定蛋白质三级结构作用力示意图

5) 蛋白质的结构与功能的关系

细胞色素 c 一级结构的研究结果表明蛋白质的一级结构对蛋白质的高级结构影响深远，一个氨基酸的改变即可引起蛋白质功能的改变。这在镰刀型贫血病(地中海贫血症)患者的血红蛋白结构中得到了进一步证实。

2. 蛋白质的重要性质

1) 两性解离性质及等电点

蛋白质的两端有游离的氨基与羧基，因此具有与氨基酸相似的两性电离及等电点的性质。蛋白质电离平衡、离子性质与溶液的 pH 密切相关。调节溶液的 pH，当溶液为蛋白质的等电点时蛋白质的溶解度最小。不同的蛋白质的等电点不同，利用此性质可以对蛋白质的混合溶液进行分离和纯化。

$$
\begin{array}{ccccc}
 & & NH_2-Pr-COOH & & \\
 & & \updownarrow & & \\
NH_3^+-Pr-COOH & \underset{H^+}{\overset{OH^-}{\rightleftharpoons}} & NH_3^+-Pr-COO^- & \underset{H^+}{\overset{OH^-}{\rightleftharpoons}} & NH_2-Pr-COO^- \\
\text{蛋白质阳离子} & & \text{偶极离子} & & \text{蛋白质阴离子} \\
pH<pI & & pH=pI & & pH>pI
\end{array}
$$

2) 蛋白质胶体性质

蛋白质分子颗粒直径在胶体范围内，可在水中形成稳定的胶体，具有布朗运动、光散射现象、电泳现象和不能透过半透膜等胶体性质。蛋白质分子亲水的表面可以在溶液中形成水化膜，水化膜的形成与蛋白质带有的电荷密切相关。改变蛋白质溶液的离子强度(如加入中性盐)会导致蛋白质周围的水化膜减弱或消失进而发生盐析。利用这一性质可以进行蛋白质的分离纯化。盐析不涉及蛋白质一级结构的改变，形成的沉淀是可逆的。

有机溶剂、重金属盐或生物碱试剂等的添加可以导致蛋白质溶液离子强度发生改变进而生成沉淀，如乙醇、丙酮等。由于这些试剂的亲水性远大于蛋白质，如果蛋白质沉淀发生的时间较长和温度较高，则这一过程不可逆。常用的重金属盐如 Hg^{2+}、Ag^{+}、Pb^{2+}及 Fe^{3+}等，均可以与蛋白质阴离子结合形成不溶性盐沉淀。当发生重金属盐中毒时可以通过口服大量生牛奶和生鸡蛋进行解毒利用的就是这个原理。

$$\mathrm{Pr}\begin{matrix}\diagup NH_2\\ \diagdown COOH\end{matrix} + Ag^{+} \longrightarrow \mathrm{Pr}\begin{matrix}\diagup NH_2\\ \diagdown COOAg\end{matrix}\downarrow + H^{+}$$

此外，强酸、强碱、射线照射和加热等均可以使蛋白质产生不可逆沉淀。

3）蛋白质的变性与复性

蛋白质受到某些物理因素（如加热、加压、搅拌、振荡、射线照射等）或化学因素（强的酸碱、重金属、尿素等）的影响而导致空间结构发生改变即为蛋白质的变性。蛋白质的变性仅是蛋白质高级结构的次级键发生了变化，不涉及一级结构的变化。变性后的蛋白质溶解度降低、生物活性丧失、黏度增加、容易被蛋白酶水解。轻度变性的蛋白质可以在变性因素剔除后恢复或部分恢复其原有构象和功能，即蛋白质的复性。

4）蛋白质的紫外吸收特性

蛋白质因为其结构单位氨基酸含有共轭双键或大的 π 键而具有与氨基酸类似的紫外吸收特性。因此，可以通过紫外吸收性质对蛋白质的含量进行测定和分析。

5）蛋白质显色反应

蛋白质多肽链的末端具有氨基和羧基，因此可以发生氨基或羧基可以发生的显色化学反应。同时因为多肽链具有特有的肽键结构可以发生特有的双缩脲颜色反应。

3. 蛋白质的分离和纯化

生产及科研中应用的蛋白质不仅对纯度要求较高，而且需要保持活性，因此蛋白质的分离和纯化技术具有重要意义。蛋白质纯化的流程包括选材及预处理、细胞破碎及抽提、初步提取和精制纯化等步骤，根据具体的纯化目的和要求可以有所不同。

16.3　核　　酸

核酸由瑞士生理学家米歇尔（F. Miescher）于 1868 年从细胞核中首次分离得到，因为检测到该物质呈酸性，由此命名为核酸。

核酸是细胞核中（原核细胞分布在类核）单核苷酸（mononucleotide）连接而成的多聚核苷酸（polynucleotide）长链高分子化合物。依据核酸的化学组成和生物学功能，可以分为核糖核酸（ribonucleic acid，RNA）和脱氧核糖核酸（deoxyribo nucleic acid，DNA）。DNA 主要存在于细胞核中，是染色质的主要成分，负责遗传信息的储存、传递和发布，在细胞质中的线粒体、叶绿体及细菌的质粒（plasmid）中也有少量分布。

RNA 主要存在于细胞质中，负责遗传信息的传递与表达。RNA 主要分为 mRNA（message RNA）、rRNA（ribosome RNA）和 tRNA（transfer RNA）三类。mRNA 约占细胞总 RNA 的 5%，在蛋白质合成中起模板作用；rRNA 主要分布在核糖体中，约占细胞总 RNA 的 80%；tRNA

占细胞总 RNA 的 10%～15%，在蛋白质合成过程中发挥携带、活化氨基酸的重要作用。细胞中存在一些含量微小的 RNA，如病毒 RNA(viral RNA)、核内 RNA(nuclear RNA，nRNA)、线粒体 RNA 和叶绿体 RNA 等，有一些 RNA 的功能依然需要进一步研究。

16.3.1　核苷酸的结构

核苷酸是核酸的基本结构单位，由 C、H、O、N、P 五种元素组成，其中磷元素含量平均为 9.5%，比较恒定，可以据此计算待测样品中核酸的含量。核苷酸可以由核酸水解得到，核苷酸还可以进一步水解为戊糖、含氮的碱基和磷酸。

1. 核糖和脱氧核糖

核糖和脱氧核糖均为β-D-戊糖，唯一区别在于 C_2 是否含有氧原子。核糖 C_2 是羟基，是 RNA 的结构成分，而脱氧核糖 C_2 是氢，是 DNA 的结构成分。组成核酸的核糖和脱氧核糖的结构如下：

β-D-呋喃核糖　　β-D-呋喃脱氧核糖

核苷酸　　脱氧核苷酸

2. 含氮的碱基

构成核酸的碱基(base)有嘌呤和嘧啶两种。嘌呤与嘧啶母环衍生出五种含氮碱基：腺嘌呤 A(Adenine)、鸟嘌呤 G(Guanine)、胞嘧啶 C(Cytosine)、胸腺嘧啶 T(Thymine)、尿嘧啶 U(Uracil)。其中 DNA 的碱基由 A、T、G、C 四种组成，RNA 的碱基由 A、U、G、C 四种组成。组成核酸的含氮碱基结构如下：

嘌呤母环　　鸟嘌呤G　　腺嘌呤A

嘧啶母环　　胞嘧啶C　　胸腺嘧啶T　　尿嘧啶U

3. 核苷

核酸的戊糖与含氮的碱基以糖苷键连接形成核苷。嘌呤环上 N_9 或嘧啶环上 N_1 与戊糖 C_1 上的—OH 形成 N—C 糖苷键。核苷的名称由所含有的戊糖决定，如果是脱氧核糖，则为脱氧核苷，核酸中的脱氧核苷主要有 4 种，即构成 DNA 的脱氧核苷；如果核苷中的戊糖为核糖，则为核苷，构成 RNA 的核苷有 4 种。组成 DNA 的核苷结构式如下：

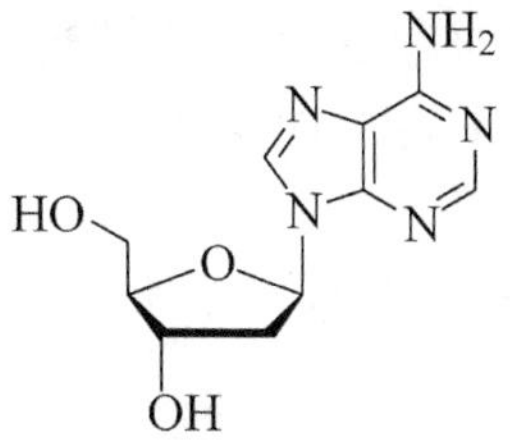

腺嘌呤脱氧核苷 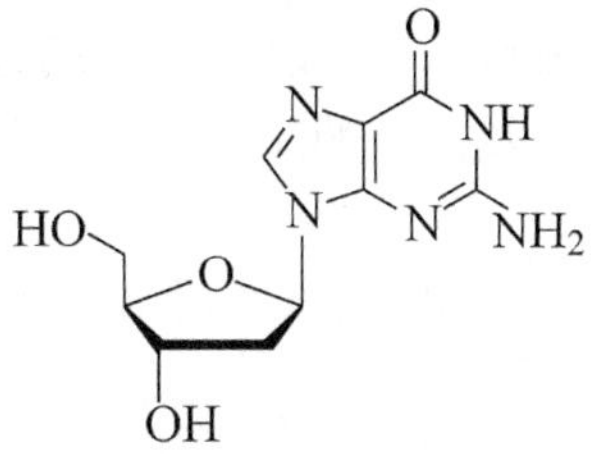　鸟嘌呤脱氧核苷 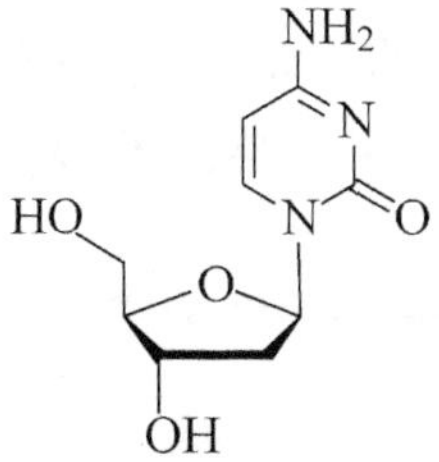　胞嘧啶脱氧核苷 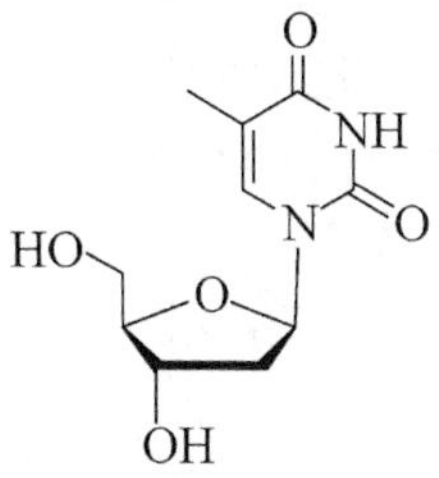　胸腺嘧啶脱氧核苷

构成 RNA 的核苷结构如下：

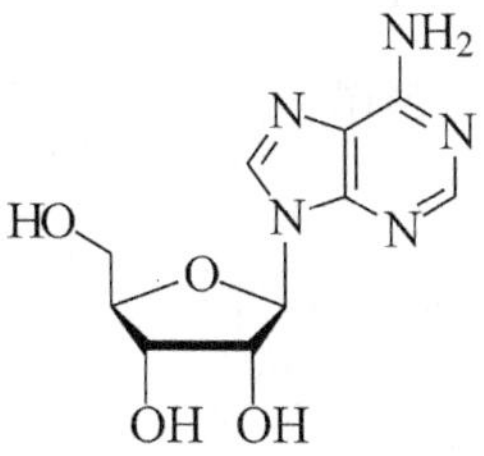

腺嘌呤核苷 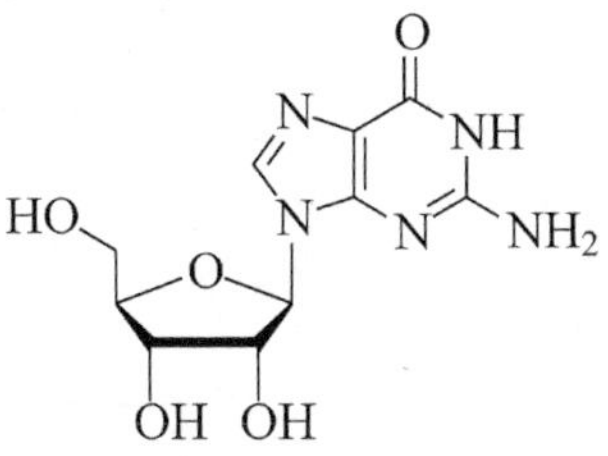　鸟嘌呤核苷 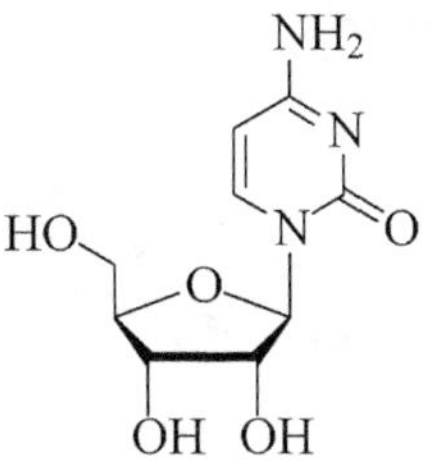　胞嘧啶核苷 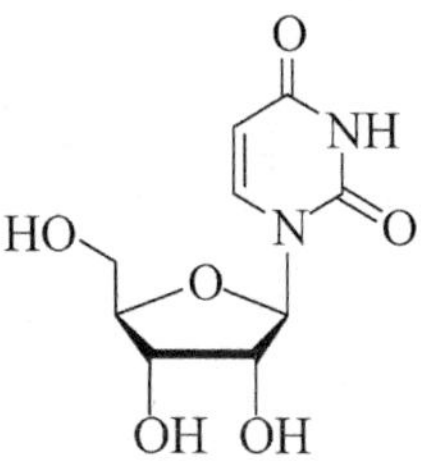　尿嘧啶核苷

4. 核苷酸

核苷酸是核酸的基本结构单位。核苷酸的酯键位于核糖或脱氧核糖的 5′位或 3′位，首尾连接构成核苷酸链。DNA 的脱氧核苷与磷酸构成对应的脱氧核苷酸，RNA 的核苷与磷酸构成对应的核苷酸。

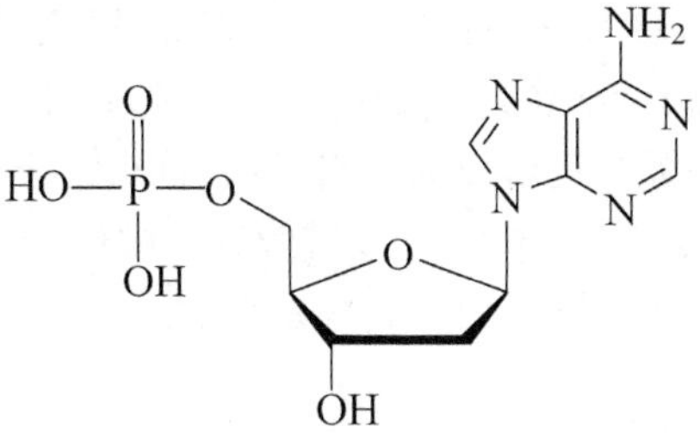

腺嘌呤脱氧核苷酸 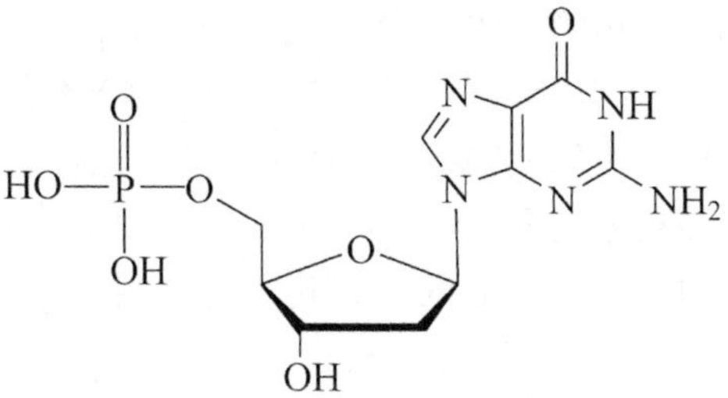　鸟嘌呤脱氧核苷酸

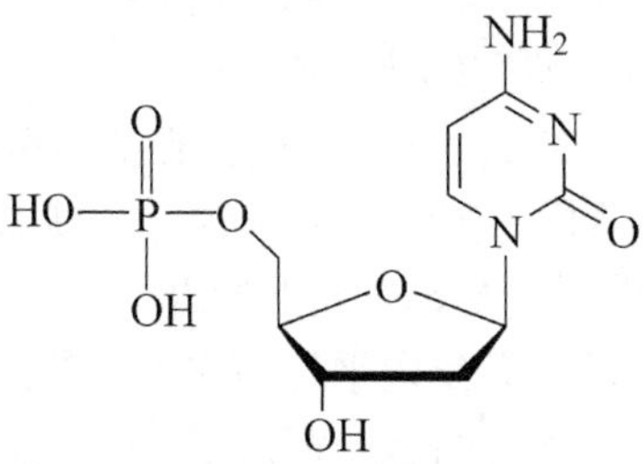

胞嘧啶脱氧核苷酸 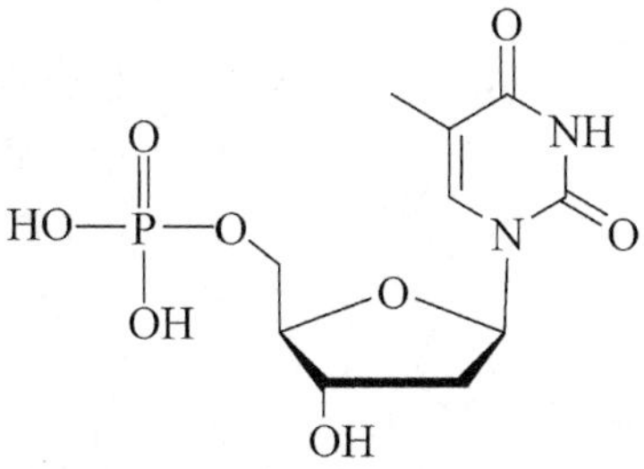　胸腺嘧啶脱氧核苷酸

16.3.2　核酸的结构

核酸由多个核苷酸通过磷酸二酯键相互连接而成的多核苷酸长链构成。核酸是具有三维结构的复杂高分子化合物。

1. 一级结构

DNA 分子中各脱氧核苷酸之间通过 3′-5′磷酸二酯键连接形成的具有一定的碱基排列顺序的链状结构即为 DNA 的一级结构，简称碱基序列。以 5′→3′的方向为 DNA 一级结构的正方向。不同的 DNA 分子其核苷酸的碱基种类及排列顺序不同，因此不同的 DNA 分子携带不同的遗传信息。

DNA 的一级结构主要通过结构式、线条式和字母式三种方式表示，如图 16-9 所示。

5′ACTGCATAGCTCGA3′

DNA字母式一级结构

DNA的一级结构片段　　DNA线条式一级结构

图 16-9　DNA 的一级结构

RNA 分子由核糖核苷酸结构单位组成，不同的核糖核酸通过 3′,5′-磷酸二酯键连接成单核苷酸链结构。与 DNA 的一级结构一样，RNA 的一级结构也是以 5′→3′的方向为链的正方向。天然的 RNA 一级结构以单链为主，但是 RNA 的一级结构可以通过自身回折形成部分双链螺旋区。水稻矮缩病毒、呼肠孤病毒、伤瘤病毒等的 RNA 结构就是双链螺旋，类似于 DNA 的双螺旋结构。RNA 中双螺旋结构稳定的因素主要是碱基堆积力，其次是氢键。

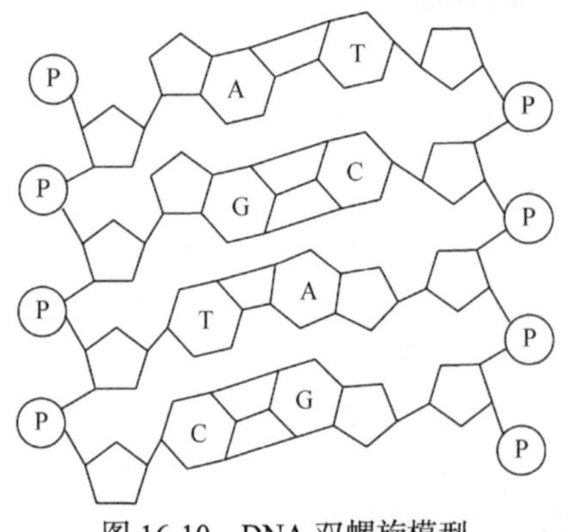

图 16-10　DNA 双螺旋模型

2. 二级结构

1953 年，沃森(J. D. Watson)和克里克(F. C. Crick)根据前面学者的研究结果，结合 DNA 纤维的 X 射线衍射图谱提出了 DNA 分子的双螺旋结构模型，阐述了 DNA 的二级结构，如图 16-10 所示。沃森和克里克的 DNA 双螺旋模型主要具有如下特点：

(1) DNA 的两条反向平行的多聚核苷酸链沿一个假设的中心轴右旋相互盘绕，形成了 DNA 分子的二级双螺旋结构。

(2)磷酸和脱氧核糖单位作为不变的骨架结构分布在双螺旋的外侧，作为可变成分的碱基位于内侧，两条 DNA 单链的碱基按照 A—T、G—C 配对的原则(Chargaff 原则)通过氢键连接起来。

(3)螺旋的直径 2 nm，两个相邻碱基平面间距离 0.34 nm，螺旋旋转角度 36°，螺旋一周需要 10 个碱基。

沃森-克里克双螺旋结构模型中这些结构特点为 DNA 分子稳定存在于细胞中并发挥遗传信息的储存、传递功能提供了重要的结构基础。DNA 分子的二级结构具有多态性，主要从双螺旋的螺旋直径等进行区分，B 型 DNA 分子螺旋直径结构适中，A 型 DNA 分子较 B 型粗短，Z 型较 B 型细长。氢键、碱基堆积力、范德华力及疏水作用力等均是维持 DNA 分子结构稳定的重要化学作用力。

细胞内的 DNA 分子与其他分子(主要是蛋白质)的相互作用，使 DNA 双螺旋进一步扭曲形成比二级结构更高级的结构，如超螺旋结构、染色体和病毒核酸等。

对于RNA的二级结构目前研究得比较清楚的是tRNA。tRNA的二级结构具有鲜明的特点，呈独有的三叶草结构，由氨基酸臂、DHU 环、TΦC 环、反密码子环构成，通过反密码子环识别 mRNA 上的密码子，由氨基酸臂携带对应的氨基酸合成多肽链。tRNA 的三级结构呈倒置的 L 构型，如图 16-11 和图 16-12 所示。

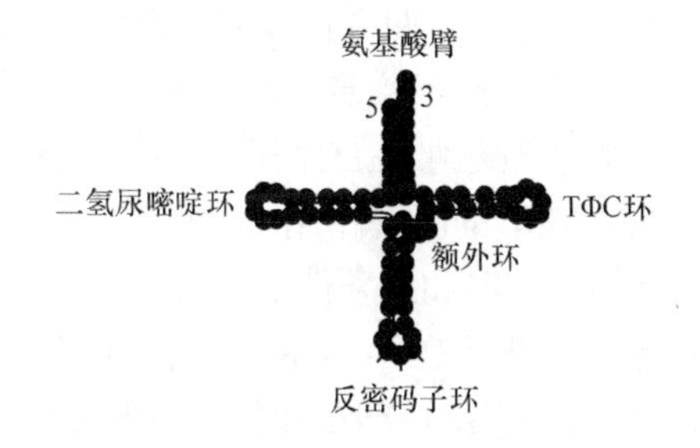

图 16-11　tRNA 的三叶草二级结构

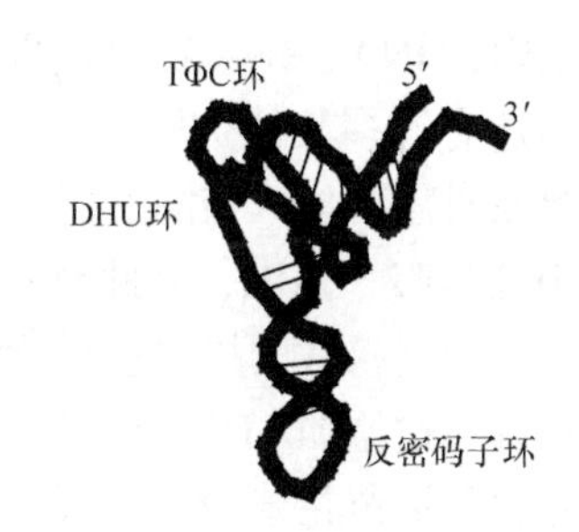

图 16-12　tRNA 的倒“L”形三级结构

16.3.3　核酸的性质

DNA 分子呈白色纤维状固体，黏度大，易断裂。RNA 为白色粉末状。DNA 与 RNA 均溶于水，而不溶于一般有机溶剂，实验室中常采用冷乙醇从水溶液中将核酸沉淀出来的方法进行核酸的提取和分离纯化。

核酸在生物细胞中主要与蛋白质结合为核蛋白复合物(DNA 蛋白 DNP 和 RNA 蛋白 RNP)。

核酸是两性电解质，既可以与金属离子结合成盐，也可以与碱性蛋白(组蛋白)结合；介质 pH>4 时，DNA 呈阴离子状态，电泳时向阳极移动，因此可以通过电泳对 DNA 进行分离纯化。DNA 在 pH 4～11 的条件下稳定，超出此范围易变性。

核酸分子中的嘌呤和嘧啶碱基中含有共轭双键体系，因而具有紫外吸收光谱，其最大吸收峰位于 260 nm 处。利用这一性质可以对核酸进行含量测定或纯度分析。实验室通常根据溶液在 260 nm、280 nm 处的紫外吸收的比值进行分析：纯 DNA 的 OD_{260}/OD_{280} 约为 1.8，纯 RNA 的 OD_{260}/OD_{280} 约为 2.0。样品中若含有蛋白质及苯酚等杂质，此比值明显降低。对于纯样品，读取 OD_{260} 值即可算出 DNA 含量，通常以 1 单位 OD 值相当于 50 μg · mL^{-1} 双螺旋 DNA 或 40 μg · mL^{-1} 单链 DNA(RNA)，或 20 μg · mL^{-1} 寡核苷酸计算。此方法简便、快速、准确。

因某些理化因素可以导致核酸空间结构的氢键和疏水键断裂，引起双螺旋结构解体即为核酸的变性。与蛋白质的变性一样，核酸的变性不涉及一级结构中共价键的断裂。变性的脱氧核酸分子内侧的含氮碱基暴露，分子黏度降低，紫外吸收值增大，生物功能消失，这种现象称为增色效应。

通常将加热变性过程中 DNA 的双螺旋结构失去一半时的温度称为该 DNA 分子的熔点或溶解温度(melting temperature)，用 T_m 表示。当达到 T_m 时，DNA 分子内 50%的双链结构被打开。T_m 值与 DNA 片段大小、G 和 C 含量及均一性等密切相关。变性 DNA 在适当的条件下(如除去变性因素等)两条分开的链按照碱基配对的规律可以重新结合成双螺旋结构，这一过程称为复性。复性后的 DNA 其理化性质和生物功能都得到全部或部分恢复。复性的 DNA 随着双链结构的延伸，暴露的碱基数目逐渐减少，溶液中的紫外吸收值也逐步降低，这种现象称为减色效应。

破坏双螺旋稳定性的因素都可使 DNA 变性。DNA 分子中的碱基处于配对和不配对的动态平衡状态，很多因素会引起 DNA 向不配对的方向转变，即引起 DNA 变性，如高温、高离子强度、强酸、强碱、射线等。

16.3.4　核酸的分析技术

在细胞内，DNA、RNA 都以核蛋白(nucleus protein)形式存在，两者在提取时常混在一起，同时细胞内还有许多其他杂质，如蛋白质、糖、脂等，因为核酸不稳定、易变性，因此在进行核酸的提取时需要加入核酸酶的抑制剂降低其活性，如柠檬酸钠、EDTA 等。在核酸的提取过程中常用到强酸、强碱，因此也需要避免强酸、强碱对核酸的降解作用；核酸对温度和机械运动敏感，因此核酸的提取应在低温和避免剧烈搅拌等比较温和的条件下进行。

实验室常通过添加 SDS(十二烷基硫酸钠)和苯酚等方法进行 DNA 与蛋白质的分离。SDS 使蛋白质变性并被留在苯酚相，而 DNA 则保留在水相，从而实现 DNA 和蛋白质的分离。

密度梯度离心与硅胶柱层析是常用的 DNA 纯化方法，其中蔗糖和氯化铯是常用的密度梯度离心介质。酚提取法、密度梯度离心、亲和层析等方法也可以进行 RNA 的分离与纯化。

通过化学方法或酶法可以对核酸进行分解，终产物为碱基、核苷和核苷酸。可以根据不同的需要，对得到的组分做进一步的分离纯化，以获得单一产品。核酸组分有多种基团可发生解离，在一定条件下各组分所带电荷的种类和数量不同，因此可用离子交换法分离。采用阳离子交换时，各核苷酸洗脱顺序为 U→G→C→A；采用阴离子交换时，各核苷酸洗脱顺序为 C→A→U→G。

聚合酶链式反应(PCR)是一种用于体外、微量扩增特定 DNA 片段的分子生物学技术，本质是一种特殊的 DNA 复制技术。1983 年，美国科学家 Mullis 提出 PCR 技术设想，至今已经出现了多次技术迭代和飞跃，为现代生物技术的发展做出了里程碑式的贡献。以 DNA 在体外 95℃高温时变性生成的单链为模板，通过低温(通常是 60℃左右)时引物与单链按碱基互补配对的原则结合后，启动 DNA 聚合酶沿着磷酸到五碳糖(5′-3′)的方向合成互补链，DNA 双链分子得到了复制和加倍。PCR 技术通过 DNA 聚合酶、缓冲液、核苷酸三磷酸脱氧核苷混合液、RNA 引物、模板 DNA 及 H_2O 等简单原料即可实现 DNA 的指数级扩增，是分子生物学最基础也是应用最广泛的核心技术之一。在进行 DNA 复制的过程中 PCR 技术可以突破时间和量的局限，甚至可以对痕量 DNA 样本进行批量扩增。PCR 技术已经成为分子生物学必备的核心技术之一，而且在考古、刑侦等众多应用领域均有重要突破。

参 考 文 献

陈金珠. 2011. 有机化学[M]. 2 版. 北京: 北京理工大学出版社
戴余军, 李建华, 陈锦华. 2010. 生物化学辅导与习题集[M]. 3 版. 武汉：湖北长江出版集团 崇文书局
陆涛. 2016. 有机化学[M]. 8 版. 北京: 人民卫生出版社
陆阳, 刘俊义. 2018. 有机化学[M]. 8 版. 北京: 人民卫生出版社
汪小兰. 2017. 有机化学[M]. 5 版. 北京: 高等教育出版社
王易振, 仲其军, 沈建林. 2011. 生物化学[M]. 武汉: 华中科技大学出版社
谢昕. 2008. 有机化学[M]. 郑州: 黄河水利出版社
邢其毅, 裴伟伟, 徐瑞秋, 等. 2016. 基础有机化学[M]. 4 版. 北京：北京大学出版社
徐寿昌. 2014. 有机化学[M]. 2 版. 北京: 高等教育出版社
张文勤, 郑艳, 马宁, 等. 2019. 有机化学[M]. 6 版. 北京: 高等教育出版社

习　　题

1. 命名下列化合物。

(1) O, HN, N, H_2N, N, N, HOH_2C, O, HO, OH（嘌呤核苷结构式）

(2) COOH, H—C—NH_2, CH_2—C_6H_5（Fischer 投影式）

(3) $HOOC—\underset{H}{\overset{NH_2}{C}}—CH_2COOH$

2. 写出下列化合物的结构式。

(1) 胞嘧啶　　(2) 甘氨酰苯丙氨酸　　(3) 腺嘌呤脱氧核苷

(4) 甘丙半胱三肽　　(5) 半胱氨酸　　(6) 5′-鸟嘌呤核苷酸

(7) GTP　　(8) CDP

3. 完成下列反应式。

(1) $CH_3\overset{NH_2}{CH}COOC_2H_5 + H_2O \underset{\triangle}{\overset{HCl}{\rightleftharpoons}}$

(2) $CH_3\underset{NH_2}{CH}COO^- \xrightarrow{H^+}$

(3) $(CH_3)_2CHCH(NH_2)COOH + HNO_2 \longrightarrow$

(4) $CH_3\overset{H_2N}{CH}COOH + HCHO \longrightarrow$

(5) O_2N—C_6H_3(F)(NO_2)（2,4-二硝基氟苯） + $H_2NCH_2CONH—\underset{H_2C—C_6H_5}{CHCOOH}$ $\longrightarrow$

(6) H_2NCH_2CON＜(CO—CH_2)(—$\underset{H_2}{C}$—CO—)＞N—CH_2NH_2（彻底水解）

(7) $\begin{matrix} H_3C \\ H_3C \end{matrix}\!\!>\!CHCH_2CHCONHCH_2COOH$ （水解）
$\qquad\qquad\qquad\qquad |$
$\qquad\qquad\qquad NHCOCHCH_3$
$\qquad\qquad\qquad\qquad\qquad |$
$\qquad\qquad\qquad\qquad NH_2$

(8) $HO-\overset{O}{\overset{\|}{P}}-O-CH_2$（OH on P；核糖环 with OH, OH；碱基 with NH_2, N, N, N）（水解）

4. 写出在下列 pH 介质中各氨基酸的主要存在形式。

(1) pH 为 8 时的苯丙氨酸；　　(2) pH 为 10 时的赖氨酸；

(3) pH 为 3 时的谷氨酸；　　(4) pH 为 4 时的酪氨酸。

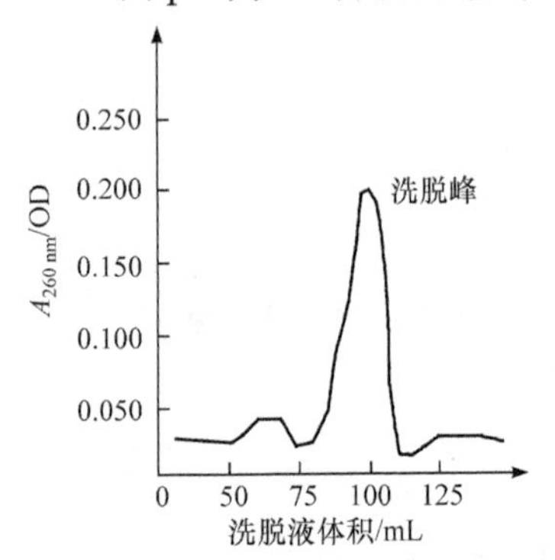

5. DNA 疫苗纯化后得到的层析图谱见左图：

图中 DNA 紫外吸收图谱中洗脱峰对应的是洗脱液体积，得到的洗脱液浓缩后琼脂糖电泳显示为单一条带。根据以上实验结果分析如下问题：

(1) DNA 具有紫外特征吸收的原因是什么？

(2) 测定 DNA 紫外吸收峰值的依据是什么？

(3) 如果洗脱温度发生了明显改变，洗脱液的紫外吸收峰的层析图谱是否会发生位移？

6. 将酪氨酸、苏氨酸和丙氨酸置于电泳仪中，电泳仪中装有 pH 为 6.00 的缓冲液。通电后，这三种氨基酸的移动情况如何？

7. 一个三肽水解后，得到的产物有丙氨酸、亮氨酸、甘氨酰丙氨酸、丙氨酰亮氨酸，写出该三肽的结构式。

8. 某化合物 A 的分子式为 $C_7H_{13}O_4N_3$，在 HCHO 存在下，1 mol A 消耗 1 mol NaOH，A 与亚硝酸反应放出 1 mol N_2，并生成 B，B 的分子式为 $C_7H_{12}O_5N_2$，B 与稀 NaOH 煮沸后，得到一分子乳酸和两分子甘氨酸，推导 A 和 B 的结构式。

9. 用简单的化学方法鉴别下列化合物。

(1) 二肽，葡萄糖，蛋白质

(2) 三肽，半胱氨酸，淀粉

(3) 酪氨酸，丙氨酸，三肽

10. 某 100 g 肽(A)完全水解生成如下数量的氨基酸：甘氨酸 3.0 g，丙氨酸 0.9 g，酪氨酸 3.7 g，脯氨酸 6.9 g，丝氨酸 7.3 g，精氨酸 86.0 g。

(1) 确定肽(A)中各种氨基酸组分的相对比例。

(2) 肽(A)的相对分子质量最小是多少？

11. 用凯式定氮法分析 2 g 蛋白质样品，得到 0.1 g 氮，计算此样品中粗蛋白的含量。

12. 下列试剂常用于蛋白质化学研究：CNBr、丹磺酰氯、脲、二硝基氟苯(DN-FB)、6 mol · L^{-1} HCl、β-巯基乙醇、水合茚三酮、胰蛋白酶、异硫氰酸苯脂、胰凝乳蛋白酶、SDS。

分别指出完成下列任务，需要上述何种试剂。[四川大学，2002 年考研题]

(1) 测定小肽的氨基酸序列；

(2) 测定肽的氨基酸末端残基(所得肽的量不足 10^{-7} g)；

(3) 不含二硫键的蛋白质的可逆变性，若有二硫键存在时需要加入的试剂；

(4) 在芳香族氨基酸残基的羧基一侧裂解肽键；

(5) 在甲硫氨酸的羧基一侧裂解肽键。

13. 凝胶过滤或分子筛层析是一种以蛋白质大小为基础的分离蛋白质的方法。蛋白质溶液放在填有高度水化的交联聚合材料(如 Sephadex-交联葡聚糖)细珠的柱上。不同大小的蛋白质穿过水化细珠微孔的能力不同。较小的蛋白质要比较大的蛋白质容易穿过微孔，因而较小的蛋白质过柱的速度要比较大的蛋白质慢。[北京大学，1998 年考研题]

分离蛋白质的第二种技术是圆盘电泳。它使蛋白质在聚丙烯酰胺凝胶支柱物中受到电场的作用，在变性剂十二烷基硫酸钠[SDS：$CH_3(CH_2)_{11}SO_4Na$]存在下进行电泳时，蛋白质分子按照大小被分离开，较小的分子移动得较快。(SDS 可使蛋白质变性，并与它们进行非特异性结合给出一个恒定的荷质比)

这两种方法都是根据大小对蛋白质进行分级分离的，并且都使用交联聚合物作为支持介质。为什么在凝胶过滤过程中小分子比大分子更容易滞留，而在 SDS-聚丙烯酰胺凝胶电泳中情况恰好相反？

14. 从一种植物叶中得到了粗细胞提取液，每毫升含蛋白质 32 mg，在提取条件下，10 μL 提取液的催化反应速率为 0.14 $\mu mol \cdot min^{-1}$，取 50 mL 提取液，用硫酸铵盐分析，将饱和度 0.3～0.6 的沉淀物再溶于 10 mL 水中，此溶液的蛋白质浓度为 50 $mg \cdot mL^{-1}$，从中取出 10 μL，测定其反应速率为 0.65 $\mu mol \cdot min^{-1}$。[四川大学，2002 年考研题]

计算：

(1) 提取过程中，酶的回收百分率；

(2) 酶的提纯倍数。

15. 溶液 A 中含有浓度为 1 $mol \cdot L^{-1}$ 的 20 个碱基对的 DNA 分子，溶液 B 中含有 0.05 $mol \cdot L^{-1}$ 的 400 个碱基对的 DNA 分子，所以每种溶液含有的总的核苷酸残基数相等。假设 DNA 分子都由相同的碱基组成：[清华大学，2002 年考研题]

(1) 当两种溶液的温度都缓慢上升时，哪种溶液首先得到完全变性的 DNA？

(2) 哪种溶液复性的速率更快些？

第 17 章　元素有机化合物

【学习要求】

(1) 掌握元素有机化合物的定义和分类。
(2) 熟练掌握有机锂化合物、格氏试剂的合成方法及化学反应。
(3) 初步掌握有机硅化合物和有机磷化合物的制备方法和重要用途。

在本书绪论的学习过程中，已经了解到有机化合物都含有碳，一般还含有氢，通常还含有氮、氧、硫、氯、溴、碘元素。氢、氮、氧、硫和卤素（氟例外）以外的元素与碳原子直接相连时形成的有机化合物称为元素有机化合物（elemento-organic compound）。

按照与碳原子相连的元素为金属或非金属元素，元素有机化合物通常可以分为两大类：金属元素有机化合物和非金属元素有机化合物。金属元素有机化合物包括金属（如锂、钠、镁、铝等）或类金属（如硼、硅、砷等）与碳成键的有机化合物。非金属元素有机化合物包括有机磷化合物、有机氟化合物等。

本章选取了一些在有机化学研究、有机合成领域、工业和农业方面具有重要应用的元素有机化合物进行讨论，旨在加深对元素有机化合物概念、应用的了解。

17.1　有机锂化合物

有机锂化合物（organolithium compound，简写为 RLi）是一种常见的金属元素有机化合物，在有机合成领域有着广泛的应用。锂属于ⅠA 族最具有正电性的元素，使碳原子的亲核能力较强，有机锂化合物具有强的碱性。

常见的有机锂化合物有甲基锂（CH_3Li）、乙基锂（CH_3CH_2Li）、异丙基锂（$i\text{-}C_3H_7Li$）、正丁基锂（$n\text{-}C_4H_9Li$）、叔丁基锂（$t\text{-}C_4H_9Li$）、苯基锂（C_6H_5Li）、苄基锂（$PhCH_2Li$）等。大部分有机锂化合物在苯、环己烷等烃类溶剂中有一定的溶解度。在这些烃类溶剂中，大部分有机锂化合物以六聚体的形式存在，而基团比较大的苯基锂以二聚体的形式存在。在一些给电子的溶剂中，如乙醚、四氢呋喃等溶剂，有机锂化合物也具有一定的溶解性。

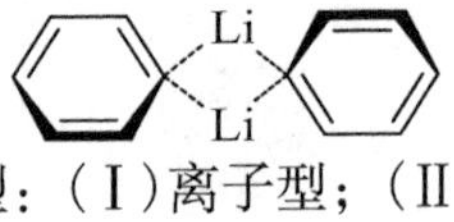

Li
Li

烯丙基锂的结构可能有三种类型：（Ⅰ）离子型；（Ⅱ）π 键型；（Ⅲ）无定型。低温下的核磁共振实验研究结果表明，在乙醚或四氢呋喃溶剂中，离子型的结构更合理。

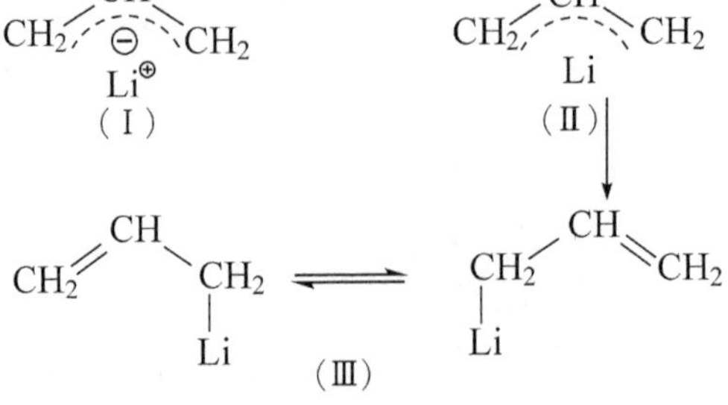

CH_2—CH—CH_2 $Li^{\oplus}$
（Ⅰ）

CH_2—CH—CH_2 Li
（Ⅱ）

CH_2=CH—CH_2Li ⇌ $LiCH_2$—CH=CH_2
（Ⅲ）

北京大学席振峰院士课题组从 1988 年开始研究 1,4-二锂-1,3-丁二烯化合物，并提出了“双锂试剂”的概念。常见的金属有机锂试剂为单锂试剂，如果一个化合物分子中含有两个或多个 Li—C 键，则构成双金属有机锂试剂或多金属有机锂试剂。双金属有机锂试剂或者多金属有机锂试剂，呈现出与单个 Li—C 键不同的全新反应模式，能够实现利用单金属有机锂试剂不能合成的新结构骨架化合物的合成。

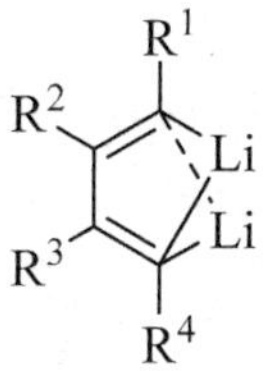

17.1.1　制备方法

合成有机锂化合物最简单、最有效的方法是利用合适的卤代烃与金属锂发生反应。这种方法是由齐格勒(Ziegler)率先发现的，他首先利用烷基卤化物与金属锂在乙醚溶液中进行反应得到有机锂化合物。此反应必须在低温、无水无氧的条件下进行，否则得到的有机锂化合物 RLi 会与卤代烃 RX 反应生成 R—R，或者被氧化。

$$RX + 2Li \longrightarrow RLi + LiX$$

$$C_6H_5Br + 2Li \longrightarrow C_6H_5Li + LiBr$$

鉴于一些比较惰性的卤代烃与锂发生反应的活性较低，可以利用锂粉作为原料，在催化量的 4, 4′-二叔丁基联苯(DTBB)或萘存在下与卤代烃发生反应制备有机锂化合物。

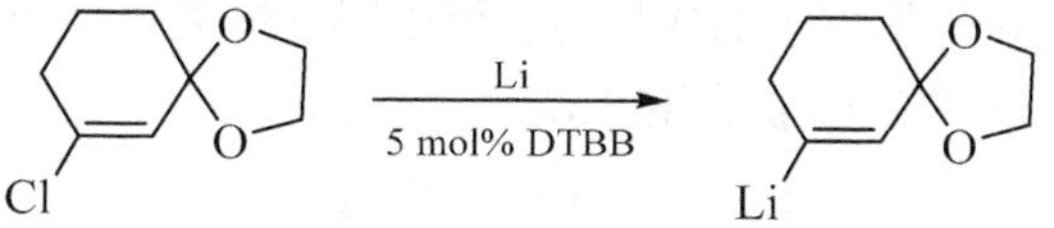

有机锂化合物也可以通过硫醚类化合物的还原反应制备得到。通常使用锂或锂/萘、DTBB、二甲氨基萘(LDMAN)作为还原体系。这种合成有机锂化合物的方法在硫醚、醚、硅的α-位引入锂非常高效。

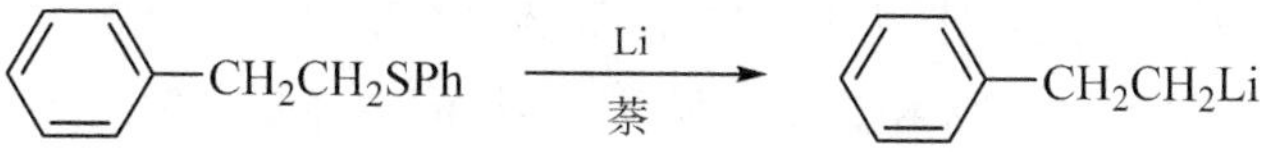

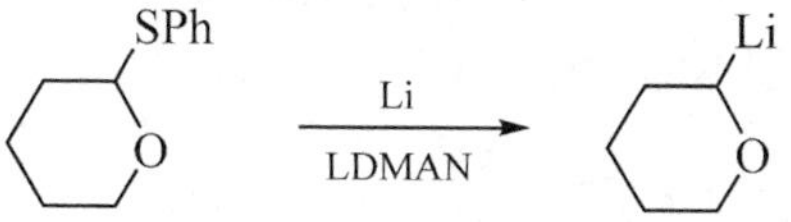

$$C_6H_5CH_2CH_2SPh \xrightarrow[\text{萘}]{Li} C_6H_5CH_2CH_2Li$$

末端炔烃与有机锂化合物 RLi 可以发生金属交换反应制备炔化锂类化合物。

$$RLi + H—C{\equiv}C—R' \longrightarrow LiC{\equiv}C—R' + RH$$

有机锂化合物与卤代烷中的卤素能发生交换反应，常用正丁基锂与氯烷、溴烷、碘烷发生反应。

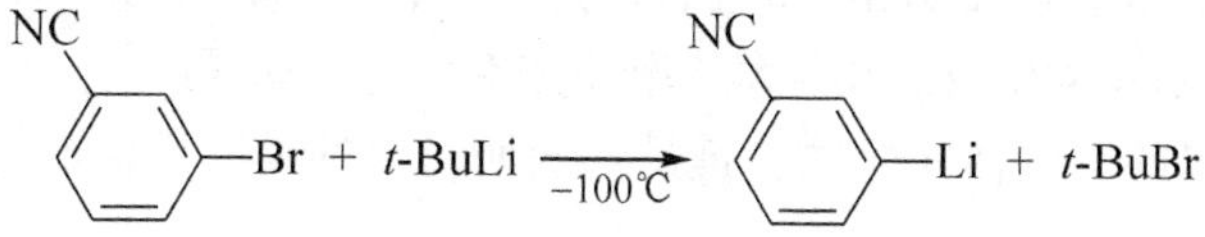

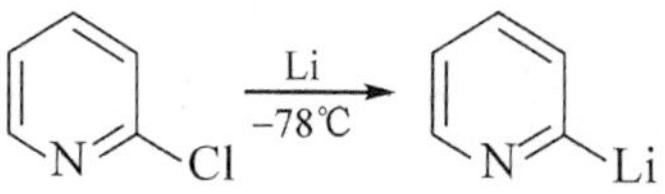

$$\text{NC-}C_6H_4\text{-Br} + t\text{-BuLi} \xrightarrow{-100℃} \text{NC-}C_6H_4\text{-Li} + t\text{-BuBr}$$

有机锂化合物除甲基锂、乙基锂是固体外，其他化合物大部分都是液体。使用或者保存有机锂化合物时必须保障无水、无氧的条件。因为有机锂化合物与水反应强烈，容易引起自燃。在使用有机锂化合物进行化学反应的过程中，一定要注意规范操作，注意安全保护措施，避免意外事故的发生。

17.1.2　性质和应用

有机锂化合物由于具有强的碱性和亲核能力，能够与卤代烃发生烷基化反应，有效延长碳链。利用碘甲烷或其他一级碘代烷发生烷基化反应，通常产率较高。

Li　$CH=NC(CH_3)_3$　$\xrightarrow{CH_3I}$　CH_3　$CH=NC(CH_3)_3$

当烯丙基锂或苄基锂与二级卤代烷发生烷基化反应时，通常得到构型翻转的唯一产物。

$$CH_2=CHCH_2Li + H_3C\text{—}C(CH_2CH_3)(H)\text{—}Br \longrightarrow CH_2=CHCH_2\text{—}C(CH_2CH_3)(H)\text{—}CH_3$$

另外，利用有机锂化合物与双卤代烃发生分子内的反应还可以有效地构筑小环。例如，利用 1,4-双碘代物与叔丁基锂反应，可以很容易地构筑四元环。

CH_2I　CH_2I　+ *t*-BuLi ⟶

有机锂化合物与环氧化合物发生加成反应，可以得到醇类化合物。例如，1,2-环氧己烷与正丁基锂发生反应，得到反式 2-正丁基环己醇。

O　+ *n*-BuLi ⟶　OH　$CH_2CH_2CH_2CH_3$

有机锂化合物与醛、酮可以发生亲核加成反应，产物为醇。此反应与格氏试剂与醛、酮发生的加成反应类似，但有一些区别。尽管格氏试剂的发现更早，应用更广泛，但是对于空间位阻大的羰基化合物，有机锂化合物由于其体积小、亲核能力强能发生反应，而格氏试剂由于体积较大不能发生反应。例如，乙基锂与 2-金刚烷酮可以以 97%的产率得到相应的亲核加成产物，而乙基溴化镁与 2-金刚烷酮不能发生亲核加成反应。

CH_3CH_2Li +　O　⟶　OH　CH_2CH_3

（产率97%）

在抗艾滋病药物依非韦仑(efavirenz)的合成过程中，首先就是利用末端炔烃的酸性和卤原子与 2 倍当量的正丁基锂发生反应得到炔基锂化合物，进一步再与芳香酮发生亲核加成反应制备得到炔醇这一重要的中间体化合物，最后形成所需要的最终目标产物。

Cl—≡—H　$\xrightarrow{2BuLi}$　▷—≡—Li　+　Cl　CF_3　O　NH_2

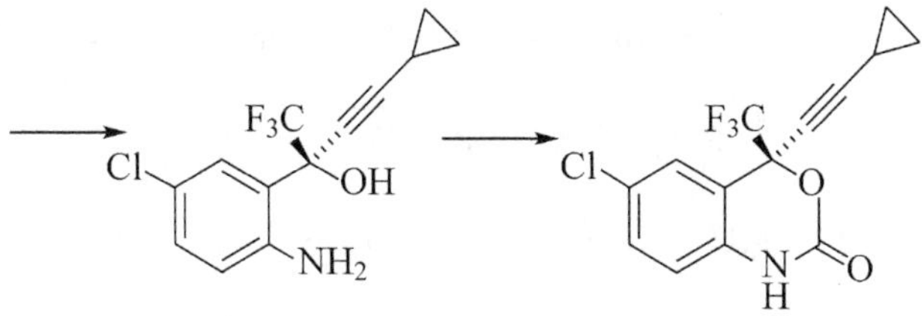

有机锂化合物 RLi 与 CO_2 发生反应，首先生成羧酸锂盐，然后羧酸锂盐与 R′Li 作用，再在酸性条件下发生水解反应得到酮。

$$RLi + CO_2 \longrightarrow RCO_2^-Li^+ \xrightarrow{R'Li} \xrightarrow[H^+]{H_2O} RC(=O)R'$$

有机锂化合物 RLi 与碘化亚铜 CuI 发生反应可得到二烃基铜锂(R_2CuLi)，R 基团可以是烷基、烯基、烯丙基或芳基，常见的如二甲基铜锂试剂(Me_2CuLi)。R_2CuLi 类化合物常应用在有机合成领域，尤其是在与α,β-不饱和羰基化合物发生加成反应时，具有良好的选择性，在β-碳上发生反应。

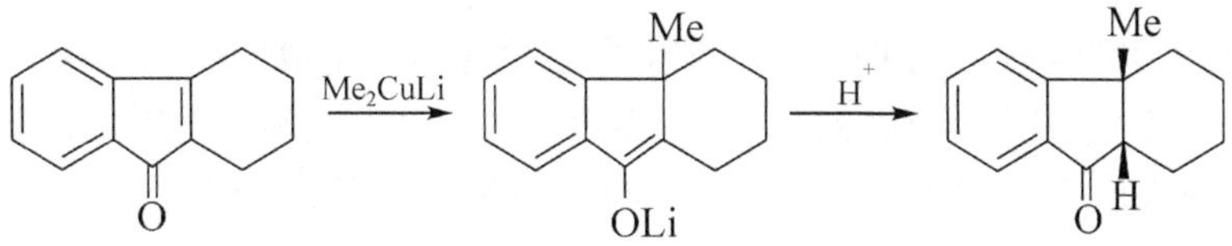

17.2　有机镁化合物

有机镁化合物(organomagnesium compound)通常指的是格氏试剂。大约在 1900 年，法国科学家格利雅首先发现卤代烷和卤代芳烃能在无水乙醚溶剂中与金属镁发生反应生成含有机镁化合物的均相溶液，后称之为格氏试剂。从那以后，格氏试剂作为一种良好的含碳亲核试剂被广泛应用于有机合成研究领域。

格氏试剂之所以能溶于醚溶剂，主要是因为醚可以看成是路易斯碱，二价的金属镁离子可以看成是路易斯酸，两者形成路易斯酸碱化合物。人们一直对格氏试剂的结构充满了浓厚的研究兴趣，X 射线单晶衍射实验证实了乙基溴化镁在乙醚和异丙基醚溶剂中以 $CH_3CH_2MgBr[O(C_2H_5)_2]_2$ 和 $CH_3CH_2MgBr[O(i\text{-}C_3H_7)_2]$的形式存在。

17.2.1　格氏试剂的制备

金属镁与卤代烷或卤代芳烃在乙醚溶剂中发生反应是制备格氏试剂的经典合成方法。除了使用乙醚作为溶剂外，四氢呋喃也常用作制备格氏试剂的溶剂。

$$RX + Mg \longrightarrow RMgX$$

总体来说，卤代烃与金属镁的反应活性顺序为 RI＞RBr＞RCl。甲基碘化镁(CH_3MgI)、乙基溴化镁(CH_3CH_2MgBr)、苯基溴化镁(C_6H_5MgBr)等格氏试剂溶液均可从商业公司购买。

推测格氏试剂的形成过程是按照如下机理进行：卤代烃首先与金属镁发生反应，金属镁表面的电子发生转移，然后卤代烃部分离去卤负离子形成活泼的自由基，最后自由基与镁离子和卤负离子快速结合形成格氏试剂。

$$R—X + Mg \longrightarrow R—X^{\bar{\cdot}} + Mg(I)$$

$$R—X^{\bar{\cdot}} \longrightarrow R\cdot—X^-$$

$$R\cdot + Mg(I) + X^- \longrightarrow R—Mg—X$$

17.2.2 格氏试剂的应用

格氏试剂最重要的一类反应是与羰基化合物进行加成反应，可以用于制备一级、二级和三级醇。普遍认为该类反应包含一个环状的过渡态，由两分子的格氏试剂与一分子的羰基化合物形成。

$$R—Mg(X)\cdots O=CR'_2 \longrightarrow [\text{环状过渡态}] \longrightarrow R'_2RC—O—Mg—R + MgX_2$$

当含有离去基团的羰基化合物与格氏试剂发生反应时，生成的四面体中间体可以失去离去基团形成 C═O 双键。例如，羧酸衍生物酯类化合物与格氏试剂发生反应，形成的中间体失去烃氧基部分得到酮，酮还可以进一步与格氏试剂发生反应得到三级醇。

$$RMgX + R'\overset{O}{\overset{\|}{C}}—OR'' \longrightarrow RC(OMgX)(R')—OR'' \longrightarrow R\overset{O}{\overset{\|}{C}}R' + R''OMgX$$

$$R\overset{O}{\overset{\|}{C}}R' + RMgX \longrightarrow RC(OMgX)(R')—R \longrightarrow RC(OH)(R')—R$$

格氏试剂在低温条件下与过量的酰氯发生反应可以制备酮类化合物。为了得到满意的产率，实验操作过程中通常采用四氢呋喃作溶剂，将格氏试剂滴加到反应体系。

$$CH_3(CH_2)_5MgBr + Cl\overset{O}{\overset{\|}{C}}CH_2CH_2CH_3 \xrightarrow{-30℃} CH_3(CH_2)_5\overset{O}{\overset{\|}{C}}CH_2CH_2CH_3$$

（产率92%）

格氏试剂与 CO_2 发生反应可以增加一个碳原子，最终产物为羧酸。

$$C_6H_5—MgBr + CO_2 \longrightarrow \xrightarrow[H^+]{H_2O} C_6H_5—CO_2H$$

格氏试剂与环氧化合物发生亲核加成反应与有机锂化合物类似，也可以有效延长碳链，制备得到醇类化合物。

$$CH_3(CH_2)_3MgBr + H_2C\underset{O}{—}CH_2 \longrightarrow \xrightarrow[H^+]{H_2O} CH_3(CH_2)_5OH$$

格氏试剂与原甲酸三乙酯反应可以用于制备多一个碳原子的醛类化合物。该反应机理包括以下几个步骤：第一步，格氏试剂的镁离子作为路易斯酸促使原甲酸三乙酯失去一个乙氧基形成具有亲电能力的碳正离子；第二步，碳正离子与格氏试剂的 R 部分连接形成半缩醛的结构；第三步，半缩醛在酸性条件下进行水解反应得到最终产物醛。

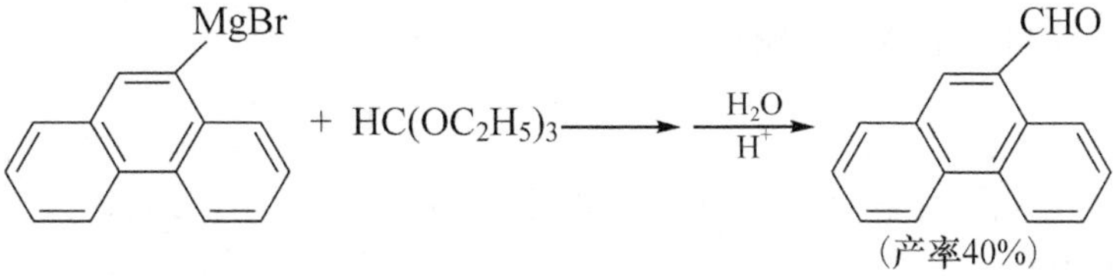

（产率40%）

将末端炔烃与常见的格氏试剂发生反应，可以制备得到炔基格氏试剂。末端炔烃碳氢键的碳原子采用的是 sp 杂化，电负性较强，使末端炔烃具有一定的酸性，所以该反应速率较快，是一种非常适用的合成炔基格氏试剂的方法。

$$RMgBr + H—C\equiv C—R' \longrightarrow BrMgC\equiv C—R' + RH$$

2013 年，Baran 课题组通过 14 步反应合成抗癌药物 Ingenol 的过程中，利用乙炔基格氏试剂进行亲核加成反应有效构建了炔醇骨架结构。

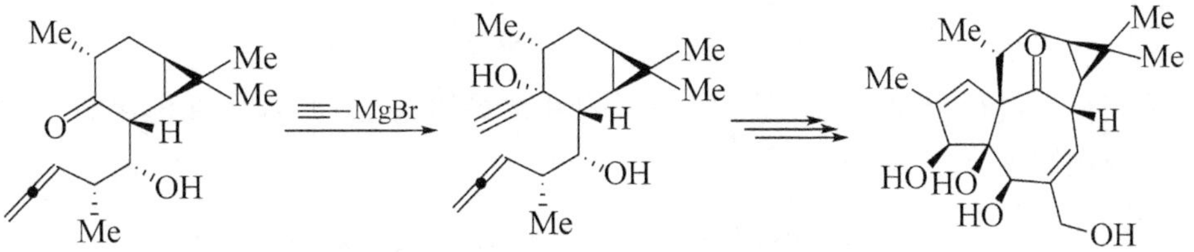

格氏试剂和有机锂化合物与羰基的α-碳原子为手性碳的醛、酮发生亲核加成反应时，反应的立体选择性符合克拉姆(Cram)规则。大的基团 L(大取代基)与 R′呈重叠型，两个较小的基团 M(中等大小取代基)和 S(小取代基)呈邻交叉型，发生亲核加成反应时，格氏试剂或有机锂化合物从空间位阻最小的 S 基团进攻羰基碳更为有利。

17.3　有机硅化合物

有机硅化合物主要是指含有 C—Si 键且至少有一个有机基团直接与硅原子相连的一类化合物。基平(F. S. Kipping)首先创造了有机硅这一专业术语，并提出将与碳的氧化合物结构类似的硅化合物归类为有机硅化合物(含有 Si—O—Si 骨架结构，现今普遍称为聚硅氧烷)。由于硅和碳都位于周期表的ⅣA 族，均为四价元素，通常把通过氧、硫、氮等原子使有机基团与硅原子相连的化合物统称为有机硅化合物，如硅烷 SiH_4、三氯硅烷 $HSiCl_3$、四氯化硅 $SiCl_4$、二甲基二氯硅烷 $(CH_3)_2SiCl_2$、三甲基一氯硅烷 $(CH_3)_3SiCl$ 等。

尽管有机硅化合物和许多有机化合物的化学性质相似，但硅原子的电负性比碳原子小，导致存在一些区别：亲核取代进攻 Si 原子比进攻 C 原子更容易；与电负性较大的氧原子、氟原子、氯原子形成的 Si—X 键键能大于 C—X 键键能；Si—C 键有利于在α-碳上形成碳负离子，在β-碳上形成碳正离子；Si—H 键的极化作用使 Si 带部分正电性，H 带部分负电性，在金属催化剂存在条件下与烯烃进行加成反应时，得到反马氏规则加成反应产物。

17.3.1 制备方法和性质

有机硅烷类化合物(organosilane)的制备通常以单质硅为起始原料。单质硅可以通过石英(SiO_2)与碳在高温下进行加热反应制备。

$$SiO_2 + C \xrightarrow{\triangle} Si + CO_2$$

将制备得到的单质硅与氯气或盐酸发生反应，可以得到合成有机硅烷类化合物的重要中间体化合物卤代硅烷。

$$Si + 2Cl_2 \xrightarrow{\triangle} SiCl_4$$

$$Si + 3HCl \xrightarrow{\triangle} HSiCl_3 + H_2$$

随后，再将卤代硅烷与一些金属有机试剂(如格氏试剂 RMgX、烃基锂试剂 RLi)作用，就可以将卤代硅烷转化成烃基硅烷。

$$RMgCl + HSiCl_3 \longrightarrow RHSiCl_2 + MgCl_2$$

$$RLi + SiCl_4 \longrightarrow RSiCl_3 + LiCl$$

制备有机硅烷类化合物更为高效的方法是利用烯烃的硅氢化反应，在催化剂存在的条件下将烯烃与氯硅烷进行加成反应。

$$RCH{=}CH_2 + HSiCl_3 \xrightarrow{\text{催化剂}} RCH_2CH_2SiCl_3$$

另外，工业上大量使用的甲基硅烷类化合物通常用卤代烃蒸气通过加热的硅粉在高温及金属催化剂存在下直接合成烃基氯硅烷。

$$MeCl + Si \xrightarrow[\triangle]{Cu} MeSiCl_3 + Me_2SiCl_2 + Me_3SiCl$$

卤代硅烷类化合物由于 Si—Cl 键容易断裂，因此性质比较活泼，容易发生水解、醇解等反应。在工业上，可以利用卤代硅烷的这一反应活性，广泛制备硅醇、硅醚、硅酸酯类化合物。

$$2Ph_2SiCl_2 + LiAlH_4 \longrightarrow 2Ph_2SiH + LiCl + AlCl_3$$

$$CH_3CH_2SiCl_3 + 3ROH \longrightarrow CH_3CH_2Si(OR)_3 + 3HCl$$

$$nMe_2SiCl_2 + nH_2O \longrightarrow [Me_2Si(O)_2]_n + 2n\,HCl$$

$$\downarrow n=3, 4, 5, \cdots$$

$$m\,Me_2SiCl_2 + (m+1)H_2O \longrightarrow HO[Me_2Si(O)_2]_mH + 2m\,HCl\,(m=4\sim100)$$

罗氏(Roche)公司在合成聚二甲基硅氧烷的过程中，首先利用单质硅与氯甲烷反应生成二甲基二氯硅烷，然后将二甲基二氯硅烷与甲醇发生醇解反应得到聚二甲基硅氧烷。整个反应过程中没有 HCl 生成，第二步反应的氯甲烷还可以回收利用。这是一条清洁、高效的合成聚二甲基硅氧烷的途径。

罗氏公司合成路线：

$$nSi + 2n\,CH_3Cl \longrightarrow n(CH_3)_2SiCl_2$$

醇解反应：

$$n(CH_3)_2SiCl_2 + 2n\,CH_3OH \longrightarrow [(CH_3)_2SiO]_n + 2n\,CH_3Cl + n\,H_2O$$

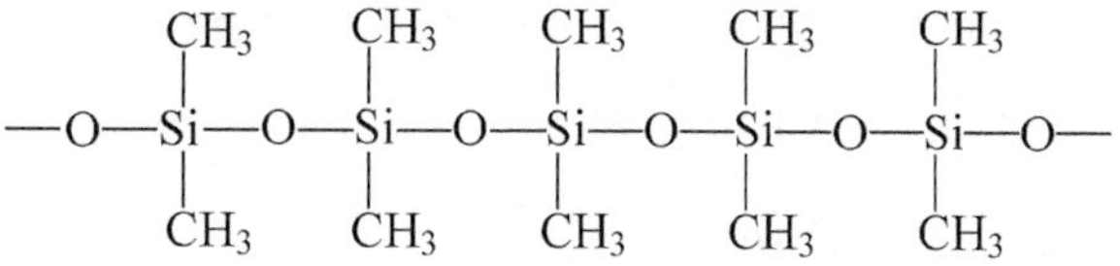

$$-O-\underset{CH_3}{\overset{CH_3}{Si}}-O-\underset{CH_3}{\overset{CH_3}{Si}}-O-\underset{CH_3}{\overset{CH_3}{Si}}-O-\underset{CH_3}{\overset{CH_3}{Si}}-O-\underset{CH_3}{\overset{CH_3}{Si}}-O-$$

四元环内酯或五元环内酯与硅烷在金属有机化合物 Cp_2TiCl_2 作为催化剂的条件下发生聚合反应，可以得到聚硅氧烷类聚合物。

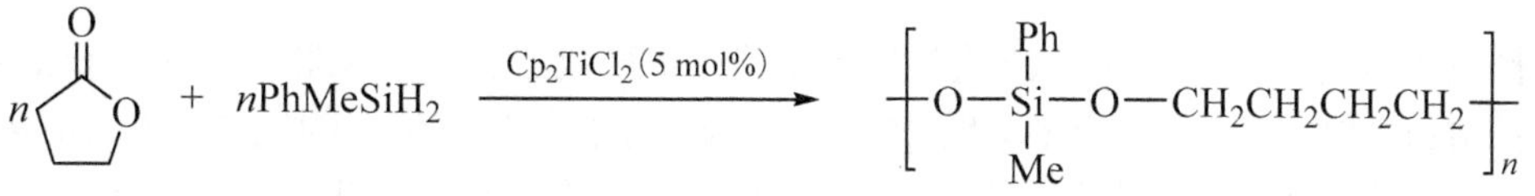

$$n\,(\gamma\text{-丁内酯}) + n\,PhMeSiH_2 \xrightarrow{Cp_2TiCl_2(5\,mol\%)} \left[-O-\underset{Me}{\overset{Ph}{Si}}-O-CH_2CH_2CH_2CH_2-\right]_n$$

17.3.2　有机硅化合物的应用

有机硅化合物在工业中应用非常广泛，可以作为航空、军工特种材料应用于国防科技领域，还在电子电气、化工轻工、医药医疗、汽车、机械等领域有非常广泛的应用。有机硅化合物中，以硅氧键(Si—O)为骨架的结构组成的聚硅氧烷类化合物具有优良的耐热性、耐低温性、耐水性、抗氧化性等，被广泛应用于工业各个领域，占据大约 90%的有机硅市场份额。

硅油作为一类常见的有机硅化合物，是无色透明状的液体，具有高的热化学稳定性、良好的耐低温性能，常用作仪器的润滑剂、加热回流反应中的传热介质，在化学、化工、制药和食品工业等有广泛的应用。由于硅油的表面张力低，因此可以用于塑料和橡胶制品的加工，作为建筑涂料的保护剂、纺织品的防水剂和防水抛光剂中的添加剂。

最重要的硅油是甲基硅油(聚二甲基硅氧烷)。甲基硅油的物理性质(如黏度)主要取决于平均链长或平均质量和聚合度，因此通常在生产过程中会除掉挥发性成分。

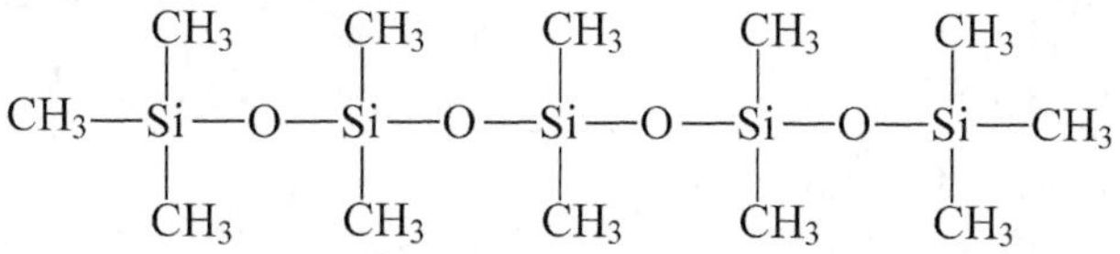

$$CH_3-\underset{CH_3}{\overset{CH_3}{Si}}-O-\underset{CH_3}{\overset{CH_3}{Si}}-O-\underset{CH_3}{\overset{CH_3}{Si}}-O-\underset{CH_3}{\overset{CH_3}{Si}}-O-\underset{CH_3}{\overset{CH_3}{Si}}-CH_3$$

有机硅化合物的抗黏性使它们成为良好的脱模剂，一个较好的实例就是硅油。但是，可交联的有机硅化合物(涂料)应用更为广泛。它们是含有末端羟基或乙烯基的聚二甲基硅氧烷类化合物。这些聚二甲基硅氧烷可以通过固化缩合反应或加入硅酸盐形成有机硅弹性体，能将其应用于黏合标签或胶带行业。硅胶脱模剂在生理学上是无害的，甚至能达到食品包装或烘烤标准纸张的生产要求。

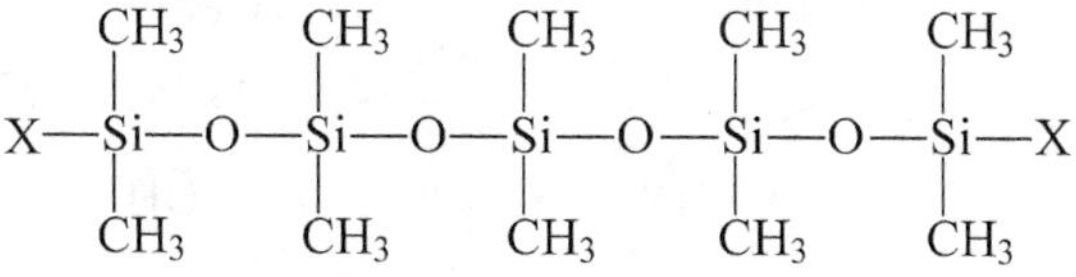

$$X-\underset{CH_3}{\overset{CH_3}{Si}}-O-\underset{CH_3}{\overset{CH_3}{Si}}-O-\underset{CH_3}{\overset{CH_3}{Si}}-O-\underset{CH_3}{\overset{CH_3}{Si}}-O-\underset{CH_3}{\overset{CH_3}{Si}}-X\ (X=-OH,\ -CH=CH_2)$$

线形氨基聚二甲基硅氧烷可以作为有机硅柔软剂，通常用于纺织品(毛巾)工业。氨基官能团能够使有机硅在纤维表面得到最佳分布，从而确保纺织品的柔软度最佳。随着有机硅在纺织品加工行业的大范围应用，其工艺日趋成熟、功效愈发增多，目前能够在柔软度、亲水性、稳定性、弹性、色度和气味方面做到很好的控制，甚至含有新型亲水有机硅柔软剂的纺织品能够同时满足柔软性、吸收性要求。

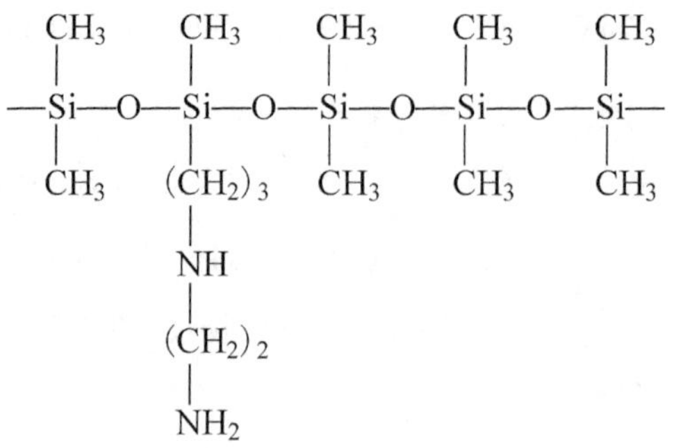

硅橡胶化合物是一类在化工领域非常重要的有机硅化合物。硅橡胶化合物由长链聚硅氧烷和各种填料(如二氧化硅、特殊炭黑)构成。硅橡胶化合物具有优异的抗老化性、耐高温性、耐低温性，可固化形成有机硅弹性体，可以通过硫化作用得到高温硫化硅橡胶并将其应用于汽车工业、电气行业、机械和设备制造业、建筑行业等。

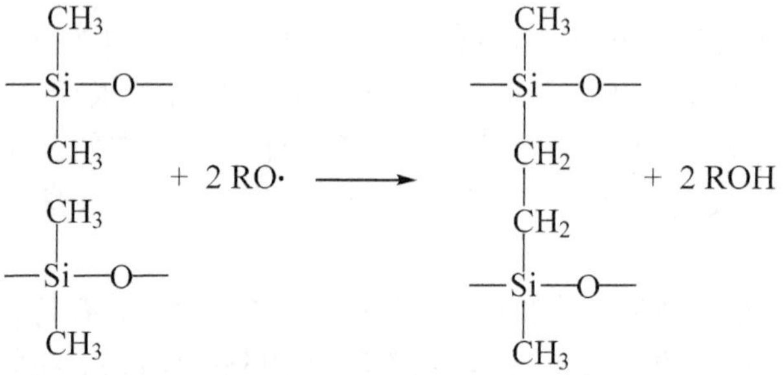

氯硅烷类化合物在有机合成中经常用作保护基团，是醇类化合物羟基良好的保护基。例如，英国化学家 Ley 在合成印楝素(azadirachtin)的过程中，利用了叔丁基二甲基硅基(TBDMS)保护醇羟基。

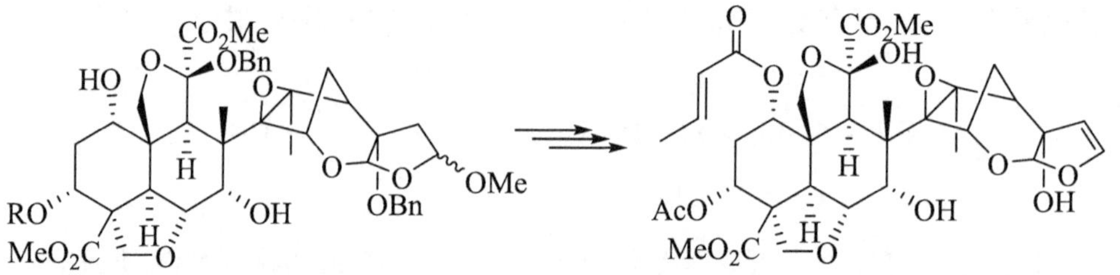

R = t-BuMe$_2$Si　　　　印楝素

从以下反应式可以发现，TBDMS 作为醇羟基的保护基团有非常好的优势：其很容易与羟基官能团发生化学反应，同时离去保护基的反应条件也很温和。

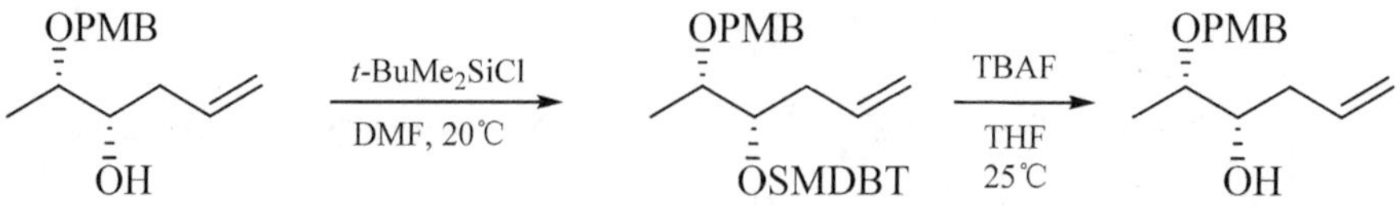

17.4　有机磷化合物

有机磷化合物(organophosphorus compound)包括含 C—P 键的化合物及含有有机基团的磷酸衍生物。由于磷元素和氮元素均属于ⅤA 族，因此磷也可以形成与氮类似结构的化合物，如磷化氢、伯膦、仲膦、叔膦和季鏻盐。

PH_3　$PhPH_2$　Ph_2PH　Ph_3P　$[(CH_3CH_2)_4P]^+Br^-$

磷化氢　苯基膦　二苯基膦　三苯基膦　四乙基溴化鏻

17.4.1 制备方法和性质

利用磷化氢与金属钠作用得到的磷化钠和相应的卤代烃发生反应可以制备得到伯膦。伯膦化合物进一步与金属钠、卤代烃反应可合成得到仲膦。仲膦由于还存在 P—H 键，可进一步与钠反应得到膦化钠，再与卤代烃反应可得到叔膦。

$$PH_3 + Na \longrightarrow H_2PNa \xrightarrow{RX} RPH_2 \xrightarrow{Na} RHPNa$$

$$\xrightarrow{R'X} RR'P—H \xrightarrow{Na} RR'PNa \xrightarrow{R''X} RR'P—R''$$

尽管上述合成方法对于制备各种结构的伯膦、仲膦和叔膦化合物具有较好的适用性，但是由于甲基膦($MePH_2$)、二甲膦(Me_2PH)、苯基膦($PhPH_2$)、二苯基膦(Ph_2PH)等非常容易被氧化，在空气中迅速被氧化而引起自燃。对于合成烃基结构相同的叔膦化合物，可以采用更简便的合成途径。利用甲基或苯基等的格氏试剂与工业上常用的化工原料三氯化磷(PCl_3)发生反应，可以有效制备相应的三甲基膦和三苯基膦等叔膦化合物。

$$3\ MeMgBr + PCl_3 \longrightarrow Me_3P$$

$$3\ PhMgBr + PCl_3 \longrightarrow Ph_3P$$

对于一些双齿膦配体，可以用烃基膦作为原料，与金属 Li 或金属 K 发生反应，形成膦化锂或膦化钾，再与相应的卤代烃在无水四氢呋喃(THF)或一缩乙二醇二甲醚(DME)溶剂中加热回流反应制备。例如，可以用二苯基膦先与金属钾首先反应得到二苯膦钾，然后再将其与顺-1,2-二氯乙烯或 1,2-二氟苯加热回流反应合成顺式 1,2-双(二苯膦)乙烯或 1,2-双(二苯膦)苯。

$$2\ Ph_2PH \xrightarrow{K} 2\ Ph_2PK$$

$$2\ Ph_2PK \xrightarrow{\text{cis-ClCH=CHCl}} \text{cis-}Ph_2PCH=CHPPh_2$$

$$2\ Ph_2PK \xrightarrow{1,2\text{-}C_6H_4F_2} 1,2\text{-}C_6H_4(PPh_2)_2$$

某些结构简单的 PNP 双膦配体可以通过二苯基氯化膦与一级胺在三乙胺存在的条件下，通过室温搅拌反应制备得到。

$$RNH_2 + 2\,Ph_2PCl \xrightarrow{Et_3N} (Ph_2P)_2N\text{—}R$$

叔膦与卤代烷发生反应可以用于合成季鏻盐。季鏻盐在工业领域可以用作杀菌剂、缓蚀剂等，在有机化学领域通常以其为原料制备维蒂希(wittig)试剂。此外，季鏻盐可以发生与季铵盐类似的化学反应，与湿的氧化银作用，可得到类似季铵碱的有机磷化合物季鏻碱。

$$(CH_3CH_2)_3P + C_2H_5Br \longrightarrow (H_3CH_2C)_4P^+\,Br^-$$

$$(H_3CH_2C)_4P^+\,I^- + AgOH \longrightarrow (H_3CH_2C)_4P^+\,OH^- + AgI\downarrow$$

17.4.2 维蒂希反应

维蒂希反应中的磷叶立德(ylide)，又称维蒂希试剂，可以看作是含碳亲核试剂。以磷叶立德$(CH_3)_3PCH_2$为例，理论上有以下两种共振结构形式存在：

$$(CH_3)_3P^+\text{—}CH_2^- \longleftrightarrow (CH_3)_3P{=}CH_2$$

核磁共振氢谱、磷谱和碳谱实验数据和理论计算结果显示主要以叶立德形式存在，亚甲基膦烷的结构含量相对较少。

维蒂希试剂通常由季鏻盐为原料制备得到，利用强碱(如正丁基锂、苯基锂、氨基钠等)与季鏻盐反应，使连接磷的一个碳原子上的 H 分离而形成亚甲基膦烷式的结构，由于 P—C 键具有很强的极性，因此具有内盐的性质。

$$(C_6H_5)_3P + CH_3Br \longrightarrow (C_6H_5)_3\overset{+}{P}\text{—}\overset{-}{C}H_3Br \xrightarrow{碱} (C_6H_5)_3P{=}CH_2$$

维蒂希试剂与醛、酮发生亲核加成反应时，醛、酮的 C═O 双键变成 C═C 双键，羰基的氧转移到磷上形成 P═O 双键，这个反应称为维蒂希反应。

$$R_3\overset{+}{P}\text{—}\overset{-}{C}R_2' + R_2''C{=}O \longrightarrow R_2''C{=}CR_2' + R_3P{=}O$$

维蒂希反应的可能机理为：首先磷叶立德进攻羰基形成一个偶极子中间体(内盐)，然后发生消除反应失去一分子的氧化磷。消除反应过程中，可能形成了四元环状过渡态。当然，也有可能在反应过程中直接形成四元环中间体，低温下的核磁共振实验检测到存在四元环中间体。

$$R_3\overset{+}{P}\text{—}\overset{-}{C}R_2' + R_2''C{=}O \longrightarrow \left[\begin{array}{c} R_3\overset{+}{P}\text{—}CR_2' \\ \overset{-}{O}\text{—}CR_2'' \\ \downarrow \\ R_3P\text{—}CR_2' \\ |\quad\ \ | \\ O\text{—}CR_2'' \end{array}\right] \longrightarrow R_2''C{=}CR_2' + R_3P{=}O$$

维蒂希反应在有机合成上的应用非常广泛，尤其是在烯烃类化合物的合成方面表现优异，通常能够得到很高的产率。

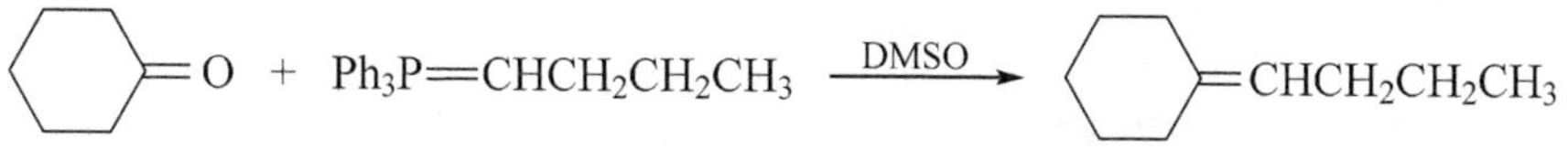

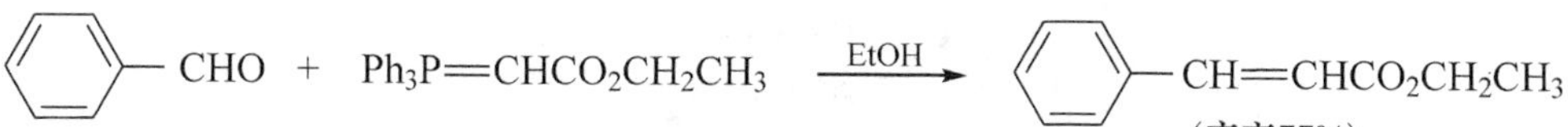

$$\text{环己酮} + Ph_3P{=}CHCH_2CH_2CH_3 \xrightarrow{DMSO} \text{环己烷}{=}CHCH_2CH_2CH_3$$

$$C_6H_5CHO + Ph_3P{=}CHCO_2CH_2CH_3 \xrightarrow{EtOH} C_6H_5CH{=}CHCO_2CH_2CH_3$$

（产率77%）

$$\xrightarrow[100℃,\ 2\ h]{Ph_3\overset{+}{P}CH_3Br^-,\ KOCR_3}$$

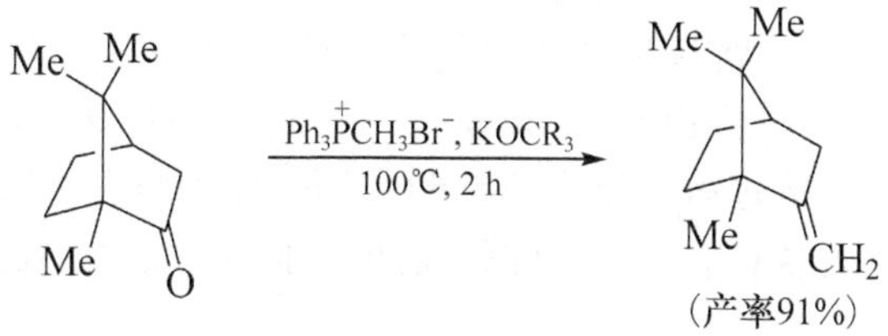

（产率91%）

Corey 在合成白三烯(leukotriene)的过程中，利用稳定的磷叶立德与脱氧核糖半缩醛结构的互变异构体反应，有效地合成了中间体α, β-不饱和醛类化合物。

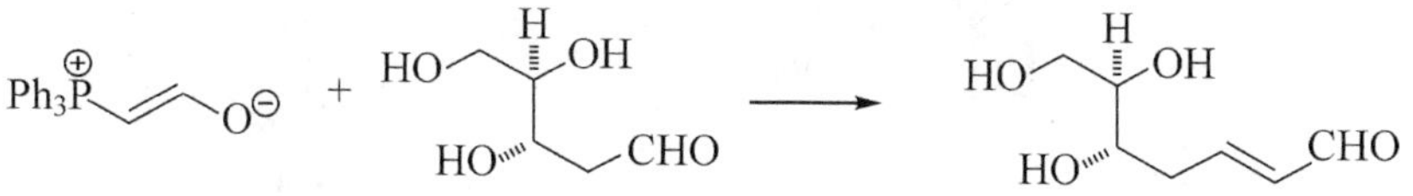

17.4.3　有机磷化合物的应用

有机磷化合物在工业中有广泛的应用，已经开发出系列有机磷除草剂、有机磷杀虫剂、有机磷杀菌剂、表面活性剂、络合剂、增塑剂等。

19 世纪初，人们开始研究有机磷化合物的结构及性质。直到 20 世纪中期，德国施拉德第一次在拜耳实验室发现有机磷化合物具有杀虫活性，然后这一领域便有了快速的发展。目前常用的有机磷杀虫剂有 *O,O*-二甲基-*O*-(2,2-二氯乙烯基)磷酸酯(敌敌畏，DDVP)、*O,O*-二甲基-(2,2,2-三氯-1-羟基乙基)磷酸酯(敌百虫，dipterex)等。

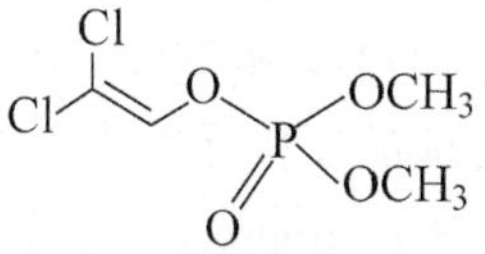

敌敌畏 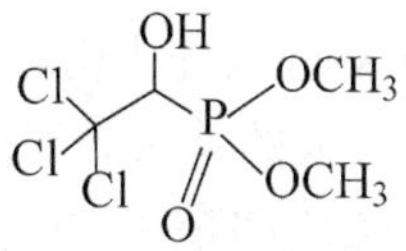　　敌百虫

部分有机磷化合物可以作为除草剂，对草类生长有抑制作用，广泛应用于农业、林业等。美国孟山都公司开发出的草甘膦(又名镇草宁，*N*-膦酸基甲基甘氨酸)是一种广谱灭生性除草剂，能够有效杀灭稗、狗尾草、芦苇、车前子等很多杂草。

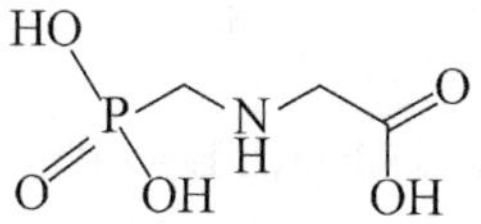

草甘膦

南开大学李正名院士长期致力于有机磷杀虫剂、有机磷化学反应和除草剂的研究，主持了国内第一个有机磷杀虫剂“对硫磷”的合成工艺研发，参与了“磷 32、磷 47 新杀虫剂”的研制。对硫磷作为广谱杀虫剂，可用于防治棉花，苹果、梨、桃等果树害虫，同时具有杀螨作用，

但由于其毒性较强，现已被禁用。经过多年的科研工作积累，李正名院士创制出我国首个具有自主知识产权的超高效绿色除草剂——单嘧磺隆(酯)。

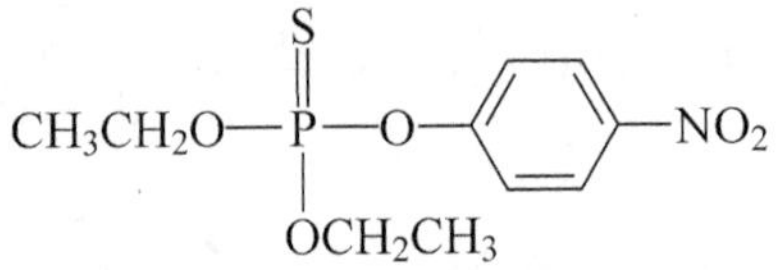

$CH_3CH_2O-P(=S)(OCH_2CH_3)-O-C_6H_4-NO_2$

单嘧磺隆(酯)

除了有机磷杀虫剂、除草剂在农药界有广泛的应用外，现在人们也开发出了一系列磷酸酯、环磷酰胺化合物，将有机磷化合物应用于皮质激素类药物、抗肿瘤药物研究领域，进一步扩展了有机磷化合物的应用范围。例如，地塞米松磷酸钠是一种肾上腺皮质激素类药物，具有抗炎、抗过敏、免疫抑制的作用；环磷酰胺是第一个“潜伏化”广谱抗肿瘤药，对白血病、实体瘤有效，作为抗肿瘤药用于治疗恶性淋巴瘤、乳腺癌、小细胞肺癌等。

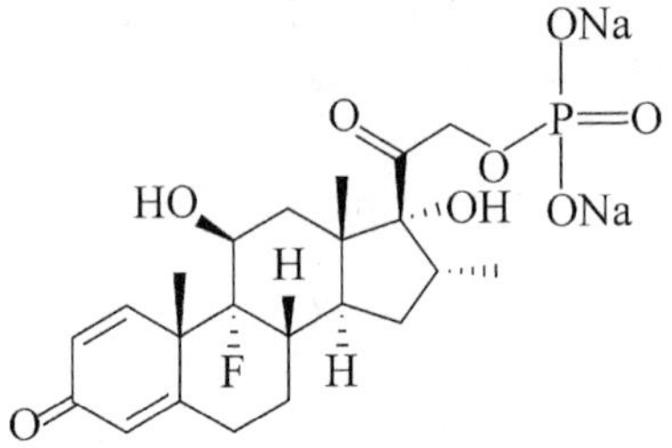

地塞米松磷酸钠 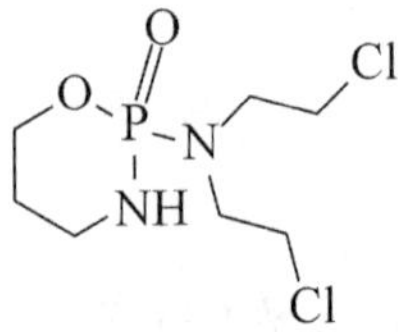　　　　环磷酰胺

三配位的有机膦配体由于其磷原子具有良好的给电子能力，可以作为路易斯碱与金属中心离子配位形成络合物，在有机合成研究领域具有广泛的应用。有机膦配体在过渡金属催化的反应中扮演了极其重要的角色，可以有效地改变金属催化剂的活性和选择性。

1972 年，熊田(Kumada)和玉尾(Corriu)分别报道了在催化量含膦配体的金属镍络合物作用下，芳基或烯基卤代物与格氏试剂能够进行立体选择性的偶联反应。

熊田首次提出了包含氧化加成(oxidative addition)、转金属化(transmetallation)和还原消除(reductive elimination)三个部分的催化循环机理，通过镍-膦配体提出了分子催化的概念，并明确了催化活性与膦配体有很大的关系。双齿膦配体的反应活性优于单齿配体，基本排序为：1,3-双(二苯膦)丙烷($Ph_2PCH_2CH_2CH_2PPh_2$，简写为 dppp)＞1,2-双(二苯膦)乙烷($Ph_2PCH_2CH_2PPh_2$，简写为 dppe)＞1,2-双(二甲膦)乙烷($Me_2PCH_2CH_2PMe_2$，简写为 dmpe)＞顺式 1,2-双(二苯膦)乙烯($Ph_2PCH{=}CHPPh_2$，简写为 *cis*-dppv)。

$$R^1R^2C{=}C(R^3)X + R^4MgX \xrightarrow[\text{配体(L)}]{L_2NiCl_2} R^1R^2C{=}C(R^3)R^4$$

X = F, Cl, Br, I; R^4 = alkyl, aryl, alkenyl; L = PPh_3, dppp, dppe, dmpe, *cis*-dppv

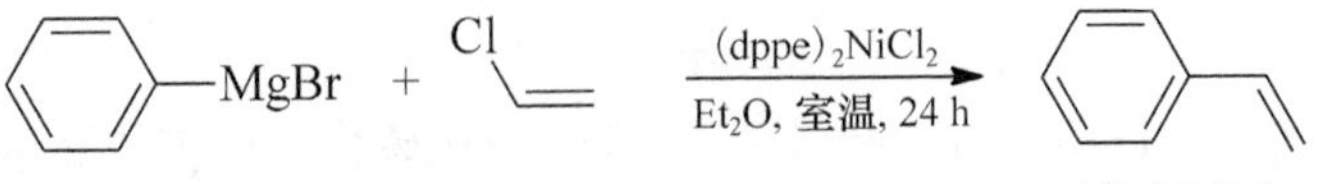

$$C_6H_5MgBr + CH_2{=}CHCl \xrightarrow[Et_2O,\ \text{室温},\ 24\ h]{(dppe)_2NiCl_2} C_6H_5CH{=}CH_2$$

(产率89%)

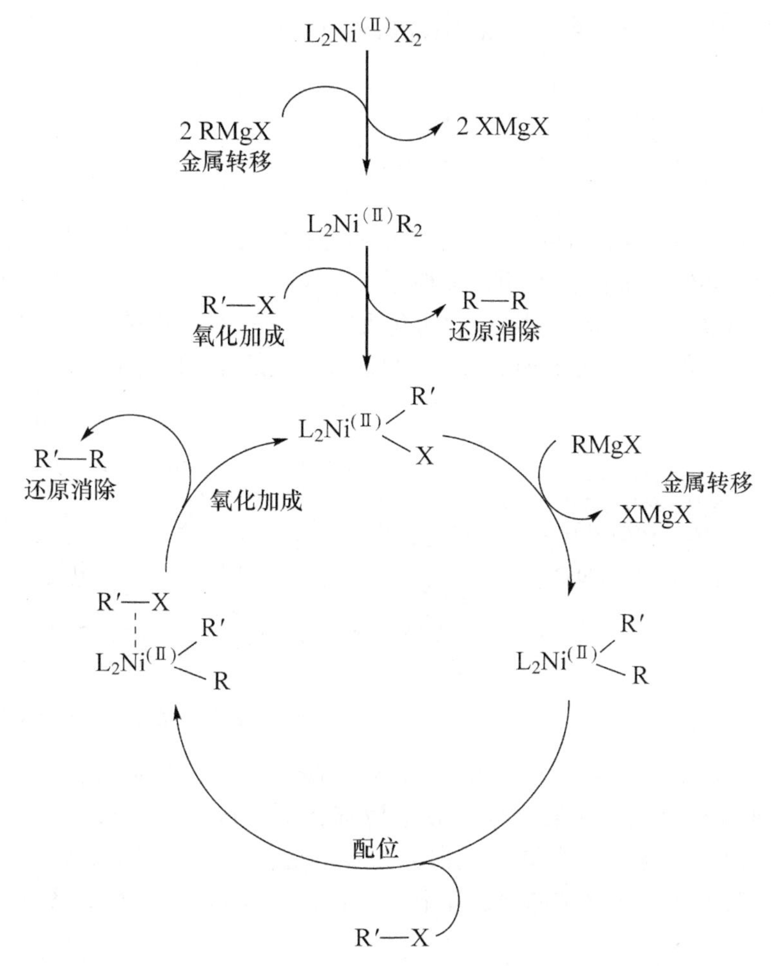

1979 年，日本化学家铃木章（Suzuki）和宫浦（Miyarua）报道了在零价钯络合物催化作用下，烯基硼烷与芳基卤代烃发生交叉偶联反应，这就是著名的 Suzuki 偶联反应。该反应主要靠四配位的钯催化剂催化，广泛使用的催化剂为四（三苯基膦）钯，其他的膦配体还包括三甲氧基膦、三正丁基膦、1,2-双（二苯膦）乙烷、1,3-双（二苯膦）丙烷等。

$$R^1—BR^2 + R^2—X \xrightarrow[\text{碱}]{[Pd]} R^1—R^2 + R_2BX$$

$$C_6H_5—B(OH)_2 + Br—C_6H_5 \xrightarrow[Na_2CO_3,\ \text{苯, 加热回流}]{3\ mol\%\ [Pd(PPh_3)_4]} C_6H_5—C_6H_5$$

20 世纪 90 年代，著名有机化学家陆熙炎院士利用有机膦化合物的亲核性和强离去性特点，首次发展了将联烯与烯烃在有机膦催化条件下发生[3+2]环加成反应构筑五元环状化合物的新反应，并以陆院士名字命名为“Lu's [3+2]环加成反应”。

$$CH_2{=}C{=}CH—CO_2R + R^1CH{=}C(E)R^2 \xrightarrow{PR_3} \text{环戊烯产物}(E, R^2, R^1, CO_2R) + \text{环戊烯产物}(R^1, R^2, E, CO_2R)$$

另外，陆熙炎院士课题组、国外 Trost 和 Inoue 小组还利用三级膦催化或过渡金属催化炔酮异构化共轭二烯酮的反应，称之为 Lu-Trost-Inoue 反应。

南开大学周其林院士课题组设计发展了一系列具有螺双二氢茚"优势骨架结构"的新颖、高效的含磷手性螺环配体和催化剂，并将其应用于许多不对称反应，得到优异的催化效率和对映选择性。例如，在酮化合物的不对称催化氢化反应中，手性螺环吡啶胺基膦配体的铱催化剂(Ir-SpiroPAP)给出了高达 450 万的转化数，是目前最高效的分子催化剂。

手性螺环吡啶胺基膦配体的铱催化剂

2018 年，美国科罗拉多州立大学的 Andrew McNally 教授与英国牛津大学的 Robert Paton 教授发现有机膦配体能够完成过渡金属催化剂难以实现的杂芳基-杂芳基偶联反应，进一步拓宽了有机膦化合物在催化研究领域的应用。该反应不需要以杂芳基卤化物或硼酸为底物，巧妙地通过区域选择性取代 C—H 键形成 C—P 键得到鏻盐，最后得到偶联产物。

参 考 文 献

邢其毅, 裴伟伟, 徐瑞秋, 等. 2016. 基础有机化学[M]. 4 版. 北京: 北京大学出版社

徐寿昌. 2014. 有机化学[M]. 2 版. 北京: 高等教育出版社

Arkles B, Larson G L. Silicon Compounds: Silanes and Silicones, A Survey of Properties and Chemistry[M]. 3rd ed. Morrisville, PA：Gelest, Inc

Bellina F, Carpita A, Rossi R. 2004. Palladium catalysts for the Suzuki cross-coupling reaction: an overview of recent advances[J]. Synthesis, 15: 2419-2440

Carey F A, Sundberg R J. 2000. Advanced Organic Chemistry[M]. 4th ed. New York: Kluwer Academic/Plenum Publishers

Corriu R J P, Masse J P. 1972. Activation of Grignard reagents by transition-metal complexes. A new and simple synthesis of trans-stilbenes and polyphenyls[J]. Journal of the Chemical Society, Chemical Communications, 3: 144

Hilton M C, Zhang X, Boyle B T, et al. 2018. Heterobiaryl synthesis by contractive C—C coupling via P(Ⅴ) intermediates[J]. Science, 362(6416): 799-804

Jorgensen L, McKerrall S J, Kuttruff C A, et al. 2013. 14-step synthesis of (+)-ingenol from (+)-3-carene[J]. Science, 341(6148): 878-882

Lu X Y, Zhang C M. 1995. Phosphine-catalyzed cycloaddition of 2,3-butadienoates or 2-butynoates with electron-deficient olefins. A novel [3+2] annulation approach to cyclopentenes[J]. Journal of Organic Chemistry, 60(9): 2906-2908

Lu X Y, Zhang C M, Xu Z R. 2001. Reactions of electron-deficient alkynes and allenes under phosphine catalysis[J]. Accounts of Chemical Research, 34(7): 535-544

Ma D W, Lin Y R, Lu X Y, et al. 1988. A novel stereoselective synthesis of conjugated dienones[J]. Tetrahedron Letters, 29(9): 1045-1048

Martin R, Buchwald S L. 2007. Pd-catalyzed Kumada-Corriu cross-coupling reactions at low temperatures allow the use of Knochel-type Grignard reagents[J]. Journal of the American Chemistry Society, 129(13): 3844-3845

Martin R, Buchwald S L. 2008. Palladium-catalyzed Suzuki-Miyaura cross-coupling reactions employing dialkylbiaryl phosphine ligands[J]. Accounts of Chemical Research, 41(11): 1461-1473

Maryanoff B E, Reitz A B, Duhl-Emswiler B A. 1985. Stereochemistry of the wittig reaction. Effect of nucleophilic groups in the phosphonium ylide[J]. Journal of the American Chemistry Society, 107(1): 217-226

McDonald R N, Campbell T W. 1960. The Wittig reaction as a polymerization method[1a][J]. Journal of the American Chemistry Society, 82(17): 4669-4671

Miyaura N. 2004. In Metal-catalyzed Cross-coupling Reaction[M]. New York: Wiley-VCH

Miyaura N, Suzuki A. 1995. Palladium-catalyzed cross-coupling reactions of organoboron compounds[J]. Chemical Reviews, 95(7): 2457-2483

Ohkuma T, Arai N. 2012. Design of molecular catalysts for achievement of high turnover number in homogeneous hydrogenation[J]. The Chemical Record, 12(2): 284-289

Tamao K, Sumitani K, Kumada M. 1972. Selective carbon-carbon bond formation by cross-coupling of Grignard reagents with organic halides. Catalysis by nickel-phosphine complexes[J]. Journal of the American Chemistry Society, 94(12): 4374-4376

Thompson A, Corley E G, Huntington M F, et al. 1998. Lithiumephedrate-mediated addition of a lithium acetylide to aketone: solution structures and relative reactivities of mixed aggregates underlying the high enantioselectivities[J]. Journal of the American Chemistry Society, 120(9): 2028-2038

Trippett S. 1963. The Wittig reaction[J]. Quarterly Reviews, Chemical Society, 17: 406-440

Trost B M, Flemingm I. 1991. Comprehensive Organic Synthesis[M]. Oxford: Pergamon Press

Warren S, Wyatt P. 2010. Organic Synthesis: The Disconnection Approach[M]. 2nd ed. New York: Wiley

Xi Z F. 2010. 1,4-Dilithio-1,3-dienes: reaction and synthetic applications[J]. Accounts of Chemical Research, 43(10): 1342-1351

Xie J H, Liu X Y, Xie J B, et al. 2011. An additional coordination group leads to extremely efficient chiral iridium catalysts for asymmetric hydrogenation of ketones[J]. Angewandte Chemie International Edition, 50(32): 7329-7332

习　题

1. 完成下列反应。

（1）　$CH_3CH_2CH_2CH_2Li$ + (环戊酮) ⟶

(2) $CH_3CH{=}CHBr \xrightarrow{2\ t\text{-BuLi}} \qquad \xrightarrow{PhCHO}$

(3) $CH_3CH_2OCH_2Cl$ + O $\xrightarrow[\text{5 mol\% DTBB}]{Li}$

(4) MeO– –Br, CO_2H $\xrightarrow{2\ t\text{-BuLi}} \qquad \xrightarrow{PhCOCl}$

(5) O, O $\xrightarrow{\text{LDA, THF, −78℃}} \qquad \xrightarrow{RCHO}$

(6) H, H, Et, Br + $CH_3CH_2CH_2CH_2Li \xrightarrow{Pd(PPh_3)_4}$

(7) Br, Br + $Me_2CuLi \longrightarrow$

(8) Br, Br + $Me_2CuLi \longrightarrow$

(9) O $\xrightarrow{[\quad]_2CuLi}$

(10) Br $\xrightarrow[\text{2) }Cu_2Cl_2]{\text{1) BuLi}} \qquad \xrightarrow{\text{O}}$

(11) Br, Cl $\xrightarrow{Mg} \qquad \xrightarrow{CH_3CH_2CHO} \xrightarrow[H^+]{H_2O}$

(12) S, S, CH_2MgBr + $CH_3COCH_3 \longrightarrow \xrightarrow[H^+]{H_2O}$

(13) 2 MgBr + CO_2Et $\longrightarrow \xrightarrow[H^+]{H_2O}$

(14) 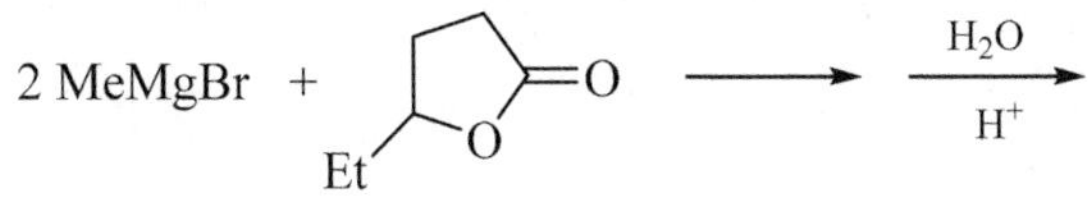　2 MeMgBr + (Et, O, =O) $\longrightarrow$ $\xrightarrow[H^+]{H_2O}$

(15) 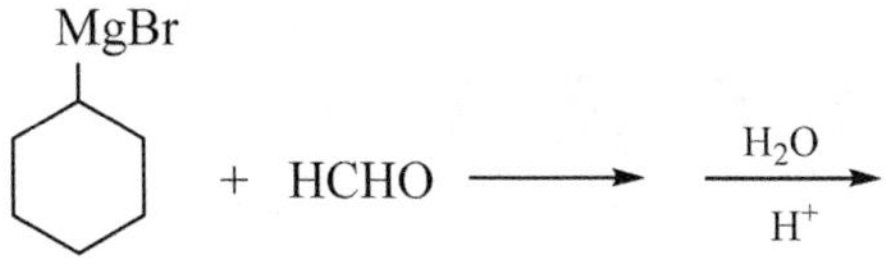　(MgBr) + HCHO $\longrightarrow$ $\xrightarrow[H^+]{H_2O}$

(16) 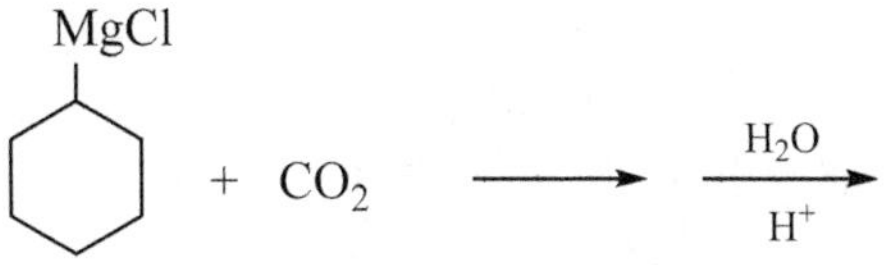　(MgCl) + CO_2 $\longrightarrow$ $\xrightarrow[H^+]{H_2O}$

(17) 　$(CH_3)_2CHMgBr$ + (O) $\longrightarrow$ $\xrightarrow[H^+]{H_2O}$

(18)　$(CH_3)_2CHMgBr + HC(OC_2H_5)_3$ $\longrightarrow$ $\xrightarrow[H^+]{H_2O}$

(19) 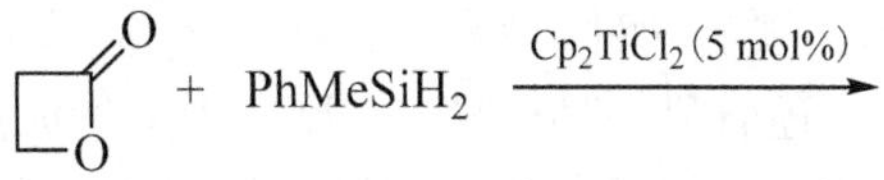　(O, O) + $PhMeSiH_2$ $\xrightarrow{Cp_2TiCl_2(5\ mol\%)}$

(20) 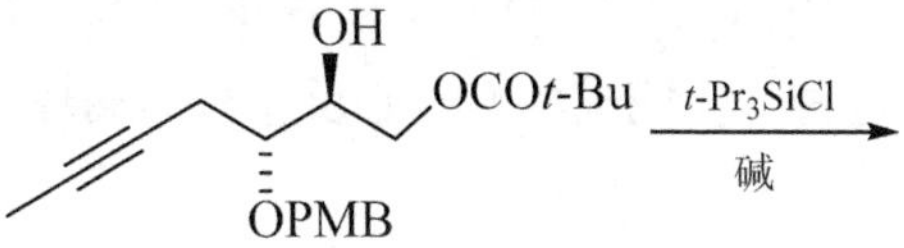　(OH, OCO*t*-Bu, OPMB) $\xrightarrow[碱]{t\text{-}Pr_3SiCl}$

(21) 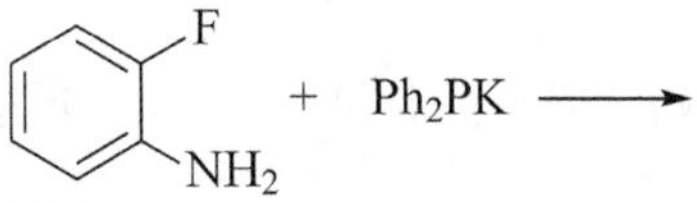　(F, NH_2) + Ph_2PK $\longrightarrow$

(22)　Ph_3P + $BrCH_2CH_3$ $\longrightarrow$ $\xrightarrow{n\text{-}BuLi}$

(23) 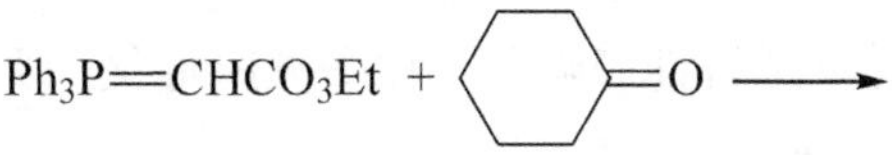　$Ph_3P{=}CHCO_3Et$ + (=O) $\longrightarrow$

(24) 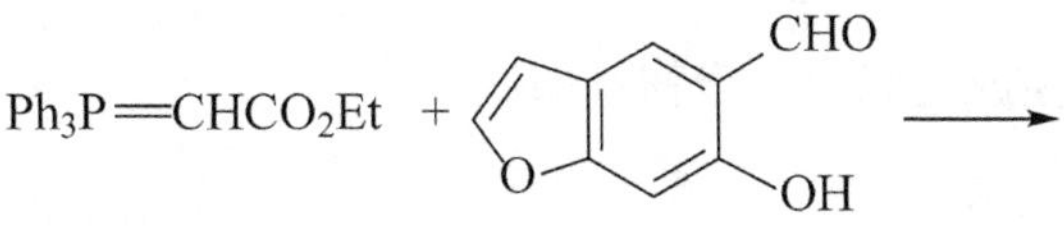　$Ph_3P{=}CHCO_2Et$ + (CHO, O, OH) $\longrightarrow$

(25) 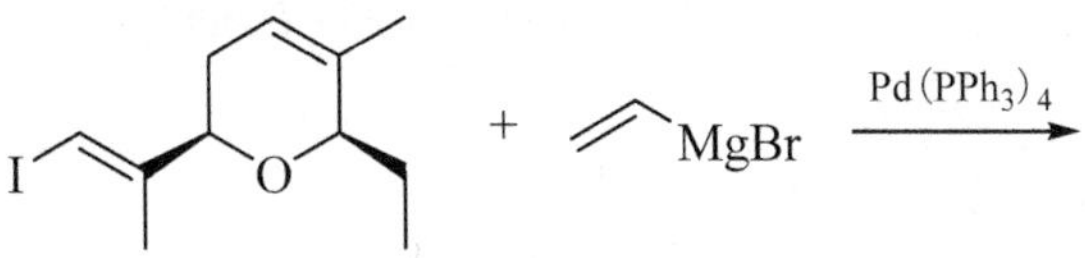　(I, O) + (MgBr) $\xrightarrow{Pd(PPh_3)_4}$

(26) 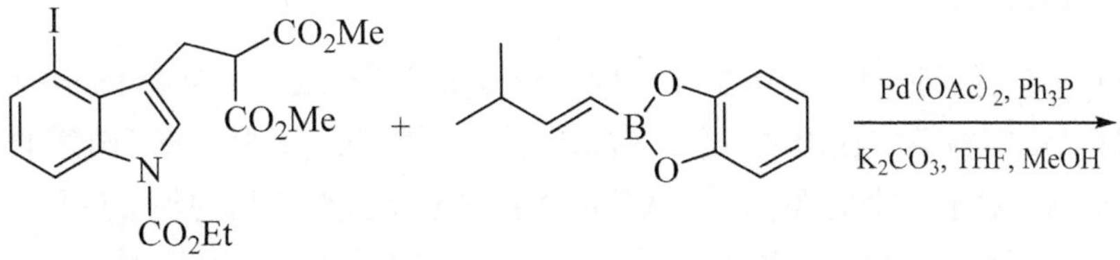　(I, CO_2Me, CO_2Me, N, CO_2Et) + (B, O, O) $\xrightarrow[K_2CO_3,\ THF,\ MeOH]{Pd(OAc)_2,\ Ph_3P}$

第 18 章 周 环 反 应

【学习要求】

(1)初步了解周环反应的基本理论——分子轨道理论和前线轨道理论。
(2)掌握电环化反应、环加成反应、σ 键迁移反应的反应条件和方式的选择。
(3)能根据具体条件完成指定的周环反应。

18.1 周环反应理论

18.1.1 周环反应的特征

前面各章讨论的有机化学反应从机理上看主要有两种，一种是离子型反应，另一种是自由基型反应，它们都生成稳定或不稳定的中间体。还有另一种机理，在反应中不形成离子或自由基中间体，而是由电子重新组织经过环状过渡态而进行的。这类反应其化学键的断裂和生成是同时发生的，它们都对过渡态做出了贡献。这种一步完成的多中心反应称为周环反应。

周环反应的特征如下：

(1)无活性中间体生成，只经过环状过渡态。

(2)是多中心的一步反应，反应进行时键的断裂和生成是同时进行的(协同反应)，如：

+ CHO △ CHO ≠ CHO

(3)反应进行的动力是加热或光照。不受溶剂极性影响，不被酸碱所催化，不受任何引发剂的引发。

(4)反应有突出的立体选择性，生成空间定向产物，如：

R R hv R R △ R R (R=—$COOCH_3$)

18.1.2 分子轨道对称性守恒原理

分子轨道对称性守恒原理是 1965 年德国化学家伍德沃德(R. B. Woodward)和霍夫曼(R. Hoffmann)根据大量实验事实提出的。分子轨道对称性守恒原理认为，分子轨道的对称性控制着协同反应的进程。对于一个周环反应，从反应物到过渡态直至产物的整个过程中，分子轨道的对称性都应保持不变，即轨道对称性守恒。当反应物和产物的分子轨道对称性一致时，反应易发生，否则难发生。因此，通过分析反应所涉及的分子轨道对称性的变化，可以判断反应发生的可能性、反应条件(光照或加热)以及反应的立体化学途径，从而免除了复杂的量子化学计算，比较方便和直观。

在分子轨道的对称性分析中，常用的两个对称因素是对称面 (m) 和二重对称轴 (C_2)。它们能够把反应过程中各个有关的分子轨道按照位相分为对称和反对称两类。

对称：标记为 S (symmetric)，经过对称操作后，轨道图形和轨道位相都复原。

反对称：标记为 A (antisymmetric)，经过对称操作后，轨道图形复原而轨道位相相反。反对称也是对称性的一种形式。

在共轭体系中描述分子轨道的对称性一般只考虑 π 分子轨道，而对 σ 分子轨道不予考虑，因为前者在反应中起重要作用。例如，乙烯的 π 分子轨道，如图 18-1 所示，第一个对称性因素是垂直并等分 C—C σ 键的对称面 m_1，对成键的 π 分子轨道来说，经过镜面反映，图形和轨道位相与原来完全一样，所以成键 π 分子轨道对 m_1 是对称的。而反键的 π^* 分子轨道对 m_1 是反对称的，经过镜面反映后，轨道图形复原而位相相反。

第二个对称因素是乙烯分子所在的平面 m_2，成键的 π 轨道和反键的 π^* 轨道对 m_2 都是反对称的。由于平面 m_2 对反应过程中发生化学反应的键起不了分类作用，一般不使用这个对称因素。

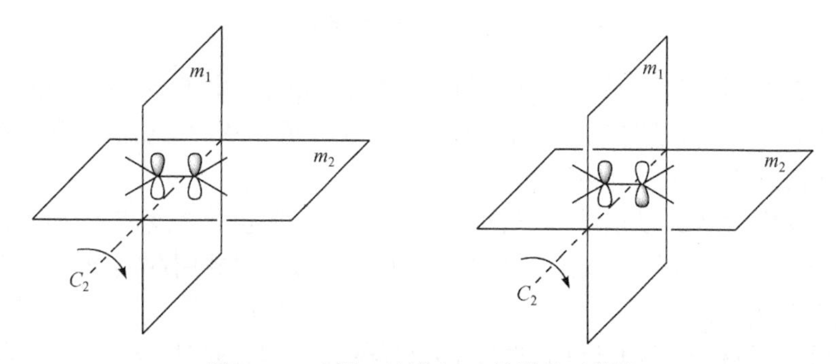

图 18-1 乙烯 π 轨道和 π^* 轨道的对称性

第三个对称因素是 m_1 平面与 m_2 平面的交线 C_2 轴，乙烯的 π^* 轨道绕 C_2 轴旋转 180°后，轨道图形和轨道位相都复原，所以乙烯的 π^* 轨道对 C_2 轴来说是对称的；乙烯的 π 轨道绕 C_2 轴旋转 180°后，轨道图形复原，但轨道位相相反，所以乙烯的 π 轨道对 C_2 轴来说是反对称的。

分子轨道对称守恒原理有三种理论解释：前线轨道理论 (frontier orbital method)、能量相关理论 (correlation diagram method) 和休克尔-默比乌斯芳香过渡态理论 (Hückel-Mobius aromatic state theory)。这几种理论各自从不同的角度讨论分子轨道的对称性。其中前线轨道理论最简明，易掌握。本章主要介绍前线轨道理论在周环反应中的应用。

18.1.3 前线轨道理论

前线轨道理论的创始人福井谦一指出，分子轨道中能量最高的填有电子的轨道和能量最低的空轨道在反应中是至关重要的。福井谦一认为，能量最高占据分子轨道 (highest occupied molecular orbit，HOMO) 上的电子被束缚得最松弛，最容易激发到能量最低未占分子轨道 (lowest unoccupied molecular orbit，LUMO) 中，并用图像来说明化学反应中的一些经验规律。因为 HOMO 轨道和 LUMO 轨道是处于前线的轨道，所以称为前线 (分子) 轨道[frontier (molecular) orbital，FMO]。化学键的形成主要是由 FMO 的相互作用决定的。

例如，1,3-丁二烯分子中总共有 4 个分子轨道ψ_1、ψ_2、ψ_3、ψ_4(图 18-2)，其中ψ_1和ψ_2为成键轨道，ψ_3和ψ_4为反键轨道。

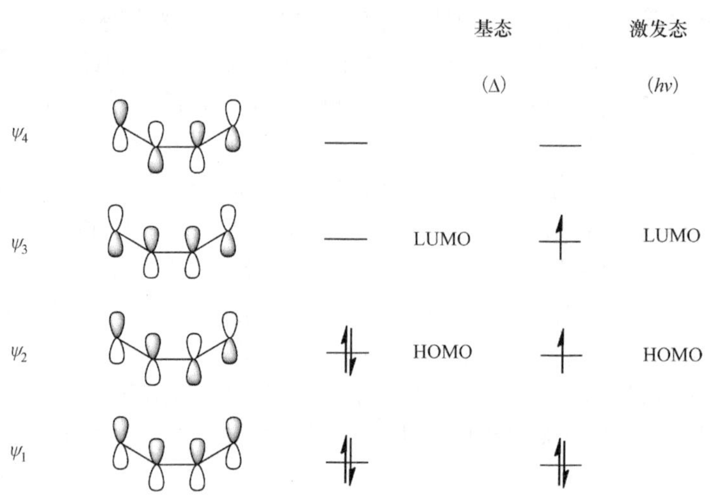

图 18-2　1,3-丁二烯的前线轨道图

当 1,3-丁二烯处于基态时，分子轨道ψ_1和ψ_2各有两个电子，电子态为ψ_1^2、ψ_2^2，因为$E_2>E_1$，所以ψ_2是 HOMO。ψ_3和ψ_4是空轨道，而$E_3<E_4$，所以ψ_3是 LUMO。ψ_2和ψ_3都为前线轨道。

前线轨道理论可简单归结为以下几个要点：

(1) 分子间反应时首先是前线轨道间的相互作用，即电子在反应分子间由一个分子的 HOMO 转移到另一个分子的 LUMO，只有当分子间充分接近时才引起其他轨道间的相互作用。显然前者对反应起决定作用。

对分子内反应，可把分子内部分成两个部分(片段)，一部分的 HOMO 与另一部分的 LUMO 相互作用，所考虑的 HOMO 与 LUMO 相互作用的两部分，其界面应横跨新键形成之处。

(2) 为了使 HOMO 与 LUMO 相互作用最大，这两个轨道间应满足对称性条件及能量近似条件，以形成最大重叠及最大能量降低，相互作用的 HOMO 和 LUMO 能量差应在 6 eV 以内。

(3) 轨道若只有一个电子占据，则称为单占据分子轨道(single occupied molecularorbit，SOMO)，它既可充当 HOMO，也可充当 LUMO。

(4) 若反应过程中 LUMO 及 HOMO 均属成键轨道，则 HOMO 必对应于键的开裂，而 LUMO 必对应于键的形成。若二者均属反键轨道，则与此相反。

(5) 在反应过程中，若参与反应的两个分子彼此很接近，则除了考虑 HOMO 与 LUMO 的相互作用外，还应考虑第二最高占据分子轨道(next highest occupied molecular orbit，NHOMO)与第二最低未占分子轨道(next lowest unoccupied molecular orbit，NLUMO)的相互作用。

符合以上条件[主要是第(2)条和第(4)条]的反应是容许的，反之则是禁阻的，因为这时需要很高的活化能。当然，严格来说，绝对禁阻是不存在的。

18.2　电环化反应

电环化反应是在光或热的条件下，共轭多烯烃的两端环化成环烯烃和其逆反应——环烯烃开环成多烯烃的一类反应。例如：

电环化反应是分子内的周环反应，电环化反应的成键过程取决于反应物中开链异构物的 HOMO 的对称性。

18.2.1　4*n* 个 π 电子体系的电环化

以 1,3-丁二烯为例讨论。1,3-丁二烯电环化成环丁烯时，要求 C_1-C_2、C_3-C_4沿着各自的键轴旋转，使 C_1和 C_4的轨道结合形成一个新的 σ 键。旋转的方式有两种，顺旋和对旋。反应是顺旋还是对旋，取决于分子是基态或激发态时的 HOMO 的对称性。

1,3-丁二烯在基态(加热)环化时，发生反应的前线轨道 HOMO 是ψ_2，因为ψ_2对 C_2 轴是对称的，只能顺旋关环，其逆反应也是顺旋开环。顺旋 C_1与 C_4的 p 轨道，轨道位相正正重叠(或负负重叠)，C_1与 C_4之间可形成 σ 键(图 18-3)；对旋 C_1与 C_4的 p 轨道，形成环丁烯的反键 σ^* 轨道，C_1与 C_4之间不能成键。分析环丁烯 σ^* 轨道的对称性，发现其对 C_2 轴是反对称的，即反应物与产物的轨道对称性不一致，这就是 1,3-丁二烯分子在加热时不能对旋进行反应的原因。

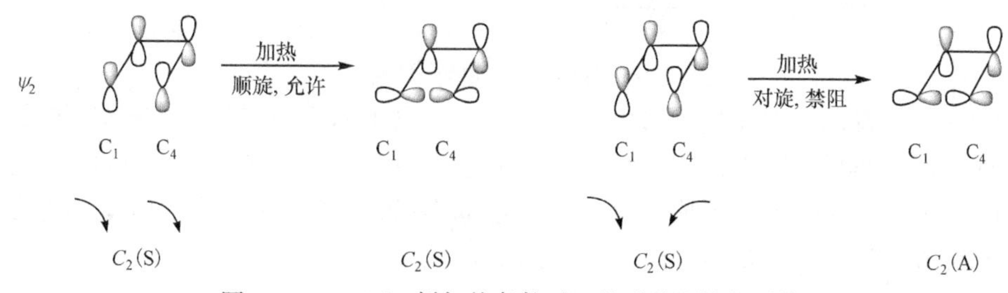

图 18-3　1,3-丁二烯加热条件下ψ_2轨道的顺旋与对旋

1,3-丁二烯在激发态(光照)环化时，发生反应的前线轨道 HOMO 是ψ_3，ψ_3对 *m* 镜面是对称的，只有对旋关环(对旋 C_1与 C_4的 p 轨道)，才能发生同位相重叠，变为轨道对称性与反应物ψ_3轨道相同的环丁烯的成键 σ 轨道(对 *m* 镜面是对称的)，生成稳定的对旋环化产物(图 18-4)。

图 18-4　1,3-丁二烯光照条件下ψ_3轨道的顺旋与对旋

其他含有 π 电子数为 4*n* 的共轭多烯烃体系的电环化反应的方式也基本相同。例如：

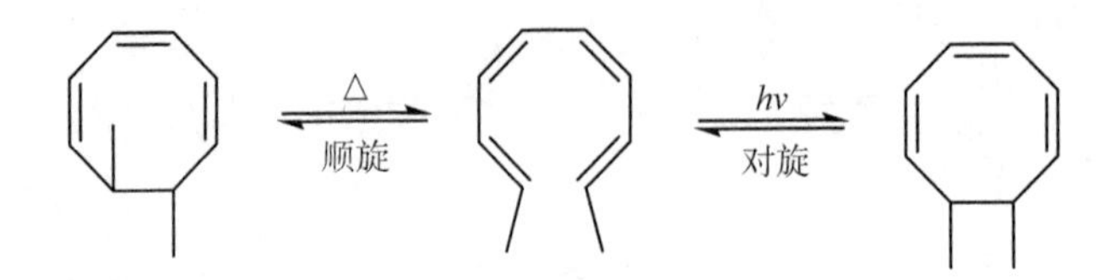

18.2.2　4n+2 个 π 电子体系的电环化

以 1,3,5-己三烯为例讨论，处理方式同 1,3-丁二烯。按线性组合的 1,3,5-己三烯的六个前线轨道见图 18-5。

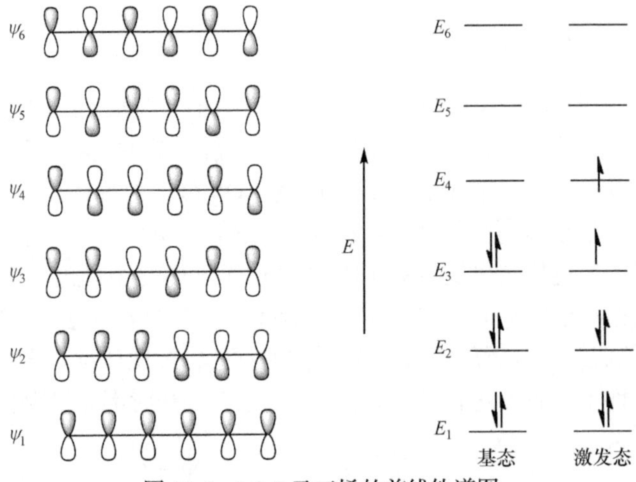

图 18-5　1,3,5-己三烯的前线轨道图

从 1,3,5-己三烯的 π 分子轨道可以看出，4n+2 π 电子体系的多烯烃在基态(热反应)时，ψ_3(对镜面 m 是对称的)为 HOMO，电环化时对旋是轨道对称性允许的(产物的 σ 轨道对镜面 m 也是对称的)，C_1 和 C_6 间可形成 σ 键；顺旋是轨道对称性禁阻的，C_1 和 C_6 间不能形成 σ 键(产物的σ*轨道对镜面 m 是反对称的)，如图 18-6 所示。

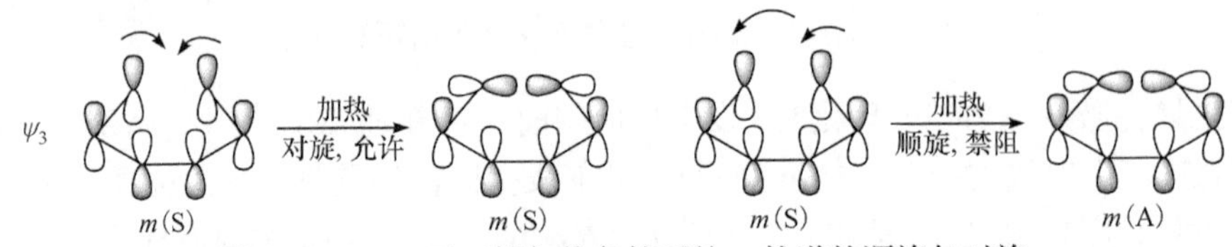

图 18-6　1,3,5-己三烯加热条件下的 ψ_3 轨道的顺旋与对旋

例如：

4n+2 π 电子体系的多烯烃在激发态(光照反应)时，ψ_4(对 C_2 轴是对称的)为 HOMO。电环化时顺旋是轨道对称性允许的，C_1 和 C_6 间可形成 σ 键(产物 σ 轨道对 C_2 轴也是对称的)；对旋是轨道对称性禁阻的，C_1 和 C_6 间不能形成 σ 键，如图 18-7 所示。

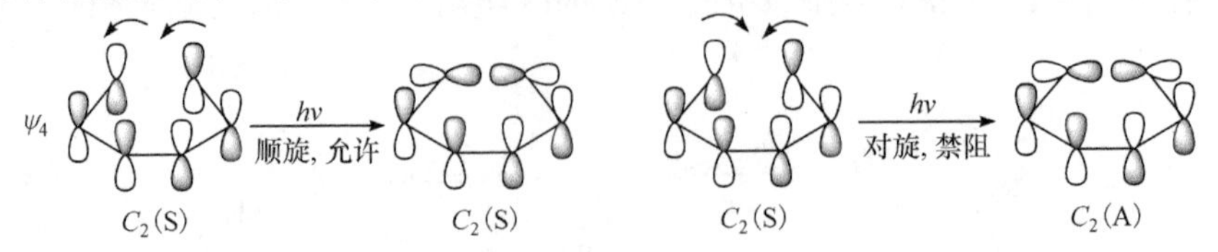

图 18-7　1,3,5-己三烯光照条件下 ψ_4 轨道的顺旋与对旋

其他含有 $4n+2$ 个 π 电子体系的共轭多烯烃的电环化反应的方式也基本相似。例如：

H H hv 顺旋 △ 对旋 H H

从以上讨论可以看出，电环化反应的空间过程取决于反应中开链异构物的 HOMO 的对称性，若共轭多烯烃含有 $4n$ 个 π 电子体系，则其热化学反应按顺旋方式进行，光化学反应按对旋方式进行；如果共轭多烯烃含有 $4n+2$ 个 π 电子体系，则进行的方向正好与上述相反。此规律称为伍德沃德-霍夫曼规则，见表 18-1。电环化反应在有机合成上的应用是很有成效的。

表 18-1 电环化反应的选择规则

π 电子数	反应	方式
$4n$	热	顺旋
	光	对旋
$4n+2$	热	对旋
	光	顺旋

18.3 环加成反应

在光或热的作用下，两个不饱和分子相互结合起来生成环的反应称为环加成反应。例如：

hv

CHO + △ CHO

环加成反应根据反应物的 p 电子数可分为[2+1]、[2+2]、[4+2]、[4+4]等环加成类型。

环加成反应是分子间的加成环化反应，由一个分子的 HOMO 和另一个分子的 LUMO 交盖而成，前线轨道理论认为，环加成反应能否进行，主要取决于一反应物分子的 HOMO 与另一反应物分子的 LUMO 的对称性是否匹配，如果两者的对称性匹配，环加成反应允许，反之则禁阻。

从前线轨道观点来分析，每个反应物分子的 HOMO 中已充满电子，因此与另一分子的轨道交盖成键时，要求另一轨道是空的，而且能量要与 HOMO 的比较接近，所以 LUMO 最匹配。

18.3.1 [2+2]环加成

以乙烯的二聚为例进行讨论。乙烯的前线轨道图见图 18-8。

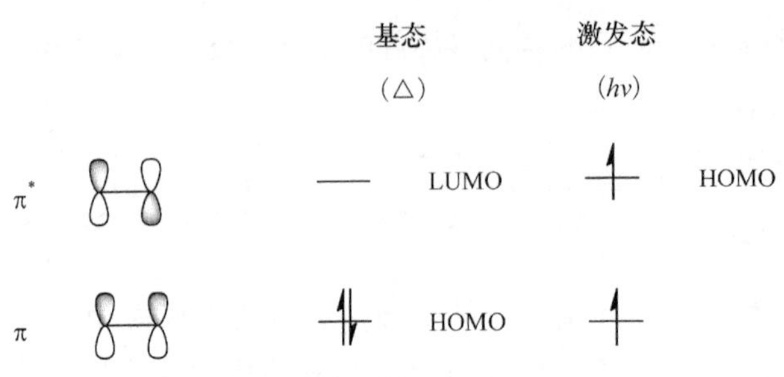

图 18-8　乙烯的前线轨道图

在加热条件下，当两个乙烯分子面对面相互接近时，由于一个乙烯分子的 HOMO 为 π 轨道(对 m 镜面是对称的)，另一乙烯分子的 LUMO 为 π^* 轨道(对 m 镜面是反对称的)，两者的对称性不匹配，因此是对称性禁阻的反应(图 18-9)。

一分子基态　π^*　LUMO　m(A)
另一分子基态　π　HOMO　m(S)
热反应(对称性禁阻)

图 18-9　两个乙烯的热反应前线轨道作用

在光照条件下，处于激发态的乙烯分子中的一个电子已从 π 轨道跃迁至 π^* 轨道(对 C_2 轴是对称的)，因此激发态乙烯的 HOMO 是 π^*，另一乙烯分子基态的 LUMO 也是 π^*，两者的对称性匹配，故环加成反应允许(图 18-10)。

一分子基态　π^*　LUMO　C_2(S)
另一分子激发态　π^*　HOMO (原LUMO)　C_2(S)
光反应(对称性允许)

图 18-10　两个乙烯的光反应前线轨道作用

[2+2]环加成是光作用下允许的反应。与乙烯结构相似的化合物的环加成方式与乙烯的相同。

hv

hv

Ph　COOH　hv　Ph Ph　COOH COOH　+　Ph COOH　COOH Ph

上述协同反应中，π 键都是以同侧的两个轨道瓣与另一组分发生重叠而成键的，这个过程称为同面途径(suprafacial)，用下标 s 表示。若 π 键以异侧的两个轨道瓣与另一组分发生重叠而成键，则称为异面途径(antarafacial)，用下标 a 表示。如图 18-11 所示，乙烯的二聚是同面过程，可表示为$[2\pi_s + 2\pi_s]$。

异面途径往往由于轨道的扭曲和分子几何构型的限制，需要较高的活化能，可能使对称性允许的异面过程变得困难或不能进行，而同面途径比较容易发生，因此重点对同面途径的周环反应进行讨论。

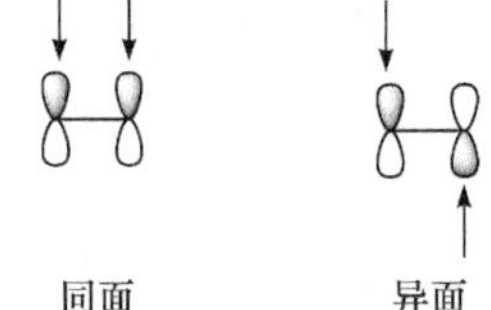

图 18-11 π 轨道的同面与异面途径

18.3.2 [4+2]环加成

以乙烯与 1,3-丁二烯的反应为例进行讨论。从前线轨道来看，基态时，乙烯与 1,3-丁二烯的 HOMO 和 LUMO 如图 18-12 所示。

LUMO π_3^* LUMO π_3^* ψ_3

HOMO π HOMO π_2 ψ_2

乙烯的前线轨道 丁二烯的前线轨道

图 18-12 乙烯和 1,3-丁二烯的前线轨道图

当乙烯与 1,3-丁二烯分子在加热条件下(基态)面对面接近时，乙烯的 HOMO(π 轨道)与 1,3-丁二烯的 LUMO(π_3^*轨道)作用或 1,3-丁二烯的 HOMO(π_2轨道)与乙烯的 LUMO(π^*轨道)作用都是对称性允许的，可以重叠成键。所以，[4+2]环加成是加热允许的反应，如图 18-13 所示。

在光照作用下，[4+2]环加成反应是禁阻的。因为光照使乙烯分子或 1,3-丁二烯分子激活，基态乙烯的 π^* LUMO 或基态 1,3-丁二烯的π_3^*LUMO 变成了激发态的 π^* HOMO 或π_3^* HOMO，无论是激发态乙烯的 π^* HOMO 与基态 1,3-丁二烯的 π_3^* LUMO，还是基态乙烯的 π^* LUMO 与激发态 1,3-丁二烯的π_3^*HOMO，轨道对称性都不匹配，所以反应是禁阻的，如图 18-14 所示。

π HOMO m(S) π^* LUMO C_2(S)

π_3^* LUMO m(S) π_2 HOMO C_2(S)

图 18-13 乙烯和 1,3-丁二烯的环加成(热反应)图

激发态 HOMO π^* (原LUMO) m(A) 基态 LUMO π^* m(A)

基态 LUMO π_3^* m(S) 激发态 HOMO π_3^* (原LUMO) m(S)

图 18-14 乙烯和 1,3-丁二烯的环加成(光作用)图

大量的实验事实证明了这个推断的正确性，如第尔斯-阿尔德反应就是一类非常容易进行且空间定向很强的顺式加成的热反应。例如：

$$\text{butadiene} + \text{H(CO}_2\text{CH}_3\text{)C=C(CO}_2\text{CH}_3\text{)H} \xrightarrow{\triangle} \text{cis-4-cyclohexene-1,2-(CO}_2\text{CH}_3)_2$$

(H, CO_2CH_3, H, CO_2CH_3 → H, CO_2CH_3, CO_2CH_3, H)

环戊二烯 + $CH_2=CHCO_2CH_3$ $\xrightarrow{\triangle}$ endo-CO_2CH_3 (76%) + exo-CO_2CH_3 (24%)

这种反应并不仅仅局限于烯烃和共扼烯烃，一些具有类似结构的化合物，如α,β-不饱和羰基化合物、亚胺及一些带电离子均可发生类似的反应。例如：

丁二烯 + 丙烯醛（O） → 环己烯甲醛（CHO）

2,3-二甲基丁二烯 + O=N–Ph → 3,6-二氢-1,2-噁嗪（O, N–Ph）

$\bar{O}$–O–O^+ + RCH=CHR → （O, O, O, R, R） → （R, O, O, O, R）

$\bar{C}H_2$–N=N^+ + cis-$CH(COOCH_3)$=$CH(COOCH_3)$ → [N=N 吡唑啉, $COOCH_3$, $COOCH_3$] → HN–N=C 吡唑啉（$COOCH_3$, $COOCH_3$）

注意后两个反应，这里的双烯体是一个具有π_3^4电子体系的偶极离子，它们 HOMO 的对称性与普通的双烯烃相同，所以它和第尔斯-阿尔德反应十分相似。这种类型的反应称为 1,3-偶极环加成反应，它在有机合成，尤其是杂环化合物的合成中十分有用。例如：

$Ph–\overset{+}{C}=N–\overset{-}{N}Ph$ $\xrightarrow{\text{顺丁烯二酸酯}}$ （Ph, N, N–Ph, H, H, ROOC, COOR） + （Ph, N, N–Ph, ROOC, COOR, H, H）

$Ph–\overset{+}{C}=N–\overset{-}{N}Ph$ $\xrightarrow{\text{反丁烯二酸酯}}$ （Ph, N, N–Ph, H, COOR, ROOC, H） + （Ph, N, N–Ph, ROOC, H, H, COOR）

$R–C\equiv\overset{+}{N}–\overset{-}{C}HR$ + CS_2 → （R, N, R, S, S）

$R–\overset{-}{N}–N=\overset{+}{N}$ + ROOC–C≡C–COOR → （R, N, N, N, ROOC, COOR）

环加成除[2+2]、[4+2]外，还有[4+4]、[6+4]、[6+2]等，如：

2 (3,5-二甲基-2-吡喃酮) $\xrightarrow[\text{[4+4]}]{h\nu}$ 二聚体

环戊二烯 + 环庚三烯酮 $\xrightarrow[\text{[6+4]}]{\triangle}$ 加成产物

[2+2]、[4+4]、[6+2]的归纳为 π 电子数 4*n* 的一类，[4+2]、[6+4]、[8+2]的归纳为 π 电子数 4*n*+2 的一类。环加成反应的规律见表 18-2。

表 18-2 环加成反应规律

两分子 π 电子数之和		反应	方式
4*n*	[2+2] [4+4] [6+2]	热 光	禁阻 允许
4*n*+2	[4+2] [6+4] [8+2]	热 光	允许 禁阻

18.4 σ 键迁移反应

双键或共轭双键体系相邻碳原子上的 σ 键迁移到另一个碳原子上，随之共轭链发生转移的反应称为 σ 键迁移反应。例如：

$$R-\underset{|}{\overset{D}{C}}H-CH=CH-CH=CH_2 \xrightarrow[\text{[1,5]σ迁移}]{\triangle} R-CH=CH-CH=CH-\overset{D}{\underset{}{C}}H_2$$

σ 键迁移反应

- 从反应键型看
  - C—H σ 键迁移
  - C—C σ 键迁移
- 从迁移位置看
  - [1, *j*]迁移
    - [1,3] σ 键迁移
    - [1,5] σ 键迁移
    - [1,7] σ 键迁移
  - [*i*, *j*]迁移 主要是[3,3] σ 键迁移
- 从几何构型看
  - 同面迁移
  - 异面迁移

18.4.1 [1, *j*] σ 键迁移

1. [1, *j*]σ 键氢迁移

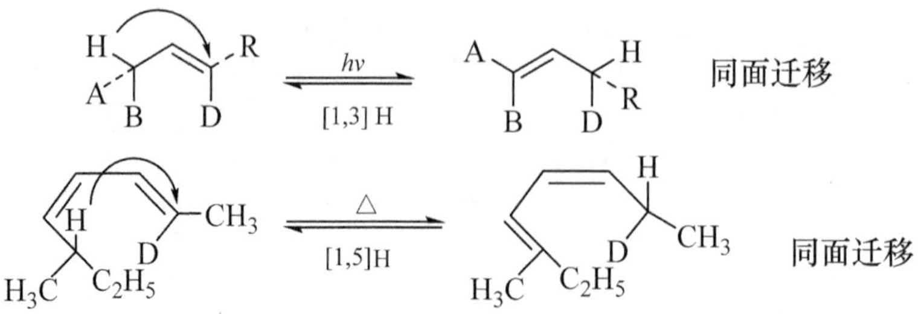

H A B D R $\xrightleftharpoons[\text{[1,3] H}]{h\nu}$ A B D H R 同面迁移

H D CH_3 H_3C C_2H_5 $\xrightleftharpoons[\text{[1,5]H}]{\triangle}$ H D CH_3 H_3C C_2H_5 同面迁移

[1, *j*]σ 键氢迁移规律见表 18-3。

表 18-3 [1,*j*]σ 键氢迁移规律

[1,*j*]	加热允许	光照允许
[1,3]，[1,7]	异面迁移	同面迁移
[1,5]	同面迁移	异面迁移

迁移规律可用前线轨道理论解释。为了分析问题方便，通常假定 C—H 键先均裂，形成氢原子和碳自由基的过渡态。

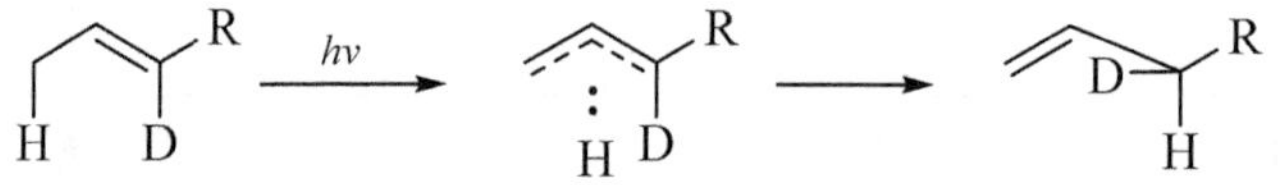

H D R $\xrightarrow{h\nu}$ H D R $\longrightarrow$ D H R

烯丙基自由基是具有三个 p 电子的 π 体系，根据分子轨道理论，它有三个分子轨道(图 18-15)。

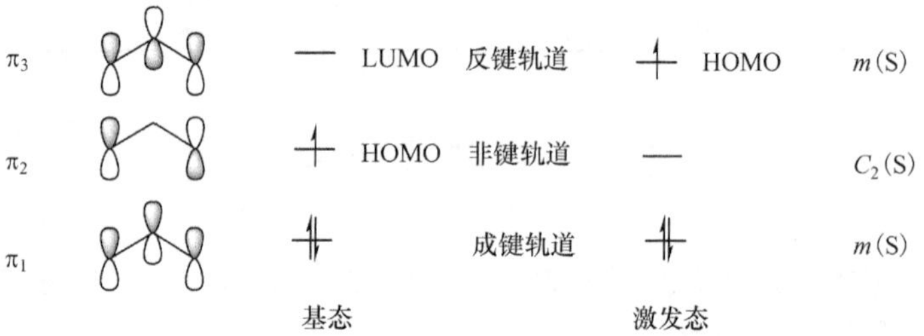

	基态			激发态		
π_3	—	LUMO	反键轨道	↑	HOMO	*m*(S)
π_2	↑	HOMO	非键轨道	—		C_2(S)
π_1	↑↓		成键轨道	↑↓		*m*(S)

图 18-15 烯丙基自由基的分子轨道图

从前线轨道可以看出，加热反应(基态)时，HOMO π_2 的对称性决定[1,3]σ 键氢的异面迁移是允许的。光反应(激发态)时，HOMO 为 π_3^*，轨道的对称性决定[1,3]σ 键氢的同面迁移是允许的，如图 18-16 所示。

π_2 基态 异面迁移 π_3^* 激发态 同面迁移

图 18-16 烯丙基体系中氢的[1,3]异面迁移与同面迁移

对[1,5]σ 键氢迁移，则要用戊二烯自由基 π 体系的分子轨道来分析。戊二烯自由基的分子轨道如图 18-17 所示。

π_5 —— —— LUMO m(S)

π_4 —— LUMO HOMO C_2(S)

π_3 HOMO —— m(S)

π_2 C_2(S)

π_1 m(S)

基态 激发态

图 18-17 戊二烯自由基的分子轨道图

由戊二烯自由基的分子轨道图可知：在加热条件下(基态)，HOMO 为 π_3，同面[1,5] σ 键氢迁移是轨道对称性允许的；在光照条件下(激发态)，HOMO 为 π_4^*，异面[1,5] σ 键氢迁移是轨道对称性允许的(图 18-18)。

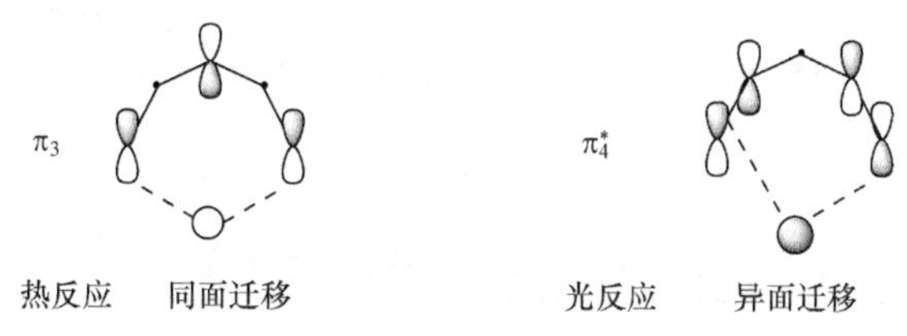

图 18-18 戊二烯体系中氢的[1,5]异面迁移与同面迁移

2. [1, j]σ 键烷基(R)迁移

[1,j]σ 键烷基迁移较 σ 键氢迁移更复杂，除了有同面成键和异面成键外，还由于氢原子的 1s 轨道只有一个瓣，而碳自由基的 p 轨道两瓣的位相是相反的，在迁移时，可以用原来成键的一瓣去交盖，也可以用原来不成键的一瓣去成键，前者迁移保持碳原子的构型不变，而后者要伴随着碳原子的构型翻转。

对[1,3]和[1,5]σ 键烷基迁移来说，几何形状有效地阻止了异面迁移，于是只讨论同面迁移。在加热条件下的[1,3]σ 键迁移中，由于迁移碳原子的 p 轨道的另一瓣与 C_3 上 p 轨道同一边的一瓣位相相同，可以重叠，这样的过渡态是轨道对称性允许的，故迁移后碳原子构型翻转，如图 18-19 所示。

过渡状态(同面迁移) 构型翻转

图 18-19 [1,3]σ 键烷基迁移(热反应)示意图

实验事实与理论推测是完全一致的。例如：

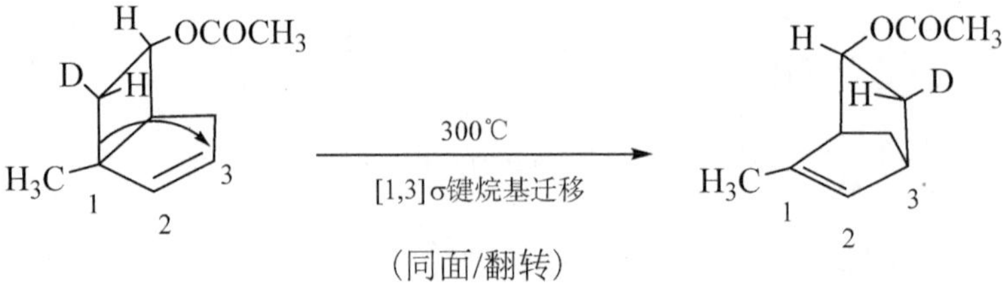

300℃
[1,3]σ键烷基迁移
（同面/翻转）

对[1,5]σ 键烷基迁移，加热条件下，碳原子的构型在迁移前后保持不变(图 18-20)。

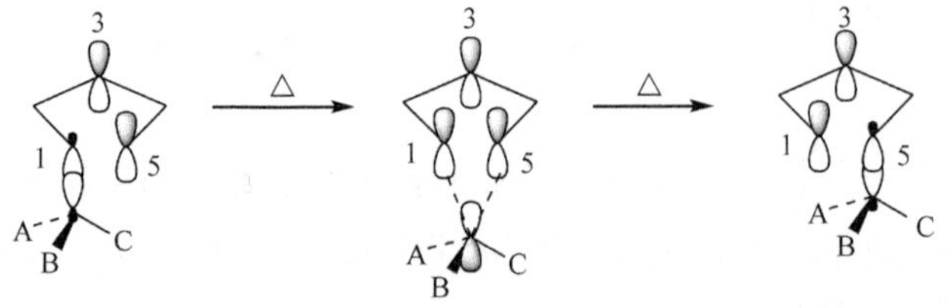

过渡状态(同面迁移)　　构型保持

图 18-20　[1,5]σ 键烷基迁移(热反应)示意图

[1, *j*]σ 键烷基迁移规律见表 18-4。

表 18-4　[1,*j*]σ 键烷基迁移规律

[1,*j*]	加热允许	光照允许
[1,3]，[1,7]	同面翻转	同面保留
[1,5]	同面保留	同面翻转

18.4.2　[3,3]σ 键迁移

[3,3]σ 键迁移是常见的[*i*, *j*]σ 键迁移，最典型的[3,3]σ 键迁移是库帕(Cope)重排和克莱森重排。

库帕重排是由碳碳 σ 键发生的[3,3]迁移，如：

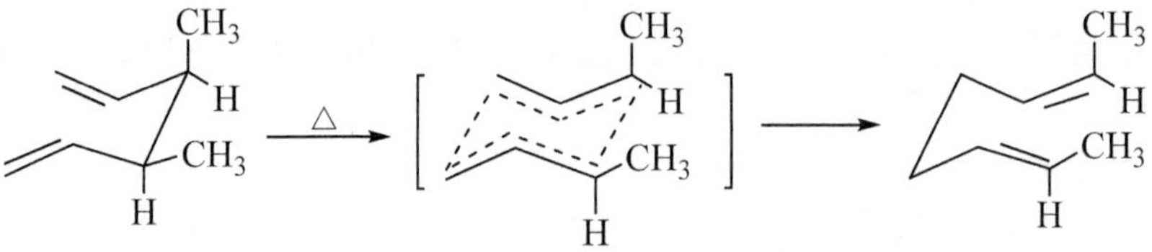

克莱森重排是由碳氧 σ 键发生的[3,3]迁移反应，如：

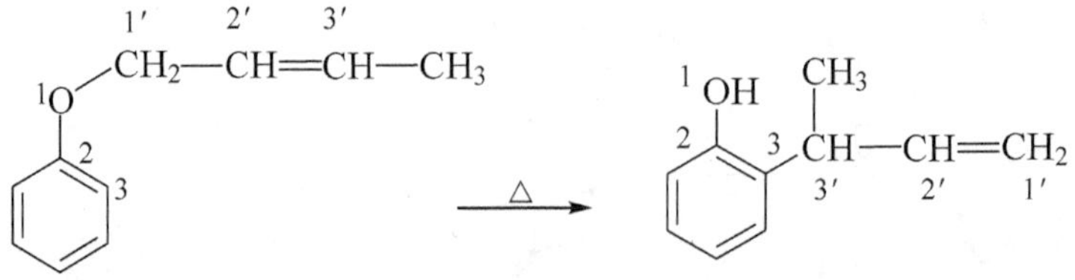

根据前线轨道理论的分析，[3,3] σ 键迁移的过渡态可看作是相互作用的两个烯丙基自由基体系。在基态下，烯丙基的ψ_2轨道仅有一个电子，既是 HOMO，也是 LUMO。当两个烯丙基自由基处于两个接近的平行平面上时，两个ψ_2轨道能实现对称性(C_2轴)允许的匹配，在其

两端均可发生同位相重叠。这是一个对称性允许的同面/同面过程，反应比较容易进行，加热即可实现这一过程(热反应条件下，异面/异面过程也是允许的)，如图 18-21(a)所示。

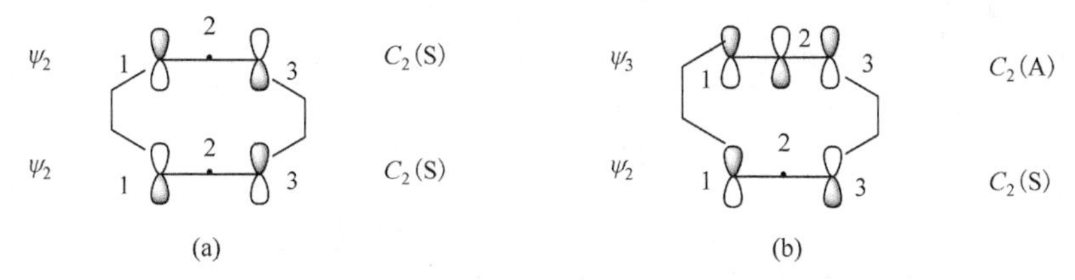

图 18-21　[3,3]σ 键迁移的前线轨道匹配情况

在光照条件下，激发态烯丙基的 ψ_3 轨道成为 HOMO，它和另一方的 LUMO ψ_2 作用，按同面/异面方式进行，如图 18-21(b)所示，这样的反应虽然对称性允许，但因空间上的困难，较难发生。

参考文献

陈乐培，董玉环，韩雪峰，等. 2004. 中级有机化学[M]. 北京：中国环境科学出版社
何树华，张淑琼，何德勇. 2018. 中级有机化学[M]. 2 版. 北京：化学工业出版社
李景宁. 2018. 有机化学(下册)[M]. 6 版. 北京：高等教育出版社

习　题

1. 画出下列共轭体系的前线轨道图形。

2. 预测下列反应的产物。

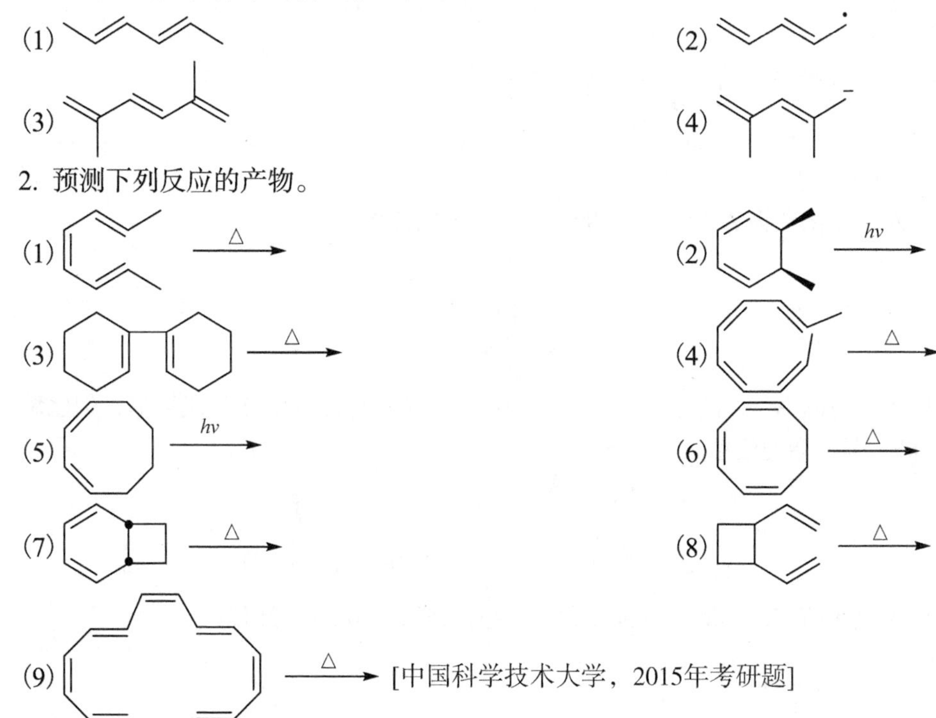

3. 指出下列反应所需条件。

(1) 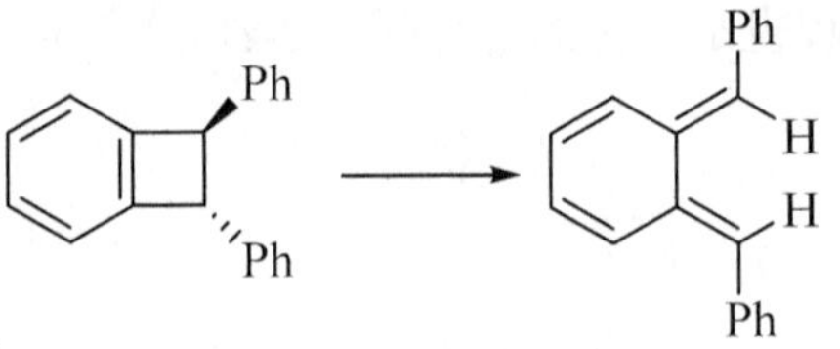 Ph, Ph → Ph, H, H, Ph

(2) 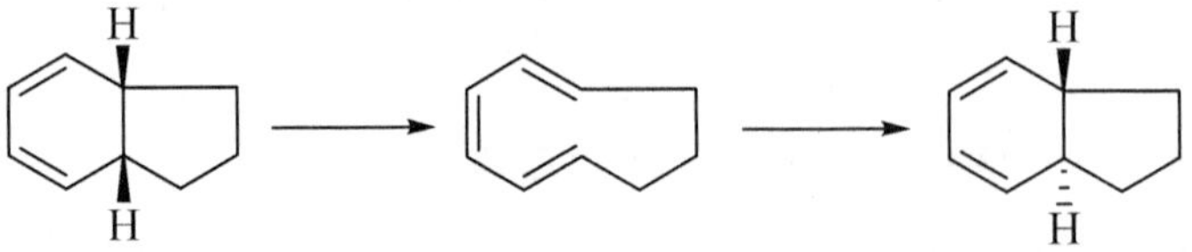 H, H → → H, H

(3) 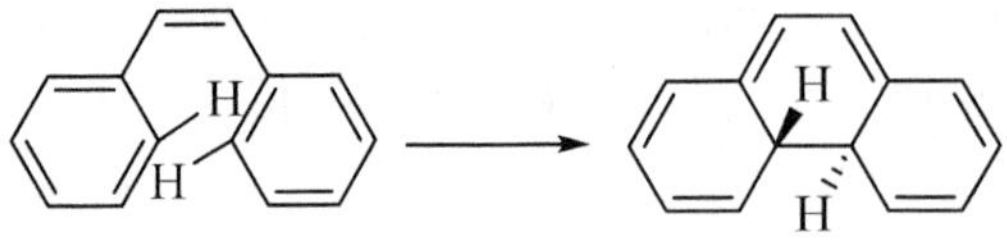 H, H → H, H

(4) 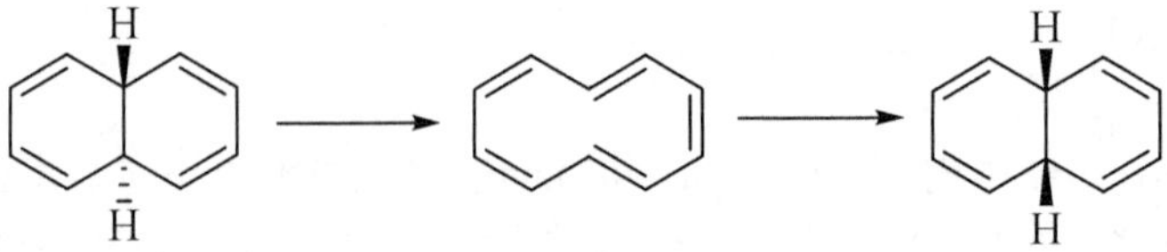 H, H → → H, H

4. 下列反应哪些是对称性允许的？

(1) 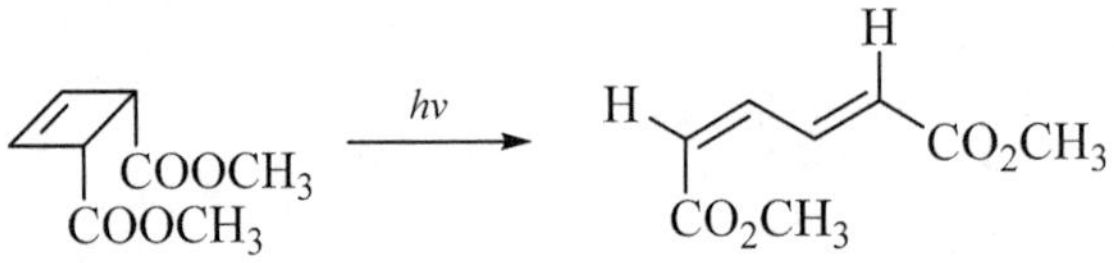 $COOCH_3$, $COOCH_3$ $\xrightarrow{h\nu}$ H, H, CO_2CH_3, CO_2CH_3

(2) 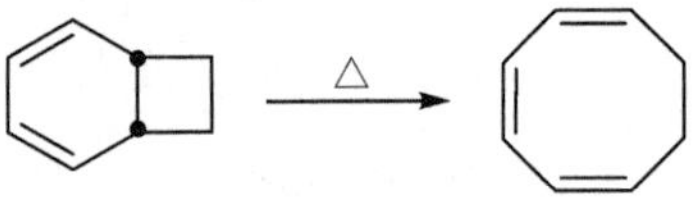 $\xrightarrow{\triangle}$

(3) 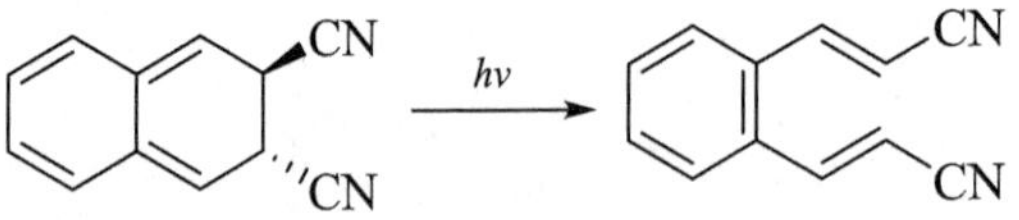 CN, CN $\xrightarrow{h\nu}$ CN, CN

5. 解释下列现象。

(1) 下列光活性化合物 A 受热时逐渐转化为消旋化合物。

A. 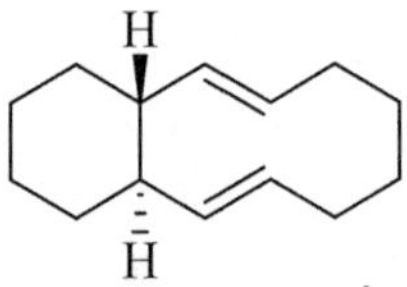 H, H

(2) 下列两异构体 B、C 的 3,5-二硝基苯甲酸酯加热水解都产生 2-环戊烯醇，但水解的速率相差 107 倍，哪个酯的活性大？为什么？

B. 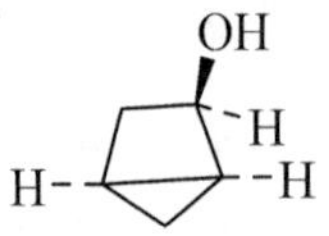 OH, H, H-, -H　　C. 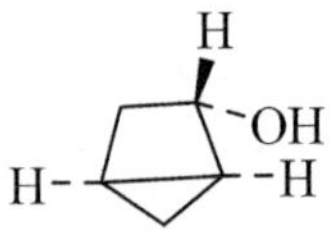 H, OH, H-, -H

(3) 解释 3-氘代茚在加热时的下列变化。[湖南大学，2012 年考研题]

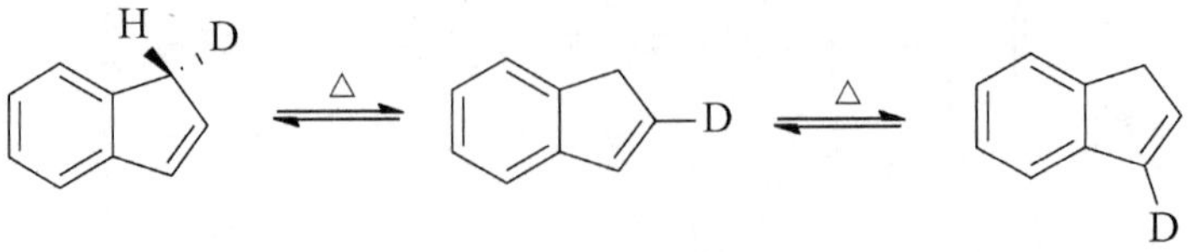

H, D $\underset{}{\overset{\triangle}{\rightleftharpoons}}$ D $\underset{}{\overset{\triangle}{\rightleftharpoons}}$ D

6. 完成下列反应。

(1) 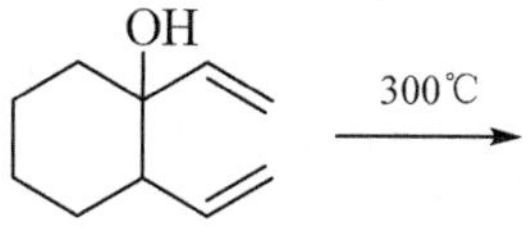 1-乙烯基-2-乙烯基环己醇（OH） $\xrightarrow{300℃}$

(2) 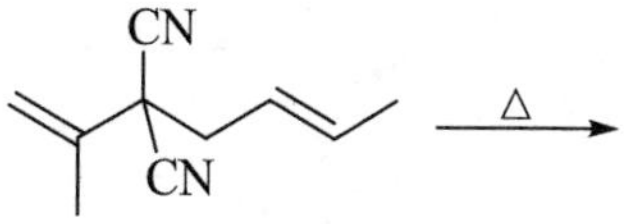 $CH_2=C(CH_3)-C(CN)_2-CH_2CH=CHCH_3$ $\xrightarrow{\triangle}$

(3) 1-萘基 $OCH(CH_3)CH=\overset{*}{C}H_2$ $\xrightarrow{200℃}$

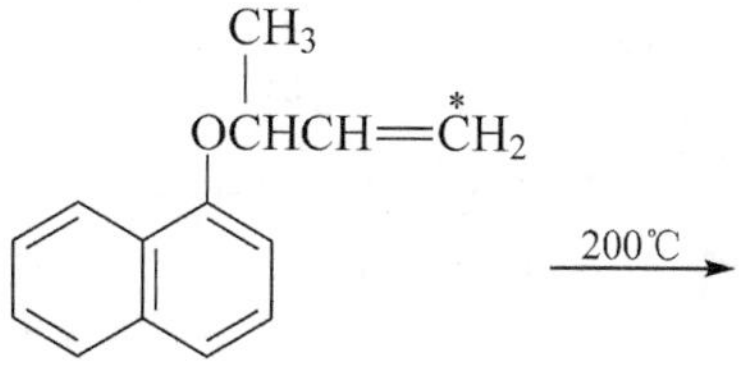

(4) 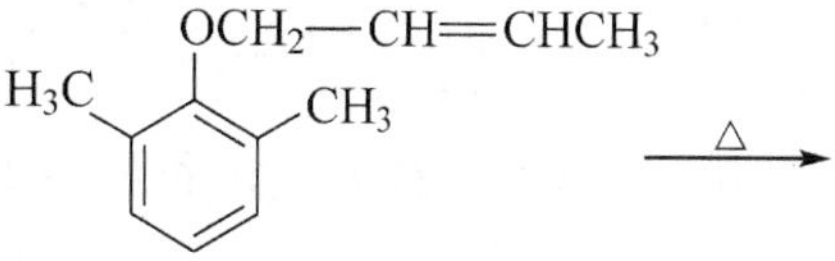 2,6-二甲基苯基 $OCH_2-CH=CHCH_3$（H_3C，CH_3） $\xrightarrow{\triangle}$

(5) 呋喃 + $CH_2=CHCOOC_2H_5$ 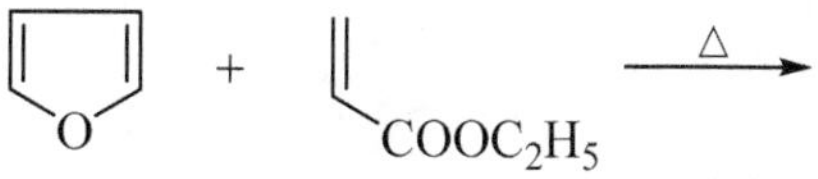 $\xrightarrow{\triangle}$

(6) 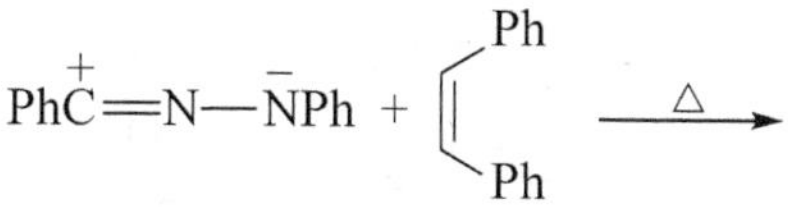 $Ph\overset{+}{C}=N-\overset{-}{N}Ph$ + $PhCH=CHPh$（顺式） $\xrightarrow{\triangle}$

(7) 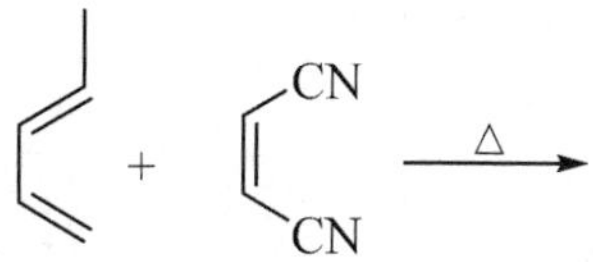 $CH_3CH=CHCH=CH_2$ + $NCCH=CHCN$（顺式） $\xrightarrow{\triangle}$

(8) 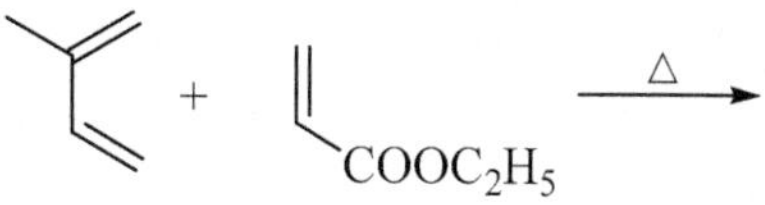 $CH_2=C(CH_3)CH=CH_2$ + $CH_2=CHCOOC_2H_5$ $\xrightarrow{\triangle}$

7. 合成下列化合物。

(1) 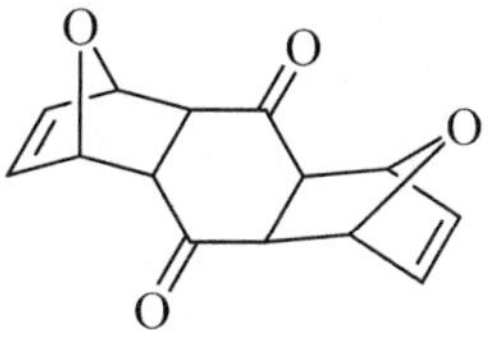 （含两个氧桥双环及二酮的多环化合物）

(2) 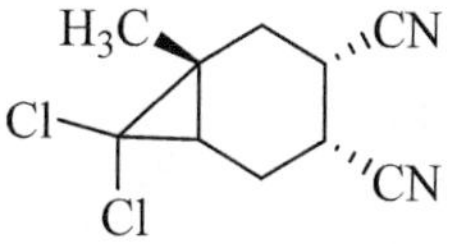 （含 H_3C、Cl、Cl、CN、CN 的双环化合物）

(3)  （含异丙基的降冰片烷）

(4) 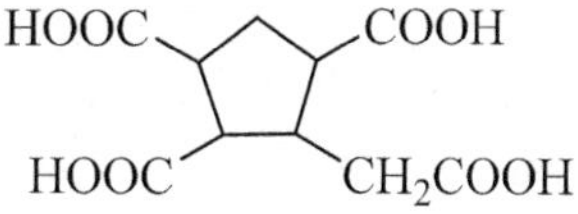 （环戊烷，取代基 HOOC、COOH、HOOC、CH_2COOH）

8. 完成下列转化。

(1) 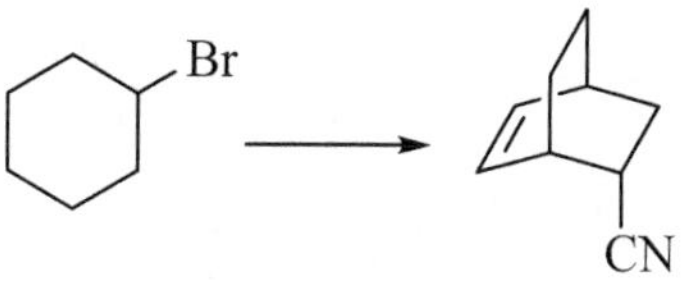 溴代环己烷（Br） ⟶ 双环[2.2.2]辛烯甲腈（CN）

(2) 2,6-二甲基苯酚（OH，H_3C，CH_3） ⟶ 4-烯丙基-2,6-二甲基苯酚（OH，H_3C，CH_3，$CH_2CH=CH_2$）

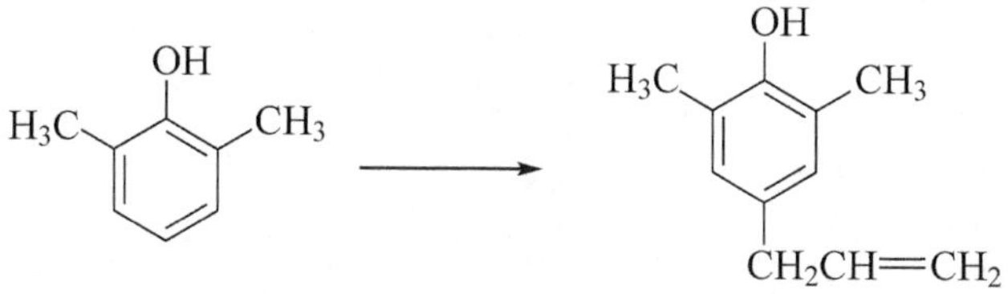

9. 提出下列每个转化反应的机理，每个反应都包括不止一个步骤。

(1) 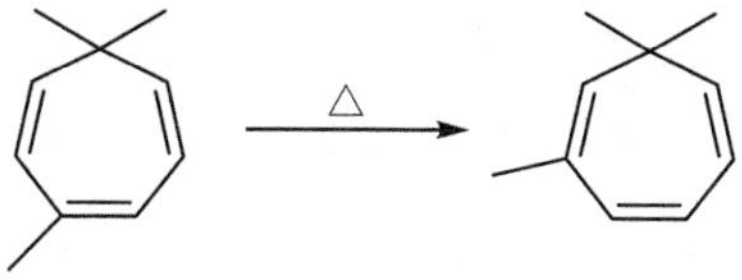 7,7,3-三甲基环庚三烯 $\xrightarrow{\triangle}$ 7,7,1-三甲基环庚三烯

(2) R, D, H, △, D, H, D, R

(3) CH_2I $\xrightarrow[CH_2Cl_2/SO_2]{Cl_3CCOOAg}$ +

10. 写出化合物A、B、C的结构，并指出每步反应为哪种反应。

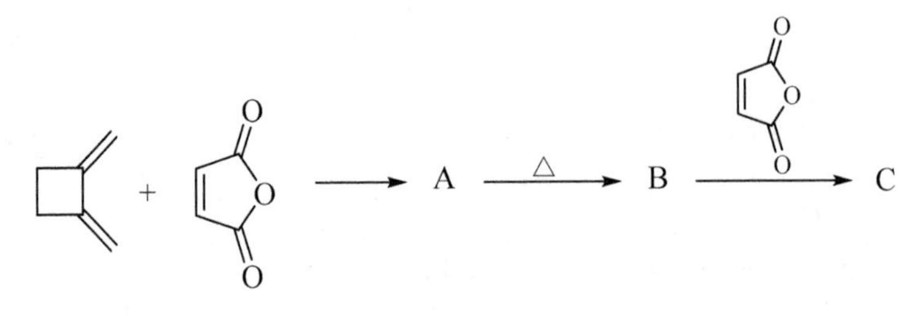

第 19 章　紫外光谱与质谱

【学习要求】

(1)掌握紫外光谱的基本原理、常用名词术语。
(2)掌握影响紫外吸收的因素及紫外光谱的应用。
(3)掌握质谱产生的基本原理。
(4)了解质谱仪的构成及离子化方法。
(5)掌握离子裂解类型。
(6)掌握各类有机分子质谱图的特征。

19.1　紫外光谱的基础知识

世界上一切物质都由分子组成，分子处于不断运动中。分子的每一种运动状态都有一定的能量(图 19-1)，并且分子具有的能量不是连续变化的，而是“台阶”式不连续变化。所以，当分子运动状态发生变化时，需要吸收或放出特定的能量，其能量大小与分子的内在结构有关。

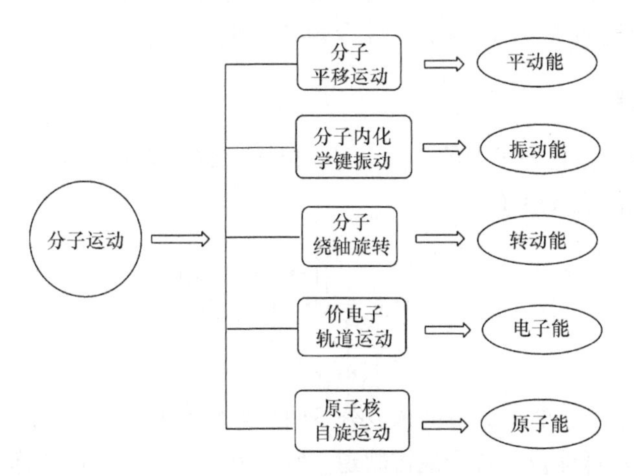

图 19-1　分子运动与运动能

当用连续频率单色光照射有机分子时，有机分子会选择性吸收与能级跃迁相对应特定频率的光，产生的光谱为吸收光谱(图 19-2)。其中，紫外光谱（UV）、红外光谱（IR）、核磁共振波谱(NMR)均属于吸收光谱。

研究物质分子在紫外光区吸收光谱的分析方法称为紫外光谱法。紫外光波长是 10～400 nm，分为远紫外区(10～200 nm)和近紫外区(200～400 nm)。由于空气中的 O_2、N_2、CO_2 在远紫外区有强吸收，在用远紫外光测量时所用仪器光路系统需要抽真空，因此远紫外区又称真空紫外区。同时，近紫外区又称石英区，由于玻璃对波长小于 300 nm 的电磁波有强吸收，因此使用近紫外光测量时，有关的光学元件需用石英代替玻璃。通常所说的紫外光谱是指近紫外区（200～400 nm）的吸收光谱。

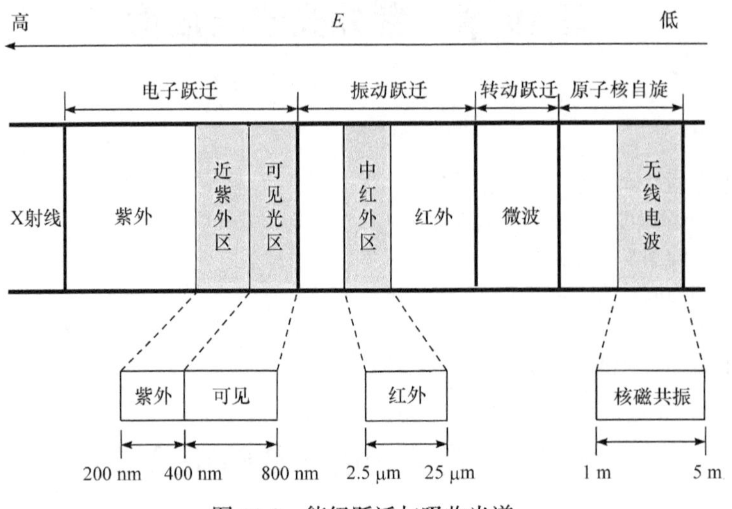

图 19-2　能级跃迁与吸收光谱

19.1.1　紫外光谱的产生

当用连续波长紫外光（200～400 nm）照射样品分子时，分子选择性吸收一定波长的紫外光，引起分子中的价电子从低能级跃迁至高能级而产生的吸收光谱称为紫外光谱。由于紫外光谱是由分子中电子跃迁而产生的，紫外光谱又称电子光谱。

19.1.2　电子跃迁类型

有机分子的价电子是指分子中的成键电子，包括形成单键的 σ 电子，形成双键、苯环或三键的 π 电子以及未成键的 n 电子。

n电子 → :Ö
π电子 → C=O
$H_3C—C—CH_3$
σ电子 ↑（C—C 单键）

根据分子轨道理论，当两个原子结合成分子时，两个原子的原子轨道线性组合成两个分子轨道，其中一个具有较低能量的称为成键轨道，另一个具有较高能量的称为反键轨道，其示意图为

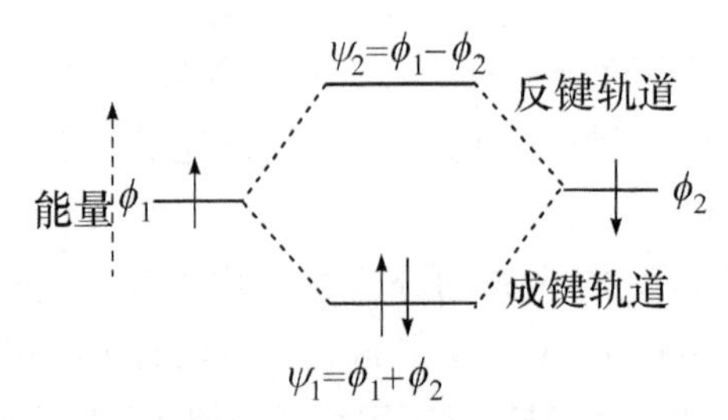

基于有机分子成键类别，分子轨道分为成键 σ 轨道、σ^* 轨道、π 轨道、π^* 轨道和 n 轨道；

轨道能量高低顺序为：$\sigma<\pi<n<\pi^*<\sigma^*$。电子通常位于成键轨道，但当分子吸收能量后，电子可跃迁至反键轨道。

理论上，当分子吸收能量后，电子可以从低能级成键轨道跃迁至任一反键轨道。但是，根据电子跃迁选律，实际发生的电子跃迁类型有：$\sigma\to\sigma^*$，$n\to\sigma^*$，$\pi\to\pi^*$，$n\to\pi^*$(图 19-3)。

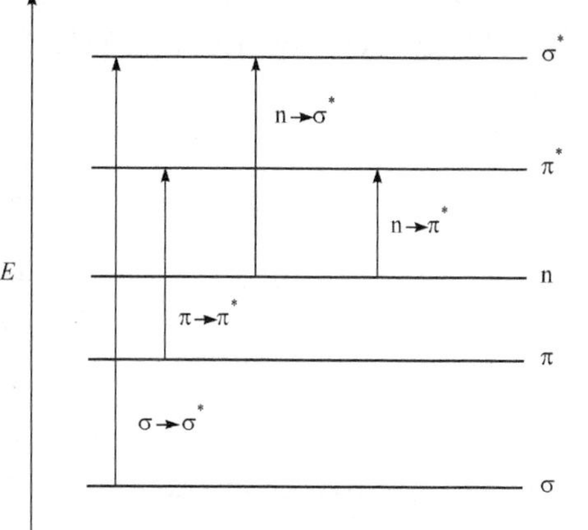

图 19-3　电子能级跃迁示意图

1. $\sigma\to\sigma^*$

$\sigma\to\sigma^*$是指单键中 σ 电子从 σ 成键轨道跃迁至 σ^* 反键轨道。由于 σ 与 σ^* 之间能级差大，跃迁需要较高的能量，相应的激发光波长较短，一般低于 150 nm，落在远紫外区，超出了一般紫外分光光度计的检测范围，因此不再讨论$\sigma\to\sigma^*$跃迁。

2. $n\to\sigma^*$

$n\to\sigma^*$是指含杂原子的 n 电子向 σ^* 轨道跃迁。当分子中含有—NH_2、—OH、—SR、—X 等基团时，能发生这种跃迁。由于 $n\to\sigma^*$跃迁所需能量较大，吸收带一般出现在小于 200 nm 处，并且受杂原子的影响较大。

3. $\pi\to\pi^*$

$\pi\to\pi^*$是指分子中不饱和键(双键、三键、苯环)的 π 电子向 π^* 轨道跃迁。孤立双键的 $\pi\to\pi^*$ 跃迁产生的吸收带低于 200 nm，仍在远紫外区。但在共轭体系中，$\pi\to\pi^*$吸收带向长波方向移动(红移)。共轭体系越大，$\pi\to\pi^*$跃迁产生的吸收带的波长越长(图 19-4)。

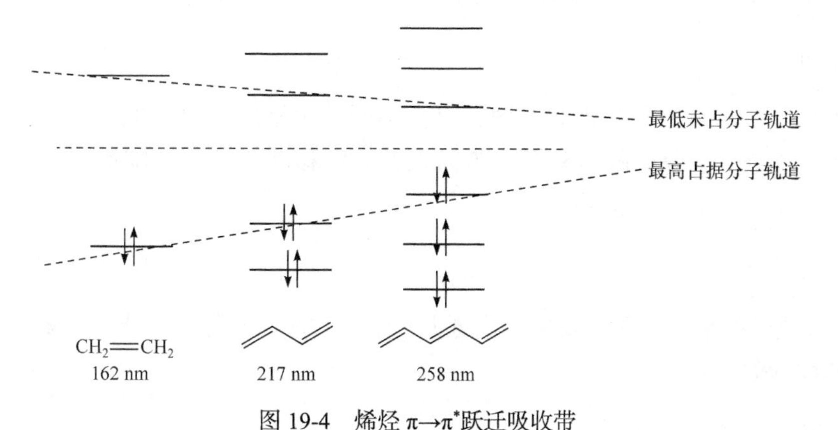

图 19-4　烯烃 $\pi\to\pi^*$跃迁吸收带

4. $n\to\pi^*$

$n\to\pi^*$是指含杂原子的不饱和键的 n 电子向 π^* 轨道跃迁。当分子中含有 C═O、C═N、N═O、C≡N 等不饱和键时，可发生此类跃迁，吸收带一般位于 270～350 nm。但 $n\to\pi^*$属于禁阻跃迁，所以吸收带强度很弱。

19.1.3 紫外光谱表示方法

1. 图示法

紫外光谱图是由横坐标、纵坐标和吸收曲线组成的。横坐标表示吸收光的波长，以 nm (纳米) 为单位；纵坐标表示吸收带的吸收强度，用吸光度 A 或摩尔吸光系数ε表示；吸收曲线表示化合物的吸收情况 (图 19-5)。

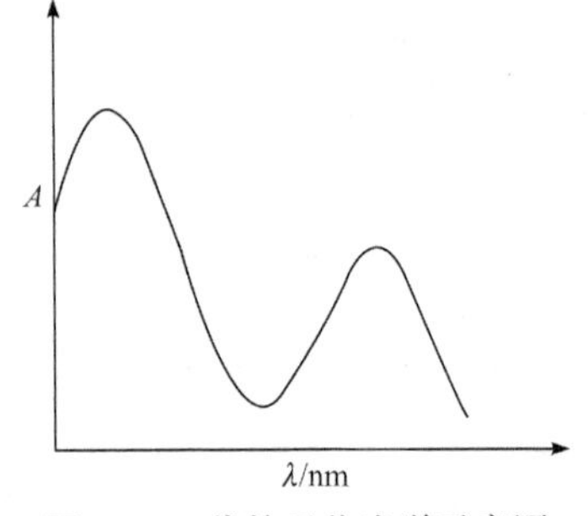

图 19-5 紫外吸收光谱示意图

紫外光谱图可提供两个重要信息：吸收峰和吸收强度。

吸收峰是指曲线上吸收最大的地方，一般用最大吸收波长 (λ_{max}) 表示。吸收谷是指曲线上吸收最小的地方，对应最小吸收波长 (λ_{min})。

吸收强度一般用吸光度 A 或摩尔吸光系数ε表示。在紫外吸收光谱中，凡是摩尔吸光系数$\varepsilon > 10^4$ 的吸收带称为强带，$\varepsilon < 10^3$ 的吸收带称为弱带。

2. 数据法

文献报道紫外光谱时，一般报道吸收带的最大吸收波长及相应的摩尔吸光系数。因为吸收曲线的形状、λ_{max} 和ε均与有机分子结构密切相关。

19.1.4 紫外光谱常用术语

1. 发色团

发色团又称生色团，是指分子中产生紫外吸收带的基团，一般为带有 π 电子的基团。有机化合物中常见的发色团有羰基、硝基、双键、三键及苯环等。发色团的结构不同，电子跃迁类型也不同，通常为 $n \to \pi^*$、$\pi \to \pi^*$跃迁。

2. 助色团

助色团是指含有杂原子的饱和基团，自身不能产生紫外吸收，但当与生色团相连时，由于 p-π 共轭效应，生色团的紫外吸收带向长波方向移动，吸收强度增加。常见的助色团有—OH、—NH_2、—SR、—X 等。

3. 红移与蓝移

红移指吸收带的最大吸收波长向长波方向移动的效应。蓝移指吸收带的最大吸收波长向短波方向移动的效应。

4. 增色效应与减色效应

受助色团或溶剂的影响，使吸收带吸收强度增加的效应称为增色效应，使吸收强度减弱的效应称为减色效应。

5. K 带

K 带是指共轭双键的 $\pi \to \pi^*$跃迁所产生的吸收带，其特点是 K 带出现的区域为 210～

250 nm，$\varepsilon_{max}>10^4$，为强带。

6. R 带

由 $n\to\pi^*$跃迁产生的吸收带称为 R 带，其特点是吸收峰出现在 270～350 nm，吸收强度弱，为弱带。

7. B 带

B 带为芳香族化合物的特征吸收谱带，由苯环 $\pi\to\pi^*$跃迁所产生，也称为苯型谱带。λ_{max} 出现在 230～270 nm，在非极性溶剂中呈现精细结构。

8. E 带

E 带也是芳香族化合物的特征吸收带，由封闭共轭体系中 $\pi\to\pi^*$跃迁所产生，也称为乙烯型谱带。E 带又分为 E_1 带($\varepsilon_{max}\geqslant 10^4$，$\lambda_{max}=184$ nm)和 E_2 带($\varepsilon_{max}\approx 7900$，$\lambda_{max}=204$ nm)。

19.1.5　影响紫外吸收波长的因素

1. 共轭效应

无论是 π-π，还是 p-π 共轭，都可增大共轭体系，电子更容易被激发而发生跃迁，因此共轭效应使吸收带(K 带、R 带)发生红移。

2. 空间位阻

从共轭效应来看，共轭体系越大，吸收带红移程度越大。但是如果因为空间位阻而妨碍分子共轭基团处于同一平面，则共轭效应减弱，吸收带蓝移，吸收强度降低。

例如，由于顺式肉桂酸的空间位阻会阻碍共轭基团共平面，因此顺式的 λ_{max} 小于反式的 λ_{max}，吸收强度也明显降低，如：

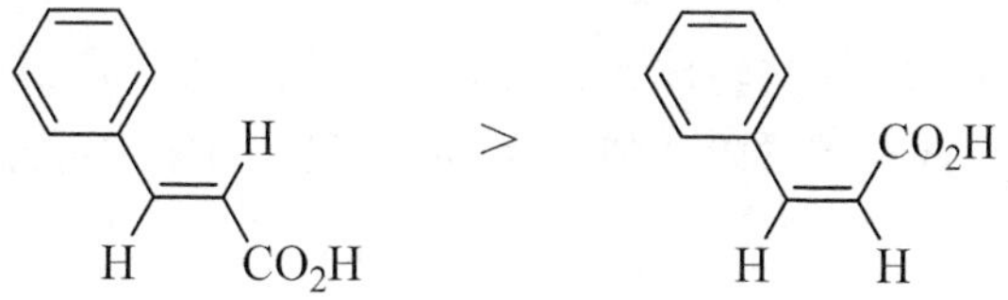

H　H　CO_2H　＞　CO_2H　H　H

$\lambda_{max}=295$ nm　　$\lambda_{max}=280$ nm

$\varepsilon=27000$　　$\varepsilon=13500$

3. pH 的影响

pH 对一些不饱和酸、烯醇、酚及苯胺类化合物的紫外吸收谱带影响较大。因为改变 pH 能够引起共轭体系的延长或缩短，从而改变最大波长吸收(表 19-1)。

表 19-1　pH 对苯酚、苯胺紫外吸收带的影响

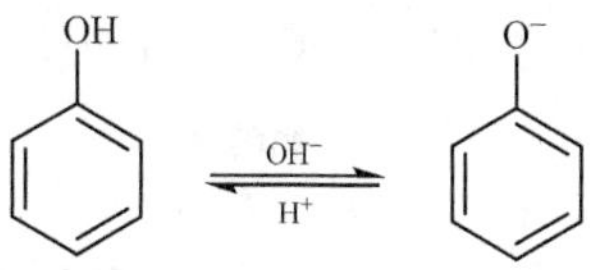

	OH ⇌(OH^- / H^+) O^-	NH_2 ⇌(H^+ / OH^-) $\overset{+}{N}H_3$

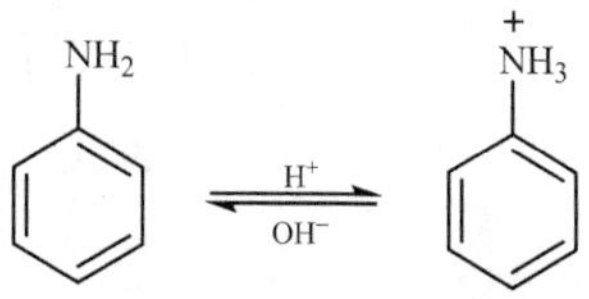

续表

λ_{max} / nm (ε_{max})	211 (6200) 270 (1450)	236 (9400) 287 (2600)	230 (8600) 280 (1470)	203 (7500) 254 (160)
原因	酚羟基含有两对孤对电子，当形成酚氧负离子后，孤对电子增加至三对，使 p-π 共轭效应增强		苯胺结合质子形成铵盐后，氮原子上的孤对电子消失，p-π 共轭效应消失	

4. 其他因素

溶剂、构象等因素对紫外吸收带也会有一定程度的影响。

19.2　紫外光谱的应用

紫外光谱主要反映分子中不饱和基团的性质，因此只依靠紫外光谱确定化合物结构是比较困难的；但在化合物结构鉴定中，紫外光谱是一种有效的辅助方法。

19.2.1　确定双键位置

通过紫外光谱确定双键位置，既简单又有效。

例如，有异构体 A、B，为α-紫罗兰酮、β-紫罗兰酮，紫外光谱测定 A 异构体 $\lambda_{max} = 228$ nm，B 异构体 $\lambda_{max} = 296$ nm，推断 A、B 的结构。

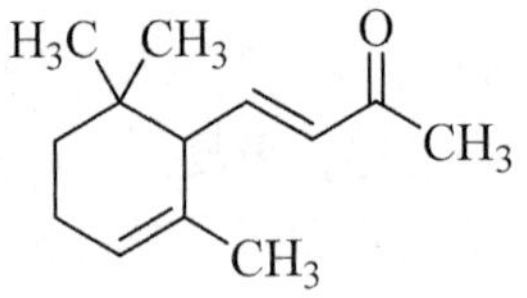

α-紫罗兰酮 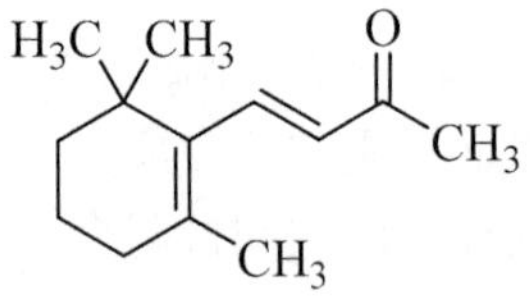　　　　β-紫罗兰酮

从结构分析，β-紫罗兰酮的共轭体系比α-紫罗兰酮的大，所以β-紫罗兰酮的紫外吸收比α-紫罗兰酮的紫外吸收有明显红移。因此，A 为α-紫罗兰酮，B 为β-紫罗兰酮。

19.2.2　异构体判别

紫外光谱在有机化合物结构鉴定中的另一应用是鉴别异构体，其中包括互变异构体鉴别和顺反异构体鉴别。

1. 互变异构体鉴别

酮式异构体不含共轭体系，其 $\lambda_{max} = 206$ nm，酮式异构体存在于极性溶剂中。

烯醇式结构中含有共轭双键，其 $\lambda_{max} = 245$ nm，烯醇式异构体存在于非极性溶剂中。

$$H_3C-\overset{\overset{\displaystyle O}{\|}}{C}-CH_2-\overset{\overset{\displaystyle O}{\|}}{C}-OEt \rightleftharpoons H_3C-\overset{\overset{\displaystyle OH}{|}}{C}=CH-\overset{\overset{\displaystyle O}{\|}}{C}-OEt$$

酮式　　　　烯醇式

2. 顺反异构体鉴别

通常情况下，顺式异构体的最大吸收波长小于反式异构体。主要原因是顺式异构体存在一定的空间位阻，会阻碍共轭基团共平面，使顺式的 λ_{max} 小于反式的 λ_{max}。例如，富马酸二乙酯的顺式异构体 λ_{max}<反式异构体 λ_{max}。

EtO_2C　CO_2Et　<　CO_2Et　EtO_2C

$\lambda_{max} = 219$ nm　　$\lambda_{max} = 223$ nm

19.3　质谱基础知识

质谱是精确测定分子质量、确定分子式及分析化合物结构的重要工具。1942 年，世界上第一台质谱仪问世，之后质谱进入高速发展阶段。德默尔特和保罗发展了离子阱技术，两人共同获得 1989 年诺贝尔物理学奖。此后芬恩发展了电喷雾电离，田中耕一发展了激光解析电离，两人共同获得 2002 年诺贝尔化学奖。

质谱分析具有灵敏度高、测定快速、精准等特点，广泛应用于化学、化工、环境、生命科学、医药、刑侦科学等各个领域。随着质谱与气相色谱、液相色谱联用技术的发展，其在混合物分离、分析方面显示出其他技术无法比拟的优越性。

19.3.1　质谱的产生和表示方法

在真空条件下，用一定能量的电子轰击或其他方法打掉化合物分子的一个电子形成分子离子，同时发生某些化学键有规律的断裂，生成具有不同质量和电荷的离子。而这些离子在电场和磁场的综合作用下，按其质荷比的大小依次被记录下来形成质谱。质谱含有样品分子或基团的质量信息。

质谱不属于光波谱，因为质谱峰与电磁波的波长和分子内某种物理量的改变无关。

各种不同质荷比的离子以质谱图的形式被记录（图 19-6）。在质谱图中，横坐标表示离子

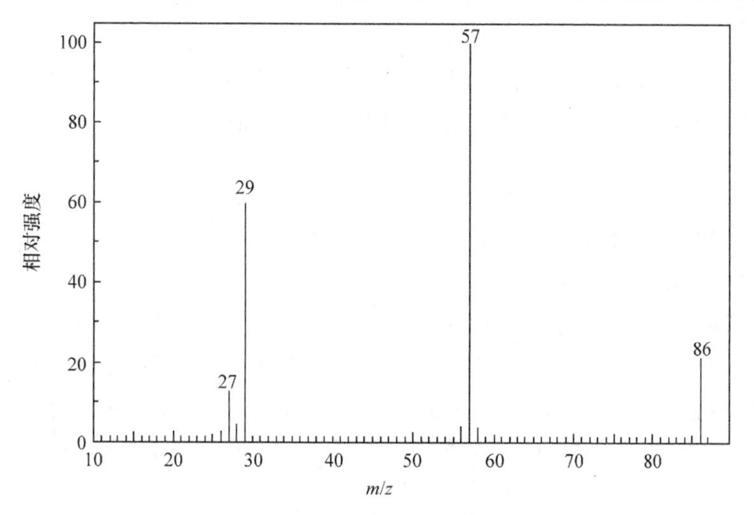

图 19-6　3-戊酮的质谱图

的质荷比(m/z)，对于单电荷离子，横坐标表示的数值即为离子的质量；纵坐标表示离子峰的强度，用相对强度表示，把强度最大的峰定为基峰(100%)，其他峰则是相对于基峰的百分数。离子峰强度代表了质谱中各种离子的稳定程度。

19.3.2 离子化方法

质谱仪主要由进样系统、离子源、质量分析器、检测器等部件构成，其中离子源是样品分子电离成离子的装置(图 19-7)。目前使用的离子化技术很多，包括电子轰击电离(EI)、化学电离(CI)、快原子轰击(FAB)、电喷雾电离(ESI)等方法，不同离子化方法各具特点，适用范围不同。

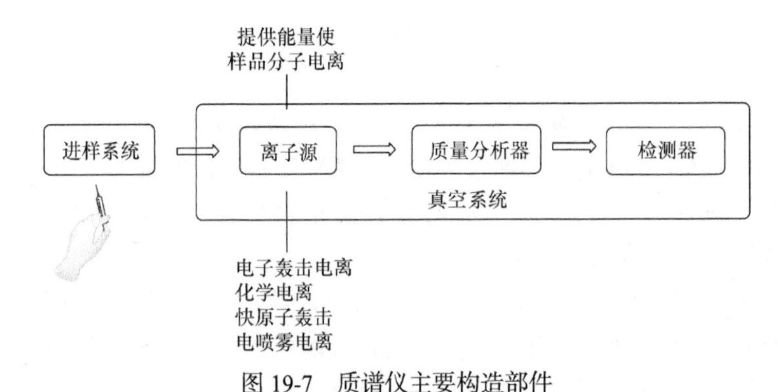

图 19-7 质谱仪主要构造部件

电子轰击电离是最经典、常用的电离方法。通常采用高能电子束轰击气化分子，使样品失去一个电子形成分子离子。由于轰击电子能量高，除生成分子离子外，还会引起分子离子进一步断裂产生一系列碎片离子，故将电子轰击电离归属为硬电离技术。而化学电离、快原子轰击、电喷雾电离等方法能量较低，产生碎片离子较少，故归属为软电离技术。

质谱图中记录的离子种类很多，包括分子离子、准分子离子、同位素离子、碎片离子等。识别并认识离子产生方式是质谱解析的基础。

1. 分子离子

由样品分子失去一个电子而生成的带正电荷的离子为分子离子，记为$[M]^{+\cdot}$。由于电子的质量极小，因此分子离子的质量相当于分子的相对分子质量。

$$M \xrightarrow{-e^-} [M]^{+\cdot} \text{分子离子}$$

形成分子离子时电子失去的难易程度为：n 电子＞π 电子＞σ 电子。

如何在质谱图中识别分子离子？

首先，分子离子必须是奇电子离子，且位于高质荷比区域，因此假设位于高质荷比区域的离子为分子离子，判断其与相邻碎片离子之间的关系是否合理，质量差落在 4～13 和 21～25 的是不合理的(表 19-2)；其次，判断其是否符合 N 律——不含 N 或含偶数 N 的有机分子，其分子离子峰的 m/z 为偶数，含奇数 N 的有机分子，其分子离子峰的 m/z 为奇数。

表 19-2　常见合理的碎片丢失

碎片离子	丢失的碎片	可能的化合物结构
M-1	H	醛、酚、苄醇等
M-2	H_2	醛、醇等
M-14	CH_2	碳链同系物
M-15	CH_3	含甲基侧链的碳链等
M-16	O NH_2	环氧化物、亚砜等 磺酰胺、酰胺等
M-17	OH	醇、羧酸等
M-18	H_2O	醇、醛、酮等

2. 准分子离子

当采用 CI、ESI 等软电离方法时，通常得到比相对分子质量多 1、少 1 或多 23 等质量单位的离子称为准分子离子，如$[M+H]^+$、$[M-H]^+$、$[M+Na]^+$等。

3. 同位素离子

同位素离子由元素存在天然同位素引起。其中氯和溴的同位素 ^{35}Cl 和 ^{37}Cl、^{79}Br 和 ^{81}Br 的天然丰度较大，$^{35}Cl:^{37}Cl\approx3:1$，$^{79}Br:^{81}Br\approx1:1$，含氯、溴的离子显示出明显的同位素离子峰。例如，在质谱中若$[M]:[M+2]=3:1$，可判断此片段中含 Cl；若$[M]:[M+2]=1:1$，则可判断该片段含 Br。

4. 碎片离子

分子离子在电离室中进一步发生键断裂生成的离子称为碎片离子。碎片离子是通过简单裂解和重排裂解产生。

19.4　离子裂解类型

裂解与一般的分解过程不同，裂解的表示方法有以下两种：

$$X—Y \xrightarrow{\text{均裂}} X\cdot + Y\cdot$$

$$X—Y \xrightarrow{\text{异裂}} X^+ + Y:$$

共价键断裂时，电子对均分的断裂方式称为均裂，用⌒表示单电子转移。电子对保留在其中一个原子上的断裂方式称为异裂，用⌒表示一对电子转移。

分子离子裂解有两种驱动力，一是未成对电子强烈的配对倾向，二是正电荷对电子对强烈的吸引力。这两种驱动力是引发离子裂解的主要因素。

19.4.1　*α*-裂解

α-裂解由未成对电子强烈配对倾向驱动，引起未成对电子官能团*α*-键均裂，在此过程中，正电荷不发生转移。一般来说，含有孤对电子或者 π 电子的化合物易发生此类裂解，如乙醛分子离子*α*-裂解过程为

$$CH_3-\overset{O}{\overset{\|}{C}}-H \xrightarrow[-e^-]{离子化} CH_3-\overset{O^{+\cdot}}{\overset{\|}{C}}-H \xrightarrow{\alpha\text{-裂解}} \underset{m/z\ 43}{CH_3-C\equiv O^+} + H\cdot$$

或

$$CH_3-\overset{O^{+\cdot}}{\overset{\|}{C}}-H \xrightarrow{\alpha\text{-裂解}} CH_3\cdot + \underset{m/z\ 29}{H-C\equiv O^+}$$

自由基引发反应的难易程度与原子的给电子能力有关。给电子能力顺序为：N＞S、O、π、R＞Cl＞Br＞I。乙醇胺分子离子两种α-裂解过程如下：

$$NH_2-CH_2-CH_2-\overset{+\cdot}{O}H \xrightarrow{\alpha\text{-裂解}} NH_2\dot{C}H_2 + \underset{m/z\ 31,\ 2.5\%}{CH_2=\overset{+}{O}H}$$

$$\overset{+\cdot}{N}H_2-CH_2-CH_2-OH \xrightarrow{\alpha\text{-裂解}} \underset{m/z\ 30,\ 57\%}{\overset{+}{N}H_2=CH_2} + \dot{C}H_2OH$$

此外，在断裂过程中，遵循最大烷基丢失原则，失去较大基团占优势，如：

$$(H_3C)_3C-\overset{H_3C}{\underset{C_2H_5}{C}}-\overset{+\cdot}{N}H_2 \xrightarrow{\alpha\text{-裂解}} C_2H_5-\underset{CH_3}{\underset{|}{C}}=\overset{+}{N}H_2 + \dot{C}(CH_3)_3$$

19.4.2 *i*-裂解

i-裂解由正电荷对附近电子对强烈吸引力驱动，使相邻化学键发生异裂，同时正电荷位置发生转移。通过*i*-裂解可以产生一系列烷基离子峰，正电荷引发反应的容易程度与原子的吸引电子能力有关，吸引电子的顺序是：卤素＞氧、硫≫氮、碳。

$$R-\overset{\overset{+\cdot}{O}}{\overset{\|}{C}}-R \xrightarrow{i\text{-裂解}} R^+ + \dot{O}\equiv C-R$$

$$R-CH_2-\overset{+}{C}R_2 \xrightarrow{i\text{-裂解}} R^+ + CH_2=CR_2$$

19.4.3 β-裂解

β-裂解是指带正电荷官能团的C_α—C_β均裂，一般易发生在烷基苯和烯烃等化合物中。

$$C_6H_5^{+\cdot}-\underset{\alpha}{CH_2}-\underset{\beta}{C}R_3 \xrightarrow{\beta\text{-裂解}} C_6H_5^{+}=CH_2 \ (\rightleftharpoons C_6H_5\overset{+}{C}H_2,\ m/z\ 91) + \dot{C}R_3$$

$$CH_2\overset{+\cdot}{-}CH-\underset{\alpha}{CH_2}-\underset{\beta}{CH_2}-\underset{\gamma}{CH_3} \xrightarrow{\beta\text{-裂解}} \underset{m/z\ 41}{H_2C=CH-\overset{+}{C}H_2} + \dot{C}H_2CH_3$$

19.4.4　σ-裂解

当化合物不含杂原子，也没有双键时，只能发生σ-裂解。烷烃分子离子的σ-裂解过程为

$$\mathrm{R{-}R} \xrightarrow{-e^-} \mathrm{R}^{\dot{+}}\mathrm{R} \xrightarrow{\sigma\text{-裂解}} \mathrm{R}^+ + {}^{\cdot}\mathrm{R}$$

19.4.5　麦氏重排

能够发生麦氏重排的化合物必须具备如下结构特征：

(1) 含有 C═O、C═N、C═S 或 C═C；

(2) 与双键相连的链上有γ-碳，并在γ-碳上有氢原子(γ-H)。

重排反应经过六元环过渡态，γ-H 转移到杂原子上，同时发生β-键断裂，生成一个中性烯烃分子和一个自由基阳离子。

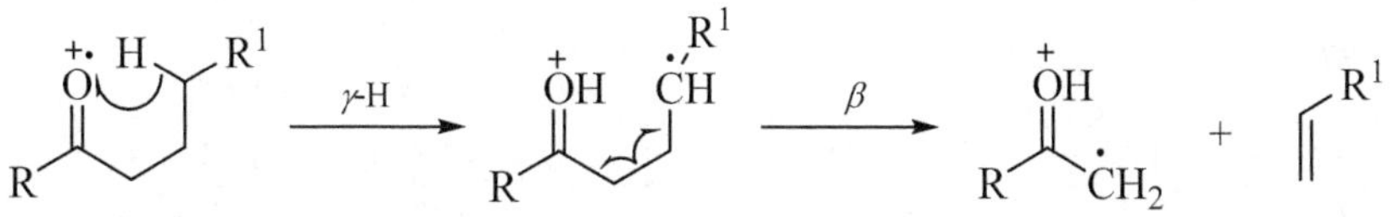

例如，图 19-8 为化合物 4-庚酮的质谱图，图中 *m/z* 114 为分子离子峰，*m/z* 41、43、71 等离子峰为普通裂解产生。*m/z* 58 偶质量数峰为重排裂解产生，其重排裂解过程如下：

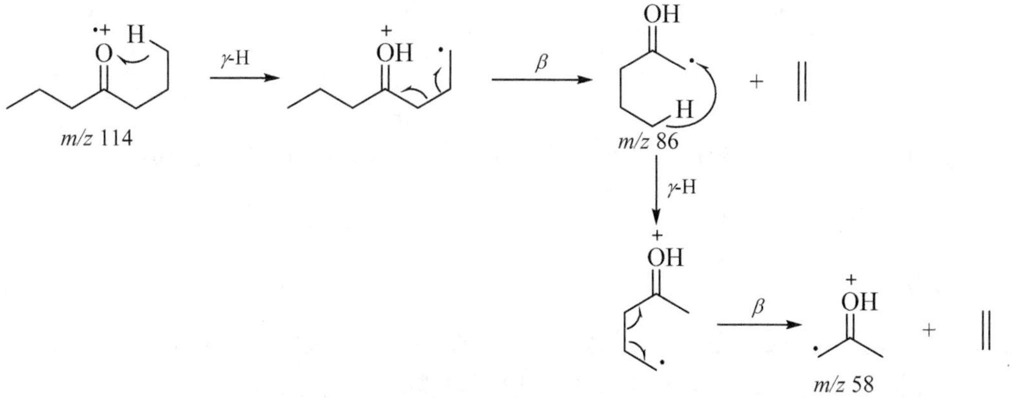

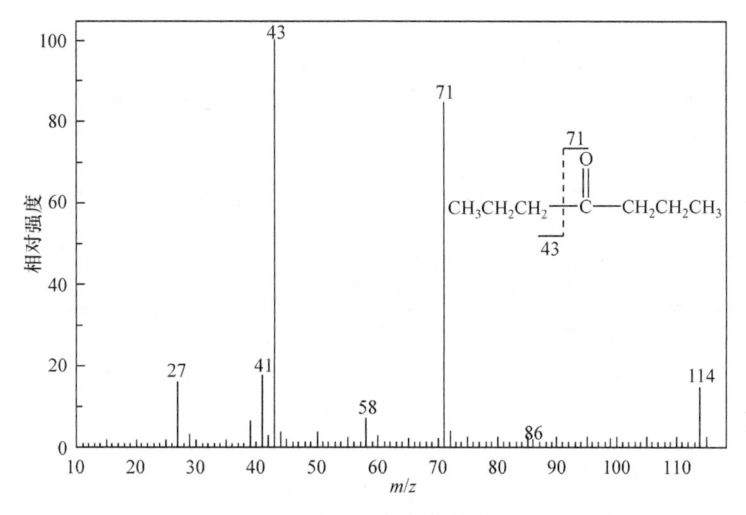

图 19-8　4-庚酮质谱图

19.5　常见有机化合物的质谱特征

19.5.1　饱和烷烃

直链烷烃和支链烷烃的分子离子峰($M^{\cdot+}$)都很弱，直链和支链烷烃都会出现 $14n$+1 等一系列碎片。

支链烷烃易从支链处断裂，优先生成稳定的碳正离子。

19.5.2　烯烃

烯烃分子中，由于双键的引入，分子离子峰增强。

烯烃容易发生β-裂解得到 m/z 41+14n 离子峰，m/z 41 是端烯的特征离子峰。1-戊烯分子离子β-裂解过程为

$$CH_3—CH_2—CH_2—\overset{\cdot+}{CH}—CH_2 \xrightarrow{\beta} CH_3\dot{C}H_2 + \underset{m/z\ 41}{CH_2{=}CH—\overset{+}{C}H_2}$$

烯烃含γ-C 和γ-H 时容易发生麦氏重排形成偶质量数 C_nH_{2n} 峰。例如：

$$\dot{C}H_2—\overset{+}{C}H—CH_2—CH_2—CHR(H) \xrightarrow{\text{麦氏重排}} \underset{m/z\ 42}{CH_3—\overset{+}{C}H—\dot{C}H_2} + HC(R){=}CH_2$$

此外，烯烃可通过 i-裂解产生一系列烷基离子峰 $C_nH_{2n+1}(14n+1)$。例如：

$$CH_3—CH_2—CH_2—\overset{\cdot+}{CH}—CH_2 \xrightarrow{i} CH_3CH_2\overset{+}{C}H_2 + \dot{C}H{=}CH_2$$

19.5.3　芳香烃

芳香烃类化合物稳定，分子离子峰强。芳香烃容易发生β-裂解，生成苄基正离子，由于苄基正离子稳定性很强，因此生成的苄基离子往往是基峰。

β-裂解　扩环

m/z 91

苯环碎片离子还可以继续失去 C_2H_2，产生 m/z 39、51、65、77 等离子峰。

$-C_2H_2$　$-C_2H_2$

m/z 91　m/z 65　m/z 39

$-C_2H_2$

m/z 77　m/z 51

当苯环侧链上含有γ-H 时，可发生麦氏重排裂解，产生 *m/z* 92 离子峰。

$$\xrightarrow{\gamma\text{-H}} \quad \longrightarrow \quad \dot{C}H_2$$

m/z 92

例如，图 19-9 为正丙苯的质谱图，*m/z* 39、51、65、77、91 为苯环的特征离子峰；*m/z* 91 的离子峰为基峰；同时图中还可见麦氏重排的离子峰 *m/z* 92。

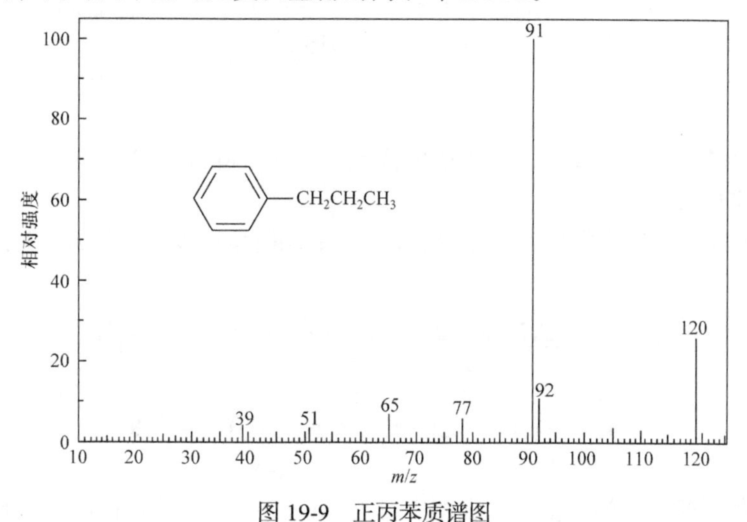

图 19-9　正丙苯质谱图

19.5.4　醇、酚、醚

1. 醇

由于醇的稳定性较差，分子离子峰较弱或者不出现分子离子峰。

醇类化合物一般容易发生α-裂解，优先失去较大的 R 基团，生成 *m/z* 31+14*n* 峰。

$$(H_3C)_3C-C(CH_3)(C_2H_5)-\overset{+\bullet}{O}H \xrightarrow{\alpha\text{-裂解}} C_2H_5-C(CH_3)=\overset{+}{O}H + \dot{C}(CH_3)_3$$

同时，醇分子可以通过六元环过渡态发生脱水反应，生成 M−18 离子峰，以及产生脱水、脱乙烯 M−18−28 离子峰。

$$\xrightarrow{\gamma\text{-H}} \quad \xrightarrow{-H_2O} \quad \xrightarrow{-CH_2=CH_2}$$

M−18　　M−18−28

2. 酚

苯酚分子离子峰很强，为基峰。

3. 醚

醚类化合物的分子离子峰很弱。醚类分子可发生α-裂解，生成系列 $C_nH_{2n+1}O$ 的含氧碎片峰(31、45、59、…)；同时可发生 *i*-裂解，生成系列烷基离子 C_nH_{2n+1}(29、43、57、…)。

19.5.5　胺类化合物

脂肪胺的分子离子峰较弱或者不出现分子离子峰。脂肪胺可通过α-裂解以及经过四元环过渡态的氢重排裂解产生系列 30+14*n* 含氮特征碎片离子峰。

$$RCH_2—CH_2—\overset{+\cdot}{N}H_2 \xrightarrow{\alpha\text{-裂解}} \dot{R}CH_2 + CH_2{=}\overset{+}{N}H_2 \quad (m/z\ 30)$$

$$RCH_2—CH_2—\overset{+\cdot}{N}HR^1 \xrightarrow{\alpha\text{-裂解}} CH_2{=}\overset{+}{N}HR^1\ (m/z\ 44+n) \underset{R^1\geqslant C_2}{\rightleftharpoons} CH_2{=}\overset{+}{N}HH(H_2C—CHR') \xrightarrow{\beta\text{-H}} CH_2{=}\overset{+}{N}H_2\ (m/z\ 30) + CH_2{=}CHR'$$

19.5.6　卤代烃

脂肪族卤代烃分子离子峰弱，芳香族卤代烃分子离子峰强。分子离子峰相对强度随 F、Cl、Br、I 依次增大。

卤代烃分子容易发生α-裂解产生 $C_nH_{2n}X^+$离子；同时也能发生 *i*-裂解，失去卤原子产生烷基离子峰。

$$RCH_2—CH_2—\overset{+\cdot}{X} \xrightarrow{\alpha\text{-裂解}} R\dot{C}H_2 + CH_2{=}\overset{+}{X}$$

$$RCH_2—CH_2—\overset{+\cdot}{X} \xrightarrow{i\text{-裂解}} RCH_2\overset{+}{C}H_2\ (M-X) + \dot{X}$$

图 19-10 为 1-溴己烷的质谱图，在图中可见 $(M—Br)^+$离子峰，同时还出现了含溴的同位素离子峰。

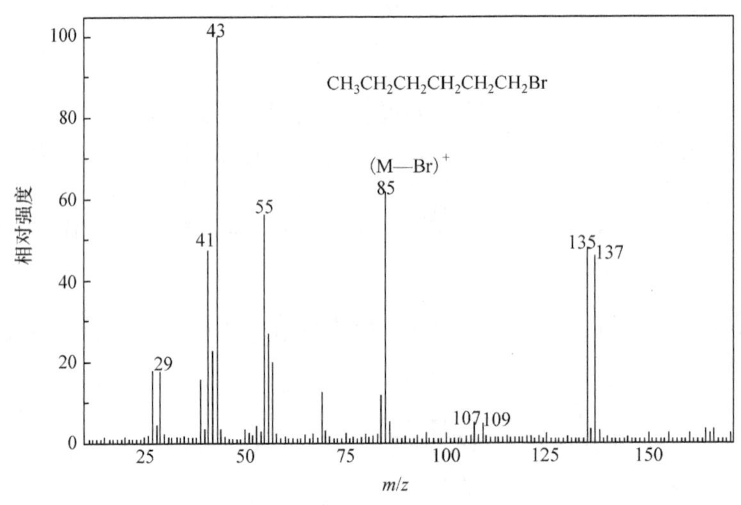

图 19-10　1-溴己烷质谱图

19.5.7　羰基类化合物

1. 醛

醛的分子离子峰明显。醛类化合物可发生α-裂解生成 M−1 峰以及强的 *m*/*z* 29 ($HC{\equiv}O^+$)，同时通过 *i*-裂解产生 *m*/*z* 43、57、71、⋯烃类的特征碎片峰。含有γ-H 的醛，可通过麦氏重排裂解产生 *m*/*z* 44 峰。

$$CH_2{=}CHCH_2CH_3 + H{-}\overset{\overset{+}{O}H}{\overset{\|}{C}}{-}\dot{C}H_2 \xleftarrow{\text{麦氏重排}} H{-}\overset{\overset{\cdot+}{O}}{\overset{\|}{C}}{-}CH_2CH_2CH_2CH_2CH_3$$

m/z 44

$$\xrightarrow{\alpha} HC{\equiv}\overset{+}{O} + \dot{C}H_2CH_2CH_2CH_2CH_3$$

m/z 29

$$\xrightarrow{\alpha} CH_3CH_2CH_2CH_2CH_2C{\equiv}\overset{+}{O} + \dot{H}$$

M−1

2. 酮

酮类化合物分子离子峰较强。酮可发生α-裂解产生系列含氧碎片 *m/z* 43+14*n*；同时通过 *i*-裂解产生系列烃类特征碎片峰。含γ-H 的酮类化合物还可以发生麦氏重排裂解产生酮的特征峰 *m/z* 58 或 58+14*n*。

3. 羧酸

脂肪酸分子离子峰很弱。羧酸可发生α-裂解和 *i*-裂解产生 M−17、M−45、*m/z* 45 等离子峰；同时，羧酸还能发生麦氏重排，生成羧酸特征离子峰 *m/z* 60。

M−45

$$R\diagup\!\!\diagdown\overset{+}{C}H_2 + HO{-}C{\equiv}\dot{O}$$

i-裂解

$$H_2\dot{C}{-}C(\overset{+}{O}H){-}OH \xleftarrow{\text{麦氏重排}} R\text{—}CH_2CH_2CH_2{-}C(\overset{\cdot+}{O}){-}OH \xrightarrow{\alpha\text{-裂解}} R\diagup\!\!\diagdown\dot{C}H_2 + HO{-}C{\equiv}\overset{+}{O}$$

m/z 60　　　　*m/z* 45

α-裂解

$$R\text{—}CH_2CH_2CH_2{-}C{\equiv}\overset{+}{O} + \dot{O}H$$

M−17

4. 酯

酯的分子离子峰在质谱图上一般会出现，但是丰度较弱。酯类化合物可通过α-裂解产生酯的特征峰 M−OR 以及 M−R 峰，同时还能通过麦氏重排产生 74+14*n* 离子峰。

M−59

$$R\diagup\!\!\diagdown\overset{+}{C}H_2 + H_3CO{-}C{\equiv}\dot{O}$$

i-裂解

$$H_2\dot{C}{-}C(\overset{+}{O}H){-}OCH_3 \xleftarrow{\text{麦氏重排}} R\text{—}CH_2CH_2CH_2{-}C(\overset{\cdot+}{O}){-}OCH_3 \xrightarrow{\alpha\text{-裂解}} R\diagup\!\!\diagdown\dot{C}H_2 + H_3CO{-}C{\equiv}\overset{+}{O}$$

m/z 74　　　　*m/z* 59

α-裂解

$$R\text{—}CH_2CH_2CH_2{-}C{\equiv}\overset{+}{O} + \dot{O}CH_3$$

M−OMe

5. 酰胺

酰胺类化合物很稳定，其分子离子峰较强。酰胺可发生α-裂解、麦氏重排以及四元环过渡态氢重排生成系列含氮碎片离子峰。

R～～$\overset{+}{C}H_2$ + $(H_3C)_2N$—C≡$\dot{O}$

i-裂解

$\overset{+}{O}H$ $H_2\dot{C}$—C—$N(CH_3)_2$ *m*/*z* 87 ⟵ 麦氏重排 ⟵ R～～～C(=$\overset{\cdot+}{O}$)—$N(CH_3)_2$ ⟶ α-裂解 ⟶ R～～$\dot{C}H_2$ + $(H_3C)_2N$—C≡$\overset{+}{O}$ *m*/*z* 72

α-裂解

R～～～C≡$\overset{+}{O}$ + $\dot{N}(CH_3)_2$

参 考 文 献

李艳梅，赵圣印，王兰英. 2014. 有机化学[M]. 2 版. 北京：科学出版社
孟令芝，龚淑玲，何永炳. 2009. 有机波谱分析[M]. 3 版. 武汉：武汉大学出版社
裴月湖. 2015. 有机化合物波谱分析[M]. 4 版. 北京：中国医药科技出版社
王鹏，冯金生. 2012. 有机波谱[M]. 北京：国防工业出版社
邢其毅，裴伟伟，徐瑞秋，等. 2016. 基础有机化学[M]. 4 版. 北京：北京大学出版社
质谱图来源：Spectral Database for Organic Compounds SDBS

习　　题

1. 试述紫外光谱产生的基本原理。
2. 紫外光谱有哪几种常见的吸收带？各自具有什么特征？
3. 下列化合物可发生哪些电子跃迁类型？

(1)　　(2)　　(3)　　(4) N≡C—CH_3

4. 下列两个异构体，能否用紫外光谱进行鉴别？说明理由。

A　　B

5. 试述质谱产生的基本原理。
6. 3-甲基-3-庚醇有三种可能的α-裂解途径，在下面的 EI-MS 中找出它们，并写出其产生过程。

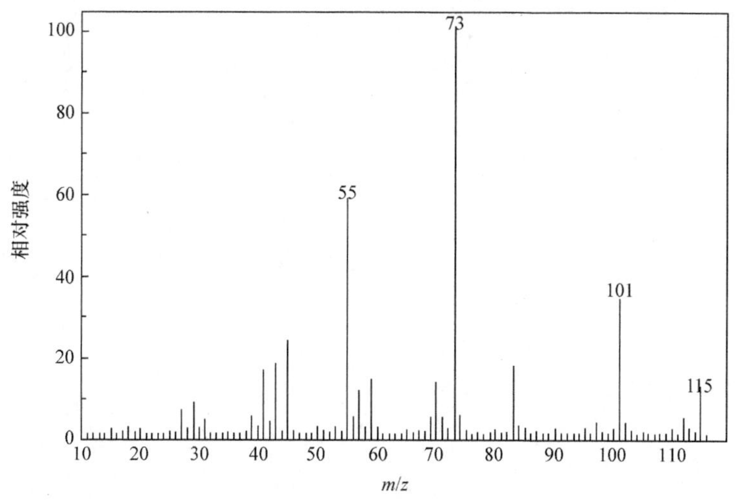

7. 2-己酮 EI-MS 质谱图如下，标示出分子离子峰、基峰，并写出 m/z 43、58、85、100 的离子结构式及其产生的历程。

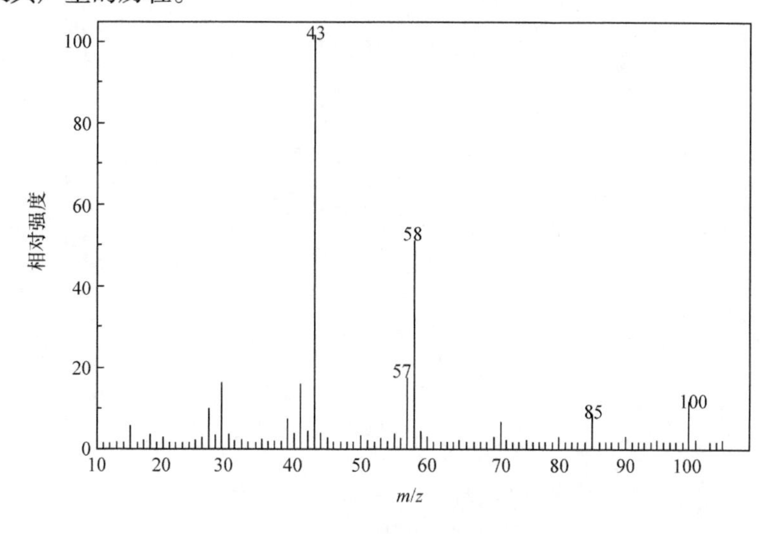